Mathematisches Unterrichtswerk
für das Gymnasium
Ausgabe A

bearbeitet von
Heidi Buck
Rolf Dürr
Hans Freudigmann
Günther Reinelt
Manfred Zinser

unter Mitwirkung von
Jürgen Denker
Alfred Franz
Peter Zimmermann

Ernst Klett Verlag
Stuttgart Düsseldorf Leipzig

An der Entstehung des Gesamtwerkes waren weiterhin beteiligt:
Gerhard Brüstle, Rolf Reimer, Maximilian Selinka, Jörg Stark

Bildquellenverzeichnis:
Agentur Focus, Hamburg: S. 137, S. 250, S. 280, S. 303 – Anthonoy Verlag, Starnberg: S. 267 (W. H. Müller) – Archiv für Kunst und Geschichte, Berlin: S. 45 (unten), S. 164 (unten links) – Bavaria, Gauting: S. 12 (SSI), S. 26 (Matheisl), S. 39 (Rohdich, oben). S. 63 (Vega), S. 252 (unten), S. 256 (Kappelmeyer, Mitte), S. 349 (Lauterbach) – Bilderberg, Hamburg: S. 100 (Ginter) – Bongarts Sportfotografie GmbH, Hamburg: S. 37 (Scheewel) – Corbis, London, UK: S. 128 – Das Fotoarchiv GmbH, Essen: S. 239 (Martin Sasse) – Deutsche Bahn AG, Stuttgart: S. 21 – Deutsches Museum, München: S. 45 (oben), S. 46, S. 49 (Mitte), S. 49 (unten), S. 74, S. 164 (unten rechts), S. 205, S. 206, S. 248, S. 252 (oben links), S. 281, S. 351 – Fischerwerke, Tumlingen: S. 49 (oben) – ESO, Garching: S. 289 – Fotoagentur Helga Lade, Frankfurt: S. 30 (Ott), S. 91 (Bramaz), S. 92, S. 112 – Gebrüder Haff GmbH, Pfronten: S. 149 – Gettyone Stone, München: S. 22 – Globus Infografik, Hamburg: S. 225, S. 286, S. 296 – Heitzer, Johannes, Aachen: S. 252 (unten) – Husmor-Foto, Oslo, Norwegen: S. 260 – Mauritius, Stuttgart: S. 38 (Bordis), S. 39 (fm, unten), S. 53 (sporting pictures), S. 78 (Rosenfeld), S. 99 (Thonig), S. 101 (Reinhard), S. 126 (Age), S. 173 (Studio M, oben; Biek, unten), S. 187 (van Ravenswaay), S. 222 (Pigneter), S. 256 (Mallaun), S. 236 (Silverberg), S. 284 (Rossenbach), S. 306 (Fotofile), S. 352 (links, Bach) – Moro C., Stuttgart: S. 15, S. 29, S. 108, S. 123 – Picture Press, Hamburg: S. 256 (Galen/Rowell/Corbis), S. 292 (Michael S. Yamashita/Corbis), S. 309 (Bettmann/Corbis) – Reimer, Ettlingen: S. 271 – Reinhard-Tierfoto, Heiligkreuzsteinach: S. 143, S. 287 – Sigma Elektro GmbH: S. 172 – Sportimage Fotoagentur GmbH, Hamburg: S. 109 – Studio X (Gamma), Limours, Frankreich: S. 155 – Theophel, Eberhard, Gießen: S. 238 – Voth-Amslinger, München: S. 252 (Mitte) – Werkstattfotografie Neumann + Zörlein, Stuttgart: S. 262 – Zefa, Düsseldorf: S. 352 (rechts, E. Hummel) – Zweckverband Landeswasserversorgung, Stuttgart: S. 241

Nicht in allen Fällen war es uns möglich, den uns bekannten Rechtsinhaber ausfindig zu machen. Berechtigte Ansprüche werden selbstverständlich im Rahmen der üblichen Vereinbarungen abgegolten.

1. Auflage   € A 1 ^{8} | 2007

Alle Drucke dieser Auflage können im Unterricht nebeneinander benutzt werden, sie sind untereinander unverändert. Die letzte Zahl bezeichnet das Jahr dieses Druckes.
© Ernst Klett Verlag GmbH, Stuttgart 2001.
Alle Rechte vorbehalten.
Internetadresse: http://www.klett-verlag.de

Zeichnungen: H. Günthner, Stuttgart; R. Hungreder, Leinfelden.
Umschlaggestaltung: Alfred Marzell, Schwäbisch Gmünd.
DTP-Satz: topset Computersatz, Nürtingen.
Druck: Druckhaus Götz GmbH, 71636 Ludwigsburg. Printed in Germany.

ISBN 3-12-732180-5

Inhaltsverzeichnis

I Funktionen

1 Abhängigkeiten darstellen und interpretieren 10
2 Der Begriff der Funktion 14
3 Lineare Funktionen, Funktionenscharen 18
4 Ganzrationale Funktionen und ihr Verhalten für $x \to \infty$ bzw. $x \to -\infty$ 22
5 Gerade und ungerade Funktionen, Symmetrie 24
6 Nullstellen ganzrationaler Funktionen 27
7 Grenzverhalten von Funktionen 30
8 Zusammengesetzte Funktionen 34
9 Vermischte Aufgaben 37
Mathematische Exkursionen
    Was hat Höhlenbildung mit Mathematik zu tun? 39
Kapitel I im Rückblick 40
Aufgaben zum Üben und Wiederholen 41

II Einführung in die Differenzialrechnung

1 Differenzenquotient, Änderungsrate 42
2 Die momentane Änderungsrate 45
3 Die Ableitung an einer Stelle x_0 49
4 Die Ableitungsfunktion 54
5 Ableitungen ganzrationaler Funktionen 58
6 Die Ableitungen der Sinus- und Kosinusfunktion 62
7 Stetigkeit und Differenzierbarkeit einer Funktion 68
8 Vermischte Aufgaben 71
Mathematische Exkursionen
    PIERRE DE FERMAT – ein Wegbereiter der modernen Analysis 74
Kapitel II im Rückblick 76
Aufgaben zum Üben und Wiederholen 77

III Untersuchung ganzrationaler Funktionen

1 Monotonie 78
2 Extremstellen, Extremwerte 81
3 Notwendige und hinreichende Bedingungen für Extremwerte 83
4 Bestimmung aller Extremwerte einer Funktion 89
5 Geometrische Bedeutung der zweiten Ableitung, Wendepunkte 92
6 Beispiel einer vollständigen Funktionsuntersuchung 96
7 Untersuchung von Funktionen mit realem Bezug 99
8 Einfache Extremwertprobleme 102
9 Komplexere Extremwertprobleme 105
10 Bestimmung ganzrationaler Funktionen 109
11 Funktionsbestimmung in realer Situation 112
12 Näherungsweise Berechnung von Nullstellen 115
13 Vermischte Aufgaben 118
Mathematische Exkursionen
    Funktionen von zwei Veränderlichen 121
Kapitel III im Rückblick 124
Aufgaben zum Üben und Wiederholen 125

Inhaltsverzeichnis

IV Weiterführung der Differenzialrechnung

1 Verkettung von Funktionen   126
2 Die Ableitung von Verkettungen   129
3 Die Ableitung von Produkten   132
4 Die Ableitung von Quotienten   134
5 Die Umkehrfunktion   137
6 Die Ableitung der Umkehrfunktion   140
7 Vermischte Aufgaben   142
Mathematische Exkursionen
    Exoten unter den Funktionen   144
Kapitel IV im Rückblick   146
Aufgaben zum Üben und Wiederholen   147

V Einführung in die Integralrechnung

1 Beispiele, die zur Integralrechnung führen   148
2 Näherungsweise Berechnung von Flächeninhalten   150
3 Der Flächeninhalt als Grenzwert   153
4 Einführung des Integrals   155
5 Integralfunktionen   157
6 Stammfunktionen   159
7 Der Hauptsatz der Differenzial- und Integralrechnung   162
8 Eigenschaften des Integrals   165
9 Flächen unterhalb der x-Achse   167
10 Flächen zwischen zwei Graphen   169
11 Zerlegungssummen in realen Zusammenhängen   172
12 Vermischte Aufgaben   174
Mathematische Exkursionen
    Flächeninhaltsbestimmung vor der Entdeckung des Hauptsatzes   177
Kapitel V im Rückblick   180
Aufgaben zum Üben und Wiederholen   181

VI Gebrochenrationale Funktionen

1 Definition von gebrochenrationalen Funktionen   182
2 Nullstellen, Verhalten in der Umgebung von Definitionslücken   184
3 Verhalten für $x \to \pm\infty$, Näherungsfunktionen   187
4 Skizzieren von Graphen   190
5 Beispiele von vollständigen Funktionsuntersuchungen   192
6 Vermischte Aufgaben   197
Mathematische Exkursionen
    Das Schluckvermögen einer Straße   199
    Der Stau aus dem Nichts   201
Kapitel VI im Rückblick   202
Aufgaben zum Üben und Wiederholen   203

VII Exponential- und Logarithmusfunktionen

1 Eigenschaften der Funktion f: x → c · a^x   204
2 Die natürliche Exponentialfunktion und ihre Ableitung   207
3 Ableiten und Integrieren zusammengesetzter Funktionen   210
4 Die natürliche Logarithmusfunktion und ihre Ableitung   212
5 Gleichungen; Funktionen mit beliebigen Basen   215
6 Grenzwertbestimmung und die Regel von DE L'HOSPITAL   217
7 Beispiele von Funktionsuntersuchungen   219
8 Vermischte Aufgaben   223
Mathematische Exkursionen
    Die Glockenkurve von GAUSS   226
Kapitel VII im Rückblick   228
Aufgaben zum Üben und Wiederholen   229

VIII Weiterführung der Integralrechnung

1 Uneigentliche Integrale   230
2 Rauminhalte von Rotationskörpern   232
3 Numerische Integration, Trapezregeln   236
4 Mittelwerte von Funktionen   238
5 Weitere Anwendungen der Integration   240
6 Integration von Produkten   243
7 Integration durch Substitution   245
8 Integrierbare Funktionen   248
9 Vermischte Aufgaben   250
Mathematische Exkursionen
    Spiralen   252
Kapitel VIII im Rückblick   254
Aufgaben zum Üben und Wiederholen   255

IX Trigonometrische Funktionen, Wurzelfunktionen

1 Trigonometrische Funktionen und ihre Ableitungen   256
2 Die Funktionen f: x → a · sin [b (x − c)] und ihre Graphen   259
3 Trigonometrische Gleichungen   261
4 Untersuchung trigonometrischer Funktionen   263
5 Arkusfunktionen   266
6 Ableiten von Arkusfunktionen   268
7 Ableiten von Wurzelfunktionen   270
8 Untersuchung von Wurzelfunktionen   272
9 Vermischte Aufgaben   274
Mathematische Exkursionen
    Lokale Eigenschaften – globale Auswirkungen   276
Kapitel IX im Rückblick   278
Aufgaben zum Üben und Wiederholen   279

X Wachstumsprozesse, Differenzialgleichungen

1. Exponentielle Wachstums- und Zerfallsprozesse   280
2. Halbwerts- und Verdoppelungszeit   282
3. Funktionsanpassungen   284
4. Die Differenzialgleichung des exponentiellen Wachstums   287
5. Die Differenzialgleichung des beschränkten Wachstums   290
6. Die Differenzialgleichung des logistischen Wachstums   294
7. Die Differenzialgleichung der harmonischen Schwingung   298
8. Näherungsverfahren zur Lösung von Differenzialgleichungen   301
9. Vermischte Aufgaben   303

Mathematische Exkursionen
    Überlegungen zum Bevölkerungswachstum   305
Kapitel X im Rückblick   308
Aufgaben zum Üben und Wiederholen   309

XI* Folgen und Grenzwerte

1. Folgen   310
2. Eigenschaften von Folgen   313
3. Grenzwert einer Folge   315
4. Grenzwertsätze   319
5. Die eulersche Zahl e   321
6. Grenzwerte von Funktionen   323
7. Nullstellensatz und Zwischenwertsatz   327
8. Das Beweisverfahren der vollständigen Induktion   330
9. Vermischte Aufgaben   333

Mathematische Exkursionen
    Geometrische Reihen   336
Kapitel XI im Rückblick   338
Aufgaben zum Üben und Wiederholen   339

Wahlthema: Kurven – Mathematik mit und ohne Computer   340
Wahlthema: Das unendlich Große in der Mathematik   352

Anhang:
Voraussetzungen aus der Mittelstufe – Geraden im Koordinatensystem

1. Steigung von Geraden   362
2. Hauptform und allgemeine Form der Geradengleichung   364
3. Punktsteigungsform der Geradengleichung   366
4. Schnittpunkt und Schnittwinkel zweier Geraden   368

Geschichtlicher Überblick   370
Lösungen zu den Aufgaben zum Üben und Wiederholen   376
Register   388

Zum Aufbau des Buches

Jedes Kapitel umfasst
- mehrere Lerneinheiten,
- vermischte Aufgaben,
- mathematische Exkursionen,
- Kapitelrückblick.

- Zu Beginn jeder Lerneinheit stehen **hinführende Aufgaben**. Sie bereiten den Gedankengang der Lerneinheit vor und sollen die Schülerinnen und Schüler zum Nachdenken anregen.
  Da sie als Angebot gedacht sind, nehmen sie keine Information zum jeweiligen Lerninhalt vorweg und bieten somit den Unterrichtenden die methodische Freiheit.

  Der anschließende **Informationstext** (Lehrtext) beschreibt den mathematischen Inhalt der Lerneinheit. Vielfach werden auch ergänzende Informationen gegeben.

> Im Kasten wird das wesentliche **Ergebnis** (z. B. in Form einer Definition oder eines Satzes) festgehalten.

  In den anschließenden vollständig bearbeiteten **Beispielen** werden Begriffsbildungen erläutert und wichtige mathematische Verfahren bzw. grundlegende Aufgabentypen der Lerneinheit vorgestellt. Diese Beispiele bieten den Schülerinnen und Schülern besondere Hilfen für das selbstständige Lösen von Aufgaben.

  Der **Aufgabenteil** bietet ein reichhaltiges Auswahlangebot. Die Aufgaben reichen von Routineaufgaben zum Einüben von Fertigkeiten und Darstellungsweisen über zahlreiche Aufgaben im mittleren Schwierigkeitsbereich bis zu schwierigen Aufgaben, die besondere Leistungen verlangen. Zahlreiche Aufgaben zu Sachsituationen helfen, Beziehungen zwischen der Mathematik und ihren Anwendungen aufzuzeigen.
  Wo es aufgrund der besseren Übersicht oder im Sinne eines schnelleren Zugriffs sinnvoll erscheint, werden die Aufgaben durch Zwischenüberschriften gegliedert.
  Aufgaben mit unterlegter Aufgabenziffer (z. B. **8**) sollen mit dem Computer bearbeitet werden.

- In den **vermischten Aufgaben** werden zusätzliche Übungsaufgaben angeboten. Ferner finden sich dort Aufgaben, welche die Zusammenhänge zwischen den einzelnen Lerneinheiten eines Kapitels herstellen.

- In den **mathematischen Exkursionen** werden Themengebiete angesprochen, die mit dem jeweiligen Kapitel in Verbindung stehen. Sie sind als Anregung für Schülerinnen und Schüler gedacht, sich mit mathematischen Fragen, interessanten Themen oder Themen aus dem Alltag auseinander zu setzen.

- Den Abschluss eines jeden Kapitels bildet der **Rückblick**. Es werden die wichtigsten Lerninhalte in prägnanter Form zusammengefasst und die **Aufgaben zum Üben und Wiederholen** angeboten. Die Lösungen dieser Aufgaben stehen am Ende des Buches.

Zur Konzeption des Buches

Der vorliegende Band des Lehrwerks Lambacher-Schweizer umfasst den Stoff der Analysis für die Klasse 11 und für die Klassen 12 und 13 auf dem Niveau eines Leistungskurses. Er enthält damit alle für die Abiturvorbereitung notwendigen Inhalte.

Stoffauswahl
Die einzelnen Themenkreise werden so umfangreich präsentiert, dass verschiedene Schwerpunkte gesetzt werden können.

Besondere Freiheiten bietet die Verankerung des Kapitels XI* über Folgen und Reihen. Der geeignete Zeitpunkt für das Unterrichten von Kapitel XI* kann von der Lehrerin oder dem Lehrer bestimmt werden, da er durch den Aufbau des Buches nicht vorgegeben ist.
In Kapitel I wird ein anschaulicher Grenzwertbegriff eingeführt, der dann im Weiteren verwendet wird. Kapitel XI* bietet die Möglichkeit, den Grenzwertbegriff mittels Folgen zu präzisieren. Sollte dies bereits in Klasse 11 auf Grundkursniveau behandelt worden sein, steht dem Leistungskurs eine Erweiterung um vollständige Induktion und Zwischenwertsatz zur Verfügung. Wurde in Klasse 11 ausschließlich der anschauliche Grenzwertbegriff verwendet, so kann zu Beginn des Leistungskurses in Klasse 12 die Präzisierung des Begriffes erarbeitet werden. Es wäre aber ebenso eine vertiefende Unterrichtseinheit über Folgen und Reihen zu einem späteren Zeitpunkt denkbar.
Auf die Zusammenhänge zu Kapitel XI* und damit die mögliche Präzisierung der Inhalte wird an den geeigneten Stellen des Buches verwiesen.

Der Anhang stellt die Grundlagen der Koordinatengeometrie bereit, soweit sie als Werkzeug für den Aufbau der Analysis notwendig sind. An Stellen, bei denen auf dieses Vorwissen zurückgegriffen wird, ist auf den entsprechenden Abschnitt im Anhang verwiesen. Je nach Bedarf können die Inhalte des Anhangs in den Unterricht eingegliedert werden, zu Beginn der Klassenstufe 11 unterrichtet werden oder den Schülerinnen und Schülern zum wiederholenden Selbststudium aufgetragen werden.

Moderner Mathematikunterricht
Der Einsatz von Computer-Algebra-Systemen, grafikfähigen Taschenrechnern oder einer Tabellenkalkulation wird häufig angeregt und bei einigen Aufgaben auch eingefordert.
An vielen Stellen bleibt es zudem der Lehrperson oder den Schülerinnen und Schülern selbst überlassen, ob ein technisches Medium verwendet werden soll, z. B., wenn es darum geht, sich einen Überblick über den Verlauf von Graphen zu verschaffen.

Verbindungen zu Gebieten außerhalb der Mathematik werden bei vielen Sachzusammenhängen, die mit mathematischen Methoden behandelt werden, aufgezeigt.

Die mathematischen Exkursionen bieten die Gelegenheit, sich etwas vertiefter mit speziellen Themen zu beschäftigen, die sowohl innermathematisch als auch historisch, fächerübergreifend oder anwendungsbezogen sind.

Offene Aufgabenstellungen, die an geeigneten Stellen integriert sind, regen Schülerinnen und Schüler zum Weiterdenken und Weiterforschen an.

Zusatzangebote
Die Wahlthemen bieten die Möglichkeit, nach Bearbeitung des Pflichtstoffes am Ende der Kursstufe ein über den Lehrplan hinausgehendes Thema zu behandeln. Sie geben Gelegenheit zum Verständnis von Themenkreisen, die über den engeren Rahmen der Analysis hinausgehen.

Das Wahlthema „Das Unendlich Große in der Mathematik" macht den Schülerinnen und Schülern deutlich, dass die Bedeutung der Mathematik nicht nur in ihrem Anwendungsbezug besteht, sondern dass sie auch eine wesentliche Berechtigung hat, zu den Geisteswissenschaften gezählt zu werden. Mittels historischer Texte wird eine Paradoxie dargestellt, die vermeintlich sichere Anschauungen infrage stellt und zu tiefergehenden Fragen führt. Es wird gezeigt, wie der Begriff des Unendlich Großen logisch einwandfrei gefasst werden kann und zum Anfangspunkt einer neuen mathematischen Theorie wird.

Das Wahlthema „Kurven – Mathematik mit und ohne Computer" behandelt einen ästhetisch sehr reizvollen Bereich der Mathematik. Mit bekannten Methoden werden Kurven in einer weitläufigeren Bedeutung als der Funktionsdarstellung erarbeitet, womit die Schülerinnen und Schüler einen Einblick in die Vielfältigkeit der mathematischen Darstellungsmöglichkeiten erhalten.

I Funktionen

1 Abhängigkeiten darstellen und interpretieren

Fig. 1

Jahr	Verbrauch in Mio. Tonnen
1988	5,7
1989	6,4
1990	7,1
1991	7,6
1992	7,2
1993	7,0
1994	6,9
1995	6,7

Fig. 3

1 Die Tabelle gibt den Verpackungsverbrauch pro Jahr von Privathaushalten und Kleinbetrieben in Millionen Tonnen an.
a) Veranschaulichen Sie die Werte der Tabelle durch einen Graphen.
b) Wann wurde vermutlich die neue Verpackungsverordnung (Grüner Punkt) eingeführt?
c) Wie hoch wäre der Verpackungsverbrauch 1993 wohl gewesen, wenn man die neue Verpackungsverordnung nicht eingeführt hätte?
Wie viel Prozent an Verpackungsmaterial wurde dadurch etwa eingespart?

Bisher wurden schon häufig Abhängigkeiten zwischen zwei Größen betrachtet. So ist z. B. das Volumen einer Kugel vom zugehörigen Radius abhängig. Der Zusammenhang zwischen dem Radius r und dem Volumen V kann man mit dem Term $V(r) = \frac{4}{3}\pi r^3$ beschreiben.
Häufig kennt man aber bei der Betrachtung von Abhängigkeiten zweier Größen keine zugrunde liegende Gesetzmäßigkeit. So kann man z. B. den Temperaturverlauf an der Spitze des Kölner Doms in Abhängigkeit von der Zeit nicht durch einen Term beschreiben.
In solchen Fällen ist man auf Messungen angewiesen, die in Form von Tabellen oder grafischen Darstellungen festgehalten werden (vgl. Fig. 1, Fig. 3).

> Abhängigkeiten zwischen zwei Größen werden häufig in Tabellen dokumentiert und in grafischen Darstellungen veranschaulicht.
> Mithilfe von grafischen Darstellungen kann man Werte ablesen, Vermutungen über den weiteren Verlauf von Abhängigkeiten aufstellen oder deren Verlauf interpretieren.
> Lassen sich Abhängigkeiten durch einen Term beschreiben, so kann man für jeden Ausgangswert den zugehörigen Wert **berechnen**.

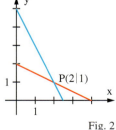

Fig. 2

„Punktsteigungsform" siehe Anhang Seite 366.

Beispiel 1: (Abhängigkeit mit Term)
Alle Geraden mit negativer Steigung, die durch den Punkt P(2|1) gehen, bilden mit den beiden Koordinatenachsen ein rechtwinkliges Dreieck.
a) Stellen Sie den Flächeninhalt dieses Dreiecks in Abhängigkeit von der Steigung m der Geraden dar.
b) Berechnen Sie den Flächeninhalt, der zu m = −0,75 gehört.
Lösung:
a) Gleichung der Geraden (Punktsteigungsform): $\frac{y-1}{x-2} = m$ bzw. $y = mx - 2m + 1$;
Schnitt mit der x-Achse (y = 0) ergibt die Grundseite: $x_0 = 2 - \frac{1}{m}$;
Schnitt mit der y-Achse (x = 0) ergibt die Höhe: $y_0 = -2m + 1$;
Flächeninhalt: $A(m) = \frac{1}{2}\left(2 - \frac{1}{m}\right)(1 - 2m) = 2 - 2m - \frac{1}{2m}$.
b) Zu m = −0,75 gehört der Flächeninhalt $A(-0,75) = 2 + 1,5 + \frac{2}{3} = \frac{25}{6} \approx 4{,}17$.

10

Abhängigkeiten darstellen und interpretieren

Beispiel 2: (Abhängigkeit mit Tabelle und Graph)
Bewegt sich ein Stern auf einen Beobachter zu oder von ihm weg, so verändert sich die Farbe des von ihm ausgesandten Lichts. Aus der beobachteten Farbänderung kann man die Geschwindigkeit v_B des Sterns in Blickrichtung des Beobachters berechnen. Bei der Untersuchung von 142 unserer Sonne ähnlichen Sternen beobachtete man am Lick-Observatorium in Kalifornien, dass der Stern 51 Peg im Sternbild Pegasus deutliche Schwankungen seiner Geschwindigkeit in Blickrichtung aufweist.

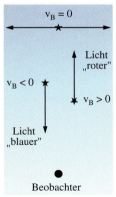
Fig. 1

Astronomen sehen diese Beobachtung als Beweis an, dass 51 Peg einen relativ großen Planeten besitzt. Stern und Planet kreisen um ihren gemeinsamen Schwerpunkt. Die Kreisradien sind im Verhältnis zur Entfernung von der Erde so gering, dass sie nicht direkt beobachtbar sind.

Zeit seit Beginn der Beobachtung (in h)	13	19	34	45	65	74	90	96
Geschwindigkeit (in m/s)	−40	−48	−28	−4	50	65	39	16

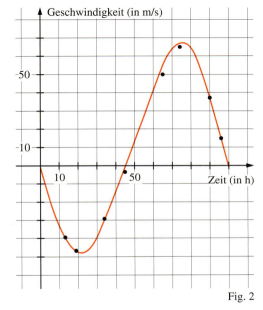
Fig. 2

a) Tragen Sie die Messwerte in ein geeignetes Koordinatensystem ein; zeichnen Sie einen Graphen, der diese Messwerte gut annähert.
b) Beschreiben Sie, welche Art von Bewegung der Stern vermutlich ausführt. Welchen charakteristischen Zeitwert dieser Bewegung können Sie aus dem Graphen ermitteln?
Lösung:
a) Die nebenstehende Figur zeigt ein Koordinatensystem mit den eingetragenen Messwerten sowie einen Graphen, welcher die Werte gut annähert.
b) Der Graph zeigt, dass sich der Stern zunächst auf den Beobachter zubewegt und dann wieder vom Beobachter wegbewegt. Diese Hin- und Herbewegung des Sterns passt zu der Vorstellung, dass sich der Stern 51 Peg auf einer Kreisbahn bewegt. Die Umlaufzeit beträgt ungefähr 100 Stunden.

Aufgaben

2 Bei der Herstellung von x Stück eines Artikels entstehen Gesamtkosten von K(x) Geldeinheiten. Dabei ist $K(x) = 0{,}02(x - 10)^3 + 20$.
a) Erstellen Sie eine Wertetabelle mit x-Werten zwischen 0 und 22 und skizzieren Sie den Graphen für die Gesamtkosten in Abhängigkeit von der Stückzahl.
b) Der Artikel wird um 2 Geldeinheiten pro Stück verkauft. Wie groß sind die Einnahmen, wenn x Stück verkauft werden? Zeichnen Sie in das vorhandene Koordinatensystem den Graphen für die Gesamteinnahmen ein.
c) Lesen Sie aus dem Graphen ab: Bei welchen Stückzahlen wird ein Gewinn erzielt? Bei welcher Stückzahl ist der Gewinn am größten?

3 Ein Sparguthaben von 5000 € liegt 10 Jahre auf der Bank, ohne dass jemals Geld abgehoben wird. Es wird mit 6 % pro Jahr verzinst.
a) Wie groß ist der Wachstumsfaktor, mit dem das Guthaben jährlich anwächst?
b) Wie hoch ist das Guthaben nach x Jahren?

Abhängigkeiten darstellen und interpretieren

4 Ein Rechteck mit dem Umfang 20 cm hat die Länge x cm. Geben Sie für die folgende Größe jeweils einen Term in Abhängigkeit von x an.
a) Breite des Rechtecks (in cm)
b) Flächeninhalt des Rechtecks (in cm²)
c) Länge der Diagonalen (in cm)
d) Flächeninhalt (in cm²) des dem Rechteck umbeschriebenen Kreises

5 Die Gerade durch P(2|1) und Q(0|c) mit c > 1 bildet mit den Koordinatenachsen ein Dreieck. Bestimmen Sie den Term A(c) für den Flächeninhalt dieses Dreiecks.

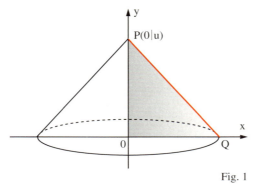

Fig. 1

6 Die Endpunkte der Strecke PQ liegen auf den positiven Koordinatenachsen (Fig. 1). Die Strecke PQ hat die feste Länge 6. Rotiert das Dreieck OQP um die y-Achse, so entsteht ein Kegel mit dem Volumen V(u).
a) Ermitteln Sie den Term V(u). Welche Werte für u sind möglich?
b) Skizzieren Sie den Graphen für V(u).
c) Für welches u ist das Kegelvolumen 60? Wann ist es kleiner als 30?
d) Gibt es Kegel mit dem Volumen 100?

Bewegt sich in Fig. 2 der Punkt B auf dem Kreis und ist die Richtung von g fest, so bewegen sich P und P' auf g. Diese Tatsache nutzte der französische General PEAUCELLIER (1832–1913) aus, als er 1867 einen Gelenkmechanismus erdachte, der eine Kreisbewegung in eine exakte Geradführung umsetzte.

7 Gegeben ist ein Kreis mit dem Mittelpunkt M und dem Radius r. In der Figur ist zu einem Punkt P im Innern des Kreises der Bildpunkt P' konstruiert (Fig. 2).
a) Beschreiben Sie die Konstruktion.
b) Für welche Punkte versagt die Konstruktion?
c) Der Abstand des Punktes P von M sei x. Berechnen Sie $\overline{MP'}$.
d) Man kann auch den Bildpunkt zu einem Punkt außerhalb des Kreises konstruieren. Beschreiben Sie diese Konstruktion.

Fig. 2

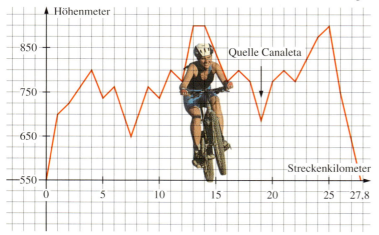

Fig. 3

8 Eine Mountainbike-Tour in dem spanischen El-Ports-Gebirge hat das abgebildete Höhenprofil.
a) Wie viele Höhenmeter sind beim ersten Anstieg zu überwinden?
b) Wie groß ist der Gesamtanstieg, der bei der Tour zu überwinden ist?
c) Wie steil ist die letzte Abfahrt ab Streckenkilometer 26? Geben Sie das Gefälle in Prozent und den Steigungswinkel an.
d) Zur Quelle Canaleta führt nur eine Sackgasse. Wie äußert sich dies im Graphen? Wie lang ist vermutlich diese Sackgasse?
e) Wo kann es noch eine weitere Sackgasse geben?

Abhängigkeiten darstellen und interpretieren

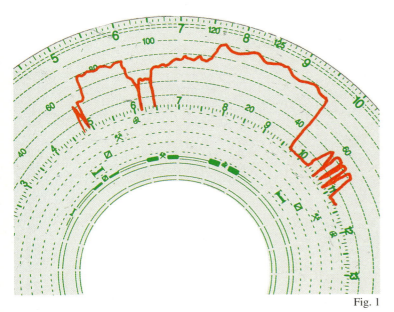

Fig. 1

9 Omnibusfahrten müssen mithilfe eines Fahrtenschreibers auf eine Tachoscheibe aufgezeichnet werden.
a) Wie lange dauerte die aufgezeichnete Fahrt insgesamt?
b) Nach 4,5 Stunden muss der Fahrer eine Pause von 45 Minuten einlegen.
Hat der Fahrer des Busses diese Bestimmung eingehalten?
c) Wie hoch war seine maximale Geschwindigkeit?
d) Woran erkennt man, dass der Omnibus zwischen 8 Uhr und 9.30 Uhr auf der Autobahn fuhr?
e) Interpretieren Sie den Abschnitt zwischen 10.15 Uhr und 11 Uhr.
f) Wie lang ist etwa die Strecke, die zwischen 5.10 Uhr und 5.55 Uhr zurückgelegt wurde?

Graphen symbolisieren.

10 Der Zusammenhang zwischen der Geschwindigkeit eines Fahrzeugs und dem Kraftstoffverbrauch eines Fahrzeugs ist bei jedem Gang verschieden.
a) Bei welchen Geschwindigkeiten beträgt der Verbrauch 10 l pro 100 km?
b) Bei welcher Geschwindigkeit ist der Verbrauch im 4. Gang am geringsten?
Wie hoch ist dieser Verbrauch?
c) Um wie viel sinkt der Verbrauch, wenn man bei 60 km/h im 4. Gang statt im 3. Gang fährt?

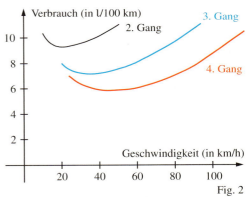

Fig. 2

Graphen drücken politische Meinungen aus.

11 In der Studie „Grenzen des Wachstums" wurden Prognosen über die mögliche Entwicklung der Chromvorräte auf der Welt veröffentlicht.
Szenario 1: Ab dem Jahr 1970 wird kein Chrom mehr verbraucht.
Szenario 2: Die Nutzungsrate bleibt ab dem Jahr 1970 konstant.
Szenario 3: Die Nutzungsrate nimmt jährlich um 2,6 % zu.
Szenario 4: Wie Szenario 3, aber mit dem fünffachen Chromvorrat.
a) Ordnen Sie jedem Szenario den zugehörigen Graphen zu.
b) Wann sind die Chromvorräte jeweils erschöpft?
c) Wann wären die Vorräte erschöpft, wenn die Nutzungsrate konstant, aber doppelt so groß wie in Szenario 2 wäre?

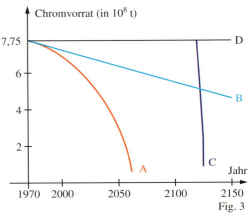

Fig. 3

13

2 Der Begriff der Funktion

1 Die Temperatur der Luft ist abhängig von der Höhe über der Erdoberfläche.
a) Ergänzen Sie die Tabelle im Heft.

Höhe (in km)	0	10	20	50	100
Temperatur (in °C)					

b) In der folgenden Tabelle wird der Temperatur die Höhe zugeordnet.

Temperatur (in °C)	20	10	0	−20	−70
Höhe (in km)					

Ergänzen Sie auch diese Tabelle im Heft. Welche Probleme ergeben sich hierbei?
c) Warum wurde in der grafischen Darstellung wohl die Temperatur nach rechts abgetragen?

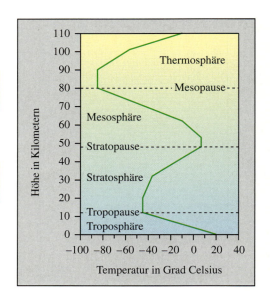

Ist eine Abhängigkeit durch einen Term gegeben, so schreibt man statt „die der Zahl 2 zugeordnete Zahl ist 5" kurz $f(2) = 5$. Für eine Abhängigkeit ohne Term wie „die nächstgrößere Primzahl von 91 ist 97" schreibt man entsprechend $p(91) = 97$. Jede natürliche Zahl hat eine nächstgrößere Primzahl; diese ist jeweils eindeutig bestimmt. Ohne die Funktionswerte angeben zu müssen, kann man z. B. schreiben: $p(23\,964) \geqq p(11\,342)$. Ein solcher Vergleich ist aber nur für eindeutige Zuordnungen möglich.

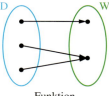

Funktion

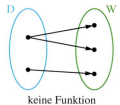

keine Funktion

Definition: Eine Vorschrift, die jeder reellen Zahl aus einer Menge D **genau eine** reelle Zahl zuordnet, nennt man **Funktion**.

Bei Funktionen sind die folgenden Schreib- und Sprechweisen üblich.

f; g; A; ...   sind Bezeichnungen für Funktionen.

f(x) (lies: f von x)   bezeichnet diejenige Zahl, die f der Zahl x zuordnet. Man nennt sie den **Funktionswert von x** oder den **Funktionswert von f an der Stelle x**.

D_f   ist die Menge aller x-Werte, auf die f angewendet werden soll; sie heißt **Definitionsmenge** der Funktion f.

W_f   ist die Menge aller Funktionswerte; sie heißt **Wertemenge** von f. Es ist $W_f = \{f(x) \mid x \in D_f\}$.

$f: x \mapsto x^2$ drückt aus, dass mit f die Vorschrift „jedem x wird x^2 zugeordnet" gemeint ist. Man nennt x^2 den **Funktionsterm**.

Graph von f   sind alle Punkte $P(x \mid y)$, welche die Gleichung $y = f(x)$ erfüllen. $y = f(x)$ heißt Gleichung des Graphen von f.

Der Begriff der Funktion

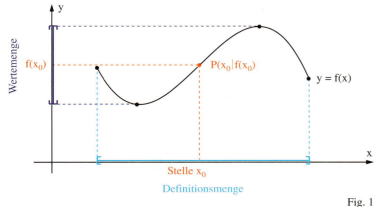

Fig. 1

Bemerkungen:
a) (Maximale Definitionsmenge)
Unter der maximalen Definitionsmenge versteht man die größtmögliche Menge, für die die Funktion f definiert ist. Fehlt bei einer Funktion die Angabe der Definitionsmenge, so ist stets die maximale gemeint.
b) (Gleichheit von Funktionen)
Die beiden Funktionen f und g mit $f(x) = x + \frac{1}{x}$ und $g(x) = \frac{x^2 + 1}{x}$ ($D = \mathbb{R} \setminus \{0\}$) haben verschiedene Zuordnungsvorschriften. Eine einfache Umformung zeigt, dass $f(x) = g(x)$ für alle $x \in D$ ist. Die Funktionen sind daher gleich; man schreibt: $f = g$.

c) (Spezielle Definitionsmengen)
Häufig vorkommende Teilmengen von $\mathbb{R}$ als Definitionsmengen einer Funktion sind so genannte **Intervalle**. Man schreibt:

[a; b] für $\{x \mid a \leq x \leq b\}$ und nennt dies ein abgeschlossenes Intervall,
(a; b) für $\{x \mid a < x < b\}$ und nennt dies ein offenes Intervall,
(a; b] für $\{x \mid a < x \leq b\}$ und nennt dies ein linksoffenes Intervall,
[a; b) für $\{x \mid a \leq x < b\}$ und nennt dies ein rechtsoffenes Intervall.

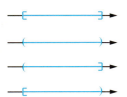

Analog wird $\pm \infty$ zur Bezeichnung unbeschränkter Intervalle benutzt. Man schreibt:
[a; $+\infty$) für $\{x \mid x \geq a\}$, (a; $+\infty$) für $\{x \mid x > a\}$, $(-\infty; a]$ für $\{x \mid x \leq a\}$, $(-\infty; a)$ für $\{x \mid x < a\}$.
Sprechen wir im Folgenden nur von einem Intervall, so kann dies abgeschlossen, offen, linksoffen, rechtsoffen oder unbeschränkt sein.
Weiterhin wird vereinbart: $\mathbb{R}^+ = (0; \infty)$; $\mathbb{R}_0^+ = [0; \infty)$; $\mathbb{R}^- = (-\infty; 0)$; $\mathbb{R}_0^- = (-\infty; 0]$.

Das Zeichen ∞ für unendlich wurde 1655 von dem Engländer JOHN WALLIS (1616–1703) eingeführt. Vermutlich orientierte er sich dabei an dem spätrömischen Symbol ∞ für 1000.
Die Schweizer Briefmarke zeigt das Zeichen neben einer Sanduhr, dem Symbol der endlos dahinfließenden Zeit.

Beispiel:
Gegeben ist die Funktion $f: x \mapsto 3\sqrt{4 - x^2}$.
a) Geben Sie die Funktionswerte an den Stellen -1 und $\sqrt{3}$ an.
b) Berechnen Sie $f(0)$, $f(2)$ und $f\left(\frac{3}{2}\right)$.
c) Bestimmen Sie die maximale Definitionsmenge und die Wertemenge von f.
d) Prüfen Sie rechnerisch, ob der Punkt $P(-\sqrt{2} \mid 3\sqrt{2})$ auf dem Graphen von f liegt.

Lösung:
a) $f(-1) = 3\sqrt{4 - (-1)^2} = 3\sqrt{3}$; $f(\sqrt{3}) = 3$.   b) $f(0) = 6$; $f(2) = 0$; $f\left(\frac{3}{2}\right) = \frac{3}{2}\sqrt{7}$.
c) Maximale Definitionsmenge: Bedingung ist $4 - x^2 \geq 0$, also ist $D_f = [-2; 2]$.
Wertemenge: Der größtmögliche Funktionswert ist $f(0) = 6$; der kleinstmögliche Funktionswert ist $f(-2) = 0$, also ist $W_f = [0; 6]$.
d) Es ist $f(-\sqrt{2}) = 3\sqrt{4 - 2} = 3\sqrt{2}$. P liegt also auf dem Graphen von f.

Aufgaben

2 Drücken Sie die Aussage in mathematischer Kurzschrift aus.
a) Durch die Funktion f wird der Zahl 3 die Zahl 10 zugeordnet.
b) Die Funktion g nimmt an der Stelle 5 den Funktionswert 12 an.
c) Die Zahl 3 gehört nicht zur Definitionsmenge der Funktion f.
d) Die Funktion f ordnet der Zahl 4 einen größeren Funktionswert zu als der Zahl 5.
e) Die Funktionen f und g nehmen für $x = 2$ denselben Funktionswert an.
f) Alle Funktionswerte der Funktion g sind positiv.

15

Der Begriff der Funktion

3 Welche Punktmenge ist Graph einer Funktion $f: x \mapsto f(x)$?

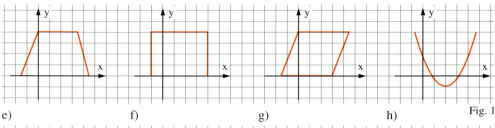
Fig. 1

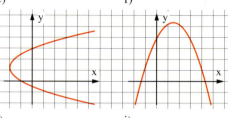
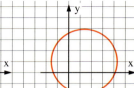
Fig. 2

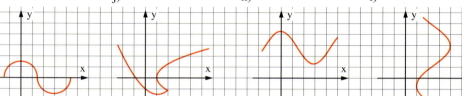
Fig. 3

4 Ist die Aussage falsch?

a) Eine Parallele zur x-Achse kann nicht Graph einer Funktion sein.

b) Eine Parallele zur y-Achse kann nicht Graph einer Funktion sein.

c) Jede Parallele zur x-Achse hat mit dem Graphen einer beliebigen Funktion höchstens einen Punkt gemeinsam.

d) Jede Parallele zur y-Achse hat mit dem Graphen einer beliebigen Funktion höchstens einen Punkt gemeinsam.

Aus der amtlichen Statistik vom 31.12.1994:

5 Für die Untersuchung der Altersstruktur einer Bevölkerung werden alle Einwohner, die zu Beginn eines Jahres dasselbe Lebensalter haben, jeweils zu einer Altersgruppe zusammengefasst.

a) Ist die Zuordnung, die für das Jahr 1889 jedem Lebensalter die Größe der weiblichen Altersgruppe zuordnet, eine Funktion?

b) Ist die Zuordnung, die für das Jahr 1889 der Größe einer weiblichen Altersgruppe das Lebensalter zuordnet, eine Funktion?

c) Stellen Sie die gleichen Überlegungen für das Jahr 1989 an.

6 Geben Sie die maximale Definitionsmenge an.

a) $x \mapsto (x-1)^2$ b) $x \mapsto 3 - 5x - x^3$ c) $x \mapsto \frac{1}{x}$ d) $x \mapsto \frac{1}{3-x}$

e) $x \mapsto \frac{1}{(x-1)^2}$ f) $x \mapsto \frac{1}{x^2 - 1}$ g) $x \mapsto \sqrt{x-3}$ h) $x \mapsto \frac{1}{\sqrt{x-3}}$

Der Begriff der Funktion

7 Geben Sie die Wertemenge der folgenden Funktion an.
a) $x \mapsto x^2$
b) $x \mapsto x^2 + 1$
c) $x \mapsto 2 - x^2$
d) $x \mapsto -(x+2)^2 + 3$
e) $x \mapsto 3x - 0{,}5$
f) $x \mapsto \sin(x)$
g) $x \mapsto 3^x$
h) $x \mapsto 3$

8 Gegeben ist die Funktion f mit $f(x) = 2^x$.
a) Ermitteln Sie D_f und W_f.
b) Berechnen Sie $f\left(-\frac{1}{4}\right)$ auf 2 Dezimalen.
c) Für welches $x \in D_f$ ist $f(x) = 8$?
d) Für welche $x \in D_f$ gilt $f(x) \leq 16$?
e) Zeigen Sie: $f(x) \cdot f(-x) = 1$ für alle $x \in D_f$.
f) Zeigen Sie: $f(x+1) = 2 \cdot f(x)$ für alle $x \in D_f$.

Nicht vergessen: $D_f = D_g$ prüfen!

9 Untersuchen Sie, ob es sich bei f und g um die gleiche oder um verschiedene Funktionen handelt.
a) $f(x) = x^2$; $g(t) = t^2$
b) $f(x) = 3x^2$; $g(x) = (3x)^2$
c) $f(x) = x^2$; $g(x) = (-x)^2$
d) $f(x) = (x-1)^2 - 1$; $g(x) = x(x-2)$
e) $f(x) = \frac{1}{x}$; $g(x) = \frac{x}{x^2}$
f) $f(x) = \frac{x^2 - 2x + 1}{x - 1}$; $g(x) = x - 1$

Systolischer Blutdruck: Druck beim Zusammenziehen der Hauptkammern des Herzmuskels. Diastolischer Blutdruck: Druck beim Erschlaffen des Herzmuskels.

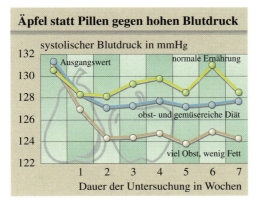

10 In einer englischen Studie wurde der Einfluss der Ernährung auf den Blutdruck untersucht.
a) Ist es sinnvoll, bei den Graphen die einzelnen Messpunkte miteinander zu verbinden?
b) Geben Sie für die drei dargestellten Funktionen jeweils die Definitionsmenge und die Wertemenge an.
c) Warum beginnt die Hochachse nicht mit dem Wert 0?
d) Um wie viel Prozent sank der Blutdruck bei der Diät „viel Obst, wenig Fett" im Verlauf der Studie?

Nicht vergessen: Jede Zahl hat 1 und sich selbst als Teiler.

11 Jeder natürlichen Zahl wird die Anzahl ihrer Teiler zugeordnet.
a) Handelt es sich um eine Funktion f?
b) Bestimmen Sie $f(6)$; $f(12)$; $f(32)$; $f(49)$; $f(60)$.
c) Nennen Sie Zahlen mit der Eigenschaft $f(n) = 2$; $f(n) = 1$; $f(n) = 3$; $f(n) = 4$.

12 h ist die Funktion, die jeder natürlichen Zahl n die Anzahl der Primzahlen zuordnet, die kleiner oder gleich n sind.
a) Stellen Sie für $n = 1; 2; \ldots; 20$ eine Wertetabelle auf. Zeichnen Sie den Graphen.
b) Für welche $n \in \mathbb{N}$ gilt: $h(n) = 11$?

Funktionen, die zur Berechnung von Funktionswerten zuvor berechnete Werte verwenden, nennt man rekursiv definiert.

13 Durch folgende Vorschrift wird eine Funktion f mit $D_f = \mathbb{N}$ definiert:
$f(0) = 1$; $f(n) = 2 \cdot f(n-1)$.
a) Berechnen Sie die Funktionswerte $f(n)$ für $1 \leq n \leq 5$.
b) Geben Sie eine Termdarstellung der Funktion f an.

Computer verwenden

14 Berechnen Sie die Funktionswerte für $1 \leq n \leq 10$.
a) $f(0) = 1$; $f(n) = n \cdot f(n-1)$
b) $f(0) = 2$; $f(n) = \frac{1}{2} \cdot \left[f(n-1) + \frac{2}{f(n-1)}\right]$
c) $f(1) = f(2) = 1$; $f(n) = f(n-1) + f(n-2)$

17

3 Lineare Funktionen, Funktionenscharen

Energiebilanz verschiedener Verkehrsmittel pro Reisendem:

Flugzeug: 0,41 kWh pro Kilometer
+ 95,2 kWh pro Start
(bei mittlerer Auslastung)

Auto: 0,80 kWh pro Kilometer
(bei einem Insassen)

Bahn: 0,09 kWh pro Kilometer
(bei mittlerer Auslastung)

1 a) Berechnen Sie den Energieverbrauch für eine Reise von Hamburg nach Hannover (Entfernung ca. 180 km) für jedes der drei Verkehrsmittel.
b) Geben Sie die Terme für die folgenden Funktionen an und zeichnen Sie jeweils den Graphen.
f: Flugkilometer $\mapsto$ Energieverbrauch
a: Autokilometer $\mapsto$ Energieverbrauch
c) Ab welcher Reisestrecke hat das Flugzeug eine günstigere Energiebilanz als das Auto? Was ändert sich, wenn man von 2 Insassen im Auto ausgeht?

Viele Funktionen, die im Alltag eine Rolle spielen, haben die Form $x \mapsto mx + c$.
Trägt man die Punkte $P(x \mid mx + c)$ in ein Koordinatensystem ein, so liegen diese auf einer Geraden, da ihre Koordinaten die Gleichung $y = mx + c$ erfüllen.

Eine ausführliche Darstellung des Themas „Geraden im Koordinatensystem" finden Sie im Anhang auf Seite 362 ff.

Definition: Eine Funktion $f: x \mapsto mx + c$; $m \in \mathbb{R}$, $c \in \mathbb{R}$
heißt **lineare Funktion**.
Ihr Graph ist eine Gerade mit der Steigung m und dem y-Achsenabschnitt c.

In vielen Situationen treten Funktionen auf, die zwar nicht für alle $x \in \mathbb{R}$ linear sind, wohl aber in Teilintervallen ihrer Definitionsmenge. In diesem Fall spricht man von einer **abschnittsweise linearen Funktion** (vgl. Beispiel 2).

*In Computerprogrammen wird die Betragsfunktion meistens mit **ABS** (wie Absolutbetrag) bezeichnet.*

Eine wichtige abschnittsweise lineare Funktion ist die Funktion f mit
$$f(x) = \begin{cases} x & \text{für } x \in \mathbb{R}_0^+ \\ -x & \text{für } x \in \mathbb{R}^- \end{cases}$$
Sie ordnet jeder reellen Zahl ihren Betrag zu.
f heißt deshalb **Betragsfunktion** und kann kürzer in der Form
$$f: x \mapsto |x|; \quad x \in \mathbb{R}$$
dargestellt werden.

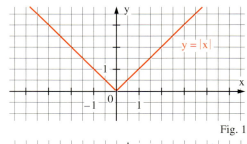

Fig. 1

Durch $f_t: x \mapsto tx + 1$ ist für jeden Wert $t \in \mathbb{R}$ eine lineare Funktion gegeben.
So gilt z. B.:
$t = 1$: $f_1(x) = x + 1$,
$t = -2$: $f_{-2}(x) = -2x + 1$.
Man spricht in solchen Fällen von einer **Funktionenschar** und nennt t Scharparameter.

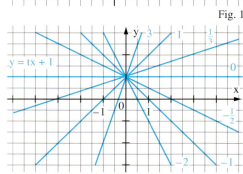

Fig. 2

18

Lineare Funktionen, Funktionenscharen

Lineare Abschreibung bedeutet, dass der Buchwert jährlich um einen festen Betrag abnimmt.

Beispiel 1: (Term, Graph)
Eine Maschine mit dem Neupreis 25 000 € wird linear abgeschrieben. Nach 8 Jahren hat sie noch den Schrottwert 1000 €.
a) Bestimmen Sie die Funktion w: Alter der Maschine (in Jahren) $\mapsto$ Wert (in €) und zeichnen Sie den Graphen. Welchen Wert hat die Maschine nach 3 Jahren?
b) Zu welchem Zeitpunkt t* ist sie noch 10 000 € wert?
Lösung:

a) Ansatz: $w(t) = mt + c$.
Wegen $w(0) = 25000$ ist $c = 25000$.
Mit $w(8) = 1000$ erhält man
$m = \frac{w(8) - w(0)}{8} = \frac{-24000}{8} = -3000$.
Also ist $w(t) = -3000t + 25000$.
Wert nach 3 Jahren (in €):
$w(3) = -3000 \cdot 3 + 25000 = 16000$.
b) $w(t^*) = -3000t^* + 25000 = 10000$,
also $t^* = 5$.

Schaubild

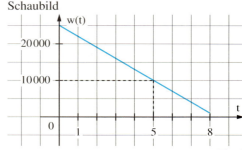

Fig. 1

Beispiel 2: (abschnittsweise lineare Funktion)
Ein Energieversorgungsunternehmen berechnet die Kosten für Erdgas nach verschiedenen Tarifen. Jeder Tarif setzt sich aus der Grundgebühr und dem zum Verbrauch proportionalen Anteil zusammen (siehe Tabelle). Dabei ist zu berücksichtigen, dass das Unternehmen jeweils den für den Kunden günstigsten Tarif zugrunde legt.

Tarif	K	I	II
bis ... kWh	1500	5000	15 000
Grundgebühr in €/Jahr	22	52	95
Arbeitspreis in ct/kWh	5,83	3,79	2,93

a) Geben Sie mithilfe von Termen die Funktion p an, die dem Jahresverbrauch x in kWh den Rechnungsbetrag p(x) in € (ohne MwSt.) zuordnet und zeichnen Sie den Graphen dieser Funktion.
b) Wie hoch ist der Rechnungsbetrag bei einem Jahresverbrauch von 9000 kWh?
Wie viel müsste der Verbraucher mehr bezahlen, wenn nur nach Tarif K abgerechnet würde?
Lösung:

a) $p(x) = \begin{cases} 0,0583x + 22 & \text{für } x \in [0; 1500] \\ 0,0379x + 52 & \text{für } x \in (1500; 5000] \\ 0,0293x + 95 & \text{für } x \in (5000; 15000] \end{cases}$

b) $p(9000) = 0,0293 \cdot 9000 + 95 = 358,7$
$p_K(9000) = 0,0583 \cdot 9000 + 22 = 546,7$
Er müsste also 188 € mehr bezahlen.

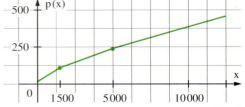

Fig. 2

Beispiel 3: (Betragsfunktion)
Stellen Sie die Funktion f mit $f(x) = -0,5 \cdot |x - 4| + 2$ ohne Betragszeichen dar und zeichnen Sie ihren Graphen.

Strategie: Betragsstriche |...| durch Klammern (...) ersetzen, wenn ihr Inhalt ≥ 0 ist; sonst durch $-(...)$ ersetzen.

Lösung:
Für $x \geq 4$ gilt:
$f(x) = -0,5 \cdot (x - 4) + 2 = -0,5x + 4$.
Für $x < 4$ gilt:
$f(x) = -0,5 \cdot (-1) \cdot (x - 4) + 2 = 0,5x$.
Also ist $f(x) = \begin{cases} -0,5x + 4 & \text{für } x \geq 4 \\ 0,5x & \text{für } x < 4 \end{cases}$

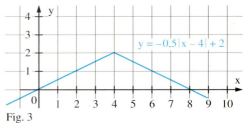

Fig. 3

19

Lineare Funktionen, Funktionenscharen

Beispiel 4: (Funktionenschar)
Für jedes $t \in \mathbb{R}$ ist eine Funktion f_t gegeben durch $f_t(x) = tx - t^2$.
a) Zeichnen Sie die Graphen für $t = \pm 0{,}25; \pm 0{,}5; \pm \frac{1}{2}\sqrt{2}; \pm 1; \pm 2; \pm\sqrt{2}$.
b) Ermitteln Sie den Schnittpunkt N des Graphen von f_t mit der x-Achse.
c) Untersuchen Sie, für welche Werte von $t \in \mathbb{R}$ die Punkte $P(2|2)$, $Q(2|1)$, $R(2|0{,}75)$ jeweils auf dem Graphen von f_t liegen.
Lösung:

Mit einem geeigneten Plot-Programm erhält man sehr schnell solche Graphen.

a) Graph

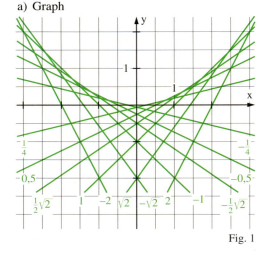

Fig. 1

b) Schnittpunkt mit der x-Achse: $f_t(x) = 0$
liefert für $t \neq 0$ $x_1 = t$, also ist $N(t|0)$.
Für $t = 0$ ist $f_0(x) = 0$, d.h., der Graph von f_0 stimmt mit der x-Achse überein.
c) Punktprobe für $P(2|2)$: $f_t(2) = 2$, d.h.
$t \cdot 2 - t^2 = 2$, also $t^2 - 2t + 2 = 0$.
Da diese Gleichung keine Lösung hat, liegt P auf keinem der Graphen.
Punktprobe für $Q(2|1)$: $f_t(2) = 1$, d.h.
$t \cdot 2 - t^2 = 1$, also $t^2 - 2t + 1 = 0$. Daraus erhält man $(t-1)^2 = 0$ und damit $t_0 = 1$.
Punktprobe für $R(2|0{,}75)$: $f_t(2) = 0{,}75$, d.h.
$t \cdot 2 - t^2 = 0{,}75$, also $t^2 - 2t + 0{,}75 = 0$.
Daraus erhält man $t_{1,2} = \frac{2 \pm \sqrt{4-3}}{2} = \frac{2 \pm 1}{2}$
und damit $t_1 = 1{,}5$; $t_2 = 0{,}5$.

Punktprobe:
Man prüft, ob der Punkt $P(a|b)$ auf dem Graphen von f liegt, indem man untersucht, ob $b = f(a)$ gilt.

Aufgaben

2 Gehört die Wertetabelle zu einer linearen Funktion?
Geben Sie gegebenenfalls den Funktionsterm an.
a)

x	1	3	5	7
y	2,4	3,7	5,0	6,3

b)

x	0,8	1,6	3,4	5,8
y	1,2	0	−2,7	−6,3

3 Geben Sie die lineare Funktion f an, die diese Wertetabelle besitzt; ergänzen Sie die Tabelle.
a)

x	−2	0	4	5	?	?
y	1,3	?	3,1	?	2,2	0,4

b)

x	3	$-\frac{3}{2}$	?	1,2	$\frac{9}{5}$	?
y	?	−0,7	−2,2	$\frac{1}{5}$	?	0,6

4 Für eine lineare Funktion gilt $f(3) = 7$ und $f(8) = 10$. Geben Sie die Funktion an.
Welche Zahl ordnet sie der Zahl 5 zu? Welcher Zahl ist der Funktionswert 6 zugeordnet?

5 Ein Öltank mit 6000 Liter Fassungsvermögen wird gleichmäßig mit Heizöl gefüllt.
Nach 6 Minuten sind 2100 Liter im Tank, eine Viertelstunde später 4350 Liter.
a) Geben Sie die Funktion an, die der Füllduaer t den Füllstand $f(t)$ zuordnet.
Zeichnen Sie den Graphen von f.
b) War der Tank bei Beginn der Füllung leer?
c) Wie lange dauert es, bis der Tank voll ist?

Lineare Funktionen, Funktionenscharen

6 Der Regionalexpress 3654 fährt von Tübingen nach Reutlingen (14 km) und weiter nach Nürtingen (22 km).
Fahrplan: Tübingen ab 7.58 Uhr
Reutlingen an 8.07 Uhr
Reutlingen ab 8.08 Uhr
Nürtingen an 8.22 Uhr
a) Zeichnen Sie einen „grafischen Fahrplan".
b) Woran erkennt man, dass der Zug auf beiden Teilstrecken etwa gleich schnell fährt?
c) Berechnen Sie die mittlere Geschwindigkeit auf der Strecke Tübingen–Nürtingen.

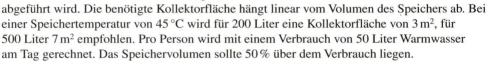

7 Sonnenkollektoren wandeln Lichtenergie in Wärme um, die an den Warmwasserspeicher abgeführt wird. Die benötigte Kollektorfläche hängt linear vom Volumen des Speichers ab. Bei einer Speichertemperatur von 45 °C wird für 200 Liter eine Kollektorfläche von 3 m^2, für 500 Liter 7 m^2 empfohlen. Pro Person wird mit einem Verbrauch von 50 Liter Warmwasser am Tag gerechnet. Das Speichervolumen sollte 50 % über dem Verbrauch liegen.
a) Bestimmen Sie die Funktion, die der Personenzahl die Kollektorfläche zuordnet.
b) Wie groß sollte die Kollektorfläche bei einem 4-Personen-Haushalt sein?
c) Für wie viele Personen reicht eine Kollektorfläche von 8 m^2?

Tipp zu Aufgabe 7: Wenn Ihnen a) schwer fällt, versuchen Sie erst b) zu lösen.

8 Gegeben ist die Funktionenschar f_t mit $f_t(x) = -tx + t$.
a) Zeichnen Sie die Graphen für $t = 0$; $t = \pm 2$ und $t = \pm 0{,}5$.
b) Weisen Sie nach, dass alle Graphen durch einen festen Punkt gehen.
c) Für welches $t \in \mathbb{R}$ geht der zugehörige Graph durch den Punkt $P(2|-3)$?

9 a) Geben Sie den Term einer Funktionenschar f_t an, deren Graphen die Parallelen zur Geraden durch die Punkte $P(1|2)$ und $Q(3|3)$ sind.
b) Für welches $t \in \mathbb{R}$ ist $f_t(2) = 2$?

10 Stellen Sie die Funktion ohne Betragszeichen dar. Zeichnen Sie den Graphen.
a) $f(x) = 2 \cdot |x|$ b) $f(x) = |2 - x|$ c) $f(x) = |2 + x|$ d) $f(x) = x - |x|$

Warum nennt man wohl die gaußsche Klammerfunktion auch „Ganzzahlfunktion"?

11 Die „gaußsche Klammerfunktion" $x \mapsto [x]$ ordnet jeder Zahl $x \in \mathbb{R}$ die größte ganze Zahl zu, die kleiner oder gleich x ist.
a) Bestimmen Sie $\left[\frac{11}{4}\right]$, $\left[\frac{9}{2}\right]$, $[17{,}5]$, $[\sqrt{70}]$, $[18]$, $[-2{,}5]$, $[-8{,}3]$, $[-\sqrt{40}]$.
b) Zeichnen Sie für $-5 \leq x \leq +5$ den Graphen der gaußschen Klammerfunktion.
c) Berechnen Sie für die Funktion $f: x \mapsto [10x + 0{,}5] : 10$ die Funktionswerte $f(0{,}54)$; $f(0{,}58)$; $f(0{,}55)$; $f(-0{,}54)$; $f(-0{,}59)$. Was „bewirkt" die Funktion f?
d) Geben Sie mithilfe der Gaußklammer eine Funktion an, die das Runden auf 2 Dezimalen bewirkt.

12 a) Verschaffen Sie sich mithilfe eines geeigneten Plot-Programms einen Überblick über die Graphen der Funktionenschar f_t mit
$$f_t(x) = \frac{\sqrt{100 - t^2}}{t} x + \sqrt{100 - t^2}.$$
b) Welche Punkte der Koordinatenachsen liegen auf einem Graphen der Schar?
c) Welche Gerade der Schar ist orthogonal zur Geraden mit der Gleichung $y = f_8(x)$?

21

4 Ganzrationale Funktionen und ihr Verhalten für $x \to +\infty$ bzw. $x \to -\infty$

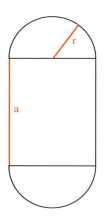

1 Ein Stadion besteht aus einem rechteckigen Spielfeld mit aufgesetzten Halbkreisen. Wie groß ist der Flächeninhalt des Spielfeldes, wenn die Innenkante der Laufbahn um das gesamte Stadion 400 m lang ist? Geben Sie dafür einen Term in Abhängigkeit von r an.

2 Berechnen Sie für die Funktionen f mit $f(x) = x^3 + x$ und g mit $g(x) = x^3$ die Funktionswerte an den Stellen $a = 1$; 10 und 100. Um wie viel Prozent weicht jeweils $g(a)$ von $f(a)$ ab?

ratio (lat.): Berechnung (mittels +, −, ·, :)
polys (griech.): viel
nomos (griech.): Gesetz
coefficiens (lat.): mitwirkend

Addiert man zum Funktionsterm $a_0 + a_1 x$ einer linearen Funktion Vielfache von x^2, so erhält man den Term $a_0 + a_1 x + a_2 x^2$ einer quadratischen Funktion. Setzt man dieses Vorgehen mit höheren Potenzen von x fort, so entstehen Terme der Form $a_n x^n + a_{n-1} x^{n-1} + \ldots + a_1 x + a_0$. Man nennt sie **Polynome**. Diese liefern neue Funktionen.

Definition: Für jedes $n \in \mathbb{N}$ heißt die Funktion
$$f: x \mapsto a_n x^n + a_{n-1} x^{n-1} + \ldots + a_1 x + a_0$$
ganzrationale Funktion.
Dabei sind die **Koeffizienten** $a_n, a_{n-1}, \ldots, a_0$ reelle Zahlen.
Ist $a_n \neq 0$, so hat f den **Grad n**.

Bemerkungen: Konstante Funktionen $x \mapsto a_0$ ($a_0 \neq 0$) haben den Grad 0.
Der Nullfunktion $x \mapsto 0$ wird kein Grad zugeordnet.

Beispiel:
Entscheiden Sie, ob die folgende Funktion ganzrational ist.
Geben Sie gegebenenfalls den Grad an.
a) $f(x) = 7x^4 - \sqrt{5}\, x + 1$ b) $g(x) = x(x-4) - x^2$ c) $h(x) = \frac{x^2}{x+1}$

Lösung:
a) f ist ganzrational mit den Koeffizienten $a_4 = 7$, $a_3 = a_2 = 0$, $a_1 = -\sqrt{5}$, $a_0 = 1$ und hat den Grad 4.
b) Wegen $g(x) = x^2 - 4x - x^2 = -4x$ ist f ganzrational mit dem Grad 1.
c) Die Funktion h ist keine ganzrationale Funktion, da sich $h(x)$ nicht auf die Form $a_n x^n + a_{n-1} x^{n-1} + \ldots + a_1 x + a_0$ bringen lässt.

In diesem Zusammenhang ist 0,2 nicht sehr klein, wohl aber −5 000 000.

Um Aussagen über das Verhalten ganzrationaler Funktionen für immer größer bzw. kleiner werdende x-Werte zu erhalten, betrachten wir zunächst ein Beispiel. Die Funktion f mit $f(x) = 3x^3 - 5x^2 + 2$ hat die folgende Wertetabelle.

x	0	1	5	10	100	10^3	10^4	$2 \cdot 10^4$
f(x)	2	0	252	2502	$\approx 2{,}95 \cdot 10^6$	$\approx 2{,}995 \cdot 10^9$	$\approx 3{,}000 \cdot 10^{12}$	$\approx 2{,}400 \cdot 10^{13}$

22

Ganzrationale Funktionen und ihr Verhalten für $x \to +\infty$ bzw. $x \to -\infty$

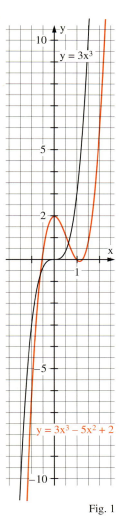

Die Tabelle führt zur Vermutung, dass die Funktionswerte von f für sehr große x-Werte ungefähr mit $3x^3$ übereinstimmen, d.h. $f(x) \approx 3x^3$.
Diese Vermutung lässt sich durch eine Termumformung ($x \neq 0$) bestätigen:
$f(x) = x^3 \left(3 - \frac{5}{x} + \frac{2}{x^3}\right)$.
Für sehr große und sehr kleine x-Werte nehmen $\frac{5}{x}$ und $\frac{2}{x^3}$ Werte nahe null an.
Der Term $3 - \frac{5}{x} + \frac{2}{x^3}$ hat daher ungefähr den Wert 3. Somit gilt: $f(x) \approx 3x^3$.
Diese Überlegung lässt sich auf alle ganzrationalen Funktionen übertragen ($x \neq 0$):
$f(x) = a_n x^n + a_{n-1} x^{n-1} + \ldots + a_1 x + a_0 = x^n \left(a_n + \frac{a_{n-1}}{x} + \ldots + \frac{a_1}{x^{n-1}} + \frac{a_0}{x^n}\right)$.
Für x-Werte mit großem Betrag unterscheidet sich der Term in der Klammer nur sehr wenig von a_n. Es ist also $f(x) \approx a_n x^n$.

> Das Verhalten einer ganzrationalen Funktion vom Grad n wird für betragsmäßig große Werte von x vom Summanden $a_n x^n$ bestimmt.

Ist a_n positiv, so werden mit beliebig groß werdenden x-Werten auch die Funktionswerte von f beliebig groß. Man sagt: „Für x gegen unendlich strebt f(x) gegen unendlich."
Hierfür schreibt man auch: Für $x \to \infty$ gilt: $f(x) \to \infty$.
Entsprechend ergibt sich zum Beispiel: a_n positiv, n ungerade: Für $x \to -\infty$ gilt: $f(x) \to -\infty$;
a_n negativ, n ungerade: Für $x \to \infty$ gilt: $f(x) \to -\infty$.

Aufgaben

3 Entscheiden Sie, ob f ganzrational ist. Geben Sie gegebenenfalls den Grad und die Koeffizienten an.
a) $f(x) = 1 + \sqrt{2} x$
b) $f(x) = 1 + 2\sqrt{x}$
c) $f(x) = (x-1)^2 (x-7)$
d) $f(x) = x^2 - \frac{3}{x}$
e) $f(x) = x^2 - \frac{x}{3}$
f) $f(x) = x^2 + \sin(x)$

4 Geben Sie eine Funktion $g: x \mapsto a_n x_n$ an, die dem Verhalten von f für betragsmäßig große Werte von x entspricht.
a) $f(x) = 4 - 3x^3 + x^2 - x^5$
b) $f(x) = 2(1-x)(x^2-1)$
c) $f(x) = (2x^2+1)(4-x) - 3x^3$

5 Untersuchen Sie das Verhalten für $x \to +\infty$ und für $x \to -\infty$.
a) $f(x) = x^3 + 2x^2 + 2x - 1$
b) $f(x) = -3x^4 + 3x^3 - x + 1$
c) $f(x) = 3x - x^3$
d) $f(x) = -2x^4 + 0,5x^2$
e) $f(x) = x^3(1-x^2)$
f) $f(x) = (1-2x)(2+5x^2)$
g) $f(x) = x(1-2x)^2$
h) $f(x) = (x+2x^3)(x^2-1)$
i) $f(x) = (2x-1)^3 + 4$

Fig. 1

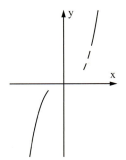
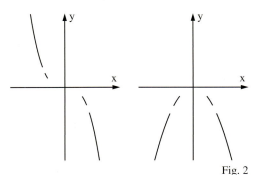

Fig. 2

6 In den nebenstehenden Skizzen sind Angaben über das Verhalten einer ganzrationalen Funktion für $x \to +\infty$ und für $x \to -\infty$ eingetragen. Was folgt daraus für den Grad und den Koeffizienten, wenn die Funktion höchstens den Grad 4 hat?

7 Begründen Sie: Der Graph einer ganzrationalen Funktion von ungeradem Grad schneidet die x-Achse mindestens einmal.

23

5 Gerade und ungerade Funktionen, Symmetrie

1 Vergleichen Sie bei den folgenden Funktionen die Funktionswerte an den Stellen 1 und −1; 2 und −2; a und −a. Welche Bedeutung haben die Ergebnisse für die zugehörigen Graphen?
a) $f(x) = x^4 + x^2 - 2$ b) $f(x) = x^3 - x$ c) $f(x) = x^3 + x^2$

Die Wertetabelle und der Graph einer Funktion lassen sich einfacher erstellen, wenn man schon am Funktionsterm überprüfen kann, ob der Graph zu einer Geraden oder zu einem Punkt symmetrisch ist.
Fig. 2 und Fig. 3 zeigen solche „Prüfbedingungen" für Achsensymmetrie zur y-Achse bzw. für die Punktsymmetrie zum Ursprung O(0|0).

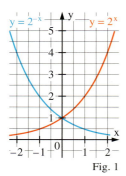

Fig. 1

Die Graphen sind zueinander symmetrisch. Aber keiner der Graphen ist symmetrisch.

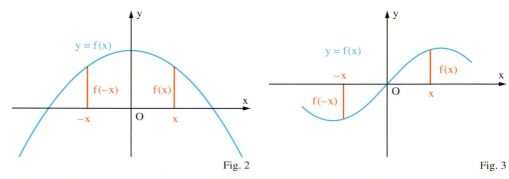

Fig. 2   Fig. 3

Satz: Gegeben ist eine Funktion f mit der Definitionsmenge D.
Gilt **f(−x) = f(x)** für alle $x \in D$,   Gilt **f(−x) = −f(x)** für alle $x \in D$,
so ist der Graph von f   so ist der Graph von f
achsensymmetrisch zur y-Achse.   **punktsymmetrisch** zum Ursprung O(0|0).

Eine Funktion f mit der Eigenschaft $f(-x) = f(x)$ nennt man eine **gerade** Funktion; gilt dagegen $f(-x) = -f(x)$, so nennt man f eine **ungerade** Funktion.
Bei ganzrationalen Funktionen erkennt man eine vorhandene Symmetrie relativ einfach.
Treten bei einem Polynom nur gerade Potenzen von x auf, d. h. hat es die Form
$a_{2n} x^{2n} + \ldots + a_2 x^2 + a_0$, so gilt stets $f(-x) = f(x)$.
Treten nur ungerade Potenzen von x auf, d. h. hat es die Form $a_{2n+1} x^{2n+1} + \ldots + a_3 x^3 + a_1 x$, so gilt stets $f(-x) = -f(x)$.

Satz: Eine ganzrationale Funktion f mit $f(x) = a_n x^n + \ldots + a_1 x + a_0$ ist
     gerade,   **ungerade**,
wenn der Funktionsterm $f(x)$ nur x-Potenzen mit
     geraden Hochzahlen   **ungeraden Hochzahlen**
enthält. Es gilt auch die Umkehrung.

Bemerkung: Wegen $a_0 = a_0 x^0$ gilt a_0 als Summand mit gerader Hochzahl.

24

Gerade und ungerade Funktionen, Symmetrie

Nach diesem Satz sind die Funktionen f mit $f(x) = -x^2 + 4x - 1$ und g mit $g(x) = x^3 - 3x^2 + 4$ weder gerade noch ungerade. Ihre Graphen (Fig. 1; Fig. 2) weisen dennoch eine Symmetrie auf.

Bei Punktsymmetrie zu P:

y_0 ist das *arithmetische Mittel* von $f(x_0 + h)$ und $f(x_0 - h)$

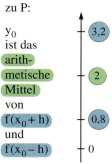

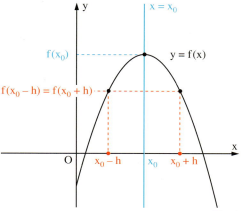

Fig. 1

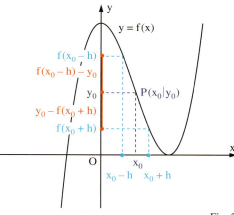

Fig. 2

Für alle $h \in \mathbb{R}$ mit $x_0 + h \in D$ gilt:
$f(x_0 - h) = f(x_0 + h)$.

Der Graph von f ist **achsensymmetrisch zur Geraden $x = x_0$**.

Für alle $h \in \mathbb{R}$ mit $x_0 + h \in D$ gilt:
$f(x_0 - h) - y_0 = y_0 - f(x_0 + h)$
bzw. $y_0 = \frac{1}{2}[f(x_0 - h) + f(x_0 + h)]$.

Der Graph von f ist **punktsymmetrisch zum Punkt $P(x_0 | y_0)$**.

Beispiel 1: (Untersuchung auf Symmetrie)
Überprüfen Sie, ob die Funktion f mit $f(x) = \frac{x}{x^2+1}$ gerade oder ungerade ist.
Welche Symmetrie weist der Graph auf?

f(−x) bilden, umformen und mit f(x) bzw. −f(x) vergleichen!

Lösung:
Es ist $f(-x) = \frac{(-x)}{(-x)^2+1} = -\frac{x}{x^2+1} = -f(x)$. Also ist f ungerade.
Der Graph von f ist punktsymmetrisch zu $O(0|0)$.

Beispiel 2: (Untersuchung auf Symmetrie bei ganzrationalen Funktionen)
Überprüfen Sie, ob die gegebene Funktion gerade oder ungerade ist.
a) $f(x) = 4x^2 - \sqrt{5}\,x^8 + 9$ b) $g(x) = 6 + 3x + 0{,}4x^3$

Hochzahlen betrachten!

Lösung:
a) Die Funktion f ist ganzrational. Der Term f(x) enthält nur gerade Potenzen von x, also ist f eine gerade Funktion.
b) Da 6 als Summand mit gerader Hochzahl gilt und die restlichen Potenzen von x ungerade sind, ist g weder eine gerade noch eine ungerade Funktion.

Ein Symmetriezentrum zu finden, ist oft schwierig. Eine Vermutung lässt sich manchmal aus einer Skizze des Graphen gewinnen.

Beispiel 3: (Punktsymmetrie zu $P(x_0|y_0)$)
Zeigen Sie, dass der Graph von f mit $f(x) = x^3 - 3x^2$ punktsymmetrisch zum Punkt $P(1|-2)$ ist.
Lösung:
Es ist $x_0 = 1$ und $y_0 = -2$.
Weiterhin ist $\frac{1}{2}[f(x_0 - h) + f(x_0 + h)] = \frac{1}{2}[f(1-h) + f(1+h)]$
$= \frac{1}{2}[(1-h)^3 - 3(1-h)^2 + (1+h)^3 - 3(1+h)^2] = \frac{1}{2}[(h^3 - 3h - 2) - (h^3 - 3h + 2)] = -2$.
Also ist der Graph von f punktsymmetrisch zum Punkt $P(1|-2)$.

Gerade und ungerade Funktionen, Symmetrie

Aufgaben

> Ist die Funktion f mit $f(x) = \frac{2x^4 - x^2 + 1}{x^2 + 1}$ gerade?
>
> Ist die Funktion g mit $g(x) = \frac{x^3 + 2x}{x^5}$ ungerade?

2 Welche ganzrationale Funktion ist gerade, welche ist ungerade?
a) $f(x) = -2x^6 + 3x^2$
b) $f(x) = 2 - 3x^4$
c) $f(x) = 2 - 3x^3$
d) $f(x) = x^3 - x + 1$
e) $f(x) = x\left(2x^2 - \frac{1}{3}x^4\right)$
f) $f(x) = (x - 1)(x - 2)$
g) $f(x) = (x - 1)^3 + 3x^2 + 1$
h) $f(x) = (1 - 3x^2)^2$
i) $f(x) = (x - x^2)^2$

3 Welche ganzrationale Funktion hat einen zur y-Achse (zum Ursprung) symmetrischen Graphen? Skizzieren Sie in a) bis e) den Graphen.
a) $f(x) = x$
b) $f(x) = x^2$
c) $f(x) = x^3$
d) $f(x) = x^4$
e) $f(x) = 2x + 3$
f) $f(x) = 7 - x^4 + 2x^6$
g) $f(x) = 4x^3 + 1$
h) $f(x) = \frac{1}{6}x^6 - x^2 - \sqrt{2} + 1$
i) $f(x) = x^3(x + 1)(x - 1)$

4 Welche Funktion hat einen zur y-Achse (zum Ursprung) symmetrischen Graphen? Skizzieren Sie in a) bis d) den Graphen.
a) $f(x) = \frac{1}{x}$
b) $f(x) = \frac{1}{x^2}$
c) $f(x) = \frac{1}{x + 1}$
d) $f(x) = \frac{1}{x^2 + 1}$
e) $f(x) = \frac{x}{x^2 + 1}$
f) $f(x) = \sqrt{x^2 + 1}$
g) $f(x) = x\sqrt{x^2 + 2}$
h) $f(x) = \frac{1}{2}(2^x + 2^{-x})$
i) $f(x) = |x|$

5 a) Zeigen Sie: Wenn der Funktionsterm einer ganzrationalen Funktion einen konstanten Summanden enthält, dann ist die Funktion nicht ungerade.
Kann eine solche Funktion gerade sein?
b) Gibt es eine Funktion, die sowohl gerade als auch ungerade ist?

6 Überprüfen Sie, ob der Graph der Funktion f zur Geraden g symmetrisch ist.
a) $f(x) = x^2 - 2x$; $g: x = 1$
b) $f(x) = x^4 - 8x^3 + 20x^2 - 16x$; $g: x = 2$
c) $f(x) = \frac{x(x + 2)}{(x + 1)^4}$; $g: x = -1$
d) $f(x) = 2^x - 2^{2-x}$; $g: x = 1$

7 Zeigen Sie, dass der Graph der Funktion f zum Punkt P symmetrisch ist.
a) $f(x) = 2x^3 + 3x^2 + x$; $P(-0,5 | 0)$
b) $f(x) = \frac{x - 2}{x^2 - 4x}$; $P(2 | 0)$

8 Beweisen Sie:
a) Ist der Graph einer Funktion f symmetrisch zur y-Achse, dann ist der Graph von $x \mapsto f(x - c)$ symmetrisch zur Geraden $g: x = c$.
b) Ist der Graph einer Funktion f symmetrisch zum Ursprung, dann ist der Graph von $x \mapsto f(x - x_0) + y_0$ symmetrisch zum Punkt $P(x_0 | y_0)$.

9 Im Modell kann man die Wachstumsgeschwindigkeit einer Fichte in Abhängigkeit von der Zeit t näherungsweise durch die Funktion w beschreiben mit
$$w(t) = \frac{500}{625 + (t - 38{,}75)^2}, \quad t \geq 0,$$
wobei t in Jahren und w(t) in Metern pro Jahr angegeben wird.
a) Zeichnen Sie mithilfe eines Plot-Programms den Graphen von w für $t \in [0; 120]$.
Wann ist die Wachstumsgeschwindigkeit ebenso groß wie im 30. Wachstumsjahr?
b) Entnehmen Sie aus der Zeichnung eine Vermutung über die Symmetrie des Graphen. Bestätigen Sie die Vermutung durch Rechnung.
c) Welche Symmetrieeigenschaft weist vermutlich der Graph der Funktion h auf, die jedem Zeitpunkt t die Höhe h(t) der Fichte zuordnet?

Fichten können 500 bis 600 Jahre alt werden, eine Höhe von 50 m und einen Stammdurchmesser von 1,20 m erreichen.

6 Nullstellen ganzrationaler Funktionen

1 a) Es ist $(x-2)(x+1)(x-5) = x^3 - 6x^2 + 3x + 10$. Für welche x-Werte nimmt also der Term $x^3 - 6x^2 + 3x + 10$ den Wert 0 an?
b) Bestimmen Sie alle x-Werte, für die der Term $(x-3)(4x^2 - 8x - 5)$ den Wert 0 annimmt.

Bisher wurden zu gegebenen x-Werten die Funktionswerte $f(x)$ berechnet (Fig. 1; roter Pfeil). Oft stellt sich auch das umgekehrte Problem: Gegeben ist ein Funktionswert a einer ganzrationalen Funktion f; gesucht sind alle x-Werte, für die $f(x) = a$ ist (Fig. 1; blaue Pfeile).
Für die x-Werte mit $f(x) = a$ nimmt die Funktion g mit $g(x) = f(x) - a$ den Wert 0 an (Fig. 2). Wir können uns daher auf den Fall $a = 0$ beschränken.
Geometrisch gesehen handelt es sich dabei um die Bestimmung der Schnittpunkte des Graphen mit der x-Achse.

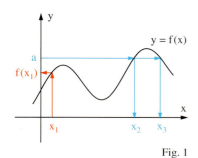
Fig. 1

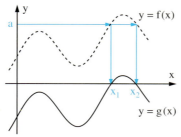
Fig. 2

Definition: Eine Zahl $x_1 \in D_f$, für die $f(x_1) = 0$ ist, heißt **Nullstelle** der Funktion f.

Nicht verwechseln:
x_1 ist Nullstelle der Funktion;
$(x_1 | 0)$ ist Schnittpunkt mit der x-Achse

Um die Nullstellen einer Funktion f zu bestimmen, ist die Gleichung $f(x) = 0$ zu lösen. Bei ganzrationalen Funktionen ersten Grades erhält man Gleichungen der Form
$\quad a_1 x + a_0 = 0 \quad$ (lineare Gleichungen)
mit der Lösung $x_1 = -\frac{a_0}{a_1}$, falls $a_1 \neq 0$ ist.

Bei ganzrationalen Funktionen zweiten Grades erhält man Gleichungen der Form
$\quad a_2 x^2 + a_1 x + a_0 = 0 \quad$ (quadratische Gleichungen)
mit den Lösungen $x_{1,2} = \frac{-a_1 \pm \sqrt{a_1^2 - 4a_2 a_0}}{2 a_2}$, falls $a_1^2 - 4 a_2 a_0 > 0$ ist.

Für Gleichungen dritten und vierten Grades wurden im 16. Jahrhundert „Lösungsformeln" gefunden. Sie sind aber so kompliziert, dass sie praktisch kaum von Bedeutung sind. Bei praktischen Problemen begnügt man sich meistens mit Näherungslösungen.

Bei höherem Grad ergeben sich Gleichungen, die wir i. Allg. nicht mit einer Formel lösen können. Nur für Sonderfälle kennen wir spezielle Lösungsverfahren.

Lösen durch Ausklammern:
$x^3 - 2x^2 - x = 0$
$x(x^2 - 2x - 1) = 0$
$x = 0$ oder $x^2 - 2x - 1 = 0$
Lösungen: $0; 1 - \sqrt{2}; 1 + \sqrt{2}$

Lösen durch Substituieren:
$x^4 - 7x^2 + 12 = 0$
Substitution $z = x^2$: $z^2 - 7z + 12 = 0$
$z = 4$ oder $z = 3$
Lösungen: $-2; 2; -\sqrt{3}; \sqrt{3}$

Ein Produkt ist genau dann null, wenn mindestens ein Faktor null ist.

Eine Gleichung höheren Grades lässt sich lösen, wenn sie eine günstige Form hat. So ist zum Beispiel $(x-2)(x^2 - 4x + 3) = 0$ eine Gleichung dritten Grades, deren Lösungen man aus den beiden Gleichungen $x - 2 = 0$ bzw. $x^2 - 4x + 3 = 0$ erhält: $L = \{2; 1; 3\}$.
Multipliziert man die linke Seite der Gleichung aus, so ergibt sich $x^3 - 6x^2 + 11x - 6 = 0$.
In dieser Form sind die Lösungen nicht mehr erkennbar. Weiß man jedoch, dass der Term $x^3 - 6x^2 + 11x - 6$ den Faktor $x - 2$ enthält, so lässt sich mithilfe der **Polynomdivision** der zweite Faktor bestimmen.

27

Nullstellen ganzrationaler Funktionen

Man geht dabei analog zur schriftlichen Division von Zahlen vor.

$$
\begin{array}{l}
(x^3 - 6x^2 + 11x - 6) : (x - 2) = x^2 - 4x + 3 \\
\underline{-(x^3 - 2x^2)} \\
\qquad -4x^2 + 11x - 6 \\
\qquad \underline{-(-4x^2 + 8x)} \\
\qquad\qquad\qquad 3x - 6 \\
\qquad\qquad\qquad \underline{-(3x - 6)} \\
\qquad\qquad\qquad\qquad 0
\end{array}
$$

$3x : x = 3$
$-4x^2 : x = -4x$
$x^3 : x = x^2$

Mit diesem Verfahren kann man die Gleichung $x^3 - 6x^2 + 11x - 6 = 0$ in die günstige Form $(x - 2)(x^2 - 4x + 3) = 0$ verwandeln. Welche Linearfaktoren ein gegebener Term enthalten kann, zeigt der folgende Satz.

> **Satz:** Ist x_1 eine Nullstelle einer ganzrationalen Funktion f vom Grad n, dann lässt sich $f(x)$ in der Form $f(x) = (x - x_1) \cdot g(x)$ schreiben.
> Dabei ist $g(x)$ ein Polynom vom Grad $n - 1$.

Beweis: Durch Polynomdivision erhält man $f(x) = (x - x_1) \cdot g(x) + r$.
Dabei ist $g(x)$ ein Polynom vom Grad $n - 1$ und r ein Rest, der nicht von x abhängt.
Streben die Werte von x gegen x_1, so erhält man $f(x_1) = r$.
Da x_1 eine Nullstelle von f ist, gilt auch $f(x_1) = 0$.
Deshalb ist $r = 0$ und somit $f(x) = (x - x_1) \cdot g(x)$.

Motto:
Durch
(x − Nullstelle)
dividieren!

Beispiel:
Ermitteln Sie alle Nullstellen der Funktion f mit $f(x) = x^3 - 5x^2 + 5x - 1$.
Lösung:
Durch Probieren findet man die Nullstelle 1. Polynomdivision von $f(x)$ durch $(x - 1)$:

$$
\begin{array}{l}
(x^3 - 5x^2 + 5x - 1) : (x - 1) = x^2 - 4x + 1 \\
\underline{-(x^3 - x^2)} \\
\qquad -4x^2 + 5x - 1 \\
\qquad \underline{-(-4x^2 + 4x)} \\
\qquad\qquad\qquad x - 1 \\
\qquad\qquad\qquad \underline{-(x - 1)} \\
\qquad\qquad\qquad\qquad 0
\end{array}
$$

Es ist also $f(x) = (x - 1)(x^2 - 4x + 1)$. Die weiteren Nullstellen von f erhält man aus der Gleichung $x^2 - 4x + 1 = 0$. Somit hat f die drei Nullstellen $1; 2 + \sqrt{3}; 2 - \sqrt{3}$.

Ist x_2 eine weitere Nullstelle der Funktion f mit $f(x) = (x - x_1) \cdot g(x)$, so muss x_2 auch eine Nullstelle von g sein. Für f gilt also auch $f(x) = (x - x_1) \cdot (x - x_2) \cdot h(x)$, wobei $h(x)$ ein Polynom vom Grad $n - 2$ ist. Mit jeder weiteren Nullstelle von f lässt sich so ein weiterer „Linearfaktor" abspalten. Man nennt dieses Verfahren „**Faktorisieren** einer ganzrationalen Funktion mithilfe ihrer Nullstellen". Bei diesem Vorgehen erniedrigt sich der Grad des verbleibenden Polynoms jeweils um eins. Es kann deshalb höchstens n Linearfaktoren geben. Dies zeigt:

> **Satz:** Eine ganzrationale Funktion vom Grad n ($n \in \mathbb{N}$) hat höchstens n Nullstellen.

Eine ganzrationale Funktion vom Grad n kann natürlich auch weniger als n Nullstellen haben. So hat die Funktion f mit $f(x) = x^n + 1$ keine Nullstellen, wenn n gerade ist, und −1 als einzige Nullstelle, wenn n ungerade ist.

28

Nullstellen ganzrationaler Funktionen

Aufgaben

2 Können Sie die Gleichung rechnerisch exakt lösen? Begründen Sie Ihre Aussage.
a) $x^4 - 2 = 0$
b) $x^4 + x - 2 = 0$
c) $x^4 + x^2 - 2 = 0$
d) $x^4 + x^2 - 2x = 0$
e) $2x^3 - 2 = x \cdot (1 + 2x^2)$
f) $2x^3 - 2 = x \cdot (1 - 2x^2)$
g) $3x^3 + 4x = 2x$
h) $3x^3 + 4x = 2$
i) $3x^3 + 4x = 2x^2$

3 Ermitteln Sie die Nullstellen der Funktion.
a) $f(x) = 0{,}44 \cdot (0{,}7 + 0{,}2x)$
b) $h(x) = 2\left(1 - \frac{1}{2}x\right)^2$
c) $f(t) = (2t+1)(6-4t)$
d) $g(x) = (0{,}4x - 1{,}2)(x^2 + 4)$
e) $g(x) = \frac{1}{2}x + \frac{2}{3}x^2$
f) $k(t) = 2t^2 - (1+\sqrt{2})\,t$
g) $f(x) = 4x^2 + 4x - 3$
h) $f(x) = x^3 - 2x^2 - 8x$
i) $f(x) = 4x^4 + 4x^3 - 3x^2$
j) $f(x) = x^4 - 13x^2 + 36$
k) $f(t) = -9 - 2t^2 + 32t^4$
l) $g(r) = r^6 - 19r^3 - 216$

Man kann nicht nur x^2 substituieren!

4 Führen Sie die Polynomdivision aus.
a) $(x^3 + 2x^2 - 17x + 6) : (x - 3)$
b) $(2x^3 + 2x^2 - 21x + 12) : (x + 4)$
c) $(x^4 - 6x^3 + 2x^2 + 12x - 8) : (x^2 - 2)$
d) $(x^4 - 9x^3 + 27x^2 - 31x + 12) : (x^2 - 2x + 1)$

5 Bestätigen Sie, dass die Funktion f die angegebene Nullstelle hat. Berechnen Sie die weiteren Nullstellen von f.
a) $f(x) = x^3 + 10x^2 + 7x - 18$; $x_1 = 1$
b) $f(x) = 2x^3 + 4{,}8x^2 + 1{,}5x - 0{,}2$; $x_1 = -2$

Der Norweger NIELS HENRIK ABEL (1802–1829) konnte im Alter von 22 Jahren nachweisen, dass für die allgemeine Gleichung 5. Grades keine Lösungsformel existiert. Als 24-Jähriger gelang ihm dieser Nachweis für alle Gleichungen höheren als 5. Grades.

6 Bestimmen Sie durch Probieren eine Nullstelle und berechnen Sie danach die weiteren Nullstellen.
a) $f(x) = x^3 - 6x^2 + 11x - 6$
b) $f(x) = x^3 + x^2 - 4x - 4$
c) $f(x) = 4x^3 - 8x^2 - 11x - 3$
d) $f(x) = 4x^3 - 20x^2 - x + 110$

7 a) Zeigen Sie, dass der Graph der Funktion f mit $f(x) = x^3 - 2x^2 - 3x + 10$ die x-Achse nur im Punkt $S(-2|0)$ schneidet.
b) Die Gerade g geht durch S und hat die Steigung 2. Berechnen Sie alle Schnittpunkte von g mit dem Graphen von f.

8 Gegeben ist die Funktionenschar f_t mit $f_t(x) = 2x^3 - tx^2 + 8x$; $t \in \mathbb{R}$.
a) Berechnen Sie die Nullstellen der Funktionen f_2, f_{10} und f_{-10}.
b) Für welche $t \in \mathbb{R}$ hat f_t drei verschiedene Nullstellen?
c) Bestimmen Sie $t \in \mathbb{R}$ so, dass f_t die Nullstelle 2 hat.

ABEL war ein schüchterner junger Mann, der in sehr beschränkten materiellen Verhältnissen lebte. Er starb im Alter von 26 Jahren an Tuberkulose.

9 In einen senkrechten Kegel mit Radius und Höhe 10 cm soll ein senkrechter Kreiszylinder mit Radius r cm einbeschrieben werden.
a) Zeigen Sie, dass der Zylinder das Volumen $V(r) = \pi \cdot (10r^2 - r^3)$ (in cm³) besitzt.
b) Weisen Sie nach, dass bei einem Radius von 5 cm das Zylindervolumen $\frac{3}{8}$ des Kegelvolumens beträgt.
c) Gibt es andere Radien, für welche die Bedingung aus b) ebenfalls zutrifft?

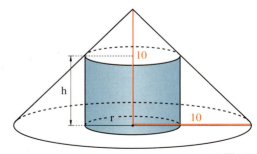

Fig. 1

10 a) Zeigen Sie: $(x^3 + 3x^2 - 11x + 4) : (x-2) = x^2 + 5x - 1 + 2 : (x-2)$.
b) Berechnen Sie ebenso: $(4x^3 - 4x^2 - 25x + 20) : (2x - 1)$.

29

7 Grenzverhalten von Funktionen

7.1 Verhalten für $x \to \pm\infty$; waagerechte Asymptoten

Für eine mathematisch exakte Erörterung dieses Themas siehe Seite 323.

1 Gegeben ist die Funktion f mit $f(x) = -\frac{1}{x^2} + 3$.
a) Skizzieren Sie den Graphen von f für $0{,}5 \leq x \leq 5$.
b) Stellen Sie eine Vermutung über den Verlauf des Graphen für große Werte von x auf.
Berechnen Sie $f(10)$, $f(100)$, $f(1000)$.
c) Für welche x-Werte weicht f(x) um weniger als 10^{-12} von der Zahl 3 ab?

Bisher wurde das Verhalten für $x \to \pm\infty$ nur für ganzrationale Funktionen betrachtet. Im Folgenden wird das „Grenzverhalten" weiterer Funktionen untersucht.

Für die Funktion f mit $f(x) = \frac{1}{x}$, $x \in \mathbb{R} \setminus \{0\}$
ergibt sich die folgende Wertetabelle.

x	1	10	100	10^3	10^6
f(x)	1	0,1	0,01	10^{-3}	10^{-6}

*Der Zahl null „beliebig nahe kommen" heißt:
Es gibt stets eine Stelle x, ab der |f(x)| kleiner als jede positive Zahl ist.*

Für beliebig groß werdende x-Werte kommen die Funktionswerte f(x) der Zahl null beliebig nahe.
Hierfür schreibt man:
Für $x \to +\infty$ gilt: $f(x) \to 0$
oder kürzer: $\lim_{x \to +\infty} f(x) = 0$.
(lies: Limes von f für x gegen plus unendlich ist null.)

Fig. 1

Aus Symmetriegründen gilt: $\lim_{x \to -\infty} f(x) = 0$. Insgesamt schreibt man: $\lim_{x \to \pm\infty} f(x) = 0$.

Anschaulich bedeutet dies: Der Graph von f kommt sowohl für $x \to +\infty$ als auch für $x \to -\infty$ der x-Achse beliebig nahe (Fig. 1).

*limes (lat.):
Grenze*

Limes, die Grenze des Römischen Reiches

Besteht der Term einer Funktion aus einer Summe, so betrachtet man bei der Untersuchung des Grenzverhaltens dieser Funktion zunächst das Verhalten der einzelnen Summanden.
Für die Funktion h mit $h(x) = 2 + \frac{1}{x}$ streben sowohl für große als auch für kleine Werte von x die Werte von $\frac{1}{x}$ gegen null, während der Term 2 konstant bleibt. Es gilt somit: $\lim_{x \to \pm\infty} h(x) = 2$.
Der Graph von h kommt der Geraden mit der Gleichung $y = 2$ beliebig nahe.

*sympiptein (griech.):
zusammenfallen
a ist verneinende Vorsilbe*

Definition: Wird x beliebig groß und kommen dabei die Funktionswerte f(x) der Funktion f einer Zahl a beliebig nahe, so nennt man diese Zahl den **Grenzwert der Funktion f** für $x \to +\infty$.
Man schreibt:
Für $x \to +\infty$ gilt: $f(x) \to a$; kurz: $\lim_{x \to +\infty} f(x) = a$.

Die Gerade mit der Gleichung $y = a$ heißt **waagerechte Asymptote** des Graphen von f für $x \to +\infty$.
Entsprechend ist der Grenzwert einer Funktion f für $x \to -\infty$ definiert.

30

Grenzverhalten von Funktionen

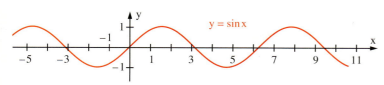

Fig. 1

Bei der Sinusfunktion $f: x \to \sin(x)$, $x \in \mathbb{R}$, liegen die Funktionswerte im Intervall $[-1; +1]$; d. h., $\sin(x)$ geht nicht gegen $\pm\infty$ für $x \to \infty$. Der zugehörige Graph pendelt zwischen -1 und $+1$. Somit besitzt die Sinusfunktion keinen Grenzwert und zwar weder für $x \to +\infty$ noch für $x \to -\infty$ (Fig. 1).

Beispiel 1:
Untersuchen Sie das Verhalten der Funktion für $x \to \pm\infty$.
Geben Sie gegebenenfalls die Gleichung der waagerechten Asymptote an.
a) $f(x) = \frac{2}{2x-1}$ 　　 b) $g(x) = 3 - \frac{2}{x}$ 　　 c) $h(x) = \frac{1}{2}x + \frac{1}{x}$ 　　 d) $k(x) = 1 - \sqrt{x}$

Lösung:
a) Für $x \to +\infty$ gilt: $2x - 1 \to +\infty$ und damit $\frac{2}{2x-1} \to 0$.
Also ist $\lim\limits_{x \to +\infty} f(x) = 0$; entsprechend ist $\lim\limits_{x \to -\infty} f(x) = 0$.
Die Gerade mit der Gleichung $y = 0$ ist waagerechte Asymptote für $x \to \pm\infty$.
b) Für $x \to \pm\infty$ gilt: $\frac{2}{x} \to 0$ und damit $3 - \frac{2}{x} \to 3$. Also ist $\lim\limits_{x \to \pm\infty} g(x) = 3$.
Die Gerade mit der Gleichung $y = 3$ ist waagerechte Asymptote.
c) Für $x \to +\infty$ gilt: $\frac{1}{2}x \to +\infty$, $\frac{1}{x} \to 0$ und damit $\frac{1}{2}x + \frac{1}{x} \to +\infty$.
Entsprechend gilt für $x \to -\infty$: $\frac{1}{2}x + \frac{1}{x} \to -\infty$.
Also gilt: $h(x) \to +\infty$ für $x \to +\infty$ und $h(x) \to -\infty$ für $x \to -\infty$.
d) Für $x \to +\infty$ gilt: $\sqrt{x} \to +\infty$ und damit $1 - \sqrt{x} \to -\infty$.
Also gilt: $k(x) \to -\infty$ für $x \to +\infty$.

Aufgaben

> Zähler konstant, Nenner bel. groß
> ⇩
> Bruch geht gegen null.

2 Bestimmen Sie den Grenzwert.
a) $\lim\limits_{x \to \infty} \frac{5}{x}$ 　　 b) $\lim\limits_{x \to \infty} \frac{1}{x^2}$ 　　 c) $\lim\limits_{x \to -\infty} \frac{1}{x^2+1}$ 　　 d) $\lim\limits_{x \to \infty} \left(\frac{-2}{x} + 1\right)$
e) $\lim\limits_{x \to \infty} \left(2 - \frac{1}{(x+3)^2}\right)$ 　 f) $\lim\limits_{x \to -\infty} \left(-\frac{1}{2x} + 3\right)$ 　 g) $\lim\limits_{x \to \infty} \frac{1}{\sqrt{x+1}}$ 　 h) $\lim\limits_{x \to \infty} \frac{1}{\sqrt{x}} + 1$

3 Untersuchen Sie das Verhalten der Funktion für $x \to \pm\infty$. Geben Sie gegebenenfalls die Gleichung der waagerechten Asymptote an.
a) $f(x) = \frac{7}{x}$ 　　 b) $f(x) = \frac{5}{3x-1}$ 　　 c) $f(x) = \frac{2}{x-2} - 3$ 　　 d) $f(x) = \frac{2}{x} + \sqrt{x}$
e) $f(x) = \frac{2}{(x-1)^2}$ 　 f) $f(x) = \frac{4}{\sqrt{x-2}}$ 　 g) $f(x) = 2 - \frac{3}{\sqrt{x+3}}$ 　 h) $f(x) = \frac{1}{x} + 2\sin(x)$

4 Wie verhält sich die Funktion f für $x \to \pm\infty$ ($a, b, c \in \mathbb{R}$)?
a) $f(x) = \frac{a}{x}$ 　　 b) $f(x) = \frac{a}{x+c}$ 　　 c) $f(x) = \frac{a}{bx+c}$ 　　 d) $f(x) = \frac{a}{x^2}$
e) $f(x) = \frac{a}{(x-c)^2}$ 　 f) $f(x) = a + \frac{b}{x}$ 　 g) $f(x) = x + \frac{b}{x}$ 　 h) $f(x) = ax + b$

5 Wie kann man mithilfe eines Computers zu Vermutungen über den Grenzwert für $x \to \pm\infty$ gelangen? Geben Sie für f solche Vermutungen an.
a) $f(x) = \frac{x}{2^x}$ 　　 b) $f(x) = \frac{x^2}{2^x}$ 　　 c) $f(x) = \frac{x^3}{1,5^x}$ 　　 d) $f(x) = \frac{x+2}{x^2-2}$
e) $f(x) = \frac{2x-1}{x+1}$ 　 f) $f(x) = \frac{10\sin(x)}{x}$ 　 g) $f(x) = 2^{-x} \cdot \sin(x)$ 　 h) $f(x) = x^{\frac{1}{x}}$

31

Grenzverhalten von Funktionen

7.2 Verhalten von Funktionen für $x \to x_0$; senkrechte Asymptoten

Bisher wurde das Verhalten von Funktionen für $x \to \pm\infty$ betrachtet. Nun gibt es aber auch Funktionen, die an einer Stelle x_0 nicht definiert sind. Im Folgenden wird bei solchen Funktionen das Verhalten der Funktionswerte bei Annäherung an eine „**Definitionslücke**", d. h. für $x \to x_0$, untersucht.

Bei der Funktion f mit $f(x) = \frac{1}{x-1}$, $x \in \mathbb{R} \setminus \{1\}$ existiert an der Stelle $x_0 = 1$ kein Funktionswert. Die folgenden Tabellen enthalten Funktionswerte für $x \to 1$ bei Annäherung „von rechts" (d. h. für $x > 1$) und bei Annäherung „von links" (d. h. für $x < 1$).

x	2	1,5	1,1	1,01	1,0001
$\frac{1}{x-1}$	1	2	10	100	10000

x	0	0,5	0,9	0,99	0,9999
$\frac{1}{x-1}$	-1	-2	-10	-100	-10000

Bei rechtsseitiger Annäherung werden die Funktionswerte beliebig groß, bei linksseitiger Annäherung beliebig klein. Man schreibt:
Für $x \to 1$ und $x > 1$ gilt: $f(x) \to +\infty$; für $x \to 1$ und $x < 1$ gilt: $f(x) \to -\infty$.
Der Graph von f kommt jeweils der Geraden mit der Gleichung $x = 1$ beliebig nahe.

> Hat die Funktion f die Eigenschaft, dass die Funktionswerte für $x \to x_0$ mit $x > x_0$ gegen $+\infty$ sowie für $x \to x_0$ mit $x < x_0$ gegen $-\infty$ streben, so nennt man die Gerade mit der Gleichung $x = x_0$ **senkrechte Asymptote** des Graphen von f.

Auch in den folgenden Fällen spricht man von einer senkrechten Asymptoten:
a) Für $x > x_0$ gilt: $f(x) \to -\infty$, für $x < x_0$ gilt: $f(x) \to +\infty$;
b) sowohl für $x > x_0$ als auch für $x < x_0$ gilt: $f(x) \to +\infty$ (vgl. Beispiel 2);
c) sowohl für $x > x_0$ als auch für $x < x_0$ gilt: $f(x) \to -\infty$;
d) nur für $x > x_0$ bzw. $x < x_0$ gilt: $|f(x)| \to \infty$.

Beispiel 2:
Gegeben ist die Funktion f mit $f(x) = \frac{0{,}3}{(x+2)^2}$.
a) Geben Sie die maximale Definitionsmenge an.
b) Untersuchen Sie das Verhalten bei Annäherung an die Definitionslücke.
c) Geben Sie die Gleichung der senkrechten Asymptote an.
d) Zeichnen Sie den Graphen von f.
Lösung:
a) $D_f = \mathbb{R} \setminus \{-2\}$.
b) Für $x \to -2$ und $x > -2$ gilt:
$(x+2) \to 0$ und $(x+2)^2 > 0$.
Somit folgt: $\frac{0{,}3}{(x+2)^2} \to +\infty$.
Für $x \to -2$ und $x < -2$ gilt:
$(x+2) \to 0$ und $(x+2)^2 > 0$.
Somit folgt: $\frac{0{,}3}{(x+2)^2} \to +\infty$.
c) Die Gerade mit der Gleichung $x = -2$ ist senkrechte Asymptote.
d) Siehe Fig. 2

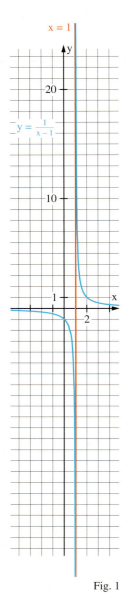

Fig. 1

Nicht verwechseln:
$x = 2$ ist die Gleichung einer Parallelen zur y-Achse;
$y = 2$ ist die Gleichung einer Parallelen zur x-Achse!

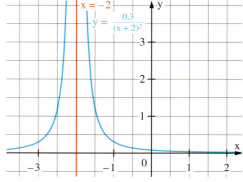

Fig. 2

Grenzverhalten von Funktionen

Aufgaben

Zeichnung:

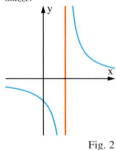

Fig. 1

6 Untersuchen Sie das Verhalten von f bei Annäherung an die Definitionslücke. Geben Sie die Gleichung der senkrechten Asymptote an.

a) $f(x) = \frac{2}{x}$ b) $f(x) = -\frac{1}{x^2}$ c) $f(x) = \frac{1}{x-4}$ d) $f(x) = \frac{2}{4-x}$

e) $f(x) = 1 - \frac{1}{x}$ f) $f(x) = \frac{3}{(x-1)^2}$ g) $f(x) = \frac{0{,}1}{x^3}$ h) $f(x) = 1 + \frac{2}{x^2}$

a) $f(x) = \frac{c}{x}$ (c > 0) b) $f(x) = \frac{c}{x+2}$ (c > 0) c) $f(x) = \frac{2}{a-x}$ (a > 0) d) $f(x) = -\frac{1}{2x+a}$ (a > 0)

7 Untersuchen Sie, ob der Graph senkrechte Asymptoten hat, und geben Sie gegebenenfalls ihre Gleichungen an.

a) $f(x) = \frac{1}{(x+1)^2}$ b) $f(x) = \frac{1}{x^2+1}$ c) $f(x) = \frac{1}{(x-1)^2}$ d) $f(x) = \frac{1}{x^2-1}$

Skizze:

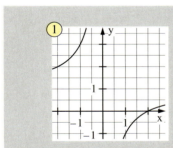

Fig. 2

8 Untersuchen Sie den Graphen von f auf senkrechte und waagerechte Asymptoten. Skizzieren Sie mithilfe der Asymptoten den Graphen von f.

a) $f(x) = \frac{4}{x}$ b) $f(x) = \frac{2}{x+1}$ c) $f(x) = \frac{1}{1-x}$ d) $f(x) = 1{,}5 - \frac{1}{x}$

9 Gegeben ist die Funktion f mit $f(x) = \frac{1}{(x+1)(x-2)}$.

a) Geben Sie die maximale Definitionsmenge der Funktion f an.
b) Untersuchen Sie das Verhalten von f bei Annäherung an die Definitionslücken.
c) Untersuchen Sie das Verhalten von f für $x \to \pm\infty$.
d) Skizzieren Sie den Graphen von f mithilfe der Asymptoten.

10 Welcher Graph gehört zu welcher Funktion?

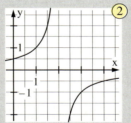

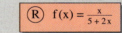

Ⓘ $f(x) = \frac{1}{0{,}5 + x^2}$

Ⓔ $f(x) = \frac{1}{2-x}$

Ⓡ $f(x) = \frac{x}{5+2x}$

Ⓝ $f(x) = \frac{2}{x^2-4}$

Ⓔ $f(x) = 2 + \frac{1}{x-2}$

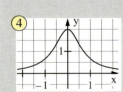

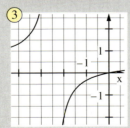

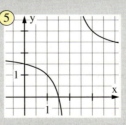

Ⓕ $f(x) = \frac{x-2}{x}$

Wenn Sie die Buchstaben bei den Funktionstermen in die Reihenfolge der zugehörigen Graphen bringen, erhalten Sie einen „Schülertraum".

11 Geben Sie zwei Funktionen an, deren Graphen die folgenden Asymptoten haben.

a) y = 0; x = 2 b) y = 2; x = −0,5 c) y = −5; x = 4 d) y = −5; x = 4: x = −0,5

33

8 Zusammengesetzte Funktionen

1 Eine Eisdiele hat täglich feste Kosten (für Miete, Personal, ...) von 200 Euro. Die Materialkosten für die Eisherstellung betragen 15 Cent pro Kugel.
a) Geben Sie die Gesamtkosten, die Einnahmen und den Gewinn pro Tag an, wenn x Eiskugeln zum Stückpreis von 50 Cent verkauft werden.
b) Wie hoch ist der Gewinn pro Eiskugel?

Aus den beiden Funktionen $u: x \mapsto x^2; x \in \mathbb{R}$, und $v: x \mapsto \frac{1}{x}; x \in \mathbb{R} \setminus \{0\}$ kann man auf folgende Weise eine neue Funktion f bilden: Für jede Zahl x, für die u und v definiert sind, d.h. für alle $x \in D_u \cap D_v = \mathbb{R} \setminus \{0\}$, setzt man $f(x) = u(x) + v(x) = x^2 + \frac{1}{x}$.
Um deutlich zu machen, wie f entstanden ist, schreibt man statt f auch u + v.
Entsprechend lässt sich auch $u - v$, $u \cdot v$ und $\frac{u}{v}$ bilden.

Definition:
Die Funktion **u + v**: $x \mapsto u(x) + v(x)$ mit $x \in D_u \cap D_v$ heißt **Summe** der Funktionen u und v.
Die Funktion **u − v**: $x \mapsto u(x) - v(x)$ mit $x \in D_u \cap D_v$ heißt **Differenz** von u und v.
Die Funktion **u · v**: $x \mapsto u(x) \cdot v(x)$ mit $x \in D_u \cap D_v$ heißt **Produkt** der Funktionen u und v.
Die Funktion $\frac{u}{v}$: $x \mapsto \frac{u(x)}{v(x)}$ mit $x \in D_u \cap D_v$; $v(x) \neq 0$ heißt **Quotient** von u und v.

Ordinatenaddition

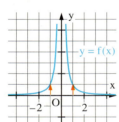

Umgekehrt lassen sich oft kompliziertere Funktionen wie $f: x \mapsto \frac{x^3 + 1}{x}$; $x \in \mathbb{R} \setminus \{0\}$ als Summe einfacherer Funktionen darstellen. Es ist $f(x) = \frac{x^3 + 1}{x} = x^2 + \frac{1}{x}$. Damit erhält man $f = u + v$ mit $u(x) = x^2$ und $v(x) = \frac{1}{x}$.
Den Graphen von f erhält man, indem man an jeder Stelle x zur Ordinate u(x) die Ordinate v(x) zeichnerisch addiert (vgl. Fig. 1). Man nennt dieses Verfahren **Ordinatenaddition**.

Beispiel 1: (Zerlegen in eine Summe)
Gegeben ist die Funktion f mit $f(x) = \frac{x^2 - 1}{x}$.
a) Schreiben Sie f als Summe und untersuchen Sie f für $x \to \pm\infty$.
b) Untersuchen Sie das Verhalten von f bei Annäherung an die Definitionslücke.
c) Zeichnen Sie mittels Ordinatenaddition den Graphen von f.
Lösung:

a) Es ist $f(x) = \frac{x^2 - 1}{x} = x - \frac{1}{x}$.
Für $x \to +\infty$ gilt: $x \to +\infty$; $-\frac{1}{x} \to 0$;
somit: $f(x) \to +\infty$.
Für $x \to -\infty$ gilt: $x \to -\infty$; $-\frac{1}{x} \to 0$;
somit: $f(x) \to -\infty$.
b) Es ist $D_f = \mathbb{R} \setminus \{0\}$; also ist $x_0 = 0$ die Definitionslücke.
Für $x \to 0$ und $x > 0$ gilt:
$x \to 0$; $-\frac{1}{x} \to -\infty$; somit: $f(x) \to -\infty$.
Für $x \to 0$ und $x < 0$ gilt:
$x \to 0$; $-\frac{1}{x} \to +\infty$; somit: $f(x) \to +\infty$.

c) Graph

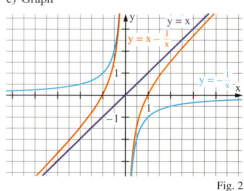

Fig. 1

Fig. 2

Zusammengesetzte Funktionen

Beispiel 2: (Funktion als Produkt)
Gegeben ist die Funktion f mit
$f(x) = x^3 - 2x^2$.
a) Schreiben Sie f als Produkt zweier einfacher Funktionen.
b) Für welche $x \in \mathbb{R}$ verläuft der Graph der Funktion f oberhalb der x-Achse?
Lösung:
a) Wegen $f(x) = x^3 - 2x^2 = x^2(x - 2)$ ist
$f = u \cdot v$ mit $u(x) = x^2$ und $v(x) = x - 2$.
b) Der Graph von f verläuft oberhalb der x-Achse, wenn u(x) und v(x) gleiches Vorzeichen haben. Da u(x) nie negativ ist, muss $u(x) > 0$ sein; d.h., der Graph von f verläuft für alle $x > 2$ oberhalb der x-Achse.

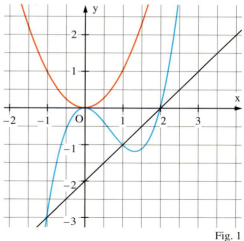

Fig. 1

Aufgaben

2 Zeichnen Sie mittels Ordinatenaddition den Graphen der Funktion f.
a) $f(x) = x^2 + x$ b) $f(x) = x^2 - 0{,}5x$ c) $f(x) = x^3 - x$ d) $f(x) = x^3 - x + 1$
e) $f(x) = x + |x|$ f) $f(x) = -x + |x|$ g) $f(x) = 2^x - 1$ h) $f(x) = 2^x + 2^{-x}$

3 Untersuchen Sie f für $x \to \pm\infty$ und bei Annäherung an die Definitionslücke bzw. bei Annäherung an den Rand der Definitionsmenge.
a) $f(x) = \frac{1-x}{x}$ b) $f(x) = \frac{2x^2 - 3}{x^2}$ c) $f(x) = (x-1)^2 \cdot \frac{1}{x}$
d) $f(x) = \frac{x+1}{\sqrt{x}}$ e) $f(x) = \frac{\sqrt{x}+1}{\sqrt{x}}$ f) $f(x) = \frac{\sqrt{x}+x}{x}$

4 Zeichnen Sie den Graphen der Funktion f mit $f(x) = \frac{1}{x} - |x|$ mittels Ordinatenaddition. Beantworten Sie mithilfe des Graphen die folgenden Fragen.
a) Welche Definitionsmenge und welche Wertemenge hat f?
b) Für welche $x \in D_f$ ist $f(x) = 0$; $f(x) > 0$ und $f(x) < 0$?
c) Für welche $x \in D_f$ ist $f(x) > -x$? Gibt es einen x-Wert mit $f(x) = -x$?
d) Wie viele x-Werte mit $f(x) = 4$ bzw. $f(x) = -4$ gibt es?

Recyclingquote:
Anteil des wiederverwerteten Kupfers an der insgesamt produzierten Kupfermenge.

5 Der Energieaufwand zur Herstellung von Kupfer ist umso kleiner, je höher der Anteil von wiederverwertetem Kupfer ist (blaue Kurve). Allerdings steigt der Energieaufwand für das Recycling von Kupfer mit wachsender Recyclingquote (rote Kurve).
a) Zeichnen Sie mittels Ordinatenaddition den Graphen für den gesamten Energieaufwand bei der Herstellung einer Tonne Kupfer.
b) Bei welcher Recyclingquote ist der Energieaufwand am geringsten?

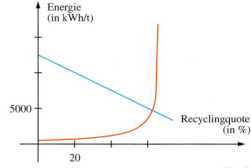

Fig. 2

6 Gegeben sind die Funktionen $u: x \mapsto x - 1$; $v: x \mapsto \sqrt{x+2}$ und $w: x \mapsto \sqrt{2-x}$.
Geben Sie die Definitionsmengen von u, v und w an sowie von $u \cdot v$, $\frac{u}{v}$, $\frac{v}{u}$, $v \cdot w$, $\frac{v}{w}$ und $\frac{w}{v}$.

35

Zusammengesetzte Funktionen

7 Schreiben Sie die Funktion f als Produkt einfacher Funktionen. Für welches $x \in \mathbb{R}$ verläuft der Graph von f oberhalb bzw. unterhalb der x-Achse?
Skizzieren Sie den Graphen.
a) $f(x) = x^2 - 3x$
b) $f(x) = x^3 - x$
c) $f(x) = x^2 - 3x + 2$

8 Fig. 1 zeigt die Graphen der Funktionen u und v. Untersuchen Sie das Verhalten der Funktion f für $x \to +\infty$; $x \to -\infty$; $x \to 0$ mit $x > 0$ und $x \to 0$ mit $x < 0$.
a) $f = u + v$
b) $f = u - v$
c) $f = u \cdot v$
d) $f = \frac{u}{v}$

9 Bestimmen Sie das Verhalten von f für $x \to \pm\infty$. Formen Sie dazu $f(x)$ geeignet in eine Summe oder ein Produkt um.
a) $f(x) = \frac{1}{x}(2x + 1)$
b) $f(x) = x^2 - x$
c) $f(x) = x^2 - 6x + 9$
d) $f(x) = \frac{1}{\sqrt{x}}(x + 2)$

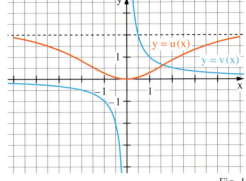
Fig. 1

10 a) Begründen Sie: Sind u und v gerade Funktionen, so sind auch $u + v$, $u \cdot v$ und $\frac{u}{v}$ gerade Funktionen.
Formulieren Sie weitere Aussagen und begründen Sie diese.

Ist eine Funktion u gegeben, so nennt man die Funktion k mit $k(x) = \frac{1}{u(x)}$ die **Kehrwertfunktion** der Funktion u.

11 Welche der Funktionen k_1, k_2, k_3 ist die Kehrwertfunktion der Funktion f bzw. der Funktion g?

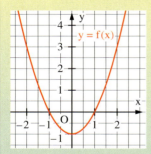
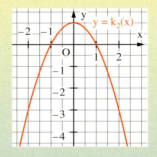
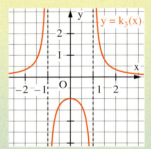

12 a) Was wird aus einer Nullstelle der Funktion u beim Übergang zu $\frac{1}{u}$?
b) Wie verhält sich die Kehrwertfunktion von u für $x \to \infty$, wenn $\lim\limits_{x \to \infty} u(x) = 0$ ist?
c) Finden Sie weitere Zusammenhänge zwischen einer Funktion und ihrer Kehrwertfunktion.

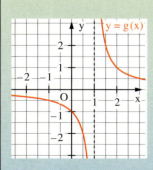

13 Skizzieren Sie den Graphen von f und mit seiner Hilfe den Graphen der Kehrwertfunktion.
a) $f(x) = x + 2$
b) $f(x) = x^3$
c) $f(x) = 2^x$

14 a) Gibt es Funktionen die mit ihrer Kehrwertfunktion übereinstimmen?
b) Der Graph einer Funktion kann den Graphen seiner Kehrwertfunktion schneiden. Wo liegen alle diese Schnittpunkte?

Waghalsiger Sprung

9 Vermischte Aufgaben

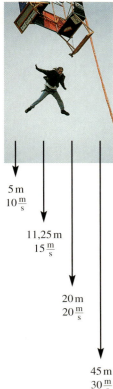

1 Untersuchen Sie, ob eine Funktion vorliegt.
a) Jeder natürlichen Zahl wird die nächstgrößere Primzahl zugeordnet.
b) Jeder natürlichen Zahl wird die nächstgelegene Primzahl zugeordnet.
c) Jeder positiven reellen Zahl a wird diejenige reelle Zahl zugeordnet, deren Quadrat die Zahl a ergibt.
d) Jeder positiven reellen Zahl wird ihr Quadrat zugeordnet.

> Beim „Scad-Diving" springt man wie beim Bungee-Jumping ebenfalls von einem Kran – doch ohne Gummiseil an den Füßen. Der freie Fall wird nicht abgebremst. Der Mensch saust aus etwa 60 Meter Höhe mit einer Geschwindigkeit von etwa 140 Stundenkilometern in das Auffangnetz, das 20 Meter über dem Boden schwebt.
>
> *Aus einer Tageszeitung*

2 Beim freien Fall erreicht man bei einer Absprunghöhe von 5 m näherungsweise die Geschwindigkeit 10 m/s.
a) Versuchen Sie mithilfe der im Bild eingezeichneten Werte den Graphen der Funktion $h \mapsto v$ zu zeichnen. Liegt eine lineare Funktion vor?
b) Untersuchen Sie die Quotienten $v^2 : h$. Leiten Sie daraus den Funktionsterm $v(h)$ her.
c) Ist die Geschwindigkeitsangabe der Zeitung richtig?
Beachten Sie: 1 m/s = 3,6 km/h.

3 Umweltbewusste Schüler behaupten: Bei Limonaden ist die Verpackung teurer als der Inhalt. Für die Überprüfung treffen sie folgende Annahmen:
Die Dose ist ein Zylinder, dessen Höhe doppelt so groß ist wie sein Durchmesser.
Für den Hersteller kostet 1 Liter Limo 15 ct.
Die Kosten für 1 dm² Blech betragen 3 ct.
a) Überprüfen Sie die Behauptung für den Dosenradius 3 cm.
b) Ab welchem Dosenradius ist der Inhalt teurer als die Dose?

Die Strömung von Flüssigkeiten durch Rohre wurde nahezu zeitgleich von dem deutschen Ingenieur HAGEN (1839) und dem französischen Arzt POISEUILLE (1840) untersucht. Dabei wollte POISEUILLE die Art der Blutbewegung in den Arterien und Venen erforschen.

4 Das Flüssigkeitsvolumen, das pro Zeiteinheit durch den Rohrquerschnitt fließt, heißt Stromstärke i.
Überträgt man die Überlegungen zur Berechnung von i im Modell auf eine 1 m lange Vene, ergibt sich für die Blutstromstärke näherungsweise $i = \text{const} \cdot (p_1 - p_2) \cdot r^4$, wobei r der Venenradius, p_1 und p_2 der Druck an den Venenenden ist.
a) Die Ader eines Patienten verengt sich auf $\frac{1}{4}$ des ursprünglichen Radius. Wie wirkt sich dies auf die Blutstromstärke aus, wenn die Druckdifferenz unverändert bleibt?
b) Welche Reaktionsmöglichkeit hat der Körper, um die Blutstromstärke wieder zu erhöhen? Nennen Sie Gründe, die zu einer Venenverengung führen können.
c) Um wie viel Prozent muss eine Ader erweitert werden, wenn die Blutstromstärke um 10 % bei gleicher Druckdifferenz erhöht werden soll?

5 Untersuchen Sie das Verhalten von f für $x \to \pm\infty$ und bei Annäherung an die Definitionslücken.
a) $f(x) = \frac{2}{2x - 3}$
b) $f(x) = \frac{1}{7 - 2x}$
c) $f(x) = \frac{x^2 + 1}{x}$
d) $f(x) = 1 + \frac{3}{\sqrt{x}}$
e) $f(x) = \frac{-2}{\sqrt{x} - 1}$
f) $f(x) = \frac{x^2 - 4x + 3}{2x}$

Vermischte Aufgaben

6 $P(a|b)$ ist ein Punkt der Geraden $g: y = \frac{1}{2}x + 1$.
a) Berechnen Sie die Steigung m der Geraden durch $A(1|0)$ und P in Abhängigkeit von a.
b) Welchem Grenzwert nähert sich m, wenn sich P auf g immer weiter von der y-Achse entfernt? Vergleichen Sie Rechnung und Zeichnung.

7 Gegeben ist die Funktion f mit $f(x) = \frac{1}{8}x^4 - x^2 - \frac{9}{8}$.
a) Weist der Graph von f eine spezielle Symmetrie auf?
b) Bestimmen Sie die Schnittpunkte des Graphen mit der x-Achse sowie den Schnittpunkt mit der y-Achse.
c) Für welche $x \in \mathbb{R}$ verläuft der Graph oberhalb der x-Achse?
d) Zeichnen sie mithilfe der Ergebnisse aus a) bis c) und einer geeigneten Wertetabelle den Graphen von f für $x \in [-3,5; 3,5]$.
e) Die Gerade g geht durch die Kurvenpunkte $P(-3|f(-3))$ und $Q(0|f(0))$. Bestimmen Sie die weiteren Schnittpunkte dieser Geraden mit dem Graphen von f.
f) Wie muss der Graph von f verschoben werden, damit er genau 3 gemeinsame Punkte mit der x-Achse hat? Geben Sie die Koordinaten dieser Punkte an.

8 Gegeben ist die Funktion f mit $f(x) = \frac{1}{2(x+2)} + 1$.
a) Bestimmen Sie die maximale Definitionsmenge von f.
b) Untersuchen Sie den Graphen von f auf waagerechte und senkrechte Asymptoten.
c) Wo schneidet der Graph die x-Achse?
d) Skizzieren Sie den Graphen von f mit seinen Asymptoten.
e) Entnehmen Sie der Skizze eine Vermutung über die Symmetrie des Graphen.
Beweisen Sie diese Vermutung rechnerisch.

9 Gegeben ist die Funktionenschar f_t mit $f_t(x) = \frac{t+1}{t-1}x + 2$.
a) Zeichnen Sie die Graphen für $t = 6; 3; 2; 1,5; 0,5; 0; -3; -5$.
b) Stellen Sie mithilfe eines Plot-Programms eine Vermutung über das Verhalten des Graphen von f_t für $t \to \pm\infty$ auf. Überprüfen Sie Ihre Vermutung rechnerisch.
c) Für welchen Wert t_1 ist der Funktionsterm nicht definiert?
Stellen Sie mithilfe des Plotprogramms eine Vermutung über das Verhalten von f_t für $t \to t_1$ auf. Überprüfen Sie Ihre Vermutung rechnerisch.
d) Beschreiben Sie die Gesamtheit aller Graphen von f_t in Worten.

10 Die Herstellungskosten eines AIRBUS-Seitenleitwerks aus Metall werden angenähert durch $k(x) = \frac{20x + 5000}{x + 50}$ (x: Anzahl der hergestellten Leitwerke; $k(x)$ in willkürlichen Geldeinheiten). Nachdem 300 Leitwerke hergestellt sind, wird erwogen, die Produktion auf Kunststoffleitwerke umzustellen. Die Stückkosten betragen dann näherungsweise $k^*(x) = \frac{15x - 2500}{x - 250}$ ($x > 300$).
a) Zeichnen Sie die beiden Graphen mithilfe eines Plot-Programms.
b) Wie verhalten sich die Stückkosten bei sehr großen Produktionszahlen?
c) Ab welcher Stückzahl ist das Kunststoffleitwerk billiger?

38

Mathematische Exkursionen

Was hat Höhlenbildung mit Mathematik zu tun?

In Kalksteingebirgen wie der Schwäbischen Alb gibt es große Höhlen. Dies hängt mit der Löslichkeit von Kalk ($CaCO_3$) in kohlendioxidhaltigem Wasser zusammen.

Regenwasser nimmt Kohlendioxid (CO_2) aus der Luft und vom Boden auf. Versickert dieses Wasser in den Fels, so löst es Kalk auf. Es ist aber nach wenigen Zentimetern Eindringtiefe gesättigt; d. h. weiterer Kalk wird nicht mehr gelöst. Wie kommen dann Höhlen tief im Fels zustande?

Für die Erklärung dieses Phänomens betrachten wir zwei gesättigte Wässer gleichen Volumens mit unterschiedlichem CO_2- und damit auch $CaCO_3$-Gehalt, die sich in der Tiefe treffen und vermischen. Da die Ausgangswässer bereits gesättigt sind, kann man ihren Kalkgehalt aus dem Graphen entnehmen. Der CO_2-Gehalt und der Kalkgehalt des Mischwassers ist jeweils der Mittelwert der beiden Ausgangswässer.

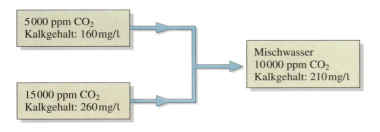

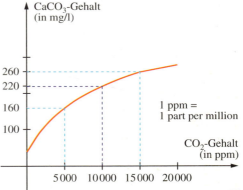

Fig. 1

Der Graph zeigt:
1 Liter Wasser mit 10000 ppm CO_2 kann 220 mg Kalk lösen, bis es gesättigt ist. Das Mischwasser mit 210 mg Kalk ist also untersättigt und kann noch 10 mg Kalk lösen. 1 m^3 Wasser löst damit weitere 10 g Kalk. So können im Verlauf von Jahrtausenden große Höhlen entstehen.

Mithilfe des Graphen lässt sich ein weiteres Phänomen der Schwäbischen Alb erklären. Überall wo große Quellen mit kalkhaltigem Wasser zu Tage treten, findet man ein poröses, relativ leichtes Kalkgestein, den Kalktuff.

Beim Austritt aus dem Gebirge ändern sich die Druck- und Temperaturverhältnisse so, dass das Quellwasser Kohlendioxid an die Luft abgibt. Das ursprünglich gesättigte Wasser ist jetzt übersättigt; es fällt Kalk aus. Da bei diesem Vorgang häufig Algen, Moos und kleine Lufträume eingeschlossen werden, bildet sich poröses Kalkgestein. Besonders gut zu sehen ist die Tuffsteinbildung an der Lippe des Uracher Wasserfalls. Unter solchen Lippen werden manchmal Hohlräume ausgespart. Auf diese Weise entsteht eine andere Art von Höhlen, die sogenannten Tuffsteinhöhlen wie die Olgahöhle in Lichtenstein-Honau.

Rückblick

Funktionen
Eine Vorschrift, die jeder reellen Zahl aus einer Menge D eine reelle Zahl zuordnet, nennt man **Funktion**. Tritt im Funktionsterm ein Parameter auf, spricht man von einer **Funktionenschar**.

Zusammengesetzte Funktionen
Aus zwei Funktionen u und v lässt sich die **Summe u + v** bilden.
  $u + v: x \mapsto u(x) + v(x)$ mit $x \in D_u \cap D_v$
Der Graph von $u + v$ ergibt sich aus den Graphen von u und v durch **Ordinatenaddition**.
Entsprechend erhält man die Differenz $u - v$, das Produkt $u \cdot v$ und den Quotienten $\frac{u}{v}$ ($v(x) \neq 0$).

Gerade und ungerade Funktionen
Eine Funktion f mit $f(-x) = f(x)$ nennt man eine **gerade Funktion**. Ihr Graph ist achsensymmetrisch zur y-Achse.
Eine Funktion f mit $f(-x) = -f(x)$ nennt man eine **ungerade Funktion**. Ihr Graph ist punktsymmetrisch zum Ursprung.

Nullstellen von Funktionen
Eine Zahl x_1 mit $f(x_1) = 0$ heißt **Nullstelle** der Funktion f.

Grenzverhalten von Funktionen
Wird x beliebig groß und kommen dabei die Funktionswerte $f(x)$ der Funktion f einer Zahl a beliebig nahe, so nennt man diese Zahl a den **Grenzwert** der Funktion f für $x \to +\infty$: $\lim\limits_{x \to +\infty} f(x) = a$.
Die Gerade mit der Gleichung $y = a$ ist **waagerechte Asymptote**. Gilt für $x \to x_0: f(x) \to \pm\infty$, so ist die Gerade mit der Gleichung $x = x_0$ **senkrechte Asymptote** des Graphen von f.

Ganzrationale Funktionen
Für $n \in \mathbb{N}$ heißt die Funktion $f: x \mapsto a_n x^n + a_{n-1} x^{n-1} + \ldots + a_0$ **ganzrationale Funktion**. Ist $a_n \neq 0$, so hat f den **Grad n**.

Eigenschaften ganzrationaler Funktionen
Für $x \to \pm\infty$ wird das Verhalten einer ganzrationalen Funktion f mit dem Grad n vom Summanden $a_n x^n$ bestimmt: $f(x) \approx a_n x^n$.

Eine ganzrationale Funktion f ist gerade (ungerade), wenn ihr Funktionsterm nur Potenzen von x mit geraden (ungeraden) Hochzahlen enthält.

Ist x_1 eine Nullstelle der ganzrationalen Funktion f, dann geht die **Polynomdivision** $f(x) : (x - x_1)$ auf.
Alle weiteren Nullstellen von f sind die Nullstellen von g mit $g(x) = f(x) : (x - x_1)$.

Eine ganzrationale Funktion mit dem Grad n hat höchstens n Nullstellen.

$f: x \mapsto x + \frac{1}{x}$; $D = \mathbb{R} \setminus \{0\}$
$f_t: x \mapsto tx + \frac{1}{x}$; $t \in \mathbb{R}$; $x \in \mathbb{R} \setminus \{0\}$

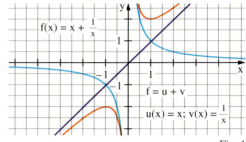

Fig. 1

f ist ungerade, da $f(-x) = -f(x)$; der Graph ist punktsymmetrisch zum Ursprung $O(0|0)$.

f hat keine Nullstelle.

Für $x \to +\infty$ gilt: $f(x) \to +\infty$;
für $x \to -\infty$ gilt: $f(x) \to -\infty$.
f hat keine waagerechte Asymptote.
Für $x \to 0$ mit $x > 0$ gilt: $f(x) \to +\infty$;
für $x \to 0$ mit $x < 0$ gilt: $f(x) \to -\infty$.
Gleichung der senkrechten Asymptote: $x = 0$.

$f: x \mapsto x^3 - 2x^2 - 5x + 6$
Der Grad von f ist 3.

f ist weder gerade noch ungerade.

$f(1) = 0$; Nullstelle $x_1 = 1$.
$$(x^3 - 2x^2 - 5x + 6) : (x - 1) = x^2 - x - 6$$
$$\underline{-x^3 \;\; - x^2}$$
$$\quad -x^2 - 5x + 6$$
$$\underline{\;\;(-x^2 \;\; + x)}$$
$$\qquad\qquad -6x + 6$$
$$\underline{\qquad\quad (-6x + 6)}$$
$$\qquad\qquad\qquad 0$$

Weitere Nullstellen von f aus
$x^2 - x - 6 = 0$;
$x_2 = -2$; $x_3 = 3$.

Aufgaben zum Üben und Wiederholen

1 Bestimmen Sie die Definitionsmenge der Funktion f. Untersuchen Sie das Verhalten von f bei Annäherung an die Definitionslücken und für $x \to \pm\infty$.
Geben Sie die Gleichungen der Asymptoten des Graphen an.

a) $f(x) = -\frac{3}{2-3x}$ b) $f(x) = \frac{7}{x^2-5}$ c) $f(x) = \frac{7}{(x-5)^2}$ d) $f(x) = 5 - \frac{3}{4x}$

e) $f(x) = \frac{2x-3}{4x}$ f) $f(x) = \frac{2x^2-3}{4x}$ g) $f(x) = \frac{2x}{x+5}$ h) $f(x) = \frac{x^2+2x-1}{x+1}$

2 Ist die Funktion f gerade oder ungerade?

a) $f(x) = -0{,}2x^3 + 6x$ b) $f(x) = (x-1)^3$ c) $f(x) = \frac{1-3x^4}{x^2+3}$ d) $f(x) = 2^{2x} + 2^{-2x}$

3 Schreiben Sie die Funktion f mit $f(x) = \frac{x^2-2}{2x}$ als Summe von Funktionen und zeichnen Sie den Graphen von f mithilfe der Ordinatenaddition.

4 Führen Sie die Polynomdivision durch.

a) $(x^3 - 2x^2 + x + 4) : (x + 1)$ b) $(2x^4 - 6x^3 + x^2 - 4x + 4) : (x - 3)$

5 Bestimmen Sie die Nullstellen der Funktion f.

a) $f(x) = 0{,}5x^3 - x^2 - 4x$ b) $f(x) = \frac{1}{4}x^4 - \frac{3}{2}x^2 + 2$ c) $f(x) = \frac{5-9x-2x^2}{1+x^2}$

6 Zeigen Sie, dass x_1 eine Nullstelle der Funktion f ist.
Bestimmen Sie anschließend alle weiteren Nullstellen der Funktion f.

a) $f(x) = x^3 - x^2 - 3x - 1;\ x_1 = -1$ b) $f(x) = x^4 - 6x^3 + 11x^2 - 6x;\ x_1 = 3$

7 Ist die Aussage wahr oder falsch? Nennen Sie gegebenenfalls ein Gegenbeispiel.
a) Wenn eine ganzrationale, gerade Funktion eine Nullstelle hat, dann hat sie eine weitere Nullstelle.
b) Der Graph einer ungeraden Funktion geht durch den Ursprung.
c) Besitzt der Graph von f die senkrechte Asymptote g: $x = a$, so ist $a \notin D_f$.
d) Eine ganzrationale Funktion 3. Grades hat genau drei Nullstellen.
e) Es gibt keine ganzrationale Funktion 3. Grades ohne Nullstellen.

8 Gegeben ist die Funktion f mit $f(x) = \frac{1}{3}x^3 - x^2 - \frac{1}{3}x + 1$.
a) Zeigen Sie, dass der Graph zum Punkt $P(1|0)$ symmetrisch ist.
b) Berechnen Sie die Nullstellen von f und zerlegen Sie f(x) in Linearfaktoren.
c) Skizzieren Sie den Graphen von f.

9 Gegeben ist die Funktion f mit $f(x) = \frac{1}{6}x^4 - \frac{4}{3}x^2 - \frac{3}{2}$.
a) Untersuchen Sie den Graphen von f auf Symmetrie.
b) Bestimmen Sie die Schnittpunkte des Graphen von f mit den Koordinatenachsen.
c) Untersuchen Sie das Verhalten von f für $x \to \pm\infty$.
d) Skizzieren Sie mithilfe von a), b) und c) den Graphen von f.

10 a) Gegeben ist die Funktion f mit $f(x) = \frac{2x+1}{x}$.
Zerlegen Sie die Funktion f in eine Summe und bestimmen Sie möglichst viele Eigenschaften von f, die Ihnen das Skizzieren des Graphen erleichtern.
b) Gegeben ist die Funktion g mit $g(x) = \frac{2x^2+1}{x}$. Stellen Sie für die Funktion g die entsprechenden Überlegungen wie für die Funktion f an.

Die Lösungen zu den Aufgaben dieser Seite finden Sie auf Seite 376.

41

II Einführung in die Differenzialrechnung

1 Differenzenquotient, Änderungsrate

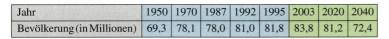

1 Die Tabelle und die Veranschaulichung ihrer Werte zeigen die Entwicklung der Bevölkerung in Deutschland (Fig. 1).
Die grün unterlegten Angaben sind Prognosen.
a) In welcher der angegebenen Zeitspannen hat sich die Bevölkerungszahl am stärksten verändert?
b) Wie kann man die Bevölkerungsentwicklung in den Zeitspannen vergleichen, obwohl diese verschieden lang sind?
In welcher Spanne hat sich die Bevölkerungszahl „am schnellsten" verändert?
c) Wie kann man die Bevölkerungszahlen der Jahre 1960 und 2010 schätzen?

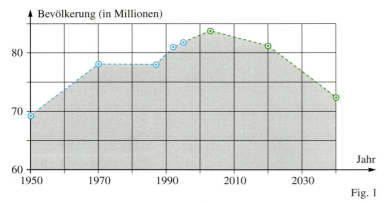

Fig. 1

Das Wachstum eines Bestandes mit der Zeit (z. B. von Bakterien) kann durch die Änderungsrate dieses Bestandes beschrieben werden. Der Begriff Änderungsrate wird nun auf Funktionen verallgemeinert.

Für die verschiedenen Funktionen f gilt:
$$f(b) - f(a)$$
bleibt gleich, aber
$$b - a$$
ändert sich.

Gegeben ist eine auf einem Intervall I definierte Funktion f sowie a, b ∈ I mit a < b. Die Differenz $f(b) - f(a)$ gibt an, „wie stark" sich die Werte von f zwischen a und b ändern. Vergleicht man die Differenz $f(b) - f(a)$ der Funktionswerte mit der Länge $b - a$ des Intervalls, so erhält man ein Maß dafür, „wie schnell" sich die Funktionswerte zwischen a und b ändern.

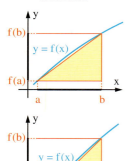

> **Definition:** Ist die Funktion f auf dem Intervall [a; b] definiert, so heißt
> $$\frac{f(b) - f(a)}{b - a}$$
> der **Differenzenquotient** oder die mittlere **Änderungsrate von f im Intervall [a; b]**.

Der Differenzenquotient von f im Intervall [a; b] kann auch als die Steigung m der Geraden durch die Punkte P(a|f(a)) und Q(b|f(b)) gedeutet werden.
Ersetzt man in einem „kleinen" Intervall [a; b] den Graphen von f durch die Gerade durch P und Q, so kann man mit der Gleichung dieser Geraden für jedes u ∈ [a; b] einen Näherungswert von f(u) berechnen (Fig. 3).
Wenn nämlich die Gerade durch P und Q der Graph der linearen Funktion g ist, kann g(u) als Näherungswert für f(u) dienen.
Bei Funktionen f mit „relativ glattem" Verlauf ist dieser Näherungswert g(u) von f(u) umso besser, je kleiner das Intervall [a; b] ist.
Man nennt g eine **lineare Näherungsfunktion** für f in [a; b].

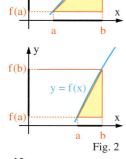

Fig. 2

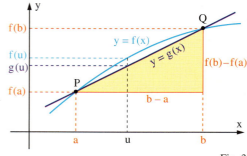

Fig. 3

Differenzenquotient, Änderungsrate

Trotz gleicher Änderungsrate im Intervall [a; b] kann der Verlauf von Graphen ganz verschieden aussehen.

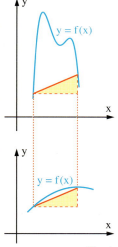

Fig. 1

Warum ist der Preis für 1 m² Wohnfläche bei kleinen Wohnungen höher als bei großen Wohnungen?

Beispiel 1: (Berechnung einer Änderungsrate)
Gegeben ist die Funktion f mit $f(x) = -\frac{1}{4}x^2 + 2x + 2$; $x \in \mathbb{R}$.
Berechnen Sie die Änderungsrate m von f im Intervall [2; 4].
Lösung:
Die Änderungsrate m von f im Intervall [2; 4] ist $m = \frac{f(4) - f(2)}{4 - 2} = \frac{6 - 5}{4 - 2} = \frac{1}{2}$.

Beispiel 2: (Bestimmung einer linearen Näherungsfunktion)
Gegeben ist für $x \geq 0$ die Funktion f mit $f(x) = \frac{4}{x + 1}$.
Bestimmen Sie die lineare Funktion g mit $g(1) = f(1)$ und $g(4) = f(4)$.
Lösung:
Die Änderungsrate von f in [1; 4] ist
$m = \frac{f(4) - f(1)}{4 - 1} = \frac{0{,}8 - 2}{3} = -\frac{2}{5}$.
Für die lineare Funktion gilt dann:
$g(x) = -\frac{2}{5}x + c$.
Aus $g(1) = f(1) = 2$ folgt
$2 = -\frac{2}{5} \cdot 1 + c$
und somit $c = \frac{12}{5}$. Also ist
$g(x) = -\frac{2}{5}x + \frac{12}{5}$.

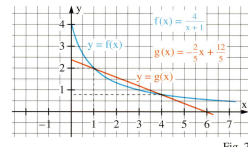

Fig. 2

Beispiel 3: (Näherungsweise Bestimmung von Funktionswerten)
Für Wohnungen verlangt eine Baufirma die angegebenen Kaufpreise. Berechnen Sie mit einer geeigneten linearen Näherungsfunktion den ungefähren Kaufpreis für eine 88 m² große Wohnung.

Wohnfläche (in m²)	40	60	80	100
Preis (in T€)	120	165	210	250

Lösung:
p(x) sei der Kaufpreis einer Wohnung der Größe x (x in m²; p(x) in T€).
Die Änderungsrate der Funktion p in [80; 100] beträgt $m = \frac{250 - 210}{100 - 80} = 2$.
Für die lineare Funktion g mit $g(80) = 210$ und $g(100) = 250$ gilt
$g(x) = 2x + 50$.
Dann ist $g(88) = 2 \cdot 88 + 50 = 226$.
Man erhält einen ungefähren Kaufpreis von 226 000 €.

Aufgaben

2 Berechnen Sie für die Funktion f die Änderungsraten m_1, m_2, m_3 und m_4 in den Intervallen $I_1 = [-1; 0]$, $I_2 = [0; 1]$, $I_3 = [1; 3]$ und $I_4 = [3; 6]$.
a) $f(x) = x^2 - 2$ b) $f(x) = (x - 4)^2$ c) $f(x) = \frac{12}{x + 2}$ d) $f(x) = 2^x$

3 Gegeben sind das Intervall $I = [1; 4]$ und die Funktion f mit $f(x) = \frac{1}{8}x^2 - \frac{1}{2}x$.
a) Berechnen Sie die Änderungsrate m von f in I.
b) Bestimmen Sie einen Funktionsterm für die lineare Näherungsfunktion g der Funktion f im Intervall I. Zeichnen Sie die Graphen von f und g in dasselbe Koordinatensystem.

4 Gegeben ist die Funktion f mit $f(x) = \sqrt{x - 2}$ für $x \geq 2$.
a) Bestimmen Sie die lineare Näherungsfunktion g von f im Intervall [6; 11].
b) Berechnen Sie mithilfe von g Näherungswerte für f(7), f(8), f(9) und f(10).

Differenzenquotient, Änderungsrate

5 Gegeben ist die Funktion f mit $f(x) = x^3 - 2x + 1$.
a) Zeichnen Sie den Graphen von f in einem beliebigen Startintervall I. Verkleinern Sie I fortlaufend und zeichnen Sie den Graphen jeweils neu. Was fällt auf?
b) Variieren Sie die Funktion f und untersuchen Sie ihren Graphen wie in a).

6 a) Bestimmen Sie die Änderungsraten von f mit $f(x) = \frac{1}{2}x^2 - x$ in den Intervallen $[t-1; t]$, $[t; t+1]$ und $[t-1; t+1]$.
b) Welcher Zusammenhang besteht zwischen den drei Änderungsraten aus a)?

7 Gegeben ist für $x > 0$ die Funktion f mit $f(x) = \log_2 x$.
a) Zeigen Sie, dass f im Intervall $[a; 2a]$ die Änderungsrate $\frac{1}{a}$ besitzt.
b) Berechnen Sie mit Aufgabenteil a) die Änderungsrate der Funktion f in den Intervallen $\left[\frac{1}{4}; \frac{1}{2}\right]$, $[1; 2]$ und $[4; 8]$.
c) Berechnen Sie mit der linearen Näherungsfunktion von f in $[4; 8]$ einen auf 3 Dezimalen gerundeten Näherungswert für $\log_2 6$ und $\log_2 7$.

8 Gegeben ist die Funktion $f: x \mapsto \left(\frac{3}{2}\right)^x$.
a) Zeigen Sie, dass f im Intervall $[a; a+1]$ die Änderungsrate $\frac{1}{2} \cdot f(a)$ besitzt.
b) Berechnen Sie mit a) die Änderungsrate von f in $[-2; -1]$, $[0; 1]$ und $[2; 3]$.
c) Bestimmen Sie wie in Aufgabe 7c) einen Näherungswert für $f(0,4)$ und $f(2,8)$.

Durchschnittliche Dauer des Rentenbezuges (in Jahren)

9 Die Dauer des Rentenbezuges hat sich in den letzten Jahren laufend erhöht (vgl. Fig. 1). Geben Sie einen Näherungswert an für die durchschnittliche Dauer des Rentenbezuges im Jahre
a) 1987 bei einem Angestellten
b) 1983 bei einer Arbeiterin
c) 1965 bei einer Angestellten
d) 1988 bei einem Arbeiter.

10 Der Luftdruck p in Meereshöhe betrage 990 hPa (Hektopascal). Messungen haben ergeben, dass mit zunehmender Höhe h der Luftdruck exponentiell abnimmt und zwar bei einem Anstieg von 1000 m auf das 0,88fache.
a) Bestimmen Sie die Gleichung der Funktion, die den Luftdruck p in Abhängigkeit von der Höhe h (in km) über Meereshöhe angibt. Zeichnen Sie mit dem Computer den zugehörigen Graphen.
b) Welche Bedeutung hat der Quotient $\frac{p(h_2) - p(h_1)}{h_2 - h_1}$ mit $h_2 > h_1 > 0$? Berechnen Sie den Wert des Quotienten für $h_1 = 2$ und $h_2 = h_1 + \frac{1}{10n}$ mit $n \in \{1; 2; \ldots 10\}$. Variieren Sie anschließend diese Annäherung an h_1. Welchem Wert strebt der Quotient zu?
c) Berechnen Sie mit der linearen Näherungsfunktion von p in $[1; 1,5]$ einen auf 3 Dezimalen gerundeten Näherungswert für $p(1,2)$.
Wie groß ist die Abweichung in Prozent vom exakten Wert?

11 Eine Person ist 1,80 m groß. Sie entfernt sich auf einer waagerecht verlaufenden Straße mit der Geschwindigkeit $6 \frac{\text{km}}{\text{h}}$ von einer Lichtquelle, die sich in einer Höhe von 3,50 m befindet.
Mit welcher Geschwindigkeit wandert der Schatten des Kopfes auf der Straße entlang?

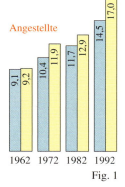

Fig. 1

Fig. 2

44

2 Die momentane Änderungsrate

2.1 Von der mittleren zur momentanen Geschwindigkeit

1 GALILEI untersuchte das Abrollen einer Kugel auf einer schiefen Ebene. Dabei maß er die Strecke s, welche die Kugel in der Zeit t zurücklegt. Er schrieb:
„... *bei wohl hundertfacher Wiederholung fanden wir stets, dass die Strecken sich verhielten wie die Quadrate der Zeiten; und dieses zwar für jedwede Neigung der Ebene ...*"

a) Mit damals üblichen Längen- und Zeiteinheiten könnte GALILEI die folgende Tabelle erhalten haben.

Zeit t	0	1	2	3	4
Strecke s	0	0,5	2,0	4,5	8,0

Fig. 1

Ergänzen Sie die Tabelle nach den Erkenntnissen von GALILEI für die Zeiten 2,5 und 3,5; 2,8 und 3,2 sowie 2,9 und 3,1.
b) Wie konnte GALILEI die Geschwindigkeit zur Zeit 3 ungefähr bestimmen?

GALILEO GALILEI (1564–1642) führte als erster Wissenschaftler Experimente zur Entdeckung von physikalischen Gesetzen durch. So soll er Fallversuche am schiefen Turm von Pisa durchgeführt haben.

Eine Kugel, die eine schiefe Ebene hinunterrollt, wird immer schneller. Will man die Geschwindigkeit bestimmen, die ein „Tachometer in der Kugel" zum Zeitpunkt $t_0 = 1{,}5$ anzeigen würde, so geht man folgendermaßen vor. Bei einer bestimmten Neigung gilt für die zurückgelegte Strecke s:

$$s(t) = 0{,}2 \cdot t^2$$

(s in Meter, t in Sekunden).

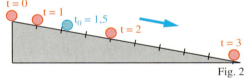

Fig. 2

Für $t_0 = 1{,}5$ und einen beliebigen Zeitpunkt t ist die **mittlere Geschwindigkeit** der Kugel im Intervall [1,5; t] oder [t; 1,5] die mittlere Änderungsrate $\frac{s(t) - s(1{,}5)}{t - 1{,}5}$ von s.

t	s(t)	$\frac{s(t) - s(1{,}5)}{t - 1{,}5}$
2,5	1,25	0,8
2,0	0,80	0,7
1,6	0,512	0,62
1,51	0,45602	0,602
1,501	0,4506002	0,6002
...	...	...

t	s(t)	$\frac{s(t) - s(1{,}5)}{t - 1{,}5}$
0,5	0,05	0,4
1,0	0,20	0,5
1,4	0,392	0,58
1,49	0,44402	0,598
1,499	0,4494002	0,5998
...	...	...

Fig. 3

In den Tabellen (Fig. 3) sind die mittleren Geschwindigkeiten für einige Intervalle [1,5; t] und [t; 1,5] berechnet. Dabei ist $s(1{,}5) = 0{,}2 \cdot 1{,}5^2 = 0{,}45$.

Der Term $\frac{s(t) - s(1{,}5)}{t - 1{,}5}$ zeigt ein bemerkenswertes Verhalten. Je näher t bei 1,5 liegt, umso näher liegen sowohl der Zähler $s(t) - s(1{,}5)$ als auch der Nenner $t - 1{,}5$ bei dem Wert 0. Der Quotient $\frac{s(t) - s(1{,}5)}{t - 1{,}5}$ aber nähert sich immer mehr dem Wert 0,6. Deshalb ist es sinnvoll, 0,6 als die **momentane Geschwindigkeit** (in $\frac{m}{s}$) der Kugel zur Zeit $t_0 = 1{,}5$ anzusehen.

45

Die momentane Änderungsrate

Das Hauptwerk von GALILEI „Unterredungen und mathematische Demonstrationen über zwei neue Wissenszweige, die Mechanik und die Fallgesetze betreffend" erschien 1638 in Leiden (Holland).

Das Verhalten des Quotienten $\frac{s(t)-s(1,5)}{t-1,5}$ für Zeitpunkte t nahe bei 1,5 kann man so beschreiben: $\frac{s(t)-s(1,5)}{t-1,5}$ liegt beliebig nahe bei 0,6, wenn t genügend nahe bei 1,5 liegt. Dafür ist folgende Schreibweise üblich:

Für $t \to 1,5$ gilt: $\frac{s(t)-0,45}{t-1,5} \to 0,6$; kurz: $\lim\limits_{t \to 1,5} \frac{s(t)-0,45}{t-1,5} = 0,6$.

Für einen beliebigen Zeitpunkt t_0 gilt entsprechend:

Für $t \to t_0$ gilt: $\frac{s(t)-s(t_0)}{t-t_0} \to v(t_0)$; kurz: $\lim\limits_{t \to t_0} \frac{s(t)-s(t_0)}{t-t_0} = v(t_0)$.

Definition: Wenn für $t \to t_0$ die mittlere Geschwindigkeit $\frac{s(t)-s(t_0)}{t-t_0}$ gegen einen Wert $v(t_0)$ strebt, so heißt $v(t_0)$ die **momentane Geschwindigkeit** zum Zeitpunkt t_0.

Beispiel: (Bestimmung einer momentanen Geschwindigkeit)
Beim freien Fall gilt zu jeder Zeit t für die Fallstrecke $s(t) = 5t^2$ (s in Meter, t in Sekunden). Bestimmen Sie die momentane Geschwindigkeit eines fallenden Körpers zur Zeit $t_0 = 2$.
Lösung:
Es ist $s(t_0) = s(2) = 5 \cdot 2^2 = 20$. Damit gilt $\frac{s(t)-s(t_0)}{t-t_0} = \frac{s(t)-20}{t-2}$.
Für Werte von t, die nahe bei 2 liegen, erhält man die folgende Tabelle.

Weg-Zeit Gesetz des freien Falls:
$s(t) = \frac{1}{2}gt^2$

g heißt Ortsfaktor und gibt die Fallbeschleunigung an.
Beispiele:
$g_{Erde} = 9,81 \frac{m}{s^2}$
$g_{Mond} = 1,62 \frac{m}{s^2}$
$g_{Sonne} = 274 \frac{m}{s^2}$
$g_{Jupiter} = 23,3 \frac{m}{s^2}$

t	1	1,5	1,9	1,99	1,999		2,001	2,01	2,1	2,5	3
$\frac{s(t)-20}{t-2}$	15	17,5	19,5	19,95	19,995		20,005	20,05	20,5	22,5	25

Der Tabelle entnimmt man, dass für $t \to 2$ gilt: $\frac{s(t)-20}{t-2} \to 20$.
Die momentane Geschwindigkeit (in $\frac{m}{s}$) eines frei fallenden Körpers zum Zeitpunkt $t_0 = 2$ ist damit $v(2) = 20$.

Aufgaben

2 Ein Körper bewegt sich so, dass er in der Zeit t den Weg $s(t) = 4t^2$ zurücklegt. Bestimmen Sie seine momentane Geschwindigkeit zu den Zeiten $t_0 = 1; 2; 3$.

3 Ein Fahrzeug wird abgebremst. Für den in der Zeit t zurückgelegten Weg $s(t)$ gilt $s(t) = 20t - t^2$ für $0 \leq t \leq 10$ (s in Meter, t in Sekunden).
Berechnen Sie $s(t)$ für $t = 0; 1; \ldots; 9; 10$. Bestimmen Sie die momentane Geschwindigkeit des Fahrzeuges (in $\frac{m}{s}$ und in $\frac{km}{h}$) zur Zeit
a) $t_0 = 3$ b) $t_0 = 6$ c) $t_0 = 9$.

Zu Aufgabe 4

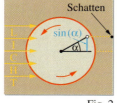

Fig. 2

4 Das Rad mit Radius 10 cm dreht sich gleichförmig und benötigt eine Sekunde für jede Umdrehung (Fig. 2 und Fig. 3). Dabei schwingt der Schatten des am Rad befestigten Stiftes auf und ab.
Bestimmen Sie die momentane Geschwindigkeit des Schattens zur Zeit $t_0 = \frac{1}{6}$ Sekunde.

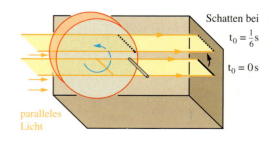

Fig. 3

2.2 Von der mittleren zur momentanen Änderungsrate

Fig. 1

5 Eine Kugel mit dem Radius $r_0 = 5$ (in cm) wird mit einer Lackschicht gleicher Dicke überzogen.
Ist r (in cm) der Radius der Kugel zusammen mit der Lackschicht, so hat die lackierte Kugel das Volumen
$V(r) = \frac{4}{3}\pi r^3$ (in cm).

a) Gegen welchen Wert strebt die Änderungsrate $\frac{V(r) - V(5)}{r - 5}$ für $r \to 5$?

b) Deuten Sie das Ergebnis mithilfe von Flächeninhalten.

Die Änderungsrate $\frac{s(t) - s(t_0)}{t - t_0}$ des zurückgelegten Weges s ist die mittlere Geschwindigkeit eines Körpers im Zeitintervall $[t_0; t]$ oder $[t; t_0]$. Für $t \to t_0$ erhält man die momentane Geschwindigkeit $v(t_0)$ des Körpers zur Zeit t_0. Dieser Gedankengang kann auf andere Sachverhalte übertragen werden.

Die mittlere Änderungsrate ist die Steigung der blauen Geraden im Graphen der Funktion $A: r \mapsto \pi r^2$. Beim Übergang zur momentanen Änderungsrate strebt $P \to P_0$ und $r \to r_0$.

Ein Kreis mit dem Radius $r_0 = 5$ (in cm) wird vergrößert ($r > 5$) oder verkleinert ($r < 5$). Dabei ändert sich sein Flächeninhalt A (in cm²) von
$$A(5) = \pi \cdot 5^2 = 25\pi$$
auf
$$A(r) = \pi \cdot r^2.$$
Für die Änderungsrate von A erhält man:
$$\frac{A(r) - A(5)}{r - 5} = \frac{\pi r^2 - 25\pi}{r - 5} = \frac{\pi \cdot (r + 5)(r - 5)}{r - 5}$$

Nach Zerlegung des Zählers in Linearfaktoren und Kürzen ergibt sich dann:
$$\pi(r + 5) \text{ für } r \neq 5.$$
Für $r \to 5$ gilt dann: $\pi(r + 5) \to 10\pi$.

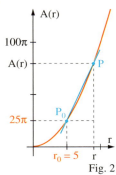

Fig. 2

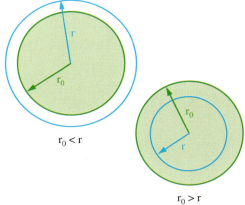

$r_0 < r$

$r_0 > r$

Fig. 4

Man nennt 10π die **momentane Änderungsrate** von A an der Stelle $r_0 = 5$.
Die momentane Änderungsrate lässt sich hier anschaulich deuten. 10π ist gerade der Umfang des Kreises mit Radius $r_0 = 5$.

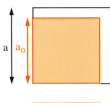

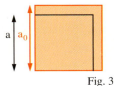

Fig. 3

Beispiel 1: (Bestimmung einer momentanen Änderungsrate durch Kürzen)
Die Funktion A mit $A(a) = a^2$ gibt für jedes $a > 0$ den Flächeninhalt $A(a)$ eines Quadrates mit der Seitenlänge a an.
a) Bestimmen Sie die momentane Änderungsrate $m(a_0)$ von A für $a_0 = 4$.
b) Welche anschauliche Bedeutung hat die momentane Änderungsrate $m(a_0)$?
Lösung:
a) Für die mittlere Änderungsrate der Funktion A erhält man für $a \neq 4$:
$$\frac{A(a) - A(4)}{a - 4} = \frac{a^2 - 16}{a - 4} = \frac{(a - 4)(a + 4)}{a - 4} = a + 4.$$
Für $a \to 4$ ergibt sich $a + 4 \to 8$. Für die momentane Änderungsrate gilt also $m(4) = 8$.
b) Die momentane Änderungsrate kann als der halbe Umfang des Quadrates gedeutet werden.

Die momentane Änderungsrate

Beispiel 2: (näherungsweise Bestimmung einer momentanen Änderungsrate)
Eine Bakterienkultur aus 1 000 000 Individuen vermehrt sich pro Stunde um 20%.
a) Bestimmen Sie die Funktion b, die die Entwicklung der Bakterienkultur beschreibt.
b) Geben Sie die mittlere Änderungsrate der Funktion b im Intervall [0; t] oder [t; 0] an.
c) Bestimmen Sie anhand einer Tabelle die momentane Änderungsrate von b für $t_0 = 0$ näherungsweise. Wie kann sie gedeutet werden?
Lösung:
a) Aus einem stündlichen Wachstum von 20% erhält man den Wachstumsfaktor 1,20. Damit gilt: $b(t) = 1 \cdot 1{,}20^t$ (t in h, b(t) in Millionen)
b) Für die mittlere Änderungsrate der Funktion b im Intervall [0; t] oder [t; 0] gilt:
$\frac{b(t) - b(0)}{t - 0} = \frac{1{,}2^t - 1}{t}$.
c) Tabelle für einige Werte von t in der Nähe von $t_0 = 0$:

Die momentane Änderungsrate kann noch nicht exakt berechnet werden.

t	−0,1	−0,01	−0,001		0,001	0,01	0,1
$\frac{1{,}2^t - 1}{t}$	0,18067	0,18216	0,18230		0,18234	0,18249	0,18399

Für $t \to 0$ nähert sich die mittlere Änderungsrate vermutlich dem Wert 0,1823.
Die momentane Änderungsrate kann als momentane Wachstumsgeschwindigkeit der Bakterienkultur gedeutet werden. Sie beträgt für $t = 0$ näherungsweise $182\,300\,\frac{\text{Bakterien}}{\text{Stunde}}$.

Aufgaben

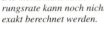

6 Die Funktion A gibt für die Dreiecke I, II und III jeweils den Flächeninhalt A(a) an, wobei a die eingezeichnete Länge ist. Bestimmen und veranschaulichen Sie die momentane Änderungsrate $m(a_0)$ von A an der Stelle $a_0 = 2$.

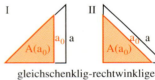
gleichschenklig-rechtwinklige Dreiecke

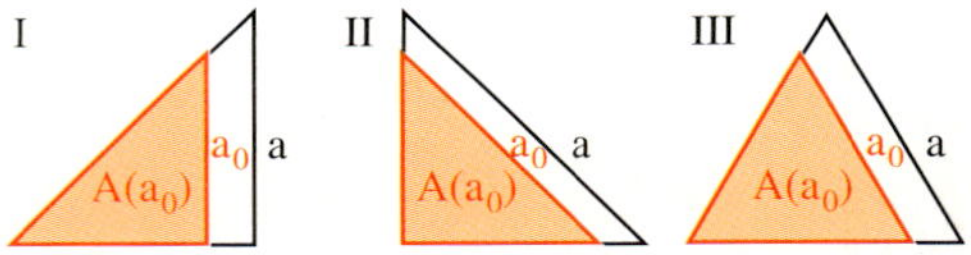

gleichseitiges Dreieck

Fig. 1

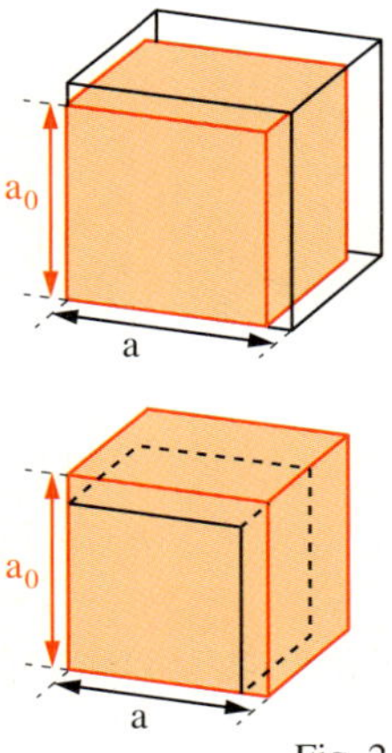

7 Ein Würfel mit der Kantenlänge a hat die Oberfläche O(a) und das Volumen V(a). Bestimmen und veranschaulichen Sie die momentane Änderungsrate von V und O an der Stelle $a_0 = 4$.

8 Syrien hatte zu Beginn des Jahres 1999 etwa 17 Millionen Einwohner. Seine Bevölkerung wächst derzeit jährlich um 3,2%.
a) Bestimmen Sie die Funktion b, die die Einwohnerzahl von Syrien beschreibt.
b) Geben Sie die mittlere Änderungsrate der Funktion b im Intervall [0; 10] an. Bestimmen Sie sie im Intervall [0; t] oder [t; 0].
c) Bestimmen Sie anhand einer Tabelle die momentane Änderungsrate von b für $t_0 = 0$ näherungsweise. Wie kann sie gedeutet werden?.

Fig. 2

Eine Tabellenkalkulation ist hier hilfreich.

9 Ein Wirtschaftsforschungsinstitut hat 1998 vorgeschlagen, für Jahreseinkommen x bis 127 000 € eine Steuer s mit $s(x) = 900{,}3 \cdot \left(\frac{x}{10\,000}\right)^{1{,}32}$ zu erheben.
a) Welche Steuer ist bei einem Jahreseinkommen von 80 000 € zu entrichten?
b) Bestimmen Sie die momentane Änderungsrate von s an der Stelle 80 000 auf 3 Dezimalen genau.
c) Die momentane Änderungsrate von s heißt auch Grenzsteuersatz. Welche anschauliche Bedeutung hat dieser Grenzsteuersatz?

Diese Forderung hört man immer wieder!
Was könnte da steuerpolitisch gemeint sein?

48

3 Die Ableitung an einer Stelle x_0

3.1 Definition der Ableitung an einer Stelle x_0

Um Messfehler durch störende Einflüsse der Umgebung zu vermeiden, misst man die Geschwindigkeit innerhalb mehrerer Messstrecken. Wenn dabei die erhaltenen Geschwindigkeiten um mehr als 3% voneinander abweichen, wird nicht „geblitzt".

Fig. 1

1 Bei Geschwindigkeitskontrollen wird die Zeit gemessen, die ein Fahrzeug zwischen Lichtschranke 1 und Lichtschranke 2 bzw. Lichtschranke 1 und Lichtschranke 3 benötigt. Der Abstand der Lichtschranken beträgt 25 cm bzw. 50 cm. Ein Fahrer sieht das Gerät und bremst ab. Bei ihm werden Zeiten von 0,030 s und 0,0615 s gemessen. Der Fahrer behauptet: „Bei beiden Messstrecken lag meine Geschwindigkeit nicht über $30 \frac{km}{h} = \frac{25}{3} \frac{m}{s}$. Also bin ich innerhalb der Messstrecken nie schneller als $30 \frac{km}{h}$ gefahren." Stimmt dies?

ISAAC NEWTON
(1643–1727)

und
GOTTFRIED WILHELM
LEIBNIZ
(1646–1716)

gelten als die Entdecker der Differenzialrechnung.

secare (lat.): schneiden

Die momentane Änderungsrate einer Größe g an der Stelle x_0 beschreibt die Zu- oder Abnahme von g in einer kleinen Umgebung von x_0. Im Folgenden werden die bisherigen Überlegungen auf Funktionen übertragen. .

Beispiel:
Gegeben ist die Funktion f mit
$f(x) = x^2$; $x \in \mathbb{R}$ und $x_0 = 0{,}5$.
a) Differenzenquotient

Allgemein:
Gegeben ist eine auf einem Intervall I definierte Funktion f und $x_0 \in I$.

Man wählt eine beliebige Stelle x nahe bei x_0 ($x \neq x_0$) und bildet den Differenzenquotienten $m(x)$ der Funktion f im Intervall $[x_0; x]$ bzw. im Intervall $[x; x_0]$:

Im Intervall $[0{,}5; x]$ ist $m(x) = \frac{x^2 - 0{,}5^2}{x - 0{,}5}$

Im Intervall $[x_0; x]$ ist $m(x) = \frac{x^2 - x_0^2}{x - x_0}$

Im Intervall $[x; 0{,}5]$ ist ebenfalls
$m(x) = \frac{0{,}5^2 - x^2}{0{,}5 - x} = \frac{-(x^2 - 0{,}5^2)}{-(x - 0{,}5)} = \frac{x^2 - 0{,}5^2}{x - 0{,}5}$

Im Intervall $[x; x_0]$ ist ebenfalls
$m(x) = \frac{x_0^2 - x^2}{x_0 - x} = \frac{-(x^2 - x_0^2)}{-(x - x_0)} = \frac{x^2 - x_0^2}{x - x_0}$

Insgesamt ist $m(x) = \frac{x^2 - 0{,}5^2}{x - 0{,}5}$ für $x \neq 0{,}5$

Insgesamt ist $m(x) = \frac{x^2 - x_0^2}{x - x_0}$ für $x \neq x_0$.

Der Buchstabe m deutet an, dass $m(x)$ die Steigung der in Fig. 2 und Fig. 3 blau gezeichneten Geraden s ist. Die Gerade s heißt **Sekante** des Graphen von f.

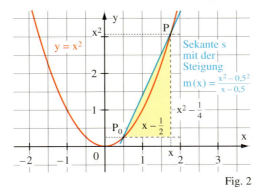

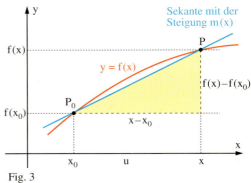

Fig. 2 Fig. 3

Die Ableitung an einer Stelle x_0

b) Untersuchung des Differenzenquotienten für $x \to x_0$

m(x) wird umgeformt:
$$m(x) = \frac{x^2 - 0{,}5^2}{x - 0{,}5} = \frac{(x - 0{,}5)(x + 0{,}5)}{x - 0{,}5}$$
$$= x + 0{,}5 \text{ für } x \neq 0{,}5.$$

An diesem Term erkennt man:
m(x) liegt beliebig nahe bei 1, wenn x genügend nahe bei 0,5 ist. Dies besagt:
Für $x \to 0{,}5$ gilt: $m(x) \to 1$.

Dazu sucht man eine Zahl m_0 mit folgender Eigenschaft:
m(x) liegt beliebig nahe bei m_0, wenn x genügend nahe bei x_0 liegt.

Wenn es eine solche Zahl m_0 gibt, sagt man:
Für $x \to x_0$ gilt: $m(x) \to m_0$.

Das Verhalten der Funktion m wird kurz so beschrieben:

Für $x \to 0{,}5$ hat m(x) den **Grenzwert** 1;
kurz: $\lim\limits_{x \to 0{,}5} m(x) = 1$.

Für $x \to x_0$ hat m(x) den **Grenzwert** m_0;
kurz: $\lim\limits_{x \to x_0} m(x) = m_0$.

Der Differenzenquotient m(x) ist für $x = x_0$ nicht definiert, da für $x = x_0$ sowohl sein Zähler $f(x) - f(x_0)$ als auch sein Nenner $x - x_0$ den Wert 0 annehmen.
Trotzdem kann m(x) einer Zahl m_0 beliebig nahe kommen, wenn nur x genügend nahe bei x_0 liegt. Dies besagt, dass m(x) für $x \to x_0$ den Grenzwert m_0 hat.

LEIBNIZ nennt 1677 seine neue Methode „calculus differentialis" (Rechnen mit Differenzen). Hieraus entwickeln sich die Worte „differenzierbar" und „Differenzialrechnung". Der Begriff „Ableitung" stammt von LAGRANGE (1736–1813), ebenso die Notation $f'(x)$.

> **Definition:** Die Funktion f sei auf einem Intervall I definiert und $x_0 \in I$.
> Wenn der Differenzenquotient $\frac{f(x) - f(x_0)}{x - x_0}$ für $x \to x_0$ einen Grenzwert besitzt, so heißt f an der Stelle x_0 **differenzierbar** (oder ableitbar). Man nennt den Grenzwert die **Ableitung von f an der Stelle x_0** und schreibt dafür $f'(x_0)$.

Ist eine Funktion f für alle $x_0 \in I$ differenzierbar, so nennt man f eine auf I **differenzierbare Funktion**.

In manchen Fällen ist eine andere Schreibweise zweckmäßig.
Setzt man $x - x_0 = h$, so ist $x = x_0 + h$.
Aus $m(x) = \frac{f(x) - f(x_0)}{x - x_0}$ wird dann $m(h) = \frac{f(x_0 + h) - f(x_0)}{h}$.

Es ist $x \to x_0$ gleichbedeutend mit $h \to 0$. Wenn eine Funktion f an der Stelle x_0 differenzierbar ist, erhält man folgende gleichwertigen Formeln für $f'(x_0)$:

Die Ableitung $f'(x_0)$ liest man als „f Strich an der Stelle x_0".

$$f'(x_0) = \lim_{x \to x_0} \frac{f(x) - f(x_0)}{x - x_0} \quad \text{und} \quad f'(x_0) = \lim_{h \to 0} \frac{f(x_0 + h) - f(x_0)}{h}.$$

Beispiel 1: (Bestimmung der Ableitung $f'(x_0)$ mit der „x-Methode")

Bestimmen Sie für die Funktion f mit $f(x) = \frac{3}{x}$ die Ableitung $f'(2)$.

Lösung:

a) Differenzenquotient m(x):

Es ist $x_0 = 2$, $f(2) = \frac{3}{2}$ und somit
$$m(x) = \frac{f(x) - f(x_0)}{x - x_0} = \frac{\frac{3}{x} - \frac{3}{2}}{x - 2} = \frac{\frac{6 - 3x}{2x}}{x - 2}$$
$$= \frac{-3(x - 2)}{2x(x - 2)} = \frac{-3}{2x} \text{ für } x \neq 2.$$

b) Grenzwert von m(x) für $x \to 2$:

Es ist $f'(2) = \lim\limits_{x \to 2} m(x) = \lim\limits_{x \to 2} \frac{-3}{2x} = -\frac{3}{4}$.

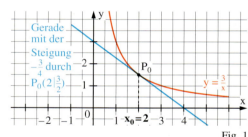

Fig. 1

Die Ableitung an einer Stelle x₀

Beispiel 2: (Bestimmung der Ableitung f′(x₀) mit der „h-Methode")
Bestimmen Sie für die Funktion f mit $f(x) = x^2 - 4x$ die Ableitung f′(3).
Lösung:
a) Differenzenquotient m(h):
Es ist $x_0 = 3$, $f(3) = -3$ und somit
$$m(h) = \frac{f(x_0 + h) - f(x_0)}{h}$$
$$= \frac{(3+h)^2 - 4(3+h) - (-3)}{h}$$
$$= \frac{h^2 + 2h}{h} = h + 2.$$
b) Grenzwert von m(h) für h → 0:
Es ist $f'(3) = \lim_{h \to 0} m(h) = \lim_{h \to 0} (h+2) = 2$.

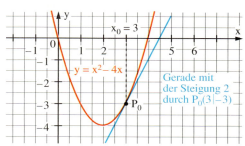
Fig. 1

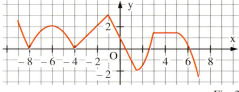
Fig. 2

Beispiel 3: (Differenzenquotient ohne Grenzwert)
Zeigen Sie, dass f mit $f(x) = |x|$ bei $x_0 = 0$ nicht differenzierbar ist.
Lösung:
Für $x > 0$ ist $|x| = x$ und somit $m(x) = \frac{x - 0}{x - 0} = 1$.
Für $x < 0$ ist $|x| = -x$ und somit $m(x) = \frac{-x - 0}{x - 0} = -1$.
Für $x \to 0$ hat also m(x) keinen Grenzwert; damit ist f an der Stelle 0 nicht differenzierbar.

Aufgaben

2 Berechnen Sie für f mit $f(x) = 2x^2 - 3x$ und $x_0 = 2$.
a) $f(3)$ b) $f\left(\frac{1}{2}\right)$ c) $f(a)$ d) $f(r+2)$ e) $f(x_0 + h)$ f) $f(x) - f(x_0)$
g) $f(x_0 + h) - f(x_0)$ h) $\frac{f(x_0 + h) - f(x_0)}{h}$ i) $\frac{f(x) - f(x_0)}{x - x_0}$.

3 Bestimmen Sie die Ableitung f′(x₀) mit der „x-Methode" durch Ausklammern oder Polynomdivision für f mit
a) $f(x) = 2x^2$; $x_0 = 4$ b) $f(x) = \frac{6}{x}$; $x_0 = -2$ c) $f(x) = \sqrt{x}$; $x_0 = 3$
d) $f(x) = x^2 + 6x$; $x_0 = 2$ e) $f(x) = x^3 - 2x^2$; $x_0 = 1$ f) $f(x) = 2x - x^4$; $x_0 = -3$.

4 Berechnen Sie die Ableitung f′(x₀) mit der „h-Methode" für f mit
a) $f(x) = \frac{1}{2}x^2$; $x_0 = 2$ b) $f(x) = x^2 - x + 2$; $x_0 = \frac{4}{3}$ c) $f(x) = 2x^3 - x^2$; $x_0 = 1$

5 Gegeben ist die Funktion f mit ihrem Graphen (Fig. 3).
Geben Sie die x-Werte der Stellen an, an denen die gegebene Funktion f nicht differenzierbar ist.
Begründen Sie ihre Antwort.

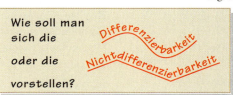
Fig. 3

6 Untersuchen Sie die Funktion f an der Stelle x₀ auf Differenzierbarkeit.
a) $f(x) = |x - 2|$; $x_0 = 2$
b) $f(x) = (x-1) \cdot |x - 1|$; $x_0 = 1$
c) $f(x) = \sqrt{(x^2 - 1)^2}$; $x_0 = 1$
d) $f(x) = \frac{x}{|x| + 1}$; $x_0 = 0$

Wie soll man sich die Differenzierbarkeit oder die Nichtdifferenzierbarkeit vorstellen?

51

Die Ableitung an einer Stelle x_0

3.2 Tangente

Reflexionsgesetz

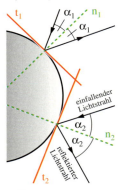

t: Tangente
n: Normale

Fig. 1

7 Gegeben ist die Funktion f mit $f(x) = x^2$.
a) Bestimmen Sie $f'(-2)$ und zeichnen Sie den Graphen von f sowie die Gerade mit der Steigung $f'(-2)$ durch den Punkt $P_0(-2|4)$.
b) Prüfen Sie rechnerisch, ob P_0 der einzige Punkt ist, den die Gerade und der Graph von f gemeinsam haben.

Gegeben ist der Graph K einer Funktion f. Durch die Punkte $P_0(x_0|f(x_0))$ und $P(x|f(x))$ ist die Sekante gezeichnet (Fig. 3). Für $x \to x_0$ wandert P auf dem Graphen K gegen P_0. Die Gerade t durch P_0 mit der Steigung $f'(x_0)$ hat „nahe bei P_0" mit K keinen weiteren gemeinsamen Punkt, sie **berührt** K in P_0. Für den Steigungswinkel α der Geraden t gilt:
$\tan(\alpha) = \mathbf{f'(x_0)}$.

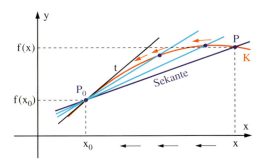

Fig. 3

tangere (lat.):
berühren

Definition: $P_0(x_0|f(x_0))$ ist ein Punkt des Graphen K der Funktion f.
Eine Gerade t durch P_0 heißt **Tangente an K in P_0**, wenn t die Steigung $f'(x_0)$ hat.
$f'(x_0)$ heißt daher Steigung des Graphen in P_0.

angulus normalis (lat.):
rechter Winkel

Bemerkung: Eine Gerade n durch P_0 heißt **Normale von K in P_0**, wenn n senkrecht zur Tangente in P_0 an K ist.

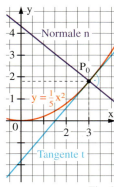

Fig. 2

Beispiel: (Gleichung von Tangente und Normale)
Gegeben ist die Funktion $f: x \mapsto \frac{1}{5}x^2$ und der Punkt $P_0\left(3\big|\frac{9}{5}\right)$. Ermitteln Sie die Gleichung der Tangente t und der Normalen n in P_0 an den Graphen.
Lösung:
Steigung m_t der Tangente t: Aus $m(x) = \frac{\frac{1}{5}x^2 - \frac{9}{5}}{x-3} = \frac{1}{5}(x+3)$ folgt $m_t = \lim\limits_{x \to 3} \frac{1}{5}(x+3) = \frac{6}{5}$.

Gleichung der Tangente t: Die Punktsteigungsform ergibt $\frac{y - \frac{9}{5}}{x-3} = \frac{6}{5}$, also ist t: $y = \frac{6}{5}x - \frac{9}{5}$.

Für orthogonale Geraden gilt (siehe Seite 287): Steigung m_n der Normalen n: $m_n = \frac{-1}{m_t} = -\frac{5}{6}$.

Gleichung der Normalen n: $\frac{y - \frac{9}{5}}{x-3} = -\frac{5}{6}$, also ist n: $y = -\frac{5}{6}x + \frac{43}{10}$.

Aufgaben

Tangente t:
$y = f'(x_0)(x - x_0) + f(x_0)$

Normale n:
$y = -\frac{1}{f'(x_0)}(x - x_0) + f(x_0)$

(Siehe Aufgabe 4 auf Seite 367.)

8 Bestimmen Sie die Steigung der Tangente t und der Normalen n an den Graphen der Funktion f im Berührpunkt P_0.
Geben Sie Gleichungen von t und n an.

a) $f(x) = x^2$; $P_0(2|4)$ b) $f(x) = x^2 - 6x$; $P_0(0|0)$ c) $f(x) = \frac{1}{9}x^3 - x^2$; $P_0(3|-6)$

d) $f(x) = \frac{6}{x+3}$; $P_0(3|1)$ e) $f(x) = \frac{12}{x^2}$; $P_0(2|3)$ f) $f(x) = 2\sqrt{x}$; $P_0(9|6)$

Die Ableitung an einer Stelle x_0

9 K ist der Graph der Funktion f mit $f(x) = x^2$.
a) Bestimmen Sie die Gleichung der Normalen n von K in $P_0(-2|4)$; zeichnen Sie K und n.
b) Die Normale n in P_0 schneidet K in einem weiteren Punkt S. Bestimmen Sie S.

Hinweis:
Die Funktion $f: x \mapsto \sqrt{x}$ ist an der Stelle 0 nicht differenzierbar, aber der Graph von f hat die y-Achse als Tangente.

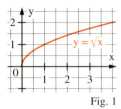

Fig. 1

10 Gegeben ist der Graph der Funktion f mit $f(x) = \frac{1}{2}x^2$ und für jedes $r \in \mathbb{R}$ eine Gerade $g_r: y = 2x + r$.
a) Bestimmen Sie r so, dass g_r mit dem Graphen von f genau einen gemeinsamen Punkt P_0 hat.
b) Zeigen Sie, dass die in a) bestimmte Gerade g_r eine Tangente an den Graphen von f ist.

11 Die Mittellinie der gezeichneten Rennstrecke wird durch $y = 4 - \frac{1}{2}x^2$ beschrieben. Bei spiegelglatter Fahrbahn rutscht ein Fahrzeug und landet im Punkt $Y(0|6)$ in den Strohballen. Wo hat das Fahrzeug die Straße verlassen? Fertigen Sie zuerst eine Zeichnung an.

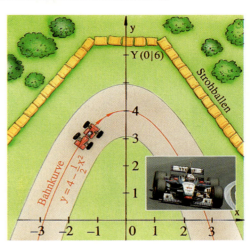

Lokale Näherungsformel

Kennt man von einer beliebigen Funktion f an einer Stelle x_0 den Funktionswert $f(x_0)$, so weiß man im Allgemeinen damit noch nichts über andere Funktionswerte $f(x)$, selbst wenn x nahe bei x_0 liegt. Ist jedoch zusätzlich das „Änderungsverhalten" von f in x_0 und damit $f'(x_0)$ bekannt, so sind Aussagen über $f(x)$ möglich. Es gilt für x, die nahe bei x_0 liegen, die lokale Näherungsformel $f(x) \approx f(x_0) + f'(x_0) \cdot (x - x_0)$.

Mit einer Tabellenkalkulation erhält man in Aufgabe 14a):
A: Die grün unterlegten Felder enthalten die Startwerte x_0 und $f(x_0)$.
B: $f'(x_n)$ erhält man aus x_n und $f(x_n)$.
C: x_{n+1} ergibt sich aus x_n und der gewählten Schrittweite h (hier $h = 0,5$).
D: $f(x_{n+1})$ folgt aus x_n, x_{n+1}, $f(x_n)$ und $f'(x_n)$.
E: Die Werte von x_{n+1} und $f(x_{n+1})$ werden in die folgende Zeile übernommen.

Schrittweite $h = 0,5$				
n	x_n	$f(x_n)$	$f'(x_n)$	x_{n+1}	$f(x_{n+1})$
0	0,0	1,000	0,300	0,5	1,150
1	0,5	1,150	0,345	1,0	1,323
2	1,0	1,323	0,397	1,5	1,521

Das in Aufgabe 14 geschilderte Verfahren heißt Polygonzug-Verfahren von EULER.

12 Zeigen Sie die Gültigkeit der lokalen Näherungsformel für eine differenzierbare Funktion.

13 a) Für eine Funktion f gilt $f(4) = 4$ und $f'(4) = 0,5$. Berechnen Sie hiermit Näherungswerte für $f(3,9)$ und $f(4,05)$. Vergleichen Sie diese Näherungswerte mit den exakten Werten, wenn die Funktion f die Form $f(x) = 2\sqrt{x}$ hat.
b) Für eine Funktion f gilt $f(1) = 0,5$ und $f'(x_0) = 0,25 \cdot x_0$ für jede Stelle $x_0 \in \mathbb{R}$. Berechnen Sie näherungsweise $f(1,4)$ und hieraus einen Näherungswert für $f(1,8)$.

14 Von einer Funktion f ist $f(x_0) = f(0) = 1$ und $f'(x) = 0,3 \cdot f(x)$ bekannt. Zur näherungsweise Berechnung weiterer Funktionswerte setzt man $x_{n+1} = x_n + 0,5$ und schreibt die lokale Näherungsformel in der Form $f(x_{n+1}) \approx f(x_n) + f'(x_n) \cdot (x_{n+1} - x_n)$ mit $n \in \mathbb{N}$.
a) Berechnen Sie Näherungswerte für $f(x_n)$ mit $0 \leq x_n \leq 7$ und skizzieren Sie den Graphen von f.
b) Setzen Sie $x_{n+1} = x_n + h$ ($h > 0$) und bearbeiten Sie a) für verschiedene Werte von h.
c) Untersuchen Sie die Funktion f mit $f(x_0) = f(0) = 1$ und $f'(x) = 0,4 \cdot (10 - f(x))$ wie in den Teilaufgaben a) und b).

4 Die Ableitungsfunktion

Der Meteorkrater in Arizona (USA) entstand vor etwa 22000 Jahren durch den Einschlag eines Eisenmeteoriten von etwa 60 m Durchmesser. Der Krater ist 180 m tief und hat einen Durchmesser von 1300 m. Hier übten Astronauten für ihre Mondlandungen.

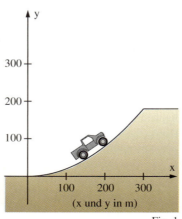

Fig. 1

1 Ein direkter Weg von der Kratersohle bis zum Rand des abgebildeten Kraters wird näherungsweise beschrieben durch die Funktion f mit
$$f(x) = \tfrac{1}{500}x^2 \text{ und } 0 \leq x \leq 300.$$
Der Hersteller eines Fahrzeuges behauptet, dass dieses Steigungen bis zu 100 % bewältigen kann.
a) Wie kann man zeigen, dass das Fahrzeug den Kraterrand nicht erreicht?
b) Wie könnte man die Höhe berechnen, die das Fahrzeug auf dem beschriebenen Weg erreicht, wenn die Angaben des Herstellers richtig sind?

Um bei einer gegebenen Funktion f nicht für jede Stelle x_0 erneut den Differenzenquotienten und dann seinen Grenzwert bestimmen zu müssen, ist es zweckmäßig, die Ableitung $f'(x_0)$ für eine beliebige Stelle $x_0 \in D_f$ zu ermitteln.

Für die Funktion f mit $f(x) = x^2$ und eine beliebige Zahl $x_0 \in \mathbb{R}$ ergibt sich:

Differenzenquotient: $m(x) = \dfrac{f(x) - f(x_0)}{x - x_0} = \dfrac{x^2 - x_0^2}{x - x_0} = \dfrac{(x - x_0)(x + x_0)}{x - x_0} = x + x_0,$

Grenzwert von m(x) für $x \to x_0$: $f'(x_0) = \lim\limits_{x \to x_0} (x + x_0) = 2x_0.$

Aus $f'(x_0) = 2x_0$ erhält man sofort für $x_0 = 3$ die Ableitung $f'(3) = 2 \cdot 3 = 6$ und entsprechend $f'(0{,}6) = 2 \cdot 0{,}6 = 1{,}2$.
Die Funktion $f': x \mapsto 2x$ liefert für jede Stelle x_0 die Ableitung $f'(x_0)$.

Definition: Es sei f eine Funktion mit der Definitionsmenge D_f. Ist f für alle $x \in D_f$ differenzierbar, so heißt die Funktion
$$f': x \mapsto f'(x)$$
die Ableitungsfunktion oder kurz die **Ableitung** von f.

Das Ermitteln der Ableitungsfunktion f' nennt man „Ableiten" oder „Differenzieren" der Funktion f. An jeder Stelle x_0 gibt $f'(x_0)$ die Steigung der Tangente an den Graphen von f im Punkt $P(x_0|f(x_0))$ an.
Man nennt die Steigung der Tangente in $P_0(x_0|f(x_0))$ auch die **Steigung des Graphen von f in P_0**.
In Fig. 2 hat der Graph von f in $P_0\left(\tfrac{3}{4}\big|\tfrac{9}{16}\right)$ die Steigung $\tfrac{3}{2}$.

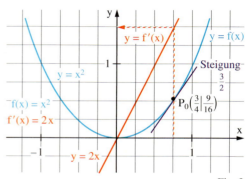

Fig. 2

Die Ableitungsfunktion

Beispiel 1: (Ableitungsfunktion)
Gegeben ist die Funktion $f: x \mapsto \frac{1}{4}x^2$.
a) Bestimmen Sie die Ableitung f'.
b) In welchem Punkt $P(u|f(u))$ hat der Graph von f die Steigung $\frac{3}{2}$?

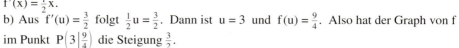

Lösung:
a) Für jedes $x_0 \in \mathbb{R}$ gilt:
Differenzquotient $m(x)$:
$$m(x) = \frac{\frac{1}{4}x^2 - \frac{1}{4}x_0^2}{x - x_0} = \frac{\frac{1}{4}(x - x_0)(x + x_0)}{(x - x_0)}$$
$$= \frac{1}{4}(x + x_0).$$
Grenzwert von $m(x)$ für $x \to x_0$:
$f'(x_0) = \lim\limits_{x \to x_0} \frac{1}{4}(x + x_0) = \frac{1}{2}x_0$.

Die Ableitungsfunktion von f ist f' mit $f'(x) = \frac{1}{2}x$.

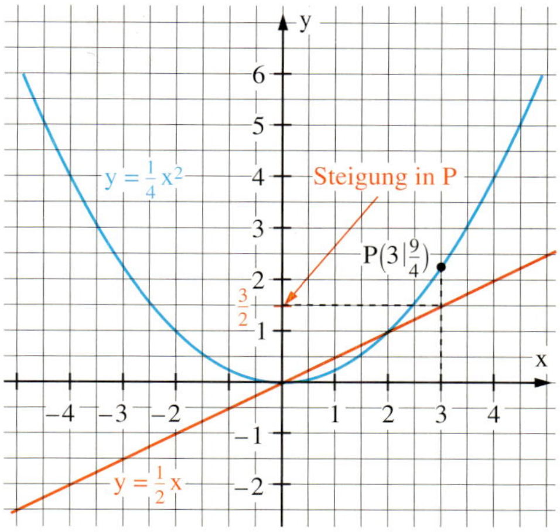

Fig. 1

b) Aus $f'(u) = \frac{3}{2}$ folgt $\frac{1}{2}u = \frac{3}{2}$. Dann ist $u = 3$ und $f(u) = \frac{9}{4}$. Also hat der Graph von f im Punkt $P\left(3\big|\frac{9}{4}\right)$ die Steigung $\frac{3}{2}$.

Es ist mühsam, die Ableitung stets über den Grenzwert des Differenzquotienten zu bestimmen. Deshalb wird nun die Ableitungsfunktion f' für einige häufig auftretende Funktionen f ermittelt.
Dabei wird jeweils zunächst $f'(x_0)$ für einen festen Wert x_0 berechnet.

$f(x) = x^n$ mit

a) Funktion f mit $f(x) = x^2$.
Auf Seite 52 wurde gezeigt, dass gilt: $\quad f'(x_0) = 2x_0$.

b) Funktion f mit $f(x) = x$.
$m(x) = \frac{x - x_0}{x - x_0} = 1$ für $x \neq x_0$; $\quad f'(x_0) = \lim\limits_{x \to x_0} m(x) = \lim\limits_{x \to x_0} 1 = 1$.

c) Funktion f mit $f(x) = \sqrt{x}$ für $x \geq 0$.
$m(x) = \frac{\sqrt{x} - \sqrt{x_0}}{x - x_0} = \frac{\sqrt{x} - \sqrt{x_0}}{(\sqrt{x} - \sqrt{x_0})(\sqrt{x} + \sqrt{x_0})} = \frac{1}{\sqrt{x} + \sqrt{x_0}}$ für $x \neq x_0$; $x, x_0 > 0$

$f'(x_0) = \lim\limits_{x \to x_0} m(x) = \lim\limits_{x \to x_0} \frac{1}{\sqrt{x} + \sqrt{x_0}} = \frac{1}{\sqrt{x_0} + \sqrt{x_0}} = \frac{1}{2\sqrt{x_0}}$ für $x_0 > 0$.

d) Funktion f mit $f(x) = 1$.
$m(x) = \frac{1 - 1}{x - x_0} = 0$ für $x \neq x_0$; $\quad f'(x_0) = \lim\limits_{x \to x_0} m(x) = \lim\limits_{x \to x_0} 0 = 0$

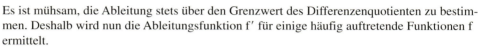

e) Funktion f mit $f(x) = \frac{1}{x}$ für $x \neq 0$.
$m(x) = \frac{\frac{1}{x} - \frac{1}{x_0}}{x - x_0} = \frac{x_0 - x}{x x_0 (x - x_0)} = \frac{-1}{x x_0}$ für $x \neq x_0$; $x, x_0 \neq 0$

$f'(x_0) = \lim\limits_{x \to x_0} m(x) = \lim\limits_{x \to x_0} \frac{-1}{x x_0} = \frac{-1}{x_0 x_0} = \frac{-1}{x_0^2}$ für $x_0 \neq 0$

$$\frac{1}{a} - \frac{1}{b} = \frac{b - a}{ab}$$

Aus $f'(x_0)$ bei den verschiedenen Funktionen in a), ..., e) ergibt sich die folgende Tabelle für f'.

Das sollten Sie wissen!

a) $f(x) = x^2$	b) $f(x) = x$	c) $f(x) = \sqrt{x}$	d) $f(x) = 1$	e) $f(x) = \frac{1}{x}$
$f'(x) = 2x$	$f'(x) = 1$	$f'(x) = \frac{1}{2\sqrt{x}}$	$f'(x) = 0$	$f'(x) = \frac{-1}{x^2}$

55

Beispiel 2: (Ableitungen)
Geben Sie f′(4) an für
a) $f(x) = x^2$ b) $f(x) = x$ c) $f(x) = \sqrt{x}$ d) $f(x) = 1$ e) $f(x) = \frac{1}{x}$.
Lösung:
a) $f'(x) = 2x$ ergibt $f'(4) = 2 \cdot 4 = 8$.   b) $f'(x) = 1$ ergibt $f'(4) = 1$.
c) $f'(x) = \frac{1}{2\sqrt{x}}$ ergibt $f'(4) = \frac{1}{2\sqrt{4}} = \frac{1}{4}$.   d) $f'(x) = 0$ ergibt $f'(4) = 0$.
e) $f'(x) = \frac{-1}{x^2}$ ergibt $f'(4) = \frac{-1}{4^2} = -\frac{1}{16}$.

Beispiel 3: (Bestimmung eines Berührpunktes)
Gegeben ist die Funktion f mit ihrem Graphen K durch $f(x) = \sqrt{x}$. Eine bestimmte Tangente an K hat die Steigung $\frac{1}{4}$. Bestimmen Sie den Berührpunkt $B(x_B | y_B)$ dieser Tangente.
Lösung:
Wegen $f'(x) = \frac{1}{2\sqrt{x}}$ gilt $f'(x_B) = \frac{1}{2\sqrt{x_B}} = \frac{1}{4}$. Dies ergibt $\sqrt{x_B} = 2$ und $x_B = 4$.
Der Berührpunkt ist $B(4|2)$.

Aufgaben

Hinweis:
Die maximale Definitionsmenge von f′ kann kleiner als die Definitionsmenge von f sein:
f mit $f(x) = \sqrt{x}$ sei definiert für $x \geq 0$; dann ist f′ mit $f'(x) = \frac{1}{2\sqrt{x}}$ nur definiert für $x > 0$.

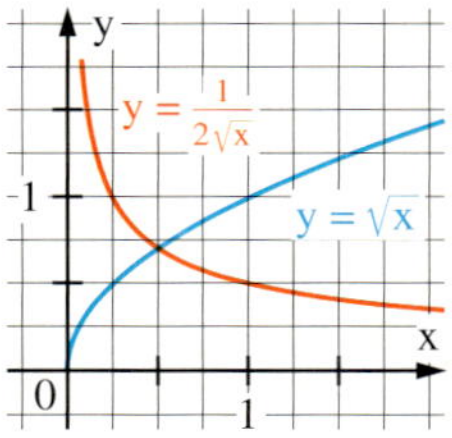

Fig. 1

2 a) Ergänzen Sie die Tabelle im Heft.
b) Berechnen Sie die entsprechenden Ableitungen für die Funktionen $g: x \mapsto \sqrt{x}$, $h: x \mapsto \frac{1}{x}$ und $k: x \mapsto x$.

$f(x) = x^2$					
x_0	$\frac{1}{4}$	1	2,25	3	25
$f'(x_0)$					

3 Gegeben ist die Funktion f mit $f(x) = \frac{1}{4}x^2 - 2$.
a) Bestimmen Sie den Punkt, in dem der Graph von f die Steigung 3 hat.
b) An welcher Stelle x_0 gilt $f'(x_0) = -8$?
c) Geben Sie ein Intervall I an, in dem die Ableitung von f größer 1 ist.

4 Geben Sie jeweils mindestens eine Funktion f an, die die folgenden Bedingungen erfüllt.
a) Der Graph von f hat immer negative Steigungen.
b) Die Ableitung von f wird mindestens einmal 0.
c) Der Graph von f hat keine waagerechte Tangente.

5 Von zwei Funktionen f und g ist bekannt, dass gilt: $f'(x) = g'(x)$ für alle $x \in \mathbb{R}$. Welche Rückschlüsse über den Verlauf der beiden Graphen von f und g sind dann möglich?

Ableitungsfunktionen und Tangenten

6 Der Punkt $B(x_0|f(x_0))$ ist der Berührpunkt der Tangente t mit der Steigung m an den Graphen von f. Berechnen Sie die Koordinaten von B und geben Sie die Gleichung der Tangente in B an.
a) $f(x) = x^2$; $m = \frac{1}{2}$ b) $f(x) = \sqrt{x}$; $m = \frac{1}{2}$ c) $f(x) = \frac{1}{x}$; $m = -\frac{1}{4}$; $x_0 > 0$

7 Bestimmen Sie für $f: x \mapsto \sqrt{x}$ den Punkt $P(u|v)$ auf dem Graphen von f so, dass die Tangente in P durch $A(0|1)$ (durch $B(3|2)$) verläuft. Geben Sie die Gleichung der Tangenten durch P an. (Anleitung: Geben Sie mit f′(u) die Gleichung der Tangente t in $P(u|f(u))$ an und bestimmen Sie dann u so, dass A auf t liegt.)

Die Ableitungsfunktion

8 Die Gerade mit der Gleichung x = a schneidet den Graphen der Funktion f in P(a|f(a)) und den Graphen der Funktion g in Q(a|g(a)). Bestimmen Sie a so, dass die Tangenten in P und Q parallel sind.

a) $f(x) = x$ und $g(x) = x^2$
b) $f(x) = x^2$ und $g(x) = \frac{1}{x}$
c) $f(x) = x^2$ und $g(x) = \sqrt{x}$

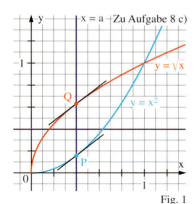

Fig. 1 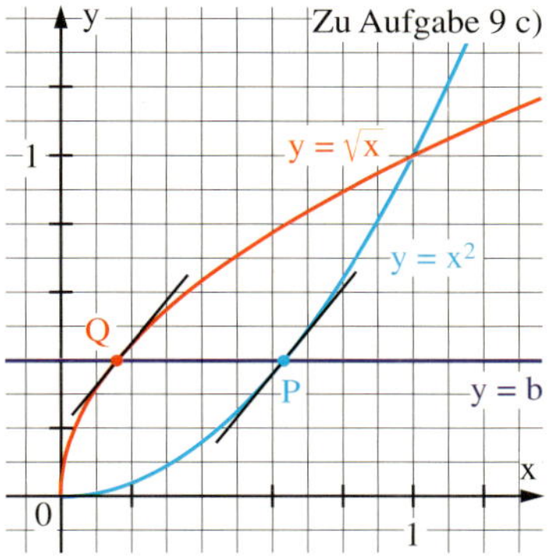   Fig. 2

9 Die Gerade mit der Gleichung y = b schneidet den Graphen der Funktion f in P und den Graphen der Funktion g in Q. Bestimmen Sie b so, dass die Tangenten in P und Q parallel sind.

a) $f(x) = x$ und $g(x) = x^2$
b) $f(x) = x^2$ und $g(x) = \sqrt{x}$
c) $f(x) = x^2$ und $g(x) = \frac{1}{x}$

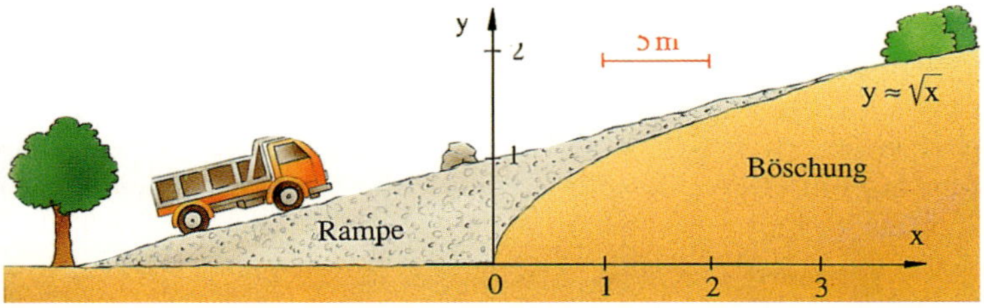

10 Das Profil einer Böschung wird näherungsweise beschrieben durch die Funktion f: $x \mapsto \sqrt{x}$ (Längeneinheit 5 m).
An die Böschung soll eine Rampe mit 14° Steigung angebaut werden.
a) Wo beginnt die Rampe auf der Böschung, wo endet sie im Gelände?
b) Wie lang wird die Rampe?

Fig. 3

Zum Beweisen

Wie sehen wohl die Graphen der Ableitungsfunktion aus bei Funktionen mit diesen Graphen?

11 Die im Kasten auf Seite 53 angegebenen Funktionen wurden mit der „x-Methode" abgeleitet. Führen Sie die entsprechenden Überlegungen mit der „h-Methode" durch.

12 Bestimmen Sie $f'(x_0)$ mit der „x-Methode" (mit der „h-Methode") für f mit
a) $f(x) = \frac{1}{x^2}$ und $x \neq 0$
b) $f(x) = \frac{1}{\sqrt{x}}$ und $x > 0$.

13 Bestimmen Sie $f'(x_0)$ mit der „x-Methode". Verwenden Sie dabei eine der angegebenen Formeln.

a) $f(x) = x^3$
b) $f(x) = \frac{1}{x^3}$; $x_0 \neq 0$
c) $f(x) = \sqrt[3]{x}$; $x_0 > 0$
d) $f(x) = x\sqrt{x}$; $x_0 > 0$

$$a^3 - b^3 = (a - b)(a^2 + ab + b^2)$$
$$a - b = (a^{\frac{1}{3}} - b^{\frac{1}{3}})(a^{\frac{2}{3}} + a^{\frac{1}{3}}b^{\frac{1}{3}} + b^{\frac{2}{3}})$$

14 Der Graph der Funktion f: $x \mapsto \sqrt{25 - x^2}$ für $|x| \leq 5$ ist ein Halbkreis. Zeigen Sie geometrisch, dass $f'(x) = \frac{-x}{f(x)}$ für $|x| < 5$ gilt. Berechnen Sie mit $f'(x) = \frac{-x}{f(x)}$ eine Wertetabelle für f' und zeichnen Sie die Graphen von f und f' in dasselbe Koordinatensystem.

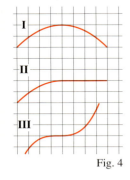

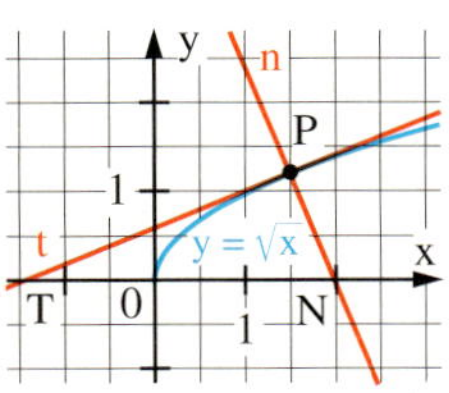

Fig. 4

Fig. 5

15 Gegeben ist die Funktion f mit dem Graphen K durch $f(x) = \sqrt{x}$ für $x \geq 0$.
a) Die Tangente t an K im Punkt $P(x_P|\sqrt{x_P})$ mit $x_P > 0$ schneidet die x-Achse in $T(x_T|0)$. Zeigen Sie, dass die y-Achse die Strecke PT halbiert.
b) Die Normale n von K im Punkt $P(x_P|\sqrt{x_P})$ mit $x_P > 0$ schneidet die x-Achse in $N(x_N|0)$. Zeigen Sie, dass für jedes $x_P > 0$ stets $x_N - x_P = \frac{1}{2}$ gilt.
c) Wie kann man mit a) (mit b)) die Tangente an K im Punkt P konstruieren?

57

5 Ableitungen ganzrationaler Funktionen

5.1 Ableitung der Potenzfunktion

Zur Erinnerung!

Menge der natürlichen Zahlen:
$\mathbb{N} = \{0; 1; 2; 3; 4; \ldots\}$

Menge der ganzen Zahlen:
$\mathbb{Z} = \{\ldots; -1; 0; 1; 2; \ldots\}$

Menge der rationalen Zahlen:
$\mathbb{Q} = \{\frac{z}{n} | z \in \mathbb{Z}; n \in \mathbb{N}\backslash\{0\}\}$

n		2			
f(x) = x^n		x^2	x	$\frac{1}{x}$	$\sqrt{x}$
f'(x)					
a					
q					

1 a) Ergänzen Sie die Tabelle im Heft. Schreiben Sie dabei die Ableitungen in der Form $f'(x) = a \cdot x^q$ mit $a, q \in \mathbb{Q}$.
b) Welchen Zusammenhang zwischen a und n bzw. zwischen q und n erkennen Sie?
c) Welche Vermutung ergibt sich somit für $f'(x)$ bei der Funktion $f: x \mapsto x^n$ mit $n \in \mathbb{Z}$?

Um für eine beliebige Potenzfunktion f mit $f(x) = x^n$ und $n \in \mathbb{Z}$ die Ableitung an einer Stelle x_0 zu bestimmen, bildet man zunächst den Differenzenquotienten:

$$m(h) = \frac{f(x_0 + h) - f(x_0)}{h} = \frac{(x_0 + h)^n - x_0^n}{h} \text{ mit } h \neq 0.$$

Beim Vereinfachen des Differenzenquotienten sind zwei Fälle zu unterscheiden.

Fall A: Es sei $n \geq 0$.
Es kann $n > 2$ vorausgesetzt werden, da $n \in \{0, 1, 2\}$ bereits auf Seite 53 untersucht wurde. Die n Faktoren $(x_0 + h)$ von $(x_0 + h)^n$ werden ausmultipliziert. Dabei erhält man einmal den Summanden x_0^n sowie n Summanden $h x_0^{n-1}$
(vgl. die nebenstehenden Fälle $n = 2; 3; 4$).
Alle weiteren Summanden enthalten mindestens den Faktor h^2. Fasst man diese zu $h^2 \cdot T$ zusammen, ergibt sich:
$(x_0 + h)^n = x_0^n + n \cdot h \cdot x_0^{n-1} + h^2 \cdot T$.

$(x_0 + h)^2 = x_0^2 + 2hx_0 + h^2$
$(x_0 + h)^3 = x_0^3 + 3hx_0^2 + 3h^2 x_0 + h^3$
$(x_0 + h)^4 = x_0^4 + 4hx_0^3 + 6h^2 x_0^2 + 4h^3 x_0 + h^4$

Damit gilt:
$$m(h) = \frac{(x_0 + h)^n - x_0^n}{h} = \frac{x_0^n + n \cdot h \cdot x_0^{n-1} + h^2 \cdot T - x_0^n}{h} = n \cdot x_0^{n-1} + h \cdot T.$$

Also ist $f'(x_0) = \lim_{h \to 0} m(h) = n \cdot x_0^{n-1}$.

Fall B: Es sei $n < 0$.
Mit $n = -k$ ergibt sich entsprechend wie im Fall A:

$$m(h) = \frac{(x_0+h)^n - x_0^n}{h} = \frac{\frac{1}{(x_0+h)^k} - \frac{1}{x_0^k}}{h} = -\frac{(x_0+h)^k - x_0^k}{h \cdot (x_0+h)^k \cdot x_0^k} = -\frac{x_0^k + k \cdot h \cdot x_0^{k-1} + h^2 \cdot T - x_0^k}{h \cdot (x_0+h)^k \cdot x_0^k} = -\frac{k \cdot x_0^{k-1} + h \cdot T}{(x_0+h)^k \cdot x_0^k}.$$

Also ist $f'(x_0) = \lim_{h \to 0} m(h) = -\frac{k \cdot x_0^{k-1}}{x_0^k \cdot x_0^k} = -k \cdot x_0^{k-1} \cdot x_0^{-2k} = -k \cdot x_0^{-k-1} = n \cdot x_0^{n-1}$.

Zu beachten:
Für $n < 0$ muss $x \neq 0$ sein.

Satz 1: (Potenzregel)
Für $f(x) = x^n$ mit $n \in \mathbb{Z}$ ist $f'(x) = n \cdot x^{n-1}$.

Beispiel: (Anwendung der Potenzregel)
Bestimmen Sie $f'(x)$ für f mit
a) $f(x) = x^7$ b) $f(x) = \frac{1}{x^7}$
Lösung:
a) $f'(x) = 7 \cdot x^6$ b) $f(x) = x^{-7}$ ergibt $f'(x) = -7 \cdot x^{-8} = \frac{-7}{x^8}$.

Ableitungen ganzrationaler Funktionen

Bei Potenzen mit negativen ganzen Exponenten ist folgendes Verfahren empfehlenswert:

Gegeben:
$f(x) = \frac{1}{x^3}$

↓

Umformen:
$f(x) = x^{-3}$

↓

Ableiten:
$f'(x) = -3 \cdot x^{-4}$

↓

Umformen:
$f'(x) = \frac{-3}{x^4}$

Bei Aufgabe 5 wird man auf eine Gleichung geführt, von der man eine Lösung kennt. Deshalb hilft dann Polynomdivision weiter.

Aufgaben

2 Bestimmen Sie $f'(x)$ für f mit
a) $f(x) = x^4$ b) $f(x) = x^9$ c) $f(x) = x^{44}$ d) $f(x) = x^{-5}$ e) $f(x) = x^{-12}$
f) $f(x) = x^0$ g) $f(x) = x^{-2005}$ h) $f(x) = \frac{1}{x^4}$ i) $f(x) = \frac{1}{x^{-8}}$ j) $f(x) = \frac{1}{x^{-100}}$

3 Es sei k, m, n $\in \mathbb{Z}$. Bestimmen Sie $f'(x)$ für f mit
a) $f(x) = x^k$ b) $f(x) = x^{3n}$ c) $f(x) = x^{2k+1}$ d) $f(x) = x^{1-3n}$
e) $f(x) = \frac{1}{x^{3-2k}}$ f) $f(x) = \frac{1}{x^{-1-mn}}$ g) $f(x) = \frac{1}{x^{-(k-2)}}$ h) $f(x) = \frac{1}{x^{2(2-k)}}$

4 Welche der folgenden Funktionen f können Sie mithilfe der Potenzregel ableiten? Begründen Sie und bestimmen Sie gegebenenfalls die Ableitung.
a) $f(x) = (x^2)^3$ b) $f(x) = (x^{-3})^2$ c) $f(x) = x^{\frac{1}{3}}$ d) $f(x) = \left(x^{\frac{1}{3}}\right)^9$
e) $f(x) = \left(x^{\sqrt{2}}\right)^2$ f) $f(x) = x^{3,5}$ g) $f(x) = \left(\frac{1}{x^{-4}}\right)^{2,5}$ h) $f(x) = \left(\frac{1}{x^{-5}}\right)^{0,1}$

5 Gegeben ist die Funktion f durch $f(x) = x^3$. Ihr Graph sei K.
a) Die Tangente an K in $B(1|1)$ schneidet K im Punkt P. Bestimmen Sie P.
b) Die Tangente an K in dem beliebigen Punkt $B(x_B|x_B^3)$ mit $x_B \neq 0$ schneidet K im Punkt P. Bestimmen Sie P in Abhängigkeit von x_B.
c) Zeigen Sie: Die Normale von K in $B(x_B|x_B^3)$ mit $x_B \neq 0$ hat mit K keinen weiteren gemeinsamen Punkt.

6 Gegeben ist die Funktion f mit $f(x) = x^n$ und $n \in \mathbb{Z} \setminus \{0; 1\}$. Die Tangente t mit Berührpunkt $B(x_B|y_B)$ an den Graphen von f schneidet die x-Achse im Punkt $S(x_S|0)$ und die y-Achse im Punkt $T(0|y_T)$. Berechnen Sie x_S und y_T für
a) $B(1|1)$ b) $B(2|f(2))$ c) beliebiges $B(x_B|f(x_B))$.

7 a) Welche Formel für $a^n - b^n$ erhält man aus den angegebenen Formeln?
b) Beweisen Sie die Potenzregel mit der x-Methode für $n \geq 3$.
c) Beweisen Sie die Potenzregel mit der x-Methode für $n \leq -2$.

$a^3 - b^3 = (a-b)(a^2 + ab + b^2)$
$a^4 - b^4 = (a-b)(a^3 + a^2b + ab^2 + b^3)$
$a^5 - b^5 = (a-b)(a^4 + a^3b + a^2b^2 + ab^3 + b^4)$

5.2 Summenregel und Faktorregel

8 Ermitteln Sie mithilfe des Differenzquotienten die Ableitung der Funktion f mit $f(x) = x^2 + 2x$. Vergleichen Sie anschließend mit den Ableitungen der Funktionen g und h mit $g(x) = x^2$ bzw. $h(x) = 2x$.

Aus den Ableitungen einzelner Funktionen erhält man ohne Grenzwertbildung die Ableitung von Summen und Vielfachen dieser Funktionen. Es gilt nämlich:

Kurz und knapp:

Summen werden summandenweise abgeleitet!

Ein konstanter Faktor bleibt beim Ableiten erhalten!

Satz 2: (Summenregel und Faktorregel)
Die Funktionen g und h seien auf einem Intervall I definiert und an der Stelle $x \in I$ differenzierbar. Dann gilt:
a) $f = g + h$ ist in x differenzierbar, und es ist $f'(x) = g'(x) + h'(x)$
b) $f = c \cdot g$ mit $c \in \mathbb{R}$ ist in x differenzierbar, und es ist $f'(x) = c \cdot g'(x)$.

59

Ableitungen ganzrationaler Funktionen

Beweis:
a) Es ist $f(x) = g(x) + h(x)$.
Somit gilt:
$m(x) = \frac{f(x) - f(x_0)}{x - x_0} = \frac{[g(x) + h(x)] - [g(x_0) + h(x_0)]}{x - x_0} = \frac{g(x) - g(x_0)}{x - x_0} + \frac{h(x) - h(x_0)}{x - x_0}$.

Für $x \to x_0$ gilt: $\frac{g(x) - g(x_0)}{x - x_0} \to g'(x_0)$ und $\frac{h(x) - h(x_0)}{x - x_0} \to h'(x_0)$.

Hieraus folgt $f'(x_0) = g'(x_0) + h'(x_0)$.

b) Wegen $f(x) = c \cdot g(x)$ gilt
$m(x) = \frac{f(x) - f(x_0)}{x - x_0} = \frac{c \cdot g(x) - c \cdot g(x_0)}{x - x_0} = c \cdot \frac{g(x) - g(x_0)}{x - x_0}$.

Für $x \to x_0$ gilt: $\frac{g(x) - g(x_0)}{x - x_0} \to g'(x_0)$. Also ist $f'(x_0) = c \cdot g'(x_0)$.

Ersetzt man x_0 durch x, ergibt sich $f'(x) = g'(x) + h'(x)$ sowie $f'(x) = c \cdot g'(x)$.

Mit den Ableitungsregeln kann man die Ableitungen aller ganzrationaler Funktionen f in einfacher Weise ermitteln.
Aus $f(x) = a_n x^n + a_{n-1} x^{n-1} + \ldots + a_2 x^2 + a_1 x + a_0$ mit $a_n \neq 0$ folgt mithilfe der Summen-, Faktor- und Potenzregel:
$f'(x) = n a_n x^{n-1} + (n - 1) a_{n-1} x^{n-2} + \ldots + 2 a_2 x + a_1$.
Für $n \geq 1$ ist $n \cdot a_n \neq 0$, also gilt:

Satz 3: Jede ganzrationale Funktion f vom Grad $n \geq 1$ ist differenzierbar, und ihre Ableitung f' ist eine ganzrationale Funktion von Grad $n - 1$.

f″ wird als „f zwei Strich" gelesen.

Ist die Ableitungsfunktion f' einer Funktion f auch differenzierbar, so erhält man aus f' durch Ableiten die Funktion f″. Aus f″ erhält man gegebenenfalls f‴, dann $f^{(IV)}$, $f^{(V)}$ usw. Man spricht dann von der 1., 2., 3. usw. Ableitung und insgesamt von **höheren Ableitungen** von f.

Funktionen wie g mit $g(x) = 3x^{-2} - \frac{4}{5} x^{-1}$ sind zwar nicht ganzrational, sie können aber wie diese beliebig oft abgeleitet werden. Dabei werden bei g bei jedem Ableiten die Hochzahlen jeweils um eins kleiner; so gilt $g^{(V)}(x) = -2160 x^{-7} + 96 x^{-6}$.

Grad 3: kubische Funktion
↓ Ableiten
Grad 2: quadrat. Funktion
↓ Ableiten
Grad 1: lineare Funktion
↓ Ableiten
Grad 0: konst. Funktion

Beispiel 1: (Anwendungen von Summenregel und Faktorregel)
Bestimmen Sie $f'(x)$ für f mit

a) $f(x) = x^2 + \frac{1}{x}$
b) $f(x) = 3 \cdot x^2$
c) $f(x) = 4x^2 - 5 \cdot \sqrt{x}$.

Lösung:
a) $f'(x) = 2x - \frac{1}{x^2}$
b) $f'(x) = 3 \cdot 2x = 6x$
c) $f'(x) = 8x - \frac{5}{2\sqrt{x}}$

Beispiel 2: (Berechnung höherer Ableitungen)
Bestimmen Sie f', f″ und f‴ für f mit

a) $f(x) = 2x^4 + \frac{2}{3} x^3 - 2x + \frac{5}{4}$
b) $f(x) = 6x^2 - \frac{5}{2x} + \frac{2}{3x^2}$.

Lösung:
a) $f'(x) = 8x^3 + 2x^2 - 2$; $f''(x) = 24x^2 + 4x$; $f'''(x) = 48x + 4$
b) $f'(x) = 12x + \frac{5}{2x^2} - \frac{4}{3x^3}$; $f''(x) = 12 - \frac{5}{x^3} + \frac{4}{x^4}$; $f'''(x) = \frac{15}{x^4} - \frac{16}{x^5}$

Ableitungen ganzrationaler Funktionen

Aufgaben

9 Bestimmen Sie die Ableitung.
a) $f(x) = x^3 + x^4$
b) $f(x) = x^3 + x^{-5}$
c) $f(x) = x + \sqrt{x}$
d) $f(x) = \frac{1}{x} + x^{-4}$
e) $f(x) = 2x^3$
f) $f(x) = 7x^{-4}$
g) $f(x) = \frac{-5}{x^3}$
h) $f(x) = \sqrt{5x}$

10 a) $f(x) = 4x^5 + 6x^3$
b) $f(x) = 2{,}5x^4 - 1{,}2x^5$
c) $f(x) = 5x^4 + 4 \cdot \sqrt{x}$
d) $f(x) = -\frac{12}{x^2} + 3\sqrt{5x}$
e) $f(x) = \sqrt{2}x + \sqrt{2x}$
f) $f(x) = \frac{-2}{x^2} + \frac{3}{x^3}$

Kontrollieren Sie die Abbildungen mithilfe eines CAS-Programms.

11 Bestimmen Sie die ersten drei Ableitungen der ganzrationalen Funktion f.
a) $f(x) = x^4 + 2x^3 - 4x^2$
b) $f(x) = -2x^7 + 3x^4 - x^3$
c) $f(x) = x^4 + 0{,}8x^2 - 7x$
d) $f(x) = \frac{1}{3}x^6 + \frac{6}{7}x^4 + \frac{2}{5}x^3$
e) $f(x) = \frac{1}{10}x^5 + \frac{4}{9}x^3 - 12$
f) $f(x) = \frac{5}{7}x^9 + 5x^6 - \frac{7}{3}x^5$

12 Berechnen Sie die ersten drei Ableitungen der Funktion f.
a) $f(x) = (2x - 3)(x + 2)$
b) $f(x) = (3x^2 - 3)(x - 1)$
c) $f(x) = (4x^2 - x)(x^2 - 1)$

> **Es kommt auf die Variable an!**
> $f(x) = ax^2$ ergibt $f'(x) = 2ax$.
> $g(a) = ax^2$ ergibt $g'(a) = x^2$.
> $h(r) = ax^2$ ergibt $h'(r) = 0$.

13 Geben Sie einen Funktionsterm für die Ableitung an.
a) $f(x) = rx^3$
b) $f(a) = ab^3$
c) $g(b) = ab^3$
d) $r(a) = \frac{a}{b}$
e) $g(t) = \frac{s}{t}$
f) $p(t) = s^2\sqrt{t}$
g) $r(s) = s^2\sqrt{t}$
h) $q(s) = s\sqrt[4]{t}$
i) $w(y) = \sqrt{xy}$

14 Bestimmen Sie $f_t'(x)$ und $f_t''(x)$ sowie $f_t'(2)$ und $f_t''(2t)$ für jedes $t \in \mathbb{R}$.
a) $f_t(x) = tx^3 - (t-2)x^2 + 3tx$
b) $f_t(x) = 4t^2x^4 + t^2x - 8$
c) $f_t(x) = (4t-1)x^4 - 2tx^2 + 3t^3$
d) $f_t(x) = (t^2-1)x^3 + (t^3+1)x^2 + x$

15 Für welche $t \in \mathbb{R}$ hat der Graph von f_t in den Schnittpunkten mit der x-Achse Tangenten, die zueinander orthogonal sind?
a) $f_t(x) = t \cdot (x^2 - 5x + 4)$
b) $f_t(x) = x^2 - 4tx + 3t^2$
c) $f_t(x) = 8x^2 - 6tx - 5t^2$

16 Geben Sie den Grad der Ableitung an, wenn f ganzrational vom Grad n ist.
a) f''; $n = 3$
b) f'''; $n = 5$
c) $f^{(IV)}$; $n = 7$
d) $f^{(k)}$; $n = k$
e) $f^{(k)}$; $n = k + 2$
f) $f^{(k)}$; $n = k - 2$

17 Gegeben ist die Ableitung f′ einer Funktion f. Bestimmen Sie eine mögliche Funktion f.
a) $f'(x) = 5x^4$
b) $f'(x) = -3x^{-4}$
c) $f'(x) = -\frac{3}{x^5}$
d) $f'(x) = 0$

Bei den Aufgaben 18 und 19 erkennt man unmittelbar die Nullstellen der Funktionen und damit die zugehörigen Schnittpunkte mit der x-Achse. Beachtet man noch, wie sich die Funktionen verhalten für $x \to \pm\infty$, so kann deren Graph skizziert werden.
Bei Aufgabe 18 erhält man so für die Funktion g:

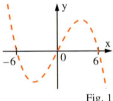

Fig. 1

18 Gegeben sind f und g mit $f(x) = \frac{2}{9}x\left(x^2 - \frac{9}{4}\right)$ und $g(x) = \frac{1}{18}x(36 - x^2)$.
a) Ermitteln Sie die gemeinsamen Punkte der Graphen von f und g; berechnen Sie die Schnittwinkel der Tangenten an die Graphen in diesen Punkten.
b) Bestimmen Sie die Gleichung einer waagerechten Geraden t, die den Graphen von g in einem Punkt $B(x_B|y_B)$ mit $x_B > 0$ berührt.
c) Die Gerade t von b) schneidet den Graphen von g in einem Punkt $T(x_T|y_T)$ mit $x_T < 0$. Berechnen Sie die Koordinaten des Punktes T.

19 a) Gegeben ist die Funktion f durch $f(x) = x(2-x)(x-4)$. Die Tangente t an den Graphen von f im Berührpunkt $B(x_B|y_B)$ mit $x_B > 0$ geht durch den Ursprung $O(0|0)$. Berechnen Sie die Koordinaten von B; geben Sie eine Gleichung von t an.

61

6 Die Ableitungen der Sinus- und Kosinusfunktion

6.1 Das Bogenmaß eines Winkels

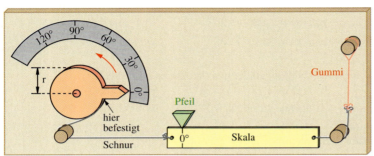

Fig. 1

1 Dreht man in Fig. 1 den roten Zeiger gegen den Uhrzeigersinn, so wird die Skala verschoben. Man kann dann am grünen Pfeil den Drehwinkel ablesen.
a) Es sei r = 2 cm. Wie weit ist dann auf der Skala die 90°-Marke von der 0°-Marke entfernt? Wie erhält man die weitere Beschriftung der Skala?
b) Wie ändert sich bei r = 3 cm die Beschriftung der Skala?

Wie bereits in der Sekundarstufe I verwenden wir für Winkel und ihre Größe dieselbe Bezeichnung. Ferner bezeichnen wir die Größe von Winkeln im Gradmaß mit α, β, ... und im Bogenmaß mit x, y, ...

Bei der Untersuchung trigonometrischer Funktionen ist das **Bogenmaß** vorteilhaft. Durch dieses Maß wird die Winkelmessung auf eine Längenmessung zurückgeführt. Die Länge des Bogens b, der zu einem Winkel α gehört, ist abhängig vom Radius r (Fig. 2). Deshalb wählen wir einen Kreis mit dem Radius 1 Längeneinheit, einen so genannten **Einheitskreis**, und vereinbaren:

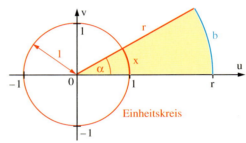

Fig. 2

Definition: Die Maßzahl x der zum Winkel α gehörenden Bogenlänge im Einheitskreis heißt das **Bogenmaß des Winkels**.

Das Bogenmaß von 180° ist π, da ein Halbkreis mit Radius 1 den Umfang π hat. Misst man die Größe desselben Winkels im Gradmaß α und im Bogenmaß x (Fig. 3), so erhält man aus $\alpha : 180° = x : \pi$ die

Umrechnungsformel $\dfrac{\alpha}{180°} = \dfrac{x}{\pi}$.

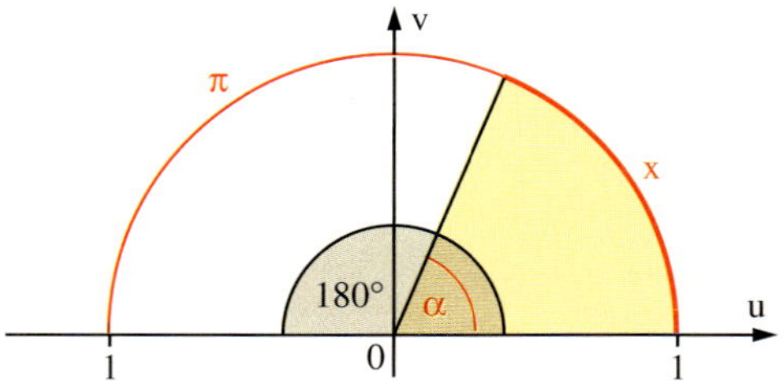

Fig. 3

Gut zu wissen!

α	x
0°	0
30°	$\frac{1}{6}\pi$
45°	$\frac{1}{4}\pi$
60°	$\frac{1}{3}\pi$
90°	$\frac{1}{2}\pi$
180°	π
270°	$\frac{3}{2}\pi$
360°	2π

Beispiel 1: (Umrechnung vom Gradmaß ins Bogenmaß und umgekehrt)
a) Bestimmen Sie x für α = 72°.
Lösung:
a) $x = \frac{\alpha}{180°} \cdot \pi = \frac{72°}{180°} \cdot \pi = \frac{2}{5}\pi$

b) Bestimmen Sie α für x = 0,3 π.

b) $\alpha = \frac{x}{\pi} \cdot 180° = \frac{0{,}3\pi}{\pi} \cdot 180° = 54°$

Beispiel 2: (Umrechnung mit Näherungswerten)
a) Bestimmen Sie x für α = 16°.
Lösung:
a) $x = \frac{\alpha}{180°} \cdot \pi = \frac{16°}{180°} \cdot \pi = \frac{4}{45}\pi \approx 0{,}28$

b) Bestimmen Sie α für x = 1,42.

b) $\alpha = \frac{x}{\pi} \cdot 180° = \frac{1{,}42}{\pi} \cdot 180° \approx 81{,}4°$

62

Die Ableitungen der Sinus- und Kosinusfunktion

Aufgaben

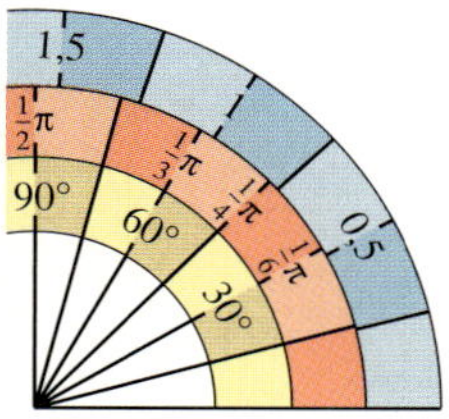

2 Geben Sie die Winkel im Bogenmaß als Bruchteil von π an. Verwenden Sie eine Tabelle wie in Fig. 1.
a) 15°; 75°; 12°; 48°; 40°; 70°
b) 18°; 54°; 36°; 1°; 13°; 44°
c) 120°; 150°; 135°; 210°; 225°; 300°

α (im Gradmaß)	72°	27°	
x (im Bogenmaß)	$\frac{2}{5}\pi$	$\frac{3}{20}\pi$	

Fig. 1

3 Geben Sie die Winkel im Bogenmaß auf 2 Dezimalen gerundet an.
a) 17°; 23°; 47°; 102°; 67°; 58°   b) 141°; 157°; 202°; 298°; 307°; 233°

4 Geben Sie die Winkel im Gradmaß an.
a) $\frac{1}{8}\pi$; $\frac{1}{12}\pi$; $\frac{3}{10}\pi$; $\frac{3}{5}\pi$; $\frac{5}{12}\pi$; $\frac{7}{18}\pi$; $\frac{11}{36}\pi$ b) $\frac{3}{4}\pi$; $\frac{4}{3}\pi$; $\frac{6}{5}\pi$; $\frac{9}{8}\pi$; $\frac{19}{12}\pi$; $\frac{25}{18}\pi$; $\frac{14}{9}\pi$

5 Geben Sie die Winkel im Gradmaß auf 0,1° genau an.
a) 0,52; 0,86; 1,35; 1,02; 1,50; 1,55   b) 2,02; 3,18; 4,23; 5,55; 5,99; 6,10

6 Wie groß ist ein Winkel im Gradmaß, der das Bogenmaß 1 hat?

6.2 Die Sinusfunktion und die Kosinusfunktion

Für Aufgabe 7 genügt ein

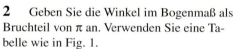

und ein Einheitskreis mit Radius 2 cm auf einem Blatt Papier.

7 Bei dem Gerät von Fig. 2 ist der kleine (rote) Kreis um den Mittelpunkt des großen (gelben) Kreises drehbar.
a) Welche Koordinaten haben die Punkte P(p(x)|0) und Q(0|q(x)), wenn der Pfeil auf das Bogenmaß x zeigt?
b) Skizzieren Sie Graphen der Zuordnungen p: x ↦ p(x) und q: x ↦ q(x).

Um die Koordinaten eines Punktes P auf dem Einheitskreis bei mehreren Umdrehungen bestimmen zu können, werden die Werte für sin(x) und cos(x) auch für x ≧ 2π bzw. für x < 0 erklärt.
In Fig. 3 gilt
P(cos(20°)|sin(20°)) mit $\sin(20°) = \sin\left(\frac{1}{9}\pi\right)$.
Vereinbart man nun
$\ldots = \sin\left(\frac{1}{9}\pi - 2\pi\right) = \sin\left(\frac{1}{9}\pi + 2\pi\right)$
$= \sin\left(\frac{1}{9}\pi + 4\pi\right) = \ldots = \sin\left(\frac{1}{9}\pi\right)$,
ergeben sich Sinuswerte für alle Zahlen $x = \frac{1}{9}\pi + 2\pi \cdot z$ mit $z \in \mathbb{Z}$.

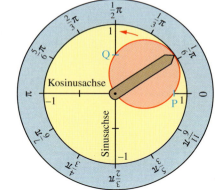

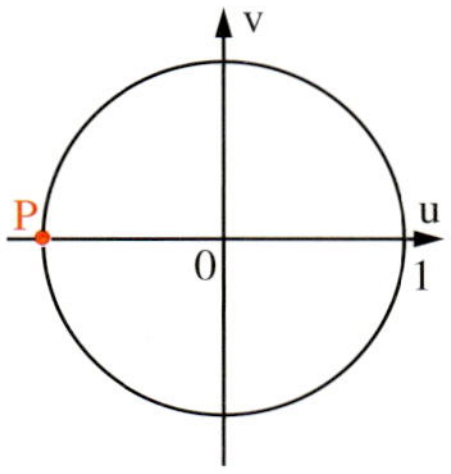

Fig. 2

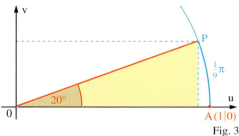

Fig. 3

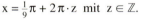

Für x = 3π befindet sich der Punkt P im zweiten Umlauf auf der negativen u-Achse.

Definition: Es sei 0 ≦ x < 2π. Dann vereinbart man:
sin(x + 2π · z) = sin(x)   und   cos(x + 2π · z) = cos(x) für jedes z ∈ ℤ.

63

Die Ableitungen der Sinus- und Kosinusfunktion

Durch die Definition erhält man die **Sinusfunktion** sin: $x \mapsto \sin(x)$ und die **Kosinusfunktion** cos: $x \mapsto \cos(x)$. Beide Funktionen haben die Definitionsmenge $\mathbb{R}$ und die Wertemenge $[-1; +1]$. Sie sind periodisch mit der **Periode 2π**, und für alle $x \in \mathbb{R}$ gilt $\sin(-x) = -\sin(x)$ sowie $\cos(-x) = \cos(x)$. Ihre Graphen zeigen einen Verlauf, wie er bei vielen Schwingungsvorgängen auftritt.

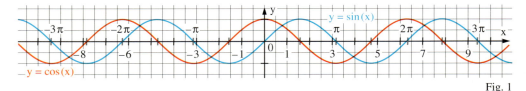

Fig. 1

Beispiel 1: (Bestimmung von Funktionswerten)
Bestimmen Sie $\sin\left(\frac{17}{3}\pi\right)$ und $\cos\left(-\frac{5}{4}\pi\right)$.
Lösung:
$\sin\left(\frac{17}{3}\pi\right) = \sin\left(\frac{5}{3}\pi + 2\pi \cdot 2\right) = \sin\left(\frac{5}{3}\pi\right)$
$= \sin(300°) = -\sin(60°) = -\frac{1}{2}\sqrt{3}$
$\cos\left(-\frac{5}{4}\pi\right) = \cos\left(\frac{3}{4}\pi + 2\pi \cdot (-1)\right) = \cos\left(\frac{3}{4}\pi\right)$
$= \cos(135°) = -\cos(45°) = -\frac{1}{2}\sqrt{2}$

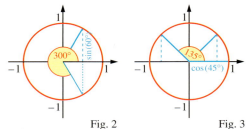

Fig. 2   Fig. 3

Beispiel 2: (Lösen einer Gleichung)
Für welche $x \in \mathbb{R}$ gilt $\sin(x) = -\frac{1}{2}$?
Lösung:
Ist $x \in [0; 2\pi]$, so gilt $\sin(x) = -\frac{1}{2}$ nur für
$x = \frac{7}{6}\pi$ oder $x = \frac{11}{6}\pi$.
Für $x \in \mathbb{R}$ gilt damit die Gleichung nur für
$x = \frac{7}{6}\pi + 2\pi \cdot z$ oder $x = \frac{11}{6}\pi + 2\pi \cdot z$ mit
$z \in \mathbb{Z}$.

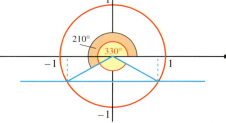

Fig. 4

Beim Arbeiten mit dem Bogenmaß darf man nicht vergessen, den Taschenrechner von **DEG**
(engl. degree)
oder **GRAD**
auf **RAD**
(engl. radian) umzuschalten.

Aufgaben

8 Bestimmen Sie mit dem Taschenrechner auf 4 Dezimalen genau:
a) $\sin(2,3)$ b) $\cos(-2)$ c) $\sin(-11)$
d) $\sin(0,27)$ e) $\cos(1,59)$ f) $\cos(-0,41)$.

9 Bestimmen Sie ohne Taschenrechner.
a) $\sin\left(\frac{3}{4}\pi\right)$ b) $\cos\left(\frac{5}{6}\pi\right)$ c) $\sin(-5\pi)$

10 Skizzieren Sie für $-\pi \leq x \leq 3\pi$ den Graphen der Funktion f.
a) $f(x) = 3 + \sin(x)$ b) $f(x) = \cos(x + 3)$

11 Zeichnen Sie mit einem Computerprogramm den Graphen der Funktion f:
a) $f(x) = 4 + \sin\left(\frac{3}{2}x\right)$ b) $f(x) = -2 \cdot \cos\left(\frac{1}{5}x\right)$
Variieren Sie die auftretenden Konstanten und suchen Sie Zusammenhänge.

Beim Skizzieren von Sinus- und Kosinuskurven ist die „$\frac{1}{3}$; $\frac{1}{2}$-Regel" nützlich:

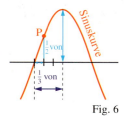

Fig. 6

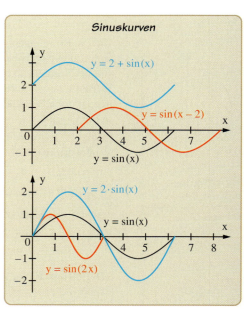

Fig. 5

64

x	sin(x)	cos(x)
0	0	1
$\frac{1}{6}\pi$	$\frac{1}{2}$	$\frac{1}{2}\sqrt{3}$
$\frac{1}{4}\pi$	$\frac{1}{2}\sqrt{2}$	$\frac{1}{2}\sqrt{2}$
$\frac{1}{3}\pi$	$\frac{1}{2}\sqrt{3}$	$\frac{1}{2}$
$\frac{1}{2}\pi$	1	0

12 Bestimmen Sie alle $x \in \mathbb{R}$, für die gilt:
a) $\sin(x) = \frac{1}{2}$
b) $\cos(x) = \frac{1}{2}$
c) $\sin(x) = 1$
d) $\cos(x) = -\frac{1}{2}$
e) $\sin(x) = -\frac{1}{2}\sqrt{2}$
f) $\sin(x) = \frac{1}{2}\sqrt{3}$
g) $\cos(x) = -1$
h) $\sin(x) = \frac{1}{2}\sqrt{2}$
i) $\cos(x) = 0$
j) $\cos(x) = -\frac{1}{2}\sqrt{3}$
k) $\sin(x) = -\frac{1}{2}\sqrt{3}$
l) $\cos(x) = \frac{1}{2}\sqrt{3}$.

13 Bestimmen Sie auf 3 Dezimalen genau alle $x \in [0; 2\pi)$, für die gilt:
a) $\sin(x) = 0{,}35$
b) $\cos(x) = -0{,}58$
c) $\sin(x) = -0{,}27$
d) $\cos(x) = 0{,}64$.

6.3 Die Ableitung der Sinusfunktion und der Kosinusfunktion

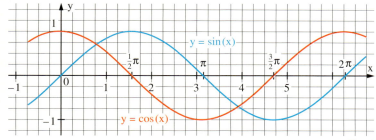

Fig. 1

14 Entnehmen Sie den Graphen der Sinusfunktion sin und der Kosinusfunktion cos in Fig. 1 Näherungswerte für die Steigung in geeigneten Kurvenpunkten. Tragen Sie dann diese Näherungswerte in ein Koordinatensystem ein und skizzieren Sie so je den Graphen der Ableitungsfunktion von sin und cos.
Welche Vermutung ergibt sich?

Um die Ableitung der Funktionen sin und cos an einer Stelle x_0 zu bestimmen, bildet man für beide Funktionen den Differenzenquotienten. Dieser wird dann jeweils mit einer der rechts angegebenen Formeln umgeformt.

Aus einer Formelsammlung:

$$\sin(\alpha) - \sin(\beta) = 2 \cdot \cos\left(\frac{\alpha+\beta}{2}\right) \cdot \sin\left(\frac{\alpha-\beta}{2}\right)$$

$$\cos(\alpha) - \cos(\beta) = -2 \cdot \sin\left(\frac{\alpha+\beta}{2}\right) \cdot \sin\left(\frac{\alpha-\beta}{2}\right)$$

Für die Funktion f mit $f(x) = \sin(x)$ ergibt sich:

$$m_f(h) = \frac{\sin(x_0 + h) - \sin(x_0)}{h} = \frac{2 \cdot \cos\left(\frac{x_0 + h + x_0}{2}\right) \cdot \sin\left(\frac{x_0 + h - x_0}{2}\right)}{h}$$

$$= \frac{\cos\left(x_0 + \frac{h}{2}\right) \cdot \sin\left(\frac{h}{2}\right)}{\frac{h}{2}} = \cos\left(x_0 + \frac{h}{2}\right) \cdot \frac{\sin\left(\frac{h}{2}\right)}{\frac{h}{2}}. \qquad (1)$$

Entsprechend ergibt sich für die Funktion g mit $g(x) = \cos(x)$:

$$m_g(h) = \frac{\cos(x_0 + h) - \cos(x_0)}{h} = -\sin\left(x_0 + \frac{h}{2}\right) \cdot \frac{\sin\left(\frac{h}{2}\right)}{\frac{h}{2}}. \qquad (2)$$

Nun wird $m_f(h)$ und $m_g(h)$ in (1) bzw. (2) für $h \to 0$ untersucht.
Für $h \to 0$ gilt: $\cos\left(x_0 + \frac{h}{2}\right) \to \cos(x_0)$ und $-\sin\left(x_0 + \frac{h}{2}\right) \to -\sin(x_0)$. Die in der Tabelle (Fig. 2) berechneten Werte lassen vermuten, dass $\frac{\sin(x)}{x} \to 1$ gilt für $x \to 0$. (Auf Seite 66 im Kasten wird dies näher begründet.)
Damit gilt:

x	0,2	0,1	0,05	0,02
sin(x)	0,199	0,0998	0,04998	0,019999
$\frac{\sin(x)}{x}$	0,993	0,998	0,9996	0,99993

Fig. 2

Satz: Für die Funktion f mit $f(x) = \sin(x)$ gilt $f'(x) = \cos(x)$.
Für die Funktion g mit $g(x) = \cos(x)$ gilt $g'(x) = -\sin(x)$.

Die Ableitungen der Sinus- und Kosinusfunktion

Beispiel 1: (Ableitungen)
Bestimmen Sie f'(x) für
a) $f(x) = 3 \cdot \sin(x)$ b) $f(x) = x^2 - 4 \cdot \cos(x)$.
Lösung:
a) $f'(x) = 3 \cdot \cos(x)$
b) $f'(x) = 2x + 4 \cdot \sin(x)$

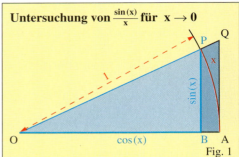

Fig. 1

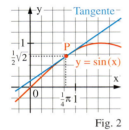

Fig. 2

Beispiel 2: (Tangentengleichung)
Ermitteln Sie eine Gleichung der Tangente in $P\left(\frac{1}{4}\pi \mid \frac{1}{2}\sqrt{2}\right)$ an den Graphen von f mit
$f(x) = \sin(x)$.
Lösung:
Es ist $f'(x) = \cos(x)$ und somit
$f'\left(\frac{1}{4}\pi\right) = \cos\left(\frac{1}{4}\pi\right) = \frac{1}{2}\sqrt{2}$.
Mit der Punktsteigungsform erhält man:
$y - \frac{1}{2}\sqrt{2} = \frac{1}{2}\sqrt{2} \cdot \left(x - \frac{1}{4}\pi\right)$.
Ergebnis: $y = \frac{1}{2}\sqrt{2} \cdot x + \frac{1}{2}\sqrt{2} - \frac{1}{8}\pi\sqrt{2}$

In Fig. 1 ist der Inhalt I_1 des Dreiecks OBP kleiner als der Inhalt I des Kreisausschnitts OAP und der Inhalt I_2 des Dreiecks OAQ größer als I:
$$I_1 < I < I_2.$$
Dabei ist $I_1 = \frac{1}{2} \cdot (\cos(x)) \cdot (\sin(x))$ und
$I = \pi \cdot 1^2 \cdot \frac{x}{2\pi} = \frac{1}{2} \cdot x$.
Wegen $\overline{QA} : \overline{PB} = \overline{OA} : \overline{OB}$ ist
$\overline{QA} = \frac{\sin(x)}{\cos(x)}$ und dann $I_2 = \frac{1}{2} \cdot 1 \cdot \frac{\sin(x)}{\cos(x)}$.
Also gilt:
$\frac{1}{2} \cdot (\sin(x)) \cdot (\cos(x)) < \frac{1}{2} \cdot x < \frac{1}{2} \cdot \frac{\sin(x)}{\cos(x)}$
und somit $\cos(x) < \frac{x}{\sin(x)} < \frac{1}{\cos(x)}$.
Übergang zu den Kehrzahlen ergibt
$\frac{1}{\cos(x)} > \frac{\sin(x)}{x} > \cos(x)$.
Dies gilt auch für $x < 0$ (vgl. Aufgabe 20).
Für $x \to 0$ gilt: $\cos(x) \to 1$ und $\frac{1}{\cos(x)} \to 1$.
Also ist $1 \geq \lim_{x \to 0} \frac{\sin(x)}{x} \geq 1$
und folglich $\boxed{\lim_{x \to 0} \frac{\sin(x)}{x} = 1.}$

Aufgaben

15 Bestimmen Sie f'(x) und f''(x) für
a) $f(x) = 12 \cdot \sin(x)$
b) $f(x) = -2 \cdot \cos(x)$
c) $f(x) = 5x^3 - 7 \cdot \sin(x) + 12 \cdot \cos(x)$
d) $f(x) = -4x^{-4} - 2{,}5 \cdot \cos(x) + 0{,}6 \cdot \sin(x)$

16 Gegeben ist die Funktion f mit
$f(x) = \sin(x) - 2$ für $x \in [0; 2\pi]$
a) An welchen Stellen x_0 gilt $f'(x_0) = 0{,}5$?
b) Gibt es Stellen x_0 mit $f'(x_0) > 1$?

17 Bestimmen Sie Gleichungen der Tangente und der Normalen an den Graphen von f im Punkt P.
a) $f(x) = \sin(x)$; $P(0 \mid f(0))$ b) $f(x) = \cos(x)$; $P(\pi \mid f(\pi))$ c) $f(x) = \cos(x)$; $P(0{,}25\pi \mid ?)$
d) $f(x) = 3 \cdot \sin(x)$; $P\left(\frac{5}{3}\pi \mid ?\right)$ e) $f(x) = x + 2 \cdot \sin(x)$; $P\left(\frac{1}{4}\pi \mid ?\right)$

18 Untersuchen Sie mit $\lim_{x \to 0} \frac{\sin(x)}{x} = 1$ (vgl. Kasten) das Verhalten für $x \to 0$ von

Statt $(\sin(x))^2$ schreibt man häufig $\sin^2(x)$.

a) $\frac{4 \cdot \sin(x)}{x}$ b) $\frac{\sin\left(\frac{x}{3}\right)}{x}$ c) $\frac{\sin(2x)}{3x}$ d) $\frac{\sin^2(x)}{x}$

Überprüfen Sie Ihre Ergebnisse der Aufgaben 18 und 19 mit einem CAS-Programm.

19 Zeigen Sie mithilfe des Graphen in Fig. 3, dass $\lim_{x \to 0} \frac{1 - \cos(x)}{x} = 0$ gilt.

20 Im Kasten wurde die Ungleichung
$\frac{1}{\cos(x)} > \frac{\sin(x)}{x} > \cos(x)$ für alle $x \in \left(0; \frac{\pi}{2}\right)$
bewiesen. Zeigen Sie, dass diese Ungleichung auch für alle $x \in \left(-\frac{\pi}{2}; 0\right)$ gilt.

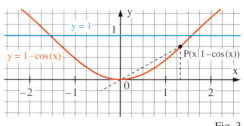

Fig. 3

66

Die Ableitungen der Sinus- und Kosinusfunktion

21 In welchen Punkten hat der Graph von f: x ↦ sin(x) dieselbe Steigung wie
a) die 1. Winkelhalbierende
b) die 2. Winkelhalbierende
c) die x-Achse
d) die Gerade mit der Gleichung $y = \frac{1}{2}x$?

22 Gegeben sind die Funktionen f und g mit den Graphen K_f und K_g durch
$f(x) = x + \sin(x)$ und $g(x) = x + \cos(x)$.
a) Zeichnen Sie K_g durch Ordinatenaddition.
b) Bestimmen Sie die Punkte auf K_f bzw. auf K_g, in denen die zugehörige Tangente jeweils parallel ist zur x-Achse (zu den Geraden mit den Gleichungen $y = x$ bzw. $y = 2x$).
c) Zeigen Sie, dass weder K_f noch K_g eine negative Steigung haben.

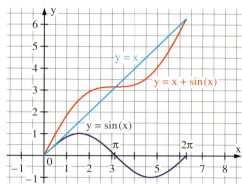
Fig. 1

Für Aufgabe 23 benötigen Sie den Tangens von Winkeln. Es gilt: $\tan(x) = \frac{\sin(x)}{\cos(x)}$.

23 Berechnen Sie für die Funktionen f und g sowohl den Schnittpunkt $P(x_0|y_0)$ mit $0 \leq x_0 \leq \pi$ als auch näherungsweise den Schnittwinkel der Graphen.
a) $f(x) = \sin(x); \quad g(x) = \cos(x)$
b) $f(x) = \sin(x); \quad g(x) = -\cos(x)$
c) $f(x) = \sin(x); \quad g(x) = \sqrt{3} \cdot \cos(x)$
d) $f(x) = -\sqrt{3} \cdot \sin(x); \quad g(x) = \cos(x)$

x	tan(x)
0	0
$\frac{1}{6}\pi$	$\frac{1}{3}\sqrt{3}$
$\frac{1}{4}\pi$	1
$\frac{1}{3}\pi$	$\sqrt{3}$
$\frac{1}{2}\pi$	—

24 Zeichnen Sie mithilfe eines Computers einen Graphen der Funktion f. Skizzieren Sie anschließend einen Graphen der Funktion f'. Kontrollieren Sie Ihre Skizze mit dem Computer. Suchen Sie Zusammenhänge zwischen den beiden Graphen und geben Sie diese an.
a) $f(x) = x - \sin(x)$
b) $f(x) = \sin(x) \cdot \cos(x)$
c) $f(x) = x \cdot \sin(x)$
d) $f(x) = \frac{1}{x} \cdot \sin(x)$

25 Gegeben ist die Funktion f durch $f(x) = \sin(x)$. Es soll ein Näherungswert $\overline{A}$ für den Inhalt A der „gelben Fläche" unter dem Graphen von f berechnet werden.
a) Berechnen Sie die Inhalte A_1 und A_2 der Vierecke OPQR und OPQS.
b) Berechnen Sie $\overline{A}$ als Mittelwert von A_1 und A_2.

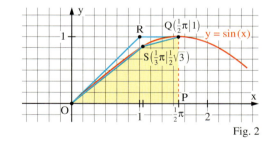
Fig. 2

Für die Ableitung f' der Funktion f mit $f(x) = \sin(x)$ schreibt man auch
sin'.

Eine Skizze ist oft nützlich; zu leicht übersieht man sonst Lösungen.

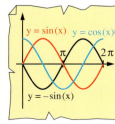

Aufgaben mit sin(ax) und cos(ax)

$f(x) = \sin(ax)$ ergibt $\sin'(ax) = a \cdot \cos(ax)$
$g(x) = \cos(ax)$ ergibt $\cos'(ax) = -a \cdot \sin(ax)$

26 Beweisen Sie für jedes $a \in \mathbb{R} \setminus \{0\}$ die angegebenen Formeln für $\sin'(ax)$ und $\cos'(ax)$. Gehen Sie dabei entsprechend vor wie beim Beweis des Satzes auf Seite 63.

27 Bestimmen Sie die ersten drei Ableitungen der Funktion f. Überprüfen Sie Ihre Ergebnisse mit einem CAS-Programm. Zeichnen Sie mithilfe eines Computers die Graphen von f und f'.
a) $f(x) = \sin(3x)$
b) $f(x) = \cos(-6\pi x)$
c) $f(x) = 3 \cdot \sin(5x)$
d) $f(x) = 2\pi \cdot \cos\left(\frac{x}{\pi}\right)$
e) $f(x) = -\frac{3}{4}\sin(2x) + \frac{2}{5}\cos\left(\frac{5}{2}x\right)$
f) $f(x) = -\frac{3}{2\pi}\sin\left(-\frac{8}{9}\pi x\right) + \frac{2\pi}{5}\cos\left(-\frac{15}{4\pi}x\right)$

28 In welchen Punkten und unter welchen Winkeln schneiden sich jeweils zwei der Graphen von $f_1: x \mapsto \sin\left(\frac{1}{3}\pi x\right)$, $f_2: x \mapsto \cos\left(\frac{1}{3}\pi x\right)$ und $f_3: x \mapsto -\sin\left(\frac{1}{3}\pi x\right)$ für $x \in [0; 6)$?

67

7 Stetigkeit und Differenzierbarkeit einer Funktion

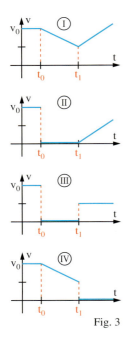

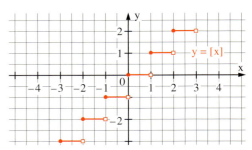

Fig. 1

1 Ein Wasserbecken wird über eine Leitung gefüllt. Der Zufluss kann mit dem Schieber S sehr rasch unterbrochen oder geöffnet werden. Der Hahn H erlaubt eine langsame Regelung der Fließgeschwindigkeit des Wassers in der Zuleitung.
Die Graphen I, II, III und IV zeigen Abhängigkeiten der Fließgeschwindigkeit v von der Zeit t. Beschreiben Sie den Verlauf der Graphen. Wie wurde v mit H und S jeweils geregelt?

Der Begriff der Funktion ist so weit gefasst, dass darunter z. B. auch die gaußsche Klammerfunktion f: x ↦ [x] fällt, deren Graph „Sprünge" enthält (Fig. 2, vgl. auch Seite 19, Aufg. 11).
Solche „Sprünge" werden ausgeschlossen, wenn man an eine Funktion die folgende Bedingung stellt.

Fig. 2

Kurz und vereinfacht: „Funktionswert gleich Grenzwert!"

Definition: Eine Funktion f mit Definitionsmenge D heißt an der Stelle $x_0 \in D$ **stetig**, wenn der Grenzwert von f(x) für $x \to x_0$ vorhanden ist und mit dem Funktionswert $f(x_0)$ übereinstimmt, wenn also gilt: $\lim\limits_{x \to x_0} f(x) = f(x_0)$.

Für eine genaue Erörterung des Begriffes der Stetigkeit siehe Kapitel XI*.

Funktionen, die an jeder Stelle ihrer Definitionsmenge D stetig sind, nennt man **stetige Funktionen** (auf D). Ist eine Funktion f an einer Stelle $x_0 \in D$ **nicht stetig** (man sagt auch **unstetig**), können zwei Fälle auftreten: f hat für $x \to x_0$ keinen Grenzwert oder der Grenzwert von f für $x \to x_0$ existiert zwar, aber es ist $\lim\limits_{x \to x_0} f(x) \neq f(x_0)$ (vgl. Beispiel 2).

Wenn eine Funktion f an einer Stelle x_0 nicht definiert ist, kann f an dieser Stelle auch nicht auf Stetigkeit untersucht werden.

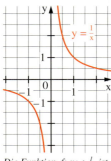

Die Funktion $f: x \mapsto \frac{1}{x}$ ist an der Stelle $x_0 = 0$ nicht definiert; aber f ist stetig.

Beispiel 1: (Nachweis der Stetigkeit)
Gegeben ist die Funktion f mit
$$f(x) = \begin{cases} \frac{1}{2}x & \text{für } x \leq 2 \\ 3 - x & \text{für } x > 2 \end{cases};$$
Zeigen Sie: f ist an der Stelle 2 stetig.
Lösung:
Es ist $x_0 = 2$ und $f(2) = 1$. Für $x \to 2$ und $x < 2$ oder $x > 2$ gilt: $f(x) \to 1$. Also ist $\lim\limits_{x \to 2} f(x) = 1 = f(2)$. Damit ist f an der Stelle 2 stetig.

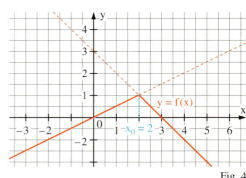

Fig. 4

68

Stetigkeit und Differenzierbarkeit einer Funktion

Beispiel 2: (Funktionen, die an einer Stelle x_0 nicht stetig sind)
Gegeben sind die Funktionen f und g durch

$$f(x) = \begin{cases} \frac{1}{2}x & \text{für } x \leq 2 \\ \frac{1}{2}x + \frac{1}{2} & \text{für } x > 2 \end{cases}$$

und

$$g(x) = \begin{cases} \frac{1}{2}x & \text{für } x \neq 2 \\ \frac{3}{2} & \text{für } x = 2 \end{cases}$$

Untersuchen Sie f und g auf Stetigkeit an der Stelle $x_0 = 2$.

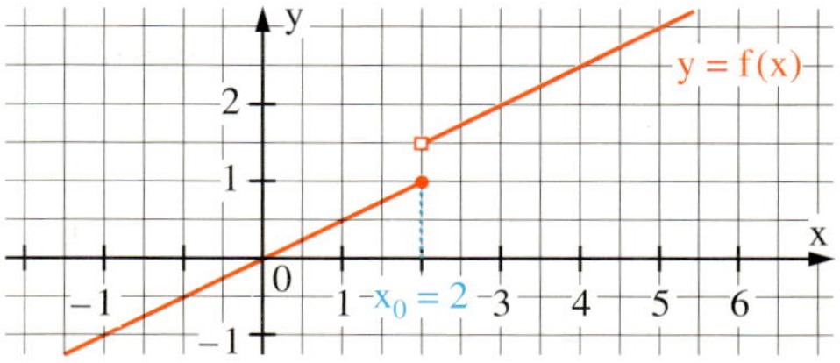

Fig. 1

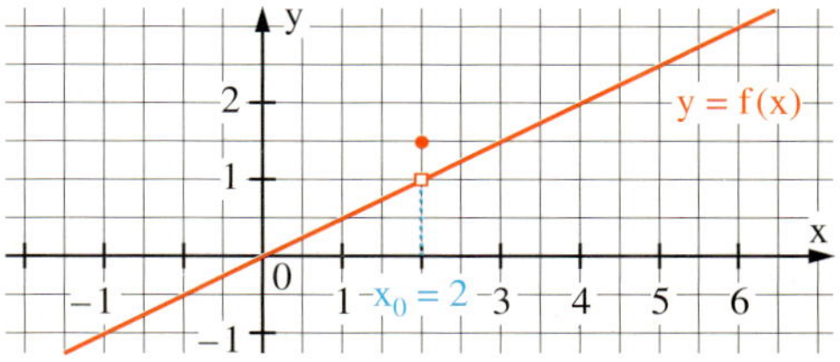

Lösung:

Für $x \to x_0$ hat f keinen Grenzwert.

Untersuchung von f: Für $x \to 2$ und $x < 2$ gilt: $f(x) \to 1$. Für $x \to 2$ und $x > 2$ dagegen gilt: $f(x) \to \frac{3}{2}$. Damit hat f für $x \to 2$ keinen Grenzwert. Also ist f an der Stelle 2 nicht stetig.

Für $x \to x_0$ hat f zwar einen Grenzwert, aber der Grenzwert und der Funktionswert $f(x_0)$ sind verschieden.

Untersuchung von g: Es ist $g(2) = \frac{3}{2}$. Für $x \to 2$ und $x < 2$ oder $x > 2$ gilt: $g(x) \to 1$. Dies besagt $\lim_{x \to 2} g(x) = 1$. Dieser Grenzwert 1 für $x \to 2$ stimmt aber nicht mit dem Funktionswert $g(2) = \frac{3}{2}$ überein. Also ist g an der Stelle 2 nicht stetig.

Fig. 2

Wenn eine Funktion f an der Stelle x_0 differenzierbar ist, so gilt für $x \to x_0$:
$\frac{f(x) - f(x_0)}{x - x_0} \to f'(x_0)$. Da für $x \to x_0$ in $\frac{f(x) - f(x_0)}{x - x_0}$ der Nenner gegen 0 strebt, muss auch der Zähler gegen 0 streben. Dies besagt $\lim_{x \to x_0} f(x) = f(x_0)$, also gilt:

Satz: Ist eine Funktion f an einer Stelle x_0 differenzierbar, so ist f an der Stelle x_0 auch stetig.

Grobe Veranschaulichung der Stetigkeit in einem Intervall:

Mit dem Satz ergibt sich unmittelbar, dass alle ganzrationalen Funktionen stetig auf $\mathbb{R}$ sind. Der Satz besagt auch, dass eine Funktion nur an solchen Stellen differenzierbar sein kann, an denen sie stetig ist.

Man kann den Graphen zeichnen, ohne den Zeichenstift abzusetzen.

Beispiel 3: (Untersuchung auf Differenzierbarkeit)
Gegeben ist die Funktion f mit
$f(x) = x \cdot |x - 2|$.
Zeigen Sie, dass f an der Stelle 2 stetig aber nicht differenzierbar ist.

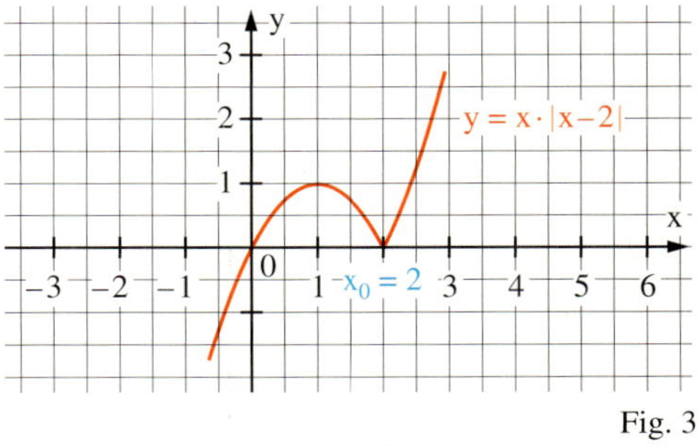

Lösung:
Es ist $x_0 = 2$ und

Grobe Veranschaulichung der Differenzierbarkeit in einem Intervall:

$$f(x) = \begin{cases} x^2 - 2x & \text{für } x \geq 2 \\ -x^2 + 2x & \text{für } x < 2 \end{cases}.$$

f ist an der Stelle 2 stetig, denn es ist $f(2) = 0$ und für $x \to 2$ gilt: $f(x) \to 0$.

Stetigkeit, und der Graph hat keinen „Knick".

Für $x \neq 2$ ist $f'(x) = \begin{cases} 2x - 2 & \text{für } x > 2 \\ -2x + 2 & \text{für } x < 2 \end{cases}$. Für $x \to 2$ und $x > 2$ gilt: $f'(x) \to 2$;
für $x \to 2$ und $x < 2$ dagegen gilt: $f'(x) \to -2$.
Damit ist f an der Stelle 2 nicht differenzierbar.

Fig. 3

69

Stetigkeit und Differenzierbarkeit einer Funktion

Aufgaben

Die Stetigkeit von Funktionen wurde später als die Differenzierbarkeit zu einem Grundbegriff der Analysis. In ähnlicher Form wie heute wurde die Stetigkeit erstmals definiert 1817 von BERNARD BOLZANO und kurz danach wohl unabhängig davon 1821 von AUGUSTIN LOUIS CAUCHY.

2 Welche der folgenden Funktionen sind stetig bzw. unstetig? Begründen Sie Ihre Antwort. Geben Sie anschließend weitere Beispiele stetiger bzw. unstetiger Funktionen an.
a) An einem festen Ort wird jeder Tageszeit eindeutig eine Temperatur zugeordnet.
b) Die Kfz-Steuer beträgt pro angefangene 100 cm³ Hubraum 13 €.

3 Skizzieren Sie jeweils den Graphen einer Funktion f mit den genannten Eigenschaften.
a) Die Funktion f ist an der Stelle $x_0 = 1$ stetig mit $f(x_0) = 2$ aber nicht differenzierbar.
b) Der Grenzwert der Funktion f für $x \to 3$ ist 2, aber $f(3) = 1$.

4 Zeichnen Sie den Graphen der Funktion f und untersuchen Sie, ob f an der Stelle x_0 stetig ist.
a) $f(x) = |x-3|$; $x_0 = 3$
b) $f(x) = \begin{cases} \frac{5}{x} + 1 & \text{für } x \leq -2 \\ x^2 + x - 1 & \text{für } x > -2 \end{cases}$; $x_0 = -2$

BERNARD BOLZANO (1781–1848) war Priester und Professor für Philosophie in Prag. Wegen seiner freiheitlichen Ansichten wurde er 1819 von Kaiser Franz entlassen und von der Universität verwiesen.

5 An welchen Stellen $x_0 \in \mathbb{R}$ sind die Funktionen in Fig. 1, ..., Fig. 4
a) stetig und differenzierbar
b) stetig aber nicht differenzierbar
c) nicht stetig
d) nicht differenzierbar?

6 Bestimmen Sie $t \in \mathbb{R}$ so, dass die Funktion f an der Stelle x_0 stetig ist.
a) $f(x) = \begin{cases} x+1 & \text{für } x \leq 1 \\ x^2 + t & \text{für } x > 1 \end{cases}$; $x_0 = 1$
b) $f(x) = \begin{cases} x^2 - 2tx & \text{für } x \geq t \\ 2x - t & \text{für } x < t \end{cases}$; $x_0 = t$

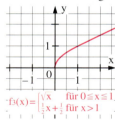
Fig. 1 / Fig. 2

7 Zeichnen Sie den Graphen der Funktion f und untersuchen Sie, ob f an der Stelle x_0 differenzierbar ist.
a) $f(x) = x \cdot |x|$; $x_0 = 0$
b) $f(x) = |x| \cdot (x-3)$; $x_0 = 3$
c) $f(x) = \begin{cases} 1 - x^2 & \text{für } x \leq 1 \\ x^2 - 1 & \text{für } x > 1 \end{cases}$; $x_0 = 1$

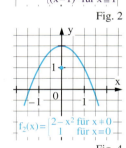
Fig. 3 / Fig. 4

AUGUSTIN LOUIS CAUCHY (1789–1857) war Professor an der Sorbonne in Paris. Politisch war er sehr konservativ und überzeugter Anhänger der Monarchie.

8 Bestimmen Sie s in Abhängigkeit von t so, dass f an der Stelle x_0 stetig ist. Ermitteln Sie dann den Wert von t, für den f in x_0 auch differenzierbar ist.
a) $f(x) = \begin{cases} sx - 2 & \text{für } x \leq 2 \\ 0{,}5tx^2 & \text{für } x > 2 \end{cases}$; $x_0 = 2$ (Fig. 5)
b) $f(x) = \begin{cases} x^3 & \text{für } x \leq 1 \\ sx^2 + t & \text{für } x > 1 \end{cases}$; $x_0 = 1$

9 Gegeben ist die Funktion f mit
$f(x) = \begin{cases} 1 & \text{für } x > 1 \\ \frac{1}{x} & \text{für } 0 < x \leq 1 \\ \frac{1}{\left[\frac{1}{x}\right]} & \\ 0 & \text{für } x \leq 0 \end{cases}$

Zeichnen Sie mithilfe eines Computers den Graphen von f. Für welche $x \in \mathbb{R}$ ist f stetig?

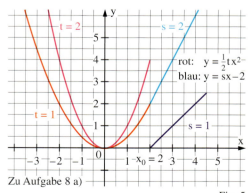
Zu Aufgabe 8 a)
Fig. 5

8 Vermischte Aufgaben

Änderungsraten

1 Berechnen Sie die Änderungsraten m_1, m_2, m_3 in den Intervallen $I_1 = [-1; 0]$, $I_2 = [2; 4]$ und $I_3 = [8; 12]$ für die Funktion f mit
a) $f(x) = x^3 - x$
b) $f(x) = \frac{2x}{x+2}$
c) $f(x) = \frac{x^2}{x^2 + 1}$

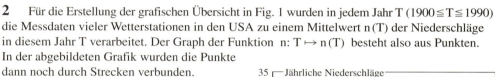

2 Für die Erstellung der grafischen Übersicht in Fig. 1 wurden in jedem Jahr T ($1900 \leq T \leq 1990$) die Messdaten vieler Wetterstationen in den USA zu einem Mittelwert n(T) der Niederschläge in diesem Jahr T verarbeitet. Der Graph der Funktion n: $T \mapsto n(T)$ besteht also aus Punkten. In der abgebildeten Grafik wurden die Punkte dann noch durch Strecken verbunden.
(1 inch = 25,4 mm)
a) Welche mathematische Bedeutung haben die eingezeichneten Strecken?
b) Welche Schwierigkeiten treten auf, wenn man die langfristige Entwicklung der Niederschläge durch Änderungsraten beschreiben will?

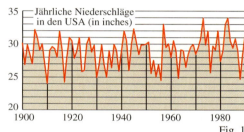

Fig. 1

Bei der Beurteilung der Kursentwicklung von Aktien steht man vor ähnlichen Problemen wie in Aufgabe 2. Wie geht man dabei vor?

3 Gegeben ist die Funktion f. Bestimmen Sie näherungsweise die momentane Änderungsrate an der Stelle x_0 mithilfe eines Tabellenkalkulationsprogramms. Benutzen Sie für die Annäherung an die Stelle x_0 zunächst $x_0 + \frac{1}{5n}$ mit $n \in \mathbb{N} \setminus \{0\}$. Nähern Sie anschließend x_0 auf eine andere Weise an.
a) $f(x) = 3^x$; $x_0 = 1$
b) $f(x) = \frac{1}{x} + x$; $x_0 = 2$
c) $f(x) = \frac{8x}{x^2 + 4}$; $x_0 = -3$

Bestimmung von Ableitungen

4 Bestimmen Sie die ersten drei Ableitungen.
a) $f(x) = \frac{3}{4}x^4 - \frac{5}{4}x^2 + 2x$
b) $f(x) = 0{,}5x^3 + 3x^2 - 4$
c) $f(x) = 2\left(\frac{1}{5}x^7 + \frac{3}{5}x^6\right)$
d) $f(x) = (2x^3 - 4)^2$
e) $f(x) = x^2(2x^2 + 3x + 4)$
f) $f(x) = (5 - 2x^2)(9 + x^2)$

Überprüfen Sie Ihre Ergebnisse der Aufgaben 4 bis 7 mit einem CAS-Programm.

5 a) $f(x) = ax^3 + bx^2 + cx$
b) $f(x) = 2r^2x^4 - 4rx^3$
c) $f(x) = (2sx^2 - 3tx)^2$
d) $f(x) = 5m^2x^3 - 2n^3x^2$
e) $f(x) = t^3x(2tx - x^2)^2$
f) $f(x) = (px^2 + qx)^3$

6 a) $f(a) = \frac{12}{5a}$
b) $g(r) = 5r + \frac{4}{r}$
c) $v(t) = \frac{2t + 3t^4 - 4}{5t}$
d) $g(t) = \frac{6t^6 + 2t^2 - 7t}{2t^3}$
e) $f(r) = \frac{a^2r^2 + 2ar - a}{4ar}$
f) $p(s) = \frac{4rs^4 + 8r^4s^2}{2r^2s^3}$

7 a) $g(t) = \sin(t) - 4\cos(t)$
b) $s(t) = t^2 + 5\cos(t)$
c) $f(x) = 6\sin(3x)$
d) $h(z) = -2\sin(3\pi z)$
e) $l(x) = -2a\sin\left(\frac{3}{4}ax\right)$
f) $w(x) = \frac{2}{t}\cos(-2tx)$

 a) Bestimmen Sie mithilfe eines CAS-Programms f'(x) für die Funktion f mit $f(x) = (ax + b)^n$ und $a, b \in \mathbb{R}$ sowie $n \in \{1; 2; 3; 4; 5; 6\}$.
b) Welche Vermutung erhält man aus a) für die Ableitung f'(x) bei beliebigem $n \in \mathbb{N}$ mit $n > 0$?

71

Vermischte Aufgaben

9 Überprüfen Sie die folgenden Aussagen auf ihre Richtigkeit. Geben Sie bei falschen Aussagen ein geeignetes Gegenbeispiel an.
a) Haben zwei Funktionen f und g die gleiche Ableitungsfunktion, so gilt auch f = g.
b) Eine ganzrationale Funktion vom Grad 4 kann genau viermal abgeleitet werden.
c) Jede ganzrationale Funktion kann mithilfe der Summen-und Faktorregel abgeleitet werden.
d) Gilt für die Ableitung f' einer Funktion stets f'(x) < 0, so muss f eine lineare Funktion sein.

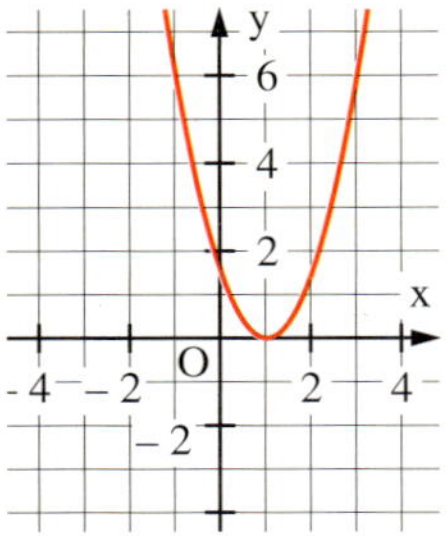

Graphen, Tangenten und Normalen

10 Gegeben ist der Graph einer Funktion f (vgl. Fig. 1 – 4). Skizzieren Sie den Graphen von f'.

11 Gegeben ist der Graph der Ableitungsfunktion f' einer Funktion (vgl. Fig. 1 – 4). Skizzieren Sie einen möglichen Graphen der zugehörigen Funktion f. Warum ist der Graph von f nicht eindeutig bestimmt?

12 Bestimmen Sie die Gleichungen der Tangente und der Normalen an den Graphen von f im Punkt $P(x_0|f(x_0))$.

a) $f(x) = x^3 - \frac{1}{2}x^2$; $x_0 = -1$
b) $f(x) = 2x - \frac{1}{3x}$; $x_0 = 1$
c) $f(x) = \frac{1}{x} - \sqrt{x}$; $x_0 = 1$
d) $f(x) = 4x^{-2} + \frac{1}{2}x^2$; $x_0 = 2$

13 Zeichnen Sie die Graphen von f und g in dasselbe Koordinatensystem. Bestimmen Sie die Koordinaten der Schnittpunkte beider Graphen. Berechnen Sie dann den Schnittwinkel der Tangenten in diesen Punkten auf 0,01° genau.

a) $f(x) = x^2$; $g(x) = 2 - x^2$
b) $f(x) = x^3 - x$; $g(x) = 1 - x^2$

14 In welchen Punkten $P(x_0|f(x_0))$ und $Q(x_0|g(x_0))$ haben die Graphen von f und g parallele Tangenten?

a) $f(x) = \frac{3}{8}x^2$; $g(x) = 4x - \frac{5}{24}x^3$
b) $f(x) = \frac{2}{x}$; $g(x) = x^3 - 5x$

15 Gegeben ist die Funktion f mit $f(x) = x^3 - 2x$. Ermitteln Sie die von O(0|0) verschiedenen Schnittpunkte S und T des Graphen von f mit der Normalen in O(0|0).
Zeigen Sie, dass die Tangenten in den Punkten S und T parallel sind.

16 Gegeben ist die Funktion f mit $f(x) = \frac{1}{4}x^2$. Ihr Graph sei K.
a) Zeigen Sie, dass die Tangenten an K in den Punkten $B_1\left(-3\big|\frac{9}{4}\right)$ und $B_2\left(\frac{4}{3}\big|\frac{4}{9}\right)$ orthogonal zueinander sind. Zeichnen Sie K zusammen mit diesen Tangenten.
b) Es seien $S_1(a|f(a))$ und $S_2(b|f(b))$ Punkte auf K. Welche Beziehung besteht zwischen a und b, wenn die Tangenten an K in S_1 und S_2 orthogonal sind?
c) Bestimmen Sie die Punkte S_1 und S_2 so, dass die Tangenten in S_1 und S_2 orthogonal zueinander sind und die Strecke S_1S_2 parallel zur x-Achse ist.

17 Gegeben sind eine Funktion f mit $f(x) = \frac{1}{2}x^2$ sowie die Punkte P(0,5|?) und Q(2|?) auf dem Graphen von f.
Welcher Punkt R zwischen P und Q auf dem Graphen von f hat von der Strecke PQ den größten Abstand d?
Berechnen Sie d.

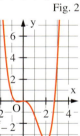

Fig. 1

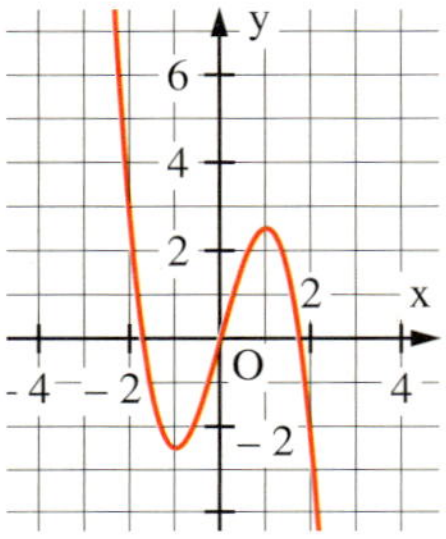

Fig. 2

Fig. 3

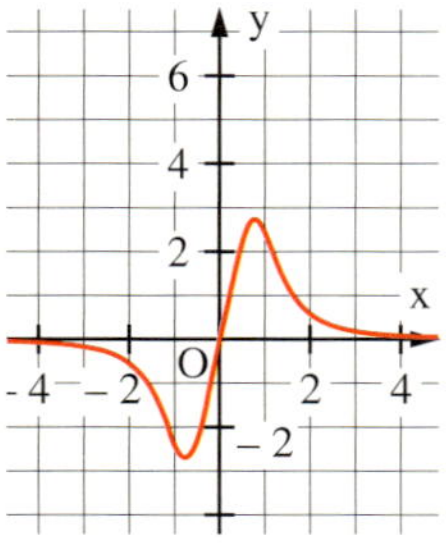

Fig. 4

Zur Abstandsberechnung siehe Seite 369.

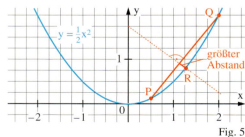

Fig. 5

72

18 Bestimmen Sie die Gleichungen der Tangente und der Normalen an den Graphen von f im Punkt $P(x_0|f(x_0))$.
a) $f(x) = \cos(x) - 1$; $x_0 = \frac{\pi}{2}$
b) $f(x) = 2 \cdot \sin(x) + \cos(x)$; $x_0 = 0$

19 Gegeben ist der Graph der Funktion f. Skizzieren Sie den Graphen von f'.
a)
b)

Welche Funktion f ist in Fig. 1 bzw. 2 dargestellt? Wählen Sie aus.
f mit $f(x) = -\cos(x) + 1$
$f(x) = 1 - \sin(x)$
$f(x) = 1{,}5 \cdot \cos(\frac{\pi}{2}x)$
$f(x) = 1{,}5 \cdot \sin(\pi x)$

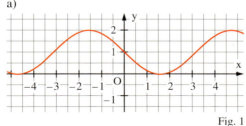
Fig. 1
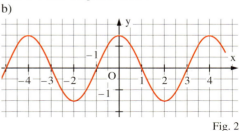
Fig. 2

20 Zeichnen Sie mit einem Computerprogramm den Graphen der Funktion f und ihrer Ableitungsfunktion f'. Bestimmen Sie die Periode von f bzw. f'. Suchen Sie Zusammenhänge zwischen den beiden Graphen und geben Sie diese an.
a) $f(x) = \sin(x) \cdot \sin(2x)$
b) $f(x) = \cos(x) \cdot \cos^2(x)$

21 a) Gegeben ist die Funktion f mit $f(x) = \frac{1}{4}x^2 + cx$ und $c \in \mathbb{R}$. Der Graph von f schneidet die x-Achse in $O(0|0)$ und $A(a|0)$. Die Tangenten an den Graphen in O und A schneiden sich im Punkt B. Zeigen Sie, dass das Dreieck OAB stets gleichschenklig ist.
Bestimmen Sie dann c so, dass das Dreieck OAB auch rechtwinklig ist.
b) Gegeben ist die Funktion g mit $g(x) = 2\sin(cx)$ und $c \in \mathbb{R}$ mit $c > 0$. Der Graph von g schneidet die x-Achse in $O(0|0)$ und $A\left(\frac{\pi}{c}\Big|0\right)$. Die Tangenten an den Graphen in O und A schneiden sich im Punkt B. Bestimmen Sie c so, dass das Dreieck OAB gleichseitig ist.

Beweise, Stetigkeit und Differenzierbarkeit

22 a) Gegeben sind die Funktionen f: $x \mapsto ax^4 + bx^2 + c$ und g: $x \mapsto ax^5 + bx^3 + cx$. Untersuchen Sie die Graphen von f und f' sowie von g und g' auf Symmetrie.
b) Welchen Zusammenhang zwischen der Symmetrie der Graphen von f und f' vermuten Sie bei einer beliebigen ganzrationalen Funktion f? Beweisen Sie diese Vermutung.

23 Bestimmen Sie mit der „x-Methode" und einer der angegebenen Formeln $f'(x_0)$ für $x_0 > 0$ und $f(x) = \sqrt[4]{x}$; $x \geq 0$

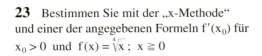
Fig. 3

Ist die Funktion f: $x \mapsto \sqrt{x}$; $x \geq 0$ an der Stelle 0 stetig oder nicht?

24 Überprüfen Sie die folgenden Aussagen auf ihre Richtigkeit. Nennen Sie Beispiele.
a) Eine Funktion, die an der Stelle x_0 nicht definiert ist, kann dort nicht stetig sein.
b) Eine Funktion, die an der Stelle x_0 definiert ist, muss dort auch stetig sein.
c) Eine in x_0 stetige Funktion kann an dieser Stelle differenzierbar sein.

Erstellen Sie bei den Aufgaben 25 und 26 mit dem Computer jeweils den Graphen der Funktion.

25 Untersuchen Sie, ob f an der Stelle x_0 differenzierbar ist.
a) $f(x) = \begin{cases} x^2 - 2x & \text{für } x < 3 \\ \frac{1}{6}x^3 - \frac{1}{2}x & \text{für } x \geq 3 \end{cases}$; $x_0 = 3$
b) $f(x) = \begin{cases} \frac{x-2}{x} & \text{für } x > 2 \\ 2 - x & \text{für } x \leq 2 \end{cases}$; $x_0 = 2$

26 Untersuchen Sie, ob f an der Stelle x_0 stetig ist.
a) $f(x) = \begin{cases} \cos(x) & \text{für } x < \frac{\pi}{3} \\ \sin(x) & \text{für } x \geq \frac{\pi}{3} \end{cases}$; $x_0 = \frac{\pi}{3}$
b) $f(x) = \begin{cases} \frac{x^2 - 2x}{2 - x} & \text{für } x \neq 2 \\ -2 & \text{für } x = 2 \end{cases}$; $x_0 = 2$

Mathematische Exkursionen

PIERRE DE FERMAT – ein Wegbereiter der modernen Analysis

NEWTON und LEIBNIZ haben zwar die Grundgedanken der Analysis fast zeitgleich gefunden, doch haben sich zuvor viele berühmte Gelehrte mit ähnlichen Fragestellungen beschäftigt und dabei bedeutende Vorarbeiten geleistet. Ein solcher Wegbereiter der Analysis ist FERMAT.

PIERRE DE FERMAT (1601–1665) wurde als Sohn reicher Eltern in der Gascogne geboren. Sein Leben verlief äußerlich ohne Höhepunkte und Einschnitte. Er studierte Rechtswissenschaften in Toulouse, wurde dort Anwalt und bekleidete ab 1631 auch verschiedene Ämter am Gerichtshof.
Höhere Mathematik, die man damals in Toulouse nicht studieren konnte, betrieb er als Amateur.
Die meisten seiner Entdeckungen wurden nach seinem Tod von seinem Sohn veröffentlicht.

Unter dem Titel „Über die Tangenten von Kurven" schrieb DE FERMAT im Jahre 1629:
„Wir benützen die zuvor angegebene Methode [gemeint ist eine Methode zur Bestimmung von Maxima und Minima von Kurven], *um die Tangente in einem gegebenen Punkt dieser Kurve zu bestimmen."*
Wir wollen die Überlegungen von FERMAT nachvollziehen. Die gelb unterlegten Teile sind seiner Darstellung angepasst.

Hinweis:
FERMAT schrieb in französischer und lateinischer Sprache. Seine Bezeichnungen sind uns heute wenig vertraut. Deshalb sind seine Ausführungen hier den heutigen Gepflogenheiten angepasst.

1 Zu Zeiten von FERMAT wurden Kurven nicht in vorgegebenen Koordinatensystemen betrachtet. Er beschreibt Kurven durch eine charakterisierende Eigenschaft. Für die Kurve in Fig. 1 ist dies die blau unterlegte Gleichung. Zeigen Sie, dass die Kurve die Gleichung $y = r \cdot \sqrt{x}$ hat. (Anleitung: Es sei $Q(a|0)$, $P(a|b)$, $Q'(x|0)$, $P'(x|y)$.

2 Wir betrachten die Parabel OP (Fig. 2) mit dem Scheitel O und der Tangente im Punkt P. [...] Da der Punkt R außerhalb der Parabel liegt, gilt:
$\frac{\overline{OQ}}{\overline{OS}} > \frac{\overline{PQ}^2}{\overline{RS}^2}$. Es ist aber $\frac{\overline{PQ}^2}{\overline{RS}^2} = \frac{\overline{QT}^2}{\overline{ST}^2}$
wegen der Ähnlichkeit der Dreiecke.
Daher ist $\frac{\overline{OQ}}{\overline{OS}} > \frac{\overline{QT}^2}{\overline{ST}^2}$.

a) Begründen Sie die Überlegungen von FERMAT ausführlich.
b) Welches Ergebnis erhielt FERMAT, wenn der Punkt R rechts von P liegt?

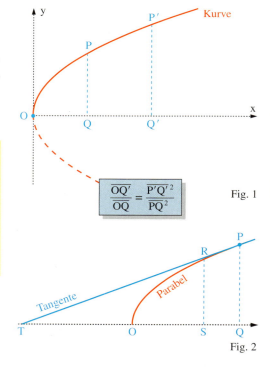

$\frac{\overline{OQ'}}{\overline{OQ}} = \frac{\overline{P'Q'}^2}{\overline{PQ}^2}$

Fig. 1

Fig. 2

3 Ist nun der Punkt P gegeben (Seite 72, Fig. 2), so ist auch die Ordinate $\overline{PQ}$ und der Punkt Q gegeben, also auch $\overline{OQ}$. Es sei $\overline{OQ} = d$ diese gegebene Größe. Wir setzen $\overline{QT} = a$ und $\overline{QS} = e$. Dann erhalten wir

$$\frac{d}{d-e} > \frac{a^2}{a^2 + e^2 - 2ae}.$$

Daraus folgt [...] $ae^2 + de^2 \approx 2ade$ [...]. Dividieren wir alle Ausdrücke durch e, so ist $a^2 + de \approx 2ad$. Nimmt man noch de weg, bleibt $a^2 = 2da$. Folglich ist $a = 2d$. Damit haben wir bewiesen, dass $\overline{QT}$ das Doppelte von $\overline{OQ}$ ist – das ist mein Ergebnis.

a) Begründen Sie, wie man

$$\frac{d}{d-e} > \frac{a^2}{a^2 + e^2 - 2ae}$$

erhält.

b) Führen Sie die hier weggelassenen algebraischen Umformungen durch. Welche aus heutiger Sicht unzulässigen Schritte führte FERMAT durch? Welche Terme vernachlässigte er und warum wohl?

c) Welchen für die Analysis zentralen Begriff vermissen Sie in der Arbeit von FERMAT?

d) Wie kann man nun die Tangente im Punkt P konstruieren?

FERMAT gab keine logische Begründung seines Verfahrens; stolz schreibt er jedoch weiter:

„Diese Methode versagt nie und könnte auf eine Anzahl von schönen Problemen ausgedehnt werden. Mit ihrer Hilfe haben wir die Möglichkeit, die Schwerpunkte von Figuren zu finden, die von Geraden begrenzt werden oder auch von Kurven, auch Schwerpunkte von Körpern, ...“

DESCARTES, mit dem FERMAT im Briefwechsel stand, hatte Einwände gegen dessen Methode.
Umgehend forderte er FERMAT auf, die Tangente in einem beliebigen Punkt an die in Fig. 1 abgebildete Kurve zu finden.
Diese Kurve heißt heute übrigens cartesisches Blatt. FERMAT nahm die Herausforderung an und löste mit seiner Methode das Problem.

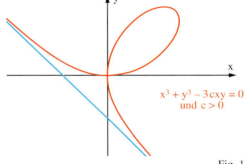

y
x
x³ + y³ – 3cxy = 0
und c > 0

Fig. 1

Eine Bemerkung von FERMAT hat viele Amateur- und Berufsmathematiker jahrhundertelang beschäftigt.

Das FERMATsche Problem

Als FERMAT ein Buch des griechischen Mathematikers DIOPHANT las, schrieb er (in heutiger Ausdrucksweise) auf den Rand:

„Ist $n \in \mathbb{N}$ und $n > 2$, so hat die Gleichung
$x^n + y^n = z^n$ keine Lösungen $x, y, z \in \mathbb{N}$ mit $x, y, z > 0$.“

Er schrieb dann weiter: *„Dafür habe ich einen wunderbaren Beweis gefunden, doch ist dieser Rand hier zu schmal, um ihn zu fassen.“*

OBSERVATIO DOMINI PETRI DE FERMAT.

CVbum autem in duos cubos, aut quadratoquadratum in duos quadratoquadratos & generaliter nullam in infinitum vltra quadratum poteſtatem in duos eiuſdem nominis fas eſt diuidere cuius rei demonſtrationem mirabilem ſane detexi. Hanc marginis exiguitas non caperet.

Fig. 2

Sein Sohn entdeckte diese Bemerkung nach dem Tod des Vaters und veröffentlichte sie (Fig. 2). Das Problem erwies sich als hartnäckig. 1905 wurde ein Preis von 100 000 Goldmark (das entsprach fast 36 kg Gold) ausgesetzt; er löste eine Flut von „Beweisen“ aus, die alle falsch waren. Aber im Laufe der Jahre wurde die Zahl n, für die $x^n + y^n = z^n$ sicher keine Lösung $x, y, z \in \mathbb{N}$ mit $x, y, z > 0$ hat, immer größer. Um 1900 war $n \geqq 100$, um 1980 sogar $n \geqq 125\,000$.

Zur großen Überraschung bewies – nach 10-Jähriger Forschungsarbeit – der englische Mathematiker ANDREW WILES (geb. 1953) im Jahre 1993 während eines Workshops in Cambridge einen Satz, aus dem sich die Behauptung ergibt, die FERMAT auf den Buchrand geschrieben hat. Eine in den folgenden Monaten gefundene Lücke im Beweis konnte er schließen. Am 27.6.1997 erhielt WILES den ausgesetzten Preis, der nach drei Währungsreformen noch etwa 40 000 € betrug.

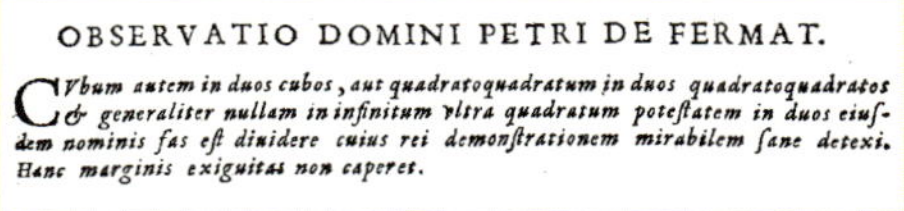

Rückblick

Differenzenquotient; mittlere Änderungsrate
Der Differenzenquotient oder die (mittlere)Änderungsrate einer Funktion f Intervall [a; b] ist der Quotient $\frac{f(b) - f(a)}{b - a}$.

Bildung der Ableitung; höhere Ableitungen
1. Schritt: Bildung des Differenzenquotienten $m(x) = \frac{f(x) - f(x_0)}{x - x_0}$.
Er gibt die Steigung der Geraden durch $P_0(x_0|f(x_0))$ und $P(x|f(x))$ an.
2. Schritt: Grenzwert des Differenzenquotienten
Dazu formt man zunächst den Differenzenquotienten m(x) um:
Der Grenzwert von m(x) für $x \to x_0$ ist die Ableitung $f'(x_0)$ von f an der Stelle x_0.
Schreibweise: $\lim_{x \to x_0} m(x) = \lim_{x \to x_0} \frac{f(x) - f(x_0)}{x - x_0} = f'(x_0)$.

$f': x \mapsto f'(x)$ ist die Ableitungsfunktion der Funktion f.
Ist f' wieder differenzierbar, so erhält man durch die Ableitung die Funktion f''. Aus f'' erhält man gegebenenfalls f''', dann $f^{(IV)}$, $f^{(V)}$ usw.
Man spricht von höheren Ableitungen von f.

Tangente und Normale
Die Tangente t an den Graphen von f in $P_0(x_0|f(x_0))$ ist die Gerade durch P_0 mit der Steigung $f'(x_0)$.
Die Normale n des Graphen von f in $P_0(x_0|f(x_0))$ ist orthogonal zur Tangente.
Gleichung von t in $P_0(x_0|f(x_0))$: $y = f'(x_0)(x - x_0) + f(x_0)$
Gleichung von n in $P_0(x_0|f(x_0))$: $y = -\frac{1}{f'(x_0)}(x - x_0) + f(x_0)$

Ableitungsregeln
Potenzregel: $f(x) = x^n$; $f'(x) = n \cdot x^{n-1}$ für alle $n \in \mathbb{Z}$.
Summenregel: $f(x) = g(x) + h(x)$; $f'(x) = g'(x) + h'(x)$
Faktorregel: $f(x) = c \cdot g(x)$ $f'(x) = c \cdot g'(x)$
Weitere Ableitungsfunktionen:
$f(x) = \sqrt{x}$; $f'(x) = \frac{1}{2\sqrt{x}}$
$f(x) = \sin(x)$; $f'(x) = \cos(x)$
$f(x) = \cos(x)$; $f'(x) = -\sin(x)$

Stetigkeit und Differenzierbarkeit
Eine Funktion f ist an der Stelle $x_0 \in D$ stetig, wenn gilt
$\lim_{x \to x_0} f(x) = f(x_0)$.
Eine Funktion f ist an der Stelle $x_0 \in D$ differenzierbar mit Ableitung $f'(x_0)$, wenn gilt
$\lim_{x \to x_0} \frac{f(x) - f(x_0)}{x - x_0} = f'(x_0)$.
Wenn f an einer Stelle x_0 differenzierbar ist, so ist f an dieser Stelle auch stetig. Es gibt aber Funktionen, die an einer Stelle x_0 stetig, jedoch nicht differenzierbar sind.

Beispiel: $f: x \mapsto \frac{1}{2}x^2$; $x_0 = 1$
1) Differenzenquotient m(x):
$m(x) = \frac{f(x) - f(1)}{x - 1} = \frac{\frac{1}{2}x^2 - \frac{1}{2}}{x - 1} = \frac{x^2 - 1}{2(x - 1)}$

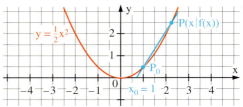

2) Grenzwert von m(x):
$m(x) = \frac{x^2 - 1}{2(x - 1)} = \frac{(x - 1)(x + 1)}{2(x - 1)} = \frac{1}{2}(x + 1)$
Ableitung von f an der Stelle 1:
$f'(1) = \lim_{x \to 1} m(x) = \lim_{x \to 1} \frac{1}{2}(x + 1) = 1$
Ableitungsfunktion $f': x \mapsto x$.

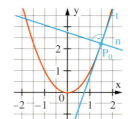

$f: x \mapsto x^2$
$f': x \mapsto 2x$
$P_0(1,5|2,25)$
$f'(1,5) = 2 \cdot 1,5 = 3$
$t: y = 3x - 2,25$
$n: y = -\frac{1}{3}x + 2,75$

$f(x) = x^5$; $f'(x) = 5x^4$
$f(x) = x^{-3}$; $f'(x) = -3x^{-4}$
$f(x) = x + x^2$; $f'(x) = 1 + 2x$
$f(x) = 5x^3$; $f'(x) = 5 \cdot 3x^2$

$f: x \mapsto |x|$ ist an der Stelle 0 stetig, aber nicht differenzierbar.

$f: x \mapsto [x]$ ist an der Stelle 1 nicht stetig.

$f: x \mapsto \begin{cases} x^2 & \text{für } x \leq 1 \\ 2x - 1 & \text{für } x > 1 \end{cases}$
ist an der Stelle 1 differenzierbar.

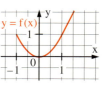

Aufgaben zum Üben und Wiederholen

1 Gegeben sind die Funktion f mit $f(x) = \sqrt{x^2 + \frac{7}{3}x}$ und das Intervall $I = [0; 3]$.
a) Bestimmen Sie die Änderungsrate von f im Intervall I.
b) Bestimmen Sie die lineare Näherungsfunktion g von f in I; berechnen Sie mithilfe von g einen Näherungswert für $f(1,5)$.

2 Gegeben ist die Funktion f mit $f(x) = x^2 - 4x$.
a) Geben Sie den Differenzenquotient $m(x)$ von f in den Intervallen $[1; x]$ oder $[x; 1]$ an. Vereinfachen Sie für $x \neq 1$ den Term $m(x)$ so, dass man den Grenzwert von $m(x)$ für $x \to 1$ erkennt. Geben Sie diesen Grenzwert in Limes-Schreibweise an.
b) Geben Sie den Differenzenquotient $m(h)$ von f in der Intervallen $[1; 1+h]$ oder $[1-h; 1]$ an. Vereinfachen Sie für $h \neq 0$ den Term $m(h)$ so, dass man den Grenzwert von $m(h)$ für $h \to 0$ erkennt. Geben Sie diesen Grenzwert in Limes-Schreibweise an.

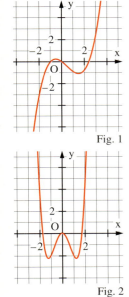

Fig. 1

Fig. 2

3 Ermitteln Sie mithilfe eines Differenzenquotienten die Ableitungsfunktion f' der Funktion f.
a) $f(x) = \frac{3}{4}x^2 + 4$
b) $f(x) = \frac{2}{4x-1}$

4 Bestimmen Sie die Ableitungsfunktion f'.
a) $f(x) = x^{-4}$
b) $f(x) = \cos(x)$
c) $f(x) = 5x^3 - 4x^2$
d) $f(x) = 5\sqrt{x} + \frac{2}{3}x^6$
e) $f(x) = -2x^2 + \sin(x)$
f) $f(x) = \frac{2}{3x^4} - \frac{3}{2x^6}$
g) $f(x) = \frac{2}{3}\sqrt{x} - 4\sin(x)$
h) $f(x) = \frac{2x-5}{3x^2}$
i) $f(x) = \frac{1}{x} + \sqrt{x}$

5 In welchen Punkten ist die Tangente an den Graphen der Funktion f parallel zu der Geraden $g: y = \frac{1}{2}x - 4$?
a) $f(x) = x^3 - x$
b) $f(x) = \frac{-9}{2x}$
c) $f(x) = 4\sqrt{x}$
d) $f(x) = -2x^3 + 12$

6 Gegeben ist die Funktion f mit $f(x) = x^3 - 4x$. Ihr Graph sei K.
a) Bestimmen Sie die Gleichungen der Tangenten und der Normalen von K in $O(0|0)$.
b) Die Normale von K in $O(0|0)$ schneidet K in zwei weiteren Punkten S und T. Berechnen Sie die Koordinaten dieser Punkte.

7 Gegeben ist der Graph einer Funktion f (Fig. 1 und 2). Skizzieren Sie den Graphen der Ableitung f'.

8 Für jedes $a \in \mathbb{R}$ sei $f_a: x \to ax^2$. Für welches a sind die Tangenten an den Graphen von f_a in $P(-1|f_a(-1))$ und $Q(4|f_a(4))$ orthogonal?

9 Gegeben ist die Funktion f mit $f(x) = 1 + \sin(x)$.
a) Zeichnen Sie den Graphen von f im Bereich $-\pi \leq x \leq 2\pi$.
b) Geben Sie die x-Werte der Punkte an, die der Graph der Funktion f mit der Geraden mit der Gleichung $y = \frac{1}{2}$ gemeinsam hat.
c) Bestimmen Sie die Gleichungen der Tangente und Normalen an den Graphen von f in den Punkten $P\left(\frac{\pi}{3}\middle|f\left(\frac{\pi}{3}\right)\right)$ bzw. $Q\left(\frac{\pi}{2}\middle|f\left(\frac{\pi}{2}\right)\right)$.

10 Untersuchen Sie die Funktion f auf Stetigkeit und Differenzierbarkeit an der Stelle x_0.
a) $f(x) = \begin{cases} -x - \frac{1}{2}x^2 & \text{für } x \leq 2 \\ x^2 - 4x & \text{für } x > 2 \end{cases}$; $x_0 = 2$
b) $f(x) = \begin{cases} 2x - 12,5 & \text{für } x < 5 \\ 0,5x^2 - 3x & \text{für } x \geq 5 \end{cases}$; $x_0 = 5$

Die Lösungen zu den Aufgaben dieser Seite finden Sie auf Seite 377.

III Untersuchung ganzrationaler Funktionen

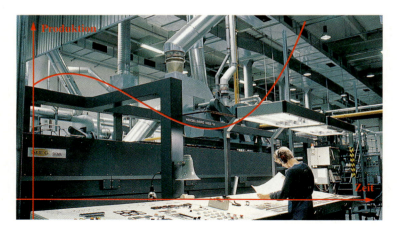

Vorgänge, bei denen Größen voneinander abhängen, werden häufig durch Funktionen beschrieben. Liegt der Graph einer Funktion f vor, zeigt dieser oft charakteristische Eigenschaften. So erkennt man z. B. Stellen, an denen im Vergleich zu den benachbarten Werten ein größter oder kleinster Funktionswert angenommen wird. Weiterhin kann man Intervalle der x-Achse ablesen, wo die zugehörigen Funktionswerte ein einheitliches Verhalten zeigen. Solche anschaulich gewonnenen Eigenschaften einer Funktion lassen sich aus dem Funktionsterm von f im Allgemeinen nicht direkt ablesen.

Ziel dieses Kapitels ist es, Begriffe und Verfahren zu entwickeln, mit denen anschaulich gewonnene Vermutungen über eine Funktion algebraisch nachgewiesen werden können.
Dabei werden nicht nur innermathematische, sondern auch praktische Problemstellungen angesprochen. Es wird sich zeigen, dass die Ableitungen einer Funktion hierbei die wesentliche Rolle spielen.

1 Monotonie

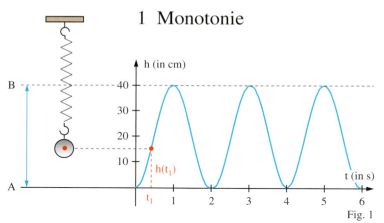

Fig. 1

1 Eine Kugel schwingt an einer Feder zwischen den Lagen A und B. Der Graph zeigt für einen Zeitraum von 6 Sekunden die Höhe h(t) der Kugel in Abhängigkeit von der Zeit t.
a) In welchen Intervallen der t-Achse bewegt sich die Kugel aufwärts bzw. abwärts?
b) In einem Intervall aus a) werden zwei Zeitpunkte $t_1 < t_2$ betrachtet. Was gilt dann für die Werte $h(t_1)$ und $h(t_2)$?

Der Gesamteindruck des Graphen einer Funktion ist oft geprägt durch Abschnitte, in denen mit wachsenden x-Werten die zugehörigen Funktionswerte f(x) nur zu- oder abnehmen.

Der Graph der Funktion f mit $f(x) = x^2$ zeigt, dass für $x > 0$ die Funktionswerte f(x) zunehmen, wenn die x-Werte größer werden.
Dafür schreibt man kurz:
Für $0 < x_1 < x_2$ gilt $f(x_1) < f(x_2)$.

Dagegen nehmen für $x < 0$ die Funktionswerte mit wachsenden x-Werten ab. Dafür schreibt man:
Für $x_3 < x_4 < 0$ gilt $f(x_3) > f(x_4)$.

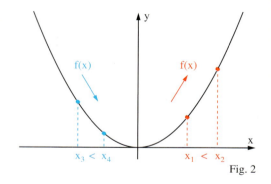

Fig. 2

Monotonie

Man spricht auch von streng monoton zunehmend bzw. abnehmend.

Definition: Die Funktion f sei auf einem Intervall I definiert. Wenn für alle x_1, x_2 aus I gilt:
Aus $x_1 < x_2$ folgt $f(x_1) < f(x_2)$, dann heißt f **streng monoton steigend** in I.
Aus $x_1 < x_2$ folgt $f(x_1) > f(x_2)$, dann heißt f **streng monoton fallend** in I.

Gilt statt $f(x_1) < f(x_2)$ bzw. $f(x_1) > f(x_2)$ nur $f(x_1) \leq f(x_2)$ bzw. $f(x_1) \geq f(x_2)$, so nennt man f **monoton** steigend bzw. fallend in I.

Die Ermittlung von Intervallen, in denen eine Funktion streng monoton steigt oder fällt, ist mithilfe der Definition oft nicht einfach, da hierzu Ungleichungen betrachtet werden müssen. Ist die Funktion f aber differenzierbar, liefert der anschauliche Zusammenhang (Fig. 1) zwischen der Monotonie von f und den Tangentensteigungen das folgende Kriterium für strenge Monotonie:

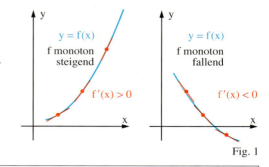

Fig. 1

Satz: (Monotoniesatz)
Die Funktion f sei im Intervall I differenzierbar. Wenn für alle x aus I gilt:
$f'(x) > 0$, dann ist f streng monoton steigend in I.
$f'(x) < 0$, dann ist f streng monoton fallend in I.

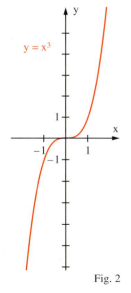

Fig. 2

Am Graphen der Funktion f mit $f(x) = x^3$ (Fig. 2) erkennt man, dass die Umkehrung des Satzes nicht richtig ist. Obwohl f eine streng monoton steigende Funktion ist, gilt $f'(0) = 0$.
Gilt wie hier nur an einer Stelle $f'(x) = 0$, für alle anderen Stellen aber $f'(x) > 0$, so ist f trotzdem streng monoton steigend.

Beweisidee: (für den Fall $f'(x) > 0$ für $x \in I$)
Nach Voraussetzung ist f differenzierbar und es gilt $f'(x) > 0$ für alle $x \in I$.
Für die Steigung m_s der Sekante durch zwei Punkte $P_1(x_1 | f(x_1))$ und $P_2(x_2 | f(x_2))$ des Graphen mit $x_1 < x_2$ gilt (vgl. Fig. 3)
$m_s = \frac{f(x_2) - f(x_1)}{x_2 - x_1} = f'(z)$.
Dabei ist z eine Stelle mit $x_1 < z < x_2$.
Wegen $x_2 - x_1 > 0$ und $f'(z) > 0$ gilt auch
$f(x_2) - f(x_1) = f'(z) \cdot (x_2 - x_1) > 0$.
Damit gilt $f(x_1) < f(x_2)$ für alle $x_1 < x_2$ aus I.
Also ist f streng monoton steigend in I.

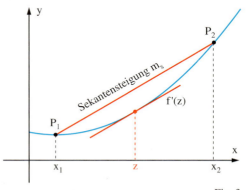

Fig. 3

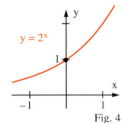

Fig. 4

Beispiel 1: (Nachweis der Monotonie mit der Definition)
Untersuchen Sie mithilfe obiger Definition die Funktion f mit $f(x) = 2^x$ auf Monotonie.
Lösung:
Sind x_1, x_2 reelle Zahlen mit $x_1 < x_2$, dann ist $x_2 = x_1 + d$ mit $d > 0$. Für die Funktionswerte gilt: $f(x_2) = 2^{x_2} = 2^{x_1 + d} = 2^{x_1} 2^d$. Für $d > 0$ ist $2^d > 1$. Also gilt $f(x_2) = 2^{x_1} 2^d > 2^{x_1} = f(x_1)$.
f ist deshalb streng monoton steigend in $\mathbb{R}$.

79

Monotonie

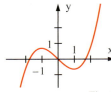
Fig. 1

Beispiel 2: (Anwendung des Monotoniesatzes)
Untersuchen Sie die Funktion f: $x \mapsto \frac{1}{3}x^3 - x$ auf Monotonie.
Lösung:
Es ist $f'(x) = x^2 - 1$. Die Ungleichung $x^2 - 1 > 0$ ist erfüllt für $x < -1$ oder $x > 1$; die Ungleichung $x^2 - 1 < 0$ ist erfüllt für $-1 < x < 1$. Also ist f streng monoton fallend für $-1 \leq x \leq 1$ und streng monoton steigend für $x \leq -1$ oder $x \geq 1$.

Aufgaben

2 Ermitteln Sie anhand des Graphen möglichst große Intervalle, in denen f monoton ist.

a) 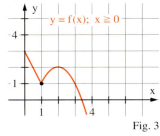 b) c)

Fig. 2   Fig. 3   Fig. 4

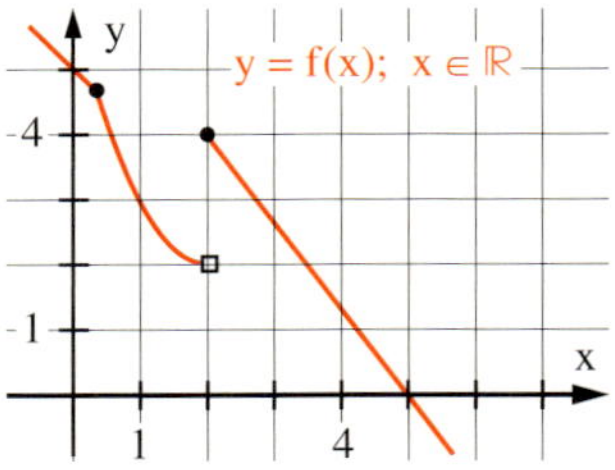

3 Ermitteln Sie rechnerisch mithilfe des Monotoniesatzes oder der Definition die Intervalle, in denen f monoton ist. Skizzieren Sie den Graphen von f.
a) $f(x) = 4x + x^2$
b) $f(x) = \frac{1}{3}x^3 - 9x + 1$
c) $f(x) = -\frac{1}{8}x^4 + 4x$
d) $f(x) = \frac{1}{5}x^5 - \frac{1}{4}x^4$
e) $f(x) = \sqrt{x} - 2$
f) $f(x) = 2^x + x$

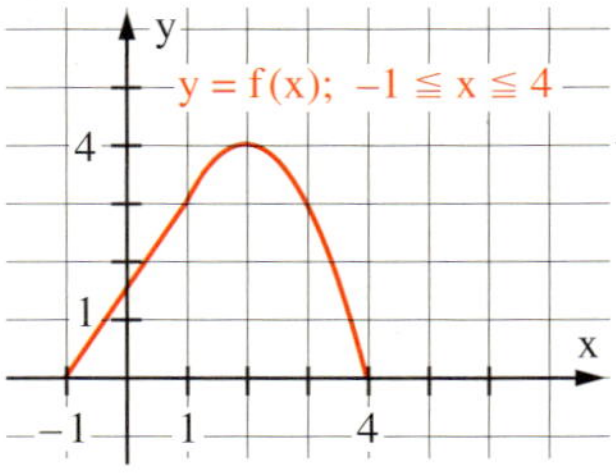

4 Zeichnen Sie mittels Ordinatenaddition (siehe Seite 32) den Graphen von f. Bestimmen Sie rechnerisch möglichst große Intervalle, in denen f monoton ist.
a) $f(x) = 1 + \frac{1}{x}$
b) $f(x) = 2 - \frac{1}{x}$
c) $f(x) = \frac{1}{x} - 2x$
d) $f(x) = x^2 - \frac{1}{x}$
e) $f(x) = x + \sin(x)$, $x \in [-2\pi; 2\pi]$
f) $f(x) = x - 2\cos(x)$, $x \in [0; 3\pi]$

5 Gegeben ist die Funktion f mit $f(x) = x^2$. Berechnen Sie entsprechend dem Beweis des Monotoniesatzes zu den Werten $0 < x_1 < x_2$ eine Stelle z so, dass $\frac{f(x_2) - f(x_1)}{x_2 - x_1} = f'(z)$ gilt.
b) Führen Sie die Beweisidee des Monotoniesatzes für den Fall $f'(x) < 0$ für $x \in I$ durch.

6 Die angegebenen Vorgänge lassen sich durch die Abhängigkeit von Größen beschreiben. Stellen Sie diese Abhängigkeiten näherungsweise grafisch dar. Zeigt sich dabei Monotonie?
a) Kosten eines Telefongesprächs
b) Tankinhalt eines Autos während einer Fahrt
c) Freier Fall eines Gegenstandes
d) Wachsen eines Grashalms

Bei welchem Gefäß zeigt der Durchmesser der Flüssigkeitsoberfläche beim Füllen ein Monotonieverhalten?

7 Bestimmen Sie die Monotonie-Intervalle der Funktion in Abhängigkeit vom Parameter a > 0.
a) $f_a(x) = ax - x^2$
b) $f_a(x) = x^3 - ax$
c) $f_a(x) = ax^3 - ax^2$

8 Gegeben ist eine zylinderförmige Dose mit dem Grundkreisradius r und der Höhe h. Beschreiben Sie das Volumen V(r) der Dose unter der gegebenen Bedingung als Funktion von r. Welches ist die Definitionsmenge von V? Ist V monoton steigend bzw. fallend?
a) $h = 2r$
b) $h = \frac{1}{r}$
c) $h = \frac{1}{r^2}$

80

2 Extremstellen, Extremwerte

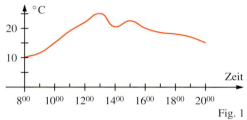
Fig. 1

1 Das Diagramm zeigt den Temperaturverlauf an einem Ort von 8.00 Uhr bis 20.00 Uhr.
a) Wann wurde im angegebenen Zeitraum die tiefste bzw. höchste Temperatur erreicht?
b) Welche Besonderheit liegt zwischen 13 und 15 Uhr vor? Vergleichen Sie die Temperatur um 14 Uhr mit den Nachbarwerten.

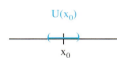

Zur Bestimmung größter oder kleinster Funktionswerte einer Funktion in einem Intervall I muss ein fester Wert $f(x_0)$ mit den Werten $f(x)$ aus einer Umgebung von x_0 verglichen werden. Dabei verstehen wir unter einer **Umgebung von x_0** ein (eventuell sehr kleines) offenes Intervall, das x_0 als Punkt enthält. Hierfür schreiben wir kurz $U(x_0)$.

In Fig. 2 ist die Ungleichung $f(x) \geq f(x_0)$ für alle $x \in U(x_0)$ erfüllt. Bezüglich $U(x_0)$ ist also $f(x_0)$ ein kleinster Funktionswert.
An der Randstelle b von I werden nur Werte $x \in U(b) \cap I$ betrachtet. Wegen $f(x) \leq f(b)$ ist $f(b)$ dort ein größter Funktionswert.

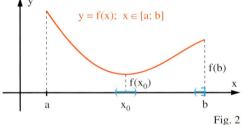
Fig. 2

Definition: Die Funktion f sei auf einem Intervall I definiert.
Der Funktionswert $f(x_0)$ heißt
    lokales Maximum von f,   **lokales Minimum von f**,
wenn es eine Umgebung $U(x_0)$ gibt, so dass für alle Werte x aus $U(x_0) \cap I$ gilt:
    $\mathbf{f(x) \leq f(x_0)}$. $\mathbf{f(x) \geq f(x_0)}$.

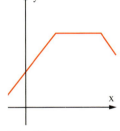

Hier gibt es einen maximalen Funktionswert, der an mehreren Stellen angenommen wird.

Ist der Funktionswert $f(x_0)$ ein Maximum oder ein Minimum, nennt man ihn auch **Extremwert** und x_0 eine **Extremstelle** (Maximum- bzw. Minimumstelle).
Der Punkt $P(x_0 | f(x_0))$ des zu f gehörenden Graphen heißt **Extrempunkt**.
Im Falle des Maximums heißt P **Hochpunkt**; im Falle des Minimums heißt P **Tiefpunkt**.
Gilt die Bedingung $f(x) \leq f(x_0)$ bzw. $f(x) \geq f(x_0)$ für alle Werte $x \in I$, dann heißt $f(x_0)$ auch **globales Maximum** von f bzw. **globales Minimum** von f in I. Ein globales Extremum an einer Randstelle von I nennt man **Randextremum** (Randmaximum bzw. Randminimum).

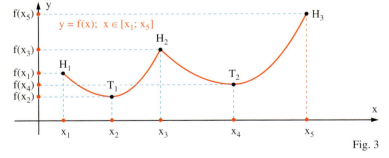
Fig. 3

x_1, x_5	Randstellen von I
x_2, x_3, x_4	innere Extremstellen von I
$f(x_1), f(x_3), f(x_5)$	lokale Maxima
$f(x_2), f(x_4)$	lokale Minima
H_1, H_2, H_3	Hochpunkte
T_1, T_2	Tiefpunkte
$f(x_2)$	globales Minimum in I
$f(x_5)$	globales Maximum in I
$f(x_1), f(x_5)$	Randmaxima

81

Extremstellen, Extremwerte

Beispiel: (Nachweis von Extremwerten)
Gegeben ist die Funktion f mit $f(x) = 2(x - \sqrt{x})$; $x \geq 0$.
Zeichnen Sie den Graphen von f für $0 \leq x \leq 2$. Untersuchen Sie f auf Extremwerte.
Lösung:
Am Graphen (Fig. 1) ist abzulesen, dass f an der Stelle 0 ein lokales Maximum und vermutlich bei 0,25 ein globales Minimum hat.
Nachweis des lokalen Maximums bei 0:
Der Ansatz $f(x) \leq f(0)$ ergibt $2(x - \sqrt{x}) \leq 0$.
Äquivalenzumformungen führen zu
$x - \sqrt{x} \leq 0$ bzw. $x \leq \sqrt{x}$. Diese Ungleichung ist gültig für alle x mit $0 \leq x \leq 1$. Also hat f an der Stelle 0 das lokale Randmaximum $f(0) = 0$.
Nachweis des globalen Minimums bei 0,25:
Der Ansatz $f(x) \geq f(0,25)$ ergibt $2(x - \sqrt{x}) \geq -0,5$.
Mithilfe einer quadratischen Ergänzung folgt: $2(\sqrt{x} - 0,5)^2 \geq 0$. Diese Ungleichung ist gültig für $x \geq 0$. Die Funktion f hat also an der Stelle 0,25 das globale Minimum $f(0,25) = -0,5$.

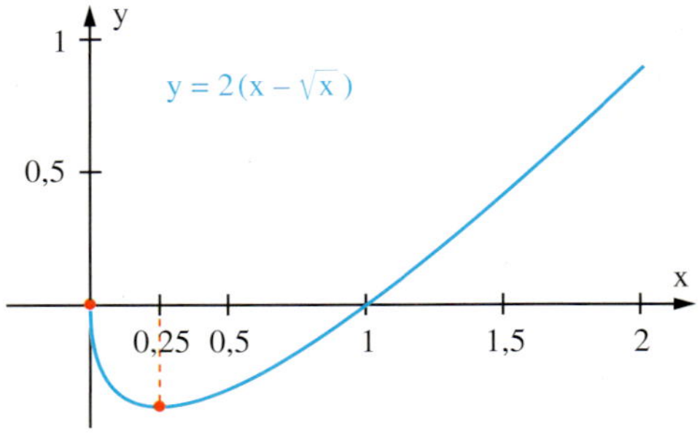

Eine vermutete Extremstelle x_0 könnte mithilfe einer Ungleichung, die für alle Werte aus einer Umgebung von x_0 erfüllt ist, nachgewiesen werden.

Quadratische Ergänzung:
$2(x - \sqrt{x}) + 0,5 \geq 0$
$2(x - 2 \cdot 0,5\sqrt{x} + 0,25) \geq 0$
$2(\sqrt{x} - 0,5)^2 \geq 0$

Fig. 1

Aufgaben

2 Lesen Sie am vorliegenden Graphen einer Funktion f die Extremstellen ab. Geben Sie die Koordinaten der Hoch- und Tiefpunkte des Graphen an. Nennen Sie lokale und globale Maxima und Minima von f.

a)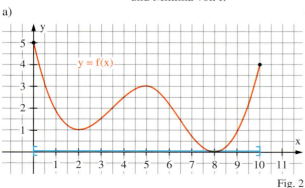

Fig. 2

b)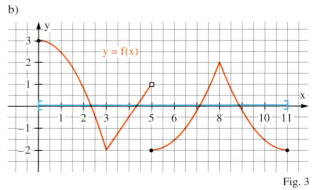

Fig. 3

3 Zeichnen Sie den Graphen von f. Nennen Sie Extremstellen und Extremwerte, falls solche vorhanden sind. Geben Sie die Koordinaten der Hoch- und Tiefpunkte an.

a) $f(x) = x^2$ b) $f(x) = x^3$ c) $f(x) = \frac{1}{x}$ d) $f(x) = \sin(x)$; $0 \leq x \leq 2\pi$

e) $f(x) = \sqrt{x}$ f) $f(x) = |x|$ g) $f(x) = 2^x$ h) $f(x) = \cos(x)$; $x \in [-\pi; \pi]$

4 Erstellen Sie den Graphen von f. Weisen Sie vorhandene Extremwerte nach. Gehen Sie dabei wie im angegebenen Beispiel vor.

a) $f(x) = 3 - x^2$ b) $f(x) = (x + 2)^2 - 1$ c) $f(x) = 2x(4 - x)$ d) $f(x) = 3 - |x - 2|$

5 Bestimmen Sie die maximale Definitionsmenge von f. Zeichnen Sie den Graphen von f. Weisen Sie die am Graphen vermuteten Extremstellen nach.

a) $f(x) = 9 - x^2$ b) $f(x) = x^2 - 2x$ c) $f(x) = 2 - \sqrt{x - 2}$ d) $f(x) = 2\sqrt{x} - x$

3 Notwendige und hinreichende Bedingungen für Extremwerte

3.1 Notwendig – hinreichend

1 Franz, der sich an sein Wort hält, kündigt an: „Wenn es morgen regnet, gehe ich ins Kino." Am nächsten Tag war Franz im Kino. Weiß man nun, dass es an diesem Tag geregnet hat?

2 Wenn ein Viereck eine Raute ist, dann halbieren sich die Diagonalen. Reichen zwei sich halbierende Diagonalen eines Vierecks aus um nachzuweisen, dass das Viereck eine Raute ist?

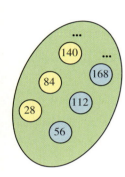

Die Begriffe „notwendig" und „hinreichend" werden in der Mathematik im Zusammenhang mit Folgerungen verwendet. Der Satz „Wenn eine natürliche Zahl durch 56 teilbar ist, dann ist sie auch durch 28 teilbar" erlaubt es, bei der Suche nach Zahlen, die durch 56 teilbar sind, nur die durch 28 teilbaren Zahlen 28, 56, 84, 112, ... zu betrachten. Man sagt dazu auch: „Die Teilbarkeit durch 28 ist **notwendig** für die Teilbarkeit durch 56."
Andererseits gibt es Zahlen, die zwar durch 28, jedoch nicht durch 56 teilbar sind. Dazu sagt man: „Die Teilbarkeit durch 28 ist nicht **hinreichend** für die Teilbarkeit durch 56."
Der Satz „Wenn ein Dreieck gleichseitig ist, dann sind alle Winkel gleich groß" lässt sich umkehren: „Wenn in einem Dreieck alle Winkel gleich groß sind, dann ist das Dreieck gleichseitig". In diesem Fall sagt man auch: „Drei gleich große Winkel in einem Dreieck sind **notwendig und hinreichend** dafür, dass das Dreieck gleichseitig ist."

> Folgt die Aussage B aus der Aussage A, so nennt man B eine notwendige Bedingung für A und A eine hinreichende Bedingung für B.

Die Aussagen A und B heißen äquivalent, wenn einerseits B aus A folgt und andererseits A aus B folgt. Dazu sagt man auch „A gilt **genau dann**, wenn B gilt".

Aufgaben

Bei einer Befragung zur Bürgermeisterwahl dürfen nur Kandidaten auf dem Podium sitzen.

Mohl   Santer   Karping

Frau Maier sitzt nicht auf dem Podium. Steht damit fest, dass Frau Maier keine Bürgermeisterkandidatin ist?

3 Ist die Bedingung B für die Bedingung A notwendig, hinreichend, notwendig und hinreichend bzw. weder notwendig noch hinreichend?
a) A: Ein Viereck ist ein Quadrat   B: Das Viereck hat vier gleich lange Seiten
b) A: a teilt b und a teilt c   B: a teilt b + c
c) A: a ist durch 2 und 3 teilbar   B: a ist durch 6 teilbar
d) A: f ist stetig   B: f ist differenzierbar
e) A: f ist monoton steigend in I   B: f hat eine Nullstelle in I

4 Geben Sie eine notwendige (nicht hinreichende) und eine hinreichende Bedingung dafür an,
a) dass eine Zahl durch 12 teilbar ist.   b) dass ein Trapez ein Rechteck ist.
c) dass eine im Intervall I differenzierbare Funktion in I streng monoton steigt.

5 A und B seien Aussagen. Geben Sie an, ob in den folgenden Fällen die Aussage A eine notwendige, hinreichende bzw. notwendige und hinreichende Bedingung für B ist.
a) Aus A folgt B.   b) Aus B folgt A.   c) A gilt genau dann, wenn B gilt.

83

Notwendige und hinreichende Bedingungen für Extremwerte

3.2 Notwendige Bedingung für innere Extremstellen

6 Gegeben ist die Funktion f mit $f(x) = x^3 - 3x$.
a) Bestimmen Sie die Intervalle der x-Achse, für die der Wert der Ableitung von f positiv bzw. negativ ist. Skizzieren Sie damit den Graphen von f.
b) Welche Stellen sind vermutlich Extremstellen? Berechnen Sie an diesen Stellen $f'(x)$.

Tiefpunkt?

Hochpunkt?

Die Ermittlung von Extremstellen einer Funktion mithilfe der Definition ist – wie bei der Monotonie – oft schwierig, weil die Gültigkeit einer Ungleichung nachzuweisen ist. Der Graph in Fig. 1 gibt einen Hinweis, wie Extremstellen mithilfe der Ableitung zu bestimmen sind: Im Punkt $P(x_0 | f(x_0))$ einer inneren Extremstelle x_0 ist die Tangente parallel zur x-Achse („waagerechte Tangente"), dort gilt $f'(x_0) = 0$.

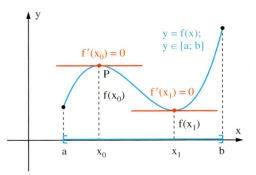

Fig. 1

Der Graph in Fig. 2 zeigt jedoch, dass nicht jeder x-Wert, der die Bedingung $f'(x) = 0$ erfüllt, auch eine Extremstelle sein muss. Die Bedingung $f'(x) = 0$ ist deshalb nur eine notwendige Bedingung für eine Extremstelle.

Da auch am Rand der Definitionsmenge einer Funktion Extremstellen mit $f'(x) \neq 0$ auftreten können (vgl. die Stellen a und b in Fig. 1), werden zunächst nur innere Stellen untersucht.

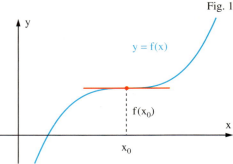

Fig. 2

Satz 1: (Notwendige Bedingung für innere Extremstellen)
Die Funktion f sei auf einem Intervall I differenzierbar und x_0 eine innere Stelle von I. Wenn f an der Stelle x_0 einen Extremwert hat, dann ist $\mathbf{f'(x_0) = 0}$.

Beweis: (Für ein lokales Minimum)
Für eine Minimumstelle x_0 gilt $f(x) \geq f(x_0)$ bzw. $f(x) - f(x_0) \geq 0$ für alle x aus einer Umgebung von x_0. Ist dort $x < x_0$, d. h. $x - x_0 < 0$, gilt für den Differenzenquotienten von f an der Stelle x_0 die Ungleichung

(1) $\frac{f(x) - f(x_0)}{x - x_0} \leq 0$ für $x < x_0$.

Entsprechend gilt

(2) $\frac{f(x) - f(x_0)}{x - x_0} \geq 0$ für $x > x_0$.

Da f differenzierbar ist, streben die Differenzenquotienten gegen $f'(x_0)$, wenn x gegen x_0 strebt. Aus den Ungleichungen (1) und (2) ergeben sich dabei die Bedingungen $f'(x_0) \leq 0$ und $f'(x_0) \geq 0$, die jedoch nur dann beide erfüllt sind, wenn $f'(x_0) = 0$ gilt.

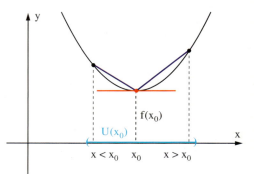

Fig. 3

Notwendige und hinreichende Bedingungen für Extremwerte

Beispiel 1:
Bestimmen Sie für die Funktion f mit $f(x) = \frac{1}{4}x^4 - x^2$ die Stellen mit $f'(x) = 0$.
Lösung:
Es ist $f'(x) = x^3 - 2x$. Der Ansatz $f'(x) = 0$ führt zu $x^3 - 2x = 0$ bzw. $x(x^2 - 2) = 0$.
Die Lösungen 0, $-\sqrt{2}$ und $\sqrt{2}$ sind die gesuchten Stellen.

Beispiel 2:
Gegeben ist die Funktion f mit $f(x) = x^4 - 2x^3 - 1$.
a) Berechnen Sie mögliche innere Extremstellen von f.
b) Zeichnen Sie den Graphen von f. Welche Stellen aus a) sind tatsächlich Extremstellen?
Lösung:
a) Die notwendige Bedingung $f'(x) = 0$ für innere Extremstellen ergibt
$4x^3 - 6x^2 = 0$ bzw. $x^2(4x - 6) = 0$
mit den Lösungen: $x_1 = 0$; $x_2 = \frac{3}{2}$.
Mögliche Extremstellen sind also 0 und $\frac{3}{2}$.
b) Der Graph zeigt nur $\frac{3}{2}$ als Extremstelle.

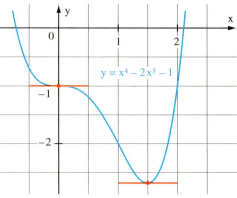

Fig. 1

Aufgaben

7 Berechnen Sie die Stellen mit $f'(x) = 0$. Skizzieren Sie damit den zugehörigen Graphen.
a) $f(x) = \frac{1}{2}x^2 - 2x + 2$ b) $f(x) = x^3 - 3x^2$ c) $f(x) = \frac{1}{4}x^4 - 2x^2$ d) $f(x) = -2(x-1)^2 + 4$

8 Berechnen Sie mögliche innere Extremstellen der Funktion f. Skizzieren Sie den Graphen. Bestimmen Sie gegebenenfalls die Koordinaten der Hoch- und Tiefpunkte.
a) $f(x) = x^3 - 3x - 4$
b) $f(x) = x + \frac{1}{x}$
c) $f(x) = \frac{1}{5}x^3 + \frac{3}{5}x^2 - \frac{9}{5}x$

9 Skizzieren Sie den Graphen der Funktion f. Lesen Sie dort näherungsweise die inneren Extremstellen ab. Bestimmen Sie die genaue Lage der Extrempunkte durch Rechnung.
a) $f(x) = x^4 - 4x^2$
b) $f(x) = \sqrt{x} - \frac{1}{4}x^2$
c) $f(x) = \frac{x}{2} + \frac{3}{x}$

10 Begründen Sie die folgenden Aussagen.
a) Jede ganzrationale Funktion vom Grad 2 hat genau eine innere Extremstelle.
b) Eine ganzrationale Funktion vom Grad n hat höchstens $n-1$ innere Extremstellen.

11 Gegeben ist die Funktion f mit $f(x) = ax^2 + bx + c$ und $a \neq 0$. Bestimmen Sie den Scheitelpunkt des Graphen von f.

12 Gegeben sind die Funktionen f_1 und f_2 mit $f_1(x) = x^3 - 4x^2 + 3x$, $f_2(x) = x^3 - 3x^2 + 3x$ und $f_3(x) = x^3 + x^2 + 3x$.
a) Bestimmen Sie für die zugehörigen Graphen die Schnittpunkte mit der x-Achse und die Stellen mit waagerechter Tangente. Skizzieren Sie die Graphen.
b) Definieren Sie eine Funktionsschar f_c so, dass die Funktionen f_1, f_2 und f_3 zur Schar gehören. Für welche Werte von c hat $f'(x)$ zwei, eine bzw. keine Nullstellen?

13 Beweisen Sie Satz 1 für eine innere Maximumstelle einer differenzierbaren Funktion f.

85

Notwendige und hinreichende Bedingungen für Extremwerte

3.3 Hinreichende Bedingungen für innere Extremstellen

14 Gegeben ist die Funktion f: $x \mapsto x^3 - 6x^2 + 12x - 7$. Zeigen Sie, dass die Bedingung $f'(x) = 0$ nur für eine Stelle x_0 gilt. Untersuchen Sie das Monotonieverhalten von f in der Umgebung von x_0 mithilfe von $f'(x_0 + h)$. Ist x_0 eine Extremstelle?

Der Graph 3 in Fig. 1 zeigt, dass die Bedingung $f'(x) = 0$ zwar notwendig, aber nicht hinreichend für eine Extremstelle ist. Über die Betrachtung der Graphen von Funktionen in der Umgebung eines Punktes mit einer waagerechten Tangente, d. h. einer Stelle x_0 mit $f'(x_0) = 0$, sollen hinreichende Kriterien für Extremstellen gefunden werden.

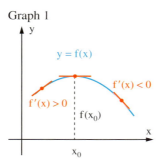 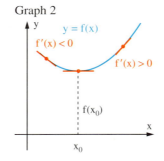 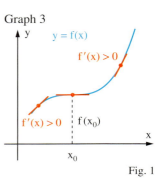

Fig. 1

Nimmt f für $x < x_0$ monoton zu und für $x > x_0$ monoton ab, dann ist x_0 Maximumstelle.

Nimmt f für $x < x_0$ monoton ab und für $x > x_0$ monoton zu, dann ist x_0 Minimumstelle.

Ist f in $U(x_0)$ monoton zunehmend, dann ist x_0 keine Extremstelle.

Die Betrachtungen zeigen, dass ein **Wechsel des Monotonieverhaltens** von f an der Stelle x_0 hinreichend dafür ist, dass x_0 eine Extremstelle ist. Ist f differenzierbar, so liegt nach dem Monotoniesatz ein solcher Wechsel dann vor, wenn in einer Umgebung von x_0

$f'(x) > 0$ für $x < x_0$ und $f'(x) < 0$ für $x > x_0$ ist;
x_0 ist dann eine Maximumstelle
(vgl. Graph 1)

$f'(x) < 0$ für $x < x_0$ und $f'(x) > 0$ für $x > x_0$ ist;
x_0 ist dann eine Minimumstelle
(vgl. Graph 2)

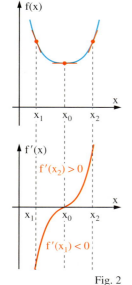

Fig. 2

Wir sagen dazu auch kurz: $f'(x)$ hat an der Stelle x_0 einen **Vorzeichenwechsel** (VZW) von + nach − bzw. von − nach +.

Satz 2: (Erste hinreichende Bedingung für innere Extremstellen; Vorzeichenwechsel von $f'(x)$)
Die Funktion f sei auf einem Intervall I differenzierbar und x_0 eine innere Stelle von I.
Wenn $\mathbf{f'(x_0) = 0}$ ist und $f'(x)$ für zunehmende Werte von x bei x_0 von

positiven zu negativen

Werten wechselt, dann hat die Funktion f ein **lokales Maximum** an der Stelle x_0.

negativen zu positiven

Werten wechselt, dann hat die Funktion f ein **lokales Minimum** an der Stelle x_0.

Die Voraussetzung von Satz 2 ist erfüllt, wenn die Ableitungsfunktion f' in einer Umgebung von x_0 streng monoton ist. Ist f' differenzierbar, so folgt aus dem Monotoniesatz, dass f' streng monoton ist, wenn $f''(x_0) < 0$ bzw. $f''(x_0) > 0$ gilt.
Daraus ergibt sich ein weiteres hinreichendes Kriterium für innere Extremstellen.

Notwendige und hinreichende Bedingungen für Extremwerte

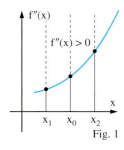
Fig. 1

Satz 3: (Zweite hinreichende Bedingung für innere Extremstellen über die zweite Ableitung f″)
Die Funktion f sei auf einem Intervall I zweimal differenzierbar.
Gilt für eine innere Stelle x_0 von I

$\quad\quad f'(x_0) = 0$ und $f''(x_0) < 0,\quad\quad\quad\quad f'(x_0) = 0$ und $f''(x_0) > 0,$

dann hat die Funktion f an der Stelle x_0 ein

$\quad\quad\quad$ **lokales Maximum**. $\quad\quad\quad\quad\quad\quad\quad\quad$ **lokales Minimum**.

Beispiel 3: (Anwendung von Satz 2)
Gegeben ist die Funktion f mit $f(x) = x + \frac{1}{x}$. Bestimmen Sie die Extremwerte von f.
Lösung:
Es ist $f'(x) = 1 - \frac{1}{x^2}$. Die notwendige Bedingung für innere Extremstellen $f'(x) = 0$ ergibt
$1 - \frac{1}{x^2} = 0$. Die Lösungen sind $x_1 = 1$ und $x_2 = -1$.
Es gilt $f'(x) = 1 - \frac{1}{x^2} = \frac{x^2-1}{x^2} = \frac{(x+1)(x-1)}{x^2}$. Der Nenner von $f'(x)$ ist stets positiv.
$x_1 = 1$: Es ist $(x+1)(x-1) < 0$ für $x < 1$ und $(x+1)(x-1) > 0$ für $x > 1$; also hat der Zähler an der Stelle 1 einen Vorzeichenwechsel von − nach +. Damit ist $f(1) = 2$ ein lokales Minimum.
$x_2 = -1$: An der Stelle −1 hat $(x+1)(x-1)$ entsprechend einen Vorzeichenwechsel von + nach −. Deshalb ist $f(-1) = -2$ ein lokales Maximum.

Beispiel 4: (Anwendung von Satz 3)
Gegeben ist die Funktion $f: x \mapsto x^3 - 3x^2$.
Bestimmen Sie die Extrempunkte von f.
Zeichnen Sie den Graphen.
Lösung:
Ableitungen von f:
$f'(x) = 3x^2 - 6x$; $f''(x) = 6x - 6$.
Die notwendige Bedingung $f'(x) = 0$ liefert
$\quad 3x^2 - 6x = 0$
mit den Lösungen $x_1 = 0$, $x_2 = 2$.
$x_1 = 0$: Es gilt $f''(0) = -6 < 0$; also ist $f(0) = 0$
ein lokales Maximum.
$x_2 = 2$: Es gilt $f''(2) = 6 > 0$; also ist $f(2) = -4$ ein lokales Minimum.
Für den Graphen ist $H(0|0)$ Hochpunkt und $T(2|4)$ Tiefpunkt.

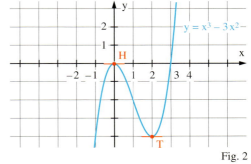
Fig. 2

Beispiel 5:
Gegeben ist die Funktion f mit $f(x) = \frac{1}{6}x^6 - \frac{1}{4}x^4$.
a) Zeigen Sie, dass an der Stelle $x_0 = 0$ die zweite hinreichende Bedingung für Extremwerte (Satz 3) nicht angewendet werden kann, obwohl die notwendige Bedingung erfüllt ist.
b) Weisen Sie mit der ersten hinreichenden Bedingung für Extremwerte (Satz 2) nach, dass die Stelle $x_0 = 0$ eine Extremstelle ist.
Lösung:
a) Für $f'(x) = x^5 - x^3$ ist das notwendige Kriterium $f'(0) = 0$ erfüllt.
Es ist $f''(x) = 5x^4 - 3x^2$. Wegen $f''(0) = 0$ kann Satz 3 nicht angewendet werden.
b) $f'(x)$ lässt sich als Produkt in der Form $f'(x) = x^3(x^2 - 1)$ schreiben. Für x-Werte nahe bei null ist der Faktor $x^2 - 1$ negativ. Der Faktor x^3 wechselt bei 0 das Vorzeichen von − nach +. Deshalb hat $f'(x)$ bei 0 einen Vorzeichenwechsel von + nach −. Nach Satz 2 ist $x_0 = 0$ eine Minimumstelle.

Ein VZW von f'(x) lässt sich oft leichter nachweisen, wenn man f'(x) als Produkt schreibt.

87

Notwendige und hinreichende Bedingungen für Extremwerte

Aufgaben

15 Ermitteln Sie die Extremwerte der Funktion f. Verwenden Sie für die hinreichende Bedingung den Vorzeichenwechsel der ersten Ableitung.
a) $f(x) = x^4 - 6x^2 + 1$ b) $f(x) = x^5 - 5x^4 - 2$ c) $f(x) = x^3 - 3x^2 + 1$
d) $f(x) = x^4 + 4x + 3$ e) $f(x) = 2x^3 - 9x^2 + 12x - 4$ f) $f(x) = (x^2 - 1)^2$

16 Ermitteln Sie die Extremwerte der Funktion f. Verwenden Sie für die hinreichende Bedingung die zweite Ableitung.
a) $f(x) = x^2 - 5x + 5$ b) $f(x) = 2x - 3x^2$ c) $f(x) = x^3 - 6x$
d) $f(x) = x^4 - 4x^3 + 3$ e) $f(x) = \frac{4}{5}x^5 - \frac{10}{3}x^3 + \frac{9}{4}x$ f) $f(x) = 3x^5 - 10x^3 - 45x$

17 Ermitteln Sie die Extremstellen. Versuchen Sie den Nachweis mit einer hinreichenden Bedingung entsprechend Satz 2 oder Satz 3 zu führen. Gelingt dies immer? Welches Kriterium ist universeller (warum)?
a) $f(x) = x^4$ b) $f(x) = x^5$ c) $f(x) = x^5 - x^4$
d) $f(x) = x^4 - x^3$ e) $f(x) = -x^6 + x^4$ f) $f(x) = -3x^5 + 4x^3 + 2$

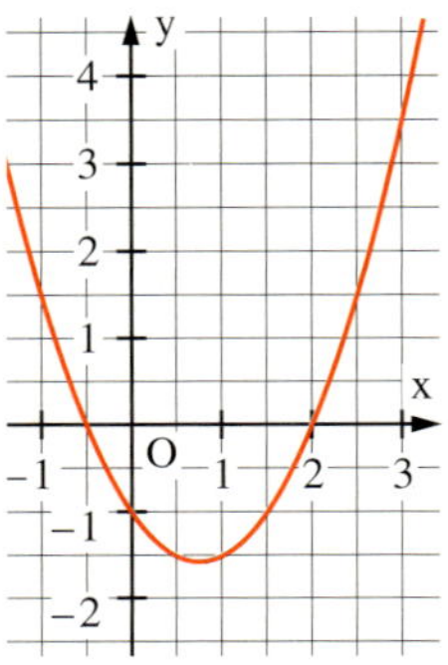

18 Bestimmen Sie die Schnittpunkte mit der x-Achse und die Extrempunkte. Zeichnen Sie den Graphen.
a) $f(x) = 0{,}02x^5 - 0{,}1x^4$ b) $f(x) = \sqrt{x} - 3x$ c) $f(x) = \frac{x^2}{8} + \frac{2}{x}$

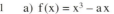

Fig. 1

19 Für welche Werte $a \in \mathbb{R}$ hat der Graph mehrere, eine oder keine waagerechte Tangente? Beschreiben Sie jeweils den typischen Verlauf des Graphen.
a) $f(x) = x^3 - ax$ b) $f(x) = x^4 + ax^2$ c) $f(x) = \frac{1}{3}x^3 + x^2 + ax$

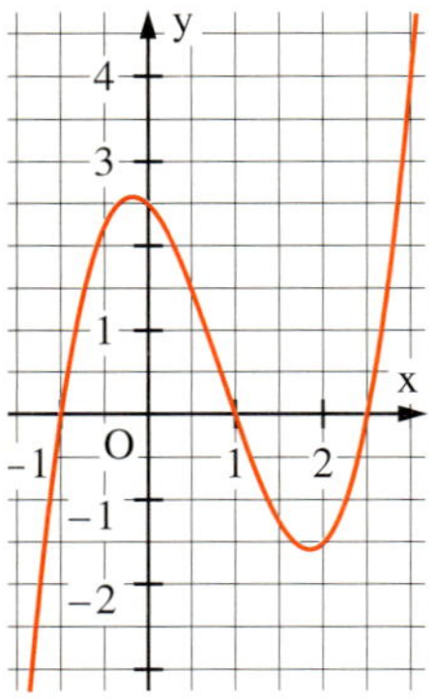

20 Beweisen Sie für ganzrationale Funktionen f.
a) Ist f vom Grad 2, so hat f genau eine Extremstelle.
b) Ist der Grad von f gerade, so hat f mindestens eine Extremstelle.
c) Wenn f drei verschiedene Extremstellen hat, so ist der Grad von f mindestens 4.

21 Für eine mindestens zweimal auf dem Intervall I differenzierbare Funktion f gelten an einer inneren Stelle x_0 die Bedingungen $f'(x_0) = 0$ und $f''(x_0) < 0$. Welche Schlüsse lassen sich hieraus für die Funktion g ziehen?
a) $g = f + c, \ c \in \mathbb{R}$ b) $g = c \cdot f, \ c \in \mathbb{R}^+$
c) $g = -f$ d) $g = c \cdot f + d, \ c \in \mathbb{R}^+, \ d \in \mathbb{R}$

Fig. 2

22 Skizzieren Sie den Graphen einer Funktion f, deren Ableitungsfunktion f' im vorgegebenen Intervall den Graphen in Fig. 1 bzw. Fig. 2 hat.

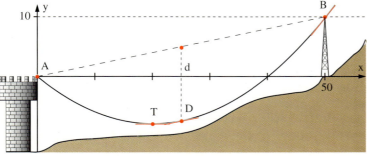

Fig. 3

23 Der Verlauf eines Seiles zwischen zwei Aufhängepunkten $A(0|0)$ und $B(50|10)$ kann näherungsweise durch eine quadratische Funktion f mit $f(x) = ax^2 + bx + c$ beschrieben werden (Einheiten in m).
a) Bestimmen Sie a, b und c so, dass die Tangente im Punkt B die Steigung 1 hat.
b) Welche Koordinaten hat der tiefste Punkt T des Seils? In welchem Punkt D ist der Durchhang d des Seils am größten?

4 Bestimmung aller Extremwerte einer Funktion

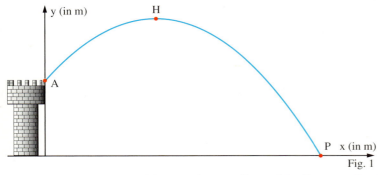

1 Ein Ball wird vom Rand eines Turms in ein ebenes Gelände abgeworfen. Die Flugbahn wird im angegebenen Koordinatensystem durch die Funktion h mit
$$h(x) = -\frac{1}{20}x^2 + x + 40$$
beschrieben (Einheiten in m).
a) Wie hoch ist der Abwurfpunkt A?
b) Wo ist der höchste Punkt H der Flugbahn?
c) In welchem Punkt P trifft der Ball den Boden?

Fig. 1

Bisher wurden vor allem solche Extremstellen bestimmt, die innere Stellen des betrachteten Intervalls I einer differenzierbaren Funktion f sind.
Bei ganzrationalen Funktionen ist die Differenzierbarkeit für alle $x \in \mathbb{R}$ gegeben. Hier liefert die Bedingung $f'(x) = 0$ alle Stellen, die als Extremstellen in Frage kommen. Mithilfe der Eigenschaften von f' bzw. f'' haben wir bisher entschieden, ob f dort Extremwerte annimmt.

Es gibt jedoch Funktionen, die an einer inneren Extremstelle x_0 nicht differenzierbar sind (Fig. 2). Ebenso kann eine Extremstelle auch Randstelle des Intervalls I sein. Dort muss die Bedingung $f'(x) = 0$ nicht notwendig erfüllt sein (vgl. die Stellen a und b in Fig. 3).

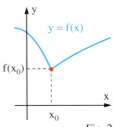
Fig. 2

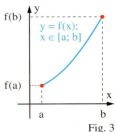
Fig. 3

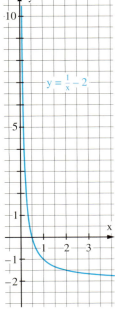
Fig. 4

> Zur Ermittlung **aller** Extremwerte einer Funktion f in einem Intervall I untersucht man:
> 1. die Stellen, die sich als Lösung der Gleichung **f'(x) = 0** ergeben,
> 2. die Stellen, an denen f **nicht differenzierbar** ist,
> 3. das Verhalten an den **Randstellen** von I.

Die globalen Extremwerte erhält man durch den Vergleich aller Extremwerte.
Falls I unbeschränkt ist, muss anstelle von 3. das Verhalten von f(x) für $x \to +\infty$ bzw. $x \to -\infty$ untersucht werden.

Beispiel 1:
Untersuchen Sie die Funktion $f: x \mapsto \frac{1}{x} - 2$ im Intervall $I = (0; 5]$ auf Extremwerte.
Lösung:
1. Die Funktion f ist in I differenzierbar, es ist $f'(x) = -\frac{1}{x^2} < 0$ für alle $x \in I$.
Die Gleichung $f'(x) = 0$ hat keine Lösung, also besitzt f in I keine innere Extremstelle.
2. Es gibt keine Stellen, an denen f nicht differenzierbar ist.
3. Für $x > 0$ gilt $f'(x) = -\frac{1}{x^2} < 0$. Deshalb ist f streng monoton fallend. Die Randstelle 5 ist somit Minimumstelle; $f(5) = -1{,}8$ ist das globale Minimum von f in I.
Weiterhin gilt $f(x) \to +\infty$ für $x \to 0$. Deshalb besitzt f in I kein Maximum.

Bestimmung aller Extremwerte einer Funktion

Beispiel 2:
Bestimmen Sie die lokalen und globalen Extremwerte der Funktion f bzw. g im Intervall I. Zeichnen Sie jeweils den Graphen der Funktion.

a) $f(x) = \frac{1}{6}x^3 - \frac{1}{2}x$; $I = (-2,5; 2,5]$
b) $g(x) = |f(x)|$; $I = [0; 2,5]$

Extremwerte von f auf $I = (-2,5; 2,5]$:
$f(-1) = \frac{1}{3}$ und
$f(2,5) = \frac{65}{48} \approx 1,35$
lokale Maxima

$f(1) = -\frac{1}{3}$
lokales Minimum

$\frac{65}{48}$ *globales Maximum*
kein globales Minimum

Lösung:
a) 1. Aus $f'(x) = 0$ folgt $\frac{1}{2}(x^2 - 1) = 0$ mit den Lösungen $x_1 = 1$, $x_2 = -1$.
Mit $f''(x) = x$ gilt: $f''(1) > 0$, $f''(-1) < 0$.
Somit ist $f(1) = -\frac{1}{3}$ ein lokales Minimum;
$f(-1) = \frac{1}{3}$ ist ein lokales Maximum.
2. Es gibt keine Stellen, an denen f nicht differenzierbar ist.
3. Es ist $f(2,5) = \frac{65}{48} \approx 1,35$ ein lokales Maximum. Für $x \to -2,5$ gilt $f(x) \to -\frac{65}{48} \approx -1,35$.
Da $-1,35 < -\frac{1}{3}$ ist und die Stelle $x_0 = -2,5$ nicht zu I gehört, gibt es kein globales Minimum.
An der Stelle 2,5 hat f das globale Maximum. Den Graphen zeigt Fig. 1.

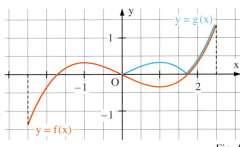
Fig. 1

Extremwerte von g auf $I = [0; 2,5]$:
$g(1) = \frac{1}{3}$ und
$g(2,5) = \frac{65}{48} \approx 1,35$
lokale Maxima

$g(0) = 0$ und
$g(\sqrt{3}) = 0$
lokale Minima

$\frac{65}{48}$ *globales Maximum*
0 *globales Minimum*

b) 1. Es ist $g(x) = \begin{cases} -f(x) & \text{für } 0 \leq x \leq \sqrt{3} \\ f(x) & \text{für } \sqrt{3} < x \leq 2,5 \end{cases}$ also $g'(x) = \begin{cases} -\frac{1}{2}(x^2 - 1) & \text{für } 0 \leq x < \sqrt{3} \\ \frac{1}{2}(x^2 - 1) & \text{für } \sqrt{3} < x \leq 2,5 \end{cases}$.

Die Bedingung $g'(x) = 0$ liefert die Stelle $x_1 = 1$. x_1 liegt im Intervall $[0; \sqrt{3})$. Dort ist $g''(x) = -x$, also $g''(1) < 0$; somit ist $g(1) = \frac{1}{3}$ hier ein lokales Maximum.
2. Die Funktion g ist an der Stelle $\sqrt{3}$ nicht differenzierbar. Wegen $g(x) \geq 0$ in I ist $g(\sqrt{3}) = 0$ ein lokales Minimum.
3. Untersuchung an der Randstelle: Es ist $g(0) = 0$ und $g(2,5) = f(2,5) \approx 1,35$.
Somit hat g an den Stellen 0 und $\sqrt{3}$ das globale Minimum 0, an der Stelle 2,5 das globale Maximum 1,35, an der Stelle 1 das lokale Maximum $\frac{1}{3}$.
Den Graphen zeigt Fig. 1.

Aufgaben

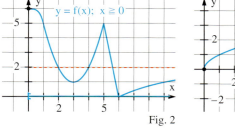
Fig. 2

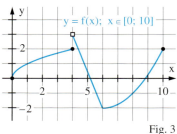
Fig. 3

2 Lesen Sie die Koordinaten der lokalen und globalen Extrempunkte in Fig. 2 und 3 ab.

3 Gegeben ist $f: x \mapsto (x - 2)^2 + 1$.
Bestimmen Sie die lokalen und globalen Extremwerte im Intervall I.
a) $I = [-1; 5]$ b) $I = (-1; 2]$ c) $I = (-\infty; 0]$

4 Bestimmen Sie die lokalen und globalen Extremwerte. Skizzieren Sie den Graphen.
a) $f(x) = \frac{1}{2}x^3 - 3x + 2$
b) $f(x) = \frac{1}{10}x^5 - 8x$
c) $f(x) = x^4 - 4x^3 + 4x^2$
d) $f(x) = 4x^2 - \frac{1}{x}$
e) $f(x) = x - \sqrt{x}$
f) $f(x) = \frac{1}{2x} + \sqrt{x}$

5 Schreiben Sie den Funktionsterm betragsfrei. Untersuchen Sie f auf Extremwerte.
a) $f(x) = x^2 - |x|$
b) $f(x) = |x^3 - x|$
c) $f(x) = |x^2 - 2x|$
d) $f(x) = |(x - 1)(x + 2)|$
e) $f(x) = |x^2 - 2x - 3|$
f) $f(x) = \left|\frac{1}{5}x^5 - x^4 + x^3\right|$

Bestimmung aller Extremwerte einer Funktion

6 Untersuchen Sie die Funktion f auf Extremwerte. Zeichnen Sie den Graphen der Funktion f.

a) $f(x) = \begin{cases} 2 - x^2 & \text{für } |x| \leq 1 \\ x^2 & \text{für } |x| > 1 \end{cases}$
b) $f(x) = \begin{cases} x^2 + x & \text{für } -1 \leq x \leq 0 \\ x^3 - x & \text{sonst} \end{cases}$
c) $f(x) = \begin{cases} x^2 & \text{für } 0 \leq x \leq 1 \\ \frac{1}{x} & \text{sonst} \end{cases}$

7 Weisen Sie nach, dass sich die Graphen von f und g nicht schneiden. (Betrachten Sie dazu f – g.)

a) $f(x) = x^4 + 2$; $g(x) = x^3 + x$
b) $f(x) = x^4 - x^2$; $g(x) = x^2 - \frac{5}{4}$

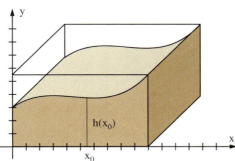

Fig. 1

8 Eine computergesteuerte Fräsmaschine soll aus einem 10 cm breiten Kantholz ein Stück Zierleiste herstellen.
Die Funktion h mit
$h(x) = \frac{1}{75}x^3 - \frac{9}{50}x^2 + \frac{18}{25}x + 3$
beschreibt die Höhe der Leiste in Abhängigkeit von der Breite (Maße in cm). Aus Gründen der Festigkeit soll dabei die Höhe der Leiste 3 cm nicht unterschreiten. Ist diese Forderung erfüllt?

9 Zur Verschalung eines 6 m langen Betonfertigteiles ist die obere und untere Berandung des Querschnitts durch die Funktionen f und g mit
$f(x) = -\frac{1}{10}x^3 + \frac{9}{10}x^2 - \frac{9}{5}x + 3$ bzw.
$g(x) = -\frac{1}{4}x^2 + \frac{3}{2}x$
festgelegt (Maße in m).
Bestimmen Sie die Stellen, an denen die Höhe h des Betonteiles am größten bzw. am kleinsten ist. Wie hoch ist an diesen Stellen das Betonteil jeweils?

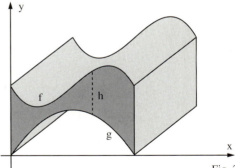

Fig. 2

10 Von einem rechteckigen Blech, das im angegebenen Koordinatensystem im Punkt P(2|2) ein Loch hat, soll ein dreieckiges Stück so abgeschnitten werden, dass der Schnitt durch P geht. Der Flächeninhalt des abgeschnittenen Dreiecks hängt von der Steigung m der Schnittgeraden ab.
a) Für welche Werte von m schneidet die Gerade ein Dreieck ab? (Fallunterscheidung; vgl. die Figur auf dem Rand.)
b) Welche Gleichung in Abhängigkeit von m hat die Schnittgerade?
c) Welche Koordinaten haben die Punkte A und B bzw. C und D?
d) Die Funktion A ordnet jedem Wert von m aus a) den Flächeninhalt A(m) des abgeschnittenen Dreiecks zu.
Für welchen Wert von m ist dieser Flächeninhalt am größten?

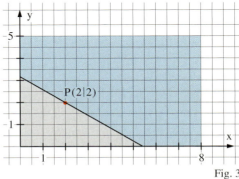

Fig. 3

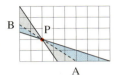
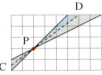

Fig. 4

91

5 Geometrische Bedeutung der zweiten Ableitung, Wendepunkte

1 Fährt man die abgebildete Straße mit dem Motorrad ab, werden Teile davon als Linkskurve und andere Teile als Rechtskurve empfunden.
a) Nennen Sie die Art der Kurven in der zeitlichen Reihenfolge.
b) Gibt es Punkte, wo der Lenker senkrecht zum Rahmen ist?
c) Skizzieren Sie die gestrichelte Mittellinie in einem Koordinatensystem und markieren Sie die Punkte aus b).

Neben den Hoch- und Tiefpunkten ist auch das Krümmungsverhalten des Graphen einer Funktion von Interesse.

Der dargestellte Teil des Graphen (Fig. 1) einer differenzierbaren Funktion ist in Richtung zunehmender x-Werte für $x < x_0$ „nach links gekrümmt" und für $x > x_0$ „nach rechts gekrümmt". Die Steigungen der Tangenten im links gekrümmten Teil nehmen zu, im rechts gekrümmten Teil nehmen sie ab.

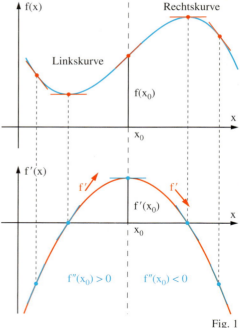

Fig. 1

Somit heißt der zu einem Intervall I gehörende Graph einer differenzierbaren Funktion f **Linkskurve**, wenn f' streng monoton steigend ist. Entsprechend spricht man von einer **Rechtskurve**, wenn f' in I streng monoton fallend ist.

Nach dem Monotoniesatz lässt sich das Krümmungsverhalten des Graphen deshalb mit der Ableitung f'' von f' bestimmen:
Gilt $f''(x) > 0$ in I, ist f' monoton steigend; es liegt eine Linkskurve vor. Entsprechend ergibt sich aus $f''(x) < 0$ in I eine Rechtskurve.

Fig. 2

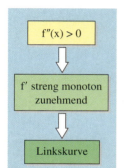

Eine innere Stelle x_0 von I heißt **Wendestelle** von f, wenn im zugehörigen Punkt $W(x_0 | f(x_0))$ der Graph von einer Linkskurve in eine Rechtskurve übergeht oder umgekehrt. Der Punkt W heißt **Wendepunkt** des Graphen und die Tangente in W an den Graphen heißt **Wendetangente**. Ein Wendepunkt mit waagerechter Tangente heißt auch **Sattelpunkt**.

Beim Übergang von einer Linkskurve in eine Rechtskurve geht die Tangentensteigung von zunehmenden Werten über zu abnehmenden Werten. Daher hat die Ableitung f' an einer solchen Stelle ein lokales Maximum (Fig. 1). Entsprechend ergibt sich beim Übergang von einer Rechtskurve in eine Linkskurve ein lokales Minimum von f'.

Geometrische Bedeutung der zweiten Ableitung, Wendepunkte

Dies zeigt, dass die Wendestellen einer Funktion lokale Extremstellen der Ableitungsfunktion f′ sind und als solche ermittelt werden können.

Satz 1: f sei auf einem Intervall I zweimal differenzierbar und x_0 eine innere Stelle von I.
a) (Notwendige Bedingung für Wendestellen)
Wenn x_0 eine Wendestelle von f ist, dann gilt $f''(x_0) = 0$.
b) (Erste hinreichende Bedingung für Wendestellen)
Wenn $f''(x_0) = 0$ ist und $f''(x)$ bei x_0 einen Vorzeichenwechsel hat, dann ist x_0 Wendestelle.

Ist eine Funktion f in einem Intervall mindestens dreimal differenzierbar und gilt für eine Stelle x_0 sowohl $f''(x_0) = 0$ als auch $f'''(x_0) \neq 0$, so hat f′ an der Stelle x_0 eine Extremstelle, da $f''(x)$ an der Stelle x_0 einen Vorzeichenwechsel besitzt.

Satz 2: (Zweite hinreichende Bedingung für Wendestellen)
f sei auf einem Intervall I dreimal differenzierbar und x_0 innere Stelle von I.
Wenn $f''(x_0) = 0$ und $f'''(x_0) \neq 0$ ist, dann ist x_0 eine Wendestelle.

*Zwei Namen –
ein Gesicht!*

Beispiel 1: (Wendepunktbestimmung mit f‴)
a) Gegeben ist die Funktion f mit $f(x) = \frac{1}{8}(x+1)^3 - 1$. Bestimmen Sie die Wendestellen.
b) Bestimmen Sie die Gleichung der Tangente im Wendepunkt und skizzieren Sie den Graphen.
Lösung:
a) Ableitungen: $f'(x) = \frac{3}{8}x^2 + \frac{3}{4}x + \frac{3}{8}$;
$f''(x) = \frac{3}{4}x + \frac{3}{4}$ und $f'''(x) = \frac{3}{4}$.
Notwendige Bedingung für Wendestellen:
$f''(x) = 0$ ergibt $\frac{3}{4}x + \frac{3}{4} = 0$
mit der Lösung $x_1 = -1$.
Hinreichende Bedingung:
Es ist $f''(-1) = 0$ und $f'''(-1) = \frac{3}{4} \neq 0$.
Die Stelle –1 ist Wendestelle.

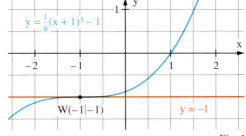

Fig. 1

b) Im Wendepunkt $W(-1|-1)$ ist die Tangentensteigung gegeben durch $f'(-1) = 0$. Die Wendetangente ist deshalb parallel zur x-Achse; ihre Gleichung ist $y = -1$. Der Punkt W ist ein Sattelpunkt.

Beispiel 2: (Der Fall $f''(x_0) = 0$ und $f'''(x_0) = 0$)
Bestimmen Sie die Wendestellen der Funktion f mit $f(x) = 3x^5 - 5x^4$.
Lösung:
Ableitungen: $f'(x) = 15x^4 - 20x^3$; $f''(x) = 60x^3 - 60x^2$ und $f'''(x) = 180x^2 - 120x$.
Notwendige Bedingung für Wendestellen: $f''(x) = 0$ ergibt $60x^2(x-1) = 0$ mit den Lösungen $x_1 = 0$ und $x_2 = 1$.
Hinreichende Bedingung:
$x_1 = 0$: Wegen $f''(x_0) = 0$ und $f'''(x_0) = 0$ ist die hinreichende Bedingung von Satz 2 nicht erfüllt. Ebenfalls nicht erfüllt ist ein Vorzeichenwechsel von $f''(x)$ an dieser Stelle. Nun ist aber $f'(x) = 5x^3(3x-4)$ die Produktdarstellung von f′(x). Wenn x nahe bei 0 ist, gilt $(3x-4) < 0$. Der Faktor $5x^3$ wechselt bei 0 das Vorzeichen von – nach +. Damit hat f′(x) bei 0 einen Vorzeichenwechsel von + nach –. Die Funktion f hat also an der Stelle 0 ein lokales Maximum.
$x_2 = 1$: Es ist $f''(1) = 0$ und $f'''(1) = 60 \neq 0$. Die Stelle 1 ist Wendestelle.

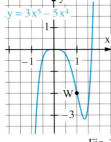

Fig. 2

93

Geometrische Bedeutung der zweiten Ableitung, Wendepunkte

Aufgaben

2 Ermitteln Sie die Wendepunkte. Geben Sie die Intervalle an, in denen der Graph von f eine Linkskurve bzw. eine Rechtskurve ist. Skizzieren Sie den Graphen.
a) $f(x) = 4 + 2x - x^2$
b) $f(x) = x^3 - x$
c) $f(x) = x^3 + 6x^2$
d) $f(x) = x^4 + x^2$
e) $f(x) = x^4 - 6x^2$
f) $f(x) = x^5 - 30x^3$

3 Untersuchen Sie auf Wendepunkte. Geben Sie die Intervalle an, in denen der Graph von f eine Linkskurve bzw. eine Rechtskurve ist.
a) $f(x) = x^3 - 6x^2 + 20$
b) $f(x) = -x^3 - 6x^2 - x + 2$
c) $f(x) = 5x^4 - 2x^3 + 3x$
d) $f(x) = (x^2 - 2)(x^2 - 4)$
e) $f(x) = x^4 - 14x^3 + 60x^2 - 13$
f) $f(x) = -2x^5 + 15x^3 - x - 3$

4 Bestimmen Sie in den Wendepunkten die Gleichungen der Tangenten und der Normalen.
a) $f(x) = \frac{1}{2}x^3 - 3x^2 + 5x$
b) $f(x) = x^3 + 3x^2 + x + 2$
c) $f(x) = x^2 - \frac{1}{3}x^3$
d) $f(x) = \frac{1}{2}x^4 - x^3 + \frac{1}{2}$
e) $f(x) = x^3\left(\frac{1}{20}x^2 + \frac{1}{4}x + \frac{1}{3}\right)$
f) $f(x) = \frac{1}{20}x^5 + \frac{1}{6}x^4 - \frac{3}{2}x^2$

5 Schreiben Sie f(x) zunächst betragsfrei. Untersuchen Sie danach auf Wendepunkte. Zeichnen Sie den Graphen.
a) $f(x) = x \cdot |x|$
b) $f(x) = x^2 \cdot |x|$
c) $f(x) = |x^3 + 1|$

6 Zeichnen Sie den Graphen der Funktion f und lesen Sie die Wendepunkte ab. Überprüfen Sie anschließend Ihre Ergebnisse rechnerisch.
a) $f(x) = \cos(x); \; x \in [0; 2\pi]$
b) $f(x) = x + \sin(x); \; x \in [0; 2\pi]$
c) $f(x) = \frac{1}{2}x^2 + 1 - \sin(x)$
d) $f(x) = x^2 + \cos(x)$

Erinnerung für die Aufgaben 7b und 7c:

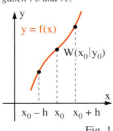

Fig. 1

$f(x_0 - h) + f(x_0 + h) = 2y_0$

7 Bestimmen Sie alle Wendepunkte des Graphen. Weisen Sie nach, dass der Graph punktsymmetrisch zum Wendepunkt ist.
a) $f(x) = 3x - \frac{1}{4}x^3$
b) $f(x) = (x - 2)^3 - 1$
c) $f(x) = \frac{1}{4}x^3 + \frac{3}{2}x^2 - 1$
d) $f(x) = \frac{1}{6}(x^3 - 3x^2 - 9x + 41)$

8 Gegeben ist eine auf dem Intervall I dreimal differenzierbare Funktion f und $x_0 \in I$ sei eine innere Stelle. Prüfen Sie, ob die folgenden Aussagen richtig oder falsch sind. Geben Sie jeweils ein Beispiel an.
a) $f''(x_0) = 0$ und $f'''(x_0) < 0$ ist hinreichend dafür, dass f bei x_0 eine Wendestelle hat.
b) Wenn $f''(x_0) = 0$ und $f'''(x_0) = 0$ ist, kann f für x_0 eine Wendestelle besitzen.
c) Ist $f'''(x_0) \neq 0$, so ist x_0 eine Wendestelle von f.
d) Ist $f''(x_0) = 0$ und $f'(x_0) = 0$, so hat der Graph von f an der Stelle x_0 einen Wendepunkt.

9 Gegeben ist die Funktion f mit $f(x) = \frac{x^4}{30} - \frac{x^3}{15} - \frac{6}{5}x^2 + \frac{1}{10}$.
Bestimmen Sie im Intervall $I_1 = [-3; 3]$ die Stelle, an der die Steigung des Graphen maximal ist. An welcher Stelle ist sie minimal? Welche Änderungen ergeben sich für $I_2 = [-6; 6]$?

10 Skizzieren Sie im Intervall [0; 6] den Graphen einer Funktion f mit der gegebenen Eigenschaft.
a) Die erste und zweite Ableitung von f hat nur positive Funktionswerte.
b) f″ hat nur negative Funktionswerte, während f′ nur positive Funktionswerte besitzt.
c) f′ und f″ nehmen beide nur negative Funktionswerte an.
d) f′(x) ist positiv, f″(x) hat einen Vorzeichenwechsel von + nach −.

11 Welche Kandidaten für die Wendestellen ergeben sich anhand der notwendigen Bedingung $f''(x) = 0$ für die Funktionen mit $f_1(x) = x^2$, $f_2(x) = x^3$, $f_3(x) = x^4$, $f_4(x) = x^5$?
Prüfen Sie, ob die Stellen auch tatsächlich Wendestellen sind.

12 a) Zeigen Sie: Fehlt bei einer ganzrationalen Funktion 3. Grades das quadratische Glied, dann liegt der Wendepunkt auf der y-Achse.
b) Beweisen Sie: Der Graph einer Funktion 3. Grades ohne quadratisches Glied hat genau einen Wendepunkt und ist zu diesem punktsymmetrisch.

13 a) Welche Beziehung muss zwischen den Koeffizienten b und c bestehen, damit der Graph von $f: x \mapsto x^3 + bx^2 + cx + d$ einen Wendepunkt mit waagerechter Tangente hat?
b) Beweisen Sie: Der Graph der Funktion f mit $f(x) = ax^5 - bx^3 + cx$; $a, b, c \in \mathbb{R}^+$, hat drei Wendepunkte, die auf einer Geraden liegen.

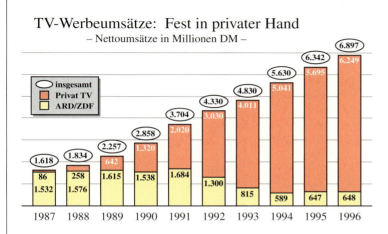

14 In der Wirtschafts- und Bevölkerungsstatistik versteht man unter einem „Trend" eine unabhängig von z. B. saisonbedingten oder konjunkturellen Schwankungen beobachtete Grundrichtung einer zeitlichen Entwicklung. Der häufig verwendete Begriff der „Trendwende" dagegen ist nicht genau festgelegt. Lesen Sie die folgenden Zeitungsnotizen. Erläutern Sie den unterschiedlichen Gebrauch des Wortes „Trendwende".

„Trendwende ist erreicht"
Stuttgart. In einem Interview hat der Präsident des deutschen Industrie- und Handelstages zur Situation auf dem Arbeitsmarkt Stellung genommen. „Die saisonbereinigten Zahlen deuten darauf hin, dass die Zunahme der Arbeitslosigkeit jahreszeitlich bedingt eigentlich hätte höher ausfallen müssen. Für mich ist damit die Trendwende am Arbeitsmarkt erreicht."
(Sonntag Aktuell vom 14.12.1997)

Trendwende im Konsumverhalten
Hamburg. Im Konsumverhalten der Deutschen zeichne sich erstmals seit Mitte der achtziger Jahre eine Trendwende ab, heißt es in einer neuen Untersuchung. Danach ist der Anteil der so genannten Erlebniskonsumenten, die sich ständig schöne Dinge kaufen, in diesem Jahr auf 28 % gesunken. In den vergangenen 10 Jahren war er kontinuierlich von 26 % (1986) auf 35 % (1995) gestiegen.
(Schwäbisches Tagblatt vom 29.10.1997)

Trendwende an Berufsschulen
Stuttgart. Erstmals seit über zehn Jahren sind an Berufsschulen in Baden-Württemberg wieder mehr Schüler gezählt worden als im vorangegangenen Schuljahr. So besuchen derzeit rund 190 000 Schüler berufliche Teilzeitschulen; das sind etwa 500 mehr als 1996/97. Seit dem Schuljahr 1985/86, als annähernd 293 000 Schüler diese Schulen besuchten, war die Schülerzahl ständig zurückgegangen.
(Schwäbisches Tagblatt vom 30.12.1997)

6 Beispiel einer vollständigen Funktionsuntersuchung

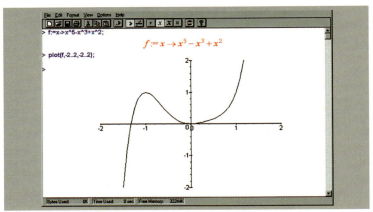

Fig. 1

1 Computerprogramme können Graphen von Funktionen in einem festgelegten Intervall erstellen. Dabei werden in kleinen Schritten die Funktionswerte zu Stellen der x-Achse berechnet und grafisch dargestellt. Fig. 1 zeigt eine Bildschirmausgabe für die Funktion f mit $f(x) = x^5 - x^3 + x^2$ im Intervall $[-1,5; 1,5]$.
a) Lesen Sie am Graphen von f Monotonie-Intervalle ab. Geben Sie Näherungswerte für die Nullstellen und für die Extrem- bzw. Wendestellen an.
b) Welchen Nachteil hat die grafische Methode gegenüber einer rechnerischen Bestimmung? Welche Vorteile hat die grafische Methode?

Die bisherigen Ergebnisse werden nun angewendet, um eine Funktion mithilfe der Differenzialrechnung zu untersuchen. Bei einer solchen **Funktionsuntersuchung** hat sich eine Reihenfolge der Schritte als zweckmäßig erwiesen.
Nachfolgend wird die Vorgehensweise für die Untersuchung einer ganzrationalen Funktion erläutert und an einem Beispiel durchgeführt.

1. Ableitungen Von f werden die ersten drei Ableitungen f′, f″ und f‴ bestimmt.	Funktion $f: x \mapsto 2x^4 + 7x^3 + 5x^2$ Ableitungen: $f'(x) = 8x^3 + 21x^2 + 10x$ $f''(x) = 24x^2 + 42x + 10$ $f'''(x) = 48x + 42$

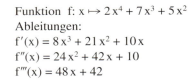

2. Symmetrie des Graphen
Symmetrie zum Ursprung: f(x) hat nur ungerade Hochzahlen.
Symmetrie zur y-Achse: f(x) hat nur gerade Hochzahlen.

Symmetrie:
f(x) hat gerade und ungerade Hochzahlen. Der Graph besitzt weder eine Symmetrie zum Ursprung noch eine Symmetrie zur y-Achse.

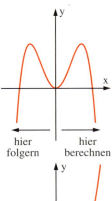

hier folgern   hier berechnen

3. Nullstellen
Nullstellen sind Lösungen der Gleichung $f(x) = 0$.

Nullstellen:
Ansatz: $f(x) = 0$
Gleichung: $2x^4 + 7x^3 + 5x^2 = 0$
$x^2(2x^2 + 7x + 5) = 0$
Lösungen: $x_1 = 0$; $x_2 = -1$; $x_3 = -2,5$.
Schnittpunkte mit der x-Achse:
$N_1(0|0)$; $N_2(-1|0)$; $N_3(-2,5|0)$

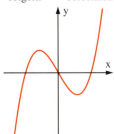

4. Verhalten für $|x| \to \infty$
Das Verhalten von f(x) ist für große Werte von $|x|$ durch den Summanden von f(x) mit der größten Hochzahl bestimmt.

Verhalten für $|x| \to \infty$:
Der Summand von f(x) mit der größten Hochzahl ist $2x^4$;
also gilt $f(x) \to \infty$ für $x \to +\infty$
und $x \to -\infty$.

5. Extremstellen

Notwendige Bedingung: $f'(x) = 0$

Hinreichende Bedingung:
Für eine Lösung x_0 gilt:
$f'(x)$ wechselt an der Stelle x_0 das Vorzeichen von – nach + (Minimumstelle) bzw. von + nach – (Maximumstelle)
oder es ist
$f'(x_0) = 0$ und
$f''(x_0) < 0$: $f(x_0)$ ist lokales Maximum;
$f''(x_0) > 0$: $f(x_0)$ ist lokales Minimum.

Extremstellen:
Notwendige Bedingung: $f'(x) = 0$
ergibt $x(8x^2 + 21x + 10) = 0$;
Lösungen: $x_4 = 0$; $x_5 = -0{,}625$; $x_6 = -2$.
Hinreichende Bedingung:
$x_4 = 0$: $f'(x_0) = 0$ und $f''(0) = 10 > 0$;
$f(0)$ ist lokales Minimum.
$x_5 = -0{,}625$: $f'(x_5) = 0$; $f''(x_5) = -6{,}875 < 0$;
$f(-0{,}625)$ ist lokales Maximum.
$x_6 = -2$: $f'(-2) = 0$ und $f''(-2) = 22 > 0$;
$f(-2)$ ist lokales Minimum.
Extrempunkte:
$T_1(0|0)$; $H(-0{,}625|0{,}55)$; $T_2(-2|-4)$

6. Wendestellen

Notwendige Bedingung: $f''(x) = 0$

Hinreichende Bedingung:
Für eine Lösung x_0 gilt:
$f''(x)$ wechselt an der Stelle x_0 das Vorzeichen
oder es ist
$f''(x_0) = 0$ und $f'''(x_0) \neq 0$.

Wendestellen:
Notwendige Bedingung $f''(x) = 0$
ergibt $2(12x^2 + 21x + 5) = 0$;
Lösungen: $x_{7,8} = -\frac{7}{8} \pm \frac{1}{24}\sqrt{201}$

$x_7 \approx -0{,}28$; $x_8 \approx -1{,}47$.
Hinreichende Bedingung:
x_7: $f''(x_7) = 0$ und $f'''(x_7) \approx 28{,}56 \neq 0$;
x_7 ist Wendestelle.
x_8: $f''(x_8) = 0$ und $f'''(x_8) \approx -28{,}56 \neq 0$;
x_8 ist Wendestelle.
Wendepunkte (näherungsweise):
$W_1(-0{,}28|0{,}25)$; $W_2(-1{,}47|-2{,}09)$

7. Graph

Gegebenenfalls werden in einer Wertetabelle zusätzliche Funktionswerte berechnet.
Auch die Steigungen in den Nullstellen bzw. an den Wendestellen sind hilfreich.

Nach Wahl des Koordinatensystems mit geeigneten Einteilungen der Achsen werden die ermittelten Punkte (eventuell einschließlich der Steigungen) eingetragen. Dann kann der Verlauf des Graphen gezeichnet werden.

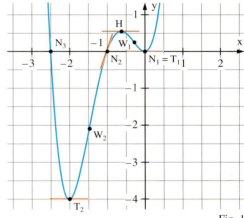

Fig. 1

Aufgaben

2 Führen Sie eine Funktionsuntersuchung entsprechend den Punkten 1. bis 7. durch.

a) $f(x) = \frac{1}{3}x^3 - x$

b) $f(x) = x^3 - 4x$

c) $f(x) = \frac{1}{2}x^3 - 4x^2 + 8x$

d) $f(x) = \frac{1}{2}x^3 + 3x^2 - 8$

e) $f(x) = 3x^4 + 4x^3$

f) $f(x) = \frac{1}{10}x^5 - \frac{4}{3}x^3 + 6x$

Beispiel einer vollständigen Funktionsuntersuchung

3 Führen Sie eine Funktionsuntersuchung entsprechend den Punkten 1. bis 7. durch.
a) $f(x) = \frac{1}{6}(x+1)^2(x-2)$ b) $f(x) = \frac{1}{4}(1+x^2)(5-x^2)$ c) $f(x) = 0{,}5(x^2-1)^2$
d) $f(x) = (x-1)(x+2)^2$ e) $f(x) = 0{,}1(x^3+1)^2$ f) $f(x) = \frac{1}{6}(1+x)^3(3-x)$

4 Führen Sie eine Funktionsuntersuchung durch. An welchen Stellen ist die Funktion nicht stetig bzw. nicht differenzierbar?

a) $f(x) = \begin{cases} x^2 & \text{für } x \leq 0 \\ 2x^2 - x^3 & \text{für } x > 0 \end{cases}$ b) $f(x) = \begin{cases} x^2 & \text{für } x \leq 1 \\ -\frac{1}{2}x^2 + 3x - \frac{3}{2} & \text{für } x > 1 \end{cases}$

5 Schreiben Sie die Funktionsterme zuerst ohne Verwendung des Betragszeichens. Führen Sie anschließend eine Funktionsuntersuchung durch.
a) $f(x) = |x^2 - 4|$ b) $f(x) = |9 - x^2|$ c) $f(x) = |x^3 - x|$ d) $f(x) = x^3 + |x|$

6 a) Untersuchen Sie den Graphen von f mit $f(x) = \frac{1}{48}(x^4 - 24x^2 + 80)$ auf Symmetrie, Schnittpunkte mit der x-Achse, Extrempunkte und Wendepunkte. Zeichnen Sie den Graphen.
b) Für welche Werte von c hat die Gleichung $x^4 - 24x^2 + 80 = 48c$ vier, drei, zwei oder keine Lösungen? Verwenden Sie Teilaufgabe a).

7 Gegeben ist die Funktion f mit $f(x) = 0{,}4x^3 - 0{,}6x^2 - 2{,}4x - 0{,}5$.
a) Untersuchen Sie den Graphen von f auf Hoch- und Tiefpunkte sowie auf Wendepunkte.
b) Versuchen Sie durch ein geeignetes Näherungsverfahren die Nullstellen der Funktion f auf 2 Dezimalen genau zu bestimmen. Zeichnen Sie den Graphen von f.

8 Gegeben ist die Funktion f mit $f(x) = \frac{1}{20}x^5 - \frac{5}{24}x^4 - \frac{1}{2}x^3 + \frac{9}{4}x^2 - 2$.
a) Bestimmen Sie das Verhalten von f für $|x| \to \infty$ und untersuchen Sie den Graphen von f auf Wendepunkte. Versuchen Sie hiermit den Graphen von f zu skizzieren.
b) Erstellen Sie mithilfe des Computers den Graphen von f und bestimmen Sie hieraus näherungsweise die Schnittpunkte mit der x-Achse, sowie die Hoch- und Tiefpunkte.

9 Bestimmen Sie die Gleichung der Tangente t parallel zu g an den Graphen von f.
a) $f(x) = -2x^2 + 12x - 13$; $g: y = -\frac{1}{2}x + 6$ b) $f(x) = x^3 - 6x^2 + 10x + 4$; $g: y = x + 8$

10 Bestimmen Sie die Punkte P des Graphen so, dass die Tangente in P durch den Ursprung geht. Überprüfen Sie das Ergebnis am Graphen von f.
a) $f(x) = x^2 - 4x + 9$ b) $f(x) = \frac{2}{3}x^3 + \frac{9}{2}$ c) $f(x) = \frac{2}{x} - 3$

11 Bestimmen Sie die Gleichung der Tangente vom Punkt $P(0|-12)$ an den Graphen der Funktion f mit $f(x) = 4x^3 + 6$. Welche Gleichung erhält man für einen beliebigen Punkt $P(0|v)$ der y-Achse?

12 Welche Beziehung muss für die Koeffizienten der Funktion $f: x \mapsto x^3 + bx^2 + cx + d$ gelten, damit der Graph von f zwei, genau eine bzw. keine waagerechte Tangente hat?

13 Welche Eigenschaften des Graphen von f (Schnittpunkte mit der x-Achse, Extrem- und Wendepunkte) gelten für $c \neq 0$ auch für den Graphen der Funktion g?
Wie verändern sich dabei gegebenenfalls die Koordinaten der Schnittpunkte mit der x-Achse, Extrem- und Wendepunkte?
a) $g(x) = c \cdot f(x)$ b) $g(x) = f(x) + c$ c) $g(x) = f(x-c)$

7 Untersuchung von Funktionen mit realem Bezug

1 Der Kraftstoffverbrauch eines Pkw (in Liter je 100 km) lässt sich in Abhängigkeit von der Geschwindigkeit x (in $\frac{km}{h}$) im 4-ten Gang näherungsweise durch die Funktion f mit
$f(x) = 0{,}0017\,x^2 - 0{,}18\,x + 10{,}2; \; x \geqq 30$ beschreiben.
Bei welcher Geschwindigkeit ist der Verbrauch am geringsten? Wie groß ist dieser?

Häufig kann eine reale Situation durch eine Funktion beschrieben werden. Mithilfe dieser Funktion lassen sich dann Fragestellungen beantworten, die in der Praxis auftreten.
Der Umsatz eines Unternehmens für ein abgelaufenes Jahr z. B. kann näherungsweise beschrieben werden durch $U(t) = 0{,}15\,t^3 - 2\,t^2 + 200$ (t in Monaten, U in Millionen €).
Bei der Untersuchung des Umsatzes helfen die Ableitungsfunktionen:
$U'(t) = 0{,}45\,t^2 - 4\,t;\;\; U''(t) = 0{,}9\,t - 4;\;\; U'''(t) = 0{,}9$.

Die zur Beschreibung einer realen Situation benutzte Funktion sei in einem Intervall von ℝ definiert, dort stetig und differenzierbar.

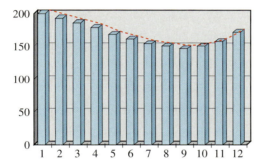

Der Zeitpunkt des geringsten Umsatzes ergibt sich aus $U'(t) = 0$. Dies liefert $t = \frac{80}{9} \approx 8{,}9$.
Der Umsatz ist am kleinsten im 9-ten Monat.
Die Änderung des Umsatzes wird durch die 1. Ableitung beschrieben. Das Extremum der 1. Ableitung ergibt die extremale Änderung des Umsatzes.
Aus $U''(t) = 0$ folgt $t = \frac{40}{9} \approx 4{,}4$.
Wegen $U'''\left(\frac{40}{9}\right) > 0$ hat das Unternehmen im 5-ten Monat den stärksten Umsatzrückgang.

Nachdem alle Größen in geeignete Einheiten umgeformt sind, wird nur mit den Maßzahlen gerechnet.

> Wenn eine reale Situation durch eine Funktion beschrieben werden kann, so ist es häufig möglich, reale Problemstellungen durch Untersuchung dieser Funktion zu beantworten.

Beispiel:
Bei einem Vulkanausbruch werden Gesteinsbrocken mit einer Anfangsgeschwindigkeit von $v_0 = 120\,\frac{m}{s}$ senkrecht nach oben geschleudert. Welche Höhe erreichen sie, wenn der Luftwiderstand unberücksichtigt bleibt?

Lösung:
Wird ein Körper mit der Anfangsgeschwindigkeit v_0 (in $\frac{m}{s}$) senkrecht nach oben geworfen, gilt (h in Meter; t in Sekunden):
$$h(t) = v_0 \cdot t - \tfrac{1}{2} g \cdot t^2.$$
Hieraus folgt: $h'(t) = v(t) = v_0 - gt$.
Im höchsten Punkt ist $v(t) = 0$. Mit $g = 10$ folgt $0 = 120 - 10t$ und hieraus $t = 12$.
Die Steigzeit beträgt somit 12 Sekunden.
Weiterhin ist
$$h(12) = 120 \cdot 12 - \tfrac{1}{2} \cdot 10 \cdot 12^2 = 720.$$
Die Gesteinsbrocken erreichen also eine Höhe von 720 Metern über dem Vulkanrand.

Untersuchung von Funktionen mit realem Bezug

Aufgaben

Der „Gateway-Arch" wurde in den Jahren 1959–1965 aus rostfreiem Stahl gebaut. Er soll als „Tor zum Westen" an den nach 1800 einsetzenden Siedlerstrom in den Westen der USA erinnern.

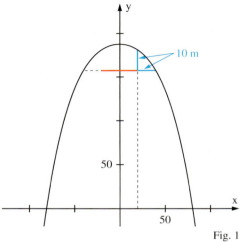

Fig. 1

2 Der Innenbogen des „Gateway-Arch" in St. Louis (USA) lässt sich näherungsweise beschreiben (x in m) durch die Funktion f mit
$f(x) = 187{,}5 - 1{,}579 \cdot 10^{-2} x^2 - 1{,}988 \cdot 10^{-6} x^4$.
a) Berechnen Sie die Höhe und die Breite des Innenbogens.
b) Wie groß sind die Winkel, die der Innenbogen mit der Grundfläche bildet?
c) Bei einer Flugveranstaltung soll ein Flugzeug mit einer Flügelspannweite von 18 m unter dem Bogen hindurchfliegen. Welche Maximalflughöhe muss der Pilot einhalten, wenn in vertikaler und in horizontaler Richtung ein Sicherheitsabstand zum Bogen von 10 m eingehalten werden muss?

3 Parabolspiegel sind rotationssymmetrisch mit einer Parabel als Achsenschnitt. Bei einer Solaranlage in Kuwait ist dies eine Parabel mit $y = 0{,}256 x^2$.
a) Wie tief ist ein Parabolspiegel der Anlage, wenn der Durchmesser des Randes 5 m ist?
b) Ein parallel zur Parabelachse einfallender Lichtstrahl wird im Punkt $P(u|v)$ der Parabel mit der Gleichung $y = ax^2$ reflektiert. Bestimmen Sie die Gleichung des reflektierten Lichtstrahls. (Anleitung: Verwenden Sie die angegebene trigonometrische Beziehung.)
c) Zeigen Sie: Bei jeder Parabel gehen parallel zur Achse einfallende Lichtstrahlen nach der Reflexion durch denselben Punkt, den Brennpunkt F.
d) Der Absorber zur Wärmeaufnahme muss sich im Brennpunkt befinden. Wo muss der Absorber angebracht sein?

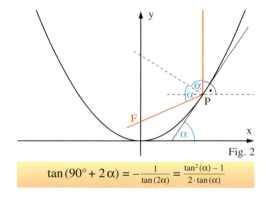

Fig. 2

$$\tan(90° + 2\alpha) = -\frac{1}{\tan(2\alpha)} = \frac{\tan^2(\alpha) - 1}{2 \cdot \tan(\alpha)}$$

*Die Kosten eines Unternehmens setzen sich zusammen aus fixen Kosten (Grundstückskosten, Mieten, Zinsen usw.) und den von x abhängigen variablen Kosten (Rohstoffe, Löhne usw.).
Graphen von Kostenfunktionen sind häufig s-förmig. Erklären Sie diesen Sachverhalt.*

4 Einem Unternehmen entstehen bei x Produktionseinheiten die Gesamtkosten K(x) (in €). Diese können im Bereich $0 \leq x \leq 50$ erfahrungsgemäß durch die Kostenfunktion K mit $K(x) = 0{,}044 x^3 - 2 x^2 + 50 x + 600$ beschrieben werden.
Jede Produktionseinheit wird für 60 € verkauft. Die Zuordnung $x \mapsto U(x)$, welche x Produktionseinheiten durch den Verkauf dem Umsatz zuordnet, heißt Umsatzfunktion.
a) Zeichnen Sie die Graphen der Kosten- und der Umsatzfunktion in ein gemeinsames Achsenkreuz. Lesen Sie den Bereich ab, in dem das Unternehmen Gewinn macht.
b) Bei wie viel Produktionseinheiten wird der Gewinn am größten?
c) Durch ein Überangebot kann das Unternehmen eine Produktionseinheit nur noch für 40 € verkaufen. Zeichnen Sie den Graphen der neuen Umsatzfunktion in das vorhandene Achsenkreuz ein. Warum kann das Unternehmen in dieser Marktsituation nicht mehr mit Gewinn produzieren?
d) Zeichnen Sie den Graphen der Umsatzfunktion ein, bei der das Unternehmen gerade ohne Verlust arbeiten kann. Berechnen Sie den Preis, den das Unternehmen pro Produktionseinheit verlangen muss, um verlustfrei zu produzieren.

Untersuchung von Funktionen mit realem Bezug

Seit Jahrtausenden wird die Mistel in der Heilbehandlung eingesetzt. In neuester Zeit wird der Mistelwirkstoff Lektin bei der Behandlung von Krebspatienten verwendet. Mistellektine steigern die Anzahl und die Aktivität der NK-Zellen (Natürliche Killerzellen, die direkt an der Tumorabwehr beteiligt sind) und der Lymphozyten-Zelltypen, die für die Bekämpfung von Tumorzellen von Bedeutung sind. Daneben werden auch andere Zellen des Immunsystems aktiviert, die Krebszellen über verschiedene Mechanismen abtöten können.

5 Die Erhöhung E der Aktivität der NK-Zellen (in %) durch Lektinpräparate hängt entscheidend von der Dosis x (in µl pro kg Körpergewicht) ab.
Sie kann näherungsweise durch
$E(x) = \frac{5}{9} \cdot \left(85 - 8x - \frac{50}{x}\right); \; x \geq \frac{5}{8}$
beschrieben werden.
a) Bei welcher Dosis ist die Wirkung am größten?
Welches ist die optimale Dosis für eine Person mit 85 kg Körpergewicht?
b) Ab welcher Dosis wirkt das Präparat sogar schädlich?

StVO §4
(1) Der Abstand zu einem vorausfahrenden Fahrzeug muss in der Regel so groß sein, dass auch dann hinter ihm gehalten werden kann, wenn es plötzlich gebremst wird.

v in km/h
Sicherheitsabstand in m

Regel	Sicherheitsabstand
1	v
2	$\frac{v}{2}$
3	$\frac{v}{3{,}6} \cdot 1{,}5$
4	$\left(\frac{v}{10}\right)^2 + 3 \cdot \left(\frac{v}{10}\right)$

6 Für den Fahrer eines Fahrzeugs vergeht beim Auftauchen eines Hindernisses zunächst die Reaktionszeit („Schrecksekunde") t_R, in der das Fahrzeug mit der Geschwindigkeit v ungebremst weiterfährt (Vorbremsweg). Beim Bremsen von der Geschwindigkeit v bis zum Stillstand wird bei der Bremsverzögerung b der Bremsweg $\frac{v^2}{2b}$ zurückgelegt. Vorbremsweg und Bremsweg ergeben zusammen den Anhalteweg.
a) Geben Sie den Anhalteweg als Funktion von v an.
Zeichnen Sie den Graphen für $b = 7 \frac{m}{s^2}$ und $t_R = 1{,}5\,s$ im Bereich $0 \leq v \leq 140 \frac{km}{h}$.
b) Bei den Faustregeln für den Sicherheitsabstand zweier Fahrzeuge ergibt sich dieser in m, wenn für v die Maßzahl der in km/h gemessenen Geschwindigkeit eingesetzt wird.
Zeichnen Sie für die verschiedenen Faustregeln den Sicherheitsabstand als Funktion von v in das vorhandene Achsenkreuz von Teil a) ein.
In welchem Geschwindigkeitsbereich reicht bei den verschiedenen Faustregeln der Sicherheitsabstand für den Anhalteweg aus?

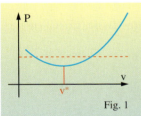

Fig. 1

Der Horizontalflug eines Flugzeugs erfordert eine gewisse Motorleistung. Diese hängt von der Geschwindigkeit ab. Für eine hohe Geschwindigkeit ist eine hohe Leistung erforderlich. Mit abnehmender Geschwindigkeit nimmt auch die benötigte Leistung ab bis zu einer bestimmten Geschwindigkeit v*. Für noch kleinere Geschwindigkeiten nimmt die erforderliche Leistung wieder zu, da zum Langsamflug der Anstellwinkel vergrößert werden muss, wodurch der Luftwiderstand zunimmt. Mit derselben Motorleistung sind also zwei Geschwindigkeiten möglich. Aus Sicherheitsgründen wählt der Pilot normalerweise die höhere Geschwindigkeit.

7 Bei einem Kleinflugzeug lässt sich die benötigte Leistung P in Abhängigkeit von der Geschwindigkeit näherungsweise durch
$P(v) = \frac{1}{160}v^2 - \frac{3}{2}v + 120; \; v \geq 60$
beschreiben (v in km/h, P in PS).
a) Zeichnen Sie den Graphen für $80 \leq v \leq 240$.
b) Welche Geschwindigkeiten können mit der Motorleistung 32,5 PS geflogen werden?
c) Bei welcher Geschwindigkeit ist die benötigte Leistung am kleinsten?
Warum ist in diesem Fall die Flugdauer am größten?

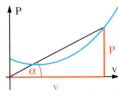

Fig. 2

d) Mit einer Tankfüllung kommt man um so weiter, je weniger Energie man für einen Kilometer verbraucht. Der insgesamt zurücklegbare Weg ist also um so größer, je kleiner der Quotient $\frac{\text{benötigte Energie}}{\text{zurückgelegter Weg}}$ ist.
Wegen $\frac{\text{Energie}}{\text{Weg}} = \frac{\text{Energie/Zeit}}{\text{Weg/Zeit}} = \frac{\text{Leistung}}{\text{Geschwindigkeit}} = \frac{P}{v} = \tan(\alpha)$ (siehe Skizze) kommt man bei derjenigen Geschwindigkeit am weitesten, bei der $\tan(\alpha)$ und damit α am kleinsten ist.
Bei welcher Geschwindigkeit ist dies der Fall?

8 Einfache Extremwertprobleme

1 Stellen Sie den Umfang eines Rechtecks als Funktion einer einzigen Variable dar, wenn
a) die Rechteckseiten gleich lang sind
b) die Rechteckseiten im Verhältnis 2:3 stehen
c) das Rechteck den Flächeninhalt 20 cm² hat
d) die Rechteckdiagonale 5 cm lang ist.

Bisher wurden wiederholt Extremwerte bestimmt. Dabei war stets der Funktionsterm vorgegeben. Häufig ist der Funktionsterm zunächst unbekannt. Er muss dann aus der Problemstellung heraus ermittelt werden.

Es soll derjenige Punkt P(u|v) auf der Strecke QR bestimmt werden, für den der Flächeninhalt des eingezeichneten Rechtecks am größten ist. Für den Flächeninhalt erhält man zunächst
(1) $A = u \cdot v$.
A hängt in diesem Fall von den beiden Variablen u und v ab. Die Variablen u und v sind aber nicht unabhängig voneinander.
Da P auf der Geraden liegen soll, gilt die sogenannte **Nebenbedingung**
(2) $v = -0{,}6u + 3$ für $0 \leq u \leq 5$.

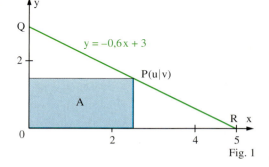
Fig. 1

Setzt man die Nebenbedingung (2) in (1) ein, so erhält man: $A(u) = u \cdot (-0{,}6u + 3)$, $0 \leq u \leq 5$.
Die Funktion A mit $A(u) = u \cdot (-0{,}6u + 3)$, $0 \leq u \leq 5$ nennt man **Zielfunktion**.
Diese Funktion wird wie bisher in ihrer Definitionsmenge auf Extremwerte untersucht.

Lokale Extrema bei differenzierbaren Funktionen:
$f'(x) = 0$ und $f''(x) \neq 0$
oder: $f'(x) = 0$ Vorzeichenwechsel von f'.

Globale Extrema:
Randwerte von f beachten.

Strategie für das Lösen von Extremwertproblemen:
1. Beschreiben der Größe, die extremal werden soll, durch einen Term. Dieser kann mehrere Variablen enthalten.
2. Aufsuchen von Nebenbedingungen.
3. Bestimmung der Zielfunktion.
4. Untersuchung der Zielfunktion auf Extremwerte und Formulierung des Ergebnisses.

Beispiel 1:
Für welche beiden positiven Zahlen, deren Produkt 8 ist, wird die Summe am kleinsten?
Lösung:
1. Sind x und y die gesuchten Zahlen, so gilt für die Summe: $S = x + y$.
2. Nebenbedingung: $x \cdot y = 8$.
3. Aus $x \cdot y = 8$ ergibt sich z.B. $y = \frac{8}{x}$. Einsetzen in $S = x + y$ liefert $S = x + \frac{8}{x}$.
   Zielfunktion: $x \mapsto S(x)$ mit $S(x) = x + \frac{8}{x}$; $D_S = \{x \mid x > 0\}$.

Aus der Nebenbedingung folgt auch $x = \frac{8}{y}$.
Dies führt zum selben Ergebnis.

4. Es ist $S'(x) = 1 - \frac{8}{x^2}$; $S''(x) = \frac{16}{x^3}$; $S'(x) = 0$ liefert $x_1 = 2\sqrt{2}$ und $x_2 = -2\sqrt{2}$; $x_2 \notin D_S$.
   Wegen $S''(2\sqrt{2}) > 0$ liegt bei x_1 ein lokales Minimum vor.
   Für $0 < x < x_1$ ist $S'(x) < 0$, also S streng monoton fallend. Für $x > x_1$ ist $S'(x) > 0$, also S streng monoton steigend. Somit hat S bei $x_1 = 2\sqrt{2}$ ein globales Minimum.
   Ergebnis: Für $x = 2\sqrt{2}$ und $y = \frac{8}{2\sqrt{2}} = 2\sqrt{2}$ erhält man die kleinste Summe $4\sqrt{2}$.

Besonderheit:
Definitionsmenge der Zielfunktion ist ein offenes Intervall.

Einfache Extremwertprobleme

Beispiel 2: (Randextremwert)
Das Stück CD ist Teil des Graphen von f mit $f(x) = \frac{7}{16}x^2 + 2$. Für welche Lage von Q wird der Inhalt des Rechtecks RBPQ maximal?

Lösung:
1. Flächeninhalt des Rechtecks: $A = (4-u) \cdot v$
2. Nebenbedingung: $v = f(u)$
3. Zielfunktion: $A(u) = (4-u) \cdot \left(\frac{7}{16}u^2 + 2\right)$
   $= -\frac{7}{16}u^3 + \frac{7}{4}u^2 - 2u + 8;\ D_A = [0;4]$
4. $A'(u) = -\frac{21}{16}u^2 + \frac{7}{2}u - 2,\ A''(u) = -\frac{21}{8}u + \frac{7}{2}$;
   $A'(u) = 0$: $u_1 = \frac{4}{3} - \frac{4}{21}\sqrt{7}$; $u_2 = \frac{4}{3} + \frac{4}{21}\sqrt{7}$.
   Wegen $A''(u_1) = \frac{1}{2}\sqrt{7}$; $A''(u_2) = -\frac{1}{2}\sqrt{7}$
   liegt bei u_2 ein lokales Maximum vor.
   Weiterhin ist $A(u_2) = \frac{200}{27} + \frac{8}{189}\sqrt{7} \approx 7{,}52$.
   Randwerte: $A(0) = 8$; $A(4) = 0$.
   Wegen $A(0) > A(u_2)$ erhält man für $Q(0|2)$ den größten Flächeninhalt 8.

Sind Randextremwerte Randerscheinungen?

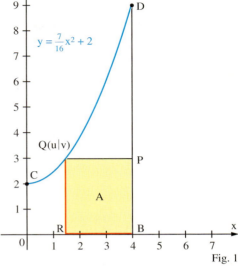

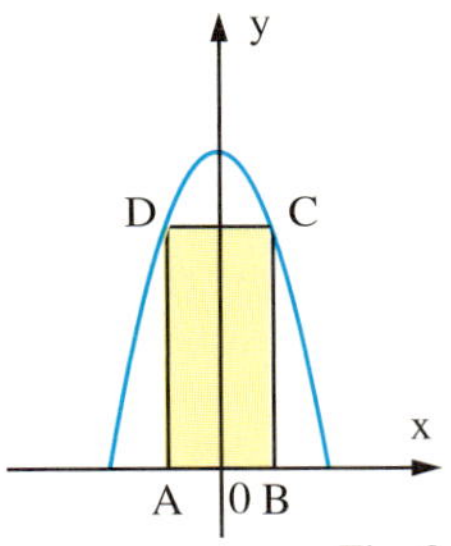

Fig. 1

Aufgaben

2 Gegeben sind f und g durch $f(x) = 0{,}5x^2 + 2$ und $g(x) = x^2 - 2x + 2$.
Für welchen Wert $x \in [0;4]$ wird die Summe (die Differenz) der Funktionswerte extremal? Um welche Art von Extremum handelt es sich? Geben Sie das Extremum an.

3 Die Punkte $A(-u|0)$, $B(u|0)$, $C(u|f(u))$ und $D(-u|f(-u))$, $0 \leq u \leq 3$, des Graphen von f mit $f(x) = -x^2 + 9$ bilden ein Rechteck (Fig. 2). Für welches u wird der Flächeninhalt (Umfang) des Rechtecks ABCD maximal? Wie groß ist der maximale Inhalt (Umfang)?

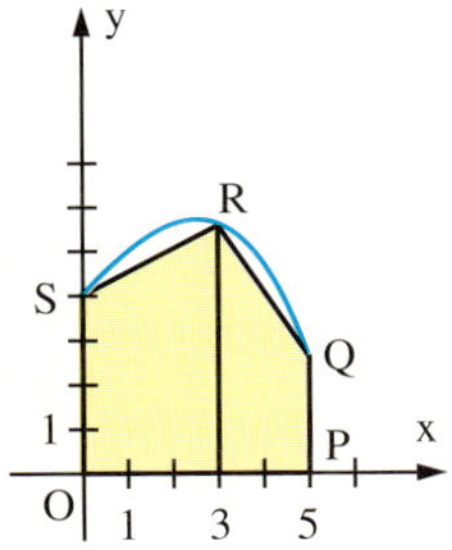

Fig. 2

4 Die Graphen von f und g mit $f(x) = 4 - 0{,}25 \cdot x^2$ und $g(x) = 0{,}5 \cdot x^2 - 2$ begrenzen eine Fläche, der ein zur y-Achse symmetrisches Rechteck einbeschrieben wird. Für welche Lage der Eckpunkte wird sein Flächeninhalt (sein Umfang) extremal? Geben Sie Art und Wert des Extremums an.

5 Die Punkte $O(0|0)$, $P(5|0)$, $Q(5|f(5))$, $R(u|f(u))$ und $S(0|f(0))$ des Graphen von f mit $f(x) = -0{,}05x^3 + x + 4$; $0 \leq x \leq 5$, bilden ein Fünfeck (Fig. 3). Für welches u wird sein Inhalt maximal?

Fig. 3

6 Gegeben ist eine Funktionenschar f_t. Für welchen Wert von t wird die y-Koordinate des Tiefpunktes am kleinsten?
a) $f_t(x) = 3x^2 - 12x + 4t^2 - 6t$; $t \in \mathbb{R}$
b) $f_t(x) = 3x^2 - 2tx + 4t^2 - 11t$; $t \in \mathbb{R}$
c) $f_t(x) = x^3 - 12x + (t-1)^2$; $t \in \mathbb{R}$
d) $f_t(x) = x + \frac{t^2}{x} + \frac{8}{t}$; $t \in \mathbb{R} \setminus \{0\}$

Wenn ich einen Summanden x nenne, so ist der andere ...

7 a) Zerlegen Sie die Zahl 12 so in zwei Summanden, dass ihr Produkt möglichst groß (die Summe ihrer Quadrate möglichst klein) wird.
b) Welche beiden reellen Zahlen mit der Differenz 1 (2; d) haben das kleinste Produkt?
c) Wie klein kann die Summe aus einer positiven Zahl und ihrem Kehrwert werden?

103

Einfache Extremwertprobleme

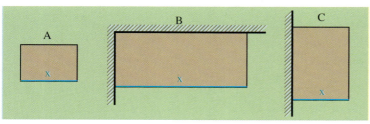

Fig. 1

8 Mit einem Zaun der Länge 100 m soll ein rechteckiger Hühnerhof mit möglichst großem Flächeninhalt eingezäunt werden. Bestimmen Sie in den Fällen A, B und C
a) mithilfe der Differenzialrechnung
b) ohne Differenzialrechnung
die Breite x des Hühnerhofes. Wie groß ist jeweils die maximale Fläche?

Fig. 2

9 Eine 400-m-Laufbahn in einem Stadion besteht aus zwei parallelen Strecken und zwei angesetzten Halbkreisen (Fig. 2). Für welchen Radius x der Halbkreise wird die rechteckige Spielfläche maximal? Vergleichen Sie Ihr Ergebnis mit den realen Maßen eines Spielfeldes.

10 a) Aus einem Stück Pappe der Länge 16 cm und der Breite 10 cm werden an den Ecken Quadrate der Seitenlänge x ausgeschnitten und die überstehenden Teile zu einer nach oben offenen Schachtel hochgebogen (Fig. 3). Für welchen Wert von x wird das Volumen der Schachtel maximal? Wie groß ist das maximale Volumen?

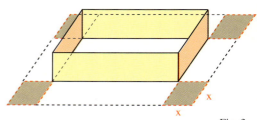

Fig. 3

b) Falten Sie aus einem DIN A4 Blatt eine solche „optimale" Schachtel.
c) Bestimmen Sie x für ein quadratisches Stück Pappe der Länge a.

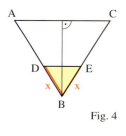

Fig. 4

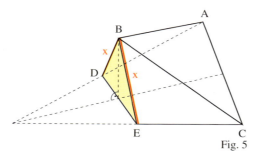

Fig. 5

11 Das gleichseitige Dreieck ABC (Fig. 4) mit der Seitenlänge 3 cm wird längs $\overline{DE}$ so gefaltet, dass das Dreieck DBE senkrecht zum ursprünglichen Dreieck steht (Fig. 5). Verbindet man B mit A und C, so entsteht eine Pyramide.
Für welche Streckenlänge x wird das Volumen dieser Pyramide, die oben beschrieben ist, maximal?

Auswerten von Messergebnissen

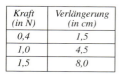

Kraft (in N)	Verlängerung (in cm)
0,4	1,5
1,0	4,5
1,5	8,0

12 Die Verlängerung einer Feder ist proportional zur angreifenden Kraft (hookesches Gesetz). Die Tabelle zeigt Messergebnisse. Um die Gerade zu finden, auf die die Messpunkte am besten „passen", macht man für die Gerade den Ansatz $f(x) = ax$ und bestimmt a so, dass für die Messpunkte $P(x_i | y_i)$ die Summe
$S = (f(x_1) - y_1)^2 + (f(x_2) - y_2)^2 + (f(x_3) - y_3)^2$
minimal wird (**Methode der kleinsten Fehlerquadrate**). Bestimmen Sie a. Zeichnen Sie die Messwerte und die gefundene Gerade in ein Koordinatensystem ein.

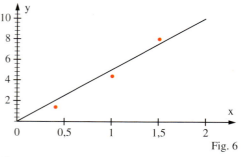

Fig. 6

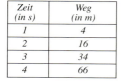

Zeit (in s)	Weg (in m)
1	4
2	16
3	34
4	66

13 Bei einer Bewegung aus der Ruhe heraus ergaben sich die nebenstehenden Messwerte. Um welche Art von Bewegung könnte es sich handeln? Machen Sie einen entsprechenden Ansatz und bestimmen Sie mit der Methode der kleinsten Fehlerquadrate die Bewegungsgleichung.

104

9 Komplexere Extremwertprobleme

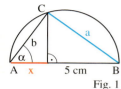

Fig. 1

1 Die Hypotenuse eines rechtwinkligen Dreiecks hat die Länge $\overline{AB} = 5\,\text{cm}$. Der Punkt C wandert auf dem Halbkreis über AB. Stellen Sie den Flächeninhalt des Dreiecks als Funktion
a) der Kathete a   b) des Hypotenusenabschnitts x   c) des Winkels α dar.
Können Sie die entstehenden Funktionen ableiten?

Bei Extremwertproblemen muss der Term der Zielfunktion in Abhängigkeit von einer einzigen Variablen dargestellt werden. Welche Variable zweckmäßig ist, zeigt oft erst die Bearbeitung.

Vier Stangen von jeweils 4 m Länge sollen das Gerüst eines Zeltes in Form einer geraden quadratischen Pyramide bilden. Gesucht ist das Zelt mit dem größten Volumen.
Das Volumen $V = \frac{1}{3} \cdot a^2 \cdot h$ kann auf verschiedene Arten als Funktion einer einzigen Variablen dargestellt werden.

Grundkante a:

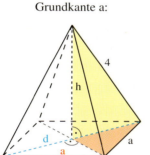

Fig. 2

Höhe h:

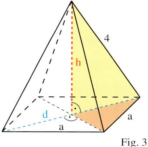

Fig. 3

Neigungswinkel α:

Fig. 4

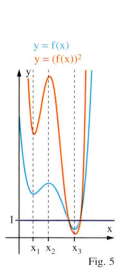

Fig. 5

$h^2 = 16 - \left(\frac{d}{2}\right)^2$

$h^2 = 16 - \frac{a^2}{2}$

$h = \sqrt{16 - \frac{a^2}{2}}$

(1) $V(a) = \frac{1}{3} \cdot a^2 \cdot \sqrt{16 - \frac{a^2}{2}}$

mit $0 \leq a \leq 4\sqrt{2}$

$h^2 = 16 - \left(\frac{d}{2}\right)^2$

$h^2 = 16 - \frac{a^2}{2}$

$a^2 = 32 - 2h^2$

(2) $V(h) = \frac{1}{3} \cdot (32 - 2h^2) \cdot h$

mit $0 \leq h \leq 4$

$\sin(\alpha) = \frac{h}{4}$; $\cos(\alpha) = \frac{d}{2 \cdot 4}$

$h = 4 \cdot \sin(\alpha)$; $d = 8 \cdot \cos(\alpha)$

$a^2 = \frac{d^2}{2} = 32 \cdot (\cos(\alpha))^2$

(3) $V(\alpha) = \frac{128}{3} \cdot (\cos(\alpha))^2 \cdot \sin(\alpha)$

mit $0 \leq \alpha \leq 0{,}5\pi$

Nicht jede der Darstellungen (1) bis (3) ist für die weitere Untersuchung gleich zweckmäßig.
Die ganzrationale Funktion in (2) gestattet eine einfache Extremwertbestimmung.
Für die Funktionen in (1) und (3) sind bisher keine Ableitungsregeln behandelt worden.
Man kann aber V(a) aus (1) weiter verwenden:
Da V(a) für keinen Wert von a negativ ist, wird V(a) und das Quadrat $(V(a))^2$ für dieselben Werte von a extremal.
Statt V(a) kann man zur Bestimmung der Extremstellen die **Ersatzfunktion** E mit
$E(a) = (V(a))^2 = \frac{1}{9} a^4 \left(16 - \frac{a^2}{2}\right)$ benutzen.

> Bei Extremwertproblemen kann die Wahl der Variablen und die geeignete Verwendung von Nebenbedingungen entscheidend sein für die Einfachheit der Zielfunktion.

105

Komplexere Extremwertprobleme

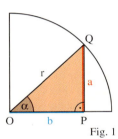

Fig. 1

Tipp:
Nicht immer muss die gefragte Größe direkt berechnet werden.

Beispiel:
Einem Viertelkreis mit dem Radius r = 5 cm wird ein Dreieck OPQ einbeschrieben. Für welchen Winkel α wird der Inhalt des Dreiecks maximal?
Lösung:
Flächeninhalt des Dreiecks: $A = \frac{1}{2} \cdot a \cdot b$
Variablenwahl:

Winkel α
$\sin(\alpha) = \frac{a}{5}$; $\cos(\alpha) = \frac{b}{5}$
$A(\alpha) = \frac{1}{2} \cdot 25 \cdot \sin(\alpha) \cdot \cos(\alpha)$
Für die Zielfunktion $\alpha \mapsto A(\alpha)$ ist bisher keine Ableitungsregel behandelt worden.

Kathete a
$b = \sqrt{25 - a^2}$
$A(a) = \frac{1}{2} \cdot a \cdot \sqrt{25 - a^2}$
Die Ersatzfunktion E mit $E(a) = \frac{1}{4} \cdot a^2 \cdot (25 - a^2)$ hat für $a = \frac{5}{2} \cdot \sqrt{2} = b$ ein globales Maximum.
Also wird der Inhalt maximal für α = 45°.

Aufgaben

2 Von welchem Punkt des Graphen von f hat der Punkt Q den kleinsten Abstand?
a) $f(x) = \frac{1}{x}$; Q(0|0)
b) $f(x) = x^2$; Q(0|1,5)
c) $f(x) = x^2$; Q(3|0)
d) $f(x) = \sqrt{x}$; Q(a|0); $a \geq 0,5$

3 Welches Rechteck mit dem Umfang 30 cm (mit dem Umfang a cm) hat die kürzeste Diagonale?

4 Welches rechtwinklige Dreieck mit der Hypotenuse 6 cm erzeugt bei Rotation um eine Kathete (um die Hypotenuse) den Rotationskörper größten Volumens?

5 Ein Rechteck ABCD ist 12 cm lang und 8 cm breit; M sei die Mitte von $\overline{CD}$. Dem Rechteck soll ein Parallelogramm so einbeschrieben werden, dass zwei Seiten parallel zu $\overline{AM}$ sind. Für welche Lage des Punktes P wird der Flächeninhalt des Parallelogramms am größten?

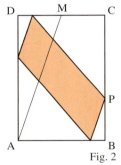
Fig. 2

6 Der Querschnitt eines Abwasserkanals hat die Form eines Rechtecks mit aufgesetztem Halbkreis. Wie müssen bei gegebenem Umfang U des Querschnitts die Rechteckseiten gewählt werden, damit der Querschnitt den größten Flächeninhalt hat?

7 Aus einer Holzplatte (Fig. 3), die die Form eines gleichschenkligen Dreiecks mit den Seiten c = 60 cm, a = b = 50 cm hat, soll ein möglichst großes, rechteckiges Brett herausgeschnitten werden.
Wie viel Prozent Abfall entstehen?

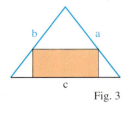
Fig. 3

8 Bei einer rechteckigen Glasplatte ist eine Ecke abgebrochen (Fig. 4). Aus dem Rest soll eine rechteckige Scheibe mit möglichst großem Inhalt herausgeschnitten werden.
a) Wie ist der Punkt P zu wählen?
b) Aus dem Rest soll wiederum eine rechteckige Scheibe herausgeschnitten werden. Wie groß kann diese höchstens werden?

Lösen Sie die Aufgabe 8 auch ohne Differenzialrechnung.

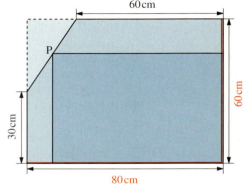
Fig. 4

106

Komplexere Extremwertprobleme

9 Aus einem 40 cm langen und 20 cm breiten Karton soll durch Herausschneiden von 6 Quadraten eine Schachtel hergestellt werden, deren Deckel auf 3 Seiten übergreift. Wie groß sind die Quadrate zu wählen, damit das Volumen der Schachtel möglichst groß wird?

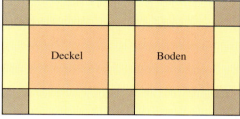

Fig. 1

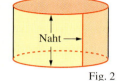

Fig. 2

10 Es sollen zylinderförmige Dosen mit dem Volumen V hergestellt werden. Wie sind r und h zu wählen, damit
a) die gesamte Naht aus Mantellinie, Deckelrand und Bodenrand minimal wird?
b) die Oberfläche möglichst klein wird?

11 Aus einem Kreis mit dem Radius r wird ein symmetrischer Stern ausgeschnitten (Fig. 3) und die vier Ecken A, B, C, D zur Spitze einer quadratischen Pyramide hochgebogen. Wie groß kann das Volumen der entstehenden Pyramide höchstens werden? Wie groß ist in diesem Fall die Pyramidenoberfläche?

12 Auf einem dreieckigen Grundstück soll eine rechteckige Lagerhalle gebaut werden. Bestimmen Sie für die Fälle A und B (Fig. 4) die größtmögliche Fläche der Halle, wenn diese
a) bis zur Grundstücksgrenze reichen darf
b) 3 m Abstand zur Grenze haben muss.

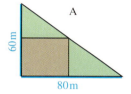
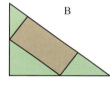

Fig. 4

13 Eine Holzkugel soll so bearbeitet werden, dass ein Zylinder mit möglichst großem Rauminhalt entsteht (Fig. 5). Wie sind der Radius und die Höhe des Zylinders zu wählen?

14 Einer Kugel wird ein gerades Prisma mit einem gleichseitigen Dreieck als Grundfläche einbeschrieben (Fig. 6). Wie groß ist das maximal mögliche Prismavolumen?

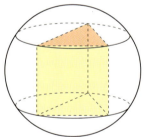

Fig. 5   Fig. 6

Zimmermannsregel: Zeichne auf eine kreisförmige Querschnittsfläche des Baumstammes einen Durchmesser; teile diesen in drei gleiche Teile; ziehe in jedem Teilpunkt die Senkrechte zum Durchmesser; so ergibt sich der gesuchte Balkenquerschnitt.

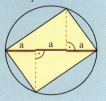

Fig. 8

15 Die Tragfähigkeit von Holzbalken ist proportional zur Balkenbreite b und zum Quadrat der Balkenhöhe h.
a) Aus einem zylindrischen Baumstamm mit dem Radius r soll ein Balken maximaler Tragfähigkeit herausgeschnitten werden. Wie sind Breite und Höhe zu wählen?
b) Wie genau ist die Zimmermannsregel?

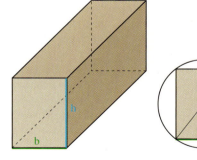

Fig. 7

16 Eine Elektronikfirma verkauft monatlich 5000 Stück eines Bauteils zum Stückpreis von 25 €. Die Marktforschungsabteilung dieser Firma hat festgestellt, dass sich der durchschnittliche monatliche Absatz bei jeder Stückpreissenkung von einem € um jeweils 300 Stück erhöhen würde.
Bei welchem Stückpreis sind die monatlichen Einnahmen am größten?

107

Komplexere Extremwertprobleme

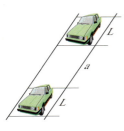

Anhalteweg = $v \cdot t_R + \frac{v^2}{2b}$
v = Geschwindigkeit des Fahrzeugs
t_R = Reaktionszeit
b = Bremsverzögerung

§ 3 StVO
(1) Der Fahrzeugführer darf nur so schnell fahren, dass er sein Fahrzeug ständig beherrscht. [...] Er darf nur so schnell fahren, dass er innerhalb der überschaubaren Strecke anhalten kann.

Lösen Sie die entstehenden Gleichungen näherungsweise mit einem Funktionsplotter oder einem Computer-Algebra-System.

17 Die Anzahl der Fahrzeuge, die pro Stunde eine Zählstelle an einer Straße passieren, der sogenannte Durchsatz der Straße, hängt von der Geschwindigkeit v der Fahrzeuge, deren Länge L und deren Abstand a voneinander ab.
a) Es sei T die Zeit zwischen der Durchfahrt zweier aufeinander folgender Fahrzeuge an der Zählstelle. Bestimmen Sie die Funktion T: $v \mapsto T(v)$ unter der Annahme, dass alle Fahrzeuge mit der gleichen, konstanten Geschwindigkeit fahren, die gleiche Länge L und den gleichen Abstand a voneinander haben.
b) Eine hohe Verkehrssicherheit ist gewährleistet, wenn der Abstand a zwischen zwei Fahrzeugen gleich dem Anhalteweg des zweiten Fahrzeuges ist. Geben Sie für diesen Fall T(v) an. Für welche Geschwindigkeit wird T minimal? Geben Sie die minimale Durchfahrtszeit T_{min} an. Berechnen Sie aus der minimalen Durchfahrtzeit T_{min} den maximalen Durchsatz der Straße. Geben Sie den maximalen Durchsatz für $t_R = 1\,s$; $b = 8\,\frac{m}{s^2}$; $L = 5\,m$ (2s; $3\,\frac{m}{s^2}$; 10m) an.
c) Bei Fahrten auf Autobahnen kann der Abstand kleiner gehalten werden als der Anhalteweg, da das vorausfahrende Fahrzeug nicht plötzlich stehen bleibt, sondern gebremst weiterfährt. Der Ansatz $a = v \cdot t_R + \frac{v^2}{2b_1} - \frac{v^2}{2b_2}$ berücksichtigt dies. Bei welcher Geschwindigkeit ist in diesem Fall für $t_R = 1\,s$; $b_1 = 6\,\frac{m}{s^2}$; $b_2 = 7\,\frac{m}{s^2}$; $L = 5\,m$ der Durchsatz am größten? Wie groß ist dieser?

Mithilfe des Computers zu lösen

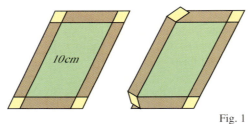

Fig. 1

19 1-Liter-Milchtüten haben z. T. die Form einer quadratischen Säule. Diese Tüten sind aus einem einzigen rechteckigen Stück Pappe durch Falten und Verkleben hergestellt. Nebenstehende Figur zeigt das Netz einer solchen Tüte. Die Tüten werden nur bis 2 cm unter dem oberen Rand gefüllt. Bestimmen Sie den Flächeninhalt der verwendeten Pappe als Funktion der Grundkantenlänge x. Ist die reale Milchtüte hinsichtlich des Materialverbrauchs optimiert?

20 Streichholzschachteln bestehen aus der eigentlichen Schachtel und der Umhüllung. Beide werden jeweils aus einem Stück hergestellt. Die Schachtel hat ein Volumen von 25 cm³ und eine Länge von 5 cm. Die Umhüllung ist etwas größer als die Schachtel. In dem nebenstehenden Netz sind die Maße in cm angegeben. Für welche Breite b und welche Höhe h wird (einschließlich Abfall) am wenigsten Material verbraucht? Vergleichen Sie das Ergebnis mit der realen Schachtel.

18 Eine oben offene Schachtel mit einem Volumen von 100 cm³ soll eine Länge von 10 cm haben. Sie wird aus einem Rechteck durch Einschneiden an vier Stellen und Hochklappen der Seitenteile gefertigt. Welche Abmessungen muss das Rechteck haben, damit der Materialverbrauch möglichst klein ist?

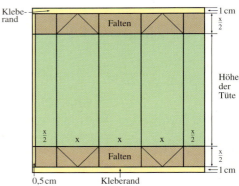

Fig. 2

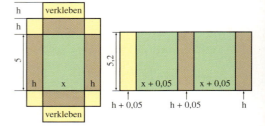

Fig. 3

108

10 Bestimmung ganzrationaler Funktionen

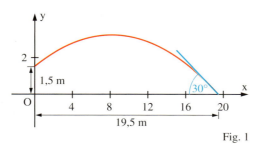

1 Beim Kugelstoßen beschreibt die Kugel angenähert eine Bahn wie in Fig. 1 dargestellt.
a) Welcher Graph einer ganzrationalen Funktion beschreibt den Verlauf der Wurfbahn näherungsweise?
b) Beschreiben Sie, wie man vorgehen kann, um den höchsten Punkt der Flugbahn rechnerisch zu bestimmen.

Fig. 1

Ist eine Funktion f gegeben, kann man die Koordinaten von Punkten des Graphen ermitteln. Sind umgekehrt Punkte vorgegeben, kann man versuchen, eine ganzrationale Funktion zu bestimmen, deren Graph durch diese Punkte geht.

Der Graph einer ganzrationalen Funktion 2ten Grades soll z. B. durch die Punkte A(0|1), B(1|2) und C(2|7) gehen. Durch den Ansatz $f(x) = ax^2 + bx + c$ erhält man:
f(0) = 1:   c = 1   (1)   (1), (2) und (3) bilden ein lineares
f(1) = 2:   a + b + c = 2   (2)   Gleichungssystem von drei Gleichungen
f(2) = 7:   4a + 2b + c = 7   (3)   mit den 3 Unbekannten a, b und c.
Das Gleichungssystem liefert $a = 2$; $b = -1$; $c = 1$. Also gilt: $f(x) = 2x^2 - x + 1$.

Bei drei gegebenen Punkten führte der Ansatz einer ganzrationalen Funktion 2ten Grades zum Ziel. Sind allgemein n + 1 Punkte vorgegeben, so liefert der Ansatz einer ganzrationalen Funktion n-ten Grades in gleicher Weise ein lineares Gleichungssystem von n + 1 Gleichungen für die n + 1 Koeffizienten des Funktionsterms.

Sind zusätzlich Ableitungswerte vorgegeben, so geht man entsprechend vor. Die Vorgaben
$f(0) = -2$; $f(1) = 0$; $f(-1) = -6$; $f'(0) = 0$
sind vier Bedingungen. Wir setzen daher eine ganzrationale Funktion 3ten Grades an.
Der Ansatz $f(x) = ax^3 + bx^2 + cx + d$ mit $f'(x) = 3ax^2 + 2bx + c$ liefert:
f(0) = −2:   d = −2   (1)   Das Gleichungssystem führt zu
f(1) = 0:   a + b + c + d = 0   (2) $d = -2$; $c = 0$; $b = -1$; $a = 3$.
f(−1) = −6:   −a + b − c + d = −6   (3)   Somit ist f mit $f(x) = 3x^3 - x^2 - 2$
f′(0) = 0:   c = 0   (4)   die gesuchte Funktion.

Die Kontrolle ist nötig, da nur notwendige Bedingungen verwendet werden. Vergleiche Aufgabe 5.

Strategie zur Bestimmung einer ganzrationalen Funktion:
1. Formulieren der gegebenen Bedingungen mithilfe von f, f′, f″ usw.
2. Bei n + 1 Bedingungen Ansetzen einer Funktion vom Grad n; Aufstellen des Gleichungssystems.
3. Lösen des Gleichungssystems; Angabe der gefundenen Funktion.
4. Kontrollieren des Ergebnisses.

Ist der Graph der gesuchten Funktion achsensymmetrisch zur y-Achse oder punktsymmetrisch zum Ursprung, kann dies bereits beim Ansatz berücksichtigt werden. Hierdurch vereinfacht sich das Gleichungssystem.

109

Bestimmung ganzrationaler Funktionen

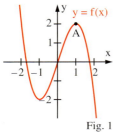

Fig. 1
Genau eine Lösung

Beispiel 1: (Grad der gesuchten Funktion ist gegeben)
Der Graph einer ganzrationalen Funktion f vom Grad 3 ist punktsymmetrisch zum Ursprung, geht durch $A(1|2)$ und hat für $x = 1$ eine waagerechte Tangente. Bestimmen Sie f.
Lösung:
1. Gegeben: $n = 3$; f ist ungerade; $f(1) = 2$; $f'(1) = 0$.
2. Ansatz ($n = 3$ und Punktsymmetrie): $f(x) = ax^3 + bx$; $f'(x) = 3ax^2 + b$
   $f(1) = 2$: $\quad a + b = 2 \quad$ (1)
   $f'(1) = 0$: $\quad 3a + b = 0 \quad$ (2)
3. Das Gleichungssystem führt zu $a = -1$; $b = 3$. Es ist also $f(x) = -x^3 + 3x$.
4. Die Funktion f ist ungerade und erfüllt die geforderten Bedingungen $f(1) = 2$, $f'(1) = 0$.

„Der Graph hat in $A(0|4)$ einen Extrempunkt." Diese Angabe enthält zwei Bedingungen.

Beispiel 2: (Grad der gesuchten Funktion ist nicht gegeben)
Gesucht ist eine ganzrationale Funktion möglichst niedrigen Grades, deren Graph in $A(0|4)$ einen Extrempunkt hat, für $x = 2$ die x-Achse schneidet und durch $B(1|3)$ geht.
Lösung:
1. Bedingungen: $f(0) = 4$, $f'(0) = 0$, $f(2) = 0$, $f(1) = 3$; Ansatz für $n = 3$.
2. Ansatz: $f(x) = ax^3 + bx^2 + cx + d$; $f'(x) = 3ax^2 + 2bx + c$
   $f(0) = 4$: $\qquad\qquad d = 4 \quad$ (1)
   $f'(0) = 0$: $\qquad\qquad c = 0 \quad$ (2)
   $f(2) = 0$: $\quad 8a + 4b + 2c + d = 0 \quad$ (3)
   $f(1) = 3$: $\quad a + b + c + d = 3 \quad$ (4)
3. Mit $d = 4$ und $c = 0$ ergibt sich:
   $8a + 4b + 4 = 0$: $\quad 2a + b = -1 \quad$ (3') Subtraktion von (3') und (4') ergibt $a = 0$ und
   $a + b + 4 = 3$: $\quad a + b = -1 \quad$ (4') $b = -1$. Mit $c = 0$ und $d = 4$ ist $f(x) = -x^2 + 4$.
4. Da $a = 0$ ist, ist die gefundene Funktion vom 2. Grad. Sie erfüllt die an sie gestellten Bedingungen.

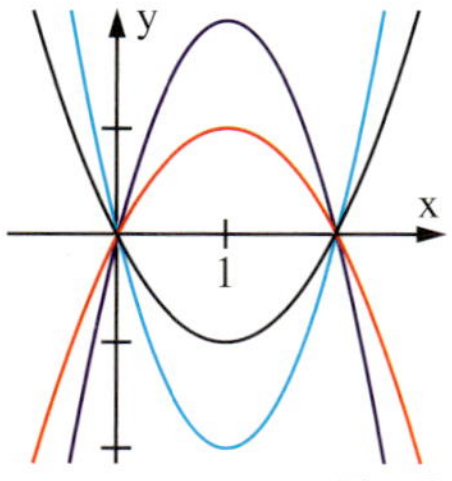

Beispiel 3: (Grad der gesuchten Funktion ist nicht gegeben)
Für welche ganzrationale Funktion möglichst niedrigen Grades ist $f(0) = f(2) = 0$ und $f'(1) = 0$?
Lösung:
1. Bedingungen: $f(0) = 0$, $f(2) = 0$, $f'(1) = 0$; Ansatz für $n = 2$.
2. Ansatz: $f(x) = ax^2 + bx + c$; $f'(x) = 2ax + b$
   $f(0) = 0$: $\qquad\qquad c = 0 \quad$ (1)
   $f(2) = 0$: $\quad 4a + 2b + c = 0 \quad$ (2)
   $f'(1) = 0$: $\quad 2a + b = 0 \quad$ (3)
3. Mit $c = 0$ ergibt sich:
   $4a + 2b = 0$: $\quad 2a + b = 0 \quad$ (2') Gleichungen (2') und (3') sind identisch; es gilt: $b = -2a$.
   $2a + b = 0$: $\quad 2a + b = 0 \quad$ (3') Damit ergibt sich: $f(x) = ax^2 - 2ax; a \in \mathbb{R}$.
4. Jede Funktion f mit $f(x) = ax^2 - 2ax; a \in \mathbb{R}$ erfüllt die geforderten Bedingungen.

Fig. 3
*Unendlich viele Lösungen
Ergebnis:
eine Kurvenschar*

Aufgaben

Verläuft durch drei vorgegebene Punkte immer der Graph einer ganzrationalen Funktion vom Grad 2?

2 Bestimmen Sie die ganzrationale Funktion vom Grad 2, deren Graph durch die angegebenen Punkte geht.
a) $A(-1|0)$, $B(0|-1)$, $C(1|0)$ b) $A(0|0)$, $B(1|0)$, $C(2|3)$ c) $A(1|3)$, $B(-1|2)$, $C(3|2)$

3 Bestimmen Sie alle ganzrationalen Funktionen vom Grad 2, deren Graph durch die angegebenen Punkte geht.
a) $A(-1|-2)$, $B(1|2)$ b) $A(2|0)$, $B(-2|0)$ c) $A(2|0)$ d) $A(0|0)$

Bestimmung ganzrationaler Funktionen

Tragen Sie bei den Aufgaben 4 bis 12 zunächst die gegebenen Stücke in ein Achsenkreuz ein und überlegen Sie, wie der Graph verlaufen könnte.

Geht durch A und B
Fig. 1

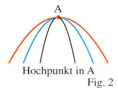

Hochpunkt in A
Fig. 2

Tiefpunkt in A
Fig. 3

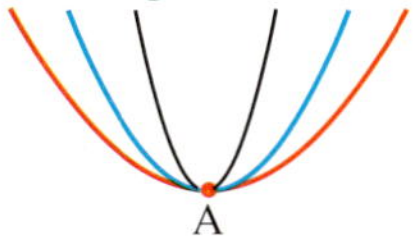

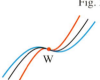

Wendepunkt in W
Fig. 4

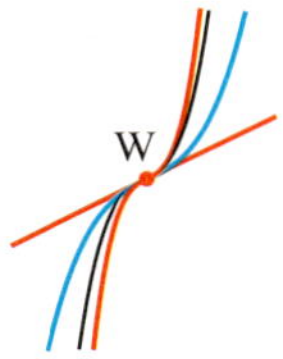

Wendepunkt in W mit Wendetangente
Fig. 5

Man nennt Funktionen, die wie f_2, f_4 oder f_6 in Aufgabe 13 erzeugt werden, Taylorpolynome. f_6 ist für die cos-Funktion das Taylorpolynom vom Grad 6 an der Entwicklungsstelle $x = 0$.

Bestimmen Sie für die Sinusfunktion das Taylorpolynom vom Grad 5 an der Entwicklungsstelle $x = 0$.

4 Bestimmen Sie alle ganzrationalen Funktionen vom Grad 3, deren Graph durch die angegebenen Punkte geht.
a) A(0|1), B(1|0), C(−1|4), D(2|−5)   b) A(0|−1), B(1|1), C(−1|−7), D(2|17)
c) A(1|0), B(0|2), C(−2|2)   d) A(1|1), B(0|1)

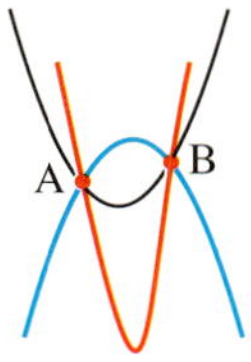

5 Bestimmen Sie eine ganzrationale Funktion vom Grad 3, deren Graph
a) durch A(2|0), B(−2|4) und C(−4|8) geht und einen Tiefpunkt auf der y-Achse hat
b) durch A(2|2) und B(3|9) geht und den Tiefpunkt T(1|1) hat.

6 Bestimmen Sie die ganzrationale Funktion f niedrigsten Grades mit den Funktionswerten.

a)
x	f(x)
0	1
1	0
2	1

b)
x	f(x)
0	0
1	1
2	2

c)
x	f(x)
0	1
1	1
2	1

d)
x	f(x)
−1	0
0	1
2	0

e)
x	f(x)
0	0
−1	0
1	2
2	6

f)
x	f(x)
−1	0
0	1
1	3
2	4

g)
x	f(x)
0	0
1	0
2	0
3	1

7 Begründen Sie, dass es für die folgenden Bedingungen keine ganzrationale Funktion f gibt.
a) Grad von f gleich 2; Nullstellen für $x = 2$ und $x = 4$; Maximum für $x = 0$.
b) Grad von f gleich 3; Extremwerte für $x = 0$ und $x = 3$; Wendestelle für $x = 1$.
c) Grad von f gleich 4; f gerade, Wendestelle für $x = 1$; Maximum für $x = 2$.

8 Bestimmen Sie die ganzrationale Funktion 3ten Grades, deren Graph
a) die x-Achse im Ursprung berührt und deren Tangente in P(−3|0) parallel zur Geraden $y = 6x$ ist
b) in P(1|4) einen Extrempunkt und in Q(0|2) einen Wendepunkt hat.

9 Bestimmen Sie alle ganzrationalen Funktionen 3ten Grades, deren Graph
a) punktsymmetrisch zum Ursprung ist und für $x = 2$ einen Extrempunkt hat
b) im Ursprung einen Wendepunkt mit der Wendetangente $y = x$ hat.

10 Bestimmen Sie die ganzrationale Funktion 4ten Grades, deren Graph
a) den Wendepunkt O(0|0) mit der x-Achse als Wendetangente und den Tiefpunkt A(−1|−2) hat
b) in O(0|0) und im Wendepunkt W(−2|2) Tangenten parallel zur x-Achse hat.

11 Bestimmen Sie die ganzrationale Funktion 4ten Grades, deren Graph
a) symmetrisch zur y-Achse ist, durch A(0|2) geht und den Tiefpunkt B(1|0) hat
b) symmetrisch zur y-Achse ist und in P(2|0) eine Wendetangente mit der Steigung $-\frac{4}{3}$ hat.

12 Bestimmen Sie alle ganzrationalen Funktionen
a) vom Grad 2, deren Graph durch A(0|2) und B(6|8) geht und die x-Achse berührt
b) vom Grad 3, deren Graph durch A(−2|2), B(0|2) und C(2|2) geht und die x-Achse berührt
c) vom Grad 4, die gerade ist, die Wendestelle $x = 1$ und das relative Minimum 0 hat.

13 Eine ganzrationale Funktion f_2 vom Grad 2 und die cos-Funktion haben für $x = 0$ denselben Funktionswert und dieselben Werte der 1ten und der 2ten Ableitung.
a) Bestimmen Sie f_2. Zeichnen Sie die Graphen von f_2 und der cos-Funktion für $|x| \leq 0{,}5\pi$.
b) Bestimmen Sie die ganzrationale Funktion f_4 vom Grad 4 so, dass f_4 und die cos-Funktion für $x = 0$ denselben Funktionswert und dieselben Werte der 1ten, 2ten und 3ten Ableitung haben. Zeichnen Sie den Graphen von f_4 in die vorhandene Abbildung ein.
c) Berechnen Sie $\cos(1)$ und $f_4(1)$. Wie groß ist der Fehler, wenn man $\cos(1) = f_4(1)$ setzt?
d) Bestimmen Sie entsprechend eine Funktion f_6. Vergleichen Sie $f_6(1)$ mit $\cos(1)$.

111

11 Funktionsbestimmung in realer Situation

1 Zwischen den Orten A und B soll eine geradlinige Gasleitung verlegt werden.
a) Führen Sie ein Koordinatensystem ein und beschreiben Sie den Verlauf der Gasleitung durch eine lineare Funktion.
b) Wie lang ist die Gasleitung?
c) Unter welchem Winkel schneidet die Gasleitung die Straße?

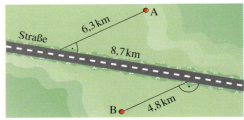
Fig. 1

Bei realen Problemstellungen können funktionale Zusammenhänge erst beschrieben werden, wenn die wesentlichen Daten in einem Koordinatensystem dargestellt sind. Die Wahl des Koordinatensystems kann entscheidend sein für die Einfachheit des Funktionsterms.

Der Verlauf einer Stromleitung, die an zwei Punkten aufgehängt ist, kann näherungsweise durch eine ganzrationale Funktion 2ten Grades beschrieben werden. Die Aufhängepunkte der Stromleitung liegen 200 m voneinander entfernt in einer Höhe von 30 m. Der tiefste Punkt der Stromleitung liegt 22 m über dem Erdboden.
Der Ansatz für den gesuchten Funktionsterm hängt vom gewählten Koordinatensystem ab.

Koordinatensystem:

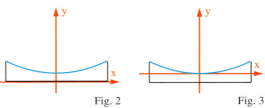

Fig. 2 Fig. 3 Fig. 4

Ansatz: $f(x) = ax^2 + b$ $f(x) = ax^2$ $f(x) = ax(x-c)$
Bedingungen: $f(0) = 22$ $f(100) = 30 - 22 = 8$ $f(100) = -8$
             $f(100) = 30$ $f(200) = 0$
Ergebnis: $f(x) = \frac{1}{1250}x^2 + 22$ $f(x) = \frac{1}{1250}x^2$ $f(x) = \frac{1}{1250}x(x-200)$

Mithilfe des gefundenen Funktionsterms lassen sich reale Situationen untersuchen. Man kann z. B. Aussagen zu den Zugkräften in den Stromleitungen oder zu Längenänderungen aufgrund von Temperaturschwankungen machen, wenn man weitere physikalische Daten kennt.

Der Funktionsterm hängt vom gewählten Koordinatensystem ab.

> Bei der Bestimmung einer ganzrationalen Funktion in einer realen Situation muss zunächst ein Koordinatensystem eingeführt werden. Berücksichtigt man dabei vorhandene Besonderheiten (z. B. Symmetrie), so vereinfacht sich der Ansatz für den Funktionsterm.

Funktionsbestimmung in realer Situation

Beispiel:
Ein Brückenbogen überspannt einen 50 m breiten Geländeeinschnitt.
In A und B setzt der Bogen senkrecht an den Böschungen auf.

Aus statischen Gründen werden seit etwa 100 Jahren bei Brücken Parabelbögen verwendet.

a) Beschreiben Sie die Form des Brückenbogens durch eine ganzrationale Funktion zweiten Grades.
b) Wie hoch wird der Brückenbogen?

Lösung:
a) Koordinatensystem: Siehe Fig. 2;
Ursprung in der Mitte M der Strecke $\overline{AB}$.
Ansatz: $\quad f(x) = ax^2 + b$ (Symmetrie)
Bedingungen: $\quad f(25) = 0: \quad 625a + b = 0 \quad (1)$
$\qquad\qquad\qquad f'(25) = -1: \quad 2 \cdot 25a = -1 \quad (2)$
Hieraus folgt: $\quad a = -0{,}02; \quad b = 12{,}5$.
Ergebnis: $\quad f(x) = -0{,}02x^2 + 12{,}5$
b) Höhe des Brückenbogens:
Da $f(0) = 12{,}5$ ist, beträgt die Höhe 12,5 m.

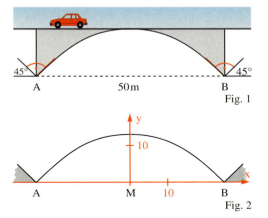

Fig. 1

Fig. 2

Aufgaben

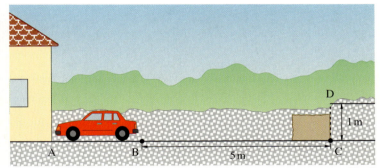

Fig. 3

2 Von einer Garage aus soll eine Auffahrt zur Straße angelegt werden. Der Höhenunterschied beträgt 1 m. Zwischen A und B ist eine waagerechte Stellfläche geplant. Die Auffahrt soll in B waagerecht beginnen und in D waagerecht in die Straße einmünden.
a) Beschreiben Sie die Auffahrt durch eine ganzrationale Funktion niedrigsten Grades.
b) Zwischen B und C beginnt 1 m vor C eine 70 cm hohe Felsplatte.
Wird sie überdeckt?

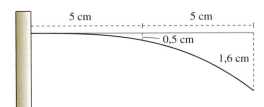

Fig. 4

3 Bei einseitig eingeklemmten Blattfedern, auf deren Ende eine Kraft wirkt, kann die Biegung durch eine ganzrationale Funktion f vom Grad 3 beschrieben werden.
a) Bestimmen Sie für die angegebenen Abmessungen die Funktion f.
b) Wie groß ist die Auslenkung bei 7 cm?

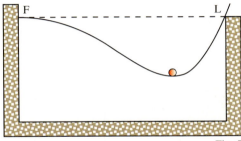

Fig. 5

4 Ein Metallstreifen ist im Punkt F waagerecht befestigt und liegt im Abstand von 10 cm im Punkt L lose auf. Durch Belastung biegt sich der Streifen so durch, dass die maximale Durchbiegung 2 cm beträgt.
a) Beschreiben Sie die Form des Metallstreifens durch eine ganzrationale Funktion.
b) Wie groß ist die Durchbiegung in der Mitte zwischen F und L?

113

Funktionsbestimmung in realer Situation

Warum ist es sehr ungünstig, gerade Straßenstücke durch Kreisbogenteile zu verbinden?

5 Zwei gerade Straßenstücke sollen durch den Graphen einer ganzrationalen Funktion möglichst glatt verbunden werden. Bestimmen Sie die Trasse in Fig. 1 und in Fig. 2 unter der Bedingung, dass die Straßenteile
a) tangential ineinander übergehen
b) tangential ineinander übergehen und zusätzlich an den Anschlussstellen in der zweiten Ableitung übereinstimmen.

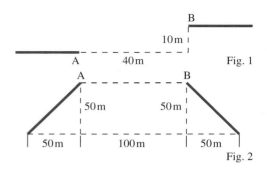
Fig. 1

Fig. 2

Mithilfe des Computers zu lösen

Bei den Aufgaben 6, 7 und 8 ist der Einsatz eines Computer-Algebra-Systems vorteilhaft.

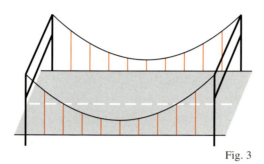
Fig. 3

6 Die Haupttrageseile einer Hängebrücke haben die Form einer Parabel. Der Parabelscheitel liegt 5 m, die seitliche Aufhängung an den Stützpfeilern 35 m über der Fahrbahn. Die Spannweite beträgt 128 m.
a) Berechnen Sie die Längen der 9 äquidistant angebrachten Hängeseile.
b) Berechnen Sie näherungsweise die Länge eines der beiden Haupttrageseile.

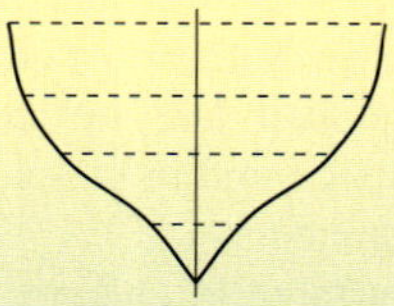

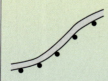

Im Schiffbau wurden früher glatte Kurven durch vorgegebene Punkte mithilfe eines biegsamen Kurvenlineals (engl. spline) gezeichnet.

In Anwendungen ist häufig eine möglichst glatte Kurve durch n + 1 vorgegebene Punkte P_0, $P_1, \ldots, P_n$ gesucht. Man kann eine solche Kurve dadurch erhalten, dass man in jedem Teilintervall eine andere ganzrationale Funktion wählt, deren Graphen sich aber glatt aneinanderfügen. Dies erreicht man dadurch, dass an jeder Nahtstelle die Teilfunktionen im Funktionswert sowie im Wert der 1ten und 2ten Ableitung übereinstimmen. Für die Randstellen x_0 und x_n setzt man üblicherweise die 2te Ableitung gleich 0. Sind alle Teilfunktionen vom Grad 3, nennt man die Gesamtfunktion einen kubischen **Spline**. Bei 4 Punkten erhält man 3 Teilfunktionen f_1, f_2, f_3 und 12 Bedingungen für die $3 \cdot 4 = 12$ Koeffizienten.

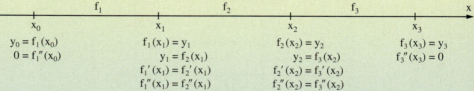

7 Die drei Punkte A, B und C in Fig. 4 sollen durch eine Straße verbunden werden. Bestimmen Sie den Straßenverlauf durch einen kubischen Spline.

8 Von dem Profil des vorderen Teiles der Fahrgastzelle eines PKW liegen drei Punkte P, Q und R fest (Fig. 5). Bestimmen Sie den Verlauf des Profils zwischen den Punkten P und R
a) durch eine ganzrationale Funktion f möglichst niedrigen Grades
b) durch einen kubischen Spline s.
c) Zeichnen Sie die Graphen von f und s in ein gemeinsames Achsenkreuz. Welche der beiden Näherungen scheint als Fahrzeugprofil geeigneter?

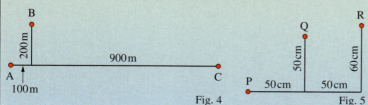
Fig. 4   Fig. 5

114

12 Näherungsweise Berechnung von Nullstellen

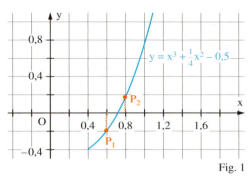

1 Gegeben ist die Funktion f mit
$f(x) = x^3 + \frac{1}{4}x^2 - 0{,}5$.
a) Die Punkte $P_1(0{,}6\,|-0{,}194)$ und $P_2(0{,}8\,|\,0{,}172)$ liegen auf dem Graphen von f. Wie kann man mithilfe der angegebenen Koordinaten einen Näherungswert für die Nullstelle von f ermitteln (Fig. 1)?
b) Welche andere Möglichkeit sehen Sie, einen Näherungswert für die Nullstelle der Funktion f zu bestimmen?

Fig. 1

Ist eine Funktion f mit dem Term f(x) auf Nullstellen zu untersuchen, muss man die Gleichung $f(x) = 0$ lösen. Bei der Funktion $f: x \mapsto x^5 - 2x^3 - 2$ z. B. führt dies auf $x^5 - 2x^3 - 2 = 0$. Da man diese Gleichung nicht exakt lösen kann, sucht man nach einem Verfahren, bei dem ein schon gefundener Näherungswert schrittweise verbessert wird.

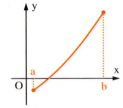

Ist die gegebene Funktion stetig, kann man relativ einfach feststellen, ob die Gleichung $f(x) = 0$ überhaupt eine Lösung hat und in welchem Intervall die Lösung liegt. Hierzu versucht man zwei Stellen a und b aus D_f zu ermitteln, für die f(a) und f(b) verschiedene Vorzeichen haben (Fig. 2). In diesem Fall hat f in [a; b] mindestens eine Nullstelle.

Beweis siehe Seite 327/328.

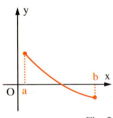

Es sei $x_0 \in [a; b]$ ein Näherungswert für die gesuchte Nullstelle x* (Fig. 3). Bei dem **NEWTON-Verfahren** ersetzt man in einer Umgebung von x_0 den Graphen von f durch die Tangente im Punkt $P_0(x_0\,|\,f(x_0))$ und berechnet die Stelle x_1, an der die Tangente die x-Achse schneidet. In vielen Fällen ist x_1 ein besserer Näherungswert für x* als x_0. Wiederholt man dieses Verfahren, erhält man (unter gewissen Voraussetzungen) eine Folge $x_0, x_1, x_2 \ldots$ von immer besseren Näherungswerten für x*.

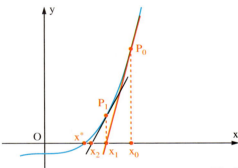

Fig. 2

Fig. 3

Diese geometrischen Überlegungen führen zu den folgenden Rechenschritten.
1) Gleichung der Tangente im Punkt P_0:
Ist f differenzierbar, so ergibt sich als Gleichung der Tangente in P_0:
$y = f(x_0) + f'(x_0)(x - x_0)$.
2) Berechnung der Stelle, an der die Tangente die x-Achse schneidet:
Aus $f(x_0) + f'(x_0)(x - x_0) = 0$ mit $f'(x_0) \neq 0$ folgt $x = x_0 - \frac{f(x_0)}{f'(x_0)}$. Diesen x-Wert bezeichnet man mit x_1. Mit x_1 als neuem Startwert lässt sich die Rechnung wiederholen.

Hat die differenzierbare Funktion f eine Nullstelle, so kann man diese näherungsweise mit dem NEWTON-Verfahren ermitteln. Die Iterationsvorschrift mit dem Startwert x_0 lautet:
$$x_{n+1} = x_n - \frac{f(x_n)}{f'(x_n)}, \ n \in \mathbb{N}.$$

---

iterare (lat.): wiederholen

115

Näherungsweise Berechnung von Nullstellen

Beachten Sie: Das NEWTON-Verfahren gilt für jede differenzierbare Funktion. Aber nicht immer führt das Verfahren zum Erfolg. Damit x_{n+1} berechnet werden kann, muss $f'(x_n) \neq 0$ sein. Aber auch wenn dies der Fall ist, kann es vorkommen, dass die errechneten x_n-Werte nicht gegen die gesuchte Nullstelle x^* streben (vgl. Fig. 1, 2 und 3).
In solchen Fällen muss man einen Startwert wählen, der „dichter" an der gesuchten Nullstelle x^* liegt.

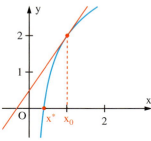 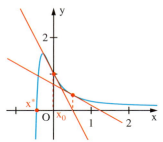 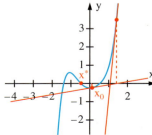

Fig. 1 Fig. 2 Fig. 3

Startwert: $x_0 = 1$
der x_1-Wert liegt außerhalb der Definitionsmenge D_f.

Startwert: $x_0 = 0$
Die x_n-Werte streben gegen unendlich.

Startwert: $x_0 = 0{,}1$
Die x_n-Werte streben gegen eine „falsche" Nullstelle.

Beispiel: (Durchführung des NEWTON-Verfahrens)
Die Funktion f mit $f(x) = x^3 + 2x - 5$ hat genau eine Nullstelle x^*. Berechnen Sie x^* nach dem NEWTON-Verfahren mithilfe
a) einer Tabellenkalkulation   b) eines Taschenrechners
Brechen Sie das Verfahren ab, wenn sich die vierte Dezimale erstmals nicht mehr ändert; runden Sie danach auf drei Dezimalen.
Lösung:
a) Tabellenkalkulation (z. B. Excel)

	A	B	C	D	E	F
1	n	x_n	$f(x_n)$	$f'(x_n)$	$f(x_n)/f'(x_n)$	x_{n+1}
2	0		=B2^3+2*B2-5	=3*B2^2+2	=C2/D2	=B2-E2
3	=A2+1	=F2				
4						

Eine Regel zur Ermittlung eines Startwertes, die meistens zum Erfolg führt: Bestimmen Sie zunächst ein Intervall der Länge 1 mit ganzen Zahlen als Intervallenden, das die gesuchte Nullstelle enthält. Wählen Sie dann als Startwert x_0 die Mitte dieses Intervalls.

Weitere Zelleninhalte erhält man durch Kopieren. Setzt man in das Feld B2 den Startwert z. B. $x_0 = 1{,}5$ ein, so erhält man die folgende Tabelle.

	A	B	C	D	E	F
1	n	x_n	$f(x_n)$	$f'(x_n)$	$f(x_n)/f'(x_n)$	x_{n+1}
2	0	1,50000	1,37500	8,75000	0,15714	1,34286
3	1	1,34286	0,10724	7,40980	0,01447	1,32838
4	2	1,32838	0,00084	7,29381	0,00012	1,32827
5	3	1,32827	0,00000	7,29289	0,00000	1,32827

Bei der Durchführung des NEWTON-Verfahrens mithilfe eines Taschenrechners ist die Verwendung der Speicher ratsam!

Auf drei Dezimalen gerundet ergibt sich als Nullstelle $x^* \approx 1{,}328$.
b) Taschenrechner
Ein Taschenrechner liefert das gleiche Endergebnis wie eine Tabellenkalkulation.

Näherungsweise Berechnung von Nullstellen

Auch in diesen Fällen kann das NEWTON-Verfahren angewendet werden.
Aufgabe 4:

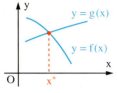

Aufgabe 5:

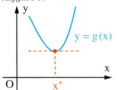

Aufgabe 6:

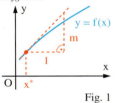

Fig. 1

Aufgaben

2 Die folgende Gleichung hat genau eine Lösung x*. Berechnen Sie x* nach dem NEWTON-Verfahren. Brechen Sie das Verfahren ab, wenn sich die vierte Dezimale nicht mehr ändert; runden Sie dann auf drei Dezimalen.
a) $x^3 + 2x - 1 = 0$ b) $x^3 + 3x - 6 = 0$ c) $x^3 + 3x^2 - 8 = 0$ d) $2x^3 - x^2 + x - 1 = 0$
e) $x^5 - x + 3 = 0$ f) $x^5 - x^3 + 1 = 0$ g) $\sqrt{x} + x^2 - x - 2 = 0$ h) $\frac{1}{x} + x^2 + 2 = 0$

3 Die folgende Gleichung hat mehrere Lösungen. Bestimmen Sie diese Lösungen auf 3 Dezimalen gerundet.
a) $x^3 - 3x - 1 = 0$ b) $x^3 + 3x^2 - 3 = 0$
c) $x^4 - 2x^3 - 5x^2 + 1 = 0$ d) $x^4 + x^3 - 4x^2 + x + 0{,}5 = 0$

4 Der Graph der Funktion g schneidet den Graphen der Funktion h an genau einer Stelle x*. Ermitteln Sie zunächst aus der Bedingung $g(x) = h(x)$ die Funktion f für die Iterationsvorschrift beim NEWTON-Verfahren. Berechnen Sie dann x* auf 3 Dezimalen gerundet.
a) $g(x) = x^2$; $h(x) = x^3 - 1$ b) $g(x) = \frac{1}{x}$; $h(x) = x^4 - 2x^3$ c) $g(x) = \sqrt{x}$; $h(x) = \frac{1}{x} - 3$

5 Der Graph der Funktion g hat genau einen Tiefpunkt $T(x_T | y_T)$. Ermitteln Sie zunächst aus der Bedingung $g'(x) = 0$ die Funktion f für die Iterationsvorschrift. Berechnen Sie dann x_T auf 3 Dezimalen gerundet. In welchem Intervall liegt x_T, in welchem y_T?
a) $g(x) = x^2 + 3x - \frac{1}{x}$ b) $g(x) = 2x^2 - x + \frac{1}{x}$ c) $g(x) = x^4 + 2x + \frac{1}{x}$

6 Die Funktion f hat an genau einer Stelle x* im Intervall [2; 3] die Steigung m. Berechnen Sie x* auf 3 Dezimalen gerundet.
a) $f(x) = 0{,}1x^4 - x^2 - x + 1$; $m = 1$ b) $f(x) = -0{,}1x^4 - x^3 + x^2 + 3$; $m = -18$
c) $f(x) = \frac{1}{10}x^3 + \frac{1}{2}x^2 - 1 + \frac{1}{x}$; $m = 4$ d) $f(x) = \sqrt{x} - \frac{1}{2}x^3 + 3$; $m = -10$

7 a) Zeigen Sie: Der Graph der Funktion f mit $f(x) = x^5 + x + 1$ schneidet die x-Achse genau einmal.
b) Berechnen Sie die Abszisse dieses Schnittpunktes auf 4 Dezimalen gerundet.

8 Einer Kugel mit dem Radius $r = 9\,\text{cm}$ soll ein Zylinder einbeschrieben werden, dessen Inhalt ein Viertel des Kugelinhaltes beträgt (Fig. 2). Welche Höhe h und welchen Radius R hat der Zylinder? (2 Dezimalen)

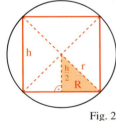

Fig. 2

Der ursprüngliche Zugang von NEWTON zum näherungsweisen Lösen seiner Gleichung ist ein anderer als der mit der Tangente. Er betrachtet z. B. die Gleichung $x^3 - 2x - 5 = 0$ mit dem Startwert x_0. Den Näherungswert x_1 erhält er wie folgt: Setzt man $x_1 = x_0 + h$ in die Gleichung ein, ergibt sich
$x_0^3 - 2x_0 - 5 + h(3x_0^2 - 2) + h^2 \cdot 3x_0 + h^3 = 0$. Da h klein ist, vernachlässigt er die nichtlinearen Terme und löst die Gleichung
$x_0^3 - 2x_0 - 5 + h(3x_0^2 - 2) = 0$ nach h auf.
Der Engländer RAPHSON (1648–1715) hat diese Methode übernommen. Bei ihm findet man aber den Ausdruck $h = -\frac{f(x_0)}{f'(x_0)}$.
Deshalb spricht man auch vom NEWTON-RAPHSON-Verfahren.

9 Die Iterationsvorschrift beim HERON-Verfahren zur näherungsweisen Berechnung von $\sqrt{a}$ lautet:
$$x_{n+1} = \tfrac{1}{2}\left(x_n + \tfrac{a}{x_n}\right).$$
a) Die Funktion f mit $f(x) = x^2 - a$ hat die Nullstelle $\sqrt{a}$. Zeigen Sie: Das NEWTON-Verfahren liefert die gleiche Vorschrift wie beim HERON-Verfahren.
b) Berechnen Sie $\sqrt{17}$ (8 Dezimalen).
c) Wie lautet die Iterationsvorschrift zur näherungsweisen Berechnung von $\sqrt[3]{a}$?
d) Berechnen Sie $\sqrt[3]{21}$ (8 Dezimalen).

13 Vermischte Aufgaben

1 Führen Sie eine vollständige Funktionsuntersuchung durch (vgl. Seiten 94, 95).
a) $f(x) = 2 + 3x - x^3$
b) $f(x) = \frac{1}{18}x^3 - \frac{1}{2}x^2 + 2x$
c) $f(x) = -\frac{1}{4}(x^3 - 2x^2 + 16x)$
d) $f(x) = x^3 - \frac{1}{4}x^4$
e) $f(x) = \frac{1}{3}x^4 - \frac{8}{3}x^3 + 6x^2$
f) $f(x) = x^4 + 4x^3 + 3x^2 - 4x - 4$

2 Geben Sie zu dem angegebenen Graphen einer ganzrationalen Funktion 3. Grades den Funktionsterm an.
a)

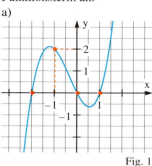

b)

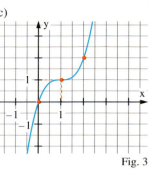

c)

Fig. 1 Fig. 2 Fig. 3

3 Der Graph einer ganzrationalen Funktion f hat die angegebenen Eigenschaften. Welche weiteren Aussagen können Sie über den Graphen machen? Welchen Grad hat f mindestens?
a) Der Graph von f hat einen Hoch- und einen Tiefpunkt.
b) Der Graph von f hat zwei Tiefpunkte.
c) Neben einem Wendepunkt hat der Graph auch noch einen Hochpunkt.

4 a) Bestimmen Sie eine ganzrationale Funktion vom Grad 5, deren Graph symmetrisch zum Ursprung ist und in $P(-1|1)$ eine Wendetangente mit der Steigung 3 hat.
b) Bestimmen Sie eine gerade ganzrationale Funktion vom Grad 4, deren Graph in $P(1|0)$ eine Wendetangente mit der Steigung 1 hat. Geben Sie anschließend alle Extrempunkte an.

5 Geben Sie eine ganzrationale Funktion f möglichst niedrigen Grades mit den angegebenen Eigenschaften an. Bestimmen Sie die Extremstellen. Zeichnen Sie den Graphen.
a) f hat die Nullstellen -1, 1 und -2; der Graph geht durch $P(2|-6)$.
b) f ist gerade; es gilt $f(0) = 4$, $f(1) = 0$ und $f(2) = 0$.

6 Gibt es eine ganzrationale Funktion vom Grad 4, deren Graph durch $A(3|27)$ geht und den Tiefpunkt $T(0|0)$ und den Hochpunkt $H(2|16)$ hat?

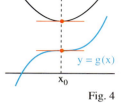

Fig. 4

7 Die Funktionen f und g haben eine gemeinsame Stelle x_0 mit $f'(x_0) = g'(x_0) = 0$ (Fig. 4). Gilt auch für die Funktion h die Bedingung $h'(x_0) = 0$? Begründen Sie Ihre Entscheidung oder geben Sie ein Gegenbeispiel an.
a) $h(x) = 5f(x) - g(x)$
b) $h(x) = f(x) - x_0 \cdot g(x)$
c) $h(x) = f(x - x_0) + g(x)$

8 Bei einer Zirkusvorführung wird ein Artist unter einem Winkel von 45° aus einer „Kanone" abgeschossen und landet in einem 15 m entfernten Wasserbehälter, der gegenüber der Kanonenöffnung 3,75 m höher steht. Könnte die Vorführung auch in einem 6 m hohen Saal stattfinden?

9 Für den Bau einer kegelförmigen Tüte mit möglichst großem Fassungsvermögen wird aus einem quadratischen Karton mit 1 m Seitenlänge ein Kreisausschnitt geschnitten und zum Kegel geformt. Wie würden Sie den Karton ausschneiden?
Geben Sie den Mittelpunktswinkel an.

10 In einer Fabrik werden Radiogeräte hergestellt. Bei einer Wochenproduktion von x Radiogeräten entstehen fixe Kosten von 2000 € und variable Kosten, die durch $60x + 0{,}8x^2$ (in €) näherungsweise beschrieben werden können.
a) Bestimmen Sie die wöchentlichen Gesamtkosten. Zeichnen Sie den Graphen für den Bereich $0 \leq x \leq 140$.
b) Die Firma verkauft alle wöchentlich produzierten Geräte zu einem Preis von 180 € je Stück. Geben Sie den wöchentlichen Gewinn an. Zeichnen Sie den Graphen der Gewinnfunktion in das vorhandene Achsenkreuz.
c) Bei welchen Produktionszahlen macht die Firma Gewinn? Bei welcher Produktionszahl ist der Gewinn am größten?
d) Wegen eines Überangebotes auf dem Markt muss die Firma den Preis senken. Ab welchem Preis macht die Firma keinen Gewinn mehr?

11 a) Für welchen Wert t_0 geht die Wendetangente an den Graphen von f mit $f(x) = x^3 - tx^2 + 1$ durch den Ursprung?
b) Untersuchen Sie den Graphen der Funktion für $t = t_0$ auf Hoch-, Tief- und Wendepunkte. Zeichnen Sie den Graphen einschließlich der Wendetangente für $-3{,}5 \leq x \leq 1$.

12 Durch $f_t(x) = x^3 - (4t - t^3)x^2$, $t \geq 0$ ist eine Funktionenschar gegeben.
a) Zeichnen Sie den Graphen für $t = 0; 0{,}5; 1; 2; 2{,}5$ in ein gemeinsames Achsenkreuz.
b) Für welchen Wert von t liegt der Wendepunkt am weitesten „rechts"?
c) Für welchen Wert von t liegt der Wendepunkt am „tiefsten"?

13 Für jedes $t > 0$ ist eine Funktion f_t gegeben durch $f_t(x) = tx - x^3$. Ihr Graph sei K_t.
a) Untersuchen Sie K_t auf Schnittpunkte mit der x-Achse, Hoch-, Tief- und Wendepunkte. Zeichnen Sie K_1, K_2 und K_4 in ein gemeinsames Achsenkreuz.
b) Zeichnen Sie nun den Graphen von g mit $g(x) = 0{,}5(3x^2 + 7)$ in das vorhandene Achsenkreuz ein.
c) Bestimmen Sie diejenige Kurve K_t, die den Graphen von g berührt. Geben Sie die Koordinaten des Berührpunktes und die Gleichung der gemeinsamen Tangente an.

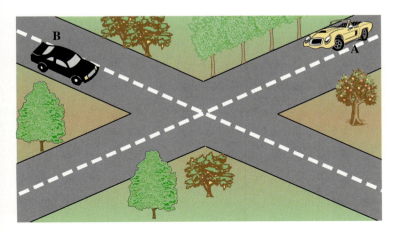

14 Auf zwei geraden, sich rechtwinklig kreuzenden Straßen fahren zwei Autos (Fahrzeug A und Fahrzeug B) mit konstanter Geschwindigkeit.
Fahrzeug A ist 1 km von der Kreuzung entfernt und hat eine Geschwindigkeit von 50 km/h. Gleichzeitig hat das Fahrzeug B eine Entfernung von 2 km und fährt mit 60 km/h.
a) Kommen die beiden Fahrzeuge über die Kreuzung, ohne dass sie zusammenstoßen?
b) Welches ist die kleinste Entfernung der beiden Fahrzeuge voneinander?

Vermischte Aufgaben

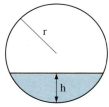

Fig. 1

15 Der Graph der Funktion f schneidet die x-Achse in genau einem Punkt. Berechnen Sie die x-Koordinate dieses Punktes mithilfe des NEWTON-Verfahrens auf 3 Dezimalen gerundet.
a) $f(x) = 2x^3 + x^2 - 2$
b) $f(x) = x^3 - x^2 + x - 9$

16 Ein kugelförmiger Öltank mit dem Innenradius $r = 1{,}5\,m$ ist zu 30% gefüllt (Fig. 1). Berechnen Sie den Ölstand h im Tank näherungsweise.

17 Führen Sie für die Funktion f mit $f(x) = \frac{1}{8}(2x^4 + 3x^3 - 24x^2 - 23x + 42)$ eine vollständige Funktionsuntersuchung durch. Verwenden Sie gegebenenfalls das newtonsche Näherungsverfahren.

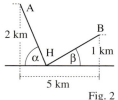

Fig. 2

18 An einer gerade verlaufenden Straße soll eine gemeinsame Bushaltestelle H für die Ortschaften A und B eingerichtet werden (Fig. 2).
Die Orte A und B sollen mit H durch geradlinige Wege verbunden werden. Die Kosten für einen Kilometer Weg betragen 100 000 €.
a) Geben Sie die Kosten in Abhängigkeit von der Lage der Haltestelle H an.
b) Für welche Lage von H werden die Kosten am kleinsten?
c) Berechnen Sie für den Fall minimaler Kosten die Winkel α und β.

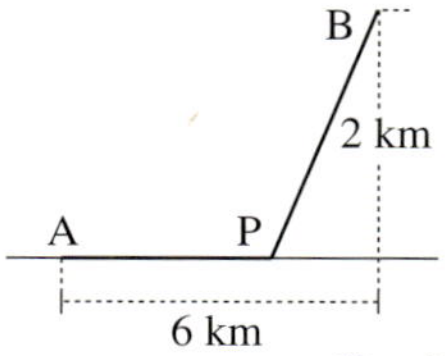

19 Ein Wanderer will von A nach B, wobei er den Teilweg AP seines Weges auf einer gerade verlaufenden Straße gehen kann (Fig. 3). Auf der Straße hält er die Geschwindigkeit $v_1 = 6\,\frac{km}{h}$, auf dem Rest des Weges nur $v_2 = 4\,\frac{km}{h}$. An welcher Stelle P muss er abbiegen, wenn er B möglichst schnell erreichen will?

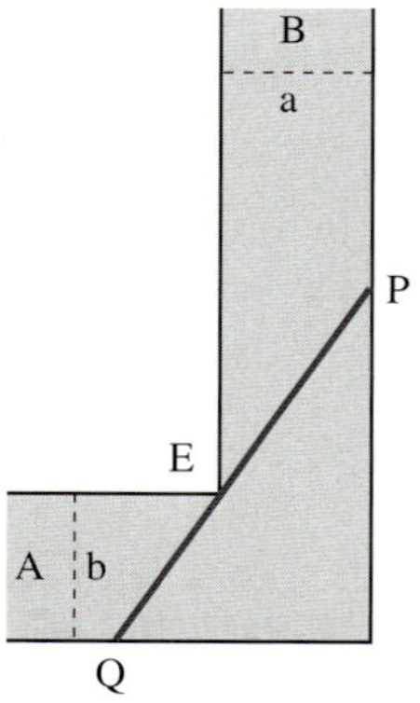

20 Schwere Eisenbahnschienen, die nur liegend transportiert werden können, sollen um die Ecke E von A nach B gebracht werden (Fig. 4).
a) Stellen Sie die Länge der Strecke $\overline{PQ}$ als Funktion einer geeigneten Variablen dar und untersuchen Sie diese Funktion auf Minima.
b) Wie lang darf eine Schiene bei $a = 1\,m$ und $b = 2\,m$ höchstens sein?

Fig. 4

21 Ein Klavier soll über einen engen Korridor ($a = 1\,m$; $b = 0{,}9\,m$) von A nach B transportiert werden. Es ist auf 4 Rollen frei beweglich (Fig. 5).
Kann es um die Ecke E geschoben werden, wenn es einen rechteckigen Grundriss von $0{,}67\,m \times 1{,}57\,m$ hat? (Hinweis: Stellen Sie die Länge der Strecke $\overline{PQ}$ als Funktion des Winkels α dar und untersuchen Sie diese Funktion auf Minima.)

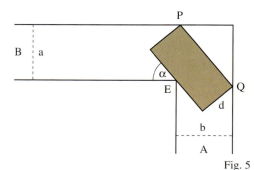

Fig. 5

22 Bei der Herstellung zylinderförmiger Dosen muss wegen der notwendigen Schweißnaht der Radius des Deckel- und Bodenblechs 6 mm größer als der Innenradius r der Dose sein. Für die Schweißnaht längs einer Mantellinie ist keine Zugabe nötig.
Aus Gründen der Stabilität sind Boden, Deckel und Mantel mit Wellen versehen. Das Blech für den Mantel muss daher etwa 2% höher sein als die lichte Dosenhöhe h. Für Deckel und Boden kann der Materialverbrauch für die Wellen vernachlässigt werden.
a) Bestimmen Sie für allgemeines V den Materialverbrauch als Funktion von r.
b) Untersuchen Sie, ob bei den obigen Vorgaben handelsübliche Dosen bezüglich des Materialverbrauchs optimiert sind.

120

Mathematische Exkursionen

Funktionen von zwei Veränderlichen

Aus einem rechteckigen Karton soll durch Schneiden und Falten eine oben offene Schachtel mit einem Volumen von 1 dm³ hergestellt werden. Sind x und y (in dm) die Grundkanten der Schachtel und h (in dm) ihre Höhe, so gilt für den Flächeninhalt A des benötigten Kartons

$$A = (x + 2h) \cdot (y + 2h) = xy + 2xh + 2yh + 4h^2$$

und für das Volumen V der entstehenden Schachtel

$$V = xyh.$$

Setzt man $h = \frac{V}{xy} = \frac{1}{xy}$ in A ein, so ergibt sich

$$A = xy + 2xh + 2yh + 4h^2 = xy + \frac{2}{y} + \frac{2}{x} + \frac{4}{x^2 y^2}.$$

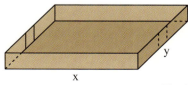

Fig. 1

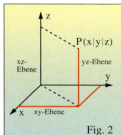

Fig. 2

In einem kartesischen xyz-Koordinatensystem stehen die drei Koordinatenachsen senkrecht aufeinander. Jeder Punkt des Raumes ist in einem solchen Koordinatensystem eindeutig durch drei reelle Zahlen, seine x-, y- und z-Koordinate, festgelegt. Umgekehrt bestimmen drei reelle Zahlen, wenn man sie als x-, y- und z-Koordinate interpretiert, eindeutig einen Punkt im Raum.
Die durch die x- und y-Achse gebildete Fläche nennt man xy-Koordinatenebene oder kurz xy-Ebene. Analog spricht man von der yz-Ebene bzw. der xz-Ebene.

A hängt von den Seitenlängen x und y ab. Deshalb kann A durch eine Funktion f von zwei Variablen beschrieben werden.
Analog zu Funktionen einer Variablen schreibt man

$$f(x; y) = xy + \frac{2}{y} + \frac{2}{x} + \frac{4}{x^2 y^2}.$$

Da die Seitenlängen des rechteckigen Kartons positiv sind, betrachten wir nur positive Werte von x und y.
Die Funktion ordnet jedem Zahlenpaar (x; y) mit $x \in \mathbb{R}^+$, $y \in \mathbb{R}^+$ eine reelle Zahl f(x; y) zu.

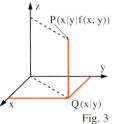

Fig. 3

Der Funktionswert für $x = 1$ und $y = 2$ z.B. ist $f(1; 2) = 1 \cdot 2 + \frac{2}{1} + \frac{2}{2} + \frac{4}{1^2 \cdot 2^2} = 6$.
Wir erhalten eine Veranschaulichung der Funktion f, indem wir das Zahlenpaar (x; y) als Koordinaten eines Punktes Q(x|y) in der xy-Ebene deuten und den Funktionswert f(x; y) als z-Koordinate des Punktes P(x|y|f(x; y)) interpretieren. Die Menge aller so erhaltenen Punkte P bildet eine Fläche. Diese nennen wir den Graphen der Funktion f.
Fig. 4 zeigt den Graphen für die Funktion f mit $f(x; y) = xy + \frac{2}{y} + \frac{2}{x} + \frac{4}{x^2 y^2}$ für $x > 0$; $y > 0$.

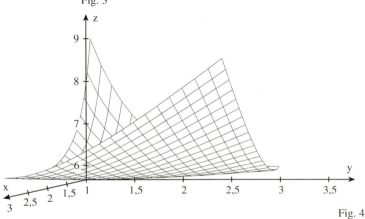

Fig. 4

Die Fläche besitzt offensichtlich einen tiefsten Punkt T und steigt von T aus nach allen Richtungen hin an. Bei Annäherung an die x-Achse streben die Funktionswerte gegen unendlich. Dies gilt ebenso bei Annäherung an die y-Achse.
Eine bessere Einsicht in den Verlauf des Graphen erhält man auch dadurch, dass man die Schnittkurven mit Ebenen, die parallel zu den Koordinatenebenen sind, in die zugehörige Koordinatenebene projiziert. Dort ergeben sich dann charakteristische Kurvenscharen.

121

Mathematische Exkursionen

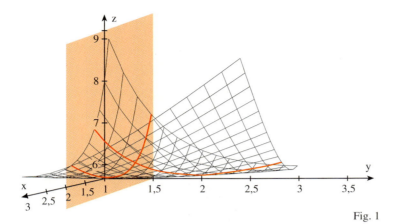

Fig. 1

Bei der Funktion f mit $f(x; y) = xy + \frac{2}{y} + \frac{2}{x} + \frac{4}{x^2 y^2}$ liefert der Schnitt des Graphen mit der zur xz-Ebene parallelen Ebene $y = t$ für jede Zahl $t > 0$ eine Schnittkurve: $f(x; t) = xt + \frac{2}{t} + \frac{2}{x} + \frac{4}{x^2 t^2}$.
Die Gesamtheit der so erzeugten Kurven bildet eine Kurvenschar. Üblicherweise werden Kurvenscharen in der Form $f_t(x) = xt + \frac{2}{t} + \frac{2}{x} + \frac{4}{x^2 t^2}$ angegeben.

1. Für eine zur yz-Ebene parallele Ebene, d.h. $x = x_0 = $ konstant, erhält man die Schnittkurve mittels der Funktion f mit
$$f(x_0; y) = x_0 y + \frac{2}{y} + \frac{2}{x_0} + \frac{4}{x_0^2 y^2}.$$
Für $x_0 = 1$ z.B. erhält man
$$f(1; y) = y + \frac{2}{y} + \frac{2}{1} + \frac{4}{y^2} \quad \text{(Fig. 2)}.$$

2. Für eine zur xz-Ebene parallele Ebene, d.h. $y = y_0 = $ konstant, erhält man die Schnittkurve mittels der Funktion f mit
$$f(x; y_0) = xy_0 + \frac{2}{y_0} + \frac{2}{x} + \frac{4}{x^2 y_0^2}.$$
Für $y_0 = 2$ z.B. ergibt sich
$$f(x; 2) = 2x + \frac{2}{2} + \frac{2}{x} + \frac{4}{x^2 \cdot 4} \quad \text{(Fig. 3)}.$$

3. Für eine zur xy-Ebene parallele Ebene, d.h. $z = z_0 = $ konstant, erhält man für die Schnittkurve die Gleichung:
$$z_0 = xy + \frac{2}{y} + \frac{2}{x} + \frac{4}{x^2 y^2}.$$

Diese Gleichung beschreibt diejenigen Punkte $Q(x|y)$ der xy-Ebene, für die der zugehörige Funktionswert z_0 ist. Für $z_0 = 6$ z.B. liegen alle Punkte mit $f(x; y) = 6$ auf einer geschlossenen Kurve (Fig. 4).
Eine Schnittkurve mit einer zur xy-Ebene parallelen Ebene bzw. deren Projektion in die xy-Ebene nennt man eine Höhenlinie. Schneidet man die Fläche mit mehreren zur xy-Ebene parallelen Ebenen ($z = z_0 = $ konstant), projiziert die Schnittkurven in die xy-Ebene und versieht sie mit den Höhenangaben z_0, so erhält man eine Darstellung der Fläche durch Höhenlinien, wie auf Landkarten.

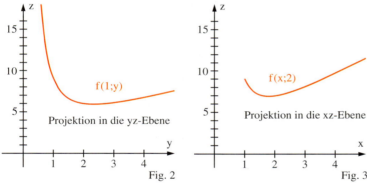

Fig. 2   Fig. 3

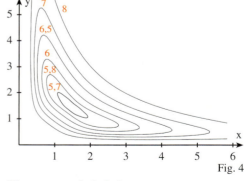

Fig. 4

In der Darstellung der Höhenlinien kann man erkennen, dass der Graph einen tiefsten Punkt hat, d.h., dass die Funktion f ein lokales Minimum etwa bei $x \approx 1,58$; $y = 1,58$ besitzt. Der zugehörige Funktionswert gibt den minimalen Flächeninhalt der Kartonfläche an, die für eine Schachtel mit $V = 1\,\text{dm}^3$ benötigt wird. Diese beträgt etwa 5,6698.

1 Gegeben ist die Funktion f durch $f(x; y) = y - x^2$; $x \in \mathbb{R}$; $y \in \mathbb{R}$.
a) Berechnen Sie $f(1; 2)$, $f(2; 1)$, $f(3; -3)$, $f(a; b)$, $f(b; a)$, $f(a; 3a)$, $f(3a; a)$.
b) Geben Sie die Gleichung der Schnittkurve mit der zur yz-Ebene parallelen Ebene $x_0 = 2$ an.
c) Zeichnen Sie in einem xz-Koordinatensystem die Schnittkurven mit den Ebenen $y_0 = 0$; 1; 2; 3.
d) Kennzeichnen Sie in einem xy-Koordinatensystem diejenigen Punkte $Q(x|y)$, für die der Funktionswert $f(x; y)$ gleich 1 (kleiner als 1, größer als 1, höchstens gleich 2) ist.
e) Kennzeichnen Sie in einem xy-Koordinatensystem die Punkte $Q(x|y)$, für die der Funktionswert $f(x; y)$ zwischen 1 und 3 liegt.

122

Mathematische Exkursionen

2 Gegeben ist die Funktion f mit $f(x; y) = x^2 + 4x + y^2 - 2y$.
a) Erstellen Sie den Graphen von f. Welche Art von Extremum könnte die Funktion haben?
b) Erstellen Sie den Graphen der Höhenlinien. Bestimmen Sie einen Näherungswert des Zahlenpaares (x; y), für den die Funktion das Extremum annimmt. Welchen Wert etwa hat das Extremum?
c) Zeigen Sie durch Rechnung, dass die Funktion für das Zahlenpaar (−2; 1) das Minimum −5 annimmt. Bringen Sie dazu den Funktionsterm auf die Form $(x - a)^2 + (y - b)^2 + c$.

3 Untersuchen Sie die Funktion f mit $f(x; y) = -x^2 + 4x - y^2 + 6y - 3$; $x \in \mathbb{R}$, $y \in \mathbb{R}$ auf lokale Extrema.

4 Eine Verpackungsfirma soll quaderförmige Schachteln mit einem Fassungsvermögen von 500 dm³ herstellen.
a) Stellen Sie die Oberfläche als Funktion der beiden Grundkanten dar.
b) Für welche Kantenlängen wird die Oberfläche minimal?

5 Die Zahl 10 soll so in drei Summanden zerlegt werden, dass das Produkt der Quadrate der drei Summanden möglichst groß wird.

6 Aus fünf Stangen der Länge a = 5 m soll das Gerüst eines Zeltes in Form eines Walmdaches hergestellt werden.
a) Stellen Sie das Zeltvolumen als Funktion der Rechteckseiten x und y dar.
b) Für welches Zahlenpaar (x; y) wird das Volumen extremal? Wie groß ist dieses?

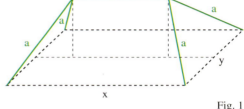

Fig. 1

Fig. 2

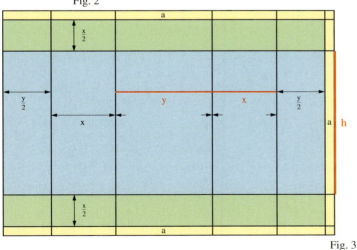

Fig. 3

7 Milch wird in quaderförmigen Tüten verkauft. Diese werden aus einem einzigen Stück Pappe durch Falten und Verkleben hergestellt. Nebenstehende Figur zeigt das Netz einer solchen Tüte. Die Ränder mit den Breiten a = 0,9 cm dienen zum Verkleben.
a) Stellen Sie den Materialverbrauch als Funktion von x und y dar, wenn das Volumen der Tüte 1000 cm³ beträgt.
b) Berechnen Sie den Materialverbrauch für

x (in cm)	2	5	10	10	11
y (in cm)	2	5	10	5	6

c) Für welche Abmessungen x und y wird der Materialverbrauch minimal? Wie groß ist er?

8 Für drei Gemeinden A, B und C soll eine gemeinsame Kläranlage gebaut werden. Bestimmen Sie den Standort der Anlage für den Fall,
a) dass die Kosten pro km für die Strecken von den drei Gemeinden zur Anlage gleich sind.
b) dass die Kosten pro km für die Verbindung von C zur Anlage doppelt so hoch sind wie die von A bzw. B.

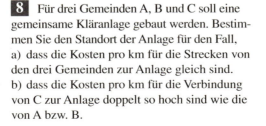

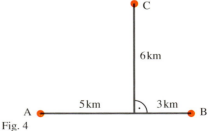

Fig. 4

123

Rückblick

Monotonie
Eine im Intervall I differenzierbare Funktion f ist
streng monoton steigend (fallend), wenn für alle x aus I gilt:
$f'(x) > 0$ ($f'(x) < 0$).

Lokale Extremstellen
Notwendige Bedingung: $f'(x_0) = 0$
Hinreichende Bedingung für Maximum:
$f'(x_0) = 0$ und $f''(x_0) < 0$
oder
$f'(x_0) = 0$ und Vorzeichenwechsel von $f'(x)$ von + nach −.
Für den Graphen ist $H(x_0|f(x_0))$ ein Hochpunkt.
Hinreichende Bedingung für Minimum:
$f'(x_0) = 0$ und $f''(x_0) > 0$
oder
$f'(x_0) = 0$ und Vorzeichenwechsel von $f'(x)$ von − nach +.
Für den Graphen ist $T(x_0|f(x_0))$ ein Tiefpunkt.
Randstellen der Definitionsmenge sowie Stellen, an denen f nicht differenzierbar ist, müssen gesondert untersucht werden.

Globale Extremwerte
Die globalen Extremwerte erhält man durch Vergleich aller Extremwerte. Falls die Definitionsmenge unbeschränkt ist, muss das Verhalten von $f(x)$ für $x \to \pm\infty$ untersucht werden.

Wendestellen
Notwendige Bedingung: $f''(x_0) = 0$
Hinreichende Bedingung für Wendestelle:
$f''(x_0) = 0$ und $f'''(x_0) \neq 0$
oder
$f''(x_0) = 0$ und Vorzeichenwechsel von $f''(x)$.
Für den Graphen ist $W(x_0|f(x_0))$ ein Wendepunkt.

Bestimmung einer ganzrationalen Funktion vom Grad n

1) Formulieren der gegebenen Bedingungen mit f, f', f'' usw.
2) Ansatz: $f(x) = a_n x^n + a_{n-1} x^{n-1} + \ldots + a_1 x + a_0$
3) Aufstellen und Lösen des linearen Gleichungssystems
4) Kontrolle des Ergebnisses

Näherungsverfahren zur Berechnung einer Nullstelle (NEWTON-Verfahren)
Gegeben ist eine im Intervall [a; b] differenzierbare Funktion f mit $f(a) \cdot f(b) < 0$. Gesucht ist eine Lösung $x^* \in [a; b]$ der Gleichung $f(x) = 0$.
Ist $x_0 \in [a; b]$ ein Näherungswert für x^*, so kann man x_0 sukzessive verbessern durch die Iterationsvorschrift:
$x_{n+1} = x_n - \frac{f(x_n)}{f'(x_n)}$ mit $n \in \mathbb{N}$.

Beispiel: $f(x) = \frac{1}{3}x^3 - x$
$f'(x) = x^2 - 1 = (x+1)(x-1)$
$x^2 - 1 > 0$ für $x < -1$ oder $x > 1$;
$x^2 - 1 < 0$ für $-1 < x < 1$

$f'(x) = x^2 - 1$; $f''(x) = 2x$; $f'''(x) = 2$
$x^2 - 1 = 0$; $x_1 = -1$; $x_2 = 1$

$x_1 = -1$: $f'(-1) = 0$ und $f''(-1) = -2$
oder $(f'(x) = (x+1)(x-1))$
$x_1 = -1$: VZW von + nach −.
Hochpunkt: $H(-1|\frac{2}{3})$

$x_2 = 1$: $f'(1) = 0$ und $f''(1) = 2$
oder $(f'(x) = (x+1)(x-1))$
$x_2 = 1$: VZW von − nach +.
Tiefpunkt: $H(1|-\frac{2}{3})$

Für $x \to +\infty$ gilt: $f(x) \to +\infty$;
für $x \to -\infty$ gilt: $f(x) \to -\infty$.
Es gibt kein globales Max. bzw. Min.

$2x = 0$; $x_3 = 0$

$x_3 = 0$: $f''(0) = 0$ und $f'''(0) = 2$
oder $(f''(x) = 2x)$
$x_3 = 0$: VZW von − nach +.
Wendepunkt: $W(0|0)$.

Gesucht: Parabel 3. Ordnung mit Hochpunkt $H(0|12)$ und Wendepunkt $W(2|-4)$.
1) $f(0) = 12$; $f(2) = -4$; $f'(0) = 0$; $f''(2) = 0$
2) $f(x) = ax^3 + bx^2 + cx + d$
3) $12 = d$; $-4 = 8a + 4b + 12c + d$;
   $0 = c$; $0 = 12a + 2b$
4) $f(x) = x^3 - 6x^2 + 12$ erfüllt die Bed.

Beispiel: $x^3 = -x^2 + 3$
$x^3 + x^2 - 3 = 0$
$f(x) = x^3 + x^2 - 3$ und $f'(x) = 3x^2 + 2x$
$x_{n+1} = x_n - \frac{x_n^3 + x_n^2 - 3}{3x_n^2 + 2x_n}$
Startwert: z. B. $x_0 = 1{,}5$
$x_1 = 1{,}23077$; $x_2 = 1{,}17665$
$x_3 = 1{,}17456$
Lösung: $x^* \approx 1{,}175$ (auf 3 Dezimale)

Aufgaben zum Üben und Wiederholen

1 Gegeben ist die Funktion f mit $f(x) = \frac{1}{16}(x^3 - 3x^2 - 24x)$.
a) Bestimmen Sie die Nullstellen und die lokalen Extrema von f.
b) Zeichnen Sie den Graphen von f für $-4 \leq x \leq 7$.
c) Geben Sie alle Extrema der Funktion im Intervall $[-4; 7]$ an.
d) Bestimmen Sie die Gleichungen der Kurventangenten mit der Steigung 3.

2 Gegeben ist die Funktion f mit $f(x) = x^4 - 4x^2 + 4$.
a) Untersuchen Sie den Graphen von f auf Symmetrie und Schnittpunkte mit der x-Achse.
b) Bestimmen Sie die Extrem- und Wendepunkte. Zeichnen Sie den Graphen für $-2 \leq x \leq 2$.
c) Der Graph einer ganzrationalen Funktion g vom Grad 2 schneidet den Graphen von f
für $x = 1$ und $x = -1$ rechtwinklig.
Bestimmen Sie alle Schnittpunkte der beiden Graphen.

3 Gegeben ist die Funktion f mit $f(x) = \sin(x) + \cos(x)$. Eine ganzrationale Funktion g
dritten Grades und die Funktion f haben für $x_0 = 0$ denselben Funktionswert und denselben
Wert der ersten, der zweiten und der dritten Ableitung.
Bestimmen Sie f. Zeichnen Sie die Graphen von f und g für $-\pi \leq x \leq +\pi$ in ein gemeinsames
Achsenkreuz.

4 Der Graph einer ganzrationalen Funktion f vom Grad 3 berührt die x-Achse im Ursprung
und hat den Hochpunkt $H(2|2)$. Bestimmen Sie die Nullstellen von f.

5 Bestimmen Sie alle ungeraden, ganzrationalen Funktionen dritten Grades mit $f(3) = 3$.
a) Welche dieser Funktionen besitzen einen Graphen mit waagerechter Wendetangente?
b) Welche dieser Funktionen besitzen ein lokales Maximum?

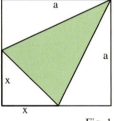
Fig. 1

6 a) Für welche Strecke x wird der Inhalt der grün gefärbten Dreiecksfläche in Fig. 1
maximal?
b) Ein oben offenes zylindrisches Wasserfass soll ein Volumen von 300 Liter haben. Wie
müssen die Abmessungen gewählt werden, damit der Materialverbrauch minimal wird?

7 Beim Tontaubenschießen auf ebenem Gelände wird die Flugbahn durch eine Parabel
angenähert. Ein Abschussgerät erreicht eine Weite von 100 m und 40 m maximale Höhe.
a) Berechnen Sie den Abschusswinkel.
b) Ein Zuschauer steht direkt unter dem Gipfelpunkt der Bahn auf einem 2 m hohen Podest.
In welchem Punkt ihrer Flugbahn ist ihm die Tontaube am nächsten?

8 Die Graphen der Funktionen f und g schneiden sich in genau einem Punkt. Berechnen Sie
die x-Koordinate dieses Punktes mit dem NEWTON-Verfahren auf 3 Dezimalen gerundet.
a) $f(x) = 0{,}5x^2 - 4x + 1$; $g(x) = x^3 - x + 2$ b) $f(x) = -x^3 + 4x - 2$; $g(x) = 2x^3 + x^2 - x + 3$

9 Zu jedem $k \in \mathbb{R}$ ist eine Funktion f_k gegeben durch $f_k(x) = x^2 + kx - k$. Ihr Graph
sei C_k.
a) Zeichnen Sie C_0, C_1, C_{-1} und C_{-2} in einem gemeinsamen Koordinatensystem.
b) Bestimmen Sie für allgemeines k das globale Minimum der Funktion f_k.
c) Für welchen Wert von k berührt C_k die x-Achse?
d) Welche Funktionen f_k haben 2 verschiedene Nullstellen?
Welche haben keine Nullstellen?
e) Zeigen Sie, dass es einen Punkt gibt, durch den alle Kurven C_k gehen.
Geben Sie diesen an.

Die Lösungen zu den Aufgaben dieser Seite finden Sie auf Seite 377/378.

125

IV Weiterführung der Differenzialrechnung

1 Verkettung von Funktionen

1 a) Eine Funktion f ist durch folgende Zuordnungsvorschrift gegeben: Verdopple eine gegebene Zahl und quadriere das Ergebnis. Wie lautet der Funktionsterm dieser Funktion? Geben Sie den Term der Funktion g an, bei der zunächst quadriert und dann verdoppelt wird.
b) Formulieren Sie die Zuordnungsvorschrift in Worten.

$h_1: x \mapsto \sqrt{x} + 1$; $h_2: x \mapsto \sqrt{x+1}$; $k_1: x \mapsto \frac{1}{x} - 1$; $k_2: x \mapsto \frac{1}{x-1}$

1 lb (ein englisches Pfund) entspricht ca. 4,45 Newton.

Aus zwei gegebenen Funktionen können mithilfe der vier Grundrechenarten neue Funktionen gebildet werden. Eine weitere Möglichkeit zeigt das folgende Anwendungsbeispiel. Die Rückschlagskraft r eines Tennisschlägers ist von der Spannung s der Saiten abhängig. Ein Hersteller gibt für sein neues Modell an: $r(s) = 0{,}04\,s + 1{,}8$ (r, s in lb) (Fig. 1). Ein frisch bespannter Schläger verliert allmählich an Spannung. Nach t Tagen beträgt sie noch $s(t) = 50 + \frac{30}{t+2}$ (Fig. 2).

Will man die Rückschlagskraft bestimmen, die der Schläger 4 Tage nach der frischen Bespannung hat, ermittelt man zunächst die Spannung s(4) und setzt diesen Wert anstelle der Funktionsvariablen s der Funktion r ein.

Für den Zeitpunkt $t = 4$ gilt also mit $s(4) = 55$: $r(s(4)) = r(55) = 4{,}0$ (Fig.2; Fig.1).

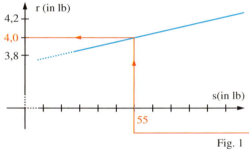
Fig. 1

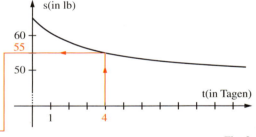
Fig. 2

Auf diese Weise lässt sich die Rückschlagskraft zu jedem beliebigen Zeitpunkt herleiten:

$r(s(t)) = 0{,}04\,s(t) + 1{,}8 = 0{,}04 \cdot \left(50 + \frac{30}{t+2}\right) + 1{,}8 = 3{,}8 + \frac{1{,}2}{t+2}$.

In der Funktion r wird also die Variable s durch den Term s(t) ersetzt. Die entstandene neue Funktion $t \mapsto r(s(t))$ bezeichnet man als **Verkettung** der Funktionen r und s und schreibt dafür $r \circ s$. Bei der Verkettung zweier Funktionen u und v können Probleme mit der Definitionsmenge auftreten. Ist z.B. $v(x) = x^2$ und $u(v) = \sqrt{9 - v}$, so ist u nur für $v \leq 9$ definiert; damit $u(v(x))$ gebildet werden kann, können in v(x) also nur Werte mit $-3 \leq x \leq 3$ eingesetzt werden.

Für $u \circ v$ sagt man: „u nach v" oder „u verkettet mit v".

Für die Definitionsmenge gilt:
$D_{u \circ v} = \{x \in D_v \setminus v(x) \in D_u\}$.

Definition: Gegeben sind die Funktionen $v: x \mapsto v(x)$ und $u: v \mapsto u(v)$.
Die Funktion $u \circ v: x \mapsto u(v(x))$, bei welcher der Funktionsterm v(x) an die Stelle v der Funktion u tritt, heißt **Verkettung** der Funktionen u und v.
Die Definitionsmenge von $u \circ v$ besteht aus allen $x \in D_v$, für die v(x) zu D_u gehört.

Bei der Verkettung $x \mapsto u(v(x))$ nennt man v die „innere" und u die „äußere" Funktion. Bildet man mit $u(x) = x^2$ und $v(x) = 2x + 1$ die Funktion $u \circ v$, so ist $v(x) = 2x + 1$ die „innere" und $u(v) = v^2$ die „äußere" Funktion. Es gilt dann: $u(v(x)) = (v(x))^2 = (2x + 1)^2$.

126

Verkettung von Funktionen

Bildet man dagegen v ∘ u, so ist $u(x) = x^2$ die „innere" und $v(u) = 2u + 1$ die „äußere" Funktion. In diesem Fall gilt: $v(u(x)) = 2u(x) + 1 = 2x^2 + 1$.
Die Verkettung zweier Funktionen ist also nicht kommutativ, d. h., es ist im Allgemeinen
$u \circ v \neq v \circ u$.
Umgekehrt lassen sich oft kompliziertere Funktionen wie $f: x \mapsto \sqrt{x^2 + 1}$ als Verkettung einfacherer Funktionen darstellen. Wählt man als innere Funktion $v: x \mapsto x^2 + 1$ und ersetzt in f(x) den Term v(x) durch die Variable v, so erhält man die äußere Funktion $u(v) = \sqrt{v}$. Es ist $f = u \circ v$. Die Zerlegung einer Funktion ist nicht immer eindeutig (vgl. Beispiel 3b).

Man kann jetzt die Variablen wieder umbenennen:
$u: x \mapsto \sqrt{x}$

Beispiel 1: (Verketten zweier gegebener Funktionen)
Gegeben sind die Funktionen u mit $u(x) = (1 - x)^2$ und v mit $v(x) = 2x + 1$.
Bestimmen Sie $u \circ v$ und $v \circ u$.
Lösung:
$u(v(x)) = (1 - v(x))^2 = (1 - (2x + 1))^2 = 4x^2$. Somit ist $u \circ v: x \mapsto 4x^2$.
$v(u(x)) = 2u(x) + 1 = 2(1 - x)^2 + 1 = 2x^2 - 4x + 3$. Somit ist $v \circ u: x \mapsto 2x^2 - 4x + 3$.

Beispiel 2: (Verketten zweier Funktionen; Definitionsmenge)
Gegeben sind die Funktionen u mit $u(x) = \frac{1}{2\sqrt{x}}$ und v mit $v(x) = x + 2$.
Bestimmen Sie $u \circ v$ und $v \circ u$ und geben Sie jeweils die maximale Definitionsmenge an.
Lösung:

Hier ist $D_{u \circ v} \subset D_v$.

$u(v(x)) = \frac{1}{2\sqrt{v(x)}} = \frac{1}{2\sqrt{x+2}}$. Somit ist $u \circ v: x \mapsto \frac{1}{2\sqrt{x+2}}$ mit $D_{u \circ v} = (-2; \infty)$.

Hier ist $D_{v \circ u} = D_u$.

$v(u(x)) = u(x) + 2 = \frac{1}{2\sqrt{x}} + 2$. Somit ist $v \circ u: x \mapsto \frac{1}{2\sqrt{x}} + 2$ mit $D_{v \circ u} = \mathbb{R}^+$.

> *Hilfreiche Überlegungen zum Auffinden einer Zerlegung:*
> *a) $(2x^2 - 1)^4$ ist eine **Potenz** mit Basis $2x^2 - 1$.*
> *b) 1. Möglichkeit:*
> *$\frac{1}{(x+3)^2}$ ist ein **Quotient** mit Nenner $(x+3)^2$.*
> *2. Möglichkeit:*
> *$\left(\frac{1}{x+3}\right)^2$ ist eine **Potenz** mit Basis $\frac{1}{x+3}$.*

Beispiel 3: (Zerlegen einer Funktion)
a) Gegeben ist die Funktion f mit $f(x) = (2x^2 - 1)^4$. Bestimmen Sie Funktionen u, v mit $u \circ v = f$.
b) Geben Sie zwei Möglichkeiten zur Zerlegung der Funktion f mit $f(x) = \frac{1}{(x+3)^2}$ an.
Lösung:
a) Innere Funktion: $v(x) = 2x^2 - 1$; äußere Funktion: $u(v) = v^4$.
Damit ist $u(v(x)) = v(x)^4 = (2x^2 - 1)^4$. Mit $v: x \mapsto 2x^2 - 1$ und $u: x \mapsto x^4$ gilt also: $f = u \circ v$.
b) 1. Möglichkeit: Mit $v(x) = x + 3$ und $u(v) = \frac{1}{v^2}$ ergibt sich $u(v(x)) = \frac{1}{(x+3)^2}$.
   2. Möglichkeit: Mit $v(x) = (x + 3)^2$ und $u(v) = \frac{1}{v}$ ergibt sich $u(v(x)) = \frac{1}{(x+3)^2}$.

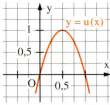
Fig. 1

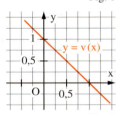
Fig. 2

Aufgaben

2 Bilden Sie $f(x) = u(v(x))$ und $g(x) = v(u(x))$ mit den Termen u(x) und v(x).
a) $u(x) = x^2 + 1$; $v(x) = \frac{1}{x-1}$
b) $u(x) = 1 - x^2$; $v(x) = (1 - x)^2$
c) $u(x) = \frac{1}{1-x^2}$; $v(x) = \frac{2}{x}$

3 Geben Sie die Funktion $f \circ g$ und die Funktion $g \circ f$ an.
a) $f: x \mapsto (x - 1)^2$; $g: x \mapsto x + 1$
b) $f: x \mapsto 2 - x$; $g: x \mapsto 1$
c) $f: x \mapsto \frac{1}{x}$; $g: x \mapsto \frac{1}{x^2 - 4}$

4 Gegeben sind die Graphen der Funktionen u und v (Fig. 1; Fig. 2).
a) Bestimmen Sie für $x_0 = 0; 0,5; 1$ näherungsweise $u(v(x_0))$ und $v(u(x_0))$.
b) Skizzieren Sie die Graphen der Funktionen $f = u \circ v$ und $g = v \circ u$.
c) Es ist $u(x) = -4(x - 0,5)^2 + 1$ und $v(x) = -x + 1$.
Prüfen Sie Ihre Ergebnisse aus b) rechnerisch nach.

127

Verkettung von Funktionen

5 Bestimmen Sie eine Funktion u so, dass $f = u \circ v$ ist.
a) $f(x) = (2x + 6)^3$; $v(x) = 2x + 6$
b) $f(x) = (2x + 6)^3$; $v(x) = x + 3$
c) $f(x) = \frac{3}{(x-1)^2}$; $v(x) = x - 1$
d) $f(x) = \frac{3}{(x-1)^2}$; $v(x) = (x-1)^2$

6 Die Funktion f kann als Verkettung $u \circ v$ aufgefasst werden. Geben Sie geeignete Funktionen u und v an.
a) $f(x) = \frac{1}{x^2 - 1}$
b) $f(x) = \frac{1}{x^2} - 1$
c) $f(x) = (\sin(x))^2$
d) $f(x) = \sin(x^2)$
e) $f(x) = \sqrt{2x + x^2}$
f) $f(x) = 2^{x-3}$
g) $f(x) = 2^x - 3$
h) $f(x) = |x^2 - 1|$
i) $f(x) = \frac{3}{2(3 - x^2)}$

7 Stellen Sie die Funktion f auf zwei Arten als Verkettung zweier Funktionen u und v dar.
a) $f(x) = \frac{4}{(2x + 1)^2}$
b) $f(x) = (3x + 6)^2$
c) $f(x) = \sqrt{(x + 2)^3}$

8 Gegeben sind die Funktionen u, v und w mit $u(x) = 2x + 3$, $v(x) = x^2$ und $w(x) = \frac{3}{x}$.
a) Geben Sie die Funktion $u \circ v \circ w$ an.
b) Bestimmen Sie alle möglichen Verkettungen dieser drei Funktionen.

9 Geben Sie Funktionen u, v und w an, so dass $f = u \circ v \circ w$ ist.
a) $f(x) = \frac{1}{(2x^3 - 3x + 1)^2}$
b) $f(x) = (1 + \sqrt{x})^3$
c) $f(x) = \frac{1}{\sqrt{3x + 5}}$
d) $f(x) = \sin(1 + x^2)$
e) $f(x) = \frac{1}{\sqrt{3x}}$
f) $f(x) = 2^{\sqrt{x^2 + 1}}$

10 a) Zeigen Sie: Die Verkettung zweier linearer Funktionen ist wieder eine lineare Funktion.
b) Kann man a so wählen, dass $u \circ v = v \circ u$ ist für $u: x \mapsto 9x + 2$ und $v: x \mapsto 3x + a$?
c) Geben Sie weitere lineare Funktionen u und v an mit $u \circ v = v \circ u$.

11 Gegeben sind die Funktionen $v: x \mapsto x - 1$; $x \in \mathbb{R}$ und $u: x \mapsto \sqrt{x}$; $x \in \mathbb{R}_0^+$.
a) Zeigen Sie, dass die Funktion $u \circ v$ an der Stelle 0,5 nicht definiert ist. Geben Sie drei weitere Stellen an, für welche die Funktion $u \circ v$ nicht definiert ist.
b) Geben Sie die maximale Definitionsmenge der Funktion $u \circ v$ an.

12 Geben Sie die maximale Definitionsmenge der Funktion $u \circ v$ an.
a) $u(x) = \sqrt{x}$; $v(x) = 3 - x$
b) $u(x) = \frac{1}{x}$; $v(x) = 4 - x^2$
c) $u(x) = \sqrt{1 - x}$; $v(x) = x^2$

13 Gegeben ist die Funktion u mit $u(x) = \sqrt{x}$. Geben Sie eine Funktion v an, so dass die Definitionsmenge von $u \circ v$
a) aus ganz $\mathbb{R}$ besteht
b) die leere Menge ist
c) nur die Zahl 0 enthält
d) nur die Zahl 1 enthält.

14 Entnehmen Sie der Tageszeitung die Wechselkurse Euro – US-Dollar und Euro – Schweizer Franken. Geben Sie jeweils eine Funktion an, die jedem Euro-Betrag den entsprechenden Betrag in Schweizer Franken und jedem Dollar-Betrag den entsprechenden Betrag in Euro zuordnet. Welche Funktion ordnet jedem Dollar-Betrag den entsprechenden Betrag in Franken zu?

15 Temperaturangaben der Kelvin-Skala rechnet man in solche der Celsius-Skala um nach der Vorschrift $x \mapsto x - 273$, solche der Celsius-Skala in die Fahrenheit-Skala durch $x \mapsto 1,8x + 32$. Wie lautet die Vorschrift, mit der man von der Kelvin-Skala direkt in die Fahrenheit-Skala umrechnen kann?

Fieberthermometer mit Fahrenheit-Skala

128

2 Die Ableitung von Verkettungen

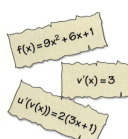

1 a) Stellen Sie möglichst viele Zusammenhänge zwischen den Funktionstermen her.

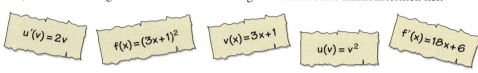

b) Führen Sie entsprechende Überlegungen für $f(x) = (x + 2)^3$, $g(x) = (4x - 1)^2$ und $h(x) = (x^2)^3$ durch.

Bei der Funktion f mit $f(x) = (x^2 + 3)^2$ liegt die Vermutung nahe, sie entsprechend der Potenzregel abzuleiten. Dies würde den Term $2(x^2 + 3)$ liefern. Multipliziert man aber den Funktionsterm von f aus, ergibt sich $f(x) = x^4 + 6x^2 + 9$ mit $f'(x) = 4x^3 + 12x = 4x(x^2 + 3)$.
Bei der Anwendung der Potenzregel fehlt also der Faktor $2x$. Fasst man f als verkettete Funktion auf mit der inneren Funktion $v: x \mapsto x^2 + 3$ und der äußeren Funktion $u: v \mapsto v^2$, so ist der fehlende Faktor gerade die Ableitung der inneren Funktion v. Für die Funktion f gilt also: $f'(x) = u'(v(x)) \cdot v'(x)$. Im Folgenden wird untersucht, ob dieser Zusammenhang allgemein bei der Verkettung zweier Funktionen gilt.

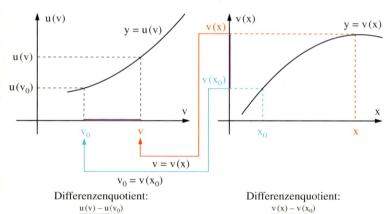

Fig. 1

Es sei $f(x) = u(v(x))$. Die innere Funktion v sei an der Stelle x_0 differenzierbar, die äußere Funktion u an der Stelle $v_0 = v(x_0)$.
Um zu untersuchen, ob die Funktion f an der Stelle x_0 differenzierbar ist, betrachtet man den Differenzenquotienten von f und versucht, diesen mithilfe der Differenzenquotienten von u und v darzustellen (Fig. 1).
Es ist
$$\frac{f(x) - f(x_0)}{x - x_0} = \frac{u(v(x)) - u(v(x_0))}{x - x_0}$$
$$= \frac{u(v(x)) - u(v(x_0))}{v(x) - v(x_0)} \cdot \frac{v(x) - v(x_0)}{x - x_0}.$$
Mit $v(x) = v$ und $v(x_0) = v_0$ ist
$$\frac{f(x) - f(x_0)}{x - x_0} = \frac{u(v) - u(v_0)}{v - v_0} \cdot \frac{v(x) - v(x_0)}{x - x_0}.$$

Wegen der Stetigkeit der Funktion v geht für $x \to x_0$ auch $v \to v_0$.
Der Grenzübergang $x \to x_0$ liefert also: $f'(x_0) = u'(v_0) \cdot v'(x_0) = u'(v(x_0)) \cdot v'(x_0)$.

> **Satz:** (Kettenregel)
> Ist $f = u \circ v$ eine Verkettung zweier differenzierbarer Funktionen u und v, so ist auch f differenzierbar, und es gilt:
> $$f'(x) = u'(v(x)) \cdot v'(x).$$

Bemerkung: Diese Herleitung der Kettenregel gilt nur für solche Funktionen, bei denen in einer hinreichend kleinen Umgebung von x_0 die Differenz $v(x) - v(x_0) \neq 0$ ist.
Man kann aber zeigen, dass die Kettenregel für alle differenzierbaren Funktionen u und v gilt.

Die Ableitung von Verkettungen

Beispiel: (Kettenregel)
Leiten Sie ab und vereinfachen Sie das Ergebnis.
a) $f(x) = (5 - 3x)^4$
b) $f(x) = \frac{3}{2x^2 - 1}$
c) $f(x) = \sqrt{x^2 + 1}$

Lösung:
a) Innere Funktion: $v(x) = 5 - 3x$; $v'(x) = -3$; äußere Funktion $u(v) = v^4$; $u'(v) = 4v^3$
Ableitung von f: $f'(x) = u'(v(x)) \cdot v'(x) = 4(5 - 3x)^3 \cdot (-3) = -12(5 - 3x)^3$
b) $v(x) = 2x^2 - 1$; $v'(x) = 4x$; $u(v) = \frac{3}{v}$; $u'(v) = -\frac{3}{v^2}$
$f'(x) = u'(v(x)) \cdot v'(x) = -\frac{3}{(2x^2 - 1)^2} \cdot 4x = -\frac{12x}{(2x^2 - 1)^2}$
c) $f'(x) = \frac{1}{2\sqrt{x^2 + 1}} \cdot 2x = \frac{x}{\sqrt{x^2 + 1}}$

Aufgaben

Wetten, dass Ihnen dieser Fehler auch einmal unterläuft?

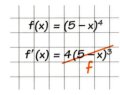

2 Leiten Sie ab und vereinfachen Sie das Ergebnis.
a) $f(x) = \left(\frac{1}{3}x + 2\right)^2$
b) $f(x) = \frac{1}{18}(3x + 2)^6$
c) $f(x) = \frac{1}{8}\left(\frac{1}{2} - x^2\right)^7$
d) $f(x) = (3 - x)^2$
e) $f(x) = (x + x^2)^2$
f) $h(x) = (2 - 3x + x^2)^3$
g) $h(x) = (1 - x + x^3)^2$
h) $f(x) = (x\sqrt{2} - x^2)^2$
i) $g(x) = 3x^2 + (x^2 - 1)^3$

3 a) $f(x) = (8x - 7)^{-1}$
b) $f(x) = 2(5 - x)^{-1}$
c) $f(x) = (15x - 3)^{-2}$
d) $f(x) = \left(\frac{1}{2}x - 5x^3\right)^{-3}$
e) $f(x) = \frac{1}{(x - 2)^2}$
f) $g(t) = \frac{3}{(5 - t)^2}$
g) $f(x) = \frac{1}{2(x - 7)^3}$
h) $g(t) = \frac{5}{(t^2 - 1)^2}$
i) $f(x) = (2x + 1)^2 + \frac{1}{(2x + 1)^2}$

Eine der Teilaufgaben geht auch ohne Kettenregel!

4 a) $f(x) = \sqrt{3x}$
b) $f(x) = \sqrt{1 + 2x}$
c) $h(r) = \sqrt{7r - r^2}$
d) $f(x) = \sin(2x)$
e) $f(x) = 2\cos(1 - x)$
f) $f(x) = \frac{1}{3}\sin(x^2)$
g) $f(x) = (1 + \sqrt{x})^2$
h) $f(x) = 2(x^2 - 3\sqrt{x})^2$
i) $f(x) = \frac{1}{(x^3 - \sqrt{x})^2}$
j) $f(x) = \frac{1}{\sin(x)}$
k) $f(x) = \frac{1}{x^2} + \sin\left(\frac{1}{x}\right)$
l) $f(x) = \sqrt{\sin(x)}$

5 a) $f(x) = (ax^3 + 1)^2$
b) $f(x) = \frac{3a}{1 + x^2}$
c) $f(x) = \frac{1}{a + bx}$
d) $s(t) = \frac{a}{(bt + 1)^2}$
e) $g(x) = \sqrt{t^2 x + 2t}$
f) $f(x) = \sin(ax^2)$
g) $f(x) = \sin((ax)^2)$
h) $f(x) = (\sin(ax))^2$

Wie viele Verkettungen wären in a) bzw. in b) insgesamt möglich?

6 Gegeben sind die Funktionen u, v und w mit $u(x) = \sqrt{x}$, $v(x) = x^2 + 1$ und $w(x) = \frac{1}{x}$.
a) Bilden Sie vier Verkettungen mit je zwei dieser Funktionen und leiten Sie diese ab.
b) Bilden Sie drei verschiedene Verkettungen mit den drei Funktionen und leiten Sie diese ab.

7 Leiten Sie zweimal ab.
a) $f(x) = (4x - 7)^3$
b) $f(x) = \frac{3}{5 - x}$
c) $f(x) = \frac{1}{(x - 5)^3}$
d) $f(x) = \frac{1}{4}\sin(2x + 1)$

8 Leiten Sie ab.
a) $f(x) = (1 + \sqrt{3x + 2})^2$
b) $f(x) = \sqrt{2 + (1 - x)^2}$
c) $f(x) = 8(\sqrt{3x + 1})^{-3}$
d) $f(x) = (\sin(2x))^2$
e) $f(x) = \sqrt{1 - \sin^2(x)}$
f) $f(x) = \sqrt{(1 - x)^3 + 1}$

9 a) Begründen Sie: Die Funktion f mit $f(x) = g(x^2)$ hat die Ableitung $f'(x) = 2x \cdot g'(x^2)$.
b) Leiten Sie entsprechend ab: $f_1(x) = g(3x)$; $f_2(x) = g(1 - x)$; $f_3(x) = g\left(\frac{1}{x}\right)$.

10 Die Funktion f sei differenzierbar, $c \in \mathbb{R}$, $n \in \mathbb{N}$. Leiten Sie ab.
a) $g_1(x) = f(cx)$
b) $g_2(x) = cf(x)$
c) $g_3(x) = f(x) + c$
d) $g_4(x) = f(x + c)$
e) $g_5(x) = f(x^n)$
f) $g_6(x) = (f(x))^n$
g) $g_7(x) = f(nx + c)$
h) $g_8(x) = f(nx) + c$

Die Ableitung von Verkettungen

11 Es sei f eine differenzierbare Funktion mit $f(x) > 0$ für alle $x \in \mathbb{R}$.
Beweisen Sie: Eine Stelle $x_0 \in \mathbb{R}$ ist genau dann Maximalstelle von f, wenn sie eine Maximalstelle von g ist mit $g(x) = \sqrt{f(x)}$.

12 Gegeben ist die Funktion f mit $f(x) = \sqrt{25 - x^2}$.
a) Berechnen Sie f'. Geben Sie die Definitionsmengen D_f und $D_{f'}$ an.
b) Stellen Sie die Gleichungen der Tangente t und der Normalen n an den Graphen von f im Punkt $P(a|b)$ auf. Was fällt bei der Gleichung für die Normale auf?
Zeichnen Sie den Graphen von f sowie für $a = 3$ die Tangente und die Normale.

13 Es sei $f = u \circ v$ und die Funktionen u, v und f seien auf $\mathbb{R}$ differenzierbar.
Beweisen oder widerlegen Sie die Aussage.
a) Ist x_0 eine Extremstelle von f, dann ist x_0 auch eine Extremstelle von v.
b) Ist x_0 eine Extremstelle von v, dann ist x_0 auch eine Extremstelle von f.

14 Eine Rohrleitung soll von A nach B verlegt werden. Die Verlegekosten betragen entlang der Straße 300 € pro Meter und über die Straße 500 € pro Meter.

a) Bestimmen Sie den Punkt D so, dass die Kosten der Verlegung von A über D nach B möglichst gering werden (nur notwendige Bedingung).
b) Vergleichen Sie die minimalen Kosten mit den Kosten bei geradliniger Verlegung von A nach B bzw. von A über C nach B.

Fig. 1

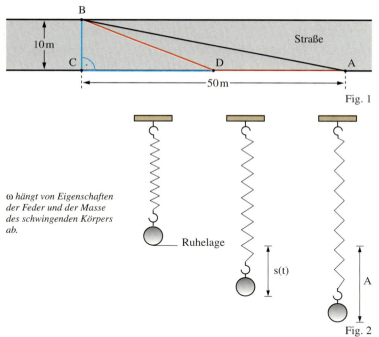

ω *hängt von Eigenschaften der Feder und der Masse des schwingenden Körpers ab.*

Fig. 2

15 Bei einem Federpendel nennt man den Abstand des schwingenden Körpers von seiner Ruhelage die Auslenkung s, den Betrag der maximalen Auslenkung die Amplitude A. Für den zeitlichen Verlauf der Auslenkung gilt: $s(t) = A \cdot \sin(\omega t)$.
a) Wie hängt die Auslenkung $s(t)$ mit der Geschwindigkeit $v(t)$ zusammen?
b) Wie groß ist die Geschwindigkeit beim Durchgang durch die Ruhelage?
c) Bestimmen Sie die Beschleunigung $a(t)$.
d) Beschreiben Sie den Zusammenhang zwischen der Auslenkung $s(t)$ und der Beschleunigung $a(t)$.

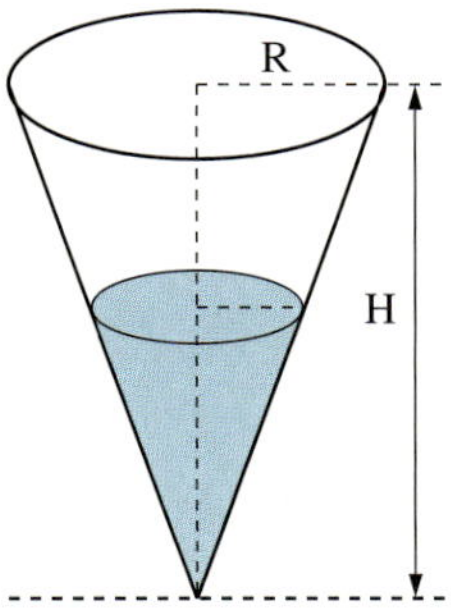

16 In einen kegelförmigen Behälter (Fig. 3) mit dem Radius $R = 10$ cm und der Höhe $H = 30$ cm werden pro Sekunde 20 cm³ Wasser gefüllt. Die Höhe des Wasserspiegels und das Volumen des Wassers im Behälter hängen also von der Zeit t ab.
a) Ermitteln Sie die Zuordnung $h(t) \mapsto V(t)$.
b) Während des Füllvorgangs steigt der Wasserspiegel unterschiedlich schnell. Wie schnell steigt dieser in dem Augenblick, in dem das Wasser im Behälter 5 cm hoch steht?

17 Gegeben ist die Funktion f mit $f(x) = \sqrt{2x - 3}$.
a) Bilden Sie mithilfe eines CAS die Ableitungen $f'(x)$, $f''(x)$, $f'''(x)$, …
b) Formulieren Sie eine Vermutung über $f^{(n)}(x)$. Überprüfen Sie Ihre Vermutung für $n = 10$.

Fig. 3

3 Die Ableitung von Produkten

1 Für die Ableitung der Funktion f mit $f(x) = \sin(x)$ gilt:
$f'(x) = \lim\limits_{h \to 0} \frac{\sin(x+h) - \sin(x)}{h} = \cos(x)$.

a) Bestimmen Sie mithilfe dieser Beziehung die Ableitung der Funktion g mit $g(x) = x \cdot \sin(x)$.
b) Wie lautet die Ableitung der Funktion k mit $k(x) = x^2 \cdot \sin(x)$?
c) Stellen Sie eine Vermutung auf über die Ableitung des Produkts zweier Funktionen.

Ein Zahlenbeispiel:
$u(t_0) = 5$, $u(t) = 5{,}2$
$v(t_0) = 3$, $v(t) = 3{,}1$

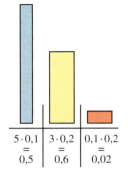

5·0,1 | 3·0,2 | 0,1·0,2
= | = | =
0,5 | 0,6 | 0,02

Summen von Funktionen werden gliedweise abgeleitet. Für das Produkt zweier Funktionen gilt dies nicht, wie das Beispiel $f(x) = x^2 = x \cdot x$ zeigt. Es ist $f'(x) = 2x$; multipliziert man die Ableitungen der einzelnen Faktoren, so erhält man jedoch 1.

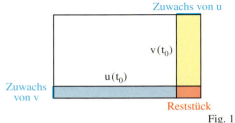

Fig. 1

Um eine Vermutung über die Ableitung eines Produkts zweier Funktionen zu erhalten, kann man den Flächeninhalt eines Rechtecks betrachten, dessen Seitenlängen u und v im Laufe der Zeit zunehmen. Für den Flächeninhalt zum Zeitpunkt t_0 gilt:
$A(t_0) = u(t_0) \cdot v(t_0)$.
Betrachtet man das Rechteck zu einem etwas späteren Zeitpunkt t, so erhält man:

Zuwachs von A = (Zuwachs von u)·$v(t_0)$ + $u(t_0)$·(Zuwachs von v) + Rest.
Dividiert man durch $t - t_0$, so erhält man bei Vernachlässigung des kleinen Restes:
Änderungsrate von A $\approx$ (Änderungsrate von u)·$v(t_0)$ + $u(t_0)$·(Änderungsrate von v).
Der Grenzübergang $t \to t_0$ liefert $A'(t_0) = u'(t_0) \cdot v(t_0) + u(t_0) \cdot v'(t_0)$.

Merkregel:
$(uv)' = u'v + uv'$

Satz: (Produktregel)
Sind die Funktionen u und v differenzierbar, so ist auch die Funktion $f = u \cdot v$ differenzierbar, und es gilt: $\quad f'(x) = u'(x) \cdot v(x) + u(x) \cdot v'(x)$.

Um den Differenzenquotienten von f auf die Differenzenquotienten
$\frac{u(x) - u(x_0)}{x - x_0}$
und
$\frac{v(x) - v(x_0)}{x - x_0}$
zurückführen zu können, wird der rot unterlegte *Teil eingefügt.*

Beweis:
Für den Differenzenquotienten von f gilt:
$\frac{f(x) - f(x_0)}{x - x_0} = \frac{u(x) \cdot v(x) - u(x_0) \cdot v(x_0)}{x - x_0}$

$= \frac{u(x) \cdot v(x) - u(x_0) \cdot v(x) + u(x_0) \cdot v(x) - u(x_0) \cdot v(x_0)}{x - x_0}$

$= \frac{[u(x) - u(x_0)] \cdot v(x) + u(x_0) \cdot [v(x) - v(x_0)]}{x - x_0}$

$= \frac{u(x) - u(x_0)}{x - x_0} \cdot v(x) + u(x_0) \cdot \frac{v(x) - v(x_0)}{x - x_0}$.

Die Funktionen u und v sind differenzierbar. Für $x \to x_0$ gilt daher $\frac{u(x) - u(x_0)}{x - x_0} \to u'(x_0)$; $v(x) \to v(x_0)$ und $\frac{v(x) - v(x_0)}{x - x_0} \to v'(x_0)$. Damit ist die Produktregel bewiesen.

Beispiel 1: (Produktregel)
Bestimmen Sie die Ableitung von f mit $f(x) = (x^3 + 1) \cdot \sqrt{x}$ und vereinfachen Sie.
Lösung:
Mit $u(x) = x^3 + 1$ und $v(x) = \sqrt{x}$ ist $u'(x) = 3x^2$ und $v'(x) = \frac{1}{2\sqrt{x}}$.

Mit der Produktregel gilt: $f'(x) = 3x^2 \cdot \sqrt{x} + (x^3 + 1) \cdot \frac{1}{2\sqrt{x}} = \frac{6x^3 + x^3 + 1}{2\sqrt{x}} = \frac{7x^3 + 1}{2\sqrt{x}}$.

132

Die Ableitung von Produkten

Beispiel 2: (Produkt- und Kettenregel)
Bestimmen Sie die Ableitung der Funktion f.
a) $f(x) = (2x + 3)(1 - x^2)^4$
b) $f(x) = x\sqrt{3x + 2}$

Lösung:
a) Mit $u(x) = 2x + 3$ und $v(x) = (1 - x^2)^4$ ist
$u'(x) = 2$ und $v'(x) = 4(1-x^2)^3(-2x) = -8x(1-x^2)^3$.
Also: $f'(x) = 2(1-x^2)^4 + (2x+3)(-8x)(1-x^2)^3$
$= (1-x^2)^3(2 - 2x^2 - 16x^2 - 24x) = (1-x^2)^3(2 - 24x - 18x^2)$.

b) $f'(x) = 1 \cdot \sqrt{3x+2} + x \cdot \dfrac{3}{2\sqrt{3x+2}} = \dfrac{2(3x+2) + 3x}{2\sqrt{3x+2}} = \dfrac{9x+4}{2\sqrt{3x+2}}$

Will man f' direkt hinschreiben, muss man Einiges im Kopf haben.

$u(x) = x$
$u'(x) = 1$
$v(x) = \sqrt{3x+2}$
$v'(x) = \dfrac{1}{2\sqrt{3x+2}} \cdot 3$

Aufgaben

2 Leiten Sie ab.
a) $f(x) = x\sqrt{x}$
b) $f(x) = x^2\sqrt{x}$
c) $f(t) = (3t+2)\sqrt{t}$
d) $g(t) = (2t^2 - 3)\sqrt{t}$
e) $f(a) = \sqrt{a}(1 - 2a^3)$
f) $a(t) = \sqrt{t}(1+t)$
g) $f(x) = x \cdot \sin(x)$
h) $f(x) = (x^2+1) \cdot \cos(x)$
i) $f(x) = (x+k)\sqrt{x}$
j) $f(x) = (kx+1) \cdot \sin(x)$
k) $f(x) = \sqrt{x} \cdot (x-t)$
l) $f(t) = \sqrt{x} \cdot (x-t)$

3 Leiten Sie mithilfe der Produkt- und der Kettenregel ab.
a) $f(x) = (2x^2 - 1)(3x+4)^2$
b) $f(x) = (5 - 4x)^3(1 - 4x)$
c) $f(x) = (2x+3)^3(2x-1)^2$
d) $f(x) = (1-x)\sqrt{3x}$
e) $f(x) = x\sqrt{1+x^2}$
f) $f(x) = \sin(2x) \cdot \cos(2x)$

4 Die Funktion g sei dreimal differenzierbar. Bestimmen Sie $f'(x)$ und $f''(x)$.
a) $f(x) = x^2 \cdot g(x)$
b) $f(x) = x \cdot g'(x)$
c) $f(x) = g(x) \cdot g'(x)$

Ein Tipp:
$u \cdot v \cdot w = (u \cdot v) \cdot w$.

5 a) Berechnen Sie die Ableitung der Funktion f mit $f(x) = x \cdot \sin(x) \cdot \cos(x)$.
b) Leiten Sie eine Regel für die Ableitung des Produkts dreier Funktionen her.
c) Zeigen Sie, dass für die Funktion $u \cdot v \cdot w$ gilt: $\dfrac{(u \cdot v \cdot w)'}{u \cdot v \cdot w} = \dfrac{u'}{u} + \dfrac{v'}{v} + \dfrac{w'}{w}$.

6 Der Graph der Funktion f berührt die x-Achse im Punkt $P(2|0)$.
a) Zeigen Sie, dass dann auch der Graph der Funktion g mit $g(x) = x \cdot f(x)$ die x-Achse im Punkt P berührt.
b) Wenn P ein Hochpunkt des Graphen von f ist mit $f''(2) < 0$, ist dann P auch ein Hochpunkt des Graphen von g?
c) Was ändert sich in a) bzw. b), wenn der Berührpunkt P die Koordinaten $P(-2|0)$ hat?

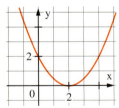

Was heißt „berühren"?

7 Die Funktion f sei zweimal differenzierbar, und es sei $g(x) = f^2(x)$, $(f^2(x) = (f(x))^2)$.
a) Bestimmen Sie die erste und die zweite Ableitung von g.
b) Hat g' gleich viele Nullstellen wie f'?
c) Es sei x_0 eine Maximalstelle von f mit $f''(x_0) < 0$. Unter welcher Bedingung ist x_0 auch Maximalstelle von g?

8 Bei einer Funktion f gelte für alle $x \in \mathbb{R}: f(x) \neq 0$; f ist differenzierbar und $f'(x) = x \cdot f(x)$.
a) Stellen Sie $f''(x)$ und $f'''(x)$ durch $f(x)$ dar.
b) Zeigen Sie, dass f an der Stelle 0 ein lokales Extremum hat. Welche Bedingung muss f erfüllen, damit es sich um ein Maximum handelt?
c) Begründen Sie, dass f keine Wendestelle besitzt.

4 Die Ableitung von Quotienten

1 Formen Sie f(x) zunächst um und berechnen Sie danach f′(x).

a) $f(x) = \dfrac{1}{(2x+1)^4}$ b) $f(x) = \dfrac{x}{x+1}$ c) $f(x) = \dfrac{(x+2)^4}{x}$ d) $f(x) = \dfrac{\sin(x)}{x}$

Nebenbei wurde damit der Satz über die Ableitung der Kehrwertfunktion bewiesen:
Für die Funktion $k = \dfrac{1}{v}$ gilt $k'(x) = -\dfrac{v'(x)}{v^2(x)}$.

Um Quotienten von Funktionen ableiten zu können, fasst man $f = \dfrac{u}{v}$ als Produkt zweier Funktionen auf mit $f(x) = \dfrac{u(x)}{v(x)} = u(x) \cdot \dfrac{1}{v(x)}$. Für die Funktion k mit $k(x) = \dfrac{1}{v(x)} = v^{-1}(x)$ gilt nach der Kettenregel: $k'(x) = -1 \cdot v^{-2}(x) \cdot v'(x) = -\dfrac{v'(x)}{v^2(x)}$.

Somit ergibt sich für $f(x) = u(x) \cdot \dfrac{1}{v(x)}$ mithilfe der Produktregel

$f'(x) = u'(x) \cdot \dfrac{1}{v(x)} + u(x) \cdot \left(-\dfrac{v'(x)}{v^2(x)}\right) = \dfrac{u'(x) \cdot v(x) - u(x) \cdot v'(x)}{v^2(x)}$.

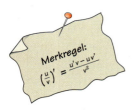

Satz: (Quotientenregel)
Sind die Funktionen u und v differenzierbar mit $v(x) \neq 0$, so ist die Funktion $f: x \mapsto \dfrac{u(x)}{v(x)}$ differenzierbar, und es gilt:

$$f'(x) = \dfrac{u'(x) \cdot v(x) - u(x) \cdot v'(x)}{v^2(x)}.$$

Beachten Sie das **Minuszeichen** *im Zähler!*

Beispiel 1: (Quotientenregel)
Bestimmen Sie f′(x).

a) $f(x) = \dfrac{2x}{1-x}$ b) $f(x) = \dfrac{x^2+1}{2x-1}$

Lösung:
a) Mit $u(x) = 2x$ und $v(x) = 1-x$ ist $u'(x) = 2$ und $v'(x) = -1$.
Mit der Quotientenregel gilt:
$f'(x) = \dfrac{2(1-x) - 2x \cdot (-1)}{(1-x)^2} = \dfrac{2}{(1-x)^2}$.

b) $f'(x) = \dfrac{2x(2x-1) - (x^2+1)2}{(2x-1)^2} = \dfrac{2x^2 - 2x - 2}{(2x-1)^2}$

Beispiel 2: (Quotientenregel mit Kettenregel)
Bestimmen Sie die Ableitung von f mit $f(x) = \dfrac{(2x^2+3)^2}{x-1}$.
Lösung:
Mit $u(x) = (2x^2+3)^2$ ergibt sich nach der Kettenregel:
$u'(x) = 2(2x^2+3) \cdot 4x = 8x(2x^2+3)$; mit $v(x) = x-1$ ist $v'(x) = 1$.
Damit ergibt sich nach der Quotientenregel:

$f'(x) = \dfrac{8x(2x^2+3)(x-1) - (2x^2+3)^2 \cdot 1}{(x-1)^2} = \dfrac{(2x^2+3)(8x^2 - 8x - 2x^2 - 3)}{(x-1)^2} = \dfrac{(2x^2+3)(6x^2 - 8x - 3)}{(x-1)^2}$.

Beispiel 3: (Zweite Ableitung mit Quotientenregel und Kettenregel)
Bestimmen Sie f′(x) und f″(x) für $f(x) = \dfrac{1}{x^2+2}$.
Lösung:
Mit $f(x) = (x^2+2)^{-1}$ ist $f'(x) = (-1) \cdot (x^2+2)^{-2} \cdot 2x = -\dfrac{2x}{(x^2+2)^2}$.

Umständlicher geht's mit der Quotientenregel.

Quotientenregel mit Kettenregel ergibt:

Zuerst kürzen, dann ausmultiplizieren und zusammenfassen!

$f''(x) = -\dfrac{2(x^2+2)^2 - 2x \cdot 2(x^2+2) \cdot 2x}{(x^2+2)^4} = -\dfrac{(x^2+2)[2(x^2+2) - 8x^2]}{(x^2+2)^4} = -\dfrac{2(x^2+2) - 8x^2}{(x^2+2)^3} = \dfrac{6x^2 - 4}{(x^2+2)^3}$.

134

Die Ableitung von Quotienten

Aufgaben

2 Leiten Sie ab und vereinfachen Sie.

a) $f(x) = \frac{x}{x+1}$ b) $f(x) = \frac{2x}{1+3x}$ c) $f(x) = \frac{1-x^2}{x+2}$ d) $f(x) = \frac{x^2+x+1}{x^2-1}$

3 a) $g(x) = \frac{3x^2-1}{x^2+4}$ b) $g(t) = \frac{2-t^3}{2+t^3}$

c) $f(t) = \frac{1-t^3}{t^2+1}$ d) $h(r) = \frac{2r^4}{r^2-1}$

4 a) $f(x) = \frac{6x}{15-x^2}$ b) $s(t) = \frac{4t^2-5}{2t+1}$

c) $h(a) = \frac{2a+a^3}{3a-4}$ d) $z(t) = \frac{t^2-1,5t}{1+0,8t}$

5 a) $f(x) = \frac{\sqrt{x}}{x+1}$ b) $f(x) = \frac{\sqrt{x}+1}{\sqrt{x}-1}$

c) $g(x) = \frac{\sqrt{x}+1}{\sqrt{x}-1}$ d) $f(x) = \frac{\sin(x)}{\cos(x)}$

> Wenn man davon ausgeht, dass der Quotient f zweier Funktionen u und v eine Ableitung besitzt, so lässt sich diese auch auf andere Weise aus der Produktregel herleiten:
> Aus $f = \frac{u}{v}$ folgt $f \cdot v = u$.
> Produktregel: $f' \cdot v + f \cdot v' = u'$
> Umformen: $f' \cdot v + \frac{u}{v} \cdot v' = u'$
> $f' \cdot v = \frac{u'v - uv'}{v}$
> $f' = \frac{u'v - uv'}{v^2}$

Ich mag nicht immer die Quotientenregel!

$\frac{u(x)}{v(x)}$

6 Leiten Sie ab ohne Verwendung der Quotientenregel.

a) $f(x) = \frac{4}{7-2x^2}$ b) $f(x) = \frac{2}{\sin(x)}$ c) $f(x) = \frac{3x^2+x-5}{4x}$ d) $f(x) = \frac{2x^2+3x+2}{x+1}$

7 Bestimmen Sie $f'(x)$.

a) $f(x) = \frac{x^4}{x^4+4}$ b) $f(x) = \frac{x^4+4}{x^4}$ c) $f(x) = \frac{x^2}{x+1}$ d) $f(x) = \frac{4}{x^2+x}$

e) $f(x) = \frac{x^2+5x}{4-x}$ f) $f(x) = \frac{x^2+5x}{4x}$ g) $f(x) = \frac{x^2-2x}{2x+1}$ h) $f(x) = \frac{x^2-2x}{2x}$

8 Gegeben ist die Funktion f mit $f(x) = \frac{4-x}{2-x}$.

Berechnen Sie die Funktionswerte an den Stellen –2; 0; 1,5; 2,5; 6 und tragen Sie die zugehörigen Punkte in ein Koordinatensystem ein. Berechnen Sie für jeden eingetragenen Punkt die Steigung. Zeichnen Sie die Tangenten in diesen Punkten und damit den Graphen von f.

9 An welchen Stellen hat die Ableitung der Funktion f den Wert m?

a) $f(x) = \frac{x}{2} + \frac{3}{2x}$; $m = -\frac{1}{2}$ b) $f(x) = \frac{1-x^2}{x}$; $m = -5$

c) $f(x) = \frac{1}{\sqrt{x}}$; $m = -1$ d) $f(x) = \frac{x^2-9}{x+2}$; $m = \frac{6}{5}$

Tangentensteigung:
$m_t = f'(x_0)$
Normalensteigung:
$m_n = -\frac{1}{f'(x_0)}$

10 Geben Sie die Gleichungen der Tangenten und der Normalen in den Punkten $P(1|f(1))$ und $Q(-2|f(-2))$ an.

a) $f(x) = \frac{2}{x}$ b) $f(x) = \frac{x}{x+1}$ c) $f(x) = \frac{4x^3-2}{x}$ d) $f(x) = \frac{x^3+2x}{x^2+1}$

11 Zeichnen Sie jeweils die Graphen der Funktionen f und g und lesen Sie ab, an welchen Stellen sie parallele Tangenten haben. Berechnen Sie anschließend diese Stellen.

a) $f(x) = x^2$; $g(x) = -\frac{1}{x^2}$ b) $f(x) = \frac{1}{x+1}$; $g(x) = \frac{1}{x-1}$ c) $f(x) = 1-2x$; $g(x) = \frac{2x^2}{x+1}$

Unterscheiden Sie zwischen Funktionsvariable und Parameter!

12 Leiten Sie ab.

a) $f(x) = \frac{3a}{1+x^2}$ b) $f(a) = \frac{3a}{1+x^2}$ c) $f(x) = \frac{tx^2+2}{x+1}$ d) $f(x) = \frac{ax^2+bx+c}{ax^2-bx+c}$

13 a) $f(x) = \frac{x}{(x+2)^2}$ b) $f(x) = \frac{x-4}{(2x-3)^2}$ c) $f(x) = \frac{x}{\sqrt{1+2x}}$ d) $f(x) = \frac{\sin(2x)}{0,5x}$

135

Die Ableitung von Quotienten

14 a) $f(x) = \frac{2x}{(t-x)^2}$ b) $f(t) = \frac{2x}{(t-x)^2}$ c) $f(t) = \frac{x}{\cos(tx)}$ d) $f(x) = \frac{x}{\cos(tx)}$

15 Leiten Sie zweimal ab.
a) $f(x) = \frac{3}{x^2}$ b) $f(x) = \frac{2x+1}{x^2}$ c) $f(x) = \frac{x^2-x}{x+1}$ d) $f(x) = \frac{x^3}{1+x^3}$

16 In einem betriebswirtschaftlichen Modell wird angenommen, dass beim Verkauf von x Stück eines Wirtschaftsguts der Gewinn pro Stück $\frac{1}{1+\sqrt{x}}$ Geldeinheiten beträgt.
a) Zeigen Sie, dass der Gewinn pro Stück mit wachsender Stückzahl abnimmt.
b) Zeigen Sie, dass der Gesamtgewinn mit wachsender Stückzahl zunimmt.

17 Die Konzentration eines Medikamentes (in $\frac{mg}{cm^3}$) im Blut eines Patienten lässt sich durch die Funktion K mit $K(t) = \frac{0{,}16\,t}{(t+2)^2}$ beschreiben (t: Zeit in h seit der Medikamenteneinnahme).
a) Berechnen Sie die anfängliche Änderungsrate der Konzentration und vergleichen Sie diese mit der mittleren Änderungsrate in den ersten 6 Minuten.
b) Wann ist die Konzentration am höchsten? Wie groß ist die maximale Konzentration? Wann ist die Konzentration nur noch halb so hoch?

Was ändert sich, wenn
* *x_0 zusätzlich Nullstelle von f ist?*
* *f eine von x_0 verschiedene Nullstelle besitzt?*

18 Gegeben ist die differenzierbare Funktion f mit $f(x) \neq 0$ und die Funktion g mit $g(x) = \frac{1}{f(x)}$.
a) Wählen Sie für f einen Funktionsterm so, dass f mindestens eine Minimalstelle x_0 hat. Entnehmen Sie den Graphen von f und g eine Vermutung darüber, welche Rolle die Stelle x_0 für die Funktion g spielt. Überprüfen Sie Ihre Vermutung an weiteren Beispielen.
b) Beweisen Sie Ihre Vermutung.

19 Beweisen oder widerlegen Sie die folgende Behauptung:
Hat der Graph von f die x-Achse als waagerechte Tangente, dann gilt dies auch für den Graphen von d mit $d(x) = \frac{f(x)}{x}$ $(x \neq 0)$.

20 Gegeben ist die Funktion f mit $f(x) = \frac{4x}{x^2-4}$.
a) Zeigen Sie, dass der Punkt $W(0|0)$ Wendepunkt des Graphen von f ist.
Geben Sie die Gleichung der zugehörigen Wendetangente an.
b) Die Parallelen zur Wendetangente berühren den Graphen von f in B_1 und B_2. Berechnen Sie die Koordinaten von B_1 und B_2; geben Sie die Gleichungen der Tangenten in B_1 und B_2 an.

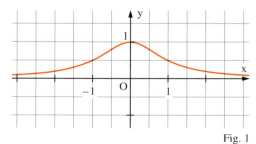

Fig. 1

21 Ein zur y-Achse symmetrisches Dreieck hat den Ursprung 0 als eine Ecke. Die beiden weiteren Ecken P_1 und P_2 liegen auf dem Graphen von f mit $f(x) = \frac{1}{1+x^2}$.
Für welche Lage von P_1 ist der Flächeninhalt des Dreiecks extremal?
Um welche Art von Extremum handelt es sich dabei?

22 Gegeben ist die Funktionenschar f_m mit $f_m(x) = \frac{mx^2 - (m+2)x + 2}{2x - 5}$.
Für welche $m \in \mathbb{R}$ hat der Graph von f_m keine Punkte mit waagerechter Tangente?

23 Die Funktion f sei dreimal differenzierbar mit $f''(x) = \frac{z(x)}{n(x)}$. Zeigen Sie: Sind für eine Stelle $x_0 \in D_f$ die Bedingungen $f''(x_0) = 0$ und $z'(x_0) \neq 0$ erfüllt, so ist x_0 Wendestelle von f.

5 Die Umkehrfunktion

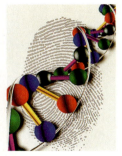

Der genetische Fingerabdruck eines Menschen gilt als unverwechselbar.

1 Im Folgenden sind Zuordnungen gegeben. Sind die umgekehrten Zuordnungen eindeutig? Welche Bedeutung könnte die Eindeutigkeit bzw. Nicht-Eindeutigkeit haben?
a) Jedem Buchtitel ist eine bestimmte ISBN-Codierung zugeordnet.
b) Jedem PKW ist eine bestimmte Marke und Farbe zugeordnet.
c) Jedem Schüler einer bestimmten Schule ist ein Name (mit Vorname) zugeordnet.
d) Jedem Menschen ist ein genetischer Fingerabdruck zugeordnet.

Bei einer Funktion f wird jeder reellen Zahl x aus einer Menge D_f genau eine reelle Zahl y zugeordnet. Im Folgenden wird untersucht, unter welchen Bedingungen die Umkehrung dieser Zuordnung ebenfalls eine Funktion ist und wie man gegebenenfalls ihren Funktionsterm erhält.

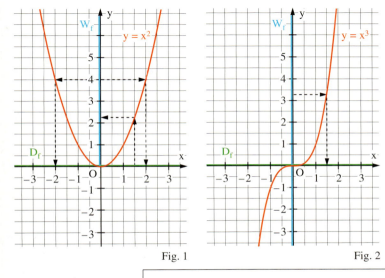

Fig. 1   Fig. 2

Fig. 1 zeigt den Graphen der Funktion f: $x \mapsto x^2$. Jeder Zahl x aus der Definitionsmenge D_f wird eindeutig eine Zahl y aus der Wertemenge W_f zugeordnet; z. B. $\frac{3}{2} \mapsto \frac{9}{4}$.
Geht man umgekehrt vom y-Wert 4 aus, wird man nicht zu einem eindeutig bestimmten x-Wert geführt. Sowohl −2 als auch 2 kommen in Frage. Die umgekehrte Zuordnung $y \mapsto x$ ist damit keine Funktion.
Fig. 2 zeigt den Graphen von g: $x \mapsto x^3$. Ausgehend vom y-Wert $\frac{27}{8}$ findet man nur den x-Wert $\frac{3}{2}$. Auch für alle anderen Zahlen aus der Wertemenge findet man eindeutig einen x-Wert. Damit ist in diesem Fall die umgekehrte Zuordnung $y \mapsto x$ wieder eine Funktion.

*Aus dieser Definition folgt: f ist **nicht umkehrbar**, falls es zu einem y-Wert y_0 zwei x-Werte x_1 und x_2 mit $f(x_1) = f(x_2) = y_0$ gibt.*

Definition: Eine Funktion f: $x \mapsto y$ mit der Definitionsmenge D_f und der Wertemenge W_f heißt **umkehrbar**, falls es zu jedem $y \in W_f$ nur ein $x \in D_f$ mit $f(x) = y$ gibt.

Ist eine Funktion f: $x \mapsto y$ umkehrbar, so ist die umgekehrte Zuordnung $y \mapsto x$ eine Funktion. Diese heißt **Umkehrfunktion** von f und wird mit $\bar{f}$ (lies: f quer) bezeichnet. Ihre Definitionsmenge ist W_f, ihre Wertemenge ist D_f, kurz: $D_{\bar{f}} = W_f$, $W_{\bar{f}} = D_f$.

Am Graphen lässt sich die Umkehrbarkeit von f daran erkennen, dass jede Parallele zur x-Achse den Graphen von f höchstens einmal schneidet. Dies ist sicher der Fall, wenn f streng monoton ist. Zusammen mit dem Monotoniesatz ergibt sich das folgende Kriterium für die Umkehrbarkeit.

Auch nicht-differenzierbare Funktionen können umkehrbar sein.

Satz: Jede streng monotone Funktion f ist umkehrbar.
Insbesondere ist jede in einem Intervall I differenzierbare Funktion f mit $f'(x) > 0$ (bzw. $f'(x) < 0$) für alle $x \in I$ umkehrbar.

Die Umkehrfunktion

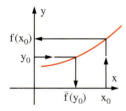

Funktion und Umkehrfunktion:
Gleicher Graph, aber verschiedene „Blickrichtungen".

Oder:

Gleiche „Blickrichtung", aber verschiedene Graphen. (Fig. 1)

Die Funktion $f: x \mapsto y$ und ihre Umkehrfunktion $\bar{f}: y \mapsto x$ haben in einem gemeinsamen Koordinatensystem denselben Graphen. Will man für $\bar{f}$ die Darstellung $\bar{f}: x \mapsto y$ mit $y = \bar{f}(x)$, so muss man die Variablen umbenennen: x wird zu y und y wird zu x („Variablentausch").
Zu jedem Punkt $P(a|b)$ des Graphen von f gehört dann ein Punkt $\bar{P}(b|a)$ des Graphen von $\bar{f}$.
Man erhält den Graphen von $\bar{f}$, indem man den Graphen von f an der 1. Winkelhalbierenden spiegelt.

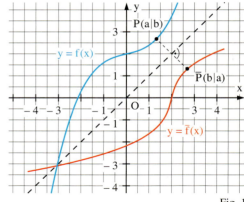

Fig. 1

An der umkehrbaren Funktion f mit $f(x) = (x + 1)^2$, $x \geq -1$ wird nun gezeigt, wie man $\bar{f}$ ermitteln kann:

Ermittlung von $\bar{f}$

1. $D_{\bar{f}}$ bestimmen.

2. Auflösen der Gleichung $y = f(x)$ nach x.

3. Variablentausch; $\bar{f}$ angeben.

1. Es gilt $f(-1) = 0$, $f(x) \to \infty$ für $x \to \infty$, aufgrund der strengen Monotonie von f ist $D_{\bar{f}} = W_f = [0; \infty)$.
2. Mit $y = (x + 1)^2$ gilt
$\sqrt{y} = x + 1$ oder $\sqrt{y} = -(x + 1)$ und damit
$x = \sqrt{y} - 1$ (*) oder $x = -\sqrt{y} - 1$ (**).
Da $W_{\bar{f}} = D_f = [-1; \infty)$ ist, muss (**) ausgeschlossen werden.
3. Aus $x = \sqrt{y} - 1$ erhält man nun
$y = \sqrt{x} - 1$.
Damit ist $\bar{f}$ mit $\bar{f}(x) = \sqrt{x} - 1$; $x \geq 0$ die Umkehrfunktion von f (Fig. 2).

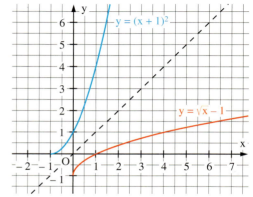

Fig. 2

Beispiel: (Untersuchung auf Umkehrbarkeit, Bestimmung der Umkehrfunktion)
Ist die Funktion f umkehrbar?
Bestimmen Sie gegebenenfalls $\bar{f}$ und zeichnen Sie die Graphen von f und $\bar{f}$.
a) $f(x) = \frac{3}{x-1}$; $x > 1$ b) $f(x) = x^3 - x$; $x \in \mathbb{R}$
Lösung:
a) Da $f'(x) = \frac{-3}{(x-1)^2} < 0$ ist auf dem Intervall $(1; \infty)$, ist f streng monoton fallend und damit umkehrbar.
1. $D_{\bar{f}} = W_f = (0; \infty)$ (vgl. Fig. 3).
2. Auflösung der Gleichung $y = \frac{3}{x-1}$ nach x:
$x - 1 = \frac{3}{y}$; $x = \frac{3}{y} + 1$.
3. Variablentausch: $y = \frac{3}{x} + 1$. Damit ist
$\bar{f}$ mit $\bar{f}(x) = \frac{3}{x} + 1$; $x > 0$ die Umkehrfunktion von f.

Oft lassen sich Teilbereiche finden, in denen f umkehrbar ist (vgl. Aufgabe 6 auf Seite 139).

b) Zum Nachweis der Nicht-Umkehrbarkeit genügt es, zwei Stellen mit gleichem Funktionswert zu finden. Wählt man z. B. $x_1 = 0$ und $x_2 = 1$, so gilt $f(x_1) = f(x_2) = 0$. Deshalb ist f nicht umkehrbar.

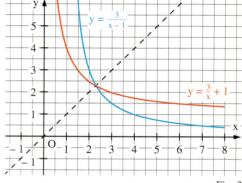

Fig. 3

Aufgaben

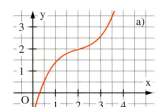 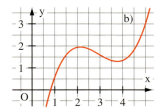 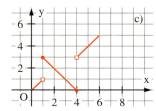 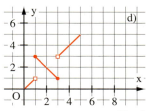

Fig. 1

2 Gehört der Graph in Fig. 1 zu einer umkehrbaren Funktion f? Begründen Sie.

3 Zeigen Sie mithilfe der Ableitung, dass f umkehrbar ist.
a) $f(x) = x^3 + x$; $x \in \mathbb{R}$
b) $f(x) = \frac{2}{\sqrt{x+1}}$; $x \geq 0$
c) $f(x) = x^3 - 3x + 4$; $x \geq 2$
d) $f(x) = \frac{5}{x-2}$; $x > 2$
e) $f(x) = \frac{x^2 - 2}{x}$; $x > 0$
f) $f(x) = \frac{2x-3}{1-x}$; $x < 1$

4 Untersuchen Sie die Funktion f auf Umkehrbarkeit.
a) $f(x) = -x^2 + 3$; $x > 1$
b) $f(x) = -x^2 + 3$; $x < 1$
c) $f(x) = 1 + \sin(x)$; $x \in [0; \pi]$
d) $f(x) = 0{,}5 x^3 + 3x - 5$; $x \in \mathbb{R}$
e) $f(x) = x^3 - 2x^2 + 3$; $x \in \mathbb{R}$
f) $f(x) = \frac{1}{1+x^2}$; $x \in \mathbb{R}$

Hier hilft eine Skizze des Graphen von f oder die Betrachtung von f'(x) weiter.

5 Zeigen Sie, dass die Funktion f umkehrbar ist. Bestimmen Sie die Umkehrfunktion $\overline{f}$. Geben Sie ihre Definitionsmenge und ihre Wertemenge an
a) $f(x) = \frac{2}{x-3}$; $x > 3$
b) $f(x) = \frac{4}{x-2}$; $x < 2$
c) $f(x) = 4 - \frac{6}{x}$; $x < 0$
d) $f(x) = (x-3)^2 + 1$; $x \geq 3$
e) $f(x) = \sqrt{3x+1} - 1$; $x > 1$
f) $f(x) = 2 + \frac{1}{\sqrt{x-1}}$; $x > 0$

6 Auf welchen Intervallen ist f umkehrbar? Bestimmen Sie $\overline{f}(x)$ und geben Sie $D_{\overline{f}}$ an.
a) $f(x) = 4x - x^2$
b) $f(x) = \frac{2x}{x-1}$
c) $f(x) = x \cdot |x|$

7 a) Welche der linearen Funktionen f mit $f(x) = mx + b$ ($m \in \mathbb{R}$, $b \in \mathbb{R}$) sind umkehrbar?
b) Welche der Potenzfunktionen f mit $f(x) = x^n$ ($n \in \mathbb{N} \setminus \{0\}$) sind umkehrbar?

8 Die Funktion f mit $f(x) = ax^3 + bx$ ($a, b \in \mathbb{R}$) sei umkehrbar. Welche Bedingung erfüllen die Koeffizienten a und b?

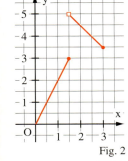

Fig. 2

9 Begründen Sie die Aussage oder widerlegen Sie diese durch ein Gegenbeispiel.
a) Ist eine ganzrationale Funktion gerade, dann ist sie nicht umkehrbar.
b) Ist eine ganzrationale Funktion nicht umkehrbar, so ist sie gerade.
c) Hat eine ganzrationale Funktion keine Extremstellen, so ist sie umkehrbar.
d) Ist eine ganzrationale Funktion umkehrbar, so hat sie keine Extremstellen.
e) Jede umkehrbare Funktion ist streng monoton.

10 Ein regionales Stromversorgungsunternehmen möchte ein Faltblatt herausgeben, das zur Information über die jährlichen Stromkosten in privaten Haushalten dienen soll. Auch soll es einen direkten Vergleich mit Anbietern in anderen Regionen ermöglichen.
Berechnen Sie die noch fehlenden Werte.

6 Die Ableitung der Umkehrfunktion

1 a) Bestimmen Sie für die lineare Funktion f: x ↦ mx + c (m ≠ 0) die Umkehrfunktion $\bar{f}$.
Vergleichen Sie f'(x) mit $\bar{f}'(x)$.
b) Gegeben ist die Funktion g: x ↦ x²; x ∈ ℝ⁺.
Bestimmen Sie die Steigung der Tangente an den Graphen von g im Punkt P(2|g(2)).
Zeichnen Sie den Graphen der Funktion g und die Tangente in P.
Spiegeln Sie die gesamte Figur an der 1. Winkelhalbierenden. Welche Aussage über die Ableitung der Umkehrfunktion von g können Sie aus Ihrer Zeichnung entnehmen?

Bei der Umkehrung einfacher Funktionen wie z. B. f mit f(x) = x³ entstehen häufig Funktionen, die mit den bisherigen Regeln nicht abgeleitet werden können. Im Folgenden wird daher untersucht, ob man von der Ableitung einer Funktion f auf die Ableitung der Umkehrfunktion $\bar{f}$ schließen kann.

Spiegelt man den Graphen einer Funktion f an der 1. Winkelhalbierenden, so erhält man den Graphen ihrer Umkehrfunktion $\bar{f}$. Hat der Graph von f im Punkt $P(x_0|y_0)$ eine Tangente, so hat der Graph von $\bar{f}$ im Punkt $\bar{P}(y_0|x_0)$ ebenfalls eine Tangente.
Dies bedeutet: Ist f an der Stelle x_0 differenzierbar mit f'(x_0) ≠ 0, dann ist $\bar{f}$ an der Stelle y_0 = f(x_0) ebenfalls differenzierbar.
Aus den beiden Steigungsdreiecken der Tangenten lässt sich unmittelbar ablesen, dass f'(x_0) und $\bar{f}'(y_0)$ Kehrwerte voneinander sind.
Damit ist der folgende Satz anschaulich begründet.

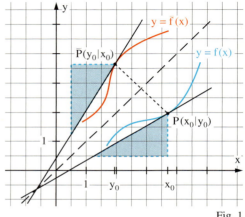

Ist f'(x₀) = 0, so ist die Tangente in P parallel zur x-Achse. Die gespiegelte Tangente durch $\bar{P}$ ist dann parallel zur y-Achse und hat damit keine Steigung, d. h. $\bar{f}$ ist an der Stelle y₀ nicht differenzierbar.

Fig. 1

Satz: Ist die Funktion f in einem Intervall I umkehrbar und differenzierbar mit f'(x) ≠ 0 für x ∈ I, dann ist die Umkehrfunktion $\bar{f}$ ebenfalls differenzierbar, und es gilt:
$$\bar{f}'(y) = \frac{1}{f'(x)} \text{ mit } y = f(x) \text{ bzw. } x = \bar{f}(y).$$

Beispiel: (Ableitung der Umkehrfunktion)
Gegeben ist die umkehrbare Funktion f mit f(x) = x³; x ∈ ℝ⁺.
Ermitteln Sie die Umkehrfunktion $\bar{f}$ sowie deren Ableitungsfunktion $\bar{f}'$.
Lösung:

1. Definitionsmenge bestimmen.
2. y = f(x) setzen und nach x auflösen.
3. Berechnen von $\bar{f}'(y)$.
4. Ersetzen von x durch $\bar{f}(y)$.
5. Ersetzen von y durch x.

1. $D_{\bar{f}} = W_f = ℝ^+$
2. Aus y = x³ erhält man x = $\sqrt[3]{y}$ = $\bar{f}(y)$.
3. $\bar{f}'(y) = \frac{1}{f'(x)} = \frac{1}{3x^2} = \frac{1}{3}x^{-2}$
4. $\bar{f}'(y) = \frac{1}{3}(\sqrt[3]{y})^{-2} = \frac{1}{3}y^{-\frac{2}{3}}$
5. $\bar{f}'(x) = \frac{1}{3}x^{-\frac{2}{3}} = \frac{1}{3 \cdot \sqrt[3]{x^2}}$

Die Funktion $\bar{f}$ mit $\bar{f}(x) = \sqrt[3]{x}$; x ∈ ℝ⁺ hat die Ableitungsfunktion $\bar{f}'$ mit $\bar{f}'(x) = \frac{1}{3 \cdot \sqrt[3]{x^2}}$.

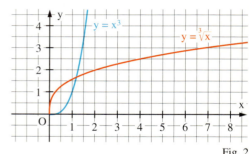

Fig. 2

Aufgaben

2 Gegeben ist die umkehrbare Funktion f mit $f(x) = x^3 - 1$; $x \in \mathbb{R}^+$.
a) Berechnen Sie $\bar{f}'(7)$ und $\bar{f}'\left(\frac{19}{8}\right)$.
b) Bestimmen Sie $\bar{f}'(x)$.
c) Bestimmen Sie die Umkehrfunktion $\bar{f}$.

> Wenn man davon ausgeht, dass die Umkehrfunktion $\bar{f}$ einer differenzierbaren Funktion f mit $f'(x) \neq 0$ eine Ableitung besitzt, so lässt sich diese auch mithilfe der Kettenregel herleiten.
> Nach Definition der Umkehrfunktion gilt:
> $$\bar{f}(f(x)) = x.$$
> Leitet man beide Seiten dieser Gleichung ab, so erhält man
> $\bar{f}'(f(x)) \cdot f'(x) = 1$ und damit
> $\bar{f}'(f(x)) = \frac{1}{f'(x)}$ bzw. $\bar{f}'(y) = \frac{1}{f'(x)}$.

3 Gegeben ist die Funktion f mit $f(x) = \frac{1}{\sqrt{x}}$.
a) Zeigen Sie, dass die Funktion f umkehrbar ist.
b) Ermitteln Sie die Umkehrfunktion $\bar{f}$.
c) Bestimmen Sie die Ableitung $\bar{f}'$ der Umkehrfunktion auf zwei Arten.

4 Ermitteln Sie $g'(x)$ für die Funktion g mit $g(x) = \sqrt[4]{x}$; $x > 0$.

5 Für die umkehrbare Funktion f mit $f(x) = x + x^3$ kann man die Ableitung der Umkehrfunktion $\bar{f}$ an manchen Stellen berechnen, ohne $\bar{f}$ zu kennen.
Berechnen Sie $\bar{f}'(0)$; $\bar{f}'(2)$; $\bar{f}'(-10)$.

6 Gegeben ist die Funktion $f: x \mapsto \sin(x)$; $x \in \left[-\frac{\pi}{2}; \frac{\pi}{2}\right]$.
a) Zeigen Sie, dass f umkehrbar ist.
b) Bestimmen Sie $\bar{f}'(0)$; $\bar{f}'(0,5)$ und $\bar{f}'\left(-\frac{1}{2}\sqrt{2}\right)$.
c) Gibt es Stellen, an denen $\bar{f}$ nicht differenzierbar ist?

7 Eine Funktion f sei im Intervall $I = [0; 2]$ umkehrbar. Skizzieren Sie einen möglichen Graphen von f, wenn f die angegebenen Bedingungen erfüllt.
a) f ist differenzierbar für alle $x \in I$; $\bar{f}$ ist an der Stelle 1 nicht differenzierbar.
b) $\bar{f}$ ist differenzierbar für alle $x \in I$; f ist an der Stelle 1 nicht differenzierbar.
c) Sowohl f als auch $\bar{f}$ sind an der Stelle 1 nicht differenzierbar.

8 Eine Sportartikelfirma produziert Lederbälle. Der untenstehende Graph zeigt den Zusammenhang zwischen der täglich produzierten Anzahl an Bällen und den daraus entstehenden Kosten.

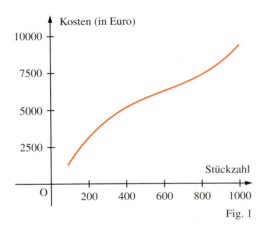

Fig. 1

a) Begründen Sie mithilfe des Graphen: Bei einer Tagesproduktion von 600 Bällen verursacht eine geringfügige Produktionserhöhung eine Kostensteigerung von ca. $3{,}80 \frac{\text{Euro}}{\text{Ball}}$.
b) Die Sportartikelfirma investiert momentan täglich 5 000 Euro für die Produktion von Bällen und möchte diese Investition leicht erhöhen.
Wie groß ist die zu erwartende Produktionssteigerung (in $\frac{\text{Bälle}}{\text{Euro}}$)?
c) Wie groß ist die Produktionssteigerung, wenn man die augenblickliche Investition von 7 500 Euro geringfügig erhöht?

141

7 Vermischte Aufgaben

1 Leiten Sie ab und vereinfachen Sie soweit wie möglich.
a) $f(x) = (3x - 4)^4$
b) $g(x) = \sqrt{5x^2 - 7x + 1}$
c) $f(t) = \frac{3t^2 - 5}{t^4 + 2}$
d) $h(x) = (u + x^2)^2$
e) $h(u) = (u + x^2)^2$
f) $f(x) = x^2 \cdot \cos(x - c)$

Eine Regel kommt selten allein.

2 a) $f(x) = 2x\sqrt{x^2 + 3}$
b) $h(t) = \frac{2t}{(t^2 - 3)^2}$
c) $g(x) = \frac{x^2(x-1)}{(2x+1)^2}$
d) $f(t) = \frac{\sin(2at)}{2t + 3}$
e) $a(t) = (t + 1) \cdot \cos\left(\omega t - \frac{\pi}{4}\right)$
f) $g(x) = \frac{x \cdot \sqrt{cx - t}}{x - 1}$

3 Berechnen Sie $f'(x)$ und $f''(x)$.
a) $f(x) = (6 - 5x)^3$
b) $f(x) = (x^2 + 2)^4$
c) $f(x) = \frac{3}{2 + x^2}$
d) $f(x) = \sqrt{x^2 + 1}$
e) $f(x) = \frac{t}{(tx + 1)^2}$
f) $f(x) = \cos(ax^2)$

4 Auf welchen Teilbereichen von D_f ist die Funktion f umkehrbar? Geben Sie jeweils $\bar{f}$ an und berechnen Sie $\bar{f}'$.
a) $f(x) = \frac{2}{x^2 + 3}$
b) $f(x) = \sqrt{25 - 4x^2}$
c) $f(x) = 4x - x^2$

Zu den Aufgaben Nr. 8–10: Es gibt drei wichtige Typen von Aufgaben mit Tangenten.

(gegeben: blau
gesucht: rot)

5 Ermitteln Sie die Ableitung der Funktion f mit $f(x) = \sqrt[5]{x}$. Bestimmen Sie daraus die Ableitung der Funktion g mit $g(x) = \sqrt[5]{x^2}$.

6 Welche Aussage ist wahr? Begründen Sie Ihre Antwort bzw. nennen Sie ein Gegenbeispiel.
a) Ist der Graph einer Funktion f symmetrisch zur y-Achse, dann ist f nicht umkehrbar.
b) Ist der Graph einer Funktion f punktsymmetrisch zum Ursprung, dann ist f umkehrbar.
c) Hat der Graph einer Funktion f eine waagerechte Tangente, dann ist f nicht umkehrbar.

7 Prüfen Sie folgende Behauptungen für Funktionen u und v.
a) Ist x_0 eine Nullstelle der Funktion v, dann ist x_0 auch eine Nullstelle der Funktion $u \circ v$.
b) Wenn die Funktion u eine Nullstelle hat, dann hat auch die Funktion $u \circ v$ eine Nullstelle.
c) Hat der Graph von v eine waagerechte Tangente, so gilt dies auch für den Graphen von $u \circ v$. Auch die Umkehrung dieser Aussage ist richtig.

Tangenten und Normalen

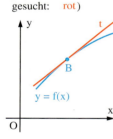

8 Ermitteln Sie die Gleichungen der Tangente und der Normalen an den Graphen von f im Punkt B.
a) $f(x) = 2 \cdot \sqrt{2x + 1}$; $B(0|?)$
b) $f(x) = \frac{x}{1 + 2x^2}$; $B(1|?)$
c) $f(x) = (2 - 4x)^3(1 - x)$; $B\left(\frac{1}{2}\big|?\right)$
d) $f(x) = (1 + x)\sqrt{3x}$; $B(3|?)$

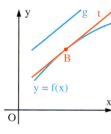

9 Bestimmen Sie die Gleichung der Tangente t an den Graphen von f, die parallel zur Geraden g ist.
a) $f(x) = \sqrt{25 - x^2}$; g: $y = -\frac{4}{3}x + 4$
b) $f(x) = \frac{2}{x^2 + 1}$; g: $y = x + 3$

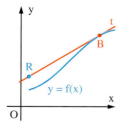

10 Vom Punkt R aus werden die Tangenten an den Graphen von f gelegt. Berechnen Sie die Koordinaten der Berührpunkte und geben Sie die Gleichungen der Tangenten an.
a) $f(x) = \frac{4x - 2}{x^2}$; $R(0|0)$
b) $f(x) = \frac{x}{x - 3}$; $R(0|4)$
c) $f(x) = \sqrt{2x - 4}$; $R(2|1)$

Vermischte Aufgaben

Funktionenscharen

11 Für $t \in \mathbb{R} \setminus \{0\}$ sind die Funktionen f_t gegeben durch $f_t(x) = \frac{tx}{x-1}$. Der Graph von f_t sei K_t.
a) Bestimmen Sie die Steigung der Tangente an K_t im Punkt $O(0|0)$. Wie lautet die Gleichung dieser Tangente?
b) Für welchen Wert von t hat K_t die erste Winkelhalbierende als Tangente?
c) Zeigen Sie, dass sich K_2 und $K_{-\frac{1}{2}}$ im Ursprung orthogonal schneiden.

12 a) Für welche $t \in \mathbb{R}$ ist die Funktion f_t mit $f_t(x) = \frac{tx+3}{x+1}$ umkehrbar?
b) Gibt es ein $t \in \mathbb{R}$, so dass f_t und $\overline{f_t}$ übereinstimmen?

13 Für $t \in \mathbb{R} \setminus \{0\}$ sind die Funktionen f_t gegeben durch $f_t(x) = \frac{tx}{(1-x)^2}$. Der Graph von f_t sei K_t.
a) Skizzieren Sie die Graphen von K_1 und K_{-1} in ein gemeinsames Koordinatensystem.
b) Welche Beziehung muss zwischen t und t^* bestehen, damit sich K_t und K_{t^*} im Ursprung orthogonal schneiden?
c) Die Tangente an K_t im Ursprung hat mit K_t einen weiteren Punkt gemeinsam. Berechnen Sie die Koordinaten dieses Punktes. Für welche Werte von t schneiden sich diese Tangente und der Graph K_t in dem weiteren Punkt orthogonal?

Extremwertaufgaben

14 Bestimmen Sie auf dem Graphen der Funktion f mit $f(x) = x(x-3)^2$ denjenigen Punkt $P(u|v)$ mit $0 \leq u \leq 3$, für den das Dreieck mit den Ecken $P_1(0|0)$, $P_2(u|0)$ und P maximalen Flächeninhalt hat. Berechnen Sie den Inhalt dieses Dreiecks.

15 Skizzieren Sie den Graphen K der Funktion $f: x \mapsto 2\cos(2x)$ für $x \in \left[-\frac{\pi}{4}; \frac{\pi}{4}\right]$. Dem Graphen K ist ein Rechteck, dessen eine Seite auf der x-Achse liegt, so einzubeschreiben, dass sein Umfang maximal wird.

16 Ein Fisch schwimmt in einem Bach (Fließgeschwindigkeit $2\frac{m}{s}$) 100 m weit stromaufwärts mit der konstanten Geschwindigkeit x (in $\frac{m}{s}$) relativ zum Wasser. Die Energie E (in Joule), die er dazu benötigt, hängt vor allem ab von seiner Form und der Zeit t, die er unterwegs ist.

Aus Experimenten weiß man, dass $E = c \cdot x^k \cdot t$ ist mit $c > 0$ und $k > 2$.
a) Verschaffen Sie sich einen Überblick über den Verlauf der „Energiekurven" in Abhängigkeit von der Geschwindigkeit x des Fisches. Setzen Sie dazu $c = 1$ und variieren Sie k zwischen den Werten 2,5 und 4. Lesen Sie jeweils ab, bei welcher Geschwindigkeit der Energieaufwand des Fisches am geringsten ist. Zeigen Sie, dass dies für $x = \frac{2k}{k-1}$ (in $\frac{m}{s}$) der Fall ist.
b) Begründen Sie: Je „plumper" ein Fisch gebaut ist (d. h. je größer der Parameter k ist), desto kleiner ist seine energiesparendste Geschwindigkeit.

nur wenig größer als 2

Parameter k:
wesentlich größer als 2

Mathematische Exkursionen

Exoten unter den Funktionen

Um eine griffige Vorstellung vom wesentlichen Inhalt einer Definition zu erhalten, versucht man häufig, den Sachverhalt anschaulich zu interpretieren, was jedoch zu fehlerhaften Vereinfachungen führen kann.
Dieses Problem soll an den beiden Begriffen Stetigkeit und Differenzierbarkeit näher demonstriert werden.

Für eine Funktion f, die auf einem Intervall I definiert ist, gilt:
Eine Funktion f heißt an der Stelle $x_0 \in I$ **stetig**,
wenn $\lim_{x \to x_0} f(x)$ existiert und
mit $f(x_0)$ übereinstimmt.

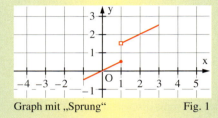
Graph mit „Sprung"   Fig. 1

Anschaulich bedeutet dies für alle „nicht exotischen" Funktionen, dass sie dann stetig sind, wenn ihr Graph keinen Sprung aufweist bzw. wenn man den Graphen „mit einem Bleistiftzug durchzeichnen" kann („Bleistiftdefinition" der Stetigkeit).

Weiterhin wird für eine Funktion f mit einem Intervall I als Definitionsmenge definiert:
Eine Funktion f heißt an der Stelle $x_0 \in I$ **differenzierbar**, wenn der Differenzenquotient $\frac{f(x) - f(x_0)}{x - x_0}$ für $x \to x_0$ einen Grenzwert besitzt.

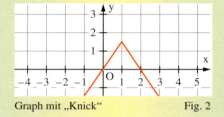
Graph mit „Knick"   Fig. 2

Anschaulich bedeutet dies für alle „nicht exotischen" Funktionen, dass sie dann differenzierbar sind, wenn ihr Graph keinen Knick aufweist bzw. wenn der Graph „glatt durchgezeichnet" werden kann.

Es gibt jedoch Funktionen, bei denen diese anschaulichen Interpretationen versagen.

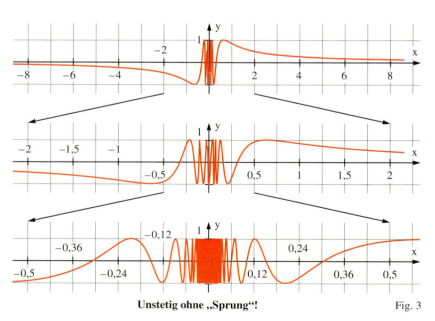
Unstetig ohne „Sprung"!   Fig. 3

Exotenfunktion Nr. 1:
$$f(x) = \begin{cases} \sin\left(\frac{1}{x}\right) & \text{für } x \neq 0 \\ 0 & \text{für } x = 0 \end{cases}$$
Selbst wenn man den Graphen von f in Richtung der x-Achse immer weiter streckt, entdeckt man an der Stelle 0 keinen Sprung.
Ist die Funktion f damit stetig? NEIN!
Nähert man sich nämlich der Stelle 0, so nimmt die Funktion f in jedem noch so kleinen Intervall [–h; h] sowohl den Funktionswert 1 als auch den Wert –1 an. Der Graph der Funktion f oszilliert sogar um so rascher zwischen den Werten –1 und 1, je näher man der Stelle 0 kommt. Deshalb hat f(x) für $x \to 0$ keinen Grenzwert.
Die Funktion f ist also an der Stelle 0 nicht stetig!

Mathematische Exkursionen

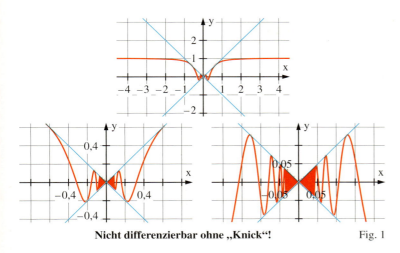

Nicht differenzierbar ohne „Knick"!   Fig. 1

Exotenfunktion Nr. 2:
$$g(x) = \begin{cases} x \cdot \sin\left(\frac{1}{x}\right) & \text{für } x \neq 0 \\ 0 & \text{für } x = 0 \end{cases}$$
Diese Funktion ist stetig!
Der Faktor $\sin\left(\frac{1}{x}\right)$ nimmt nur Werte zwischen -1 und $+1$ an. Für $x \to 0$ „dämpft" der Faktor x aber die Oszillation.
Für $x \to 0$ gilt: $x \cdot \sin\left(\frac{1}{x}\right) \to 0$.
Da $g(0) = 0$ ist, ist die Funktion g stetig an der Stelle 0 und damit auf der gesamten Definitionsmenge $\mathbb{R}$.
Betrachtet man nun den Graphen von g, so entdeckt man nirgends einen Knick.
Ist die Funktion g damit differenzierbar? NEIN!

Für $x \neq 0$ liefern zwar die Ableitungsregeln $g'(x) = \sin\left(\frac{1}{x}\right) - \frac{1}{x}\cos\left(\frac{1}{x}\right)$. Aber an der Stelle 0 gilt für den Differenzenquotienten: $\frac{g(x) - g(0)}{x - 0} = \frac{x \sin\left(\frac{1}{x}\right) - 0}{x - 0} = \sin\left(\frac{1}{x}\right)$. Wie die Untersuchung der Exotenfunktion Nr. 1 gezeigt hat, besitzt $\sin\left(\frac{1}{x}\right)$ keinen Grenzwert für $x \to 0$. Der Differenzenquotient besitzt also keinen Grenzwert.
Damit ist die Funktion g zwar stetig, aber an der Stelle 0 nicht differenzierbar!

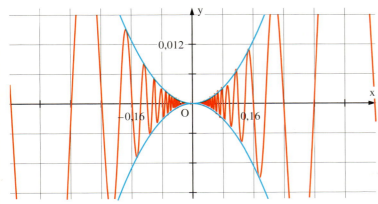

Fig. 2

Exotenfunktion Nr. 3:
$$h(x) = \begin{cases} x^2 \cdot \sin\left(\frac{1}{x}\right) & \text{für } x \neq 0 \\ 0 & \text{für } x = 0 \end{cases}$$
Diese Funktion ist stetig und differenzierbar!
Die Funktion h ist stetig an der Stelle 0, da $\lim\limits_{x \to x_0} x^2 \sin\left(\frac{1}{x}\right) = 0$ ist
und mit dem Funktionswert $h(0) = 0$ übereinstimmt.
Die Funktion h ist somit stetig auf der ganzen Definitionsmenge $\mathbb{R}$. Wie steht es aber mit der Differenzierbarkeit?

Die Funktion h ist im Gegensatz zur Funktion g auch differenzierbar an der Stelle 0, da der Differenzenquotient
$\frac{h(x) - h(0)}{x - 0} = \frac{x^2 \sin\left(\frac{1}{x}\right) - 0}{x - 0} = x \cdot \sin\left(\frac{1}{x}\right)$ für $x \to 0$ den Grenzwert 0 besitzt (vgl. Stetigkeit der Exotenfunktion Nr. 2).

Mithilfe der Ableitungsregeln erhält man die Ableitungsfunktion h' mit $h'(x) = \begin{cases} 2x \sin\left(\frac{1}{x}\right) - \cos\left(\frac{1}{x}\right) & \text{für } x \neq 0 \\ 0 & \text{für } x = 0 \end{cases}$.

Die Funktion h ist somit differenzierbar auf ganz $\mathbb{R}$.
Ist die Ableitungsfunktion h' auch stetig?
Da für $x \to 0$ zwar $2x \sin\left(\frac{1}{x}\right) \to 0$ gilt, aber $\cos\left(\frac{1}{x}\right)$ zwischen -1 und 1 oszilliert, existiert für $x \to 0$ kein Grenzwert von $2x \sin\left(\frac{1}{x}\right) - \cos\left(\frac{1}{x}\right)$.
Damit ist die Ableitungsfunktion h' an der Stelle 0 nicht stetig.

Rückblick

Verkettung zweier Funktionen
Unter der Verkettung zweier Funktionen v und u versteht man die Funktion $u \circ v: x \mapsto u(v(x))$.
Man erhält den Funktionsterm von $u \circ v$, indem man den Term $v(x)$ der „inneren" Funktion für die Variable der „äußeren" Funktion u einsetzt.
Dabei gilt im Allgemeinen: $u \circ v \neq v \circ u$.

Umgekehrt lässt sich oft eine komplizierte Funktion f als Verkettung von einfacheren Funktionen u und v auffassen mit $u \circ v = f$ (Zerlegung einer Verkettung).

$u: x \mapsto \frac{2}{x-1}$; $v: x \mapsto 3x^2$
Es ist $u(v(x)) = \frac{2}{v(x)-1} = \frac{2}{3x^2-1}$.
Verkettung $u \circ v: x \mapsto \frac{2}{3x^2-1}$
Es ist $v(u(x)) = 3 \cdot (u(x))^2 = 3\left(\frac{2}{x-1}\right)^2 = \frac{12}{(x-1)^2}$
Verkettung $v \circ u: x \mapsto \frac{12}{(x-1)^2}$
Zerlegung der Funktion $f: x \mapsto 2\sqrt{4-x}$
in die Funktionen $v: x \mapsto 4-x$
und $u: x \mapsto 2\sqrt{x}$ mit $f = u \circ v$.

Ableitung von Verkettungen
Ist $f = u \circ v$ eine Verkettung zweier Funktionen, so gilt:
$\mathbf{f'(x) = u'(v(x)) \cdot v'(x)}$.

$f(x) = 4(5-x^2)^3$
$v(x) = 5-x^2$; $v'(x) = -2x$
$u(x) = 4x^3$; $u'(x) = 12x^2$
$f'(x) = 12(5-x^2)^2 \cdot (-2x) = -24x(5-x^2)^2$

Ableitung von Produkten
Ist $f = u \cdot v$ ein Produkt zweier Funktionen, so gilt:
$\mathbf{f'(x) = u'(x) \cdot v(x) + u(x) \cdot v'(x)}$.

$f(x) = (1-x^2)\sin(x)$
$u(x) = 1-x^2$; $u'(x) = -2x$
$v(x) = \sin(x)$; $v'(x) = \cos(x)$
$f'(x) = -2x\sin(x) + (1-x^2)\cos(x)$

Ableitung von Quotienten
Ist $f = \frac{u}{v}$ ($v(x) \neq 0$) ein Quotient zweier Funktionen, so gilt:
$\mathbf{f'(x) = \frac{u'(x) \cdot v(x) - u(x) \cdot v'(x)}{v^2(x)}}$.

$f(x) = \frac{3x}{2-x^2}$
$u(x) = 3x$; $u'(x) = 3$
$v(x) = 2-x^2$; $v'(x) = -2x$
$f'(x) = \frac{3(2-x^2) - 3x(-2x)}{(2-x^2)^2} = \frac{6+3x^2}{(2-x^2)^2}$

Die Umkehrfunktion
Eine Funktion $f: x \mapsto y$ mit der Definitionsmenge D_f und der Wertemenge W_f heißt umkehrbar, falls es zu jedem $y \in W_f$ nur ein $x \in D_f$ mit $f(x) = y$ gibt.
Ist eine Funktion f umkehrbar, so ist die umgekehrte Zuordnung auch eine Funktion und heißt Umkehrfunktion $\bar{f}$ von f.
Insbesondere ist jede streng monotone Funktion umkehrbar.

Die Funktion $f: x \mapsto x^3 - 1$, $x > 0$ ist streng monoton zunehmend, da $f'(x) = 3x^2 > 0$ ist für $x > 0$. Daher ist die Funktion f umkehrbar mit $D_{\bar{f}} = W_f = (-1; \infty)$.
Auflösen von $y = x^3$ nach $x: x = \sqrt[3]{y+1}$.
Variablentausch liefert $\bar{f}: x \mapsto \sqrt[3]{x+1}$.

Ableitung der Umkehrfunktion
Ist die Funktion f in einem Intervall I umkehrbar und differenzierbar mit $f'(x) \neq 0$ für $x \in I$, dann ist die Umkehrfunktion $\bar{f}$ ebenfalls differenzierbar, und es gilt:
$\mathbf{\bar{f}'(y) = \frac{1}{f'(x)}}$ mit $y = f(x)$ bzw. $x = \bar{f}(y)$.

$f: x \mapsto x^3 - 1$, $x > 0$ ist umkehrbar.
Mit $y = x^3 - 1$ ist $x = \sqrt[3]{y+1} = \bar{f}(y)$.
Also ist $\bar{f}'(y) = \frac{1}{f'(x)} = \frac{1}{3x^2}$.
Ersetzen von x durch $\bar{f}(y)$:
$\bar{f}'(y) = \frac{1}{3(\sqrt[3]{y+1})^2}$.
Ersetzen von y durch $x: \bar{f}'(x) = \frac{1}{3(\sqrt[3]{y+1})^2}$.

146

Aufgaben zum Üben und Wiederholen

1 Gegeben sind die Funktionen u und v. Bestimmen Sie die Funktionen u ∘ v und v ∘ u. Geben Sie jeweils die maximale Definitionsmenge an.
a) $u(x) = 2x - 1;\ v(x) = 3x$
b) $u(x) = \frac{1}{x^3};\ v(x) = x^2 + 2$
c) $u(x) = \frac{1}{x^2 - 1};\ v(x) = \sqrt{x+1}$

2 Die Funktion f kann als Verkettung u ∘ v aufgefasst werden. Geben Sie geeignete Funktionen u und v an.
a) $f(x) = (2x - 5)^3$
b) $f(x) = -\frac{2}{(x+1)^4}$
c) $f(x) = \frac{1}{2(x^2+1)^2}$
d) $f(x) = 3\sqrt{2x^2+1}$

3 Leiten Sie ab und vereinfachen Sie das Ergebnis.
a) $h(x) = \frac{8}{(5-4x)^2}$
b) $f(x) = (4x+2)\sqrt{x}$
c) $f(x) = 3x^2 \cdot \left(\frac{1}{4}x+1\right)^4$
d) $g(x) = \frac{1}{2}\sqrt{2x^2+1}$
e) $k(x) = \frac{5-2x}{(3x+1)^2}$
f) $f(x) = (x^2-2x)^3\sqrt{x}$
g) $f(x) = \frac{2+x^2}{4x}$
h) $g(x) = \frac{(x^2+1)^2}{5-2x}$
i) $h(x) = \frac{4x}{\sqrt{x^2+1}}$
j) $k(x) = \left(\frac{8x-2}{x+1}\right)^2$
k) $p(x) = \frac{2\sin(x)}{2-3x}$
l) $g(x) = x \cdot \sin(2x)$

4
a) $f(x) = ax^2 \cdot (x+1)^3$
b) $f(a) = \frac{2t}{(t+a)^2}$
c) $f(t) = \frac{2t}{(t+a)^2}$
d) $f(x) = \frac{kx^2+k}{(x+1)^2}$
e) $s(t) = a \cdot \sin(at+0{,}5)$
f) $g(t) = \frac{1}{a}\sqrt{1-at^2}$

5 Ist die Funktion f umkehrbar? Bestimmen Sie gegebenenfalls die Umkehrfunktion $\bar{f}$.
a) $f(x) = 2\sqrt{5-x};\ x \leq 5$
b) $f(x) = 0{,}5x^2 - x - 1{,}5;\ x > 0$
c) $f(x) = \frac{1}{x^2+1};\ x > 0$
d) $f(x) = \sqrt{1-x^2};\ -1 \leq x \leq 1$
e) $f(x) = \frac{3x}{x+3};\ x \neq -3$
f) $f(x) = \frac{2x-4}{1-x};\ x \neq 1$

6 K sei der Graph einer Funktion f, der Graph ihrer Umkehrfunktion sei $\bar{K}$.
Die Tangente t im Punkt P(4|2,5) an K hat die Steigung 1,5. Die Tangente im zum Punkt P zugehörigen Punkt $\bar{P}$ an $\bar{K}$ sei $\bar{t}$.
Die beiden Tangenten t und $\bar{t}$, die x-Achse und die y-Achse umschließen ein Viereck. Berechnen Sie dessen Inhalt.

7 Für $t \in \mathbb{R}\setminus\{0\}$ sind die Funktionen f_t gegeben durch $f_t(x) = t - \frac{2t}{x^2}$.
Der Graph von f_t sei K_t.
a) Zeigen Sie, dass alle Graphen K_t die x-Achse in denselben beiden Punkten N_1 und N_2 schneiden.
b) Für welchen Wert von t ist die Tangente an K_t im Punkt N_2 (mit $x_{N_2} > 0$) parallel zur Geraden mit der Gleichung $y = x + 1$?
c) Welche Beziehung zwischen t_1 und t_2 muss erfüllt sein, damit sich K_{t_1} und K_{t_2} im Punkt N_2 orthogonal schneiden? Schneiden sie sich dann auch im Punkt N_1 orthogonal?

Die Lösungen zu den Aufgaben dieser Seite finden Sie auf Seite 379.

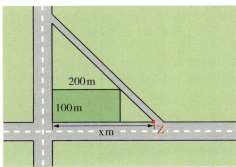

Fig. 1

8 Zur Entlastung einer Kreuzung sollen zwei sich rechtwinklig schneidende Straßen durch ein Straßenstück verbunden werden. Das neue Straßenstück darf dabei nicht durch das eingezeichnete Grundstück führen.
a) Zeigen Sie: Zweigt die neue Straße im Punkt Z ab, so ist der Inhalt des eingeschlossenen dreieckigen Flächenstücks
$A(x) = \frac{50x^2}{x-200};\ x > 200$.
b) Bei welcher Lage von Z wird dieser Flächeninhalt minimal?

147

V Einführung in die Integralrechnung

1 Beispiele, die zur Integralrechnung führen

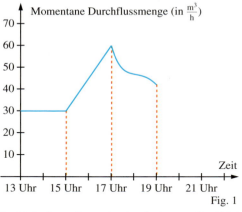
Fig. 1

1 Die Messstelle einer Ölpipeline zeigt zu jedem Zeitpunkt die momentane Durchflussmenge an (Fig. 1). Sie wird mithilfe eines im Rohr befestigten Propellers bestimmt.
a) Wie viel Erdöl floss zwischen 13 Uhr und 15 Uhr durch die Pipeline? Wie lässt sich dieses Ergebnis in Fig. 1 veranschaulichen?
b) Bearbeiten Sie die Fragen aus a) für die Zeitspanne von 15 Uhr bis 17 Uhr.
c) Auch für den Zeitraum von 17 Uhr bis 19 Uhr soll die geförderte Ölmenge veranschaulicht werden. Stellen Sie eine Vermutung auf.

Bisher: Differenzialrechnung
Jetzt: Integralrechnung
Beide Gebiete werden auch unter dem Namen Infinitesimalrechnung zusammengefasst.

Im bisherigen Gang der Analysis war die Ableitung ein zentraler Begriff, mit deren Hilfe man die momentane Änderungsrate einer Größe bestimmen konnte. Im Folgenden wird in einen neuen Problemkreis eingeführt, bei dem man umgekehrt von der momentanen Änderungsrate einer Größe auf die Gesamtänderung der Größe schließen muss.

Im Kamin eines Kraftwerks wird ständig die in der Abluft enthaltene Menge eines Schadstoffs gemessen. Fig. 2 zeigt ein dazugehöriges Messdiagramm. Aus einem solchen Diagramm kann man die Gesamtmenge des ausgetretenen Schadstoffs bestimmen.

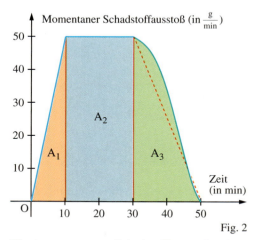
Fig. 2

Am einfachsten erhält man die im Zeitraum von 10 min bis 30 min entwichene Schadstoffmenge M_2 (in g):
$$M_2 = 20 \cdot 50 = 1000.$$
Dies entspricht dem Flächeninhalt A_2.
Die im Zeitraum von 0 min bis 10 min ausgetretene Menge M_1 ist die gleiche, die bei einem zehnminütigen konstanten Schadstoffausstoß von $25 \frac{g}{min}$ zusammengekommen wäre.
Für M_1 (in g) gilt: $M_1 = 10 \cdot 25 = 250$.
Dies entspricht dem Flächeninhalt A_1.
Es liegt die Vermutung nahe, dass die gesuchte Schadstoffmenge dem Inhalt der unter der Kurve liegenden Fläche entspricht.
Somit kann man die zwischen 30 min und 50 min ausgetretene Schadstoffmenge bestimmen, indem man A_3 berechnet. Nähert man den Graphen durch ein Geradenstück an, ergibt sich für M_3 (in g) näherungsweise: $M_3 \approx 20 \cdot 25 = 500$.

Die momentane Änderungsrate „bewirkt" die Gesamtänderung.

> Kennt man die momentane Änderungsrate einer Größe, so kann man die Gesamtänderung der Größe (Wirkung) als **Flächeninhalt unter einer Kurve** deuten. Deshalb sucht man nach Methoden zur Bestimmung solcher Flächeninhalte.

Beispiele, die zur Integralrechnung führen

Beispiel: (Geschwindigkeit und zurückgelegte Strecke)
a) Berechnen Sie anhand des Geschwindigkeit-Zeit-Diagramms in Fig. 1 die im Zeitraum von 0 s bis 20 s zurückgelegte Strecke s. Deuten Sie das Ergebnis in Fig. 1.
b) Bestimmen Sie näherungsweise die im Zeitraum von 20 s bis 30 s zurückgelegte Strecke.
Lösung:

Die zu bestimmende Größe ist der zurückgelegte Weg. Die momentane Änderungsrate dieser Größe ist die Geschwindigkeit. Sie bewirkt die Ortsveränderung.

a) Im Zeitraum von 0 s bis 15 s gilt für die zurückgelegte Strecke s_1 (in m):
$s_1 = 15 \cdot 20 = 300$.
Im Zeitraum von 15 s bis 20 s beträgt die Durchschnittsgeschwindigkeit $10 \frac{m}{s}$.
Für s_2 (in m) gilt: $s_2 = 5 \cdot 10 = 50$.
Den zurückgelegten Teilstrecken entsprechen die Flächeninhalte A_1 bzw. A_2.
b) Der Teilstrecke s_3 entspricht der Flächeninhalt A_3. Zur näherungsweisen Berechnung von s_3 nähert man den Graphen durch ein Geradenstück an. Es ergibt sich
$s_3 \approx \frac{1}{2} \cdot 10 \cdot 15 = 75$.
Insgesamt gilt $s \approx 425$ m.

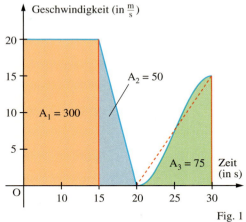
Fig. 1

Aufgaben

2 a) Berechnen Sie in Fig. 2 die von 16 Uhr bis 18 Uhr zurückgelegte Strecke.
b) Bestimmen Sie in Fig. 3 näherungsweise die von 7 Uhr bis 9 Uhr zurückgelegte Strecke.

Zum Ausmessen von Flächeninhalten gibt es besondere Geräte, die so genannten Planimeter. Nach Umfahren der Fläche mit einem Stift kann man den Flächeninhalt näherungsweise ablesen.

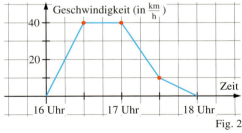
Fig. 2

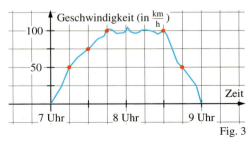
Fig. 3

3 Aus dem Pegelstand eines Flusses kann auf die Abflussmenge pro Zeit geschlossen werden. Bestimmen Sie näherungsweise die am 14.3.01 abgeflossene Wassermenge (Fig. 4).

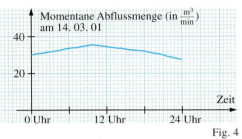
Fig. 4

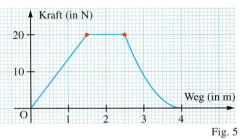
Fig. 5

4 a) Ein Auto wird 50 m mit der konstanten Kraft $F = 300$ N angeschoben. Zeichnen Sie ein F-s-Diagramm und deuten Sie darin die verrichtete Arbeit $W = F \cdot s$.
b) Bestimmen Sie näherungsweise die verrichtete Arbeit in Fig. 5.

149

2 Näherungsweise Berechnung von Flächeninhalten

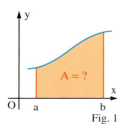
Fig. 1

1 Zeichnen Sie den Graphen der Funktion f mit $f(x) = \sqrt{x}$. Färben Sie die von folgenden Linien begrenzte Fläche: die x-Achse, die Gerade mit der Gleichung $x = 4$ und den Graphen von f. Wie kann man den Inhalt A dieser Fläche näherungsweise berechnen?

Im Folgenden wird eine Methode zur näherungsweisen Berechnung der Inhalte von Flächen entwickelt, die vom Graphen einer stetigen Funktion f mit $f(x) \geq 0$, der x-Achse und den Parallelen zur y-Achse mit den Gleichungen $x = a$ und $x = b$ begrenzt werden.
Eine solche Fläche beschreibt man auch so: Die Fläche zwischen dem Graphen von f und der x-Achse über dem Intervall [a; b].

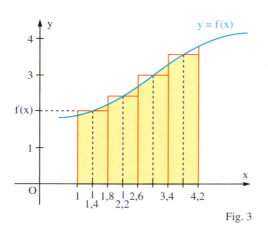
Fig. 3

Zur näherungsweisen Ermittlung des Inhaltes A solcher Flächen nähert man diese durch Rechtecke an. Dazu zerlegt man z. B. in Fig. 3 das Intervall [1; 4,2] in 4 gleich breite Teilintervalle der Breite $\frac{4,2-1}{4} = 0{,}8$.
Wählt man als Höhen der Rechtecke jeweils die Funktionswerte z. B. an den Intervallmitten, so ergibt sich:
$S_4 = 0{,}8 \cdot f(1{,}4) + 0{,}8 \cdot f(2{,}2) + 0{,}8 \cdot f(3) + 0{,}8 \cdot f(3{,}8)$.
S_4 ist ein Näherungswert für den gesuchten Flächeninhalt A.
Eine andere Wahl als die Intervallmitten zur Bestimmung der Rechteckshöhen ergibt einen anderen Näherungswert für A.

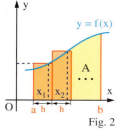
Fig. 2

Statt Zerlegungssumme sagt man auch Produktsumme.

Gegeben ist die stetige Funktion f mit $f(x) \geq 0$ für $x \in [a; b]$. Zur näherungsweisen Berechnung des Inhaltes A der Fläche zwischen dem Graphen von f und der x-Achse über dem Intervall [a; b] kann man so vorgehen:
1. Man wählt eine feste natürliche Zahl n und unterteilt das Intervall [a; b] in n Teilintervalle der Breite $h = \frac{b-a}{n}$.
2. Aus jedem Teilintervall wählt man eine Stelle x_i für $i = 1, 2, \ldots, n$ und berechnet den zugehörigen Funktionswert $f(x_i)$.
3. Man berechnet als Näherungswert für den Flächeninhalt die **Zerlegungssumme**
$S_n = h \cdot f(x_1) + h \cdot f(x_2) + \ldots + h \cdot f(x_n) = h \cdot [f(x_1) + f(x_2) + \ldots + f(x_n)]$.

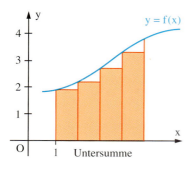
Untersumme

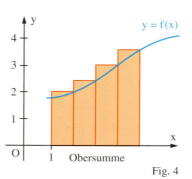
Obersumme

Fig. 4

Beachten Sie: Zur Berechnung eines Näherungswertes von A ist jede Stelle x_i im zugehörigen Teilintervall möglich. Soll dagegen A „nach unten" bzw. „nach oben" abgeschätzt werden, wählt man für die Höhe jedes Rechtecks den kleinsten bzw. den größten Funktionswert im jeweiligen Teilintervall (Fig. 4). Die zugehörigen Zerlegungssummen heißen **Untersumme U_4** bzw. **Obersumme O_4**.
Es gilt: $U_4 \leq A \leq O_4$.

Näherungsweise Berechnung von Flächeninhalten

Beispiel 1: (Näherungsweise Berechnung und Abschätzung eines Flächeninhaltes)
Gegeben ist die Funktion f mit $f(x) = -0{,}25\, x^2 + 4$.

Auch wenn kein Graph verlangt ist, sollten Sie sich vor der Rechnung anhand einer Skizze einen Überblick verschaffen.

a) Bestimmen Sie mithilfe einer Zerlegungssumme S_6 näherungsweise den Inhalt A der Fläche zwischen dem Graphen von f und der x-Achse über [0; 3].

b) Schätzen Sie den Flächeninhalt A mithilfe der Ober- und Untersumme ab.

Lösung:

a) Für h gilt: $h = \frac{3-0}{6} = 0{,}5$.

Wählt man für x_i aus jedem Teilintervall jeweils die Mitte, ergibt sich die folgende Tabelle.

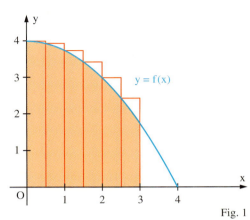

x_i	0,25	0,75	1,25	1,75	2,25	2,75
$f(x_i)$	3,984	3,859	3,609	3,234	2,734	2,109

Fig. 1

Für S_6 gilt: $S_6 \approx 0{,}5 \cdot [3{,}984 + 3{,}859 + 3{,}609 + 3{,}234 + 2{,}734 + 2{,}109] \approx 9{,}76$.
Der gesuchte Flächeninhalt beträgt näherungsweise $A \approx 9{,}76$.

Falls der Taschenrechner bei der Berechnung der Obersumme z. B. 10,282 anzeigt, darf man zur Abschätzung nicht auf 10,28 runden, sondern muss 10,29 verwenden.

b) Zur Berechnung der Obersumme muss in diesem Fall für x_i jeweils der linke Rand jedes Teilintervalls gewählt werden, also $x_1 = 0$, $x_2 = 0{,}5$, …, $x_6 = 2{,}5$ (Fig. 1).
Es gilt: $O_6 \approx 0{,}5 \cdot [4{,}000 + 3{,}938 + 3{,}750 + 3{,}438 + 3{,}000 + 2{,}438] \approx 10{,}29$.
Die Untersumme U_6 ergibt sich entsprechend mithilfe der rechten Intervallränder:
$U_6 \approx 0{,}5 \cdot [3{,}937 + 3{,}750 + 3{,}437 + 3{,}000 + 2{,}437 + 1{,}750] \approx 9{,}15$.
Für den gesuchten Flächeninhalt A gilt: $9{,}15 \leq A \leq 10{,}29$.

Beispiel 2: (Abschätzung eines Flächeninhaltes mit einer Tabellenkalkulation)
Gegeben ist die Funktion f mit $f(x) = \frac{1}{x} + x$. Schätzen Sie den Inhalt A der Fläche zwischen dem Graphen von f und der x-Achse über dem Intervall [1; 3] ab. Berechnen Sie dazu mithilfe einer Tabellenkalkulation die Untersumme U_{20} und die Obersumme O_{20}.

Lösung:
In Fig. 1 ist der Graph von f abgebildet. Es ist zu vermuten, dass f in [1; 3] streng monoton steigend ist. Dies wird durch die Ableitung bestätigt. Es gilt: $f'(x) = -\frac{1}{x^2} + 1 > 0$ für $x > 1$.
Bei jedem Teilintervall erhält man somit den kleinsten Funktionswert am linken Rand und den größten Funktionswert am rechten Rand. In Fig. 3 sind die Werte einer Excelberechnung dargestellt. Für den gesuchten Inhalt A gilt: $5{,}03 \leq A \leq 5{,}17$.

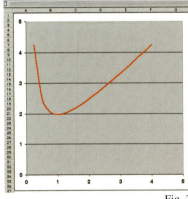

Der Graph in Fig. 2 wurde mit Excel erstellt. Schneller geht es mit einem grafikfähigen Taschenrechner.

Abschätzung mit O_{20} und U_{20}; h = 0,1.			
Untersumme		Obersumme	
x_i	$0{,}1*(1/x_i+x_i)$	x_i	$0{,}1*(1/x_i+x_i)$
1	0,2	1,1	0,20090909
1,1	0,20090909	1,2	0,20333333
1,2	0,20333333	1,3	0,20692308
1,3	0,20692308	1,4	0,21142857
1,4	0,21142857	1,5	0,21666667
1,5	0,21666667	1,6	0,2225
…	…	…	…
2,3	0,27347826	2,4	0,28166667
2,4	0,28166667	2,5	0,29
2,5	0,29	2,6	0,29846154
2,6	0,29846154	2,7	0,30703704
2,7	0,30703704	2,8	0,31571429
2,8	0,31571429	2,9	0,32448276
2,9	0,32448276	3	0,33333333
$U_{20} =$	5,03268554	$O_{20} =$	5,16601888

Fig. 2   Fig. 3

Näherungsweise Berechnung von Flächeninhalten

Aufgaben

2 Zeichnen Sie den Graphen der Funktion f und markieren Sie mit Farbe die Fläche zwischen dem Graphen von f und der x-Achse über dem Intervall [a; b]. Bestimmen Sie mithilfe einer Produktsumme S_6 näherungsweise den Inhalt A dieser Fläche.
a) $f(x) = \frac{1}{x}$; a = 1; b = 4
b) $f(x) = \sqrt{x}$; a = 1; b = 4
c) $f(x) = 0{,}5 x^2 + 1$; a = 0; b = 1,5
d) $f(x) = \sin(x)$; a = 0; b = π

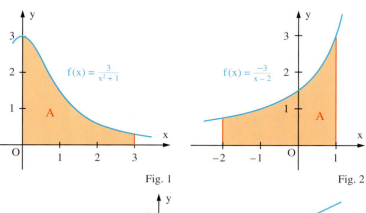

Fig. 1   Fig. 2

3 Schätzen Sie den Inhalt der Fläche zwischen dem Graphen von f und der x-Achse über [a; b] mithilfe der Ober- und Untersumme O_8 bzw. U_8 ab.
a) $f(x) = 0{,}25 x^2 + 2$; a = 0; b = 4
b) $f(x) = -0{,}5 x^2 + 5$; a = 1; b = 3

4 Geben Sie einen Näherungswert für den Inhalt A der gefärbten Fläche in Fig. 1 bzw. Fig. 2 an und schätzen Sie A ab. Verwenden Sie dazu eine Zerlegung in 6 Teilintervalle.

5 Mithilfe von Zerlegungssummen kann man auch Rauminhalte berechnen. Dazu zerlegt man z. B. einen Kegel in Scheiben gleicher Dicke (Fig. 3). Bestimmt man entsprechend wie bei Flächeninhalten die Obersumme O_{12}, erhält man einen Näherungswert für den Rauminhalt des Kegels. Die kleinste Scheibe hat den Radius 0,25 und die Dicke 0,5, also das Volumen $0{,}5 \cdot \pi \cdot 0{,}25^2$. Für O_{12} gilt:
$O_{12} = 0{,}5 \, [\pi \cdot 0{,}25^2 + \pi \cdot 0{,}5^2 + \ldots + \pi \cdot 3^2]$.
a) Berechnen Sie O_{12}.
b) Berechnen Sie U_{12} und vergleichen Sie mit dem genauen Wert für den Rauminhalt des Kegels.

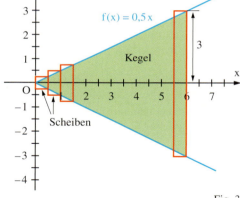

! Bei der Untersumme U_{12} hat die kleinste Scheibe das Volumen 0.

Fig. 3

6 Schätzen Sie mithilfe eines Tabellenkalkulationsprogramms den Inhalt der Fläche zwischen dem Graphen von f und der x-Achse über [a; b] ab. Bestimmen Sie dazu eine Zerlegungssumme S_{20}.
a) $f(x) = \sqrt{1 + x^2}$; a = 0; b = 4
b) $f(x) = x^3 - 3x + 2$; a = -1; b = 1

7 Skizzieren Sie für $0 \leq x \leq \pi$ den Graphen der Funktion f mit $f(x) = \sin(x)$. Schätzen Sie den Inhalt A der Fläche zwischen dem Graphen von f und der x-Achse über dem Intervall [0; π] ab.

8 Der Graph der Funktion f mit $f(x) = \sqrt{1 - x^2}$ ist ein Halbkreis mit dem Radius 1 (Fig. 4). Der Flächeninhalt dieses Halbkreises beträgt $A = \frac{1}{2} \pi r^2 = \frac{1}{2} \pi$.
Bestimmen Sie einen Näherungswert für die Zahl π.

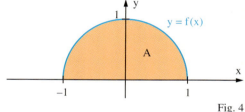

Fig. 4

3 Der Flächeninhalt als Grenzwert

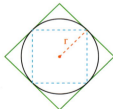
Fig. 1

1 a) Zeigen Sie, dass für den Kreisinhalt A die Abschätzung $2r^2 < A < 4r^2$ gilt (Fig. 1).
b) Beschreiben Sie eine Methode zur Bestimmung von A. Was ist der Unterschied zur Flächeninhaltsberechnung von Vielecken?

Bisher wurde anschaulich davon ausgegangen, dass eine krummlinig begrenzte Fläche einen eindeutig bestimmten Inhalt hat. Dies ist aber nicht von vornherein klar. Im Folgenden wird aufgezeigt, wie der Inhalt einer solchen Fläche definiert werden kann.

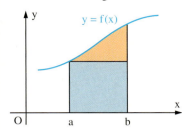
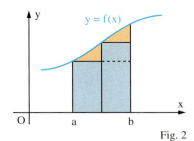
Fig. 2

Vergrößert man bei der Untersumme U_n die Zahl der Rechtecke, werden die Restflächen im Allgemeinen kleiner (rot in Fig. 2). Es liegt also nahe, das Intervall [a; b] in immer kleinere Teilintervalle zu unterteilen und die sich ergebenden Untersummen U_n auf einen Grenzwert für $n \to \infty$ zu untersuchen. Entsprechend verfährt man mit den Obersummen O_n.

Das Vorgehen wird am Beispiel der Fläche zwischen dem Graphen von f mit $f(x) = x^2$ und der x-Achse über [0; 2] erläutert. Teilt man das Intervall [0; 2] in n Teile der Breite $\frac{2}{n}$, ergibt sich für die Obersumme O_n:

Für die Rechnung ist folgende Summenformel notwendig:
$1^2 + 2^2 + 3^2 + \ldots + z^2$
$= \frac{1}{6} \cdot z(z+1)(2z+1)$.
(Siehe Seite 331)

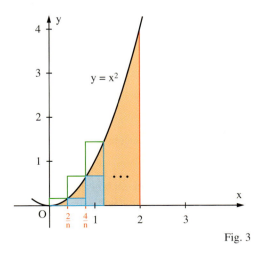
Fig. 3

$O_n = \frac{2}{n}\left[\left(\frac{2}{n}\right)^2 + \left(2 \cdot \frac{2}{n}\right)^2 + \ldots + \left(n \cdot \frac{2}{n}\right)^2\right]$
$= \frac{2^3}{n^3}[1 + 2^2 + 3^2 + \ldots + n^2]$. Wegen
$1^2 + 2^2 + 3^2 + \ldots + z^2 = \frac{1}{6} z(z+1)(2z+1)$
(siehe Randspalte) folgt:
$O_n = \frac{8}{n^3} \cdot \frac{1}{6} \cdot n(n+1)(2n+1) = \frac{4}{3} \cdot \frac{n+1}{n} \cdot \frac{2n+1}{n}$
$= \frac{4}{3}\left(1 + \frac{1}{n}\right)\left(2 + \frac{1}{n}\right)$.
Somit ist $\lim\limits_{n \to \infty} O_n = \frac{4}{3} \cdot 1 \cdot 2 = \frac{8}{3}$.

Für U_n ergibt sich entsprechend:
$U_n = \frac{2}{n}\left[0^2 + \left(\frac{2}{n}\right)^2 + \left(2 \cdot \frac{2}{n}\right)^2 + \ldots + \left((n-1) \cdot \frac{2}{n}\right)^2\right]$
$= \frac{2^3}{n^3}[1 + 2^2 + 3^2 + \ldots + (n-1)^2]$.
$= \frac{8}{n^3} \cdot \frac{1}{6} \cdot (n-1)n(2n-1) = \frac{4}{3} \cdot \left(1 - \frac{1}{n}\right) \cdot \left(2 - \frac{1}{n}\right)$.
Es gilt: $\lim\limits_{n \to \infty} U_n = \frac{8}{3}$.

Es sei f eine auf dem Intervall [a; b] stetige Funktion. Dann kann man zeigen (ohne Beweis), dass sich unabhängig von der Breite der Teilintervalle immer derselbe Grenzwert $\lim\limits_{n \to \infty} U_n = \lim\limits_{n \to \infty} O_n$ ergibt. Auch wenn man anstelle einer Obersumme oder Untersumme eine andere Zerlegungssumme S_n wählt, gilt: $\lim\limits_{n \to \infty} S_n = \lim\limits_{n \to \infty} U_n = \lim\limits_{n \to \infty} O_n$.

Ist f stetig, dann gilt:
$\lim\limits_{n \to \infty} O_n = \lim\limits_{n \to \infty} U_n = \lim\limits_{n \to \infty} S_n.$

Dieser Grenzwert ergibt sich auch dann, wenn die Teilintervalle verschiedene Breite haben. Es ist deshalb sinnvoll, diesen gemeinsamen Grenzwert als den gesuchten Flächeninhalt zu nehmen. Bei einer stetigen Funktion genügt somit für die Berechnung eines Flächeninhaltes die Bestimmung des Grenzwertes von nur einer Zerlegungssumme (z. B. einer Obersumme).

Der Flächeninhalt als Grenzwert

Definition: Gegeben ist die stetige Funktion f mit $f(x) \geq 0$ für $x \in [a; b]$.
Für jedes $n \in \mathbb{N}^*$ sei U_n eine Untersumme und O_n eine Obersumme.
Dann wird durch den gemeinsamen Grenzwert $\lim_{n \to \infty} U_n = \lim_{n \to \infty} O_n$ der Inhalt der Fläche zwischen dem Graphen von f und der x-Achse über [a; b] definiert.

Ein Beispiel einer Zerlegungssumme mit verschiedener Breite der Teilintervalle finden Sie auf Seite 179.

Beispiel: (Berechnung eines Flächeninhalts)
Berechnen Sie den Flächeninhalt A der Fläche zwischen dem Graphen der Funktion f mit $f(x) = \frac{1}{5}x^3$ und der x-Achse über dem Intervall [0; 3].
Lösung:
Da die Funktion f stetig ist, ergibt sich für jede Zerlegungssumme derselbe Grenzwert.

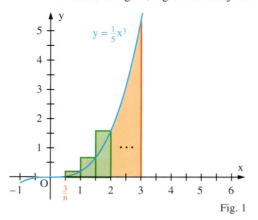

Fig. 1

Es genügt also z. B. die Betrachtung von Obersummen. Man teilt das Intervall [0; 3] in n Teile der Breite $\frac{3}{n}$. Dann gilt:
$$O_n = \frac{3}{n}\left[\frac{1}{5} \cdot \left(\frac{3}{n}\right)^3 + \frac{1}{5} \cdot \left(2 \cdot \frac{3}{n}\right)^3 + \ldots + \frac{1}{5} \cdot \left(n \cdot \frac{3}{n}\right)^3\right]$$
$$= \frac{3^4}{n^4} \cdot \frac{1}{5} \cdot [1^3 + 2^3 + 3^3 + \ldots + n^3].$$
Wegen $1^3 + 2^3 + 3^3 + \ldots + z^3 = \frac{1}{4} \cdot z^2 \cdot (z+1)^2$
(siehe Randspalte) folgt:
$$O_n = \frac{81}{n^4} \cdot \frac{1}{5} \cdot \frac{1}{4} \cdot n^2(n+1)^2 = \frac{81}{20} \cdot \frac{(n+1)^2}{n^2}$$
$$= \frac{81}{20} \cdot \left(1 + \frac{1}{n}\right)\left(1 + \frac{1}{n}\right).$$
Somit ist $\lim_{n \to \infty} O_n = \frac{81}{20}$.
Der gesuchte Flächeninhalt ist $A = \frac{81}{20}$.

Zur Bestimmung dieses Flächeninhalts ist folgende Summenformel notwendig:
$1^3 + 2^3 + 3^3 + \ldots + z^3$
$= \frac{1}{4}z^2(z+1)^2$.
(Siehe Seite 331)

Aufgaben

2 Berechnen Sie den Inhalt der Fläche zwischen dem Graphen der Parabel mit $y = x^2$ und der x-Achse über dem Intervall [a; b].
a) $a = 0$; $b = 1$ b) $a = 0$; $b = 3$ c) $a = 0$; $b = 10$

3 Zeigen Sie, dass sich im Beispiel mit Untersummen derselbe Grenzwert ergibt.

4 a) Der Graph der Funktion f mit $f(x) = x^3$, die x-Achse und die Gerade mit der Gleichung $x = 2$ begrenzen eine Fläche. Bestimmen Sie deren Inhalt als Grenzwert der Obersummen O_n.
b) Zeigen Sie, dass man bei Verwendung von Untersummen denselben Grenzwert erhält.

5 Für den Inhalt A der gefärbten Fläche in Fig. 2 gilt $A = \frac{b^2}{2} - \frac{a^2}{2}$. Leiten Sie ensprechende Formeln für die Inhalte der gefärbten Flächen in Fig. 3 und 4 her.

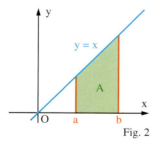
Fig. 2

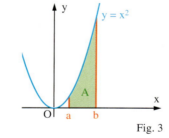
Fig. 3

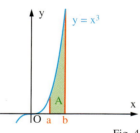
Fig. 4

4 Einführung des Integrals

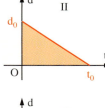
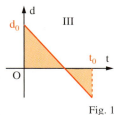

1 In einem Gezeitenkraftwerk strömt bei Flut das Wasser in einen Speicher und bei Ebbe wieder heraus. Das durchfließende Wasser treibt dabei Turbinen zur Stromerzeugung an. Die momentane Durchflussmenge d (in $\frac{m^3}{s}$) des Wassers in den Speicher kann man messen. Die Graphen in Fig. 1 zeigen Beispiele dafür, wie sich d mit der Zeit ändert.
a) Beschreiben Sie in I, II und III den Verlauf von d. Was besagt es, wenn der Graph unterhalb der t-Achse verläuft?
b) Welche anschauliche Bedeutung hat jeweils der Inhalt der gefärbten Fläche?

Für die Bestimmung des Flächeninhaltes unter dem Graphen einer stetigen Funktion f über dem Intervall [a; b] wurde bisher $f(x) \geqq 0$ vorausgesetzt. Im Folgenden wird auch $f(x) < 0$ sowie $a > b$ zugelassen.

Fig. 1

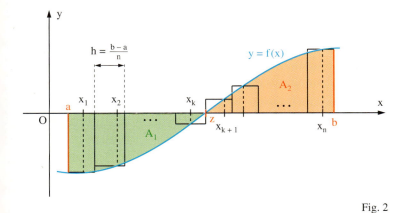

In Fig. 2 ist $f(x) \leqq 0$ für $x \in [a; z]$ und $f(x) \geqq 0$ für $x \in [z; b]$. Deshalb haben die Summanden einer Zerlegungssumme S_n über [a; b] verschiedene Vorzeichen:
$S_n = \underbrace{hf(x_1) + \ldots + hf(x_k)}_{\leqq 0} + \underbrace{hf(x_{k+1}) + \ldots + hf(x_n)}_{\geqq 0}$.
Der Grenzwert $\lim_{n \to \infty} S_n$ gewichtet A_1 mit einem negativen Vorzeichen und A_2 mit einem positiven Vorzeichen.
Es gilt: $\lim_{n \to \infty} S_n = -A_1 + A_2$. Man spricht dann vom **orientierten Flächeninhalt**.
Im Fall $a > b$ ändern die Summe S_n und der Grenzwert $\lim_{n \to \infty} S_n$ lediglich das Vorzeichen.

Fig. 2

*Die Integralschreibweise wurde von GOTTFRIED WILHELM LEIBNIZ (1646–1716) eingeführt.
Das Zeichen ∫ ist aus einem S (von summa) entstanden; dx steht für die immer kleiner werdenden Intervalle.*

Definition: Die Funktion f sei auf dem Intervall I stetig und a, b ∈ I. Für jedes $n \in \mathbb{N}^*$ sei S_n eine Zerlegungssumme mit $S_n = h \cdot f(x_1) + h \cdot f(x_2) + \ldots + h \cdot f(x_n)$ und $h = \frac{b-a}{n}$. Dann heißt der Grenzwert $\lim_{n \to \infty} S_n$ das **Integral der Funktion f** zwischen den Grenzen a und b.
Man schreibt dafür: $\quad \lim_{n \to \infty} S_n = \int_a^b f(x)\,dx \quad$ (lies: Integral von f(x) dx von a bis b).

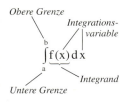

Im Ausdruck $\int_a^b f(x)\,dx$ wird für f(x) die Bezeichnung „**Integrand**" und für x die Bezeichnung „**Integrationsvariable**" verwendet. Die Grenzen a und b heißen untere und obere Integrationsgrenze. Da z.B. f mit $f(x) = x^2$ bzw. $f(t) = t^2$ dieselbe Funktion bezeichnet, gilt
$\int_a^b f(x)\,dx = \int_a^b f(t)\,dt$.

155

Einführung des Integrals

Beispiel: (Deutung und Berechnung eines Integrals)
Deuten Sie das Integral als orientierten Flächeninhalt. Berechnen Sie das Integral.

a) $\int_0^2 x^2 \, dx$ b) $\int_{-1}^0 -2 \, dz$ c) $\int_{-2}^1 0{,}5\, x \, dx$

Lösung:

a) 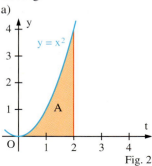   b)   c)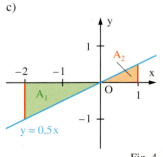

Fig. 2   Fig. 3   Fig. 4

$\int_0^2 x^2 \, dx = A = \frac{8}{3}$ (siehe S. 153). $\int_{-1}^0 -2 \, dz = -A = -2.$ $\int_{-2}^1 0{,}5\, x \, dx = -A_1 + A_2$
$= -\left(\frac{1}{2} \cdot 2 \cdot 1\right) + \frac{1}{2} \cdot 1 \cdot \frac{1}{2}$
$= -0{,}75.$

Aufgaben

2 Schreiben Sie den Inhalt der gefärbten Fläche als Integral.

a)   b)   c)

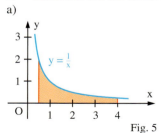   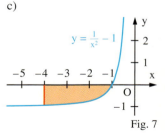

Fig. 5   Fig. 6   Fig. 7

$\int_0^{2\pi} (1+\sin x)\, dx = ?$

Fig. 1

Viele physikalische Größen sind als Integral gegeben:

$W = \int_{s_1}^{s_2} F(s)\, ds$

$s = \int_{t_1}^{t_2} v(t)\, dt$

$W = \int_{t_1}^{t_2} P(t)\, dt$

t: Zeit
s: Weg
v: Geschwindigkeit
F: Kraft
W: Arbeit
P: Leistung

3 Deuten Sie das Integral anhand einer Figur als orientierten Flächeninhalt.

a) $\int_2^{3{,}5} x^2 \, dx$ b) $\int_0^1 (x^2 - 4)\, dx$ c) $\int_{-4}^{-2} 1{,}5 \, dx$ d) $\int_{-1{,}5}^{1{,}5} z^3 \, dz$ e) $\int_{-2}^4 dx$ f) $\int_{-2}^0 -|u| \, du$

4 Beim senkrechten Wurf nach oben mit der Abwurfgeschwindigkeit $v_0 = 20$ (in $\frac{m}{s}$) nimmt die Geschwindigkeit v eines Körpers linear ab. Es gilt $v(t) = 20 - 10 \cdot t$ (t in s). Berechnen Sie $\int_0^4 v(t)\, dt$. Deuten Sie das Integral als orientierten Flächeninhalt und als physikalische Größe.

5 Ein Körper bewegt sich geradlinig (siehe Fig. 8). Es sei t die Zeit (in s), v(t) seine Geschwindigkeit (in $\frac{m}{s}$) zur Zeit t.
a) Beschreiben Sie den Ablauf der Bewegung in Worten.
b) Drücken Sie die zurückgelegte Strecke zwischen $t_1 = 0$ und $t_2 = 8$ als Integral aus. Berechnen Sie dieses Integral.

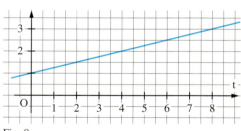

Fig. 8

5 Integralfunktionen

1 Bestimmen Sie $\int_0^2 (0,5x + 1)\,dx$, $\int_0^4 (0,5x + 1)\,dx$ und $\int_0^8 (0,5x + 1)\,dx$ (Fig. 1).

2 Wie kann man die Integrale aus Aufgabe 1 mithilfe nur eines einzigen Integrals lösen?

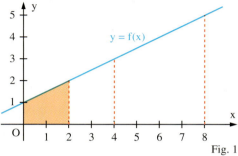
Fig. 1

Die Berechnung eines Integrals ist im Allgemeinen schwierig und aufwändig. Man kann einen Teil der Arbeit sparen, indem man Integrale wie $\int_0^2 x^2\,dx$ und $\int_0^3 x^2\,dx$, die sich nur in der oberen Grenze unterscheiden, als Integral $\int_0^b x^2\,dx$ mit variabler oberer Grenze b bestimmt.

Um das Integral $\int_0^b x^2\,dx$ zu bestimmen, geht man wie auf Seite 154 vor. Man teilt das Intervall [0; b] in n gleiche Teile der Breite $h = \frac{b}{n}$. Dann gilt für O_n:
$$O_n = \frac{b^3}{n^3}[1^2 + 2^2 + 3^2 + \ldots + n^2]$$
$$= \frac{b^3}{6n^3} n(n+1)(2n+1) = \frac{b^3}{6}\left(1 + \frac{1}{n}\right)\left(2 + \frac{1}{n}\right).$$

Das gesuchte Integral ergibt sich als Grenzwert für $n \to \infty$: $\int_0^b x^2\,dx = \lim_{n \to \infty} O_n = \frac{1}{3}b^3$.

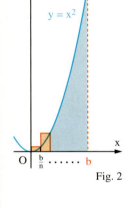
Fig. 2

Ordnet man jeder Zahl $b \geq 0$ die Zahl $\int_0^b x^2\,dx = \frac{1}{3}b^3$ zu, erhält man eine Funktion. Um deutlich zu machen, dass bei dieser Funktion die obere Grenze die Variable ist, schreibt man statt $\int_0^b x^2\,dx$ auch $\int_0^x t^2\,dt$. Diese Funktion ist auch für $x < 0$ definiert. Wählt man anstelle von 0 eine andere untere Grenze, erhält man ebenfalls eine Funktion.

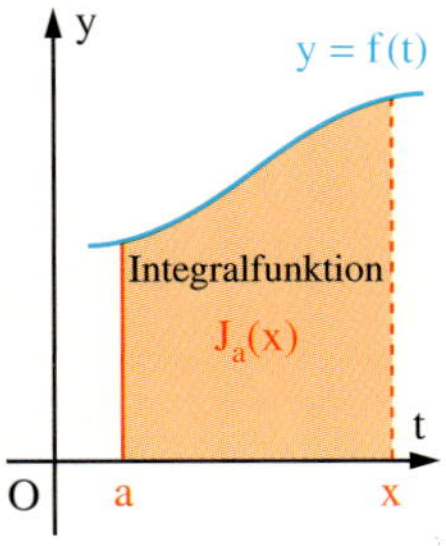

Definition: Die Funktion $f: t \mapsto f(t)$ sei in einem Intervall I stetig und $a \in I$. Dann heißt die Funktion
$$J_a \text{ mit } J_a(x) = \int_a^x f(t)\,dt \text{ für } x \in I$$
Integralfunktion von f zur unteren Grenze a.

Fig. 3

Ist z. B. eine Integralfunktion von f zur unteren Grenze 0 gegeben, kann man daraus eine Integralfunktion von f zu einer unteren Grenze c erhalten. Aus Fig. 4 ergibt sich:
$$\int_c^x f(t)\,dt = \int_0^x f(t)\,dt - \int_0^c f(t)\,dt.$$
Es gilt also $J_c(x) = J_0(x) - J_0(c)$ für $x \in I$.

> Den exakten Nachweis führt man mithilfe der Definition des Integrals.

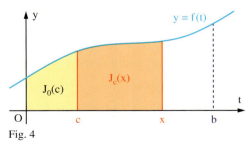
Fig. 4

Integralfunktionen

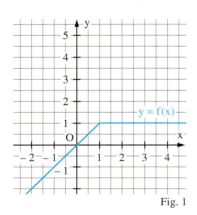

Fig. 1

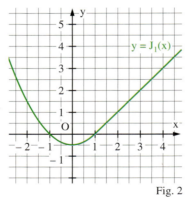

Fig. 2

Beispiel: (Bestimmung einer Integralfunktion)
Ermitteln Sie zu der in Fig. 1 veranschaulichten Funktion f die Integralfunktion J_1.
Skizzieren Sie den Graphen von J_1.
Lösung:
Flächenbetrachtungen zeigen:
Für $x \geq 1$ ist $J_1(x) = (x-1) \cdot 1 = x - 1$.
Für $x < 1$ ist $J_1(x) = -(\frac{1}{2} - \frac{1}{2}x^2) = \frac{1}{2}x^2 - \frac{1}{2}$.
Damit ergibt sich für J_1:
$$J_1(x) = \begin{cases} \frac{1}{2}x^2 - \frac{1}{2} & \text{für } x < 1 \\ x - 1 & \text{für } x \geq 1 \end{cases}.$$
Den Graphen von J_1 zeigt Fig. 2.

Aufgaben

3 Berechnen Sie mithilfe der Integralfunktion J_0 mit $J_0(x) = \int_0^x t^2 \, dt = \frac{1}{3}x^3$ das Integral

a) $\int_0^6 t^2 \, dt$ b) $\int_0^{1,5} x^2 \, dx$ c) $\int_4^7 z^2 \, dz$ d) $\int_8^8 x^2 \, dx$ e) $\int_0^{-2} x^2 \, dx$.

4 Zeichnen Sie den Graphen der Funktion f und bestimmen Sie einen Funktionsterm der Integralfunktion J_a von f zur unteren Grenze a. Berechnen Sie dazu die Inhalte geeigneter Dreiecke, Rechtecke usw.
a) $f(x) = 2$; $a = 1$ b) $f(x) = 3x$; $a = 0$ c) $f(x) = 2x - 2$; $a = 4$

Zu Aufg. 5:

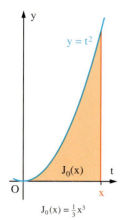

$J_0(x) = \frac{1}{3}x^3$

5 Bestimmen Sie mithilfe der Integralfunktion J_0 mit $J_0(x) = \int_0^x t^2 \, dt = \frac{1}{3}x^3$ eine Integralfunktion zur unteren Grenze 0 für die im Graphen veranschaulichte Funktion f.

a) 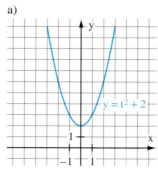 b) 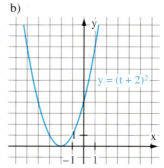 c)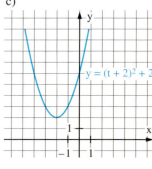

6 Bestimmen Sie eine Formel zur Berechnung des Integrals $\int_a^b t^3 \, dt$.

7 Die in Fig. 3 veranschaulichte Funktion f ist auf dem Intervall [1; 5] stetig.
a) Bestimmen Sie $J_1(1)$.
b) Skizzieren Sie den Graphen von J_1.
c) Entspricht dem Hochpunkt des Graphen von f ein besonderer Punkt des Graphen von J_1?
d) Skizzieren Sie den Graphen von J_5.

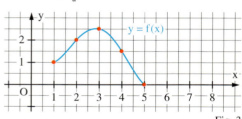

Fig. 3

158

6 Stammfunktionen

1 Geben Sie eine Funktion F an, so dass gilt
a) $F'(x) = x$ b) $F'(x) = 2x + 1$ c) $F'(x) = x^2 - 1$ d) $F'(x) = 2x^3 + x$.

2 a) Geben Sie zur Funktion f mit $f(x) = x$ die Integralfunktionen J_0, J_1 und J_2 an.
b) Welcher Zusammenhang besteht zwischen jeder dieser Integralfunktionen und der Funktion f?

$f(x)$	2	$\frac{1}{2}x$	$\frac{1}{2}x + 1$	x^2
$J_0(x)$	$2x$	$\frac{1}{4}x^2$	$\frac{1}{4}x^2 + x$	$\frac{1}{3}x^3$
$J_1(x)$	$2x - 2$	$\frac{1}{4}x^2 - 0{,}25$	$\frac{1}{4}x^2 + x - 1{,}25$	$\frac{1}{3}x^3 - \frac{1}{3}$

Die Tabelle enthält für einige Funktionen die Integralfunktionen J_0 und J_1 von f.
Vergleicht man f mit J_0, so gilt für die aufgeführten Beispiele: f ist die Ableitungsfunktion der Integralfunktion J_0 von f.

Ein entsprechender Zusammenhang gilt für f und J_1: Bei den angeführten Beispielen ist die Funktion f die Ableitungsfunktion der Integralfunktion J_1 von f.
Dieser Sachverhalt führt auf die Vermutung, dass man eine Integralfunktion J_a von f erhalten kann, indem man eine Funktion F mit $F'(x) = f(x)$ sucht.

> **Definition:** Gegeben sei eine auf einem Intervall I definierte Funktion f.
> Eine Funktion F heißt **Stammfunktion** von f im Intervall I, wenn für alle $x \in I$ gilt:
> $$F'(x) = f(x).$$

In der Tabelle ist zu einigen Funktionen eine Stammfunktion angegeben.

Hier muss man prüfen: Gilt $F'(x) = f(x)$?

$f(x)$	x^2	x	1	0	x^{-2}	x^{-3}	$\frac{1}{2\sqrt{x}}$	$\cos(x)$	$\sin(x)$
$F(x)$	$\frac{1}{3}x^3$	$\frac{1}{2}x^2$	x	c	$-x^{-1}$	$-\frac{1}{2}x^{-2}$	$\sqrt{x}$	$\sin(x)$	$-\cos(x)$

So findet man zu einer Potenzfunktion eine Stammfunktion:
1. Hochzahl plus 1
2. Mit dem Kehrwert der neuen Hochzahl multiplizieren.

Anhand der Tabelle erhält man eine Vermutung, wie man zu einer **Potenzfunktion** eine Stammfunktion finden kann: Es gilt: Zu f mit $f(x) = x^z$ ($z \in \mathbb{Z} \setminus \{-1\}$) ist F mit $F(x) = \frac{1}{z+1}x^{z+1}$ eine Stammfunktion, da $F'(x) = \frac{z+1}{z+1}x^z = x^z = f(x)$ ist.

Um bei einer zusammengesetzten Funktion wie z. B. f mit $f(x) = x^2 + \cos(x)$ eine Stammfunktion zu finden, beachtet man die Ableitungsregel $(u + v)' = u' + v'$ für Summen von Funktionen. Danach ist F mit $F(x) = \frac{1}{3}x^3 + \sin x$ eine Stammfunktion von f.
Entsprechend kann man die Ableitungsregeln $(c \cdot f)' = c \cdot f'$ und $(f(rx + s))' = r \cdot f'(rx + s)$ zum Auffinden von Stammfunktionen benützen.

*Aus $f(x) = u(x) \cdot v(x)$ folgt i. Allg. **nicht** $F(x) = U(x) \cdot V(x)$.*

Satz 1:	Funktion f	Stammfunktion F von f
Potenzfunktionen	$f(x) = x^z$	$F(x) = \frac{1}{z+1}x^{z+1}$ für $z \in \mathbb{Z} \setminus \{-1\}$
Sind U und V Stammfunktionen von u bzw. v, dann gilt:		
	$f(x) = u(x) + v(x)$	$F(x) = U(x) + V(x)$
	$f(x) = c \cdot u(x)$	$F(x) = c \cdot U(x)$
(Lineare Verkettung)	$f(x) = u(rx + s)$	$F(x) = \frac{1}{r}U(rx + s)$.

Stammfunktionen

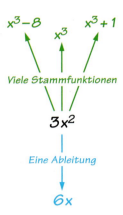

Viele Stammfunktionen

Eine Ableitung

Besitzt f eine Stammfunktion F in einem Intervall I, dann ist auch G mit G(x) = F(x) + c (c ist eine beliebige Konstante) eine Stammfunktion von f, da (F + c)' = F' + c' = f gilt.

Gibt es auch Stammfunktionen von f, die nicht die Form F + c haben?
Sei G irgendeine weitere Stammfunktion von f in I. Dann gilt für die Ableitung der Differenzfunktion F – G: (F – G)'(x) = F'(x) – G'(x) = f(x) – f(x) = 0. Die Funktion F – G hat somit an jeder Stelle die Ableitung 0. Dies bedeutet, dass F – G auf I eine konstante Funktion sein muss. Es gilt also G(x) = F(x) + c (vgl. Aufg. 15).

Satz 2: Ist F eine Stammfunktion von f in I, so gilt für alle weiteren Stammfunktionen G von f in I
$$G(x) = F(x) + c, \; x \in I$$
mit einer Konstanten c.

Beispiel 1: (Stammfunktion einer zusammengesetzten Funktion)
Geben Sie eine Stammfunktion von f an.
a) $f(x) = -\frac{2}{x^3}$ b) $f(x) = 7x^5 - 0{,}5x$ c) $f(x) = (2x + 1)^3$

Lösung:
a) Es gilt $f(x) = -2x^{-3}$. Eine Stammfunktion von f ist F mit $F(x) = -2 \cdot \left(\frac{1}{-2}x^{-2}\right) = x^{-2} = \frac{1}{x^2}$.
b) Eine Stammfunktion von u mit $u(x) = 7x^5$ ist U mit $U(x) = 7\left(\frac{1}{6}x^6\right) = \frac{7}{6}x^6$.
Eine Stammfunktion von v mit $v(x) = 0{,}5x$ ist V mit $V(x) = 0{,}5\left(\frac{1}{2}x^2\right) = \frac{1}{4}x^2$.
Also ist F mit $F(x) = \frac{7}{6}x^6 - \frac{1}{4}x^2$ eine Stammfunktion von f.
c) Die Funktion f ist eine lineare Verkettung:
$f(x) = u(v(x))$ mit $u(x) = x^3$ und $v(x) = 2x + 1$.
Somit ist F mit $F(x) = \frac{1}{2}\left(\frac{1}{4}(2x+1)^4\right) = \frac{1}{8}(2x+1)^4$ eine Stammfunktion von f.

Beispiel 2: (Stammfunktion mit besonderer Eigenschaft)
Gegeben ist die Funktion f mit $f(x) = 4x$.
a) Bestimmen Sie alle Stammfunktionen von f.
b) Geben Sie eine Stammfunktion G von f an, die an der Stelle 1 den Funktionswert 4 annimmt.

Lösung:
a) Für jede Stammfunktion F von f gilt: $F(x) = 2x^2 + c$ mit einer Konstanten $c \in \mathbb{R}$.
b) Es gilt: $G(1) = 2 \cdot 1^2 + c = 4$; $c = 4 - 2 \cdot 1^2 = 2$.
Die gesuchte Stammfunktion ist G mit $G(x) = 2x^2 + 2$.

Aufgaben

3 Geben Sie eine Stammfunktion an.
a) $f(x) = 3x$ b) $f(x) = 0{,}5x^2$ c) $f(x) = \sqrt{2}\,x$ d) $f(x) = 0$
e) $f(x) = 2x^3$ f) $f(x) = 2(x - 4)$ g) $f(x) = -0{,}5x^4$ h) $f(x) = (-3x)^2$
i) $f(x) = (2x^2)^2$ j) $f(x) = \frac{1 + 2x}{2}$ k) $f(x) = \frac{x^2 - 2}{4}$ l) $f(x) = \frac{3x - 3}{-2}$

Hier schreibt man z. B. für $f(x) = \frac{1}{x^3}$ zunächst $f(x) = x^{-3}$.

4 a) $f(x) = 2x^{-2}$ b) $f(x) = -4x^{-2}$ c) $f(x) = 5\frac{1}{x^2}$ d) $f(x) = -0{,}6\frac{1}{x^3}$
e) $f(x) = \frac{-8}{x^4}$ f) $f(x) = -\left(\frac{2}{x}\right)^2$ g) $f(x) = -\frac{2}{3x^2}$ h) $f(x) = \frac{-2}{(3x)^2}$

5 a) $f(x) = \frac{1}{x^3} + \frac{1}{2}x^{-2}$ b) $f(x) = \sqrt{5}^3 x^3 - x^{-3}$ c) $f(x) = \frac{-2}{3x^4} - (-3)x^{-2}$ d) $f(x) = -\left(-\frac{6}{x^2}\right) - \frac{6}{-x^2}$

160

6 Geben Sie eine Stammfunktion an. Dabei sind die Hochzahlen ganze Zahlen, die von −1 verschieden sind.
a) $f(x) = x^n$
b) $f(x) = x^{n-1}$
c) $f(x) = x^{2n}$
d) $f(x) = x^{1-2k}$
e) $f(x) = \frac{1}{2}x^{-2-n}$
f) $f(x) = \frac{-2}{x^n}$
g) $f(x) = -\frac{3}{2x^{n-1}}$
h) $f(x) = c \cdot \frac{1}{-x^{-n}}$

7 Geben Sie eine Stammfunktion an.
a) $f(x) = 2\sin(x)$
b) $f(x) = -0{,}5\sin(x)$
c) $f(x) = 3\cos(x)$
d) $f(x) = 2\cos(x) + \sin(x)$
e) $f(x) = \frac{1}{2\sqrt{x}}$
f) $f(x) = \frac{1}{\sqrt{x}}$
g) $f(x) = -\frac{4}{\sqrt{x}}$
h) $f(x) = -6 \cdot (\sqrt{x})^{-1}$

8 Geben Sie eine Stammfunktion von f an. Schreiben Sie dazu den Funktionsterm von f als Summe.
a) $f(x) = \frac{x^2 + 2x}{x^4}$
b) $f(x) = \frac{x^3 + 1}{2x^2}$
c) $f(x) = \frac{1 + x + x^3}{3x^3}$
d) $f(x) = \frac{(2x+1)^2 - 1}{x}$

Ist die Stammfunktion richtig bestimmt? Ableiten bringt Sicherheit!

9 Geben Sie eine Stammfunktion an, ohne den Funktionsterm auszumultiplizieren.
a) $f(x) = (x+4)^3$
b) $f(x) = (4x+1)^3$
c) $f(x) = (9-2x)^2$
d) $f(x) = (0{,}5x - 20)^3$
e) $f(x) = 2(x+3)^3$
f) $f(x) = -5(8-8x)^2$
g) $f(x) = -(-x-1)^4$
h) $f(x) = -0{,}8(\sqrt{2}\,x - \sqrt{3})^3$
i) $f(x) = \frac{1}{2}\left(\frac{1}{2}x + \frac{1}{2}\right)^2$

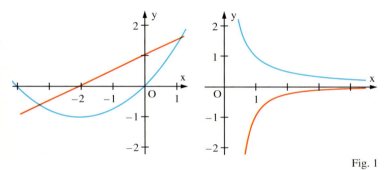

Fig. 1

10 Im gleichen Koordinatensystem sind der Graph einer Funktion f und der Graph einer Stammfunktion F von f gezeichnet (Fig. 1). Welcher Graph gehört zu f, welcher zu F?

11 Welche Stammfunktion der Funktion f nimmt an der Stelle 1 den Funktionswert 2 an?
a) $f(x) = 3x^2$
b) $f(x) = x^3 - 2x^2 + 1$

12 Überprüfen Sie, ob F eine Stammfunktion von f ist.
a) $f(x) = \frac{x}{\sqrt{x^2 - 1}}$; $F(x) = \sqrt{x^2 - 1}$
b) $f(x) = \sin(x) \cdot \cos(x)$; $F(x) = (\sin(x))^2$
c) $f(x) = \frac{x^2(2x-3)}{(x-1)^2}$; $F(x) = \frac{x^3 - 2x}{x-1}$
d) $f(x) = \frac{1}{\cos^2(x)}$; $F(x) = \frac{\sin(x)}{\cos(x)}$

Mein Sohn erinnert mich sehr an meinen Urgroßvater.

13 Stimmt die Aussage? Begründen oder widerlegen Sie.
a) Falls eine Funktion f mit $D_f \in \mathbb{R}$ überhaupt Stammfunktion hat, dann hat f auch eine Stammfunktion, deren Graph durch den Ursprung geht.
b) Bildet man zu einer Funktion f eine Stammfunktion, zu dieser Stammfunktion wieder eine Stammfunktion usw., dann erhält man nie wieder die Funktion f.

14 Bestimmen Sie zu f mit $f(x) = 3x^3 + x$ drei verschiedene Stammfunktionen F, G und H. Berechnen Sie die Differenzen $F(5) - F(1)$, $G(5) - G(1)$ und $H(5) - H(1)$. Was fällt Ihnen auf? Begründen Sie, dass dieses Ergebnis kein Zufall ist.

15 Zur Funktion f mit $f(x) = \frac{1}{x^2}$ ist sowohl für $x \in \mathbb{R}^-$ als auch für $x \in \mathbb{R}^+$ die Funktion F mit $F(x) = -\frac{1}{x}$ eine Stammfunktion. Für die Funktion G mit $G(x) = \begin{cases} -\frac{1}{x}; & x \in \mathbb{R}^- \\ -\frac{1}{x} + 5; & x \in \mathbb{R}^+ \end{cases}$
gilt $G'(x) = f(x)$ für alle $x \in \mathbb{R} \setminus \{0\}$, jedoch ist $G(x) \neq F(x) + c$. Warum ist dies kein Widerspruch zu Satz 2?

7 Der Hauptsatz der Differenzial- und Integralrechnung

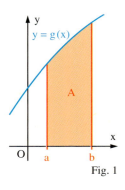
Fig. 1

1 Gegeben ist die Funktion f mit f(t) = t und die Integralfunktion $J_0(x) = \int_0^x f(t)\,dt$ von f zur unteren Grenze 0.
a) Veranschaulichen Sie $J_0(3)$, $J_0(4)$ und $J_0(4) - J_0(3)$ als Flächeninhalte.
b) Bestimmen Sie einen Funktionsterm der Integralfunktion J_0 und geben Sie die Flächeninhalte aus Teilaufgabe a) an.
c) Es sei F eine Stammfunktion von f. Bestimmen Sie F(3), F(4) und F(4) − F(3). Was fällt auf? Prüfen Sie Ihre Vermutung mit einer weiteren Stammfunktion von f.

2 Drücken Sie den Inhalt A der gefärbten Fläche in Fig. 1 mithilfe einer Integralfunktion aus. Wie könnte sich A mithilfe einer Stammfunktion G von g ergeben (siehe Aufgabe 1)?

Die Bestimmung eines Integrals oder einer Integralfunktion als Grenzwert einer Zerlegungssumme ist mühsam und schwierig. Es besteht nun die Vermutung, dass man die Integralfunktion J_a einer Funktion f als Stammfunktion von f erhalten kann.

> *Integralrechnung (integrieren) und Differenzialrechnung (ableiten) hängen auf das Engste zusammen:*
> $\left(\int_a^x f(t)\,dt\right)' = f(x).$

Satz 1: Die Funktion f: t ↦ f(t) sei im Intervall I stetig und a ∈ I.
Dann ist die Integralfunktion J_a mit $J_a(x) = \int_a^x f(t)\,dt$ differenzierbar und es gilt:
$$J_a'(x) = f(x) \quad \text{für } x \in I.$$
Kurz: Die Integralfunktion J_a von f ist eine Stammfunktion von f.

Beweis: Der Differenzenquotient von J_a an der Stelle x ist: $\frac{J_a(x+h) - J_a(x)}{h}$.

Beim Beweis wurde f(t) ≧ 0 und h > 0 und x > a vorausgesetzt. Ohne diese Einschränkungen wird der Beweis entsprechend geführt.

Dabei entspricht $J_a(x+h) - J_a(x)$ dem Inhalt des rot markierten Streifens in Fig. 2. Da f stetig ist, hat f im Intervall [x; x + h] einen größten Funktionswert M_h und einen kleinsten Funktionswert m_h. Es gilt:
$$m_h \cdot h \leq J_a(x+h) - J_a(x) \leq M_h \cdot h$$
oder $\quad m_h \leq \frac{J_a(x+h) - J_a(x)}{h} \leq M_h$.

Da f stetig ist, streben für h → 0 sowohl m_h als auch M_h gegen f(x). Also strebt auch der Differenzenquotient für h → 0 gegen f(x).
Damit gilt $J_a'(x) = \lim_{h \to 0} \frac{J_a(x+h) - J_a(x)}{h} = f(x)$.

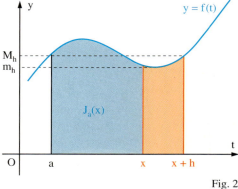
Fig. 2

Wie kann man nun mithilfe von Satz 1 ein Integral wie $\int_a^b f(x)\,dx = J_a(b)$ berechnen?

Ist F irgendeine Stammfunktion von f, dann gilt nach Satz 1 und Satz 2 von Seite 159 bzw. 160:
$J_a(x) = F(x) + c$. Die Konstante c ergibt sich aus der anschaulichen Feststellung $J_a(a) = 0$, also c = −F(a). Somit gilt für die gesuchte Integralfunktion $J_a(x) = F(x) - F(a)$. Insbesondere ist
$J_a(b) = F(b) - F(a)$.

162

Der Hauptsatz der Differenzial- und Integralrechnung

*Der Zusammenhang von Differenzial- und Integralrechnung ist im **Hauptsatz** niedergelegt. Der Hauptsatz ist eine der bedeutenden geistigen Leistungen des 17. Jahrhunderts und gehört zu den großen mathematischen Entdeckungen.*

Satz 2: (**Hauptsatz der Differenzial- und Integralrechnung**)
Die Funktion f sei auf dem Intervall I stetig. Ist F eine beliebige Stammfunktion von f in I, dann gilt für $a \in I$ und $b \in I$:
$$\int_a^b f(x)\,dx = F(b) - F(a).$$

Statt $F(b) - F(a)$ schreibt man auch $[F(x)]_a^b$; es ist dann $\int_a^b f(x)\,dx = [F(x)]_a^b$.

Beispiel 1: (Flächeninhaltsberechnung)
Berechnen Sie den Inhalt der Fläche, welche der Graph der Funktion f mit $f(x) = 3x^2 - x^3$ mit der x-Achse einschließt.
Lösung:
Bestimmung der Nullstellen:
Aus $3x^2 - x^3 = 0$ folgt $x_1 = 0$; $x_2 = 3$.
Der Inhalt der Fläche ist $A = \int_0^3 (3x^2 - x^3)\,dx$
$= \left[x^3 - \tfrac{1}{4}x^4\right]_0^3 = \left(27 - \tfrac{81}{4}\right) - 0 = \tfrac{27}{4}$.

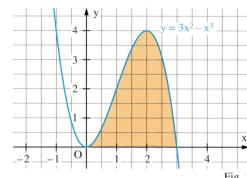
Fig. 1

Gesucht: $\int_a^b f(x)\,dx$

1. Schritt: Stammfunktion F bestimmen

2. Schritt: $\int_a^b f(x)\,dx$
$= F(b) - F(a)$

Beispiel 2: (Berechnung und Deutung des Integrals)
Berechnen Sie das Integral und deuten Sie es als Flächeninhalt.

a) $\int_{-3}^{-1} \tfrac{2}{x^3}\,dx$ b) $\int_{0,5}^{-1} (x^3 + 2)\,dx$

Lösung:

a) $\int_{-3}^{-1} \tfrac{2}{x^3}\,dx = \left[-\tfrac{1}{x^2}\right]_{-3}^{-1} = (-1) - \left(-\tfrac{1}{9}\right) = -\tfrac{8}{9}$.

Das Integral entspricht dem orientierten Flächeninhalt.

Es gilt $\int_{-3}^{-1} \tfrac{2}{x^3}\,dx = -A$ (Fig. 2).

b) $\int_{0,5}^{-1} (x^3 + 2)\,dx = \left[\tfrac{1}{4}x^4 + 2x\right]_{0,5}^{-1}$
$= \tfrac{1}{4}(-1)^4 - 2 - \left(\tfrac{1}{4} \cdot 0{,}5^4 + 1\right) \approx -2{,}77$.

Da $\int_{0,5}^{-1} (x^3 + 2)\,dx = -\int_{-1}^{0,5} (x^3 + 2)\,dx$ gilt, ist

$\int_{0,5}^{-1} (x^3 + 2)\,dx = -A$ (Fig. 3).

Zu Beispiel 2 b):

Zeigen Sie mit dem Hauptsatz:
$\int_b^a f(x)\,dx = -\int_a^b f(x)\,dx.$

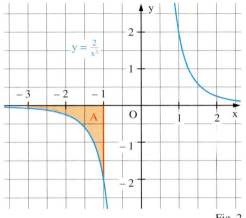
Fig. 2

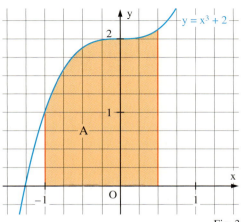
Fig. 3

Der Hauptsatz der Differenzial- und Integralrechnung

Aufgaben

3 Berechnen Sie das Integral mithilfe des Hauptsatzes.

a) $\int_{1}^{4} x \, dx$
b) $\int_{1}^{3} x^2 \, dx$
c) $\int_{-2}^{4} x^3 \, dx$
d) $\int_{0,5}^{2} \frac{1}{x^2} \, dx$

e) $\int_{2}^{4} \frac{-1}{x^3} \, dx$
f) $\int_{-2}^{-10} x^2 \, dx$
g) $\int_{-8}^{-4} (1 - 3x^2) \, dx$
h) $\int_{-4}^{-3} \left(\frac{1}{10}x^5 - 6\right) dx$

4 a) $\int_{-2}^{0} (2+x)^2 \, dx$
b) $\int_{2}^{3} (2-x)^3 \, dx$
c) $\int_{1}^{2} \left(x - \frac{1}{x^2}\right) dx$
d) $\int_{3}^{2} (4 - 2x)^4 \, dx$

e) $\int_{-3}^{-5} \frac{1}{(2-x)^2} \, dx$
f) $\int_{-2}^{0} \frac{-2}{(1-x)^3} \, dx$
g) $\int_{1}^{6} \frac{1}{\sqrt{x}} \, dx$
h) $\int_{0}^{4} \frac{1}{\sqrt{3x+2}} \, dx$

5 Berechnen Sie das Integral und deuten Sie es als Flächeninhalt.

a) $\int_{-1}^{0} (-x^4 + 5) \, dx$
b) $\int_{1}^{3} \left(\frac{1}{x^2} - 1\right) dx$
c) $\int_{0}^{2\pi} \sin(x) \, dx$
d) $\int_{-\frac{\pi}{2}}^{\pi} 2\cos(x) \, dx$

6 Berechnen Sie den Inhalt der gefärbten Fläche.

a)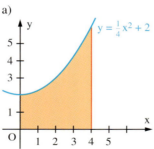
b)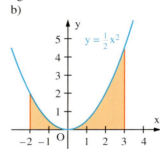
c)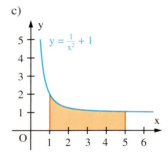

GOTTFRIED WILHELM LEIBNIZ
(1646–1716)

ISAAC NEWTON
(1643–1727)

GOTTFRIED WILHELM LEIBNIZ und ISAAC NEWTON erkannten als Erste, dass sich eine große Vielfalt von Problemen auf die zwei Grundaufgaben zurückführen lassen, die Ableitung bzw. das Integral zu ermitteln. Zudem entdeckten sie unabhängig voneinander den Zusammenhang zwischen Ableitung und Integral.

7 Skizzieren Sie zunächst den Graphen der Funktion f über dem angegebenen Intervall [a; b]. Berechnen Sie den Inhalt der Fläche zwischen dem Graphen von f und der x-Achse über [a; b].

a) $f(x) = 0{,}5x + 2$; $[0; 4]$
b) $f(x) = \frac{1}{x^2}$; $[1; 5]$

c) $f(x) = x^2 + 1$; $[-2; 1]$
d) $f(x) = \frac{2}{x^2}$; $[-4; -0{,}5]$

8 a) $f(x) = \frac{1}{x^2} + 2$; $[2; 4]$
b) $f(x) = 2\sin(x)$; $[0; \frac{\pi}{2}]$

c) $f(x) = \frac{1}{(2x+1)^2}$; $[1; 4]$
d) $f(x) = \frac{1}{\sqrt{x}}$; $[1; 4]$

9 Berechnen Sie den Inhalt der Fläche, welche der Graph von f mit der x-Achse einschließt.

a) $f(x) = -\frac{1}{4}x^2 + 2$
b) $f(x) = -\frac{1}{2}x^2 + 2x$

c) $f(x) = \frac{1}{5}x^3 - 2x^2 + 5x$
d) $f(x) = -\frac{1}{4}x^4 + x^3$

10 In Satz 1 wurde gezeigt, dass jede Integralfunktion einer stetigen Funktion f auch eine Stammfunktion von f ist. Gilt auch die Umkehrung dieser Aussage?

8 Eigenschaften des Integrals

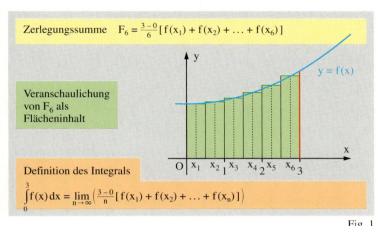

1 Veranschaulichen Sie für $f: x \mapsto 0{,}5\,x + 1$ die Integrale $\int_0^1 f(x)\,dx$, $\int_1^3 f(x)\,dx$ und $\int_0^3 f(x)\,dx$ in einer Skizze. Welcher Zusammenhang besteht zwischen diesen Integralen?

2 In Fig. 1 ist eine Zerlegungssumme F_6 zur Funktion f auf dem Intervall [0; 3] angegeben.
a) Wie lautet eine Zerlegungssumme G_6 für die Funktion g mit $g(x) = r \cdot f(x)$ auf dem Intervall [0; 3]? Drücken Sie G_6 mit F_6 aus.
b) Welcher Zusammenhang ist zwischen $\int_0^3 f(x)\,dx$ und $\int_0^3 g(x)\,dx$ zu vermuten?

Fig. 1

Aus der Beziehung $\int_a^b f(x)\,dx = F(b) - F(a)$ und aus den Eigenschaften von Stammfunktionen ergeben sich einige „**Rechenregeln für Integrale**".

Satz 1: Sind die Funktionen f und g auf dem Intervall I stetig und sind $a, b, c \in I$ sowie $r \in \mathbb{R}$, so gilt:

a) $\int_a^b f(x)\,dx + \int_b^c f(x)\,dx = \int_a^c f(x)\,dx$ \qquad (**Intervalladditivität des Integrals**)

b) $\int_a^b (f(x) + g(x))\,dx = \int_a^b f(x)\,dx + \int_a^b g(x)\,dx$

und \qquad (**Linearität des Integrals**).

$\int_a^b r \cdot f(x)\,dx = r \cdot \int_a^b f(x)\,dx$

Beweis: (Am Beispiel der Linearität des Integrals)
Sind F und G Stammfunktionen von f bzw. g, dann ist F + G eine Stammfunktion von f + g. Also gilt:
$$\int_a^b (f(x) + g(x))\,dx = (F+G)(b) - (F+G)(a) = (F(b) + G(b)) - (F(a) + G(a))$$
$$= (F(b) - F(a)) + (G(b) - G(a)) = \int_a^b f(x)\,dx + \int_a^b g(x)\,dx.$$

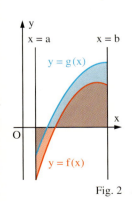

Fig. 2

Aus $f(x) \leq g(x)$ für alle $x \in [a; b]$ (Fig. 2) ergibt sich $g(x) - f(x) \geq 0$ für alle $x \in [a; b]$. Dann ist $\int_a^b (g(x) - f(x))\,dx \geq 0$ und folglich gilt nach Satz 1b): $\int_a^b g(x)\,dx - \int_a^b f(x)\,dx \geq 0$.
Damit ergibt sich: $\int_a^b f(x)\,dx \leq \int_a^b g(x)\,dx$.

Hiermit kann man „Integrale abschätzen", d. h. Schranken für Integrale berechnen, wenn eine Stammfunktion nicht bestimmt werden kann (vgl. Beispiel 2).

Eigenschaften des Integrals

Wenn man ein Integral $\int_a^b f(x)\,dx$ nicht bestimmen kann, weil keine Stammfunktion von f vorliegt, dann kann man es mithilfe von Satz 2 abschätzen.

Satz 2: Sind die Funktionen f und g auf dem Intervall [a; b] stetig und ist $f(x) \leq g(x)$ für alle $x \in [a; b]$, so gilt
$$\int_a^b f(x)\,dx \leq \int_a^b g(x)\,dx. \qquad \text{(Monotonie des Integrals)}$$

Beispiel 1: (Anwendung der Linearität des Integrals)
Berechnen Sie $\int_0^4 \frac{2x}{x+1}\,dx + \int_0^4 \frac{2}{x+1}\,dx$.
Lösung:
Für $x \in [0; 4]$ gilt: $\int_0^4 \frac{2x}{x+1}\,dx + \int_0^4 \frac{2}{x+1}\,dx = \int_0^4 \left(\frac{2x}{x+1} + \frac{2}{x+1}\right)dx = \int_0^4 \frac{2x+2}{x+1}\,dx = \int_0^4 2\,dx = [2x]_0^4 = 8 - 0 = 8.$

Beispiel 2: (Abschätzung eines Integrals mithilfe der Monotonie)
Schätzen Sie das Integral $\int_2^4 \frac{3}{x^2+1}\,dx$ nach oben ab (Fig. 1).
Lösung:
Für alle $x \in \mathbb{R}$ gilt: $\frac{3}{x^2+1} < \frac{3}{x^2}$.
Mit Satz 2 folgt: $\int_2^4 \frac{3}{x^2+1}\,dx < \int_2^4 \frac{3}{x^2}\,dx = \left[-\frac{3}{x}\right]_2^4 = \frac{3}{4}$.
$\frac{3}{4}$ ist eine obere Schranke für das Integral.

Eine bewährte Methode beim Abschätzen:

Ist bei gleichem Zähler der Nenner größer, dann ist der Bruch kleiner.

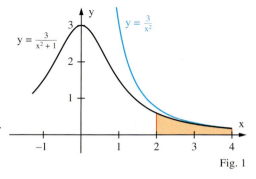

Fig. 1

Aufgaben

3 Berechnen Sie möglichst geschickt.
a) $\int_1^{3,1} 3x^2\,dx + \int_{3,1}^4 3x^2\,dx$
b) $\int_0^{2\pi} \frac{3}{2\sqrt{3x+1}}\,dx + \int_{2\pi}^5 \frac{3}{2\sqrt{3x+1}}\,dx$
c) $\int_2^{2,5} \frac{-2}{(1-x)^2}\,dx + \int_{2,5}^3 \frac{-2}{(1-x)^2}\,dx$

4 a) $\int_{-1}^1 (2\sqrt{x^2+1} + x^2)\,dx - 2\int_{-1}^1 \sqrt{x^2+1}\,dx$
b) $\int_1^3 \frac{1+2x}{x^3}\,dx + \int_1^3 \frac{1-2x}{x^3}\,dx$

5 Schreiben Sie den Integranden ohne Betragsstriche und berechnen Sie das Integral.
a) $\int_{-2}^3 \left|\frac{1}{2}x\right|\,dx$
b) $\int_0^4 |2x-3|\,dx$
c) $\int_1^3 |x^2-4|\,dx$

Wo steckt der Fehler?
$\frac{1}{x^2} > 0$ für $x \neq 0$
aber
$\int_{-2}^2 \frac{1}{x^2}\,dx = \left[\frac{-1}{x}\right]_{-2}^2 = -1 \,!!!$

6 Vereinfachen Sie soweit wie möglich.
a) $\int_a^0 x^2\,dx + \int_0^a x^2\,dx$
b) $\int_a^0 x^2\,dx - \int_{-a}^0 x^2\,dx + \int_{-a}^a x^2\,dx$
c) $\int_a^{2a} (x^2+x^3)\,dx - \int_a^{2a} x^2\,dx + \int_0^{2a} (-x^3)\,dx$

7 Skizzieren Sie einen Graphen der Funktion f mit $f(x) = \frac{1}{x^2+1}$. Schätzen Sie das Integral $\int_1^{100} f(x)\,dx$ mithilfe der Funktionen g mit $g(x) = \frac{1}{x^2}$ und h mit $h(x) = \frac{1}{2x^2}$ ab.

8 Schätzen Sie $\int_1^4 \frac{1}{x}\,dx$ mithilfe von zwei Funktionen nach oben und nach unten ab.

9 Flächen unterhalb der x-Achse

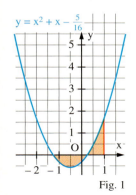
Fig. 1

Man kann den gesuchten Flächeninhalt auch mit Hilfe von Betragsstrichen ausdrücken.

$$A = \int_a^{x_1} |f(x)|\,dx$$
$$+ \int_{x_1}^{x_2} |f(x)|\,dx$$
$$+ \int_{x_2}^b |f(x)|\,dx$$

Zur Berechnung muss jedoch immer das Vorzeichen von f(x) bestimmt werden.

1 Drücken Sie den Inhalt der gefärbten Fläche in Fig. 1 mithilfe von Integralen aus. Beschreiben Sie die Schritte Ihres Vorgehens.

Bei dem gesuchten Flächeninhalt A in Fig. 2 ist $f(x) \leq 0$ für $x \in [a; b]$. Durch Spiegelung an der x-Achse ergibt sich eine Fläche mit demselben Inhalt. Für diesen Inhalt gilt:

$$A = \int_a^b -f(x)\,dx \quad \text{oder}$$

$$A = -\int_a^b f(x)\,dx \quad \text{(Linearität des Integrals).}$$

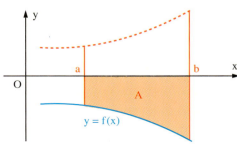
Fig. 2

Nimmt f in [a; b] sowohl positive als auch negative Werte an (Fig. 3), muss man die Inhalte der Teilflächen getrennt berechnen:
1. Schritt: Berechnung der Nullstellen von f
2. Schritt: Bestimmung des Vorzeichens von f(x) in den Teilintervallen
3. Schritt: Berechnung des Flächeninhaltes.

$$A = \int_a^{x_1} f(x)\,dx + \int_{x_1}^{x_2} -f(x)\,dx + \int_{x_2}^b f(x)\,dx.$$

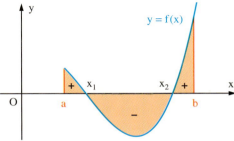
Fig. 3

In Fig. 3 erhält man durch $\int_a^b f(x)\,dx$ nicht den Flächeninhalt A. Das Integral zählt Flächeninhalte oberhalb der x-Achse positiv und Flächeninhalte unterhalb der x-Achse negativ.

Das Integral
$\int_a^b f(x)\,dx$
ist der orientierte Flächeninhalt.

> **Satz:** Es sei f eine auf dem Intervall [a; b] stetige Funktion. Für den Inhalt A der Fläche zwischen dem Graphen von f und der x-Achse über [a; b] gilt:
>
> $A = \int_a^b f(x)\,dx$, falls $f(x) \geq 0$ für alle $x \in [a; b]$ bzw.
>
> $A = -\int_a^b f(x)\,dx$, falls $f(x) \leq 0$ für alle $x \in [a; b]$.

Beispiel 1: (Fläche unterhalb der x-Achse)
Gegeben ist die Funktion f mit $f(x) = -\frac{1}{4}x^2$.
Berechnen Sie die gefärbte Fläche in Fig. 4.
Lösung:
Es gilt $f(x) \leq 0$ für $x \in [-1; 3]$. Somit gilt

$$A = \int_{-1}^3 -\left(-\frac{1}{4}x^2\right)dx = \int_{-1}^3 \frac{1}{4}x^2\,dx = \left[\frac{1}{12}x^3\right]_{-1}^3$$
$$= \frac{1}{12} \cdot 3^3 - \left(\frac{1}{12}(-1)^3\right) = \frac{9}{4} + \frac{1}{12} = \frac{28}{12}.$$

Der Flächeninhalt ist $A = \frac{7}{3}$.

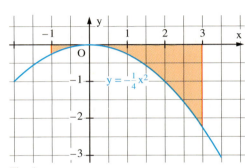
Fig. 4

167

Flächen unterhalb der x-Achse

Die Beschreibung „über dem Intervall [–1; 2,5]" bedeutet: Es sind alle Flächen im Bereich des Intervalls gemeint, die vom Graphen von f, der x-Achse und den Geraden mit den Gleichungen x = –1 bzw. x = 2,5 begrenzt werden.

Beispiel 2: (Fläche teilweise unterhalb, teilweise oberhalb der x-Achse)
Gegeben ist die Funktion f mit
$f(x) = 0{,}5x^3 - 2x$ (Fig. 1).
Berechnen Sie den Inhalt der Fläche, die der Graph von f und die x-Achse über dem Intervall [–1; 2,5] einschließen.
Lösung:
1. Schritt: $x(0{,}5x^2 - 2) = 0$;
$x_1 = 0; \; x_2 = -2; \; x_3 = 2$

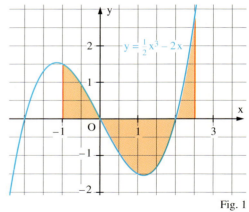

Fig. 1

Wie kommt man auf $f(x) \geq 0$ für $-2 \leq x \leq 0$? Da f stetig ist, genügt es z. B. $f(-1) = 1{,}5$ zu berechnen.

2. Schritt: $f(x) \geq 0$ für $-2 \leq x \leq 0$,
$f(x) \leq 0$ für $0 \leq x \leq 2$,
$f(x) \geq 0$ für $2 \leq x \leq 2{,}5$.

3. Schritt:
$$A = \int_{-1}^{0}(0{,}5x^3 - 2x)\,dx + \int_{0}^{2}-(0{,}5x^3 - 2x)\,dx + \int_{2}^{2{,}5}(0{,}5x^3 - 2x)\,dx$$
$$= \left[\tfrac{1}{8}x^4 - x^2\right]_{-1}^{0} + \left[-\tfrac{1}{8}x^4 + x^2\right]_{0}^{2} + \left[\tfrac{1}{8}x^4 - x^2\right]_{2}^{2{,}5} = \tfrac{7}{8} + 2 + \tfrac{81}{128} \approx 3{,}51$$
Der Flächeninhalt ist $A \approx 3{,}51$.

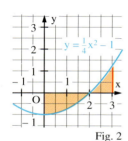
Fig. 2

Beispiel 3: (Problemlösen mithilfe des orientierten Flächeninhalts)
Für jedes $c \in \mathbb{R}$ ist eine Funktion f_c gegeben durch $f_c(x) = \tfrac{1}{4}x^2 - c$. Bestimmen Sie c so, dass die x-Achse die Fläche zwischen dem Graphen von f_c und der x-Achse über dem Intervall [0; 3] halbiert.
Lösung:
Die x-Achse halbiert die Fläche, wenn deren orientierter Flächeninhalt null ist.
$$0 = \int_{0}^{3}\left(\tfrac{1}{4}x^2 - c\right)dx = \left[\tfrac{1}{12}x^3 - cx\right]_{0}^{3} = \tfrac{27}{12} - 3c. \;\text{Also ist}\; c = \tfrac{3}{4}.$$

Aufgaben

2 Berechnen Sie den Inhalt der Fläche zwischen dem Graphen von f und der x-Achse über dem Intervall [a; b].
a) $f(x) = -0{,}5x^2$; [0; 4]
b) $f(x) = \tfrac{1}{3}x^3 - 3x$; [0; 2]
c) $f(x) = -\tfrac{1}{x^2}$; [–10; –5]

3 Bestimmen Sie den Inhalt der Fläche, die der Graph von f mit der x-Achse einschließt.
a) $f(x) = 0{,}5x^2 - 3x$
b) $f(x) = (x-1)^2 - 1$
c) $f(x) = x^4 - 4x^2$
d) $f(x) = -\tfrac{1}{5}x^3 + 2x^2 - 5x$
e) $f(x) = -3x - 7 + \tfrac{4}{x^2}$
f) $f(x) = x(3 - x^2)$

4 Berechnen Sie den Inhalt der Fläche zwischen dem Graphen von f und der x-Achse über dem Intervall [a; b].
a) $f(x) = x^2 - 3x$; [–1; 4]
b) $f(x) = \tfrac{1}{x^2} - 1$; [0,5; 2]
c) $f(x) = \cos(x)$; [0; 2]

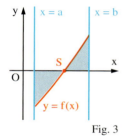
Fig. 3

5 Die Funktion f_c hat bei geeigneter Wahl von c im Intervall [a; b] genau eine Nullstelle x_0. Der Graph von f_c, die x-Achse sowie die Geraden mit den Gleichungen x = a und x = b begrenzen eine Fläche, die aus zwei Teilen besteht (Fig. 3). Bestimmen Sie c so, dass die beiden Teilflächen denselben Inhalt haben.
a) $f_c(x) = x^3 - x + c$; a = 0; b = 2
b) $f_c(x) = x^3 - cx - 1$; a = 0; b = 2

168

10 Flächen zwischen zwei Graphen

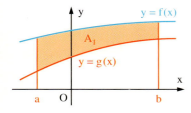
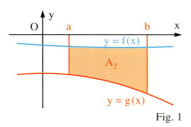

Fig. 1

1 a) Schreiben Sie den Inhalt der orangefarbenen Flächen in Fig. 1 als Differenz bzw. als Summe von Integralen.
b) Drücken Sie diese Integrale mithilfe von Stammfunktionen aus. Formulieren Sie für beide Fälle eine gemeinsame Regel zur Bestimmung des Flächeninhalts.

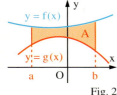

Fig. 2

Es soll der Inhalt einer Fläche bestimmt werden, die wie die gefärbte Fläche in Fig. 2 von den Graphen zweier Funktionen und den Geraden mit den Gleichungen $x = a$ und $x = b$ begrenzt wird. Dabei wird $f(x) \geq g(x)$ für $x \in [a; b]$ vorausgesetzt, und F und G seien Stammfunktionen von f bzw. g.

Für den Inhalt A in Fig. 2 gilt:
$$A = \int_a^b f(x)\,dx - \int_a^b g(x)\,dx = F(b) - F(a) - (G(b) - G(a)) = F(b) - G(b) - (F(a) - F(b))$$
$$= [F(x) - G(x)]_a^b = \int_a^b (f(x) - g(x))\,dx.$$

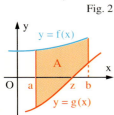

Fig. 3

In Fig. 3 nimmt die Funktion g im Intervall [a; b] auch negative Funktionswerte an.
Für A gilt:
$$A = \int_a^b f(x)\,dx + \int_a^z -g(x)\,dx - \int_z^b g(x)\,dx = F(b) - F(a) + (-G(z) - (-G(a))) - (G(b) - G(z))$$
$$= (F(b) - G(b)) - (F(a) - G(a)).$$

Die angeführten Beispiele zeigen, dass es bei der Berechnung des Inhalts einer Fläche zwischen zwei Graphen, die sich nicht schneiden, nur auf die Differenzfunktion ankommt.

Faustregel:

Falls sich die Graphen von f und g nicht schneiden, gilt für einen Flächeninhalt A zwischen den Graphen:
$A = \int$ (obere Fu. – untere Fu.).

Satz: Es seien f und g stetige Funktionen mit $f(x) \geq g(x)$ für $x \in [a; b]$. Dann gilt für den Inhalt A der Fläche zwischen den Graphen von f und g über dem Intervall [a; b]:
$$A = \int_a^b (f(x) - g(x))\,dx.$$

Falls sich die Graphen von f und g im Intervall [a; b] schneiden, gilt teilweise $f(x) \geq g(x)$ und teilweise $g(x) \geq f(x)$. Zur Bestimmung von A geht man deshalb so vor (Fig. 4):
1. Schritt: Berechnung der Schnittstellen von f und g
2. Schritt: Bestimmung, in welchen Teilintervallen $f(x) \geq g(x)$ bzw. $g(x) \geq f(x)$ gilt
3. Schritt: Berechnung des Flächeninhaltes.
$$A = \int_a^z (f(x) - g(x))\,dx + \int_z^b (g(x) - f(x))\,dx$$

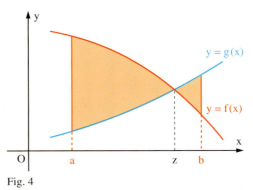

Fig. 4

Flächen zwischen zwei Graphen

Beispiel 1: (Die Graphen von f und g schneiden sich nicht)

Gegeben ist die Funktion f mit
$f(x) = \frac{1}{8}x^2 + 1$
und die Funktion g mit
$g(x) = -\frac{1}{2}x^2 + 3x - 4$.

Berechnen Sie den Inhalt A der Fläche, die von den Graphen der Funktionen f und g über [1; 3] eingeschlossen wird (Fig. 1).

Lösung:
Im Intervall [1; 3] gilt: $f(x) \geq g(x)$.
Also gilt:

$A = \int_1^3 \left(\left(\frac{1}{8}x^2 + 1\right) - \left(-\frac{1}{2}x^2 + 3x - 4\right)\right)dx = \int_1^3 \left(\frac{5}{8}x^2 - 3x + 5\right)dx = \left[\frac{5}{24}x^3 - \frac{3}{2}x^2 + 5x\right]_1^3 = \frac{41}{12}$.

Der gesuchte Flächeninhalt ist $A = \frac{41}{12}$.

Wie stellt man fest, ob $f(x) \geq g(x)$ für $x \in [1; 3]$ gilt?
Oft schafft der Graph Klarheit. Rein rechnerisch kann man z.B. zeigen, dass die Funktion $f - g$ mit $(f - g)(x) = \frac{5}{8}x^2 - 3x + 5$ in [1; 3] keine Nullstellen hat. Da $f - g$ stetig ist, genügt es dann z.B. $(f - g)(2) \geq 0$ nachzuweisen.

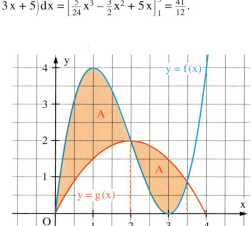
Fig. 1

Beispiel 2: (Die Graphen von f und g schneiden sich)

Berechnen Sie den Inhalt A der Fläche, die von den Graphen von f mit
$f(x) = x^3 - 6x^2 + 9x$ und g mit
$g(x) = -\frac{1}{2}x^2 + 2x$ eingeschlossen wird (Fig. 2).

Lösung:
1. Schritt: $x^3 - 6x^2 + 9x = -\frac{1}{2}x^2 + 2x$
$x(2x^2 - 11x + 14) = 0$
$x_1 = 0;\ x_2 = 2;\ x_3 = 3{,}5$

2. Schritt: Für $0 \leq x \leq 2$ ist $f(x) \geq g(x)$;
für $2 \leq x \leq 3{,}5$ ist $g(x) \geq f(x)$.

3. Schritt:
$A = \int_0^2 (f(x) - g(x))dx + \int_2^{3,5} (g(x) - f(x))dx = \int_0^2 (x^3 - 5{,}5x^2 + 7x)dx + \int_2^{3,5} (-x^3 + 5{,}5x^2 - 7x)dx$
$= \left[\frac{1}{4}x^4 - \frac{11}{6}x^3 + \frac{7}{2}x^2\right]_0^2 + \left[-\frac{1}{4}x^4 + \frac{11}{6}x^3 - \frac{7}{2}x^2\right]_2^{3,5} = \frac{937}{192} \approx 4{,}88$.

Der gesuchte Flächeninhalt ist $A = \frac{937}{192}$.

Die Ergebnisse des 2. Schrittes ergeben sich oft aus dem Graphen. Da f und g stetig sind, genügt es z.B. auch $f(1) \geq g(1)$ und $f(3) \leq g(3)$ nachzuweisen.

Fig. 2

Aufgaben

2 Geben Sie den Inhalt der Fläche mithilfe von Integralen an.

a)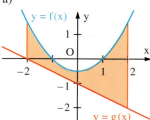

b)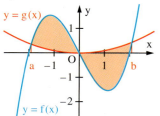

c)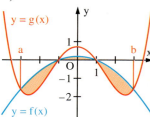

Fig. 3

Flächen zwischen zwei Graphen

3 Drücken Sie den Inhalt A der beschriebenen Fläche als Summe von $A_1, A_2, \ldots, A_6$ aus.
a) Die Fläche wird von den Graphen von f und g begrenzt.
b) Die Fläche wird von den Graphen von f und g sowie der x-Achse begrenzt.
c) Die Fläche wird von den Graphen von f und g über dem Intervall [0; b] begrenzt.

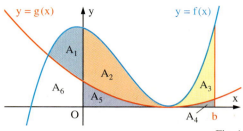

Fig. 1

4 Berechnen Sie den Inhalt der Fläche, die von den Graphen von f und g sowie den Geraden mit den Gleichungen $x = a$ und $x = b$ begrenzt wird.
a) $f(x) = x^2$; $g(x) = -x^2 + 4$; $a = -3$; $b = 3$ 	b) $f(x) = x^3$; $g(x) = x$; $a = 0$; $b = 2$
c) $f(x) = 2x^2$; $g(x) = \frac{1}{2x^2}$; $a = 0,5$; $b = 2$ 	d) $f(x) = x(x^2 - 4)$; $g(x) = -\frac{1}{2}x$; $a = -0,5$; $b = 1$

5 Wie groß ist die Fläche, die von den Graphen von f und g begrenzt wird?
a) $f(x) = x^2$; $g(x) = -x^2 + 4x$ 	b) $f(x) = x^2$; $g(x) = -x^3 + 3x^2$
c) $f(x) = -\frac{1}{x^2}$; $g(x) = 2,5x - 5,25$ 	d) $f(x) = x^3 - x$; $g(x) = -x^3 + x^2$

Zu Aufgabe 6:

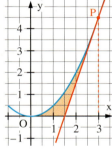

6 Berechnen Sie den Inhalt der Fläche, die vom Graphen von f, der Tangente in P und der x-Achse begrenzt wird.
a) $f(x) = \frac{1}{2}x^2$; $P(3|4,5)$ 	b) $f(x) = (x - 2)^4$; $P(0|16)$ 	c) $f(x) = \frac{1}{x^2} - \frac{1}{4}$ $P(0,5|3,5)$

7 Berechnen Sie den Inhalt der Fläche, die vom Graphen von f, der Normalen in P und der x-Achse begrenzt wird.
a) $f(x) = -x^2$; $P(1|-1)$ 	b) $f(x) = x^3$; $P(1|1)$ 	c) $f(x) = -\frac{1}{4}x^3 + 2$; $P(-2|4)$

8 Berechnen Sie den Inhalt der Fläche zwischen dem Graphen von f und der Normalen im Wendepunkt von f.
a) $f(x) = -x^3 + x$ 	b) $f(x) = -\frac{1}{3}x^3 + 2x$ 	c) $f(x) = -0,5x^3 - 1,5x^2 - 0,5x - 0,5$

9 Die Funktion f ist auf dem Intervall [a; b] definiert und es ist $f(a) \neq f(b)$. Wenn $c \in \mathbb{R}$ mit $f(a) < c < f(b)$ oder $f(b) < c < f(a)$ ist, begrenzen der Graph von f sowie die Geraden mit den Gleichungen $x = a$, $x = b$ und $y = c$ eine Fläche, die aus zwei Teilen besteht (Fig. 2). Bestimmen Sie c so, dass die beiden Teilflächen denselben Inhalt haben.
a) $f(x) = 4x - x^2$; $a = 0$; $b = 2$ 	b) $f(x) = \frac{6}{(x+2)^2}$; $a = -1$; $b = 4$
c) $f(x) = \sin(x)$; $a = 0$; $b = \frac{\pi}{2}$ 	d) $f(x) = \frac{4}{\sqrt{x+3}}$; $a = -2$; $b = 6$

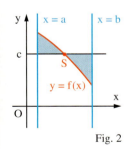

Fig. 2

10 Für jedes $t \in \mathbb{R}^+$ ist eine Funktion f_t gegeben durch $f_t(x) = tx^3 - 3(t + 1)x$. Die Gerade mit der Gleichung $y = -3x$ schließt mit dem Graphen von f_t eine Fläche mit dem Inhalt A(t) ein. Bestimmen Sie A(t).

11 Für jedes $t \in \mathbb{R}^+$ ist eine Funktion f_t gegeben durch $f_t(x) = \frac{tx^2 - 4}{x^2}$. Der Graph von f_t schließt im 1. Quadranten mit den Koordinatenachsen und den Geraden mit den Gleichungen $x = \frac{4}{\sqrt{t}}$ und $y = t$ eine Fläche ein.
Berechnen Sie deren Inhalt in Abhängigkeit von t.

12 Die Graphen der Funktionen f_a mit $f_a(x) = a \cdot \sin(x)$ und g_a mit $g_a(x) = -\frac{1}{a} \cdot \sin(x)$ begrenzen für $x \in [0; \pi]$ eine Fläche. Für welche Werte von a ist der Flächeninhalt minimal? Geben Sie den minimalen Inhalt an.

11 Zerlegungssummen in realen Zusammenhängen

1 Bei einem Fahrrad ändert der Geschwindigkeitsmesser nur alle zwei Sekunden den angezeigten Wert, sodass z. B. während einer Fahrtzeit von 16 Sekunden achtmal ein Geschwindigkeitswert erscheint.
a) Um welche Geschwindigkeit könnte es sich bei einem angezeigten Wert handeln?
Auf welche Weise kann man aus diesen Werten einen Näherungswert für den zurückgelegten Weg erhalten?
b) Bei einem Auto wird die Momentangeschwindigkeit angezeigt. Wie kann man bei bekanntem Verlauf der Momentangeschwindigkeit auf die Länge der gefahrenen Strecke schließen?

Das Integral ist als Grenzwert von Zerlegungssummen definiert. Dies ist bedeutsam, weil viele praktische Probleme auf Zerlegungssummen und damit auf Integrale führen. Der dafür typische Gedankengang wird an der Fragestellung erläutert, wie man bei gegebener Geschwindigkeit auf den zurückgelegten Weg schließen kann.

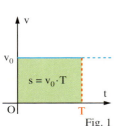

Fig. 1

Bei konstanter Geschwindigkeit v_0 gilt für den in der Zeit T zurückgelegten Weg s: $s = v_0 \cdot T$. Dabei kann man s als Flächeninhalt deuten (Fig. 1). Ist v(t) nicht konstant, unterteilt man das Intervall [0; T] in n gleichlange Teilintervalle der Länge $\frac{T}{n}$, innerhalb derer man die Geschwindigkeit jeweils als konstant annimmt (Fig. 2).

Man erhält so für den im Intervall $[0; t_1]$ zurückgelegten Weg s_1 einen Näherungswert.
Es gilt: $s_1 \approx v_1 \cdot \frac{T}{n}$.
Für den im Intervall $[t_1; t_2]$ zurückgelegten Weg s_2 gilt: $s_2 \approx v_2 \cdot \frac{T}{n}$, usw.
Für den in der Zeit T zurückgelegten Weg s erhält man als Näherung eine Zerlegungssumme.
Es gilt: $s \approx \frac{T}{n}(v_1 + v_2 + \ldots + v_n)$.

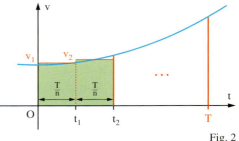

Fig. 2

Der zurückgelegte Weg ergibt sich als Grenzwert dieser Zerlegungssumme:
$$s = \lim_{n \to \infty} \frac{T}{n}(v_1 + v_2 + \ldots + v_n) = \int_0^T v(t)\,dt.$$
So wie hier von der Momentangeschwindigkeit auf den zurückgelegten Weg geschlossen wird, kann man allgemein die Gesamtänderung einer Größe aus ihrer momentanen Änderungsrate erhalten. Die Tabelle zeigt einige Beispiele.

Allgemein gilt:
Ist nur f' bekannt, dann gilt für die Gesamtänderung f(b) − f(a) auf dem Intervall [a; b]
$f(b) - f(a) = \int_a^b f'(t)\,dt.$
Das ist lediglich eine andere Formulierung des Hauptsatzes.

Größe	Momentane Änderungsrate der Größe	Gesamtänderung der Größe Bei konstanter Änderungsrate	Bei veränderlicher Änderungsrate
Weg s in $[t_1; t_2]$	Geschwindigkeit v	$s = v_0 \cdot (t_2 - t_1)$	$s = \int_{t_1}^{t_2} v(t)\,dt$
Länge L in $[t_1; t_2]$	Wachstumsgeschwindigkeit w	$L = w_0 \cdot (t_2 - t_1)$	$L = \int_{t_1}^{t_2} w(t)\,dt$
Schadstoffausstoß E in $[t_1; t_2]$	Schadstoffausstoß e pro Zeiteinheit	$E = e_0 \cdot (t_2 - t_1)$	$E = \int_{t_1}^{t_2} e(t)\,dt$

Zerlegungssummen in realen Zusammenhängen

Wachstumsgeschwindigkeiten sind Momentangeschwindigkeiten. So wächst z. B. die Blattscheide der Bananenpflanze mit der Geschwindigkeit 1,1 $\frac{mm}{min}$ oder 160 $\frac{cm}{Tag}$. Sie wächst aber bei weitem nicht um 160 cm an einem Tag.

Beispiel:
Die Wachstumsgeschwindigkeit $w(t)$ $\left(\text{in } \frac{cm}{Tag}\right)$ einer Wildrebe während der ersten 100 Tage in Abhängigkeit von ihrem Alter t (in Tagen) lässt sich beschreiben durch $w(t) = 0{,}001 \cdot t^2$. Zeigen Sie, dass man die Länge der Pflanze nach 100 Tagen mithilfe eines Integrals erhält. Bestimmen Sie die Länge der Pflanze.

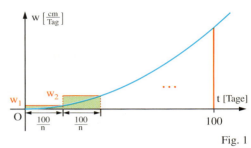

Fig. 1

Lösung:
Bei konstanter Wachstumsgeschwindigkeit w_0 würde für die Länge L der Pflanze nach der Zeit T gelten: $L = w_0 \cdot T$. Nimmt man die Wachstumsgeschwindigkeit in Teilintervallen als konstant an, erhält man als Näherungswert für L (Fig. 1):
$L \approx \frac{100}{n}(w_1 + w_2 + \ldots + w_n)$. L ist der Grenzwert dieser Zerlegungssumme:
$L = \lim_{n \to \infty} \frac{100}{n}(w_1 + w_2 + \ldots + w_n) = \int_0^{100} 0{,}001 \cdot t^2 \, dt = \left[\frac{1}{3000} t^3\right]_0^{100} = \frac{1000}{3}$.
Die Gesamtlänge nach 100 Tagen beträgt etwa 333 cm.

Aufgaben

2 Ein im luftleeren Raum aus der Ruhelage frei fallender Körper hat nach t Sekunden eine Geschwindigkeit von $v(t) = 9{,}81 \cdot t$ $\left(v \text{ in } \frac{m}{s}\right)$.
Wie lang ist die Fallzeit bei einer Höhe von 100 m (ohne Luftwiderstand)?

Welches ist das Buchenblatt?

3 Für das Wachstum einer Hopfenpflanze wird folgende Modellannahme getroffen: Die Wachstumsgeschwindigkeit $w(t)$ $\left(\text{in } \frac{cm}{Tag}\right)$ steigt innerhalb von 40 Tagen linear von 0 auf 25.
a) Geben Sie einen Term für $w(t)$ an. Zeigen Sie, dass man die Länge der Hopfenpflanze nach 40 Tagen mithilfe von Zerlegungssummen als Integral ausdrücken kann und berechnen Sie es.
b) Nach 40 Tagen nimmt die Wachstumsgeschwindigkeit innerhalb von 30 Tagen linear auf 0 ab. Wie hoch wird die Pflanze insgesamt?

4 Pflanzen wandeln Kohlendioxid in Sauerstoff um. Die dabei pro Quadratmeter Blattfläche verbrauchte Kohlendioxidmenge $k(t)$ $\left(\text{in } \frac{ml}{h}\right)$ hängt vom Lichteinfall und damit von der Tageszeit ab. Der Kohlendioxidverbrauch der Buche pro Quadratmeter kann während eines Tages beschrieben werden durch $k(t) = 600 - \frac{600}{36} t^2$ mit $-6 \leq t \leq 6$.
a) Zeichnen Sie den Graphen. Zeigen Sie, dass man den Kohlendioxidverbrauch pro Quadratmeter während eines Tages mithilfe von Zerlegungssummen als Integral ausdrücken kann.
b) Eine Buche hat etwa 200 000 Blätter, ein mittelgroßes Blatt hat die Oberfläche von etwa 25 cm². Bestimmen Sie den Kohlendioxidverbrauch der Buche während eines Tages.

5 Ist eine Feder aus entspannter Lage um eine Strecke s gedehnt, dann gilt für die erforderliche Spannkraft F in engen Bereichen das HOOKE'sche Gesetz $F = D \cdot s$, wobei D die Federkonstante der Feder ist.
a) Eine Feder mit $D = 2 \frac{N}{cm}$ wird aus entspannter Lage um 8 cm gedehnt. Zeichnen Sie ein Kraft-Weg-Diagramm und bestimmen Sie die zum Spannen erforderliche Arbeit W.
(Beachten Sie: Bei konstanter Kraft F_0 gilt $W = F_0 \cdot s$.)
b) Bei einem Gummiseil gilt für $0 \leq s \leq 0{,}2$ m: $F(s) = 500 \frac{N}{m^2} \cdot s^2$. Bestimmen Sie die zum Spannen des Seils von 0 bis 20 cm erforderliche Arbeit W.

12 Vermischte Aufgaben

1 Gegeben ist die Funktion f mit $f(x) = \frac{1}{3}x^3 + 2x^2 + 3x$ (Fig. 1). Berechnen Sie den Inhalt der Fläche
a) die der Graph von f mit der x-Achse einschließt
b) zwischen dem Graphen von f und der x-Achse über dem Intervall [−4; 0]
c) die der Graph von f und die Gerade mit der Gleichung $y = \frac{1}{3}x$ einschließt
d) die vom Graphen von f, der Normalen in $P(-2|-\frac{2}{3})$ und der Normalen im Ursprung begrenzt wird.

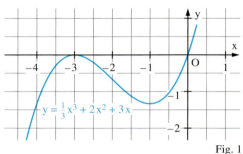

Fig. 1

2 Skizzieren Sie die Graphen der Funktionen f mit $f(x) = -x^2 + 4{,}25$ und g mit $g(x) = \frac{1}{x^2}$. Bestimmen Sie den Inhalt der Fläche, die
a) von den Graphen von f und g eingeschlossen wird
b) von den Graphen von f und g sowie der x-Achse begrenzt wird.

3 Berechnen Sie den Inhalt der gefärbten Fläche.

a) 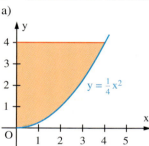 b) 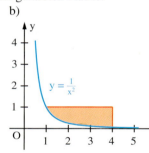 c)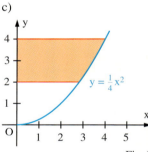

Fig. 3

Bei dieser Aufgabe muss zunächst der Inhalt einer geeigneten Fläche mithilfe eines Integrals berechnet werden. Daraus kann man dann den gesuchten Flächeninhalt bestimmen.

4 Bestimmen Sie die obere Grenze b bzw. die untere Grenze a.

a) $\int_0^b x^2 \, dx = 9$ b) $\int_a^5 x^2 \, dx = 63$ c) $\int_1^b 2x^3 \, dx = 40$ d) $\int_a^{10} \frac{1}{x^2} \, dx = 0{,}5$

5 Bestimmen Sie die Ableitung der Integralfunktion J.

a) $J(x) = \int_0^x (t^2 - 2t) \, dt$ b) $J(x) = \int_{-5}^x (t^2 - 2t) \, dt$ c) $J(x) = \int_x^0 (t^2 - 2t) \, dt$

6 Begründen Sie, dass jede Integralfunktion $J(x) = \int_a^x f(t) \, dt$ mindestens eine Nullstelle hat.

7 Skizzieren Sie ohne weitere Rechnung den Graphen der Integralfunktion J.

a) $J_0(x) = \int_0^x t^2 \, dt$ b) $J_0(x) = \int_0^x |t| \, dt$ c) $J_1(x) = \int_1^x \frac{1}{t} \, dt$ (x > 0)

8 Bestimmen Sie den Wertebereich der Integralfunktion J_0 mit $J_0(x) = \int_0^x (z^5 + 1) \, dz$.

Vermischte Aufgaben

9 Gegeben ist die Funktion f mit $f(x) = 2 - \frac{2}{x^2 + 1}$. Skizzieren Sie den Graphen von f.
a) Zeigen Sie, dass für die Funktion g mit $g(x) = 2 - \frac{2}{x^2}$ gilt: $g(x) < f(x)$ für alle $x \in \mathbb{R}$.
b) Der Graph von f, die x-Achse und die Geraden mit den Gleichungen $x = 4$ und $x = 10$ begrenzen eine Fläche. Untersuchen Sie, wie groß der Inhalt dieser Fläche mindestens ist.

10 a) Zeigen Sie, dass alle Parabeln der Form $y = \frac{2}{t^2}x - \frac{1}{t^3}x^2$ $(t > 0)$ mit der x-Achse gleich große Flächen einschließen.
b) Bestimmen Sie die Gleichung der Ortslinie, auf der die Scheitel aller Parabeln liegen.

11 Bestimmen Sie $t > 1$ so, dass die von der Parabel der Form $y = tx - x^2$ und der x-Achse eingeschlossene Fläche von der ersten Winkelhalbierenden halbiert wird.

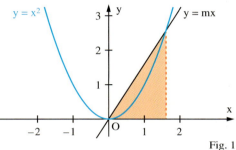

Fig. 1

12 a) Die Parabel mit der Gleichung $y = x^2$ schließt mit einer Geraden der Form $y = mx$ mit $m \geq 0$ eine Fläche ein (Fig. 1).
Geben Sie diesen Inhalt in Abhängigkeit von m an.
b) Die Parabel teilt die orangerot gefärbte Fläche in Fig. 1 in zwei Teile. Zeigen Sie, dass die Inhalte dieser Teilflächen unabhängig von m im gleichen Verhältnis stehen.

13 Gegeben ist die Funktion f mit $f(x) = x^3$. Eine Gerade der Form $y = mx$ mit $m \geq 0$ schließt im 1. Feld mit dem Graphen von f eine Fläche ein (Fig. 2). Bestimmen Sie m so, dass der Inhalt dieser Fläche 2,25 ist. Drücken Sie dazu die gesuchte Schnittstelle der Graphen und den Flächeninhalt in Abhängigkeit von m aus. Zeigen Sie, dass die Parabel das rot gefärbte Dreieck für jedes m mit $m \geq 0$ in zwei flächengleiche Teile teilt.

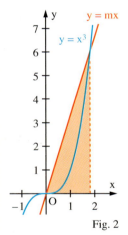

Fig. 2

14 a) Berechnen Sie in Fig. 3 für $m = 0,5$ die Inhalte der blau und der rot gefärbten Flächen.
b) Für welchen Wert von m ist die rote Fläche in Fig. 3 gleich groß wie die blaue? Drücken Sie dazu zunächst die Flächeninhalte in Abhängigkeit von z aus und bestimmen Sie daraus m.

15 Für welches t $(t > 0)$ hat die Fläche zwischen der Parabel mit der Gleichung $y = -x^2 + tx$ und der x-Achse den Inhalt 288?

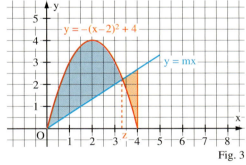

Fig. 3

16 Der Boden eines 2 km langen Kanals hat die Form einer Parabel mit der Gleichung $y = \frac{1}{8}x^2$ (Fig. 4). Dabei entspricht einer Längeneinheit 1 m in der Wirklichkeit.
a) Berechnen Sie den Inhalt der Querschnittsfläche des Kanals.
b) Wie viel Wasser befindet sich im Kanal, wenn er ganz gefüllt ist?
c) Wie viel Prozent der maximalen Wassermenge befindet sich im Kanal, wenn er nur bis zur halben Höhe gefüllt ist?

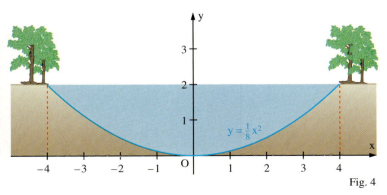

Fig. 4

175

Vermischte Aufgaben

Kurvendiskussion mit Flächenberechnung

17 Gegeben ist die Funktion f mit $f(x) = x^2(x^2 - 4)$. Ihr Graph sei K.
a) Untersuchen Sie f und zeichnen Sie den Graphen.
b) Wie groß ist der Inhalt der Fläche, die K mit der x-Achse einschließt?
c) Die Tangente in den Tiefpunkten von K begrenzt mit K eine Fläche.
Berechnen Sie den Inhalt dieser Fläche.

18 Gegeben ist die Funktion f mit $f(x) = -\frac{x^2 + 4x}{(x+2)^2}$; $x \in \mathbb{R} \setminus \{-2\}$. Ihr Graph sei K.
a) Untersuchen Sie f und zeichnen Sie den Graphen.
b) Berechnen Sie den Inhalt der Fläche, die von K, der y-Achse, der waagerechten Asymptote und der Geraden mit der Gleichung $x = 2$ begrenzt wird.
c) Der Punkt P mit der x-Koordinate -1 liegt auf K. Die zur 2. Winkelhalbierenden parallele Gerade g durch P umschließt mit K eine Fläche. Berechnen Sie den Inhalt dieser Fläche.

19 Gegeben ist die Funktion g mit $g(x) = \frac{4}{x}$ und für jedes $t \in \mathbb{R}^+$ ist eine Funktion f_t durch $f_t(x) = \frac{4}{x} - \frac{4t}{x^2}$; $x \in \mathbb{R} \setminus \{0\}$.
a) Untersuchen Sie die Funktion f_t und zeichnen Sie die Graphen von f_1 und von g in ein gemeinsames Koordinatensystem.
b) Die Geraden mit den Gleichungen $x = 2t$ und $x = u$ ($u > 2t$), der Graph von f_t sowie der Graph der Funktion g umschließen eine Fläche.
Bestimmen Sie den Inhalt dieser Fläche in Abhängigkeit von t und u.

20 Für jedes $t \in \mathbb{R} \setminus \{0\}$ ist eine Funktion f_t gegeben durch $f_t(x) = \frac{1}{2}x^3 - tx^2 + \frac{1}{2}t^2 x$.
Ihr Graph sei K_t.
a) Untersuchen Sie K_t und zeichnen Sie den Graphen von K_3.
b) Eine Parabel zweiter Ordnung P_t geht durch die Punkte von K_t mit der x-Achse und berührt K_t im Ursprung. Bestimmen Sie eine Gleichung von P_t und weisen Sie nach, dass K_t und P_t keine weiteren gemeinsamen Punkte haben.
c) K_t teilt die von P_t und der x-Achse eingeschlossene Fläche. In welchem Verhältnis stehen die Inhalte der Teilflächen?

Aus der Physik

Viele physikalische Formeln haben eine ähnliche Form:

Spannarbeit
$W = \frac{1}{2}Ds^2$

Fallstrecke
$s = \frac{1}{2}gt^2$

Bewegungsenergie
$W = \frac{1}{2}mv^2$

Der rein mathematische Hintergrund ist jeweils der Gleiche (siehe Aufg. 22).

21 Ein Wagen wird zunächst über eine ebene Fläche und dann eine immer steiler werdende Anhöhe hinauf geschoben.
Fig. 1 zeigt das dazugehörige F-s-Diagramm.
a) Bestimmen Sie die im Bereich
$0\,\text{m} \leq s \leq 20\,\text{m}$ verrichtete Arbeit $W = F \cdot s$ und veranschaulichen Sie diese im F-s-Diagramm.
b) Bestimmen Sie mit Hilfe eines geeigneten Flächeninhaltes die verrichtete Arbeit im Bereich $20\,\text{m} \leq s \leq 50\,\text{m}$.

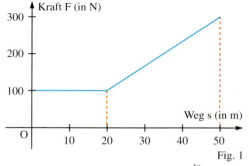

Fig. 1

22 a) Bei vom Weg s abhängiger Kraft $F = D \cdot s$ gilt für die verrichtete Arbeit $W = \int_0^{s_0} F(s)\,ds$.
Leiten Sie damit die für das Spannen einer Feder nötige Arbeit $W = \frac{1}{2}D \cdot s_0^2$ her.
b) Beim freien Fall wächst die Geschwindigkeit gemäß $v(t) = g \cdot t$. Leiten Sie mit Hilfe eines Integrals die Formel für die Fallstrecke $s = \frac{1}{2}g \cdot t^2$ her.

176

Mathematische Exkursionen

Flächeninhaltsbestimmung vor der Entdeckung des Hauptsatzes

Wenn man wie im Folgenden von stetigen Funktionen ausgeht, existieren alle diese Grenzwerte und sind gleich. Es genügt somit, lediglich einen Grenzwert zu bestimmen.

Der Flächeninhalt krummlinig begrenzter Flächen ist als Grenzwert definiert (siehe Seite 154).
$$A = \lim_{n \to \infty} \frac{b-a}{n}[f(x_1) + f(x_2) + \ldots + f(x_n)].$$
Die dabei auftretenden Grenzwerte unendlicher Summen sind i. Allg. nur sehr schwer oder gar nicht bestimmbar. Die Bedeutung des Hauptsatzes der Differenzial- und Integralrechnung liegt darin, dass man mit seiner Hilfe diese Grenzwerte auf ganz andere und einfache Weise mithilfe von Stammfunktionen bestimmen kann.

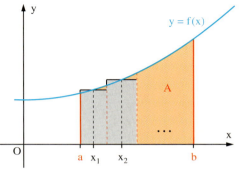

Fig. 1

Für die Mathematiker, die sich vor der Entdeckung des Hauptsatzes mit dem Flächeninhalt krummlinig begrenzter Flächen beschäftigten, stellte die Bestimmung des Grenzwertes der dabei auftretenden unendlichen Summe ein großes Hindernis dar. Im Folgenden wird beschrieben, wie ARCHIMEDES (287 bis 212 v. Chr.) und FERMAT (1601 – 1665) jeweils durch einen geschickten Ansatz Flächeninhalte bestimmen konnten.

Exhaustion (lat.): Ausschöpfung

Die archimedische Exhaustion

ARCHIMEDES werden legendäre Sprüche zugeschrieben. Nach seiner Erfindung des Flaschenzugs: „Gebt mir einen festen Punkt und ich hebe die Welt aus den Angeln". Zu einem plündernden römischen Soldaten, der ihn anschließend erschlagen haben soll: „Zerstöre meine Kreise nicht".

ARCHIMEDES lebte in Syrakus auf Sizilien. Er wurde schon von seinen Zeitgenossen als bedeutender Gelehrter anerkannt. Während einer Reise nach Ägypten studierte er am berühmten Museion in Alexandria und lernte dort die Mathematiker DOSITHEOS und ERATOSTHENES kennen. Sein überliefertes Werk „Die Quadratur der Parabel" sind Briefe an DOSITHEOS. Es heißt dort:

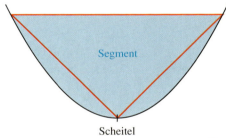

Fig. 2

> ARCHIMEDES grüßt den DOSITHEOS.
> ... Von den Forschern, die sich früher mit Geometrie beschäftigten, versuchten einige zu zeigen, dass es möglich sei, eine geradlinig begrenzte Fläche zu konstruieren, die mit einem Kreis flächengleich ist ... Dass aber je ein Mathematiker versucht hätte, die Fläche eines Parabelsegments zu quadrieren, wie es mir gelungen ist, ist mir nicht bekannt. Ich zeige nämlich, dass der Inhalt jedes Parabelsegments um ein Drittel größer ist als das Dreieck, das mit ihm gleiche Grundlinie und Höhe hat.

1 Was bedeutet im Text der Ausdruck „die Fläche eines Parabelsegments quadrieren"? Ist das Problem der Quadratur des Kreises heute gelöst?

2 Bestätigen Sie mit den Mitteln der Integralrechnung die Behauptung von ARCHIMEDES über den Flächeninhalt eines Parabelsegments. Führen Sie dazu ein geeignetes Koordinatensystem ein.

Im Folgenden soll das Ergebnis von ARCHIMEDES mit der von ihm verwendeten Methode, also ohne Verwendung der Integralrechnung, hergeleitet werden. Das Besondere dabei ist, dass man nicht auf die für die Streifenmethode typischen komplizierten Potenzsummen geführt wird, sondern lediglich auf eine geometrische Reihe (siehe Seite 336). Dasselbe gilt für das anschließend beschriebene Vorgehen von FERMAT.

177

Mathematische Exkursionen

Die Idee von ARCHIMEDES besteht darin, das Parabelsegment mit einer Folge von Dreiecken „auszuschöpfen" (blau, grün, rot, usw. in Fig. 1). Aus Symmetriegründen kann man sich auf das halbe Segment beschränken. Zur Berechnung des Inhalts A des halben Parabelsegments muss der Grenzwert $A = \lim_{n \to \infty} [A_1 + A_2 + A_3 + \ldots + A_n]$ bestimmt werden. Die Behauptung von ARCHIMEDES lautet dann: $A = \frac{4}{3} A_1$.

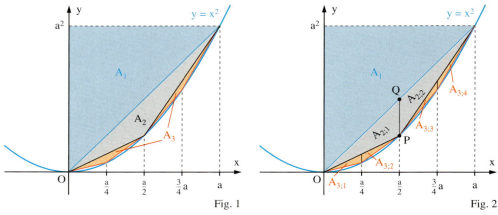

Fig. 1 Fig. 2

ARCHIMEDES hatte natürlich kein Koordinatensystem zur Verfügung, das uns die Rechnung wesentlich vereinfacht. Er arbeitete mit den für die Parabel gültigen Verhältnisgleichungen, z. B. $c:d = a^2:b^2$.

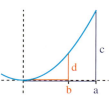

$A_1 = \frac{a^3}{2}$; $A_2 = \frac{a^3}{8}$; $A_3 = \frac{a^3}{32}$; $A_4 = ?$

Zur Bestimmung des Grenzwertes werden zunächst die Flächeninhalte $A_1, A_2, A_3, \ldots$ berechnet.
Für A_1 gilt: $A_1 = \frac{1}{2} a^3$.
Zur Bestimmung von A_2 unterteilt man das grün gefärbte Dreieck in zwei Dreiecke mit gleicher Grundseite PQ und gleicher Höhe der Länge $\frac{a}{2}$ (Fig. 2). Für die y-Werte von P und Q gilt:
$y_P = \left(\frac{a}{2}\right)^2$ und $y_Q = \frac{1}{2} a^2$.
Für $\overline{PQ}$ gilt damit: $\overline{PQ} = \frac{1}{2} a^2 - \left(\frac{a}{2}\right)^2 = \frac{a^2}{4}$.
Für den Inhalt eines grünen Teildreiecks ergibt sich: $A_{2;1} = A_{2;2} = \frac{1}{2} \cdot \frac{a^2}{4} \cdot \frac{a}{2} = \frac{1}{16} a^3$.
Also ist $A_2 = \frac{1}{8} a^3$.

3 a) Zeigen Sie: $A_3 = A_{3;1} + A_{3;2} + A_{3;3} + A_{3;4} = 4 \cdot \frac{1}{128} a^3 = \frac{1}{32} a^3$.
b) Formulieren Sie eine Vermutung über die Flächeninhalte A_4, A_5, und A_n.

Eine entscheidende Stelle im Gedankengang von ARCHIMEDES ist der Nachweis der Beziehung $A_{n+1} = \frac{1}{4} A_n$. Dazu zeigt man anhand von Fig. 3: $A_{PSQ} + A_{QTR} = \frac{1}{4} A_{PQR}$.

Hier liegt formal ein Beweis mit vollständiger Induktion vor (siehe auch Seite 330).

Behauptung:
$A_n = \frac{a^3}{2} \left(\frac{1}{4}\right)^{n-1}$.

Induktionsanfang:
$A_1 = \frac{a^3}{2} \left(\frac{1}{4}\right)^0 = \frac{a^3}{2}$ ist richtig.

Induktionsschritt:
Aus $A_n = \frac{a^3}{2} \left(\frac{1}{4}\right)^{n-1}$ folgt $A_{n+1} = \frac{a^3}{2} \left(\frac{1}{4}\right)^n$ wird nebenstehend gezeigt.

Aus Gründen der Übersichtlichkeit wird auf die formale Durchführung verzichtet.

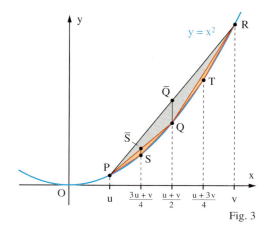

Fig. 3

Bestimmung von A_{PQR}:
$\overline{Q}$ hat den y-Wert $\frac{u^2 + v^2}{2}$,
Q hat den y-Wert $\left(\frac{u+v}{2}\right)^2$. Also gilt
$A_{PQR} = \left[\frac{u^2 + v^2}{2} - \left(\frac{u+v}{2}\right)^2\right] \cdot \frac{v-u}{2}$. (*)

Bestimmung von A_{PSQ}:
$\overline{S}$ hat den y-Wert $\frac{u^2 + \left(\frac{u+v}{2}\right)^2}{2}$,
S hat den y-Wert $\left(\frac{3u+v}{4}\right)^2$. Also gilt
$A_{PSQ} = \left[\frac{u^2 + \left(\frac{u+v}{2}\right)^2}{2} - \left(\frac{3u+v}{4}\right)^2\right] \cdot \frac{v-u}{4}$. (*)

Mathematische Exkursionen

4 a) Zeigen Sie durch Umformung der Terme (*): $A_{PQR} = \frac{(v-u)^3}{8}$ und $A_{PSQ} = \frac{(v-u)^3}{64}$.

b) Weisen Sie entsprechend nach: $A_{QTR} = \frac{(u-v)^3}{64}$.

c) Wie folgt aus a) und b) die Behauptung $A_{n+1} = \frac{1}{4} A_n$?

Summenformel für geometrische Reihen (siehe Seite 336):
$(1 + q + q^2 + q^3 + \ldots) = \frac{1}{1-q}$
für $0 \leq q < 1$.

5 a) Zeigen Sie, dass für die unendliche Summe A der Dreiecksinhalte gilt:
$A = \frac{1}{2}a^3(1 + \frac{1}{4} + \frac{1}{16} + \frac{1}{64} + \ldots)$ und $A = \frac{2}{3}a^3$.

b) Wie folgt daraus die Behauptung des ARCHIMEDES: $A = \frac{4}{3}A_1$?

FERMAT kannte das ∫-Zeichen nicht. Es wird hier nur wegen der einfachen Formulierung verwendet.

Die FERMAT'sche Berechnung des Integrals $\int_a^b \frac{1}{x^2} dx = \frac{1}{a} - \frac{1}{b}$

Das Ziel von FERMAT war es, die Inhalte von Flächen unter dem Graphen der Hyperbel mit der Gleichung $y = \frac{1}{x^2}$ zu bestimmen. Er hat dieses Ziel mit der Idee von ARCHIMEDES erreicht. Dieser hatte das Parabelsegment mit Dreiecken „ausgeschöpft", um bei der Grenzwertbestimmung auf eine geometrische Reihe zu kommen, deren Grenzwert bekannt war. Entsprechend suchte FERMAT nach einer „Ausschöpfung", bei der die Grenzwertbestimmung ebenfalls auf eine geometrische Reihe führt. Dazu nähert er die nach rechts unbegrenzte Fläche unter dem Graphen der Hyperbel durch Rechtecke verschiedener Breite an (Fig. 1).

FERMAT (1601–1665) lebte fast 2000 Jahre nach ARCHIMEDES. Während dieser Zeit, dem Mittelalter, gab es in Europa keine wesentlichen mathematischen Entdeckungen. Das wird durch die beiden dargestellten Methoden bestätigt. Die großen Fortschritte in den Wissenschaften begannen erst im 17. Jahrhundert mit dem Zeitalter des Rationalismus und der Aufklärung.

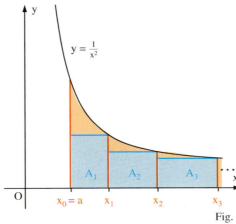

Fig. 1

Die Breite der Rechtecke wird mit $h > 1$ so festgelegt:
$x_0 = a$; $x_1 = ah$; $x_2 = ah^2$ usw.

Für den Inhalt der Rechtecke gilt:
$A_1 = (ah - a) \frac{1}{(ah)^2} = \frac{h-1}{ah^2}$
$A_2 = (ah^2 - ah) \frac{1}{(ah^2)^2} = \frac{h-1}{ah^3}$
$A_3 = (ah^3 - ah^2) \frac{1}{(ah^3)^2} = \frac{h-1}{ah^4}$ usw.

Für die unendliche Summe der Rechteckinhalte gilt für festes $h > 1$:
$A_1 + A_2 + A_3 + \ldots = \frac{h-1}{ah^2}(1 + \frac{1}{h} + \frac{1}{h^2} + \ldots)$
$= \frac{h-1}{ah^2} \cdot \frac{1}{1 - \frac{1}{h}} = \frac{h-1}{ah^2} \cdot \frac{h}{h-1} = \frac{1}{ah}$.

Daraus folgt: $\lim\limits_{h \to 1}(A_1 + A_2 + A_3 + \ldots) = \lim\limits_{h \to 1} \frac{1}{ah} = \frac{1}{a}$.

Damit hat die von $x_0 = a$ nach rechts hin unbegrenzte Fläche den Inhalt $\frac{1}{a}$. Für den Inhalt der Fläche über dem Intervall $[a; b]$ gilt somit $\frac{1}{a} - \frac{1}{b}$.

6 Zeigen Sie mit der Methode von FERMAT für $0 < a < b$:

a) $\int_a^b \frac{1}{x^3} dx = \frac{1}{2a^2} - \frac{1}{2b^2}$ b) $\int_a^b \frac{1}{x^4} dx = \frac{1}{3a^3} - \frac{1}{3b^3}$ c) $\int_a^b \frac{1}{x^k} dx = \frac{1}{(k-1) \cdot a^{k-1}} - \frac{1}{(k-1) \cdot b^{k-1}}$ mit $k > 1$.

Bei Aufgabe 7 kostet es viel Mühe, bis der Inhalt A des Parabelsegments bestimmt ist:
$A = \frac{3}{4}a^4$.
Mithilfe der Integralrechnung ist das eine Kleinigkeit.

7 Mit der Methode von ARCHIMEDES kann man auch den Inhalt A des Parabelsegments für die Parabel mit der Gleichung $y = x^3$ bestimmen.

a) Zeigen Sie: $A_1 = \frac{1}{2}a^4$; $A_2 = \frac{3}{16}a^4$; $A_3 = \frac{3}{64}a^4$; $A_4 = \frac{3}{256}a^4$.

b) Weisen Sie nach: Für $n \geq 2$ gilt: $A_{n+1} = \frac{1}{4}A_n$.

Zeigen Sie damit: $\lim\limits_{n \to \infty}(A_2 + A_3 + \ldots + A_n) = \frac{1}{4}a^4$ und $A = \frac{3}{4}a^4$.

179

Rückblick

Definition des Integrals
Bei einer stetigen Funktion f ist das Integral der Grenzwert einer Zerlegungssumme.
$$\int_b^a f(x)\,dx = \lim_{n \to \infty} \frac{b-a}{n}[f(x_1) + f(x_2) + \ldots + f(x_n)].$$

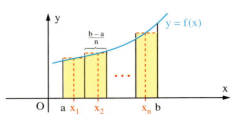

Stammfunktionen
F heißt Stammfunktion von f, falls $F'(x) = f(x)$ ist. Ist F eine Stammfunktion von f, dann auch G mit $G(x) = F(x) + c$.

Zu f mit $f(x) = 3x^2 + \frac{1}{x^2}$ sind F mit $F(x) = x^3 - \frac{1}{x}$ und G mit $G(x) = x^3 - \frac{1}{x} - 2$ Stammfunktionen.

Berechnung von Integralen
Integrale kann man mit Hilfe von Stammfunktionen berechnen. Ist F eine beliebige Stammfunktion von f, so gilt:
$$\int_b^a f(x)\,dx = F(b) - F(a).$$

Gegeben: f mit $f(x) = 1{,}5x^2$. Stammfunktion von f ist F mit $F(x) = 0{,}5x^3$.
$$\int_1^4 1{,}5x^2\,dx = [0{,}5x^3]_1^4 = 32 - 0{,}5 = 31{,}5.$$

Eigenschaften des Integrals
$$\int_a^b f(x)\,dx + \int_b^c f(x)\,dx = \int_a^c f(x)\,dx \qquad \text{(Additivität)}$$
$$\int_a^b (r \cdot f(x) + s \cdot g(x))\,dx = r\int_a^b f(x)\,dx + s\int_a^b g(x)\,dx \qquad \text{(Linearität)}$$
Ist $f(x) \leq g(x)$ für $x \in [a; b]$, dann gilt:
$$\int_a^b f(x)\,dx \leq \int_a^b g(x)\,dx \qquad \text{(Monotonie)}$$

$$\int_0^2 x^2\,dx + \int_2^5 x^2\,dx = \int_0^5 x^2\,dx$$
$$\int_0^1 (2x^2 + 3x)\,dx = 2\int_0^1 x^2\,dx + 3\int_0^1 x\,dx$$

Da $\frac{1}{x} \leq \frac{1}{\sqrt{x}}$ für $x \in [1; 4]$, folgt
$$\int_1^4 \frac{1}{x}\,dx \leq \int_1^4 \frac{1}{\sqrt{x}}\,dx = [2\sqrt{x}]_1^4 = 2.$$

Berechnung von Flächeninhalten
a) Flächen zwischen einem Graphen und der x-Achse
Bei der Berechnung des Flächeninhalts ist zu unterscheiden, ob die Fläche oberhalb oder unterhalb der x-Achse liegt.
$$A_1 = \int_a^b f(x)\,dx;$$
$$A_2 = -\int_b^c f(x)\,dx.$$

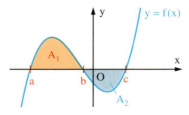

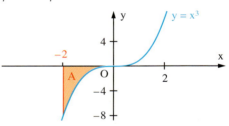

$$A = -\int_{-2}^0 x^3\,dx = [-0{,}25x^4]_{-2}^0 = 0 - (-4) = 4.$$

b) Flächen zwischen zwei Kurven
Zur Berechnung des Flächeninhalts ist zunächst zu klären, welche Kurve in welchen Bereichen oberhalb der anderen Kurve liegt. Dazu müssen die Schnittstellen der Graphen bestimmt werden.
$$A_1 = \int_b^a (f(x) - g(x))\,dx;$$
$$A_2 = \int_b^c (g(x) - f(x))\,dx.$$

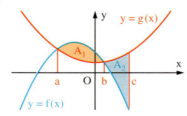

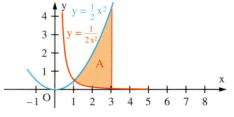

$$A = \int_1^3 \left(\frac{1}{2}x^2 - \frac{1}{2x^2}\right)dx = \left[\frac{1}{6}x^3 + \frac{1}{2x}\right]_1^3$$
$$= \left(\frac{27}{6} + \frac{1}{6}\right) - \left(\frac{1}{6} + \frac{1}{2}\right) = 4.$$

Aufgaben zum Üben und Wiederholen

1 Bestimmen Sie das Integral.

a) $\int_{-2}^{-1}\left(3x^2 - \frac{4}{x^2}\right)dx$
b) $\int_{-1}^{1}\frac{2}{(x+3)^2}dx$
c) $\int_{-4}^{-2}\frac{4x^3-1}{2x^2}dx$
d) $\int_{1}^{2}6\left(x^3 - \frac{2}{x}\right)dx + \int_{1}^{2}\left(1 + \frac{12}{x}\right)dx$

2 Gegeben ist die Funktion f mit
$f(x) = 0,5x^2(x^2 - 4)$ (Fig. 1).
a) Wie groß ist die Fläche, die der Graph von f mit der x-Achse einschließt?
b) Der Graph von f und die Gerade mit der Gleichung $y = -2$ begrenzen eine Fläche. Berechnen Sie ihren Inhalt.
c) Bestimmen Sie den Inhalt der rot gefärbten Fläche.

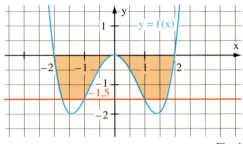

Fig. 1

3 Gegeben ist die Funktion f mit $f(x) = \frac{1}{2}x^3 - 2x^2$. Ihr Graph sei K.
a) Untersuchen Sie f und zeichnen Sie den Graphen.
b) Berechnen Sie den Inhalt der Fläche, die K mit der x-Achse einschließt.
c) Bestimmen Sie den Inhalt der Fläche, die von K, der y-Achse und der Geraden mit der Gleichung $y = -4$ im 4. Feld eingeschlossen wird.

4 Gegeben sind die Funktionen f mit $f(x) = x(x-3)^2$ und g mit $g(x) = (x-2,5)^2 + 1,75$.
Berechnen Sie den Inhalt der von den Graphen von f und g eingeschlossenen Fläche.

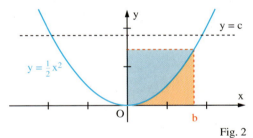

Fig. 2

5 a) In Fig. 2 soll die orangerot gefärbte Fläche den Inhalt 288 haben.
Bestimmen Sie b.
b) Wie muss b gewählt werden, damit die blau gefärbte Fläche den Inhalt 288 hat?
c) Bestimmen Sie c so, dass die Fläche zwischen der Parabel und der Geraden mit der Gleichung $y = c$ den Inhalt 72 hat.

6 Schätzen Sie das Integral $\int_{2}^{3}\frac{2}{x-1}dx$ mithilfe der Funktionen g mit $g(x) = \frac{2}{(x-1)^2}$ und f mit $f(x) = \frac{2}{\sqrt{x-1}}$ ab.

7 Zu jedem $t \in \mathbb{R}^+$ ist die Funktion f_t mit $f_t(x) = \frac{1}{4}x^4 - t^2 x^2$ gegeben.
a) Untersuchen Sie f_t und zeichnen Sie den Graphen von f_1.
b) Ermitteln Sie die Gleichung der Ortslinie C, auf der die Tiefpunkte aller Graphen von f_t liegen. Zeichnen Sie C in das vorhandene Koordinatensystem ein.
c) Berechnen Sie den Inhalt $A(t)$ der Fläche, die von C und dem Graphen von f_t im 4. Feld umschlossen wird. Zeigen Sie, dass die Gerade mit der Gleichung $x = t$ diese Fläche in einem von t unabhängigen Verhältnis teilt.

8 Die Wachstumsgeschwindigkeit $w(t)$ $\left(\text{in } \frac{m}{\text{Jahr}}\right)$ einer Fichte wird in den ersten 60 Jahren näherungsweise beschrieben durch $w(t) = 0,01 \cdot t + 0,10$ (t in Jahren).
a) Wie hoch ist die Fichte nach 60 Jahren?
b) In welchem Alter erreicht die Fichte eine Höhe von 12 m?

Die Lösungen zu den Aufgaben dieser Seite finden Sie auf Seite 379/380.

VI Gebrochenrationale Funktionen

1 Definition von gebrochenrationalen Funktionen

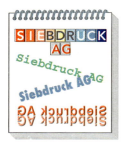

1 Für eine Weihnachtsaktion stellt die Arbeitsgemeinschaft „Siebdruck" einer Schule Kalender her. Die einmaligen Kosten für die Erstellung der Vorlagen usw. belaufen sich auf 400 €. Dazu kommen Kosten von 3,50 € pro Kalender.
a) Geben Sie die Funktion f an, welche die Gesamtkosten beschreibt, wenn x Kalender gedruckt werden. Zeichnen Sie den Graphen dieser Funktion f.
b) Welche Funktion g beschreibt die durchschnittlichen Kosten pro Kalender in Abhängigkeit von x? Skizzieren Sie den Graphen von g.
c) Zu welcher bekannten Klasse von Funktionen gehört die Funktion f? Nennen Sie Unterschiede zwischen den Funktionen f und g.

Bei einer ganzrationalen Funktion ist der Funktionsterm ein Polynom. Bildet man den Quotienten aus zwei Polynomen, so wird man häufig zu neuen Funktionen geführt.
Ist z. B. $p(x) = x^3 + x$ und $q_1(x) = 2x^2 - 2$, ergibt sich $f(x) = \frac{p(x)}{q_1(x)} = \frac{x^3 + x}{2x^2 - 2} = \frac{x(x^2 + 1)}{2(x^2 - 1)}$. Diese Art von Funktion nennt man gebrochenrationale Funktion. Ist dagegen $q_2(x) = 2x^2 + 2$, ergibt sich $g(x) = \frac{p(x)}{q_2(x)} = \frac{x^3 + x}{2x^2 + 2} = \frac{x(x^2 + 1)}{2(x^2 + 1)} = \frac{x}{2}$. Durch das Kürzen ändert sich in diesem Fall die Definitionsmenge nicht. Es ergibt sich als Nennerpolynom eine Konstante. Die zugehörige Funktion g ist also eine ganzrationale Funktion.
Bezeichnet man wie bei ganzrationalen Funktionen auch bei Polynomen
$a_n x^n + a_{n-1} x^{n-1} + \ldots + a_1 x + a_0$ mit $n \in \mathbb{N}$ und $a_n \neq 0$ den Exponenten n als Grad des Polynoms, so hat eine Konstante den Grad 0. Damit kann man formulieren:

*Falls das Nennerpolynom den Grad 0 hat, ist f eine ganzrationale Funktion. Ganzrationale und gebrochenrationale Funktionen bezeichnet man zusammen als **rationale** Funktionen.*

> **Definition:** Eine Funktion f mit
> $$f(x) = \frac{a_n x^n + a_{n-1} x^{n-1} + \ldots + a_1 x + a_0}{b_m x^m + b_{m-1} x^{m-1} + \ldots + b_1 x + b_0}, \quad a_i \in \mathbb{R},\ b_i \in \mathbb{R},\ a_n \neq 0,\ b_m \neq 0,$$
> heißt **gebrochenrational**, wenn diese Darstellung nur mit einem Nennerpolynom möglich ist, dessen Grad mindestens 1 ist.

Während eine ganzrationale Funktion für alle $x \in \mathbb{R}$ definiert ist, gehören bei einer gebrochenrationalen Funktion nur die x-Werte zur Definitionsmenge, für die das Nennerpolynom q(x) nicht 0 ist. Die Stellen x mit $q(x) = 0$ heißen Definitionslücken.

Beispiel: (Definitionsmenge; Graph)
Gegeben ist die Funktion f mit $f(x) = \frac{x}{x^2 - 4}$. Ermitteln Sie die Definitionsmenge von f.
Erstellen Sie eine Wertetabelle und zeichnen Sie dann den Graphen von f.
Lösung:
Es ist $x^2 - 4 = 0$ für $x_1 = -2$ und $x_2 = +2$, die Definitionsmenge ist also $D = \mathbb{R} \setminus \{-2; 2\}$.
Der Graph von f besteht aus drei nicht zusammenhängenden Teilen (Fig. 1).
Wertetabelle:

Zwei Definitionslücken zerlegen die Definitionsmenge und damit den Graphen in drei nicht zusammenhängende Teile.

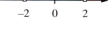

x	±4	±3	±2,5	±1,5	±1	0
y	$\pm\frac{1}{3}$	$\pm\frac{3}{5}$	$\pm\frac{10}{9}$	$\mp\frac{6}{7}$	$\mp\frac{1}{3}$	0

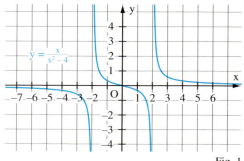

Fig. 1

182

Aufgaben

2 Ermitteln Sie die Definitionsmenge der Funktion f.
a) $f(x) = \frac{x+1}{2x-4}$
b) $f(x) = \frac{x}{x^2+x-2}$
c) $f(x) = \frac{1}{4}x + \frac{4}{x}$
d) $f(x) = \frac{x^2+x}{(x+1)^2}$
e) $f(x) = \frac{1}{x} + \frac{x}{x-1}$
f) $f(x) = \frac{x+1}{x^2+2x+2}$
g) $f(x) = \frac{2x}{2x^2+x-1}$
h) $f(x) = \frac{x^2}{4x^2-x+5}$
i) $f(x) = \frac{x^3+x^2-2x}{x^2-x-6}$

3 Gegeben sind die Funktionen f, g und h mit $f(x) = \frac{1}{x}$, $g(x) = \frac{1}{x} + 2$ und $h(x) = \frac{1}{x} - 1$.
Erläutern Sie, wie der Graph von g bzw. h aus dem Graphen von f entsteht.
Skizzieren Sie den Graphen von g bzw. h.

4 Ermitteln Sie die Definitionsmenge. Zeichnen Sie den Graphen.
a) $f(x) = \frac{1}{x-3}$
b) $f(x) = \frac{2}{x+3}$
c) $f(x) = \frac{1}{2x-3}$
d) $f(x) = \frac{x}{1+x}$
e) $f(x) = x + \frac{1}{x}$
f) $f(x) = \frac{1}{x} - x$
g) $f(x) = x + \frac{4}{x^2}$
h) $f(x) = \frac{4x}{x^2+4}$

5 Geben Sie eine gebrochenrationale Funktion f mit der Definitionsmenge D_f an.
a) $D_f = \mathbb{R} \setminus \{-2\}$
b) $D_f = \mathbb{R} \setminus \{-1; +1\}$
c) $D_f = \mathbb{R} \setminus \{-2; +3\}$
d) $D_f = \mathbb{R}$

6 Für jedes $t \in \mathbb{R}$ ist eine Funktion f_t gegeben durch $f_t(x) = \frac{1}{x^2+t}$.
a) Ermitteln Sie die Definitionsmenge von f_t; führen Sie dabei eine Fallunterscheidung durch.
b) Zeichnen Sie in ein gemeinsames Koordinatensystem die Graphen für $t = -1$, $t = 0$, $t = 1$.

7 a) Der Flächeninhalt A aller Rechtecke mit gleichem Umfang U kann als Funktion einer Rechteckseite x aufgefasst werden. Notieren Sie für ein gegebenes U (in cm) die Zuordnung $x \mapsto A(x)$; geben Sie die Definitionsmenge an. Zeichnen Sie den Graphen für $U = 12$.
b) Der Umfang U aller Rechtecke mit gleichem Flächeninhalt A kann ebenfalls als Funktion einer Rechteckseite x aufgefasst werden. Notieren Sie für ein gegebenes A (in cm²) die Zuordnung $x \mapsto U(x)$; geben Sie die Definitionsmenge an. Zeichnen Sie den Graphen für $A = 6$.

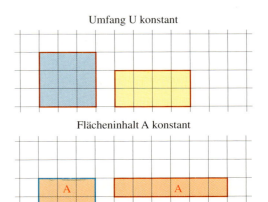

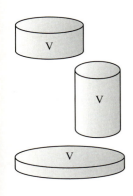

8 Die auf dem Rand abgebildeten Zylinder haben alle das gleiche Volumen V.
a) Wie hängt bei gegebenem Volumen V die Höhe h vom Radius r ab? Zeichnen Sie den Graphen für $V = 12$.
b) Der Radius r wird verdoppelt. Wie ändert sich die Höhe h?

9 Gegeben ist die Funktion f. Erstellen Sie den Graphen von f; variieren Sie dabei den Zeichenbereich.
a) $f(x) = \frac{4+4x}{x^2+3}$
b) $f(x) = \frac{3}{2x^2+4x}$
c) $f(x) = \frac{x^3+x^2+4}{4x^2}$
d) $f(x) = \frac{x^3}{3(x-1)^2}$

10 Für jedes $t \in \mathbb{R}$ ist eine Funktion f_t gegeben. Erstellen Sie in einem gemeinsamen Koordinatensystem für positive und negative Werte von t die Graphen von f_t.
a) $f_t(x) = \frac{tx^2-9}{x^2}$
b) $f_t(x) = tx - \frac{1}{x-2}$
c) $f_t(x) = \frac{4x}{x^2-tx+4}$
d) $f_t(x) = \frac{tx^2+t}{(x+2)^2}$

2 Nullstellen, Verhalten in der Umgebung von Definitionslücken

1 Gegeben ist die Funktion f mit $f(x) = \frac{1}{x-3}$.
a) Untersuchen Sie das Verhalten der Funktionswerte für $x \to +3$.
b) Gibt es x-Werte, für die $f(x) > 100$ ist? Wenn ja, welche sind dies?

Um einen Überblick über den Verlauf des Graphen einer gebrochenrationalen Funktion f mit $f(x) = \frac{p(x)}{q(x)}$ zu gewinnen, untersucht man f zunächst auf Definitionslücken und auf Nullstellen. Weiterhin ist es wichtig, das Verhalten von f in der Nähe eventuell auftretender Definitionslücken zu kennen. Da der Funktionsterm von f ein Bruch ist, sind die folgenden Fälle möglich.

1. Fall: $p(x_0) = 0$ und $q(x_0) \neq 0$
Bei der Funktion f mit $f(x) = \frac{x-2}{x+3}$ ist für $x_0 = 2$ der Zähler null und der Nenner ungleich null. Der Bruch ist also null, d.h. $x_0 = 2$ ist eine Nullstelle von f. Allgemein ist x_0 **Nullstelle** der gebrochenrationalen Funktion f, wenn $p(x_0) = 0$ und $q(x_0) \neq 0$ ist.

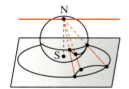

Das Wort „Polstelle" stammt aus der Kartografie: Bei der Projektion der Erdoberfläche vom Nordpol aus auf die Tangentialebene im Südpol kann dem Nordpol kein Bildpunkt zugeordnet werden.

2. Fall: $p(x_0) \neq 0$ und $q(x_0) = 0$
Gilt $q(x_0) = 0$, so ist x_0 eine Definitionslücke der gebrochenrationalen Funktion f, unabhängig davon, ob auch $p(x_0) = 0$ ist oder nicht. Die Funktion f mit $f(x) = \frac{x-1}{x-2}$ hat an der Stelle $x_0 = 2$ eine Definitionslücke, wobei das Zählerpolynom an der Stelle $x_0 = 2$ ungleich null ist. Eine solche Stelle heißt **Polstelle** der Funktion f.
Ist f durch $f(x) = \frac{(x-1)(x-2)}{(x-2)^2}$ gegeben, so ist an der Stelle $x_0 = 2$ sowohl das Nenner- als auch das Zählerpolynom null. Aber auch bei dieser Darstellung ist $x_0 = 2$ eine Polstelle, denn der Linearfaktor $x - 2$ lässt sich ohne Veränderung der Definitionsmenge kürzen; er ist „überzählig".

> Gegeben ist die Funktion f mit dem vollständig gekürzten Funktionsterm $f(x) = \frac{p(x)}{q(x)}$.
> Ist in dieser Darstellung $q(x_0) = 0$ und $p(x_0) \neq 0$, so nennt man x_0 eine **Polstelle** von f.

In der Umgebung einer Polstelle zeigen gebrochenrationale Funktionen unterschiedliches Verhalten. So hat z.B. die Funktion f mit $f(x) = \frac{1}{x-2}$ an der Stelle $x_0 = 2$ eine Polstelle.

x	$\frac{1}{x-2}$
1,5	−2
1,8	−5
1,9	−10
1,99	−100
2,5	2
2,2	5
2,1	10
2,01	100

Bei linksseitiger Annäherung an $x_0 = 2$ werden die Funktionswerte beliebig klein, bei rechtsseitiger Annäherung beliebig groß (vgl. die Tabelle und Fig. 1). Man schreibt:
Für $x \to 2$ und $x < 2$ gilt: $f(x) \to -\infty$,
für $x \to 2$ und $x > 2$ gilt: $f(x) \to +\infty$;
kürzer auch: Für $x \to 2$ gilt: $|f(x)| \to +\infty$.
Man sagt: Die Funktion f hat an der Stelle 2 eine **Polstelle mit Vorzeichenwechsel** (VZW) von − nach +. Der Graph nähert sich von links und von rechts der Geraden mit der Gleichung $x = 2$ beliebig genau an.

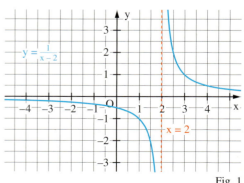

Fig. 1

184

Nullstellen, Verhalten in der Umgebung von Definitionslücken

x	$\frac{1}{(x-2)^2}$
1,5	4
1,8	25
1,9	100
1,99	10000
2,5	4
2,2	25
2,1	100
2,01	10000

Die Funktion g mit $g(x) = \frac{1}{(x-2)^2}$ hat an der Stelle $x_0 = 2$ ebenfalls eine Polstelle. Für $x \to 2$ gilt aber $g(x) \to +\infty$ sowohl für $x < 2$ als auch für $x > 2$ (vgl. die Tabelle).
Man sagt: Die Funktion g hat an der Stelle 2 eine **Polstelle ohne Vorzeichenwechsel**.
Auch der Graph von g nähert sich von links und von rechts der Geraden mit der Gleichung $x = 2$ beliebig genau an (Fig. 1).

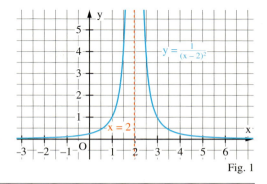
Fig. 1

Ist x_0 Polstelle einer gebrochenrationalen Funktion f, so gilt:
$$|f(x)| \to +\infty \text{ für } x \to x_0.$$
Die Gerade mit der Gleichung $x = x_0$ heißt **senkrechte Asymptote** des Graphen von f.

3. Fall: $p(x_0) = 0$ und $q(x_0) = 0$
Die Funktion f mit $f(x) = \frac{x^2 - 2x}{x - 2} = \frac{x(x-2)}{x-2}$
hat die Definitionsmenge $D_f = \mathbb{R} \setminus \{2\}$.
Für $x_0 = 2$ sind Zähler- und Nennerpolynom null. Da $\frac{x(x-2)}{x-2} = x$ ist für alle $x \in D_f$, gilt:
$\lim_{x \to 2} f(x) = 2$.

Beachten Sie im Unterschied zum 2. Fall: Bei der Funktion f mit $f(x) = \frac{x(x-2)}{x-2}$ ist der Linearfaktor $x - 2$ nicht „überzählig". Durch Kürzen von $x - 2$ ändert sich die Definitionsmenge.

Die Stelle $x_0 = 2$ ist daher keine Polstelle von f. Der Punkt $P(2|2)$ gehört nicht zum Graphen von f. Der Graph von f ist eine Ursprungsgerade mit „Loch" (Fig. 2).
Kürzt man aus dem Term der Funktion f den Linearfaktor $x - 2$, kann man eine neue Funktion g mit $g(x) = x$; $D_g = \mathbb{R}$ definieren. Bei dem Graphen von g fehlt das „Loch". Man sagt auch: Die Definitionslücke der Funktion f ist **hebbar**.

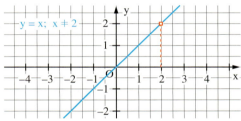
Fig. 2

Beispiel: (Definitionsmenge; Polstellen; senkrechte Asymptoten; Nullstellen)
Gegeben ist die Funktion f mit $f(x) = \frac{x^2 - 2x}{3x + 3}$.
a) Ermitteln Sie die Definitionsmenge und die Polstellen von f. Untersuchen Sie das Verhalten von f in der Nähe einer Polstelle; geben Sie gegebenenfalls die Gleichungen der senkrechten Asymptoten an.
b) Untersuchen Sie f auf Nullstellen; geben Sie die Schnittpunkte des Graphen von f mit der x-Achse an. Zeichnen Sie den Graphen einschließlich der senkrechten Asymptoten.
Lösung:
a) Es ist $3x + 3 = 0$ für $x_0 = -1$; $D = \mathbb{R} \setminus \{-1\}$.
Da $x^2 - 2x \neq 0$ für $x_0 = -1$, ist x_0 Polstelle.
Für $x \to -1$ ergeben sich für $x < -1$ negative, für $x > -1$ positive Funktionswerte. Damit ist $x_0 = -1$ Polstelle mit VZW von − nach +. Gleichung der senkrechten Asymptote: $x = -1$.
b) Aus $x^2 - 2x = 0$ folgt $x(x - 2) = 0$ und hieraus $x_1 = 0$; $x_2 = 2$. Da hierfür $3x + 3 \neq 0$ ist, sind x_1 und x_2 Nullstellen.
Schnittpunkte mit der x-Achse: $N_1(0|0)$, $N_2(2|0)$ (Fig. 3).

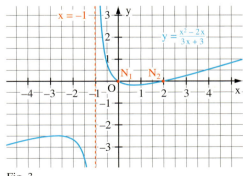
Fig. 3

185

Nullstellen, Verhalten in der Umgebung von Definitionslücken

Aufgaben

Hilfsmittel bei der Zerlegung in Linearfaktoren:

1. Ausklammern:
$f(x) = \frac{x^2 - 2x}{2x + 4} = \frac{x(x-2)}{2(x+2)}$

2. Binomische Formeln „rückwärts":
$f(x) = \frac{1}{x^2 - 9} = \frac{1}{(x+3)(x-3)}$

3. Lösen einer quadratischen Gleichung:
$f(x) = \frac{x}{x^2 - x - 6}$
Aus $x^2 - x - 6 = 0$ folgt
$x_1 = -2;\ x_2 = 3$.
Somit gilt:
$f(x) = \frac{x}{(x+2)(x-3)}$.

2 Gegeben ist die Funktion f. Ermitteln Sie die Definitionsmenge, die Nullstellen und die Polstellen und geben Sie das Verhalten von f in der Umgebung einer Polstelle an. Notieren Sie gegebenenfalls die gemeinsamen Punkte des Graphen von f mit den Koordinatenachsen sowie die Gleichungen der senkrechten Asymptoten.
Zeichnen Sie zur Kontrolle mithilfe des Computers den Graphen von f.

a) $f(x) = \frac{x}{x-3}$ b) $f(x) = \frac{x-1}{x+2}$ c) $f(x) = \frac{0{,}5x^2}{x-2}$ d) $f(x) = \frac{x}{x^2-4}$

e) $f(x) = \frac{-x+2}{2x-1}$ f) $f(x) = \frac{x-4}{x^2-4}$ g) $g(x) = \frac{2x-2}{x^2+9}$ h) $f(x) = \frac{4x^2}{2x^2+1}$

i) $f(x) = \frac{x^2+9}{x+2}$ j) $f(x) = \frac{x-2}{x^2+2x+1}$ k) $f(x) = \frac{x^2-x}{x^2-x-6}$ l) $f(x) = \frac{x+3}{x^3+8}$

3 Untersuchen Sie f auf Nullstellen, Polstellen einschließlich Vorzeichenwechsel und auf hebbare Definitionslücken. Geben Sie die Schnittpunkte des Graphen von f mit den Koordinatenachsen, die Gleichungen der senkrechten Asymptoten und gegebenenfalls den jeweiligen Grenzwert bei Annäherung an eine Definitionslücke an.

a) $f(x) = \frac{3x-3}{x-1}$ b) $f(x) = \frac{x^2+x}{x+1}$ c) $f(x) = \frac{x^2-9}{x-3}$ d) $f(x) = \frac{x^2-2x-15}{x-5}$

e) $f(x) = \frac{0{,}5x^2+2x-6}{x-2}$ f) $f(x) = \frac{x^2-2x-3}{x^2-1}$ g) $f(x) = \frac{x+4}{x^2+3x-4}$ h) $f(x) = \frac{x^2+5x+2}{(x+1)^2}$

4 Geben Sie eine gebrochenrationale Funktion an mit
a) Nullstelle 1
b) Polstelle 3 mit VZW
c) Polstelle 3 ohne VZW
d) Nullstelle 1 und Polstelle 3 ohne VZW
e) Nullstellen 2 und 3, Polstelle 4 mit VZW
f) Nullstelle –1, Polstelle –3 mit VZW und Polstelle 4 ohne VZW.

5 Ist die folgende Aussage für eine Funktion f mit $f(x) = \frac{p(x)}{q(x)}$ wahr oder falsch?
a) Ist x_1 Nullstelle von f, dann kann x_1 keine Polstelle von f sein.
b) Ist $p(x_1) = 0$ und $q(x_1) = 0$, dann ist x_1 weder Nullstelle noch Polstelle.

6 Bei einer Sammellinse (Fig. 1) hängen die Brennweite f, die Bildweite b und die Gegenstandsweite g gemäß der Linsengleichung zusammen: $\frac{1}{f} = \frac{1}{g} + \frac{1}{b}$ (f, g und h in cm).
a) Geben Sie b als Funktion von f und g an.
b) Zeichnen Sie für f = 5 den Graphen der Funktion $g \mapsto b(g)$.
c) Berechnen Sie die Bildweite b für g = 2f.
d) Beschreiben Sie die Lage des Bildes, wenn sich g der Brennweite f nähert.
Erläutern Sie den Grenzfall g = f.
e) Wo muss sich der Gegenstand befinden, wenn die Entfernung des Gegenstandes von seinem Bild möglichst klein sein soll?

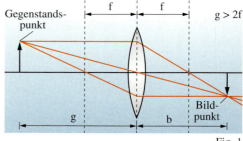

Fig. 1

Beispiel:
```
Derive 4.0:
Schreibe x^2+x-2
Return
simplify dort auf
„factor" und
„rational"
factor
ok
```

7 Faktorisieren Sie das gegebene Polynom p(x).
a) $p(x) = x^3 - x^2 - x + 1$ b) $p(x) = x^4 - 22x^3 + 157x^2 - 396x + 324$

8 Gegeben ist die Funktion f. Faktorisieren Sie das Zähler- und das Nennerpolynom. Erstellen Sie den Graphen von f. Erkennt Ihr Programm eine hebbare Definitionslücke? Wird diese im Computerausdruck grafisch dargestellt?

a) $f(x) = \frac{x^2+4x-5}{2x^3+6x^2-18x+10}$ b) $f(x) = \frac{x^3-8x^2+15x}{x^3-4x^2-7x+10}$ c) $f(x) = \frac{x^3-x^2-14x+24}{x^4+3x^3-18x^2-32x+96}$

3 Verhalten für $x \to \pm\infty$, Näherungsfunktionen

1 Ein Astronaut, der in einer Höhe h die Erde umkreist, kann nur einen Teil der Erdoberfläche beobachten. Für den Flächeninhalt dieser so genannten Kugelkappe gilt (Fig. 1)
$A_K = \frac{2\pi r^2 h}{r+h}$; Erdradius $r = 6380$ (in km).
a) Die Flughöhe sei 280 km. Wie groß ist der Flächeninhalt der Kugelkappe? Wie viel Prozent der Erdoberfläche ist dies?
b) In welcher Höhe sieht ein Astronaut ein Viertel der Erdoberfläche?
c) Welche Fläche ergibt sich für $h \to \infty$? Welchen Inhalt hat diese Fläche?

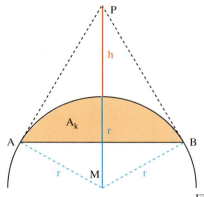

Fig. 1

Das Verhalten ganzrationaler Funktionen bei Werten von x, die beliebig groß oder beliebig klein werden, kann wie folgt beschrieben werden: Für $x \to \pm\infty$ gilt: $|f(x)| \to +\infty$.
Das „Grenzverhalten" einer gebrochenrationalen Funktion f mit $f(x) = \frac{p(x)}{q(x)}$ kann anders sein; Es hängt ab vom Grad n des Zählerpolynoms p(x) und vom Grad m des Nennerpolynoms q(x).

1. Fall: $n < m$
Für f mit $f(x) = \frac{3x}{x^2+1}$ ist $n = 1$ und $m = 2$.
Da für $x \to \infty$ sowohl p(x) als auch q(x) gegen unendlich streben, formt man um. Division von p(x) und q(x) durch $x \neq 0$ ergibt:
$f(x) = \frac{3}{x + \frac{1}{x}}$ in $D_f \setminus \{0\}$.
Jetzt erkennt man: $\lim_{x \to \pm\infty} f(x) = 0$.
Die x-Achse ist eine **waagerechte Asymptote** mit der Gleichung $y = 0$ (Fig. 2).

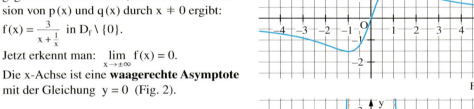

Fig. 2

2. Fall: $n = m$
Für f mit $f(x) = \frac{2x^2}{4x^2-4}$ ist $n = m = 2$.
Division des Zählers und des Nenners durch $x^2 \neq 0$ ergibt: $f(x) = \frac{2}{4 - \frac{4}{x^2}}$ in $D_f \setminus \{0\}$.
Man erkennt: $\lim_{x \to \pm\infty} f(x) = \frac{2}{4} = \frac{1}{2}$.
Die Gerade mit der Gleichung $y = \frac{1}{2}$ ist eine **waagerechte Asymptote** (Fig. 3).

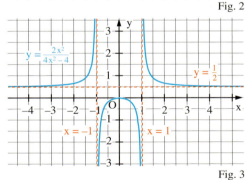

Fig. 3

3. Fall: $n = m + 1$
Für f mit $f(x) = \frac{x^2 + 1{,}5x}{2x-1}$ ist $n = 2$ und $m = 1$. Division des Zählers und des Nenners durch $x \neq 0$ ergibt: $f(x) = \frac{x + 1{,}5}{2 - \frac{1}{x}}$. Für $x \to +\infty$ gilt somit: $f(x) \to +\infty$. Genauere Auskunft über das Verhalten der Funktionswerte von f für $x \to \pm\infty$ erhält man, wenn man das Zählerpolynom durch das Nennerpolynom dividiert.

187

Verhalten für $x \to \pm\infty$, Näherungsfunktionen

$\lim\limits_{x \to \pm\infty} \frac{1}{2x-1} = 0$

Polynomdivision ergibt:
$(x^2 + 1{,}5x) : (2x - 1) = \frac{1}{2}x + 1 + \frac{1}{2x-1}$
$\underline{-(x^2 - 0{,}5x)}$
$\quad\quad 2x$
$\quad\underline{-(2x - 1)}$
$\quad\quad\quad 1$

Für $x \to \pm\infty$ unterscheiden sich die Funktionswerte von f beliebig wenig von denen der Funktion g mit $g(x) = \frac{1}{2}x + 1$. Der Graph von g ist eine **schiefe Asymptote** (Fig. 1).

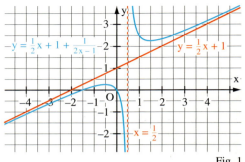

Fig. 1

4. Fall: $n > m + 1$
Für f mit $f(x) = \frac{x^3 + x + 1}{x}$ ist $n = 3$ und $m = 1$;
$f(x) = x^2 + 1 + \frac{1}{x}$; $D_f = \mathbb{R} \setminus \{0\}$.
Der Anteil $x^2 + 1$ ist nicht linear. Die Funktion g mit $g(x) = x^2 + 1$ heißt ganzrationale **Näherungsfunktion**, der Graph mit der Gleichung $y = x^2 + 1$ **Näherungsparabel** (Fig. 2). Allgemein spricht man auch von einer **Näherungskurve** für $|x| \to \infty$.

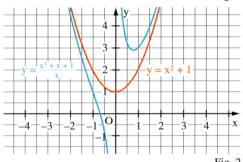

Fig. 2

Für $n \leq m$ kann man die Gleichung der Asymptote direkt aus dem Funktionsterm ablesen.
Für $n > m$ führt man die Polynomdivision durch.

Satz: Der Graph einer gebrochenrationalen Funktion f mit
$$f(x) = \frac{a_n x^n + a_{n-1} x^{n-1} + \ldots + a_1 x + a_0}{b_m x^m + b_{m-1} x^{m-1} + \ldots + b_1 x + b_0}, \ a_n \neq 0, \ b_m \neq 0$$
hat für $|x| \to \infty$ im Falle

$n < m$ die x-Achse als waagerechte Asymptote,

$n = m$ die Gerade mit der Gleichung $y = \frac{a_n}{b_m}$ als waagerechte Asymptote,

$n = m + 1$ eine schiefe Asymptote, deren Gleichung man mithilfe der Polynomdivision erhält,

$n > m + 1$ eine Näherungskurve, deren Gleichung man mithilfe der Polynomdivision erhält.

Beispiel 1: (Untersuchung auf Asymptoten)
Gegeben ist die Funktion f mit $f(x) = \frac{x^2 - x - 3}{x - 2}$. Bestimmen Sie die Gleichungen aller Asymptoten des Graphen von f.
Lösung:
Die Definitionsmenge ist $D_f = \mathbb{R} \setminus \{2\}$. Der Zähler ist für $x_0 = 2$ ungleich null.
Gleichung der senkrechten Asymptote: $x = 2$.
Der Grad des Zählers ist 2 und somit um 1 größer als der Grad des Nenners. Also liegt eine schiefe Asymptote vor. Polynomdivision ergibt:
$f(x) = \frac{x^2 - x - 3}{x - 2} = x + 1 - \frac{1}{x - 2}$; Gleichung der schiefen Asymptote: $y = x + 1$.

Beispiel 2: (Bestimmung einer Funktion, deren Graph vorgegebene Asymptoten hat)
Bestimmen Sie eine gebrochenrationale Funktion, deren Graph die Geraden mit den Gleichungen $y = x + 2$ bzw. $x = 1$ als Asymptoten hat.
Lösung:
Die Funktion f mit $f(x) = x + 2 + \frac{1}{x-1} = \frac{(x+2)(x-1)+1}{x-1} = \frac{x^2 + x - 1}{x - 1}$ erfüllt die Bedingungen.
Aber auch für die Funktion g mit $g(x) = x + 2 - \frac{3}{x-1} = \frac{(x+2)(x-1)-3}{x-1} = \frac{x^2 + x - 5}{x - 1}$ ist dies der Fall.

Verhalten für $x \to \pm\infty$, Näherungsfunktionen

Aufgaben

> Eine Asymptote wird nie vom Graphen der zugehörigen Funktion geschnitten!

Stimmt dies?
Untersuchen Sie die Funktion f mit $f(x) = \frac{x^2}{(x-2)^2}$.

2 Geben Sie die Gleichungen aller Asymptoten an.

a) $f(x) = \frac{4}{3x^2}$
b) $f(x) = \frac{2}{3x-4}$
c) $f(x) = \frac{2x+7}{4x-8}$
d) $f(x) = \frac{5x^2+8}{3x^2-2x}$
e) $f(x) = \frac{1}{x^2-x}$
f) $f(x) = \frac{2x+1}{x^2+3x}$
g) $f(x) = \frac{2x^2-3x}{(x-2)^2}$
h) $f(x) = 2x - \frac{1}{x+1}$
i) $f(x) = \frac{x^2-2x+3}{2x}$
j) $f(x) = \frac{x^2}{x-1}$
k) $f(x) = \frac{1-2x^2}{x+1}$
l) $f(x) = \frac{x^3}{x^2-1}$
m) $f(x) = \frac{x^3-2x}{x^2+1}$
n) $f(x) = \frac{x^3-x^2+x-1}{x^2+x-1}$
o) $f(x) = \frac{x^4-3x^3+2}{x^3-x^2}$
p) $f(x) = \frac{x^4-x^2-1}{x^3-1}$

3 Geben Sie für $x \to \pm\infty$ eine ganzrationale Näherungsfunktion an.

a) $f(x) = \frac{2x^4-32}{x^2}$
b) $f(x) = \frac{x^3-x^2+x}{x-1}$
c) $f(x) = \frac{x^3+2x^2}{x+4}$
d) $\frac{x^4-16}{x^2+9}$

4 Geben Sie eine gebrochenrationale Funktion an, deren Graph ungefähr den dargestellten Verlauf zeigt.

a)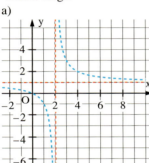
b)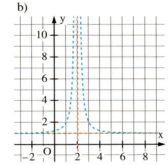
c)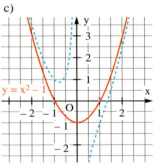

Fig. 2

5 Geben Sie eine gebrochenrationale Funktion an, deren Graph die Geraden g und h als Asymptoten hat.
a) g: y = x; h: x = 0 b) g: y = –x; h: x = 0 c) g: y = 0,5 x; h: x = 2 d) g: y = 2x + 1; h: x = 1

t (in Tagen)	f(t) (in $\frac{mg}{l}$)
0	12,0
1	4,5
2	6,0
3	7,5

Fig. 1

6 Durch das Einwirken giftiger Substanzen kommt es in einem Teich zu einem starken Absinken des Sauerstoffgehaltes, der unter normalen Bedingungen $12\frac{mg}{l}$ beträgt. Danach erhöht sich dann aber durch Selbstreinigung der Sauerstoffgehalt wieder. Messungen ergaben die nebenstehenden Werte. Das Absinken und das anschließende Ansteigen des Sauerstoffgehaltes kann näherungsweise beschrieben werden durch
$f(t) = \frac{at^2+bt+c}{t^2+d}$, $t \geq 0$ (t in Tagen, $f(t) = \frac{mg}{l}$).

a) Berechnen Sie die Konstanten a, b, c und d mithilfe der Daten in Fig. 1.
b) Zeichnen Sie den Graphen einschließlich der Asymptote für $0 \leq t \leq 14$.
c) Nach wie viel Tagen beträgt der Sauerstoffgehalt wieder 90 % des normalen Wertes?

7 Gegeben ist die Funktionenschar f_t mit $f_t(x) = \frac{2x^2-(2t+1)x}{x-t}$. Zeichnen Sie für verschiedene Werte von t den Graphen von f_t. Stellen Sie eine Vermutung über die Asymptoten auf. Beweisen Sie Ihre Vermutung.

Beispiel für Aufgabe 8:
```
DERIVE 4.0:
Schreibe (x^2-x)/(x+1)
Return
simplify   dort auf
„expand" und
„trivial"
expand
ok
```

8 Führen Sie die Polynomdivision durch; geben Sie die Gleichung der schiefen Asymptote bzw. der ganzrationalen Näherungsfunktion an.

a) $f(x) = \frac{2x^3-4x^2-x+6}{4x^2+3}$
b) $f(x) = \frac{6x^3-1}{9x^2+1}$
c) $f(x) = \frac{x^3-3x^2+5x-8}{2x^2-3x+5}$
d) $f(x) = \frac{x^4-x^2+2x-8}{x^2-x+2}$
e) $f(x) = \frac{x^5-3x^3+2}{2x^3-x}$
f) $f(x) = \frac{4x^5-6x^2+x-3}{0,5x^3-1}$

189

4 Skizzieren von Graphen

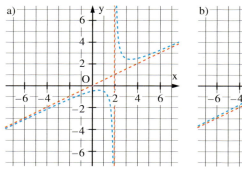

Fig. 3

1 Gegeben ist die Funktion f mit $f(x) = \frac{x^2 - 2x - 3}{2x - 4}$.
Durch welche Überlegungen könnte man entscheiden, ob a) oder b) in Fig. 3 ein möglicher Graph von f ist?

2 Wie kann man bei einer gebrochenrationalen Funktion rechnerisch entscheiden, ob der Graph sich einer Asymptote von „oben" oder von „unten" nähert?

Graphen gebrochenrationaler Funktionen haben vielfältigere Formen als die Graphen ganzrationaler Funktionen. Deshalb ist es wichtig, aus dieser Vielfalt durch einfache Überlegungen wesentliche Merkmale des Graphen einer gegebenen gebrochenrationalen Funktion herauszufinden.

> Einen ersten Überblick über den möglichen Verlauf des Graphen einer gebrochenrationalen Funktion erhält man, wenn man den Graphen auf **Symmetrie**, **gemeinsame Punkte** mit den Koordinatenachsen und auf **Asymptoten** untersucht.

Für −3 < x < 3 könnte der Graph von f auch so aussehen:

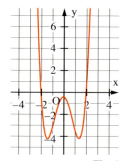

Fig. 1

Für x > 3 wäre auch der folgende Verlauf denkbar:

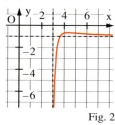

Fig. 2

Beispiel 1: (Überblick über den Graphen)
Skizzieren Sie einen möglichen Verlauf des Graphen der Funktion f mit $f(x) = \frac{4 - x^2}{x^2 - 9}$.
Lösung:
1. Symmetrie:
Es ist $f(-x) = \frac{4 - (-x)^2}{(-x)^2 - 9} = \frac{4 - x^2}{x^2 - 9} = f(x)$; $x \in D_f$.
Der Graph von f ist achsensymmetrisch zur y-Achse.
2. Gemeinsame Punkte mit den Koodinatenachsen:
Für $x = 0$ ergibt sich $f(0) = -\frac{4}{9}$. Also ist $S\left(0 \mid -\frac{4}{9}\right)$ der Schnittpunkt mit der y-Achse.
Es ist $4 - x^2 = 0$ für $x_1 = -2$; $x_2 = 2$. Für diese x-Werte ist der Nenner ungleich null.
Gemeinsame Punkte mit der x-Achse: $N_1(-2 \mid 0)$, $N_2(2 \mid 0)$.
3. Asymptoten:
Es ist $x^2 - 9 = 0$ für $x_3 = -3$; $x_4 = 3$.
Hierfür ist der Zähler ungleich null.
Für $x \to 3$ und $x < 3$ gilt: $f(x) \to +\infty$;
für $x \to 3$ und $x > 3$ gilt: $f(x) \to -\infty$.
Es handelt sich um Polstellen mit VZW.
Senkrechte Asymptoten: $x = -3$; $x = 3$.
Zähler- und Nennerpolynom haben den gleichen Grad. Waagerechte Asymptote: $y = -1$.
4. Skizze:
Einen möglichen Verlauf des Graphen zeigt Fig. 4. In diesem Fall hätte der Graph einen Tief- und keinen Wendepunkt.

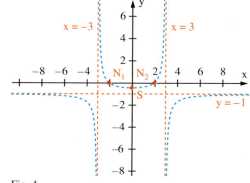

Fig. 4

Skizzieren von Graphen

Beispiel 2: (Bestimmung einer Funktion)

Besonders bei dieser „umgekehrten" Fragestellung, bei der aus gegebenen Eigenschaften eine gebrochenrationale Funktion ermittelt wird, bietet sich das Arbeiten mit Linearfaktoren an.

Geben Sie eine gebrochenrationale Funktion an, deren Graph die x-Achse im Punkt N(2|0) schneidet und die Asymptoten mit den Gleichungen x = 1 bzw. y = 2 besitzt.

Lösung:
Der Graph der Funktion g mit $g(x) = \frac{x-2}{x-1}$ schneidet die x-Achse in N(2|0) und hat eine senkrechte Asymptote mit der Gleichung x = 1. Nicht erfüllt ist die Bedingung einer waagerechten Asymptote mit der Gleichung y = 2.
Damit auch diese Bedingung erfüllt ist, muss im Zähler des Terms x durch 2x ersetzt werden, aber ohne Veränderung des Schnittpunktes mit der x-Achse. Dies ist bei dem Term $\frac{2(x-2)}{x-1}$ gegeben. Der Graph der Funktion f mit $f(x) = \frac{2(x-2)}{x-1}$ erfüllt alle Bedingungen.

Aufgaben

Gegeben ist die Funktion f mit $f(x) = \frac{x^2-1}{x^2}$.
Welcher der beiden Graphen gehört zu f? Begründen Sie Ihre Antwort.

3 Untersuchen Sie den Graphen der Funktion f auf Symmetrie, gemeinsame Punkte mit den Koordinatenachsen sowie auf Asymptoten. Skizzieren Sie einen möglichen Verlauf des Graphen.

a) $f(x) = \frac{2}{x+4}$ b) $f(x) = \frac{2x-2}{x+1}$ c) $f(x) = \frac{x^2-4}{x^2-9}$ d) $f(x) = \frac{6x}{x^2-4}$

e) $f(x) = \frac{4+4x}{x^2-16}$ f) $f(x) = \frac{4}{x^2+2}$ g) $f(x) = \frac{3}{2x^2+4x}$ h) $f(x) = \frac{x^2-4}{x-1}$

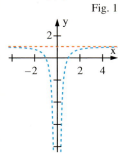
Fig. 1

Fig. 2

4 Gegeben sind die Funktionen f, g und h. Skizzieren Sie die Graphen von f, g und h. Erläutern Sie anhand des Funktionsterms den unterschiedlichen Verlauf der Graphen.

a) $f(x) = \frac{1}{x}$, $g(x) = \frac{1}{x-2}$, $h(x) = \frac{1}{(x-2)^2}$ b) $f(x) = \frac{2}{x^2+1}$, $g(x) = \frac{2x}{x^2+1}$, $h(x) = \frac{2x^2}{x^2+1}$

5 Untersuchen Sie den Graphen der Funktion f auf Symmetrie, gemeinsame Punkte mit den Koordinatenachsen sowie auf Asymptoten. Skizzieren Sie den Graphen durch Ordinatenaddition (siehe Seite 34).

a) $f(x) = \frac{x^2+1}{x}$ b) $f(x) = \frac{1-x^2}{2x}$ c) $f(x) = \frac{2x^2+x-1}{x}$ d) $f(x) = \frac{2-x^3}{x^2}$

6 Der Graph einer gebrochenrationalen Funktion f hat Asymptoten mit den Gleichungen x = −1 und y = 0.
a) Skizzieren Sie drei mögliche Graphen.
b) Als weitere Bedingung kommt hinzu, dass der Graph durch den Ursprung verläuft. Skizzieren Sie erneut drei mögliche Graphen.

7 Geben Sie eine gebrochenrationale Funktion an, deren Graph im Wesentlichen den dargestellten Verlauf hat.

a) 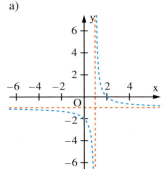 b) 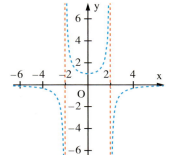 c)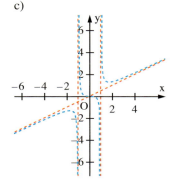

Fig. 3

191

5 Beispiele von vollständigen Funktionsuntersuchungen

1 Welche einzelnen Schritte haben Sie bei der vollständigen Funktionsuntersuchung einer ganzrationalen Funktion durchgeführt? Welche Gesichtspunkte kommen bei einer gebrochenrationalen Funktion hinzu?

Nachdem man sich einen Überblick über den Verlauf des Graphen einer gebrochenrationalen Funktion verschafft hat, geht es darum, wo die gegebenenfalls vorhandenen Extrem- und Wendestellen tatsächlich liegen. Dabei geht man auf die von ganzrationalen Funktionen her bekannte Weise vor. So erhält man aus $f'(x_0) = 0$ mögliche Extremstellen; ist z. B. $f''(x_0) > 0$ oder liegt ein Vorzeichenwechsel von f' an der Stelle x_0 von „–" nach „+" vor, so ist nachgewiesen, dass es sich bei x_0 um eine Minimalstelle handelt (siehe Beispiel 1).

Ist nicht nur eine einzige Funktion f, sondern eine Funktionenschar f_t mit dem Parameter t gegeben, sind häufig die Koordinaten bestimmter Punkte P_t (z. B. Extrem- oder Wendepunkte) von t abhängig. Durchläuft t alle zugelassenen Werte, so liegen die Punkte P_t auf einer Kurve (siehe Beispiel 2). Diese Kurve heißt **Ortslinie**, **Ortskurve** oder **geometrischer Ort** der Punkte P_t. Die zugehörige Gleichung ergibt sich, indem man t aus den beiden Gleichungen $x = x(t)$; $y = y(t)$ eliminiert.

Beispiel 1: (Funktionsuntersuchung)
Gegeben ist die Funktion f mit $f(x) = \frac{1}{6} \cdot \frac{x^3}{x^2 - 9}$. Führen Sie eine Funktionsuntersuchung durch.

Soll eine gegebene Funktion „untersucht" werden, so sind in der Regel die Punkte 1. bis 9. gemeint.

Hinweise:
1. Definitionsmenge:
$f(x) = \frac{p(x)}{q(x)}$; $D_f = \mathbb{R} \setminus \{x \mid q(x) = 0\}$.

2. Symmetrie:
Zum Ursprung: $f(-x) = -f(x)$ für alle $x \in D_f$,
zur y-Achse: $f(-x) = f(x)$ für alle $x \in D_f$

3. Polstellen; senkrechte Asymptoten:
x_0 mit $q(x_0) = 0$ und $p(x_0) \neq 0$;
für $x \to x_0$ gilt: $|f(x)| \to +\infty$.
Gleichung der senkrechten Asymptote:
$x = x_0$.

4. Verhalten für $x \to +\infty$ und $x \to -\infty$:
$p(x)$ hat den Grad n, $q(x)$ hat den Grad m.
$n < m$: x-Achse als Asymptote;
$n = m$: waagerechte Asymptote;
$n = m + 1$: schiefe Asymptote.
Die Gleichung der schiefen Asymptote erhält man mithilfe der Polynomdivision.

Lösung:
1. Definitionsmenge:
Es ist $x^2 - 9 = 0$ für $x_1 = 3$; $x_2 = -3$; also ist $D_f = \mathbb{R} \setminus \{3; -3\}$.

2. Symmetrie:
Es ist $f(-x) = \frac{1}{6} \cdot \frac{(-x)^3}{(-x)^2 - 9} = -\frac{1}{6} \cdot \frac{x^3}{x^2 - 9} = -f(x)$
für alle $x \in D_f$. Der Graph ist punktsymmetrisch zum Ursprung.

3. Polstellen; senkrechte Asymptoten:
$x^2 - 9 = 0$ liefert $x_1 = 3$; $x_2 = -3$.
Für $x \to 3$ und $x < 3$ gilt: $f(x) \to -\infty$;
für $x \to 3$ und $x > 3$ gilt: $f(x) \to +\infty$.
Also ist $x_1 = 3$ eine Polstelle mit VZW. Wegen der Symmetrie ist auch $x_2 = -3$ eine Polstelle mit VZW. Gleichungen der senkrechten Asymptoten: $x = 3$; $x = -3$.

4. Verhalten für $x \to +\infty$ und $x \to -\infty$:
Polynomdivision ergibt
$\frac{1}{6} \cdot \frac{x^3}{x^2 - 9} = \frac{1}{6}x + \frac{3x}{2(x^2 - 9)}$.

Gleichung der schiefen Asymptote:
$y = \frac{1}{6}x$.

Beispiele von vollständigen Funktionsuntersuchungen

> *Nach Nr. 5 sollte man mit der Zeichnung beginnen: Koordinatensystem zeichnen; Asymptoten und gemeinsame Punkte mit der x-Achse einzeichnen; überlegen, wie der Graph verläuft.*

5. Nullstellen:
$x_0 \in D_f$ mit $p(x_0) = 0$ und $q(x_0) \neq 0$;
Schnittpunkt mit der x-Achse: $N(x_0|0)$.

6. Ableitungen:
Höhere Ableitungen ermittelt man (wegen des zunehmenden Rechenaufwandes) nur, soweit diese von der Fragestellung her unumgänglich sind.

7. Extremstellen:
Notwendige Bedingung:
$f'(x_0) = 0$.

Hinreichende Bedingung:
VZW von $f'(x)$ bei x_0
oder
$f'(x_0) = 0$; $f''(x_0) > 0$: lokales Minimum,
$f'(x_0) = 0$; $f''(x_0) < 0$: lokales Maximum.

8. Wendestellen:
Notwendige Bedingung:
$f''(x_0) = 0$.
Hinreichende Bedingung:
VZW von $f''(x)$ bei x_0 oder
$f''(x_0) = 0$ und $f'''(x_0) \neq 0$.

9. Graph:
Ergänzend zu den bisherigen Ergebnissen stellt man noch eine Wertetabelle auf, wobei man die Funktionswerte sinnvoll rundet.

> *„Endkontrolle" der Zeichnung:*
> *1) Sind alle Asymptoten richtig eingezeichnet?*
> *2) Stimmen die Schnittpunkte mit der x-Achse?*
> *3) Stimmen die Extrem- und Wendepunkte?*

5. Nullstellen:
$x^3 = 0$ ergibt $x_3 = 0$;
Schnittpunkt mit der x-Achse: $N(0|0)$.

6. Ableitungen:
$f'(x) = \frac{1}{6} \cdot \frac{x^4 - 27x^2}{(x^2 - 9)^2} = \frac{1}{6} \cdot \frac{x^2(x^2 - 27)}{(x^2 - 9)^2}$;
$f''(x) = \frac{1}{6} \cdot \frac{18x^3 + 486x}{(x^2 - 9)^3} = 3 \cdot \frac{x(x^2 + 27)}{(x^2 - 9)^3}$.

7. Extremstellen:
Notwendige Bedingung: $x^2(x^2 - 27) = 0$;
Lösungen: $x_3 = 0$; $x_4 = 3\sqrt{3}$; $x_5 = -3\sqrt{3}$.
Hinreichende Bedingung:
$x_3 = 0$: $f'(0) = 0$; $f''(0) = 0$ (weiter in 8.)
$x_4 = 3\sqrt{3}$: $f'(x_4) = 0$; $f''(x_4) = \frac{1}{12}\sqrt{3} > 0$;
$f(3\sqrt{3}) = \frac{3}{4}\sqrt{3}$ ist lokales Minimum.
Wegen der Punktsymmetrie zu O ist
$f(-3\sqrt{3}) = -\frac{3}{4}\sqrt{3}$ lokales Maximum.
Extrempunkte: $\mathbf{T(3\sqrt{3}\,|\,\tfrac{3}{4}\sqrt{3})}$; $\mathbf{H(-3\sqrt{3}\,|\,-\tfrac{3}{4}\sqrt{3})}$.

8. Wendestellen:
Notwendige Bedingung: $x \cdot (x^2 + 27) = 0$;
Lösung: $x_3 = 0$.
Hinreichende Bedingung:
Es ist $f''(x) = 3 \cdot \frac{x(x^2 + 27)}{(x^2 - 9)^3}$.
Für x-Werte nahe bei 0, $x < 0$, ist $f''(x) > 0$,
für x-Werte nahe bei 0, $x > 0$, ist $f''(x) < 0$,
also wechselt $f''(x)$ bei $x_3 = 0$ das Vorzeichen.
Wendepunkt: $\mathbf{W(0|0)}$.

9. Graph: Fig. 1
Wegen der Symmetrie genügt $x \in \mathbb{R}^+$.

x	2,0	2,5	2,8	3,3	4,0	5,0	7,0	8,0
f(x)	−0,3	−0,9	−3,2	3,2	1,5	1,3	1,4	1,6

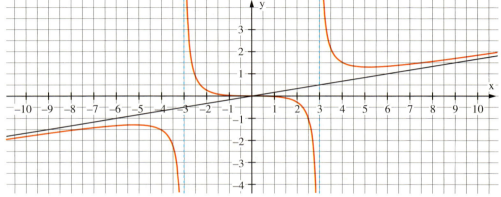

Fig. 1

Beispiele von vollständigen Funktionsuntersuchungen

Beispiel 2: (Untersuchung einer Funktionenschar, Ortslinie)
Für jedes $t > 0$ ist eine Funktion f_t gegeben durch $f_t(x) = \frac{6x - 2t}{x^2}$. Ihr Graph sei K_t.
a) Führen Sie für K_t eine Funktionsuntersuchung durch.
Zeichnen Sie K_1, K_2 und K_3 für $0 \leq x \leq 5$ in ein gemeinsames Koordinatensystem.
b) Wie lautet die Gleichung der Ortslinie C der Hochpunkte von K_t?
Zeichnen Sie den zugehörigen Graphen in das vorhandene Koordinatensystem ein.
Lösung:

1. Definitionsmenge:
Es ist $x^2 = 0$ für $x_1 = 0$; also ist $D_f = \mathbb{R} \setminus \{0\}$.

2. Symmetrie:
Es ist $f_t(-x) = \frac{6(-x) - 2t}{(-x)^2} = \frac{-6x - 2t}{x^2}$; keine Symmetrie erkennbar.

3. Asymptoten:
Senkrechte Asymptote: $x = 0$ (ohne Vorzeichenwechsel);
waagerechte Asymptote: $y = 0$.

4. Nullstellen:
$6x - 2t = 0$ ergibt $x_2 = \frac{1}{3}t$; Schnittpunkt mit der x-Achse: $N\left(\frac{1}{3}t \mid 0\right)$.

Vor dem Ableiten sollte man prüfen, ob eventuell die „durchdividierte" Form des Funktionsterms leichter abzuleiten ist.

5. Ableitungen:
$f_t(x) = \frac{6x - 2t}{x^2} = \frac{6}{x} - \frac{2t}{x^2}$;
$f_t'(x) = -\frac{6}{x^2} + \frac{4t}{x^3} = \frac{-6x + 4t}{x^3}$;
$f_t''(x) = \frac{12}{x^3} - \frac{12t}{x^4} = \frac{12x - 12t}{x^4}$;
$f_t'''(x) = -\frac{36}{x^4} + \frac{48t}{x^5} = \frac{-36x + 48t}{x^5}$.

6. Extremstellen:
Notwendige Bedingung: $\frac{-6x + 4t}{x^3} = 0$; Lösung: $x_3 = \frac{2}{3}t$.
Hinreichende Bedingung: $f_t'(x_3) = 0$; $f_t''(x_3) = \frac{8t - 12t}{\left(\frac{2}{3}t\right)^4} = -\frac{81}{4t^3} < 0$; d.h. x_3 ist Maximalstelle.
Mit $f_t(x_3) = \frac{9}{2t}$ erhält man: $H_t\left(\frac{2}{3}t \mid \frac{9}{2t}\right)$ sind Hochpunkte der Schar.

7. Wendestellen:
Notwendige Bedingung: $\frac{12x - 12t}{x^4} = 0$;
Lösung: $x_3 = t$.
Hinreichende Bedingung:
Es ist $f_t''(t) = 0$ und $f_t'''(t) = \frac{12}{t^4} \neq 0$;
$x_3 = t$ ist also die einzige Wendestelle von f_t.
Wendepunkte der Schar: $W_t\left(t \mid \frac{4}{t}\right)$.

8. Graph: (Fig. 1)
b) Hochpunkte der Schar: $H_t\left(\frac{2}{3}t \mid \frac{9}{2t}\right)$.
Aus $x = \frac{2}{3}t$, $t > 0$ folgt zunächst
$t = \frac{3}{2}x$, $x > 0$.
Aus $y = \frac{9}{2t}$ folgt dann $y = \frac{9}{2 \cdot \frac{3}{2}x} = \frac{3}{x}$.
Als Gleichung der Ortslinie ergibt sich somit:
$y = \frac{3}{x}$, $x > 0$ (Fig. 1).

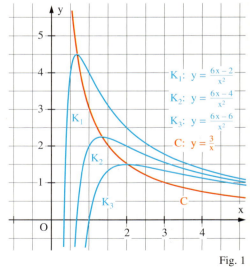

$K_1: y = \frac{6x - 2}{x^2}$
$K_2: y = \frac{6x - 4}{x^2}$
$K_3: y = \frac{6x - 6}{x^2}$
$C: y = \frac{3}{x}$

Fig. 1

Aufgaben

Hinweis zu Aufgabe 2d:
Hier müssen Sie eine Nullstelle erraten.

2 Führen Sie eine Funktionsuntersuchung wie in Beispiel 1 durch.

a) $f(x) = \frac{8}{4-x^2}$
b) $f(x) = \frac{2-x^2}{x^2-9}$
c) $f(x) = \frac{x^2-4}{x^2+2}$
d) $f(x) = \frac{x^2}{(x-2)^2}$

e) $f(x) = \frac{x}{x^2+1}$
f) $f(x) = \frac{3x^2-3x}{(x-2)^2}$
g) $f(x) = \frac{3}{x} - \frac{12}{x^3}$
h) $f(x) = \frac{1}{2}x + \frac{1}{2} + \frac{2}{x^2}$

3 Führen Sie eine Funktionsuntersuchung durch. Ermitteln Sie für $x \to \pm\infty$ eine ganzrationale Näherungsfunktion g; zeichnen Sie den Graphen von g in das vorhandene Koordinatensystem ein.

a) $f(x) = \frac{x^3-1}{x}$
b) $f(x) = \frac{2-x^3}{2x}$
c) $f(x) = \frac{16+x^4}{4x^2}$
d) $f(x) = \frac{x^4-8x^2+16}{2x^2}$

4 a) Untersuchen Sie, ob die Funktionen f mit $f(x) = \frac{x^2}{x^4+1}$ und g mit $g(x) = \frac{x^2+3}{x^3}$ gerade oder ungerade sind.
b) Begründen Sie: Ist das Zählerpolynom einer gebrochenrationalen Funktion f gerade und das Nennerpolynom ungerade, so ist die Funktion f ungerade.
c) Formulieren und begründen Sie weitere Aussagen ähnlich wie in b).

5 Gegeben ist die Funktion f mit $f(x) = 4 - \frac{4}{x^2}$.
a) Skizzieren Sie den Graphen K der Funktion.
b) Der Graph K, die x-Achse und die Gerade mit der Gleichung $x = 4$ schließen ein Flächenstück ein. Berechnen Sie dessen Inhalt.
c) Das Flächenstück soll durch eine Parallele zur y-Achse halbiert werden. Welchen Abstand muss die Parallele zur y-Achse haben?
d) Die x-Achse und die Geraden mit den Gleichungen $y = 4$, $x = 1$ und $x = t$ ($t > 1$) bilden ein Rechteck, das von K in zwei Teile geteilt wird. Für welches t haben die beiden Teile den gleichen Flächeninhalt?

6 Gegeben ist die Funktion f mit $f(x) = \frac{x^3+4x^2-2}{2x^2}$.
Der Graph von f, seine schiefe Asymptote und die Geraden mit den Gleichungen $x = 2$ und $x = t$ ($t > 2$) schließen eine Fläche ein.
Wie verhält sich ihr Flächeninhalt, wenn t immer größer wird?

Funktionenscharen

7 Für jedes $t > 0$ ist eine Funktion f_t gegeben. Führen Sie eine Funktionsuntersuchung wie in Beispiel 2a) durch. Zeichnen Sie die Graphen für $t = 1; 2; 3$ in ein gemeinsames Koordinatensystem.

a) $f_t(x) = x - \frac{t^3}{x^2}$
b) $f_t(x) = \frac{10}{x} - \frac{10t}{x^2}$
c) $f_t(x) = \frac{6x}{x^2+t^2}$
d) $f_t(x) = \frac{10x}{(x^2+t)^2}$

8 Welche Funktion f, deren Funktionsterm die Form $f(x) = \frac{a+bx}{x^2}$; $a, b \in \mathbb{R}$ hat, nimmt für $x = 1$ den lokalen Extremwert 2 an? Handelt es sich um ein Maximum oder Minimum?

9 Für jedes $t > 0$ ist eine Funktion f_t gegeben durch $f_t(x) = \frac{tx^2}{x^2-4}$. Ihr Graph sei K_t.
a) Durch welchen Punkt verlaufen alle Graphen K_t?
b) Untersuchen Sie K_t auf Symmetrie, Schnittpunkte mit der x-Achse, Hoch-, Tief- und Wendepunkte sowie auf Asymptoten. Zeichnen Sie den Graphen K_1.

195

Beispiele von vollständigen Funktionsuntersuchungen

*Zu Aufgabe 10:
Je nach Parameterwert kann der zugehörige Graph sehr verschieden aussehen.*

$f_{-\frac{1}{2}}(x) = \frac{4}{1 - \frac{1}{2}x^2}$

$f_{\frac{1}{2}}(x) = \frac{4}{1 + \frac{1}{2}x^2}$

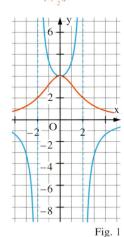

Fig. 1

10 Für jedes $t \neq 0$ ist eine Funktion f_t gegeben durch $f_t(x) = \frac{4}{1 + tx^2}$. Ihr Graph sei K_t.

a) Untersuchen Sie K_t auf Symmetrie, Schnittpunkte mit der x-Achse, Hoch-, Tief- und Wendepunkte sowie auf Asymptoten. Zeichnen Sie K_t für $t = -1; 1; 2$.
b) Bestimmen Sie die Ortslinie der Wendepunkte aller K_t. Zeichnen Sie den zugehörigen Graphen in das vorhandene Koordinatensystem ein.
c) Für welchen Wert von t hat K_t Wendetangenten mit den Steigungen 1 bzw. -1?

11 Für jedes $t \neq 0$ ist eine Funktion f_t gegeben durch $f_t(x) = \frac{x}{2t} - \frac{2}{t} + \frac{2}{x}$. Ihr Graph sei K_t.

a) Zeichnen Sie den Graphen von K_t für verschiedene Werte von t in ein gemeinsames Koordinatensystem. Durch welchen Punkt gehen alle gezeichneten Graphen? Beweisen Sie, dass alle Graphen $K_t (t \in \mathbb{R} \setminus \{0\})$ durch diesen Punkt gehen.
b) Untersuchen Sie „experimentell" und rechnerisch, für welche Werte von t der Graph K_t einen Tiefpunkt besitzt. Gibt es einen Graphen, dessen Tiefpunkt auf der x-Achse liegt?

12 Für jedes $t \in \mathbb{R}^+$ ist eine Funktion f_t gegeben durch $f_t(x) = \frac{x^2 - 9}{t}$ sowie deren Kehrwertfunktion g_t mit $g_t(x) = \frac{t}{x^2 - 9}$. Die Graphen von f_t und g_t seien K_t bzw. C_t.

a) Geben Sie die Nullstellen, die Extremstelle und den Extremwert von f_t an. Welche Bedeutung haben diese Stellen für g_t?
b) Zeichnen Sie die Graphen K_5 und C_5 für $|x| \leq 5$ in dasselbe Koordinatensystem.
c) Für welchen Wert von t berühren sich K_t und C_t?
d) Ermitteln Sie die Anzahl der gemeinsamen Punkte von K_t und C_t in Abhängigkeit von t.

Extremwertaufgaben

Beachten Sie bei Aufg. 14: Zur Berechnung von Extremstellen kann man gegebenenfalls eine Ersatzfunktion benutzen.

13 Welches Rechteck mit dem Umfang 15 cm hat den größten Flächeninhalt, welches Rechteck mit dem Flächeninhalt 18 cm² hat den kleinsten Umfang?

14 Welche Punkte auf dem Graphen der Funktion f mit $f(x) = \frac{2}{x^2}$ haben vom Ursprung den kleinsten Abstand?

Fig. 2

15 Der Querschnitt eines unterirdischen Entwässerungskanals ist ein Rechteck mit aufgesetztem Halbkreis (Fig. 2). Wie sind Breite und Höhe des Rechtecks zu wählen, damit die Querschnittsfläche 8 m² groß ist und zur Ausmauerung des Kanals möglichst wenig Material benötigt wird?

16 Einem Würfel mit der Kantenlänge a wird ein senkrechter Kreiskegel so umbeschrieben, dass vier Eckpunkte in der Grundkreisebene und vier Eckpunkte auf dem Kegelmantel liegen (Fig. 3).
a) Zeigen Sie mithilfe des 2. Strahlensatzes, dass für das Volumen des Kegels gilt:
$V(x) = \frac{\sqrt{2}}{3} \cdot a \cdot \pi \cdot \frac{x^3}{\sqrt{2} \cdot x - a}$.
b) Für welchen Grundkreisradius wird das Volumen des Kegels am kleinsten?

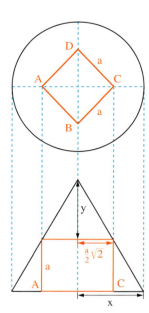

Fig. 3

196

6 Vermischte Aufgaben

1 Geben Sie die Definitionsmenge von f an. Untersuchen Sie den Graphen von f auf Symmetrie, Schnittpunkte mit den Achsen sowie auf Asymptoten. Skizzieren Sie den Graphen.

a) $f(x) = \frac{x^2+1}{x}$
b) $f(x) = \frac{4(x^2-1)}{x^2-9}$
c) $f(x) = \frac{x+1}{x^2-1}$
d) $f(x) = \frac{x-1}{x^3-4x}$

2 Gegeben sind die Funktionen f, g und h mit $f(x) = \frac{x^2}{x^2-1}$, $g(x) = \frac{x^3}{x^2-1}$ und $h(x) = \frac{x^4}{x^2-1}$. Geben Sie die Nullstellen dieser Funktionen an. Untersuchen Sie die Graphen auf Symmetrie und auf Asymptoten. Skizzieren Sie in verschiedenen Achsenkreuzen Graphen von f, g und h.

3 Führen Sie eine vollständige Funktionsuntersuchung durch.

a) $f(x) = \frac{x^2-1}{2x}$
b) $f(x) = \frac{x^2-2}{(x-1)^2}$
c) $f(x) = \frac{4x^2-4x+4}{x^2+1}$
d) $f(x) = \frac{x^4-2x^3-8x+16}{4x^2-8x}$

4 Geben Sie möglichst viele Eigenschaften an, die die Funktionen gemeinsam haben. Worin bestehen die wesentlichen Unterschiede zwischen diesen Funktionen?

a) $f(x) = \frac{1}{x-1}$; $g(x) = \frac{x}{x-1}$; $h(x) = \frac{x^2}{x-1}$

b) $f(x) = \frac{1}{x-1}$; $g(x) = \frac{1}{(x-1)^2}$; $h(x) = \frac{1}{x^2-1}$

5 Für jedes $t > 0$ ist eine Funktion f_t gegeben. Führen Sie eine vollständige Funktionsuntersuchung durch. Zeichnen Sie Graphen für $t_1 = 1$, $t_2 = 2$ im gleichen Koordinatensystem.

a) $f_t(x) = \frac{x^2+t}{x+t}$
b) $f_t(x) = \frac{tx^2}{4} + \frac{4}{x^2}$
c) $f_t(x) = \frac{2tx}{x^2+t}$
d) $f_t(x) = \frac{2tx-2x^3}{x^2+t}$

6 Gegeben ist die Funktion f mit $f(x) = \frac{4}{x^2}$.

a) Ein zur y-Achse paralleler Streifen der Breite 1 wird in Richtung der x-Achse verschoben. Der Graph von f, die x-Achse und der Streifen bilden ein Flächenstück. Wo liegt der Streifen, wenn das Flächenstück den Inhalt 2 hat?
b) Berechnen Sie a und b so, dass der Graph der Funktion g mit $g(x) = ax^2 + b$ den Graphen von f an der Stelle $x_1 = 2$ berührt.
c) Wie lautet die Gleichung der Tangente t an den Graphen von f im Punkt $P(2|1)$?
d) Die Tangente t aus c) schneidet den Graphen von f in einem weiteren Punkt Q. Ermitteln Sie die Koordinaten von Q.

7 Gegeben ist die Funktion $f: x \mapsto x + \frac{2}{x^2}$; $x > 0$. Ihr Graph sei K.

a) Welcher Punkt des Graphen von f hat vom Ursprung minimalen Abstand?
b) Die Koordinatenachsen und ihre Parallelen durch den Punkt $P(x|f(x))$ schließen ein Rechteck ein. Wann ist der Flächeninhalt dieses Rechtecks minimal?

8 Gegeben ist die Funktion f mit $f(x) = \frac{2}{x^2+1}$. Ihr Graph sei K.

a) Nennen Sie wichtige Eigenschaften von K. Skizzieren Sie K.
b) Wie lautet die Gleichung der Tangente an den Graphen von f im Punkt $B(-1|1)$?
c) Die Tangente im Punkt B und die Gerade mit der Gleichung $y = 3x - 1$ schneiden sich. Ermitteln Sie den Schnittwinkel.
d) K schneidet den Graphen der Funktion g mit $g(x) = x^3 - 1$ im Punkt $S(x_0|y_0)$. Berechnen Sie x_0 mit dem NEWTON-Verfahren auf 3 Dezimalen gerundet.

197

Vermischte Aufgaben

9 Durch $f_t(x) = \frac{16}{x^2 - t}$ ist für jedes $t \in \mathbb{R}^+$ eine Funktion f_t gegeben. Ihr Graph sei K_t.
a) Geben Sie die Gleichungen der Asymptoten an.
b) Ermitteln Sie die Koordinaten des Hochpunktes H_t von K_t.
c) Zeichnen Sie K_4.
d) Zeigen Sie, dass die Graphen K_t und K_{t^*} für $t \neq t^*$ keinen Punkt gemeinsam haben.
e) Auf jedem Graphen K_t gibt es außer H_t zwei weitere Punkte P_t und Q_t, für welche die Normale durch den Ursprung O geht. Berechnen Sie die Koordinaten von P_t und Q_t.
Auf welcher Linie liegen alle diese Punkte?

10 Für jedes $t \in \mathbb{R}$ ist eine Funktion f_t gegeben durch $f_t(x) = \frac{4x^3 + tx - t^3}{x}$. Ihr Graph sei K_t.
a) Untersuchen Sie f_t auf Extremwerte. Hat f_t ein globales Minimum bzw. Maximum?
b) Welche der Funktionen f_t hat den kleinsten Extremwert? An welcher Stelle wird er angenommen? Wie groß ist dieser Extremwert?
c) Bestimmen Sie den geometrischen Ort der Extrempunkte aller Kurven K_t.
d) Zeigen Sie, dass die Wendepunkte aller Kurven K_t auf einer Geraden liegen.

11 Für jedes $t \in \mathbb{R}^+$ ist eine Funktion f_t gegeben durch $f_t(x) = \frac{2x}{x^2 + t^2} + \frac{1}{t}$. Ihr Graph sei K_t.
a) Untersuchen Sie K_t auf gemeinsame Punkte mit den Koordinatenachsen, Extrem- und Wendepunkte sowie auf Asymptoten. Zeichnen Sie K_1.
b) Ermitteln Sie die Gleichungen der drei Wendetangenten. Für welchen Wert von t sind die beiden parallelen Wendetangenten von K_t zur dritten Wendetangente orthogonal?
c) Weisen Sie nach, dass die Verbindungsgerade der Wendepunkte von K_t für jedes $t \in \mathbb{R}^+$ Tangente ist an den Graphen der Funktion g mit $g(x) = -\frac{1}{2x}$.
Geben Sie die Koordinaten des Berührpunktes an.

Um 1 kg um 1 m anzuheben benötigt man etwa 10 Joule.

12 Um herauszufinden, „wie hart ein Vogel arbeiten muss um zu fliegen", wurden im Windkanal Versuche mit australischen Sittichen (Körpergewicht zwischen 20 und 40 Gramm) durchgeführt. Durch Messung des Sauerstoffverbrauchs des Vogels konnte man auf den Energieverbrauch zurückschließen. Ist v die Geschwindigkeit des Vogels gegenüber der Luft beim Horizontalflug, so kann der Energieverbrauch $E(v)$ für eine Strecke von 1 km und pro Gramm Körpergewicht näherungsweise beschrieben werden durch:
$E(v) = \frac{0,31(v - 35)^2 + 92}{v}$, $20 \leq v \leq 60$ (E in $\frac{J}{g \cdot km}$; v in $\frac{km}{h}$).
Wie hoch ist der Energieverbrauch pro Kilometer und Gramm bei einer Geschwindigkeit von $25 \frac{km}{h}$? Bei welcher Geschwindigkeit ist der Energieverbrauch des Vogels am geringsten?

13 Bei hohem Druck und niedriger Temperatur kann der Zustand eines Gases durch die VAN-DER-WAALSSCHE-Gleichung beschrieben werden: $p(V) = \frac{R \cdot T}{V - b} - \frac{a}{V^2}$; $V > b$.
Hierin sind p der Druck (in kPa), T die Temperatur (in K), V das Molvolumen (in $\frac{l}{mol}$). R die allgemeine Gaskonstante ($R = 8{,}314 \frac{kPa \cdot l}{K \cdot mol}$) sowie a und b weitere Konstanten; für Kohlendioxyd z. B. ist $a = 364 \frac{kPa \cdot l^2}{mol^2}$ und $b = 0{,}0427 \frac{l}{mol}$.
a) Führen Sie für Kohlendioxyd bei T = 273,15 (273,15° K entspricht 0° C) mithilfe eines CAS-Programms eine Funktionsuntersuchung durch.
b) Zeigen Sie: Für die VAN-DER-WAALSSCHE-Gleichung folgt aus $p'(V) = 0$ die Beziehung $R \cdot T = \frac{2a(V - b)^2}{V^3}$. Ermitteln Sie hiermit die Gleichung der Ortskurve aller Extrempunkte.
c) Plotten Sie für Kohlendioxyd Graphen für T = 273; 283; 293; ...; 343; 353 einschließlich der Ortskurve aller Extrempunkte.

JOHANNES VAN DER WAALS (1837–1923), niederländischer Physiker, erhielt 1910 den Nobelpreis für Physik.

Mathematische Exkursionen

Das Schluckvermögen einer Straße

Als Argument gegen die Einführung eines Tempolimits auf Autobahnen wird häufig vorgebracht, eine solche Maßnahme könnte zu zusätzlichen Staus führen. Im Folgenden wird mithilfe eines einfachen Modells der Zusammenhang zwischen Fahrzeuggeschwindigkeit, Anhalteweg und Verkehrsfluss untersucht.

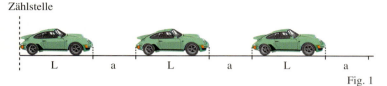

Fig. 1

Betrachtet wird eine Kolonnenfahrt unter folgenden Voraussetzungen (Fig. 1): Alle Fahrzeuge haben die gleiche Länge L (in m), fahren mit der gleichen, konstanten Geschwindigkeit v (in $\frac{km}{h}$) und alle halten den gleichen Sicherheitsabstand bzw. Anhalteweg a (in m) zum Vordermann ein.

Die Anzahl der Fahrzeuge, die pro Stunde eine Zählstelle passieren, heißt **Verkehrsdichte**, **Fahrzeugdurchsatz** oder auch **Schluckvermögen** und wird mit D bezeichnet.
Die Länge einer Kolonne, welche in einer Stunde die Zählstelle passiert, ist gleich der Fahrzeuggeschwindigkeit v multipliziert mit der Beobachtungszeit 1 Stunde. Mit v in $\frac{km}{h}$ ist diese Länge in km gleich $v \cdot 1$ bzw. in m gleich $1000v$. Andererseits ergibt sich die gleiche Länge, wenn man die Anzahl der Fahrzeuge dieser Kolonne mit dem Streckenbedarf $L + a$ pro Fahrzeug multipliziert. Also gilt: $1000v = D \cdot (L + a)$ bzw. $D = \frac{1000v}{L + a}$. Die Verkehrsdichte D hängt also neben der Fahrzeuglänge L und der Geschwindigkeit v wesentlich vom Sicherheitsabstand a ab. Da aber auch a von v abhängt, schreibt man: $D(v) = \frac{1000v}{L + a(v)}$.

Bevor die Verkehrsdichte in Abhängigkeit von der gefahrenen Geschwindigkeit weiter untersucht wird, werden zunächst die wichtigsten Regeln für den Sicherheitsabstand zusammengestellt. Die ersten drei dieser Regeln sind so genannten Faustregeln, die in der „Tacho-Sprache" formuliert sind. Mithilfe dieser Regeln kann man direkt aus der gefahrenen Geschwindigkeit v (in $\frac{km}{h}$) den Sicherheitsabstand $a(v)$ (in m) ermitteln.

> **Aus einem „Fahrschul-Buch":**
>
> Der Anhalteweg setzt sich zusammen aus dem Reaktionsweg, d. h. dem Weg, den das Auto während der Reaktionszeit des Fahrers zurücklegt, und dem eigentlichen Bremsweg.
>
> Der Reaktionsweg errechnet sich wie folgt:
> Reaktionsweg = $\frac{\text{Geschw. in } \frac{km}{h}}{10} \times 3$.
>
> Der Bremsweg errechnet sich wie folgt:
> Bremsweg = $\frac{\text{Geschw. in } \frac{km}{h}}{10} \times \frac{\text{Geschw. in } \frac{km}{h}}{10}$.

(1) Die „Tacho-halbe-Regel":
Der Sicherheitsabstand ist die Strecke, die sich ergibt, wenn man die Maßzahl der Tachoanzeige halbiert und mit der Einheit m versieht:
$a_1(v) = \frac{1}{2}v$.

(2) Die „2-Sekunden-Regel":
Der Sicherheitsabstand ist die Strecke, die man in 2 Sekunden zurücklegt. Wegen
$1 \frac{km}{h} = \frac{1000 m}{3600 s} = \frac{1 m}{3,6 s}$ ergibt sich:
$a_2(v) = \frac{v}{3,6} \cdot 2$.

(3) Die „Fahrschul-Regel":
$a_3(v) = \frac{v}{10} \cdot 3 + \left(\frac{v}{10}\right)^2$.

Bei der Fahrschul-Regel ergibt sich der Sicherheitsabstand zwar als Summe von Reaktionsweg und Bremsweg, nicht berücksichtigt aber werden hierbei z. B. unterschiedliche Reaktionszeiten der Fahrer und unterschiedliche Bremsverzögerungen der Fahrzeuge. Bei den beiden folgenden Regeln werden diese beiden Komponenten berücksichtigt.

Mathematische Exkursionen

Der TÜV fordert für PKW eine Bremsverzögerung von mindestens $4\frac{m}{s^2}$. Beim Autofahren sollte man die Bremsen des voraus fahrenden Fahrzeugs immer etwas besser einschätzen als die Bremsen des eigenen Fahrzeugs.

Der Anhalteweg a(v) setzt sich zusammen aus dem Reaktionsweg und dem Bremsweg. Ist t_R (in s) die Reaktionszeit, b (in $\frac{m}{s^2}$) die Bremsverzögerung und v (in $\frac{m}{s}$) die Geschwindigkeit, so gilt:
$$a(v) = v \cdot t_R + \frac{1}{2b} \cdot v^2.$$

Mit v in $\frac{km}{h}$ ergibt sich als weitere Regel für den Sicherheitsabstand:

(4) Die „Anhalte-Regel":
$$a_4(v) = \frac{v}{3{,}6} \cdot t_R + \frac{1}{2b} \cdot \frac{v^2}{3{,}6^2}.$$

Da beim Kolonnenfahren das vorausfahrende Fahrzeug nicht ruckartig stehen bleibt, kann man dessen Bremsweg vom Anhalteweg des eigenen Fahrzeugs abziehen. Ist b_1 die Bremsbeschleunigung des eigenen und b_2 die des vorausfahrenden Fahrzeugs, erhält man eine fünfte Regel für den Sicherheitsabstand:

(5) Die „Vordermann-Regel":
$$a_5(v) = \frac{v}{3{,}6} \cdot t_R + \frac{1}{2}\left(\frac{1}{b_1} - \frac{1}{b_2}\right) \cdot \frac{v^2}{3{,}6^2}.$$

Nachträglich erweist sich die Fahrschulregel als ein Spezialfall der Anhalteregel mit $t_R = 1{,}08$ und $b \approx 3{,}86$.

Mit den Abstandsregeln (1) bis (5) wird nun die Verkehrsdichte in Abhängigkeit von der gefahrenen Geschwindigkeit untersucht.

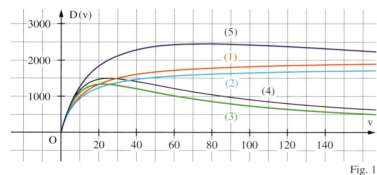

Fig. 1 zeigt Graphen der Funktion D mit
$$D(v) = \frac{1000\,v}{L + a(v)}$$
für die 5 Abstandsregeln mit $L = 5$, $t_R = 1$, $b = 5$ bzw. $b_1 = 5$ und $b_2 = 6$.

Fig. 1

1 Nach Fig. 1 zeigt die Verkehrsdichte in Abhängigkeit von der gefahrenen Geschwindigkeit bei den einzelnen Abstandsregeln einen unterschiedlichen Verlauf. Erläutern Sie diese Unterschiede.

2 Zeichnen Sie Graphen der Funktion $D: v \mapsto D(v)$ für die Abstandsregeln (1) bis (5) mit
a) $L = 5$, $t_R = 1$, $b = 6$ bzw. $b_1 = 6$ und $b_2 = 7$.
b) $L = 5$, $t_R = 2$, $b = 6$ bzw. $b_1 = 6$ und $b_2 = 7$.

3 Zeichnen Sie Graphen der Funktion $D: v \mapsto D(v)$ für die Abstandsregel (4) mit
a) $L = 5$, $b = 6$ und $t_R = 1{,}2; 1{,}4; 1{,}6; 1{,}8$
b) $L = 5$, $t_R = 1$ und $b = 4; 5; 6; 7; 8$.

4 a) Zeigen Sie: Für die Geschwindigkeit v_{max} bei der D(v) am größten ist, gilt
$v_{max} = 3{,}6 \cdot \sqrt{2 \cdot L \cdot b}$ bei der Abstandsregel (4) und $v_{max} = 3{,}6 \cdot \sqrt{\frac{2 \cdot L \cdot b_1 \cdot b_2}{b_2 - b_1}}$ bei der Abstandsregel (5).
Inwiefern sind diese Ergebnisse überraschend? Interpretieren Sie die Ergebnisse auch hinsichtlich der Verkehrsdichte.
b) Berechnen Sie v_{max} für $L = 5$, $t_R = 1$ und $b = 5$ bei der Abstandsregel (4) und für $L = 5$, $t_R = 1$ und $b_1 = 5$, $b_2 = 6$ bei der Abstandsregel (5).
Welchen Wert hat die Verkehrsdichte dann jeweils?
c) Berechnen Sie die maximale Verkehrsdichte bei der Abstandsregel (4) für $L = 5$, $b = 6$ und $t_R = 1{,}2; 1{,}4; 1{,}6; 1{,}8$.

Mathematische Exkursionen

Wenn der Stau scheinbar aus dem Nichts kommt
Welcher Autofahrer kennt nicht den Stau aus dem Nichts? Ein rätselhaftes Phänomen: Kein Unfall, keine Baustelle blockiert die Straße, und dennoch bricht der Verkehrsfluss unvermittelt zusammen. Und so schnell, wie er entstanden ist, löst sich der Stau schließlich wieder auf.
Sogenannte Trödler, einzelne Fahrer, die ohne äußeren Grund sehr viel langsamer als die anderen Verkehrsteilnehmer beschleunigen, können den Verkehrsfluss schon bei geringer Fahrzeugdichte zum Kollabieren bringen. Ihre Hintermänner treten auf die Bremse, deren Hintermänner ebenso, und da jeder Fahrer sein Fahrzeug etwas mehr verzögert als der Vordermann, kommt der Verkehr schließlich zum Erliegen. Der Verursacher hat dann den Ort des Geschehens längst hinter sich gelassen.

Aus der „Stuttgarter Zeitung" vom 1.8.1997.

Der Stau aus dem Nichts

Beim Kolonnenfahren in der Nähe der Geschwindigkeit mit maximaler Verkehrsdichte entstehen häufig sog. „Staus aus dem Nichts" (vgl. den Zeitungsausschnitt). Fig. 1 zeigt eines der bekanntesten Diagramme der Verkehrswissenschaft. Es wurde 1965 in den USA aus Luftaufnahmen gewonnen und wird als die erste genaue Darstellung eines „Staus aus dem Nichts" angesehen. Beobachtet wurde der Verkehr auf der rechten Spur einer zweispurigen Straße. Jede Linie beschreibt die Position eines Fahrzeugs in Abhängigkeit von der Zeit. Plötzlich endende oder neu entstehende Linien sind durch Spurwechsel bedingt.

In dem Diagramm ist die Zeit t (in s) nach rechts aufgetragen, der Ort x (in 100 ft; 1 foot = 30,48 cm) nach oben. Somit entspricht die Steigung der Linien der Geschwindigkeit der Fahrzeuge (in $100 \frac{ft}{s}$).

5 a) Ermitteln Sie aus dem Diagramm näherungsweise die Geschwindigkeit der Kolonne in $\frac{ft}{s}$ vor Bildung des Staus. Welcher Geschwindigkeit entspricht dies in $\frac{km}{h}$?
b) Ermitteln Sie näherungsweise die Geschwindigkeit der Kolonne in $\frac{km}{h}$ nach Auflösung des Staus.

6 a) Wie groß etwa ist die Staulänge, d. h. welche Länge (in m) hat etwa die Strecke, auf der die Fahrzeuge tatsächlich stehen?
b) Wie lange steht ein Fahrzeug maximal im Stau?

7 Im Diagramm deutlich erkennbar ist die Ausbildung einer „Stauwelle", die sich entgegen der Fahrtrichtung ausbreitet. Ermitteln Sie mithilfe der nachträglich eingezeichneten Geraden näherungsweise die Ausbreitungsgeschwindigkeit dieser Stauwelle.

8 Erläutern Sie, warum sich in dem betrachteten Fall der Stau auflösen konnte. Beachten Sie dazu die Dichte der Linien.

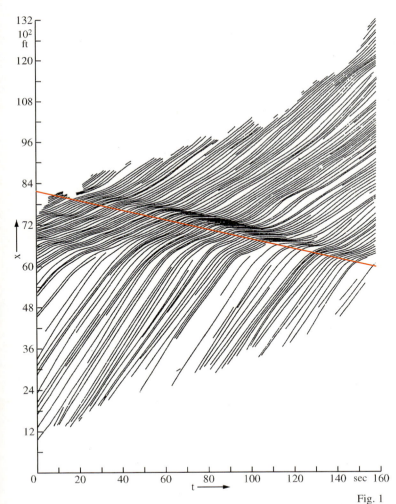

Fig. 1

Rückblick

Gebrochenrationale Funktionen

Eine Funktion f, deren Term man auf die Form

$$f(x) = \frac{a_n x^n + a_{n-1} x^{n-1} + \ldots + a_1 x + a_0}{b_m x^m + b_{m-1} x^{m-1} + \ldots + b_1 x + b_0}, \quad a_i \in \mathbb{R}, \; b_i \in \mathbb{R}, \; a_n \neq 0, \; b_m \neq 0$$

bringen kann, heißt rationale Funktion. Ist diese Darstellung für alle $x \in \mathbb{R}$ mit einem Nennerpolynom vom Grad 0 möglich, heißt f ganzrational, andernfalls gebrochenrational.

Mit $f(x) = \frac{p(x)}{q(x)}$ gilt für die Definitionsmenge von f:

$D = \mathbb{R} \setminus \{x \mid q(x) = 0\}$.

Beispiel: $f(x) = \frac{x}{x^2 - 4}$

Es ist $q(x) = x^2 - 4$. Aus $x^2 - 4 = 0$ folgt $x = -2$, $x = +2$. Somit ist f eine gebrochenrationale Funktion mit $D_f = \mathbb{R} \setminus \{-2; +2\}$.

Gegenbeispiel: $g(x) = \frac{x^3 + x}{x^2 + 1}$; $D_g = \mathbb{R}$.

Es ist $\frac{x^3 + x}{x^2 + 1} = \frac{x(x^2 + 1)}{x^2 + 1} = x$ für alle $x \in D_g$; g ist eine ganzrationale Funktion mit $g(x) = x$.

Verhalten in der Umgebung einer Definitionslücke

Wenn bei einer gebrochenrationalen Funktion f mit $f(x) = \frac{p(x)}{q(x)}$ für eine Stelle x_0 gilt: $q(x_0) = 0$ und $p(x_0) \neq 0$, so nennt man diese Stelle x_0 eine Polstelle.

Ist x_0 Polstelle, so gilt: $|f(x)| \to +\infty$ für $x \to x_0$.

Die Gerade mit der Gleichung $x = x_0$ heißt senkrechte Asymptote des Graphen von f.

$f(x) = \frac{x}{x^2 - 4}$

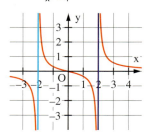

Für $x_1 = -2$ ist $q(x_1) = 0$ und $p(x_1) \neq 0$. Damit ist $x_1 = -2$ eine Polstelle. Entsprechendes gilt für $x_2 = 2$.

Gleichung der senkrechten Asymptote: $x = -2$ und $x = 2$.

Verhalten für $x \to \pm\infty$

Der Graph einer gebrochenrationalen Funktion f (a_n; $b_m \neq 0$) hat für $|x| \to \infty$ im Falle

$n < m$	die x-Achse als waagerechte Asymptote,
$n = m$	die Gerade g: $y = \frac{a_n}{b_m}$ als waagerechte Asymptote,
$n = m + 1$	eine schiefe Asymptote (Term durch Polynomdivision),
$n > m + 1$	eine Näherungskurve (Term durch Polynomdivision).

Funktion	Asymptote für $x \to \pm\infty$	Näherungskurve $x \to \pm\infty$
$f(x) = \frac{1}{x-2}$	$y = 0$	
$g(x) = \frac{3x}{4x-2}$	$y = \frac{3}{4}$	
$h(x) = \frac{x^2}{x-1}$	$y = x + 1$	
$k(x) = \frac{x^3}{x-2}$		$y = x^2 + 2x + 4$

Ortslinie

Gegeben ist eine Funktionenschar f_t mit Parameter t. Betrachtet werden Punkte $P(x(t) \mid y(t))$, deren Koordinaten von t abhängen. Durchläuft t alle zugelassenen Werte, so bilden diese Punkte die so genannte Ortslinie oder auch Ortskurve der Punkte $P(x(t) \mid y(t))$.

Die Gleichung der Ortslinie ergibt sich, indem man t aus den beiden Gleichungen $x = x(t)$, $y = y(t)$ eliminiert.

$f_t(x) = \frac{t^2}{x^2 + 3t}$; $t > 0$

Wendepunkte: $W\left(\pm\sqrt{t} \mid \frac{1}{4}t\right)$

Aus $x = \pm\sqrt{t}$, $y = \frac{1}{4}t$ folgt als Gleichung der Ortslinie der Wendepunkte:

$y = \frac{1}{4}x^2$; $x \neq 0$.

Aufgaben zum Üben und Wiederholen

1 Ermitteln Sie die Definitionsmenge.
a) $f(x) = \frac{x^2 - x}{(x+1)^2}$
b) $f(x) = \frac{2x-1}{x^3 - x^2}$
c) $f(x) = \frac{x}{x^2 + x - 2}$
d) $f(x) = \frac{1 - 2x}{x^2 - 2x + 3}$

2 Gegeben ist die Funktion f mit $f(x) = \frac{x^2 - 1}{x^2 + 1}$.
a) Untersuchen Sie f auf Symmetrie.
b) Ermitteln Sie die Schnittpunkte mit den Koordinatenachsen.
c) Geben Sie die Gleichungen der Asymptoten an.
d) Skizzieren Sie ohne weitere Rechnung den Graphen von f.

3 Gegeben ist die Funktion f mit $f(x) = \frac{x^2 - 1}{x^2 - 4x + 4}$.
a) Untersuchen Sie f auf Nullstellen und Polstellen.
b) Geben Sie die Gleichungen der Asymptoten an.
c) Skizzieren Sie ohne weitere Rechnung den Graphen von f.

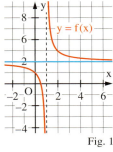

4 a) Erläutern Sie prinzipielle Unterschiede zwischen den Graphen von ganzrationalen und gebrochenrationalen Funktionen.
b) Fig. 1 zeigt den Graphen einer Funktion f. Bestimmen Sie einen möglichen Funktionsterm.
c) Welche Funktion gehört zu dem Graphen in Fig. 2?
$g_1(x) = \frac{x^2 - x - 1}{x - 1}$, $g_2(x) = \frac{x^3}{x^2 - 1}$, $g_3(x) = x + \frac{1}{(x-1)^2}$, $g_4(x) = x - \frac{1}{(x-1)^2}$
Begründen Sie Ihre Entscheidung.

Fig. 1

5 Gegeben ist die Funktion f mit $f(x) = \frac{x^2}{x+1}$. Ihr Graph sei K.
a) Führen Sie eine Funktionsuntersuchung durch.
b) Weisen Sie nach, dass K zum Schnittpunkt der Asymptoten symmetrisch ist.
c) Wie unterscheidet sich der Graph von g mit $g(x) = \frac{x^3 - x}{x^2 - 1}$ von dem Graphen von f?

6 Gegeben ist die Funktion f mit $f(x) = \frac{x^3 + 1}{x^2}$. Ihr Graph sei K.
Berechnen Sie den Inhalt der Fläche, die von K, der x-Achse und den Geraden mit den Gleichungen $x = 2$ und $x = 4$ begrenzt wird. Vergleichen Sie mit dem Flächeninhalt des Trapezes, das man erhält, wenn man K durch seine schiefe Asymptote ersetzt.

Fig. 2

7 Für jedes $t \in \mathbb{R}^+$ ist eine Funktion f_t gegeben durch $f_t(x) = \frac{(x^2 + t)^2}{2x}$. Ihr Graph sei K_t.
a) Untersuchen Sie K_t auf Symmetrie, Asymptoten, Schnittpunkte mit der x-Achse, Hoch-, Tief- und Wendepunkte.
b) Bestimmen Sie für jedes $t \in \mathbb{R}^+$ die Gleichung einer Näherungskurve für große $|x|$.
c) Zeichnen Sie K_t und die Näherungskurve für $t = 1$ im Bereich $-2 \leq x \leq +2$.
d) Ermitteln Sie die Gleichung der Ortslinie der Extrempunkte aller K_t.

8 Für jedes $t \in \mathbb{R} \setminus \{1\}$ ist durch $f_t(x) = \frac{tx^2 - 1}{x^2 - t}$ eine Funktion f_t gegeben. Zeigen Sie: Alle Graphen von f_t gehen durch zwei gemeinsame Punkte A und B. Geben Sie die Koordinaten von A und B an.

9 Gegeben ist die Funktion f mit $f(x) = \frac{x^3 + 4x - 1}{x + 1}$.
a) Der Graph von f hat genau eine Nullstelle. Berechnen Sie die x-Koordinate dieser Nullstelle auf 3 Dezimalen gerundet.
b) Der Graph von f hat genau einen Tiefpunkt. Berechnen Sie die x-Koordinate dieses Tiefpunktes auf 3 Dezimalen gerundet.
c) Ermitteln Sie die Gleichung der Näherungskurve für $x \to \pm\infty$.

Die Lösungen zu den Aufgaben dieser Seite finden Sie auf Seite 381/382.

203

VII Exponential- und Logarithmusfunktionen

1 Eigenschaften der Funktion f: $x \mapsto c \cdot a^x$

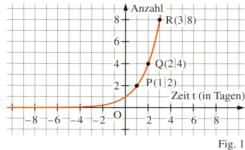

Fig. 1

1 Ein Gerücht verbreitet sich durch Gespräche von Person zu Person. Jeden Tag informiert jede Person, die dieses Gerücht kennt, genau eine andere, die es nicht kennt.
a) Deuten Sie diese Situation am nebenstehenden Graphen.
b) Geben Sie an, wie viele Personen nach 1 (2, 3, 4, 10) Tagen das Gerücht kennen.
c) Geben Sie die zugehörige Funktion an.

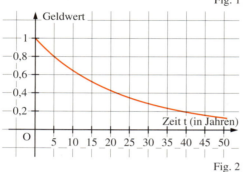

Fig. 2

Inflationsrate unverändert

Bonn (dpa). Nach neuesten Mitteilungen ist die Inflationsrate in Frankreich seit mehreren Jahren nahezu unverändert bei 4%. Dies teilte das …

2 In einem Land beträgt die durchschnittliche jährliche Inflationsrate 4,0%. Der Wert der Währungseinheit sinkt damit innerhalb eines Jahres auf das $\frac{100}{104}$ fache.
a) Geben Sie den Wert der Währungseinheit nach 5 (10, 20, 40) Jahren an. Wie lautet der zugehörige Funktionsterm?
b) Lesen Sie aus dem Graphen (Fig. 2) ab, wann sich der Geldwert gegenüber dem Beobachtungsbeginn halbiert hat.

Zahlreiche Vorgänge in Natur und Alltag wie z. B. das Pflanzenwachstum oder der radioaktive Zerfall lassen sich in gewissen Bereichen durch eine Funktion f mit $f(t) = c \cdot a^t$ beschreiben. Dabei ist $f(0) = c$ der Anfangsbestand. Da $f(t+1) = c \cdot a^{t+1} = a \cdot (c \cdot a^t) = a \cdot f(t)$ ist, ändert sich der Funktionswert $f(t)$ an der Stelle t beim „Schritt um 1 nach rechts" um den Faktor a. Diese Zahl heißt Wachstumsfaktor.

Da $1^x = 1$ gilt für alle $x \in \mathbb{R}$, ist die konstante Funktion f mit $f(x) = 1$ die zu $a = 1$ gehörige Exponentialfunktion.

> Funktionen f mit $f(x) = a^x$ oder auch g mit $g(x) = c \cdot a^x$, $c \in \mathbb{R}$, $a > 0$, $x \in \mathbb{R}$, nennt man **Exponentialfunktionen zur Basis a**. Ein Vorgang, der durch eine Exponentialfunktion beschrieben werden kann, wird exponentielles Wachstum genannt. Exponentialfunktionen nennt man deshalb bei Anwendungen auch **Wachstums-** bzw. **Zerfallsfunktionen**.

Eigenschaften von Exponentialfunktionen:
a) Die Graphen von Funktionen f mit $f(x) = a^x$ verlaufen immer oberhalb der x-Achse. Da $a^0 = 1$ ist für alle $a > 0$, gehen alle Graphen durch $A(0|1)$.
b) Für $a > 1$ ist mit $x_2 > x_1$ auch $a^{x_2} > a^{x_1}$; der Graph von f steigt. Für $a < 1$ folgt aus $x_2 > x_1$ stets $a^{x_2} < a^{x_1}$; der Graph von f fällt.
c) Für $a > 1$ gilt: $a^x \to 0$ für $x \to -\infty$; die x-Achse ist waagerechte Asymptote.
Für $0 < a < 1$ und $x \to +\infty$ ist die x-Achse ebenfalls Asymptote.

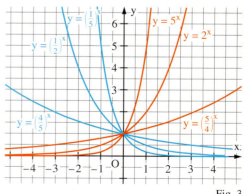

Fig. 3

204

Eigenschaften der Funktion f: $x \mapsto c \cdot a^x$

Beispiel 1: (Exponentialfunktion angeben)
Der Graph einer Exponentialfunktion f mit $f(x) = a^x$ geht durch den Punkt $P(3|2)$.
a) Bestimmen Sie a; geben Sie den Funktionsterm von f an.
b) Beschreiben Sie den Verlauf des Graphen von f und zeichnen Sie diesen.

Ein einziger Punkt legt den Graphen einer Exponentialfunktion $x \mapsto a^x$ fest!

Lösung:
a) Wegen $f(3) = 2$ ist $a^3 = 2$, also $a = 2^{\frac{1}{3}}$.
Es ist $f(x) = (2^{\frac{1}{3}})^x$ oder $f(x) = (\sqrt[3]{2})^x$.
b) Wegen $a = 2^{\frac{1}{3}} > 1$ ist der Graph K von f streng monoton zunehmend. Die negative x-Achse ist Asymptote. $A(0|1)$ liegt auf K.

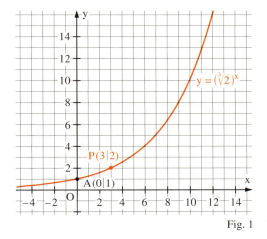

Fig. 1

Beispiel 2: (Zerfallsfunktion aufstellen)
Die Arbeitslosenzahl beträgt in einem Land derzeit 4,8 Mio. Sie soll innerhalb von 5 Jahren halbiert werden. Wie groß ist die jährliche Abnahme in Prozent, wenn exponentielle Abnahme vorausgesetzt wird?

Lösung:
f(t) ist die Arbeitslosenzahl in Millionen zum Zeitpunkt t (in Jahren). Da exponentielle Abnahme vorausgesetzt wird, muss gelten $f(t) = c \cdot a^t$. Weiterhin ist $f(0) = 4,8$ und $f(5) = 2,4$.
Aus $f(0) = 4,8$ folgt $c \cdot a^0 = 4,8$. Aus $f(5) = 2,4$ folgt $c \cdot a^5 = 2,4$. Also ist $c = 4,8$ und $a^5 = \frac{1}{2}$ oder $a = \left(\frac{1}{2}\right)^{\frac{1}{5}} = \sqrt[5]{0,5} \approx 0,8706$. Die Wachstumsfunktion ist somit f mit $f(t) = 4,8 \cdot \left[\left(\frac{1}{2}\right)^{\frac{1}{5}}\right]^t$.
Da $f(t + 1) = a \cdot f(t)$ für $a = \left(\frac{1}{2}\right)^{\frac{1}{5}} \approx 0,8706$ ist, fällt die Arbeitslosenzahl innerhalb jedes Jahres ungefähr auf das 0,87fache, d.h. sie nimmt um rund 13 % jährlich ab.

Zwei Punkte legen den Graphen einer Exponentialfunktion $x \mapsto c \cdot a^x$ fest.

Aufgaben

3 Zeichnen Sie den Graphen K der Exponentialfunktion f mit $f(x) = 3^x$. Wie erhält man den Graphen der Funktion g aus dem Graphen von K. Skizzieren Sie den Graphen von g.
a) $g(x) = 3^x + 1$ b) $g(x) = -\frac{1}{2} \cdot 3^x$ c) $g(x) = \left(\frac{1}{3}\right)^x$ d) $g(x) = \frac{1}{2} \cdot \left(\frac{1}{3}\right)^x$ e) $g(x) = 3^{x-1}$.

Ohne sie geht nichts!

Die Potenzgesetze:
$a^x \cdot a^y = a^{x+y}$
$\frac{a^x}{a^y} = a^{x-y}$
$(a^x)^y = a^{x \cdot y}$

4 Der Graph der Exponentialfunktion f mit $f(x) = a^x$ geht durch den Punkt P. Bestimmen Sie den zugehörigen Funktionsterm.
a) $P(1|3)$ b) $P(1|\frac{1}{4})$ c) $P(2|6)$ d) $P(-1|3)$ e) $P(-\frac{1}{2}|\frac{1}{16})$

5 Der Graph einer Exponentialfunktion f mit $f(x) = c \cdot a^x$ geht durch die Punkte P und Q. Berechnen Sie c und a.
a) $P(1|1)$, $Q(2|2)$ b) $P(-1|5)$, $Q(0|7)$ c) $P(4|5)$, $Q(5|6)$

6 Suchen Sie mithilfe des Taschenrechners die kleinste ganze Zahl x, für die gilt
a) $2,5^x > 100\,000$ b) $0,000\,005 \leq 2^x$ c) $\left(\frac{2}{3}\right)^x \geq 0,000\,07$ d) $6 \cdot 10^{-8} \leq 0,5^x$.

7 Am 1. Januar 1950 wurde ein Betrag von umgerechnet 100,00 € auf ein Bankkonto eingezahlt. Dabei wurde ein langjähriger Festzinssatz von 5 % pro Jahr vereinbart. Welchen Betrag weist das Konto am 1. Januar 2010 auf, wenn der Zins jährlich dem Konto gutgeschrieben wird und keine weiteren Ein- oder Auszahlungen erfolgt sind bzw. erfolgen?

205

Eigenschaften der Funktion f: x ↦ c · a^x

Beispiel:
$f(x) = 2^{3x-\frac{1}{2}} = 2^{3x} \cdot 2^{-\frac{1}{2}}$
$= \frac{1}{2^{\frac{1}{2}}} \cdot (2^3)^x = \frac{1}{\sqrt{2}} \cdot 8^x$

8 Schreiben Sie den Funktionsterm der Funktion f in der Form $f(x) = c \cdot a^x$.
a) $f(x) = 3^{2x+3}$
b) $f(x) = 16^{2x+0,5}$
c) $f(x) = \frac{1}{2^{1+x}}$
d) $f(x) = \frac{1}{2^{x-1}}$
e) $f(x) = \left(\frac{1}{2}\right)^{x-2}$
f) $f(x) = 3^{\frac{1}{3}x-3}$
g) $f(x) = \left(\frac{1}{4}\right)^{\frac{1}{4}x-\frac{1}{4}}$
h) $f(x) = \frac{48}{4^{-0,5x+2}}$

9 Der Graph der Funktion f mit $f(x) = 2^x$ wird abgebildet. Dadurch entsteht ein neuer Graph. Geben Sie die zugehörige Funktion g an, wenn es sich um folgende Abbildung handelt:
a) Spiegelung an der x-Achse
b) Spiegelung an der y-Achse
c) Verschiebung um 1 in Richtung der positiven y-Achse
d) Verschiebung um 1 in Richtung der positiven x-Achse
e) Verschiebung um 3 in Richtung der negativen y-Achse.

10 Lösen Sie die folgende Gleichung mithilfe einer Zeichnung.
a) $3^x = 8$
b) $3^x = 1,5$
c) $3^x = 5$
d) $3^x = -1$
e) $3^x = 0$

$a^x = a^y$ mit $a \neq 1$
tritt genau dann
ein, wenn $x = y$.

11 Lösen Sie die Gleichung.
a) $5^x = 125$
b) $5^x = \frac{1}{25}$
c) $5^x = 625$
d) $3^{x-1} = 9$
e) $3^{x+2} = 3^{2x}$
f) $0,5^x = 2$
g) $2^{3x-4} = 8$
h) $3 \cdot \left(\frac{1}{3}\right)^{3x+2} = \frac{1}{27}$
i) $\frac{1}{16} \cdot 4^{\frac{1}{2}x-2} = 2^{3x}$
j) $\left(\frac{2}{3}\right)^{x-1} = \left(\frac{8}{27}\right)^{x+2}$
k) $0,5^x = 2^{x+1}$
l) $2 \cdot 0,25^x = 4^x$

Es ist
$a \cdot b = 0$, wenn entweder
1. $a = 0$ oder
2. $b = 0$ oder
3. $a = 0$ und $b = 0$ ist.

12 a) $(x-1) \cdot 4^x = 0$
b) $(2x+5) \cdot 1,5^x = 0$
c) $(x-1) \cdot 2^x = 2^x$
d) $\left(x+\frac{1}{2}\right) \cdot 2^x = x + \frac{1}{2}$
e) $2 \cdot \left(\frac{1}{2}\right)^{2x+1} \cdot \left(3x - \frac{1}{4}\right) = 6x - \frac{1}{2}$
f) $x^2 \cdot 3^{2x-1} - 2x \cdot \frac{1}{3} \cdot 3^{2x} = 0$

13 In einem Gebiet vermehrt sich ein Heuschreckenschwarm exponentiell, und zwar wöchentlich um 50 %. Man geht von einem Anfangsbestand von 10 000 Tieren aus.
a) Wie lautet die zugehörige Wachstumsfunktion?
b) Welcher Zuwachs ist in 6 Wochen zu erwarten? Um wie viel Prozent hat sich der Bestand dabei vergrößert?

14 Ein Bestand kann näherungsweise durch die Funktion f mit $f(t) = 20 \cdot 0,95^t$ (t in Tagen) beschrieben werden.
a) Wie groß ist die Bestandsabnahme in den ersten drei Tagen?
b) Berechnen Sie die wöchentliche Abnahme in Prozent.

15 Zaire hatte 1998 eine Einwohnerzahl von 41 Millionen. Für die nächsten Jahre wird ein Wachstum von jährlich 3,4 % erwartet.
a) Bestimmen Sie die zugehörige Wachstumsfunktion. Welche Einwohnerzahl hat Zaire voraussichtlich im Jahr 2005 bzw. 2020?
b) Berechnen Sie die Einwohnerzahl vor 2, 5, 10 bzw. 20 Jahren.

BLAISE PASCAL (1623–1662)
war überzeugt, „dass die
Quecksilbersäule im Barometer vom Luftdruck getragen wird, so dass ihre Höhe
auf dem Berg kleiner sein
muss als im Tal".
1648 führte sein Schwager
PÉRIER in seinem Auftrag
ein entsprechendes Experiment am Fuße und am Gipfel des Puy de Dôme durch.

16 Der Luftdruck beträgt in Meereshöhe (Normalnull, NN) etwa 1000 hPa (Hektopascal). Mit zunehmender Höhe nimmt der Luftdruck exponentiell ab. Bei gleich bleibender Temperatur sinkt der Luftdruck innerhalb von 1 km Aufstieg auf das 0,88fache.
a) Bestimmen Sie die zugehörige Wachstumsfunktion (barometrische Höhenformel).
b) Wie groß ist der Luftdruck etwa auf dem Feldberg im Schwarzwald (1493 m), der Zugspitze (2963 m), dem Mt. Blanc (4807 m) und dem Mt. Everest (8848 m)?
c) Um wie viel Prozent nimmt der Luftdruck nach der barometrischen Höhenformel beim Anstieg um jeweils 100 m bzw. 10 m ab?

2 Die natürliche Exponentialfunktion und ihre Ableitung

1 Zeichnen Sie mithilfe eines Computerprogramms in dem Punkt A(0|1) die Gerade mit der Steigung 1. Zeichnen Sie anschließend die Graphen verschiedener Exponentialfunktionen f mit $f(x) = a^x$. Versuchen Sie a so zu bestimmen, dass die Gerade g als Tangente in A erscheint.

Um die momentane Änderungsrate von Wachstumsfunktionen, auch Wachstumsgeschwindigkeit genannt, berechnen zu können, wird die Ableitung von $f: x \to a^x$ benötigt. Es wird gezeigt, dass es eine Basis gibt, für die die Ableitung besonders einfach wird.

Um die Ableitung von f mit $f(x) = a^x$ an einer Stelle x_0 zu bestimmen, wird zunächst der Differenzenquotient von f an der Stelle x_0 betrachtet:

$m(h) = \frac{a^{x_0+h} - a^{x_0}}{h} = \frac{a^{x_0} \cdot a^h - a^{x_0}}{h} = a^{x_0} \cdot \frac{a^h - 1}{h}$.

Es wird der Grenzwert für $h \to 0$ berechnet:

$f'(x_0) = \lim_{h \to 0} m(h) = \lim_{h \to 0} a^{x_0} \cdot \frac{a^h - 1}{h}$

$= a^{x_0} \cdot \lim_{h \to 0} \frac{a^h - 1}{h}$.

Es ist $f'(0) = \lim_{h \to 0} \frac{a^h - 1}{h}$. Kennt man also die Ableitung der Exponentialfunktion f mit $f(x) = a^x$ an der Stelle 0, so kennt man sie dann auch an jeder anderen Stelle x_0.

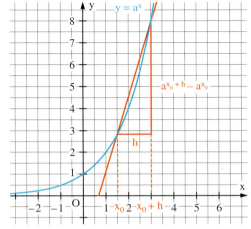

Fig. 1

$f'(x_0) = \lim_{h \to 0} \frac{f(x_0 + h) - f(x_0)}{h}$

Für $h \to 0$ gilt auch $k = a^h - 1 \to 0$

Es ist: $k \cdot \log_a b = \log_a b^k$

Berechnung des Grenzwertes $\lim_{h \to 0} \frac{a^h - 1}{h}$:

Setzt man $k = a^h - 1$, so gilt: $h = \log_a(1 + k)$. Der Quotient $\frac{a^h - 1}{h}$ wird damit zu $\frac{k}{\log_a(1 + k)}$.

Wegen $\frac{k}{\log_a(1+k)} = \frac{1}{\frac{1}{k} \cdot \log_a(1+k)} = \frac{1}{\log_a(1+k)^{\frac{1}{k}}}$ erhält man $\lim_{h \to 0} \frac{a^h - 1}{h} = \lim_{k \to 0} \frac{1}{\log_a(1+k)^{\frac{1}{k}}}$.

Es ist somit der Grenzwert $\lim_{k \to 0} (1 + k)^{\frac{1}{k}}$ zu bestimmen. Mithilfe des Taschenrechners erstellt man folgende Tabelle:

k	10^{-1}	-10^{-1}	10^{-3}	-10^{-3}	10^{-6}	-10^{-6}
$(1+k)^{\frac{1}{k}}$	2,593742460	2,867971990	2,716923932	2,719642216	2,718281303	2,718282707

LEONHARD EULER (1707–1783) hat als Erster nachgewiesen, dass der Grenzwert $\lim_{k \to 0} (1+k)^{\frac{1}{k}}$

Die Existenz des Grenzwertes wird auf Seite 322 bewiesen.

existiert und eine irrationale Zahl ist, nämlich $e = 2{,}718281\ldots$ Der Grenzwert $\lim_{k \to 0} (1 + k)^{\frac{1}{k}}$ kann nach der Substitution $k = \frac{1}{n}$ in der Form geschrieben werden: $\lim_{n \to \infty} (1 + \frac{1}{n})^n$.

Die eulersche Zahl e
e = 2,718 281 828 459
045 235 360 287
471 352 662 497
757 247 093 699
959 574 966 967...

Der Grenzwert $\lim_{n \to \infty} \left(1 + \frac{1}{n}\right)^n$ existiert und ist eine irrationale Zahl. Die Zahl heißt **eulersche Zahl** und wird mit **e** bezeichnet. Es ist $e = 2{,}71828\ldots$

Dieses Ergebnis wird in § 5 wieder aufgegriffen.

Damit gilt: $\lim_{h \to 0} \frac{a^h - 1}{h} = \lim_{k \to 0} \frac{1}{\log_a(1+k)^{\frac{1}{k}}} = \frac{1}{\log_a(e)}$. Es ist also $f'(x_0) = a^{x_0} \cdot \frac{1}{\log_a(e)}$.

Die natürliche Exponentialfunktion und ihre Ableitung

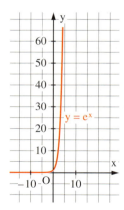

Die natürliche Exponentialfunktion im Großen

Fig. 1

$f(x) = f'(x) = f''(x) = f'''(x) = f^{(IV)}(x) = f^{(V)}(x) = \ldots = e^x$

> Mit welcher Regel könnten Sie die Funktion von 1b) auch ableiten?

LEONHARD EULER (1707–1783), als Sohn eines reformierten Pfarrers in Basel geboren, wurde schon mit 20 Jahren an die Petersburger Akademie berufen. 1731 wurde er Professor für Physik, 1733 Professor für Mathematik. Von 1741 bis 1766 war er Professor in Berlin. 1766 kehrte er nach einem Zerwürfnis mit Friedrich II nach Petersburg zurück, wo er 1783 nach einem Schlaganfall starb. Ihm werden ein brilliantes Gedächtnis und eine selten gute Konzentrationsfähigkeit nachgesagt.

Die Ableitung wird besonders einfach, wenn $\log_a e = 1$ ist. Dies ist zu $a^1 = e$ äquivalent. Die Funktion f mit $f(x) = a^x$ hat also eine besonders einfache Ableitung, wenn die Basis a die eulersche Zahl e ist.
Die Exponentialfunktion f mit $f(x) = e^x$ (eulersche Zahl $e = 2{,}71828\ldots$) nennt man **natürliche Exponentialfunktion**. Für sie gilt $f'(x) = e^x$. Insbesondere ist $f'(0) = 1$ (Fig. 2).
Aus $f'(x) = e^x$ wiederum folgt: $f''(x) = e^x$, $f'''(x) = e^x$, usw.
Entsprechend ist F mit $F(x) = e^x$ eine Stammfunktion von f.

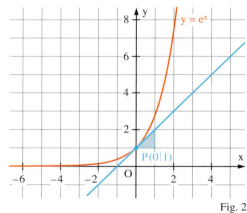

Fig. 2

Satz: Die **natürliche Exponentialfunktion** f mit $f(x) = e^x$ hat die Ableitungsfunktion f' mit $f'(x) = e^x$. Eine Stammfunktion ist F mit $F(x) = e^x$.

Beispiel 1: (einfache Ableitungen und Stammfunktionen)
Berechnen Sie die 1. und 2. Ableitung und eine Stammfunktion von f mit

a) $f(x) = 3e^x + x$ \hfill b) $f(x) = \frac{1}{2}e^{x-1} + \frac{1}{x^2}$

Lösung:

a) $f'(x) = 3e^x + 1$; $f''(x) = 3e^x$; $F(x) = 3e^x + \frac{1}{2}x^2$

b) Wegen $f(x) = \frac{1}{2}e^x \cdot e^{-1} + x^{-2}$ gilt:

$f'(x) = \frac{1}{2}e^x \cdot e^{-1} - 2x^{-3} = \frac{1}{2}e^{x-1} - \frac{2}{x^3}$; $f''(x) = \frac{1}{2}e^x \cdot e^{-1} + 6x^{-4} = \frac{1}{2}e^{x-1} + \frac{6}{x^4}$;
$F(x) = \frac{1}{2}e^x \cdot e^{-1} - x^{-1} = \frac{1}{2}e^{x-1} - \frac{1}{x}$

Beispiel 2: (Tangente und Flächeninhalt)
Gegeben ist die Funktion f mit $f(x) = \frac{1}{2}e^x$.
a) Zeichnen Sie den Graphen von f.
b) Ermitteln Sie die Gleichung der Tangente im Punkt $P(2|f(2))$ an den Graphen von f.
c) Wie groß ist der Inhalt der Fläche, die von den Koordinatenachsen, der Tangente und dem Graphen von f eingeschlossen wird?

Lösung:
a) Siehe Fig. 3.
b) Es ist $f(2) = \frac{1}{2}e^2$; aus $f'(x) = \frac{1}{2}e^x$ folgt $f'(2) = \frac{1}{2}e^2$. Mithilfe der Punktsteigungsform
$\frac{y - \frac{1}{2}e^2}{x - 2} = \frac{1}{2}e^2$ erhält man die Gleichung der Tangente: $y = \frac{1}{2}e^2(x - 1)$.
c) Schnittpunkt mit der x-Achse ist $S(1|0)$.

$A = \int_0^1 \frac{1}{2}e^x \, dx - A_{Dreieck} = \left[\frac{1}{2}e^x\right]_0^2 - \frac{1}{2} \cdot 1 \cdot \frac{1}{2}e^2$
$= \frac{1}{2} \cdot (e^2 - 1) - \frac{1}{4}e^2 = \frac{1}{4}e^2 - \frac{1}{2} \approx 1{,}3473$.

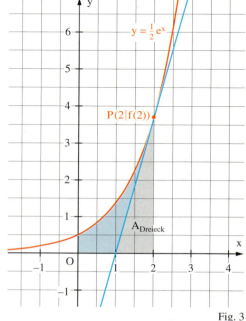

Fig. 3

Aufgaben

2 Zeichnen Sie zunächst den Graphen der natürlichen Exponentialfunktion f mit $f(x) = e^x$ in einem selbst zu wählenden Bereich. Skizzieren Sie damit den Graphen von
a) f_1 mit $f_1(x) = e^x + 1$ b) f_2 mit $f_2(x) = 2 \cdot e^x$ c) f_3 mit $f_3(x) = e^{x-1}$.

3 Leiten Sie ab.
a) $f(x) = e^x + 1$ b) $f(x) = e \cdot e^x - x$ c) $f(x) = e^{x+2} + 5x^2$ d) $f(x) = \sin(x) + e^x$
e) $f(t) = \frac{3}{e} e^t$ f) $f(t) = \frac{1}{2} e^{t-1} - 7$ g) $f(t) = \frac{1}{2}\sqrt{2} \cdot e^{t-2} + 4t$ h) $f(t) = e \cdot e^t + t \cdot \sqrt{e}$

4 Gegeben ist der Graph K der natürlichen Exponentialfunktion.
a) Bestimmen Sie die Gleichungen der Tangenten an K in den Punkten $A(1|e)$ und $B\left(-1\left|\frac{1}{e}\right.\right)$.
b) Berechnen Sie den Schnittpunkt der Tangente an K im Punkt A mit der x-Achse.
c) Geben Sie die Steigungen der Normalen an K in den Punkten A und B an.

5 Gegeben ist die Funktionenschar f_c mit $f_c(x) = c \cdot e^x$. Bestimmen Sie c so, dass der zu f_c zugehörige Graph im Schnittpunkt mit der y-Achse die Steigung 0,4 hat.

6 Geben Sie die Gleichung derjenigen Tangente an den Graphen der Exponentialfunktion an, die durch den Ursprung verläuft. Bestimmen Sie auch den Berührpunkt.

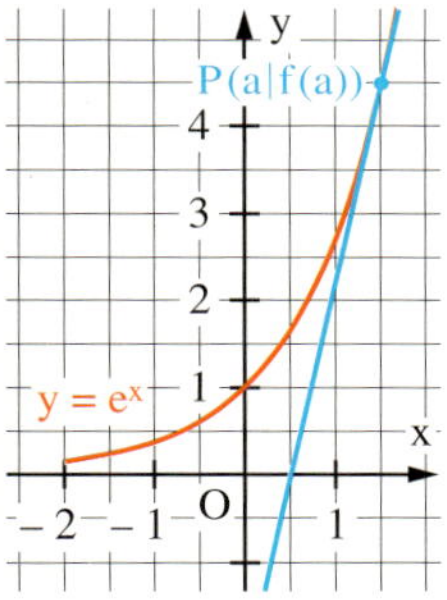

7 Berechnen Sie den Inhalt der Fläche zwischen der x-Achse, dem Graphen der natürlichen Exponentialfunktion und den Geraden mit den Gleichungen $x = a$ und $x = b$ für
a) $a = 0$, $b = 2$ b) $a = 0$, $b = 100$ c) $a = -2$, $b = 2$ d) $a = -1000$, $b = 0$.

8 a) Gegeben ist der Graph K der natürlichen Exponentialfunktion f (Fig. 1). In einem Punkt $P(a|f(a))$ wird die Tangente an K gelegt. Berechnen Sie die Koordinaten des Schnittpunktes Q dieser Tangente mit der x-Achse.
b) Vergleichen Sie die x-Werte der Punkte P und Q. Wie kann man also in einem gegebenen Punkt die Tangente an K konstruieren?

Fig. 1

9 Berechnen Sie den Inhalt der gefärbten Fläche

a)
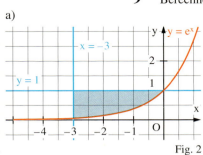
Fig. 2

b)
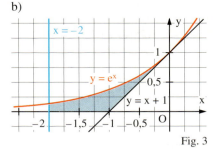
Fig. 3

c)
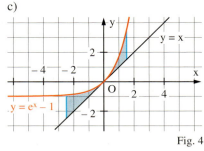
Fig. 4

10 Untersuchen Sie die Aussage auf ihren Wahrheitsgehalt und versuchen Sie sie gegebenenfalls zu widerlegen oder zu begründen.
a) Verschiebt man den Graphen K der natürlichen Exponentialfunktion um 3 Einheiten nach rechts, so ist die entstandene Kurve der Graph von g mit $g(x) = e^x + 3$.
b) Die Graphen von f mit $f(x) = e^x$ und g mit $g(x) = e^{-x}$ liegen symmetrisch zur y-Achse.
c) Verbindet man zwei Punkte, die auf dem Graphen K der natürlichen Exponentialfunktion liegen, durch eine Strecke, so ist die Ordinate ihres Mittelpunktes stets größer als die des zur gleichen Abszisse gehörigen Punktes des Graphen K.

209

3 Ableiten und Integrieren zusammengesetzter Funktionen

$h_1(x) = x^2 + 1 - e^x,$ $\quad h_2(x) = e^x \cdot (x^2 + 1),$ $\quad h_3(x) = \frac{e^x}{x^2+1},$
$h_4(x) = \frac{x^2+1}{e^x},$ $\quad h_5(x) = e^{x^2+1},$ $\quad h_6(x) = (e^x)^2 + 1.$

1 Wie erhält man die links angegebenen Funktionen aus den Funktionen f mit $f(x) = e^x$ und g mit $g(x) = x^2 + 1$?

Durch Addition, Subtraktion, Multiplikation, Division oder Verkettung lassen sich aus der natürlichen Exponentialfunktion und einer weiteren Funktion neue Funktionen gewinnen. Für die Ableitung dieser Funktionen gelten die bekannten Ableitungsregeln. Besonders wichtig ist die Kettenregel.

> **Satz:** Die Funktion f mit $f(x) = e^{v(x)}$ ist eine Verkettung der Funktion $v: x \mapsto v(x)$ mit der Exponentialfunktion $u: v \mapsto u(v) = e^v$. Existiert die Ableitung v', so gilt nach der Kettenregel
> $$f'(x) = e^{v(x)} \cdot v'(x).$$

Ist insbesondere v eine lineare Funktion mit $v(x) = mx + c$, also $f(x) = e^{mx+c}$, so ist $f'(x) = m \cdot e^{mx+c}$. Eine Stammfunktion der Funktion f ist dann F mit $F(x) = \frac{1}{m} e^{mx+c}$, $m \neq 0$.

Beispiel 1: (Anwendung der Kettenregel)
Leiten Sie die Funktion f ab und geben Sie, wenn möglich, eine Stammfunktion von f an.
a) $f(x) = e^{3x-2}$ b) $f(x) = \frac{2}{3} \cdot e^{-x^2+1}$
Lösung:
a) Es ist $v(x) = 3x - 2$. Damit gilt: $f'(x) = e^{v(x)} \cdot v'(x) = e^{3x-2} \cdot 3 = 3 \cdot e^{3x-2}$.
F mit $F(x) = \frac{1}{3} \cdot e^{3x-2}$ ist eine Stammfunktion von f.
b) Mit $v(x) = -x^2 + 1$ gilt: $f'(x) = \frac{2}{3} \cdot e^{v(x)} \cdot v'(x) = \frac{2}{3} \cdot e^{-x^2+1} \cdot (-2x) = -\frac{4}{3} x \cdot e^{-x^2+1}$.
Eine Stammfunktion von f können wir mit den bisherigen Kenntnissen nicht angeben!

Beispiel 2: (Anwendung von Produkt- und Quotientenregel)
Leiten Sie die Funktion f zweimal ab.
a) $f(x) = (x+1) \cdot e^x$ b) $f(x) = \frac{e^x}{x+1}$
Lösung:
a) Mit der Produktregel erhält man $f'(x) = 1 \cdot e^x + (x+1) \cdot e^x = (x+2) \cdot e^x$,
$f''(x) = 1 \cdot e^x + (x+2) \cdot e^x = (x+3) \cdot e^x$.
b) Die Quotientenregel liefert $f'(x) = \frac{(x+1) \cdot e^x - 1 \cdot e^x}{(x+1)^2} = \frac{x \cdot e^x}{(x+1)^2}$,
$f''(x) = \frac{(x+1)^2 \cdot (1 \cdot e^x + x \cdot e^x) - 2 \cdot (x+1) \cdot x e^x}{(x+1)^4} = \frac{(x+1)(1+x) - 2x}{(x+1)^3} \cdot e^x = \frac{x^2+1}{(x+1)^3} \cdot e^x$.

Die Terme werden sehr viel einfacher, wenn man ausklammert.

Beispiel 3: (Flächeninhalt)
Gegeben ist der Graph der Funktion f mit $f(x) = -\frac{1}{2} e^{2x-3}$ (Fig. 1). Berechnen Sie den Inhalt der gefärbten Fläche.
Lösung:
$A = -\int_0^{1,5} -\frac{1}{2} e^{2x-3} dx = \left[\frac{1}{4} e^{2x-3}\right]_0^{1,5} = \frac{1}{4}(e^0 - e^{-3})$
$= \frac{1}{4}(1 - e^{-3}) \approx 0{,}2376.$

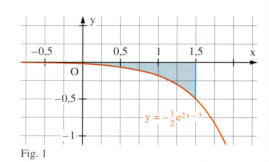

Fig. 1

Ableiten und Integrieren zusammengesetzter Funktionen

$f(x) = e^{2x}$ *kann man auf mehrere Arten ableiten:*

(1) Kettenregel:
$f(x) = u(v(x))$
$f'(x) = 2 \cdot e^{2x}$

(2) Produktregel:
$f(x) = e^{2x} = e^x \cdot e^x$
$f'(x) = e^x \cdot e^x + e^x \cdot e^x$
$\quad\quad = 2 \cdot e^{2x}$

(3) Potenz- und Kettenregel:
$f(x) = (e^x)^2$
$f'(x) = 2 \cdot e^x \cdot e^x = 2 \cdot e^{2x}$

(4) Quotientenregel:
$f(x) = \frac{e^x}{e^{-x}}$
$f'(x) = \frac{e^x \cdot e^{-x} - (-e^{-x}) \cdot e^x}{(e^{-x})^2}$
$\quad\quad = 2 \cdot e^{2x}$

Aufgaben

2 Leiten Sie zweimal ab.
a) $f(x) = x - e^x$
b) $f(x) = \frac{1}{3} \cdot x^3 - 3e^x$
c) $f(x) = 2\cos(x) + 4e^x$
d) $f(x) = x^9 - 9e^x$
e) $f(x) = e^{-x}$
f) $f(x) = \frac{1}{2}e^{2x-3}$
g) $f(x) = 2e^{\frac{1}{2}x - \sqrt{2}}$
h) $f(t) = \frac{2}{5}e^{-\frac{3}{2}t + \frac{2}{5}}$

3 Geben Sie eine Stammfunktion von f an.
a) $f(x) = e^{2x}$
b) $f(x) = e^{-5x}$
c) $f(x) = 2e^{2x-7}$
d) $f(x) = -0{,}15\,e^{-x+4}$
e) $f(x) = -\frac{2}{3} \cdot e^{-\frac{2}{3}x - 2}$
f) $f(x) = 3e^{\frac{1}{3}x + \sqrt{13}}$
g) $f(t) = 3 \cdot e^{-\frac{3}{2}t + \frac{3}{7}}$
h) $f(t) = \pi e^{\pi - \frac{1}{2}t}$

4 Bilden Sie die erste Ableitung.
a) $f(x) = 2x \cdot e^x$
b) $f(x) = \frac{1}{2}x^{-1} \cdot e^x$
c) $f(x) = x^2 \cdot e^{-x}$
d) $f(t) = \frac{1}{2}t^{-2} \cdot e^{-t}$
e) $f(x) = \frac{e^x}{x+1}$
f) $f(x) = \frac{e^{2x}}{x+1}$
g) $f(t) = \frac{2 \cdot e^{2t}}{t-2}$
h) $f(t) = 3 \cdot \frac{e^{\frac{1}{2}t}}{t-1}$

5 Leiten Sie f mehrmals ab und versuchen Sie eine Vermutung über die n-te Ableitung $f^{(n)}(x)$ aufzustellen.
a) $f(x) = e^{kx}$
b) $f(x) = e^{-kx+a}$
c) $f(x) = x \cdot e^{kx}$
d) $f(x) = x^2 e^x$

6 Bilden Sie auf alle möglichen Arten aus den Funktionen f und g mit $f(x) = 3e^{2x}$ und $g(x) = x^2 + 1$ durch Verknüpfung neue Funktionen. Leiten Sie diese ab.
Von welcher dieser Funktionen können Sie auch Stammfunktionen bilden?

Beispiele von Umformungen, die das Ableiten vereinfachen können:

(1) Quotienten in Produkte umwandeln:
$\frac{e^x}{x^2} = e^x \cdot x^{-2}$

(2) Faktoren vorziehen:
$\frac{2e^{-4x}}{3(x-1)} = \frac{2}{3} \cdot \frac{e^{-4x}}{x-1}$

(3) Terme vereinfachen und $e^{u(x)}$ ausklammern:
$(x-1)e^{2x} + e^{2x} = (x-1+1)e^{2x} = x \cdot e^{2x}$

---

7 Leiten Sie zweimal ab. Kontrollieren Sie das Ergebnis mit einem CAS-Programm.
a) $f(x) = \frac{2x-1}{e^{-x}}$
b) $f(x) = \frac{2(x-1)}{e^{\frac{1}{2}x-3}}$
c) $f(x) = \frac{e^{2x}}{x}$
d) $f(x) = \frac{e^{5x}}{5x^3}$
e) $f(x) = \frac{3x-3}{8e^{2x+1}}$
f) $f(x) = x^2 \cdot e^{-0{,}1x} + e^{-0{,}1x}$
g) $f(x) = e^{-x} + \frac{x}{e^x}$
h) $f(x) = \frac{x}{e^{2x}} - x^2 \cdot e^{-2x}$

8 Bestimmen Sie die Punkte, in denen der Graph von f waagerechte Tangenten hat.
a) $f(x) = x + e^{-x}$
b) $f(x) = x \cdot e^x$
c) $f(x) = x \cdot e^{2x+1}$
d) $f(x) = \frac{e^x}{x}$

9 Berechnen Sie das Integral.
a) $\int_0^{\frac{1}{2}} 2e^{2x}\,dx$
b) $\int_0^{\frac{1}{2}} 2e^{2x+1}\,dx$
c) $\int_1^3 (x + e^{-x+1})\,dx$
d) $\int_{-2}^3 (t^2 + e^{-t})\,dt$

10 Gegeben ist die Funktionenschar f_t mit $f_t(x) = x + t \cdot e^x$, $t \in \mathbb{R}$.
a) Für welchen Wert von t hat die Funktion f_t an der Stelle $x_0 = 1$ die Ableitung 2?
b) Kann man t so bestimmen, dass der Graph einer Stammfunktion F_t von f_t durch die Punkte $P(0|0)$ und $Q(1|0)$ verläuft? Berechnen Sie gegebenenfalls t.

11 Es sei f eine Funktion mit der Definitionsmenge $\mathbb{R}$ und der Eigenschaft $f'(x) = f(x)$ für alle $x \in \mathbb{R}$.
Zeigen Sie, dass der Quotient $\frac{f(x)}{e^x}$ die Ableitung 0 hat für alle $x \in \mathbb{R}$.
Was folgt daraus für $\frac{f(x)}{e^x}$ und schließlich für $f(x)$?

211

4 Die natürliche Logarithmusfunktion und ihre Ableitung

1 Gegeben ist die natürliche Exponentialfunktion f: x ↦ e^x mit x ∈ ℝ.
a) Zeichnen Sie ihren Graphen und spiegeln Sie diesen an der 1. Winkelhalbierenden. Zeigen Sie, dass sich dabei wieder der Graph einer Funktion g ergibt.
b) Bestimmen Sie die Funktionswerte von g an den Stellen e, e^2, e^{-1} und $\sqrt{e}$.
c) Geben Sie die Funktion g an.

Die natürliche Exponentialfunktion f: x ↦ e^x mit $D_f = ℝ$ und $W_f = (0, ∞)$ ist streng monoton steigend, da $f'(x) = e^x > 0$ ist für alle x ∈ ℝ. Damit ist f in ℝ umkehrbar.
Aus $e^x = y$ folgt $x = \log_e(y)$. Nach Vertauschen von x und y ergibt sich $\bar{f}$: x ↦ $\log_e(x)$ mit $D_{\bar{f}} = ℝ^+$ und $W_{\bar{f}} = ℝ$. Für $\log_e(x)$ schreibt man kurz ln(x).

$\log_e(x) = \ln(x)$

Definition: Die Umkehrfunktion der natürlichen Exponentialfunktion heißt **natürliche Logarithmusfunktion**. Sie wird mit x ↦ ln(x); x ∈ ℝ⁺, bezeichnet.

Kaum zu glauben:
Wenn man an der Wandtafel die Einheit in x- und y-Richtung zu je 1 dm wählt, so erreicht der Graph der ln-Funktion eine 3 m hohe Decke für $x = e^{30}$ dm > 10^9 km. Die Entfernung der Sonne von der Erde beträgt „nur" $1{,}5 \cdot 10^8$ km.

Eigenschaften von f: x ↦ ln(x):
a) Für x < 0 gilt $0 < e^x < 1$, also folgt:
 ln(x) < 0 für 0 < x < 1.
b) Für x > 0 gilt $e^x > 1$, also folgt:
 ln(x) > 0 für x > 1.
c) Wegen $e^0 = 1$ erhält man
 ln(1) = 0.
d) Für x → +∞ gilt: ln(x) → +∞.
e) Für x → 0 gilt: ln(x) → −∞;
die y-Achse ist senkrechte Asymptote des Graphen (Fig. 1).

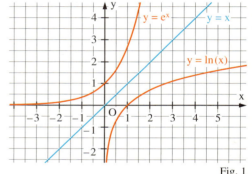

Fig. 1

Der Graph der natürlichen Logarithmusfunktion hat an der Stelle $x_0 = 1$ die Steigung 1 (Fig. 2).

Die **Ableitung** der natürlichen Logarithmusfunktion erhält man unter Verwendung der Beziehung $f'(y) = \frac{1}{f'(x)}$ (vgl. Seite 140).
Es ist also $(\ln(y))' = \frac{1}{e^x}$. Wegen $e^x = y$ folgt:
$(\ln(y))' = \frac{1}{y}$. Vertauscht man die Variablen x und y, so ergibt sich: $(\ln(x))' = \frac{1}{x}$.

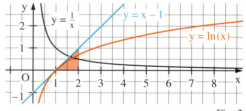

Fig. 2

Satz 1: Die natürliche Logarithmusfunktion f mit $f(x) = \ln(x)$, x ∈ ℝ⁺, hat die Ableitungsfunktion f' mit $f'(x) = \frac{1}{x}$.

Zu f mit $f(x) = \frac{1}{x}$ konnten wir bisher keine Stammfunktion angeben.

Damit ist die natürliche Logarithmusfunktion x ↦ ln(x) eine Stammfunktion von f mit $f(x) = \frac{1}{x}$ für x > 0. Um auch für x < 0 eine Stammfunktion zu finden, betrachtet man die Funktion F mit $F(x) = \ln(-x)$. Ihre Ableitung ist $F'(x) = \frac{1}{-x} \cdot (-1) = \frac{1}{x}$; also ist auch F mit $F(x) = \ln(-x)$, x < 0, eine Stammfunktion von f mit $f(x) = \frac{1}{x}$.
Die Fälle x > 0 und x < 0 können mithilfe der Betragschreibweise zusammengefasst werden.

212

Die natürliche Logarithmusfunktion und ihre Ableitung

Satz 2: Eine Stammfunktion der Funktion f mit $f(x) = \frac{1}{x}$, $x \neq 0$, ist die Funktion F mit
$$F(x) = \ln(|x|).$$

Daraus ergibt sich: Die Funktion f mit $f(x) = \frac{a}{bx+c}$ hat die Funktion F mit $F(x) = \frac{a}{b} \cdot \ln(|bx+c|)$ als Stammfunktion, denn es gilt: $F'(x) = \frac{a}{b} \cdot \frac{1}{bx+c} \cdot b = \frac{a}{bx+c}$.

Ist u eine differenzierbare Funktion, so gilt für die Funktion f mit $f(x) = \ln(|u(x)|)$ nach der Kettenregel und Satz 2: $f'(x) = \frac{1}{u(x)} \cdot u'(x) = \frac{u'(x)}{u(x)}$.

Diesen Zusammenhang benötigt man zum Lösen von Differenzialgleichungen (siehe Seite 290).

Satz 3: Eine Stammfunktion der Funktion f mit $f(x) = \frac{u'(x)}{u(x)}$ ist die Funktion F mit
$$F(x) = \ln(|u(x)|).$$

Beispiel 1: (Ableitungen)
Berechnen Sie die Ableitung.
a) $f(x) = (\ln(x))^2$, $x > 0$ b) $g(x) = \ln(x^2)$, $x \neq 0$
Lösung:
a) $f'(x) = 2 \cdot (\ln(x)) \cdot \frac{1}{x} = \frac{2 \cdot \ln(x)}{x}$
b) Wegen $g(x) = 2 \cdot \ln(|x|)$ ist $g'(x) = \frac{2}{x}$.

So geht's auch:
$g'(x) = \frac{1}{x^2} \cdot 2x = \frac{2}{x}$

> Es gelten auch für den natürlichen Logarithmus die **Logarithmengesetze**:
> (1) $\ln(u \, v) = \ln(u) + \ln(v)$
> (2) $\ln\left(\frac{u}{v}\right) = \ln(u) - \ln(v)$
> (3) $\ln(u^k) = k \cdot \ln(u)$
> mit $u, v \in \mathbb{R}^+$

Beispiel 2: (Flächenberechnung)
Berechnen Sie den Inhalt der Fläche zwischen dem Graphen von f mit $f(x) = \frac{2}{x}$ und der x-Achse über dem Intervall
a) [1; e]   b) [−2; −0,5].
Lösung:
a) $A_1 = \int_1^e \frac{2}{x} dx = [2 \cdot \ln(|x|)]_1^e = 2 \cdot (\ln(e) - \ln(0)) = 2$
b) $A_2 = \int_{-2}^{-0,5} \left(0 - \frac{2}{x}\right) dx = [-2 \cdot \ln(|x|)]_{-2}^{-0,5}$
$= -2 \cdot \left(\ln\left(\frac{1}{2}\right) - \ln(2)\right) = -2 \cdot (-\ln(2) - \ln(2))$
$= 4 \cdot \ln(2)$

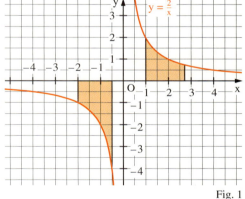
Fig. 1

Beispiel 3: (Berechnung einer Stammfunktion nach Satz 3)
Berechnen Sie eine Stammfunktion von f.
a) $f(x) = \frac{x^3}{x^4+1}$ b) $f(x) = \frac{\sin(x)}{\cos(x)}$
Lösung:
a) Da die Zählerfunktion bis auf den Faktor 4 die Ableitung der Nennerfunktion ist, schreibt man $f(x) = \frac{1}{4} \cdot \frac{4x^3}{x^4+1}$. Also ist F mit $F(x) = \frac{1}{4} \cdot \ln(x^4+1)$ eine mögliche Stammfunktion.
b) Da $(\cos(x))' = -\sin(x)$ ist, gilt $F(x) = -\ln(|\cos(x)|)$.

F mit $F(x) = -\ln(|\cos(x)|)$ ist also Stammfunktion von f mit $f(x) = \tan(x)$.

$\ln(cx)$ existiert nur für $cx > 0$, d.h.
$c > 0$ und $x > 0$
oder
$c < 0$ und $x < 0$.
Es ist
$\ln(cx) = \ln(c) + \ln(x)$,
wenn $c > 0$ und $x > 0$,
aber
$\ln(cx) = \ln(-c) + \ln(-x)$,
wenn $c < 0$ und $x < 0$.

Aufgaben

2 Bestimmen Sie die maximale Definitionsmenge der Funktion f.
a) $f(x) = \ln(x)$ b) $f(x) = \ln(x^2)$ c) $f(x) = \ln(cx)$; $c < 0$ d) $f(x) = \ln\left(\sqrt{x}\right)$
e) $f(x) = \ln(1+x)$ f) $f(x) = \ln\left(\frac{x}{x+1}\right)$ g) $f(x) = \ln\left(\frac{1-x}{1+x}\right)$ h) $f(x) = \ln\left(\frac{c^2}{x}\right)$, $c \neq 0$

213

Die natürliche Logarithmusfunktion und ihre Ableitung

$f(x) = \ln\left(\frac{3}{x}\right)$ kann man ableiten nach der Kettenregel:
$f'(x) = \frac{1}{\frac{3}{x}} \cdot \left(-\frac{3}{x^2}\right)$
$= -\frac{x}{3} \cdot \frac{3}{x^2} = -\frac{1}{x}$

Einfacher geht's mit der Zerlegung:
$f(x) = \ln(3) - \ln(x)$; also
$f'(x) = -\frac{1}{x}$

3 Bilden Sie die 1. Ableitung.
a) $f(x) = 1 + \ln(x)$ b) $f(x) = x + \ln(x)$ c) $f(x) = 2x + \ln(2x)$ d) $f(x) = x^2 + \ln(tx)$
e) $f(x) = \ln\left(\frac{1}{x}\right)$ f) $f(x) = \ln\left(\frac{t}{x}\right)$ g) $f(t) = \ln\left(\frac{t}{x}\right)$ h) $f(t) = \ln(t + x)$

4 a) $f(x) = \ln\left(\sqrt{x}\right)$ b) $f(x) = \ln(1 + 3x^2)$ c) $f(x) = \ln(1 - x^2)$ d) $f(x) = 3\ln\left(\sqrt{4x}\right)$
e) $f(x) = \sqrt{\ln(x)}$ f) $f(x) = \ln(\sin(x))$ g) $f(x) = \sin(\ln(x))$ h) $f(x) = (\ln(x))^{-1}$

5 Bilden Sie die 1. und 2. Ableitung.
a) $f(t) = \ln(t^4)$ b) $f(t) = (\ln(t))^4$ c) $f(u) = \ln\left(\frac{u}{u+1}\right)$ d) $f(t) = k \cdot \ln\left(\sqrt[3]{2t}\right)$
e) $f(s) = (\ln(s-a))^3$ f) $f(x) = x \cdot \ln(x)$ g) $f(x) = \frac{1}{\ln(x)}$ h) $f(x) = \frac{x}{\ln(x)}$

6 a) Ergänzen Sie f(x) geeignet und geben Sie eine Stammfunktion an.
$f(x) = \frac{\square}{x^3 + x}$; $f(x) = \frac{x^4 + 2x}{\square}$; $f(x) = \frac{\square}{\cos(x)}$; $f(x) = \frac{\square}{\cos(x) + x}$
b) Finden Sie weitere geeignete Beispiele.

7 Geben Sie für jedes Intervall, auf dem die Funktion f definiert ist, eine Stammfunktion an.
a) $f(x) = \frac{3}{4x}$ b) $f(x) = \frac{2}{x-1}$ c) $f(x) = \frac{1}{(x-3)^3}$ d) $f(x) = \frac{1}{2x-1}$
e) $f(t) = \frac{3}{2 - 5t}$ f) $f(x) = \frac{2x}{x^2 + 1}$ g) $f(x) = \frac{2x+1}{x^2 + x}$ h) $f(x) = \frac{x}{x^2 - 1}$
i) $f(x) = \frac{\cos(x)}{\sin(x)}$ j) $f(x) = \frac{2x^3}{x^4 + 1}$ k) $f(x) = \frac{x^{n-1}}{ax^n + b}$ l) $f(x) = \frac{cx^{n-1}}{ax^n + b}$

8 Zeichnen Sie den Graphen der Funktion von f mit $f(x) = \ln(x)$. Beschreiben Sie, wie daraus der Graph der Funktion g erstellt werden kann. Skizzieren Sie den Graphen von g.
a) $g(x) = \ln(x) + 1$ b) $g(x) = \ln(x - 1)$ c) $g(x) = \ln(-x)$ d) $g(x) = -\ln(-x)$

> Simples kann sehr wichtig sein:
> $\frac{a+b}{c} = \frac{a}{c} + \frac{b}{c}$

9 Berechnen Sie das Integral.
a) $\int_{-10}^{-1} \frac{5}{x} dx$ b) $\int_{1}^{e} \frac{2x+5}{x} dx$ c) $\int_{e}^{2e} \frac{x^2 - 1}{x} dx$ d) $\int_{10}^{100} \left(\frac{1}{x^2} - \frac{1}{x}\right) dx$ e) $\int_{-e}^{-1} \frac{2 + |x|}{x^2} dx$ f) $\int_{1}^{10} \frac{x^2 + 4x + 3}{2x} dx$

10 Berechnen Sie den Inhalt der gefärbten Fläche.

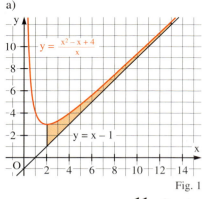
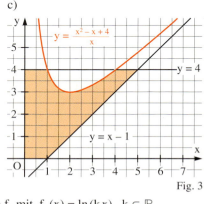

Fig. 1   Fig. 2   Fig. 3

11 Gegeben ist eine Kurvenschar durch die Funktionen f_k mit $f_k(x) = \ln(kx)$, $k \in \mathbb{R}$.
a) Zeigen Sie, dass es für jedes k einen Tangente an den Graphen der Funktion f_k gibt, die durch A(0|2) verläuft.
b) Berechnen Sie mithilfe eines Näherungsverfahrens den Punkt P des Graphen von f_1, dessen Normale durch den Nullpunkt verläuft.

Wie verändert sich der Graph von f_k, wenn sich k verändert?

5 Gleichungen, Funktionen mit beliebigen Basen

1 Berechnen Sie $x \in \mathbb{R}$ so, dass $2 \cdot e^x = 2^x$ ist. Können Sie weitere Lösungswege angeben?

2 Bestimmen Sie eine Zahl k so, dass $2^x = e^{kx}$ für alle $x \in \mathbb{R}$ ist.

Bei der Exponentialfunktion $f: x \mapsto e^x$ ist oft der Funktionswert vorgegeben und der zugehörige x-Wert gesucht. Dann ist die **Exponentialgleichung** $e^x = y$ zu lösen. Ihre Lösung ist definitionsgemäß $x = \ln(y)$. Setzt man dies in die Ausgangsgleichung ein („Probe"), so gilt: $e^{\ln(y)} = y$. Entsprechend erhält man $\ln(e^x) = x$. Mithilfe dieses Satzes kann man Terme vereinfachen und Exponentialgleichungen sowie logarithmische Gleichungen lösen.

> **Satz 1:** Für alle $x > 0$ gilt: $e^{\ln(x)} = x$. Für alle $x \in \mathbb{R}$ gilt: $\ln(e^x) = x$.

Mit Satz 1 ist es möglich, jede Exponentialfunktion f mit $f(x) = a^x$ mit der Basis e darzustellen: $a^x = (e^{\ln(a)})^x = e^{x \ln(a)}$.

Ferner kann jede Logarithmusfunktion f mit $f(x) = \log_a(x)$ durch die natürliche Logarithmusfunktion ausgedrückt werden: Aus $y = a^x$ folgt nämlich einerseits $x = \log_a(y)$, wegen $y = e^{x \ln(a)}$ folgt andererseits $\ln(y) = x \cdot \ln(a)$ bzw. $x = \frac{\ln(y)}{\ln(a)}$. Damit gilt: $\log_a(y) = \frac{\ln(y)}{\ln(a)}$.

Man könnte auch eine andere Basis als e verwenden, allerdings wäre dann die Ableitung nicht so einfach zu bilden.

> **Satz 2:** Jede Exponentialfunktion f mit $f(x) = a^x$, $a > 0$, $x \in \mathbb{R}$, ist darstellbar mithilfe der Basis e: $\qquad\qquad\qquad f(x) = e^{x \ln(a)}$.
> Jede Logarithmusfunktion f mit $f(x) = \log_a(x)$, $a > 0$, $x > 0$, ist darstellbar mithilfe des natürlichen Logarithmus: $\qquad f(x) = \frac{\ln(x)}{\ln(a)}$.

Beispiel 1: (Vereinfachen von Termen)
Vereinfachen Sie.
a) $e^{2 \cdot \ln(4x)}$ \qquad b) $\ln\left(e^{\sqrt{x}}\right)$ \qquad c) $\ln\left(\frac{1}{2}e^2\right)$

Wie kann man in Beispiel 1 a) auch noch anders umformen?

Lösung:
a) $e^{2 \cdot \ln(4x)} = e^{\ln((4x)^2)} = (4x)^2 = 16x^2$ \qquad b) $\ln\left(e^{\sqrt{x}}\right) = \sqrt{x}$ \qquad c) $\ln\left(\frac{1}{2}e^2\right) = \ln\left(\frac{1}{2}\right) + \ln(e^2) = 2 + \ln\left(\frac{1}{2}\right)$

Beispiel 2: (Exponentialgleichung, logarithmische Gleichung)
Bestimmen Sie die Lösung von \quad a) $2 \cdot e^{2x-3} = e^{-x}$ \qquad b) $\ln(5x^2) = 4 \cdot \ln(\sqrt{x}) + 3$, $x > 0$

Lösung:

a) 1. Möglichkeit:
$$2 \cdot e^{2x-3} = e^{-x} \quad | \cdot \tfrac{1}{2}e^x$$
$$e^{3x-3} = \tfrac{1}{2}$$
$$3x - 3 = \ln\left(\tfrac{1}{2}\right)$$
$$x = 1 - \tfrac{1}{3}\ln(2); \; x \approx 0{,}7690$$

Anwendung der Definition

2. Möglichkeit:
$$\ln(2 \cdot e^{2x-3}) = \ln(e^{-x})$$
$$\ln(2) + (2x - 3) = -x$$
$$3x = 3 - \ln(2)$$
$$x = 1 - \tfrac{1}{3}\ln(2) \approx 0{,}7690$$

Beidseitiges Logarithmieren bzw. Anwenden der Logarithmengesetze

b) 1. Möglichkeit:
$$\ln(5x^2) = 4 \cdot \ln(\sqrt{x}) + 3, \; x > 0$$
$$5x^2 = e^{4 \cdot \ln(\sqrt{x}) + 3}$$
$$5x^2 = e^{\ln(x^2)} \cdot e^3 = x^2 \cdot e^3$$
$$(e^3 - 5) \cdot x^2 = 0$$
Diese Gleichung hat keine Lösung.

2. Möglichkeit:
$$\ln(5) + \ln(x^2) = \ln(x^2) + 3$$
$$\ln(5) = 3$$
Diese Gleichung hat keine Lösung.

215

Gleichungen, Funktionen mit beliebigen Basen

Beispiel 3: (Umschreiben von Funktionen)
Schreibe Sie die Funktion um und leiten Sie sie ab.
a) $f(x) = 3^x$ b) $g(x) = \log_6(x)$
Lösung:

Eine Stammfunktion zu f mit $f(x) = 3^x$ ist demnach F mit $F(x) = \frac{1}{\ln 3} \cdot 3^x$.

a) $f(x) = (e^{\ln(3)})^x = e^{x \ln(3)}$;
$f'(x) = \ln(3) \cdot e^{x \cdot \ln(3)} = \ln(3) \cdot 3^x \approx 1{,}0986 \cdot 3^x$

b) $g(x) = \frac{\ln(x)}{\ln(6)}$
$g'(x) = \frac{1}{\ln(6)} \cdot \frac{1}{x} \approx 0{,}5581 \cdot \frac{1}{x}$

Aufgaben

3 Vereinfachen Sie.
a) $e^{\ln(4)}$ b) $e^{-\ln(2)}$ c) $e^{3 \cdot \ln(2)}$ d) $e^{-\frac{1}{3} \cdot \ln\left(\frac{1}{8}\right)}$ e) $e^{0{,}5 \cdot \ln(0{,}25)}$ f) $(e^{\ln(4)})^2$
g) $\ln(e^2)$ h) $\ln\left(\frac{1}{e}\right)$ i) $\ln\left(\frac{1}{2} \cdot e^3\right)$ j) $\ln\left(\frac{1}{3} \cdot \sqrt{e}\right)$ k) $\ln\left(\sqrt{e^3}\right)$ l) $\ln\left(\sqrt{\pi \cdot e}\right)$

4 Zeigen Sie die Gültigkeit der Gleichung.
a) $\frac{\ln(a^r)}{\ln(a^s)} = \frac{r}{s}$ für $a > 0$ b) $a^{\frac{\ln(b)}{\ln(a)}} = b$ für $a > 0$, $b > 0$ c) $a^{\frac{1}{\ln(a)}} = e$ für $a > 0$

5 Lösen Sie die Gleichung und geben Sie die Lösung auf 4 Dezimalen gerundet an.
a) $e^x = \sqrt{2}$ b) $e^{x^2} = 1000$ c) $e^{2x} = 0{,}1$ d) $e^{0{,}2 \cdot \sqrt{x}} = 10$ e) $e^{\sqrt[4]{x}} = -1$

Lösung von $e^{2x} = 0{,}2$ mit DERIVE:
* *Eingabe:* exp(2*x)=0.2
* *Solve drücken*
* *Algebraically drücken*
* *Simplify drücken*
Ergebnis: $-\frac{\ln(5)}{2}$
* *≈ drücken*
Ergebnis: $-0{,}804\,718$

6 Lösen Sie die Gleichung auf möglichst einfache Art.
a) $e^{-x} = \sqrt{e}$ b) $e^{2t+10} = e^{-100}$ c) $e^x = \frac{1}{e^2}$ d) $e^x = \sqrt{\frac{1}{e^x}}$ e) $e^x = e \cdot e^{\frac{2}{3}}$

7 Lösen Sie die Gleichung und geben Sie die Lösung mit 4 Dezimalen an.
a) $e^{-\frac{1}{2}x^2+3} - 2 = 0$ b) $\ln\left(\frac{1}{x}\right) - \ln(x) = 4$ c) $3 \cdot \ln(x^3) = 9$ d) $\sqrt{\ln(1-x)} = e$
e) $2^{x^2+1} = 3$ f) $3^{1-\sqrt{x}} = 2$ g) $2^{x-1} - 3^x = 0$ h) $2^{\sqrt{x}} = 5^x$
i) $(e^x - 2) \cdot (e^{2x} - 2) = 0$ j) $\ln(x) \cdot (\ln(x) - 3) = 0$
k) $(e^x - 1) \cdot (\ln(x) - 1) = 0$ l) $x^3 \cdot \ln(x^3) = 0$

8 Bestimmen Sie z.
a) Der Flächeninhalt zwischen dem Graphen von f mit $f(x) = e^{0{,}5x}$ und der x-Achse über dem Intervall $[z; 0]$ ist 1.
b) Die Graphen der Funktion f mit $f(x) = e^{2x}$ und g mit $g(x) = 2^x$ schneiden sich an der Stelle z.
c) Die Steigung des Graphen der Funktion g mit $g(x) = e^{3x+1}$ an der Stelle z ist 2.

9 Lösen Sie die Gleichung mithilfe einer Substitution.
a) $e^{2x} - 2e^x + 1 = 0$ b) $e^{2x} - 5e^x = 6$ c) $e^{2x} - 4e^{-2x} - 3 = 0$ d) $e^{4x} - 7e^{2x} + 10 = 0$

10 Lösen Sie die Gleichung nach x auf. Drücken Sie x nur in Potenzen mit der Basis e und natürlichen Logarithmen aus.
a) $y = \frac{1}{1+e^x}$ b) $y = \frac{a}{b+c \cdot e^{kx}}$ c) $y = \frac{3}{4} \cdot \ln(a-x)$ d) $y = S \cdot (1 + a^{kx})$ e) $y = \log_2(3^{kx})$

$f(x) = 1{,}06^x$
$= e^{\ln 1{,}06^x}$
$= e^{x \ln 1{,}06}$
$\approx e^{0{,}0583 x}$

11 Schreiben Sie den Term von f mit der Basis e. Bilden Sie die 1. Ableitung der Funktion und geben Sie eine Stammfunktion an.
a) $f(x) = 4^x$ b) $f(x) = \left(\frac{2}{3}\right)^x$ c) $f(x) = 2^{x-2}$ d) $f(x) = 0{,}5^{2x-1}$ e) $f(x) = 2^{3x}$

$f(x) = \log_{2{,}04} x$
$= \frac{\ln x}{\ln 2{,}04}$
$\approx 1{,}4026 \cdot \ln x$

12 Schreiben Sie den Term von f mithilfe der ln-Funktion. Leiten Sie f einmal ab.
a) $f(x) = \log_2(x)$ b) $f(x) = \log_4(x+1)$ c) $f(x) = \log_2(\sqrt{x})$ d) $f(x) = \log_2(2^x)$

6 Grenzwertbestimmung und die Regel von DE L'HOSPITAL

1 Gegeben ist die Funktion f mit $f(x) = \frac{\ln(x+1)}{x}$ für $x \neq 0$.
a) Zeichnen Sie den Graphen der Funktion f.
b) Versuchen Sie mithilfe des Taschenrechners eine Aussage über den Grenzwert der Funktion f für $x \to 0$ zu erhalten. Um welche Art von Definitionslücke handelt es sich?
c) Leiten Sie die Zählerfunktion und Nennerfunktion ab; bilden Sie den Quotienten der Ableitungsterme. Welcher Grenzwert ergibt sich jetzt für $x \to 0$?
d) Gegeben ist die Funktion f mit $f(x) = \frac{u(x)}{v(x)}$, wobei $u(x) = e^x - 1$ und $v(x) = 3x$ mit $x \neq 0$ ist. Untersuchen Sie das Verhalten von f und das von g mit $g(x) = \frac{u'(x)}{v'(x)}$ für $x \to 0$. Stellen Sie eine Vermutung auf.

Der exakte Nachweis der rechts stehenden Aussage findet sich in Kapitel XI, Seite 319.

Hat für $x \to a$ die Funktion u den Grenzwert α und die Funktion v den Grenzwert β, dann hat dabei der Quotient $\frac{u}{v}$ den Grenzwert $\frac{\alpha}{\beta}$, sofern $\beta \neq 0$ ist. Bei der Berechnung von Grenzwerten von Quotienten treten allerdings Probleme auf, wenn Zähler- und Nennerterm bei Annäherung an eine Stelle a beide gegen 0 oder gegen ∞ streben. In vielen Fällen, wie z. B. der Funktion f mit $f(x) = \frac{e^x - 1}{x}$ für $x \to 0$, kann die folgende Regel helfen.

Regel von DE L'HOSPITAL:
Lässt sich eine Funktion f in Form eines Quotienten $f(x) = \frac{u(x)}{v(x)}$ darstellen und gibt es eine Stelle a mit folgenden Eigenschaften:
(1) $u(a) = v(a) = 0$,
(2) u und v sind in einer gemeinsamen Umgebung von a differenzierbar mit $v'(x) \neq 0$,
(3) $\lim\limits_{x \to a} \frac{u'(x)}{v'(x)}$ existiert,
so gilt: $\qquad \lim\limits_{x \to a} \frac{u(x)}{v(x)} = \lim\limits_{x \to a} \frac{u'(x)}{v'(x)}$.

Die Regel gilt auch dann, wenn (1) ersetzt wird durch
$\lim\limits_{x \to a} u(x) = 0$.
$\lim\limits_{x \to a} v(x) = 0$.

Marquis DE L'HOSPITAL, ein französischer Adeliger, war von der Mathematik so begeistert, dass er JOHANN BERNOULLI als Hauslehrer engagierte. Er bot ihm ein hohes Gehalt mit der Vereinbarung, dass ihm BERNOULLI seine Entdeckungen zur freien Verfügung überlasse. Die ursprünglich von J. BERNOULLI gefundenen Regeln wurden 1696 von L'HOSPITAL ohne Beweis veröffentlicht.

Diese Aussage kann hier nicht bewiesen werden. Man kann sie aber plausibel machen: Gegeben sind zwei in einer Umgebung einer Stelle a differenzierbare Funktionen u und v. Ihre Graphen können an der Stelle a durch ihre Tangenten angenähert werden (Fig. 1):
$u(x) \approx u'(a) \cdot (x - a) + u(a)$;
$v(x) \approx v'(a) \cdot (x - a) + v(a)$.
Ist $v'(x) \neq 0$ in einer Umgebung von a, so gilt wegen $u(a) = v(a) = 0$ näherungsweise:
$\frac{u(x)}{v(x)} \approx \frac{u'(a) \cdot (x-a)}{v'(a) \cdot (x-a)} = \frac{u'(a)}{v'(a)}$.
Für die Funktion f mit $f(x) = \frac{u(x)}{v(x)}$ liegt daher die Vermutung nahe:
$\lim\limits_{x \to a} f(x) = \lim\limits_{x \to a} \frac{u(x)}{v(x)} = \lim\limits_{x \to a} \frac{u'(x)}{v'(x)} = \frac{u'(a)}{v'(a)}$.

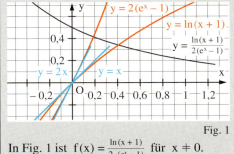

Fig. 1

In Fig. 1 ist $f(x) = \frac{\ln(x+1)}{2 \cdot (e^x - 1)}$ für $x \neq 0$.
Für x nahe 0 gilt: $u(x) = \ln(x+1) \approx x$;
$v(x) = 2 \cdot (e^x - 1) \approx 2x$,
also $\lim\limits_{x \to 0} f(x) = \lim\limits_{x \to 0} \frac{x}{2x} = \lim\limits_{x \to 0} \frac{1}{2} = \frac{1}{2}$.

Entsprechende Regeln von DE L'HOSPITAL gelten auch für die folgenden Fälle:
1. $\lim\limits_{x \to +\infty} \frac{u(x)}{v(x)}$ und $\lim\limits_{x \to -\infty} \frac{u(x)}{v(x)}$, falls Zähler und Nenner gegen 0 streben.
2. $\lim\limits_{x \to a} \frac{u(x)}{v(x)}$ und $\lim\limits_{x \to \infty} \frac{u(x)}{v(x)}$, falls Zähler und Nenner beide gegen $+\infty$ gehen.

217

Grenzwertbestimmung und die Regel von DE L'HOSPITAL

Beispiel 1: (Grenzwertbestimmung mit $\ln(x)$ und e^x)
Berechnen Sie den Grenzwert

a) $\lim\limits_{x \to 0} \frac{e^x - 1}{2x}$
b) $\lim\limits_{x \to 0} (x^n \cdot \ln(x))$, $n > 0$
c) $\lim\limits_{x \to \infty} x^n \cdot e^{-x}$, $n > 0$.

Lösung:
a) Mit $u(x) = e^x - 1$ und $v(x) = 2x$ sind die drei Voraussetzungen der Regel erfüllt:
(1) $u(0) = 0$, $v(0) = 0$ (2) $u'(x) = e^x$, $v'(x) = 2$ (3) $\lim\limits_{x \to 0} \frac{e^x}{2} = \frac{1}{2}$.
Deshalb gilt: $\lim\limits_{x \to 0} \frac{e^x - 1}{2x} = \lim\limits_{x \to 0} \frac{e^x}{2} = \frac{1}{2}$.

b) Um die Regel anwenden zu können, betrachtet man den Grenzwert der Funktion f mit $f(x) = -x^n \cdot \ln(x)$. Es ist dann $\lim\limits_{x \to 0}(-x^n \cdot \ln(x)) = \lim\limits_{x \to 0} \frac{-\ln(x)}{x^{-n}}$.
Mit $u(x) = -\ln(x)$ und $v(x) = x^{-n}$ sind die Voraussetzungen der Regel erfüllt:
(1) $u(x) \to \infty$, $v(x) \to \infty$ für $x \to 0$ (2) $u'(x) = -\frac{1}{x}$, $v'(x) = -nx^{-n-1}$ (3) $\lim\limits_{x \to 0} \frac{-\frac{1}{x}}{-nx^{-n-1}} = \lim\limits_{x \to 0} \frac{x^n}{n} = 0$
Deshalb gilt: $\lim\limits_{x \to 0}(-x^n \cdot \ln(x)) = 0$ und damit auch $\lim\limits_{x \to 0}(x^n \cdot \ln(x)) = 0$, $n > 0$.

c) $\lim\limits_{x \to \infty}(x^n \cdot e^{-x})$ lautet in Quotientenschreibweise $\lim\limits_{x \to \infty} \frac{x^n}{e^x}$.
Mit $u(x) = x^n$ und $v(x) = e^x$ sind die Voraussetzungen der Regel erfüllt:
(1) $u(x) \to \infty$, $v(x) \to \infty$ für $x \to \infty$ (2) $u'(x) = nx^{n-1}$, $v'(x) = e^x$.
(3) Für $n = 1$ gilt: $\lim\limits_{x \to \infty} \frac{1}{e^x} = 0$.
Man erhält damit $\lim\limits_{x \to \infty} \frac{x}{e^x} = 0$.
Für $n > 1$ sind mit $\lim\limits_{x \to \infty} \frac{nx^{n-1}}{e^x}$ ebenfalls wieder alle Voraussetzungen erfüllt.
Die Regel ist somit wiederholt bis zur n-ten Ableitung anwendbar:
$\lim\limits_{x \to \infty} \frac{x^n}{e^x} = \lim\limits_{x \to \infty} \frac{nx^{n-1}}{e^x} = \lim\limits_{x \to \infty} \frac{n(n-1)x^{n-2}}{e^x} = \ldots = \lim\limits_{x \to \infty} \frac{n!}{e^x}$.
Da $\lim\limits_{x \to \infty} \frac{n!}{e^x} = 0$ ist, gilt also $\lim\limits_{x \to \infty} \frac{x^n}{e^x} = 0$.

Wichtige Grenzwerte:

> Für $n > 0$ gilt
> $\lim\limits_{x \to \infty}(x^n \cdot e^{-x}) = 0$
> $\lim\limits_{x \to 0}(x^n \cdot \ln(x)) = 0$.

Die Exponentialfunktion wächst stärker als jede Potenzfunktion.

Aufgaben

2 Berechnen Sie den Grenzwert.

a) $\lim\limits_{x \to 3} \frac{x^2 - 3^2}{x - 3}$
b) $\lim\limits_{x \to 3} \frac{x^3 - 3^3}{x - 3}$
c) $\lim\limits_{x \to 3} \frac{x^4 - 3^4}{x - 3}$
d) $\lim\limits_{x \to 3} \frac{x^n - 3^n}{x - 3}$; $n > 0$
e) $\lim\limits_{x \to 3} \frac{x - 3}{x^2 - 3^2}$

f) $\lim\limits_{x \to 3} \frac{x - 3}{x^5 - 3^5}$
g) $\lim\limits_{x \to 3} \frac{x^2 - 3^2}{x^3 - 3^3}$
h) $\lim\limits_{x \to 3} \frac{x^4 - 3^4}{x^8 - 3^8}$
i) $\lim\limits_{x \to 3} \frac{x^k - 3^k}{x^n - 3^n}$; $k, n > 0$
j) $\lim\limits_{x \to a} \frac{x^k - a^k}{x^n - a^n}$; $k, n > 0$

3
a) $\lim\limits_{x \to 0} \frac{\ln(1 + kx)}{x}$
b) $\lim\limits_{x \to 0} \frac{\ln(a + x) - \ln(a)}{x}$
c) $\lim\limits_{h \to 0} \frac{e^h - 1}{h}$
d) $\lim\limits_{x \to 0} \frac{x}{\ln(1 + x)}$
e) $\lim\limits_{x \to 0} \frac{\ln(1 + kx)}{\ln(1 + mx)}$

4
a) $\lim\limits_{\substack{x \to a \\ x > a}} \frac{\sqrt{x} - \sqrt{a}}{x - a}$
b) $\lim\limits_{x \to 0} \frac{a^x - b^x}{x}$
c) $\lim\limits_{x \to 0} \frac{e^x + e^{-x} - 2}{1 - \cos(x)}$
d) $\lim\limits_{x \to 0} \frac{x - \sin(x)}{x^3}$
e) $\lim\limits_{x \to 0} \frac{x^p}{x^q}$, $p > q$

5 Führen Sie für die Funktion f geeignete Grenzwertbetrachtungen durch.

a) $f(x) = \frac{\ln(x) - 1}{x - e}$
b) $f(x) = \frac{e^{2x} - 1}{3x}$
c) $f(x) = \frac{e^{2x} - e^x}{x}$
d) $f(x) = \frac{e^x - e^{-x}}{\sin(x)}$
e) $f(x) = \frac{x - 1}{e^x - 1}$

6 Berechnen Sie $\lim\limits_{x \to \infty} f(x)$ für f mit $f(x) = \frac{2x}{x + \sin(x)}$.

a) Berechnen Sie den Grenzwert, indem Sie Zähler- und Nennerterm mit $\frac{1}{x}$ erweitern.

b) Bilden Sie die Ableitungen von Zähler- und Nennerfunktion und untersuchen Sie die Voraussetzungen (1) bis (3) der Regel von DE L'HOSPITAL. Welche Feststellung können Sie machen?

---

*Beachten Sie:
Auch wenn für einen Quotienten die Voraussetzungen (1) bis (3) nicht erfüllt sind, kann der Grenzwert existieren.*

7 Beispiele von Funktionsuntersuchungen

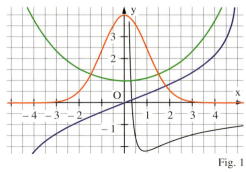
Fig. 1

1 Welcher Graph von Fig. 1 könnte zu welcher Funktion f gehören? Versuchen Sie anhand eines oder mehrerer Merkmale die Zuordnung vorzunehmen.

a) $f(x) = 4 \cdot e^{-\frac{1}{4}x^2}$ b) $f(x) = \ln\frac{5+x}{5-x}$

c) $f(x) = \frac{1}{2} \cdot \left(e^{\frac{1}{2}x} + e^{-\frac{1}{2}x}\right)$ d) $f(x) = -2 \cdot \frac{\ln(3x)}{x}$

2 Geben Sie sämtliche Asymptoten der Graphen von Fig. 1 an.

Im Folgenden wird die bekannte Schrittfolge für **Funktionsuntersuchungen** verwendet.

Beispiel 1: (Untersuchung einer Funktion ohne Parameter)
Untersuchen Sie die Funktion f mit $f(x) = 10x \cdot e^{-\frac{1}{2}x^2}$ mit $D_f = \mathbb{R}$. Zeichnen Sie den Graphen von f.
Lösung:
1. Symmetrie
$f(-x) = 10 \cdot (-x) \cdot e^{-\frac{1}{2}(-x)^2} = -10x \cdot e^{-\frac{1}{2}x^2} = -f(x)$, also ist der Graph von f punktsymmetrisch zum Ursprung.

2. Nullstellen; Funktionswert an der Stelle 0
$f(x) = 0$, d.h. $10x \cdot e^{-\frac{1}{2}x^2} = 0$, also $x_1 = 0$, da $e^{-\frac{1}{2}x^2} > 0$ für alle $x \in \mathbb{R}$. Also ist $N(0|0)$ einziger Schnittpunkt mit der x-Achse. Wegen $f(0) = 0$ ist N auch Schnittpunkt mit der y-Achse.

3. Verhalten für $|x| \to \infty$
Nach der Regel von DE L'HOSPITAL gilt: $\lim_{x \to \infty} 10x \cdot e^{-\frac{1}{2}x^2} = 10 \cdot \lim_{x \to \infty} \frac{x}{e^{\frac{1}{2}x^2}} = 10 \cdot \lim_{x \to \infty} \frac{1}{x \cdot e^{\frac{1}{2}x^2}} = 0$.

Die x-Achse ist Asymptote für $x \to +\infty$ und wegen der Punktsymmetrie auch für $x \to -\infty$.

4. Ableitungen
$f'(x) = 10 \cdot (1 - x^2) \cdot e^{-\frac{1}{2}x^2}$; $f''(x) = 10x \cdot (x^2 - 3) \cdot e^{-\frac{1}{2}x^2}$; $f'''(x) = -10 \cdot e^{-\frac{1}{2}x^2} \cdot (x^4 - 6x^2 + 3)$

5. Extremstellen
$f'(x) = 0$ liefert $x_2 = -1$ und $x_3 = 1$ als mögliche Extremstellen. Es ist $f''(x_2) = 20 \cdot e^{-\frac{1}{2}} > 0$ und $f(x_2) = -10 \cdot e^{-\frac{1}{2}} \approx -6{,}0653$. Daher ist $T\left(-1 \left| -\frac{10}{\sqrt{e}}\right.\right)$ Tiefpunkt. Wegen der Punktsymmetrie ist $H\left(1 \left| \frac{10}{\sqrt{e}}\right.\right)$ Hochpunkt.

6. Wendestellen
$f''(x) = 0$ ergibt drei mögliche Wendestellen: $x_4 = 0$, $x_5 = -\sqrt{3}$ und $x_6 = \sqrt{3}$. An allen drei Stellen ist die 3. Ableitung von null verschieden. Unter Verwendung der Punktsymmetrie erhält man die Wendepunkte
$W_1(0|0)$, $W_2\left(\sqrt{3} \left| \frac{10\sqrt{3}}{e\sqrt{e}}\right.\right) \approx W_2(1{,}73|3{,}86)$ und
$W_3\left(-\sqrt{3} \left| -\frac{10\sqrt{3}}{e\sqrt{e}}\right.\right) \approx W_3(-1{,}73|-3{,}86)$.
7. Graph: Siehe Fig. 2.

Beachten Sie:
Man käme auch ohne 3. Ableitung aus, da für $f''(x) = 10x(x^2 - 3) \cdot e^{-\frac{1}{2}x^2}$ beim Durchgang durch die Stellen $x_4 = 0$, $x_5 = -\sqrt{3}$, $x_6 = \sqrt{3}$ jeweils ein Vorzeichenwechsel stattfindet.

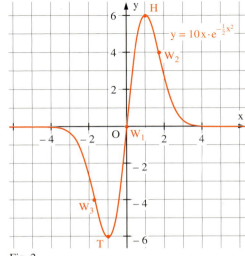
Fig. 2

Beispiele von Funktionsuntersuchungen

Ein Parameter t wird wie eine Konstante behandelt!

Beispiel 2: (Untersuchung einer Funktionenschar)
Gegeben ist die Funktionenschar f_t mit $f_t(x) = (\ln(x))^2 + t \cdot \ln(x)$, $x \in \mathbb{R}^+$ und $t \in \mathbb{R}$.
a) Untersuchen Sie die Funktionenschar f_t und zeichnen Sie Graphen für $t = -1, 0$ und 2.
b) Auf welcher Ortskurve liegen die Extrempunkte der Graphen von f_t? Zeichnen Sie die Ortskurve in das vorhandene Koordinatensystem ein.

Lösung:

a) **1. Symmetrie**
Der Graph von f_t kann wegen $D_{f_t} = \mathbb{R}^+$ weder achsensymmetrisch zur y-Achse noch punktsymmetrisch zum Ursprung sein.

2. Nullstellen; Funktionswert an der Stelle 0

Beachten Sie:
Der Schnittpunkt $N_1(1|0)$ mit der x-Achse ist unabhängig von t. Alle Graphen gehen daher durch diesen Punkt.

$f_t(x) = 0$, d.h. $\ln(x) \cdot (\ln(x) + t) = 0$ ergibt $\ln(x) = 0$ oder $\ln(x) = -t$, also sind $x_1 = 1$ und $x_2 = e^{-t}$ die einzigen Nullstellen. Die Schnittpunkte mit der x-Achse sind damit $N_1(1|0)$ und $N_2(e^{-t}|0)$. Wegen $x > 0$ gibt es keinen Schnittpunkt mit der y-Achse.

3. Asymptoten
Für $x \to \infty$ gilt $\ln(x) \to \infty$. Da $f_t(x) = \ln(x) \cdot (\ln(x) + t)$ ist, wachsen bei festem t beide Faktoren über alle Grenzen. Daher gilt für $x \to \infty$: $f_t(x) \to \infty$. Es gibt keine Asymptote für $x \to \infty$.
Für $x \to 0$ gilt $\ln(x) \to -\infty$ und damit auch $f_t(x) \to +\infty$. Damit ist die Gerade mit der Gleichung $x = 0$ Asymptote.

4. Ableitungen
$f_t'(x) = \frac{1}{x} \cdot (2 \cdot \ln(x) + t)$; $f_t''(x) = -\frac{1}{x^2} \cdot (2 \cdot \ln(x) + t - 2)$; $f_t'''(x) = \frac{2}{x^3} \cdot (2 \cdot \ln(x) + t - 3)$

5. Extremstellen
$f_t'(x) = 0$ ergibt $2 \cdot \ln(x) = -t$, also ist $x_3 = e^{-\frac{1}{2}t}$ einzig mögliche Extremstelle.
Es ist $f_t''(x_3) = -\frac{1}{e^{-t}} \cdot (-t + t - 2) = 2e^t > 0$. Also ist $f_t(x_3) = -\frac{t}{2} \cdot \left(-\frac{t}{2} + t\right) = -\frac{t^2}{4}$ lokales Minimum; $T_t\left(e^{-\frac{1}{2}t} \mid -\frac{t^2}{4}\right)$ ist Tiefpunkt.

6. Wendestellen
$f_t''(x) = 0$ ergibt $2 \cdot \ln(x) = 2 - t$, also ist $x_4 = e^{1-\frac{t}{2}}$ einzig mögliche Wendestelle. Es ist $f_t'''(x_4) = \frac{2}{e^{3-\frac{3}{2}t}}(2 - t + t - 3) = -2e^{\frac{3}{2}t - 3} \neq 0$ und $f(x_4) = \left(1 - \frac{t}{2}\right)^2 + t \cdot \left(1 - \frac{t}{2}\right) = 1 - \frac{t^2}{4}$.
Also liegt in $W_t\left(e^{1-\frac{t}{2}} \mid 1 - \frac{t^2}{4}\right)$ ein Wendepunkt vor. Die Steigung des Graphen beträgt dort $f'(x_4) = 2 \cdot e^{\frac{t}{2} - 1}$.

7. Graphen für $t = -1, 0$ und 2

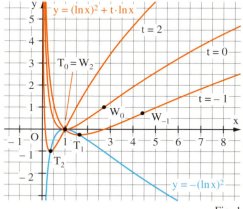

t	−1	0	2
Asymptoten	$x = 0$	$x = 0$	$x = 0$
Nullstellen	1 und e	1	0 und $\frac{1}{e^2}$
Tiefpunkt	$T_{-1}\left(\sqrt{e} \mid -\frac{1}{4}\right)$	$T_0(1 \mid 0)$	$T_2\left(\frac{1}{e} \mid -1\right)$
Wendepunkt	$W_{-1}\left(e\sqrt{e} \mid \frac{3}{4}\right)$	$W_0(e \mid 1)$	$W_2(1 \mid 0)$

Fig. 1

Man erhält die Gleichung der Ortskurve von $P(u(t)|v(t))$, indem man die Gleichung $x = u(t)$ nach t auflöst und in $y = v(t)$ einsetzt.

b) Ortskurve der Extrem- und Wendepunkte
Die Ortskurve der Tiefpunkte $T_t\left(e^{-\frac{1}{2}t} \mid -\frac{t^2}{4}\right)$ bestimmt man durch Eliminieren der Variablen t aus $x = e^{-\frac{1}{2}t}$ und $y = -\frac{t^2}{4}$. Aus der ersten Gleichung ergibt sich: $\ln x = -\frac{1}{2}t$ oder $t = -2 \cdot \ln(x)$, eingesetzt in $y = -\frac{t^2}{4}$ erhält man $y = -(\ln(x))^2$.
Den Graphen zeigt Fig. 1.

220

Aufgaben

3 Führen Sie eine Funktionsuntersuchung durch und zeichnen Sie den Graphen.
a) $f(x) = x - e^x$
b) $f(x) = e \cdot x + e^{-x}$
c) $f(x) = x - \ln(x)$
d) $f(x) = x + \ln\left(\frac{2}{x}\right)$
e) $f(x) = (x - 2) \cdot e^x$
f) $f(x) = x \cdot e^{-2x} + 2$
g) $f(x) = 4 \cdot x^2 \cdot e^{-x}$
h) $f(x) = 3 \cdot e^{-x^2}$
i) $f(x) = x^3 \cdot e^{-x}$
j) $f(x) = \frac{x}{\sqrt{e^x}}$
k) $f(x) = 3 \cdot \frac{x\sqrt{x}}{e^x}$
l) $f(x) = \frac{x^2 + x}{e^x}$

4 a) $f(x) = \ln(1 + x^2)$
b) $f(x) = (\ln(x))^2$
c) $f(x) = x \cdot (1 - \ln(x))$
d) $f(x) = \sqrt{x} \cdot \ln(x)$
e) $f(x) = \frac{x}{\ln(x)}$
f) $f(x) = 8 \cdot \frac{\ln(x + 1)}{x + 1}$
g) $f(x) = x \cdot \ln(|x|)$
h) $f(x) = x^2 \cdot \ln(|x|)$

5 Untersuchen Sie die Funktionenschar.
a) $f_t(x) = e^{t \cdot x} - x$, $t > 0$
b) $f_t(x) = \ln(x + t) - x$, $t < 0$
c) $f_t(x) = \frac{\ln(x)}{t \cdot x}$, $0 < t \leq 1$

6 Der Graph der Funktion f mit $f(x) = e \cdot x + e^{-x}$ schließt mit den Koordinatenachsen eine Fläche ein. Berechnen Sie den Inhalt dieser Fläche.

7 Gegeben ist die Funktionenschar f_t mit $f_t(x) = -\frac{2x}{t} \cdot e^{t \cdot x}$ und $t > 0$. Untersuchen Sie die Funktionenschar und bestimmen Sie die Ortskurve der Wendepunkte.

8 Durch $f_t(x) = \frac{te^x}{t + e^x}$ ist für jedes $t \in \mathbb{R}^+$ eine Funktion f_t gegeben. Ihr Graph sei K_t.
a) Untersuchen Sie f_t und zeichnen Sie K_1 und K_3.
b) Ist K_t punktsymmetrisch? Weisen Sie dies gegebenenfalls nach.
c) Die Wendetangente von K_t schneide die y-Achse in $P(0|c)$. Welche Werte nimmt c an, wenn t die positiven reellen Zahlen durchläuft? Gibt es ein t, so dass die Wendetangente durch den Ursprung verläuft?
d) Warum erhält man zu f_t auf einfache Weise eine Stammfunktion?

Aufgabenteil c) kann man auch experimentell mit dem grafikfähigen Taschenrechner bearbeiten.

9 Zu jedem $t > 0$ ist eine Funktion f_t gegeben durch $f_t(x) = t \cdot [\ln(x + t)]^2$. Ihr Graph sei K_t.
a) Untersuchen Sie f_t und zeichnen Sie K_2 mit der zugehörigen Asymptote.
b) P_t sei der Graph der Funktion g mit $g_t(x) = t \cdot (x + t)^2$. Zeigen Sie: P_t schneidet K_t in einem Punkt $S_t(u_t|v_t)$. Berechnen Sie u_t für $t = 2$ mit einem Iterationsverfahren auf 4 Dezimalen.

10 Für jedes $t \in \mathbb{R}$ ist eine Funktion f_t gegeben durch $f_t(x) = \frac{t + \ln(x)}{x}$. Ihr Graph sei K_t.
a) Untersuchen Sie f_t und zeichnen Sie K_0 und K_2 mit der Längeneinheit 2 cm.
b) Bestimmen Sie die Gleichung der Ortskurve, auf der die Hochpunkte aller K_t liegen.
c) Die Kurve K_t, die x-Achse und die zur y-Achse parallelen Geraden durch den Hochpunkt und den Wendepunkt von K_t umschließen eine Fläche. Zeigen Sie, dass ihr Inhalt unabhängig von t ist. Deuten Sie das Ergebnis an den Graphen.

11 Der Graph der Funktion f_a mit $f_a(x) = \frac{x}{x^2 + a^2}$ mit $a > 0$, die x-Achse und die Geraden mit den Gleichungen $x = u$ und $x = 2u$ ($u > 0$) begrenzen eine Fläche A(u).
a) Berechnen Sie A(u) und zeigen Sie, dass A(u) streng monoton zunimmt.
b) Bestimmen Sie den Grenzwert von A(u) für $u \to \infty$.

12 Gegeben ist die Funktion f mit $f(x) = x^x$ mit $x > 0$.
a) Berechnen Sie das globale Minimum von f.
b) Zeigen Sie, dass der Graph von f keinen Wendepunkt besitzt.
c) Berechnen Sie den Grenzwert für $x \to 0$ und zeichnen Sie den Graphen von f.

Beispiele von Funktionsuntersuchungen

Suchen Sie zu den Aufgaben dieser Seite weitere Fragestellungen

Funktionsuntersuchungen in realem Bezug

13 In trübes Wasser tritt Sonnenlicht senkrecht von oben mit der Intensität I_0 ein. In 1 m Tiefe beträgt die Intensität nur noch 30 % von I_0. Im Modell nimmt man an, dass die Lichtintensität I mit der Tiefe x nach der Formel $I = I_0 \cdot e^{-\alpha x}$ abnimmt.
a) Berechnen Sie den so genannten Extinktionskoeffizienten α.
b) In welcher Tiefe hat die Lichtintensität um 95 % abgenommen?

14 Das Seil einer Hängebrücke mit 200 m Breite kann durch eine Kettenlinie angenähert werden. Diese ist der Graph der Funktion $f_{a;c}$ mit $f_{a;c}(x) = \frac{a}{2c}(e^{cx} + e^{-cx})$ mit a, c > 0, x in Metern, $f_{a;c}(x)$ in Metern.
a) Untersuchen Sie den Graphen von $f_{a;c}$ auf Symmetrie.
b) Berechnen Sie das Minimum der Funktion $f_{a;c}$.
c) Bestimmen Sie a und c so, dass das Seil den tiefsten Punkt mit 5 m erreicht und die beiden Aufhängepunkte einen Abstand von 200 m haben und je 30 m hoch sind.

Hängt man ein Seil an zwei Punkten auf, so entsteht eine Kettenlinie.

Im Folgenden ist die in c) berechnete Funktion zu verwenden.
d) Welches Gefälle in Prozent haben die Seile an den Aufhängepunkten?
e) An welchen Stellen ist das Seil ca. 15 m über der Fahrbahn?
f) Auf welcher Strecke könnte ein Stuntman das Seil mit einem Motorrad befahren, wenn er noch eine Steigung von 20 % bewältigen kann?

15 Je weiter man von Meereshöhe aufsteigt, umso geringer wird der Luftdruck. Zwischen Luftdruck, Temperatur und Meereshöhe besteht folgender Zusammenhang:
$p = p_0 \cdot e^{\left(-\frac{0{,}03417}{T} h\right)}$. Dabei wird T gemessen in Grad Kelvin, p und p_0 in hPa (= 10^2 Pascal) und h in Metern. p_0 ist der Luftdruck auf Meereshöhe.

1 hPa = 10^2 Pa = 1 mbar = $10^2 \frac{N}{m^2}$

a) Welchen Luftdruck misst ein Bergsteiger auf seinem Barometer auf dem Mont Blanc (4800 m) bei 2 °C und einem Luftdruck von 980 hPa auf Meereshöhe?
b) Meist verwendet man das Barometer als Höhenmesser. Dabei wird aus dem Luftdruck und der Temperatur die Höhe berechnet. Geben Sie h an in Abhängigkeit vom Luftdruck p und der Temperatur T.

Wie beantworten Sie c), wenn sich während des Aufstiegs das Wetter deutlich verschlechtert hat?

c) Bei gleichbleibend schönem Wetter mit einem Luftdruck auf Meereshöhe von 1000 hPa und einem Luftdruck von 780 hPa am Ausgangsort und gleichbleibender Temperatur von 17 °C stellt ein Wanderer nach einem Aufstieg eine Abnahme des Luftdrucks um 56 hPa fest. Welche Höhe hat er überwunden?

16 In den letzten 10 Jahren nutzen zunehmend mehr Kunden in Deutschland das Mobilfunknetz. Die Entwicklung seit 1992 zeigt die folgende Tabelle.

Jahr	1992	1993	1994	1995	1996	1997	1998	2002
Kunden in Millionen	1	1,8	2,5	3,7	5,5	9,2	13,6	?

Es ist geschickt, die Jahreszahl 1992 durch 0 zu ersetzen, entsprechend 1993 durch 1, usw.

a) Bestimmen Sie die Funktion f mit $f(t) = c \cdot e^{kt}$ durch die Parameter c und k mithilfe von 2 Wertepaaren und untersuchen Sie die Abweichungen von den nicht verwendeten Werten.
b) Welche Kundenzahl ergibt sich für das Jahr 2002?
c) Inwieweit ist ein solcher Ansatz realistisch? Argumentieren Sie.

222

8 Vermischte Aufgaben

1 Schreiben Sie den Funktionsterm in der Form $f(x) = c \cdot e^{kx}$.
a) $f(x) = e^{0,5x-2}$
b) $f(x) = e^{2x+4}$
c) $f(x) = \left(\frac{1}{2}\right)^{x+2}$
d) $f(x) = \frac{1}{2}e^{x+\ln(2)}$

2 Skizzieren Sie den Graphen von f.
a) $f(x) = \ln(2x)$
b) $f(x) = \ln(x^2)$
c) $f(x) = 2 + \ln(x)$
d) $f(x) = \ln(x-2)$

3 Für welche $x \in \mathbb{R}$ gilt $f(x) = g(x)$?
a) $f(x) = \ln(x^2)$; $g(x) = 2 \cdot \ln(x)$
b) $f(x) = \ln(x^2 + x)$; $g(x) = \ln(x) + \ln(x+1)$
c) $f(x) = \ln\left(\frac{x-1}{x+1}\right)$; $g(x) = \ln(x-1) - \ln(x+1)$
d) $f(x) = \ln\left(\left|\frac{x}{x-2}\right|\right)$; $g(x) = \ln(|x|) - \ln(|x-2|)$

4 Berechnen Sie das Integral.
a) $\int_1^4 \frac{2}{x} dx$
b) $\int_2^{10} \frac{2}{3x-5} dx$
c) $\int_0^1 \frac{6}{4+12x} dx$
d) $\int_1^3 \frac{5x+1}{x} dx$
e) $\int_1^2 \frac{2x^2-3x+4}{x} dx$

5 Berechnen Sie für $x > 0$ alle lokalen Extremstellen und Extremwerte von f in Abhängigkeit von n, $n \in \mathbb{N}$, $n > 0$. Handelt es sich um Maxima oder Minima?
a) $f(x) = x^n \cdot e^{-x}$
b) $f(x) = x \cdot e^{-n \cdot x}$
c) $f(x) = x^n \ln(x)$
d) $f(x) = x \cdot \ln(x^n)$

6 Berechnen Sie die Grenzwerte für $x \to a$, $x \to -\infty$ und $x \to +\infty$ der Funktion f.
a) $f(x) = \frac{e^x - 1}{e^{2x} - 1}$, $a = 0$
b) $f(x) = \frac{1 - \ln(|x|)}{2 - \ln(x^2)}$, $a = e$
c) $f(x) = x \cdot \ln(|x|^k)$, $k > 0$, $a = 0$
d) $f(x) = \frac{(1-x)^k}{e^{x^2}+1}$, $a = 0$
e) $f(x) = \frac{\ln((x+1)^2)}{x}$, $a = 0$
f) $f(x) = \frac{e^{\sin(2x)} - e^{\sin(x)}}{x}$, $a = 0$

7 a) Untersuchen Sie, ob es Eigenschaften einer Funktion f gibt, die sich auf die Funktion g mit $g(x) = e^{f(x)}$ übertragen.
b) Gibt es Eigenschaften einer Funktion f, die sich auf die Funktion h mit $h(x) = \ln(f(x))$ übertragen?

Funktionsuntersuchungen, Funktionenscharen

8 Führen Sie für die Funktion f eine Funktionsuntersuchung durch. Zeichnen Sie den Graphen.
a) $f(x) = 2x \cdot e^{1-x}$
b) $f(x) = x + e^{-x}$
c) $f(x) = 3x \cdot e^{-\frac{1}{2}x^2}$
d) $f(x) = 2 - \frac{4e^x}{e^x+1}$

9 a) $f(x) = 2 \cdot (\ln(x+2))^2$
b) $f(x) = \frac{4 + 8\ln(x)}{x}$
c) $f(x) = x \cdot \ln\left(\frac{x^4}{2}\right)$
d) $f(x) = x - \ln(|x|)$

10 Gegeben ist die Funktion f mit $f(x) = 5 \cdot \frac{e^x - 2}{e^{2x}}$.
a) Geben Sie die Schnittpunkte mit den Koordinatenachsen an.
b) Schreiben Sie f(x) quotientenfrei und ermitteln Sie anschließend das Verhalten von f für $x \to +\infty$ und $x \to -\infty$.
c) Bestimmen Sie die Extrem- und Wendepunkte sowie die Steigung im Wendepunkt.
d) Zeichnen Sie den Graphen von f.
e) Berechnen Sie den Inhalt der Fläche zwischen den Achsen und der Kurve.
f) Zeigen Sie, dass die Funktion f in $[2 \cdot \ln(2); \infty[$ umkehrbar ist. Ermitteln Sie die Umkehrfunktion $\bar{f}$ und zeichnen Sie den Graphen von $\bar{f}$.

Vermischte Aufgaben

11 Zu jedem $t \in \mathbb{R}$ ist eine Funktion f_t gegeben durch $f_t(x) = e^{tx - \frac{1}{2}x^2}$.
a) Untersuchen Sie f_t. Zeigen Sie, dass für jedes t der Graph symmetrisch zur Geraden mit der Gleichung $x = x_H$ ist, wobei x_H die x-Koordinate des Hochpunktes ist. Zeichnen Sie die Graphen für $t = 0$ und $t = 2$.
b) Bestimmen Sie die Anzahl der Tangenten vom Ursprung an K_t in Abhängigkeit von t.

12 Für jedes $t \in \mathbb{R}$ ist eine Funktion f_t gegeben durch $f_t(x) = (t - e^x)^2$.
a) Untersuchen Sie die Funktionen f_t und zeichnen Sie die Graphen von f_1 und f_{-1}.
b) Beschreiben Sie in Worten, wie sich die zugehörigen Graphen ändern, wenn t die reellen Zahlen durchläuft.
c) Welche Bedingung müssen t und t* erfüllen, damit sich die zugehörigen Graphen schneiden? Welche Graphen schneiden sich auf der y-Achse? Gibt es Graphen, die sich auf der y-Achse orthogonal schneiden?
d) Für $t > 0$ begrenzen der Graph von f_t, seine Asymptote und die Gerade mit der Gleichung $x = u$ $(u < 0)$ eine Fläche.
Berechnen Sie ihren Inhalt $A(u)$. Bestimmen Sie $\lim_{u \to -\infty} A(u)$.

13 Zu jedem $t > 0$ ist eine Funktion f_t gegeben durch $f_t(x) = \ln\left(t \cdot \frac{1+x}{1-x}\right)$ mit der Definitionsmenge D_t. Ihr Graph sei K_t.
a) Bestimmen Sie die maximale Definitionsmenge D_t.
Untersuchen Sie K_t auf Schnittpunkte mit den Koordinatenachsen, Asymptoten und Wendepunkte. Zeichnen Sie K_1.
b) Wie entsteht K_t aus K_1?
c) Zeigen Sie, dass f_t streng monoton zunimmt. Welche Werte können die Tangentensteigungen von K_t annehmen?
d) Für welchen Wert von t berührt K_t die Gerade mit der Gleichung $y = 2x - 3$?
e) Geben Sie die Ortslinie der Wendepunkte aller K_t an.
f) $\overline{K_t}$ sei der Graph der Umkehrfunktion $\overline{f_t}$ zu f_t. Geben Sie $\overline{f_t}$ an. Wie geht $\overline{K_t}$ aus $\overline{K_1}$ hervor? Welche Werte können die Tangentensteigungen von $\overline{K_t}$ annehmen?
g) Zeigen Sie, dass die Funktion G mit $G(x) = \frac{1}{b-a}\ln\left(\frac{x+a}{x+b}\right)$ eine Stammfunktion von g mit $g(x) = \frac{1}{(x+a)(x+b)}$ ist für $a \neq b$, $x + a > 0$, $x + b > 0$.

*Mithilfe von Funktionswertetabellen erhält man **nur Vermutungen** über das Grenzwertverhalten von Funktionen.*

x	$\sqrt{x}$	ln x	h(x)
0	...	...	...
0,1			
0,01			
0,001			
...			

$x \to 0$: $h(x) \to$?

14 Gegeben sind die Funktionen f mit $f(x) = \sqrt{x}$ und g mit $g(x) = \ln(x)$.
Bestimmen Sie die Definitionsmenge von h. Untersuchen Sie das Grenzverhalten von h. Erstellen Sie dazu gegebenenfalls Tabellen mit geeigneten Funktionswerten. Skizzieren Sie den Graphen.
a) $h(x) = f(x) - g(x)$ b) $h(x) = g(x) - f(x)$ c) $h(x) = f(x) \cdot g(x)$ d) $h(x) = \frac{f(x)}{g(x)}$

Extremwerte

15 Gegeben ist eine Funktion f durch $f(x) = 10x \cdot e^{-x^2}$. Fig. 1 zeigt ihren Graphen.
Durch den Ursprung O, einen Punkt $A(a|0)$ und $P(a|f(a))$ wird ein Dreieck bestimmt.
Berechnen Sie den maximalen Inhalt, den ein solches Dreieck annehmen kann.

16 Gegeben sind die Funktionen f durch $f(x) = \frac{2}{1-x^2}$ mit $x \in (-1; 1)$ und g mit $g(x) = \ln\left(\frac{1+x}{1-x}\right)$.
Skizzieren Sie ihre Graphen.
Jede der Geraden mit der Gleichung $x = u$ $(0 < u < 1)$ schneidet den Graphen der Funktion f im Punkt P_u und den Graphen der Funktion g im Punkt Q_u. Für welchen Wert u ist der Abstand $\overline{P_u Q_u}$ minimal?

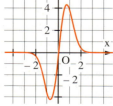

Fig. 1

224

17 Bestimmen Sie unter den Graphen der Funktionen f_t mit $f_t(x) = \frac{1}{\sqrt{x}} \cdot (tx + 2e^{1-t})$, $t > 0$ und $x > 0$ denjenigen, dessen Tiefpunkt am höchsten liegt.

Funktionsuntersuchungen in realem Bezug

18 Der Querschnitt eines Geländestücks kann durch die Funktion f mit $f(x) = x + e^{-0,5x}$ beschrieben werden (Fig. 2).
Für eine Trasse muss ein 4 m breiter Aushub bis zur x-Achse erfolgen. Er ist in Fig. 2 gefärbt dargestellt. Berechnen Sie die Stelle a, an der der Aushub beginnen muss, wenn man möglichst wenig Material bewegen will.

Fig. 2

19 In der Grafik von Fig. 3 ist die Arbeitszeit seit 1825 aufgetragen.
a) Berechnen Sie die jährliche Arbeitszeitverkürzung. Ermitteln Sie den Zeitraum, in dem sie am größten war.
b) Der Verlauf der Arbeitszeitverkürzung kann näherungsweise durch den Graphen der Funktion f mit
   $f(t) = 82 \cdot e^{-0,00437 \cdot t}$
beschrieben werden. Zeichnen Sie den Graphen von f und geben Sie die größte prozentuale Abweichung an.
c) Zeigen Sie, dass die durchschnittliche jährliche Arbeitszeit im Zeitraum von 1825 bis 2000 bei etwas mehr als 57 Stunden pro Woche liegt.
Verwenden Sie dazu die Funktion f von Aufgabenteil b) als Näherung.
Welche Arbeitszeit ergibt sich für das Jahr 2020?

Fig. 3

Jahre	Wahrscheinlichkeit t in Prozent
0	38
2	32
5	20
8	12
12	8

Fig. 1

nach Stamatiadis-Smidt, Thema Krebs, Springer Verlag 1993

20 Die Wahrscheinlichkeit, dass ein Raucher an Lungenkrebs stirbt, der über Jahre hinweg 20 Zigaretten oder mehr pro Tag geraucht hat, nimmt nach dem Aufhören des Rauchens mit der Zeit kontinuierlich ab. So gilt in der Medizin die Tabelle von Fig. 1 als relativ gesichert. Danach ist für einen ehemaligen Raucher z.B. die Wahrscheinlichkeit, 8 Jahre nach Beendigung des Rauchens an Lungenkrebs zu sterben, nur noch 12 % höher als die eines Nichtrauchers.
a) Zeigen Sie, dass das Risiko an Lungenkrebs zu erkranken, exponentiell abnimmt, d.h. es kann durch eine Funktion f mit $f(t) = c \cdot e^{-kt}$ beschrieben werden. Bestimmen Sie aus den Werten für 2 und 8 Jahre die Konstanten c und k.
b) Nach welcher Zeit liegt das Risiko nur noch 5 % über dem eines Nichtrauchers?
c) In welchem Zeitraum sinkt das Risiko auf die Hälfte, wenn man schon zehn Jahre nicht mehr geraucht hat? Vergleichen Sie diesen Zeitabschnitt mit dem ab dem 5. Jahr.

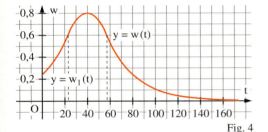
Fig. 4

21 Fig. 4 zeigt das Wachstum pro Jahr w(t) (in m/a) nach t Jahren nach Pflanzen eines Fichtensetzlings. Dabei kann w(t) in den ersten 25 Jahren angenähert werden durch
   $w_1(t) = 0,24 e^{0,04t}$ (t in a; $w_1(t)$ in m/a).
Eine Fichte gilt als ausgewachsen, wenn sie ab einem bestimmten Zeitpunkt in der Folgezeit nur noch maximal 2 m wächst. Berechnen Sie unter Verwendung der Symmetrieeigenschaften des angegebenen Graphen, wann dies der Fall ist.

225

Mathematische Exkursionen

Die Glockenkurve von GAUSS

Größen x_i	Prozent $p(x_i)$
37	0
38	0,2
39	1,2
40	3,8
41	11,8
42	20,8
43	24,5
44	17,4
45	10,5
46	7,9
47	1,2
48	0,6
49	0,1

Fig. 1

Eine Häufigkeitsverteilung für die im Jahre 1998 verkauften Größen bei Herrenstraßenschuhen zeigt Fig. 1. Es fällt auf, dass offensichtlich die meisten Herren die Schuhgröße 42 bis 43 haben. Fig. 2 zeigt die grafische Veranschaulichung dieser Verteilung.

In Fig. 3 ist die Häufigkeitsverteilung der Augensummen beim Werfen mit zwei Würfeln bei 1000 Würfen dargestellt. Auch hier liegt näherungsweise eine eingipflige symmetrische Verteilung um den Mittelwert $\mu = 7$ vor.

Der Göttinger Mathematikprofessor Gauss (1777–1855) entdeckte, dass sich in der Praxis viele Häufigkeitsverteilungen durch eine Glockenkurve annähern lassen. Alle diese Verteilungen sind annähernd symmetrisch in Bezug auf eine zur Hochachse parallele Gerade durch den Hochpunkt der Kurve.

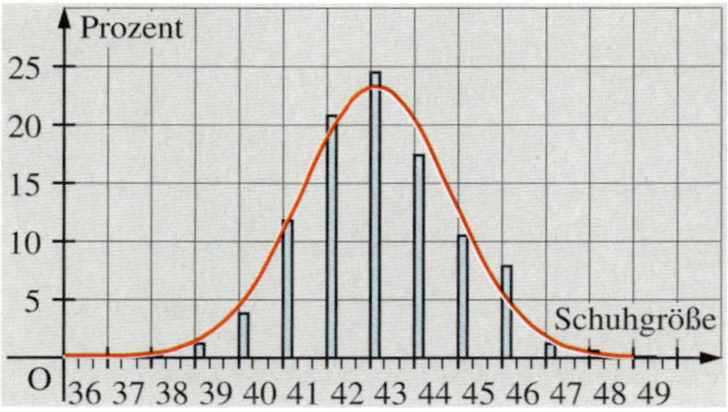

Fig. 2

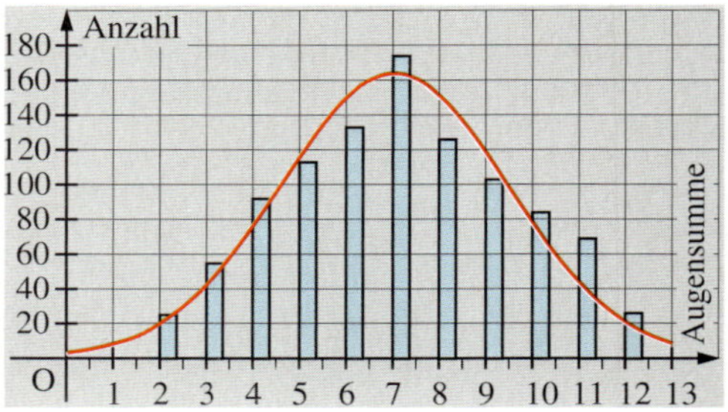

Fig. 3

Für die Herrenschuhe erhält man:
$\mu = \frac{1}{100} \cdot \sum_{i=1}^{13} x_i \cdot p(x_i)$
$= 43{,}09;$
$\sigma^2 = \frac{1}{100} \cdot \sum_{i=1}^{13} (x_i - \mu)^2 \cdot p(x_i)$
$= 2{,}939,$
also
$\sigma = 1{,}71.$

Der x-Wert des Hochpunktes ist der Mittelwert μ der Verteilung. Dabei ist $\mu = \frac{1}{n} \sum_{i=1}^{n} x_i$.

Gibt man die relativen Häufigkeiten der verschiedenen Werte $x_1, x_2, \ldots, x_k$ mit den Prozentzahlen $p(x_1), p(x_2), \ldots, p(x_k)$ an, so gilt auch: $\mu = \frac{1}{100} \cdot \sum_{i=1}^{k} x_i \cdot p(x_i)$.

Der y-Wert des Hochpunktes wird durch die Standardabweichung σ bestimmt, ebenso wie die „Breite der Glocke". Dabei ist $\sigma^2 = \frac{\sum_{i=1}^{n}(x_i - \mu)^2}{n}$ bzw. $\sigma^2 = \frac{1}{100} \cdot \sum_{i=1}^{k} (x_i - \mu)^2 \cdot p(x_i)$.

Ist dies für die Schuhe näherungsweise erfüllt?

Sind noch zusätzlich die Bedingungen erfüllt, dass
- 68 % der Messwerte zwischen $\pm 1\sigma$ vom Mittelwert μ aus liegen,
- 95 % der Messwerte zwischen $\pm 2\sigma$ vom Mittelwert μ aus liegen,
- 99,7 % der Messwerte zwischen $\pm 3\sigma$ vom Mittelwert μ aus liegen,

so kann man diese Daten durch eine so genannte gaußsche Glockenkurve annähern.
Es wird im Folgenden gezeigt, dass sich eine solche Kurve durch eine Funktion f mit
$f(x) = \frac{1}{\sigma \cdot \sqrt{2\pi}} \cdot e^{-\frac{1}{2}\left(\frac{x-\mu}{\sigma}\right)^2}$ beschreiben lässt, wobei μ der Mittelwert und σ die Standardabweichung der Verteilung ist.

Aus der Kurvenuntersuchung bei Exponentialfunktionen ist bekannt, dass der Graph von f mit $f(x) = e^{-x^2}$ die Form einer Glocke hat.

Fig. 4 zeigt den Graphen der Funktion f mit $f(x) = e^{-\frac{1}{2}x^2}$. Es besitzt den Hochpunkt $H(0|1)$, Wendepunkte sind $W_1\left(-1\big|e^{-\frac{1}{2}}\right)$ und $W_2\left(1\big|e^{-\frac{1}{2}}\right)$.
Fig. 4 zeigt auch den Graphen der Funktion f_1, der aus dem von f durch Verschiebung um den Mittelwert μ in x-Richtung entsteht. Es besitzt nunmehr den Hochpunkt $H(\mu|1)$.

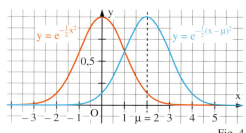

Fig. 4

226

Mathematische Exkursionen

Das ist von Hand leicht nachzurechnen!

Die „Breite" des Graphen wird von der Streuung σ bestimmt. Ist σ klein, so muss der Graph „enger" werden. Dies wird dadurch erreicht, dass $x - \mu$ durch $\frac{x-\mu}{\sigma}$ ersetzt wird. Man erhält somit die Funktion f_2 mit $f_2(x) = e^{-\frac{1}{2}\left(\frac{x-\mu}{\sigma}\right)^2}$ (Fig. 1). Ihr Hochpunkt ändert sich dabei nicht. Wendepunkte sind $W_1\left(\mu - \sigma \mid e^{-\frac{1}{2}}\right)$ und $W_2\left(\mu + \sigma \mid e^{-\frac{1}{2}}\right)$.

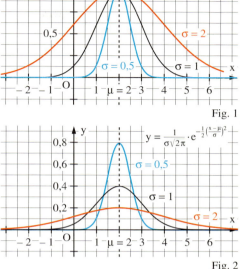

Fig. 1

Mit einem CAS-Programm kann man das Integral
$\lim\limits_{u \to \infty} \int_{-u}^{u} e^{-\frac{1}{2}\left(\frac{x-\mu}{\sigma}\right)^2} dx$
berechnen.

Die Summe der relativen Häufigkeiten einer Verteilung ist 1. Also muss bei Annäherung durch die Glockenkurve k so bestimmt werden, dass gilt:

$$\lim_{u \to \infty} \int_{-u}^{u} k \cdot e^{-\frac{1}{2}\left(\frac{x-\mu}{\sigma}\right)^2} dx = 1$$

oder $\lim\limits_{u \to \infty} \int_{-u}^{u} e^{-\frac{1}{2}\left(\frac{x-\mu}{\sigma}\right)^2} dx = \frac{1}{k}$.

Zu f_2 lässt sich keine Stammfunktion angeben. Man kann jedoch zeigen, dass $\lim\limits_{u \to \infty} \int_{-u}^{u} e^{-\frac{1}{2}\left(\frac{x-\mu}{\sigma}\right)^2} dx = \sigma \cdot \sqrt{2\pi}$ ist. Damit erhält man $k = \frac{1}{\sigma \cdot \sqrt{2\pi}}$. Die Funktion mit der besten Annäherung ist somit g mit $g(x) = \frac{1}{\sigma \cdot \sqrt{2\pi}} \cdot e^{-\frac{1}{2}\left(\frac{x-\mu}{\sigma}\right)^2}$. Graphen von g zeigt Fig. 2. Dabei ist der Flächeninhalt zwischen Graph und x-Achse stets 1.

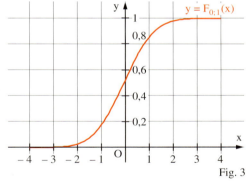

Fig. 2

Statt $\lim\limits_{u \to \infty} \int_{-u}^{x} g(t) dt$ schreibt man kurz:
$\int_{-\infty}^{x} g(t) dt.$

$P(k_1 \leq X \leq k_2) =$
$\int_{-\infty}^{k_2} \frac{1}{\sigma \cdot \sqrt{2\pi}} \cdot e^{-\frac{1}{2}\left(\frac{x-\mu}{\sigma}\right)^2} dx$
$- \int_{-\infty}^{k_1} \frac{1}{\sigma \cdot \sqrt{2\pi}} \cdot e^{-\frac{1}{2}\left(\frac{x-\mu}{\sigma}\right)^2} dx$

Um Wahrscheinlichkeiten wie $P(X \leq k)$, $P(X \geq k)$ oder $P(k_1 \leq X \leq k_2)$ zu bestimmen, muss man die Werte der Integralfunktion

$$F_{\mu;\sigma}(x) = \int_{-\infty}^{x} \frac{1}{\sigma \cdot \sqrt{2\pi}} \cdot e^{-\frac{1}{2}\left(\frac{u-\mu}{\sigma}\right)^2} du$$

kennen. $F_{\mu;\sigma}$ kann nicht in Form eines Terms angegeben werden. Jeder Funktionswert von $F_{\mu;\sigma}$ an der Stelle x kann aber aus dem Funktionswert der Funktion $F_{0;1}$ mit

$$F_{0;1}(z) = \int_{-\infty}^{z} \frac{1}{\sqrt{2\pi}} \cdot e^{-\frac{1}{2}t^2} dt$$

Meist wird die Funktion $F_{0;1}$ mit Φ bezeichnet.

berechnet werden. Den Graphen von $F_{0;1}$ zeigt Fig. 3. Die Funktionswerte von $F_{0;1}$ sind meist tabelliert und auf dem Taschenrechner oder in CAS-Programmen abrufbar.

Fig. 3

Aufgaben

1 Zeigen Sie, dass gilt: $F_{\mu;\sigma}(x) = F_{0;1}\left(\frac{x-\mu}{\sigma}\right)$.

2 Prüfen Sie nach mithilfe eines geeigneten Programms.
a) $P(|X - \mu| \leq \sigma) = 0{,}6827 = F_{\mu;\sigma}(\mu + \sigma) - F_{\mu;\sigma}(\mu - \sigma) = F_{0;1}(1) - F_{0;1}(-1)$
b) $P(|X - \mu| \leq 2\sigma) = 0{,}9545 = F_{\mu;\sigma}(\mu + 2\sigma) - F_{\mu;\sigma}(\mu - 2\sigma) = F_{0;1}(2) - F_{0;1}(-2)$
c) $P(|X - \mu| \leq 3\sigma) = 0{,}9973 = F_{\mu;\sigma}(\mu + 3\sigma) - F_{\mu;\sigma}(\mu - 3\sigma) = F_{0;1}(3) - F_{0;1}(-3)$

Hinweis zu a):
Ersetzen Sie die Integrationsvariable t in $F_{0;1}$ durch $t(u) = \frac{u-\mu}{\sigma}$. Dann ist, wie auf Seite 246 gezeigt wird, $dt = t'(u) du$.

Rückblick

Exponentialfunktionen

Die Funktion g mit $g(x) = c \cdot a^x$ heißt Exponentialfunktion.
Bei der natürlichen Exponentialfunktion f mit $f(x) = e^x$
ist die eulersche Zahl $e = 2{,}71828\ldots$ die Basis.
Es gilt: $f'(x) = e^x$.
F mit $F(x) = e^x$ ist eine Stammfunktion von f.

Die Funktion f mit $f(x) = e^{u(x)}$ hat die Ableitung $f'(x) = u'(x) \cdot e^{u(x)}$.
Sonderfall: Ist $u(x) = mx + c$, so ist $f(x) = e^{mx+c}$.
$$f'(x) = m \cdot e^{mx+c}.$$
$$F(x) = \tfrac{1}{m} \cdot e^{mx+c}.$$

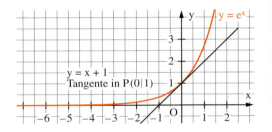

Funktion: $f(x) = e^{-0{,}5x}$
Ableitung: $f'(x) = -0{,}5 \cdot e^{-0{,}5x}$
Stammfunktion: $F(x) = \tfrac{1}{-0{,}5} \cdot e^{-0{,}5x} = -2 \cdot e^{-0{,}5x}$

Die natürliche Logarithmusfunktion

Die Funktion f mit $f(x) = \ln(x)$, $x \in \mathbb{R}^+$ heißt natürliche Logarithmusfunktion. Sie ist die Umkehrfunktion der natürlichen Exponentialfunktion g mit $g(x) = e^x$, $x \in \mathbb{R}$.
Für die Ableitung von f mit $f(x) = \ln(x)$, $x \in \mathbb{R}^+$ gilt $f'(x) = \tfrac{1}{x}$.
Die Funktion F mit $F(x) = \ln(|x|)$, $x \neq 0$,
ist eine Stammfunktion von f mit $f(x) = \tfrac{1}{x}$.
Die Funktion h mit $h(x) = \tfrac{u'(x)}{u(x)}$
hat als Stammfunktion die Funktion H mit $H(x) = \ln(|u(x)|)$.

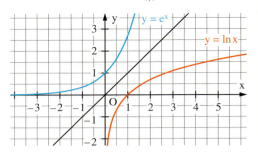

Für $f(x) = \ln(x^2 + 1)$ gilt: $f'(x) = \tfrac{2x}{x^2+1}$.
F mit $F(x) = \ln(|x^2+1|)$ ist eine Stammfunktion von f mit $f(x) = \tfrac{2x}{x^2+1}$.

Lösen von Exponential- und Logarithmusgleichungen

Eine Exponentialgleichung der Form $e^x = c$ hat die Lösung $\mathbf{x = \ln(c)}$.
Es ist $\ln(x) = \log_e(x)$.
Für das Lösen von Gleichungen und das Ableiten sind folgende Aussagen wichtig:
$$\ln(e^x) = x$$
$$e^{\ln(x)} = x$$

$e^x = 2$ hat die Lösung $x = \ln(2) \approx -1{,}3863$
$\ln(x^2) = 2$ schreibt man um: $x^2 = e^2$ und
erhält $x_1 = -e$ und $x_2 = e$ als Lösungen.
$e^{\sqrt{x}-2} = 1$ $\ln(\sqrt{x}-2) = 1$
$\ln(e^{\sqrt{x}-2}) = \ln(1)$ $e^{\ln(\sqrt{x}-2)} = e^1$
$\sqrt{x} - 2 = 0$ $\sqrt{x} - 2 = e$
$x = 4$ $x = (e+2)^2$

Beliebige Exponential- und Logarithmusfunktionen

f mit $f(x) = a^x$, $x \in \mathbb{R}$, kann man umschreiben in eine Exponentialfunktion mit der Basis e: $f(x) = e^{x \cdot \ln(a)}$.
f mit $f(x) = \log_a(x)$, $x \in \mathbb{R}^+$, kann man ausdrücken durch die natürliche Logarithmusfunktion: $f(x) = \tfrac{\ln(x)}{\ln(a)}$.

Aus $f(x) = 3^{x-2}$ wird $f(x) = e^{\ln(3^{x-2})} = e^{(x-2) \cdot \ln(3)}$.
$f'(x) = \ln(3) \cdot e^{(x-2) \cdot \ln(3)} = \ln(3) \cdot 3^{x-2}$.
$F(x) = \tfrac{1}{\ln(3)} \cdot e^{(x-2) \cdot \ln(3)} = \tfrac{1}{\ln(3)} \cdot 3^{x-2}$.
Aus $f(x) = \log_3(x)$ wird $f(x) = \tfrac{\ln(x)}{\ln(3)}$.
$f'(x) = \tfrac{1}{x} \cdot \tfrac{1}{\ln(3)}$.

Regel von DE L'HOSPITAL

Lässt sich der Term einer Funktion f in Form eines Quotienten $f(x) = \tfrac{u(x)}{v(x)}$
darstellen und gibt es eine Stelle a mit folgenden Eigenschaften:
(1) $u(a) = v(a) = 0$ oder $\lim\limits_{x \to a} u(a) = \lim\limits_{x \to a} v(a) = 0$,
(2) u und v sind in einer gemeinsamen Umgebung von a differenzierbar mit $v'(x) \neq 0$,
(3) $\lim\limits_{x \to a} \tfrac{u'(x)}{v'(x)}$ existiert, so gilt: $\lim\limits_{x \to a} \tfrac{u(x)}{v(x)} = \lim\limits_{x \to a} \tfrac{u'(x)}{v'(x)}$.

$\lim\limits_{x \to 0} \tfrac{\ln(x+1)}{\sin(x)}$, $u(x) = \ln(x+1)$, $v(x) = \sin(x)$
(1) $u(0) = 0$, $v(0) = 0$
(2) $u'(x) = \tfrac{1}{x+1}$; $v'(x) = \cos(x)$
(3) $\lim\limits_{x \to 0} \tfrac{1}{(x+1) \cdot \cos(x)} = 1$, also gilt $\lim\limits_{x \to 0} \tfrac{\ln(x+1)}{\sin(x)} = 1$.
Wichtige Grenzwerte ($n > 0$):
$$\lim\limits_{x \to \infty} (x^n \cdot e^{-x}) = 0$$
$$\lim\limits_{x \to 0} (x^n \cdot \ln(x)) = 0$$

228

Aufgaben zum Üben und Wiederholen

1 Leiten Sie zweimal ab.
a) $f(x) = x^2 + e^{-2x}$
b) $f(x) = \ln(2x)$
c) $f(x) = x^2 \cdot e^{-x}$
d) $f(x) = \ln(x \cdot e^x) + e^{x^2}$

2 Berechnen Sie (auf 4 Dezimalen gerundet).
a) $\int_{-10}^{2} 2e^{2x}\,dx$
b) $\int_{-10}^{2} \frac{1}{2}(e^x + e^{-x})\,dx$
c) $\int_{2}^{4} \frac{e^x - e^{-x}}{e^x + e^{-x}}\,dx$
d) $\int_{1}^{2} \frac{x^2 + \frac{1}{3}e^x}{e^x + x^3}\,dx$

3 Bestimmen Sie die Nullstellen der Funktion.
a) $f(x) = e^{2x} - 1$
b) $f(x) = \ln(3x - 2) - 1$
c) $f(x) = (\ln(x))^2 - \ln(x)$
d) $f(x) = e^{-x} + e^x$

4 Bestimmen Sie die Extremwerte von f und das Verhalten für $x \to \pm\infty$.
a) $f(x) = e^x + e^{-2x}$
b) $f(x) = \frac{\ln(x)}{x}$
c) $f(x) = x^3 \cdot e^{-x}$
d) $f(x) = x \cdot (\ln(x))^3$

5 Gegeben ist die Funktion f mit $f(x) = e^x \cdot (e^x - 2)$. Der Graph von f sei K.
a) Untersuchen Sie K auf Schnittpunkte mit den Koordinatenachsen, Asymptoten, Extrem- und Wendepunkte. Welche Wertemenge hat f? Zeichnen Sie K.
b) Berechnen Sie den Inhalt A(u) der Fläche, die von K, den Koordinatenachsen und der Geraden mit der Gleichung $x = -e^2$ begrenzt wird.

6 Für jedes $t > 0$ ist eine Funktion f_t gegeben durch $f_t(x) = \frac{1}{2} \cdot (tx - \ln(x))$. Der Graph von f_t sei K_t.
a) Bestimmen Sie den Tiefpunkt von K_t. Für welchen Wert von t liegt der Tiefpunkt auf der Geraden mit der Gleichung $y = 1$; für welchen Wert von t liegt er auf der x-Achse?
b) Untersuchen Sie, ob es Graphen K_t gibt, die einen Wendepunkt haben.
c) Für welchen Wert von t hat K_t mit der x-Achse einen Punkt gemeinsam?
d) Von $A(0|0{,}5)$ aus wird an jeden Graphen K_t die Tangente gelegt. Berechnen Sie die Koordinaten der Berührpunkte. Geben Sie den geometrischen Ort aller Berührpunkte an.

7 Für jedes $t > 0$ ist eine Funktion f_t gegeben durch $f_t(x) = tx + \frac{1}{tx}$. Für welchen Wert von t wird der Flächeninhalt, den der Graph von f_t mit der x-Achse über dem Intervall [1; 2] einschließt, minimal?

8 Zeigen Sie, dass die Funktion f umkehrbar ist. Ermitteln Sie die zugehörige Umkehrfunktion und skizzieren Sie die Graphen von f und $\overline{f}$.
a) $f(x) = 2 - \frac{1}{2}e^x$
b) $f(x) = \ln(2x + 3)$
c) $f(x) = 10e^{-0{,}5x^2},\ x \geq 0$
d) $f(x) = (\ln(x))^2,\ x \geq 1$

9 Gegeben ist die natürliche Logarithmusfunktion und ihr Graph K.
a) Berechnen Sie den Inhalt der Fläche, die von K, den Koordinatenachsen und der Geraden mit der Gleichung $y = 1$ eingeschlossen wird.
(Anleitung: Verwenden Sie die Umkehrfunktion der natürlichen Exponentialfunktion.)
b) Berechnen Sie mithilfe des Ergebnisses von a) den Inhalt der Fläche, die von K, der x-Achse und der Geraden mit der Gleichung $x = e$ begrenzt wird.
c) Weisen Sie nach, dass die Funktion F mit $F(x) = x \cdot (\ln(x) - 1)$ eine Stammfunktion der natürlichen Logarithmusfunktion ist. Bestätigen Sie damit die Ergebnisse von a) und b).

Die Lösungen zu den Aufgaben dieser Seite finden Sie auf Seite 382/383.

10 a) Wie muss die Basis a gewählt werden, damit sich die Graphen von f und g mit $f(x) = a^x$ und $g(x) = a^{-x}$ orthogonal schneiden?
b) Welche Beziehung muss zwischen den Basen a und b der Funktionen f und g mit $f(x) = a^x$ bzw. $g(x) = b^x$ bestehen, damit sich die Graphen orthogonal schneiden?

229

VIII Weiterführung der Integralrechnung

1 Uneigentliche Integrale

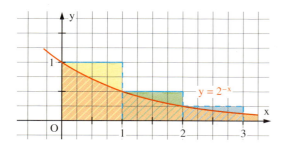

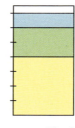

Fig. 1

1 In Fig. 1 begrenzt der Graph der Funktion f: $x \mapsto 2^{-x}$ mit den Koordinatenachsen eine „rechts ins Unendliche reichende", rot gefärbte Fläche. Die Fläche habe den Inhalt A.
Vergleichen Sie A mit dem Inhalt der Fläche unter der blau gezeichneten Treppenkurve und geben Sie eine obere Schranke für A an.

Bisher wurden Integrale über abgeschlossenen Intervallen betrachtet. Hier wird untersucht, ob man auch „ins Unendliche reichenden" Flächen (Fig. 1) einen (endlichen) Flächeninhalt zuordnen kann.

In Fig. 2 hat die Fläche zwischen dem Graphen von f und der x-Achse über dem Intervall [1; b] den Inhalt

$A(b) = \int_1^b \frac{2}{x^2} dx = \left[\frac{-2}{x}\right]_1^b = 2 - \frac{2}{b}$.

Für $b \to +\infty$ gilt $2 - \frac{2}{b} \to 2$. Damit kann man der „rechts ins Unendliche reichenden" Fläche den Flächeninhalt 2 zuordnen.

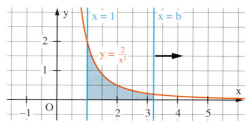

Fig. 2

Schreibweise:

$\lim_{b \to \infty} \int_a^b f(x) dx = \int_a^\infty f(x) dx$

Definition 1: Ist die Funktion f auf dem Intervall [a; +∞) stetig und existiert der Grenzwert $\lim_{b \to \infty} \int_a^b f(x) dx$, so heißt dieser Grenzwert das **uneigentliche Integral von f über [a; +∞)**.
Entsprechend wird das uneigentliche Integral von f über (−∞; b] definiert.

Entsprechend untersucht man eine nach „oben ins Unendliche reichende" Fläche (Fig. 3).
Für $0 < a \leq 2$ hat die rote Fläche den Inhalt

$A(a) = \int_a^2 \frac{2}{\sqrt{x}} dx = [4\sqrt{x}]_a^2 = 4\sqrt{2} - 4\sqrt{a}$.

Für $a \to 0$ strebt $A(a) \to 4\sqrt{2}$.
Zu einem anderen Ergebnis kommt man in Fig. 4. Dort ergibt sich

$A(a) = \int_a^2 \frac{1}{x^2} dx = \left[\frac{-1}{x}\right]_a^2 = \frac{1}{a} - \frac{1}{2}$.

Für $a \to 0$ hat A(a) keinen Grenzwert.

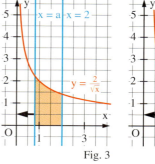

Fig. 3   Fig. 4

Schreibweise:

$\lim_{z \to a} \int_z^b f(x) dx = \int_a^b f(x) dx$

Definition 2: Ist die Funktion f auf dem Intervall (a; b] stetig und existiert der Grenzwert $\lim_{z \to a} \int_z^b f(x) dx$, so heißt dieser Grenzwert das **uneigentliche Integral von f über (a; b]**.
Entsprechend wird das uneigentliche Integral von f über [a; b) definiert.

Uneigentliche Integrale

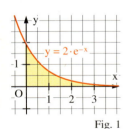

Fig. 1

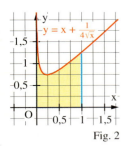

Fig. 2

Beispiel 1: (Fläche, die „rechts ins Unendliche reicht")
Gegeben ist die Funktion f mit $f(x) = 2e^{-x}$.
Zeigen Sie, dass die Fläche zwischen dem Graphen von f und den Koordinatenachsen (Fig. 1) einen Flächeninhalt A hat, und geben Sie A an.
Lösung:
Für $b > 0$ ist $A(b) = \int_0^b 2e^{-x}dx = [-2e^{-x}]_0^b = -2e^{-b} + 2$. Für $b \to +\infty$ gilt $-2e^{-b} + 2 \to 2$,
d. h., der Flächeninhalt $A(b)$ hat den Grenzwert 2 für $b \to \infty$.
Damit ist $A = \lim_{b \to \infty} A(b) = 2$.

Beispiel 2: (Fläche, die „oben ins Unendliche reicht")
Gegeben ist die Funktion f mit $f(x) = x + \frac{1}{4\sqrt{x}}$ für $x > 0$.
Zeigen Sie, dass die Fläche zwischen dem Graphen von f, den Koordinatenachsen und der Geraden mit der Gleichung $x = 1$ (Fig. 2) einen Flächeninhalt A hat, und geben Sie diesen Flächeninhalt A an.
Lösung:
Für $a > 0$ gilt $A(a) = \int_a^1 \left(x + \frac{1}{4\sqrt{x}}\right) dx = \left[\frac{1}{2}x^2 + \frac{1}{2}\sqrt{x}\right]_a^1 = 1 - \frac{1}{2}a^2 - \frac{1}{2}\sqrt{a}$.
Für $a \to 0$ hat der Flächeninhalt $A(a)$ den Grenzwert 1.
Folglich ist $A = \lim_{a \to 0} A(a) = 1$.

Beachten Sie:
Es gibt zwei Arten von uneigentlichen Integralen, nämlich bei

a) Integration über ein nach links oder rechts unbeschränktes Intervall

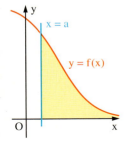

b) Integration über ein Intervall, an dessen Rand der Integrand nicht definiert ist.

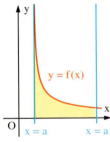

Aufgaben

2 Untersuchen Sie, ob die vom Graphen von f und der x-Achse über dem Intervall $[c; +\infty)$ bzw. $(-\infty; c]$ begrenzte, „ins Unendliche reichende" Fläche einen Flächeninhalt A besitzt. Geben Sie gegebenenfalls A an.

a) $f(x) = \frac{3}{x}$; $[1; +\infty)$ b) $f(x) = -4x^{-3}$; $(-\infty; -1]$ c) $f(x) = 3e^{0,2x+1}$; $(-\infty; 0]$

3 Zeichnen Sie den Graphen der Funktion f sowie dessen Asymptote für $x \to +\infty$ bzw. $x \to -\infty$. Die Gerade mit der Gleichung $x = c$, der Graph von f und die Asymptote begrenzen eine nach links bzw. rechts unbeschränkte Fläche. Untersuchen Sie, ob diese Fläche einen Inhalt A besitzt. Geben Sie gegebenenfalls A an.

a) $f(x) = \frac{1}{2}x + \frac{2}{x^2}$; $c = 2$, nach rechts   b) $f(x) = \frac{-1}{3}x + e^x$; $c = 1$, nach links

4 Untersuchen Sie, ob die vom Graphen von f, den Geraden mit den Gleichungen $x = a$ und $x = b$ sowie der x-Achse begrenzte und „oben oder unten ins Unendliche reichende" Fläche einen Flächeninhalt A besitzt. Geben Sie gegebenenfalls A an.

a) $f(x) = \frac{1}{x}$; $a = 0$; $b = 1$ b) $f(x) = \frac{4}{\sqrt{x}}$; $a = 0$; $b = 1$

5 Die Schüttung einer Quelle, die zu Beginn $4{,}0 \frac{m^3}{min}$ beträgt, nimmt etwa exponentiell ab und beträgt nach 20 Tagen $0{,}50 \frac{m^3}{min}$. Berechnen Sie die Wassermenge, die von der Quelle

a) in 30 Tagen geliefert wird   b) insgesamt geliefert wird.

6 a) Wie viel Prozent von $\int_1^\infty e^{-x} dx$ sind $\int_1^a e^{-x} dx$ für $a = 2; 5; 10; 20; 50; 100$?

b) Bearbeiten Sie a) für die Funktion f mit $f(x) = x^{-2}$ anstatt der Funktion f mit $f(x) = e^{-x}$.

2 Rauminhalte von Rotationskörpern

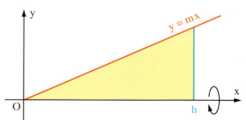

Fig. 1

1 Welche gemeinsamen Eigenschaften haben Körper, die ein Drechsler herstellt?

Eine weitere geometrische Anwendung der Integralrechnung ist die Bestimmung der Bogenlänge einer Kurve (siehe Seite 348/349).

2 Gegeben ist die Funktion f mit $f(x) = mx$ und $m > 0$ (Fig. 1). Dreht sich die in Fig. 1 gefärbte Fläche um die x-Achse, so entsteht ein Kegel.
a) Geben Sie das Volumen des Kegels an.
b) Es ist $V = \int_0^h q(x)\,dx$. Bestimmen Sie die Funktion q und beschreiben Sie deren Bedeutung.

Gegeben ist eine auf dem Intervall [a; b] stetige Funktion f. Der Graph von f schließt mit der x-Achse und den Geraden mit den Gleichungen $x = a$ und $x = b$ eine Fläche ein. Rotiert diese Fläche um die x-Achse (Fig. 2), entsteht ein Dreh- oder **Rotationskörper**.

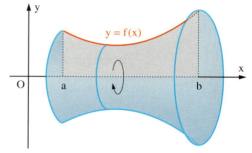

Fig. 2

Die Berechnung des Volumens V dieses Rotationskörpers K schließt sich eng an das Verfahren zur Bestimmung von „Flächeninhalten unter Graphen" an (Fig. 3). Dabei wird [a; b] wieder in n Teilintervalle gleicher Länge h eingeteilt. Zu jedem Teilintervall gibt es einen Zylinder, der K von außen, und einen Zylinder, der K von innen berührt (Fig. 4). Man wählt nun x_k im k-ten Teilintervall so, dass $f(x_k)$ zwischen den Radien des inneren und des äußeren Zylinders liegt. Damit erhält man für das Volumen von K die Zerlegungssumme
$V_n = \pi(f(x_1))^2 \cdot h + \pi(f(x_2))^2 \cdot h + \ldots + \pi(f(x_n))^2 \cdot h$.
Für $n \to \infty$ strebt diese Summe V_n gegen das Integral $\pi \int_a^b (f(x))^2\,dx$.

Fig. 3

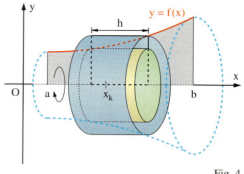

Fig. 4

> **Rotation um die x-Achse**
>
> **Satz 1:** Ist die Funktion f auf dem Intervall [a; b] stetig, so entsteht bei Rotation der Fläche zwischen dem Graphen von f und der x-Achse über [a; b] ein Körper mit dem Volumen
> $$V = \pi \int_a^b (f(x))^2\,dx.$$

232

Rauminhalte von Rotationskörpern

Eine Fläche A wird begrenzt durch den Graphen K einer Funktion f, der y-Achse und den Geraden mit den Gleichungen $y = c$ und $y = d$ (Fig. 1). Wenn diese Fläche um die y-Achse rotiert, entsteht ebenfalls ein Rotationskörper.

Um sein Volumen V zu bestimmen, wird K an der 1. Winkelhalbierenden gespiegelt. Wenn nun f auf einer geeigneten Definitionsmenge D stetig und umkehrbar ist, entsteht aus K der Graph $\overline{K}$ der Umkehrfunktion $\overline{f}$ von f.

Aus der Fläche A wird die Fläche $\overline{A}$. Bei Rotation von $\overline{A}$ um die x-Achse und A um die y-Achse entstehen Rotationskörper mit demselben Volumen V. Nach Satz 1 gilt dann

$$V = \pi \int_c^d (\overline{f}(x))^2 \, dx.$$

Bezeichnet man die Integrationsvariable mit y, da „entlang der y-Achse integriert wird", ergibt sich:

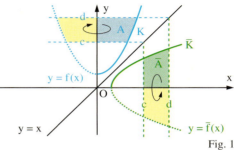

Fig. 1

Rotation um die y-Achse

Satz 2: Ist die Funktion f stetig und umkehrbar mit der Umkehrfunktion $\overline{f}$, so entsteht bei Rotation der Fläche zwischen dem Graphen von f, der y-Achse und den Geraden mit den Gleichungen $y = c$ und $y = d$ ein Rotationskörper mit dem Volumen

$$V = \pi \int_c^d (\overline{f}(y))^2 \, dy.$$

Beispiel 1: (Rauminhalt eines Rotationskörpers bei Rotation um die x-Achse)
Der Graph der Funktion f mit $f(x) = \frac{1}{2}\sqrt{x^2 + 4}$ begrenzt mit den Koordinatenachsen und der Geraden mit der Gleichung $x = 4$ eine Fläche (Fig. 2). Bestimmen Sie das Volumen V des Rotationskörpers, der entsteht, wenn diese Fläche um die x-Achse rotiert.

Lösung:
Das Volumen V ist

$$V = \pi \cdot \int_0^4 (f(x))^2 \, dx = \pi \cdot \int_0^4 \left(\frac{1}{2}\sqrt{x^2 + 4}\right)^2 dx$$

$$= \pi \cdot \int_0^4 \left(\frac{1}{4}x^2 + 1\right) dx = \pi \left[\frac{1}{12}x^3 + x\right]_0^4$$

$$= \frac{28}{3}\pi \approx 29{,}32.$$

Zum Vergleich:
V ist näherungsweise das Volumen des Kegelstumpfes, der durch Rotation der Strecke durch $P(0|1)$ und $Q(4|f(4))$ entsteht. Wie groß ist der prozentuale Fehler?

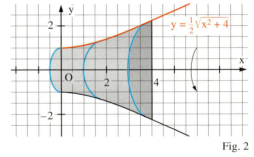

Fig. 2

Beispiel 2: (Rauminhalt eines Rotationskörpers bei Rotation um die y-Achse)
Der Graph der Funktion f mit $f(x) = \frac{1}{4}x^2 + 1$ begrenzt mit der y-Achse und den Geraden mit den Gleichungen $y = 2$ und $y = 3$ eine Fläche (Fig. 3), die um die y-Achse rotiert. Bestimmen Sie das Volumen V des entstehenden Rotationskörpers.

Lösung:
Aus $y = f(x) = \frac{1}{4}x^2 + 1$ folgt
$x^2 = (\overline{f}(y))^2 = 4y - 4$. Dann ist nach Satz 2

$$V = \pi \cdot \int_2^3 (\overline{f}(y))^2 \, dy = \pi \cdot \int_2^3 (4y - 4) \, dy$$

$$= \pi [2y^2 - 4y]_2^3 = 6\pi \approx 18{,}85.$$

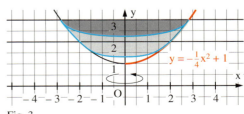

Fig. 3

Rauminhalte von Rotationskörpern

Bei jeder Aufgabe sollten Sie sich zunächst einen Überblick verschaffen, um welche Art von Drehkörper es sich handelt. Folgende Fälle treten in den Aufgaben u. a. auf.

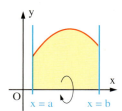

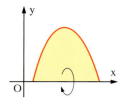

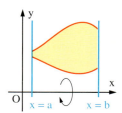

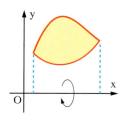

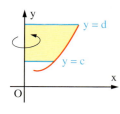

Aufgaben

3 Verschaffen Sie sich einen Überblick über den Verlauf des Graphen K von f. Berechnen Sie das Volumen des entstehenden Drehkörpers, wenn die Fläche zwischen K und der x-Achse über [a; b] um die x-Achse rotiert.

a) $f(x) = \frac{1}{2} x^2 + 1$; $a = 1$; $b = 3$ b) $f(x) = 3\sqrt{x+2}$; $a = -1$; $b = 7$

c) $f(x) = 0{,}25 \cdot e^{2x}$; $a = 0$; $b = 1$ d) $f(x) = \frac{1}{2} e^x - \frac{1}{4} e^{-0{,}25x}$; $a = 0$; $b = 2$

4 Der Graph K der Funktion f begrenzt mit der x-Achse eine Fläche, die um die x-Achse rotiert. Skizzieren Sie den Graphen K und berechnen Sie das Volumen des entstehenden Drehkörpers.

a) $f(x) = 3x - \frac{1}{2} x^2$ b) $f(x) = x^2 - \frac{1}{6} x^3$ c) $f(x) = \frac{1}{2} x \sqrt{4-x}$ d) $f(x) = \frac{1}{4} x^2 \sqrt{16 - x^2}$

5 Die Fläche zwischen den Graphen von f und g sowie den Geraden mit den Gleichungen $x = a$ und $x = b$ rotiert um die x-Achse.
Skizzieren Sie die Graphen und berechnen Sie den Rauminhalt des Drehkörpers.

a) $f(x) = \sqrt{x+1}$; $g(x) = 1$; $a = 3$; $b = 8$
b) $f(x) = x^2 + 1$; $g(x) = e^{0{,}5x}$; $a = 1$; $b = 2$
c) $f(x) = \frac{1}{\sqrt{x}}$; $g(x) = \sqrt{x}$; $a = 1$; $b = 9$

Achtung:
Bei Aufgabe 5 und 6 ist
$$V = \pi \int_a^b ((u(x))^2 - (v(x))^2) \, dx$$
aber $V \neq \pi \int_a^b (u(x) - v(x))^2 \, dx$.
Begründen Sie dies anschaulich!

6 Die Graphen der Funktionen f und g begrenzen eine Fläche, die um die x-Achse rotiert. Skizzieren Sie die Graphen der beiden Funktionen und berechnen Sie das Volumen des Rotationskörpers.

a) $f(x) = \frac{1}{2} x$; $g(x) = \sqrt{x}$ b) $f(x) = 3x^2 - x^3$; $g(x) = x^2$ c) $f(x) = 3x^2 - x^3$; $g(x) = 2x$

7 Der Graph K der Funktion f, die y-Achse und die Geraden mit den Gleichungen $y = c$ und $y = d$ begrenzen eine Fläche, die um die y-Achse rotiert. Skizzieren Sie K und bestimmen Sie den Rauminhalt des entstehenden Rotationskörpers.

a) $f(x) = \frac{1}{3} x - 2$; $c = 1$; $d = 3$ b) $f(x) = \frac{1}{2} x^2 - 2$; $c = 0$; $d = 3{,}5$

c) $f(x) = \sqrt{2x+4}$; $c = 2$; $d = 4$ d) $f(x) = \frac{-6}{x}$; $c = -6$; $d = -1$

e) $f(x) = 1 + \ln(x)$; $c = 1$; $d = e$ f) $f(x) = \frac{8}{4 - x^2}$; $c = 3$; $d = 4$

8 Der Graph der Funktion f, die x-Achse und die Gerade mit der Gleichung $x = a$ begrenzen eine nach rechts offene Fläche, die um die x-Achse rotiert. Dabei entsteht ein nach rechts unbegrenzter Körper K. Untersuchen Sie, ob K ein (endliches) Volumen besitzt.

a) $f(x) = 2e^{-x}$; $a = 0$ b) $f(x) = \frac{4}{x}$; $a = 1$ c) $f(x) = \frac{2}{(x-2)^2}$; $a = 3$

9 Der Graph der Funktion f, die y-Achse und die Gerade mit der Gleichung $y = a$ begrenzen eine nach oben offene Fläche, die um die y-Achse rotiert. Dabei entsteht ein nach oben unbegrenzter Körper K. Untersuchen Sie, ob K ein endliches Volumen besitzt.

a) $f(x) = \frac{6}{x}$; $a = 1$ b) $f(x) = \frac{2}{\sqrt{x}}$; $a = 2$ c) $f(x) = -\ln(x)$; $a = 0$

10 Durch Rotation des Graphen von f mit $f(x) = \sqrt{x}$ um die x-Achse entsteht ein (liegendes) Gefäß. Dieses Gefäß wird aufgestellt und mit einer Flüssigkeit gefüllt. Bis zu welcher Höhe steht die Flüssigkeit in dem Gefäß, wenn ihr Volumen 30 beträgt?

234

Rauminhalte von Rotationskörpern

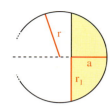

Kugel $V = \frac{4\pi}{3} r^3$
Kugelabschnitt $V = \frac{\pi}{3} a^2 (3r - a)$
  $= \frac{\pi}{6} a (3 r_1^2 + a^2)$

Fig. 1

11 In einer Formelsammlung finden sich Formeln über Kugelteile (Fig. 1). Beweisen Sie diese Formeln.
(Anleitung: Der Graph von f mit $f(x) = \sqrt{r^2 - x^2}$ rotiere um die x-Achse.)

12 Der Körper in Fig. 2 hat die Form eines Bremsschuhs, wie er zur Sicherung abgestellter Lkws verwendet wird. Die zur x-Achse orthogonalen Querschnittsflächen sind Rechtecke.
a) Geben Sie den Inhalt q(x) der Querschnittsfläche an der Stelle x an.
b) Bestimmen Sie den Rauminhalt des Körpers. Verwenden Sie dazu die nebenstehende Formel.

Bei der Rotation des Graphen von f um die x-Achse ist $q(x) = \pi (f(x))^2$ der Inhalt einer Querschnittsfläche. Für das Volumen V des Rotationskörpers kann man dann schreiben:
$$V = \int_a^b q(x)\, dx.$$
Diese Formel gilt auch, wenn die Querschnittsflächen keine Kreise sind, sofern die Querschnittsfunktion $x \mapsto q(x)$ stetig ist.

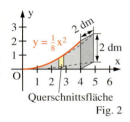

Querschnittsfläche
Fig. 2

13 Durch Rotation der Flächen in Fig. 5 um die x-Achse entstehen „Ringe". Bestimmen Sie jeweils das Volumen des Ringes durch Integration.

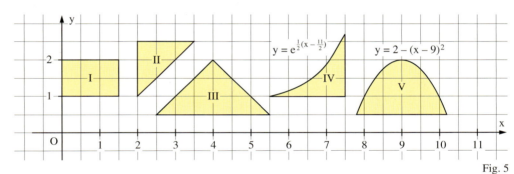

Fig. 5

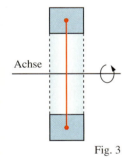

Fig. 3

14 Die **Guldin'sche Regel** besagt: Wenn eine Figur um eine äußere, in der Ebene gelegene Achse rotiert, so ist das Volumen des erzeugten Drehkörpers gleich dem Flächeninhalt der Figur multipliziert mit dem Umfang des Kreises, den ihr Schwerpunkt beschreibt (Fig. 3).
a) Bestimmen Sie mit der Guldin'schen Regel die Rauminhalte der Körper, die von den Flächen I, II und III in Fig. 5 erzeugt werden.
b) Bestimmen Sie mit der Guldin'schen Regel den Schwerpunkt der Fläche V in Fig. 5.

15 K sei der Kreis mit Mittelpunkt M(0|3) und Radius 1. Durch Rotation von K um die x-Achse entsteht ein Torus.
a) Das Volumen V des Torus wird durch zwei Zylinder mit Radius 1 und einer den Umfängen U_1 bzw. U_2 des Torus (Fig. 4) entsprechenden Höhe nach unten bzw. oben abgeschätzt. Bestimmen Sie die Rauminhalte der Zylinder.
b) Zeigen Sie, dass für das Volumen V des Torus gilt: $V = 12\pi \int_{-1}^{1} \sqrt{1 - x^2}\, dx = 6\pi^2$.
Bestimmen Sie dazu das Integral $\int_{-1}^{1} \sqrt{1 - x^2}\, dx$, indem Sie es als Flächeninhalt eines Halbkreises deuten. Vergleichen Sie V mit dem Mittelwert der Zylinderinhalte aus Teilaufgabe a).

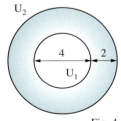

Fig. 4

c) Bestimmen Sie das Volumen eines Torus, wenn der rotierende Kreis den Mittelpunkt $M(0|y_M)$ und den Radius r hat. Lösen Sie das dabei auftretende Integral mithilfe eines Computers.

235

3 Numerische Integration, Trapezregeln

Zu der Funktion f mit $f(x) = \frac{1}{1+x^2}$ kann man mittels den bisher bekannten Funktionen keine Stammfunktion angeben.

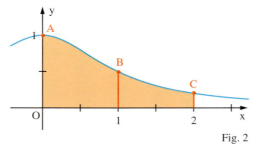
Fig. 2

1 Gegeben ist die Funktion f mit $f(x) = \frac{1}{1+x^2}$.
a) Welcher Näherungswert für den Inhalt der in Fig. 2 gefärbten Fläche ergibt sich, wenn man den Graphen der Funktion f zwischen A und B sowie B und C durch Sehnen ersetzt?
b) Welcher Wert ergibt sich, wenn man den Graphen durch die Tangente in B ersetzt?

Wenn man zu einer gegebenen Funktion f keine Stammfunktion angeben kann, dann kann man im Allgemeinen das Integral $\int_a^b f(x)\,dx$ nicht exakt berechnen. In solchen Fällen versucht man einen möglichst guten Näherungswert für das Integral zu berechnen.

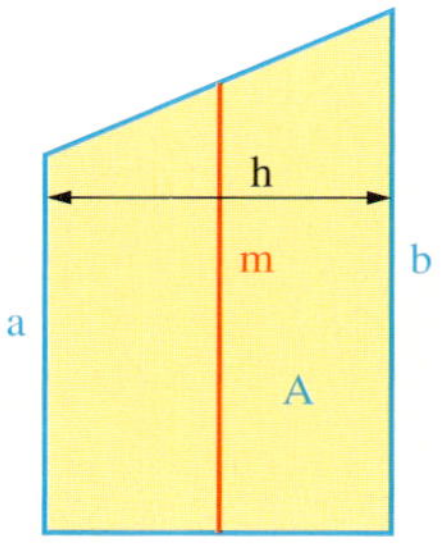

$A = \frac{a+b}{2} \cdot h$ bzw.
$A = m \cdot h$
Fig. 1

Jedes Integral kann durch Zerlegungssummen näherungsweise bestimmt werden. Damit gibt auch jede Unter- und jede Obersumme einen Näherungswert vor (siehe Seite 150).
Man erhält jedoch bessere Näherungswerte, wenn man die Rechtecke durch Sehnentrapeze wie in Fig. 3 oder durch Tangententrapeze wie in Fig. 4 ersetzt. Dabei benützt man die für den Flächeninhalt eines Trapezes geltenden Formeln (siehe Fig. 1).

Zur Bestimmung des Inhalts der Sehnentrapeze in Fig. 3 unterteilt man das Intervall [a; b] zunächst in n gleichlange Teilintervalle. Zur Vereinfachung schreibt man für $f(x_i)$ kurz y_i. Dann gilt für den Inhalt S_n:
$S_n = \frac{b-a}{n}\left(\frac{y_0+y_1}{2} + \frac{y_1+y_2}{2} + \ldots + \frac{y_{n-1}+y_n}{2}\right)$
oder
$S_n = \frac{b-a}{2n}(y_0 + 2y_1 + 2y_2 + \ldots + 2y_{n-1} + y_n)$.

Für gerade Zahlen n kann man entsprechend den Inhalt T_n der Tangententrapeze in Fig. 4 bestimmen. Es gilt:
$T_n = \frac{2(b-a)}{n}(y_1 + y_3 + y_5 + \ldots + y_{n-1})$.

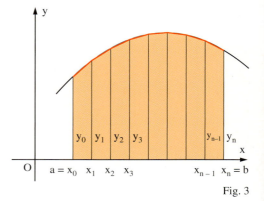
Fig. 3

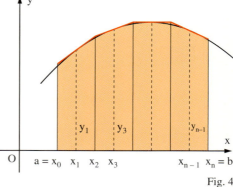
Fig. 4

Die Trapezregeln kann man auch bei einem Integral $\int_a^b f(x)\,dx$ mit $f(x) < 0$ oder $a > b$ verwenden.

Für das Integral $\int_a^b f(x)\,dx$ erhält man einen Näherungswert S_n bzw. T_n mit der
Sehnentrapezregel: $S_n = \frac{b-a}{2n}(y_0 + 2y_1 + 2y_2 + \ldots + 2y_{n-1} + y_n)$ bzw.
Tangententrapezregel (n gerade): $T_n = \frac{2(b-a)}{n}(y_1 + y_3 + y_5 + \ldots + y_{n-1})$.

Numerische Integration, Trapezregeln

Man kann zeigen, dass der genaue Wert des Integrals im Beispiel auf 6 Dezimalen gerundet den Wert 0,463648 hat.

Beispiel:

a) Berechnen Sie für das Integral $\int_1^3 \frac{1}{1+x^2} dx$ die Näherungswerte S_4 und T_4.

b) Bestimmen Sie mit einem Tabellenkalkulationsprogramm S_{40}.

Lösung:

a) Mit $x_0 = 1$; $x_1 = 1,5$; $x_2 = 2$; $x_3 = 2,5$ und $x_4 = 3$ ergibt sich
$y_0 = \frac{1}{2}$; $y_1 = \frac{4}{13}$; $y_2 = \frac{1}{5}$; $y_3 = \frac{4}{29}$; $y_4 = \frac{1}{10}$.

Damit berechnet man:
$S_4 = \frac{3-1}{2 \cdot 4}\left(\frac{1}{2} + 2 \cdot \frac{4}{13} + 2 \cdot \frac{1}{5} + 2 \cdot \frac{4}{29} + 2 \cdot \frac{1}{10}\right) = 0,4728$ (4 Dezimalen) bzw.

$T_4 = \frac{2(3-1)}{4}\left(\frac{4}{13} + \frac{4}{29}\right) = 0,4456$ (4 Dezimalen).

b) Fig. 1 zeigt die mit einer Tabellenkalkulation berechneten Werte.
Es ergibt sich: $S_{40} \approx 0,46373928$.

	A	B	C
1	x_i	y_i	$(1/40)^*(y_i+y_{i+1})$
2	1	0,5	0
3	1,05	0,47562424	0,02439061
4	1,1	0,45248869	0,02320282
5	1,15	0,43057051	0,02207648
6	1,2	0,40983607	0,02101016
7	1,25	0,3902439	0,020002
8	1,3	0,37174721	0,01904978
9	1,35	0,35429584	0,01815108
10	1,4	0,33783784	0,01730334
11	1,45	0,32232071	0,01650396
12	1,5	0,30769231	0,01575033
13	1,55	0,29390154	0,01503985
14	1,6	0,28089888	0,01437001
15	1,65	0,26863667	0,01373839
16	1,7	0,25706941	0,01314265
17	1,75	0,24615385	0,01258058
18	1,8	0,23584906	0,01205007
19	1,85	0,22611645	0,01154914
20	1,9	0,21691974	0,0110759
21	1,95	0,20822488	0,01062862
22	2	0,2	0,01020562
23	2,05	0,19221528	0,00980538
24	2,1	0,18484288	0,00942645
25	2,15	0,17785683	0,00906749
26	2,2	0,17123288	0,00872724
27	2,25	0,16494845	0,00840453
28	2,3	0,15898251	0,00809827
29	2,35	0,15331545	0,00780745
30	2,4	0,14792899	0,00753111
31	2,45	0,14280614	0,00726838
32	2,5	0,13793103	0,00701843
33	2,55	0,1332889	0,0067805
34	2,6	0,12886598	0,00655387
35	2,65	0,12464942	0,00633789
36	2,7	0,12062726	0,00613192
37	2,75	0,11678832	0,00593539
38	2,8	0,11312217	0,00574776
39	2,85	0,10961907	0,00556853
40	2,9	0,10626993	0,00539722
41	2,95	0,10306622	0,0052334
42	3	0,1	0,00507666
43	Näherungswert S_{40} =		0,46373928

Fig. 1

Zu Aufgabe 3 b).

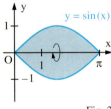

Fig. 2

Aufgaben

2 Ermitteln Sie mit beiden Trapezregeln Näherungswerte für das Integral.

a) $\int_1^4 \frac{1}{x} dx$; $n = 6$ b) $\int_0^2 \sqrt{1+x}\, dx$; $n = 4$ c) $\int_0^4 2^x dx$; $n = 8$ d) $\int_{\pi/4}^{\pi/2} \frac{1}{\sin(x)} dx$; $n = 4$

3 a) Der Graph der Funktion f mit $f(x) = x\sqrt{4-x}$ schließt über dem Intervall $[0; 4]$ mit der x-Achse eine Fläche ein. Bestimmen Sie mit der Sehnentrapezregel einen Näherungswert für den Inhalt dieser Fläche ($n = 8$).

b) Die Fläche zwischen dem Graphen der Funktion f mit $f(x) = \sin(x)$ und der x-Achse über dem Intervall $[0; \pi]$ rotiere um die x-Achse. Bestimmen Sie einen Näherungswert für den Inhalt des Drehkörpers ($n = 8$).

4 a) Bestimmen Sie mithilfe einer Stammfunktion das Integral $\int_1^4 \frac{1}{x} dx$ (4 Dez.).

b) Berechnen Sie für das Integral aus Teilaufgabe a) Näherungswerte mithilfe der Trapezregeln und mithilfe von Ober- und Untersummen ($n = 20$) und vergleichen Sie.

5 Der Bogen der Normalparabel K: $y = x^2$ zwischen den Punkten $O(0|0)$ und $A(2|4)$ hat die Länge $L = \int_0^2 \sqrt{1+4x^2}\, dx$. Ermitteln Sie mit der Sehnentrapezregel einen Näherungswert ($n = 40$).

6 Bei den in Fig. 3 und Fig. 4 von Seite 236 verwendeten Graphen gilt $S_n \leq \int_a^b f(x) dx \leq T_n$. Zeigen Sie an einem Beispiel, dass dies im Allgemeinen nicht gilt.

7 Es liegt nahe, die mittels der Sehnentrapezregel und der Tangententrapezregel erhaltenen Näherungswerte S_n und T_n zu einem einzigen Näherungswert zusammenzufassen. Weil bei der Berechnung jeweils doppelt so viele Sehnentrapeze wie Tangententrapeze verwendet werden, erscheint es sinnvoll, S_n doppelt so stark zu gewichten wie T_n. Man erhält $K_n = \frac{1}{3}(2S_n + T_n)$.

a) Zeigen Sie, dass für $n = 2$ gilt: $K_2 = \frac{b-a}{6}(y_0 + 4y_1 + y_2)$.

b) Bestimmen Sie mit der Regel aus Teilaufgabe a) den Näherungswert K_2 für das Integral $\int_1^3 \frac{1}{1+x^2} dx$ aus dem Beispiel.

*Die Formel für K_2 ist auch unter dem Namen **Kepler'sche Fassregel** bekannt. Sie kann verwendet werden, um das Ergebnis einer Integralberechnung zu kontrollieren oder ein Integral näherungsweise zu berechnen.*

4 Mittelwerte von Funktionen

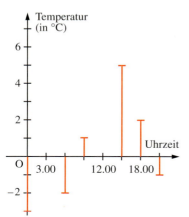

Fig. 1

Fig. 2

1 An einem Ort wurde mehrmals am Tage die Temperatur gemessen. Fig. 1 zeigt das zugehörige Stabdiagramm. Wie könnte man damit eine mittlere Tagestemperatur bestimmen?

2 Ein Temperaturschreiber (Fig. 2) liefert einen kontinuierlichen Verlauf der Temperatur.
a) Wie könnte man mit einem solchen Graphen eine mittlere Tagestemperatur festlegen?
b) Welche weitere Möglichkeit für die Festlegung einer mittleren Tagestemperatur gibt es, wenn der Verlauf der Temperatur sogar durch den Graphen einer bekannten Funktion angenähert werden kann?

Sind n Zahlen $z_1, z_2, \ldots, z_n$ gegeben, so nennt man die Zahl $m_n = \frac{1}{n}(z_1 + z_2 + \ldots + z_n)$ ihren Mittelwert oder genauer ihr arithmetisches Mittel.
Die Bildung eines Mittelwertes soll nun auf die Funktionswerte f(x) einer auf einem Intervall [a; b] stetigen Funktion f übertragen werden.

Dazu teilt man das Intervall [a; b] in n Teilintervalle der Länge $h = \frac{b-a}{n}$ ein. Aus jedem Teilintervall wird eine Stelle ausgewählt (Fig. 3); man erhält so n zugehörige Funktionswerte $f(x_1), f(x_2), \ldots, f(x_n)$. Bildet man den Mittelwert m_n dieser Funktionswerte und ersetzt $\frac{1}{n}$ durch $\frac{h}{b-a}$, ergibt sich:

$m_n = \frac{1}{n}(f(x_1) + f(x_2) + \ldots + f(x_n))$
$= \frac{1}{b-a}(f(x_1) \cdot h + f(x_2) \cdot h + \ldots + f(x_n) \cdot h)$

Für $n \to \infty$ gilt $h \to 0$ und damit

$m_n \to \frac{1}{b-a} \int_a^b f(x)\,dx$.

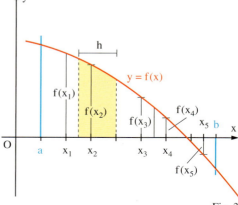

Fig. 3

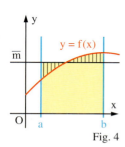

Fig. 4

Anschaulich ist der Mittelwert $\overline{m}$ der Funktionswerte von f die Breite eines Rechtecks (Fig. 4), welches dieselbe Länge und denselben Inhalt hat wie die Fläche zwischen dem Graphen von f und der x-Achse über dem Intervall [a; b].

Definition: Für eine auf einem Intervall [a; b] stetige Funktion f heißt
$\frac{1}{b-a} \int_a^b f(x)\,dx$ der **Mittelwert $\overline{m}$ der Funktionswerte von f auf [a; b]**.

Beispiel 1: (Berechnung eines Mittelwertes)
Bestimmen Sie für f mit $f(x) = e^x$ den Mittelwert $\overline{m}$ der Funktionswerte auf [−1; 1].
Lösung:
Für den Mittelwert $\overline{m}$ gilt: $\overline{m} = \frac{1}{1-(-1)} \int_{-1}^{1} e^x \, dx = \frac{1}{2}[e^x]_{-1}^{1} = \frac{1}{2}\left(e - \frac{1}{e}\right) \approx 1{,}175$.

Mittelwerte von Funktionen

Beispiel 2: (Anwendung der Mittelwertbildung)

Die Schüttung S (in $\frac{m^3}{s}$) einer Quelle hängt ab von der Zeit t (in Tagen). Messungen ergaben, dass für $0 \leq t \leq 10$ etwa $S(t) = \frac{90}{(t+5)^2}$ gilt.

Bestimmen Sie den Mittelwert $\overline{S}$ der Schüttung in diesem Zeitraum.

Lösung:
Die mittlere Schüttung der Quelle beträgt
$\overline{S} = \frac{1}{10-0} \int_0^{10} \frac{90}{(t+5)^2} dt = \frac{1}{10} \left[\frac{-90}{t+5} \right]_0^{10} = 1{,}2$.

Der Mittelwert der Schüttung ist $1{,}2 \frac{m^3}{s}$.

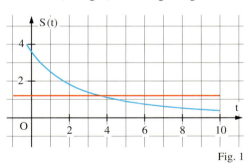

Fig. 1

Aufgaben

3 Bestimmen Sie den Mittelwert $\overline{m}$ der Funktionswerte von f auf [a; b]; zeichnen Sie den Graphen von f und die Gerade mit der Gleichung $y = \overline{m}$.

a) $f(x) = x^2 - 4x$; $a = 0$; $b = 4$
b) $f(x) = x^2 - \frac{1}{5}x^3 - 2$; $a = 0$; $b = 5$
c) $f(x) = 2 - \left(\frac{2}{x}\right)^2$; $a = 1$; $b = 4$
d) $f(x) = \frac{6}{(x-2)^2}$; $a = 3$; $b = 8$
e) $f(x) = 4 - e^{-0{,}2x}$; $a = -10$; $b = 10$
f) $f(x) = \frac{1}{2}x^2 - e^{-0{,}5x}$; $a = -2$; $b = 2$

Die Lunge eines Erwachsenen hat eine innere Oberfläche von etwa 90 m² und enthält etwa 850 000 000 Lungenbläschen.

4 Bei einem Atmungszyklus, der 5 s dauert, gibt $V(t) = -0{,}037 \cdot t^3 + 0{,}152 \cdot t^2 + 0{,}173 \cdot t$ das Volumen (in dm³) der Luft in den Lungen an zur Zeit t (in s). Bestimmen Sie das mittlere Volumen der Atemluft in den Lungen während eines Atmungszyklus.

Windgeschwindigkeit (in $\frac{m}{s}$)			
	5.2	6.2	7.2
7⁰⁰	15	21	36
13⁰⁰	27	30	42
19⁰⁰	30	33	24

Fig. 2

5 Eine Messung der Windgeschwindigkeit v (in $\frac{m}{s}$) an drei Tagen ergab die Tabelle von Fig. 2. Bestimmen Sie einen Mittelwert von v und v² für die Zeit zwischen 7⁰⁰ und 19⁰⁰, indem Sie

a) das arithmetische Mittel bilden
b) zunächst eine Parabel 2. Ordnung bestimmen und von dieser Funktion den Mittelwert berechnen.

Hinweis: Windenergie ist proportional zu v².

6 Ein Fahrzeug, das zur Zeit $t = 0$ s im dritten Gang mit einer Geschwindigkeit von $40 \frac{km}{h}$ fährt, beschleunigt im gleichen Gang und erreicht nach $t = 12$ s seine Endgeschwindigkeit von $85 \frac{km}{h}$. Bestimmen Sie

a) einen quadratischen Term für die Geschwindigkeit $v(t)$ zur Zeit t für $0 \leq t \leq 12$, der den in Fig. 3 gezeigten Verlauf ergibt.
b) die mittlere Geschwindigkeit $\overline{v}$ des Fahrzeuges zwischen 0 s und 12 s.
c) die Strecke, welche das Fahrzeug nach 12 s gefahren ist. (Es gibt 2 Lösungswege!)

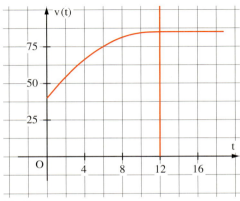

Fig. 3

239

5 Weitere Anwendungen der Integration

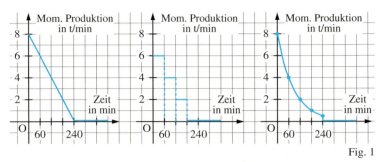

1 Eine Ölraffinerie stellt einmal im Jahr wegen notwendiger Reparaturen die Produktion ein. Aus technischen Gründen darf dies nicht plötzlich geschehen, sondern über einen Zeitraum von 4 Stunden. Die momentane Produktion kann dabei auf verschiedene Weise gedrosselt werden (siehe Fig. 1).
Bestimmen Sie jeweils die während dieser 4 Stunden produzierte Ölmenge.

Fig. 1

Neben Flächeninhalten sind auch viele andere Größen Grenzwerte von Produktsummen und lassen sich daher mithilfe von Integralen berechnen. Auf Seite 172 wurde gezeigt, wie man das zur Bestimmung einer Größe geeignete Integral findet. Allgemein gilt:
Ist m(t) die momentane Änderungsrate einer Größe, so erhält man die Gesamtänderung G der Größe im Zeitintervall $[t_1; t_2]$ mit dem Integral $G = \int_{t_1}^{t_2} m(t)\,dt$.

Bei vielen Anwendungen besteht nun das Problem darin, zunächst den Integranden m(t) aus den Vorgaben zu bestimmen (Beispiel 1).
In den Beispielen 2 und 3 werden typische Probleme aus der Physik mithilfe von Integralen gelöst.

Der Gesamtverbrauch G in den nächsten 20 Jahren entspricht dem Flächeninhalt zwischen dem Graphen von v (rot in Fig. 2) und der t-Achse.

Fig. 2

Auf folgende Weise kann man eine Näherungslösung für G erhalten: Man denkt sich die Bevölkerungszahl jeweils ein ganzes Jahr über konstant und erst zu Beginn des neuen Jahres schlagartig um 4% erhöht (blau in Fig. 2). Für den Gesamtverbrauch G erhält man näherungsweise
$G \approx v(0) + v(1) + \ldots + v(19)$
≈ 3573.
Dies entspricht der Untersumme.

Beispiel 1: (Bestimmung einer Verbrauchsfunktion)
Von einem Rohstoff sind noch 10 000 Einheiten vorhanden. Die heutige Erdbevölkerung verbraucht im Jahr 120 Einheiten. Für eine Prognose des zukünftigen Rohstoffverbrauchs wird eine jährliche Zunahme der Erdbevölkerung von 4% angenommen und davon ausgegangen, dass der Rohstoffverbrauch proportional zur Bevölkerungszahl steigt.
a) Bestimmen Sie den Gesamtverbrauch des Rohstoffes in den nächsten 20 Jahren.
b) Wie lange wird der Rohstoff unter den angegebenen Bedingungen vorhalten?
Lösung:
a) Bei bekanntem momentanen Rohstoffverbrauch v(t) ergibt sich der Gesamtverbrauch G mithilfe des Integrals $G = \int_{t_1}^{t_2} v(t)\,dt$. Es ist also zunächst die Funktion v zu bestimmen.
Ist B_0 die heutige Bevölkerungszahl, dann gilt für die Bevölkerungszahl B(t) in t Jahren:
$B(t) = B_0 \cdot 1{,}04^t = B_0 \cdot e^{0{,}039\,t}$.
Der momentane Verbrauch v(t) (in Rohstoffeinheiten pro Jahr) nach t Jahren beträgt:
$v(t) = 120 \cdot 1{,}04^t = 120 \cdot e^{0{,}039\,t}$.
Für den Gesamtverbrauch G während der nächsten 20 Jahre gilt:
$G = \int_0^{20} v(t)\,dt = \int_0^{20} 120 \cdot e^{0{,}039\,t}\,dt = \left[120 \cdot \frac{1}{0{,}039} \cdot e^{0{,}039\,t}\right]_0^{20} \approx 3635$.
Der Rohstoffverbrauch während der nächsten 20 Jahre beträgt etwa 3635 Einheiten.
b) Gesucht ist T mit
$\int_0^T v(t)\,dt = \int_0^T 120 \cdot e^{0{,}039\,t}\,dt = \left[120 \cdot \frac{1}{0{,}039} \cdot e^{0{,}039\,t}\right]_0^T = 10\,000$.
Daraus ergibt sich $T \approx 37$.
Der Rohstoff ist unter den angegebenen Voraussetzungen in etwa 37 Jahren verbraucht.

240

Weitere Anwendungen der Integration

Beispiel 2:
(Berechnung der Masse eines Stoffes aus seiner Massenverteilung)
Der Bohrkern einer Bodenprobe ist 200 cm lang, seine Querschnittsfläche beträgt $A = 30 \, cm^2$. In der Bodenprobe ist Wasser gespeichert, dessen Anteil ϱ (in $\frac{g}{cm^3}$) von oben nach unten abnimmt. Aufgrund früherer Messwerte nimmt man an, dass für den Anteil ϱ(x) in der Höhe x (in cm) gilt: $ϱ(x) = 0{,}024 \cdot e^{-0{,}0048x}$.
Wie viel Wasser ist in der gesamten Bodenprobe enthalten?
Lösung:
Bei konstantem Anteil ϱ gilt für die Masse m eines Stoffes mit dem Volumen V: $m = ϱ \cdot V$. Man unterteilt das Intervall [0; 200] in n Teilstücke der Länge $h = \frac{200}{n}$ und nimmt an, dass der Wasseranteil innerhalb eines jeden Teilstücks konstant ist (Fig. 1). Das Volumen jedes Teilstücks ist abhängig von n und beträgt: $V_n = A \cdot h$.
Wählt man aus jedem Teilstück eine Stelle x_i, dann gilt für die Massen der einzelnen Teilstücke: $m_1 \approx ϱ(x_1) \cdot A \cdot h$; $m_2 \approx ϱ(x_2) \cdot A \cdot h$ usw.

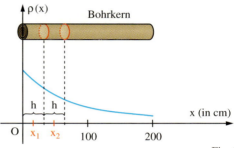

Fig. 1

Für die Gesamtmasse m des Wassers im Bohrkern ergibt sich als Grenzwert:
$m = \lim_{n \to \infty} [m_1 + m_2 + \ldots + m_n] = \lim_{n \to \infty} [ϱ(x_1) \cdot A \cdot h + ϱ(x_2) \cdot A \cdot h + \ldots + ϱ(x_n) \cdot A \cdot h]$.
Die Gesamtmasse ist also das Integral der Funktion $x \mapsto ϱ(x) \cdot A$ über dem Intervall [0; 200]:
$m = \int_0^{200} ϱ(x) \cdot A \, dx = \int_0^{200} 0{,}024 \cdot e^{-0{,}0048x} \cdot 30 \, dx = [-150 \cdot e^{-0{,}0048x}]_0^{200} \approx 92{,}57$.
Die im Bohrkern gespeicherte Wassermenge beträgt etwa 93 g.

Wasserspeicher haben innen selten quaderförmige Gestalt, da sonst das Wasser in den Ecken zu wenig umgewälzt wird und dadurch die Qualität leidet.

Beispiel 3: (Berechnung einer physikalischen Arbeit; Kraft-Weg-Funktion nicht bekannt)
Ein Wasserspeicher hat innen die Form eines Körpers, der durch Rotation des Graphen von $f: x \mapsto \frac{1}{4} x^2$ ($0 \leq x \leq 4$; x in Meter) um die y-Achse entsteht (Fig. 2). Der volle Speicher wird über den oberen Rand leergepumpt. Welche Arbeit wird dabei verrichtet? (Die Gewichtskraft von $1 \, m^3$ Wasser beträgt 10^4 N.)
Lösung:
Man unterteilt den Speicher in n waagerechte Scheiben der Dicke $h = \frac{4}{n}$ und bestimmt die Arbeit W_n die nötig ist, um den Inhalt der n-ten Scheibe bis zum Rand zu heben.
Für die unterste Scheibe gilt:

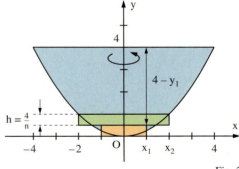

Fig. 2

Volumen (in m^3): $V_1 = \pi x_1^2 \cdot h = \pi 4 y_1 \cdot h$; Gewichtskraft (in Newton): $F_1 = V_1 \cdot 10^4$.
Arbeit (in Joule): $W_1 = F_1 \cdot (4 - y_1) = \pi \cdot 4 y_1 \cdot h \cdot 10^4 \cdot (4 - y_1) = 4 \cdot 10^4 \cdot \pi \cdot y_1 \cdot \frac{4}{n} \cdot (4 - y_1)$.
Entsprechend ergibt sich die Arbeit für jede weitere Scheibe. Für die Gesamtarbeit W gilt:
$W = \lim_{n \to \infty} [W_1 + W_2 + \ldots + W_n] = \lim_{n \to \infty} [4 \cdot 10^4 \pi \cdot y_1 \cdot h \cdot (4 - y_1) + \ldots + 4 \cdot 10^4 \pi y_n \cdot h \cdot (4 - y_n)]$.
Die Gesamtarbeit ergibt sich also als Integral der Funktion $y \mapsto 4 \cdot 10^4 \pi y \cdot (y - 4)$ über dem Intervall [0; 4]: $W = \int_0^4 4 \cdot 10^4 \cdot \pi \cdot y (4 - y) \, dy = 4 \cdot 10^4 \pi \cdot [2y^2 - \frac{1}{3} y^3]_0^4 = \frac{128}{3} \cdot 10^4 \pi \approx 1{,}3 \cdot 10^6$.
Die zum Leerpumpen des Speichers benötigte Arbeit beträgt etwa $1{,}3 \cdot 10^6$ J.

Abkürzungen für physikalische Größen:

F *Kraft*
s *Weg*
W *Arbeit*

241

Weitere Anwendungen der Integration

Aufgaben

2 Die Schüttung einer Quelle geht von 50 Liter pro Minute innerhalb von 6 Wochen auf 10 Liter pro Minute zurück.
a) Bestimmen Sie die Schüttung q(t) (in $\frac{\text{Liter}}{\text{Minute}}$) unter der Annahme, dass diese exponentiell abnimmt.
b) Welche Wassermenge hat die Quelle in 6 Wochen ausgeschüttet?
c) Bestimmen Sie die ausgeschüttete Wassermenge unter der Annahme, dass die Abnahme der Schüttung linear erfolgt. Vergleichen Sie.

3 Nach einem Unfall in einer Fabrik tritt ein giftiger Stoff aus. Von der Feuerwehr wird die Konzentration des Stoffes gemessen und daraus durch Schätzung die momentane Emission m(t) (in $\frac{mg}{min}$) bestimmt (Fig. 1). Bestimmen Sie eine geeignete Funktion m und berechnen Sie die während der ersten 24 Stunden nach dem Unfall frei gewordene Giftmenge.

nach 1 h	nach 2 h	nach 3 h	nach 4 h
8,20 $\frac{mg}{min}$	1,67 $\frac{mg}{min}$	0,34 $\frac{mg}{min}$	0,07 $\frac{mg}{min}$

Fig. 1

Aus dem Lexikon:

Emulsion:
Feine, jedoch nicht molekulare Verteilung eines Stoffes in einer Flüssigkeit, z. B. Öltröpfchen in Wasser.

4 Ein zylinderförmiges Gefäß mit 15 cm² Querschnittsfläche ist bis in eine Höhe von 20 cm mit einer Emulsion gefüllt, in der Teilchen einer Substanz A schweben. Der Gehalt (in $\frac{g}{cm^3}$) von A in der Höhe h (in cm) beträgt $\rho(h) = 0{,}25 \cdot e^{-0{,}032 \cdot h}$.
Bestimmen Sie die Masse der in der Emulsion insgesamt enthaltenen Substanz A.

Die Druckfestigkeit schwankt von 30 $\frac{N}{cm^2}$ bei weichem Mauerstein bis zu 6000 $\frac{N}{cm^2}$ bei Spezialbeton.

5 Bei normalen Gebäuden ist die Querschnittsfläche einer Wand unabhängig von der Höhe konstant. Das Gewicht des Baustoffes verursacht daher in den unteren Wandschichten eine höhere Druckbelastung als in den oberen Wandschichten. Da eine bestimmte Druckbelastung nicht überschritten werden darf, nimmt bei sehr hohen Gebäuden die Querschnittsfläche einer Wand von unten nach oben ab.
Bei einer Säule aus Material von konstanter Dichte nimmt die Querschnittsfläche A(h) gemäß $A(h) = e^{-k \cdot h}$ mit k > 1 von unten nach oben ab. Zeigen Sie, dass bei einer „unendlich" hohen Säule die Druckbelastung des Baustoffes unabhängig von der Höhe konstant ist.

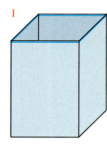

I

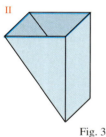

II

Fig. 3

6 Welche Arbeit wird verrichtet, wenn man ein 80 cm langes Seil, das senkrecht an einem Tisch hängt, vollständig auf den Tisch zieht (Fig. 2)? Das Seil erfährt eine Gewichtskraft von 15 N, die Reibung wird vernachlässigt.

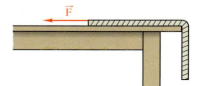

Fig. 2

7 Berechnen Sie wie in Beispiel 3 die zum Entleeren des Wasserspeichers notwendige Arbeit, wenn seine Form durch Rotation des Graphen von f: $x \mapsto x$ (0 ≤ x ≤ 4; x in Meter) entsteht.

8 Die zwei abgebildeten Behälter (Fig. 3) sind beide 8,0 m hoch, haben als obere Fläche ein Quadrat mit der Seitenlänge 5,0 m und sind mit Wasser gefüllt. 1 Liter Wasser erfährt eine Gewichtskraft von etwa 10 Newton.
a) Welche Arbeit ist jeweils nötig, um den Behälter über den oberen Rand zu entleeren?
b) Welche Arbeit ist nötig, wenn die Behälter nur bis 2 m unter dem oberen Rand gefüllt sind?

9 Ein kugelförmiger Öltank hat einen Innendurchmesser von 2,4 m. Er ist zur Hälfte mit Heizöl gefüllt, von dem 1 Liter etwa eine Gewichtskraft von 8,2 N erfährt. Welche Arbeit wird verrichtet, wenn man den Tank durch ein Loch im höchsten Punkt der Kugel leerpumpt?

6 Integration von Produkten

Fig. 1

1 In Fig. 1 ist die Ableitung f′ der Funktion f mit $f(x) = x \cdot e^x$ angegeben. Durch Integration von 0 bis 1 über die Funktion f′ erhält man die darunter stehenden Integrale.
a) Zwei Integrale können sofort bestimmt werden. Welche Ergebnisse erhalten Sie?
b) Welches Integral kann mit den Ergebnissen von a) auch bestimmt werden?

Aus der Produktregel kann ein Verfahren zur Bestimmung von Integralen gewonnen werden. Aus $f = u \cdot v$ folgt $f' = u'v + uv'$. Integration über die Funktion f′ von a bis b ergibt:
$\int_a^b f'(x)\,dx = \int_a^b u'(x) \cdot v(x)\,dx + \int_a^b u(x) \cdot v'(x)\,dx$. Wegen $\int_a^b f'(x)\,dx = [f(x)]_a^b = [u(x) \cdot v(x)]_a^b$ gilt:

*Statt Produktintegration sagt man auch **partielle Integration**, weil die Integration von $u \cdot v'$ nur teilweise ausgeführt wird.*

Satz 1: Sind u und v auf dem Intervall [a; b] differenzierbare Funktionen mit stetigen Ableitungsfunktionen u′ bzw. v′, so gilt
$$\int_a^b u(x) \cdot v'(x)\,dx = [u(x) \cdot v(x)]_a^b - \int_a^b u'(x) \cdot v(x)\,dx. \qquad \textbf{(Produktintegration)}$$

Mit der Produktintegration lässt sich eine Stammfunktion der Logarithmusfunktion f mit $f(x) = \ln x$ bestimmen. Man schreibt dazu $f(x) = (\ln(x)) \cdot 1$. Mit $u(x) = \ln(x)$ und $v'(x) = 1$ erhält man $u'(x) = \frac{1}{x}$ und $v(x) = x$. Damit ergibt sich für a, b > 0
$$\int_a^b \ln(x)\,dx = \int_a^b (\ln(x)) \cdot 1\,dx = [(\ln(x)) \cdot x]_a^b - \int_b^a \frac{1}{x} \cdot x\,dx = [(\ln(x)) \cdot x]_a^b - [x]_a^b = [(\ln(x)) \cdot x - x]_a^b.$$

Satz 2: Eine Stammfunktion der Funktion f mit $f(x) = \ln(x)$ ist die Funktion F mit
$$F(x) = x \cdot \ln(x) - x.$$

Strategie I
Wähle u und v′ so, dass

$u' \cdot v$ „einfacher" als $u \cdot v'$

wird.

Beispiel 1: (Produktintegration)
Bestimmen Sie $\int_0^1 3x \cdot e^{2x}\,dx$.
Lösung:
Wählt man $u(x) = 3x$ und $v'(x) = e^{2x}$, so ist $u'(x) = 3$ und $v(x) = \frac{1}{2}e^{2x}$.
Also gilt:
$\int_0^1 3x \cdot e^{2x}\,dx = \int_0^1 u(x) \cdot v'(x)\,dx = [u(x) \cdot v(x)]_0^1 - \int_0^1 u'(x) \cdot v(x)\,dx$
$= \left[3x \cdot \frac{1}{2}e^{2x}\right]_0^1 - \int_0^1 3 \cdot \frac{1}{2}e^{2x}\,dx = \frac{3}{2}e^2 - \left[\frac{3}{4}e^{2x}\right]_0^1 = \frac{3}{4}e^2 + \frac{3}{4}$.

Bemerkung: Wählt man in Beispiel 1 $u(x) = e^{2x}$ und $v'(x) = 3x$, dann ist $u'(x) = 2 \cdot e^{2x}$ und $v(x) = \frac{3}{2}x^2$. Damit gilt $\int_0^1 e^{2x} \cdot 3x\,dx = \left[e^{2x} \cdot \frac{3}{2}x^2\right]_0^1 - \int_0^1 2e^{2x} \cdot \frac{3}{2}x^2\,dx$. Das letzte Integral kann nicht bestimmt werden. Diese Wahl von u und v ist also ungeeignet.

Integration von Produkten

Strategie II
Wähle u und v' so, dass

wird.

Beispiel 2: (Produktintegration; ein Sonderfall)

Bestimmen Sie $\int_{0}^{\frac{1}{2}\pi} \sin(x) \cdot \cos(x)\,dx$.

Lösung:
Mit $u(x) = \sin(x)$ und $v'(x) = \cos(x)$ erhält man $u'(x) = \cos(x)$ und $v(x) = \sin(x)$. Dies ergibt:
$$\int_{0}^{\frac{1}{2}\pi} \sin(x) \cdot \cos(x)\,dx = [\sin(x) \cdot \sin(x)]_{0}^{\frac{1}{2}\pi} - \int_{0}^{\frac{1}{2}\pi} \cos(x) \cdot \sin(x)\,dx.$$

Zusammenfassen derselben Integrale liefert:
$$2\int_{0}^{\frac{1}{2}\pi} \sin(x) \cdot \cos(x)\,dx = [\sin^2(x)]_{0}^{\frac{1}{2}\pi} \quad \text{und somit} \quad \int_{0}^{\frac{1}{2}\pi} \sin(x) \cdot \cos(x)\,dx = \tfrac{1}{2}[\sin^2(x)]_{0}^{\frac{1}{2}\pi} = \tfrac{1}{2}.$$

Aufgaben

2 Berechnen Sie.

a) $\int_{-1}^{1} x \cdot e^x\,dx$
b) $\int_{0}^{\pi} x \cdot \sin(x)\,dx$
c) $\int_{0}^{3} x \cdot (x-3)^5\,dx$

d) $\int_{0}^{0,5} 4x \cdot e^{2x+1}\,dx$
e) $\int_{1}^{e^2} 2\ln(x)\,dx$
f) $\int_{1}^{e} x \cdot \ln(x)\,dx$

3 Geben Sie verschiedene Möglichkeiten an, sodass Sie das Integral $\int_{-1}^{1} \square \cdot e^x\,dx$ berechnen können. Begründen Sie Ihre Wahl in Worten.

4 Bestimmen Sie das Integral durch zweimalige Anwendung der Produktintegration.

a) $\int_{0}^{2} x^2 \cdot e^x\,dx$
b) $\int_{\pi}^{-\pi} x^2 \cdot \cos(x)\,dx$
c) $\int_{0}^{2,5} x^2 \cdot (2x-5)^4\,dx$
d) $\int_{-1}^{\pi-1} x^2 \cdot \sin(x+1)\,dx$

5 Berechnen Sie das Integral wie in Beispiel 2.

a) $\int_{0}^{\pi} \sin^2(x)\,dx$
b) $\int_{-1}^{1} \cos^2(\pi x)\,dx$
c) $\int_{0}^{\pi} e^x \cdot \cos(x)\,dx$
d) $\int_{0}^{2} e^{2x} \cdot \sin(\pi x)\,dx$

6 Für die Auslenkung a(t) (in cm) einer gedämpften Schwingung zur Zeit t (in s) gilt $a(t) = 8 \cdot e^{-0,2t} \cdot \sin t$.
Skizzieren Sie das Schaubild von a für $0 \leq t \leq 15$ und berechnen Sie den Mittelwert der Auslenkung in diesem Zeitintervall.

7 Gegeben ist die Funktion f mit $f(x) = x \cdot e^{1-x}$; ihr Graph sei K.
a) Der Graph K teilt das Quadrat ORST mit $O(0|0)$, $R(1|0)$ und $S(1|1)$ in zwei Teilflächen mit den Inhalten A_1 und A_2. Bestimmen Sie das Verhältnis $A_1 : A_2$.
b) Der Graph K, seine Wendetangente und die y-Achse begrenzen eine Fläche mit dem Inhalt A. Bestimmen Sie A.

8 Gegeben ist der Graph K der Funktion f mit $f(x) = 4x \cdot e^{-x}$.
Die x-Achse und K begrenzen im ersten Feld eine nach rechts offene Fläche, welche um die x-Achse rotiert.
Bestimmen Sie den Inhalt A der Fläche und das Volumen V des Rotationskörpers.

7 Integration durch Substitution

$F(x) = x^3$ $f(x) = 3x^2 \cdot \Box$	$F(x) = (2x+3)^3$ $f(x) = 3(2x+3)^2 \cdot \Box$	$F(x) = (2x^4+1)^3$ $f(x) = 3(2x^4+1)^2 \cdot \Box$
$F(x) = (x+1)^3$ $f(x) = 3(x+1)^2 \cdot \Box$	$F(x) = (x^2+1)^3$ $f(x) = 3(x^2+1)^2 \cdot \Box$	$F(x) = (2e^{4x}+x)^3$ $f(x) = 3(2e^{4x}+x)^2 \cdot \Box$

Fig. 1

1 Eine auf $\mathbb{R}$ definierte und differenzierbare Funktion F ist eine Stammfunktion der Funktion f, wenn $F' = f$ gilt.
a) Ergänzen Sie in Fig. 1 jeweils den Term von f so, dass F eine Stammfunktion von f ist.
b) Es sei $F(x) = (g(x))^3$ und $f(x) = 3 \cdot (g(x))^2 \cdot \Box$.
Welcher Term ist stets für $\Box$ zu wählen?

Die Grundlage der Produktintegration ist die Produktregel beim Ableiten. Entsprechend kann man aus der Kettenregel ein Integrationsverfahren herleiten.

Es sei F eine Stammfunktion von f und g eine weitere differenzierbare Funktion. Kann man die Verkettung H mit $H(x) = F(g(x))$ bilden, so gilt $H'(x) = F'(g(x)) \cdot g'(x) = f(g(x)) \cdot g'(x)$ nach der Kettenregel. Folglich ist H eine Stammfunktion von h mit $h(x) = f(g(x)) \cdot g'(x)$. Also gilt, wenn man die Variable von f und F mit z bezeichnet:

$$\int_a^b f(g(x)) \cdot g'(x)\,dx = [F(g(x))]_a^b = F(g(b)) - F(g(a)) = [F(z)]_{g(a)}^{g(b)} = \int_{g(a)}^{g(b)} f(z)\,dz.$$

Diesen Zusammenhang kann man zur Bestimmung von Integralen nutzen.

substituere (lat.): ersetzen

> Bei der **Integration durch Substitution** wendet man die folgende Integrationsformel an:
> $$\int_a^b f(g(x)) \cdot g'(x)\,dx = \int_{g(a)}^{g(b)} f(z)\,dz.$$

Bei der Integration durch Substitution wird die Integrationsformel von links nach rechts gelesen. Falls die Funktion g umkehrbar ist, kann man auch vom rechts stehenden Integral ausgehen und die Integrationsvariable z durch einen Funktionsterm $g(x)$ in der neuen Variablen x ersetzen. Es ergibt sich:

$$\int_\alpha^\beta f(z)\,dz = \int_{\bar{g}(\alpha)}^{\bar{g}(\beta)} f(g(x)) \cdot g'(x)\,dx.$$

Bei diesem Verfahren scheint ein einfaches Integral durch ein komplexeres Integral ersetzt zu werden. Das Beispiel 3 zeigt aber, dass esIntegrale gibt, die sich bei geschickter Substitution vereinfachen lassen.

Mit veränderten Bezeichnungen erhält man das folgende Integrationsverfahren:

> Bei der **Integration durch Substitution der Integrationsvariablen** wendet man die folgende Integrationsformel an:
> $$\int_a^b f(x)\,dx = \int_{\bar{g}(a)}^{\bar{g}(b)} f(g(t)) \cdot g'(t)\,dt.$$

Integration durch Substitution

Strategie:
Man versucht die „innere Funktione g" und die „äußere Funktion f" so zu wählen, dass
a) die Ableitung g' im Integranden als Faktor auftritt
b) eine Stammfunktion F von f bekannt ist.

Beispiel 1: (Integration durch Substitution)

Bestimmen Sie $\int_0^2 \frac{4x}{\sqrt{1+2x^2}} dx$.

Lösung:

Substitution: $\qquad g(x) = 1 + 2x^2$ und $f(z) = \frac{1}{\sqrt{z}}$

Ableitung: $\qquad g'(x) = 4x$

Umrechnung der Grenzen: Aus der Grenze 0 wird die Grenze $g(0) = 1$;
aus der Grenze 2 wird die Grenze $g(2) = 9$.

Durchführung der Integration:

$$\int_0^2 \frac{4x}{\sqrt{1+2x^2}} dx = \int_0^2 \frac{1}{\sqrt{1+2x^2}} \cdot 4x\, dx = \int_0^2 f(g(x)) \cdot g'(x)\, dx = \int_1^9 f(z)\, dz = \int_1^9 \frac{1}{\sqrt{z}} dz = \left[2\sqrt{z}\right]_1^9 = 4.$$

Beachten Sie:
Sie müssen die Grenzen nicht ausrechnen, wenn Sie die Substitution rückgängig machen oder wenn Sie eine Stammfunktion bestimmen wollen.

Bemerkung: Man kann in Beispiel 1 die Substitution $g(x) = 1 + 2x^2$ rückgängig machen. Dies ergibt: $\int_0^2 \frac{4x}{\sqrt{1+2x^2}} dx = \ldots = \left[2\sqrt{z}\right]_1^9 = \left[2\sqrt{1+2x^2}\right]_0^2 = 4$.

Auf diese Weise erhält man eine Stammfunktion des Integranden: F mit $F(x) = 2\sqrt{1+2x^2}$ ist eine Stammfunktion von f mit $f(x) = \frac{4x}{\sqrt{1+2x^2}}$.

Beispiel 2: (Bestimmung einer Stammfunktion)

Bestimmen Sie eine Stammfunktion für f mit $f(x) = \frac{x}{2(1+x^2)^3}$.

Lösung:

Man berechnet $\int_a^b \frac{x}{2(1+x^2)^3} dx$ für beliebige Zahlen $a, b \in D_f$ mithilfe einer Substitution.

Substitution: $\qquad g(x) = 1 + x^2$ und $f(z) = \frac{1}{z^3}$.

Ableitung: $\qquad g'(x) = 2x$

Umrechnung der Grenzen: Aus der Grenze a wird die Grenze $g(a)$;
aus der Grenze b wird die Grenze $g(b)$.

Ableiten bringt Sicherheit!

Durchführung der Integration:

$$\int_a^b \frac{x}{2(1+x^2)^3} dx = \frac{1}{4}\int_a^b \frac{1}{(1+x^2)^3} \cdot 2x\, dx = \frac{1}{4}\int_{g(a)}^{g(b)} \frac{1}{z^3} dz = \frac{1}{4}\left[\frac{-1}{2z^2}\right]_{g(a)}^{g(b)} = \frac{1}{4}\left[\frac{-1}{2(1+x^2)^2}\right]_a^b$$

Also ist F mit $F(x) = \frac{-1}{8(1+x^2)^2}$ eine Stammfunktion von f mit $f(x) = \frac{x}{2(1+x^2)^3}$.

Beispiel 3: (Integration durch Substitution der Integrationsvariablen)

Bestimmen Sie $\int_0^{\frac{1}{2}} \frac{1}{\sqrt{1-x^2}} dx$

Auf eine Substitution der Integrationsvariablen, die das gegebene Integral vereinfacht, kommt man durch Probieren und Intuition. Im Beispiel 3 benutzt man: $\sqrt{1-\sin^2(t)} = \cos(t)$.

Lösung:

Substitution: $\qquad x = g(t) = \sin(t)$

Ableitung: $\qquad g'(t) = \cos(t)$

Umrechnung der Grenzen: Aus $\sin(t) = 0$ folgt $t_1 = 0$;
aus $\sin(t) = \frac{1}{2}$ folgt $t_2 = \frac{\pi}{6}$.

Durchführung der Integration:

$$\int_0^{\frac{1}{2}} \frac{1}{\sqrt{1-x^2}} dx = \int_0^{\frac{\pi}{6}} \frac{1}{\sqrt{1-(\sin(t))^2}} \cdot \cos(t)\, dt = \int_0^{\frac{\pi}{6}} \frac{1}{\cos(t)} \cdot \cos(t)\, dt = \int_0^{\frac{\pi}{6}} 1\, dt = \left[t\right]_0^{\frac{\pi}{6}} = \frac{\pi}{6}.$$

Aufgaben

2 Berechnen Sie das Integral mit der angegebenen Substitution.

a) $\int_0^2 \frac{4x}{\sqrt{1+2x^2}}\,dx$; $g(x) = 1 + 2x^2$
b) $\int_{-1}^1 \frac{-2x}{(4-3x^2)^2}\,dx$; $g(x) = 4 - 3x^2$

c) $\int_0^1 x^2 e^{x^3+1}\,dx$; $g(x) = x^3 + 1$
d) $\int_0^1 x \cdot \sin(x^2)\,dx$; $g(x) = x^2$

3 Bestimmen Sie eine Stammfunktion der Funktion f.

a) $f(x) = \frac{3}{(3x+1)^2}$
b) $f(x) = \frac{5}{(4x-5)^4}$
c) $f(x) = \frac{x}{5+x^2}$
d) $f(x) = x^3 \cdot \ln(x^4)$

Aufgabe 4 können Sie auch mit dem Satz von Seite 159 (Lineare Verkettung) und dem Satz von Seite 213 (Logarithmische Integration) lösen.

4 Bestimmen Sie eine Stammfunktion und das Integral.

a) $\int_1^3 \frac{10}{(3x+1)^2}\,dx$
b) $\int_{-2}^0 \frac{3}{\sqrt{1-4x}}\,dx$
c) $\int_0^2 \frac{4}{2x+5}\,dx$
d) $\int_{1\frac{1}{2}}^4 \ln\left(\frac{2}{5}x - \frac{1}{5}\right)dx$

e) $\int_0^3 \frac{2x}{1+x^2}\,dx$
f) $\int_{-1}^2 \frac{e^x}{2+e^x}\,dx$
g) $\int_e^{e^2} \frac{4}{x \cdot \ln(x)}\,dx$
h) $\int_{\frac{1}{3}}^{\frac{1}{2}} \frac{\pi \cdot \cos(\pi x)}{\sin(\pi x)}\,dx$

5 Geben Sie verschiedene Funktionen u an, bei denen das Integral durch Substitution berechnet werden kann.

a) $\int_a^b (x^2 + x)^3 \cdot u(x)\,dx$
b) $\int_a^b e^{x^2+2} \cdot u(x)\,dx$
c) $\int_a^b \sin(\sqrt{\pi x}) \cdot u(x)\,dx$
d) $\int_a^b \frac{4 \cdot u(x)}{\sqrt{1-3x^2}}\,dx$

e) $\int_a^b \frac{4x^2}{\sqrt{u(x)}}\,dx$
f) $\int_a^b (u(x))^2 \cdot 4x^3\,dx$
g) $\int_a^b \frac{2x^3+x}{(u(x))^4}\,dx$
h) $\int_a^b e^{u(x)} \cdot (x^2+1)\,dx$

Zum „Forschen"
Man könnte vermuten, dass es auch ein Integrationsverfahren gibt, das sich aus der Quotientenregel ableiten lässt. Wie könnte man zeigen, dass dieses Verfahren keine neuen Integrationsmöglichkeiten ergibt?

6 Die folgenden Integrale lassen sich sowohl durch Integration mit Substitution als auch durch Produktintegration bestimmen. Berechnen Sie jedes Integral auf zwei verschiedene Arten.

a) $\int_1^{2e} \frac{1}{x} \cdot \ln(x)\,dx$
b) $\int_{0,5\pi}^{1,5\pi} \sin(x) \cdot \cos(x)\,dx$
c) $\int_0^{\pi} \sin^2(x) \cdot \cos(x)\,dx$
d) $\int_0^{\pi} \sin(x) \cdot \cos^3(x)\,dx$

7 Untersuchen Sie, ob das uneigentliche Integral existiert.

a) $\int_0^{\infty} \frac{x^3}{(1+x^4)^2}\,dx$
b) $\int_0^e \frac{\ln(x)}{x}\,dx$
c) $\int_{\pi}^{\infty} \frac{1}{x^2} \cdot \sin\left(\frac{1}{x}\right)dx$
d) $\int_0^1 \frac{1-2x}{\sqrt{x-x^2}}\,dx$

8 Berechnen Sie das Integral mit der angegebenen Substitution.

a) $\int_0^{-\ln 2} \frac{e^{4x}}{e^{2x}+3}\,dx$; $t = e^{2x} + 3$
b) $\int_1^2 \frac{2x+3}{(x+2)^2}$; $t = x + 2$

c) $\int_{0,5}^7 \frac{x}{\sqrt{4x-1}}\,dx$; $t = 4x - 1$
d) $\int_0^4 \frac{4}{1+2\sqrt{x}}\,dx$; $t = 1 + 2\sqrt{x}$

9 Bestimmen Sie eine Stammfunktion von f mit der angegebenen Substitution.

a) $f(x) = \frac{1}{x^2\sqrt{1-x^2}}$; $x = \frac{1}{t}$
b) $f(x) = \sqrt{1+x^2}$; $x = \frac{1}{2}(e^t - e^{-t})$

c) $f(x) = \frac{1}{\sqrt{1+x^2}}$; $x = \frac{1}{2}(e^t - e^{-t})$
d) $f(x) = \frac{1}{\sqrt{3+3x^2}}$; $x = \frac{t^2-1}{2t}$

Es ist nicht zu erwarten, dass der erste Versuch zum Erfolg führt.

10 Berechnen Sie das Integral mit einer geeigneten Substitution.

a) $\int_1^2 \frac{5x^2+x}{2x-1}\,dx$
b) $\int_4^6 \frac{2x-1}{x^2-6x+9}\,dx$
c) $\int_0^3 x \cdot \ln(1+x^2)\,dx$
d) $\int_{\ln 3}^{\ln 4} \frac{e^x}{(e^x-2)^3}\,dx$

8 Integrierbare Funktionen

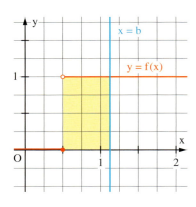
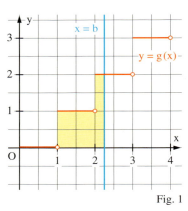

1 Gegeben sind die Funktionen f und g durch $f(x) = \begin{cases} 1 & \text{für } x > \frac{1}{2} \\ 0 & \text{für } x \leq \frac{1}{2} \end{cases}$ und $g(x) = [x]$ mit den abgebildeten Graphen (Fig. 1).
a) Die Funktionen f und g sind nicht an allen Stellen ihres Definitionsbereichs stetig. An welchen Stellen sind sie unstetig?
b) Haben f oder g eine Stammfunktion?
c) Lässt sich ein Integral wie $\int_0^b f(x)\,dx$ oder $\int_0^b g(x)\,dx$ für $b > 0$ über Flächeninhalte deuten?

Fig. 1

Die Überlegungen bei der Einführung des Integrals waren auf stetige Funktionen beschränkt. Doch auch wenn eine auf dem Intervall [a; b] definierte Funktion f nicht stetig ist, kann man ebenso wie bei der Einführung des Integrals bei stetigen Funktionen vorgehen:

Gustav Lejeune Dirichlet (1805–1859) war der Nachfolger von C. F. Gauss als Professor in Göttingen.

Man teilt das Intervall [a; b] in n Teilintervalle gleicher Länge. Die Fläche zwischen dem Graphen von f und der x-Achse über [a; b] (Fig. 2) wird wieder angenähert durch einbeschriebene (blau) und umbeschriebene Rechtecke (blau und gelb). Dabei nennt man den Inhalt der einbeschriebenen Rechtecke die Untersumme U_n und entsprechend den Inhalt der umbeschriebenen Rechtecke die Obersumme O_n.
Eine Funktion f heißt dann **integrierbar** auf [a; b], wenn U_n und O_n für $n \to \infty$ denselben Grenzwert haben.

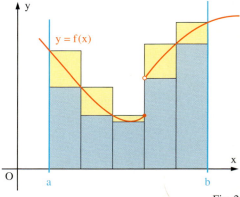

Fig. 2

Da stetige Funktionen stets integrierbar sind (vgl. Seite 153), stellt sich die Frage, ob es auch Funktionen gibt, die auf einem Intervall [a; b] nicht integrierbar sind.
Eine solche ist die 1829 von Gustav Lejeune Dirichlet eingeführte Funktion D mit

$$D(x) = \begin{cases} 0 & \text{für } x \in \mathbb{Q} \\ 1 & \text{für } x \notin \mathbb{Q} \end{cases}.$$

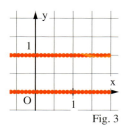

Fig. 3

Ein Graph von D kann nicht gezeichnet werden, aber in Fig. 3 wird die Funktion veranschaulicht. Die Funktion D ist nicht integrierbar. Es gibt nämlich in jedem beliebigen Intervall [a; b] sowohl rationale als auch irrationale Zahlen; also gibt es in [a; b] auch stets die beiden Funktionswerte 0 und 1.
Damit ist für jedes $n \in \mathbb{N}$ die Untersumme $U_n = 0$ und die Obersumme $O_n = b - a$.
Für $n \to \infty$ gilt somit $U_n \to 0$ aber $O_n \to b - a > 0$.

Satz: Es gibt Funktionen, die nicht integrierbar sind.

Integrierbare Funktionen

Zwischen den Funktionseigenschaften Integrierbarkeit, Existenz einer Stammfunktion und Stetigkeit bestehen vielfältige Zusammenhänge, die hier zusammengestellt sind (Fig. 1).

Dabei wird die Integrierbarkeit nur auf einem abgeschlossenen Intervall [a; b] betrachtet; uneigentliche Integrale wie auf Seite 166 werden nicht untersucht.

a) **Stetigkeit und Integrierbarkeit:**
Stetige Funktionen sind stets integrierbar (vgl. Seite 153). Zudem gibt es unstetige Funktionen, die ebenfalls integrierbar sind (vgl. Aufgabe 2).

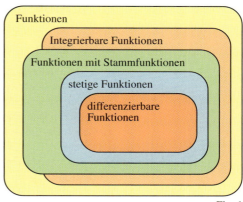
Fig. 1

b) **Stetigkeit und Existenz einer Stammfunktion:**
Stetige Funktionen f sind integrierbar und haben damit in F mit $F(x) = \int_a^x f(t)\,dt$ stets eine Stammfunktion.
Darüber hinaus gibt es Funktionen, die eine Stammfunktion besitzen, aber nicht stetig sind (vgl. Aufgabe 4).

c) **Existenz einer Stammfunktion und Integrierbarkeit:**
Bei unstetigen Funktionen sind diese Eigenschaften weitgehend unabhängig voneinander. Es gibt sowohl integrierbare Funktionen ohne Stammfunktion (vgl. Aufgabe 2) als auch Funktionen mit Stammfunktion, die nicht integrierbar sind (vgl. Aufgabe 4).

Das Problem der Existenz einer Stammfunktion und der Integrierbarkeit ist zu unterscheiden von dem Problem der Berechnung von Stammfunktionen und Integralen.

1835 zeigte JOSEPH LIOUVILLE (1809–1882), dass bereits die Stammfunktionen so elementarer Funktionen wie $f: x \mapsto \frac{\sin x}{x}$ mit den „üblichen Funktionen" nicht gebildet werden können.

Aufgaben

2 Gegeben ist die Funktion f mit
$f(x) = \begin{cases} 2 & \text{für } x \geq 1 \\ 1 & \text{für } x < 1 \end{cases}$.

a) Zeigen Sie, dass f nicht stetig ist und keine Stammfunktion besitzt.

b) Begründen Sie anschaulich, dass f integrierbar ist.

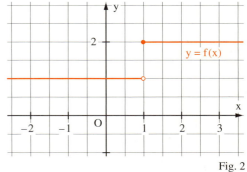
Fig. 2

3 Gegeben ist die Funktion f mit
$f(x) = \begin{cases} 2 & \text{für } x \leq 3 \\ \frac{2}{3}x & \text{für } x > 3 \end{cases}$.

a) Untersuchen Sie f auf Stetigkeit und zeichnen Sie den Graphen von f.

b) Begründen Sie ohne weitere Rechnung, dass f eine Stammfunktion F besitzt.

c) Geben Sie einen Term für eine Stammfunktion F von f an.

4 Gegeben ist die Funktion f mit $f(x) = \begin{cases} \frac{3}{2}\sqrt{x} \cdot \sin\left(\frac{1}{x}\right) - \frac{1}{\sqrt{x}}\cos\left(\frac{1}{x}\right) & \text{für } x > 0 \\ 0 & \text{für } x = 0 \end{cases}$.

a) Zeigen Sie, dass F mit $F(x) = \begin{cases} x\sqrt{x} \cdot \sin\left(\frac{1}{x}\right) & \text{für } x > 0 \\ 0 & \text{für } x = 0 \end{cases}$ eine Stammfunktion der Funktion f ist.

b) Skizzieren Sie den Graphen von f und erläutern an ihm, dass f im Intervall [0; b] mit b > 0 nicht integrierbar und damit nicht stetig ist.

249

9 Vermischte Aufgaben

1 a) Erstellen Sie eine Liste von Grundfunktionen, die Sie integrieren können. Welche Regeln für das Integrieren von zusammengesetzten Funktionen kennen Sie?
b) Geben Sie jeweils drei Integrale an, die Sie nur mit Produktintegration bzw. Integration durch Substitution lösen können.
c) Geben Sie drei Integrale an, die Sie nicht bestimmen können. Wie behelfen Sie sich?

2 a) Gegeben sind die Funktionen f und g_t durch $f(x) = \frac{1}{x^3}$ und $g_t(x) = \frac{t}{x^2}$ für $x \neq 0$ und $t > 0$. Ihre Graphen sind K bzw. C_t. Bestimmen Sie den x-Wert s_t des Schnittpunktes S_t der beiden Graphen K und C_t in Abhängigkeit von t.
b) Der Graph C_t und die Geraden mit den Gleichungen $x = s_t$ und $y = 0$ begrenzen eine „rechts ins Unendliche reichende" Fläche. Zeigen Sie, dass K diese Fläche halbiert.

3 Bestimmen Sie die Zahl $t > 1$ so, dass die vom Graphen mit der Gleichung $y = tx - x^3$ und der x-Achse eingeschlossene Fläche von der ersten Winkelhalbierenden halbiert wird.

4 Bestimmen Sie die Zahl $t > 1$ so, dass der Graph der Funktion f_t mit $f_t(x) = (1-t)x^2 - tx$ mit der x-Achse eine Fläche einschließt, die
a) einen möglichst kleinen Flächeninhalt hat
b) bei Rotation um die x-Achse einen Drehkörper mit möglichst kleinem Volumen ergibt.

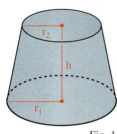

Fig. 1

5 Für das Volumen eines Kegelstumpfes (Fig. 1) gilt $V = \frac{1}{3}\pi h(r_1^2 + r_1 r_2 + r_2^2)$. Bestätigen Sie dies durch Integration.

Anwendungen

6 Ein Trinkglas hat innen die in Fig. 2 gezeigte Form. Der gekrümmte Teil ist ein Parabelbogen, der sich ohne Knick an die vorangehende Strecke anschließt.
a) Welches Volumen fasst das Glas?
b) Wie hoch stehen 0,15 Liter Flüssigkeit etwa in diesem Glas?

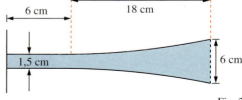

Fig. 2

7 Eine Schädlingsart vermehrt sich exponentiell. Zu Beginn der Beobachtung wird ihr Bestand auf $2{,}0 \cdot 10^4$ Tiere geschätzt. Nach 6 Tagen hat er sich verdoppelt. Jeden Tag vertilgt jeder Schädling eine Blattfläche von $4{,}0\,\text{cm}^2$. Wie groß ist die in 20 Tagen abgefressene Blattfläche?

8 Die momentane Änderungsrate einer Bevölkerung zur Zeit t (in Jahren) kann beschrieben werden durch eine Funktion f der Form $f(t) = a \cdot e^{-bt} - c$. Für f gilt dabei $f(0) = 5 \cdot 10^5$, $f(10) = 2 \cdot 10^5$ und für $t \to \infty$ strebt $f(t) \to -10^5$.
Berechnen Sie durch Integration die Änderung der Bevölkerungszahl innerhalb der nächsten 20 Jahre.

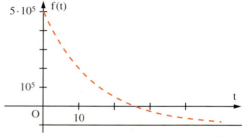

Fig. 3

250

Vermischte Aufgaben

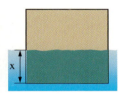
Fig. 1

9 Ein Würfel aus Holz mit der Kantenlänge 0,3 m erfährt eine Gewichtskraft von 200 N. Wenn der Würfel ins Wasser eintaucht, dann erfährt er eine Auftriebskraft, die ebenso groß ist, wie die Gewichtskraft des verdrängten Wassers (Archimedisches Prinzip).
Der Würfel wird so eingetaucht, dass die Würfelkanten zur Wasseroberfläche parallel bzw. orthogonal sind (Fig. 1). 1 m³ Wasser erfährt eine Gewichtskraft von 9810 N.
a) Mit welcher Kraft F(x) wird der Würfel bei der Eintauchtiefe x (in Meter) nach unten gezogen? Zeichnen Sie für $-0,1 \leq x \leq 0,4$ einen Graphen der Funktion F.
b) Wie tief taucht der Würfel ein, wenn er schwimmt?
c) Welche Kraft ist nötig, um den Würfel unter Wasser zu halten?
d) Welche Arbeit verrichtet jemand, der den schwimmenden Würfel an die Wasseroberfläche hebt?

10 Eine 20 m lange Kette, deren Gewicht 1200 N beträgt und die auf dem Boden liegt, wird mit einem Kran angehoben (Fig. 3).
a) Welche Kraft F(s) benötigt man, wenn bereits s Meter der Kette am Kran hängen, aber die restlichen (20 − s) m noch am Boden liegen?
b) Welche Arbeit wird verrichtet, wenn die Kette so weit angehoben wird, dass sie senkrecht hängt und ein Ende den Boden berührt?

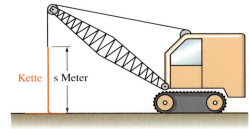
Fig. 3

11 Ein ausgewachsener Ahornbaum hat etwa 100 000 Blätter und jedes Blatt hat eine Oberfläche von 55 cm². Die Blätter produzieren abhängig von der Sonneneinstrahlung Sauerstoff. 1 m² Blattoberfläche liefert maximal 500 ml Sauerstoff pro Stunde. Die Sauerstoffproduktion s(t) $\left(\text{in } \frac{ml}{h \cdot m^2}\right)$ während eines Sommertages zwischen 6 Uhr und 21 Uhr kann näherungsweise so beschrieben werden: $s(t) = 500 \cdot e^{-\frac{t^4}{360}}$ ($-6 \leq t \leq 9$).
a) Skizzieren Sie den Graphen von s.
b) Berechnen Sie näherungsweise die an einem Tag produzierte Sauerstoffmenge.
c) Skizzieren Sie ohne Rechnung den Graphen der Integralfunktion $J(x) = \int_{-6}^{x} s(t)\,dt$.
An welcher Stelle ist der Graph am steilsten?

Fig. 2

In der Schule dürfen laut Strahlenschutzverordnung nur radioaktive Präparate mit einer maximalen Aktivität von $3,7 \cdot 10^6$ Bq verwendet werden.

12 Eine aus massivem Marmor herausgearbeitete Skulptur ist rotationssymmetrisch und hat etwa die in Fig. 2 skizzierte Form. Die Skulptur ist 6 m hoch, der Durchmesser am Boden ist 1,80 m, der Durchmesser in der Mitte 1,20 m und der Durchmesser an der Spitze 80 cm. 1 m² Marmor wiegt 2,5 t.
Bestimmen Sie auf verschiedene Arten näherungsweise die Masse der Skulptur.

13 Ein im Physikunterricht verwendetes radioaktives Cäsium-Präparat hat eine Aktivität von $1,6 \cdot 10^4$ Becquerel (Bq), d.h. es finden pro Sekunde 16 000 Kernzerfälle statt.
Die Aktivität nimmt im Lauf eines Jahres um 2,3 % ab.
a) Bestimmen Sie die Funktion f, welche die Aktivität des Präparates beschreibt.
b) Nach welcher Zeit unterschreitet die Aktivität den Wert 2000 Bq?
c) Wie viele Kernzerfälle finden innerhalb des ersten Tages statt? Wie viele am 1000. Tag?

Vergleiche Aufgabe 7 Seite 237.

14 Berechnen Sie für verschiedene ganzrationale Funktionen f vom Grad 3 das Integral $\int_a^b f(x)\,dx$ näherungsweise mit der Kepler'schen Fassregel $K_2 = \frac{b-a}{6}\left[f(a) + 4f\left(\frac{a+b}{2}\right) + f(b)\right]$.
Vergleichen Sie mit dem genauen Wert. Was vermuten Sie?

251

Mathematische Exkursionen

Spiralen

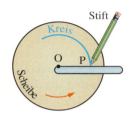

1 Ein Blatt Papier liegt auf einer Scheibe, die sich um den Punkt O gleichmäßig entgegen dem Uhrzeiger dreht (Fig. 1). Hält man einen Zeichenstift am Punkt P der Führungsschiene an das Papier, so entsteht auf diesem offensichtlich ein Kreis. Wie kann man mit diesem Zeichengerät Spiralen erhalten, die den abgebildeten Figuren ähneln?

Fig. 1

Auf einem Zeiger, der sich entgegengesetzt zum Uhrzeiger dreht, bewegt sich ein Stift P vom Mittelpunkt O in Richtung Zeigerspitze. Man kann die Bahnkurve, die der Stift aufzeichnet, punktweise konstruieren:
Zu jedem Zeitpunkt t hat sich der Zeiger um den Winkel $\varphi(t)$ gedreht; der Stift hat sich in dieser Zeit um die Strecke $s(t)$ auf dem Zeiger nach außen bewegt (Fig. 2).

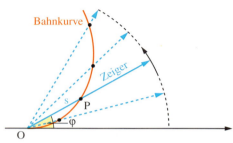

Fig. 2

Es ist aufwändig, eine solche Bahnkurve in einem kartesischen Koordinatensystem durch eine Gleichung zu beschreiben. Besser geeignet sind **Polarkoordinaten**. Dabei ist jeder Punkt P der Ebene durch den Abstand r zu O (dem Pol) und den Winkel φ zur Anfangsrichtung (der Achse) festgelegt. Man schreibt dafür kurz $\mathbf{P(r|\varphi)}$, wobei die Winkel im Bogenmaß gemessen werden. Mit Polarkoordinaten kann man die Gleichung einer Bahnkurve wie in Fig. 2 leicht angeben. Wenn sich der Stift auf dem Zeiger gleichförmig mit der Geschwindigkeit v bewegt, so gilt $r = v \cdot t$. Wenn sich der Zeiger ebenfalls gleichförmig dreht, hat er in dieser Zeit den Winkel $\varphi = k \cdot t$ (k ist eine Konstante) überstrichen. Eliminiert man aus den beiden Gleichungen t,

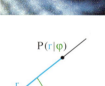

erhält man $r = c \cdot \varphi$ mit $c = \frac{v}{k}$.
Bei dem erhaltenen Graphen mit der Gleichung $r = c \cdot \varphi$, der Spirale von ARCHIMEDES heißt, wird zu jedem Winkel φ der Radius r geliefert durch die Funktion f mit $f(\varphi) = c \cdot \varphi$.
Viele elementare Funktionen mit bekannten Graphen in einem kartesischen Koordinatensystem haben ihre Entsprechung in Polarkoordinaten mit $r > 0$ und $\varphi \geq 0$ oder $\varphi > 0$.

kartesische Koordinaten		Polarkoordinaten	
Gerade parallel zur x-Achse	$y = a$	Kreis um O mit Radius c	$r = c$
Gerade durch O	$y = ax$	**Spirale von ARCHIMEDES**	$r = c \cdot \varphi$
Parabel durch O	$y = ax^2$	Spirale von GALILEI	$r = c \cdot \varphi^2$
Graph der Wurzelfunktion $f: x \mapsto a \cdot \sqrt{x}$	$y = a \cdot \sqrt{x}$	Spirale von FERMAT	$r = c \cdot \sqrt{\varphi}$
Hyperbel	$y = \frac{a}{x}$	**hyperbolische Spirale**	$r = \frac{c}{\varphi}$
Graph der Funktion $f: x \mapsto \frac{a}{\sqrt{x}}$	$y = \frac{a}{\sqrt{x}}$	Lituus oder „Krummstab"	$r = \frac{c}{\sqrt{\varphi}}$
Graph der Exponentialfunktion $f: x \mapsto a \cdot e^x$	$y = a \cdot e^x$	**logarithmische Spirale**	$r = c \cdot e^\varphi$

252

Mathematische Exkursionen

Hier sind die auf Seite 252 aufgeführten Spiralen dargestellt.

2 Zeichnen Sie den Graphen mit der folgenden Gleichung im angegebenen Bereich.
a) $r = 0{,}5 \cdot \varphi$ für $0 \leq \varphi \leq 4\pi$
b) $r = \frac{6}{\varphi}$ für $\frac{1}{4}\pi \leq \varphi \leq 3\pi$
c) $r = 0{,}25 \cdot e^\varphi$ für $0 \leq \varphi \leq \pi$

3 Erstellen Sie den Graphen zu der folgenden Gleichung. Wählen Sie dabei einen geeigneten Bereich für die Winkelgröße φ.
a) $r = 0{,}4 \cdot \varphi$
b) $r = 1{,}2 \cdot \varphi$
c) $r = \frac{2}{\varphi}$
d) $r = \frac{1}{2\varphi}$
e) $r = 2 \cdot e^\varphi$
f) $f = 0{,}01 \cdot e^{0{,}1\varphi}$
g) $r = 0{,}05 \cdot \varphi^2$
h) $r = 2 \cdot \varphi^2$
i) $r = 3 \cdot \sqrt{\varphi}$
j) $r = \frac{0{,}1}{\sqrt{\varphi}}$

Spirale von ARCHIMEDES

Spirale von GALILEI

Man kann zwar die Ableitung einer Funktion f mit $f(\varphi) = 3 \cdot \varphi^2$, deren Graph in Polarkoordinaten die Spirale von GALILEI ist, unmittelbar berechnen. Doch ist die geometrische Bedeutung dieser Ableitung nicht unmittelbar einsichtig.

Einfacher lässt sich das Problem der Flächenberechnung übertragen auf Kurven in Polarkoordinaten. Statt der Fläche zwischen einem Graphen und der x-Achse über dem Intervall $[a; b]$ soll der Inhalt der Fläche bestimmt werden zwischen dem Graphen mit der Gleichung $r = f(\varphi)$ und den Geraden durch O, die mit der Achse die Winkel α und β einschließen mit $\alpha < \beta$ (Fig. 1).

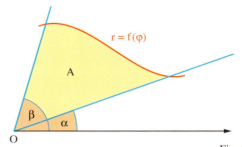

Fig. 1

Spirale von FERMAT

Entsprechend dem Vorgehen bei kartesischen Koordinatensystemen teilt man das Winkelintervall $[\alpha; \beta]$ in gleichgroße Teilintervalle der Weite $h = \frac{\beta - \alpha}{n}$ ein. Aus jedem Teilintervall wählt man eine Stelle φ_i (Fig. 2).
Da ein Kreisausschnitt mit dem Radius r und dem Winkel δ den Flächeninhalt $\frac{1}{2}r^2\delta$ hat, erhält man als Näherung für den Flächeninhalt A die Produktsumme

Fig. 2

hyperbolische Spirale

$$S_n = \frac{\beta - \alpha}{n}\left[\frac{1}{2}r_1^2 + \frac{1}{2}r_2^2 + \ldots + \frac{1}{2}r_n^2\right] = \frac{\beta - \alpha}{n}\left[\frac{1}{2}(f(\varphi_1))^2 + \frac{1}{2}(f(\varphi_2))^2 + \ldots + \frac{1}{2}(f(\varphi_n))^2\right].$$

Den Flächeninhalt erhält man als Grenzwert: $A = \lim_{n \to \infty} S_n = \int_\alpha^\beta \frac{1}{2}(f(\varphi))^2 d\varphi$.

Krummstab

Satz: Die Funktion f sei stetig auf dem Intervall $[\alpha; \beta]$ mit $\alpha \geq 0$ und $f(\varphi) \geq 0$ für alle $\varphi \in [\alpha; \beta]$. Dann gilt in Polarkoordinaten für den Inhalt A der Fläche zwischen dem Graphen von f und den Geraden durch O, die mit der Achse die Winkel α und β einschließen:

$$A = \frac{1}{2}\int_\alpha^\beta (f(\varphi))^2 d\varphi. \qquad \text{(Sektorformel von LEIBNIZ)}$$

logarithmische Spirale

4 Berechnen Sie den Inhalt der Fläche zwischen der archimedischen Spirale s und den Geraden durch O, die mit der Achse die Winkel α und β einschließen.
a) $s: r = 0{,}5 \cdot \varphi$; $\alpha = 0$ und $\beta = \frac{1}{2}\pi$
b) $s: r = 2 \cdot \varphi$; $\alpha = \frac{1}{4}\pi$ und $\beta = \frac{3}{4}\pi$

253

Rückblick

Uneigentliche Integrale
Es gibt zwei Arten von uneigentlichen Integralen. Man untersucht
a) den Grenzwert von $\int_a^b f(x)\,dx$ für $b \to \infty$
b) den Grenzwert von $\int_z^b f(x)\,dx$ für $z \to a$

$\lim_{b\to\infty} \int_1^b \frac{1}{x^2}\,dx = \lim_{b\to\infty}(1 - \frac{1}{b}) = 1.$

$\lim_{z\to 0} \int_z^4 \frac{1}{2\sqrt{x}}\,dx = \lim_{z\to 0}(2 - \sqrt{z}) = 2.$

Rauminhalte von Rotationskörpern
a) Rotation um die x-Achse.
Rotiert die Fläche zwischen dem Graphen von f und der x-Achse über dem Intervall [a; b] um die x-Achse, so gilt für das Volumen des dabei entstehenden Rotationskörpers:
$V_x = \pi \cdot \int_a^b (f(x))^2\,dx.$

b) Rotation um die y-Achse.
Rotiert die Fläche zwischen dem Graphen von f, der y-Achse und den Geraden mit den Gleichungen $y = c$ und $y = d$ um die y-Achse, so gilt für das Volumen des dabei entstehenden Rotationskörpers:
$V_y = \pi \cdot \int_c^d (\bar{f}(y))^2\,dy.$

Gegeben ist f mit $f(x) = \sqrt{x^2 + 1}$
a) Rotation um die x-Achse mit $a = 0$ und $b = 3$:
$V_x = \pi \int_0^3 (\sqrt{x^2+1})^2\,dx = \pi \int_0^3 (x^2+1)\,dx = 12\pi.$

b) Rotation um die y-Achse mit $c = 1$ und $d = 2$:
$\bar{f}(y) = \sqrt{y^2 - 1}.$
$V_y = \pi \int_1^2 (\sqrt{y^2-1})^2\,dy = \pi \int_1^2 (y^2-1)\,dy = \frac{4}{3}\pi.$

Numerische Integration
Ein Integral $\int_a^b f(x)\,dx$ kann mithilfe gegebener Funktionswerte $y_0; y_1; \ldots; y_n$ von f auf folgende Arten näherungsweise bestimmt werden:
a) mit der Sehnentrapezregel durch Berechnung von
$S_n = \frac{b-a}{2n}(y_0 + 2y_1 + 2y_2 + \ldots + 2y_{n-1} + y_n)$
b) Mit der Tangententrapezregel durch Berechnung von
$T_n = \frac{2(b-a)}{n}(y_1 + y_3 + y_5 + \ldots + y_{n-1}).$

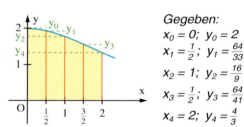

Gegeben:
$x_0 = 0;\ y_0 = 2$
$x_1 = \frac{1}{2};\ y_1 = \frac{64}{33}$
$x_2 = 1;\ y_2 = \frac{16}{9}$
$x_3 = \frac{3}{2};\ y_3 = \frac{64}{41}$
$x_4 = 2;\ y_4 = \frac{4}{3}$

$S_4 = \frac{2-0}{8}\left(2 + 2\cdot\frac{64}{33} + 2\cdot\frac{16}{9} + 2\cdot\frac{64}{41} + \frac{4}{3}\right) \approx 3{,}47.$
$T_4 = \frac{2\cdot(2-0)}{4}\left(\frac{64}{33} + \frac{64}{41}\right) \approx 3{,}5.$

Mittelwert von Funktionen
$\bar{m} = \frac{1}{b-a} \cdot \int_a^b f(x)\,dx$ ist der Mittelwert der Funktionswerte f auf [a; b].

$f(x) = 4 - x^2$, $a = 0$ und $b = 3$ ergeben
$\bar{m} = \frac{1}{3-0}\int_0^3 (4-x^2)\,dx = \frac{1}{3}\left[4x - \frac{1}{3}x^3\right]_0^3 = 1.$

Integration von Produkten
$\int_a^b u(x) \cdot v'(x)\,dx = [u(x) \cdot v(x)]_a^b - \int_a^b u'(x) \cdot v(x)\,dx$

$\int_0^1 x \cdot e^{2x}\,dx = \left[x \cdot \frac{1}{2}e^{2x}\right]_0^1 - \int_0^1 1 \cdot \frac{1}{2}e^{2x}\,dx$
$= \frac{1}{4}(e^2 + 1)$

Integration durch Substitution
$\int_a^b f(g(x)) \cdot g'(x)\,dx = \int_{g(a)}^{g(b)} f(z)\,dz$

$\int_0^1 (1+x^2)^5 \cdot 2x\,dx = \int_1^2 z^5\,dz = \frac{21}{2}$
mit $z = g(x) = 1 + x^2$

254

Aufgaben zum Üben und Wiederholen

1 Der Graph von f und die x-Achse begrenzen über dem angegebenen Intervall eine Fläche. Zeigen Sie, dass diese Fläche einen (endlichen) Flächeninhalt hat, und geben Sie diesen an.
a) $f(x) = \frac{6}{x^2}$; $[1; \infty)$
b) $f(x) = \frac{3}{(2x-5)^2}$; $(-\infty; 2]$
c) $f(x) = e^{3-2x}$; $[0; \infty)$

2 Die beschriebene Fläche rotiert um die x-Achse. Bestimmen Sie das Volumen des entstehenden Rotationskörpers.
a) Fläche zwischen dem Graphen von $f: x \mapsto \frac{1}{2x}$ und der x-Achse über $[1; 4]$.
b) Fläche zwischen den Graphen von $f: x \mapsto e^x$ und $g: x \mapsto \frac{1}{2}x$ über $[0; 3]$.

3 Gegeben sind die auf dem Intervall $[0; 3]$ definierten Funktionen f mit $f(x) = \frac{1}{2}x^2$ und g mit $g(x) = mx$ mit $0 < m < \frac{3}{2}$. Die Graphen von f und g schneiden sich im ersten Feld und schließen zwei Teilflächen ein. Bestimmen Sie m so, dass
a) die beiden Teilflächen denselben Flächeninhalt haben
b) die linke Teilfläche einen um $\frac{3}{2}$ größeren Flächeninhalt als die rechte Teilfläche hat
c) die beiden Rotationskörper bei Rotation der Teilflächen um die x-Achse dasselbe Volumen haben.

4 Ein Sektglas hat innen die in Fig. 1 gezeigte Parabelform.
a) Welches Volumen fasst das Glas?
b) Wie hoch stehen 0,1 Liter Sekt in dem Glas?

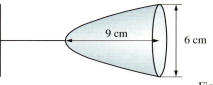

Fig. 1

5 Der Temperaturverlauf während eines Tages wird näherungsweise beschrieben durch die Funktion T mit $T(t) = \frac{-1}{240}t^3 + \frac{1}{10}t^2 - \frac{7}{20}t - 1$ mit $0 \leq t \leq 24$. Dabei wird T in °C und die Uhrzeit t in Stunden angegeben. Bestimmen Sie durch Integration eine mittlere Tagestemperatur.

6 Der Graph der Funktion f mit $f(x) = x^2$ und die Gerade mit der Gleichung $y = 2x$ begrenzen im ersten Feld eine Fläche A. Rotiert A um die x-Achse bzw. die y-Achse, entstehen zwei Rotationskörper mit den Volumina V_x bzw. V_y. Berechnen Sie V_x, V_y sowie $V_x : V_y$.

7 Berechnen Sie.
a) $\int_0^1 x \cdot e^{3-2x} \, dx$
b) $\int_0^{2\pi} x^2 \cdot \sin(1-x) \, dx$
c) $\int_1^3 \frac{x+1}{2x+x^2} \, dx$
d) $\int_1^2 2x \cdot e^{4-x^2} \, dx$

8 Eine Pflanzung ist von einem Schädling befallen. Zu Beginn der Beobachtung zählt man auf einem Quadratmeter 50 Schädlinge, wobei insgesamt eine Fläche von 200 m² befallen ist. Aus Versuchen ist bekannt, dass 100 Schädlinge an einem Tag 120 g Blattmasse fressen.
Man nimmt an, dass sich die Schädlinge in den nächsten 30 Tagen bei einer Verdoppelungszeit von 5 Tagen exponentiell vermehren werden.
Wie groß ist die von den Schädlingen in 30 Tagen abgefressene Blattmasse?

9 Gegeben ist die Funktion f mit $f(x) = \sqrt{2x^2 + 1}$.
a) Skizzieren Sie den Graphen von f.
b) Der Graph von f schließt mit der x-Achse über dem Intervall $[0; 2]$ eine Fläche ein. Bestimmen Sie mit der Sehnentrapezregel und der Tangententrapezregel ($n = 4$) jeweils einen Näherungswert für den Inhalt A dieser Fläche.
c) Die Fläche rotiert um die x-Achse. Bestimmen Sie das Volumen V des dabei entstehenden Rotationskörpers.

Die Lösungen zu den Aufgaben dieser Seite finden Sie auf Seite 383/384.

IX Trigonometrische Funktionen, Wurzelfunktionen

1 Trigonometrische Funktionen und ihre Ableitungen

Steigungswinkel α = 10°   *Steigungswinkel α = 20°*   *Steigungswinkel α = 80°*

1 a) Welche Zahl ist auf dem Verkehrsschild für die Passstraße einzutragen?
b) Welche Einträge würden sich ergeben, wollte man bei der Bergbahn und der Klettersteilwand ebenfalls „Verkehrsschilder" anbringen?
c) Für $\alpha \in (0°; 45°)$ gilt $\tan(2\alpha) > 2\tan(\alpha)$. Bestätigen Sie dies rechnerisch und zeichnerisch anhand von Beispielen.
d) Warum lässt sich $\tan(90°)$ nicht sinnvoll definieren?

Periodische Vorgänge treten in Natur und Technik häufig auf. Zu ihrer Beschreibung sind die trigonometrischen Funktionen von besonderer Bedeutung.
Im Folgenden werden bisherige Kenntnisse über die Sinus- und Kosinusfunktion zusammengefasst und die Tangensfunktion eingeführt.

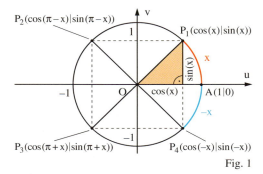

Fig. 1

Fig. 1 veranschaulicht die Zuordnung bei der Sinusfunktion bzw. der Kosinusfunktion: Sie ordnet der Maßzahl x der Länge des Bogens AP_1 im Einheitskreis die Ordinate bzw. die Abszisse von P_1 zu.
Für jede ganze Zahl k ist $\sin(x + k \cdot 2\pi) = \sin(x)$ bzw. $\cos(x + k \cdot 2\pi) = \cos(x)$.
Damit ist die Sinusfunktion $f: x \mapsto \sin(x)$ bzw. die Kosinusfunktion $g: x \mapsto \cos(x)$ auf $\mathbb{R}$ definiert.

Hat f die Periode p, so gilt $f(x + k \cdot p) = f(x)$ für jede ganze Zahl k und alle x, $x + k \cdot p \in D_f$.

Eine Funktion f heißt **periodisch**, wenn es eine Zahl $p \neq 0$ gibt, sodass $f(x + p) = f(x)$ für alle $x, x + p \in D_f$ gilt. Die kleinste positive Zahl p mit dieser Eigenschaft nennt man **Periode** von f. Die Sinusfunktion und die Kosinusfunktion sind periodisch mit der Periode 2π. Ihre Graphen sind daher jeweils verschiebungssymmetrisch.

Fig. 1 zeigt, dass $\sin(-x) = -\sin(x)$ und $\sin(x) = \sin(\pi - x)$ ist. Damit ist der Graph der Sinusfunktion symmetrisch zum Ursprung und zur Geraden mit der Gleichung $x = \frac{1}{2}\pi$.
Fig. 1 zeigt auch, dass $\cos(-x) = \cos(x)$ und $\cos(x) = -\cos(\pi - x)$ ist. Der Graph der Kosinusfunktion ist damit symmetrisch zur y-Achse und zum Punkt $P\left(\frac{1}{2}\pi \mid 0\right)$.

Die ausführliche Herleitung finden Sie in Kapitel II §6.

Für f mit $f(x) = \sin(x)$ ist $f'(x) = \cos(x)$, für g mit $g(x) = \cos(x)$ ist $g'(x) = -\sin(x)$. Die Wertemenge von f und g ist jeweils $[-1; 1]$, der Betrag der Steigungen der Graphen ist höchstens 1.

Mithilfe der hier angegebenen Symmetrien lässt sich der gesamte Graph der Sinus- bzw. der Kosinusfunktion jeweils aus dem Teilstück über dem Intervall $[0; \frac{1}{2}\pi]$ erzeugen.

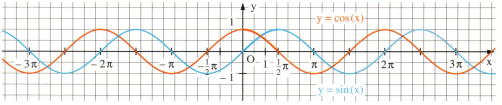

Fig. 2

256

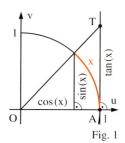

Fig. 1

Versteht man unter tan(x) für $x \in \left[0; \frac{1}{2}\pi\right)$ die Maßzahl der Streckenlänge von AT (vgl. Fig. 1), so gilt $\tan(x) : 1 = \sin(x) : \cos(x)$. Dieser Zusammenhang wird benutzt, um tan(x) auch außerhalb dieses Intervalls festzulegen: $\quad \mathbf{\tan(x) = \frac{\sin(x)}{\cos(x)}}$.

Die Funktion h: $x \mapsto \tan(x)$ heißt **Tangensfunktion**.
Sie hat unendlich viele Definitionslücken, nämlich die Nullstellen der Kosinusfunktion $(\ldots, -\frac{3}{2}\pi, -\frac{1}{2}\pi, \frac{1}{2}\pi, \frac{3}{2}\pi, \ldots)$.

Für $x \to \frac{1}{2}\pi$ und $x < \frac{1}{2}\pi$ gilt $\tan(x) \to \infty$, die Gerade mit der Gleichung $x = \frac{1}{2}\pi$ ist also senkrechte Asymptote des Graphen der Tangensfunktion.
Wegen $\tan(-x) = \frac{\sin(-x)}{\cos(-x)} = \frac{-\sin(x)}{\cos(x)} = -\tan(x)$ ist der Graph punktsymmetrisch zum Ursprung.
Es gilt $\tan(x + \pi) = \frac{\sin(x+\pi)}{\cos(x+\pi)} = \frac{-\sin(x)}{-\cos(x)} = \tan(x)$.
Die Periode der Tangensfunktion ist daher π, ihr Graph ist verschiebungssymmetrisch.

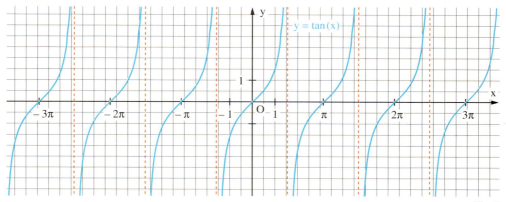

Fig. 2

Die Ableitung von h mit $h(x) = \tan(x)$ erhält man mit der Quotientenregel:
Mit $\tan(x) = \frac{\sin(x)}{\cos(x)}$ ist $h'(x) = \frac{\cos(x) \cdot \cos(x) - \sin(x) \cdot (-\sin(x))}{\cos^2(x)} = \frac{\cos^2(x) + \sin^2(x)}{\cos^2(x)} = \frac{1}{\cos^2(x)}$.

Überblick über die trigonometrischen Funktionen					
Funktion	Ableitung	Periode	Definitionsmenge	Wertemenge
f mit $f(x) = \sin(x)$	$f'(x) = \cos(x)$	2π	$D_f = \mathbb{R}$	$W_f = [-1; 1]$
g mit $g(x) = \cos(x)$	$g'(x) = -\sin(x)$	2π	$D_g = \mathbb{R}$	$W_g = [-1; 1]$
h mit $h(x) = \tan(x)$	$h'(x) = \frac{1}{\cos^2(x)}$	π	$D_h = \mathbb{R} \setminus \left\{x \mid x = \frac{1}{2}\pi + k\pi; \ k \in \mathbb{Z}\right\}$	$W_h = \mathbb{R}$

Beispiel: (Ableitung und Stammfunktion)
a) Bestimmen Sie die Ableitung von f mit $f(x) = \frac{1}{2}\tan(x^2 + 1)$.
b) Bestimmen Sie eine Stammfunktion von h mit $h(x) = \tan(x)$.
Lösung:
a) Mit der Kettenregel gilt: $f'(x) = \frac{1}{2} \cdot \frac{2x}{\cos^2(x^2 + 1)} = \frac{x}{\cos^2(x^2 + 1)}$.
b) Es gilt $h(x) = \frac{\sin(x)}{\cos(x)} = -\frac{-\sin(x)}{\cos(x)}$; mit $u(x) = \cos(x)$ ist $u'(x) = -\sin(x)$ und $h(x) = -\frac{u'(x)}{u(x)}$.
Somit ist die Funktion H mit $H(x) = -\ln(|\cos(x)|)$ eine Stammfunktion von h (vgl. Seite 213).

Trigonometrische Funktionen und ihre Ableitungen

Aufgaben

2 Bestimmen Sie den Tangenswert (ggf. auf zwei Dezimalen gerundet).
a) $\tan(0,5)$ b) $\tan\left(\frac{\pi}{6}\right)$ c) $\tan(-1,5)$ d) $\tan\left(\frac{\pi}{2} - 0,001\right)$

3 Bestimmen Sie die Lösungen im Intervall $[0; \pi)$. Runden Sie ggf. auf 4 Dezimalen. Geben Sie anschließend alle Lösungen in $\mathbb{R}$ an.
a) $\tan(x) = 1$ b) $\tan(x) = 2$ c) $\tan(x) = -0,4$ d) $\tan(x) = \sqrt{3}$
e) $|\tan(x)| = \sqrt{3}$ f) $\tan(x) = 1000$ g) $\tan(x) = 1001$ h) $\tan x < \frac{\sqrt{3}}{3}$

Wenn möglich sind stets die exakten Werte anzugeben!

4 Geben Sie die Periode von f an.
a) $f(x) = \sin(2x)$ b) $f(x) = \sin(2x + 1)$ c) $f(x) = \sin(2x) + 1$
d) $f(x) = 2\sin(2x)$ e) $f(x) = \tan(2x)$ f) $f(x) = \tan(\pi x)$
g) $f(x) = \tan\left(\frac{x}{2}\right)$ h) $f(x) = \sin(2x) + \sin(3x)$ i) $f(x) = \cos(x) + \cos\left(\frac{1}{2}x\right)$

x	sin(x)	cos(x)	tan(x)
0	0	1	0
$\frac{1}{6}\pi$	$\frac{1}{2}$	$\frac{\sqrt{3}}{2}$	$\frac{\sqrt{3}}{3}$
$\frac{1}{4}\pi$	$\frac{\sqrt{2}}{2}$	$\frac{\sqrt{2}}{2}$	1
$\frac{1}{3}\pi$	$\frac{\sqrt{3}}{2}$	$\frac{1}{2}$	$\sqrt{3}$
$\frac{1}{2}\pi$	1	0	–

Exakte Werte der trigonometrischen Funktionen lassen sich bestimmen für ganzzahlige Vielfache von:
$\frac{1}{6}\pi, \frac{1}{4}\pi, \frac{1}{3}\pi, \frac{1}{2}\pi, \pi$.

5 Bestimmen Sie $\sin(x)$, $\cos(x)$, $\tan(x)$ und die Ableitung der Tangensfunktion an der Stelle x.
a) $x = \frac{1}{3}\pi$ b) $x = \frac{3}{4}\pi$ c) $x = -\frac{1}{6}\pi$ d) $x = \frac{9}{2}\pi$
e) $x = \frac{31}{6}\pi$ f) $x = -\frac{13}{4}\pi$ g) $x = -\frac{40}{3}\pi$ h) $x = -6\frac{1}{6}\pi$

6 Bestimmen Sie $f'(x)$.
a) $f(x) = \sin(x) + \tan(x)$ b) $f(x) = \sin(x) \cdot \tan(x)$ c) $f(x) = \frac{\cos(x)}{\tan(x)}$ d) $f(x) = \frac{\tan(x)}{2}$
e) $f(x) = \tan(2x)$ f) $f(x) = \tan(x^2)$ g) $f(x) = \tan^2(x)$ h) $f(x) = \frac{2}{\tan(x)}$

7 Bestimmen Sie eine Stammfunktion von f.
a) $f(x) = -2 \cdot \sin(x)$ b) $f(x) = 2 + x - \cos(x)$ c) $f(x) = 2 \cdot \sin(x) \cdot \cos(x)$
d) $f(x) = 4(\cos(x))^{-2}$ e) $f(x) = \frac{1}{2}\tan(2x)$ f) $f(x) = \frac{1}{\tan(x)}$
g) $f(x) = 1 + \tan^2(x)$ h) $f(x) = \tan^2(x)$ i) $f(x) = \frac{1}{\sin(x) \cdot \cos(x)}$

8 Gegeben ist die Funktion f mit $f(x) = \tan(x) - x$; hierbei ist $-\frac{3}{2}\pi < x < \frac{3}{2}\pi$ und $x \neq \pm\frac{1}{2}\pi$. Ihr Graph sei K.
a) Untersuchen Sie K auf Symmetrie.
b) Ermitteln Sie die Schnittpunkte von K mit der x-Achse; verwenden Sie ggf. das NEWTON-Verfahren.
c) Ermitteln Sie die Punkte mit waagerechter Tangente sowie die Wendepunkte von K.
d) Skizzieren Sie K.

9 Der Term **cot(x)** (lies: Kotangens x) ist durch $\cot(x) = \frac{\cos(x)}{\sin(x)}$ festgelegt.
Die Funktion $k: x \mapsto \cot(x)$ heißt **Kotangensfunktion**.
a) Bestimmen Sie die Definitionsmenge der Kotangensfunktion.
b) Untersuchen Sie den Graphen der Kotangensfunktion auf Symmetrien.
c) Skizzieren Sie den Graphen der Kotangensfunktion.

10 Gegeben ist die Funktion f mit $f(x) = \tan(x) - ax$, $x \in \left(-\frac{\pi}{2}; \frac{\pi}{2}\right)$, $a \in \mathbb{R}$.
a) Zeichnen Sie für verschiedene Werte des Parameters a jeweils den Graphen K_a. Formulieren Sie eine Vermutung über die Anzahl der Extrempunkte von K_a in Abhängigkeit von a.
b) Beweisen Sie Ihre Vermutung.
c) Wie viele Wendepunkte besitzt K_a in dem angegebenen Intervall?

2 Die Funktionen f: x ↦ a·sin[b(x−c)] und ihre Graphen

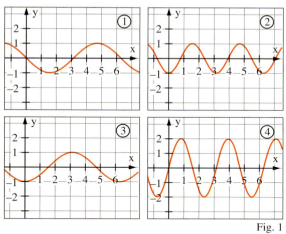

Fig. 1

1 Zeichnen Sie für verschiedene Werte der Parameter den Graphen von f. Beschreiben Sie, wie man die Sinuskurve abbilden muss, um diese Graphen zu erhalten.
a) $f(x) = a \cdot \sin(x)$
b) $f(x) = \sin(x) + d$
c) $f(x) = \sin(b \cdot x)$
d) $f(x) = \sin(x - c)$.

2 Gegeben ist die Funktion f mit $f(x) = a \cdot \sin[b(x - c)]$; $a, b, c \in \mathbb{R}$.
Setzen Sie für die Parameter solche Zahlen ein, dass sich die Graphen in Fig. 1 ergeben.

Viele periodische Vorgänge lassen sich zwar nicht mit der Sinusfunktion $x \mapsto \sin(x)$, aber doch durch eine Funktion f mit $f(x) = a \cdot \sin[b(x - c)]$ beschreiben.

Im Folgenden wird am Beispiel der Funktion f_3 mit $f_3(x) = 3 \cdot \sin\left[2\left(x - \tfrac{1}{2}\pi\right)\right]$ gezeigt, wie man sich ihren Graphen in drei Schritten aus dem Graphen der Sinusfunktion entstanden denken kann.

Durchläuft x die Zahlen von 0 bis π, so durchläuft 2x die Zahlen von 0 bis 2π, also eine volle Periode der Sinusfunktion (vgl. Fig. 2). Die Periode von f_2 ist damit π.

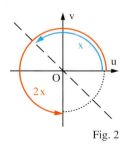

Fig. 2

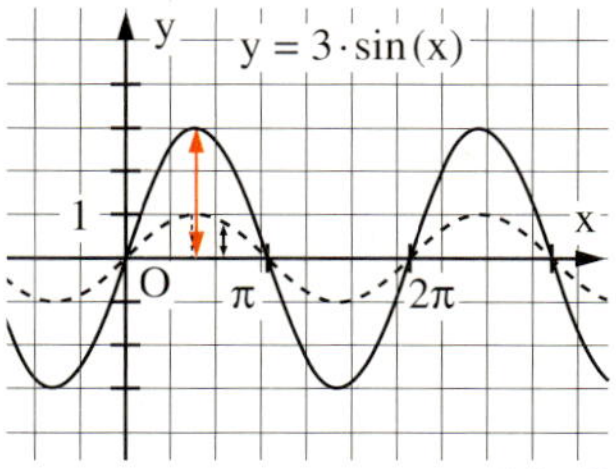

Fig. 3

Fig. 4

Fig. 5

Den Graphen von f_1 mit
$f_1(x) = 3 \cdot \sin(x)$
kann man sich aus dem Graphen der Sinusfunktion durch eine Streckung in y-Richtung mit dem Faktor 3 entstanden denken.

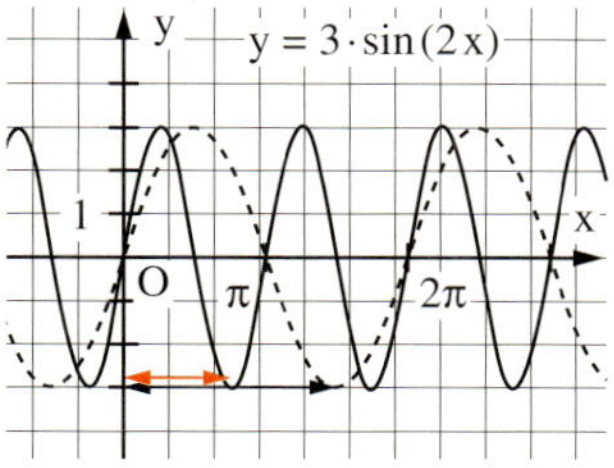

Den Graphen von f_2 mit
$f_2(x) = 3 \cdot \sin(2x)$
kann man sich aus dem Graphen von f_1 durch eine Streckung in x-Richtung mit dem Faktor $\tfrac{1}{2}$ entstanden denken (vgl. Randspalte).

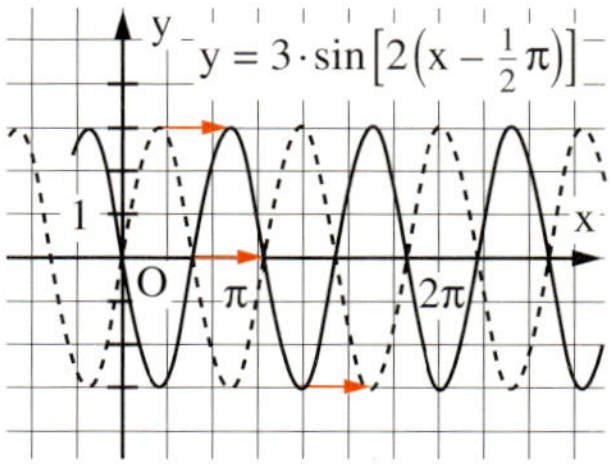

Den Graphen von f_3 mit
$f_3(x) = 3 \cdot \sin\left[2\left(x - \tfrac{1}{2}\pi\right)\right]$
kann man sich aus dem Graphen von f_2 durch eine Verschiebung um $\tfrac{1}{2}\pi$ in x-Richtung entstanden denken.

Wie äußert sich eine Verschiebung um d in y-Richtung im Funktionsterm?

Entsprechende Überlegungen gelten für beliebige $a > 0$, $b > 0$ und $c \in \mathbb{R}$.
Für die Periode p von f gilt damit allgemein: $p = \tfrac{2\pi}{b}$.

In den Fällen $a < 0$ bzw. $b < 0$ geht man vom Graphen der Funktion k mit $k(x) = -\sin(x)$ aus bzw. man formt f(x) zunächst mithilfe der Beziehung $a \cdot \sin[b(x - c)] = -a \cdot \sin[-b(x - c)]$ um (vgl. Aufg. 4c), d), e) und f), Seite 260).

> Den Graphen von f mit $f(x) = a \cdot \sin[b(x - c)]$ und $a > 0$, $b > 0$, $c \in \mathbb{R}$ kann man sich aus dem Graphen der Sinusfunktion schrittweise entstanden denken durch:
> – Streckung in y-Richtung mit dem Faktor a,
> – Streckung in x-Richtung mit dem Faktor $\tfrac{1}{b}$,
> – Verschiebung in x-Richtung um c.
> Für die Periode p von f gilt: $p = \tfrac{2\pi}{b}$.

259

Die Funktionen f: x ↦ a·sin[b(x − c)] und ihre Graphen

Beispiel: (Beschreiben und Skizzieren eines Graphen)
Wie kann man sich den Graphen K der Funktion f mit $f(x) = 2{,}5 \cdot \sin\left(\frac{1}{2}x + \frac{1}{2}\pi\right)$ aus dem Graphen der Sinusfunktion entstanden denken?
Bestimmen Sie die Periode p von f und nennen Sie für das Intervall [0; p) die gemeinsamen Punkte mit der x-Achse sowie die Extrem- und Wendepunkte. Skizzieren Sie K.

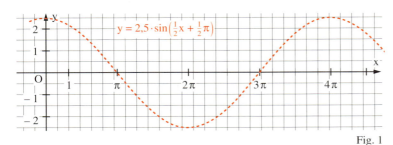

Lösung:
Es gilt $f(x) = 2{,}5 \cdot \sin\left[\frac{1}{2}(x - (-\pi))\right]$, also:
Streckung in y-Richtung mit dem Faktor 2,5,
Streckung in x-Richtung mit dem Faktor 2,
Verschiebung in x-Richtung um $-\pi$.
Es gilt $p = 4\pi$. In $[0; 4\pi)$ sind $N_1(\pi|0)$ und $N_2(3\pi|0)$ Schnittpunkte mit der x-Achse und Wendepunkte. $T(2\pi|-2{,}5)$ ist ein Tiefpunkt und $H(0|2{,}5)$ ist ein Hochpunkt von K.

Fig. 1

Aufgaben

3 Wie kann man sich den Graphen K der Funktion f aus dem Graphen der Sinusfunktion entstanden denken?
Bestimmen Sie die Periode p von f und nennen Sie für das Intervall [0; p) die gemeinsamen Punkte mit der x-Achse sowie die Extrem- und Wendepunkte. Skizzieren Sie K.
a) $f(x) = 3 \cdot \sin\left[\frac{1}{2}(x - \pi)\right]$
b) $f(x) = 2 \cdot \sin\left(\frac{2}{3}x\right)$
c) $f(t) = 4 \cdot \sin\left(t - \frac{\pi}{6}\right)$
d) $f(z) = \sin\left(\frac{1}{4}z - \frac{\pi}{2}\right)$
e) $f(t) = \sin\left[4\left(t + \frac{\pi}{10}\right)\right]$
f) $f(r) = 25 \cdot \sin\left(\frac{1}{10}r + \frac{\pi}{2}\right)$

4 Bestimmen Sie die Periode p der Funktion f und skizzieren Sie den Graphen K von f in [−p; p).
a) $f(x) = \sin\left[\frac{1}{2}(x + \pi)\right] - 1$
b) $f(x) = 1{,}5 \cdot \sin\left(\frac{2}{3}\pi x + \frac{\pi}{2}\right) + 2$
c) $f(x) = \sin(-\pi x - 0{,}25\pi)$
d) $f(x) = 4 \cdot \sin(-2\pi x + 0{,}2\pi)$
e) $f(x) = -\sin\left(2x + \frac{\pi}{6}\right)$
f) $f(x) = -3 \cdot \sin(-2\pi x - 0{,}2\pi)$

5 Bestimmen Sie den zugehörigen Funktionsterm in der Form $f(x) = a \cdot \sin(bx + e)$.

Schreiben Sie f(x) zunächst in der Form $f(x) = a \cdot \sin[b(x - c)]$.

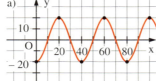
Fig. 2

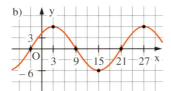
Fig. 3

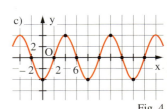
Fig. 4

6 Die Funktion f (vgl. Panorama-Aufnahme) ordnet der Zeitdauer t (in Std.) nach Mitternacht die Sonnenhöhe bezüglich der eingetragenen Achse auf den Bildern (in mm) zu.
Die Funktion f lässt sich durch
$f(t) = a \cdot \sin[b(t - c)]$ mit $-2 \leq t \leq 13$
beschreiben.
a) Begründen Sie, dass der Ansatz
$f(t) = \sin[b(t - c)]$ sinnvoll ist.
b) Ermitteln Sie b und c.

260

3 Trigonometrische Gleichungen

Viele Maschinen enthalten so genannte Schubkurbelgetriebe. Bei der Untersuchung von Materialbeanspruchungen sind die Kenntnis der gegenseitigen Lage der Gelenke sowie die auftretenden Geschwindigkeiten von Bedeutung.

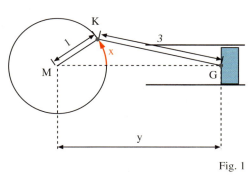

Fig. 1

1 Bei einem Schubkurbelgetriebe wird eine Hin- und Herbewegung, beispielsweise eines Kolbens, in eine Drehbewegung umgesetzt.
Die Lage y des Gelenkkopfes G und die Lage x des Kurbelzapfens K an den Enden der Pleuelstange sind voneinander abhängig (Fig. 1). Für welche Werte von x gilt jeweils $y = 2$; $y = \sqrt{8}$; $y = 3$; $y = \sqrt{10}$; $y = 4$ bzw. $y = 5$?

Neben dem Ableiten von Funktionen ist das Lösen von Gleichungen bei der Untersuchung von Funktionen von zentraler Bedeutung.

Bestimmung der Lösungsmenge einer trigonometrischen Gleichung
– Versuchen Sie die Gleichung auf die Form $\sin(x) = a$, $\cos(x) = a$ bzw. $\tan(x) = a$ ($a \in \mathbb{R}$) zu bringen. Die wichtigsten Hilfsmittel dazu sind die Durchführung einer Substitution oder die Verwendung trigonometrischer Beziehungen.
– Gelingt dies nicht, so lösen Sie die Gleichungen näherungsweise, z. B. mit dem NEWTON-Verfahren.

Beispiel 1: (Substitution)
Bestimmen Sie die Lösungsmenge L der Gleichung
a) $\sin\left(2x + \frac{1}{6}\pi\right) = 1$
b) $4\sin^2(x) + 5\sin(x) - 6 = 0$; $x \in [0; \pi]$.

Lösung:

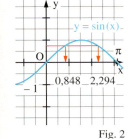

Fig. 2

a) Setzt man $z = 2x + \frac{1}{6}\pi$, so ist $\sin(z) = 1$, also $z = \frac{1}{2}\pi + k \cdot 2\pi$; $k \in \mathbb{Z}$. Die Rück-Substitution liefert $2x + \frac{1}{6}\pi = \frac{1}{2}\pi + k \cdot 2\pi$, $k \in \mathbb{Z}$. Damit ist $L = \{x \mid x = \frac{1}{6}\pi + k \cdot \pi; k \in \mathbb{Z}\}$.

b) Ersetzt man in der Gleichung $4\sin^2(x) + 5\sin(x) - 6 = 0$ den Term $\sin(x)$ durch z, so ergibt sich aus der zugehörigen quadratischen Gleichung $4z^2 + 5z - 6 = 0$, dass $z = \frac{3}{4}$ oder $z = -2$ ist. Die Rück-Substitution ergibt: $\sin(x) = \frac{3}{4}$ oder $\sin(x) = -2$.
Zur Gleichung $\sin(x) = \frac{3}{4}$ liefert der Taschenrechner die Lösung $x_1 \approx 0{,}848$.
Für das Intervall $[0; \pi]$ lässt sich eine weitere Lösung ermitteln: $x_2 = \pi - x \approx 2{,}294$ (vgl. Fig. 2).
Die Gleichung $\sin(x) = -2$ besitzt keine Lösung. Damit ist $L = \{0{,}848; 2{,}294\}$.

Beispiel 2: (Verwenden trigonometrischer Beziehungen)
Bestimmen Sie die Lösungsmenge L der Gleichung $2 \cdot \sin(x) = \tan(x)$ in $[0; 2\pi)$.

Auf ganz $\mathbb{R}$ ist
$L = \{x \mid x = k \cdot \pi$ *oder*
$x = \frac{1}{3}\pi + k \cdot 2\pi$ *oder*
$x = \frac{5}{3}\pi + k \cdot 2\pi$; $k \in \mathbb{Z}\}$.

Lösung:
Mit $\tan(x) = \frac{\sin(x)}{\cos(x)}$ erhält man $2 \cdot \sin(x) = \frac{\sin(x)}{\cos(x)}$; $2 \cdot \sin(x) - \frac{\sin(x)}{\cos(x)} = 0$ bzw.
$(\sin(x)) \cdot \left(2 - \frac{1}{\cos(x)}\right) = 0$.
Also gilt $\sin(x) = 0$ oder $2 - \frac{1}{\cos(x)} = 0$ bzw. $\sin(x) = 0$ oder $\cos(x) = \frac{1}{2}$.
In $[0; 2\pi)$ ist die Lösungsmenge $L = \{0; \pi; \frac{1}{3}\pi; \frac{5}{3}\pi\}$.

261

Trigonometrische Gleichungen

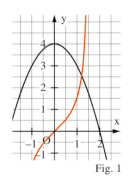
Fig. 1

Beispiel 3: (Näherungswert mithilfe des NEWTON-Verfahrens)
Gegeben ist die Funktion f mit $f(x) = \tan(x)$ und g mit $g(x) = 4 - x^2$; $x \in [0; 2]$.
Ihre Graphen schneiden sich im Punkt $P(x_p | y_p)$. Berechnen Sie die Koordinate x_p mithilfe des NEWTON-Verfahrens auf 4 Dezimalen gerundet.
Lösung:
Gesucht ist die Nullstelle der Funktion h mit $h(x) = f(x) - g(x) = \tan(x) - 4 + x^2$.
Mit $h'(x) = \frac{1}{\cos^2(x)} + 2x$ lautet die Iterationsvorschrift $x_{n+1} = x_n - \frac{\tan(x_n) - 4 + x_n^2}{\frac{1}{\cos^2(x_n)} + 2x_n}$.
Wahl des Startwertes aus der Skizze (Fig. 1): $x_0 = 1{,}2$.
Damit erhält man $x_1 = 1{,}198786\ldots$; $x_2 = 1{,}198783\ldots$
Auf 4 Dezimalen gerundet ergibt sich $x_p \approx 1{,}1988$.

> Mit einem CAS-Programm kann man Näherungswerte direkt erhalten.

Aufgaben

> *Existieren Lösungen, so liefert der Taschenrechner zur Gleichung:*
> *$-\sin(x) = a$ eine Lösung aus $\left[-\frac{1}{2}\pi; \frac{1}{2}\pi\right]$;*
> *$-\cos(x) = a$ eine Lösung aus $[0; \pi]$;*
> *$-\tan(x) = a$ eine Lösung aus $\left(-\frac{1}{2}\pi; \frac{1}{2}\pi\right)$.*
> *Weitere Lösungen ergeben sich aus den Symmetrieeigenschaften der zugehörigen Graphen – vgl. Beispiel 1.*

2 Bestimmen Sie die exakten Lösungen im Intervall $[0; 2\pi)$.
a) $\sin(x) = -0{,}5$ b) $\cos(x) = 0$ c) $\tan(x) = 1$ d) $\sin^2(x) = 0{,}5$ e) $\cos^2(x) = 0{,}75$ f) $\tan^2(x) = 3$

3 Bestimmen Sie die Lösungsmenge.
a) $2 \cdot \sin(x) = 3$ b) $1 = 2{,}5 - \tan(x)$ c) $\cos\left(\frac{1}{2}x\right) = 0{,}3$ d) $\tan(3x - 1) = 1$

4 Bestimmen Sie die Lösungen im Intervall $[-2\pi; 2\pi)$.
a) $\sin(x) = 2 \cdot \cos(x)$ b) $3 \cdot \cos^2(x) - 1 = \sin^2(x)$ c) $\tan(x) \cdot \cos(x) = -0{,}7$
d) $\cos^2(x) - 3 \cdot \cos(x) = 0$ e) $\tan^2(x) + 9 \cdot \tan(x) = 10$ f) $10 \cdot \sin^2(x) = 9 + 3 \cdot \cos(x)$

5 a) Bestimmen Sie mithilfe eines CAS Lösungen der Gleichung $\sin(2x) + \cos(x) = 0$.
b) Geben Sie alle Lösungen der Gleichung im Intervall $[0; 4\pi]$ an.

6 Geben Sie eine trigonometrische Gleichung mit folgender Lösungsmenge L an.
a) $L = \{x \mid x = \pi + k \cdot 4\pi; k \in \mathbb{Z}\}$ b) $L = \left\{x \mid x = \frac{1}{3}\pi + k \cdot \pi \text{ oder } x = \frac{2}{3}\pi + k \cdot \pi; k \in \mathbb{Z}\right\}$

7 Bestimmen Sie mithilfe des Newton-Verfahrens die Koordinaten der Schnittpunkte der Graphen von f und g auf 3 Dezimalen gerundet.
a) $f(x) = 1 + \sin^2(x)$; $g(x) = x$ b) $f(x) = \cos(x)$; $g(x) = x^2$ c) $f(x) = \sin(x)$; $g(x) = x^3$

8 Eine leuchtende Glimmlampe erlischt, falls der Betrag der anliegenden Spannung $U(t)$ die Löschspannung U_L unterschreitet, sie leuchtet, falls derselbe die Zündspannung U_Z überschreitet. Gegeben sind $U(t) = 230\sqrt{2} \cdot \sin(100\pi t)$ in Abhängigkeit von der Zeit t (in s) sowie $U_L = 150$ (in V) und $U_Z = 200$ (in V). Wie lange leuchtet die Lampe im Zeitintervall $[0; 0{,}1]$?

Eine Glimmlampe kennt nur stabile Zustände:
1. „Lampe leuchtet"
2. „Lampe leuchtet nicht".

9 Das Bogenmaß des Mittelpunktwinkels α in Fig. 2 sei x. Die Funktion, die jedem $x \in [0; 2\pi]$ den Flächeninhalt des zugehörigen Kreissegments bzw. Kreissektors zuordnet, heiße F bzw. F*.

a) Skizzieren Sie die Graphen von F und F* in ein Koordinatensystem und geben Sie an, für welche Werte von x die momentane Änderungsrate von F minimal ist.
b) Zeigen Sie, dass für den Flächeninhalt des Kreissegments gilt: $F(x) = \frac{1}{2}r^2(x - \sin(x))$.
c) Für welches α überdeckt das Kreissegment 70 % der Kreisfläche (2 Dezimalen)?

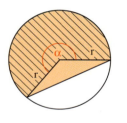 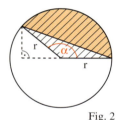
Fig. 2

262

4 Untersuchung trigonometrischer Funktionen

1 Ein kreisrunder Pokertisch vom Radius 1 m soll durch eine über seiner Mitte hängende, höhenverstellbare Lampe beleuchtet werden. Für die Beleuchtungsstärke E (in Lux) einer am Tischrand liegenden Spielkarte gilt $E = J \cdot \frac{\cos(x)}{d^2}$. Dabei ist J (in Candela) die Lichtstärke der Lampe, d die Entfernung von der Lichtquelle zur Spielkarte (in m) und x das Bogenmaß des Winkels zwischen dem Lichtbündel zur Spielkarte und der Normalen zum Tisch.
a) Fertigen Sie eine Skizze an und zeigen Sie, dass $E(x) = J \cdot \sin^2(x) \cdot \cos(x)$ gilt.
b) Für welchen Wert von x wird die Spielkarte möglichst hell beleuchtet? Wie hoch hängt die Lampe dann?

Beispiel: (Funktionsuntersuchung)
Gegeben ist die Funktion f mit $f(x) = 2 \cdot \cos(x) + 2 \cdot \sin(x) \cdot \cos(x)$; ihr Graph sei K.
a) Untersuchen Sie K für $0 \leq x \leq 2\pi$ auf gemeinsame Punkte mit der x-Achse, Hoch-, Tief- und Wendepunkte. Zeichnen Sie K für $0 \leq x \leq 2\pi$.
b) Stellen Sie eine Vermutung über die Periode von f auf. Beweisen Sie Ihre Vermutung. Erweitern Sie die Zeichnung nach beiden Seiten.
Lösung:
a) **1. Nullstellen:**
Bedingung: $2 \cdot \cos(x) + 2 \cdot \sin(x) \cdot \cos(x) = 0$; $2 \cdot \cos(x) \cdot (1 + \sin(x)) = 0$;
Lösungen: $x_1 = \frac{1}{2}\pi$; $x_2 = \frac{3}{2}\pi$.
Also sind $N_1\left(\frac{1}{2}\pi \mid 0\right)$ und $N_2\left(\frac{3}{2}\pi \mid 0\right)$ die gemeinsamen Punkte mit der x-Achse für $0 \leq x \leq 2\pi$.
2. Ableitungen:
$f'(x) = -2 \cdot \sin(x) + 2(\cos^2(x) - \sin^2(x)) = -2 \cdot \sin(x) + 2(1 - 2\cdot\sin^2(x)) = -4\cdot\sin^2(x) - 2\cdot\sin(x) + 2$;
$f''(x) = -8 \cdot \sin(x) \cdot \cos(x) - 2 \cdot \cos(x)$;
$f'''(x) = -8(\cos^2(x) - \sin^2(x)) + 2 \cdot \sin(x) = -8(1 - 2\cdot\sin^2(x)) + 2 \cdot \sin(x) = 16 \cdot \sin^2(x) + 2 \cdot \sin(x) - 8$
3. Extremstellen:
Notwendige Bedingung: $-4 \cdot \sin^2(x) - 2 \cdot \sin(x) + 2 = 0$; Lösungen: $x_3 = \frac{1}{6}\pi$; $x_4 = \frac{5}{6}\pi$; $x_2 = \frac{3}{2}\pi$.
Hinreichende Bedingung:
$x_3 = \frac{1}{6}\pi$: $f'(x_3) = 0$; $f''(x_3) = -3\sqrt{3} < 0$; $f\left(\frac{1}{6}\pi\right) = \frac{3}{2}\sqrt{3}$ ist ein lokales Maximum;
$x_4 = \frac{5}{6}\pi$: $f'(x_4) = 0$; $f''(x_4) = +3\sqrt{3} > 0$; $f\left(\frac{5}{6}\pi\right) = -\frac{3}{2}\sqrt{3}$ ist ein lokales Minimum;
$x_5 = \frac{3}{2}\pi$: $f'(x_5) = 0$; $f''(x_5) = 0$; hiermit ist keine Aussage möglich (weiter in 4.);
Extrempunkte für $0 \leq x \leq 2\pi$ sind der Hochpunkt $H\left(\frac{1}{6}\pi \mid \frac{3}{2}\sqrt{3}\right)$ und der Tiefpunkt $T\left(\frac{5}{6}\pi \mid -\frac{3}{2}\sqrt{3}\right)$.
4. Wendestellen:
Notwendige Bedingung: $-8 \cdot \sin(x) \cdot \cos(x) - 2 \cdot \cos(x) = 0$ bzw. $(\cos(x)) \cdot (4 \cdot \sin(x) + 1) = 0$
Lösungen: $x_6 = \frac{1}{2}\pi = x_1$; $x_7 = \frac{3}{2}\pi = x_2$; $x_8 \approx 3{,}394$; $x_9 \approx 6{,}031$. Hinreichende Bedingung:

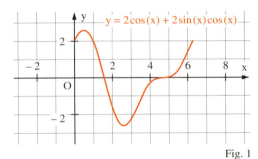
Fig. 1

$x_6 = \frac{1}{2}\pi$; $f''(x_6) = 0$; $f'''(x_6) = 10 \neq 0$;
$x_7 = \frac{3}{2}\pi$; $f''(x_7) = 0$; $f'''(x_7) = 6 \neq 0$;
$x_8 \approx 3{,}394$; $f''(x_8) = 0$; $f'''(x_8) = -7{,}5 \neq 0$;
$x_9 \approx 6{,}031$; $f''(x_9) = 0$; $f'''(x_9) = -7{,}5 \neq 0$.
Im Intervall $[0; 2\pi]$ hat K die Wendepunkte
$W_1\left(\frac{1}{2}\pi \mid 0\right)$, $W_2(3{,}394 \mid -1{,}452)$,
$W_3(6{,}031 \mid 1{,}452)$ und $S\left(\frac{3}{2}\pi \mid 0\right)$ (Sattelpunkt).
5. Graph: Vgl. Fig. 1

263

Untersuchung trigonometrischer Funktionen

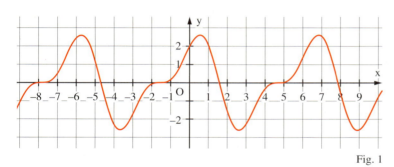
Fig. 1

b) Es ist $f(x + 2\pi)$
$= 2 \cdot \cos(x + 2\pi) + 2 \cdot \sin(x + 2\pi) \cdot \cos(x + 2\pi)$
$= 2 \cdot \cos(x) + 2 \cdot \sin(x) \cdot \cos(x)$.
Also ist die Periode 2π oder ein ganzzahliger Teil von 2π.
Im Intervall $[0; 2\pi]$ besitzt der Graph von f nur einen Hochpunkt.
Also kann die Periode nur 2π sein.
Erweiterte Zeichnung: Fig. 1.

Aufgaben

2 Gegeben ist die Funktion f; ihr Graph sei K.
Untersuchen Sie K für $0 \leq x \leq 2\pi$ auf gemeinsame Punkte mit der x-Achse, Hoch-, Tief- und Wendepunkte. Zeichnen Sie K für $0 \leq x \leq 2\pi$.
Bestimmen Sie die Periode von f und erweitern Sie die Zeichnung nach beiden Seiten.
a) $f(x) = \sqrt{2} \cdot (\sin(x) + \cos(x))$
b) $f(x) = (\cos(x))^2$
c) $f(x) = 2 \cdot \sin(x) + 2 \cdot \sin(x) \cdot \cos(x)$

3 Gegeben ist die Funktion f, ihr Graph sei K. Untersuchen Sie K auf Extrem- und Wendestellen. Zeichnen Sie K in einem geeigneten Bereich.
a) $f(x) = x + \sin(x)$
b) $f(x) = x - \sin(x)$
c) $f(x) = \frac{1}{2}x - 2 \cdot \cos\left(\frac{1}{2}(x)\right)$

4 Zur Funktion f mit $f(x) = 2 - 2 \cdot \sin^2(x)$ soll die Periode p in mehreren Schritten ermittelt werden.
a) Begründen Sie, dass p höchstens 2π beträgt.
b) Berechnen Sie die Nullstellen von f und begründen Sie damit, dass $p = 2\pi$ oder $p = \pi$ gilt.
c) Zeigen Sie, dass $f(x + \pi) = f(x)$ gilt. Geben Sie p an.

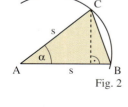
Fig. 2

5 Für welchen Wert von $\alpha \in (0°; 180°)$ ist der Flächeninhalt des gleichschenkligen Dreiecks ABC (Fig. 2) maximal? Geben Sie den maximalen Inhalt an.
a) Argumentieren Sie ohne trigonometrische Überlegungen.
b) Verwenden Sie eine trigonometrische Funktion, wobei x das Bogenmaß von α ist.

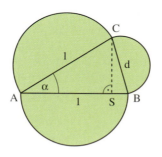
Fig. 4

6 Für $x \in [0; \pi]$ sei $A(x)$ der Flächeninhalt von Fig. 4; x sei das Bogenmaß von α.
a) Zeigen Sie mithilfe des Kosinussatzes, dass gilt: $d^2 = 2(1 - \cos(x))$.
b) Es gilt $A(x) = \frac{1}{2}\pi - \frac{1}{4}\pi \cdot \cos(x) + \frac{1}{2} \cdot \sin(x)$.
Bestätigen Sie die Gültigkeit zunächst für einige Spezialfälle und beweisen Sie diese dann.
c) Bestimmen Sie das Minimum und das Maximum des Flächeninhalts. Schätzen Sie zuerst.

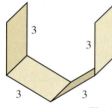
Fig. 3

7 Aus vier gleich breiten Brettern soll eine oben offene Rinne (Fig. 3) hergestellt werden, so dass zwei ihrer Wände parallel sind.
Wie groß ist der Winkel α zwischen den beiden anderen Wänden zu wählen, damit das Fassungsvermögen der Rinne möglichst groß wird?

8 Gegeben ist die Funktion f mit $f(x) = \frac{\cos(x)}{1 - \sin(x)}$; ihr Graph sei K.
a) Bestimmen Sie den Definitionsbereich und geben Sie die Periode von f an.
b) Untersuchen Sie K auf Asymptoten, gemeinsame Punkte mit der x-Achse, Hoch-, Tief- und Wendepunkte. Zeichnen Sie K für $-2\pi \leq x \leq 2\pi$.
c) Bestimmen Sie den Inhalt der Fläche, den K mit den Koordinatenachsen im 2. Feld einschließt.
d) Die Form von K erinnert an den Graphen einer bereits bekannten Funktion. Versuchen Sie f(x) mithilfe dieser Funktion zu beschreiben und testen Sie die Übereinstimmung.

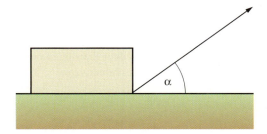

9 Auf einen Körper mit der Gewichtskraft G (in Newton) auf horizonaler Unterlage wirke eine Kraft F, die mit der Horizontalen einen Winkel α bildet.
Im Folgenden sei x das Bogenmaß von α. Um den Körper über die Unterlage zu ziehen, ist die Kraft F mit
$$F(x) = \frac{\mu G}{\cos(x) + \mu \sin(x)} \left(0 \leq x < \frac{1}{2}\pi \right)$$
erforderlich; μ ist die Gleitreibungszahl.

a) Es sei $G = 100$, $\mu = 0{,}4$. Berechnen Sie die erforderliche Kraft für $\alpha = 10°$, $\alpha = 30°$ und $\alpha = 50°$. Für welches α ist die erforderliche Kraft F(x) minimal? Um wie viel Prozent ist die ermittelte Minimalkraft kleiner als die bei horizontaler Kraftrichtung erforderliche Kraft F(0)?
b) Bei welcher Gleitreibungszahl μ beträgt die Minimalkraft 80 % von F(0)?

Beispiele für Gleitreibungszahlen μ:
Gummi auf Beton: μ = 0,5
Stahl auf Eis: μ = 0,014

10 An einem Sommertag in Oldenburg wurden um 14.00 Uhr als höchste Temperatur 30 °C gemessen, am frühen Morgen dieses Tages betrug die tiefste Temperatur 16 °C. Im Folgenden wird angenommen, die Funktion f(t) mit $f(t) = a \cdot \sin\left(\frac{1}{12}\pi t + e\right) + d$ beschreibe die Temperatur (in °C) an diesem Tag in Abhängigkeit von der Zeit t (in Stunden) nach Mitternacht.
a) Bestimmen Sie a, e, und d.
b) Um wie viel Uhr ist die momentane Temperaturänderung maximal?
c) Zeigen Sie, dass in diesem Modell die folgende Berechnung der mittleren Tagestemperatur mithilfe der Temperatur zu den „Mannheimer Stunden" eine gute Näherung liefert:
[Temperatur um 7.00 Uhr + Temperatur um 14.00 Uhr + 2 · Temperatur um 21.00 Uhr] : 4.

Kritik an dieser Modellannahme?

So wird die mittlere Tagestemperatur seit über 200 Jahren berechnet (Einführung durch die kurpfälzische Akademie in Mannheim).

11 Eine an einer Feder befestigte Kugel schwingt auf und ab. Ihre Höhe h (in dm) über einem Tisch wird in Abhängigkeit von der Zeit t (in s) modellhaft beschrieben durch
$h(t) = e^{kt} \cdot \sin(bt) + d$ (Fig. 1). Ermitteln Sie „passende" Werte für die Parameter k, b und d.

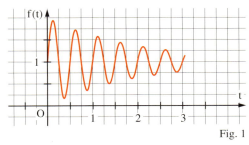

Fig. 1

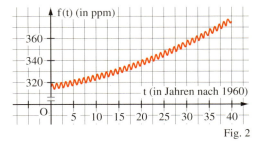

Fig. 2

Jährliche Schwankungen des CO_2-Gehalts hängen unter anderem mit dem Rhythmus des Pflanzenwachstums zusammen.

Als Folge eines erhöhten CO_2-Gehalts wird wegen des Treibhauseffekts eine globale Erwärmung befürchtet.

12 Fig. 2 zeigt die Entwicklung des CO_2-Gehalts f (in ppm) der Erdatmosphäre.
a) Beschreiben und begründen Sie die Entwicklung des CO_2-Gehalts.
b) f lässt sich beschreiben durch $f(t) = (k_0 + k_1 t + k_2 t^2) + a \cdot \sin(bt)$, hierbei ist t die Zeit (in Jahren) nach 1960. Ermitteln Sie „passende" Werte für die Parameter k_0, k_1, k_2, a und b.

265

5 Arkusfunktionen

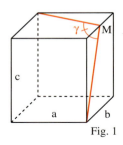

Fig. 1

1 Ein Quader hat die Kantenlängen a, b, und c; M ist Kantenmitte (Fig. 1).
a) Begründen Sie, dass γ kein rechter Winkel ist.
b) Wie lässt sich γ berechnen? Versuchen Sie einen Term zur Berechnung von γ aufzustellen.

2 Nennen Sie möglichst große Intervalle aus dem jeweiligen Definitionsbereich der Sinus-, Kosinus- und Tangensfunktion, auf denen diese umkehrbar sind.

Die Sinus-, Kosinus- und Tangensfunktion ist auf ihrer jeweiligen maximalen Definitionsmenge nicht umkehrbar. Betrachtet man dagegen die Einschränkungen
 – $f: x \mapsto \sin(x), \ x \in \left[-\tfrac{1}{2}\pi; \tfrac{1}{2}\pi\right]$,
 – $g: x \mapsto \cos(x), \ x \in [0; \pi]$,
 – $h: x \mapsto \tan(x), \ x \in \left(-\tfrac{1}{2}\pi; \tfrac{1}{2}\pi\right)$,
so liegt strenge Monotonie und damit Umkehrbarkeit vor.

Arcus (lat.): Bogen

Die Umkehrfunktion von f heißt **Arkussinusfunktion**. Sie liefert zu jedem Sinuswert x aus [–1; 1] das zugehörige Bogenmaß **arcsin (x)** (lies: Arkussinus x) aus $\left[-\tfrac{1}{2}\pi; \tfrac{1}{2}\pi\right]$.

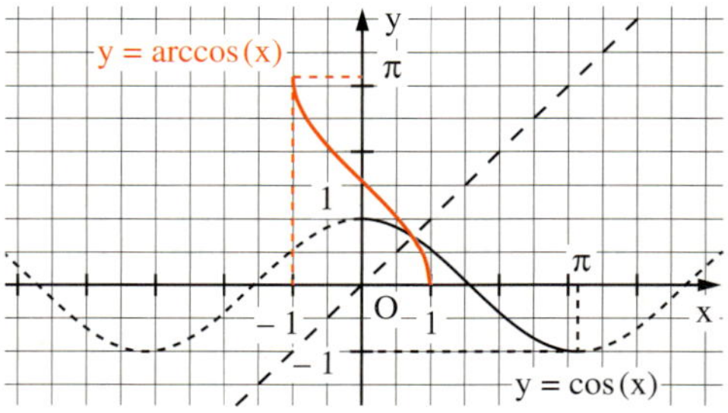

Beispiele:
arcsin$\left(\tfrac{1}{2}\right)$ *ist der Winkel b (im Bogenmaß) mit* sin(b) = $\tfrac{1}{2}$.
Also gilt: arcsin$\left(\tfrac{1}{2}\right) = \tfrac{1}{6}\pi$.

arccos(–1) *ist der Winkel b (im Bogenmaß) mit* cos(b) = –1.
Also gilt: arccos(–1) = π.

Die Umkehrfunktion von g heißt **Arkuskosinusfunktion**. Sie liefert zu jedem Kosinuswert x aus [–1; 1] das zugehörige Bogenmaß **arccos (x)** (lies: Arkuskosinus x) aus [0; π].

arctan$\left(\sqrt{3}\right)$ *ist der Winkel b (im Bogenmaß) mit* tan(b) = $\sqrt{3}$.
Also gilt: arctan$\left(\sqrt{3}\right) = \tfrac{1}{3}\pi$.

Die Umkehrfunktion von h heißt **Arkustangensfunktion**. Sie liefert zu jedem Tangenswert x aus ℝ das zugehörige Bogenmaß **arctan (x)** (lies: Arkustangens x) aus $\left(-\tfrac{1}{2}\pi; \tfrac{1}{2}\pi\right)$.

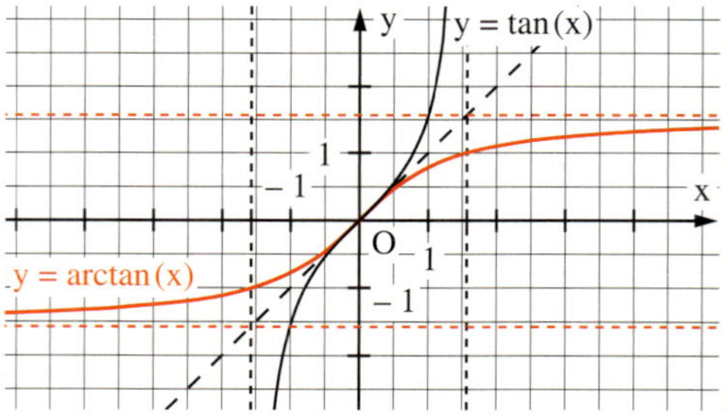

Entsprechend der hier getroffenen Festlegung lassen sich auch Arkuswerte im Gradmaß verwenden.

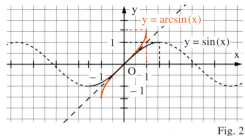

Fig. 2

Fig. 3

Fig. 4

Arkusfunktion	Definitionsmenge	Wertemenge
$\overline{f}: x \mapsto \arcsin(x)$	[–1; 1]	$\left[-\tfrac{1}{2}\pi; \tfrac{1}{2}\pi\right]$
$\overline{g}: x \mapsto \arccos(x)$	[–1; 1]	[0; π]
$\overline{h}: x \mapsto \arctan(x)$	ℝ	$\left(-\tfrac{1}{2}\pi; \tfrac{1}{2}\pi\right)$

Beispiel: (Funktionswerte der Arkusfunktionen)
a) Ermitteln Sie den exakten Funktionswert: $\arcsin\left(-\tfrac{1}{2}\sqrt{2}\right)$; $\arccos\left(\tfrac{1}{2}\sqrt{3}\right)$.
b) Berechnen Sie mit dem Taschenrechner auf 4 Dezimalen gerundet: arcsin(0,8); arctan(–2).
Lösung:
a) $\arcsin\left(-\tfrac{1}{2}\sqrt{2}\right) = -\tfrac{1}{4}\pi$, denn $\sin\left(-\tfrac{1}{4}\pi\right) = -\tfrac{1}{2}\sqrt{2}$; $\arccos\left(\tfrac{1}{2}\sqrt{3}\right) = \tfrac{1}{6}\pi$, denn $\cos\left(\tfrac{1}{6}\pi\right) = \tfrac{1}{2}\sqrt{3}$.
b) arcsin(0,8) ≈ 0,9273; arctan(–2) ≈ –1,1071

Arkusfunktionen

Aufgaben

3 Ermitteln Sie den exakten Wert und begründen Sie das Ergebnis.
a) $\arcsin(1)$ b) $\arccos(1)$ c) $\arctan(1)$ d) $\arcsin(0)$ e) $\arccos(0)$
f) $\arctan(0)$ g) $\arcsin\left(\tfrac{1}{2}\sqrt{2}\right)$ h) $\arccos\left(-\tfrac{1}{2}\sqrt{3}\right)$ i) $\arctan\left(\tfrac{1}{3}\sqrt{3}\right)$ j) $\arctan\left(\sqrt{3}\right)$

4 Berechnen Sie mit dem Taschenrechner (auf 4 Dezimalen gerundet):
a) $\arcsin(0{,}6)$ b) $\arccos(0{,}81)$ c) $\arctan(-10)$ d) $\arcsin(-0{,}1)$ e) $\arccos(-0{,}91)$

5 Geben Sie die Lösung auf 4 Dezimalen gerundet an.
a) $\arctan(x) = 1{,}4$ b) $\arcsin(x) = 1{,}3$ c) $\arccos(x) = 3$ d) $\arcsin(x) = \tfrac{1}{5}\pi$ e) $\arctan(x) = \tfrac{2}{7}\pi$

6 Bestimmen Sie die Definitions- und die Wertemenge von f und skizzieren Sie den Graphen.
a) $f(x) = \arcsin(2x)$ b) $f(x) = \arccos(0{,}2x)$ c) $f(x) = \arccos(4x+1)$ d) $f(x) = \arcsin(x^2)$

7 Zeigen Sie am Einheitskreis, dass gilt:
$\cos(\arcsin(a)) = \sqrt{1-a^2}$, $a \in [-1; 1]$ bzw. $\sin(\arccos(a)) = \sqrt{1-a^2}$, $a \in [-1; 1]$.

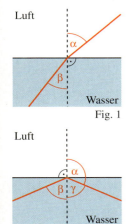

Fig. 1

Fig. 2

8 Wenn ein Lichtstrahl von Luft in Wasser übergeht, so wird er zum Einfallslot hin gebrochen (Fig. 1). Nach dem Brechungsgesetz von SNELLIUS (vgl. S. 273) gilt $\sin(\alpha) : \sin(\beta) = 4 : 3$.
a) Geben Sie β in Abhängigkeit von α an. Welchem Grenzwinkel β_g nähert sich β für $\alpha \to 90°$?
b) Beim umgekehrten Übergang von Wasser in Luft wird der Lichtstrahl in entsprechender Weise vom Einfallslot weg gebrochen. Wird hierbei β_g überschritten, so wird der Lichtstrahl in das Wasser zurückreflektiert (Fig. 2); es gilt $\beta = \gamma$.
Zeichnen Sie den Graphen der Funktion $f: \beta \mapsto \alpha$ für $0° < \beta < 90°$.
Welche Besonderheit weist die Funktion f auf?

$\varphi > 0 \ldots$ Nordhalbkugel
$\varphi < 0 \ldots$ Südhalbkugel

Hamburg (Deutschland):
53° 35' nördl. Breite

Oslo (Norwegen):
59° 56' nördl. Breite

Entebbe (Uganda):
00° 03' nördl. Breite

Rio de Janeiro (Brasilien):
22° 54' südl. Breite

9 Die Zeitspanne T (in h) zwischen Sonnenaufgang und -untergang (Tageslänge) hängt nur von der geografischen Breite φ des Standorts und vom Datum ab. Es gilt:
$$T = 2 \cdot \frac{1}{15°} \cdot \arccos\left(\frac{-\tan(\varphi)}{\tan\left(\arccos\left(\cos(66{,}5°) \cdot \cos\left((n-172) \cdot \frac{360°}{365}\right)\right)\right)} \right),$$
hierbei ist n die Nummer des Tages im Jahresablauf.
a) Versuchen Sie die auftretenden Zahlen und Gradangaben zu interpretieren.
b) Berechnen Sie die Tageslänge von Hamburg, Oslo, Entebbe und Rio de Janeiro am 21. Juni.
c) Legen Sie mithilfe einer Tabellenkalkulation eine Übersicht an, die die jeweilige Tageslänge bei einer systematischen Variation von n und φ zeigt. Hierbei müssen Sie alle Gradangaben ins Bogenmaß übertragen. In welchen Fällen liefert die angegebene Formel keinen Wert für T?
d) Es sei φ fest gewählt. Für welche n ergibt sich dieselbe Tageslänge?
e) Es sei $\varphi > 0$ (Nordhalbkugel) fest gewählt. Für welches n ist T maximal? 
f) Es sei $n \in \{81; \ldots; 263\}$ fest gewählt und $\varphi > 0$. Wie verändert sich T für wachsendes φ?
g) Bei der Erstellung der Gleichung wurde angenommen, die Sonne sei punktförmig. Welche Zeitspanne gibt T also tatsächlich an?
h) Wie lässt sich mithilfe von T der Zeitpunkt (Ortszeit) des Sonnenaufgangs und Sonnenuntergangs bestimmen? Wieso ist keine Übereinstimmung mit der Anzeige von Uhren zu erwarten?

267

6 Ableiten von Arkusfunktionen

1 a) Zeichnen Sie den Graphen der Arkustangensfunktion f.
b) Sammeln Sie Informationen über f′ (Definitionslücken, Funktionswert an der Stelle 0) bzw. den zugehörigen Graphen (Asymptote, Symmetrie).
c) f′ ist eine gebrochenrationale Funktion. Äußern Sie eine Vermutung über den Funktionsterm.
d) Überprüfen Sie Ihre Vermutung anhand der Werte von f′(1) und f′($\sqrt{3}$).

Im Folgenden werden die Ableitungen der Arkusfunktionen ermittelt. Hilfsmittel ist hierbei der Satz über die Ableitung der Umkehrfunktion (S. 140).

Die Sinusfunktion f ist im Intervall $\left(-\tfrac{1}{2}\pi;\tfrac{1}{2}\pi\right)$ differenzierbar und es gilt dort f′(x) ≠ 0.
Also ist die Arkussinusfunktion $\overline{f}$ ebenfalls differenzierbar und es gilt
$\overline{f}'(y) = \tfrac{1}{f'(x)}$, hierbei ist y = sin(x) und $x \in \left(-\tfrac{1}{2}\pi;\tfrac{1}{2}\pi\right)$ bzw. x = arcsin(y) und y ∈ (−1; 1).
Damit gilt $\overline{f}'(y) = \tfrac{1}{\cos(x)} = \tfrac{1}{\sqrt{1-\sin^2(x)}} = \tfrac{1}{\sqrt{1-y^2}}$.

Für die Kosinusfunktion g in (0; π) und die Arkuskosinusfunktion $\overline{g}$ gilt entsprechend:
$\overline{g}'(y) = \tfrac{1}{g'(x)}$, hierbei ist y = cos(x) und x ∈ (0; π) bzw. x = arccos(y) und y ∈ (−1; 1).
Damit gilt $\overline{g}'(y) = \tfrac{1}{-\sin(x)} = \tfrac{-1}{\sqrt{1-\cos^2(x)}} = \tfrac{-1}{\sqrt{1-y^2}}$.

Für die Tangensfunktion h in $\left(-\tfrac{1}{2}\pi;\tfrac{1}{2}\pi\right)$ und die Arkustangensfunktion $\overline{h}$ gilt entsprechend:
$\overline{h}'(y) = \tfrac{1}{h'(x)}$, hierbei ist y = tan(x) und $x \in \left(-\tfrac{1}{2}\pi;\tfrac{1}{2}\pi\right)$ bzw. x = arctan(y) und y ∈ ℝ.
Damit gilt $\overline{h}'(y) = \tfrac{1}{\tfrac{1}{\cos^2(x)}} = \tfrac{\cos^2(x)}{1} = \tfrac{\cos^2(x)}{\sin^2(x)+\cos^2(x)} = \tfrac{1}{\tfrac{\sin^2(x)}{\cos^2(x)} + \tfrac{\cos^2(x)}{\cos^2(x)}} = \tfrac{1}{\tan^2(x)+1} = \tfrac{1}{1+y^2}$.

Schreibt man für die Funktionsvariable x statt y, so ergibt sich insgesamt:

Satz: Für f(x) = arcsin(x) ist $f'(x) = \tfrac{1}{\sqrt{1-x^2}}$, x ∈ (−1; 1).

Für f(x) = arccos(x) ist $f'(x) = \tfrac{-1}{\sqrt{1-x^2}}$, x ∈ (−1; 1).

Für f(x) = arctan(x) ist $f'(x) = \tfrac{1}{1+x^2}$, x ∈ ℝ.

Beispiel 1: (Ableiten zusammengesetzter Funktionen)
Bestimmen Sie die Ableitung der Funktion f mit f(x) = arcsin(1 − 2x).
Lösung:
Mit der Kettenregel gilt: $f'(x) = \tfrac{1}{\sqrt{1-(1-2x)^2}} \cdot (-2) = \tfrac{-2}{\sqrt{4x-4x^2}} = \tfrac{-1}{\sqrt{x-x^2}}$.

Beispiel 2: (Integralfunktion)
Bestimmen Sie den Grenzwert der Funktion F mit $F(t) = \int_0^t \tfrac{1}{1+x^2}\,dx$ für t → ∞ (vgl. Fig. 1).
Lösung:
$F(t) = \int_0^t \tfrac{1}{1+x^2}\,dx = [\arctan(x)]_0^t = \arctan(t) - \arctan(0) = \arctan(t)$. Also gilt: $F(t) \to \tfrac{1}{2}\pi$ für t → ∞.

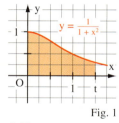

Fig. 1

Aufgaben

2 Leiten Sie ab.
a) $f(x) = \arccos(3x)$
b) $f(x) = \arcsin(0{,}5x)$
c) $f(x) = \arctan(5x)$
d) $g(x) = 4x - \arcsin(1 - 4x)$
e) $h(t) = t + 3 \cdot \arccos(2t - 1)$
f) $h(a) = b + \arctan(1 + a^2)$
g) $f(x) = \arcsin(x^2)$
h) $h(x) = \arctan(\sqrt{x})$
i) $f(x) = 2 \cdot \arcsin(\sqrt{1 - x^2})$
j) $f(x) = \arccos^2(x)$
k) $g(k) = \arctan^2\left(\frac{1}{k}\right)$
l) $h(v) = v + \arcsin(1)$

3 Berechnen Sie das Integral.
a) $\int_0^{0,5} \frac{1}{\sqrt{1-x^2}}\,dx$
b) $\int_0^{0,5} \frac{-3}{\sqrt{16-16x^2}}\,dx$
c) $\int_1^2 \frac{4x}{x^3+x}\,dx$
d) $\int_1^2 \frac{2+x^2}{1+x^2}\,dx$

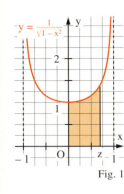

Fig. 1

4 Fig. 1 zeigt den Graphen K der Funktion f mit $f(x) = \frac{1}{\sqrt{1-x^2}}$; $x \in (-1; 1)$.
a) Berechnen Sie den Inhalt A(z) der Fläche zwischen K und der x-Achse über dem Intervall [0; z].
b) Untersuchen Sie, ob dieser Inhalt A(z) für $z \to 1$ einen Grenzwert hat.

5 Gegeben ist die Funktion f mit $f(x) = \arcsin(\sqrt{x})$, $x \in D_f$. Ihr Graph sei K.
a) Bestimmen Sie die Definitionsmenge D_f von f und untersuchen Sie K auf gemeinsame Punkte mit der x-Achse, Extrem- und Wendepunkte. Für welche $x \in D_f$ ist f nicht differenzierbar?
b) Zeichnen Sie K samt der Wendetangente in einem geeigneten Maßstab.

6 Gegeben ist die Funktion f mit $f(x) = \arccos\left(\frac{x}{1+x^2}\right)$, $x \in D_f$. Ihr Graph sei K.
a) Ermitteln Sie die Definitionsmenge D_f von f und untersuchen Sie K auf Asymptoten, Schnittpunkte mit den Koordinatenachsen und Extrempunkte.
b) Zeichnen Sie K in einem geeigneten Maßstab. Weisen Sie nach, dass K symmetrisch ist.

7 Gegeben ist die Funktion f mit $f(x) = \frac{x^3 + x - 2}{x^2 + 1}$, $x \in \mathbb{R}$. Ihr Graph sei K.
a) Untersuchen Sie K auf Asymptoten, Schnittpunkte mit den Koordinatenachsen, Extrem- und Wendepunkte. Zeichnen Sie K in einem geeigneten Maßstab.
b) Berechnen Sie den Inhalt der Fläche, die von K und den Koordinatenachsen begrenzt wird.

In der sibirischen Taiga beträgt die Vegetationsperiode nur etwa drei Monate. Wie groß ist somit der maximale Zuwachs an einem Tag?

8 Die Höhe h einer Fichte (in m) in Abhängigkeit von der Zeit t (in Jahren) wird modellhaft beschrieben durch
$h(t) = 15 + 15 \cdot \arctan[0{,}05(t - 30)]$.
a) Wie hoch ist der Fichtensetzling bei Beobachtungsbeginn?
b) Wie hoch wird die Fichte maximal? Wann hat sie 95 % ihrer Maximalhöhe erreicht?
c) Wann beträgt die momentane Wachstumsgeschwindigkeit 0,5 m pro Jahr?
d) Wie groß ist die maximale Wachstumsgeschwindigkeit? Wann tritt sie auf?
e) Zeichnen Sie den Graphen der Funktion h.

9 Es gilt $\int_0^1 \frac{1}{1+x^2}\,dx = \arctan(1) = \frac{1}{4}\pi$ (vgl. Beispiel 2, S. 268). Mithilfe von Ober- und Untersummen zum entsprechenden Flächenstück lässt sich eine Intervallschachtelung für $\frac{1}{4}\pi$ festlegen. Ermitteln Sie auf diese Weise, z. B. mit einer Tabellenkalkulation, eine Näherung für $\frac{1}{4}\pi$ bzw. für π.

269

7 Ableiten von Wurzelfunktionen

1 Für $f(x) = \sqrt{x}$ gilt $f'(x) = \frac{1}{2\sqrt{x}}$, für $f(x) = \sqrt[3]{x}$ gilt $f'(x) = \frac{1}{3(\sqrt[3]{x})^2}$ (vgl. S. 140).

a) Zeigen Sie, dass hiermit eine Erweiterung der bisher nur für ganze Hochzahlen bewiesenen Potenzregel vorliegt.

b) Zeigen Sie mithilfe der Kettenregel, dass für $f(x) = x^{\frac{n}{3}}$ und $n \in \mathbb{Z}$ gilt: $f'(x) = \frac{n}{3} \cdot x^{\frac{n}{3}-1}$.

Eine Funktion f mit $f(x) = x^{\frac{p}{q}} = \sqrt[q]{x^p}$; $x > 0$ ($p \in \mathbb{Z}$, $q \in \mathbb{N} \setminus \{0; 1\}$) heißt **Wurzelfunktion**. Deren Ableitung ergibt sich aus dem folgenden Satz.

> **Satz:** (Potenzregel für rationale Hochzahlen)
> Für jede Funktion f mit $f(x) = x^r$ gilt $f'(x) = r \cdot x^{r-1}$
> ($x > 0$ und $r \in \mathbb{Q}$ bzw. $x \geq 0$ und $r \in \mathbb{Q}$, $r > 1$).

Beweis: Zunächst sei $r = \frac{1}{q}$ mit $q \in \mathbb{N} \setminus \{0\}$.

Die Funktion $\overline{f}$ mit $\overline{f}(x) = x^{\frac{1}{q}}$; $x > 0$ ist die Umkehrfunktion von f mit $f(x) = x^q$, $x > 0$. Nach dem Satz über die Ableitung der Umkehrfunktion (S. 140) gilt mit $x = \overline{f}(y) = y^{\frac{1}{q}}$:

$\overline{f}'(y) = \frac{1}{f'(x)} = \frac{1}{q \cdot x^{q-1}} = \frac{1}{q \cdot (y^{\frac{1}{q}})^{q-1}} = \frac{1}{q} \cdot y^{\frac{1}{q}-1}$.

Dies zeigt, dass die Potenzregel auch für Hochzahlen der Form $\frac{1}{q}$ ($q \in \mathbb{N} \setminus \{0\}$) gültig ist. Mit der Kettenregel folgt, dass diese sogar für beliebige rationale Hochzahlen gilt:

Für f mit $f(x) = x^{\frac{p}{q}} = (x^{\frac{1}{q}})^p$ ist

$f'(x) = p \cdot (x^{\frac{1}{q}})^{p-1} \cdot \frac{1}{q} \cdot x^{\frac{1}{q}-1} = \frac{p}{q} \cdot x^{\frac{p}{q}-1}$.

Dabei ist $x > 0$; $p \in \mathbb{Z}$ und $q \in \mathbb{N} \setminus \{0\}$.

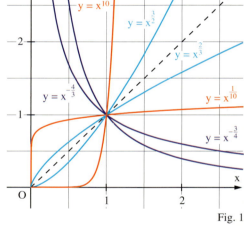

Fig. 1

Erweitert man den Definitionsbereich von f durch die Festlegung $f(0) = 0$ und untersucht den Differenzenquotienten im Intervall $[0; h]$ für $h \to 0$, so stellt man fest: Die Potenzregel gilt im Falle $r > 1$ auch für $x = 0$ (vgl. obige Fig. 1 und Aufgabe 10, S. 271).

Beispiel: (Anwendung der Potenzregel)
Bestimmen Sie die Ableitung und eine Stammfunktion von f mit

a) $f(x) = \sqrt[3]{x^2}$ b) $f(x) = \sqrt[4]{8 - 3x}$.

Lösung:

a) Mit $f(x) = x^{\frac{2}{3}}$ ist $f'(x) = \frac{2}{3} \cdot x^{\frac{2}{3}-1} = \frac{2}{3} \cdot x^{-\frac{1}{3}} = \frac{2}{3} \cdot \frac{1}{\sqrt[3]{x}}$; $F(x) = \frac{1}{\frac{2}{3}+1} \cdot x^{\frac{2}{3}+1} = \frac{3}{5} \cdot x^{\frac{5}{3}} = \frac{3}{5} \cdot \sqrt[3]{x^5}$.

b) Mit $f(x) = (8 - 3x)^{\frac{1}{4}}$ ist

$f'(x) = \frac{1}{4} \cdot (8-3x)^{\frac{1}{4}-1} \cdot (-3) = \left(-\frac{3}{4}\right) \cdot (8-3x)^{-\frac{3}{4}} = \left(-\frac{3}{4}\right) \cdot \frac{1}{\sqrt[4]{(8-3x)^3}}$;

$F(x) = \frac{1}{(-3)} \cdot \frac{1}{\frac{1}{4}+1} \cdot (8-3x)^{\frac{1}{4}+1} = \left(-\frac{4}{15}\right) \cdot (8-3x)^{\frac{5}{4}} = \left(-\frac{4}{15}\right) \cdot \sqrt[4]{(8-3x)^5}$.

Ableiten von Wurzelfunktionen

Aufgaben

2 Skizzieren Sie die Graphen der Funktionen f, g und h in ein Koordinatensystem.
a) $f(x) = x^{\frac{1}{3}}$; $g(x) = x^{\frac{2}{3}}$; $h(x) = x^{\frac{4}{3}}$
b) $f(x) = x^{\frac{5}{3}}$; $g(x) = x^{\frac{3}{5}}$; $h(x) = x^{-1,5}$

3 Bestimmen Sie die Ableitung und eine Stammfunktion von $f: x \mapsto f(x)$; $x > 0$.
a) $f(x) = x^{\frac{1}{5}}$
b) $f(x) = x^{\frac{4}{3}}$
c) $f(x) = x^{\frac{3}{4}}$
d) $f(x) = x^{0,7}$
e) $f(x) = x^{-0,7}$
f) $f(x) = \sqrt[4]{x^5}$
g) $f(x) = \sqrt[5]{x^4}$
h) $f(x) = \sqrt{x^7}$
i) $f(x) = \frac{1}{\sqrt[3]{x}}$
j) $f(x) = \frac{1}{\sqrt[3]{x^5}}$

4 a) $f(x) = x \cdot x^{\frac{3}{5}}$
b) $f(x) = x^2 \cdot \sqrt[4]{x^3}$
c) $f(x) = \frac{x^3}{\sqrt[3]{x}}$
d) $f(x) = \frac{x\sqrt[4]{x^3}}{\sqrt{x}}$

5 a) $f(x) = (2x + 1)^{\frac{1}{3}}$
b) $f(x) = \left(\frac{2}{7}x - 3\right)^{\frac{3}{4}}$
c) $f(x) = \sqrt[5]{5 - 2x}$
d) $f(x) = \sqrt[3]{(1-3x)^2}$

6 Bestimmen Sie zur Funktion f die Ableitung und eine Stammfunktion ($n, p, q \in \mathbb{N} \setminus \{0\}$).
a) $f(x) = x^{-p}$
b) $f(x) = x^{-\frac{2}{n}}$
c) $f(x) = x^{-2p-1}$
d) $f(x) = x^{-\frac{p}{p+1}}$
e) $f(x) = p \cdot x^{-\frac{p}{q}-1}$

7 Berechnen Sie den Inhalt des Flächenstücks zwischen dem Graphen von f und der x-Achse über dem Intervall [a; b].
a) $f(x) = \sqrt[3]{x}$; $a = 0$; $b = 8$
b) $f(x) = 1 + \sqrt[4]{x}$; $a = 0$; $b = 2$
c) $f(x) = x + \sqrt[5]{x}$; $a = 0$; $b = 32$
d) $f(x) = 2x^{\frac{5}{3}}$; $a = 1$; $b = 8$

8 Die Graphen der Funktionen f mit $f(x) = \sqrt[10]{x}$ und g mit $g(x) = x^{\frac{3}{2}}$ begrenzen im 1. Feld ein Flächenstück.
a) Berechnen Sie den Inhalt des Flächenstücks.
b) Das Flächenstück rotiert um die x-Achse. Welches Volumen hat der Rotationskörper?

9 Sand lässt sich in der Form eines Kreiskegels aufschütten. Der Neigungswinkel β des entstehenden Kegels bzw. das Verhältnis von Grundkreisradius r zur Kegelhöhe h hängt nur von der Art des Sandes (Korngröße, Zurundungsgrad), nicht aber von der Größe des Kegels ab.
Ein Förderband beginnt um 9.00 Uhr, pro Sekunde 50 dm³ Sand aufzuschütten.

a) Bestimmen Sie das Verhältnis r:h in dem nebenstehenden Bild.
b) Wie hoch ist der Kegel zum Zeitpunkt 9.15 Uhr?
c) Bestimmen Sie die Kegelhöhe in Abhängigkeit von der Zeitdauer nach 9.00 Uhr.
d) Obwohl über das Förderband gleichmäßig Sand zugeführt wird, hat ein Beobachter den Eindruck, dass nach einiger Zeit der Berg kaum noch wächst.
Bestätigen Sie diese Beobachtung, indem Sie die momentane Wachstumsgeschwindigkeit der Kegelhöhe zu den Zeitpunkten 9.01 Uhr, 9.15 Uhr und 10.00 Uhr vergleichen.

10 Der Definitionsbereich von Wurzelfunktionen sei durch die Festlegung $f(0) = 0$ erweitert. Untersuchen Sie diese Funktionen auf Stetigkeit und Differenzierbarkeit an der Stelle 0 in Abhängigkeit vom Exponent $\frac{p}{q}$. Geben Sie gegebenenfalls $f'(0)$ an.

8 Untersuchung von Wurzelfunktionen

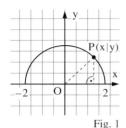

Fig. 1

1 Der Halbkreis oberhalb der x-Achse mit dem Radius 2 und dem Ursprung als Mittelpunkt (Fig. 1) ist der Graph einer Funktion f.
a) Geben Sie den zugehörigen Funktionsterm einschließlich Definitionsbereich an.
b) An welchen Stellen ist f nicht differenzierbar?

Wurzelfunktionen und deren Verkettungen können Eigenschaften aufweisen, die bei ganz- und gebrochenrationalen Funktionen nicht vorliegen.
– Bei gebrochenrationalen Funktionen besteht die Definitionsmenge aus allen reellen Zahlen mit höchstens endlich vielen Ausnahmen. Bei Wurzelfunktionen kann es ganze Intervalle geben, für die der Funktionsterm nicht definiert ist.
– Ganz- und gebrochenrationale Funktionen sind an jeder Stelle ihrer Definitionsmenge differenzierbar. Bei Wurzelfunktionen ist dies nicht immer der Fall.

Beispiel: (Funktionsuntersuchung)
Untersuchen Sie die Funktion f mit $f(x) = \frac{1}{3} x \sqrt{16 - x^2}$.
Berücksichtigen Sie beim Zeichnen des Graphen K das Verhalten von $f'(x)$ für $x \to -4$ sowie für $x \to 4$.
Lösung:

1. Definitionsmenge:
Es gilt $16 - x^2 \geq 0$ für $x \in [-4; 4]$.
Damit ist die Definitionsmenge $D_f = [-4; 4]$.

2. Symmetrie:
Wegen $f(-x) = \frac{1}{3}(-x)\sqrt{16-(-x)^2} = -\frac{1}{3}x\sqrt{16-x^2} = -f(x)$ ist K symmetrisch zum Ursprung.

3. Nullstellen:
$\frac{1}{3} x \sqrt{16 - x^2} = 0$ liefert $x_1 = 0$, $x_2 = -4$ und $x_3 = 4$.
Die gemeinsamen Punkte von K mit der x-Achse sind $N_1(0|0)$, $N_2(-4|0)$ und $N_3(4|0)$.

Die Potenzregel setzt hier eine Basis > 0 voraus, deshalb $-4 < x < 4$.

4. Ableitungen:
$f(x) = \frac{1}{3} x (16 - x^2)^{\frac{1}{2}}$; für $x \in (-4; 4)$ gilt

$$f'(x) = \frac{1}{3}(16-x^2)^{\frac{1}{2}} + \frac{1}{3}x \cdot \frac{1}{2}(16-x^2)^{-\frac{1}{2}}(-2x) = \frac{1}{3} \cdot \frac{(16-x^2) - x^2}{(16 \cdot x^2)^{\frac{1}{2}}} = \frac{2}{3} \cdot \frac{8 - x^2}{\sqrt{16 - x^2}};$$

$$f''(x) = \frac{2}{3} \cdot \frac{(-2x)(16-x^2)^{\frac{1}{2}} - (8-x^2) \cdot \frac{1}{2}(16-x^2)^{-\frac{1}{2}}(-2x)}{(16-x^2)} = \frac{2}{3} \cdot \frac{(-2x)(16-x^2) + x(8-x^2)}{(16-x^2)^{\frac{3}{2}}} = \frac{2}{3} \cdot \frac{x(x^2 - 24)}{(16-x^2)^{\frac{3}{2}}}.$$

5. Extremstellen:
Notwendige Bedingung für innere Extremstellen $8 - x^2 = 0$; Lösungen: $x_4 = 2\sqrt{2}$; $x_5 = -2\sqrt{2}$.
Hinreichende Bedingung:
$x_4 = 2\sqrt{2}$: $f'(x_4) = 0$ und $f''(x) = -\frac{4}{3} < 0$; $f(2\sqrt{2}) = \frac{8}{3}$ ist ein lokales Maximum;
$x_5 = -2\sqrt{2}$; $f'(x_5) = 0$ und $f''(x_5) = \frac{4}{3} > 0$; $f(-2\sqrt{2}) = -\frac{8}{3}$ ist ein lokales Minimum.
Randwerte:
Wegen $f(x) > 0$ für $x \in (0; 4)$ ist $f(4) = 0$ ein lokales Minimum; aus Symmetriegründen ist $f(-4) = 0$ ein lokales Maximum.
Also sind $H_1\left(2\sqrt{2}\left|\frac{8}{3}\right.\right)$ und $H_2(-4|0)$ Hochpunkte und $T_1\left(-2\sqrt{2}\left|-\frac{8}{3}\right.\right)$ und $T_2(4|0)$ Tiefpunkte von K.

Untersuchung von Wurzelfunktionen

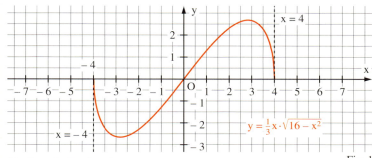

Fig. 1

Man kann die Geraden mit den Gleichungen $x = -4$ und $x = 4$ als „senkrechte Tangenten" auffassen.

6. Wendestellen:
Notwendige Bedingung $f''(x) = 0$:
$x(x^2 - 24) = 0$; in D_f gibt es nur die Lösung $x_6 = 0$, denn es gilt $x^2 - 24 < 0$ für $x \in [-4; 4]$.
Hinreichende Bedingung:
$f''(x)$ hat bei $x_6 = 0$ einen VZW.
$W(0|0)$ ist Wendepunkt von K.

7. Graph:
Vgl. Fig. 1; es gilt
$f'(x) \to -\infty$ für $x \to 4$ und für $x \to -4$.

Aufgaben

2 Führen Sie eine Funktionsuntersuchung durch. Zeichnen Sie den Graphen.
a) $f(x) = x - \sqrt{x}$
b) $f(x) = \sqrt{2x} - x^2$
c) $f(x) = \frac{1}{3}\sqrt{x^3 - 3x^2}$
d) $f(x) = \frac{3x}{\sqrt{9 + x^2}}$

3 Vom Aussiedlerhof A aus soll zum Aussiedlerhof B eine Telefonleitung gelegt werden. Nur entlang der Landstraße ist eine Freileitung über Masten möglich (die Kosten belaufen sich auf 30 000 Euro pro km), ansonsten ist ein Erdkabel geplant (hier belaufen sich die Kosten auf 110 000 Euro pro km). Die bautechnischen Vorschriften sehen eine Leitungsführung über die Landstraße und nach einer rechtwinkligen Abzweigung entlang der Hofzufahrt vor. Wie viel Prozent der Kosten könnte man höchstens einsparen, wenn man den Abzweigungspunkt beliebig wählen und das Erdkabel quer durch die Felder verlegen könnte?

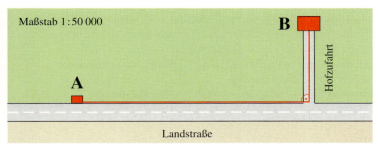

Fig. 2

4 Für $t > 0$ ist die Funktionenschar f_t mit $f_t(x) = \frac{8}{x}(\sqrt{x} - t)$ mit den Graphen K_t gegeben.
a) Untersuchen Sie K_t auf gemeinsame Punkte mit der x-Achse, Extrem- und Wendepunkte.
b) Zeichnen Sie K_1. Berechnen Sie den Inhalt der Fläche zwischen K_1, x-Achse und $g: x = 5$.
c) Auf welcher Kurve liegen die Hochpunkte aller Graphen K_t?
d) Für welchen Wert von t berührt der Graph K_t die Gerade $h: y = \frac{1}{4}x$?

5 Für jedes $t \in \mathbb{R}$ ist durch $f_t(x) = \frac{tx}{\sqrt{1 + tx^2}}$ eine Funktion f_t mit dem Graphen K_t gegeben.
a) Untersuchen Sie K_t für $t > 0$ auf Monotonie sowie auf Symmetrie. Zeichnen Sie K_1.
b) Verfahren Sie mit K_t für $t < 0$ wie in a). Zeichnen Sie K_{-1} ins vorhandene Achsenkreuz.
c) Zeigen Sie unter Verwendung der Umkehrfunktion $\overline{f_t}$ von f_t, dass für jedes $t \neq 0$ die Graphen K_t und $K_{-\frac{1}{t}}$ kongruent sind.
d) Bestimmen Sie den Inhalt der Fläche zwischen der x-Achse, K_t und $g: x = t$ ($t > 0$).

Der holländische Mathematiker SNELLIUS fand das nach ihm benannte Gesetz der Lichtbrechung $\sin(\alpha) : \sin(\beta) = $ const. experimentell. Ein Beispiel dazu findet sich in Aufg. 8, S. 267. Der französische Mathematiker FERMAT (1601–1665) postulierte eine minimale „Laufzeit" und bewies das Gesetz auf die in Aufg. 6 beschriebene Weise.

6 Ein Körper bewegt sich geradlinig mit der Geschwindigkeit c_1 von $A(0|a)$ nach $P(u|0)$ und mit der Geschwindigkeit c_2 von P nach $B(l|-b)$, vgl. Fig. 3. Zeigen Sie, dass die benötigte Gesamtzeit von A nach B minimal ist, wenn $\sin(\alpha) : \sin(\beta) = c_1 : c_2$ ist.

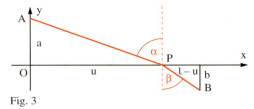

Fig. 3

273

9 Vermischte Aufgaben

1 Führen Sie ohne Verwendung von f' bzw. f'' eine Funktionsuntersuchung durch. Bestimmen Sie den Inhalt eines der Flächenstücke zwischen der x-Achse und dem Graphen von f.
a) $f(x) = 5 \cdot \sin\left(\frac{1}{24}\pi x\right)$
b) $f(x) = 3 \cdot \sin\left(x - \frac{1}{4}\pi\right)$
c) $f(x) = 2 \cdot \sin\left(2x + \frac{1}{4}\pi\right) + 1$

2 Ermitteln Sie zur Funktion f mit $f(x) = a \cdot \sin[b(x-c)] + d$ „passende" Werte für a, b, c, d.

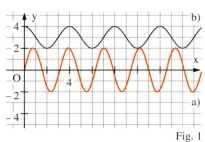

Fig. 1

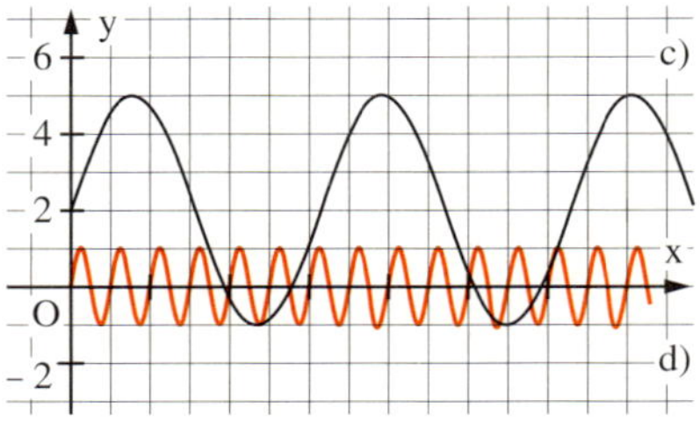

Fig. 2

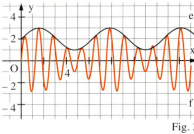

Fig. 3

Bei Aufgabe 3 spricht man auch von einer dynamischen Grafik oder einer Animation.

3 Mithilfe eines grafikfähigen Taschenrechners kann der Einfluss des Parameters a auf den Graphen der Funktion f mit $f(x) = a \cdot \sin[b(x-c)] + d$ „filmartig" sichtbar gemacht werden. Dabei wird bei gleichbleibenden Werten für die Parameter b, c und d der Parameter a automatisch verändert und jeweils der zugehörige Graph gezeichnet.
a) Zeichnen Sie für die Funktion f eine „dynamische" Grafik mit folgenden Vorgaben:
b = 2; c = 0; d = 3; $0 \leq a \leq 3$ mit Schrittweite 0,5.
b) Zeichnen Sie eine dynamische Grafik für andere Vorgaben von a, b, c und d.
c) Untersuchen Sie entsprechend den Einfluss der anderen Parameter auf den Graphen von f.

4 Ermitteln Sie Lösungen aus dem Intervall $[-\pi; \pi]$, ggf. näherungsweise mit dem NEWTON-Verfahren.
a) $\sin^2(3x) + \sin(3x) = 0$
b) $\tan\left(\frac{1}{2}x\right) = 2x$
c) $-\sin(x+3) + 2 \cdot \cos^2(x+3) = 1$

5 Die Funktionen f und g sind gegeben durch $f(x) = \sin(x) - 0{,}25$, $x \in [0; \pi]$ mit dem Graphen K_f und $g(x) = \sin^2(x)$, $x \in [0; \pi]$ mit dem Graphen K_g.
a) Untersuchen Sie K_g auf gemeinsame Punkte mit den Koordinatenachsen, Extrem- und Wendepunkte.
b) Bestimmen Sie die Berührpunkte von K_f und K_g. Zeichnen Sie K_f und K_g genügend groß.
c) K_f und K_g begrenzen zusammen ein Flächenstück. Berechnen Sie seinen Inhalt.

6 Der Blutdruck B einer Sportlerin (in mm Hg) wird modellhaft beschrieben durch $B(t) = 100 + 20 \cdot \sin(2\pi t)$ im Ruhezustand und durch $B(t) = 140 + 60 \cdot \sin(5\pi t)$ beim Waldlauf. Hierbei bezeichnet t die Zeit (in s). Ermitteln Sie jeweils die Pulsfrequenz (in $\frac{1}{\min}$).

Heizperiode:
Ist hier die Zeitspanne mit einer Temperatur von höchstens 12 °C.
Übliche Zimmertemperatur: 20 °C.

7 Die Lufttemperatur (in °C) in Speyer wird in Abhängigkeit von der Zeit t (in Monaten nach Jahresbeginn) im Folgenden modellhaft beschrieben durch die Funktion f mit
$f(t) = 10 + 9 \cdot \sin\left(\frac{1}{6}\pi t - \frac{7}{12}\pi\right)$; $t \in [0; 12]$.
a) Bestimmen Sie zeichnerisch und rechnerisch Beginn t_B und Ende t_E der Heizperiode.
b) Berechnen Sie $\int_0^{t_E}(20 - f(t))\,dt + \int_{t_B}^{12}(20 - f(t))\,dt$. Wie lässt sich diese Zahl interpretieren?

274

Vermischte Aufgaben

8 Fig. 1 zeigt für die Mittelmeerstadt Algier die langjährigen Mittelwerte der monatlichen Niederschlagssummen – im Folgenden kurz als „Monatsniederschläge" bezeichnet.

Jan. (1):	110 mm
Feb. (2):	83 mm
März (3):	74 mm
Apr. (4):	41 mm
Mai (5):	46 mm
Juni (6):	17 mm
Juli (7):	2 mm
Aug. (8):	4 mm
Sep. (9):	42 mm
Okt. (10):	80 mm
Nov. (11):	128 mm
Dez. (12):	135 mm
Summe:	762 mm

Fig. 1

a) Stellen Sie die angegebenen Werte in geeigneter Weise grafisch dar.

b) Die Monatsniederschläge lassen sich näherungsweise mithilfe der Funktion f mit $f(t) = a \cdot \sin\left[\frac{\pi}{6}(t+c)\right] + d$, $t \in \{1; \ldots; 12\}$ beschreiben. Geben Sie die maximale Abweichung von den tatsächlichen Monatsniederschlägen für $a = 60$, $c = 2$ und $d = 60$ an.

c) Wählen Sie in Teilaufgabe b) andere Werte für a, c und d. Hierbei soll die genannte maximale Abweichung möglichst klein werden. Welches ist Ihre „beste" Lösung?

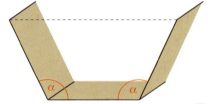

Fig. 2

9 Aus drei gleich breiten Brettern soll eine Rinne hergestellt werden, die oben offen ist. Fig. 2 zeigt einen Querschnitt dieser Rinne.
Wie ist der Winkel α zu wählen, damit das Fassungsvermögen der Rinne möglichst groß wird?

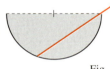

Fig. 3

10 In eine halbkugelförmige Schale mit dem Radius 1 wird ein Stab der Länge 2 gelegt (vgl. Fig. 3). Bei welcher Lage des Stabes liegt sein Mittelpunkt am tiefsten (Gleichgewichtslage)? Wie tief liegt er dann?
a) Lösen Sie die Aufgabe näherungsweise zeichnerisch.
b) Lösen Sie die Aufgabe rechnerisch.

11 Gegeben ist die Funktion f mit $f(x) = 3 \cdot \sqrt{\sin(x) - 0{,}5}$; $D_f = \left[\frac{1}{6}\pi; \frac{5}{6}\pi\right]$. Ihr Graph sei K.
a) Untersuchen Sie K auf Symmetrie, gemeinsame Punkte mit den Koordinatenachsen, Extrem- und Wendepunkte.
b) Untersuchen Sie das Verhalten von f' an den Rändern von D_f. Zeichnen Sie K.
c) K schließt mit der x-Achse ein Flächenstück ein. Berechnen Sie dessen Inhalt näherungsweise mithilfe der Sehnentrapezregel für $n = 8$.
d) Auf welchen Teilintervallen von D_f ist f umkehrbar? Geben Sie jeweils die Umkehrfunktion an.

12 Gegeben ist die Funktion f mit $f(x) = 2 \cdot \arctan\left(\sqrt{\frac{1-x}{1+x}}\right)$; $x \in D_f$. Ihr Graph sei K.
a) Ermitteln Sie D_f. Zeigen Sie, dass f streng monoton abnimmt.
(Zur Kontrolle: $f'(x) = \frac{-1}{\sqrt{1-x^2}}$.)
b) Ermitteln Sie den Wendepunkt von K und die Gleichung der Wendetangente.
c) Untersuchen Sie das Verhalten von f und f' an den Rändern von D_f. Zeichnen Sie K.
d) Bezeichnet $\overline{g}$ die Arkuskosinusfunktion, so gilt $f'(x) = \overline{g}'(x)$ auf D_f. Welcher Zusammenhang besteht damit zwischen K und dem Graphen von $\overline{g}$?
e) Berechnen Sie den Inhalt des Flächenstücks, das K und die Koordinatenachsen im 1. Feld einschließen.
f) K ist symmetrisch zum Wendepunkt. Ermitteln Sie den Inhalt des Flächenstücks zwischen der x-Achse, K und der Geraden mit der Gleichung $x = -1$ auf unterschiedliche Weise.

Zu Teilaufgabe e):
1. Möglichkeit:
Führen Sie zunächst eine Produktintegration mit $u'(x) = f(x)$ und $v(x) = 1$ durch.
2. Möglichkeit:
Verwenden Sie die Informationen aus Teilaufgabe d).

Mathematische Exkursionen

Lokale Eigenschaften – globale Auswirkungen

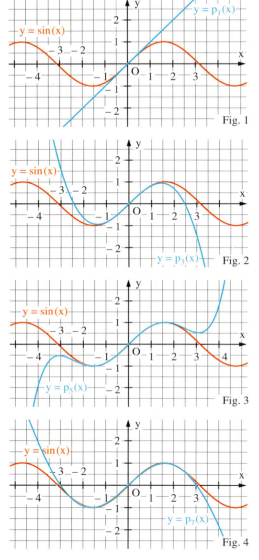

Fig. 1

Fig. 2

Fig. 3

Fig. 4

Fig. 5

Gibt man in einen Taschenrechner sin (0,5) ein, so erhält man in Sekundenbruchteilen die Angabe 0.479425539. Wie kann ein Gerät, das im Wesentlichen nur mit den Grundrechenarten arbeitet, dieses Ergebnis so schnell erzielen?
Bei der Lösung dieser Frage stößt man auf eine erstaunliche Eigenschaft vieler Funktionen.

Der Graph der Sinusfunktion f hat im Ursprung die 1. Winkelhalbierende als Tangente, sie wird also vom Graphen der Funktion p_1 mit $p_1(x) = x$ in einer Umgebung des Ursprungs angenähert (vgl. Fig. 1). Es gilt: $p_1(0) = f(0) = 0$ und $p_1'(0) = f'(0) = 1$.

Da die Sinusfunktion ungerade ist, müsste eine bessere Näherungsfunktion eine ganzrationale Funktion 3. Grades sein, die auch in der 2. und 3. Ableitung an der Stelle 0 mit der Sinusfunktion übereinstimmt.

Der Ansatz $\quad p_3(x) = a_0 + a_1 x + a_2 x^2 + a_3 x^3$
mit den Bedingungen $\quad p_3(0) = f(0); \quad p_3'(0) = f'(0)$
$\quad p_3''(0) = f''(0) \quad$ und $\quad p_3'''(0) = f'''(0)$
führt zu den Koeffizienten $\quad a_0 = f(0) = 0; \quad a_1 = f'(0) = 1;$
$a_2 = \frac{1}{2} f''(0) = 0 \quad$ und $\quad a_3 = \frac{1}{3 \cdot 2} f'''(0) = -\frac{1}{3 \cdot 2}$
bzw. zum Funktionsterm $\quad p_3(x) = x - \frac{1}{3 \cdot 2} x^3$.
Als Näherungsfunktion der Sinusfunktion ist p_3 „besser" als p_1, denn das Intervall, in dem p_3 die Sinuskurve annähert, ist offensichtlich größer (vgl. Fig. 2).

Die Forderung nach Übereinstimmung bis zur 5. Ableitung an der Stelle 0 liefert p_5 mit $p_5(x) = x - \frac{1}{3 \cdot 2} x^3 + \frac{1}{5 \cdot 4 \cdot 3 \cdot 2} x^5$. Fig. 3 zeigt eine weitere Vergrößerung des „Annäherungsintervalls".

Die Forderung nach weiterer Übereinstimmung in immer höheren Ableitungen führt zu immer besseren Näherungsfunktionen (Fig. 4, Fig. 5).

Man kann einsichtig machen und sogar exakt beweisen:

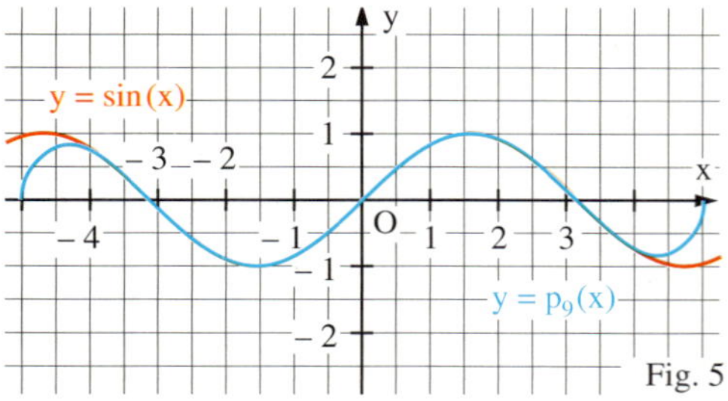

- Informationen über den Funktionswert und die Ableitungen der Sinusfunktion an der Stelle 0 gestatten Aussagen über Funktionswerte an anderen Stellen; d.h., aus „lokalen" Informationen lassen sich „globale" Informationen gewinnen.
- Die Sinusfunktion lässt sich durch ganzrationale Funktionen nicht nur in der Nähe des Ursprungs gut annähern. Es gilt für alle $x \in \mathbb{R}$:
$\sin(x) = \lim_{n \to \infty} p_{2n-1}(x)$ mit
$p_{2n-1}(x) = x - \frac{1}{3!} x^3 + \frac{1}{5!} x^5 + \ldots + (-1)^{n-1} \frac{1}{(2n-1)!} x^{2n-1}$.

Mathematische Exkursionen

Der Beweis lässt sich mithilfe wiederholter Anwendung der Monotonieeigenschaft des Integrals führen.

I) Aus $\cos(x) < 1$ folgt $\int_0^x \cos(t)\,dt < \int_0^x 1\,dt$ und damit $\sin(x) < x$, d.h. $\sin(x) < p_1(x)$.

II) Aus $\sin(x) < x$ folgt $\int_0^x \sin(t)\,dt < \int_0^x t\,dt$ und damit $\cos(x) > 1 - \frac{1}{2}x^2$.

III) Aus $\cos(x) > 1 - \frac{1}{2}x^2$ folgt $\int_0^x \cos(t)\,dt > \int_0^x \left(1 - \frac{t^2}{2}\right)dt$ und damit $\sin(x) > x - \frac{1}{3!}x^3$, d.h. $\sin(x) > p_3(x)$.

Mithilfe von I) und III) lässt sich berechnen, wie weit $p_3(x)$ von $\sin(x)$ abweicht.
Aus $x - \frac{1}{3!}x^3 < \sin(x) < x$ erhält man $\sin(x) - p_3(x) < \frac{1}{3!}x^3$ für $x > 0$.
Die maximale Abweichung z.B. im Intervall $(0; 2)$ ist $\frac{1}{3!} \cdot 2^3 = \frac{4}{3}$; betrachtet man jedoch z.B. das Intervall $\left(0; \frac{1}{2}\right)$, so ist die maximale Abweichung nur noch $\frac{1}{3!} \cdot \frac{1}{8} = \frac{1}{48}$.
Allgemein gilt für die Abweichung der ganzrationalen Funktion p_{2n-1} von der Sinusfunktion:
$$|p_{2n-1}(x) - \sin(x)| < \frac{1}{(2n-1)!} x^{2n-1} \quad (n \in \mathbb{N} \setminus \{0\}).$$
Da man zeigen kann, dass $\frac{1}{k!}x^k \to 0$ geht für $k \to \infty$, gilt $\sin(x) = \lim_{n \to \infty} p_{2n-1}(x)$.
Entsprechende Überlegungen gelten auch für andere Funktionen.

Man kann die Sinusfunktion auch auf diese Weise definieren, ohne Bezug zum Einheitskreis und Bogenmaß!

BROOK TAYLOR (1685–1731) war Mitglied der Royal Society. Sein Werk „Methodus incrementorum directa et inversa" handelt von so genannten TAYLOR-Entwicklungen.

> Viele beliebig oft differenzierbare Funktionen f sind auf ganz $\mathbb{R}$ bereits durch den Funktionswert und die Werte der Ableitung allein an der Stelle 0 festgelegt. Für sie gilt:
> $$f(x) = \lim_{n \to \infty}\left(f(0) + \frac{f'(0)}{1!}x + \frac{f''(0)}{2!}x^2 + \frac{f'''(0)}{3!}x^3 + \ldots + \frac{f^{(n)}(0)}{n!}x^n\right).$$
> Diese Darstellung von f nennt man eine **TAYLOR-Entwicklung von f**.

Aufgaben

1 Nennen Sie für $\sin(1)$ die Anzahl der übereinstimmenden Dezimalen mit $p_1(1)$, $p_3(1)$ und $p_5(1)$.

```
Eingabe: x, Genauigkeit
n:=...; Vorzeichen:=...; Sinus-Wert:=...;
Potenz:=...; Koeffizient:=...;
Wiederhole
  n:=n+2;
  Koeffizient:=Koeffizient/(n*(n-1));
  Vorzeichen:=Vorzeichen*(-1);
  Potenz:=Potenz*x*x;
  Summand:=Koeffizient*Potenz;
  Sinus-Wert:=Sinus-Wert+Vorzeichen*Summand;
Bis Summand<Genauigkeit;
Ausgabe: Sinus-Wert.
```

2 Berechnung eines Wertes von $\sin(x)$
a) Welche Anfangswerte müssen die Variablen in nebenstehendem Programm erhalten?
b) Schreiben und testen Sie ein zugehöriges Programm.
(Bei der internen Programmierung von Taschenrechner und PC werden aus Gründen der Speicherplatz- und Laufzeitoptimierung raffiniertere, dafür aber weniger durchsichtige Methoden als hier verwendet.)

3 Die Kosinusfunktion und die natürliche Exponentialfunktion besitzen jeweils eine TAYLOR-Entwicklung.
a) Geben Sie diese an.
b) Zeichnen Sie in einem geeigneten Intervall jeweils die Ausgangsfunktion und eine Reihe von Näherungsfunktionen verschiedenfarbig ein. Verfolgen Sie die wachsende Übereinstimmung.

277

Rückblick

Tangensfunktion
Mit der Definition $\tan(x) = \frac{\sin(x)}{\cos(x)}$; $x \neq \frac{1}{2}\pi + k \cdot \pi$ ($k \in \mathbb{Z}$) ist die Tangensfunktion h: $x \mapsto \tan(x)$ festgelegt.
Diese hat die Periode π, für ihre Ableitung gilt $h'(x) = \frac{1}{\cos^2(x)}$.
Ihr Graph ist verschiebungssymmetrisch und punktsymmetrisch zu den gemeinsamen Punkten mit der x-Achse.

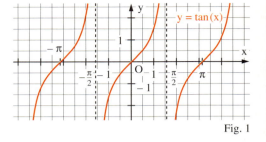

Fig. 1

Funktionen f mit $f(x) = a \cdot \sin[b(x - c)] + d$
Die Periode p von f ist $p = \frac{2\pi}{b}$.
Für $a > 0$ und $b > 0$:
Der Graph von f lässt sich aus dem Graphen der Sinusfunktion schrittweise entstanden denken durch:
– Streckung in y-Richtung mit dem Faktor a
– Streckung in x-Richtung mit dem Faktor $\frac{1}{b}$
– Verschiebung in x-Richtung um c
– Verschiebung in y-Richtung um d

f mit $f(x) = 3 \cdot \sin\left(4x + \frac{1}{3}\pi\right) - 2$
$\qquad = 3 \cdot \sin\left[4\left(x - \left(-\frac{1}{12}\pi\right)\right)\right] - 2$
– Streckung in y-Richtung mit dem Faktor 3
– Streckung in x-Richtung mit dem Faktor $\frac{1}{4}$
– Verschiebung in x-Richtung um $-\frac{1}{12}\pi$
– Verschiebung in y-Richtung um -2.

Trigonometrische Gleichungen
Rückführen auf Gleichungen der Form
$\sin(x) = a$, $\cos(x) = a$ bzw. $\tan(x) = a$ ($a \in \mathbb{R}$) durch:
– Substitution
– Lösen einer quadratischen Gleichung nach Substitution
– Verwenden der Beziehung $\tan(x) = \frac{\sin(x)}{\cos(x)}$
– Verwenden der Beziehung $\sin^2(x) + \cos^2(x) = 1$
– Verwenden der Äquivalenzumformung:
  Mit $u(x) \cdot v(x) = 0$ ist $u(x) = 0$ oder $v(x) = 0$.
Lösen mithilfe des NEWTON-Verfahrens

$\tan(x) = 2 \cdot \sin(x)$; $x \in [0; 2\pi]$
Mit $\tan(x) = \frac{\sin(x)}{\cos(x)}$ gilt:
$\frac{\sin(x)}{\cos(x)} = 2 \cdot \sin(x)$ und
damit $\sin(x) \cdot (1 - 2 \cdot \cos(x)) = 0$.
Lösungen aus $\sin(x) = 0$ und $\cos(x) = \frac{1}{2}$:
$x_1 = 0$; $x_2 = \pi$; $x_3 = \frac{1}{3}\pi$; $x_4 = \frac{5}{3}\pi$.

$\sin^2(x) + 2 \cdot \cos^2(x) = 2$.
Mit $\sin^2(x) = 1 - \cos^2(x)$ gilt:
$1 - \cos^2(x) + 2 \cdot \cos^2(x) = 2$ bzw. $\cos^2(x) = 1$.
Lösungsmenge $L = \{x \mid x = k \cdot \pi;\ k \in \mathbb{Z}\}$.

Arkusfunktionen
Arkusfunktionen sind die Umkehrfunktionen der trigonometrischen Funktionen bei eingeschränktem Definitionsbereich.

Arkusfunktion	Ableitung
f: $x \mapsto \arcsin(x)$, $x \in [-1; 1]$	$f'(x) = \frac{1}{\sqrt{1-x^2}}$; $x \in (-1; 1)$
g: $x \mapsto \arccos(x)$, $x \in [-1; 1]$	$g'(x) = \frac{-1}{\sqrt{1-x^2}}$; $x \in (-1; 1)$
h: $x \mapsto \arctan(x)$, $x \in \mathbb{R}$	$h'(x) = \frac{1}{1+x^2}$; $x \in \mathbb{R}$

Mit $f(x) = \arcsin(2x + 1)$ ist
$f'(x) = \frac{2}{\sqrt{1-(2x+1)^2}} = \frac{1}{\sqrt{-x-x^2}}$.

Die Funktion f mit $f(x) = \frac{2}{1+x^2}$ hat als Stammfunktion F mit $F(x) = 2 \cdot \arctan(x)$.

Potenzregel für rationale Hochzahlen
Für jede Funktion f mit $f(x) = x^r$ gilt $f'(x) = r \cdot x^{r-1}$;
hierbei ist $x > 0$ und $r \in \mathbb{Q}$ bzw. $x \geq 0$ und $r \in \mathbb{Q}$, $r > 1$.

$f(x) = \sqrt[5]{x^3} = x^{\frac{3}{5}}$; $f'(x) = \frac{3}{5} x^{-\frac{2}{5}} = \frac{3}{5} \cdot \frac{1}{\sqrt[5]{x^2}}$

Aufgaben zum Üben und Wiederholen

1 Führen Sie ohne Verwendung von f′ bzw. f″ eine Funktionsuntersuchung durch. Bestimmen Sie den Inhalt von einem der Flächenstücke zwischen der x-Achse und dem Graphen von f.
a) $f(x) = 2{,}5 \cdot \sin\left(\frac{1}{6}\pi x\right)$
b) $f(x) = 4 \cdot \sin\left(x + \frac{1}{4}\pi\right)$
c) $f(z) = 5 \cdot \sin(4z + \pi) + 2{,}5$
d) $f(v) = 4 \cdot \sin\left(3\pi v - \frac{1}{2}\pi\right) - 2$

2 Der Wasserstand h (in m) bei Spiekeroog an der Nordseeküste schwankt zwischen 0 m bei Niedrigwasser und etwa 3 m bei Hochwasser. Er lässt sich in Abhängigkeit von der Zeit t (in Std. nach Niedrigwasser) modellhaft beschreiben durch $h(t) = a + b \cdot \cos\left(\frac{1}{6}\pi \cdot t\right)$.
a) Bestimmen Sie die Parameter a und b. Skizzieren Sie den Graphen von h.
b) Überprüfen Sie die Richtigkeit der Faustregel: Der Wasserstand steigt im zweiten Drittel der Zeitspanne zwischen Niedrig- und Hochwasser um die Hälfte der Gesamtzunahme.

Tageslänge: Zeitspanne zwischen Sonnenauf- und -untergang; φ > 0 ... Nordhalbkugel, φ < 0 ... Südhalbkugel; $\pi \frac{\varphi}{180°}$ gibt die geografische Breite eines Ortes im Bogenmaß an!

3 Die Gleichung $\cos\left(\frac{1}{24}\pi \cdot T\right) = -\frac{1}{2{,}3} \cdot \tan\left(\pi \cdot \frac{\varphi}{180°}\right)$ gibt einen Zusammenhang zwischen der Tageslänge T (in h) am 21. Juni und der geografischen Breite φ des betreffenden Standorts an.
a) Berechnen Sie T für Reykjavik (φ = 64° 08′ N), Athen (φ = 37° 58′ N) und Sydney (φ = 33° 52′ S).
b) Für welche europäische Großstadt gilt T ≈ 16, für welche gilt T ≈ 18?
c) Für welche φ liefert die Gleichung keinen Wert für T? Welche Werte kann T dann haben?

4 Ermitteln Sie die Lösungen im Intervall [0; 2π].
a) $2 \cdot \cos(2x) = -1$
b) $\sin^3(x) - 0{,}75 \cdot \sin(x) = 0$
c) $2 \cdot \cos^2(x) = 1 + \sin(x)$
d) $2 \cdot \sin(x) \cdot \cos(x) = \tan(x)$
e) $\sqrt{3} = 3 \cdot \tan(\pi - x)$
f) $3 \cdot \tan(x) = -2 \cdot \cos(x)$

5 Gegeben ist die Funktion f mit $f(x) = 3 \cdot \sin(x) - 3 \cdot \sin(x) \cdot \cos(x)$, ihr Graph sei K.
a) Untersuchen Sie K für 0 ≤ x ≤ 2π auf gemeinsame Punkte mit der x-Achse, Hoch-, Tief- und Wendepunkte.
b) Zeigen Sie, dass f die Periode 2π hat, und zeichnen Sie K für −π ≤ x ≤ 3π.
c) Untersuchen Sie K auf Punktsymmetrie.
d) Bestimmen Sie den Inhalt eines der Flächenstücke zwischen der x-Achse und K.

6 Einer Halbkugel mit dem Radius 1 soll ein Zylinder mit dem größtmöglichen Volumen einbeschrieben werden. Einen Querschnitt zeigt Fig. 1.
a) Ermitteln Sie je eine Funktion, die das Zylindervolumen in Abhängigkeit von r, von h bzw. von α beschreibt.
b) Welche der drei Funktionen aus a) würden Sie als Zielfunktion zur Lösung des Extremalproblems verwenden? Begründen Sie.

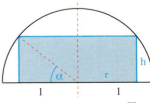

Fig. 1

7 Gegeben ist die Funktion f mit $f(x) = x \cdot \sin(x^2)$; ihr Graph sei K.
a) Untersuchen Sie K auf Symmetrie sowie auf gemeinsame Punkte mit den Koordinatenachsen. Zeigen Sie, dass f′(0) = 0 ist und skizzieren Sie K für x ∈ [−4; 4].
b) Die Tangente an K in $P(\sqrt{\pi}|0)$ umschließt mit K und der y-Achse ein Flächenstück. Berechnen Sie dessen Inhalt exakt und mithilfe eines Näherungsverfahrens. Vergleichen Sie die Ergebnisse.
c) Zeigen Sie, dass die 1. Winkelhalbierende eine Tangente an K mit unendlich vielen Berührpunkten ist. Geben Sie diese Berührpunkte an.

8 K und K* sind die Graphen der Funktionen f mit $f(x) = \sqrt[3]{6-x}$ und g mit $g(x) = x^{\frac{2}{3}}$. Die x-Achse begrenzt zusammen mit K und K* im 1. Feld ein Flächenstück.
a) Berechnen Sie den Inhalt des Flächenstücks.
b) Das Flächenstück rotiert um die x-Achse. Welches Volumen hat der Rotationskörper?

Die Lösungen zu den Aufgaben dieser Seite finden Sie auf Seite 384/385.

279

X Wachstumsprozesse, Differenzialgleichungen

1 Exponentielle Wachstums- und Zerfallsprozesse

1 In einem Waldstück wird der derzeitige Holzbestand auf 4000 fm (Festmeter) geschätzt. Der Holzzuwachs beträgt momentan 2 % jährlich.
a) Stellen Sie die zeitliche Entwicklung des Holzbestandes H in der Form $H(t) = c \cdot a^t$ (t in Jahren) dar. Wie lautet die Funktion H in der Form $H(t) = c \cdot e^{k \cdot t}$?
b) Wie hängen der jährliche prozentuale Holzzuwachs p und die Konstante k zusammen?

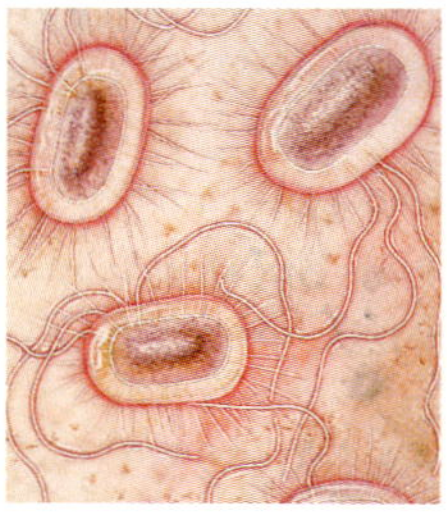

Bei einer Kultur von Coli-Bakterien wird in stündlichen Abständen die Bakterienzahl pro ml Nährlösung bestimmt (Fig. 1). Da in der Tabelle $\frac{f(t+1)}{f(t)} \approx a = 1{,}82 = 1 + \frac{82}{100}$ ist, wächst die Bakterienzahl f(t) bei einem Zeitschritt von 1 h jeweils näherungsweise um den konstanten Faktor a = 1,82 (Wachstumsfaktor). In jeder Stunde nimmt die Bakterienzahl also um 82 % zu. Damit ist f eine Wachstumsfunktion mit dem Funktionsterm $f(t) = c \cdot a^t$, c = f(0) = 80 Millionen und a = 1,82. Stellt man die Wachstumsfunktion als Funktion f mit $f(t) = c \cdot e^{kt}$ dar, so erhält man mit k = ln(a) den Funktionsterm $f(t) = 80 \cdot e^{\ln(1{,}82) \cdot t}$ (vgl. Seite 215).

Zeit t (in h)	Bakterienzahl f(t) (in Mio)	$\frac{f(t+1)}{f(t)}$
0	80,0	
1	145,9	1,824
2	266,4	1,826
3	482,4	1,811
4	875,7	1,815
5	1597,8	1,825
	gemittelt: a = 1,82	

Fig. 1

z. B. Escherichia coli, normaler Darmbewohner. Erreger von Harnwegsinfekten, Blutvergiftung, Durchfall und Nierenversagen

*Die mathematische Nachbildung einer realen Situation nennt man **Modellierung**.*

> Jeder exponentielle Wachstums- und Zerfallsprozess kann durch eine Funktion f mit $f(t) = c \cdot a^t$ bzw. $f(t) = c \cdot e^{kt}$ mit k = ln(a) beschrieben werden.
> Dabei ist $c \in \mathbb{R}$ der Bestand zum Zeitpunkt t = 0, f(t) der Bestand zum Zeitpunkt t und a der Wachstumsfaktor.
> Für k > 0 heißt k Wachstumskonstante und f Wachstumsfunktion;
> für k < 0 heißt k Zerfallskonstante und f Zerfallsfunktion.

Beispiel 1: (Bestimmung einer Zerfallsfunktion)
Zur Untersuchung der Langzeitwirkung eines Medikamentes wurde einer Versuchsperson eine Dosis von 70 mg verabreicht und im täglichen Abstand die Konzentration des Medikamentes im Blut gemessen.

Zeit t (in Tagen)	0	1	2	3	4	5
Konzentration (in mg/l)	10	7,20	5,18	3,72	2,68	1,93

Konzentration f (in mg/l)	$\frac{f(t+1)}{f(t)}$
10	
7,20	0,720
5,18	0,7194
3,72	0,7181
2,68	0,7204
1,93	0,7201
gemittelt: a = 0,72	

a) Weisen Sie nach, dass es sich im angegebenen Zeitraum um exponentielles Fallen handelt. Bestimmen Sie die Zerfallskonstante und die Zerfallsfunktion.
b) Nach wie vielen Tagen sinkt die Konzentration erstmals unter 0,5 mg/l?
Lösung:
a) Der Quotient aufeinander folgender Konzentrationen des Medikamentes ergibt gemittelt den Wachstumsfaktor a = 0,72. Daher kann in guter Näherung von einem exponentiellen Zerfall ausgegangen werden. Die Zerfallskonstante ist k = ln(a) = ln(0,72) ≈ −0,3285. Mit der Anfangskonzentration 10 erhält man die Zerfallsfunktion f mit $f(t) = 10 \cdot e^{-0{,}3285 \cdot t}$.
b) Aus $10 \cdot e^{-0{,}3285 \cdot t} = 0{,}5$ erhält man $e^{-0{,}3285 \cdot t} = 0{,}05$ und hieraus $t = \frac{\ln(0{,}05)}{-0{,}3285} \approx 9{,}12$.
Am zehnten Tag sinkt die Konzentration damit erstmals unter 0,5 mg/l.

Exponentielles Wachsen und Fallen

Das in der Natur vorkommende Radon wird teilweise zu therapeutischen Zwecken benutzt.

Masse f (in mg)	$\frac{f(t+30)}{f(t)}$
400	
274	0,6850
187,8	0,6854
128,7	0,6853
88,2	0,6853
60,4	0,6848
41,4	0,6854

gemittelt: a = 0,685

Fig. 1

Anderer Zeitschritt
⇒ *anderer Wachstumsfaktor a*
⇒ *andere Wachstumskonstante k*

Beispiel 2: (Zerfallsfunktion mit größerem Zeitschritt)
Bei einem Experiment zum radioaktiven Zerfall von Radon 220 misst man zu Beginn der Beobachtung eine Masse von 400 mg. Alle 30 s wird die Masse neu bestimmt.

Zeit t (in s)	0	30	60	90	120	150	180
Masse (in mg)	400	274	187,8	128,7	88,2	60,4	41,4

a) Begründen Sie, dass man im angegebenen Zeitraum von einem exponentiellen Zerfallsprozess ausgehen kann. Geben Sie den Wachstumsfaktor a für den Zeitschritt 30 s und die zugehörige Zerfallsfunktion an.
b) Bestimmen Sie neben der Zerfallsfunktion auch die Zerfallskonstante zum Zeitschritt 1 s.
Lösung:
a) Der Quotient aufeinander folgender Messungen der noch vorhandenen Masse liefert gerundet den konstanten Wachstumsfaktor a = 0,685 (vgl. Fig. 1). Die Zerfallskonstante zum Zeitschritt 30 s ist damit k* = ln(a) = ln(0,685) ≈ –0,3783. Die Zerfallsfunktion lautet also f mit $f(t^*) = 400 \cdot e^{-0{,}3783 \cdot t^*}$ (t* gemessen in Zeitschritten von jeweils 30 s).
b) Da ein Zeitschritt 1 für t* einer Zeitdauer von t = 30 s entspricht, folgt $t^* = \frac{1}{30} \cdot t$.
Damit gilt $e^{-0{,}3783 \cdot t^*} = e^{-0{,}3783 \cdot \frac{1}{30} t} = e^{\frac{0{,}3783}{30} \cdot t} = e^{-0{,}01261 \cdot t}$. Hiermit ist die Zerfallsfunktion
$f(t) = 400 \cdot e^{-0{,}01261 \cdot t}$ (t in s) und die Zerfallskonstante $k = \frac{k^*}{30} = \frac{\ln(0{,}685)}{30} \approx -0{,}0126$.

Aufgaben

ROBERT KOCH (1843–1910) entdeckte u. a. 1882 das Tuberkulosebakterium, 1883 den Choleraerreger. Er war der Hauptbegründer der modernen Bakteriologie. 1905 erhielt er den Nobelpreis für Medizin.

2 Bei einer Bakterienkultur wird die Anzahl der Bakterien stündlich bestimmt.

Zeit t (in h)	0	1	2	3	4	5	6
Bakterienzahl (in Mio)	7,1	7,7	8,3	9,0	9,7	10,5	11,3

a) Begründen Sie, dass im angegebenen Zeitraum von einem exponentiellen Wachstum der Bakterienzahl ausgegangen werden kann.
b) Bestimmen Sie die Wachstumskonstante k und die Wachstumsfunktion f.
c) Wie viele Bakterien sind es nach 2,5 h, wie viele eine Stunde vor Beobachtungsbeginn?

3 Cholera wird durch den Bazillus *Vibrio cholerae* hervorgerufen. Zu Beginn eines Experimentes werden 400 Bazillen in eine Nährlösung gebracht. Zwei Stunden später zählt man 30 000. In diesem Stadium wird von einer exponentiellen Vermehrung ausgegangen.
a) Bestimmen Sie die zugehörige Wachstumsfunktion zum Zeitschritt 2 Stunden.
b) Wie lautet die Wachstumskonstante und die Wachstumsfunktion zum Zeitschritt 1 h bzw. zum Zeitschritt 1 min? Wie viele Bakterien erhält man jeweils nach 30 Minuten?

4 Eine Vakuumpumpe soll angeblich den Luftdruck in einem Testraum pro Sekunde um 4 % senken. Bei einer Überprüfung senkte sich der Luftdruck in dem Raum innerhalb von 2 Minuten auf 50 % des ursprünglichen Wertes. Arbeitet die Pumpe wie angegeben?

Zum Vergleich Deutschland:

Jahr	1990	2000
Einwohner (in Mio.)	79,4	82,8

5 Mexiko hatte zu Beginn des Jahres 1990 nach einer Volkszählung 84,4 Millionen Einwohner. Im Jahr 2000 waren es 100,4 Millionen. Es wird von einer exponentiellen Vermehrung der Bevölkerung ausgegangen.
a) Bestimmen Sie jeweils die Wachstumskonstante zu den Zeitschritten 1; 5 bzw. 10 Jahre.
b) Berechnen Sie die Einwohnerzahlen für die Jahre 2001 bis 2005.
c) Wie viele Einwohner hat Mexiko bei gleichbleibendem Wachstum im Jahr 2010? Wann wird die Einwohnerzahl von 120 Millionen voraussichtlich überschritten?
d) Wann wird Mexiko doppelt so viele Einwohner wie Deutschland haben?

281

2 Halbwerts- und Verdoppelungszeit

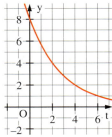

Fig. 1

1 Um wie viel Prozent vergrößert sich bei der Wachstumsfunktion f mit $f(t) = 100 \cdot e^{0,2 \cdot t}$ der Funktionswert, wenn t um 1 zunimmt?

2 Fig. 1 zeigt den Graphen einer Zerfallsfunktion. Lesen Sie aus dem Graphen ab, innerhalb welcher Zeitspanne sich der Bestand jeweils halbiert.

Mit der Wachstums- bzw. Zerfallskonstanten k verbindet man keine direkte anschauliche Vorstellung. Meist wird deshalb z. B. das Wachstum durch die prozentuale Zunahme p pro Zeitschritt angegeben.
Aus $f(t + 1) = a \cdot f(t) = f(t) + \frac{p}{100} \cdot f(t) = \left(1 + \frac{p}{100}\right) \cdot f(t)$ folgt $a = 1 + \frac{p}{100}$.
Mit $k = \ln(a)$ ergibt sich $k = \ln\left(1 + \frac{p}{100}\right)$.
Löst man diese Gleichung nach p auf, so erhält man $p = 100 \cdot (e^k - 1)$.
Bei einem Zerfallsprozess mit der prozentualen Abnahme p pro Zeitschritt ergibt sich:
$k = \ln\left(1 - \frac{p}{100}\right)$ bzw. $p = 100 \cdot (1 - e^k)$.

Eine für Wachstums- bzw. Zerfallsprozesse charakteristische Größe ist die so genannte Verdoppelungszeit T_V bzw. die Halbwertszeit T_H, d. h. die Zeit, in der sich ein Bestand jeweils verdoppelt bzw. halbiert.

Gleichung für die Verdoppelungszeit:
$f(t + T_V) = 2 \cdot f(t)$

Die Halbwertszeit T_H eines Zerfalls berechnet man folgendermaßen:
Aus $f(t + T_H) = \frac{1}{2} \cdot f(t)$ folgt mit $f(t) = c \cdot e^{k \cdot t}$ die Gleichung $c \cdot e^{k \cdot (t+T_H)} = \frac{1}{2} \cdot c \cdot e^{k \cdot t}$ oder $c \cdot e^{k \cdot t} \cdot e^{k \cdot T_H} = \frac{1}{2} \cdot c \cdot e^{k \cdot t}$. Hieraus erhält man $e^{k \cdot T_H} = \frac{1}{2}$, also $T_H = \frac{\ln\left(\frac{1}{2}\right)}{k} = -\frac{\ln(2)}{k}$.

k > 0: Wachstum

k < 0: Zerfall

> Wird ein exponentieller Wachstums- oder Zerfallsprozess durch eine Funktion f mit $f(t) = c \cdot e^{k \cdot t}$, c > 0, beschrieben, und ist p (p > 0) die prozentuale Zu- bzw. Abnahme pro Zeitschritt, so gilt:
>
> **Wachstumskonstante:** $k = \ln\left(1 + \frac{p}{100}\right)$, **Verdoppelungszeit:** $T_V = \frac{\ln(2)}{k}$,
>
> **Zerfallskonstante:** $k = \ln\left(1 - \frac{p}{100}\right)$, **Halbwertszeit:** $T_H = -\frac{\ln(2)}{k}$.

Beim Kernreaktorunfall in Tschernobyl (1986) wurden u. a. große Mengen Cäsium freigesetzt.

Beispiel: (Zusammenhang zwischen p, k und T_H)
Von dem radioaktiven Element Cäsium 137 zerfallen innerhalb eines Jahres etwa 2,3 % seiner Masse.
a) Bestimmen Sie die zugehörige Zerfallskonstante k und die Halbwertszeit T_H.
b) Nach welcher Zeit sind mindestens 90 % zerfallen?
Lösung:
a) Aus $p = \frac{2,3}{100}$ und $k = \ln\left(1 - \frac{2,3}{100}\right) \approx -0,02327$ folgt $T_H = -\frac{\ln(2)}{-0,02327} \approx 29,79$.
b) Der Zerfall kann durch die Funktion f mit $f(t) = f(0) \cdot e^{-0,02327 \cdot t}$ beschrieben werden.
Da 10 % = 0,1 der Stoffmenge noch strahlen sollen, erhält man $f(t) = 0,1 \cdot f(0)$. oder $e^{-0,02327 \cdot t} = 0,1$. Daraus ergibt sich $t = \frac{\ln(0,1)}{-0,02327} \approx 98,95$.
Bei einer Halbwertszeit von etwa 30 Jahren sind nach rund 99 Jahren mindestens 90 % der Ausgangsmenge zerfallen.

Aufgaben

	k	p	T_H	T_V
a)	0,4			
b)		2,5		
c)	–0,2			
d)			20	
e)		15		
f)				340

Fig. 1

3 Berechnen Sie in Fig. 1 jeweils die fehlenden Werte für einen Wachstums- bzw. Zerfallsprozess f mit $f(t) = c \cdot e^{kt}$ (Fig. 1).

4 a) Ein Auto verliert pro Jahr etwa 15 % an Wert. In welchem Zeitraum sinkt der derzeitige Wert eines Autos auf die Hälfte?
b) Ein Kapital verdoppelt sich in 12 Jahren. Welcher jährliche Zinssatz liegt zugrunde?

5 Plutonium 239 ($^{239}_{94}$Pu) hat eine Halbwertszeit von 24 400 Jahren.
a) In einem Zwischenlager für radioaktiven Abfall ist 20 kg Plutonium eingelagert. Welche Menge war es vor 10 Jahren, welche wird es in 100 Jahren noch sein?
b) Wie viel Prozent einer Menge Plutoniums sind nach 10^3; 10^4; 10^5 Jahren noch vorhanden?
c) Wie lange dauert es, bis 10 % (90 %; 99 %) zerfallen sind?

6 Indien hatte zu Beginn des Jahres 2000 nach Schätzungen etwa 1 Milliarde Einwohner. Es wird angenommen, dass das jährliche Bevölkerungswachstum für die nächsten 10 Jahre 1,4 % betragen wird.
a) Wie viele Einwohner hat Indien voraussichtlich im Jahr 2010? Wann würde bei gleich bleibendem Wachstum die Einwohnerzahl von 1,5 Milliarden überschritten?
b) Welche Verdoppelungszeit für die Bevölkerungszahl berechnet man bei gleich bleibendem Wachstum? Ist dies realistisch?

Für kleine p gilt:
$k \approx \frac{p}{100}$

7 a) Bestätigen Sie, dass bei Wachstums- und Zerfallsfunktionen $k \approx \frac{p}{100}$ für kleine Werte von p gilt. Berechnen Sie hierzu für p = 0,5; 1; 2; 5; 10; 15; 20 jeweils die zugehörige Wachstums- und Zerfallskonstante.
b) Begründen Sie mit a) für kleine Werte von p die Faustformel $p \cdot T_H \approx 70$.
c) In welcher Zeit halbiert sich die Kaufkraft einer Währung bei 2 % Inflation jährlich nach der Faustformel?

8 Beim radioaktiven Zerfall einer Substanz gilt für die Masse m der noch nicht zerfallenen Substanz $m(t) = 200 \cdot e^{kt}$ (m(t) in mg, t in Stunden).
a) Berechnen Sie die Zerfallskonstante k, wenn die Halbwertszeit für diesen Zerfall 6 Stunden beträgt.
b) Welche Masse ist nach 24 Stunden bereits zerfallen?
c) Welcher Teil der Anfangsmasse ist nach der Zeit $T = n \cdot T_H$ mit $n \in \mathbb{N}$ noch vorhanden?

9 Ein radioaktiver Stoff S entsteht erst als Zerfallsprodukt einer anderen Substanz. Für die Masse m(t) von S gilt $m(t) = 200 \cdot e^{ct}(1 - e^{-t})$ (m(t) in mg, t in Stunden).
a) Welche Menge ist von dem Stoff S am Beobachtungsbeginn (t = 0) vorhanden?
b) Bestimmen Sie c, wenn zwei Stunden nach Beobachtungsbeginn 63,62 mg von S vorhanden sind.
c) Zu welchem Zeitpunkt wird die größte Masse der Substanz S gemessen?

10 In einem Zeitungsbericht ist zu lesen, dass sich die Weltbevölkerung – wenn die derzeitige Entwicklung anhalte – im Jahre 2010 innerhalb von 11 Monaten um die Einwohnerzahl der Bundesrepublik (80 Millionen) vermehren werde. Nach den Ermittlungen der Vereinten Nationen nimmt die Weltbevölkerung derzeit jährlich um etwa 1,26 % zu.
a) Welche Bevölkerungszahl ergibt sich aus diesen Angaben für das Jahr 2010?
b) Wie lange dauerte es im Jahr 2000, bis die Weltbevölkerung um 80 Millionen zugenommen hatte? Wann wird die Weltbevölkerung erstmals innerhalb von 9 Monaten um 80 Millionen zunehmen?

3 Funktionsanpassungen

1 Bei einer Messung erhielt man die folgenden Messwerte.

x	0	1	2	3	4	5
y	2,7	3,8	5,4	7,7	11,0	15,6

a) Fig. 1 zeigt die Messwerte als Punkte in einem Koordinatensystem. Was fällt auf?
b) Begründen Sie, dass sich die Messwerte durch eine Wachstumsfunktion beschreiben lassen.

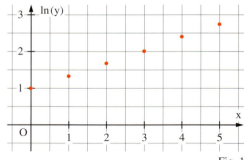

Fig. 1

In Anwendungssituationen steht man häufig vor dem Problem, aus grafisch veranschaulichten Messwerten eine Funktion zu ermitteln, deren Graph diese Messwerte gut annähert. Im Folgenden wird die Grundidee einer solchen „Funktionsanpassung" erläutert.

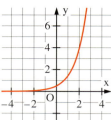

Fig. 2

Der Graph einer Exponentialfunktion habe die Gleichung $y = 0{,}5 \cdot e^{1{,}02x}$ (Fig. 2). Bildet man $\ln(y) = \ln(0{,}5 \cdot e^{1{,}02x}) = 1{,}02\,x + \ln(0{,}5)$, so sieht man, dass in einem $x, \ln(y)$-Koordinatensystem der Graph eine Gerade mit Steigung 1,02 und y-Achsenabschnitt $\ln(0{,}5) \approx -0{,}7$ ist (Fig. 3). Liegt nun in einer Anwendungssituation eine Reihe von Messwerten $(x|y)$ vor, deren grafische Veranschaulichung vermuten lässt, dass ihr eine Exponentialfunktion der Form $f: x \mapsto c \cdot e^{kx}$ zugrunde liegt, so berechnet man jeweils $\ln(y)$ und trägt die Werte $(x|\ln(y))$ in ein Koordinatensystem ein. Liegen die Punkte näherungsweise auf einer Geraden („Ausgleichsgerade"), die man nach Augenmaß einzeichnet oder mithilfe des Computers berechnet, so ist der gewählte Funktionstyp angemessen, da für $\ln(y)$ gilt: $\ln(y) = k \cdot x + \ln(c)$. Liest man die Steigung m und den y-Achsenabschnitt b der Ausgleichsgeraden ab, so lassen sich hieraus die Parameter k und c berechnen: Aus $m = k$ und $b = \ln(c)$ erhält man $k = m$ und $c = e^b$.

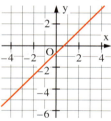

Fig. 3

Vorgehen bei einer „Funktionsanpassung":
1) Messwerte in ein Koordinatensystem eintragen
2) Gleichung mit Parametern für den Graphen der vermuteten Funktion aufstellen
3) Gleichung umformen mit dem Ziel, die Form einer Geradengleichung zu erhalten
4) Messwerte entsprechend transformieren und in ein neues Koordinatensystem eintragen; liegen die Punkte näherungsweise auf einer Geraden („Ausgleichgerade"), so liefert die gewählte Funktion eine passende Näherung.
5) Parameter aus der Steigung und dem y-Achsenabschnitt der Ausgleichsgeraden ermitteln.

Beispiel: (Funktionsanpassung)
Die globalen Kohlendioxid-Emissionen von 1860 bis 1990 zeigt die folgende Tabelle.

Jahr	1860	1880	1900	1920	1940	1960	1980	1990
CO_2 (in Mrd. Tonnen)	0,55	1,00	1,80	3,90	4,90	8,95	19,53	22,10

a) Führen Sie eine Funktionsanpassung durch, wobei $t = 0$ dem Jahr 1860 entspricht.
b) Verwenden Sie zur Funktionsanpassung eine Tabellenkalkulation.
c) Benutzen Sie zur Funktionsanpassung ein Computer-Algebra-System.

Lösung:
a) Es müssen die folgenden Schritte durchgeführt werden.
1) Messwerte als Punkte P(x|y) in ein Koordinatensystem eintragen (Fig. 1).

t	0	20	40	60	80	100	120	130
y	0,55	1,00	1,80	3,90	4,90	8,95	19,53	22,10
ln(y)	−0,598	0	0,588	1,361	1,589	2,192	2,972	3,096

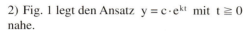
Fig. 1

2) Fig. 1 legt den Ansatz $y = c \cdot e^{kt}$ mit $t \geq 0$ nahe.
3) Umformung: $\ln(y) = k \cdot t + \ln(c)$.
4) Transformation der Messwerte:
Punkte Q(t|ln(y)) eintragen (Fig. 2). Sie liegen näherungsweise auf einer Geraden.
5) Steigung der Ausgleichsgeraden
$m \approx \frac{3{,}1-(-0{,}6)}{130} \approx 0{,}028$;
y-Achsenabschnitt $b \approx -0{,}6$. Hieraus folgt
$k = m \approx 0{,}028$ und $c \approx e^{-0{,}6} \approx 0{,}55$. Somit erhält man f mit $f(t) = 0{,}55 \cdot e^{0{,}028 t}$.
Den Graphen von f zeigt Fig. 1.

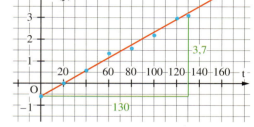
Fig. 2

b) Funktionsanpassung mit einer Tabellenkalkulation (z. B. EXCEL):
In die Zellen A2 bis A9 werden die t-Werte, in die Zellen B2 bis B9 die zugehörigen y-Werte eingetragen. Die Steigung der Ausgleichsgeraden bestimmt man z. B. in der Zelle A13 mit dem Befehl „=Steigung(ln(B2:B9);A2:A9)" und erhält $m \approx 0{,}0284$.
Ebenso erhält man z. B. in der Zelle B13 über „=Achsenabschnitt(ln(B2:B9);A2:A9)" den y-Achsenabschnitt $b \approx -0{,}5558$.
Zum Erstellen eines Graphen zusammen mit der Gleichung der „angepassten" Funktion geht man wie folgt vor.

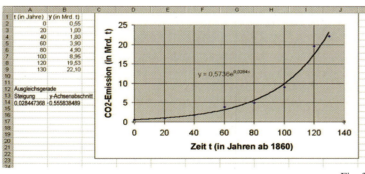
Fig. 3

Man markiert die Messwerte (Fig. 3) im Bereich A2 bis B9, wählt „Einfügen", „Diagramm", „Punkt(XY)" und lässt sich vom Diagramm-Assistenten bei der Beschriftung führen. Das Diagramm wird anschließend geöffnet, die Punkte werden mit der linken Maustaste markiert. Mit der rechten Maustaste öffnet man ein Menü, in dem man „Trendlinie hinzufügen" anklickt und den Typ „exponentiell" wählt. Mithilfe von „Optionen", „Gleichung im Diagramm darstellen" wird zusätzlich die Gleichung der Funktion eingeblendet.

c) Funktionanpassung mit einem Computer-Algebra-System (z. B. DERIVE):
Schreibe
Daten:=[[0,ln0.55],[20,ln1],[40,ln1.8],[60,ln3.9],[80,ln4.9],[100,ln8.95],[120,ln19.53],[130,ln22.1]]
Schreibe exp(fit([t,mt+b],Daten))
approX
$0{,}573591 \cdot e^{0{,}0284473\,t}$

Funktionsanpassungen

Die folgenden Aufgaben sollten vorzugsweise mithilfe des Computers bearbeitet werden.

2 Der jährliche Wasserverbrauch w der Erdbevölkerung ist in der Tabelle dargestellt.

x (in a)	1900	1940	1950	1960	1970	1980
w (in km³/a)	33,0	69,8	88,6	122,4	142,6	174,2

a) Übertragen Sie die Werte in ein Koordinatensystem. Führen Sie eine Funktionsanpassung mithilfe einer Wachstumsfunktion durch. Zeichnen Sie den Graphen in das Koordinatensystem ein.
b) Bestimmen Sie den Zeitraum, in dem sich die verbrauchte Wassermenge jeweils verdoppelt hat.
c) Vergleichen Sie den Funktionswert w(1995) mit dem tatsächlichen Verbrauch im Jahre 1995 von 200,5 km³. Welchen Schluss ziehen Sie daraus?

Zum Vergleich: Etwa 11 000 km³ Wasser befinden sich ständig als Wolken in der Atmosphäre.

Enterprise Resource Planning (ERP) bedeutet die computergestützte Lenkung eines Unternehmens.

Jahr	Bevölkerung (in 1000)
1900	290
1910	460
1920	660
1930	1100
1940	1470
1950	2650
1960	4820
1970	8080
1980	12500
1990	15100

Fig. 1

Sao Paulo ist eine der „Megastädte" unserer Erde.

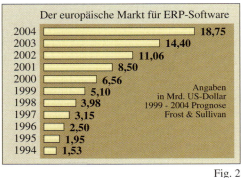
Fig. 2

3 Die Grafik informiert über den europäischen Markt für ERP-Software von 1994 bis 2004.
a) Versuchen Sie, die prognostizierten Umsatzzahlen durch eine geeignete Funktionsanpassung in etwa zu bestätigen.
b) Machen Sie Angaben über die Abweichung Ihrer Berechnungen von den prognostizierten Werten.
c) Berechnen Sie für den gesamten Zeitraum das mittlere jährliche prozentuale Wachstum.

4 Die Entwicklung der Bevölkerung von Sao Paulo in Brasilien zeigt die Tabelle in Fig. 1.
a) Führen Sie jeweils mit den Daten für die Zeiträume von 1900–1960 und von 1900–1980 eine Funktionsanpassung durch. Welche liefert für 1990 den besseren Näherungswert? Welche Schlüsse ziehen Sie daraus?
b) Überlegen Sie sich weitere Fragestellungen zu Verdoppelungszeiten, prozentualem Wachstum usw. und versuchen Sie diese zu beantworten.

5 In einer Ärztezeitschrift wurde unter dem Titel „Die Veränderung der Arztdichte in Deutschland seit 1885" die folgende Tabelle veröffentlicht.

Jahr	1885	1905	1925	1945	1965	1985	1997
Einwohner je berufstätigem Arzt	2800	1978	1500	1038	725	391	290

a) Führen Sie eine Funktionsanpassung durch. Bewerten Sie die auftretenden Abweichungen.
b) Es wird für 1999 eine „Arztdichte" von 260 prognostiziert. Welchen Wert erhalten Sie in Ihrem Modell? Worauf führen Sie die Abweichungen zurück?
c) Suchen Sie für einen möglichst langen Zeitraum eine geeignete Funktionsanpassung.

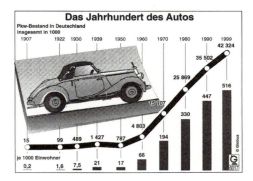

6 Die Grafik zeigt u. a. die Entwicklung des PKW-Bestandes im 20. Jahrhundert.
a) Ist eine Funktionsanpassung mit einer Exponentialfunktion sinnvoll?
b) Bestätigen Sie, dass bis zum Ausbruch des Zweiten Weltkrieges der PKW-Bestand angenähert exponentiell anwuchs. Geben Sie die mittlere jährliche prozentuale Zunahme an.
c) Welche Funktionsanpassung erscheint ab 1960 naheliegend? Welcher PKW-Bestand ergibt sich hieraus für das Jahr 2010?

Können Sie anhand der Grafik die Einwohnerzahl Deutschlands berechnen?

4 Die Differenzialgleichung des exponentiellen Wachstums

1 Auf einem Kartoffelfeld breitet sich der Kartoffelkäfer aus. Beobachtungen haben ergeben, dass sich der Bestand an Schädlingen näherungsweise durch eine Wachstumsfunktion f mit dem Ansatz $f(t) = 5000 \cdot e^{0,025 \cdot t}$ beschreiben lässt (t in Tagen).
a) Berechnen Sie die momentane Änderungsrate des Schädlingsbestandes nach 1, 2, 3, 5 und 10 Tagen.
b) Wie hängen die momentane Änderungsrate und der Funktionswert zum Zeitpunkt t zusammen?

Beim Zerfall radioaktiver Elemente ergeben Messungen, dass der momentane Bestand $f(t)$ an noch nicht zerfallenen Kernen dieses Elements proportional ist zur Anzahl der pro Zeiteinheit zerfallenden Kerne $f'(t)$. Also gilt $f'(t) = k \cdot f(t)$ mit einer Konstanten $k < 0$.

f'(t) heißt auch Aktivität. Einheit: 1 Bq (Becquerel)

Gleichungen dieser Art, in denen von einer Funktion f neben der Variablen t, der Funktion f auch ihre Ableitungen f', f'', ... auftreten, heißen **Differenzialgleichungen**.
Die Differenzialgleichung $f'(t) = k \cdot f(t)$ gibt zwar einen Zusammenhang zwischen einer Funktion und ihrer Ableitung an, nicht aber die Funktion selbst. Um die gesuchte Funktion f zu bestimmen, geht man bei der vorliegenden Differenzialgleichung wie folgt vor:
Mit $f'(t) = k \cdot f(t)$ ergibt sich für $f(t) \neq 0$ die Gleichung $\frac{f'(t)}{f(t)} = k$.

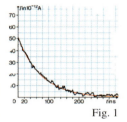

Geht man auf beiden Seiten zu Stammfunktionen über, so erhält man:
$\ln(|f(t)|) = k \cdot t + c_1$ und hieraus $|f(t)| = e^{kt + c_1} = e^{c_1} \cdot e^{kt} = c_2 \cdot e^{kt}$.
Für $f(t) \geq 0$ ergibt sich $f(t) = c_2 \cdot e^{kt}$. Für $f(t) < 0$ ergibt sich $-f(t) = c_2 \cdot e^{kt}$ oder $f(t) = -c_2 \cdot e^{kt}$.
Insgesamt erhält man als Lösungen von $f'(t) = k \cdot f(t)$ alle Funktionen f der Form $f(t) = c \cdot e^{kt}$.
Man nennt $f'(t) = k \cdot f(t)$ die Differenzialgleichung des **exponentiellen Wachstums**.
Mit ihr hat man eine andere mathematische Beschreibung für exponentielle Wachstums- und Zerfallsprozesse gefunden. Bei diesen Prozessen ist die momentane Änderungsrate $f'(t)$ proportional zum augenblicklich vorhandenen Bestand $f(t)$. Der Proportionalitätsfaktor k ist dabei die Wachstums- bzw. Zerfallskonstante.

Fig. 1 zeigt die zeitliche Abhängigkeit des Ionisationsstroms beim Zerfall von Rn 220.

k legt die Exponentialfunktion fest; c = f(0) bestimmt den Punkt auf der y-Achse.

> Jede Differenzialgleichung der Form $f'(t) = k \cdot f(t)$ mit $k \in \mathbb{R}\setminus\{0\}$ beschreibt **exponentielles Wachstum oder exponentiellen Zerfall**. Die Funktionen f mit $f(t) = c \cdot e^{kt}$ mit $c \in \mathbb{R}$ sind alle Lösungen dieser Differenzialgleichung.

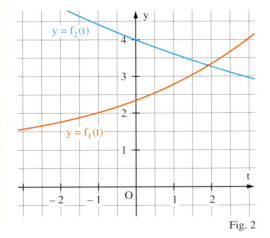

Fig. 2

Beispiel 1: (Lösung einer Differenzialgleichung)
Gegeben ist die Differenzialgleichung $f'(t) = 0,2 \cdot f(t)$.
a) Geben Sie alle Funktionen an, die Lösung der Differenzialgleichung $f'(t) = 0,2 \cdot f(t)$ sind. Welche dieser Lösungen erfüllt die Bedingung $f(5) = 6$? Zeichnen Sie den Graphen.
b) Wie lauten die Lösungen der Differenzialgleichung $f'(t) = -0,1 \cdot f(t)$? Für welche dieser Lösungen gilt $f(0) = 4$? Zeichnen Sie den Graphen.
Lösung:
a) Die Funktionen f der Form $f(t) = c \cdot e^{0,2 \cdot t}$ und $c \in \mathbb{R}$ sind alle Lösungen der Differenzialgleichung. Aus $f(5) = 6$ folgt $6 = c \cdot e^{0,2 \cdot 5}$; also ist f_1 mit $f_1(t) = \frac{6}{e} \cdot e^{0,2 \cdot t}$ die gesuchte Lösung (Fig. 2).
b) Die Funktionen f der Form $f(t) = c \cdot e^{-0,1 \cdot t}$ und $c \in \mathbb{R}$ sind alle Lösungen. Aus $f(0) = 4$ erhält man die Lösung f_2 mit $f_2(t) = 4 \cdot e^{-0,1 \cdot t}$ (Fig. 2).

Die Differenzialgleichung des exponentiellen Wachstums

Statt von momentaner Änderungsrate spricht man bei Anwendungen auch von momentaner Wachstumsgeschwindigkeit.

Beispiel 2: (Abkühlung heißer Getränke)
Heißer Kaffee in einer Tasse kühlt sich allmählich auf Raumtemperatur ab. Gibt dabei die Funktion u zu jedem Zeitpunkt t den Unterschied zwischen Kaffee- und Raumtemperatur an, so ist nach dem newtonschen Abkühlungsgesetz die Abkühlungsgeschwindigkeit u′(t) proportional zum momentanen Temperaturunterschied.
a) Geben Sie die Form der Differenzialgleichung und die Funktion u an, die diesen Abkühlungsvorgang allgemein beschreibt.
b) Bei einer konstanten Raumtemperatur von 20 °C wurde beim Einschenken eine Kaffeetemperatur von 70 °C gemessen. 10 Minuten später betrug die Temperatur noch 58 °C. Bestimmen Sie hiermit die fehlenden Parameter in der Gleichung der Funktion u und skizzieren Sie den Graphen von u.

Lösung:

Der konkrete Wert für k wird aus den Funktionswerten bestimmt.

a) Da $u'(t) \sim u(t)$ ist, lautet die Form der Differenzialgleichung $u'(t) = k \cdot u(t)$. Da der Kaffee sich abkühlt, ist k eine Zerfallskonstante und damit $k < 0$.
Die Funktion u hat die Form $u(t) = c \cdot e^{kt}$.

*Sie wollen frischen, allerdings zu heißen Kaffee möglichst bald mit Milch trinken.
Welche der Strategien ist besser:
1. Zuerst die Milch zugießen und dann warten oder
2. Zuerst den Kaffee abkühlen lassen und dann die Milch zugeben?*

b) Aus den Messwerten erhält man unter Berücksichtigung der Raumtemperatur für die Funktion u die Wertepaare (0|50) und (10|38). Da $u(0) = 50$ ist, gilt $u(t) = 50 \cdot e^{kt}$.
Aus $u(10) = 38 = 50 \cdot e^{k \cdot 10}$ folgt
$k = \frac{1}{10} \ln\left(\frac{38}{50}\right) = -0{,}027$. Die Funktion u lautet damit $u(t) = 50 \cdot e^{-0{,}027 t}$ (t in min).
Den Graphen der Funktion u zeigt Fig. 1.

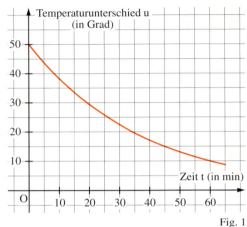
Fig. 1

Aufgaben

*Differenzialgleichung des linearen Wachstums:
$f'(t) = k$.
Lösung:
f mit $f(t) = kt + c$*

2 Eine Funktion f ist Lösung der Differenzialgleichung $f'(t) = 0{,}01 \cdot f(t)$. Es ist $f(0) = 5000$.
a) Geben Sie den Funktionsterm von f an und berechnen Sie $f(50)$.
b) Für welches t nimmt die Funktion den Wert 10 000 an?

3 Eine Funktion f erfüllt die Differenzialgleichung $f'(t) = -0{,}12 \cdot f(t)$. Es ist $f(4) = 2000$.
Bestimmen Sie $f(0)$ und $f(60)$.

4 Gegeben sind die Graphen einer Funktion f und ihrer Ableitung f′. Entscheiden Sie, ob die Differenzialgleichung $f'(t) = k \cdot f(t)$ erfüllt ist. Bestimmen Sie gegebenenfalls k näherungsweise.
a) b)

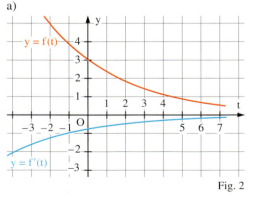
Fig. 2

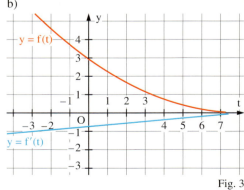
Fig. 3

288

Die Differenzialgleichung des exponentiellen Wachstums

5 In der folgenden Tabelle sind von einer Funktion f sowohl f(t) als auch f'(t) an einigen Stellen vorgegeben. Überprüfen Sie, ob die Differenzialgleichung f'(t) = k · f(t) näherungsweise erfüllt ist, und geben Sie gegebenenfalls k an.

a)
t	0	1	2	3	4
f(t)	20	19,506	19,025	18,555	18,097
f'(t)	–0,5	–0,488	–0,476	–0,464	–0,452

b)
t	0	1	2	3	4
f(t)	30	34,821	42,51	59,302	63,56
f'(t)	1,2	1,41	1,984	2,016	4,449

Aktuelles Projekt der ESO

Das Very Large Telescope (VLT) besteht aus einer Anordnung von vier Teleskopen mit Hauptspiegeln von je 8,2 m Durchmesser. Mit dem VLT sind Objekte in Entfernungen von über 10 Mrd. Lichtjahren beobachtbar. Man erwartet u. a. Erkenntnisse zur Entstehung des Universums und über die wahre Natur der dunklen Materie.

6 Für die europäische Südsternwarte (ESO) in La Silla (Chile) wurden in den letzten Jahrzehnten verschiedene Teleskopspiegel gegossen. Bei einem dieser Herstellungsprozesse dauerte es nach dem Verfestigen des Materials bei 800 °C weitere 30 Tage, bis sich der Spiegel auf 100 °C abgekühlt hatte.
a) Bestimmen Sie die Funktion u, die den Temperaturunterschied zwischen der Spiegel- und der konstanten Umgebungstemperatur von 20 °C beschreibt.
b) Nach welcher Zeit ist die Spiegeltemperatur erstmals unter 21 °C gesunken?

7 Beim radioaktiven Zerfall ist zu jedem Zeitpunkt t die Zerfallsgeschwindigkeit m'(t) proportional zur vorhandenen Masse m(t) des Elements. Wie lautet die zugehörige Differenzialgleichung, wenn die Halbwertszeit des Elements 28 Jahre beträgt?

8 Eine Nährlösung enthielt zu Beginn der Beobachtung 3000 Bakterien, nach 20 Stunden 50 000. Untersuchungen ergaben, dass in diesem Zeitraum die Geschwindigkeit, mit der sich die Bakterien vermehren, proportional zur momentanen Bakterienzahl ist.
a) Stellen Sie die Differenzialgleichung auf, die dieses Wachstum beschreibt, und bestimmen Sie die zugehörige Wachstumsfunktion.
b) Wann enthielt die Nährlösung 18 000 Bakterien? Berechnen Sie die Verdoppelungszeit.

9 Der Bestand einer Population von Feldmäusen entwickelt sich ungefähr nach der Differenzialgleichung f'(t) = 0,07 · f(t), wobei f(t) die Zahl der Mäuse zum Zeitpunkt t (in Monaten) angibt.
a) Wie lange dauert es, bis sich eine Population von 170 Feldmäusen auf 3000 vermehrt?
b) Wenn die Mäusepopulation auf ca. 3000 Mäuse pro Hektar angewachsen ist, kommt es zu einem Zusammenbruch der Population, der durch den Gedrängeschock vermittels Blutzuckersenkung verursacht wird und der die Population auf ca. $\frac{1}{30}$ ihrer Größe dezimiert. Berechnen Sie die Zeitdauer zwischen je zwei solcher Zusammenbrüche der Population.

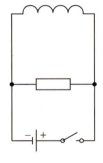

10 Liegen ein ohmscher Widerstand und eine Spule parallel an einer Gleichspannungsquelle, so sinkt der Strom beim Abschalten der Spannungsquelle nicht schlagartig, weil bei abnehmender Stromstärke in der Spule nach dem Induktionsgesetz eine Gegenspannung U(t) = –L · I'(t) induziert wird.
Für diese Gegenspannung gilt nach dem ohmschen Gesetz ebenfalls U(t) = R · I(t).
a) Welche Differenzialgleichung gilt damit für die Stromstärke I? Geben Sie die Funktion I an, wenn zur Zeit t = 0 der Strom I_0 fließt.
b) Zeichnen Sie den Graphen der Stromstärke nach dem Ausschalten für L = 4 Henry, R = 1 Ohm und I_0 = 3 Ampere.

289

5 Die Differenzialgleichung des beschränkten Wachstums

1 In einem landwirtschaftlich genutzten Gebiet mit einer Gesamtfläche von 700 ha beginnen einige Bauern auf einer Fläche von 80 ha damit, ihre Felder ökologisch zu bewirtschaften. Sie erwarten, dass sich in jedem der folgenden Jahre die Besitzer von 10 % der jeweils restlichen Anbaufläche ihrer Anbaumethode anschließen werden.
a) Bestimmen Sie für die nächsten 5 Jahre die jeweils ökologisch genutzte Ackerfläche.
b) Skizzieren Sie ein Schaubild, wie sich unter der genannten Erwartung die ökologisch genutzte Ackerfläche in Abhängigkeit von der Zeit verändert.

In der Natur gibt es Wachstumsvorgänge, die sich nicht exponentiell entwickeln können, weil dem Anwachsen oder Abnehmen des Bestandes eine natürliche Schranke gesetzt ist.

Man spricht von beschränktem Wachstum.

So können sich z. B. Seerosen nur so lange auf einem See ausbreiten, bis er vollständig damit bedeckt ist. In vielen Fällen ist dabei die Zu- bzw. Abnahme pro Zeiteinheit umso geringer, je mehr sich der momentane Bestand $f(t)$ der Sättigungsgrenze S nähert, je kleiner also die Differenz $|S - f(t)|$ ist.

Oft erscheint zur Modellierung die Annahme gerechtfertigt, dass die momentane Wachstumsgeschwindigkeit $f'(t)$ proportional ist zur Differenz $S - f(t)$.

Es gilt dann $f'(t) = k \cdot (S - f(t))$ mit einer Konstanten $k > 0$. Aus dieser **Differenzialgleichung des beschränkten Wachstums** erhält man
$\frac{-f'(t)}{S - f(t)} = -k$ für $S - f(t) \neq 0$.

Zur Erinnerung: Zu g mit $g(x) = \frac{v'(x)}{v(x)}$ ist G mit $G(x) = \ln(|v(x)|)$ eine Stammfunktion.

Der Übergang zu Stammfunktionen liefert
$\ln(|S - f(t)|) = -k \cdot t + c_1$, somit $|S - f(t)| = e^{-kt + c_1} = e^{c_1} \cdot e^{-kt} = c_2 \cdot e^{-kt}$ mit $c_2 = e^{c_1} > 0$.
Das Auflösen des Betrages ergibt zwei Fälle.

1. Fall: $S - f(t) = c_2 \cdot e^{-kt}$.
Hieraus folgt: $f(t) = S - c_2 \cdot e^{-kt}$.

2. Fall: $S - f(t) = -c_2 \cdot e^{-kt}$.
Hieraus folgt: $f(t) = S + c_2 \cdot e^{-kt}$.

Mit $c = c_2 > 0$ (Fig. 1) bzw. $c = -c_2 < 0$ (Fig. 2) erhält man die Funktion f mit $f(t) = S - c \cdot e^{-kt}$ als Lösung der Differenzialgleichung.

*Lösung der Differenzialgleichung durch Substitution:
Setzt man
$g(t) = S - f(t)$ mit
$g'(t) = -f'(t)$, so erhält man aus der Differenzialgleichung des beschränkten Wachstums
$f'(t) = k \cdot (S - f(t))$
die Differenzialgleichung des exponentiellen Wachstums
$g'(t) = -k \cdot g(t)$
mit der Lösung
$g(t) = c \cdot e^{-kt}$, $c \in \mathbb{R}$ bzw.
$f(t) = S - g(t) = S - c \cdot e^{-kt}$.*

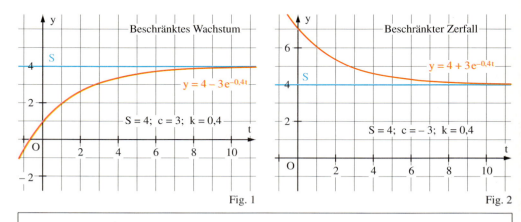

Fig. 1 — Beschränktes Wachstum; $y = 4 - 3e^{-0,4t}$; $S = 4$; $c = 3$; $k = 0,4$

Fig. 2 — Beschränkter Zerfall; $y = 4 + 3e^{-0,4t}$; $S = 4$; $c = -3$; $k = 0,4$

Die momentane Wachstumsgeschwindigkeit ist proportional zum Sättigungsmanko $S - f(t)$.

Jede Differenzialgleichung der Form $f'(t) = k \cdot (S - f(t))$ mit $k > 0$, $S \in \mathbb{R}$ beschreibt **beschränktes Wachstum** oder **beschränkten Zerfall**. Die Funktionen f mit $f(t) = S - c \cdot e^{-kt}$ und $c \in \mathbb{R} \setminus \{0\}$ sind alle Lösungen dieser Differenzialgleichung. Dabei wird durch $c > 0$ ein beschränktes Wachstum und durch $c < 0$ ein beschränkter Zerfall beschrieben.

Die Differenzialgleichung des beschränkten Wachstums

Exponentieller Zerfall ist beschränkter Zerfall mit der Schranke 0.

Beispiel 1: (Beschränktes Wachstum)
Eine Flüssigkeit hat im Kühlschrank eine Temperatur von 5 °C. Nimmt man sie heraus und gießt sie in ein Glas, so erwärmt sie sich allmählich auf die umgebende Raumtemperatur von 20 °C. Dabei hängt der Verlauf der Erwärmung u. a. von der Menge und Art der Flüssigkeit sowie der Form des Glases ab. Nach dem newtonschen Abkühlungs- bzw. Erwärmungsgesetz ist dabei die Erwärmungsgeschwindigkeit proportional zur Differenz von Raum- und Flüssigkeitstemperatur.
a) Welche Form hat die Differenzialgleichung, die diesen Erwärmungsvorgang beschreibt?
b) Geben Sie die Lösung dieser Differenzialgleichung an und skizzieren Sie die Graphen von zwei möglichen Verläufen für die Erwärmung.

Lösung:
a) Beschreibt die Funktion f zu jedem Zeitpunkt t die Temperatur der Flüssigkeit, so hat die gesuchte Differenzialgleichung die Form
$f'(t) = k \cdot (20 - f(t))$.

c kann z. B. aus der Anfangstemperatur bestimmt werden.
Um k zu bestimmen muss noch mindestens eine Messung durchgeführt werden.

b) Die Lösungen dieser Differenzialgleichung sind die Funktionen f mit $f(t) = 20 - c \cdot e^{-kt}$.
Wegen $f(0) = 20 - c \cdot e^{-k \cdot 0}$ gilt $c = 20 - f(0)$.
Aus $f(0) = 5$ folgt also $c = 20 - 5 = 15$.
Insgesamt ergibt sich f mit $f(t) = 20 - 15 \cdot e^{-kt}$.
Die Graphen für $k = 0{,}05$ bzw. $k = 0{,}15$ zeigt Fig. 1.

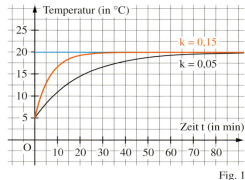

Fig. 1

Beispiel 2: (Beschränkter Zerfall; Aufstellen einer Differenzialgleichung)
Ein Land, das 1990 noch 50 Millionen Einwohner hatte, würde infolge geringer Geburtenzahl einen Bevölkerungsschwund von jährlich 0,6 % verzeichnen, wenn es nicht jährlich 96 000 Einwanderer aufnehmen würde.
a) Stellen Sie eine Differenzialgleichung auf, mit der sich die Entwicklung der Einwohnerzahl näherungsweise beschreiben lässt.
b) Wie viele Einwohner erwartet man im Jahr 2010? Wie wird sich die Einwohnerzahl in diesem Modell langfristig entwickeln?

Lösung:
a) f(t) ist die Einwohnerzahl zum Zeitpunkt t (in Jahren ab 1990). Für die momentane Änderungsrate f′(t) zum Zeitpunkt t gilt
$f'(t) \approx 96\,000 - 0{,}006 \cdot f(t)$ (siehe Kasten).
Zur mathematischen Modellierung dieses Sachverhaltes setzt man
$f'(t) = 96\,000 - 0{,}006 \cdot f(t)$.

> Für einen kurzen Zeitraum h gilt näherungsweise:
> $f(t + h) - f(t) \approx 96\,000 \cdot h - 0{,}006 \cdot f(t) \cdot h$
> also
> $\frac{f(t + h) - f(t)}{h} \approx 96\,000 - 0{,}006 \cdot f(t)$.
> Bei einer differenzierbaren Funktion ergibt sich für h → 0:
> $f'(t) \approx 96\,000 - 0{,}006 \cdot f(t)$.

Können Sie b) auch ohne Bestimmung des Grenzwertes lösen?

b) Die Funktion $t \mapsto f(t)$ erfüllt die Differenzialgleichung des beschränkten Wachstums, d. h., es ist $f(t) = 16\,000\,000 - \bar{c} \cdot e^{-0{,}006 \cdot t}$ oder mit f(t) in Millionen: $f(t) = 16 - c \cdot e^{-0{,}006 \cdot t}$.
Mit der Einwohnerzahl von 1990 ergibt sich $f(0) = 50 = 16 - c$, also $c = -34$ und hiermit $f(t) = 16 + 34 \cdot e^{-0{,}006 \cdot t}$ (f(t) in Mio., t in Jahren ab 1990). Für die erwartete Einwohnerzahl im Jahr 2010 gilt: $f(20) = 16 + 34 \cdot e^{-0{,}006 \cdot 20} \approx 46{,}2$ (in Mio.). Langfristig erwartet man in diesem Modell etwa 16 Millionen Einwohner, denn es ist $\lim_{t \to \infty} (16 + 34 \cdot e^{-0{,}006 \cdot t}) = 16$.

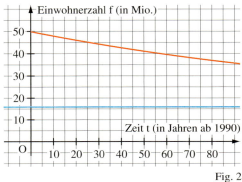

Fig. 2

291

Die Differenzialgleichung des beschränkten Wachstums

Aufgaben

2 Bei einem Wachstumsprozess kann der momentane Bestand durch die Funktion f mit
f(t) = 8 − 3 · $e^{-0,02t}$ (t in min) beschrieben werden.
a) Berechnen Sie den Anfangsbestand (t = 0) und den Bestand nach 2 Stunden.
b) Durch welche Schranke S ist das Wachstum begrenzt? Wie lange dauert es, bis der Bestand 90 % von S erreicht hat?
c) Welche Differenzialgleichung erfüllt dieser Wachstumsprozess?
d) Nach welcher Zeit beträgt der Zuwachs pro Minute weniger als 1 %?

Ist f(0) = 0, so ist f(t) = S · (1 − e^{-kt}).

3 In einer Stadt gibt es 40 000 Haushalte, von denen nach Meinungsumfragen etwa jeder fünfte für den Kauf eines neu auf den Markt gebrachten Haushaltsartikels in Frage kommt. Es ist damit zu rechnen, dass der Absatz des Artikels im Laufe der Zeit zunehmend schwieriger wird, da der Kreis der möglichen Käufer und deren Kauflust abnimmt. In den ersten drei Monaten werden 1700 Stück des Artikels verkauft. Kann der Hersteller davon ausgehen, dass innerhalb des ersten Jahres mindestens 5500 Stück verkauft werden?

4 Beim Lösen von Kochsalz (NaCl) in destilliertem Wasser beschreibt die Funktion m (in g) die zur Zeit t bereits gelöste Menge an Kochsalz. Die gelöste Salzmenge kann einen bestimmten Wert m_0, die Sättigungsgrenze, nicht überschreiten. Beobachtungen haben gezeigt, dass die Geschwindigkeit, mit der sich m(t) ändert, näherungsweise proportional zur Menge des noch lösbaren Salzes ist.
a) Stellen Sie die zugehörige Differenzialgleichung auf, wenn die Sättigungsgrenze bei 100 g destilliertem Wasser 36 g Kochsalz beträgt.
b) Bestimmen Sie den Funktionsterm m(t), wenn für t = 0 noch kein Kochsalz in 100 g destilliertem Wasser gelöst war, nach 30 Minuten aber 28 g.

Die Fallgeschwindigkeit darf dabei nicht zu groß werden.

a ist die Beschleunigung. Es gilt a(t) = v′(t).

5 Auf einen Fallschirmspringer der Gesamtmasse m (in kg), der sofort nach dem Absprung seinen Fallschirm öffnet, wirken Kräfte: einerseits die Gewichtskraft G = m · g mit g = 9,81 (in $\frac{m}{s^2}$) nach unten, andererseits der Luftwiderstand F_L = c · v(t), der der Bewegung entgegengesetzt gerichtet und annähernd proportional zur momentanen Fallgeschwindigkeit v (in $\frac{m}{s}$) ist. Mithilfe der Grundgleichung der Mechanik ergibt sich: m · a(t) = m · g − c · v(t).
a) Zeigen Sie, dass die momentane Geschwindigkeit v die Differenzialgleichung des beschränkten Wachstums erfüllt, und geben Sie eine Lösung für v an, wenn v(0) = 0 ist.
b) Geben Sie die maximale Geschwindigkeit v_{max} an. Es sei v_{max} = 5 (in $\frac{m}{s}$) und m = 95 (in kg). Bestimmen Sie hiermit die Konstante c und zeichnen Sie den Graphen der Funktion v. Wann hat der Fallschirmspringer die halbe Endgeschwindigkeit erreicht?

6 Einem Patienten wird über eine Tropfinfusion ein Medikament verabreicht, das zuvor im Körper nicht vorhanden war. Pro Minute gelangt dabei eine Menge von 4 mg ins Blut. Andererseits beginnt die Niere das im Blut angereicherte Medikament wieder auszuscheiden; die momentane Ausscheidungsrate beträgt dabei 5 % pro Minute der jeweils im Blut aktuell vorhandenen Menge des Medikamentes m(t).
a) Welche Differenzialgleichung modelliert die zeitliche Entwicklung der Menge m(t)?
b) Geben Sie die Funktion an, die diese Differenzialgleichung löst. Zeigen Sie, dass diese Tropfinfusion auf lange Sicht zu einer konstanten Menge des Medikamentes im Blut führt. Geben Sie diesen maximalen Wert an. Wann ist dieser zu 90 % erreicht?

7 a) Nennen Sie weitere Sachsituationen, die durch beschränktes Wachstum charakterisiert sind.
b) Welche typischen Fragestellungen sind hierbei von Interesse?

Die Differenzialgleichung des beschränkten Wachstums

8 Heißer Kaffee von 70 °C kühlt sich bei einer Zimmertemperatur von 20 °C innerhalb von 10 Minuten auf 48 °C ab. Danach bleibt er weitere 20 Minuten stehen. Anschließend wird er zur Herstellung von Eiskaffee in die Tiefkühltruhe mit −18 °C gestellt. Wie lange dauert es insgesamt, bis sich der Kaffee von 70 °C auf 5 °C abgekühlt hat? Wann erreicht er die Temperatur 0 °C? Formulieren Sie ähnliche Abkühlungsvorgänge; bearbeiten Sie diese.

Die Parameter c, k und S müssen bestimmt werden. Die Parameter c und k werden durch Messwerte festgelegt.
Ist f(0) = 0, so ist S = c, ansonsten muss sich S aus der Problemstellung ergeben, oder es sind weitere Annahmen nötig.

Funktionsanpassung durch Funktionen f der Form $f(t) = S - c \cdot e^{-kt}$:
Liegen die gegebenen Messpunkte in einem $(t \mid \ln(S - y))$-Koordinatensystem näherungsweise auf einer Geraden mit der Steigung m und dem y-Achsenabschnitt b, so ist die Funktion f mit $f(t) = S - c \cdot e^{-kt}$ mit $k = -m$ und $c = e^b$ eine geeignete Näherungsfunktion.

9 Folgende Gewichtstabelle findet man in Büchern zur Entwicklung des Kleinkindes.

Alter (in Monaten)	2	3	4	5	6	8	10	12	18	24
Gewicht (in kg)	5,0	5,8	6,6	7,3	7,8	8,8	9,6	10,2	11,5	12,7

a) Übertragen Sie die Werte in ein Koordinatensystem. Wählen Sie den Graphen der Funktion f mit $f(t) = 14 - c \cdot e^{-kt}$ als Näherungskurve.
b) Bestimmen Sie die Gleichung der Ausgleichsgeraden. Geben Sie k und c an.
Zeichnen Sie den Graphen von f.
Wann sind 90 % der Sättigungsgrenze S erreicht?
c) Welchen Schluss lässt das Ergebnis von f(t) für $t \to \infty$ zu?

Zeit t (in min)	Anzahl der genannten Tiere
2	20
4	30
6	37,5
8	43,3
10	46,1
12	48,5
14	49,5
16	50,2

Fig. 1

Führen Sie diesen Test doch einmal selbst durch!

10 Im Jahre 1950 führte BOUSFIELD einen Test zur Assoziationsfähigkeit durch. Studenten sollten zum Begriff „Säugetier" einzelne Tierarten nennen. Nach jeweils 2 Minuten wurde die Anzahl aller bis dahin genannten Tierarten notiert (Fig. 1).
a) Nehmen Sie eine geeignete Funktionsanpassung anhand der Tabelle vor.
b) Nach welcher Zeit sind 20 %, 50 % bzw. 90 % der Sättigungsgrenze erreicht?

11 Die Tabelle zeigt die bei olympischen Spielen erzielten Siegerzeiten im Freistilschwimmen über eine Distanz von 1500 m (Männer).

Jahr	1908	1924	1936	1956	1964	1968	1972	1984	1992
Zeit (in min : s)	22:48,4	20:06,6	19:13,7	17:58,9	17:01,7	16:38,9	15:52,58	15:05,20	14:43,48

Beachten Sie:
$y - S > 0$

a) Übertragen Sie die Werte in ein Koordinatensystem. Legen Sie eine Sättigungsgrenze S fest und bestimmen Sie, beschränkten Zerfall vorausgesetzt, eine Näherungsfunktion.
b) Welche Siegerzeit erwarten Sie demnach bei den olympischen Spielen 2004?
c) Benutzen Sie als Näherungsfunktion eine Gerade, um die Messwerte anzunähern. Geben Sie die Geradengleichung an. Wie bewerten Sie diese lineare Annäherung?

Warum ist die Unternehmensleitung trotz steigender Umsätze nicht zufrieden?

12 Die Grafik zeigt den Jahresumsatz in Millionen eines mittelständischen Unternehmens.
a) Führen Sie eine geeignete Funktionsanpassung durch.
b) Welchen Umsatz erwarten Sie im Jahr 2000?
c) Durch Innovationen wird ab 2000 ein jährliches Wachstum im Umsatz von 5 % erwartet. Stellen Sie die Umsatzentwicklung bis ins Jahr 2005 dar.
d) Entwickeln Sie zusätzliche Fragestellungen und beantworten Sie diese.

6 Die Differenzialgleichung des logistischen Wachstums

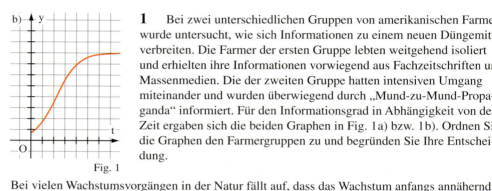

Fig. 1

1 Bei zwei unterschiedlichen Gruppen von amerikanischen Farmern wurde untersucht, wie sich Informationen zu einem neuen Düngemittel verbreiten. Die Farmer der ersten Gruppe lebten weitgehend isoliert und erhielten ihre Informationen vorwiegend aus Fachzeitschriften und Massenmedien. Die der zweiten Gruppe hatten intensiven Umgang miteinander und wurden überwiegend durch „Mund-zu-Mund-Propaganda" informiert. Für den Informationsgrad in Abhängigkeit von der Zeit ergaben sich die beiden Graphen in Fig. 1a) bzw. 1b). Ordnen Sie die Graphen den Farmergruppen zu und begründen Sie Ihre Entscheidung.

Bei vielen Wachstumsvorgängen in der Natur fällt auf, dass das Wachstum anfangs annähernd exponentiell verläuft. Mit zunehmender Zeitdauer verlangsamt es sich allerdings und kommt schließlich zum Erliegen.

Beschreibt man diesen Verlauf mithilfe der momentanen Wachstumsgeschwindigkeit $f'(t)$, so ist anfangs, wenn das Wachstum annähernd exponentiell verläuft, $f'(t)$ in etwa proportional zum momentanen Bestand $f(t)$. Gegen Ende des Beobachtungszeitraumes nähert sich das Wachstum dem beschränkten Wachstum, damit ist $f'(t)$ näherungsweise proportional zur Differenz $S - f(t)$, wobei S die Sättigungsgrenze ist.

Insgesamt kann bei der beschriebenen Situation angenommen werden, dass $f'(t)$ zum Produkt aus $f(t)$ und $S - f(t)$ proportional ist. Wachstum, das in dieser Form beschrieben werden kann, heißt **logistisches Wachstum**. Die zugehörige **Differenzialgleichung** ist $f'(t) = k \cdot f(t) \cdot (S - f(t))$ mit einer Konstanten $k > 0$.

Logistisches Wachstum ist eine weitere Form des begrenzten Wachstums.

Um die Funktionen f zu bestimmen, die diese Differenzialgleichung erfüllen, schreibt man:
$\frac{f'(t)}{f(t) \cdot (S - f(t))} = k$.

Aus
$\frac{1}{f(t) \cdot (S - f(t))} = \frac{A}{f(t)} + \frac{B}{S - f(t)}$
ergibt sich
$A \cdot S = 1$ *und* $B - A = 0$,
also
$A = B = \frac{1}{S}$.

Dies ist äquivalent zu (siehe Rand):
$\frac{f'(t)}{S \cdot f(t)} + \frac{f'(t)}{S \cdot (S - f(t))} = k$ bzw. $\frac{f'(t)}{S \cdot f(t)} - \frac{-f'(t)}{S \cdot (S - f(t))} = k$.

Da $f(t) > 0$ und $S - f(t) > 0$ sind, liefert der Übergang zu Stammfunktionen:
$\frac{1}{S} \cdot \ln(f(t)) - \frac{1}{S} \cdot \ln(S - f(t)) = kt + c_1$ bzw.
$\ln\left(\frac{S - f(t)}{f(t)}\right) = -Skt - Sc_1$.

Also $\frac{S - f(t)}{f(t)} = e^{-Skt - Sc_1}$ oder $\frac{S - f(t)}{f(t)} = c_2 e^{-Skt}$ mit $c_2 = e^{-Sc_1} > 0$.

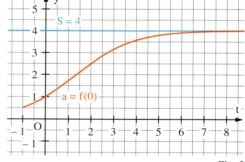

Fig. 2

Man erhält damit als Lösung die Funktionen f mit $f(t) = \frac{S}{1 + c_2 \cdot e^{-Skt}}$.

Setzt man $f(0) = \frac{S}{1 + c_2} = a$ bzw. $c_2 = \frac{S - a}{a}$, so ist $f(t) = \frac{S}{1 + \frac{S-a}{a} \cdot e^{-Skt}} = \frac{a \cdot S}{a + (S - a) \cdot e^{-Skt}}$.

Aus $S > 0$ und $c_2 > 0$ folgt mit $a = \frac{S}{1 + c_2}$ die Beziehung $0 < a < S$.

Der Name „logistisches Wachstum" stammt von dem Belgier VERHULST (1804–1849). Gründe für diese Namensgebung sind nicht bekannt.

> Jede Differenzialgleichung der Form $f'(t) = k \cdot f(t) \cdot (S - f(t))$ mit $k > 0$ und $S > 0$ beschreibt **logistisches Wachstum**. Die Funktionen f mit $f(t) = \frac{a \cdot S}{a + (S - a) \cdot e^{-Skt}}$ sind alle Lösungen dieser Differenzialgleichung. Dabei ist $a = f(0)$ der Anfangsbestand mit $0 < a < S$.

Die Differenzialgleichung des logistischen Wachstums

Die Sättigungsgrenze S wird geschätzt.

Der fehlende Parameter wird durch einen Messpunkt festgelegt.

Beispiel: (Hopfen und Malz...)
Hopfen, der zur Herstellung von Bier benötigt wird, ist eine schnell wachsende Schlingpflanze. Um Aussagen über das Höhenwachstum zu machen, wurde bei einer Untersuchung die folgende Messreihe aufgenommen.

Zeit t (in Wochen)	0	2	4	6	8	10	12	16
Höhe f (in m)	0,6	1,2	2,0	3,3	4,1	5,0	5,5	5,8

a) Tragen Sie die Messwerte in ein geeignetes Koordinatensystem ein. Welche Form des Wachsens erscheint für die Höhe f der Hopfenpflanze sinnvoll?
b) Legen Sie anhand der Tabelle den Anfangswert a und die Sättigungsgrenze S des Wachstums fest. Wie lautet die zugehörige Differenzialgleichung, wenn man logistisches Wachsen voraussetzt?
c) Bestimmen Sie den fehlenden Parameter mithilfe eines Messpunktes und geben Sie hiermit eine mögliche Funktion f an. Zeichnen Sie den Graphen von f in das vorhandene Koordinatensystem ein. Bestimmen Sie die Höhe des Hopfens nach 18 Wochen.
d) Wächst der Hopfen nach 8 Wochen schneller als nach 4 Wochen?

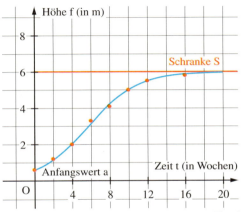

Fig. 1

Lösung:
a) Die Messwerte sind in Fig. 1 eingetragen. Einerseits wächst der Hopfen in den ersten Wochen stark, andererseits vermindert sich das Wachstum nach etwa 8 Wochen und kommt schließlich beinahe zum Erliegen. Der Ansatz eines logistischen Wachstums erscheint deshalb sinnvoll.
b) Anfangswert: $a = f(0) = 0,6$ (in m).
Als Sättigungsgrenze erscheint $S = 6$ (in m) sinnvoll.
Differenzialgleichung: $f'(t) = k \cdot f(t) \cdot (6 - f(t))$.
c) Es ist f mit
$$f(t) = \frac{0,6 \cdot 6}{0,6 + (6 - 0,6) \cdot e^{-6kt}} = \frac{3,6}{0,6 + 5,4 \cdot e^{-6kt}}$$
eine Lösung der Differenzialgleichung.

Mit dem Messpunkt $f(12) = 5,5$ ergibt sich $5,5 = \frac{3,6}{0,6 + 5,4 \cdot e^{-72k}}$, also $k \approx 0,0638$.

Man erhält die Funktion f mit $f(t) = \frac{3,6}{0,6 + 5,4 \cdot e^{-0,3828 \cdot t}}$. Den Graphen von f zeigt die Fig. 1, in guter Übereinstimmung mit den Messwerten.

Es ist $f(18) \approx 5,9$; der Hopfen ist also nach 18 Wochen etwa 5,9 m hoch.

d) Mit $f'(t) = \frac{7,44 \cdot e^{-0,3828t}}{(0,6 + 5,4 \cdot e^{-0,3828t})^2}$ ergibt sich $f'(4) \approx 0,51$ und $f'(8) \approx 0,48$ (jeweils in $\frac{m}{Woche}$).

Nach 4 Wochen wächst der Hopfen etwas schneller als nach 8 Wochen.

Aufgaben

2 Gegeben ist die Funktion f mit $f(t) = \frac{20}{2 + 8 \cdot e^{-0,4 \cdot t}}$. Geben Sie den Anfangsbestand a und die Schranke S des Wachstums an. Skizzieren Sie den Graphen von f. Wann übersteigen die Funktionswerte den Wert $\frac{1}{2}S$?

3 Geben Sie eine Funktion f an, welche die folgenden Bedingungen erfüllt. An welcher Stelle ist der Graph der Funktion am steilsten?
a) $f'(t) = 0,5 \cdot f(t) \cdot (6 - f(t));\ f(0) = 2$
b) $f'(t) = 2,1 \cdot f(t) - 0,3 \cdot (f(t))^2;\ f(1) = 3$

295

Die Differenzialgleichung des logistischen Wachstums

Weitere Form einer logistischen Funktion:
f mit $f(t) = \frac{A}{1 + B \cdot e^{-kt}}$

4 Bestimmen Sie die Konstanten k und S so, dass die Funktion f mit $f(t) = \frac{6}{1 + 5e^{-t}}$ die Differenzialgleichung $f'(t) = k \cdot f(t) \cdot (S - f(t))$ erfüllt.

5 Gegeben ist die Differenzialgleichung des logistischen Wachstums $f'(t) = k \cdot f(t) \cdot (S - f(t))$. Jede Lösung f dieser Differenzialgleichung heißt logistische Funktion. Zeigen Sie, dass f mit $f(t) = \frac{b \cdot S}{b + e^{-Skt}}$ eine logistische Funktion ist. Wie hängen b und $f(0)$ zusammen?

6 Gegeben ist für $a > 0$ die Funktionenschar f_a mit $f_a(t) = \frac{4a}{a + (4-a) \cdot e^{-0,8t}}$. Ihr Graph ist K_a.
a) Untersuchen und zeichnen Sie K_1.
b) Untersuchen Sie K_a auf Wendepunkte. Für welche a hat K_a keinen Wendepunkt? Geben Sie sonst die Lage des Wendepunktes in Abhängigkeit von a an.

7 Im tropischen Regenwald lebt isoliert ein 5000 Menschen zählender Indianerstamm. Einer seiner Bewohner wird unabsichtlich mit einer ungefährlichen, aber sehr ansteckenden Grippe infiziert. Durch gegenseitige Ansteckung in den darauf folgenden Wochen zählt man nach 4 Wochen bereits 300 Kranke.
a) Um die Ausbreitung dieser Grippe zu modellieren, geht man von logistischem Wachstum der Anzahl K der Erkrankten aus. Was spricht für diese Annahme?

„Vitalitätsknick":
Stelle, an der $\frac{S}{2}$ erreicht wird.

b) Bestimmen Sie den Funktionsterm $K(t)$. Nach welcher Zeit ist die Hälfte der Stammesbewohner krank? Welche Bedeutung hat dieser Zeitpunkt für die weitere Ausbreitung der Krankheit?
c) Wie groß ist in den ersten 2 Monaten die mittlere Zunahme an Erkrankten pro Woche?

Jahr	Schienennetz (in km)
1840	ca. 500
1870	ca. 16 600
1913	ca. 63 700
1939	64 518

Fig. 1

8 Die Fig. 1 zeigt die Entwicklung der Länge des Schienennetzes in Deutschland. Setzt man logistisches Wachstum voraus, so beschreibt die Funktion f mit $f(t) = \frac{35\,035\,000}{539 + 64\,641 \cdot e^{-0,1196 \cdot t}}$ näherungsweise die Länge des Schienennetzes (in km) ab dem Jahr 1840.
a) Geben Sie $f(0)$ und die Sättigungsgrenze S an. Wie lang war das Schienennetz im Jahr 1900? Wann war es etwa 30 000 km lang?
b) Welchen Wert erwarten Sie im Jahr 1990? Vergleichen Sie mit dem tatsächlichen Wert 40 989 km. Welche Schlüsse ziehen Sie hieraus?

9 In einer Stadt von 750 000 Einwohnern wird die Verbreitung von Mobiltelefonen untersucht. Umfragen ergeben, dass als Käufer etwa 60 % der Bevölkerung in Frage kommen. Vor zwei Jahren besaßen 5000 Personen ein Mobiltelefon. In diesem Jahr sind es bereits 32 000. Die Funktion f zähle die Besitzer eines Mobiltelefons.
Bestimmen Sie die Funktion f sowohl mithilfe des beschränkten als auch des logistischen Wachstums. Welche Gründe sprechen für die jeweilige Modellierung?

Formulieren Sie anhand der Vorgaben weitere Fragen. Beantworten Sie diese für beide Modellierungen.

Jahr	Anzahl der Industrieroboter
1990	28 240
1991	34 140
1992	39 390
1993	43 715
1994	48 840
1995	56 175
1996	66 600
1997	75 625
1998	85 565
1999	96 100

Institut der deutschen Wirtschaft (Mai 2000)
Fig. 2

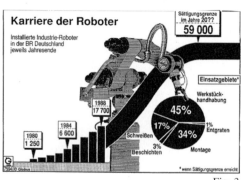

Fig. 3

10 Die nebenstehende Grafik (Fig. 3) zeigt die Anzahl der in Deutschland ab 1980 installierten Industrieroboter.
a) Bestimmen Sie eine Funktion f, deren Graph den Verlauf der Grafik möglichst gut annähert.
b) Wie viele Roboter sind in diesem Modell im Jahr 2005 in Betrieb? Wann werden 30 000 Roboter installiert sein?
c) Vergleichen Sie Ihre Ergebnisse mit neueren statistischen Daten in Fig. 2.

Die Differenzialgleichung des logistischen Wachstums

Die Parameter a, k und S müssen bestimmt werden.

*Dabei gilt:
Die Parameter a und k werden durch Messwerte festgelegt.
Die Sättigungsgrenze S muss sich aus der Problemstellung direkt ergeben oder es sind weitere Vorgaben bzw. Annahmen nötig.*

Funktionsanpassung durch Funktionen f der Form $f(t) = \frac{a \cdot S}{a + (S-a) \cdot e^{-Skt}}$:

Liegen die gegebenen Messpunkte in einem $\left(t \mid \ln\left(\frac{1}{y} - \frac{1}{S}\right)\right)$-Koordinatensystem näherungsweise auf einer Geraden mit der Steigung m und dem y-Achsenabschnitt b, so ist die Funktion f mit $f(t) = \frac{a \cdot S}{a + (S-a) \cdot e^{-Skt}}$ mit $k = -\frac{m}{S}$ und $a = \frac{S}{1 + S \cdot e^b}$ eine geeignete Näherungsfunktion.

11 Auf einem See mit einer Oberfläche von 2000 m² breitet sich im Sommer eine Algenpest aus. Für die von den Algen bedeckte Fläche erhielt man das folgende Ergebnis.

Zeit t (in Tagen)	0	5	10	20	25	35	40
Bedeckte Fläche (in m²)	150	280	500	1140	1460	1830	1910

a) Übertragen Sie die Werte in ein Koordinatensystem. Nehmen Sie eine Funktionsanpassung vor, wenn logistisches Wachsen vorausgesetzt wird.
b) Welche Fläche ist voraussichtlich nach 50 Tagen bedeckt? Wann sind 80 % der Gesamtfläche des Sees bedeckt?

Jahr	PKW-Dichte
1950	24
1955	48
1960	84
1965	154,8
1970	222,6

Fig. 1

1970 wurde eine Sättigungsgrenze S = 300 prognostiziert.

12 In den siebziger Jahren wurde die Tabelle (Fig. 1) zur PKW-Dichte (d. h. die Anzahl der PKW je 1000 Einwohner) in Deutschland veröffentlicht.
a) Stellen Sie mithilfe des Graphen eine Vermutung zur Sättigungsgrenze auf und führen Sie anschließend, logistisches Wachstum vorausgesetzt, eine Funktionsanpassung durch.
b) Welchen Wert erhalten Sie für die PKW-Dichte im Jahr 1990? Vergleichen sie mit dem tatsächlichen Wert 490.
c) Verändern Sie gegebenenfalls Ihre Funktionsanpassung und prognostizieren Sie die PKW-Dichte für das Jahr 2010.

Jahr	Bevölkerung (in Mio.)
1790	3,93
1810	7,24
1830	12,87
1850	23,19
1870	38,56
1890	62,95
1910	92,41
1930	123,08
1950	152,27
1970	205,05
1990	249,44

Fig. 2

13 Die Fig. 2 zeigt die Bevölkerungsentwicklung der USA in den letzten 200 Jahren.
a) Wählen Sie vier Wertepaare aus und führen Sie mit der angenommenen Sättigungsgrenze S = 350 (in Mio.) eine Funktionsanpassung durch, wenn logistisches Wachstum vorliegt. Welche Bevölkerungszahl erwarten Sie demzufolge im Jahr 2010? Vergleichen Sie mit Schätzungen des U. S. Census Bureau (http://www.census.gov).
b) Benutzen Sie ein Tabellenkalkulations- bzw. CAS-Programm für die folgenden Überlegungen. Nehmen Sie eine Funktionsanpassung mit allen Wertepaaren vor, wenn logistisches Wachstum vorausgesetzt wird. Verändern Sie die Sättigungsgrenze S und beurteilen Sie das jeweilige Ergebnis Ihrer Funktionsanpassung.
c) Suchen Sie weitere neue Fragestellungen und versuchen Sie diese zu beantworten.

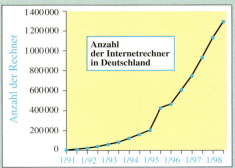

Fig. 3

14 Die Grafik (Fig. 3) zeigt die Anzahl der Internetrechner in Deutschland ab 1991.
a) Führen Sie unter der Annahme von exponentiellem Wachstum eine Funktionsanpassung durch.
b) Führen Sie für verschiedene Werte für die Sättigungsgrenze S eine Funktionsanpassung unter der Annahme eines logistischen Wachstums aus.
Welches Wachstumsmodell erscheint Ihnen sinnvoller?
c) Versuchen Sie zusätzliche Informationen zu finden, z. B. zur Sättigungsgrenze bzw. zur aktuellen Anzahl von Internetrechnern, und verbessern Sie damit Ihre Funktionsanpassung.

7 Die Differenzialgleichung der harmonischen Schwingung

1 Ein Punkt P bewegt sich mit gleich bleibender Geschwindigkeit um das Quadrat in Fig. 1a) bzw. um den Kreis in Fig. 1b).

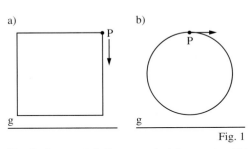

Fig. 1

a) Skizzieren Sie jeweils den Graphen der Funktion f, die den Abstand des Punktes P von der Geraden g in Abhängigkeit von der Zeit beschreibt.
b) Wie verändern sich die Graphen, wenn der Punkt P sich mit größerer (kleinerer) Geschwindigkeit bewegt bzw. wenn er sich anfangs an einer anderen Stelle auf dem Quadrat bzw. Kreis befindet?

Häufig lassen sich Prozesse, bei denen eine Größe in regelmäßigen Abständen zu- bzw. abnimmt, auch mithilfe einer Differenzialgleichung beschreiben.

Ist G die Gewichtskraft des Körpers und F_S die Federkraft, so gilt für die rücktreibende Kraft $F(t) = F_S - G$. Insbesondere gilt in der Ruhelage des Körpers $G = F_S$.

s(t) > 0: Feder gedehnt
s(t) < 0: Feder gestaucht

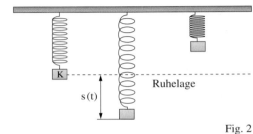

Fig. 2

Ein an einer Schraubenfeder hängender Körper K der Masse m (Fig. 2) wird aus der Ruhelage um eine Strecke ausgelenkt. Wird er anschließend losgelassen, so führt er eine periodische Bewegung um seine Ruhelage aus. Es soll nun die Funktion s bestimmt werden, welche die momentane Auslenkung des Körpers aus der Ruhelage in Abhängigkeit von der Zeit t beschreibt (Weg-Zeit-Gesetz der Bewegung).

Während seiner Bewegung erfährt der Körper eine zur Ruhelage gerichtete rücktreibende Kraft F(t) proportional zur momentanen Auslenkung s(t). Nach dem hookeschen Gesetz ist
$$F(t) = -D \cdot s(t).$$
Dabei ist D die Federkonstante mit D > 0. Wirken auf den Körper keine zusätzlichen Kräfte (bzw. sind die Gewichtskraft der Feder, Reibung usw. vernachlässigbar klein), so lässt sich F(t) mithilfe des Grundgesetzes der Mechanik auch in der Form
$$F(t) = m \cdot a(t) = m \cdot s''(t)$$

Ist s(t) die Ausdehnung, so ist s'(t) die Geschwindigkeit und s''(t) die Beschleunigung.

darstellen. Dabei ist a(t) die zum Zeitpunkt t wirkende Beschleunigung. Insgesamt gilt also:
$$m \cdot s''(t) = -D \cdot s(t) \quad \text{bzw.} \quad s''(t) = -\frac{D}{m} \cdot s(t).$$
Da $\frac{D}{m} > 0$ ist, schreibt man $\frac{D}{m} = k^2$ und erhält hiermit die **Differenzialgleichung der harmonischen Schwingung** $s''(t) = -k^2 \cdot s(t)$.

Aufgrund der Form der Differenzialgleichung liegt es nahe, als Lösungen Funktionen s der Form
$$s(t) = A \cdot \sin(bt + c) \quad \text{zu prüfen.}$$
Aus $s(t) = A \cdot \sin(bt + c)$ folgt $s'(t) = Ab \cdot \cos(bt + c)$ und $s''(t) = -Ab^2 \cdot \sin(bt + c)$, d.h., für b = k erfüllt s die Differenzialgleichung.
Man kann darüber hinaus zeigen, dass dies die einzigen Lösungen sind.

Eine periodische Bewegung, bei der die rücktreibende Kraft proportional zur Auslenkung ist, nennt man harmonische Schwingung.

Jede Differenzialgleichung der Form $f''(t) = -k^2 \cdot f(t)$ mit k > 0 beschreibt eine **harmonische Schwingung**. Die Funktionen f mit $f(t) = A \cdot \sin(kt + c)$ mit A, c ∈ ℝ sind alle Lösungen dieser Differenzialgleichung.

Die Reibung soll nicht berücksichtigt werden.

Beispiel 1: (Schraubenfeder; Bedeutung der Konstanten A und c)
Ein Körper K der Masse m = 0,5 (in kg) wird an einer Feder mit der Federkonstanten D = 10 (in $\frac{N}{m}$) aus seiner Ruhelage um 15 cm nach unten ausgelenkt und dann losgelassen.
a) Welche Differenzialgleichung erfüllt die Funktion s, welche die Auslenkung (in m) des Körpers aus der Ruhelage beschreibt?
b) Geben Sie die Funktion s an und zeichnen Sie den Graphen. Welche Bedeutungen haben die Konstanten A und c?
c) Bestimmen Sie die Periodendauer T dieser Schwingung. Wo befindet sich der Körper nach der Zeit $\frac{1}{4}$T bzw. $\frac{3}{4}$T?
d) Wo erreicht der Körper jeweils seine maximale Geschwindigkeit? Wie groß ist sie? Zeichnen Sie den Graphen der Funktion s'.

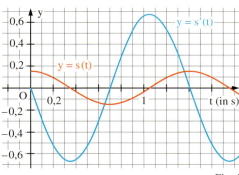

Fig. 1

Lösung:
a) Die Funktion s erfüllt die Differenzialgleichung der harmonischen Schwingung
$s''(t) = -\frac{D}{m} \cdot s(t)$, also $s''(t) = -20 \cdot s(t)$.
b) Es ist $s(t) = A \cdot \sin(\sqrt{20} \cdot t + c)$ und
$s'(t) = A \cdot \sqrt{20} \cdot \cos(\sqrt{20} \cdot t + c)$.
Beginnt die Zeitmessung beim Loslassen des Körpers, so gilt:
$s'(0) = 0 = A \cdot \sqrt{20} \cdot \cos(c)$, also $c = \frac{\pi}{2}$;
$s(0) = 0,15 = A \cdot \sin\left(\frac{\pi}{2}\right)$, also $A = 0,15$.
Insgesamt gilt $s(t) = 0,15 \cdot \sin\left(\sqrt{20} \cdot t + \frac{\pi}{2}\right)$.
Den Graphen der Funktion s zeigt Fig. 1.

A: Amplitude

A ist die maximale Auslenkung des Körpers aus seiner Ruhelage.
Da die Zeitmessung nicht beim Durchgang durch die Ruhelage beginnt, tritt eine Phasenverschiebung c auf.
c) Eine Periodendauer T ist z. B. dann verstrichen, wenn der Körper nach dem Loslassen erstmals wieder an seinen Ausgangspunkt zurückgekehrt ist.

Allgemein: $T = 2\pi\sqrt{\frac{m}{D}}$

Aus $s(T) = 0,15$ erhält man $\sin\left(\sqrt{20} \cdot T + \frac{\pi}{2}\right) = 1$ und damit die Lösung
$\sqrt{20} \cdot T + \frac{\pi}{2} = \frac{\pi}{2} + 2\pi$, also $T = \frac{2\pi}{\sqrt{20}} \approx 1,4$ (in s).
Da $s\left(\frac{1}{4}T\right) = 0,15 \cdot \sin(\pi) = 0$ bzw. $s\left(\frac{3}{4}T\right) = 0,15 \cdot \sin(2\pi) = 0$ ist, wird zu diesen Zeitpunkten jeweils die Ruhelage durchlaufen.
d) Mit $s'(t) = v(t) = 0,15 \cdot \sqrt{20} \cdot \cos\left(\sqrt{20} \cdot t + \frac{\pi}{2}\right)$ erreicht der Körper seine maximale Geschwin-

$\mathbb{N}^* = \mathbb{N} \setminus \{0\}$
$= \{1; 2; 3; \ldots\}$

digkeit für $\left|\cos\left(\sqrt{20} \cdot t + \frac{\pi}{2}\right)\right| = 1$, also für $\sqrt{20} \cdot t + \frac{\pi}{2} = n \cdot \pi$ bzw. $t = \frac{n \cdot \pi - \frac{\pi}{2}}{\sqrt{20}}$ mit $n \in \mathbb{N}^*$.
Für $n = 1, 2, \ldots$ erhält man $t = \frac{1}{4}T, \frac{3}{4}T, \ldots$
Beim Durchgang durch die Ruhelage wird die betragsmäßig maximale Geschwindigkeit erreicht. Sie beträgt $0,15 \cdot \sqrt{20} \approx 0,67$ (in $\frac{m}{s}$). Den Graphen von $s' = v$ zeigt Fig. 1.

Beispiel 2: (Räuber und Beute)
In einem Wildrevier leben normalerweise etwa 200 Füchse (Räuber) und 1000 Hasen (Beute). Es soll untersucht werden, wie sich der Wildbestand ändert, wenn das Verhältnis zwischen Räubern und Beute „aus dem Gleichgewicht gerät". Es sei r(t) die 200 übersteigende Zahl an Räubern zur Zeit t (t in Monaten) und b(t) entsprechend die 1000 übersteigende Zahl an Beutetieren.

Auch Vorgänge in der Natur lassen sich manchmal näherungsweise mithilfe der Differenzialgleichunger der harmonischen Schwingung beschreiben.

a) Für die Wachstumsgeschwindigkeit der Räuber gelte $r'(t) = 0,02 \cdot b(t)$. Entsprechend gilt für die Beute $b'(t) = -0,5 \cdot r(t)$. Erläutern Sie das Zustandekommen dieser Differenzialgleichungen.

299

Die Differenzialgleichung der harmonischen Schwingung

b) Erstellen Sie aus den beiden Differenzialgleichungen eine, die nur noch die Funktion b bzw. ihre Ableitungen enthält. Geben Sie die Funktion b an.
c) Zum Zeitpunkt t = 0 leben im Revier 180 Füchse und 1050 Hasen. Untersuchen Sie die weitere Entwicklung der beiden Populationen.
Lösung:

Differenzialgleichungen der Räuber-Beute-Beziehung:
$r'(t) = 0,02 \cdot b(t)$
und
$b'(t) = -0,5 \cdot r(t)$

a) Die Vermehrung der Räuber ist abhängig vom Nahrungsangebot. Die Wachstumsgeschwindigkeit r′ wird als proportional zum Überschuss an Beutetieren angenommen. Umgekehrt hängt die Wachstumsgeschwindigkeit b′ vom Überschuss an Räubern ab. Auch hier wird Proportionalität angenommen. Der Proportionalitätsfaktor muss hier allerdings negativ sein, da eine Zunahme der Räuber zu einer Abnahme bei den Beutetieren führt.

b) Aus $b'(t) = -0,5 \cdot r(t)$ erhält man durch Differenzieren $b''(t) = -0,5 \cdot r'(t)$ bzw. $r'(t) = -2 \cdot b''(t)$. Zusammen mit $r'(t) = 0,02 \cdot b(t)$ ergibt sich $-2 \cdot b''(t) = 0,02 \cdot b(t)$ bzw. $b''(t) = -0,01 \cdot b(t)$.

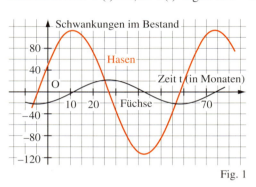

Fig. 1

Bestimmung von c:
Aus $A \cdot \sin(c) = 50$ und
$0,1 A \cdot \cos(c) = 10$ folgt durch Division
$\tan(c) = 0,5$.

Dies ist die Differenzialgleichung der harmonischen Schwingung, somit gilt:
$b(t) = A \cdot \sin(0,1 \, t + c)$.

c) Es ist $r(0) = -20$ und $b(0) = 50$. Aus $b(0) = A \cdot \sin(c)$ und $b'(0) = 0,1 \cdot A \cdot \cos(c) = -0,5 \cdot r(0)$ folgt $c \approx 0,46$ und $A \approx 113$, also $b(t) = 113 \cdot \sin(0,1 \, t + 0,46)$. Entsprechend gilt $r(t) = 22 \cdot \sin(0,1 \, t - 1,11)$. Den Verlauf der Schwankungen im Bestand der Füchse und Hasen zeigt Fig. 1. Die „Periodendauer" T beträgt $\frac{2\pi}{0,1} \approx 63$, d.h. etwa 5 Jahre.

Aufgaben

2 Welche Funktion f erfüllt die folgenden Bedingungen?
a) $f''(t) = -4 \cdot f(t)$ mit $f(0) = 0$, $f'(0) = 2$ b) $f''(t) = -4 \cdot f(t)$ mit $f(0) = 1$, $f'(0) = 2$

3 Bei einem an einer Schraubenfeder schwingenden Körper gilt für den Ausschlag f (in m) die Differenzialgleichung $f''(t) = -50 \cdot f(t)$. Die Amplitude beträgt $A = 0,40$ (in m) und wird zum Zeitpunkt t = 0 (in s) erreicht.
a) Bestimmen Sie die Schwingungsdauer der Feder. Geben Sie die Funktion f an.
b) Welche maximale Geschwindigkeit erreicht der Körper? Welche Geschwindigkeit hat er zum Zeitpunkt t = 0,2 bzw. 0,3?
c) Zeichnen Sie in dasselbe Koordinatensystem den Graphen von f und f′.
d) Berechnen Sie den Weg, den der Körper in der ersten halben Sekunde zurücklegt.

4 Ein Körper der Masse m = 250 (in g) führt an einer Schraubenfeder in einer halben Minute 50 Schwingungen aus. Bestimmen Sie die Federkonstante D der Feder und die maximale Geschwindigkeit des Körpers, wenn die Amplitude A = 0,3 (in m) beträgt.

5 In einem Dorf leben im Durchschnitt etwa 120 Katzen (Räuber) und 3400 Mäuse (Beute). Die Funktionen r und b beschreiben die Schwankungen der Populationen um die Ausgangswerte. Es gelten die Differenzialgleichungen $r'(t) = 0,01 \cdot b(t)$ und $b'(t) = -0,7 \cdot r(t)$.
a) Zeigen Sie, dass die Funktionen r und b jeweils der Differenzialgleichung der harmonischen Schwingung genügen. Welche Bedeutung hat die Schwingungsdauer T?
b) Bestimmen Sie r und b, wenn $r(0) = 200$ und $b(0) = 2800$ beträgt. Wann nimmt die Zahl der Mäuse am stärksten ab? Zeichnen Sie die Graphen von r und b in ein Koordinatensystem.

8 Näherungsverfahren zur Lösung von Differenzialgleichungen

1 Von einer Funktion f ist $f(1) = 1$ und $f'(x) = 0{,}4 \cdot f(x)$ bekannt.
a) Berechnen Sie, ohne die Funktion f zu bestimmen, einen Näherungswert für $f(1{,}5)$ und hieraus einen Näherungswert für $f(2)$.
b) Bestimmen Sie die Funktion f und vergleichen Sie ihre Näherungswerte aus a) mit den exakten Funktionswerten.

Sowohl die bisher untersuchten Wachstumsprozesse als auch die harmonische Schwingung lassen sich mithilfe von Differenzialgleichungen mathematisch beschreiben.
Diese sind dabei exakt lösbar, d. h., es ist möglich, eine Funktion f anzugeben, welche die Differenzialgleichung erfüllt.
In Fällen, in denen man keine exakte Lösung angeben kann, ist man auf Näherungsverfahren angewiesen. Im Folgenden wird hier als ein mögliches Verfahren das **eulersche Polygonzugverfahren** vorgestellt. Es ist bei Differenzialgleichungen anwendbar, die einen Zusammenhang zwischen f und f′ beschreiben.

Das eulersche Polygonzugverfahren wird auch als EULER-CAUCHY-Verfahren bezeichnet. Weitere Möglichkeiten Differenzialgleichungen näherungsweise zu lösen bieten das RUNGE-KUTTA-Verfahren und das Verfahren von HEUN.

Von einer Funktion f ist neben einer Differenzialgleichung noch an einer Stelle x_0 der Funktionswert $f(x_0)$ bekannt.
Näherungswerte f* für weitere Funktionswerte von f kann man dann schrittweise mithilfe der lokalen Näherungsformel berechnen.
Für x_1 nahe bei x_0 gilt:
$f^*(x_1) = f(x_0) + f'(x_0) \cdot (x_1 - x_0)$.
Mithilfe der Differenzialgleichung für f erhält man den Näherungswert $f^{*\prime}(x_1)$ und hiermit
$f^*(x_2) = f^*(x_1) + f^{*\prime}(x_1) \cdot (x_2 - x_1)$ für x_2 nahe bei x_1.
Setzt man dieses Verfahren sukzessive fort, so erhält man:

Näherungswerte für die gesuchten Funktionswerte der Funktion f werden mit f bezeichnet.*

Zur Erinnerung (vgl. Seite 51):
Hat eine Funktion f an der Stelle x_0 die Ableitung $f'(x_0)$, so gilt für $x \to x_0$:
$\frac{f(x) - f(x_0)}{x - x_0} \to f'(x_0)$ d. h.,
für x nahe x_0 gilt die lokale Näherungsformel:
$f(x) = f(x_0) + f'(x_0) \cdot (x - x_0)$.

Eulersches Polygonzugverfahren: Gegeben ist eine Differenzialgleichung für die Funktion f und an einer Stelle x_0 der Funktionswert $f(x_0)$. In der Nähe von x_0 erhält man für die Lösung f dieser Differenzialgleichung Näherungswerte $f^*(x_n)$ mit $n \in \mathbb{N}$ durch
$f^*(x_n) = f^*(x_{n-1}) + f^{*\prime}(x_{n-1}) \cdot h$ mit $h = x_n - x_{n-1}$ und $f(x_0) = f^*(x_0)$.

In der Regel ist das Näherungsverfahren um so genauer, je kleiner die Schrittweite h ist.

Geometrische Anschauung: Der neue Näherungswert $f^*(x_n)$ wird mithilfe der Tangente im Punkt $(x_n | f^*(x_{n-1}))$ konstruiert.

Bemerkung: Verbindet man die Punkte $(x_n | f^*(x_n))$ durch Geradenstücke, so erhält man den eulerschen Polygonzug. Dieser nähert den Graphen der Funktion f in einer Umgebung des Anfangspunktes $(x_0 | f(x_0))$ an (vgl. Fig. 1).

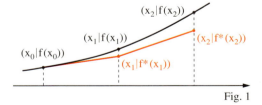

Fig. 1

Beispiel 1: (Näherungslösung; exakte Lösung)
Gegeben ist die Differenzialgleichung $f'(x) = 0{,}25 \cdot f(x)$ und der Anfangswert $f(0) = 1$.
a) Berechnen Sie mithilfe einer Tabellenkalkulation für $h = 1$ Näherungswerte für $f(x_n)$ mit $0 \leq x_n \leq 7$. Zeichnen Sie den zugehörigen eulerschen Polygonzug in ein Koordinatensystem.
b) Bestimmen Sie die exakte Lösung f der Differenzialgleichung. Zeichnen Sie den Graphen von f in das vorhandene Koordinatensystem ein.

Näherungsverfahren zur Lösung von Differenzialgleichungen

Lösung:
a) Eine Tabellenkalkulation (z. B. EXCEL) liefert (Spalten A – F):

	A	B	C	D	E	F	G
1	n	x_{n-1}	$f^*(x_{n-1})$	$f^{*\prime}(x_{n-1})$	x_n	$f^*(x_n)$	$f(x_{n-1})$
2	1	0	1,0000	0,2500	1	1,2500	1,0000
3	2	1	1,2500	0,3125	2	1,5625	1,2840
4	3	2	1,5625	0,3906	3	1,9531	1,6487
5	4	3	1,9531	0,4883	4	2,4414	2,1170
6	5	4	2,4414	0,6104	5	3,0518	2,7183
7	6	5	3,0518	0,7629	6	3,8147	3,4903
8	7	6	3,8147	0,9537	7	4,7684	4,4817
9	8	7	4,7684	1,1921	8	5,9605	5,7546
10							

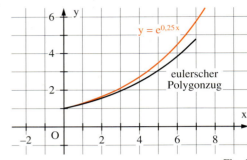

Fig. 1

Für wachsendes n wird die Abweichung des Näherungswertes vom exakten Wert zunehmend größer.

Den eulerschen Polygonzug zeigt Fig. 1.
b) Die exakte Lösung der Differenzialgleichung ist die Funktion f mit $f(x) = e^{0,25x}$.
Eine Wertetabelle enthält die Spalte G in der EXCEL-Tabelle. Ihren Graphen zeigt die Fig. 1.

Beispiel 2: (Näherungsweise Bestimmung einer Stammfunktion)
Gegeben ist die Funktion f mit $f(x) = e^{-x^2}$.
a) Zeichnen Sie den Graphen von f.
b) Ermitteln Sie näherungsweise den Verlauf des Graphen der Stammfunktion F von f mit $F(0) = 0$ für $0 \leq x \leq 2$. Zeichnen Sie ihn in das vorhandene Koordinatensystem ein.
Lösung:
a) Den Graphen von f zeigt Fig. 2.
b) Es ist $F'(x) = f(x) = e^{-x^2}$, $x_0 = 0$, $F(x_0) = 0$.
Mithilfe des eulerschen Polygonzugverfahrens erhält man für die Schrittweite $h = 0,25$ die abgebildete Wertetabelle (Fig. 3) und damit den eulerschen Polygonzug als Näherung für den Graphen von F (vgl. Fig. 2).

x_{n-1}	$F^*(x_{n-1})$	$f(x_{n-1})$	$F^*(x_n)$
0	0,0000	1,0000	0,25
0,25	0,2500	0,9394	0,4849
0,5	0,4849	0,7788	0,6796
0,75	0,6796	0,5698	0,822
1	0,8220	0,3679	0,914
1,25	0,9140	0,2096	0,9664
1,5	0,9664	0,1054	0,9927
1,75	0,9927	0,0468	1,0044
2	1,0044	0,0183	1,009

Fig. 3

Eine Stammfunktion zu f kann elementar nicht angegeben werden.

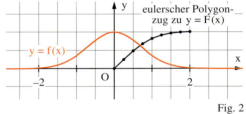

Fig. 2

Aufgaben

2 Gegeben ist die Differenzialgleichung $f'(x) = 0,2 \cdot f(x)$ und der Anfangswert $f(0) = 3$.
a) Berechnen Sie für $h = 0,5$ Näherungswerte für $f(x_n)$ mit $0 \leq x_n \leq 10$.
b) Bestimmen Sie h so, dass die prozentuale Abweichung von $f^*(10)$ weniger als 1 % vom exakten Wert beträgt.

3 Bestimmen Sie mithilfe des eulerschen Polygonzugverfahrens Näherungswerte für $f(x_n)$ im Bereich $0 \leq x_n \leq 10$.
a) $f'(x) = \frac{f(x)}{x+1}$; $f(0) = 2$; $h = 0,5$
b) $f'(x) = x \cdot (f(x) + (f(x))^2)$; $f(0) = 1$; $h = 0,5$
c) $f'(x) = (4 - 3x) \cdot f(x)$; $f(0) = 3$; $h = 0,4$
d) $f'(x) = (1 - e^x) \cdot f(x)$; $f(0) = 4$; $h = 0,2$

Bestimmen Sie eine Stammfunktion zu f. Benutzen Sie gegebenenfalls ein Computer-Algebra-System.

4 Bestimmen Sie näherungsweise den Verlauf des Graphen der Stammfunktion F von f. Zeichnen Sie den Graphen von f und F in ein gemeinsames Koordinatensystem.
a) $f(x) = \frac{1}{1+x^2}$; $F(0) = 1$
b) $f(x) = \frac{1}{0,1+x^3}$; $F(0) = 0$
c) $f(x) = \ln(x)$; $F(1) = -1$
d) $f(x) = \sin^3(x)$; $F\left(\frac{\pi}{2}\right) = 0$

9 Vermischte Aufgaben

Mensch und Umwelt

1 Ein Fieberthermometer zeigt die Temperatur 20 °C. Nach einer halben Minute liest man 29 °C ab. Wie lange muss man warten, bis eine Fiebertemperatur von 39 °C auf 0,1 °C genau angezeigt wird?

Reaktionsgleichung:
$^{14}_{7}N + ^{1}_{0}n \rightarrow ^{14}_{6}C$

2 **Radiocarbonmethode** (^{14}C-Methode): In der Atmosphäre und in Tieren und Pflanzen ist seit Jahrtausenden das Verhältnis zwischen dem stabilen ^{12}C und dem radioaktiven ^{14}C (Halbwertszeit 5730 Jahre) nahezu konstant (vorhandenes ^{14}C zerfällt zwar laufend, gleichzeitig entsteht in der Atmosphäre aufgrund der Strahlung aus dem Weltall dauernd neues ^{14}C). Stirbt aber ein Organismus ab, so wird kein ^{14}C mehr aufgenommen, während das vorhandene weiterhin zerfällt. Dadurch ändert sich das Verhältnis beider Kohlenstoffarten in dem untersuchten Organismus fortwährend und kann so zur Altersbestimmung desselben benutzt werden.
a) Bei der Untersuchung des Turiner Grabtuches, welches von vielen Gläubigen als das Grabtuch Jesu angesehen wird, stellte man eine Aktivität von 13,84 Zerfällen pro Gramm Kohlenstoff und Minute fest. Wie alt ist das Tuch vermutlich, wenn noch lebendes organisches Material eine Aktivität von 15,3 Zerfällen pro Gramm und Minute aufweist?
b) Im Jahr 1991 wurde in den Ötztaler Alpen die Gletschermumie „Ötzi" gefunden. Untersuchungen ergaben, dass die Mumie noch 53,3 % des Kohlenstoffs ^{14}C enthält, der in lebendem Gewebe vorhanden ist. Vor wie vielen Jahren starb „Ötzi"?

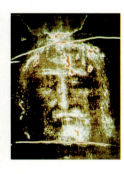

Zeit t (in h)	Zahl der gelernten Wörter
1	50
1,5	72
2	85
2,5	101
3	113

Fig. 1

3 Bei einer Untersuchung zur Lernfähigkeit musste eine Testperson versuchen, 200 unbekannte Vokabeln zu lernen. Man erhielt die Werte der nebenstehenden Tabelle (Fig. 1).
Die Funktion f zähle die Anzahl der gelernten Wörter.
a) Übertragen Sie die Wertepaare in ein Koordinatensystem und führen Sie für f eine Funktionsanpassung durch. Wie viele Vokabeln hat die Testperson nach 4 Stunden gelernt?
b) Nach welcher Zeit hätte die Testperson alle Vokabeln gelernt, wenn ihre Lernfähigkeit ab der 2. Stunde konstant bliebe?

4 Radioaktive Milch hat eine Aktivität von 600 Becquerel (Bq), d. h., es finden pro Sekunde 600 Kernzerfälle statt. Diese Zerfälle stammen zu 75 % von Jod 131 mit einer Halbwertszeit von 8 Tagen und zu 25 % von Strontium 89 mit einer Halbwertszeit von 50 Tagen.
a) Welche Aktivität hat die Milch in 15 Tagen, welche in 6 Monaten?
b) Bestimmen Sie mithilfe des Computers, wann die Aktivität unter 50 Bq fällt.

Internetadresse:
http://www.census.gov

U.S. Census Bureau

U.S. POPClock Projection

According to the U.S. Bureau of the Census, the resident population of the United States, Projected to 12/25/99 at 1:53:20 PM EST is

274,191,749

COMPONENT SETTINGS

One birth every	8 seconds
One death every	12 seconds
One international migrant (net) every	42 seconds
One Federal U.S. citizen (net) returning every	4744 seconds
Net gain of one person every	17 seconds

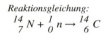

Fig. 2

5 Fig. 2 informiert über die aktuelle Bevölkerungsentwicklung der USA.
a) Welche Faktoren werden berücksichtigt?
b) Berechnen Sie den absoluten Zuwachs der Bevölkerungszahl innerhalb eines Jahres bei gleich bleibendem Wachstum.
c) Wann wird bei dieser Modellierung die 300-Millionen-Grenze überschritten?
d) Wann wird bei einem jährlichen Wachstum von 0,95 % die 300-Millionen-Grenze überschritten?

Vermischte Aufgaben

Biologische Halbwertszeit T_{Bio}:
Die Zeitspanne, innerhalb der ein Stoff in einem biologischen Organismus auf die Hälfte seiner Menge abgebaut oder inaktiviert wird.
Cäsium 137:
$T_{Bio} \approx 110 \text{ Tage}$

6 Durch radioaktives Cäsium 137 belastete Pilze haben die Aktivität 500 Becquerel (Bq), d.h., es finden pro Sekunde 500 Kernzerfälle statt. Die Halbwertszeit beträgt 30 Jahre.
a) Wie lautet die Gleichung der Funktion f, die die Aktivität der Pilze beschreibt?
b) Um wie viel Prozent nimmt die Aktivität innerhalb des ersten Jahres bzw. innerhalb der ersten 10 Jahre ab?
c) Wann unterschreitet die Aktivität den Wert 100 Bq?
d) Wie viele Kernzerfälle finden innerhalb der ersten Stunde statt? Wie viele am 1. Tag?

Natur und Technik

Jahr	Länge (in km)
1840	26
1850	114
1860	3359
1870	4018
1890	22 533
1895	25 712
1899	27 755
1900	29 435

Fig. 1

7 Im vorletzten Jahrhundert wurde das kanadische Eisenbahnnetz ausgebaut (Fig. 1).
a) Zeichnen Sie die Punkte in ein geeignetes Koordinatensystem ein. Welche Art von Wachstum scheint vorzuliegen?
b) Die Funktion f gibt die Länge des Schienennetzes zum Zeitpunkt t (in Jahren ab 1840) an. Bestimmen Sie einen möglichen Funktionsterm für f, wenn als obere Schranke für die Länge des Schienennetzes 35 000 (in km) angenommen wird.
c) Bestimmen Sie die Umkehrfunktion von f. Wann war das Schienennetz 32 000 km lang?

8 Im Jahr 1920 wurde experimentell die Vermehrung der Fruchtfliege (Drosophila) untersucht. Ist f(t) die Populationsgröße, so beschreibt die Differenzialgleichung
$f'(t) = \frac{1}{5}f(t) - \frac{1}{5175}(f(t))^2$ (t in Tagen) die Vermehrung der Population.
a) Zeigen Sie, dass es sich um logistisches Wachstum handelt. Wie lauten k und S?
b) Anfänglich sind 10 Fruchtfliegen vorhanden. Wie viele sind es nach 12 Tagen?
c) Bestimmen Sie den mittleren täglichen Zuwachs der Population für die ersten 20 Tage.

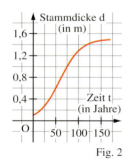

Fig. 2

9 Die Dicke d einer Nadelbaumart wird zu forstwirtschaftlichen Zwecken gemessen. Fig. 2 stellt dar, wie sich die Dicke d (in m) im Laufe der Zeit t (in Jahren nach dem Einpflanzen) statistisch entwickelt.
a) Bestimmen Sie anhand des Graphen die Dicke nach 50 Jahren, die Zunahme der Dicke in den nächsten 50 Jahren und die mittlere jährliche Zunahme der Dicke in den ersten 50 bzw. 100 Jahren nach dem Einpflanzen.
b) Entnehmen Sie dem Graphen die nötigen Werte, um einen möglichen Funktionsterm für d zu bestimmen. Überlegen Sie sich weitere Aussagen, die man dem Graphen entnehmen kann.

10 Beim Laden eines elektronischen Blitzgerätes für eine Fotokamera steigt die Spannung U(t) während des Ladevorgangs von 0 auf 400 V. Zur Modellierung dieses Ladevorgangs dient der Ansatz $U'(t) \sim (400 - U(t))$ (t in s).
a) Begründen Sie, warum dieser Ansatz sinnvoll erscheint. Wie lautet dann die zugehörige Differenzialgleichung? Um welche Art von Wachstum handelt es sich damit?
b) Wie lautet der Funktionsterm U(t), wenn die Spannung nach 4 s den Wert 250 V erreicht hat? Skizzieren Sie den Graphen von U für die ersten 20 s des Ladevorgangs.
c) Nach welcher Ladezeit ist das Blitzgerät einsatzbereit (Mindestspannung 350 V)?

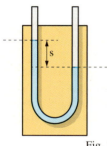

Fig. 3

11 Fig. 3 zeigt ein U-Rohr zur Untersuchung der Schwingung einer Flüssigkeit. In das Rohr mit der Querschnittsfläche $A = 1 \text{ cm}^2$ werden 300 g Quecksilber (Dichte $\varrho = 13{,}6 \frac{g}{cm^3}$) eingefüllt. Nach einer Auslenkung um $s = 4 \text{ cm}$ beginnt die Flüssigkeit zu schwingen.
a) Bestimmen Sie die rücktreibende Kraft F und zeigen Sie, dass die entstehende Schwingung harmonisch ist. Berechnen Sie die zugehörige Periodendauer.
b) Welche weiteren Aussagen über diesen Schwingungsvorgang lassen sich herleiten?

304

Mathematische Exkursionen

Überlegungen zum Bevölkerungswachstum

Thomas Malthus (1766–1834), englischer Ökonom

Die Frage nach der größtmöglichen Bevölkerung, die die Erde noch ernähren kann, hat eine lange Geschichte. So beobachtete der englische Wirtschaftswissenschaftler Thomas Malthus Ende des 18. Jahrhunderts, dass die Bevölkerung rascher wächst als die landwirtschaftliche Produktion. Malthus nahm an, dass die Bevölkerung exponentiell, die Nahrungserzeugung jedoch nur linear wächst.

Es gibt optimistische Schätzungen, die davon ausgehen, dass die Erde mehr als 100 Milliarden Menschen ernähren kann. Die meisten Schätzungen gehen aber davon aus, dass die Obergrenze zwischen 8 und 12 Milliarden liegt.
1999 betrug die Erdbevölkerung 6,0 Mrd. Bewohner. Die zwei Tabellen geben einige Wachstumsraten aus dem Jahre 1998 an.

Länder mit der höchsten jährlichen Bevölkerungszunahme in Prozent	
1. Gaza	4,6
2. Komoren	3,6
3. Libyen	3,6
4. Jemen	3,5
5. Togo	3,5
6. Benin	3,4
7. Niger	3,4
8. Oman	3,4
9. Zaire	3,4
10. Madagaskar	3,3

Länder mit der niedrigsten jährlichen Bevölkerungszunahme in Prozent	
10. Deutschland	−0,1
9. Rumänien	−0,2
8. Tschechien	−0,2
7. Weißrussland	−0,4
6. Ungarn	−0,4
5. Russland	−0,5
4. Estland	−0,5
3. Bulgarien	−0,5
2. Ukraine	−0,6
1. Lettland	−0,7

Fig. 1

Exponentielles Wachstum
Fig. 2 zeigt die relative Entwicklung der Bevölkerung einzelner Länder bezogen auf die 1998 gültigen Wachstumsraten. Die Bevölkerungszahl im Jahr 1990 ist jeweils auf 100 % gesetzt.

1 a) Geht man von einem exponentiellen Wachstum aus, kann man mithilfe der Daten von Fig. 1 die Verdopplungszeit der Bevölkerung von Gaza berechnen. Vergleichen Sie Ihr Ergebnis mit Fig. 2.
b) Wann hat sich die Bevölkerung Lettlands halbiert? Wann ist die Bevölkerungszahl Lettlands auf 10 % gegenüber dem heutigen Stand geschrumpft? Was setzen Sie dazu voraus?
c) Berechnen Sie die Bevölkerungszahl von Deutschland für die Jahre 2010, 2030 und 2050. Machen Sie die derzeitige Bevölkerungszahl ausfindig. Wie gut ist die Übereinstimmung mit einem angenommenen exponentiellen Wachstum?

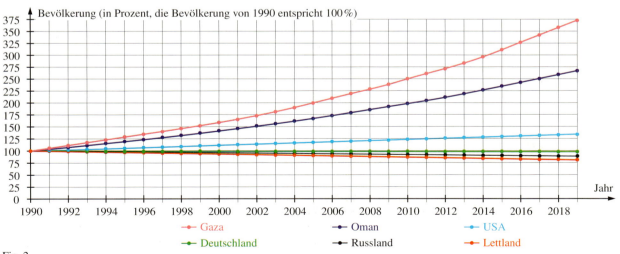

Fig. 2

Mathematische Exkursionen

Es soll nachgeprüft werden, ob die mathematischen Annahmen über das exponentielle Wachstum der Bevölkerung mit der Realität übereinstimmen. Dazu wird das Bevölkerungswachstum von 1700 bis 1998 (Fig. 1) untersucht.

t (in a)	1700	1750	1800	1850	1900	1925	1950	1960	1970	1980	1990	1995	1998
y (in Mrd.)	0,594	0,707	0,841	1,000	1,542	1,915	2,555	3,039	3,771	4,454	5,278	5,687	5,925
ln y	−0,516	−0,347	−0,173	0,000	0,433	0,650	0,938	1,197	1,327	1,494	1,664	1,738	1,779

Fig. 1

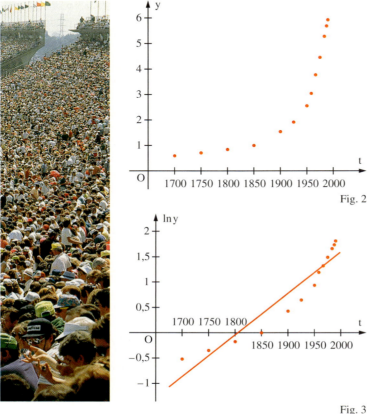

Fig. 2

Fig. 3

Fig. 4

Zunächst trägt man die Bevölkerungszahlen in Abhängigkeit von den Jahreszahlen in ein Koordinatensystem ein (Fig. 2). Dabei zeigt sich, dass die Bevölkerungskurve ab etwa 1880 sehr stark zunimmt.

Um festzustellen, ob zumindest näherungsweise exponentielles Wachstum vorliegt, trägt man die Wertepaare (t | ln y) der Tabelle (Fig. 1) als Punkte P* in ein Koordinatensystem ein. Bestimmt man anschließend durch eine Funktionsanpassung die zugehörige Ausgleichsgerade (Fig. 3), so stellt man fest, dass diese eine sehr schlechte Näherung darstellt. Die Punkte P* liegen statt dessen auf einer Kurve, die mit zunehmender Jahreszahl immer steiler wird. Es liegt also ein Wachstum vor, das stärker als exponentiell ist. Man spricht in solchen Fällen von einem „überexponentiellen" Wachstum.

Beschränkt man sich auf kürzere Zeiträume z. B. von 1700–1850, so erkennt man, dass die Punkte P* (Fig. 3) in sehr guter Näherung auf einer Geraden liegen. In diesem Bereich wuchs die Weltbevölkerung also exponentiell. Das jährliche Wachstum betrug etwa 0,35 %.

Logistisches Wachstum

Mathematische Untersuchungen sind auch bei Prognosen zu weiteren Entwicklungen hilfreich.

Die von der Fachwelt geschätzte Entwicklung der Weltbevölkerung von 1950 bis 2050 wird nach dem Kenntnisstand von 1998 den Verlauf von Fig. 4 haben. Dieser Verlauf kann näherungsweise durch eine Funktion f der Form

$$f(t) = \frac{11}{1 + 8{,}07106 \cdot 10^{24} \cdot e^{-0{,}02882 t}}$$

mit $1950 \leq t \leq 2050$ beschrieben werden. Anhand dieser Prognose ist zu erkennen, dass die Vorhersagen von einem logistischen Wachsen der Weltbevölkerung ausgehen.

Mathematische Exkursionen

2 a) Berechnen Sie den Wendepunkt des Graphen dieser Funktion f. Vergleichen Sie Ihr Ergebnis mit dem Kurvenverlauf von Fig. 4 auf Seite 122 und geben Sie eine Deutung des Wendepunktes.

b) Berechnen Sie den Grenzwert für $t \to \pm\infty$ und interpretieren Sie das Ergebnis.

Fig. 1

Abweichungen vom Modell

Betrachtet man den durchschnittlichen jährlichen Bevölkerungszuwachs im Rückblick, so findet man von 1950 bis 2000 den in Fig. 1 dargestellten Verlauf.
Wie man sieht, unterliegt er unterschiedlichen Schwankungen, die allerdings nicht sehr groß sind, wenn man den Zeitraum nach 1965 betrachtet.

3 Wie ist die Abweichung um das Jahr 1960 zu erklären?
Empfehlenswert sind hierzu die INTERNET-Adressen:
http://www.igc.apc.org,
http://www.census.gov,
http://www.demographie.de.

Prognosen anhand verschiedener Modelle

Sehr wichtig und auch interessant sind Überlegungen zur Bevölkerungszunahme in den nächsten 100 Jahren. Fig. 2 zeigt verschiedene Projektionen.

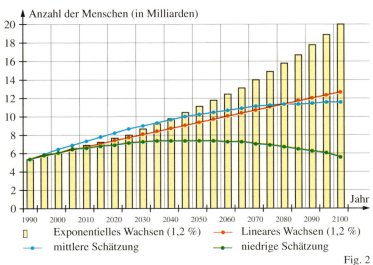

Fig. 2

4 a) Berechnen Sie die Bevölkerungszahl für das Jahr 2100 bei exponentiellem Wachstum von 1,2 % jährlich. Die Wachstumsrate lag 1998 sogar bei etwa 1,5 %.

b) Die niedrigste Schätzung geht davon aus, dass das Wachstum gebremst werden kann. Lesen Sie aus Fig. 2 die maximale Bevölkerungszahl ab. Wann wird dieser Höchststand erreicht?

c) Von welchem Maximum geht man bei der mittleren Schätzung aus? Um welche Art von Wachstum handelt es sich dabei?

d) Diskutieren Sie die verschiedenen Schätzungen. Welche der vier Schätzungen halten Sie für unrealistisch? Argumentieren Sie unter Zuhilfenahme der neuesten Daten und Prognosen.

Die Überlegungen zeigen, dass es im Modell zwar sehr einfach ist, Prognosen für die Bevölkerungsentwicklung zu machen. Ob sie allerdings in der Realität eintreten, hängt ab von politischen Entscheidungen, religiösen Vorstellungen, von Energiemangel und Nahrungsmittelproduktion und nicht zuletzt von übertragbaren Krankheiten.

Rückblick

Exponentielles Wachstum
Jede Differenzialgleichung der Form $f'(t) = k \cdot f(t)$ mit $k \in \mathbb{R} \setminus \{0\}$ beschreibt exponentielles Wachstum oder exponentiellen Zerfall.
Die Funktionen f mit $f(t) = c \cdot e^{kt}$ und $c \in \mathbb{R}$ sind die Lösungen der Differenzialgleichung. k heißt Wachstumskonstante für $k > 0$, Zerfallskonstante für $k < 0$. Bezeichnet p die prozentuale Zu- bzw. Abnahme in der Zeiteinheit (p positiv), so lautet die zugehörige
Wachstumskonstante $k = \ln\left(1 + \frac{p}{100}\right)$
Zerfallskonstante $k = \ln\left(1 - \frac{p}{100}\right)$
Verdoppelungszeit $T_V = \frac{\ln(2)}{k}$, **Halbwertszeit** $T_H = -\frac{\ln(2)}{k}$

Beschränktes Wachstum
Jede Differenzialgleichung der Form $f'(t) = k \cdot (S - f(t))$ mit $k > 0$, $S \in \mathbb{R}$ beschreibt beschränktes Wachstum oder beschränkten Zerfall.
Die Funktionen f mit $f(t) = S - c \cdot e^{-kt}$ und $c \in \mathbb{R}$ sind alle Lösungen dieser Differenzialgleichung. Dabei wird durch $c > 0$ ein beschränktes Wachstum und durch $c < 0$ ein beschränkter Zerfall beschrieben.
S heißt Sättigungsgrenze.
$c = S - f(0)$; ist speziell: $f(0) = 0$, so gilt $f(t) = S \cdot (1 - e^{-kt})$.

Logistisches Wachstum
Jede Differenzialgleichung der Form $f'(t) = k \cdot f(t) \cdot (S - f(t))$ mit $k > 0$ und $S > 0$ beschreibt logistisches Wachstum.
Die Funktionen f mit $f(t) = \frac{a \cdot S}{a + (S - a) \cdot e^{-Skt}}$ sind alle Lösungen dieser Differenzialgleichung.
$a = f(0)$ ist der Anfangsbestand mit $0 < a < S$ und S die Sättigungsgrenze.

Harmonische Schwingung
Jede Differenzialgleichung der Form $f''(t) = -k^2 \cdot f(t)$ mit $k > 0$ beschreibt eine harmonische Schwingung.
Die Funktionen f mit $f(t) = A \cdot \sin(kt + c)$ mit $A, c \in \mathbb{R}$ sind alle Lösungen dieser Differenzialgleichung.
A ist die maximale Auslenkung (Amplitude);
c heißt Phasenverschiebung und tritt auf, wenn die Zeitmessung nicht beim Durchgang durch die Ruhelage beginnt.
Periodendauer: $T = \frac{2\pi}{k}$

Beispiel 1:
Eine Vogelart hat zu Beobachtungsbeginn einen Bestand von 100 Exemplaren. Jährlich vermehrt sie sich um $4\% = \frac{4}{100}$.
Bei exponentiellem Wachstum beträgt der Bestand nach t Jahren:
$f(t) = 100 \cdot 1{,}04^t$ bzw. $f(t) = 100 \cdot (e^{\ln(1{,}04)})^t$
Wachstumskonstante: $k = \ln(1{,}04) \approx 0{,}0392$
Verdoppelungszeit:
$T_V = \frac{\ln(2)}{\ln(1{,}04)} \approx 17{,}7$ (in Jahren)

Beispiel 2:
5 °C kaltes Wasser erwärmt sich im Glas nach dem Herausnehmen aus dem Kühlschrank auf die Raumtemperatur 20 °C.
Differenzialgleichung: $f'(t) = k \cdot (20 - f(t))$
Lösungen: f mit $f(t) = 20 - 15 e^{-kt}$.
Aus $f(10) = 15$ folgt $k \approx 0{,}11$.

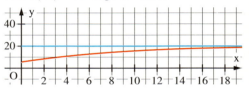

Beispiel 3:
Stangenbohnen erreichen eine maximale Höhe von 2,30 m. Eine erste Messung ergibt eine Höhe von 0,2 m; 18 Tage später 1,4 m.
Also: $a = 0{,}2$; $S = 2{,}3$; $f(t) = \frac{0{,}2 \cdot 2{,}3}{0{,}2 + 2{,}1 e^{-2{,}3 kt}}$
Aus $f(18) = 1{,}4$ folgt $k \approx 0{,}0675$.

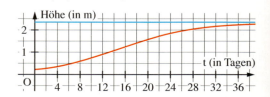

Beispiel 4:
Ein schwingender Körper an einer Feder erfüllt $f''(t) = -36 \cdot f(t)$; also ist $f(t) = a \cdot \sin(6t + c)$.
Mit $a = 0{,}2$ für $t = 0$ ist $f(t) = 0{,}2 \cdot \sin\left(6t + \frac{\pi}{2}\right)$.
Periodendauer: $T = \frac{2\pi}{6} \approx 1{,}05$.

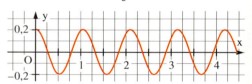

Aufgaben zum Üben und Wiederholen

1 Ein natürlicher Zerfallsvorgang erfüllt die Differenzialgleichung $f'(t) = -0{,}17 \cdot f(t)$. Zum Zeitpunkt $t = 5$ betrug der Bestand 40 000.
a) Wie groß war der Bestand zu Beobachtungsbeginn, wie groß nach 60 Zeitschritten?
b) Wie groß ist der prozentuale Zerfall pro Zeitschritt? Wann sind 90 % zerfallen?

Body-Mass-Index (BMI)
$BMI = \frac{\text{Gewicht in kg}}{(\text{Körpergröße in m})^2}$
Übergewicht:
Männer: $BMI > 22{,}7$
Frauen: $BMI > 22{,}4$

2 Bei einer Fastenkur beträgt zu Beginn die anfängliche Abnahmerate 2000 g pro Woche. Leider verringert sich diese Abnahmerate kontinuierlich um 15 % pro Woche. Wie viel nimmt man bei dieser Fastenkur in den ersten vier Wochen ab?

3 Eine Nährlösung enthält zu Beginn der Beobachtung 50 000 Colibakterien. Täglich vermehrt sich ihre Zahl um 15 %.
a) Wie lautet die zugehörige Wachstumsfunktion bei exponentiellem Wachsen?
b) Nach welcher Zeit verdoppelt sich die Bakterienzahl jeweils? Wann übersteigt die Bakterienzahl den Wert 1 000 000? Wie viele Bakterien sind es im Mittel in den ersten 10 Tagen?
c) Wann steigt die Zahl der Bakterien erstmals um mehr als 150 000 pro Tag an?

Modell des Vergessens nach dem deutschen Psychologen H. Ebbinghaus (1850–1909)

4 Bei einem unterirdischen Atomtest wurde unbeabsichtigt radioaktives Strontium 90 mit der Halbwertszeit 28 Jahre freigesetzt. Nach dem Test liegen die Strahlungswerte in der Umgebung um 30 % über der noch zulässigen Toleranzgrenze. Nach wie vielen Jahren kann das Testgelände wieder betreten werden?

5 Für eine Prüfung hat sich ein Prüfling einen gewissen Prüfungsstoff eingeprägt. Nach der Prüfung ($t = 0$) wird er mit der Zeit einiges davon vergessen. Sei $w(t)$ der Prozentsatz des Wissens, das nach der Zeit t noch vorhanden ist.
a) Begründen Sie den Ansatz $w'(t) \sim w(t) - b$, wobei b der Prozentsatz des Stoffes ist, den der Prüfling nie vergisst ($0 < b < 100$). Welche Bedeutung hat dabei $w'(t)$?
b) Bestimmen Sie die Funktion w, wenn $w(0) = 100$, $w(4) = 50$ und $b = 10$ ist. Nach welcher Zeit sind 80 % des gelernten Stoffs vergessen?

6 Von einer ungestört wachsenden Sonnenblume weiß man, dass sie eine Höhe von etwa 250 cm erreicht. Bei einer ersten Messung hat sie eine Höhe von 30 cm, bei einer weiteren Messung 4 Wochen später ist sie bereits 116 cm hoch.
a) Die Funktion h beschreibt die Höhe der Sonnenblume. Bestimmen Sie h, wenn logistisches Wachsen vorausgesetzt wird.
b) Wann hat die Sonnenblume die halbe Endhöhe erreicht? Wie schnell wächst die Sonnenblume nach 4 Wochen bzw. nach 9 Wochen?

7 In einem Gelände, das für höchstens 500 Kaninchen Lebensraum bietet, werden 12 Kaninchen ausgesetzt. Nach einem Vierteljahr hat sich die Anzahl der Kaninchen verdoppelt.
a) Führen Sie eine geeignete Modellierung durch. Wann wird die Populationsgröße von 250 Kaninchen überschritten werden?
b) Wie stark wächst die Population im 20. Monat voraussichtlich an?

Die Lösungen zu den Aufgaben dieser Seite finden Sie auf Seite 385/386.

8 An einer vertikalen Feder schwingt ein Körper der Masse $m = 200$ (in g) mit der Periodendauer $T = 2$ (in s). Seine Amplitude beträgt $A = 25$ (in cm).
a) Welche Differenzialgleichung erfüllt die Auslenkung s des Körpers?
b) Bestimmen Sie die maximale Geschwindigkeit des Körpers. Wann erreicht der Körper innerhalb der ersten Periode die Geschwindigkeit 0,5 (in $\frac{m}{s}$)?
c) Wann erreicht die Beschleunigung ihren maximalen Betrag? Wie groß ist dann die rücktreibende Kraft?

309

XI Folgen und Grenzwerte

1 Folgen

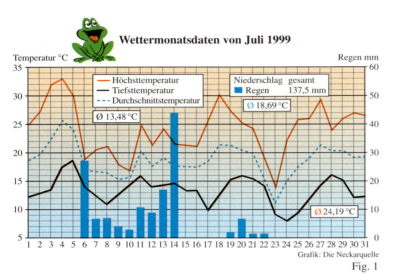

Fig. 1

1 a) Beschreiben Sie Besonderheiten der grafischen Darstellung von Fig. 1.
b) Handelt es sich bei den Zuordnungen
(1) Tagesnummer → Höchsttemperatur
(2) Tagesnummer → Regenmenge
jeweils um eine Funktion?
c) Ist es korrekt, die Messpunkte für die Temperaturhöchstwerte durch Strecken zu verbinden?

2 Denken Sie sich ein rechteckiges Blatt Papier der Größe 1 dm² wiederholt gefaltet. Wie groß ist seine Fläche nach 2-maligem, 4-maligem bzw. 10-maligem Falten? Wie viele Schichten liegen dann jeweils aufeinander?

In diesem Kapitel soll der Begriff des Grenzwertes einer Funktion bei Annäherung an eine Stelle x_0 sowie für x gegen unendlich unabhängig von der Anschauung mathematisch korrekt gefasst werden. Dies geschieht mithilfe von Zahlenfolgen.

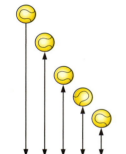

Fällt ein Ball aus der Höhe h (in Meter) auf einen glatten Boden und erreicht er nach jedem Aufprall wieder das 0,8-fache der vorherigen Höhe, so kann man diesem Vorgang eine Folge von Zahlen wie folgt zuordnen:

Höhe nach dem 1. Aufprall: $h_1 = h \cdot 0{,}8$
Höhe nach dem 2. Aufprall: $h_2 = h_1 \cdot 0{,}8$
. . .
Höhe nach dem n-ten Aufprall: $h_n = h_{n-1} \cdot 0{,}8$.

Hier ist die Höhe nach dem n-ten Aufprall berechenbar, wenn man die (n − 1)-te Höhe kennt. Man spricht von einer **rekursiven Darstellung der Zahlenfolge**.
Man kann aber h_n auch direkt angeben:
$h_1 = h \cdot 0{,}8$
$h_2 = h_1 \cdot 0{,}8 = (h \cdot 0{,}8) \cdot 0{,}8 = h \cdot 0{,}8^2$,
$h_3 = h_2 \cdot 0{,}8 = (h \cdot 0{,}8^2) \cdot 0{,}8 = h \cdot 0{,}8^3$,
$h_n = h_{n-1} \cdot 0{,}8 = (h \cdot 0{,}8^{n-1}) \cdot 0{,}8 = h \cdot 0{,}8^n$.
In diesem Fall erhält man eine **explizite Darstellung der Zahlenfolge**. Hierbei ist zu jedem $n \in \mathbb{N}^*$ der Wert h_n direkt berechenbar. Den Graphen zeigt Fig. 2.

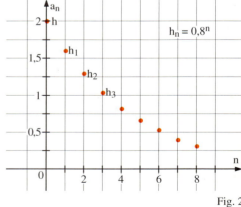

Fig. 2

Im Folgenden ist

$\mathbb{N}^* = \{1; 2; 3; \ldots\}$
$\mathbb{N} = \{0; 1; 2; \ldots\}$

Die Folgenglieder a_n sind in der Regel keineswegs natürliche Zahlen!

Definition: Hat eine Funktion f als Definitionsmenge die Menge $\mathbb{N}^*$ oder eine unendliche Teilmenge von $\mathbb{N}^*$, so nennt man f eine **Zahlenfolge**. Der Funktionwert f(n) wird mit a_n bezeichnet und heißt das n-te Glied der Folge. Für die Funktion f schreibt man (a_n).

310

Folgen

Beispiel 1: (Explizit gegebene Zahlenfolge)
Erstellen Sie zu der Zahlenfolge (a_n) mit
$a_n = \frac{n+(-1)^n}{n}$, $n \in \mathbb{N}^*$, eine Wertetafel
und den Graphen.
Um welche Zahl schwanken die Glieder a_n?
Lösung:

1	2	3	4	5	6	7	8	9	10
0	$\frac{3}{2}$	$\frac{2}{3}$	$\frac{5}{4}$	$\frac{4}{5}$	$\frac{7}{6}$	$\frac{6}{7}$	$\frac{9}{8}$	$\frac{8}{9}$	$\frac{11}{10}$

Die Glieder schwanken um den Wert $a = 1$.

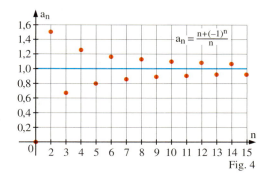
Fig. 4

Beispiel 2: (Funktion und Folge)
Gegeben ist die Funktion f mit $f(x) = \frac{x}{x-2}$ mit $x \in \mathbb{R} \setminus \{2\}$.
a) Beschränken Sie die Definitionsmenge auf eine geeignete Teilmenge von $\mathbb{N}^*$. Bestimmen Sie die Glieder der entstandenen Folge, die sich um weniger als $\frac{1}{2}$ von 1 unterscheiden.
b) Ab welchem n unterscheidet sich das Folgenglied a_n von 1 um weniger als 10^{-10}?

Zum Vergleich:
Der Atomdurchmesser
beträgt 10^{-10} m!

In der Realität sagt man:
„Die Folgenglieder haben
für große Nummern prak-
tisch den Wert 1!"

Lösung:
a) Bei Beschränkung auf die Menge $\mathbb{N}^* \setminus \{2\}$ entsteht die Folge (a_n) mit $a_n = \frac{n}{n-2} = 1 + \frac{2}{n-2}$
mit $a_n > 1$ für $n \geq 3$. Aus $\left(1 + \frac{2}{n-2}\right) - 1 < \frac{1}{2}$
oder $\frac{2}{n-2} < \frac{1}{2}$ folgt $n > 6$, d.h. alle Folgenglieder a_n mit $n \geq 7$ haben von 1 einen kleineren Abstand als $\frac{1}{2}$ (Fig. 5).
b) Aus $\left(1 + \frac{2}{n-2}\right) - 1 < 10^{-10}$ oder $\frac{2}{n-2} < 10^{-10}$
folgt $n > 2 \cdot 10^{10} + 2$, d.h. alle Glieder a_n mit Nummern höher als 20 000 000 002 unterscheiden sich von 1 um weniger als 10^{-10}.

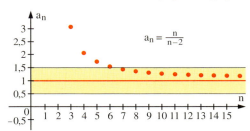
Fig. 5

Beispiel 3: (Wachstum)
In einem gleichseitigen Dreieck mit der Seitenlänge 1 cm wird jede Seite in drei gleich lange Teilstrecken zerlegt und über der mittleren Teilstrecke jeweils ein gleichseitiges Dreieck errichtet (Fig. 2). Die Grundseite wird gelöscht. Dieses Verfahren wird mehrmals wiederholt.
a) Berechnen Sie den Umfang der „Schneeflocke" nach der 10-ten Durchführung dieser Änderung.
b) Ab welchem n ist der Umfang der Schneeflocke größer als der Erdumfang (40 000 km)?

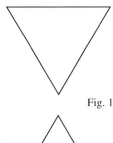
Fig. 1

Fig. 2

Fig. 3

Lösung:
a) Das Ausgangsdreieck hat den Umfang $u_0 = 3$ (in cm). Da jede Seite pro Änderung um $\frac{1}{3}$ länger wird, gilt für den Umfang nach der n-ten Änderung: $u_n = \frac{4}{3} u_{n-1}$ mit $n = 1, 2, 3 \ldots$
Diese rekursive Darstellung der Folge kann man explizit angeben:
$u_n = \frac{4}{3} u_{n-1} = \frac{4}{3} \cdot \left(\frac{4}{3} u_{n-2}\right) = \left(\frac{4}{3}\right)^2 u_{n-2} = \ldots = \left(\frac{4}{3}\right)^{n-1} u_1 = \left(\frac{4}{3}\right)^n u_0 = 3 \cdot \left(\frac{4}{3}\right)^n$
Daraus erhält man nach der 10-ten Änderung
den Umfang $\frac{1\,048\,576}{19\,683} \approx 53{,}2732$ (in cm).
b) In der Ungleichung $3 \cdot \left(\frac{4}{3}\right)^n > 4 \cdot 10^9$ sind
die zugehörigen n zu berechnen.
Aus $\left(\frac{4}{3}\right)^{n-1} > 10^9$ errechnet man
$n - 1 > \frac{\log(10^9)}{\log\left(\frac{4}{3}\right)} \approx 72{,}0353$.

Somit ist nach 73-maliger Teilung der Seiten ein Vieleck entstanden mit einem Umfang von mehr als 40 000 km.

Trotz des immer länger werdenden Umfangs ist der Flächeninhalt der Figur endlich. Man erkennt, dass die Figur nicht über den Rand des roten Rechtecks „hinauswachsen" kann. Wie groß ist dann der Inhalt der Flocke höchstens?

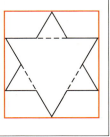

311

Folgen

Aufgaben

3 Berechnen Sie die ersten 10 Glieder der Zahlenfolge (a_n).
a) $a_n = \frac{2n}{5}$ b) $a_n = \frac{1}{n}$ c) $a_n = (-1)^n$ d) $a_n = \left(\frac{1}{2}\right)^n$ e) $a_n = 2$ f) $a_n = \sin\left(\frac{\pi}{2}n\right)$
Beschreiben Sie das Verhalten für große Werte von n.

Rekursive Folgen lassen sich sehr gut mit dem Computer bearbeiten!

4 Berechnen Sie die ersten zehn Glieder der rekursiv dargestellten Zahlenfolge (a_n). Versuchen Sie eine explizite Darstellung der Folge anzugeben.
a) $a_1 = 1$; $a_{n+1} = 2 + a_n$ b) $a_1 = 1$; $a_{n+1} = 2 \cdot a_n$
c) $a_1 = \frac{1}{2}$; $a_{n+1} = \frac{1}{a_n}$ d) $a_1 = 0$; $a_2 = 1$; $a_{n+2} = a_n + a_{n+1}$

5 Gegeben ist eine Folge (a_n) mit $a_{n+1} = \sqrt{a_n} - 0{,}25$ mit $a_1 = 1$, $n = 1, 2, 3, \ldots$
Berechnen Sie die ersten Glieder der Zahlenfolge. Erstellen Sie dazu einen Graphen. Können Sie eine Annäherung an einen Wert mit wachsendem n feststellen?

Wie intelligent ist eine solche Aufgabe aus mathematischer Sicht?

6 Intelligenztests bestehen zu einem Teil darin, aus den ersten Folgengliedern eine Bildungsvorschrift für weitere Glieder zu ermitteln. Ermitteln Sie entsprechend eine Bildungsvorschrift für a_n und berechnen Sie jeweils a_{10} und a_{20}. Wie verhält sich die Folge für große n?

	a_1	a_2	a_3	a_4	a_5
a)	1	−2	3	−4	5
b)	0	$\frac{1}{2}$	$\frac{2}{3}$	$\frac{3}{4}$	$\frac{4}{5}$
c)	16	−8	4	−2	1
d)	−4	−1	2	5	8
e)	3	$4\frac{1}{2}$	$3\frac{2}{3}$	$4\frac{1}{4}$	$3\frac{4}{5}$

7 Gegeben ist eine Funktion f für $x > 0$. Durch Einschränkung der Definitionsmenge auf eine geeignete Teilmenge von $\mathbb{N}^*$ erhält man eine Folge (a_n). Was können Sie über das Verhalten der Folge für große n aussagen?
a) $f(x) = \frac{1}{2}x + 4$ b) $f(x) = -\frac{1}{x - 4{,}5}$ c) $f(x) = x + \frac{5x}{3x + 6}$ d) $f(x) = |x - 0{,}5|$

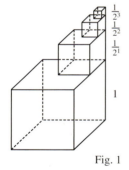

Fig. 1

8 Von zwei gleich großen Würfeln der Kantenlänge 1 wird einer in 8 gleich große Würfel zerlegt und einer der dabei erhaltenen Würfel wie in Fig. 1 auf den anderen gestellt. Dieses Verfahren wird wiederholt.
a) Berechnen Sie das Volumen des entstandenen Körpers nach der 1. (2., 3.) Teilung.
b) Geben Sie das n-te Glied der Zahlenfolge (V_n) an, die jedem n das Volumen V_n zuordnet.

9 Gegeben ist die Funktion f mit $f(x) = 4\frac{x+1}{x}$ mit $D_f = \mathbb{R} \setminus \{0\}$. Schränken Sie die Definitionsmenge auf eine geeignete Teilmenge der natürlichen Zahlen ein.
a) Berechnen Sie die Folgenglieder mit den Nummern 1 bis 10, 100, 1000, 10000, 100000.
b) Welche der in a) berechneten Glieder haben einen „Abstand" vom Wert 4, der kleiner als $\frac{1}{2}$ ist?
c) Welchen „Abstand" haben die Folgenglieder a_{500}, a_{2000}, a_{50000} von der Zahl 4?
d) Ab welchem n unterscheidet sich das Folgenglied a_n von 4 um weniger als 10^{-18}?

10 Eine Ware mit dem heutigen Preis 1,00 € wird durch eine jährliche Inflation von konstant 5 % laufend teurer.
a) Berechnen Sie zu einer Inflationsrate von 5 % und einer beliebigen Jahreszahl n den zugehörigen Warenpreis und erstellen Sie einen Graphen für die ersten 20 Jahre.
b) Berechnen Sie den Zeitraum, nach dem sich der Preis der Ware verdoppelt hat.

Eine negative Inflationsrate heißt Deflation.

2 Eigenschaften von Folgen

1 Gegeben sind die Zahlenfolgen $(a_n) = \left(\frac{1}{n}\right)$, $(b_n) = \left(-\frac{1}{n}\right)$, $(c_n) = (n)$, $(d_n) = \left(3 + \frac{1}{n}\right)$, $(e_n) = ((-1)^n)$, $(f_n) = \left(1 - \frac{1}{2n}\right)$, $(g_n) = (1 + n^2)$.
Sortieren Sie die Folgen nach gemeinsamen Eigenschaften, die Sie für wichtig halten.

Bei Zahlenfolgen sind drei Eigenschaften besonders wichtig.
(1) Zahlenfolgen können wie Funktionen monoton sein, d. h. mit wachsendem n werden die Folgenglieder entweder größer oder kleiner.
(2) Ihre Glieder können möglicherweise nur in einem endlichen Intervall [s; S] liegen.
(3) Zahlenfolgen können sich einem so genannten Grenzwert beliebig annähern.
Eigenschaft (1) und (2) werden im Folgenden behandelt, Eigenschaft (3) im nächsten Paragraphen.
In der Zahlenfolge (a_n) mit $a_n = 0{,}8^n$ werden die Folgenglieder laufend kleiner (Fig. 1), d. h. es ist $a_{n+1} < a_n$ für alle $n \in \mathbb{N}^*$. Für die Zahlenfolge (b_n) mit $b_n = (-1)^n$ gilt dies nicht.

Streng monoton steigend:
Es geht immer bergauf:

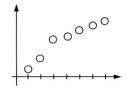

Definition 1: Eine Zahlenfolge (a_n) heißt
monoton steigend, wenn für alle Folgenglieder $a_{n+1} \geq a_n$ ist,
monoton fallend, wenn für alle Folgenglieder $a_{n+1} \leq a_n$ ist.

Bemerkung: Das Wort **streng** wird vorangestellt, wenn das Gleichheitszeichen nicht gilt.

Monoton fallend:
Es geht bergab oder bleibt eben:

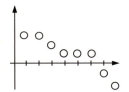

Die Zahlenfolge (a_n) mit $a_n = 0{,}8^n$ hat noch eine weitere Eigenschaft: Alle ihre Glieder sind größer als $s = 0$ und kleiner oder gleich $S = 1$. Es gilt also $s < a_n \leq S$.
Die Ungleichung gilt auch für andere Werte von s und S; z. B. gilt $-0{,}4 \leq a_n \leq 1{,}4$ für alle $n \in \mathbb{N}^*$ (Fig. 1).

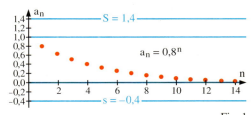

Fig. 1

Beschränkt:
Kein Glied überschreitet S oder unterschreitet s

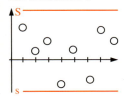

Definition 2: Eine Zahlenfolge (a_n) heißt
nach oben beschränkt, wenn es eine Zahl S gibt, sodass für alle Folgenglieder $a_n \leq S$ ist,
nach unten beschränkt, wenn es eine Zahl s gibt, sodass für alle Folgenglieder $a_n \geq s$ ist.
S nennt man eine obere Schranke, s eine untere Schranke der Folge.
Eine nach oben und unten beschränkte Folge heißt **beschränkte Folge**.

Beispiel 1: (Monotonie und Beschränktheit)
Untersuchen Sie auf Monotonie und Beschränktheit. a) (a_n) mit $a_n = \frac{2}{n}$ b) (b_n) mit $b_n = \frac{2 \cdot (-1)^n}{n}$
Lösung:
a) Da $\frac{2}{n+1} < \frac{2}{n}$ ist für alle $n \in \mathbb{N}^*$, ist (a_n) streng monoton fallend.
(a_n) ist nach oben beschränkt, z. B. durch $S = a_1 = 2$, da die Folgenglieder wegen der Monotonie laufend kleiner werden. (a_n) ist auch nach unten z. B. durch die Zahl 0 beschränkt wegen $a_n \geq 0$. Damit ist (a_n) beschränkt.
b) (b_n) ist nicht monoton, da $b_1 < b_2$, aber $b_2 > b_3$ ist. (b_n) ist nach unten beschränkt z. B. durch $s = -2$ und nach oben z. B. durch $S = 1$; damit ist (b_n) beschränkt.

313

Eigenschaften von Folgen

Beispiel 2: (Nachweis der Monotonie mithilfe der Differenz)
Gegeben ist die Zahlenfolge (a_n) mit $a_n = \frac{1-2n}{n}$, $n \in \mathbb{N}^*$.
a) Zeichnen Sie einen Graphen.   b) Untersuchen Sie (a_n) auf Monotonie und Beschränktheit.
Lösung:
a) $a_n = \frac{1-2n}{n} = \frac{1}{n} - 2 = -2 + \frac{1}{n}$ (Fig. 1)
b) Um die Monotonie nachweisen zu können, bildet man die Differenz $a_{n+1} - a_n$:
$a_{n+1} - a_n = \frac{1-2(n+1)}{n+1} - \frac{1-2n}{n}$
$= \left(-2 + \frac{1}{n+1}\right) - \left(-2 + \frac{1}{n}\right) = -\frac{1}{n(n+1)}$
Sie ist negativ für alle $n \in \mathbb{N}^*$; daher ist $a_{n+1} < a_n$; (a_n) ist streng monoton fallend.
Die Zahlenfolge ist auch beschränkt: Eine obere Schranke ist $S = a_1 = -1$; eine untere Schranke ist $s = -2$, da $a_n = -2 + \frac{1}{n} > -2$ ist für alle $n \in \mathbb{N}^*$.

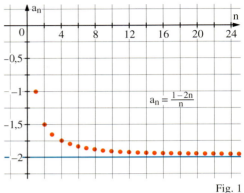

Fig. 1

Aufgaben

Hat eine Folge (a_n) nur positive Glieder, so ist manchmal folgendes Kriterium für die Monotonie nützlich:
Ist $\frac{a_{n+1}}{a_n} \geq 1$ ($\frac{a_{n+1}}{a_n} \leq 1$) für alle $n \in \mathbb{N}^*$, so ist (a_n) monoton steigend (monoton fallend)

2 Untersuchen Sie die Folge (a_n) auf Monotonie und Beschränktheit.
a) $a_n = 1 + \frac{1}{n}$ b) $a_n = \left(\frac{3}{4}\right)^n$ c) $a_n = (-1)^n$ d) $a_n = 1 + \frac{(-1)^n}{n}$ e) $a_n = 2$

3 a) $a_n = \frac{8n}{n^2+1}$ b) $a_n = \frac{n^2}{100} + n$ c) $a_n = \frac{1}{\sqrt{n}}$ d) $a_n = \frac{1+5n^2}{n(n+1)}$ e) $a_n = \sin(\pi \cdot n)$

4 Kreuzen Sie die zugehörige Eigenschaft an.

Sind Monotonie und Beschränktheit unabhängige Eigenschaften einer Zahlenfolge?

Folge (a_n) mit	$a_n = n$	$a_n = (-1)^n \cdot n$	$a_n = \frac{(-1)^n}{n}$	$a_n = 1 + \frac{1}{n}$
nach oben beschränkt				
nach unten beschränkt				
beschränkt				
monoton				

Können Sie eine Aussage über das Verhalten von (a_n) für größer werdendes n machen?

5 Geben Sie jeweils 3 Zahlenfolgen in expliziter Darstellung an, die
a) monoton steigend sind,
b) monoton fallend sind,
c) nicht monoton sind,
d) nicht nach oben beschränkt sind,
e) streng monoton fallend und nach unten beschränkt sind,
f) streng monoton steigend und nicht nach oben beschränkt sind,
g) streng monoton steigend und nach oben beschränkt sind.

6 Sind die folgenden Aussagen wahr oder falsch? Geben Sie, wenn möglich, ein Beispiel an. Begründen Sie Ihre Antwort.
a) Eine beschränkte Zahlenfolge muss nicht monoton sein.
b) Ist eine Zahlenfolge (a_n) streng monoton fallend, so ist (a_n) immer nach oben beschränkt.
c) Gilt für alle $n \in \mathbb{N}^*$ einer Zahlenfolge (a_n) sowohl $a_n > 0$ als auch $\frac{a_{n+1}}{a_n} \leq 1$, so ist (a_n) streng monoton fallend.
d) Gilt für alle $n \in \mathbb{N}^*$ einer Zahlenfolge (a_n), dass der Quotient $\left|\frac{a_{n+1}}{a_n}\right|$ größer als 1 ist, so ist die Zahlenfolge streng monoton steigend.

3 Grenzwert einer Folge

1 Gegeben ist die Zahlenfolge (a_n) mit $a_n = \frac{2n-1}{n}$.

a) Zeichnen Sie den Graphen bis $n = 20$ in ein Achsenkreuz.

b) Berechnen Sie für großes n einige Folgenglieder. Welchem Wert nähern sich die Glieder mit zunehmenden n an?

c) Berechnen Sie alle Folgenglieder a_n, die sich um weniger als $\frac{1}{100}$ bzw. 10^{-6} von 2 unterscheiden.

Die Abweichung der Zahl x von einer Zahl a ist $|x - a|$.

Bei Zahlenfolgen (a_n) soll das Annähern der Folgenglieder a_n an eine Zahl g im Folgenden analysiert und definiert werden. Der Gedankengang wird an einem Beispiel erläutert.

Bei der Zahlenfolge (a_n) mit $a_n = \frac{n+(-1)^n}{n} = 1 + \frac{(-1)^n}{n}$, $n \in \mathbb{N}^*$, nähern sich die Glieder mit wachsender Nummer n der Zahl 1 (Fig. 1). Das bedeutet, dass der Abstand $|a_n - 1| = \left|\frac{(-1)^n}{n}\right| = \frac{1}{n}$ der Folgenglieder von der Zahl 1 laufend kleiner wird.

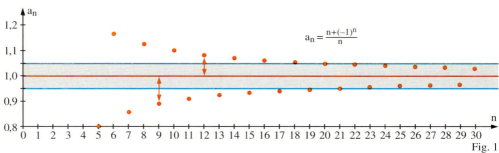
Fig. 1

Alle Folgenglieder a_n mit einer Nummer größer als 20 haben von 1 einen kleineren Abstand als 0,05. Es ist nämlich $|a_n - 1| = \frac{1}{n} < 0{,}05$ für $n > \frac{1}{0{,}05} = 20$

Man kann sogar angeben, für welche Nummern der Abstand kleiner ist als eine vorgegebene Zahl ε. Ist z. B. ε = 0,01, so ergeben sich aus $|a_n - 1| = \frac{1}{n} < \frac{1}{100}$ die Nummern n > 100.

Für ε = 10^{-10} ist dies für $n > 10^{10}$ der Fall. Entsprechend haben für irgendein positives ε wegen $|a_n - 1| = \frac{1}{n} < \varepsilon$ alle Folgenglieder mit den Nummern $n > \frac{1}{\varepsilon}$ einen kleineren Abstand als ε von 1. Dies sind **fast alle** Folgenglieder. Unter „fast alle" versteht man dabei, dass nur endlich viele die Bedingung nicht erfüllen.

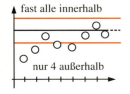

Definition: Eine Zahl g heißt **Grenzwert** der Zahlenfolge (a_n), wenn bei Vorgabe irgendeiner positiven Zahl ε **fast alle** Folgenglieder die Ungleichung $|a_n - g| < \varepsilon$ erfüllen. Fast alle bedeutet dabei, dass es nur endlich viele Ausnahmen gibt.

Bemerkung: Zum Nachweis, dass fast alle Folgenglieder a_n die Ungleichung $|a_n - g| < \varepsilon$ erfüllen, muss man nur eine Nummer angeben können, ab der alle Folgenglieder die Ungleichung erfüllen.

Man schreibt für den Grenzwert g einer Zahlenfolge (a_n) kurz

limes (lat.): Grenze

$g = \lim\limits_{n \to \infty} a_n$ (gelesen: g ist der Limes von a_n für n gegen unendlich) oder auch

$a_n \to g$ für $n \to \infty$ (gelesen: a_n geht gegen g für n gegen unendlich).

convergere (lat.): zusammenlaufen
divergere (lat.): auseinander laufen

Folgen, die einen Grenzwert haben, nennt man **konvergente** Folgen.
Folgen ohne Grenzwert nennt man **divergente** Folgen.
Hat eine Folge (a_n) den Grenzwert 0, so nennt man (a_n) **Nullfolge**.

315

Grenzwert einer Folge

Bei der Folge (a_n) mit $a_n = (-1)^n + \frac{1}{n}$ liegen unendlich viele Glieder beliebig nahe bei 1 und unendlich viele beliebig nahe bei −1. Damit ist die Folge divergent.

Eine Folge (a_n) kann höchstens einen Grenzwert haben. Fig. 1 zeigt nämlich, dass bei zwei vermuteten Grenzwerten g_1 und g_2 mit $g_1 > g_2$ und der Wahl von $\varepsilon = \frac{g_1 - g_2}{2}$ nur noch endlich viele Glieder nahe genug bei g_1 liegen können, wenn fast alle in der Nähe von g_2 liegen.

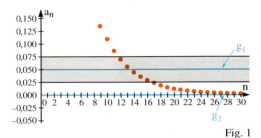

Fig. 1

Satz 1: Eine Zahlenfolge kann höchstens einen Grenzwert haben.

Mit der Definition des Grenzwertes kann man keinen Grenzwert berechnen, wohl aber nachprüfen, ob eine Zahl Grenzwert einer Folge ist oder nicht.

Zum Nachweis eines Grenzwertes kann folgende Aussage sehr nützlich sein:
(a_n) hat genau dann den Grenzwert g, wenn $(a_n - g)$ eine Nullfolge ist. Die Aussage stimmt mit der Definition des Grenzwertes überein, da $|a_n - g| < \varepsilon$ mit $|(a_n - g) - 0| < \varepsilon$ äquivalent ist. Für den Nachweis der Konvergenz mithilfe der Definition muss eine konkrete Vermutung für g vorliegen. Man kann die Konvergenz aber auch ohne eine Vermutung nachweisen.

Satz 2: Wenn eine Folge **monoton und beschränkt** ist, dann ist sie auch **konvergent**.

Der Beweis für monoton fallende und nach unten beschränkte Folgen verläuft völlig analog.

Beweis (für monoton steigende und nach oben beschränkte Folgen):
(a_n) sei monoton steigend und nach oben beschränkt. Dann gibt es eine obere Schranke S, für die gilt $a_n \leq S$ für alle $n \in \mathbb{N}^*$. Unter den oberen Schranken S von (a_n) ist die kleinste obere Schranke g, deren Existenz durch das so genannte Vollständigkeitsaxiom gegeben ist, der Grenzwert von (a_n). Gibt man nämlich irgendeine positive Zahl ε vor, so ist $g - \varepsilon$ keine obere Schranke von (a_n) mehr. Damit gibt es sicher ein Folgenglied a_{n_0} mit $g - \varepsilon < a_{n_0} < g$. Da (a_n) monoton steigend ist, gilt $g - \varepsilon < a_{n_0} \leq g$ für alle $n > n_0$. Dies besagt aber, dass für fast alle Folgenglieder gilt: $-\varepsilon < a_n - g < 0$ oder $|a_n - g| < \varepsilon$. Damit ist nach Definition g Grenzwert der Folge (a_n).

Ein Axiom ist ein nicht zu beweisender Grundsatz.

*Eine **Intervallschachtelung** reeller Zahlen ist eine Folge von Intervallen $I_n = \{x \mid a_n \leq x \leq b_n; x \in \mathbb{R}\}$ mit den Eigenschaften*
(1) $a_n \leq b_n$ für alle $n \in \mathbb{N}^*$
(2) Die Folge (a_n) ist monoton steigend.
(3) Die Folge (b_n) ist monoton fallend.
(4) $(b_n - a_n)$ ist eine Nullfolge.

Vollständigkeitsaxiom:
Jede nach oben beschränkte nicht leere Teilmenge von $\mathbb{R}$ besitzt in $\mathbb{R}$ ein Supremum.
Erläuterungen:
Gegeben ist eine nicht leere Menge reeller Zahlen, etwa $M = \{x \mid -2 < x < 6\}$. Dann heißt S eine **obere Schranke** von M, wenn für alle $x \in M$ gilt: $x \leq S$. Für M sind etwa $S = 100$ oder $S' = \sqrt{37}$ obere Schranken. Die kleinste aller möglichen Schranken wird als **Supremum** der Menge M bezeichnet. So ist das Supremum von M die Zahl 6. Für $M' = \{x \mid 0 < x \leq 6\}$ fällt das Supremum von M mit dem Maximum zusammen.
Dass das Vollständigkeitsaxiom in der Menge $\mathbb{Q}$ der rationalen Zahlen nicht gilt, zeigt das Beispiel der Menge $M = \{x \mid x^2 < 2, x \in \mathbb{Q}\}$. Da es keine rationale Zahl mit $x^2 = 2$ gibt, gibt es auch keine rationale Zahl, die Supremum der Menge M sein kann. Im Bereich der reellen Zahlen $\mathbb{R}$ hat M aber eine kleinste obere Schranke, nämlich $\sqrt{2}$.

Es lässt sich zeigen, dass zum Vollständigkeitsaxiom folgende Aussagen äquivalent sind:
(1) Jede monotone und beschränkte Folge reeller Zahlen ist konvergent (s. obiger Beweis).
(2) Zu jeder Intervallschachtelung $[a_n; b_n]$ reeller Zahlen gibt es genau eine innere Zahl $c \in \mathbb{R}$ mit der Eigenschaft $a_n \leq c \leq b_n$ für alle $n \in \mathbb{N}^*$.

Grenzwert einer Folge

> $\frac{3}{2}$ ist nicht Grenzwert dieser Zahlenfolge, da für ein ε mit ε > 0 der Reihe nach folgt:
> (*) $\left|\frac{2n-1}{n+1} - \frac{3}{2}\right| < \varepsilon$
> $\frac{n-5}{2n+2} < \varepsilon$
> $n - 5 < 2n\varepsilon + 2\varepsilon$
> $n \cdot (1 - 2\varepsilon) < 2\varepsilon + 5$
> $n < \frac{2\varepsilon + 5}{1 - 2\varepsilon}$,
> sofern ε < 0,5 ist. Damit erfüllen für kleines ε nur endlich viele Glieder die Bedingung (*).

Beispiel 1: (Gewinnen und Überprüfen einer Vermutung)
Stellen Sie eine Vermutung über den Grenzwert der Zahlenfolge (a_n) mit $a_n = \frac{2n-1}{n+1}$ auf und überprüfen Sie diese mithilfe der Definition. Ab welcher Nummer weichen die Folgenglieder um weniger als 0,01 vom Grenzwert ab?
Lösung:
Es ist $a_{1000} = \frac{1999}{1001} \approx 1{,}997\,003$; $a_{100\,000} = \frac{199\,999}{100\,001} \approx 1{,}999\,970$; $a_{1\,000\,000} = \frac{1\,999\,999}{1\,000\,001} \approx 1{,}999\,997$.
Vermutung: Grenzwert g = 2.
Man gibt ein positives ε vor und berechnet die Abweichung von g = 2:
$\left|\frac{2n-1}{n+1} - 2\right| < \varepsilon$ wird nach n aufgelöst. Dies ergibt die äquivalenten Ungleichungen:
$\left|\frac{2n-1}{n+1} - \frac{2n+2}{n+1}\right| < \varepsilon$; $\left|\frac{-3}{n+1}\right| < \varepsilon$; $\frac{3}{n+1} < \varepsilon$; $n + 1 > \frac{3}{\varepsilon}$; $n > \frac{3}{\varepsilon} - 1$.
Damit erfüllen fast alle Folgenglieder a_n, nämlich alle mit Nummern größer als $\frac{3}{\varepsilon} - 1$, die Bedingung $\left|\frac{2n-1}{n+1} - 2\right| < \varepsilon$. Eine kleinere Abweichung als ε = 0,01 vom Grenzwert 2 haben alle Folgenglieder mit Nummern größer als 299.

Beispiel 2: (Nullfolgen)
Zeigen Sie, dass die Folge (a_n) eine Nullfolge ist.
a) $a_n = \frac{1}{n^k}$ mit k > 0
b) $a_n = q^n$ mit $|q| < 1$

> Folgen, deren Glieder Brüche mit konstantem Zähler sind und deren Nenner eine positive Potenz von n ist, sind Nullfolgen, z.B.
> $\left(\frac{1}{n}\right)$, $\left(\frac{3}{n^2}\right)$, $\left(\frac{1}{\sqrt{n}}\right)$, $\left(\frac{3}{4n^{\frac{7}{3}}}\right)$, ...

Lösung:
a) Gibt man einen „Abstand" ε vor (ε > 0), so folgt aus $\left|\frac{1}{n^k} - 0\right| < \varepsilon$ der Reihe nach:
$\frac{1}{n^k} < \varepsilon$; $\frac{1}{\varepsilon} < n^k$; $n > \left(\frac{1}{\varepsilon}\right)^{\frac{1}{k}}$.
Somit weichen alle Folgenglieder mit Nummern größer als $\left(\frac{1}{\varepsilon}\right)^{\frac{1}{k}}$ weniger als ε von 0 ab.
b) Man wählt ein beliebiges positives ε. Dann gilt der Reihe nach
$|q^n - 0| < \varepsilon$; $|q|^n < \varepsilon$; $n \cdot \log|q| < \log(\varepsilon)$.
Wegen $\log|q| < 0$ ergibt sich daraus: $n > \frac{\log(\varepsilon)}{\log|q|}$.

> Die Folge (a_n) mit $a_n = a_1 \cdot q^n$ heißt **geometrische Zahlenfolge**.

Somit weichen alle Folgenglieder mit Nummern größer als $\frac{\log(\varepsilon)}{\log|q|}$ weniger als ε von 0 ab.

Beispiel 3: (Nachweis mit Nullfolge)
Untersuchen Sie, ob die Folge (a_n) einen Grenzwert hat.
a) $a_n = \frac{3 + (-1)^n n^2}{n^2}$
b) $a_n = \sqrt{a + \frac{1}{n}}$; $a \geq 0$

Lösung:
a) Es ist $\frac{3 + (-1)^n n^2}{n^2} = \frac{3}{n^2} + (-1)^n$. $\left(\frac{3}{n^2}\right)$ ist eine Nullfolge, $((-1)^n)$ liefert die Werte 1 und –1.
Es liegen beliebig viele Glieder nahe bei 1 wie auch bei –1 (Fig. 1). (a_n) ist also divergent.
b) Vermutung: $\lim_{n \to \infty} \sqrt{a + \frac{1}{n}} = \sqrt{a}$.
Aus $\sqrt{a + \frac{1}{n}} - \sqrt{a} = \frac{\left(\sqrt{a + \frac{1}{n}} - \sqrt{a}\right) \cdot \left(\sqrt{a + \frac{1}{n}} + \sqrt{a}\right)}{\left(\sqrt{a + \frac{1}{n}} + \sqrt{a}\right)} = \frac{\frac{1}{n}}{\sqrt{a + \frac{1}{n}} + \sqrt{a}}$ und $0 < \frac{\frac{1}{n}}{\sqrt{a + \frac{1}{n}} + \sqrt{a}} < \frac{\frac{1}{n}}{2\sqrt{a}}$ folgt:

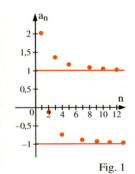

Fig. 1

$0 < \sqrt{a + \frac{1}{n}} - \sqrt{a} < \frac{1}{2n\sqrt{a}}$. Da $\left(\frac{1}{2n\sqrt{a}}\right)$ eine Nullfolge ist, gilt $\lim_{n \to \infty} \sqrt{a + \frac{1}{n}} = \sqrt{a}$.

> $a_1 = 0{,}1$
> $a_2 = 0{,}11$
> $a_3 = 0{,}111$
> $a_4 = 0{,}1111$
> ...
> Was ist wohl der Grenzwert?

Beispiel 4: (Konvergenz einer monotonen und beschränkten Folge)
Zeigen Sie, dass die Folge (a_n) mit $a_n = \frac{1}{10^1} + \frac{1}{10^2} + \frac{1}{10^3} + \ldots + \frac{1}{10^n}$ konvergent ist.
Lösung:
Die Folge ist monoton steigend, da $a_{n+1} - a_n = \frac{1}{10^{n+1}} > 0$ ist. Die Folge ist nach oben beschränkt wegen $0 < a_n < 1$ für alle $n \in \mathbb{N}^*$. Damit ist die Folge nach Satz 2 konvergent.

317

Grenzwert einer Folge

Aufgaben

2 a) Zeichnen Sie den Graphen der Folge (a_n) mit $a_n = \frac{6n+2}{3n}$ bis $n = 15$. Lesen Sie alle Glieder ab, die vom vermuteten Grenzwert weniger als 0,2 abweichen. Bestätigen Sie das rechnerisch.
b) Ab welchem Glied ist die Abweichung vom vermuteten Grenzwert kleiner als 10^{-6}?

3 Geben Sie die Glieder der Zahlenfolge (a_n) an, die um weniger als 0,1 von 1 abweichen.
a) $a_n = \frac{1+n}{n}$ b) $a_n = \frac{n^2-1}{n^2}$ c) $a_n = 1 - \frac{100}{n}$ d) $a_n = \frac{n-1}{n+2}$ e) $a_n = \frac{2n^2-3}{3n^2}$

4 Zeigen Sie mithilfe der Definition, dass die Folge $\left(\frac{1-2n}{3n}\right)$ konvergent ist. Von welchem Glied ab unterscheiden sich die Folgenglieder vom Grenzwert um weniger als $\frac{1}{100}$ bzw. 10^{-6}?

5 Zeigen Sie, dass die Differenzenfolge $(a_n - g)$ eine Nullfolge ist.
a) $\left(\frac{3n-2}{n+2}\right)$; $g = 3$ b) $\left(\frac{n^2+n}{5n^2}\right)$; $g = 0{,}2$ c) $\left(\frac{2^{n+1}}{2^n+1}\right)$; $g = 2$ d) $\left(\frac{3 \cdot 2^n + 2}{2^{n+1}}\right)$; $g = \frac{3}{2}$

Zu Aufgabe 6: Besteht ein Zusammenhang zwischen Nichtbeschränktheit und Konvergenz von Folgen?

6 Ordnen Sie den Astenden Folgen mit den an den Ästen angegebenen Eigenschaften zu.

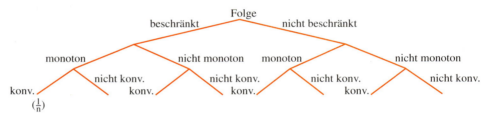

7 Weisen Sie nach, dass die Zahlenfolge (a_n) nicht konvergent ist.
a) $a_n = 1 + n^2$ b) $(-1)^n \cdot (n+2)$ c) $a_n = \frac{n^2+1}{n+2}$ d) $a_n = 2 - (1 + (-1)^n)$

8 Zeigen Sie durch Nachweis der Monotonie und der Beschränktheit, dass die Folge (a_n) konvergent ist. Stellen Sie eine Vermutung über ihren Grenzwert auf und bestätigen Sie diese.
a) $a_n = \frac{n+1}{5n}$ b) $a_n = \frac{\sqrt{5n}}{\sqrt{n+1}}$ c) $a_n = \frac{n\sqrt{n}+10}{n^2}$ d) $a_n = \frac{n}{n^2+1}$

9 Gegeben ist die Folge (a_n) mit
$a_n = 1 + \frac{1}{2} + \frac{1}{3} + \frac{1}{4} + \ldots + \frac{1}{n}$.
a) Zeigen Sie: (a_n) ist monoton steigend.
b) Berechnen Sie mithilfe eines Computerprogramms a_{100}, a_{1000}, a_{10000} und a_{100000} und versuchen Sie, eine Aussage über die Konvergenz der Folge zu machen.

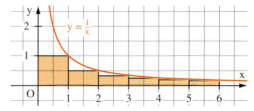

Berechnung von a_{100} mit DERIVE: sum(1/n,n,1,100)

Ich kann zwar viel, aber nicht alles!

c) Zeigen Sie, dass gilt $\frac{1}{n} + \frac{1}{n+1} + \frac{1}{n+2} + \ldots + \frac{1}{2n} > \frac{1}{2}$ für alle $n \in \mathbb{N}^*$.
d) Das Folgenglied a_n kann man in der Form schreiben
$a_n = 1 + \frac{1}{2} + \left(\frac{1}{3} + \frac{1}{4}\right) + \left(\frac{1}{5} + \frac{1}{6} + \frac{1}{7} + \frac{1}{8}\right) + \left(\frac{1}{9} + \frac{1}{10} + \ldots + \frac{1}{16}\right) + \left(\frac{1}{17} + \frac{1}{18} + \ldots + \frac{1}{32}\right) + \left(\frac{1}{33} + \frac{1}{34} + \ldots + \frac{1}{64}\right) + \ldots$
Zeigen Sie mithilfe dieser Darstellung und der Aussage von Aufgabenteil c), dass a_n nicht beschränkt ist. Was wissen Sie damit über die Konvergenz von (a_n)?
e) Kann man mit einem Computer, der nur beliebige Summen bilden kann und mit 1 Million Stellen rechnen kann, die Divergenz der Folge feststellen?
f) Was zeigt Ihr CAS-System an, wenn Sie eingeben, es solle der Grenzwert von (a_n) berechnet werden? Was schließen Sie daraus?

4 Grenzwertsätze

1 Gegeben ist die Zahlenfolge (a_n) mit $a_n = \frac{9n^2 + 4}{3n^2}$.
a) Weisen Sie nach, dass die Zahlenfolge den Grenzwert 3 hat.
b) Schreiben Sie den Bruch als Summe zweier Brüche und schließen Sie dann auf den Grenzwert.
c) Erweitern Sie Zähler und Nenner mit $\frac{1}{n^2}$ und zeigen Sie, dass Sie auch so auf den Grenzwert $g = 3$ schließen können.

Die Definition des Folgengrenzwertes ermöglicht nicht die Berechnung von Grenzwerten. Sie dient lediglich dazu, den Nachweis zu führen, ob eine Folge die Zahl g als Grenzwert hat oder nicht. Es wird ein Verfahren vorgestellt, Grenzwerte von Folgen zu berechnen.

Die konstante Folge (a_n) mit $a_n = a$ hat den Grenzwert a, da für alle Folgenglieder bei vorgegebener Abweichung $\varepsilon > 0$ gilt: $|a - a| < \varepsilon$.

Die Folge (a_n) mit $a_n = \frac{2n + 10}{5n}$ hat den Grenzwert $\frac{2}{5}$, da die Folge $\left(\frac{2n+10}{5n} - \frac{2}{5}\right) = \left(\frac{2}{n}\right)$ eine Nullfolge ist. Man kann aber $a_n = \frac{2n+10}{5n}$ auch zerlegen in $a_n = \frac{2}{5} + \frac{2}{n}$. Die Folge (a_n) kann somit aufgefasst werden als Summe der konstanten Folge (b_n) mit $b_n = \frac{2}{5}$ und der Nullfolge (c_n) mit $c_n = \frac{2}{n}$, also
$$\left(\frac{2n+10}{5n}\right) = \left(\frac{2}{5}\right) + \left(\frac{2}{n}\right).$$
Von den Grenzwerten der Einzelfolgen kann man auf den Grenzwert der Summenfolge schließen:
$$\lim_{n\to\infty} \frac{2n+10}{5n} = \lim_{n\to\infty} \left(\frac{2}{5} + \frac{2}{n}\right) = \lim_{n\to\infty} \frac{2}{5} + \lim_{n\to\infty} \frac{2}{n} = \frac{2}{5} + 0 = \frac{2}{5}.$$
Dieses Vorgehen ist zulässig und lässt sich sogar verallgemeinern:

Satz: (Grenzwertsätze)
Sind die Folgen (a_n) und (b_n) konvergent und haben sie die Grenzwerte a und b, so sind auch die Folgen $(a_n \pm b_n)$, $(a_n \cdot b_n)$ und, sofern $b_n \neq 0$ und $b \neq 0$ sind, auch die Folge $\left(\frac{a_n}{b_n}\right)$ konvergent. Es gilt:
$$\lim_{n\to\infty}(a_n \pm b_n) = \lim_{n\to\infty} a_n \pm \lim_{n\to\infty} b_n = a \pm b$$
$$\lim_{n\to\infty}(a_n \cdot b_n) = \lim_{n\to\infty} a_n \cdot \lim_{n\to\infty} b_n = a \cdot b$$
$$\lim_{n\to\infty} \frac{a_n}{b_n} = \frac{\lim_{n\to\infty} a_n}{\lim_{n\to\infty} b_n} = \frac{a}{b}, \quad b_n \neq 0 \text{ und } b \neq 0$$

Prüfen Sie an Zahlenbeispielen nach:

Es ist für alle reellen Zahlen x und y stets: $|x + y| \leq |x| + |y|$

Beweis (beispielhaft für die Summe von Grenzwerten):
Nach Voraussetzung gilt $\lim_{n\to\infty} a_n = a$ und $\lim_{n\to\infty} b_n = b$, d.h. bei beliebig vorgegebenem positivem ε gilt für fast alle Folgenglieder $|a_n - a| < \frac{\varepsilon}{2}$ und $|b_n - b| < \frac{\varepsilon}{2}$. (Da ε eine beliebige positive Zahl ist, kann man ε auch durch $\frac{\varepsilon}{2}$ ersetzen. $\frac{\varepsilon}{2}$ ist dann ebenfalls eine beliebige positive Zahl.)
Daraus ergibt sich
$$|(a_n + b_n) - (a + b)| = |(a_n - a) + (b_n - b)| \leq |a_n - a| + |b_n - b| < \frac{\varepsilon}{2} + \frac{\varepsilon}{2} = \varepsilon.$$
Damit haben fast alle Summenfolgen-Glieder $a_n + b_n$ von der Summe $a + b$ eine kleinere Abweichung als ein beliebig vorgegebener Wert ε. Die Summenfolge $(a_n + b_n)$ hat somit den Grenzwert $a + b$.
Mit diesen Grenzwertsätzen lassen sich komplizierte Grenzwerte berechnen.

Grenzwertsätze

Beispiel 1: (Anwendung der Grenzwertsätze)
Berechnen Sie den Grenzwert der Zahlenfolge (a_n) für $a_n = \frac{4n^2 - 17}{3n^2 + n}$.

Man erweitert bei Brüchen Zähler und Nenner mit dem Kehrwert der höchsten auftretenden Potenz von n.

Lösung:
Es ist $a_n = \frac{4n^2 - 17}{3n^2 + n} = \frac{4 - \frac{17}{n^2}}{3 + \frac{1}{n}}$. Wegen $\lim_{n \to \infty} 4 = 4$, $\lim_{n \to \infty} \frac{17}{n^2} = 0$, $\lim_{n \to \infty} 3 = 3$, $\lim_{n \to \infty} \frac{1}{n} = 0$ gilt

$$\lim_{n \to \infty} a_n = \lim_{n \to \infty} \frac{4 - \frac{17}{n^2}}{3 + \frac{1}{n}} = \frac{\lim_{n \to \infty} 4 - \lim_{n \to \infty} \frac{17}{n^2}}{\lim_{n \to \infty} 3 + \lim_{n \to \infty} \frac{1}{n}} = \frac{4 - 0}{3 - 0} = \frac{4}{3}.$$

Beispiel 2: (Schwieriger Grenzwert)
Berechnen Sie $\lim_{n \to \infty} (\sqrt{4n^2 + n} - 2n)$.

Nach Beispiel 3 auf Seite 317 gilt für positives a
$\lim_{n \to \infty} \sqrt{a + \frac{1}{n}} = \sqrt{a}.$

Lösung:
$$\sqrt{4n^2 + n} - 2n = \frac{(\sqrt{4n^2 + n} - 2n) \cdot (\sqrt{4n^2 + n} + 2n)}{(\sqrt{4n^2 + n} + 2n)} = \frac{4n^2 + n - 4n^2}{\sqrt{4n^2 + n} + 2n} = \frac{n}{\sqrt{4n^2 + n} + 2n} = \frac{n \cdot \frac{1}{n}}{(\sqrt{4n^2 + n} + 2n) \cdot \frac{1}{n}} = \frac{1}{\sqrt{4 + \frac{1}{n}} + 2}.$$

Wegen $\lim_{n \to \infty} \sqrt{4 + \frac{1}{n}} = \sqrt{4}$ gilt nach den Grenzwertsätzen:

$$\lim_{n \to \infty} (\sqrt{4n^2 + n} - 2n) = \frac{\lim_{n \to \infty} 1}{\lim_{n \to \infty} \sqrt{4 + \frac{1}{n}} + \lim_{n \to \infty} 2} = \frac{1}{\sqrt{4} + 2} = \frac{1}{4}.$$

Aufgaben

2 Zerlegen Sie die Folge (a_n) in eine konstante Folge plus eine Nullfolge und geben Sie ihren Grenzwert an.
a) $a_n = \frac{8 + n}{4n}$
b) $a_n = \frac{8 + \sqrt{n}}{4\sqrt{n}}$
c) $a_n = \frac{8 + 2^n}{4 \cdot 2^n}$
d) $a_n = \frac{6 + n^4}{\frac{1}{4}n^4}$
e) $a_n = \frac{4 + n^3}{n^3}$

3 Berechnen Sie den Grenzwert der Zahlenfolge (a_n) durch Umformen und Anwenden der Grenzwertsätze.
a) $a_n = \frac{1 + 2n}{1 + n}$
b) $a_n = \frac{7n^3 + 1}{n^3 - 10}$
c) $a_n = \frac{n^2 + 2n + 1}{1 + n + n^2}$
d) $a_n = \frac{\sqrt{n} + n + n^2}{\sqrt{2n} + n^2}$
e) $a_n = \frac{n^5 - n^4}{6n^5 - 1}$
f) $a_n = \frac{\sqrt{n + 1}}{\sqrt{n + 1} + 2}$
g) $a_n = \frac{(5 - n)^4}{(5 + n)^4}$
h) $a_n = \frac{(2 + n)^{10}}{(1 + n)^{10}}$
i) $a_n = \frac{(1 + 2n)^{10}}{(1 + n)^{10}}$
j) $a_n = \frac{(1 + 2n)^k}{(1 + 3n)^k}$

4 Bestimmen Sie den Grenzwert.
a) $\lim_{n \to \infty} \frac{2^n - 1}{2^n}$
b) $\lim_{n \to \infty} \frac{2^n - 1}{2^{n-1}}$
c) $\lim_{n \to \infty} \frac{2^n}{1 + 4^n}$
d) $\lim_{n \to \infty} \frac{2^n - 3^n}{2^n + 3^n}$
e) $\lim_{n \to \infty} \frac{2^n + 3^{n+1}}{2 \cdot 3^n}$

Beachten Sie:
$\lim_{n \to \infty} \sqrt{a + h_n} = \sqrt{a}$,
wenn (h_n) eine Nullfolge ist.

5 Formen Sie den Term um und berechnen Sie den Grenzwert.
a) $\lim_{n \to \infty} (\sqrt{n + 1} - \sqrt{n})$
b) $\lim_{n \to \infty} (\sqrt{n} \cdot (\sqrt{n + 1} - \sqrt{n}))$
c) $\lim_{n \to \infty} (\sqrt{n^2 - n} - n)$
d) $\lim_{n \to \infty} (\sqrt{2n^2 + n} - \sqrt{2} \cdot n)$
e) $\lim_{n \to \infty} (\sqrt{4^n + 2^n} - \sqrt{4^n})$
f) $\lim_{n \to \infty} ((-1)^n + (-1)^{n+1})$

6 Eine Folge (a_n) ist rekursiv gegeben durch $a_{n+1} = \frac{a_n^2 + b}{2a_n}$, $n = 1, 2, 3, \ldots$ mit einer reellen Zahl $b > 0$ und einem positiven Startwert a_1.
a) Berechnen Sie mindestens die ersten 10 Folgenglieder für $b = 2$ und den Startwert $a_1 = 1$. Berechnen Sie die ersten 5 bis 10 Folgenglieder für $b = 2$ und verschiedenen positiven Startwerten a_1. Welchen Grenzwert g hat vermutlich die Folge (a_n)? Variieren Sie auch b.

Wann gilt die Existenz des Grenzwertes als gesichert?

b) Ist die Existenz des Grenzwertes von (a_n) gesichert, so kann man mit folgender Überlegung den Grenzwert berechnen: Da $a_{n+1} = \frac{a_n^2 + b}{2a_n}$ ist und die Folgen (a_n) und (a_{n+1}) denselben Grenzwert g haben, gilt: $g = \frac{g^2 + b}{2g}$. Berechnen Sie daraus den Grenzwert g.

320

5 Die eulersche Zahl e

1 Welche der drei Banken macht das günstigste Angebot?

Eine Bank legt ein Angebot vor, nach dem sich ein angelegtes Kapital K innerhalb von 10 Jahren verdoppelt. Dies sind 100 % Zinsen in 10 Jahren. Damit erhöht sich im Durchschnitt das Kapital K pro Jahr um $\frac{100\%}{10} = 10\%$. Würde diese durchschnittliche Kapitalerhöhung von 10 % als Jahreszins dem Kapital K hinzugefügt, so erhielte man wegen

$$K_{10} = K \cdot \left(1 + \frac{1}{10}\right)^{10} \approx 2{,}5937 \cdot K$$

einen erheblich höheren Betrag nach 10 Jahren.
Es wird folgender Fall betrachtet:
Bei einer Verzinsung von 100 % in 10 Jahren ist die durchschnittliche Kapitalerhöhung pro Jahr $\frac{1}{10} = 10\%$, pro Halbjahr $\frac{1}{20} = 5\%$, pro Vierteljahr $\frac{1}{40} = 2{,}5\%$, pro Monat $\frac{1}{120} \approx 0{,}83\%$ usw.
Dieser Anteil wird als Zinssatz angenommen und der zugehörige Zins dem Kapital jährlich, halbjährlich, vierteljährlich, monatlich usw. zugeführt. Welches Kapital liegt jeweils nach 10 Jahren vor?

– Halbjährige Verzinsung (20 Zeiträume) mit $\frac{100}{20}\% = 5\%$:

$$K_{20} = K \cdot \left(1 + \frac{1}{20}\right)^{20} \approx 2{,}6533 \cdot K$$

– Vierteljährige Verzinsung (40 Zeiträume) mit $\frac{100}{40}\% = 2{,}5\%$:

$$K_{40} = K \cdot \left(1 + \frac{1}{40}\right)^{40} \approx 2{,}6851 \cdot K$$

– Monatliche Verzinsung (120 Zeiträume) mit $\frac{100}{120}\% = \frac{5}{6}\%$:

$$K_{120} = K \cdot \left(1 + \frac{1}{120}\right)^{120} \approx 2{,}7070 \cdot K$$

– Werden schließlich die 10 Jahre in m gleiche Zeiträume unterteilt und der Zinssatz $\frac{100}{m}\%$ nach jedem Zeitabschnitt dem Kapital zugefügt, so erhält man das Endkapital

$$K_m = K \cdot \left(1 + \frac{1}{m}\right)^m$$

Die Tabelle zeigt den Kontostand eines Anfangskapitals von K = 1 € nach 10 Jahren.

Zuschlag	10-j.	jährl.	halbj.	viertelj.	monatl.	tägl.	stündl.	pro Sekunde
m	1	10	20	40	120	3600	86400	311 040 000
Kapital	2,00	2,5937	2,6533	2,6851	2,7070	2,7179	2,7183	2,7183

Wie die Tabelle vermuten lässt, steigt bei fortgesetzter Erhöhung der Zahl der Verzinsungszeiträume das Endkapital laufend, jedoch nicht unbegrenzt. Im Grenzfall ($m \to \infty$) spricht man von stetiger Verzinsung. Zur Bestimmung des „Endkapitals" ist der Grenzwert der Folge (a_n) mit $a_n = \left(1 + \frac{1}{n}\right)^n$ zu untersuchen, da $\lim_{n \to \infty} K \cdot \left(1 + \frac{1}{n}\right)^n = K \cdot \lim_{n \to \infty} \left(1 + \frac{1}{n}\right)^n$ ist.

Der jährliche Zinssatz z, der zur Verdopplung des Kapitals K nach 10 Jahren führt, beträgt nur etwa 7,18 %. Es ist nämlich:
$K \cdot \left(1 + \frac{z}{100}\right)^{10} = 2 \cdot K$, *also*
$z = 100 \cdot \left(\sqrt[10]{2} - 1\right) \approx 7{,}18$.

Im Jahre 1690 untersuchte Jakob Bernoulli erstmals das Anwachsen bei „augenblicklicher Verzinsung".

Die eulersche Zahl e

Die Gültigkeit der bernoullischen Ungleichung wird auf Seite 331 in Beispiel 2 gezeigt.

LEONHARD EULER (1707–1783) veröffentlichte 1743 eine Abhandlung über den Grenzwert
$$\lim_{m \to \infty} \left(1 + \frac{1}{m}\right)^m,$$
er nannte ihn e.

$e = 2{,}718\,281\,828\,459$
$\phantom{e = 2{,}}045\,235\,360\,287$
$\phantom{e = 2{,}}471\,352\,662\,497$
$\phantom{e = 2{,}}757\,247\,093\,699$
$\phantom{e = 2{,}}959\,574\,966\,967$
$\phantom{e = 2{,}}627\,724\,076\,630$
$\phantom{e = 2{,}}353\,547\,594\,571\ldots$

Und wie hoch ist der tatsächliche Jahreszinssatz bei einer Verdopplung in 8 Jahren?

Der Nachweis der Konvergenz wird mithilfe des Satzes über die Konvergenz monotoner und beschränkter Funktionen geführt, d.h., es wird gezeigt, dass (a_n) streng monoton steigend und beschränkt ist. Dazu benötigt man die so genannte **bernoullische Ungleichung**:
$$(1 + x)^n > 1 + n \cdot x \text{ für } n > 1, \, x \neq 0 \text{ und } 1 + x > 0.$$

(1) (a_n) **ist streng monoton steigend.**
Es gilt:
$$\frac{a_{n+1}}{a_n} = \frac{\left(1 + \frac{1}{n+1}\right)^{n+1}}{\left(1 + \frac{1}{n}\right)^n} = \frac{\left(1 + \frac{1}{n+1}\right)^{n+1} \cdot \left(1 + \frac{1}{n}\right)}{\left(1 + \frac{1}{n}\right)^{n+1}} = \frac{\left(\frac{n+2}{n+1}\right)^{n+1} \cdot \left(1 + \frac{1}{n}\right)}{\left(\frac{n+1}{n}\right)^{n+1}} = \left(\frac{n(n+2)}{(n+1)^2}\right)^{n+1} \cdot \left(1 + \frac{1}{n}\right) = \left(1 - \frac{1}{(n+1)^2}\right)^{n+1} \cdot \left(1 + \frac{1}{n}\right).$$

Daraus ergibt sich nach der bernoullischen Ungleichung:
$$\left(1 - \frac{1}{(n+1)^2}\right)^{n+1} \cdot \left(1 + \frac{1}{n}\right) > \left(1 - \frac{n+1}{(n+1)^2}\right) \cdot \left(1 + \frac{1}{n}\right) = \left(1 - \frac{1}{n+1}\right) \cdot \frac{n+1}{n} = \frac{n}{n+1} \cdot \frac{n+1}{n} = 1.$$

Es gilt also $\frac{a_{n+1}}{a_n} > 1$. Da $a_n > 0$ ist für alle $n \in \mathbb{N}^*$, folgt daraus $a_{n+1} > a_n$.

(2) (a_n) **ist beschränkt.**
Es wird zunächst die Folge (b_n) mit $b_n = \left(1 + \frac{1}{n}\right)^{n+1}$ betrachtet, wobei $a_n < b_n$ ist für alle $n \in \mathbb{N}^*$.
Die Folge (b_n) ist streng monoton fallend. Es gilt nämlich
$$\frac{b_n}{b_{n+1}} = \frac{\left(1 + \frac{1}{n}\right)^{n+1}}{\left(1 + \frac{1}{n+1}\right)^{n+2}} = \frac{\left(1 + \frac{1}{n}\right)^{n+2}}{\left(1 + \frac{1}{n+1}\right)^{n+2} \cdot \left(1 + \frac{1}{n}\right)} = \frac{\left(\frac{n+1}{n}\right)^{n+2}}{\left(\frac{n+2}{n+1}\right)^{n+2}} \cdot \frac{n}{n+1} = \left(\frac{(n+1)^2}{n(n+2)}\right)^{n+2} \cdot \frac{n}{n+1} = \left(1 + \frac{1}{n(n+2)}\right)^{n+2} \cdot \frac{n}{n+1},$$

woraus folgt: $\left(1 + \frac{1}{n(n+2)}\right)^{n+2} \cdot \frac{n}{n+1} > \left(1 + \frac{n+2}{n(n+2)}\right) \cdot \frac{n}{n+1} = \frac{n+1}{n} \cdot \frac{n}{n+1} = 1.$

Es gilt also $\frac{b_n}{b_{n+1}} > 1$. Da $b_n > 0$ ist für alle $n \in \mathbb{N}^*$, folgt daraus $b_n > b_{n+1}$.

Da (a_n) streng monoton steigend, (b_n) streng monoton fallend und zudem $a_n < b_n$ ist, gilt $a_n < b_1 = \left(1 + \frac{1}{1}\right)^{1+1} = 4$ für alle $n \in \mathbb{N}^*$. Damit ist (a_n) nach oben beschränkt.

Satz: Die Folge (a_n) mit $a_n = \left(1 + \frac{1}{n}\right)^n$ ist konvergent. Ihr Grenzwert ist eine irrationale Zahl und heißt **eulersche Zahl e**. Es ist $e \approx 2{,}718\,28$.

Beispiel: (Tägliche Verzinsung)
Ein Kapital von 1000 € verdoppelt sich nach 8 Jahren. Dies sind 100 % in 8 Jahren. Berechnen Sie, welche Höhe das Kapital nach 8 Jahren erreichen würde, wenn die einem Tag entsprechende durchschnittliche Kapitalerhöhung direkt dem Kapital als Tageszins zugeführt würde. Wie hoch wäre das Kapital nach 8 Jahren bei stetiger Verzinsung?
Lösung:
Die Verdopplung des Kapitals nach 8 Jahren entspricht einem täglichen Zinssatz von
$p = \frac{100}{8 \cdot 360} = \frac{100}{2880} \approx 0{,}0347$. Daraus erhält man bei täglicher Zinszahlung nach 8 Jahren:
$K_{2880} = 1000 \cdot \left(1 + \frac{100}{2880 \cdot 100}\right)^{2880} = 1000 \cdot \left(1 + \frac{1}{2880}\right)^{2880} \approx 2717{,}81$; also knapp 2718 €.
Bei stetiger Verzinsung erhält man nach 8 Jahren $1000 \cdot e$ €, also etwas mehr als 2718 €.

Aufgaben

2 Ein Kapital von 100 € wird für 5 Jahre angelegt. Geben Sie die Höhe des Kapitals nach dieser Zeit in einer Tabelle an bei einem Zinssatz $p\% = 5\%$ oder $p\% = 15\%$ sowie jährlicher, halbjährlicher, vierteljährlicher, monatlicher oder täglicher Zinsberechnung.

3 Jemand möchte sein Kapital in 12 Jahren verdoppeln.
Die Bank A bietet an: 1,51 % Zins je Vierteljahr, Bank B 3,1 % Zins je Halbjahr. Verdoppelt sich in beiden Fällen das Kapital nach 12 Jahren? Welche Verzinsung ist günstiger?

6 Grenzwerte von Funktionen

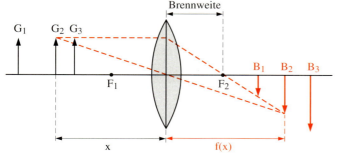

Fig. 1

1 Für die Gegenstandsweite x und die Bildweite f(x) (jeweils in cm) einer Fotolinse mit der Brennweite 5 cm gilt nach der Linsengleichung für $x > 5$: $f(x) = \frac{5x}{x-5}$ (Fig. 1).

a) Berechnen Sie die Bildweiten für $x = 6$, 7, ... bis 10. Wie verhält sich diese Folge $(f(x_n))$, wenn die Gegenstandsweiten größer werden?

b) Wie verhält sich die Folge $(f(x_n))$, die entsteht, wenn man $x_1 = 10$ setzt und diesen Wert bei jedem Schritt verdoppelt ($x_{n+1} = 2x_n$)?

c) Untersuchen Sie $(f(x))$ in der Nähe von $x = 5$ mithilfe einer gegen 5 konvergierenden Folge (x_n).

Vielfach ist es notwendig, das Verhalten einer Funktion f für $x \to \infty$ oder $x \to -\infty$ zu untersuchen. Aber auch das Verhalten in der Nähe einer Stelle x_0, an der eine Funktion nicht definiert ist, muss man kennen, wenn man einen Funktionsverlauf beschreiben will. Beide Probleme werden mithilfe von Folgen gelöst. Das Vorgehen wird am Beispiel der Funktion f mit $f(x) = \frac{2x^2 - 8}{(x-2)(x+3)}$, $D_f = \mathbb{R} \setminus \{2; -3\}$, erläutert.

6.1 Grenzwerte für $x \to \infty$ und $x \to -\infty$

Setzt man bei einer Funktion f mit einer rechts unbeschränkten Definitionsmenge für x nacheinander 1, 2, 3, ... ein, so entsteht eine Folge f(1), f(2), f(3), ... von Funktionswerten. Man nennt die Folge (n) Urbildfolge und die Folge (f(n)) Bildfolge.

Für die Funktion f mit $f(x) = \frac{2x^2 - 8}{(x-2)(x+3)}$ erhält man mit der Urbildfolge (n) die Bildfolge $\left(\frac{2n^2 - 8}{(n-2)(n+3)}\right)$, $n = 3, 4, 5, \ldots$

Wegen $\frac{2(n^2 - 4)}{(n-2)(n+3)} = \frac{2n+4}{n+3} = \frac{2 + \frac{4}{n}}{1 + \frac{3}{n}}$ ergibt sich

mithilfe der Grenzwertsätze der Grenzwert $g = 2$ für $n \to \infty$ (Fig. 2). Wählt man andere nach oben unbeschränkte Urbildfolgen, so ändert sich der Grenzwert der Bildfolge nicht, wie die Tabelle (Fig. 3) zeigt. Offensichtlich ist für alle Folgen (x_n) mit $x_n \to \infty$ der Grenzwert der Bildfolge $(f(x_n))$ derselbe. Mithilfe von Urbildfolgen, die nach unten unbeschränkt sind wie etwa $(-n)$, wird das Verhalten einer Funktion mit nach links unbeschränkter Definitionsmenge untersucht (Fig. 2). Auch hier ist für alle Urbildfolgen der Grenzwert der Bildfolge 2.

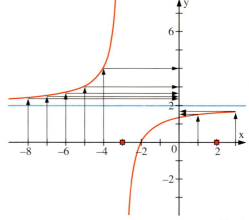

Fig. 2

Urbildfolge	(n)	(n²)	($\sqrt{n}$)	(2n − 1)	(3ⁿ)	(nⁿ)
Bildfolge	$\left(\frac{2n+4}{n+3}\right)$	$\left(\frac{2n^2+4}{n^2+3}\right)$	$\left(\frac{2\cdot\sqrt{n}+4}{\sqrt{n}+3}\right)$	$\left(\frac{2n+1}{n+1}\right)$	$\left(\frac{2(3^n+2)}{3^n+3}\right)$	$\left(\frac{2n^n+4}{n^n+3}\right)$
Grenzwert	2	2	2	2	2	2

Fig. 3

323

Grenzwerte von Funktionen

Definition 1: Eine Zahl g heißt **Grenzwert der Funktion f für** $x \to +\infty$ ($x \to -\infty$), wenn für jede Urbildfolge (x_n) mit $x_n \to +\infty$ ($x_n \to -\infty$) und $x_n \in D_f$ die Bildfolge $(f(x_n))$ denselben Grenzwert g hat. Man schreibt dann
$$\lim_{x \to +\infty} f(x) = g \quad \text{bzw.} \quad \lim_{x \to -\infty} f(x) = g.$$

Der Graph der Funktion f mit $\lim\limits_{x \to +\infty} f(x) = g$ nähert sich mit zunehmendem x der Geraden mit der Gleichung $y = g$ beliebig dicht an, genauer: $\lim\limits_{x \to +\infty} (f(x) - g) = 0$. Man nennt deshalb die Gerade mit der Gleichung $y = g$ eine **Asymptote** des Graphen.

Beispiel 1: (Grenzwertbestimmung durch Umformung)
Untersuchen Sie, ob der Grenzwert $\lim\limits_{x \to -\infty} \frac{3x^2 - x}{x^2}$ existiert.
Lösung:
Es ist $\frac{3x^2 - x}{x^2} = \frac{3 - \frac{1}{x}}{1}$. Da $\left(\frac{1}{x_n}\right)$ eine Nullfolge ist für jede Folge (x_n) mit $x_n \to -\infty$, gilt wegen der Grenzwertsätze für Folgen: $\lim\limits_{x \to -\infty} \frac{3x^2 - x}{x^2} = \lim\limits_{x_n \to -\infty} \frac{3 - \frac{1}{x_n}}{1} = 3$.

Beispiel 2: (kein Grenzwert)
Zeigen Sie, dass f mit $f(x) = \sin(x)$ keinen Grenzwert für $x \to +\infty$ besitzt.
Lösung:
Formaler Nachweis:
Wählt man die Folge $\left(n \cdot \frac{\pi}{2}\right)$ mit $n \in \mathbb{N}^*$, so erhält man die Bildfolge $\sin\left(n \cdot \frac{\pi}{2}\right)$, die nacheinander die Werte 1; 0; –1; 0 annimmt; sie besitzt keinen Grenzwert (Fig. 1).

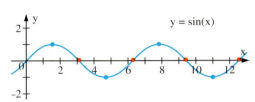

Aus dem Graphen ist unmittelbar ersichtlich, dass $\lim\limits_{x \to \infty} \sin(x)$ nicht existieren kann.

Fig. 1

Der formale Nachweis für die Divergenz kann auf zwei Arten erfolgen.
1. Man gibt zwei Urbildfolgen an, deren Bildfolgen verschiedene Grenzwerte besitzen.
2. Man gibt eine Urbildfolge an, deren zugehörige Bildfolge keinen Grenzwert besitzt.

Mit den Urbildfolgen $(n \cdot \pi)$ bzw. $\left(\frac{\pi}{2} + 2n\right)$ erhält man die Bildfolgen (0) bzw. (1).

Aufgaben

2 Geben Sie die Grenzwerte für $x \to +\infty$ und (wenn möglich) für $x \to -\infty$ an.
a) $f(x) = \frac{2}{x+1}$
b) $f(x) = \frac{1}{\sqrt{x}}$
c) $f(x) = \frac{x^3}{x^5} - 3$
d) $f(x) = \frac{4}{x + \sqrt{x+1}} + \frac{1}{3}$
e) $f(x) = \frac{1}{2^x + 1}$

3 Berechnen Sie die Grenzwerte für $x \to +\infty$ und (wenn möglich) für $x \to -\infty$. Erweitern Sie dazu die Terme geeignet, um die Grenzwertsätze für Folgen anwenden zu können.
a) $f(x) = \frac{6x + 5}{4 + 3x}$
b) $f(x) = \frac{2x^3 + 4x}{3x^3 + 6x + 1}$
c) $f(x) = \frac{\sqrt{x} - 8}{\sqrt{x}}$
d) $f(x) = \frac{x + 12}{2x^2 - 1}$
e) $f(x) = \frac{2x - 19}{\sqrt{x^2 + 19}}$

4 Untersuchen Sie das Verhalten von f für $x \to +\infty$ und (wenn möglich) für $x \to -\infty$.
a) $f(x) = \frac{x^2 + 4x + 1}{x^2 + x - 1}$
b) $f(x) = \frac{x^4 - x^2}{6x^4 + 1}$
c) $f(x) = \frac{x^4 - x^2}{6x^5 - 1}$
d) $f(x) = \frac{x^4 + x^2}{5x^3 + 3}$
e) $f(x) = \frac{\sqrt{x} - 8}{\sqrt{x}}$
f) $f(x) = \frac{(3 + x)^2}{(3 - x)^2}$
g) $f(x) = \frac{(3 + x)^3}{(3 - x)^3}$
h) $f(x) = \frac{3^{x-1}}{3^x - 1}$
i) $f(x) = (3 + 6^x) \cdot 3^{-x}$

5 Nennen Sie je zwei Funktionen f mit dem Grenzwert g für $x \to +\infty$ bzw. für $x \to -\infty$.
a) $g = 0$
b) $g = 2$
c) $g = \sqrt{3}$
d) $g = -1$
e) $g = -\frac{1}{4}$

6 Versuchen Sie eine Aussage über einen eventuell vorhandenen Grenzwert zu machen.
a) $\lim\limits_{x \to -\infty} \left(1 + \frac{1}{x^2}\right)^x$
b) $\lim\limits_{x \to +\infty} \frac{\sqrt{x^2 + 1} + \sqrt{x}}{\sqrt[4]{x^3 + x} - x}$
c) $\lim\limits_{x \to -\infty} \left(\frac{2x + 1}{x - 1}\right)^x$
d) $\lim\limits_{x \to +\infty} \left(\sqrt{(x^2 + 1)} - x\right)$

6.2 Grenzwerte für $x \to x_0$

Die Funktion f mit $f(x) = \frac{2x^2-8}{(x-2)(x+3)}$, $D_f = \mathbb{R} \setminus \{2; -3\}$, ist an den Stellen $x_0 = 2$ und $x_1 = -3$ nicht definiert. Damit existieren nur die Funktionswerte $f(2)$ bzw. $f(-3)$ nicht, jedoch alle Funktionswerte in unmittelbarer Umgebung dieser Stellen.

Um das Verhalten zunächst für $x \to 2$ zu untersuchen, betrachtet man Urbildfolgen (x_n) mit $x_n \neq 2$ und $x_n \to 2$ und bestimmt die Grenzwerte der zugehörigen Bildfolgen. Fig. 1 zeigt Beispiele.

Urbildfolge	$\left(2 + \frac{1}{n}\right)$	$\left(2 - \frac{1}{n}\right)$	$\left(2 + \frac{(-1)^n}{n^2}\right)$	$(2 + (0{,}6)^n)$	$\left(\frac{4n^2 + 3n + 1}{2n^2}\right)$
Bildfolge	$\frac{2 \cdot (4 + \frac{1}{n})}{5 + \frac{1}{n}}$	$\frac{2 \cdot (4 - \frac{1}{n})}{5 - \frac{1}{n}}$	$\frac{2 \cdot (4 + \frac{(-1)^n}{n})}{5 + \frac{(-1)^n}{n}}$	$\frac{2 \cdot (4 + 0{,}6^n)}{5 + 0{,}6^n}$	$\frac{2 \cdot (8 + \frac{3}{n} + \frac{1}{n^2})}{10 + \frac{3}{n} + \frac{1}{n^2}}$
Grenzwert	$\frac{8}{5}$	$\frac{8}{5}$	$\frac{8}{5}$	$\frac{8}{5}$	$\frac{8}{5}$

Fig. 1

Man stellt fest, dass für jede der gewählten Folgen (x_n) der Grenzwert der Bildfolge $\frac{8}{5}$ ist. Dies erkennt man auch aus Fig. 2.

Das Verhalten an der Stelle $x_1 = -3$ untersucht man z. B. mithilfe der Urbildfolge $\left(-3 + \frac{1}{n}\right)$.

Man erhält die nach unten unbeschränkte Bildfolge $(2 - 2n)$. Für die Urbildfolge $\left(-3 - \frac{1}{n}\right)$ hingegen erhält man die nach oben unbeschränkte Bildfolge $(2 + 2n)$ (Fig. 3).

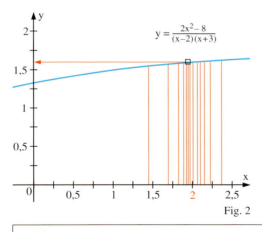
Fig. 2

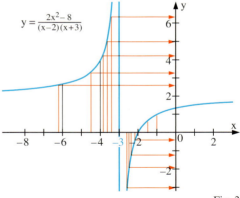
Fig. 3

Definition 2: Eine Zahl g heißt **Grenzwert der Funktion f für** $x \to x_0$, wenn für jede Urbildfolge (x_n) mit $x_n \in D_f$ und $x_n \to x_0$ die Bildfolge $(f(x_n))$ denselben Grenzwert g hat. Man schreibt dann

$$\lim_{x \to x_0} f(x) = g.$$

Damit man Folgen (x_0) mit $x_n \to x_0$ bilden kann, muss es beliebig nahe bei x_0 Zahlen geben, die zu D_f gehören. Dazu muss x_0 entweder zur Definitionsmenge gehören oder eine ausgeschlossene isolierte Stelle sein wie z. B. bei $D_f = \mathbb{R} \setminus \{x_0\}$.

Da der Grenzwert von Funktionen auf den von Folgen zurückgeführt wird, gelten die Grenzwertsätze für Folgen auch für Funktionen.

Der Satz gilt auch für $x \to +\infty$ und für $x \to -\infty$.

Satz: Hat für $x \to x_0$ die Funktion u den Grenzwert a und die Funktion v den Grenzwert b, dann hat für $x \to x_0$ die Funktion
(1) $u + v$ den Grenzwert $a + b$ (3) $u \cdot v$ den Grenzwert $a \cdot b$
(2) $u - v$ den Grenzwert $a - b$ (4) $\frac{u}{v}$ den Grenzwert $\frac{a}{b}$, falls $b \neq 0$ ist.

Grenzwerte von Funktionen

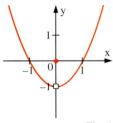

Fig. 1

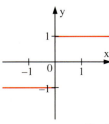

Fig. 2

Haben für alle Folgen (x_n) mit $x_n > x_0$ die Bildfolgen $(f(x_n))$ denselben Grenzwert g_r, so sagt man auch, f besitze einen **rechtsseitigen Grenzwert** an der Stelle x_0.

Entsprechendes gilt für den **linksseitigen Grenzwert** an einer Stelle x_0.

Es gibt auch sehr schwierig zu bestimmende Grenzwerte:
$\lim_{x \to 0} \frac{\sin(2x)}{\sin(x)}$
$\lim_{x \to 0} \frac{\sin(2x)}{\sin(3x)}$
$\lim_{x \to 0} \frac{\sin(2x)}{\tan(x)}$
$\lim_{x \to 0} \frac{\sin(2x)}{x}$

Versuchen Sie es einmal mithilfe des Computers!

Deuten Sie den Grenzwert geometrisch!

Beispiel 1: (Grenzwert ungleich Funktionswert)

Untersuchen Sie, ob die Funktion f mit $f(x) = \begin{cases} x^2 - 1 & \text{für } x \neq 0 \\ 0 & \text{für } x = 0 \end{cases}$ an der Stelle $x_0 = 0$ einen Grenzwert besitzt.

Lösung:
Für jede Nullfolge (x_n) gilt: $\lim_{x \to 0}(x^2 - 1) = \lim_{x_n \to 0}(x_n^2 - 1) = -1$. Damit existiert der Grenzwert der Funktion an der Stelle $x_0 = 0$. Dieser stimmt aber nicht mit dem Funktionswert $f(0) = 0$ an dieser Stelle überein (Fig. 1).

Beispiel 2: (Kein Grenzwert)
Wie verhält sich die Funktion f mit $f(x) = \frac{|x|}{x}$ für $x \to 0$?
Lösung:
Für alle Nullfolgen (x_n) mit $x_n > 0$ haben die Bildfolgen den Grenzwert 1. Für alle Nullfolgen (x_n) mit $x_n < 0$ haben die Bildfolgen den Grenzwert -1, da $\frac{|x|}{x} = \frac{-x}{x} = -1$ ist. Damit existiert kein Grenzwert für $x \to 0$ (Fig. 2).

Beispiel 3: (Grenzwertsätze)
Bestimmen Sie $\lim_{x \to 2}(x \cdot (x+1))$ und $\lim_{x \to 2} \frac{x}{x+1}$.
Lösung:
Wegen $\lim_{x \to 2} x = 2$ und $\lim_{x \to 2}(x+1) = 3$ ergibt sich: $\lim_{x \to 2}(x \cdot (x+1)) = 6$ und $\lim_{x \to 2} \frac{x}{x+1} = \frac{2}{3}$.

Aufgaben

7 Untersuchen Sie das Verhalten von f für $x \to 0$.
a) $f(x) = \frac{x}{x}$ b) $f(x) = \frac{x^3}{x}$ c) $f(x) = \frac{x}{x^3}$ d) $f(x) = \frac{2^x}{3^x}$ e) $f(x) = \frac{2^x - 1}{3^x}$

8 Untersuchen Sie, ob die Funktion f an den Definitionslücken Grenzwerte besitzt. Skizzieren Sie den Graphen von f.
a) $f(x) = \frac{x}{x-1}$ b) $f(x) = \frac{x^2-1}{x-1}$ c) $f(x) = \frac{x^3-1}{x-1}$ d) $f(x) = \frac{x^2-a^2}{x-a}$ e) $f(x) = \frac{x^4-16}{x-2}$

9 Berechnen Sie den Grenzwert mithilfe der Grenzwertsätze für Funktionen.
a) $\lim_{x \to 5}(x^2 - 2x)$ b) $\lim_{x \to -3}(x^4 - 5x^2 + 10)$ c) $\lim_{x \to -2}\left(x^3 - \frac{1}{x}\right)$ d) $\lim_{x \to -3}\left(\frac{10}{x^3} + x - \frac{20}{x}\right)$

10 Existiert der Grenzwert $x \to x_0$ an der „Nahtstelle" x_0?
a) $f(x) = \begin{cases} x^2 & \text{für } x \leq 3 \\ 12 - x & \text{für } x > 3 \end{cases}$ b) $f(x) = \begin{cases} x^2 + 4x & \text{für } x \leq -1 \\ 2^x - 3 & \text{für } x > -1 \end{cases}$

11 Gegeben ist die Funktion f mit $f(x) = \sin\left(\frac{1}{x}\right)$ mit $D_f = \mathbb{R} \setminus \{0\}$.
Zeigen Sie, dass f keinen Grenzwert für $x \to 0$ hat, wohl aber für $x \to +\infty$.

12 Zeichnen Sie in ein Koordinatensystem den Graphen von f sowie einige Sekanten P_0P_n mit $P_0(x_0 | f(x_0))$ und $P_n(x_0 + h_n | f(x_0 + h_n))$; (h_n) ist eine beliebige Nullfolge (Fig. 3). Berechnen Sie den Grenzwert der Steigungen $m_{P_0P_n}$ der Sekanten für $n \to \infty$.
a) $f(x) = x^2$, $x_0 = 2$ b) $f(x) = \frac{1}{4}x^3$, $x_0 = 1$
c) $f(x) = \frac{1}{x}$, $x_0 = -3$ d) $f(x) = \sqrt{x}$, $x_0 > 0$

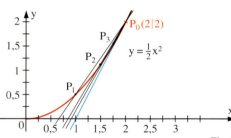

Fig. 3

7 Nullstellensatz und Zwischenwertsatz

1 Ein Reiter macht sich morgens um 8.00 Uhr auf, um in einem hoch auf einem Berg gelegenen Ort Freunde zu besuchen. Er verbringt dort den Abend und übernachtet in einem Gasthaus. Am nächsten Morgen reitet er wieder die gleiche Route zurück, allerdings schneller, da es weite Strecken nur bergab geht. Er startet wieder pünktlich um 8.00 Uhr.
Gibt es eine Stelle auf seiner Route, an der er beim Hinreiten zur gleichen Tageszeit vorbeikommt wie beim Zurückreiten?

Weiß man von einer Funktion f nur, dass sie in einem Intervall [a; b] definiert ist und dass gilt: $f(a) < 0$ und $f(b) > 0$, so kann man daraus schließen, dass es eine Stelle x_0 mit $a < x_0 < b$ gibt mit $f(x_0) = 0$, wenn f eine wichtige Eigenschaft hat: Der Graph von f darf keine Sprünge machen (Fig. 1). Solche Funktionen nennt man stetig. Stetige Funktionen wurden bereits auf Seite 68 betrachtet. Im Unterschied dazu liegt hier ein exakter Grenzwertbegriff zugrunde.

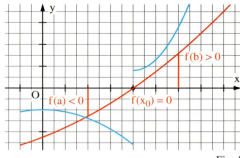

Fig. 1

> **Definition:** Eine Funktion f mit der Definitionsmenge D_f heißt **an der Stelle $x_0 \in D_f$ stetig**, wenn der Grenzwert der Funktion f für $x \to x_0$ mit dem Funktionswert $f(x_0)$ übereinstimmt, d. h. wenn gilt: $\lim_{x \to x_0} f(x) = f(x_0)$.

Wegen $\lim_{x \to x_0} c = c$ ist jede konstante Funktion f mit $f(x) = c$ an jeder Stelle $x_0 \in \mathbb{R}$ stetig. Auch die Funktion $f(x) = x$ ist an jeder Stelle $x_0 = \mathbb{R}$ stetig, da $\lim_{x \to x_0} x = x_0$ ist. Nach den Grenzwertsätzen (Seite 319) gilt für zwei an der Stelle x_0 stetige Funktionen f und g, dass auch ihre Summe, ihre Differenz, ihr Produkt und ihr Quotient (falls die Nennerfunktion an der Stelle x_0 von 0 verschieden ist) an der Stelle x_0 stetig sind. Daraus ergibt sich unmittelbar, dass z. B. die Quadratfunktion f mit $f(x) = x^2$ für $x \in \mathbb{R}$ oder die Kehrwertfunktion g mit $g(x) = \frac{1}{x}$ für $x \neq 0$ stetige Funktionen an jeder Stelle x_0 ihrer Definitionsmenge sind.

$\lim_{x \to x_0} x^2 = \lim_{x \to x_0} (x \cdot x)$
$= \lim_{x \to x_0} x \cdot \lim_{x \to x_0} x$
$= x_0 \cdot x_0 = x_0^2$

Sogar alle Funktionen f mit
$$f(x) = a_n x^n + a_{n-1} x^{n-1} + \ldots + a_2 x^2 + a_1 x + a_0$$
mit reellen Koeffizienten und $n \in \mathbb{N}$ sind an jeder Stelle $x_0 = \mathbb{R}$ stetig. Ferner lässt sich daraus schließen, dass alle Funktionen g mit
$$g(x) = \frac{a_n x^n + a_{n-1} x^{n-1} + \ldots + a_2 x^2 + a_1 x + a_0}{b_m x^m + b_{m-1} x^{m-1} + \ldots + b_2 x^2 + b_1 x + b_0}$$
mit reellen Koeffizienten und $n, m \in \mathbb{N}$ an jeder Stelle $x_0 \in \mathbb{R}$, die nicht Nennernullstelle ist, stetig sind.
Ist eine Funktion f an allen Stellen eines Intervalls [a; b] stetig, so nennt man **f stetig auf dem Intervall [a; b]**.

> **Satz 1:** (Nullstellensatz von Bolzano)
> Ist eine Funktion f auf dem abgeschlossenen Intervall [a; b] stetig und haben f(a) und f(b) unterschiedliche Vorzeichen, so hat f im Intervall [a; b] mindestens eine Nullstelle.

327

Nullstellensatz und Zwischenwertsatz

Beweis: (Intervallhalbierung)
Es sei $a_0 = a$ und $b_0 = b$. Ferner sei f im Intervall $I_0 = [a_0; b_0]$ stetig und es sei $f(a_0) < 0$ und $f(b_0) > 0$ (Fig. 1). Für den Mittelpunkt des Intervalls $[a_0; b_0]$ mit $m_0 = \frac{a_0 + b_0}{2}$ gilt dann $f(m_0) > 0$, $f(m_0) < 0$ oder $f(m_0) = 0$.
Ist $f(m_0) = 0$, so ist mit m_0 eine Nullstelle gefunden und der Beweis beendet.
Ist $f(m_0) > 0$, so wählt man ein neues Intervall $I_1 = [a_1; b_1]$ mit $a_1 = a_0$ und $b_1 = m_0$.

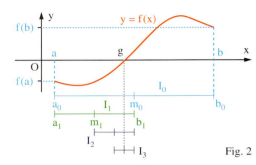

Fig. 2

Ist $f(m_0) < 0$, so wählt man hingegen als Intervall $I_1 = [a_1; b_1]$ mit $a_1 = m_0$ und $b_1 = b_0$.
Da $f(a_1) < 0$ und $f(b_1) > 0$ ist, verfährt man mit dem Intervall I_1 wie mit dem Intervall I_0 und erhält ein Intervall $I_2 = [a_2; b_2]$ mit denselben Eigenschaften wie I_0 usw. Man erhält eine Folge von Intervallen $I_n = [a_n; b_n]$, n = 0; 1; 2; 3; ... mit folgenden Eigenschaften:
• Die Folge (a_n) der linken Intervallenden a_n ist monoton steigend.
• Die Folge (b_n) der rechten Intervallenden b_n ist monoton fallend.
• Die Folge $(b_n - a_n)$ mit $b_n - a_n = \frac{b_0 - a_0}{2^n}$ ist eine Nullfolge.
Aus diesen Eigenschaften ergibt sich: $a_n < b_1$ und $b_n > a_1$ für alle $n \in \mathbb{N}$, d.h. die Folgen (a_n) und (b_n) sind monoton und beschränkt. Wegen $b_n - a_n \to 0$ für $n \to \infty$ besitzen beide den gleichen Grenzwert g. Aus der Stetigkeit von f folgt zudem $\lim_{a_n \to g} f(a_n) = f(g)$ und $\lim_{b_n \to g} f(b_n) = f(g)$.
Da aber $f(a_n) < 0$ und $f(b_n) > 0$ ist für alle $n \in \mathbb{N}$, folgt $f(g) = 0$.

BERNHARD BOLZANO (1781–1848) schrieb 1816 eine Arbeit mit dem Titel: „Rein analytischer Beweis des Lehrsatzes, daß zwischen je zwey Werthen, die ein entgegengesetztes Resultat gewähren, wenigstens eine reelle Wurzel der Gleichung liege."

Der Nullstellensatz lässt sich verallgemeinern:

Satz 2: (Zwischenwertsatz)
Ist die Funktion f auf dem abgeschlossenen Intervall [a; b] stetig und ist $f(a) \neq f(b)$, so nimmt f im Intervall [a; b] jeden Wert zwischen $f(a)$ und $f(b)$ mindestens einmal an.

Beweis: f ist stetig. Man kann außerdem voraussetzen, dass $f(a) < f(b)$ ist (Fig. 2). Man wählt irgend einen Wert c zwischen $f(a)$ und $f(b)$, also $f(a) < c < f(b)$. Betrachtet man die Funktion g mit $g(x) = f(x) - c$, so ist g stetig und es gilt: $g(a) = f(a) - c < 0$ und $g(b) = f(b) - c > 0$. Die Funktion g erfüllt somit alle Voraussetzungen des Nullstellensatzes, also gibt es in [a; b] eine Stelle x_0 mit $g(x_0) = 0$, d.h. aber $f(x_0) - c = 0$. Mit x_0 ist also eine Stelle gefunden mit $f(x_0) = c$.

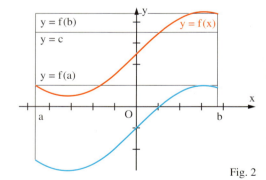

Fig. 2

Beispiel 1: (Nachweis der Stetigkeit)
Untersuchen Sie die Funktion f mit
$f(x) = \begin{cases} \frac{x^2 - 4}{2x - 4} & \text{für } x \neq 2 \\ 2 & \text{für } x = 2 \end{cases}$ auf Stetigkeit in $x_0 = 2$.
Lösung:
Es ist $\lim_{x \to 2} \frac{x^2 - 4}{2(x - 2)} = \lim_{x \to 2} \left(\frac{1}{2}x + 1\right) = 2 = f(2)$.
Damit ist f an der Stelle $x_0 = 2$ stetig (Fig. 3).

Die Funktion g mit
$g(x) = \begin{cases} \frac{x^2 - 4}{2x - 4} & \text{für } x \neq 2 \\ 4 & \text{für } x = 2 \end{cases}$
hingegen ist an der Stelle $x_0 = 2$ nicht stetig.

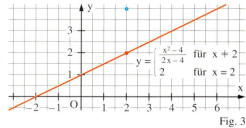

Fig. 3

Nullstellensatz und Zwischenwertsatz

Beispiel 2: (Unstetigkeit einer Funktion)
Untersuchen Sie die Funktion f mit
$$f(x) = \begin{cases} \frac{1}{x} + 2 & \text{für } x < 2 \\ 0{,}3\,x^2 & \text{für } x \geq 2 \end{cases}$$
an der Stelle $x_0 = 2$ auf Stetigkeit.
Lösung:
Der Grenzwert der Funktion f für $x \to 2$ mit $x > 2$ ist 1,2, der für $x \to 2$ mit $x < 2$ ist 2,5. Damit existiert kein Grenzwert. Die Funktion f ist somit in $x_0 = 2$ unstetig (Fig. 3).

Beachten Sie:
Da die Funktion f an der Stelle 0 nicht definiert ist, kann sie dort nicht auf Stetigkeit untersucht werden. An der Stelle 0 ist sie weder stetig noch unstetig.

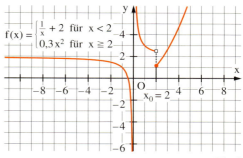
Fig. 3

Beispiel 3: (Nullstellensatz)
Zeigen Sie, dass sich die Graphen der Funktionen f mit $f(x) = 0{,}5 + x^2 + x^4$ und g mit $g(x) = x^5$ in einem Punkt P schneiden (Fig. 1). Berechnen Sie die Koordinaten von P auf 4 Dezimalen.
Lösung:
$f(x) = g(x)$ ist mit $f(x) - g(x) = 0$ äquivalent. Gesucht ist demnach eine Nullstelle der stetigen Funktion $h = f - g$ mit $h(x) = 0{,}5 + x^2 + x^4 - x^5$. Da $h(1) = 1{,}5 > 0$ und $h(2) = 0{,}5 + 4 + 16 - 32 < 0$ ist, liegt in $[1; 2]$ mindestens eine Nullstelle.
Mithilfe der Intervallhalbierung lässt sich dann mit einer Tabellenkalkulation die Nullstelle genauer berechnen (Fig. 4). Man erhält $x_0 \approx 1{,}5235$. Die Graphen schneiden sich näherungsweise in $S(1{,}5235 \mid 8{,}2976)$ (Fig. 1).

Fig. 1

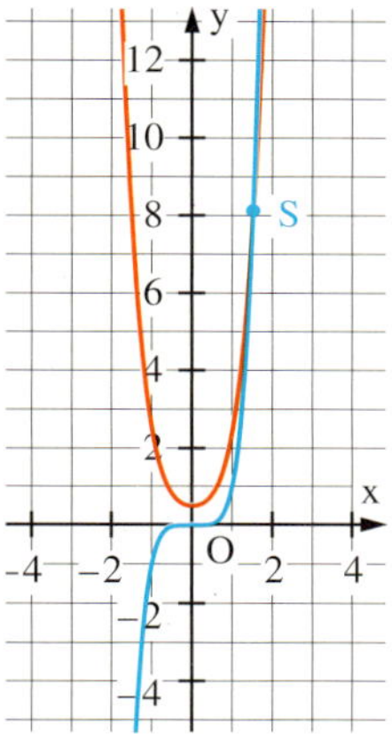

	A	B	C	D
1	a	b	(a+b)/2	f((a+b)/2)
2	1,00000	2,00000	1,50000	0,21875
3	1,50000	2,00000	1,75000	-3,47168
4	1,50000	1,75000	1,62500	-1,21744
5	1,50000	1,25000	1,56250	-0,41136
	...			
16	1,52356	1,52362	1,52359	-0,00007
17	1,52356	1,52359	1,52357	0,00008

Fig. 4

Aufgaben

2 Untersuchen Sie die Funktion f an der Stelle x_0 auf Stetigkeit.

a) $f(x) = \begin{cases} \frac{x-3}{x^2-9} & \text{für } x \neq 3 \\ \frac{1}{6} & \text{für } x = 3 \end{cases}$; $x_0 = 3$
b) $f(x) = \begin{cases} \frac{x^3+8}{x+2} & \text{für } x \neq -2 \\ 10 & \text{für } x = -2 \end{cases}$; $x_0 = -2$

3 a) Weisen Sie nach, dass die Funktion f mit $f(x) = \frac{x^3-1}{x}$ für alle x mit $x_0 \neq 0$ stetig ist.
b) Geben Sie alle Intervalle an, in denen die Funktion f mit $f(x) = \frac{1}{x^2-3x+2}$ stetig ist.

4 Bestimmen Sie ein Intervall $[z; z+1]$ mit $z \in \mathbb{Z}$, in dem die Funktion f eine Nullstelle hat, und berechnen Sie diese bis auf drei Dezimalen genau.
a) $f(x) = x^3 - 3x^2 - 3$ b) $f(x) = 2^x - x^4$ c) $f(x) = 3 \cdot 2^x - 3^x$ d) $f(x) = 2^{x+1} - 3x^4 + 5$

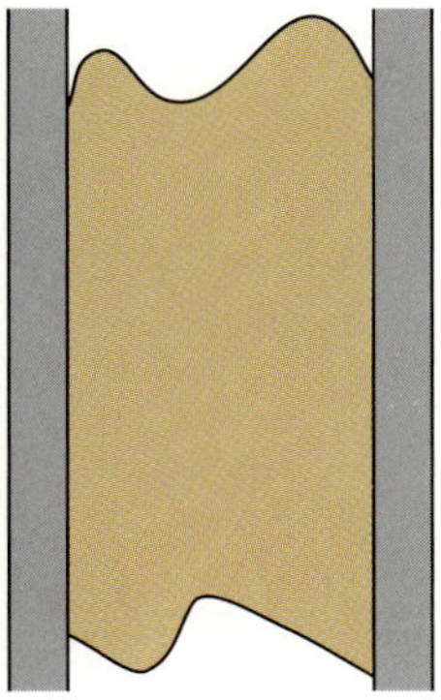

5 Ein Grundstück (Fig. 2) wird auf zwei Seiten von parallelen Straßen begrenzt. Ist es möglich, das Grundstück durch eine zu den Straßen parallele Gerade zu halbieren? Begründen Sie.

6 Gibt es eine Gerade, die gleichzeitig die Kreis- und die Rechtecksfläche von Fig. 5 halbiert? Begründen Sie.

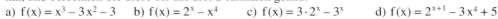

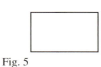

Fig. 2
Fig. 5

8 Das Beweisverfahren der vollständigen Induktion

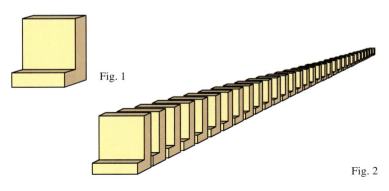

Fig. 1

Fig. 2

1 L-förmige „Dominosteine" wie in Fig. 1 können nur über eine Kante kippen, wenn man sie anstößt. Dann allerdings kippen sie leicht. Die Steine werden in einer sehr langen Reihe aufgestellt (Fig. 2).
a) Es sollen alle Steine gekippt werden. Wie kann man dies möglichst einfach erreichen? Worauf muss man in diesem Fall beim Aufstellen der Steine achten?
b) Wie kann man ganz einfach alle Steine bis auf die ersten 5 Steine umkippen?

$$1 = 1^2$$
$$1 + 3 = 2^2$$
$$1 + 3 + 5 = 3^2$$
$$1 + 3 + 5 + 7 = 4^2$$
$$1 + 3 + 5 + 7 + 9 = 5^2$$

Möchte man beweisen, dass eine Aussage wie die Formel $1 + 3 + \ldots + (2n + 1) = (n + 1)^2$ für alle natürlichen Zahlen $n \in \mathbb{N}$ gilt, so stößt man auf Schwierigkeiten. Zwar kann man die Formel für jede beliebige Zahl $k \in \mathbb{N}$ durch Nachrechnen beweisen, aber ein Beweis für alle natürlichen Zahlen kann so nicht geführt werden.
Bemerkenswert ist aber die Beobachtung, dass man die Formel z. B. für $k = 50$ viel einfacher beweisen kann, wenn diese bereits für $k = 49$ als richtig erkannt wurde. Wenn nämlich
$$1 + 3 + \ldots + (2 \cdot 49 + 1) = (49 + 1)^2 \quad \text{gilt, ist}$$
$$1 + 3 + \ldots + (2 \cdot 49 + 1) + (2 \cdot 50 + 1) = (49 + 1)^2 + (2 \cdot 50 + 1) = 50^2 + 2 \cdot 50 + 1 = (50 + 1)^2.$$
Diese Überlegungen lassen sich sogar auf jede beliebige Zahl $k \in \mathbb{N}$ übertragen. Ist nämlich
$$1 + 3 + \ldots + (2 \cdot k + 1) = (k + 1)^2, \quad \text{so gilt}$$
$$1 + 3 + \ldots + (2 \cdot k + 1) + (2 \cdot (k + 1) + 1) = (k + 1)^2 + 2 \cdot (k + 1) + 1 = ((k + 1) + 1)^2.$$
Damit kann nun gezeigt werden, dass die Gültigkeit der Formel in $\mathbb{N}$ „kein Ende hat". Denn für $k = 0$ gilt die Formel offensichtlich und somit auch für $k = 1$. Dann gilt die Formel für $k = 2$, also auch für $k = 3$ usw. Demnach gilt die Formel für alle Zahlen $n \in \mathbb{N}$ (Fig. 3).
Dies führt zu folgendem Beweisverfahren:

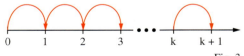

Fig. 3

Beweisverfahren der vollständigen Induktion:
Eine Aussage ist gültig für alle natürlichen Zahlen $n \in \mathbb{N}$, wenn man nachweisen kann:
(I) Die Aussage gilt für die natürliche Zahl $k = 0$. (**Induktionsanfang**)
(II) Wenn die Aussage für die natürliche Zahl k gilt, dann gilt sie auch für die nächst höhere Zahl $k + 1$. (**Induktionsschritt**)

---

inducere (lat.): hineinführen

Im Induktionsschritt muss nicht gezeigt werden, dass die betrachtete Aussage für k gilt. Vielmehr wird die Aussage für k als richtig vorausgesetzt und verwendet, um die Gültigkeit für $k + 1$ nachzuweisen.

Manche Aussagen gelten zwar nicht für alle $n \in \mathbb{N}$, aber für alle $n \in \mathbb{N}$ mit $n \geq a$. Sie können bewiesen werden, indem man statt 0 als Induktionsanfang die Zahl $a \in \mathbb{N}$ wählt (Fig. 4).

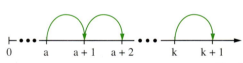

Fig. 4

330

Das Beweisverfahren der vollständigen Induktion

Beispiel 1: (Beweis durch vollständige Induktion; Summenformel)
Zeigen Sie, dass für alle $n \in \mathbb{N}$ gilt: $2^0 + 2^1 + 2^2 + \ldots + 2^n = 2^{n+1} - 1$.
Lösung:
Beweis durch vollständige Induktion:
(I) Induktionsanfang: Für $n = 0$ ist die Aussage wahr, da $2^0 = 2^{0+1} - 1$ ist.
(II) Induktionsschritt: Es sei $k \in \mathbb{N}$ und man nimmt an, dass die Aussage für k gilt.
Dies besagt: $2^0 + 2^1 + 2^2 + \ldots + 2^k = 2^{k+1} - 1$.
Damit muss gezeigt werden, dass auch $2^0 + 2^1 + 2^2 + \ldots + 2^k + 2^{k+1} = 2^{(k+1)+1} - 1$ gilt.
Dies ergibt sich so: $2^0 + 2^1 + 2^2 + \ldots + 2^k + 2^{k+1} = (2^0 + 2^1 + 2^2 + \ldots + 2^k) + 2^{k+1}$
$= (2^{k+1} - 1) + 2^{k+1} = 2 \cdot 2^{k+1} - 1 = 2^{(k+1)+1} - 1$.
Somit gilt die Aussage auch für $k + 1$; also ist die Aussage für alle $n \in \mathbb{N}$ wahr.

Ungleichung von BERNOULLI

Diese Ungleichung wie auch die gelb unterlegten Summenformeln auf dieser Seite für Potenzen (auch noch höheren Grades) stammen von JACOB BERNOULLI (1654–1705) aus der berühmten Basler Gelehrtenfamilie.

Beispiel 2: (Vollständige Induktion mit geändertem Induktionsanfang; Ungleichung)
Zeigen Sie, dass für alle $n \in \mathbb{N}$ mit $n \geq 2$ und jedes $x \in \mathbb{R}$ mit $x > -1$ und $x \neq 0$ gilt:
$(1 + x)^n > 1 + n \cdot x$.
Lösung:
Beweis durch vollständige Induktion:
(I) Induktionsanfang: Für $n = 2$ ist die Aussage wahr, da sich mit der 1. binomischen Formel für $x \neq 0$ ergibt: $(1 + x)^2 = 1 + 2x + x^2 > 1 + 2x$.
(II) Induktionsschritt: Es sei $k \in \mathbb{N}$ und man nimmt an, dass die Aussage für k gilt.
Dies besagt: $(1 + x)^k > 1 + k \cdot x$, und damit muss $(1 + x)^{k+1} > 1 + (k + 1) \cdot x$ gezeigt werden.
Dies ergibt sich so: $(1 + x)^{k+1} = (1 + x)(1 + x)^k > (1 + x)(1 + k \cdot x)$
$= 1 + (k + 1)x + kx^2 > 1 + (k + 1)x$,
da $1 + x > 0$ ist für $x > -1$. Somit gilt die Aussage auch für $k + 1$.
Damit ist gezeigt, dass die Aussage für alle $n \in \mathbb{N}$ mit $n \geq 2$ wahr ist.

Beispiel 3: (Beweis durch vollständige Induktion; Einerziffer)
Zeigen Sie, dass für alle $n \in \mathbb{N}^*$ gilt: 6^n hat stets die Einerziffer 6.
Lösung:
Beweis durch vollständige Induktion:
(I) Induktionsanfang: $6^1 = 6$ hat die Einerziffer 6.
Damit ist die Aussage für $n = 1$ wahr.
(II) Induktionsschritt: Es sei $k \in \mathbb{N}^*$ mit $k \geq 1$ und man nimmt an, dass die Aussage für k gilt, 6^k also die Einerziffer 6 hat, d.h., es gibt ein $s \in \mathbb{N}$, so dass $6^k = s \cdot 10 + 6$ ist. Damit ergibt sich $6 \cdot 6^k = 6^{k+1} = (s \cdot 10 + 6) \cdot 6 = (s \cdot 60 + 30 + 6) = (6s + 3) \cdot 10 + 6$.
Demnach hat 6^{k+1} die Einerziffer 6 und die Aussage gilt auch für $k + 1$.
Somit ist gezeigt, dass die Aussage für alle $n \in \mathbb{N}^*$ gilt.

Da $6^n - 1$ für alle $n \in \mathbb{N}^*$ die Einerziffer 5 hat, ist $6^n - 1$ für alle $n \in \mathbb{N}^*$ durch 5 teilbar.

Aufgaben

2 Zeigen Sie mit vollständiger Induktion, dass für alle $n \in \mathbb{N}$ mit $n \geq 1$ gilt:
a) $2 + 4 + 6 + \ldots + 2n = n(n + 1)$
b) $3 + 7 + 11 + \ldots + (4n - 1) = n(2n + 1)$
c) $1 + 4 + 7 + \ldots + (3n - 2) = \frac{1}{2}n(3n - 1)$

Summenformeln für Potenzen
a) $1 + 2 + 3 + \ldots + n = \frac{1}{2}n(n + 1)$
b) $1^2 + 2^2 + 3^2 + \ldots + n^2 = \frac{1}{6}n(n + 1)(2n + 1)$
c) $1^3 + 2^3 + 3^3 + \ldots + n^3 = \frac{1}{4}n^2(n + 1)^2$
d) $1^4 + 2^4 + 3^4 + \ldots + n^4 = \frac{1}{30}n(n + 1)(2n + 1)(3n^2 + 3n + 1)$

3 Beweisen Sie mit vollständiger Induktion die gelb unterlegten „Summenformeln für Potenzen" für $n \geq 1$.

331

Das Beweisverfahren der vollständigen Induktion

4 Zeigen Sie, dass für alle $n \in \mathbb{N}$ im angegebenen Bereich gilt:
a) 8 teilt $9^n - 1$; $n \in \mathbb{N}^*$
b) 6 teilt $n^3 - n$; $n \geq 2$
c) 9 teilt die Summe der dritten Potenzen von drei aufeinander folgenden natürlichen Zahlen.

Die „unvollständige Induktion" im Alltag, nämlich der Schluss von wenigen Beispielen auf die Gesamtheit, führt häufig zu Problemen in der Gesellschaft. Einige Beispiele:
- *Die Politiker sind bestochen.*
- *Die Schüler sind heute unfähig sich zu konzentrieren.*
- *Die Beamten sind faul.*

Dabei wird das Wort „die" synonym für „alle" verwendet.

5 Beweisen Sie durch vollständige Induktion.
a) $2^n > 4n$ für alle $n \geq 5$
b) $1 + a + a^2 + \ldots + a^n < \frac{1}{1-a}$ für $0 < a < 1$ und alle $n \in \mathbb{N}$.

6 Zeigen Sie durch vollständige Induktion.
a) $1 + x + x^2 + \ldots + x^n = \frac{x^{n+1} - 1}{x - 1}$ für $n \in \mathbb{N}^*$
b) $(a + d) + (a + 2d) + (a + 3d) + \ldots + (a + nd)$
$= na + \frac{dn(n+1)}{2}$ für $n \geq 1$ und beliebige Zahlen $a, d \in \mathbb{R}$.

7 Beweisen Sie durch vollständige Induktion den Satz, dass in einem konvexen n-Eck ($n \geq 3$) die Winkelsumme $(n - 2) \cdot 180°$ beträgt. Dabei heißt ein n-Eck konvex, wenn sämtliche Innenwinkel kleiner als 180° sind.

> Fehlschlüsse gibt es bei der vollständigen Induktion nur, wenn man den Induktionsschritt oder den Induktionsanfang vergisst oder sich verrechnet.
> a) Jemand behauptet: Für alle $n \in \mathbb{N}^*$ ist $p(n) = n^2 + n + 11$ eine Primzahl. Der Induktionsanfang $p(1) = 13$ ist richtig. Weitere Einsetzungen bis 9 erweisen sich als richtig. Trotzdem ist die Aussage falsch. Für $n = 10$ liegt keine Primzahl vor.
> b) Jemand behauptet: Für alle $n \in \mathbb{N}^*$ ist $1 + 2 + 3 + \ldots + n = \frac{n(n+1)}{2} + 3$.
> Der Induktionsschritt ist richtig:
> Wenn $1 + 2 + 3 + \ldots + k = \frac{k(k+1)}{2} + 3$ richtig ist, folgt $1 + 2 + 3 + \ldots + k + (k+1)$
> $= \frac{k(k+1)}{2} + 3 + (k+1) = \frac{(k+1)(k+2)}{2} + 3$.
> Vergisst man den Induktionsanfang (für $n = 1$ ist $1 \neq 4$), so hält man die obige offensichtlich falsche Aussage für richtig.

8 Berechnen Sie für einige natürliche Zahlen n die Summen und stellen Sie dann eine Vermutung über Ihre „Summenformel" auf. Untersuchen Sie Ihre Formel mithilfe der vollständigen Induktion auf ihre Gültigkeit.
a) $1 + 2 + 3 + 4 + \ldots + (2n - 1)$
b) $\frac{1}{1 \cdot 2} + \frac{1}{2 \cdot 3} + \frac{1}{3 \cdot 4} + \frac{1}{4 \cdot 5} + \ldots + \frac{1}{n(n+1)}$
c) $\frac{1}{1 \cdot 3} + \frac{1}{3 \cdot 5} + \frac{1}{5 \cdot 7} + \frac{1}{7 \cdot 9} + \ldots + \frac{1}{(2n-1)(2n+1)}$
d) $1 \cdot 2 + 2 \cdot 3 + 3 \cdot 4 + 4 \cdot 5 + n \cdot (n+1)$

Hinweis zu c):
Die Formel hat das Aussehen $\frac{n}{an+b}$.

Hinweis zu d):
Die Formel hat das Aussehen $\frac{n(n+a)(n+b)}{c}$.

9 Ein Rechteck (Fig. 1) wird durch n Geraden in Dreiecke, Vierecke, Fünfecke usw. zerlegt.
Wie viele Teile entstehen höchstens?
Beweisen Sie Ihre Vermutung.
Anleitung: Wie viele Schnittpunkte hat eine neu hinzukommende Gerade höchstens?

Fig. 1

10 1950 wurde von LEO MOSER in *Mathematics Magazine* folgendes Problem veröffentlicht:
Verbindet man n Punkte der Kreislinie auf alle möglichen Arten, so entstehen a_n Gebiete (Fig. 2).
a) Bestimmen Sie a_2, a_3 und a_4. Welche Vermutung für a_n liegt nahe?
b) Überprüfen Sie Ihre Vermutung mit a_5 und a_6.

Und so sieht die Lösung des moserschen Problems aus:
$a_n = n + \binom{n}{4} + \binom{n-1}{2}$
$= \frac{1}{24}(n^4 - 6n^3 + 23n^2 - 18n + 24)$

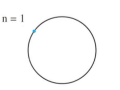
n = 1

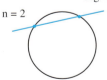
n = 2

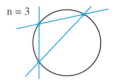
n = 3

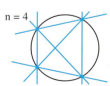
n = 4

Fig. 2

9 Vermischte Aufgaben

Folgen

1 Gegeben ist die Folge (a_n) mit $a_n = \frac{4n-4}{2n}$.
a) Berechnen Sie die ersten 10 Folgenglieder und zeichnen Sie den Graphen.
b) Untersuchen Sie die Folge auf Monotonie und Beschränktheit.
c) Weisen Sie mithilfe der Definition nach, dass die Zahlenfolge den Grenzwert 2 hat, und geben Sie alle Folgenglieder an, die vom Grenzwert um weniger als 0,001 abweichen.

2 Untersuchen Sie die Zahlenfolge (a_n) auf Monotonie und Beschränktheit.
a) $a_n = \sqrt{n+1}$ b) $a_n = \frac{n+1}{n}$ c) $a_n = \frac{n+1}{n+2}$ d) $a_n = \left(\frac{2}{3}\right)^n$ e) $a_n = \sqrt[n]{a}$ mit $a > 1$

3 Welche Folge ist Nullfolge? Begründen Sie Ihre Antwort.
a) $\left(\frac{1}{\sqrt{n}}\right)$ b) (2^{1-n}) c) $\left(\frac{2n+1}{3n+4}\right)$ d) $(\sin(n))$ e) $\left(\sin\left(\frac{1}{n}\right)\right)$ f) (n^{-n})

4 Berechnen Sie den Grenzwert der Folge (a_n) mithilfe der Grenzwertsätze nach entsprechender Umformung.
a) $a_n = \frac{n^2 - 7n - 1}{10n^2 - 7n}$ b) $a_n = \frac{n^3 - 3n^2 + 3n - 1}{5n^3 - 8n + 5}$ c) $a_n = \frac{n + (-1)^n}{n^2 + (-1)^n}$ d) $a_n = \frac{\sqrt{n^3 + 3n - 1}}{\sqrt{4n^3 + 5}}$
e) $a_n = \frac{\sqrt{n}}{\sqrt{5n}}$ f) $a_n = \frac{2^{n+1}}{2^n + 1}$ g) $a_n = \frac{3^{n+1}}{5^n}$ h) $a_n = \frac{(2^n + 1)^2}{2^{n^2+1}}$

5 Berechnen Sie die Grenzwerte nach Umformung des Terms.
a) $\lim_{n \to \infty} \left(\sqrt{n+100} - \sqrt{n}\right)$ b) $\lim_{n \to \infty} \sqrt{n} \cdot \left(\sqrt{n+10} - \sqrt{n}\right)$ c) $\lim_{n \to \infty} \left(\sqrt{4n^2 + 3n} - 2n\right)$

6 Eine Stahlkugel, die aus 1 m Höhe vertikal auf eine Stahlplatte fällt, erreicht nach dem Auftreffen 95 % der vorherigen Höhe (Fig. 2).
a) Welche Höhe erreicht die Kugel nach dem fünften Aufschlag noch?
b) Nach wie vielen Aufschlägen erreicht sie gerade noch die halbe Höhe?
c) Welchen Weg hat die Kugel bis zum fünften Aufschlag zurückgelegt?

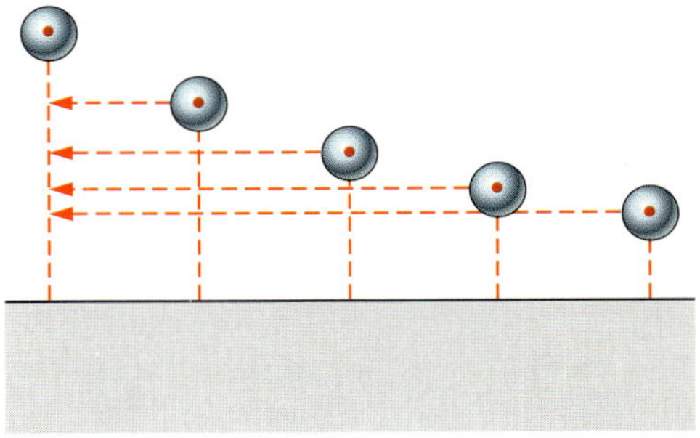

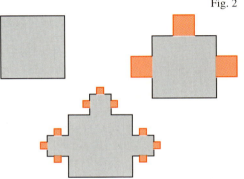

Fig. 2

Zu Aufgabe 7:

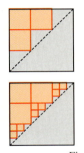

Fig. 1

7 Ein Quadrat der Seitenlänge 1 m wächst wie in Fig. 3 angedeutet. Täglich kommt eine Generation neuer Quadrate hinzu. Die täglich hinzukommenden Quadrate haben nur noch $\frac{1}{3}$ der Seitenlänge der vorangegangenen Generation.
a) Zeigen Sie, dass der Flächeninhalt den Grenzwert 1,5 m² hat.
b) Berechnen Sie die Länge des Randes der Quadratpflanze nach der 5-ten Generation. Wann hat der Rand eine Länge von 1 km?

Fig. 3

333

Vermischte Aufgaben

Grenzwerte bei Funktionen

8 Berechnen Sie die Grenzwerte der Funktion f für $x \to +\infty$ und $x \to -\infty$, sofern sie existieren.
a) $f(x) = \frac{2x^3 + x}{3x^4}$
b) $f(x) = \frac{(x+1)^2}{x^2 + 1}$
c) $f(x) = \frac{2\sqrt{x}+1}{\sqrt{x}}$
d) $f(x) = \frac{(x+1)^2}{\sqrt{x^4+1}}$

9 Zeigen Sie, dass sich aus $\lim_{x \to x_0} x = x_0$ mithilfe der Grenzwertsätze ergibt:
a) $\lim_{x \to x_0} x^2 = x_0^2$
b) $\lim_{x \to x_0} \frac{4x-1}{x^2+1} = \frac{4x_0-1}{x_0^2+1}$
c) $\lim_{x \to x_0} \frac{x+1}{x^2-1} = \frac{1}{x_0-1}$ für $x_0 \in \mathbb{R} \setminus \{-1; 1\}$.

10 Berechnen Sie.
a) $\lim_{x \to 2} \frac{(x-2)^2}{x-2}$
b) $\lim_{x \to 2} \frac{x^2-4}{x-2}$
c) $\lim_{x \to 2} \frac{x-2}{x^2-4}$
d) $\lim_{x \to 2} \frac{x^2-4}{x^4-16}$
e) $\lim_{x \to 2} \frac{x^2-2}{x^2-4}$
f) $\lim_{x \to 2} \frac{x^4-16}{x^5-32}$

11 An welcher bzw. welchen Stellen ist die Funktion f nicht definiert? Untersuchen Sie das Verhalten der Funktion f in der Nähe dieser Stellen.
a) $f(x) = \frac{x^2 - 2x + 1}{x - 1}$
b) $f(x) = \frac{3x^2 + 11x - 4}{x^2 - 16}$
c) $f(x) = \frac{x^4 - 1}{x^2 - 1}$
d) $f(x) = \frac{x^6 - 1}{x^2 - 1}$
e) $f(x) = \frac{x^4 - 9}{x^2 - 3}$
f) $f(x) = \frac{x^2 + 2x - 8}{x^2 - 5x + 6}$
g) $f(x) = \frac{x^2 + \frac{3}{4}x + \frac{1}{8}}{x^2 + \frac{1}{2}x}$
h) $f(x) = \frac{\sqrt{x} - 1}{\sqrt{x - 1}}$

12 a) Zeichnen Sie den Graphen der Funktion f mit $f(x) = \sqrt{x}$.
b) $P(a|b)$ mit $a \neq 0$ sei ein beliebiger Punkt des Graphen. Berechnen Sie die Steigung $m_{\overline{OP}}$ der Sekante $\overline{OP}$ in Abhängigkeit von a. Wie verhält sich $m_{\overline{OP}}$ für $a \to 0$? Deuten Sie das Ergebnis am Graphen.
c) Berechnen Sie $\lim_{x \to +\infty} m_{\overline{OP}}$. Deuten Sie das Ergebnis am Graphen.

13 In Fig. 2 liegt der Punkt $P(a|b)$ auf der Geraden g mit der Gleichung $y = 0{,}5x + 1$.
a) Berechnen Sie die Steigung m der Strecke $\overline{AP}$ in Abhängigkeit von a.
b) Welchem Grenzwert nähert sich m, wenn sich P auf g immer weiter von der y-Achse entfernt? Vergleichen Sie Ihr Ergebnis mit der Zeichnung.

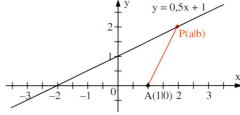

Fig. 2

Interpretieren Sie die Ergebnisse!

14 a) Gegeben ist der Graph der Funktion f mit $f(x) = \frac{1}{x+1}$. In einem Punkt $P(u|f(u))$ des Graphen sind die Parallelen zu den Koordinatenachsen gezeichnet; sie bilden mit den Koordinatenachsen ein Rechteck. Bestimmen Sie seinen Inhalt und berechnen Sie den zugehörigen Grenzwert für $u \to \infty$.
b) Bearbeiten Sie die Fragestellung von Aufgabenteil a) für die Funktion g mit $g(x) = \frac{1}{x^2+1}$.
c) Bearbeiten Sie die Fragestellung von Aufgabenteil a) für die Funktion h mit $h(x) = \frac{1}{\sqrt{x}+1}$.

15 In einem gleichschenklig-rechtwinkligen Dreieck ABC mit der Kathetenlänge a ist die Hypotenuse in n gleiche Abschnitte geteilt und eine Treppenfigur eingezeichnet (Fig. 1). Die Länge des Polygonzuges AKLMNOPQB ist gleich 2a.
a) Zeigen Sie, dass für jedes n die Länge des entsprechend gebildeten Polygonzuges 2a ist.
b) Nach a) ist der Grenzwert des Polygonzuges 2a. Der Polygonzug nähert sich mit wachsendem n beliebig dicht der Hypotenuse. Folglich wäre die Länge der Hypotenuse 2a. Nach dem Satz des Pythagoras ist ihre Länge jedoch $a \cdot \sqrt{2}$. Wo steckt der Fehler?
c) Bestimmen Sie den Inhalt der gefärbten Fläche in Abhängigkeit von n und berechnen Sie ihren Grenzwert für $n \to \infty$.

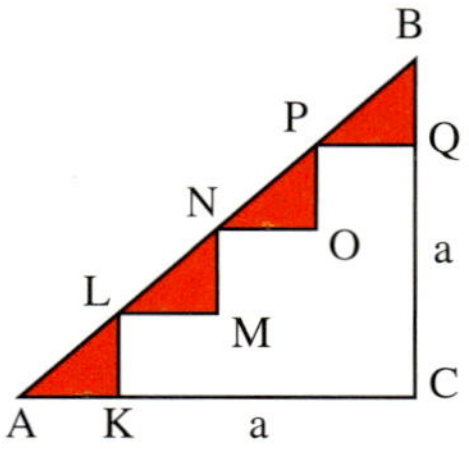

Fig. 1

Vermischte Aufgaben

16 a) Zeigen Sie am Beispiel der in $x_0 = 2$ unstetigen Funktionen f und g, dass die Summe unstetiger Funktionen nicht unbedingt unstetig sein muss.
$$f(x) = \begin{cases} x & \text{für } x < 2 \\ x^2 & \text{für } x \geq 2 \end{cases} ; \quad g(x) = \begin{cases} -1 & \text{für } x < 2 \\ -x - 1 & \text{für } x \geq 2 \end{cases}.$$
b) Versuchen Sie ein Beispiel zu finden, das zeigt, dass das Produkt zweier in x_0 unstetiger Funktionen nicht wieder in x_0 unstetig sein muss.

17 Untersuchen Sie die Funktion f mit $f(x) = \begin{cases} 1 & \text{für } x \in \mathbb{Q} \\ 0 & \text{für } x \in \mathbb{R} \setminus \mathbb{Q} \end{cases}$ auf Stetigkeit an einer selbst gewählten Stelle x_0.

18 Verschaffen Sie sich einen Überblick über den Graphen der Funktion f. Bestimmen Sie mithilfe des Graphen alle Intervalle $[z; z + 1]$, $z \in \mathbb{Z}$, in denen Nullstellen von f auftreten. Berechnen Sie die Nullstellen von f mithilfe einer Tabellenkalkulation und fortgesetzter Intervallhalbierung auf 4 Dezimalen genau.
a) $f(x) = x^4 + x^3 - x - 4$ \qquad b) $f(x) = \frac{1}{2}x^3 - 4 - \frac{5}{x}$
c) $f(x) = \frac{1}{2}x^2 - 4 - \frac{5}{x} + \frac{7}{x^2 - 1}$ \qquad d) $f(x) = \sqrt{x + 1} - \frac{1}{2}x$

19 Berechnen Sie die Koordinaten der Schnittpunkte der Graphen von f und g auf 4 Dezimalen genau.
a) $f(x) = 2 + \sin(x); \; g(x) = x^2$ \qquad b) $f(x) = \sqrt{x}; \; g(x) = x^3 - x - 5$

20 Berechnen Sie alle Stellen a auf 4 Dezimalen genau, für die $f(x) = 4$ ist.
a) $f(x) = \sqrt{x} + x^2 - x$ \qquad b) $f(x) = x^6 - 6x^5 + 2x^4 - x + 1$

Betrachten Sie für Aufgabe 21 die Funktion $d(\alpha)$, die auf dem durch Berlin verlaufenden Breitenkreis jedem Längengrad α die Temperaturdifferenz der gegenüberliegenden Punkte zuordnet.

Man schreibt auch $n! = 1 \cdot 2 \cdot 3 \cdot \ldots \cdot (n-1) \cdot n$ und liest „n Fakultät".

21 Beweisen Sie folgende Aussage.
Auf dem durch Berlin verlaufenden Breitenkreis (Fig. 1) gibt es zwei gegenüberliegende Punkte mit exakt gleicher Temperatur.

22 Zeigen Sie durch vollständige Induktion für $n \geq 1$, dass man n verschiedene Gegenstände auf $1 \cdot 2 \cdot 3 \cdot \ldots \cdot (n-1) \cdot n$ verschiedene Arten anordnen kann.

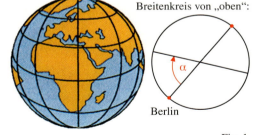

Fig. 1

23 Weisen Sie mithilfe der vollständigen Induktion nach, dass die folgende Aussage gilt, oder suchen Sie eine natürliche Zahl, für die die Aussage falsch ist.
a) $p(n) = n^2 - n + 41$ ist für alle natürlichen Zahlen $n \geq 1$ eine Primzahl.
b) Die Ungleichung $\frac{1}{n+1} + \frac{1}{n+2} + \frac{1}{n+3} + \ldots + \frac{1}{2n} > \frac{13}{24}$ gilt für alle natürlichen Zahlen $n \geq 2$.
c) $\sin(\alpha) + \sin(2\alpha) + \sin(3\alpha) + \ldots + \sin(n\alpha) = n \cdot \sin\left(\frac{n+1}{2}\alpha\right) \cdot \cos\left(\frac{n-1}{2}\alpha\right)$ gilt für alle Winkel α und alle natürlichen Zahlen $n \geq 1$.

24 Zeigen Sie, dass für die offensichtlich falsche Aussage „n = n + 1" der Induktionsschritt richtig ist.

25 Geben Sie eine „Formel" an, nach der Sie die Anzahl a_n der Diagonalen eines n-Ecks berechnen können (Fig. 2).
Beweisen Sie die gefundene Formel.

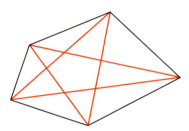

Fig. 2

335

Mathematische Exkursionen

Geometrische Reihen

Fig. 1 zeigt eine Schnecke. Sie wird so gebildet, dass an jede Strecke mit der Länge a_n, wobei $a_1 = a$ ist, jeweils senkrecht zu dieser eine weitere Strecke entgegen dem Uhrzeigersinn angetragen wird. Die jeweils angehängte Strecke hat die Länge
$a_{n+1} = \frac{3}{4} a_n$.

Die Gesamtlänge der Schnecke beträgt nach n-maligem Hinzufügen einer Strecke:
$s_n = a + \frac{3}{4} a + \left(\frac{3}{4}\right)^2 a + \left(\frac{3}{4}\right)^3 a + \ldots + \left(\frac{3}{4}\right)^{n-1} a$

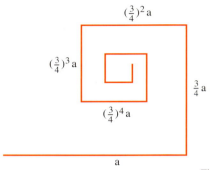

Fig. 1

$s_1 = q$
$s_2 = a + a \cdot q$
$s_3 = a + a \cdot q + a \cdot q^2$
$s_4 = a + a \cdot q + a \cdot q^2 + a \cdot q^3$
⋮

Die einzelnen Summanden a_n sind von der Bauart $a_n = a \cdot q^{n-1}$. Folgen dieser Art nennt man **geometrische Zahlenfolgen**. Sie sind für $|q| < 1$ Nullfolgen (Seite 317, Beispiel 2).
Im obigen Beispiel ist die Summe der ersten n − 1 Folgenglieder gebildet. Allgemein ist dann die Summe
$$s_n = a + a \cdot q + a \cdot q^2 + \ldots + a \cdot q^{n-1}.$$
Die entstehende Summenfolge (s_n) nennt man **geometrische Reihe**.

Das n-te Glied der Summenfolge kann man folgendermaßen ausrechnen. Wegen
$$(1 + q + q^2 + \ldots + q^{n-1}) \cdot (1 - q) = 1 - q^n$$
erhält man für $q \neq 1$:
$$s_n = a \cdot (1 + q + q^2 + \ldots + q^{n-1}) = a \cdot \frac{1 - q^n}{1 - q}.$$

Ist $q = 1$, so ist $s_n = n \cdot a$.

Da (q^n) für $|q| < 1$ eine Nullfolge ist, gilt nach den Grenzwertsätzen für Folgen:
$$\lim_{n \to \infty} s_n = a \cdot \frac{1 - \lim_{n \to \infty} q^n}{1 - q} = a \cdot \frac{1}{1 - q}.$$

Die geometrische Reihe konvergiert somit für $|q| < 1$, sie divergiert für alle anderen q.

Damit kann man die Länge des Streckenzuges von Fig. 1 berechnen. Es gilt:
$$s_n = a + \frac{3}{4} a + \left(\frac{3}{4}\right)^2 a + \left(\frac{3}{4}\right)^3 a + \ldots + \left(\frac{3}{4}\right)^{n-1} a = a \cdot \frac{1 - \left(\frac{3}{4}\right)^n}{1 - \frac{3}{4}} = 4a \cdot \left(1 - \left(\frac{3}{4}\right)^n\right).$$

Die Gesamtlänge des Streckenzuges beträgt demnach $\lim_{n \to \infty} 4a \cdot \left(1 - \left(\frac{3}{4}\right)^n\right) = 4a$.

Nicht vorstellbar in der Realität:
Es fließt ewig Wasser in das Fass, ohne dass es überläuft. Allerdings wird der Zufluss auch immer geringer.

Im Folgenden werden einige interessante Beispiele zu der geometrischen Reihe vorgestellt.

Beispiel 1: (Periodische Dezimalzahl)
Zeigen Sie, dass $0,\overline{7} = \frac{7}{9}$ und $0,34\overline{56} = \frac{1711}{4950}$ ist.
Lösung:
Es ist $0,\overline{7} = 0,7 + 0,07 + 0,007 + \ldots = \frac{7}{10} + \frac{7}{10^2} + \frac{7}{10^3} + \ldots = \frac{7}{10} \cdot \left(1 + \frac{1}{10} + \frac{1}{10^2} + \ldots\right) = \frac{7}{10} \cdot \frac{1}{1 - \frac{1}{10}} = \frac{7}{9}.$

Es ist $0,34\overline{56} = 0,34 + 0,0056 + 0,000056 + \ldots = 0,34 + \frac{56}{10^4} + \frac{56}{10^6} + \ldots =$
$= 0,34 + \frac{56}{10^4} \cdot \left(1 + \frac{1}{10^2} + \frac{1}{10^4} + \ldots\right) = 0,34 + \frac{56}{10^4} \cdot \frac{1}{1 - \frac{1}{10^2}} =$
$= 0,34 + \frac{56}{10000} \cdot \frac{100}{99} = \frac{34}{100} + \frac{56}{9900} = \frac{1711}{4950}.$

Schreiben Sie als Bruch:
- $0,\overline{3}$
- $1,\overline{49}$
- $0,\overline{108}$
- $0,123\overline{456}$

336

Mathematische Exkursionen

Beispiel 2: (Nachschüssige Rente)
Am Ende jedes Monats wird ein Betrag von R € auf ein Konto eingezahlt und dann monatlich mit p % verzinst. Man spricht von einer nachschüssigen Rente. Wie groß ist das Kapital nach n Monaten? Berechnen Sie den Betrag für R = 100, p = 0,4 % und n = 120.
Lösung:
Setzt man $q = 1 + \frac{p}{100}$, so erhält man die Tabelle.

Monat	Betrag zu Beginn des Monats	Betrag mit Zins am Ende des Monats	Zahlung am Ende des Monats	Kontostand am Ende des Monats
1	0	0	R	R
2	R	$R + R \cdot \frac{p}{100} = R \cdot q$	R	$R + R \cdot q$
3	$R + R \cdot q$	$(R + R \cdot q)q$	R	$R + R \cdot q + R \cdot q^2$
4	$R + R \cdot q + R \cdot q^2$	$(R + R \cdot q + R \cdot q^2)q$	R	$R + R \cdot q + R \cdot q^2 + R \cdot q^3$

Damit ergibt sich am Ende des n-ten Monats: $K_n = R + R \cdot q + R \cdot q^2 + \ldots + R \cdot q^{n-1} = R \cdot \frac{1-q^n}{1-q}$.

Für R = 100, $q = 1 + \frac{p}{100} = 1{,}004$ und n = 120 erhält man $K_{120} = 100 \cdot \frac{1 - 1{,}004^{120}}{1 - 1{,}004} = 15363{,}10$.

In den 120 Monaten hat man 12 000 € einbezahlt, sodass die Zinsen sich insgesamt auf knapp 3400 € belaufen.

Beispiel 3: (Aus der Geometrie)
Die Figuren rechts zeigen das tägliche Wachsen eines gleichseitigen Dreiecks durch Anbau weiterer gleichseitiger Dreiecke.
a) Bestimmen Sie den Umfang der Figur nach n Tagen, wenn die Seitenlänge des Ausgangsdreiecks s = 1 cm ist. Ist die Folge der Umfänge konvergent?
b) Bestimmen Sie den Inhalt der Figur nach n Tagen. Hat dieser einen Grenzwert?

1. Tag:

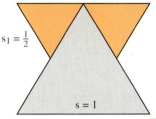

Fig. 1

Lösung:
a) Das Ausgangsdreieck hat den Umfang u = 3. Am 1. Tag kommen 2 Dreiecke, am 2. Tag 4, am 3. Tag 8, am n-ten Tag 2^n Dreiecke gegenüber dem jeweiligen Vortag hinzu. Nach jedem Tag wird die Seite der neuen Dreiecke halbiert: $s_n = \frac{1}{2} s_{n-1}$. Nach dem n-ten Tag ergibt sich für deren Seitenlänge $s_n = \left(\frac{1}{2}\right)^n s = \left(\frac{1}{2}\right)^n$. Der Umfang wächst pro Tag um $2^n \cdot \left(\frac{1}{2}\right)^n \cdot s = s = 1$.

2. Tag:

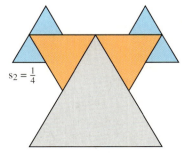

Fig. 2

Zu diesem Ergebnis könnte man ohne Rechnen kommen.

Es gilt $u_n = u + n \cdot s = 3 + n$. Die Umfänge wachsen über alle Grenzen.

b) Für den Flächeninhalt der Figur nach dem n-ten Tag gilt mit $A = \frac{\sqrt{3}}{4}$:

$A_n = A + 2 \cdot \frac{A}{4} + 4 \cdot \frac{A}{4^2} + \ldots + 2^n \cdot \frac{A}{4^n}$
$= A \cdot \left(1 + \frac{1}{2} + \frac{1}{2^2} + \ldots + \frac{1}{2^n}\right) = A \cdot \frac{1 - \left(\frac{1}{2}\right)^{n+1}}{1 - \frac{1}{2}}$.

3. Tag:

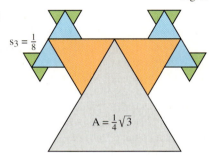

Fig. 3

Der Flächeninhalt eines gleichseitigen Dreiecks der Seitenlänge s ist $A = \frac{s^2}{4}\sqrt{3}$.

Daraus ergibt sich:
$\lim_{n \to \infty} A_n = 2 \cdot A = 2 \cdot \frac{\sqrt{3}}{4} = \frac{\sqrt{3}}{2}$.

337

Rückblick

Zahlenfolge
Hat eine Funktion f als Definitionsmenge die Menge $\mathbb{N}^*$ oder eine unendliche Teilmenge von $\mathbb{N}^*$, so nennt man f eine Zahlenfolge.
Der Funktionswert $f(n)$ wird mit a_n bezeichnet und heißt das n-te Glied der Folge.
Für die Funktion f schreibt man (a_n).

Beispiele für Folgen:
(a_n) *mit* $a_n = 1 + \frac{1}{n}$, $n = 1, 2, 3, \ldots$
(b_n) *mit* $b_n = \frac{n^2}{n-3}$, $n = 4, 5, 6, \ldots$
(c_n) *mit* $c_n = \left(\frac{4}{5}\right)^n$, $n = 1, 2, 3, \ldots$

Grenzwert einer Zahlenfolge
Eine Zahl g heißt Grenzwert der Zahlenfolge (a_n), wenn bei Vorgabe irgendeiner positiven Zahl ε fast alle Folgenglieder die Ungleichung $|a_n - g| < \varepsilon$ erfüllen. Fast alle bedeutet dabei, dass es nur endlich viele Ausnahmen gibt.
(a_n) heißt dann konvergent. Man schreibt: $g = \lim\limits_{n \to \infty} a_n$.

Eine Folge mit dem Grenzwert 0 heißt Nullfolge.

Eine monotone und beschränkte Folge ist konvergent.

1 ist Grenzwert der Zahlenfolge (a_n)*, da* $\left|\left(1 + \frac{1}{n}\right) - 1\right| < \varepsilon$ *ist für alle* $n > \frac{1}{\varepsilon}$.
Es sind nur endlich viele natürliche Zahlen kleiner als die Zahl $\frac{1}{\varepsilon}$*, fast alle sind größer.*
Damit ist $\lim\limits_{n \to \infty} a_n = \lim\limits_{n \to \infty} \left(1 + \frac{1}{n}\right) = 1$.

Die Folge (d_n) *mit* $d_n = \left(1 + \frac{1}{n}\right)^n$ *ist monoton steigend und beschränkt. Ihr Grenzwert ist e.*

Grenzwertsätze
Haben zwei konvergente Folgen (a_n) und (b_n) die Grenzwerte a und b, so gilt:
$$\lim\limits_{n \to \infty}(a_n \pm b_n) = \lim\limits_{n \to \infty} a_n \pm \lim\limits_{n \to \infty} b_n = a \pm b$$
$$\lim\limits_{n \to \infty}(a_n \cdot b_n) = \lim\limits_{n \to \infty} a_n \cdot \lim\limits_{n \to \infty} b_n = a \cdot b$$
$$\lim\limits_{n \to \infty} \frac{a_n}{b_n} = \frac{\lim\limits_{n \to \infty} a_n}{\lim\limits_{n \to \infty} b_n} = \frac{a}{b}, \; b_n \neq 0 \text{ und } b \neq 0$$

Mit den Grenzwertsätzen kann man Grenzwerte berechnen:
$$\lim\limits_{n \to \infty} \frac{2n^2 - \sqrt{n} + 6}{n^2} = \lim\limits_{n \to \infty}\left(2 - \frac{1}{\sqrt{n^3}} + \frac{6}{n^2}\right) =$$
$$= \lim\limits_{n \to \infty} 2 - \lim\limits_{n \to \infty} \frac{1}{n\sqrt{n}} + \lim\limits_{n \to \infty} \frac{6}{n^2} = 2 + 0 + 0 = 2$$

Grenzwerte von Funktionen für $x \to x_0$
Eine Zahl g heißt Grenzwert der Funktion f für $x \to x_0$, wenn für jede Urbildfolge (x_n) mit $x_n \in D_f$, $x_n \neq x_0$ und $x_n \to x_0$ die Bildfolge $(f(x_n))$ denselben Grenzwert g hat. Man schreibt dann
$$\lim\limits_{x \to x_0} f(x) = g.$$

Gesucht ist $\lim\limits_{x \to -2} \frac{x^2 + 3x + 2}{x + 2}$.
Man wählt eine beliebige Zahlenfolge (x_n) *mit* $x_n \to -2$. *Dann gilt für die Bildfolge:*
$$\lim\limits_{x_n \to -2} \frac{x_n^2 + 3x_n + 2}{x_n + 2} = \lim\limits_{x_n \to -2} \frac{(x_n + 1)(x_n + 2)}{x_n + 2} =$$
$$= \lim\limits_{x_n \to -2}(x_n + 1) = \lim\limits_{x_n \to -2} x_n + \lim\limits_{x_n \to -2} 1 = -2 + 1 = -1$$

Zwischenwertsatz
Ist die Funktion f auf dem abgeschlossenen Intervall [a; b] stetig und ist $f(a) \neq f(b)$, so nimmt f im Intervall [a; b] jeden Wert zwischen f(a) und f(b) mindestens einmal an.
Insbesondere nimmt f den Wert Null an, wenn a und b verschiedene Vorzeichen haben. **(Nullstellensatz)**

Die Funktion f mit $f(x) = x^3 - 6x + 1$ *ist in* $\mathbb{R}$ *stetig und besitzt wegen* $f(0) = 1$ *und* $f(1) = -4$ *mindestens eine Stelle* x_0 *im Intervall [0; 1] mit* $f(x_0) = 1$. *Ebenso besitzt sie dort auch mindestens eine Nullstelle.*

Beweisverfahren der vollständigen Induktion
Eine Aussage ist gültig für alle natürlichen Zahlen $n \in \mathbb{N}$, wenn man nachweisen kann:
(I) Die Aussage gilt für die natürliche Zahl $k = 0$.
   (Induktionsanfang)
(II) Wenn die Aussage für die natürliche Zahl k gilt, dann gilt sie auch für die nächst höhere Zahl $k + 1$.
   (Induktionsschritt)

Es gilt für alle $n \geq 1$:
$\frac{1}{2} + \frac{1}{2^2} + \frac{1}{2^3} + \ldots + \frac{1}{2^n} = 1 - \frac{1}{2^n}$.
(1) Die Aussage ist richtig für $k = 1$.
(II) Es gelte: $\frac{1}{2} + \frac{1}{2^2} + \frac{1}{2^3} + \ldots + \frac{1}{2^k} = 1 - \frac{1}{2^k}$.
Daraus ergibt sich:
$\left(\frac{1}{2} + \frac{1}{2^2} + \frac{1}{2^3} + \ldots + \frac{1}{2^k}\right) + \frac{1}{2^{k+1}} = 1 - \frac{1}{2^k} + \frac{1}{2^{k+1}}$
$= 1 - \left(\frac{1}{2^k} - \frac{1}{2^{k+1}}\right) = 1 - \frac{2-1}{2^{k+1}} = 1 - \frac{1}{2^{k+1}}$,
also gilt die Aussage für alle $n \in \mathbb{N}^*$

Aufgaben zum Üben und Wiederholen

1 Gegeben ist die Folge (a_n) mit $a_n = \frac{12n+8}{6n}$.
a) Berechnen Sie die ersten 10 Glieder und zeichnen Sie den Graphen.
b) Untersuchen Sie (a_n) auf Monotonie und Beschränktheit.
c) Zeigen Sie mithilfe der Definition des Grenzwertes einer Zahlenfolge, dass (a_n) den Grenzwert 2 hat. Geben Sie alle Glieder an, die von 2 eine Abweichung kleiner als 0,001 haben.

2 Eine Folge wird rekursiv beschrieben durch $a_0 = 1$, $a_1 = 3$ und $a_{n+2} = 6a_n + a_{n+1}$.
Beschreiben Sie (a_n) explizit und zeigen Sie die Übereinstimmung beider Beschreibungen.

3 Berechnen Sie die Grenzwerte mithilfe der Grenzwertsätze.
a) $\lim\limits_{n \to \infty} \frac{6n+9}{2n+1}$ b) $\lim\limits_{n \to \infty} \frac{5n+9}{2n^2-5}$ c) $\lim\limits_{n \to \infty} \frac{0,5^n+9}{0,9^n+1}$ d) $\lim\limits_{n \to \infty} \frac{6^n+\sqrt{2}}{2^n+6^n}$ e) $\lim\limits_{n \to \infty} \frac{5^{n+2}+\sqrt{5^n}}{5^n+5^{n-1}}$

4 Ein Guthaben von 2500 € wird über mehrere Jahre als Festgeld mit 5,2% verzinst. Berechnen Sie das Guthaben nach 5 bzw. 20 Jahren.

5 Ein Autotank fasst 40 Liter Dieselkraftstoff. Er wurde mit verunreinigtem Diesel der Marke SLE vollgetankt. Da der Motor Probleme macht, will der Besitzer in Zukunft den Tank nur mit gutem Kraftstoff der Marke ELO füllen. Nachdem 35 Liter des minderen Kraftstoffs verbraucht sind, tankt er 35 Liter Markenkraftstoff. Nachdem er vom vollen Tank 35 Liter verbraucht hat, tankt er wieder den Kraftstoff von ELO, usw.
a) Wie viel Liter des SLE-Kraftstoffs befinden sich nach 3-maligem bzw. 5-maligem Tanken von ELO-Kraftstoff noch im Tank?
b) Wie oft muss getankt werden, bis der Anteil des SLE-Kraftstoffs auf höchstens 0,02 Liter im Tank gefallen ist?

6 Ist die Aussage richtig oder falsch? Argumentieren Sie.
a) Hat eine Folge den Grenzwert 0, so muss sie unendlich viele negative Glieder haben.
b) Eine Folge, in der die Zahl 1 unendlich oft vorkommt, kann keine Nullfolge sein.
c) Eine Folge mit nur negativen Gliedern kann keine positive Zahl als Grenzwert haben.
d) Die Folge $((-1)^n)$ hat zwei Grenzwerte.
e) Eine Folge, in der unendlich viele Glieder größer als 1 sind, kann eine Nullfolge sein.
f) Eine Folge, in der die Zahl 0 unendlich oft auftritt, ist eine Nullfolge.
g) Eine nicht monotone Folge kann beschränkt und konvergent sein.

7 Berechnen Sie den Grenzwert der Funktion f für $x \to +\infty$.
a) $f(x) = \frac{x^2+\sqrt{3}}{2x^2}$ b) $f(x) = \frac{x^2+2x}{2x^3+1}$ c) $f(x) = \frac{2+\sqrt{x}}{2\sqrt{x}}$ d) $f(x) = \frac{0,5^{x+1}}{0,5^x+1}$ e) $f(x) = \frac{\sqrt[3]{x}+\sqrt[4]{x}}{\sqrt{x}}$

8 Bestimmen Sie den Grenzwert.
a) $\lim\limits_{x \to 0} \frac{6x-4x^2}{4x+3x^2}$ b) $\lim\limits_{h \to 0} \frac{(4+h)^2-16}{h}$ c) $\lim\limits_{x \to 2} \frac{(x-2)^2}{x^2-4}$ d) $\lim\limits_{x \to -3} \frac{x^2+2x-3}{2x^2+2x-12}$ e) $\lim\limits_{x \to 1} \frac{x-1}{x^2-1}$

9 Gegeben ist die Funktion f mit $f(x) = x^2 - x - \frac{1}{x+5}$; $D_f = \mathbb{R} \setminus \{-5\}$.
a) Zeigen Sie, dass f in seiner ganzen Definitionsmenge D_f stetig ist.
b) Geben Sie zwei Intervalle $[z; z+1]$ an, in denen f Nullstellen besitzt.
c) Bestimmen Sie die zwei Nullstellen mithilfe des Intervallhalbierungsverfahrens auf drei Dezimalen genau.

Die Lösungen zu den Aufgaben dieser Seite finden Sie auf den Seiten 386/387.

10 Beweisen Sie durch vollständige Induktion.
a) Für $n \geq 5$ ist $n < 2^{n-2}$.   b) Für $n \geq 1$ ist $2^{3n}-1$ durch 7 teilbar.

Wahlthema: Kurven – Mathematik mit und ohne Computer

1 Parameterdarstellung von Kurven

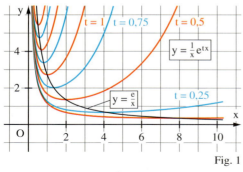
Fig. 1

1 Gegeben ist die Funktionenschar f_t mit $f_t(x) = \frac{1}{x} \cdot e^{tx}$, $t > 0$, $x > 0$. Fig. 1 zeigt Graphen K_t für einige Werte von t.
a) Berechnen Sie die Koordinaten des Tiefpunktes $T_t(x_t|y_t)$ des Graphen von f_t.
b) Setzen Sie verschiedene Zahlen für den Parameter t ein und berechnen Sie die zugehörigen Koordinaten von T_t (Fig. 1).
c) Bestimmen Sie die Funktion g, auf deren Graph die Tiefpunkte liegen.
d) Geben Sie die wesentlichen Schritte an, wie Sie aus den Koordinaten der Punkte die Funktion erhalten.

Bei einer Funktion wird jedem x-Wert genau ein y-Wert zugeordnet. Die grafische Veranschaulichung einer solchen Zuordnung nennen wir Funktionsgraph oder kurz Graph. Werden aber gewissen x-Werten mehrere y-Werte zugeordnet, spricht man allgemein von einer **Kurve**. Es stellt sich die Frage, ob man auch Kurven mathematisch so beschreiben kann, dass zu ihrer Untersuchung die bei Funktionen üblichen Hilfsmittel eingesetzt werden können.

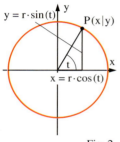
Fig. 2

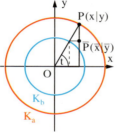
Fig. 3

Fig. 2 zeigt einen Kreis um den Ursprung O mit Radius r. Zwischen den Koordinaten x und y eines Kreispunktes $P(x|y)$ gilt die Beziehung $x^2 + y^2 = r^2$. Der Kreis ist nicht Graph einer Funktion, da zu jedem x-Wert mit $-r \leq x \leq r$ zwei y-Werte existieren: $y = \pm\sqrt{r^2 - x^2}$.
Gibt man die Koordinaten der Kreispunkte in Abhängigkeit vom Winkel t zwischen der positiven x-Achse und dem Radius $\overline{OP}$ an, so gilt: $x = r \cdot \cos(t)$, $y = r \cdot \sin(t)$ mit $0 \leq t < 2\pi$. Mit diesen beiden Gleichungen hat man eine neue Darstellung des Kreises gefunden. Der Winkel t, gemessen im Bogenmaß, ist eine Hilfsvariable und wird **Parameter** genannt.

Konstruktion der Ellipse:
1. Verbinden Sie einen beliebigen Kreispunkt P von K_a mit O.
2. Zeichnen Sie im Schnittpunkt von K_b mit $\overline{OP}$ die Parallele zur x-Achse.
3. Ihr Schnittpunkt mit der Parallelen zur y-Achse durch P liefert den Punkt $\overline{P}$.

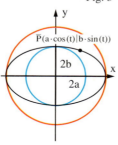
Fig. 4

In Fig. 3 sind zwei Kreise K_a und K_b um O mit den Radien a und b gezeichnet. Ein Kreispunkt $P(x|y)$ auf K_a wird nach der Konstruktionsvorschrift auf dem Rand auf einen Punkt $\overline{P}(\overline{x}|\overline{y})$ abgebildet. Fig. 3 entnimmt man:
$\overline{x} = a \cdot \cos(t)$ wird $\overline{y} = b \cdot \sin(t)$, wobei $0 \leq t < 2\pi$.
Mit diesen beiden Gleichungen hat man die Darstellung einer **Ellipse** mit den Achsen 2a und 2b erhalten. Fig. 4 zeigt eine solche Ellipse in einem x,y-Koordinatensystem. Eine Gleichung zwischen $\overline{x}$ und $\overline{y}$ ist nicht direkt erkennbar.

t kann unterschiedlich gedeutet werden, z. B. als Winkel oder auch als zeitlicher Ablauf.

> Gegeben seien zwei Funktionen $t \mapsto x$ mit $x = u(t)$ und $t \mapsto y$ mit $y = v(t)$ mit der gemeinsamen Definitionsmenge D_t. Die Gesamtheit aller Punkte $P(x|y)$, dargestellt in einem x,y-Koordinatensystem, heißt **Kurve**. Die Art der Beschreibung nennt man **Parameterdarstellung der Kurve**.

Im Folgenden sind x und y stetige und differenzierbare Funktionen einer in einem gemeinsamen Intervall definierten Variablen t.

340

Parameterdarstellung von Kurven

Beispiel 1: (Kurve mit Überschneidung)
Eine Kurve K ist gegeben durch die beiden Gleichungen $x = t^2$ und $y = 2t - \frac{t^3}{2}$ mit $t \in \mathbb{R}$.
a) Zeichnen Sie die Kurve K.
b) Berechnen Sie die zu $x = 2$ gehörigen Punkte der Kurve.

Ohne Computer läuft hier nicht mehr viel!

Lösung:
a) Mithilfe einer Wertetabelle kann man näherungsweise die Kurve zeichnen (Fig. 1).

t	−2,5	−2	−1	0	1	2	2,5
x	6,25	4	1	0	1	4	6,25
y	2,8125	0	−1,5	0	1,5	0	−2,8125

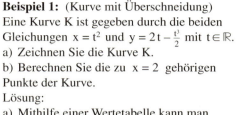

b) Aus $2 = t^2$ erhält man $t_1 = \sqrt{2}$ oder $t_2 = -\sqrt{2}$. Eingesetzt in $y = 2t - \frac{t^3}{2}$ ergibt sich:
$y_1 = 2\sqrt{2} - \frac{2\sqrt{2}}{2} = \sqrt{2}$, $y_2 = -2\sqrt{2} + \frac{2\sqrt{2}}{2} = -\sqrt{2}$.
Damit sind die gesuchten Punkte $P_1(2|\sqrt{2})$ und $P_2(2|-\sqrt{2})$.

Fig. 1

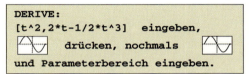

DERIVE: [t^2,2*t-1/2*t^3] eingeben, drücken, nochmals und Parameterbereich eingeben.

Beispiel 2: (Fußpunktkurve)
Eine Strecke $\overline{AB}$ der Länge c sei beweglich zwischen den Achsen (in allen 4 Quadranten) gelagert, so dass A auf der x-Achse und B auf der y-Achse liegt (Fig. 2). Von O aus wird das Lot auf $\overline{AB}$ gefällt.
Geben Sie eine Parameterdarstellung der Kurve an, auf der sich der Lotfußpunkt P bewegt, wenn die Strecke $\overline{AB}$ alle möglichen Lagen annimmt.
Zeichnen Sie die Kurve für $c = 4$.

Parameterdarstellungen von Kurven treten häufig dann auf, wenn die Bahn eines Punktes bei einer Bewegung beschrieben werden soll.

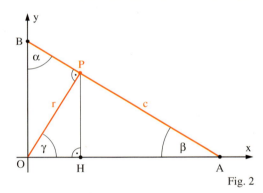

Fig. 2

Lösung:
In Dreieck OAB ist $\beta = 90° - \alpha$. Daraus ergibt sich, da das Dreieck OAP rechtwinklig ist, $\gamma = 90° - \beta = \alpha$. Damit ist
(1) $x = \overline{OH} = r \cdot \cos(\alpha)$; $y = \overline{PH} = r \cdot \sin(\alpha)$.
Zu berechnen bleibt r.
Im Dreieck OPB gilt: $\sin(\alpha) = \frac{r}{\overline{OB}}$, also
(2) $r = \overline{OB} \cdot \sin(\alpha)$.
$\overline{OB}$ entnimmt man dem Dreieck OAB:
$\cos(\alpha) = \frac{\overline{OB}}{c}$, also $\overline{OB} = c \cdot \cos(\alpha)$;
eingesetzt in (2): $r = c \cdot \cos(\alpha) \cdot \sin(\alpha)$.

Aus der Formelsammlung:
$2 \sin(t) \cdot \cos(t) = \sin(2t)$

Setzt man dies in (1) ein und schreibt $t = \alpha$, so erhält man die Parameterdarstellung der Fußpunktkurve:
$x = c \cdot \cos(t) \cdot \sin t \cdot \cos(t) = \frac{c}{2} \cdot \sin(2t) \cdot \cos(t)$;
$y = c \cdot \cos(t) \cdot \sin(t) \cdot \sin(t) = \frac{c}{2} \cdot \sin(2t) \cdot \sin(t)$ mit $0 \leq t < \frac{\pi}{2}$.

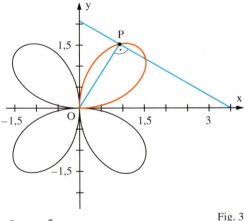

Welches Blatt der Fußpunktkurve gehört zu
(1) $\frac{1}{2}\pi \leq t < \pi$
(2) $\pi \leq t < \frac{3}{2}\pi$
(3) $\frac{3}{2}\pi \leq t < 2\pi$?

Fig. 3 zeigt die Kurve für $0 \leq t < 2\pi$ (rot für $0 \leq t < \frac{\pi}{2}$). Man erkennt, dass diese Kurve nicht der Graph einer Funktion sein kann. Hier gehören zu einem x-Wert bis auf wenige Ausnahmen sogar vier Kurvenpunkte.

Fig. 3

341

Parameterdarstellung von Kurven

Aufgaben

Alle Geraden lassen sich in Parameterform darstellen. Welche Geraden lassen sich nicht durch eine Funktionsgleichung beschreiben?

2 Gegeben ist die Parameterdarstellung einer Geraden. Stellen Sie wenn möglich die Gerade in der Form f mit $f(x) = mx + b$ dar.
a) $\begin{pmatrix} x_1 \\ x_2 \end{pmatrix} = \begin{pmatrix} 7 \\ 0 \end{pmatrix} + t \cdot \begin{pmatrix} 1 \\ 5 \end{pmatrix}$
b) $\begin{pmatrix} x_1 \\ x_2 \end{pmatrix} = \begin{pmatrix} 0 \\ -2 \end{pmatrix} + t \cdot \begin{pmatrix} 1 \\ 0 \end{pmatrix}$
c) $\begin{pmatrix} x_1 \\ x_2 \end{pmatrix} = \begin{pmatrix} 1 \\ 0 \end{pmatrix} + t \cdot \begin{pmatrix} 0 \\ 1 \end{pmatrix}$

Der Graph einer beliebigen Funktion f besitzt immer eine Parameterdarstellung: $x = t$, $y = f(t)$.

3 Zeichnen Sie punktweise die Kurve K mit der angegebenen Parameterdarstellung.
a) $x = t$, $y = 2 \cdot t^2 - 1$ mit $t \in [-2; 2]$
b) $x = t^2$, $y = t^3 + 1$ mit $t \in [-1; 1]$
c) $x = 2 \cdot \cos(t)$, $y = \sin(t)$ mit $t \in [0; 2\pi]$
d) $x = -t^2$, $y = 1 + \sqrt{t^3}$ mit $t \in [0; 3]$

4 Eine Kurve K ist gegeben durch $x = t^2 - 1$ und $y = t - \frac{t^5}{5}$ mit $t \in [-2; 2]$.
a) Zeichnen Sie die Kurve K.
b) Berechnen Sie die zu $x = 1$ bzw. $x = 3$ gehörigen Punkte der Kurve.

5 Gegeben ist die **archimedische Spirale** durch $x = t \cdot \cos(t)$; $y = t \cdot \sin(t)$ mit $t \in \mathbb{R}^+$.
a) Zeichnen Sie mithilfe eines geeigneten CAS-Programms diese Spirale.
b) Die Spirale schneidet die positive x-Achse nach einer Umdrehung (2π) an einer Stelle x_0. Berechnen Sie x_0 und bestimmen Sie alle Stellen, in denen die Spirale die x-Achse schneidet. Laufen die Windungen der Spirale mit wachsendem t auseinander oder werden sie enger oder bleiben sie gleich?
c) Bestimmen Sie alle Punkte, in denen die archimedische Spirale die y-Achse schneidet.

Fast wie in der Natur: Rosenkurven mit $n = 4$ und $n = 10$

6 GRANDI (1671–1742) entdeckte die so genannten **Rosenkurven**. Dies sind Kurven mit $x = \sin(n \cdot t) \cdot \cos(t)$, $y = \sin(n \cdot t) \cdot \sin(t)$, $t \in \mathbb{R}$ und $n \in \mathbb{R}$.
a) Zeichnen Sie die Kurve für $n = 3$ und $t \in [0; \pi]$, $t \in [0; 2\pi]$ und $t \in [0; 3\pi]$.
b) Setzen Sie für n verschiedene natürliche Zahlen ein und zeichnen Sie die zugehörigen Kurven. Geben Sie dazu den Bereich von t an, für den die Kurve genau einmal durchlaufen wird.
c) Unterscheiden sich die Kurven, wenn man ein positives n durch ein negatives ersetzt?
d) Untersuchen Sie die Kurven, wenn n eine Bruchzahl ist: $n = \frac{1}{2}$, $n = \frac{1}{3}$, $n = \frac{2}{3}$, ...

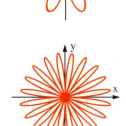

7 Eine Leiter der Länge $c = a + b$ gleitet eine Hauswand hinunter (Fig. 1). Ermitteln Sie die Parameterdarstellung der Kurve, auf der sich ein Punkt P bewegt, der
a) Mittelpunkt der Strecke $\overline{AB}$ ist
b) die Strecke $\overline{AB}$ im Verhältnis $b : a$ teilt mit $a \neq b$.
Zeichnen Sie die Kurve.

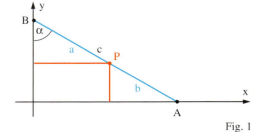

Fig. 1

8 Gegeben ist in einem Koordinatensystem ein Kreis mit Radius r um den Punkt $M(c | 0)$. Vom Ursprung O aus wird auf die Tangente in einem beliebigen Kreispunkt T das Lot gefällt. Der Lotfußpunkt sei P.
Geben Sie die Parameterdarstellung der Kurve an, auf der sich der Fußpunkt P des Lotes bewegt, wenn T den Kreis durchläuft.
Diese Kurve heißt **Kardioide** (Herzkurve).
Zeichnen Sie die Kurve.

Tipp:
1. Der kleine Kreis hat den Mittelpunkt $M(\frac{c}{2} | 0)$ und den Durchmesser c.
2. Es ist $\overline{OP} = \overline{OQ} + \overline{QP}$. Drücken Sie $\overline{OQ}$ durch c und den Winkel t aus.

Fig. 2

2 Kurven und Graphen

Welche der Geraden ist nicht Graph einer Funktion?

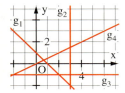

1 Eine Ellipse E um den Ursprung ist in Parameterdarstellung $x = 5 \cdot \cos(t)$, $y = 3 \cdot \sin(t)$, $t \in [0; 2\pi)$ gegeben. Man kann E aus den Graphen zweier Funktionen f_1 und f_2 zusammensetzen. Geben Sie die zu f_1 und f_2 gehörigen Teilintervalle von $[0; 2\pi)$ an. Können Sie die Funktionsterme von f_1 bzw. f_2 angeben?

Ist eine Parameterdarstellung einer Kurve $x = u(t)$, $y = v(t)$ mit stetigen Funktionen u und v in einem gemeinsamen Intervall I gegeben, so ist die Kurve nicht immer der Graph einer Funktion f. Von wenigen Ausnahmen abgesehen lässt sich die Kurve jedoch in Teilkurven zerlegen, die Graphen von Funktionen sind.

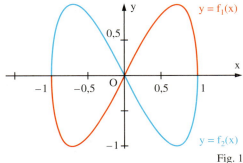

Fig. 1

So ist z.B. die Kurve mit der Parameterdarstellung $x = \sin(t)$, $y = \sin(2t)$, $-\frac{\pi}{2} \leq t \leq \frac{3\pi}{2}$ nicht der Graph einer Funktion (Fig. 1).
Sie setzt sich jedoch aus den Graphen zweier Funktionen f_1 und f_2 zusammen. In Fig. 1 ist der Graph von f_1 rot, der von f_2 blau gezeichnet.
Die Teilintervalle von t, in denen die Kurve Graph einer Funktion ist, bestimmt man wie folgt: Die Gleichung $x = \sin(t)$ ist theoretisch sowohl für $-\frac{\pi}{2} \leq t \leq \frac{\pi}{2}$ als auch für $\frac{\pi}{2} < t \leq \frac{3\pi}{2}$ eindeutig nach t auflösbar (Fig. 2). Damit ist in jedem dieser Intervalle das entsprechende Kurvenstück Graph einer Funktion.
Die Teilfunktionen können wir allerdings nicht angeben, da wir nicht die Hilfsmittel kennen gelernt haben, um $x = \sin(t)$ nach t aufzulösen. Theoretisch erhält man die Funktion f auf dem betrachteten Teilintervall I^* von I, indem man die Gleichung $x = u(t)$ nach t auflöst: $t = \bar{u}(x)$.
Damit eliminiert man in $y = v(t)$ den Parameter t: $y = v(\bar{u}(x))$.
Dann ist $f: x \mapsto v(\bar{u}(x))$ die gesuchte Funktion.

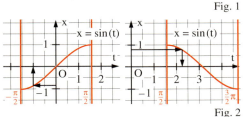

Fig. 2

*Ist $u'(x) \neq 0$ in einem Intervall I, so ist dort $u'(x) > 0$ oder $u'(x) < 0$. u ist damit in I streng monoton.
Dann gibt es in I zu jedem y-Wert genau einen x-Wert.*

> Gegeben ist die Parameterdarstellung $x = u(t)$, $y = v(t)$ mit stetigen Funktionen u und v in einem Intervall I. Durch Einschränkung von t auf Teilintervalle kann die zugehörige Kurve (von wenigen Ausnahmen abgesehen) in Graphen von Funktionen zerlegt werden.
> $x = u(t)$ kann in dem entsprechenden Intervall (theoretisch) eindeutig nach t aufgelöst werden. $f: x \mapsto v(\bar{u}(x))$ ist dann die zugehörige Funktion.

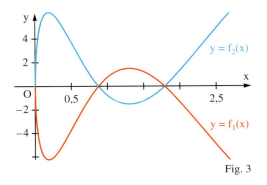

Fig. 3

Beispiel: (Zerlegung einer Kurve)
In welchen Intervallen ist die durch $x = t^2$, $y = 3t + 5 \cdot \sin(4t)$ mit $-\frac{\pi}{2} \leq t \leq \frac{\pi}{2}$ gegebene Kurve K Graph einer Funktion?
Zeichnen Sie K und geben Sie die Funktionen an.
Lösung:
Für $t \in \left[-\frac{\pi}{2}; 0\right)$ gilt $t = -\sqrt{x}$, für $t \in \left[0; \frac{\pi}{2}\right]$ ist entsprechend $t = \sqrt{x}$.
Damit gilt
für $\left[-\frac{\pi}{2}; 0\right)$: $f_1(x) = -3\sqrt{x} + 5 \cdot \sin(-4\sqrt{x})$,
für $\left[0; \frac{\pi}{2}\right]$: $f_2(x) = 3\sqrt{x} + 5 \cdot \sin(4\sqrt{x})$.

Aufgaben

2 a) Eine Kurve K_1 ist gegeben durch die Parameterdarstellung $x = -2t$, $y = 4t^2$ mit $t \in \mathbb{R}$.
Zeichnen Sie die Kurve K_1. Handelt es sich dabei um den Graphen einer Funktion f?
b) Eine Kurve K_2 ist gegeben durch $x = 4t^2$, $y = -2t$ mit $t \in \mathbb{R}$.
Zeichnen Sie K_2. Zeigen Sie, dass es sich nicht um den Graphen einer Funktion handelt.
K_2 kann man aus den Graphen zweier Funktionen f und g zusammensetzen. Berechnen Sie f und g.

3 Gegeben ist die Parameterdarstellung einer Kurve K. Zeichnen Sie K. Kann man K aus den Graphen zweier Funktionen f_1 und f_2 zusammensetzen? Bestimmen Sie gegebenenfalls die zugehörigen Teilintervalle und wenn möglich die Funktionsterme.
a) $x = t^2$, $y = \frac{1}{2}t^3$ mit $t \in [-2; 2]$ b) $x = \frac{16}{25}t^2$, $y = 0{,}5 \cdot t^2 + t$ mit $t \in [-4; 4]$
c) $x = \sqrt{t}$, $y = \frac{1}{8} + \sqrt{t}$ mit $t \in [0; 16]$ d) $x = \frac{1}{16}t^4$, $y = 40 \cdot \sin(t)$, $t \in [-2\pi; 2\pi]$

4 Gegeben ist eine Ellipse E durch $x = a \cdot \cos(t)$, $y = b \cdot \sin(t)$ mit $0 \leq t < 2\pi$, $a, b \in \mathbb{R}$.
a) Zeichnen Sie E für $a = 5$, $b = 2$ bzw. für $a = 4$, $b = 8$.
b) Berechnen Sie für die Ellipse mit $a = 5$ und $b = 2$ die zu $x_0 = \frac{5}{2}$ gehörigen Kurvenpunkte.
c) Geben Sie die Teilintervalle von $[0; 2\pi]$ an, in denen die allgemeine Ellipse E jeweils Graph einer Funktion ist.
d) Zeigen Sie, dass $\frac{x^2}{a^2} + \frac{y^2}{b^2} = 1$ eine parameterfreie Darstellung der Ellipse E ist. Berechnen Sie damit die beiden Funktionen f und g, aus denen der Graph zusammengesetzt ist.

ANTOINE LISSAJOUS (1822–1880) entdeckte die so genannten LISSAJOUS-Kurven.

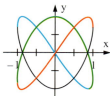

Diese Kurve (m = 2, n = 3) besteht aus den Graphen von 4 Funktionen.

Weisen Sie nach:
$\delta = t$ (im Bogenmaß)
$x = \overline{OA} + \overline{FQ} \cdot \sin(t)$
$y = \overline{AQ} - \overline{FQ} \cdot \cos(t)$

5 Durch die Parameterdarstellung der Form $x = \sin(mt)$, $y = \sin(nt)$, $t \in \left[-\frac{\pi}{2}; \frac{3\pi}{2}\right]$, $m, n \in \mathbb{Z}$, wird eine so genannte LISSAJOUS-Kurve erzeugt. Sie entsteht durch Überlagerung zweier Sinuskurven.
Zerlegen Sie die zu $m = 1$, $n = 4$ gehörende Kurve in 2 Teilkurven, die jeweils Graphen von Funktionen sind.
Geben Sie die zugehörigen t-Intervalle an und bestätigen Sie das Ergebnis rechnerisch.

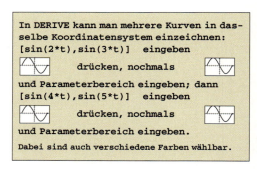

6 Gegeben ist ein Kreis um den Ursprung O mit Radius r. Auf der Tangente in einem beliebigen Punkt Q des Kreises wird von Q aus die Länge des Bogens $\overset{\frown}{FQ}$ abgetragen (Fig. 1).
a) Zeigen Sie, dass sich der Endpunkt der Strecke $\overline{QP}$ bei wanderndem Q auf einer Kurve bewegt mit der Parameterdarstellung
$x = r \cdot (\cos(t) + t \cdot \sin(t))$, $y = r \cdot (\sin(t) - t \cdot \cos(t))$,
$0 \leq t \leq 2\pi$. Die Kurve heißt **Kreisevolvente**.
Berechnen Sie die Kurvenpunkte für $t = 0$, $\frac{\pi}{2}$, π, $\frac{3\pi}{2}$ und 2π.

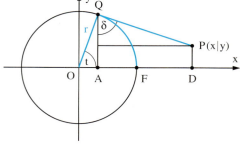

Fig. 1

b) Zeichnen Sie die Kurve mit einem CAS-Programm für $r = 1$. Zerlegen Sie das Definitionsintervall $[0; 2\pi]$ in Teilintervalle, so dass in jedem dieser Teilintervalle die Kurve Graph einer Funktion ist.
c) Berechnen Sie näherungsweise die Punkte der Kurve ($r = 1$), die zu $x_0 = 0$ bzw. $x_0 = 1$ gehören.

3 Steigungen in Kurvenpunkten

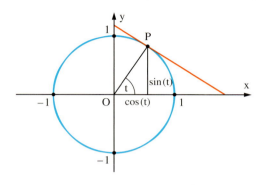

1 Gegeben ist ein Kreis K durch seine Parameterdarstellung $x(t) = \cos(t); y(t) = \sin(t)$.
a) Bestimmen Sie den zum Punkt $P_0\left(\frac{1}{2}\middle|\frac{1}{2}\sqrt{3}\right)$ gehörigen Wert t_0. Wie groß ist die Steigung in P_0?
b) Bilden Sie die Ableitungen $x'(t_0)$ und $y'(t_0)$. Wie hängt die Steigung der Kurve in $P_0\left(\frac{1}{2}\middle|\frac{1}{2}\sqrt{3}\right)$ mit $x'(t_0)$ und $y'(t_0)$ zusammen?
c) Können Sie diesen Zusammenhang auf einen beliebigen Punkt des Kreises K erweitern?

Durch $x = u(t)$ und $y = v(t)$ mit t aus einem Intervall I sei eine Kurve K gegeben. u und v seien in I differenzierbare Funktionen. Gesucht ist die Steigung der Kurve in einem Punkt $P_0(x_0|y_0)$ von K. Zur Berechnung der Steigung betrachtet man P_0 auf einem Teilstück des Graphen K einer Funktion. Dieses Teilstück erhält man durch Einschränkung von I auf ein Teilintervall I*.

K ist dann der Graph einer differenzierbaren
Funktion $f: x \mapsto v(\bar{u}(x))$, deren Term häufig nicht angebbar ist.

*Ist die Umkehrfunktion $\bar{u}$ einer Funktion u bekannt ebenso wie die Beziehung $\bar{u}'(x) = \frac{1}{u'(t)}$ zwischen ihrer Ableitung und der ihrer Umkehrfunktion, so vereinfacht sich das Ableiten erheblich:
Wegen $f(x) = v(\bar{u}(x))$ gilt nach der Kettenregel:
$f'(x) = v'(t) \cdot \bar{u}'(x) =$
$= v'(t) \cdot \frac{1}{u'(t)} = \frac{v'(t)}{u'(t)}$.*

Mit $x = u(t)$, $f(x) = v(t)$, wobei $t = \bar{u}(x)$ ist, berechnet man die Ableitung an der Stelle $x_0 = u(t_0)$:

$f'(x_0) = \lim_{x \to x_0} \frac{f(x) - f(x_0)}{x - x_0} = \lim_{x \to x_0} \frac{f(x) - f(x_0)}{t - t_0} \cdot \frac{t - t_0}{x - x_0}$

$= \lim_{t \to t_0} \frac{\frac{v(t) - v(t_0)}{t - t_0}}{\frac{u(t) - u(t_0)}{t - t_0}} = \frac{\lim_{t \to t_0} \frac{v(t) - v(t_0)}{t - t_0}}{\lim_{t \to t_0} \frac{u(t) - u(t_0)}{t - t_0}} = \frac{v'(t_0)}{u'(t_0)}$.

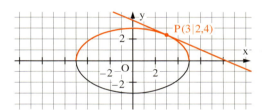

K hat die Darstellung $x = 5 \cdot \cos(t)$, $y = 3 \cdot \sin(t)$ mit $t \in [0; 2\pi)$. Die Teilkurve K_1 (rot) mit $t \in [0; \pi)$ ist Graph einer differenzierbaren Funktion f und hat in P(3|2,4) die Steigung $-\frac{9}{20}$.

Damit lassen sich mit der Ableitung zusammenhängende Fragestellungen auch für Kurven mit Parameterdarstellung beantworten.

Satz: $x = u(t)$, $y = v(t)$ mit $t \in I$ sei eine Parameterdarstellung der Kurve K mit differenzierbaren Funktionen u und v. Ist in I zudem $x = u(t)$ umkehrbar, so gibt es eine Funktion $f: x \mapsto v(\bar{u}(x))$, die jedem Wert von x einen Wert y zuordnet. Für f gilt dann:
$$f'(x_0) = \frac{v'(t_0)}{u'(t_0)}.$$

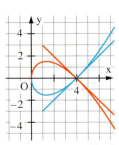

Fig. 1

Beispiel 1: (Steigungen einer Kurve in einem Schnittpunkt)
$x = t^2$, $y = 2t - \frac{t^3}{2}$ mit $t \in \mathbb{R}$ ist eine Parameterdarstellung einer Kurve K (vgl. Fig. 1).
Berechnen Sie die Steigungen von K an der Stelle $x_0 = 4$ und den Schnittwinkel der beiden Kurvenäste.
Lösung:
Aus $4 = t^2$ erhält man $t_1 = 2$ und $t_2 = -2$. Aus $u'(t) = 2t$ und $v'(t) = 2 - \frac{3}{2}t^2$ ergibt sich für $t_1 = 2$: $f_1'(2) = \frac{v'(t_1)}{u'(t_1)} = \frac{-4}{4} = -1$ (in Fig. 1 rot), für $t_2 = -2$ ist $f_2'(2) = 1$. Damit beträgt der Schnittwinkel 90°.

345

Steigungen in Kurvenpunkten

Beispiel 2: (Kurvenuntersuchung)
Gegeben ist die Kurve K mit $x = \cos(t) + \sin(t)$, $y = \sin(t)$ mit $\frac{\pi}{4} \leq t \leq \frac{9\pi}{4}$.

a) Zeichnen Sie K und bestimmen Sie Intervalle $\left[\frac{\pi}{4}; t_2\right)$ und $\left[t_2; \frac{9\pi}{4}\right]$, in denen K jeweils der Graph einer Funktion ist.

b) Berechnen Sie die Koordinaten der Punkte von K mit waagerechter Tangente. In welchen Punkten besitzt K keine Steigung?

Lösung:

a) Aus dem Graphen der Funktion u mit $u(t) = \cos(t) + \sin(t)$ im Intervall $\left[\frac{\pi}{4}; \frac{9\pi}{4}\right]$ (Fig. 2) erkennt man, dass u für $\frac{\pi}{4} \leq t < \frac{5\pi}{4}$ streng monoton fällt und für $\frac{5\pi}{4} \leq t \leq \frac{9\pi}{4}$ streng monoton steigt. Dort ist dann $x = \cos(t) + \sin(t)$ jeweils eindeutig nach x auflösbar und die Kurve ist dort Graph einer (nicht bekannten) Funktion:

$f_1: x \mapsto v(\overline{u}(x))$ für $\frac{\pi}{4} \leq t < \frac{5\pi}{4}$ bzw.
$f_2: x \mapsto v(\overline{u}(x))$ für $\frac{5\pi}{4} \leq t \leq \frac{9\pi}{4}$ (Fig. 1).

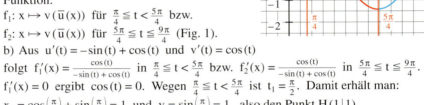

Fig. 1

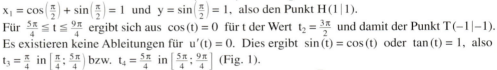

Fig. 2

Eine Kurve kann viele Punkte mit waagerechter Tangente besitzen, wie z. B. die Spirale
$x = \sqrt{t} \cdot \cos(t);$
$y = \sqrt{t} \cdot \sin(t)$
mit $t > 0$.

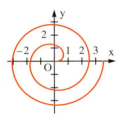

b) Aus $u'(t) = -\sin(t) + \cos(t)$ und $v'(t) = \cos(t)$
folgt $f_1'(x) = \frac{\cos(t)}{-\sin(t) + \cos(t)}$ in $\frac{\pi}{4} \leq t < \frac{5\pi}{4}$ bzw. $f_2'(x) = \frac{\cos(t)}{-\sin(t) + \cos(t)}$ in $\frac{5\pi}{4} \leq t \leq \frac{9\pi}{4}$.

$f_1'(x) = 0$ ergibt $\cos(t) = 0$. Wegen $\frac{\pi}{4} \leq t < \frac{5\pi}{4}$ ist $t_1 = \frac{\pi}{2}$. Damit erhält man:
$x_1 = \cos\left(\frac{\pi}{2}\right) + \sin\left(\frac{\pi}{2}\right) = 1$ und $y = \sin\left(\frac{\pi}{2}\right) = 1$, also den Punkt H(1|1).

Für $\frac{5\pi}{4} \leq t \leq \frac{9\pi}{4}$ ergibt sich aus $\cos(t) = 0$ für t der Wert $t_2 = \frac{3\pi}{2}$ und damit der Punkt T(−1|−1).

Es existieren keine Ableitungen für $u'(t) = 0$. Dies ergibt $\sin(t) = \cos(t)$ oder $\tan(t) = 1$, also $t_3 = \frac{\pi}{4}$ in $\left[\frac{\pi}{4}; \frac{5\pi}{4}\right)$ bzw. $t_4 = \frac{5\pi}{4}$ in $\left[\frac{5\pi}{4}; \frac{9\pi}{4}\right]$ (Fig. 1).

Die Kurve hat damit in den Punkten $P_1\left(\sqrt{2} \Big| \frac{\sqrt{2}}{2}\right)$ und $P_2\left(-\sqrt{2} \Big| -\frac{\sqrt{2}}{2}\right)$ Tangenten senkrecht zur x-Achse.

Aufgaben

2 Durch $x = t^2 - 1$, $y = t^3 - t$ mit $t \in [-1{,}5; 1{,}5]$ ist eine Kurve K gegeben.
a) Ermitteln Sie die sich für $t = -1{,}5; -1; -0{,}5; 0; 0{,}5; 1; 1{,}5$ ergebenden Kurvenpunkte und die zugehörigen Steigungen. Zeichnen Sie die Kurve.
b) Berechnen Sie die Punkte P der Kurve, in denen die Kurve die Steigung 1 hat.

3 Berechnen Sie die „Ableitungen nach x", wenn die Funktion durch eine Parameterdarstellung $x = u(t)$, $y = v(t)$ gegeben ist.
a) $u(t) = 2 \cdot \sin(t)$, $v(t) = 3 \cdot \cos(t)$ b) $u(t) = 3 \cdot (\cos(t))^3$, $v(t) = 3 \cdot (\sin(t))^3$
c) $u(t) = 1 - t^2$, $v(t) = t - t^3$ d) $u(t) = t \cdot (1 - \sin(t))$, $v(t) = t \cdot \cos(t)$
Zeichnen Sie die Kurven mithilfe eines CAS-Programms.

4 Ermitteln Sie die Steigung in dem angegebenen Punkt an die gegebene Kurve.
a) $x = 3 \cdot \cos(t)$, $y = 4 \cdot \sin(t)$, $P\left(\frac{3}{2}\sqrt{2} \Big| 2\sqrt{2}\right)$ b) $x = t - t^4$, $y = t^2 - t^3$, $P(0|0)$
c) $x = t^3 + 1$, $y = t^2 + t + 1$, $P(1|1)$ d) $x = 2 \cdot \cos(t)$, $y = \sin(t)$, $P\left(1 \Big| -\frac{\sqrt{3}}{2}\right)$
Zeichnen Sie die Kurven und überprüfen Sie Ihr Ergebnis.

Steigungen in Kurvenpunkten

5 Stellen Sie die Gleichungen von Tangente und Normale an die gegebene Kurve auf für den angegebenen Parameterwert t_0.
a) $x = 2e^t$, $y = e^{-t}$ für $t_0 = 0$
b) $x = \sin(t)$, $y = \cos(2t)$ für $t_0 = \frac{\pi}{6}$
c) $x = \frac{3t}{1+t^2}$, $y = \frac{3t^2}{1+t^2}$ für $t_0 = 2$
d) $x = \sin(t)$, $y = 1{,}3^t$ für $t_0 = 0$
Zeichnen Sie die Kurven mit einem CAS-Programm und kontrollieren Sie Ihr Ergebnis.

6 Es ist $x = t^2$, $y = 2t - \frac{t^4}{4}$ mit $t \in [-2; 2]$ eine Parameterdarstellung einer Kurve K.
a) Zeichnen Sie diese Kurve in einem x,y-Koordinatensystem.
b) Berechnen Sie die Koordinaten der Punkte, in denen die Kurve die x-Achse schneidet. Berechnen Sie wenn möglich die Steigung der Kurve in diesen Punkten.
c) Berechnen Sie die Koordinaten des Punktes H mit waagerechter Tangente.
d) K setzt sich aus den Graphen zweier Funktionen f und g zusammen. Ermitteln Sie f und g. Berechnen Sie mithilfe dieser Funktionen die Stellen x mit waagerechter Tangente und kontrollieren Sie damit das Ergebnis von Aufgabenteil c).

7 Die Kurve K ist durch eine Parameterdarstellung gegeben. Zeichnen Sie K mithilfe eines CAS-Programms. Berechnen Sie die Punkte mit waagerechter Tangente und die Punkte, in denen keine Steigung existiert.
a) $x = t^3$, $y = 2t - \frac{t^4}{4}$ mit $t \in [-2; 2]$
b) $x = t^4$, $y = 2t - \frac{t^4}{4}$ mit $t \in [-2; 2]$

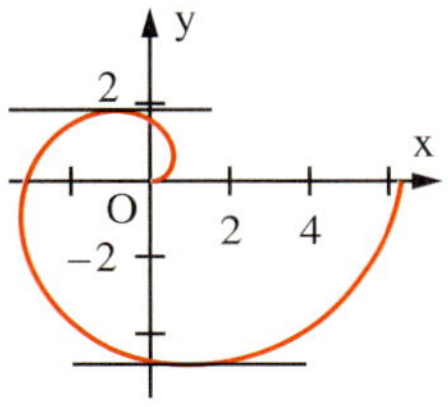

Fig. 1

8 Gegeben ist die archimedische Spirale K durch $x = t \cdot \cos(t)$, $y = t \cdot \sin(t)$ mit $0 \leq t \leq 2\pi$.
a) Zeichnen Sie mithilfe eines CAS-Programms die Kurve.
b) Bestimmen Sie die Koordinaten der Punkte $P(x|y)$ mit waagerechter Tangente. Verwenden Sie dazu das NEWTON-Verfahren.

WARUM wird bei einem Wurf mit dem Abwurfwinkel α dieselbe Wurfweite erzielt wie mit dem Abwurfwinkel $90° - \alpha$?

9 Beim Kugelstoßen (schiefer Wurf) kann man sich die Bewegung der Kugel in zwei Teilbewegungen zerlegt denken: eine waagerechte Bewegung in x-Richtung und eine vertikale Bewegung in y-Richtung. Ist α der Abwurfwinkel, so gilt (sofern der Luftwiderstand vernachlässigt wird) für die Koordinaten der Bahnkurve der Kugel in m:
$x = v_0 t \cdot \cos(\alpha)$, $y = v_0 t \cdot \sin(\alpha) - \frac{1}{2} \cdot g t^2$ mit der Fallbeschleunigung $g \approx 10 \frac{m}{s^2}$.
a) Berechnen Sie allgemein die maximale Wurfhöhe und die Wurfweite der Kugel. Welche Wurfhöhe erhält man beim senkrechten Wurf nach oben?
b) Bei welchem Winkel ist die Wurfweite am größten?

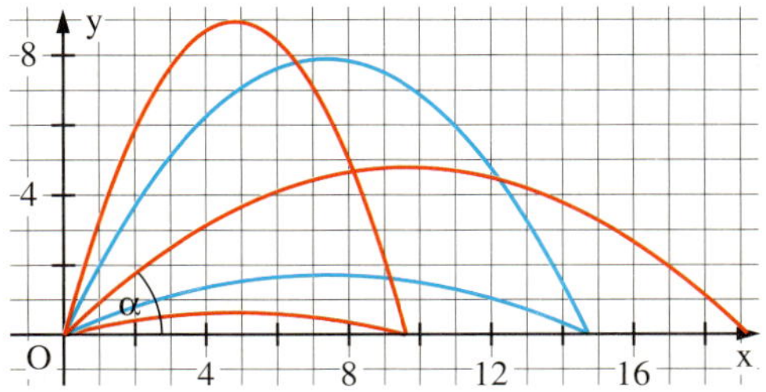

Fig. 2

Dazu ist kein Computer nötig!

10 Eine Leiter der Länge 10 m sei mit dem einen Ende B gegen eine Wand gelehnt und stehe mit dem anderen Ende A auf dem Boden. Das untere Ende A entferne sich von der Wand mit einer konstanten Geschwindigkeit von $2 \frac{m}{min}$.
a) Berechnen Sie die Momentangeschwindigkeit, mit der das obere Ende B der Leiter nach unten rutscht.
b) Berechnen Sie die Geschwindigkeit von Punkt B zu dem Zeitpunkt, zu dem Punkt A 6 m von der Wand entfernt ist.

Überlegen Sie:
1. Wie groß ist der Weg x nach der Zeit t (in min), wenn die Geschwindigkeit $v = 2\frac{m}{min}$ ist?
2. Berechnen Sie den zu diesem x gehörigen Weg y, wobei x und y über die Leiterlänge zusammenhängen.

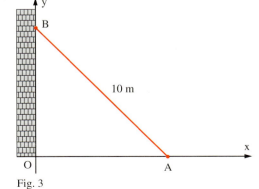

Fig. 3

347

4 Länge eines Kurvenstücks

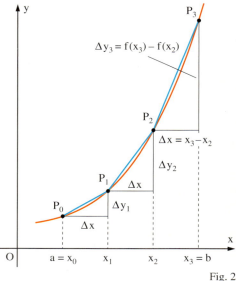

Fig. 1

1 Gegeben ist der Graph der Funktion f mit $f(x) = x^2$, die Normalparabel (Fig. 1).
a) Zeichnen Sie den Graphen von f und berechnen Sie die Länge der Strecke $\overline{OP}$ mit $O(0|0)$ und $P(1|1)$.
b) Berechnen Sie die Länge des Streckenzuges OMP mit $M\left(\frac{1}{2}\big|\frac{1}{4}\right)$.
c) Versuchen Sie, die Länge des Parabelbogens von O bis P näherungsweise möglichst genau zu berechnen. Orientieren Sie sich dazu an den Gliedern einer Kette.

Einem durch den Graphen einer Funktion f festgelegten Kurvenstück K kann man unter bestimmten Voraussetzungen eine Länge s zuordnen. Die Funktion f sei dazu im Intervall I = [a; b] differenzierbar und f' außerdem noch stetig. Zur Ermittlung der Länge wird das Kurvenstück K durch einen Streckenzug angenähert, die einzelnen Längen der Teilstrecken werden addiert und der Grenzübergang zu unendlich vielen Strecken vollzogen. Dies entspricht dem Vorgehen in der Integralrechnung. Im Einzelnen sieht dies wie folgt aus (Fig. 2):
Das Intervall [a; b] wird in n gleich lange Teilintervalle der Länge $\Delta x = \frac{b-a}{n}$ aufgeteilt.
Die den x-Werten $a = x_0, x_1, x_2, \ldots, x_n = b$ zugeordneten Punkte auf dem Kurvenstück bilden einen Sehnenzug $P_0 P_1 P_2 \ldots P_n$ (Fig. 2).

Beachten Sie:
Δx wurde in der Integralrechnung mit h bezeichnet.

Für die Gesamtlänge der Sehnen gilt dann
$$s_n = \sqrt{(\Delta x)^2 + (\Delta y_1)^2} + \sqrt{(\Delta x)^2 + (\Delta y_2)^2} +$$
$$+ \ldots + \sqrt{(\Delta x)^2 + (\Delta y_n)^2} \quad \text{oder}$$
$$s_n = \Delta x \cdot \left(\sqrt{1 + \left(\frac{\Delta y_1}{\Delta x}\right)^2} + \sqrt{1 + \left(\frac{\Delta y_2}{\Delta x}\right)^2} + \right.$$
$$\left. + \ldots + \sqrt{1 + \left(\frac{\Delta y_n}{\Delta x}\right)^2} \right) \quad (1)$$

mit $\Delta x = x_k - x_{k-1} = \frac{b-a}{n}$ und
$\Delta y_k = f(x_k) - f(x_{k-1})$, k = 1, 2, ..., n (Fig. 2).
Dabei ist $\frac{\Delta y_k}{\Delta x}$ die Änderungsrate von f im Intervall $[x_{k-1}; x_k]$. Geht man in der Intervallteilung mit $n \to \infty$, so gilt $\Delta x \to 0$. Weiterhin strebt $\frac{\Delta y_k}{\Delta x}$ gegen die momentane Änderungsrate $f'(x_k)$. Nach Definition des Integrals geht dann (1) über in

Warum wurde vorausgesetzt, f' sei stetig?

$$s = \int_a^b \sqrt{1 + (f'(x))^2} \, dx.$$

Fig. 2

Satz: Die Funktion $f: x \mapsto f(x)$ sei im Intervall I = [a; b] differenzierbar und f' sei in I stetig. Der Graph K der Funktion f besitzt dann zwischen $A(a|f(a))$ und $B(b|f(b))$ die Bogenlänge s mit
$$s = \int_a^b \sqrt{1 + (f'(x))^2} \, dx.$$

Länge eines Kurvenstücks

Es gilt
$\frac{1}{u'(t)} dx = dt.$
Auf einen Nachweis wird hier verzichtet.

Ist eine Kurve K in Parameterdarstellung gegeben, so ist K in Teilkurven zerlegbar, die Graphen von Funktionen sind. Es sei f auf $[t_1; t_2]$ eine solche Funktion. Wegen $f'(x) = \frac{v'(t)}{u'(t)}$ kann man das Integral auch mit der Variablen t schreiben:

$$s = \int_a^b \sqrt{1 + \left(\frac{v'(t)}{u'(t)}\right)^2} \, dx = \int_a^b \sqrt{(u'(t))^2 + (v'(t))^2} \cdot \frac{1}{u'(t)} \, dx = \int_\alpha^\beta \sqrt{(u'(t))^2 + (v'(t))^2} \, dt.$$ Damit gilt:

Statt Länge eines Kurvenstücks K sagt man häufig auch Bogenlänge der Kurve K.

> Das Kurvenstück K habe die Parameterdarstellung $x = u(t)$, $y = v(t)$ mit $t \in [t_1; t_2]$ und sei der Graph der differenzierbaren Funktion f auf [a; b] mit $x_1 = u(t_1)$ und $x_2 = u(t_2)$.
> Sind u', v' in $[t_1; t_2]$ stetig, so besitzt die Kurve zwischen x_1 und x_2 die Länge
> $$s = \int_{t_1}^{t_2} \sqrt{(u'(t))^2 + (v'(t))^2} \, dt.$$

Beispiel 1: (Länge eines Kurvenbogens)
Gegeben ist die Funktion f mit $f(x) = \frac{1}{6}\sqrt{x}^3$ für $x \geq 0$.
a) Berechnen Sie die Länge des Kurvenstücks über dem Intervall [0; 8].
b) Ermitteln Sie die Länge der Strecke $\overline{OP}$ mit $P\left(8 \mid \frac{8}{3}\sqrt{2}\right)$ (Fig. 1). Berechnen Sie die prozentuale Abweichung der Länge dieser Strecke von der Länge des Kurvenstücks.

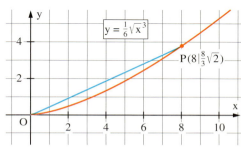

Fig. 1

Lösung:
a) Da $f(x) = \frac{1}{6} \cdot x^{\frac{3}{2}}$ ist, folgt $f'(x) = \frac{1}{4}\sqrt{x}$. Damit ist $\sqrt{1 + (f'(x))^2} = \sqrt{1 + \frac{1}{16}x} = \frac{1}{4} \cdot \sqrt{16 + x}$.
$s = \int_0^8 \frac{1}{4}\sqrt{16 + x} \, dx = \left[\frac{1}{4} \cdot \frac{2}{3}\sqrt{16 + x}^3\right]_0^8 = \frac{1}{6} \cdot \left(\sqrt{24}^3 - \sqrt{16}^3\right) = 8\sqrt{6} - \frac{32}{3} \approx 8{,}929\,25$.

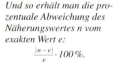

Und so erhält man die prozentuale Abweichung des Näherungswertes n vom exakten Wert e:
$\frac{|n - e|}{e} \cdot 100\,\%.$

b) Länge der Strecke $\overline{OP}$: $\sqrt{8^2 + \left(\frac{8}{3}\sqrt{2}\right)^2} = \frac{8}{3}\sqrt{11} \approx 8{,}844\,33$.

Prozentuale Abweichung: $\frac{\left(8\sqrt{6} - \frac{32}{3}\right) - \frac{8}{3}\sqrt{11}}{8\sqrt{6} - \frac{32}{3}} \cdot 100\,\% \approx 0{,}951\,\% \approx 1\,\%.$

Beispiel 2: (Zykloide; Bogenlänge)
Ein Rad mit dem Radius a $(a > 0)$ rollt in x-Richtung ab (Fig. 2).
a) Geben Sie die Parameterdarstellung der Kurve an, die ein Punkt P auf der Radoberfläche beschreibt, der zu Beginn der Rollbewegung in O(0|0) liegt.
b) Zeichnen Sie diese Kurve für $a = 1$ und $t \in [-2\pi; 4\pi]$ mithilfe des Computers.

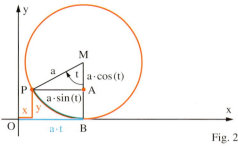

Fig. 2

Handelt es sich bei dieser Kurve um den Graphen einer Funktion f? Kann man f angeben?
c) Welchen Weg legt P bei einer Radumdrehung zurück? Wie groß ist die prozentuale Abweichung gegenüber dem Weg des Mittelpunktes bei einer Radumdrehung?

Lösung:
a) Man wählt als Parameter den Winkel t im Bogenmaß, um den sich der Kreis seit dem Start in O(0|0) gedreht hat (Fig. 2). Der Kreisbogen $\overset{\frown}{PB}$ hat die Länge $a \cdot t$ und hat damit die gleiche Länge wie die Strecke $\overline{OB}$. Wegen $\overline{AP} = a \cdot \sin(t)$ und $\overline{AM} = a \cdot \cos(t)$ erhält man als Bahnkurve von P: $x = a \cdot t - a \cdot \sin(t)$, $y = a - a \cdot \cos(t)$ mit $a \in \mathbb{R}$.

349

b) Zeichnung mithilfe eines CAS-Programms:

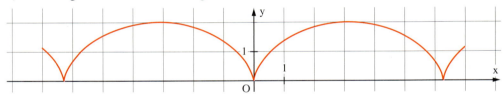

Aus der Formelsammlung:
$sin^2(\alpha) + cos^2(\alpha) = 1$
$1 - cos(\alpha) = 2 \cdot sin^2\left(\frac{\alpha}{2}\right)$

Bei der Kurve handelt es sich um eine Funktion f, da jedem $x \in \mathbb{R}$ genau ein y zugeordnet ist. Es ist jedoch nicht möglich, den Parameter t zu eliminieren oder gar den zugehörigen Funktionsterm f(x) anzugeben.

Zeigen Sie: Ein Punkt am Reifenrand legt bei einer Radumdrehung eine ca. 27% längere Strecke zurück als die Nabe.

c) Aus $u'(t) = a \cdot (1 - cos(t))$ und $v'(x) = a \cdot sin(t)$ ergibt sich $(u'(t))^2 + (v'(t))^2 =$
$= a^2 \cdot (1 - 2 \cdot cos(t) + cos^2(t)) + a^2 \cdot sin^2(t) = a^2 \cdot (2 - 2 cos(t)) = 2a^2 \cdot (1 - cos(t)) = 2a^2 \cdot 2 \cdot sin^2\left(\frac{1}{2}t\right)$.
Daraus bestimmt man die Bogenlänge bei einer Radumdrehung:

$$s = \int_0^{2\pi} \sqrt{(u'(t))^2 + (v'(t))^2}\, dt = \int_0^{2\pi} \sqrt{4a^2 \cdot sin^2\left(\frac{t}{2}\right)}\, dt = 2a \cdot \int_0^{2\pi} sin\left(\frac{t}{2}\right) dt = 2a \cdot \left[-2 cos\left(\frac{t}{2}\right)\right]_0^{2\pi} = 8a.$$

Aufgaben

2 Berechnen Sie mithilfe vom Satz über die Bogenlänge die Länge der Strecke $\overline{PQ}$.
a) P(1|2), Q(6|8) b) P(0|0), Q(4|0) c) P(-20|3), Q(10|6)
Kontrollieren Sie, indem Sie die Länge mithilfe des Satzes von Pythagoras berechnen.

3 Es ist $x = cos(t)$, $y = sin(t)$ mit $t \in \mathbb{R}$ die Parameterdarstellung eines Kreises mit Radius 1. Berechnen Sie den Umfang dieses Kreises mithilfe des Satzes über die Kurvenlänge.

4 Gegeben ist der Graph K der Funktion f mit $f(x) = x\sqrt{x}$ mit $x \geq 0$. Zeichnen Sie den Graphen dieser Funktion und berechnen Sie die Bogenlänge des entsprechenden Kurvenstücks von O(0|0) bis $A\left(\frac{5}{9}\middle|f\left(\frac{5}{9}\right)\right)$.

Zu Aufgabe 5, 6 und 8: Die keplersche Fassregel finden Sie auf den Seiten 240 und 241.

5 Gegeben ist die Normalparabel mit der Gleichung $y = x^2$ im Intervall [0; 10].
a) Berechnen Sie die Länge der Normalparabel von O(0|0) bis A(10|100) exakt mithilfe eines CAS-Programms.
b) Vergleichen Sie diesen Wert mit dem Wert, den man erhält, wenn man das Integral mithilfe der keplerschen Fassregel berechnet. Wie groß ist die prozentuale Abweichung?

6 Es ist $x = \frac{1}{2}t^2$, $y = \frac{1}{3}t^3$ mit $0 \leq t \leq 1$ die Parameterdarstellung einer Kurve.
a) Zeichnen Sie diese Kurve mithilfe eines CAS-Programms.
b) Ermitteln Sie die Länge des gezeichneten Kurvenstücks mithilfe eines CAS-Programms, indem Sie das Integral approximieren mit den im CAS-Programm vorhandenen Hilfsmitteln.
c) Berechnen Sie die Länge des gezeichneten Kurvenstücks näherungsweise mithilfe der keplerschen Fassregel. Wie groß ist die Abweichung in Prozent?

Tipp: Verwenden Sie die Überlegungen von Beispiel 2 zusammen mit Fig. 2.

7 a) Zeigen Sie: Hat ein Punkt P eines Rades mit dem Radius r einen Abstand b vom Radmittelpunkt, so beschreibt P bei einer Umdrehung eine Kurve mit $x = r \cdot t - b \cdot sin(t)$, $y = r - b \cdot cos(t)$.
b) Untersuchen Sie mithilfe eines CAS-Programms die Kurven für $b > r$ und $b < r$. In welchen Fällen ist die Kurve der Graph einer Funktion?
c) Berechnen Sie mithilfe des Computers näherungsweise die Wege von P bei einer Radumdrehung, wenn $b = \frac{1}{2}r$ bzw. $b = \frac{3}{2}r$ ist bzw. $b = 0$ ist.

350

Länge eines Kurvenstücks

Dazu braucht man hier:
$\sin(\alpha) \cdot \cos(\alpha) = \frac{1}{2} \cdot \sin(2\alpha)$

8 Die Parameterdarstellung der Kurve K von Fig. 1 ist $x = (\cos(t))^3$, $y = (\sin(t))^3$ mit $t \in [0; 2\pi]$. Die Kurve heißt **Astroide**.
a) Zeichnen Sie die Astroide und geben Sie das t-Intervall an, durch das der Bogen im ersten Feld erzeugt wird.
b) Zeigen Sie, dass ein einzelner Bogen die Länge 1,5 hat.
c) Berechnen Sie die Länge des Bogens im ersten Feld mithilfe der keplerschen Fassregel und berechnen Sie die Abweichung vom tatsächlichen Wert in Prozent.

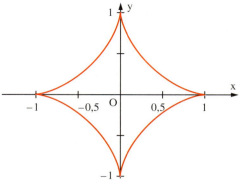
Fig. 1

9 Eine Ellipse besitzt folgende Parameterdarstellung: $x = 4 \cdot \cos(t)$, $y = 2 \cdot \sin(t)$ mit $t \in [0; 2\pi]$. Zeichnen Sie die Ellipse und berechnen Sie näherungsweise ihren Umfang mit den Hilfsmitteln, die Ihnen der Computer zur Verfügung stellt.
Versuchen Sie mithilfe des Computers für eine Ellipse mit den Achsen 2a und 2b mit der Parameterdarstellung $x = a \cdot \cos(t)$, $y = b \cdot \sin(t)$, $0 \leq t \leq 2\pi$ den Umfang zu ermitteln.

Das Brachistochrone-Problem oder „der schnellste Weg"
JOHANN BERNOULLI (1667–1748) stellte 1696 in der Zeitschrift „Acta eruditorum" folgendes Problem:
Es soll die Kurve bestimmt werden, auf der ein reibungsfrei gleitender Körper vom Punkt A zum Punkt B in der kürzesten Zeit gelangt.
Schon GALILEI (1564–1642) hatte erkannt, dass dies nicht der kürzeste Weg, nämlich die Strecke von A nach B sein könne. Er war davon überzeugt, dass A und B auf einem Kreisbogen liegen. JOHANN BERNOULLI zeigte, dass sich GALILEI geirrt hatte. Das von JOHANN BERNOULLI gestellte Brachistochrone-Problem wurde von ihm selbst sowie NEWTON, LEIBNIZ, L'HOSPITAL und JAKOB BERNOULLI in kurzer Zeit gelöst. Es stellte sich heraus, dass es sich um ein umgekehrtes Zykloid, also die in Beispiel 2 behandelte Kurve handelt. Das Erstaunlichste an der Lösung ist, dass ein anderer in einem Punkt C der Zykloide unterhalb von A aus der Ruhe gestartete Körper exakt die gleiche Zeit benötigt, um B zu erreichen.
Der Name Brachistochrone kommt aus dem Griechischen und bedeutet kürzeste Zeit (brachys – kurz, chronos – Zeit).

$x = 3 \cdot \sin(t) - \sin(2t)$
$y = 1{,}5 \cdot \cos(t) - \cos(2t)$
liefert ein Herz.
Hat es einen Umfang größer als 13?

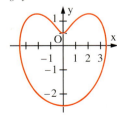

10 Die Kettenlinie ist der Graph einer Funktion f_c mit $f_c(x) = \frac{1}{2c} \cdot (e^{cx} + e^{-cx})$ mit $c > 0$. Hochspannungsleitungen sind angenähert Kettenlinien.
a) Zeigen Sie, dass die Länge der Kettenlinie über dem Intervall [0; a] den Wert $s = \frac{1}{2c} \cdot (e^{ac} - e^{-ac})$ hat.
b) Zwischen zwei Masten im Abstand 200 m ist eine Hochspannungsleitung gelegt, die durch f_c mit $c = 0{,}003\,658\,6$ beschrieben werden kann. Berechnen Sie die Länge der Leitung.
c) Wie groß ist der Durchhang d (Fig. 2)?

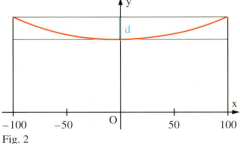
Fig. 2

Wahlthema: Das unendlich Große in der Mathematik

Paradoxie (gr.-lat.): eine scheinbar zugleich wahre und falsche Aussage.

1 Paradoxien des unendlich Großen

> O Ewigkeit, o Ewigkeit!
> Wie lang bist du, o Ewigkeit!
> Zu zählen ist der Sterne Heer,
> Die Tropfen und der Sand am Meer
> Und was sonst lebend in der Zeit,
> Du aber nicht, o Ewigkeit!
> (Geistliches Volkslied, 17. Jahrh.)
>
> Die Zahl der Sterne wird oft als Gleichnis für eine sehr große Zahl genommen. Kann es eine Zahl geben, die größer ist als jede natürliche Zahl? Die folgenden historischen Texte führen in das Problem ein, ein Maß für unendliche Anzahlen zu finden.

GALILEI stellt die Frage: Wie viele Quadratzahlen gibt es im Vergleich zu den natürlichen Zahlen?

Das Werk hat die Form eines aufgezeichneten Gesprächs zwischen drei Männern (Dialogform). Salviati ist der überlegene Gesprächsführer, in der Regel die Stimme GALILEIS selbst. Sagredo ist ein ebenbürtiger Partner, der präzise fragt und zum Gelingen der Gespräche beiträgt. Diese Figuren sind nicht erdacht, sondern waren Freunde von GALILEI. Simplicio (d. h. der Einfältige) ist eine Symbolfigur. In den Gesprächen über die Lehren des KOPERNIKUS zeichnet er sich durch geistige Befangenheit und Beschränktheit aus. An einer Stelle lässt GALILEI den Simplicio wörtlich ein Argument von Papst URBAN VIII vortragen, wodurch er sich dessen Feindschaft zuzieht.

Aus GALILEO GALILEI: Unterredungen und mathematische Demonstrationen (1638)

Salv. Ich setze voraus, Ihr wisset, welche Zahlen Quadratzahlen sind, und welche nicht.
Simpl. Mir ist sehr wohl bekannt, dass eine Quadratzahl aus der Multiplikation einer beliebigen Zahl mit sich selbst entsteht, so sind 4, 9 Quadratzahlen, die aus 2, 3 gebildet sind.
Salv. Vortrefflich; Ihr erinnert Euch auch, dass ebenso wie die Produkte Quadrate heißen, diejenigen Zahlen, welche mit sich selbst multipliziert werden, Wurzeln genannt werden. Die anderen Zahlen, welche nicht aus zwei gleichen Faktoren bestehen, sind nicht Quadrate. Wenn ich nun sage, alle Zahlen, Quadrat- und Nichtquadratzahlen zusammen, sind mehr, als alle Quadratzahlen allein, so ist das doch eine durchaus richtige Behauptung, nicht?
Simpl.. Dem kann man nicht widersprechen.
Salv. Frage ich nun, wieviel Quadratzahlen es gibt, so kann man in Wahrheit antworten, eben so viel, als es Wurzeln gibt, denn jedes Quadrat hat eine Wurzel, jede Wurzel hat ihr Quadrat, kein Quadrat hat mehr als eine Wurzel, keine Wurzel mehr als ein Quadrat.
Simpl. Vollkommen richtig.
Salv. Wenn ich nun aber frage, wieviel Wurzeln gibt es, so kann man nicht leugnen, dass sie eben so zahlreich sind wie die gesamte Zahlenreihe, denn es gibt keine Zahl, die nicht Wurzel eines Quadrates wäre. Steht dieses fest, so muss man sagen, dass es eben so viel Quadrate als Wurzeln gibt, da sie an Zahl ebenso groß als ihre Wurzeln sind, und alle Zahlen sind Wurzeln; und doch sagten wir anfangs, alle Zahlen seien mehr als alle Quadrate, da der größere Teil derselben Nichtquadrate sind. Und wirklich nimmt die Zahl der Quadrate immer mehr ab, je größer die Zahlen werden; denn bis 100 gibt es 10 Quadrate, d. h. der 10te Teil ist quadratisch; bis 10 000 ist der 100ste Teil bloß quadratisch, bis 1 000 000 nur der 1000ste Teil; und bis zu einer unendlich großen Zahl, wenn wir sie erfassen könnten, müssten wir sagen, gibt es so viel Quadrate wie alle Zahlen zusammen.
Sagr. Was ist denn zu tun, um einen Abschluss zu gewinnen?
Salv. Ich sehe keinen anderen Ausweg als zu sagen, unendlich ist die Anzahl aller Zahlen, unendlich die der Quadrate, unendlich die der Wurzeln; weder ist die Menge der Quadrate kleiner als die der Zahlen, noch ist die Menge der letzteren größer; und schließlich haben die Attribute des Gleichen, des Größeren und des Kleineren nicht statt bei Unendlichem, sondern sie gelten nur bei endlichen Größen.

Paradoxien des unendlich Großen

GALILEI hat unter „natürliche Zahlen" die Zahlen 1, 2, 3, ... verstanden. Seine Argumente gelten aber genauso für die Zahlen aus $\mathbb{N} = \{0; 1; 2; 3; ...\}$.

*PASCAL stellt die Frage: **Welche Eigenschaften hat eine unendlich große Zahl?***

1 a) Beschreiben Sie die Argumentation GALILEIS zum Nachweis der Aussagen
A_1: Die Anzahl der Quadratzahlen ist kleiner als die Anzahl aller natürlichen Zahlen.
A_2: Die Anzahl der Quadratzahlen ist gleich der Anzahl aller natürlichen Zahlen.
b) Auf welche Weise löst GALILEI diese widersprüchliche Situation auf?

> **Aus BLAISE PASCAL: Gedanken (1653)**
> Die Einheit, dem Unendlichen hinzugefügt, vermehrt dieses um nichts, sowenig als ein Fuß, der zu einem unendlichen Maß hinzugefügt wird, dieses vermehrt...
> Wir erkennen, dass es ein Unendliches gibt, und wissen nichts von seiner Natur. Da wir wissen, dass es falsch ist, dass die Zahlen endlich sind, muss es wahr sein, dass es eine Unendlichkeit von Zahlen gibt, aber wir wissen nicht, was sie ist. Es ist falsch, dass sie gerade ist, es ist falsch, dass sie ungerade ist; denn durch das Hinzufügen der Einheit verändert sie ihre Natur nicht. Und doch handelt es sich um eine Zahl, und jede Zahl ist gerade oder ungerade. Es ist wahr, dass das von jeder endlichen Zahl gilt.

---

1. Vergleiche von unendlich großen Zahlenmengen führen zu einem Widerspruch
Beispiel: (Die Argumente von GALILEI)
Wie viele Quadratzahlen gibt es im Vergleich zu den natürlichen Zahlen?
Erste Behauptung: Es gibt gleich viele Quadratzahlen wie natürliche Zahlen, da man beide Zahlenreihen so übereinander schreiben kann, dass jede natürliche Zahl genau eine Quadratzahl zum Partner hat.

0	1	2	3	4	5	6	7	8	9	10	...
↕	↕	↕	↕	↕	↕	↕	↕	↕	↕	↕	
0	1	4	9	16	25	36	49	64	81	100	...

Zweite Behauptung: Es gibt weniger Quadratzahlen als natürliche Zahlen, da z. B. die Zahlen 2, 3, 5 natürliche Zahlen sind, jedoch keine Quadratzahlen.
Die beiden Behauptungen widersprechen sich offensichtlich.

2. Die Annahme der Existenz einer unendlich großen Zahl führt zu einem Widerspruch
Beispiel: (Die Argumente von PASCAL)
Angenommen, es gibt eine unendlich große Zahl, dargestellt z. B. durch das Symbol U.
Nimmt man zu unendlich vielen Zahlen eine Zahl dazu, hat man immer noch unendlich viele Zahlen. Es gilt also $U + 1 = U$. Dies ist für PASCAL ein Widerspruch.

Ein weiterer Widerspruch scheint sich zu ergeben, wenn man untersucht, ob U gerade oder ungerade ist.
a) Ist U eine gerade Zahl, dann ist $U + 1$ ungerade. Wegen $U + 1 = U$ folgt andererseits: U gerade.
b) Ist U eine ungerade Zahl, dann ist $U + 1$ gerade. Wegen $U + 1 = U$ folgt: U ungerade.
In beiden Fällen ergibt sich für PASCAL ein Widerspruch.

---

2 a) Erläutern Sie, in welcher Weise sich für PASCAL ein Widerspruch zu ergeben scheint, falls man „dem Unendlichen die Einheit dazufügt".
b) PASCAL versucht dem Unendlichen Eigenschaften zuzuordnen. Beschreiben Sie, wie er dabei auf eine Paradoxie stößt.

Die angeführten historischen Texte spiegeln die grundsätzlichen Überlegungen wider, die zu Paradoxien des Unendlichen geführt haben und die bis gegen Ende des letzten Jahrhunderts Bestand hatten. Es waren im Wesentlichen zwei Gedankengänge, die nebenstehend zusammengefasst sind.
Viele bedeutende Mathematiker haben aus diesen Gründen den Begriff „unendlich" sorgfältig vermieden. Er taucht in EUKLIDS bedeutendem Werk **Die Elemente** nicht auf. Dort heißt es z. B.

Es gibt mehr Primzahlen, als jede vorgelegte Anzahl von Primzahlen (und nicht: *Es gibt unendlich viele Primzahlen*).

DESCARTES sagt dazu:
Nur der, welcher seinen Geist für unendlich hält, kann glauben hierüber nachdenken zu müssen.
Über 2000 Jahre nach EUKLID lautet bei GAUSS eine oft zitierte Briefstelle:
„Was nun aber ... betrifft, so protestiere ich zuvörderst gegen den Gebrauch einer unendlichen Größe als einer Vollendeten, welcher in der Mathematik niemals erlaubt ist."

353

2 Gleichmächtigkeit von Mengen

Die Entwicklung mathematischer Begriffe und Theorien geschieht gewöhnlich in kleinen Schritten und unter Mitarbeit vieler Mathematiker. Bei der Untersuchung des Begriffs des unendlich Großen war dies jedoch anders. Bei diesem neuartigen Gebiet hat im Wesentlichen ein Forscher die wichtigsten Begriffe und Ergebnisse erarbeitet. Dieser Mathematiker war GEORG CANTOR (1845–1918), Professor an der Universität Halle. Er hat die im vorhergehenden Paragraphen beschriebenen Paradoxien analysiert und aufgelöst. Zu diesem Zweck hat er grundlegende neue mathematische Begriffe geschaffen.

Was ist eine Menge? Das zu sagen hat sich als äußerst schwierig herausgestellt. Wir beschränken uns darauf genau festzulegen, was man mit Mengen tun kann. Dieses Verfahren ist in der Mathematik üblich. So legt man in der Geometrie auch nicht fest, was ein Punkt oder eine Gerade ist, sondern beschreibt stattdessen, was man mit diesen Objekten tun kann.

In diesem Paragraphen wird der umgangssprachliche Begriff „gleichviel" mit dem Ziel einer Definition analysiert. Dazu werden zunächst einige Grundlagen der von Cantor begründeten Mengenlehre angesprochen.

Jede Menge (außer der leeren Menge { }) besitzt Elemente. Ist x ein Element der Menge A, dann schreibt man x ∈ A.
Element einer Menge kann eine Zahl, ein Mensch oder ein Stein sein. Insbesondere kann auch eine Menge selbst wieder Element einer Menge sein.
Ist jedes Element von A auch Element von B, nennt man A eine Teilmenge von B und schreibt A ⊆ B. Daraus folgt, dass für jede Menge A gilt: A ⊆ A.

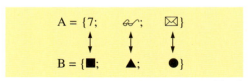

Um zu zeigen, dass zwei Mengen A und B gleichviel Elemente haben, muss man diese nicht unbedingt abzählen. Es genügt zu zeigen, dass die Elemente von A und B paarweise gegenübergestellt werden können (Fig. 1).

Fig. 1

Definition 1: Eine Funktion f: A ↦ B heißt **bijektiv**, falls gilt:
a) Aus $a_1, a_2 \in A$ mit $a_1 \neq a_2$ folgt $f(a_1) \neq f(a_2)$ und
b) Zu jedem b ∈ B gibt es ein a ∈ A mit f(a) = b.
Man nennt die Funktion f dann auch eine **Bijektion** von A nach B.

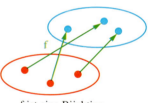

f ist eine Bijektion

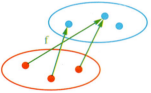

f ist keine Bijektion

f ist keine Bijektion

Fig. 2

Gleichmächtigkeit von Mengen

Aus Definition 1 folgt: Gibt es eine Bijektion (z. B. f) von A nach B, dann gibt es auch eine Bijektion (z. B. die Umkehrfunktion $\bar{f}$ von f) von B nach A.

Hier ist das umgangssprachliche „gleichviel" exakt definiert.

Definition 2: Zwei Mengen A und B heißen **gleichmächtig**, wenn es eine Bijektion von A nach B gibt.

Aus den Definitionen 1 und 2 folgt:
a) Jede Menge A ist zu sich selbst gleichmächtig.
Beweis: Die Funktion $f: A \mapsto A$ mit $f(a) = a$ für jedes $a \in A$ ist eine Bijektion von A nach A.
b) Sind A und B gleichmächtig und B und C gleichmächtig, dann sind auch A und C gleichmächtig.
Beweis: Da A und B gleichmächtig sind, gibt es eine Bijektion f von A nach B. Entsprechend gibt es eine Bijektion g von B nach C. Dann ist die Verkettung $g \circ f$ eine Bijektion von A nach C.

Bemerkung: Zwischen gleichmächtigen Mengen A und B mit mindestens zwei Elementen gibt es immer auch Zuordnungen, die nicht bijektiv sind. Deshalb darf man aus der Existenz einer nicht-bijektiven Zuordnung zwischen zwei solchen Mengen nicht folgern, dass diese deshalb nicht gleichmächtig sind.

0	1	2	3	4	5	6	7	8	...
↕	↕	↕	↕	↕	↕	↕	↕	↕	
0	2	4	6	8	10	12	14	16	...

Es wird nun untersucht, ob nach dieser Definition die Menge $\mathbb{N}$ der natürlichen Zahlen und die Menge G der geraden Zahlen gleichmächtig sind. Die nebenstehende Anordnung zeigt eine Bijektion von $\mathbb{N}$ nach G. Die Mengen sind gleichmächtig.

0	1	2	3	4	5	6	7	8	9	...
↕		↕		↕		↕		↕		
0		2		4		6		8		...

Selbstverständlich kann man die Elemente der beiden Mengen auch nicht-bijektiv zuordnen. Dies führt wieder auf die Paradoxie von GALILEI.

Analyse und Überwindung der Paradoxie

GALILEIS Argumentation ist sinngemäß die folgende: Die zweite Zuordnung zeigt, dass die Menge G der geraden Zahlen eine echte Teilmenge von $\mathbb{N}$ ist. Eine echte Teilmenge hat jedoch weniger Elemente als die Menge selbst.
Der Denkfehler liegt in der Aussage: *Eine Menge und eine echte Teilmenge dieser Menge können nicht gleichmächtig sein.* Diese Aussage stimmt mit aller unserer bisherigen Erfahrung überein. Allerdings bezieht sich unsere Erfahrung ausschließlich auf endliche Mengen, und für diese stimmt die Aussage auch. Wenn man jedoch unendliche Mengen untersucht, darf man diesen keine Eigenschaften unterstellen, die man von endlichen Mengen her gewohnt ist. Man muss also das Ungewohnte akzeptieren: *Unendliche Mengen haben die Eigenschaft, dass sie gleichmächtig zu einer echten Teilmenge sind.*

Alle Widersprüche auf Seite 269 rühren vom gleichen Denkfehler her, gewohnte Eigenschaften auf neuartige Objekte einfach zu übertragen. Das Überwinden solcher Denkgewohnheiten ist sehr schwer, auch in anderen Wissenschaften. Z. B. zeigen alle unsere Alltagserfahrungen, dass die Zeit unabhängig von anderen Größen dahinfließt. Dieser absolute Zeitbegriff ist uns in Fleisch und Blut übergegangen. Das Schwierige am Verständnis der Relativitätstheorie ist nicht der mathematische Formalismus, sondern die Überwindung dieser Denkgewohnheit. Sie ist nämlich falsch, und der Fehler ist bei sehr großen Geschwindigkeiten auch messbar.

Der Mathematiker DEDEKIND (1831–1916) hat diese Besonderheit zum Inhalt einer Definition des unendlich Großen gemacht: *Eine Menge M heiße unendlich, wenn sie einem echten Teil ihrer selbst gleichmächtig ist.*

Gleichmächtigkeit von Mengen

Aufgaben

1 Zeigen Sie, dass die Menge M zur Menge $\mathbb{N}$ der natürlichen Zahlen gleichmächtig ist.
a) $M = \{n \in \mathbb{N} \mid n \text{ ungerade}\}$
b) $M = \{10^n \mid n \in \mathbb{N}\}$
c) $M = \{\frac{1}{n} \mid n \in \mathbb{N} \setminus \{0\}\}$
d) $M = \{z \mid z \in \mathbb{Z} \text{ und } z \geq -100\}$

*Ist eine Menge M gleichmächtig zu $\mathbb{N}$, kann man dies auf folgende Arten anschaulich deuten:
a) Man kann die Elemente der Menge M mit den natürlichen Zahlen durchnummerieren
b) Man kann die Elemente von M wie Perlen an einer endlosen Schnur hintereinander anordnen.*

2 Die nebenstehende Zuordnung zeigt, dass die Menge $\mathbb{N}$ der natürlichen Zahlen und die Menge $\mathbb{Z}$ der ganzen Zahlen gleichmächtig sind. Zeigen Sie entsprechend die Gleichmächtigkeit von $\mathbb{Z}$ und M.
a) $M = \{\frac{1}{z} \mid z \in \mathbb{Z} \setminus \{0\}\}$

0	1	2	3	4	5	6	7	8	...
↕	↕	↕	↕	↕	↕	↕	↕	↕	
0	1	−1	2	−2	3	−3	4	−4	...

b) $M = \{r \in \mathbb{R} \mid r^2 = n \text{ und } n \in \mathbb{N}\}$

3 M sei eine unendliche Teilmenge von $\mathbb{N}$. Begründen Sie: M und $\mathbb{N}$ sind gleichmächtig.

4 Eine endlose Schnur ist in Abständen von 1 cm mit roter Farbe markiert. M sei die Menge der rot markierten Punkte. Beurteilen Sie, ob sich die Mächtigkeit von M ändert, wenn man die Schnur in Abständen von 1 mm rot markiert.

5 M sei die Menge der Punkte der Ebene, die auf den Koordinatenachsen liegen und die ganzzahlige Koordinaten haben. Die nebenstehende Abbildung zeigt, dass M und $\mathbb{N}$ gleichmächtig sind.
a) Zeigen Sie, dass die Menge aller Punkte der Ebene mit ganzzahligen Koordinaten gleichmächtig zu $\mathbb{N}$ ist.
b) Bilden Sie weitere zu $\mathbb{N}$ gleichmächtige Punktmengen.

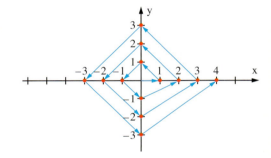

In Aufgabe 6 wird die Menge M_1 auch mit $\mathbb{N} \times \mathbb{N}$ und die Menge M_2 mit $\mathbb{Z} \times \mathbb{N}$ bezeichnet.

6 a) Gegeben ist die Menge $M_1 = \{(m; n) \mid m, n \in \mathbb{N}\}$. Veranschaulichen Sie M_1 als Punktmenge in der Koordinatenebene. Zeigen Sie, dass M_1 und $\mathbb{N}$ gleichmächtig sind.
b) Zeigen Sie, dass die Mengen $M_2 = \{(z; n) \mid z \in \mathbb{Z}; n \in \mathbb{N}\}$ und $\mathbb{N}$ gleichmächtig sind.
c) Begründen Sie, dass die Menge $\mathbb{Q}$ der rationalen Zahlen gleichmächtig zu einer Teilmenge von M_2 ist. Wie kann man damit die Gleichmächtigkeit von $\mathbb{Q}$ und $\mathbb{N}$ zeigen?

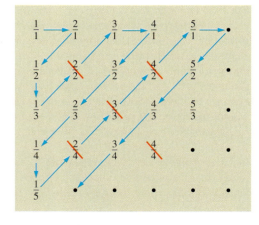

Obwohl schon zwischen 1 und 2 unendlich viele rationale Zahlen liegen, sind $\mathbb{Q}$ und $\mathbb{N}$ gleichmächtig.

7 Im nebenstehenden Schema sind alle positiven rationalen Zahlen angeordnet, wobei auch Zahlen mehrfach auftreten.
a) In welcher Zeile bzw. in welcher Spalte steht die Zahl $\frac{204}{81}$?
b) Man denkt sich nun die Zahlen entlang der Pfeile aufgereiht, wobei man die schon vorgekommenen Zahlen streicht. Was kann man jetzt über die Mächtigkeit der Menge der positiven rationalen Zahlen sagen?

8 Zeigen Sie durch eine entsprechende Anordnung wie in Aufgabe 7, dass die Menge $\mathbb{Q}$ der rationalen Zahlen und $\mathbb{N}$ gleichmächtig sind.

356

3 Abzählbare Mengen, die Kardinalzahl $\aleph_0$

Im vorhergehenden Paragraphen wurde gezeigt, dass die rechts aufgeführten Mengen zur Menge $\mathbb{N}$ gleichmächtig sind.

$M_1 = \mathbb{Z}$ (Menge der ganzen Zahlen)
$M_2 = \mathbb{Q}$ (Menge der rationalen Zahlen)
$M_3 = \{(m; n) \mid m \in \mathbb{N}; n \in \mathbb{N}\}$

Es liegt nun nahe, die Mächtigkeit dieser Mengen mit einer Zahl zu kennzeichnen, so wie die Mächtigkeit von Mengen mit drei Elementen mit der Zahl 3 gekennzeichnet wird. Cantor bezeichnete die Mächtigkeit von $\mathbb{N}$ mit $\aleph_0$ (sprich: Aleph Null). Die natürlichen Zahlen 0, 1, 2, 3 usw. und die Zahl $\aleph_0$ werden unter dem Oberbegriff **Kardinalzahlen** zusammengefasst.

CANTOR: Alle so genannten Beweise wider die Möglichkeit unendlicher Zahlen sind der Hauptsache nach dadurch fehlerhaft, dass sie von vornherein den in Frage stehenden Zahlen alle Eigenschaften der endlichen Zahlen zumuten oder vielmehr aufdrängen, während die unendlichen Zahlen doch andererseits ein ganz neues Zahlengeschlecht konstituieren müssen, dessen Beschaffenheit Gegenstand der Forschung und nicht unserer Willkür ist."

Definition 1: Ist eine Menge M zur Menge $\mathbb{N}$ der natürlichen Zahlen gleichmächtig, dann hat M die **Mächtigkeit $\aleph_0$** (sprich: Aleph Null). Man sagt auch: M ist **abzählbar unendlich**. Für „M hat die Mächtigkeit k" schreibt man kurz: $|M| = k$.

Die Zahl $\aleph_0$ ist eine neue Zahl, der man keine Eigenschaften der natürlichen Zahlen wie „gerade oder ungerade" zuschreiben darf (Paradoxie von PASCAL). Auch muss die Bedeutung z. B. des Rechenzeichens „+" im Zusammenhang mit $\aleph_0$ erst festgelegt werden.

Rechnen mit Kardinalzahlen (Kardinalzahlarithmetik)
Sind in einer Tüte 3 und in einer anderen 2 Gegenstände und soll ein Kind feststellen, wieviel 3 + 2 ist, so könnte es alle Gegenstände zusammenlegen und dann abzählen.
Sinngemäß geht man bei der Definition der Summe zweier Kardinalzahlen vor.

Zwei Mengen heißen elementfremd (oder disjunkt), wenn sie kein gemeinsames Element besitzen.

Definition 2: Sind m und n zwei beliebige Kardinalzahlen und A und B zwei elementfremde Mengen mit der Kardinalzahl m bzw. n, dann versteht man unter der **Summe m + n** die Kardinalzahl $|A \cup B|$.

Die Menge $A \times B$ hat als Elemente geordnete Paare.

Zur Definition des Produkts zweier Kardinalzahlen benötigt man den Begriff des direkten Produkts $A \times B$ zweier Mengen A und B: $A \times B = \{(a; b) \mid a \in A; b \in B\}$.

Definition 3: Sind m und n zwei beliebige Kardinalzahlen und A und B zwei Mengen mit der Kardinalzahl m bzw. n, dann versteht man unter dem **Produkt m·n** die Kardinalzahl $|A \times B|$.

Aufgaben

Tipp zu Aufgabe 2c: Die Funktion f mit $f(m; n; s) = 2^m \cdot 3^n \cdot 5^s$ ist eine Bijektion von $\mathbb{N} \times \mathbb{N} \times \mathbb{N}$ auf eine Teilmenge von $\mathbb{N}$.

1 Zeigen Sie
a) $\aleph_0 + 2 = \aleph_0$
b) $\aleph_0 + k = \aleph_0$ ($k \in \mathbb{N}$)
c) $\aleph_0 + \aleph_0 = \aleph_0$.

2 a) $2 \cdot \aleph_0 = \aleph_0$
b) $\aleph_0 \cdot \aleph_0 = \aleph_0$
c) $\aleph_0 \cdot \aleph_0 \cdot \aleph_0 = \aleph_0$

Abzählbare Mengen, die Kardinalzahl $\aleph_0$

Das hilbertsche Hotel

Zur Veranschaulichung der ungewohnten und unanschaulichen CANTORschen Begriffsbildungen kursiert in den mathematischen Instituten der Welt die Geschichte vom HILBERTschen Hotel. HILBERT war der bedeutendste Mathematiker des beginnenden 20. Jahrhunderts und ein Verfechter von CANTORS Ideen. Es ist nicht bekannt, ob die Geschichte von ihm stammt.

Das in einer beliebten Ausflugsgegend gelegene HILBERTsche Hotel hat eine einzigartige Besonderheit zu bieten. Es besitzt als weltweit einziges Hotel unendlich viele Zimmer. Genau gesagt sind es abzählbar viele, durchnummeriert mit 1, 2, 3, …
Alle Zimmer sind Einzelzimmer.

An einem Sommerabend in den großen Ferien sind alle Zimmer belegt. Als es dunkelt, kommt noch ein müder Wanderer und bittet um Aufnahme. Der Portier weist ihn unter Hinweis auf die volle Belegung aller Zimmer ab. Zu allem Überfluss zieht noch ein Gewitter auf, und der Wanderer wendet sich verzweifelt hinaus in die gefahrvolle Nacht.

Da kommt der Direktor vorbei und herrscht den Portier an:
„Wie können Sie den Mann abweisen? Natürlich bekommt er ein Zimmer."

$\aleph_0 + 1 = \aleph_0$

Der Direktor bittet den Gast aus Zimmer 1, in das Zimmer 2 umzuziehen. Den Gast aus Zimmer 2 bittet er, in Zimmer 3 umzuziehen, den aus Zimmer 3 in Zimmer 4 usw. Die Gäste sind sehr verständnisvoll. Der glückliche Wanderer erhält Zimmer 1.

Gerade als wieder Ruhe eingekehrt ist, fährt ein Reisebus mit 40 neuen Gästen vor. Der Portier will sie abweisen, aber der Direktor greift wieder ein. Leider muss er den Wanderer in Zimmer 1 nochmals stören. Er bittet ihn, in das Zimmer 41 umzuziehen, den Gast aus Zimmer 2 komplimentiert er in das Zimmer 42 usw. Die Gäste sind wirklich außerordentlich liebenswürdig. Die Busgesellschaft kann jetzt die ersten 40 Zimmer beziehen.

$\aleph_0 + 40 = \aleph_0$

Gerade als der Portier sich zur Ruhe begeben will, hört er auf dem Parkplatz wieder Motorenlärm. Das ist aber eine unruhige Nacht, denkt er sich noch, als ihm auch schon der Schreck in die Glieder fährt. Denn der Reisebus, der angekommen ist, hat nicht 40 Gäste, auch nicht 80, sondern *abzählbar unendlich* viele. Der Portier rennt in die Besenkammer und schließt sich ein, doch der Direktor findet nach kurzem Nachdenken mit der Hilfe der Reisenden (es handelt sich um einen großen Leistungskurs Mathematik) eine Lösung.

$\aleph_0 + \aleph_0 = \aleph_0$

Mit dem Versprechen, ein Frühstücksei gratis zu spendieren, bittet der Direktor den Gast aus Zimmer 1 in Zimmer 2, den Gast aus Zimmer 2 in Zimmer 4, d. h. den Gast aus Zimmer n in Zimmer 2n. Dadurch sind alle Zimmer mit ungerader Nummer frei geworden, in die jetzt die abzählbar unendlich vielen Busreisenden einziehen können.

Kurz vor Mitternacht bricht die Katastrophe herein. Auf den Parkplatz fahren *abzählbar unendlich viele Busse* mit jeweils *abzählbar unendlich vielen Insassen*. Der Portier kündigt auf der Stelle. Der Direktor weckt den Mathematiklehrer und bittet ihn um Hilfe.

$\aleph_0 \cdot \aleph_0 = \aleph_0$

Dieser geht auf den Parkplatz und lässt die Insassen jedes Busses vor ihrem Bus in einer Reihe Aufstellung nehmen. Dann geht er entlang des Streckenzuges durch die Reihen und verteilt rote Nummern 1, 2, 3, 4, …, die die Gäste an die Jacke heften müssen. Dabei wendet er sich an den Direktor:
„Alle Gäste sind mit 1, 2, 3, 4, … durchnummeriert. Sie können jetzt das vorige Verfahren wenden."

4 Überabzählbare Mengen

Alle bisher betrachteten Mengen haben sich als abzählbar unendlich erwiesen. Unter anderen gehören dazu die Menge $\mathbb{Q}$ der rationalen Zahlen und die Menge der Punkte der Ebene mit ganzzahligen Koordinaten. Aufgrund dieser Ergebnisse könnte man annehmen, dass jede unendliche Menge abzählbar ist. Damit gäbe es keine Differenzierung des unendlich Großen. Dies ist jedoch nicht der Fall. CANTOR machte die bedeutende Entdeckung, dass die Menge $\mathbb{R}$ der reellen Zahlen nicht abzählbar ist.

Im Folgenden wird zunächst gezeigt, dass die Menge $I = (0; 1)$ nicht abzählbar ist. Da I eine Teilmenge von $\mathbb{R}$ ist, ist die Menge der reellen Zahlen ebenfalls nicht abzählbar.

Anschaulich bedeutet das: Man kann die reellen Zahlen nicht durchnummerieren.

Satz: Die Menge der reellen Zahlen r mit $0 < r < 1$ ist nicht abzählbar.
Daraus folgt: Die Menge $\mathbb{R}$ der reellen Zahlen ist **nicht abzählbar** (ist **überabzählbar**).

Beweis: Man geht nach der Methode des indirekten Beweises vor. Dazu geht man versuchsweise von der Annahme aus, dass der Satz falsch ist. Das Ziel ist nun, aufgrund dieser Annahme zu einem Widerspruch zu gelangen. In diesem Fall muss die Annahme falsch sein und ihr Gegenteil richtig.

Annahme: Die Menge $(0; 1)$ ist abzählbar. Dann gibt es eine Bijektion von $\mathbb{N}$ nach $(0; 1)$, dargestellt in folgender Anordnung.

In der nebenstehenden Anordnung bedeutet z_{ij} eine Ziffer. Sie steht in der i-ten Zeile an der j-ten Stelle hinter dem Komma. Im Beispiel ist $z_{13} = 0$; $z_{57} = 5$.

$\mathbb{N}$		$(0; 1)$	Beispiel		
0	$\leftrightarrow$	$0, z_{11}\, z_{12}\, z_{13}\, z_{14}\, z_{15}\, z_{16}\, \ldots$	0	$\leftrightarrow$	$0, 4\, 1\, 0\, 8\, 4\, 7\, 1\, 1\, 8 \ldots$
1	$\leftrightarrow$	$0, z_{21}\, z_{22}\, z_{23}\, z_{24}\, z_{25}\, z_{26}\, \ldots$	1	$\leftrightarrow$	$0, 8\, 5\, 2\, 2\, 2\, 2\, 2\, 2 \ldots$
2	$\leftrightarrow$	$0, z_{31}\, z_{32}\, z_{33}\, z_{34}\, z_{35}\, z_{36}\, \ldots$	2	$\leftrightarrow$	$0, 1\, 4\, 1\, 4\, 6\, 8\, 4\, 3\, 2 \ldots$
3	$\leftrightarrow$	$0, z_{41}\, z_{42}\, z_{43}\, z_{44}\, z_{45}\, z_{46}\, \ldots$	3	$\leftrightarrow$	$0, 3\, 3\, 3\, 3\, 3\, 3\, 3\, 3 \ldots$
4	$\leftrightarrow$	$0, z_{51}\, z_{52}\, z_{53}\, z_{54}\, z_{55}\, z_{56}\, \ldots$	4	$\leftrightarrow$	$0, 9\, 9\, 8\, 0\, 0\, 0\, 5\, 0\, 5 \ldots$
5	$\leftrightarrow$	$0, z_{61}\, z_{62}\, z_{63}\, z_{64}\, z_{65}\, z_{66}\, \ldots$	5	$\leftrightarrow$	$0, 5\, 0\, 0\, 0\, 0\, 0\, 0\, 0 \ldots$
6	$\leftrightarrow$	$\ldots$	6	$\leftrightarrow$	$\ldots$

Die Idee dieses Beweises wird als „CANTORsches Diagonalverfahren" bezeichnet. Es hat für viele mathematische Argumentationen als Muster gedient.

Das Ziel ist nun, eine Zahl $a \in (0; 1)$ anzugeben, die in der Liste nicht vorkommen kann. Die Ziffern a_i dieser Zahl $a = a_1 a_2 a_3 a_4 a_5 \ldots$ bildet man mithilfe der auf der diagonalen Linie liegenden Ziffern z_{ii} auf folgende Weise:

$a_i = 1$, falls $z_{ii} \neq 1$
$a_i = 2$, falls $z_{ii} = 1$

Im Beispiel gilt für a:
$a = 0, 1\, 1\, 2\, 1\, 1\, 1 \ldots$

Diese Zahl a kann in der Liste nicht vorkommen, da sie sich von der n-ten Zahl der Liste an der n-ten Ziffer unterscheidet. Damit ist die Annahme widerlegt und der Satz ist richtig.

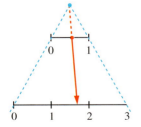
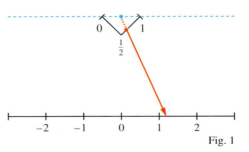

Einfache geometrische Überlegungen zeigen, dass auch andere Teilmengen von $\mathbb{R}$ wie z. B. die Menge $(0; 3)$ und sogar die Menge $\mathbb{R}$ der reellen Zahlen die gleiche Mächtigkeit wie die Menge $(0; 1)$ hat.

Die in Fig. 1 dargestellten Zuordnungen stellen eine Bijektion von $(0; 1)$ nach $(0; 3)$ bzw. von $(0; 1)$ nach $\mathbb{R}$ dar.

Fig. 1

359

Aufgaben

1 Zeigen Sie die Gleichmächtigkeit der angegebenen Zahlenmengen M_1 und M_2, indem Sie die Mengen als Punktmengen auffassen und auf geometrischem Weg eine bijektive Beziehung herstellen.
a) $M_1 = [0; 1]$; $M_2 = [0; 4]$
b) $M_1 = \mathbb{R}$; $M_2 = \mathbb{R}^+$
c) $M_1 = \{(x; y) \mid x^2 + y^2 = 1\}$; $M_2 = \{(x; y) \mid x^2 + y^2 = 9\}$

$\mathbb{N}$		Folge
0	↔	1; 0; 1; 1; 1; 0; 0; 1; 1; ...
1	↔	0; 0; 0; 1; 1; 1; 1; 0; ...
2	↔	1; 1; 1; 0; 1; 1; 0; 0; 0; ...
3	↔	1; 0; 1; 0; 0; 0; 0; 1; 1; ...
4	↔	1; 1; 1; 1; 1; 1; 1; 1; 1; ...

2 Es sei F die Menge aller Folgen, deren Glieder nur aus den Zahlen 0 bzw. 1 bestehen. Zeigen Sie, dass F überabzählbar ist.
Gehen Sie dazu wie beim CANTORschen Diagonalverfahren (Seite 275) von der Annahme aus, dass F abzählbar ist, und führen Sie diese Annahme auf einen Widerspruch.

3 Jede Folge, deren Glieder nur aus den Zahlen 0 bzw. 1 bestehen, kann als Funktion f mit $D_f = \mathbb{N}$ und $W_f = \{0; 1\}$ aufgefasst werden.
a) Begründen Sie: Jeder solchen Funktion f kann mit $A = \{n \in \mathbb{N} \mid f(n) = 1\}$ bijektiv eine Teilmenge A von $\mathbb{N}$ zugeordnet werden.
b) Beweisen Sie mithilfe von Teilaufgabe a) und des Ergebnisses von Aufgabe 2 den Satz: Die Menge $P(\mathbb{N})$, deren Elemente die Teilmengen von $\mathbb{N}$ sind, ist nicht abzählbar.

Eine überraschende Entdeckung bei der Suche nach Mengen mit immer höherer Mächtigkeit: Mengen höherer Dimension haben nicht unbedingt auch eine höhere Mächtigkeit.

Fig. 1

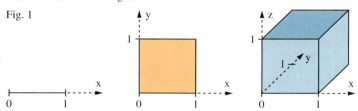

CANTOR schrieb zu seiner Entdeckung: „Je le vois, mais je ne le crois pas!" („Ich sehe es, aber ich glaube es nicht!")

4 Es soll eine Zuordnung konstruiert werden, die zeigt, dass die Anzahl der Punkte des Einheitsquadrates nicht größer als die Anzahl der Punkte der Einheitsstrecke sein kann. Dazu ordnet man dem Punkt $P(0,x_1x_2x_3\ldots \mid 0,y_1y_2y_3\ldots)$ des Einheitsquadrates die Zahl $r = 0,x_1y_1x_2y_2x_3y_3\ldots$ zu. (Um Mehrdeutigkeiten zu vermeiden, schreibt man z. B. 0,25 statt 0,24999...)
Überzeugen Sie sich an Beispielen, dass verschiedenen Punkten des Einheitsquadrates verschiedene Punkte der Einheitsstrecke zugeordnet sind. (Die beschriebene Zuordnung ist eine Bijektion zwischen der Menge der Punkte des Einheitsquadrates und einer echten Teilmenge der Menge der Punkte der Einheitsstrecke, da z. B. kein Punkt des Quadrats der Zahl $r = 0{,}2140909090\ldots$ zugeordnet wird.)

5 a) Beschreiben Sie anhand Fig. 2, wie man jedem Punkt des Einheitsquadrates (ohne Ränder) bijektiv einen Punkt der Ebene zuordnen kann.
b) Geben Sie eine entsprechende Methode an, mittels der man jedem Punkt des Einheitskreises (ohne Rand) bijektiv einen Punkt der Ebene zuordnen kann.

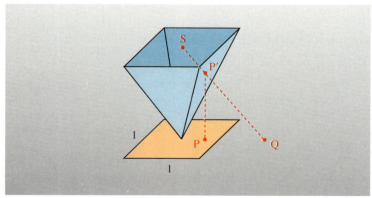

Fig. 2

5 Unendlich und kein Ende

Es blieb lange Zeit offen, ob c die nächstgrößere Kardinalzahl $\aleph_1$ nach $\aleph_0$ ist. Die Vermutung, dass dies so ist, wird als Kontinuumshypothese bezeichnet. Man kann zeigen: Die Kontinuumshypothese ist weder beweisbar noch widerlegbar.

Bisher wurden zwei Klassen von unendlichen Mengen betrachtet: zum einen abzählbar unendliche Mengen (z. B. $\mathbb{N}$, $\mathbb{Z}$, $\mathbb{Q}$) mit der Mächtigkeit $\aleph_0$ und zum anderen überabzählbare Mengen (z. B. $\mathbb{R}$). Alle angeführten überabzählbaren Mengen haben die Mächtigkeit der Menge $\mathbb{R}$ der reellen Zahlen. Diese Mächtigkeit wird mit c (für Continuum) bezeichnet. Im Folgenden wird gezeigt, wie man Mengen mit immer größerer Mächtigkeit erhalten kann.

Bei der Suche nach Mengen mit immer höherer Mächtigkeit spielt der Begriff der **Potenzmenge** P(M) einer Menge M eine zentrale Rolle. P(M) besteht aus allen Teilmengen der Menge M. Z. B. ist die Potenzmenge von M = {1; 2} die Menge P(M) = {{ }; {1}; {2}; {1; 2}}.

1 a) Geben Sie die Potenzmenge P(M) der Menge M = {1; 2; 3} an.
b) Wie verändert sich die Zahl der Elemente von P(M), wenn man M um das Element 4 erweitert?
c) Zeigen Sie mit vollständiger Induktion: Ist $|M| = n$ ($n \in \mathbb{N}$), dann gilt: $|P(M)| = 2^n$.

> **Satz:** Die **Potenzmenge P(A)** einer Menge A hat eine höhere Mächtigkeit als die Menge A.

Ist M die Menge der natürlichen Zahlen, kann man sich die Zuordnung f z. B. so vorstellen:

0 ↔ {0; 4; 34}
1 ↔ {2; 4; 6; 8; ...}
2 ↔ { }
3 ↔ {1; 2; ...; 9}
4 ↔ $\mathbb{N}$\{4}
5 ↔ Menge der Primzahlen
...
B = {1; 2; 4; ...} unterscheidet sich von jeder der rechts aufgeführten Mengen in mindestens einem Element.

Beweis: Der Beweis wird indirekt geführt. Gegeben ist eine beliebige Menge M. Angenommen, P(M) und M sind gleichmächtig. Dann gibt es eine Funktion f, die die Elemente von M und P(M) einander bijektiv zuordnet. Zu einem Element $a \in M$ ist der Funktionswert f(a) also eine Teilmenge von M. Man kann nun zu einem Widerspruch gelangen, indem man ein Element B von P(M) angibt, für das es kein Element $w \in M$ mit f(w) = B gibt.
Um diese Teilmenge B zu konstruieren, beachtet man, dass es für jedes Element a von M zwei Möglichkeiten gibt: Entweder ist $a \in f(a)$ oder $a \notin f(a)$. Nun definiert man die Menge
$B = \{a \in M \mid a \notin f(a)\}$.
B ist eine Teilmenge von M. Da nach Annahme f eine Bijektion von M nach P(M) ist, gibt es ein $w \in M$ mit f(w) = B. Für w gilt: $w \in B$ oder $w \notin B$.
Gilt $w \in B = f(w)$, dann folgt nach Definition von B: $w \notin f(w)$.
Gilt $w \notin B = f(w)$, dann folgt nach Definition von B: $w \in f(w)$.
Da sich in beiden Fällen ein Widerspruch ergibt, gibt es kein $w \in M$ mit f(w) = B.
Die Annahme, dass es eine Bijektion f von M nach P(M) gibt, ist widerlegt.

Die nebenstehende Abbildung zeigt ein GEORG CANTOR gewidmetes Bronzerelief in Halle. Auf der rechten Hälfte ist das Abzählverfahren für die Menge der rationalen Zahlen angedeutet (siehe Aufg. 7, Seite 272). Die Gleichung $c = 2^{\aleph_0}$ ist die formale Form des von CANTOR bewiesenen Satzes: Hat eine Menge M die Mächtigkeit $\aleph_0$, dann hat P(M) die Mächtigkeit c.
Der Satz darunter bringt CANTORS Meinung zum Ausdruck, nach dem die Mathematik in ihrer Entwicklung völlig frei ist und nur auf die Widerspruchsfreiheit ihrer Begriffsbildungen Rücksicht nehmen muss.

Voraussetzungen aus der Mittelstufe – Geraden im Koordinatensystem

1 Steigung von Geraden

1 Für neu ausgewiesene Baugebiete sind die Dachneigungen vorgeschrieben.
Auf dem Bauplan ist eine Dachneigung von 30° angegeben.
Nachdem der Zimmermann den Dachstuhl aufgerichtet hat, überprüft eine Bautechnikerin die Dachneigung.
Beschreiben Sie, wie die Bautechnikerin diese Überprüfung ohne Benutzung eines Winkelmessers ausführen kann.

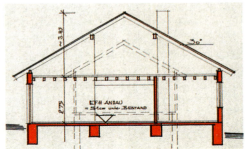

Fig. 1

Im Folgenden wird untersucht, wie man die Lage von Geraden in einem Koordinatensystem beschreiben kann. Dazu soll zunächst die Steigung einer Geraden bezüglich der x-Achse wiederholt werden.

Zur Erinnerung:

$\tan(\alpha) = \dfrac{\text{Gegenkathete}}{\text{Ankathete}}$

Beachten Sie:
Eine Gerade g parallel zur y-Achse besitzt keine Steigung.

Gegeben ist eine Gerade g. Die positive x-Achse und die Gerade g schließen bei Drehung gegen den Uhrzeigersinn den Winkel α ($0° \leq \alpha < 180°$) ein. Man bezeichnet ihn auch als Steigungswinkel.
Die Zahl $\tan(\alpha)$ heißt **Steigung** von g und wird mit m bezeichnet:
$\quad m = \tan(\alpha)$.
Im „Steigungsdreieck" von Fig. 2 ist
$\quad m = \tan(\alpha) = \overline{QR} : \overline{PR}$.
Sind die Koordinaten der Punkte $P(x_P|y_P)$ und $Q(x_Q|y_Q)$ von g bekannt, so gilt allgemein:
$\quad \tan(\alpha) = \dfrac{y_Q - y_P}{x_Q - x_P}$.

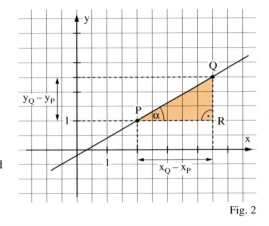

Fig. 2

Man kann in der Formel, auch P und Q vertauschen.

Satz 1: Die Gerade durch die Punkte $P(x_P|y_P)$ und $Q(x_Q|y_Q)$ hat die Steigung
$\quad m = \dfrac{y_Q - y_P}{x_Q - x_P}$; $\quad x_P \neq x_Q$.
Für den Steigungswinkel α gilt: $\tan(\alpha) = m$ ($0° \leq \alpha < 180°$).

Da sich die Steigung einer Geraden bei Verschiebungen nicht ändert, gilt diese Überlegung für beliebige Geraden (sofern nicht eine der Geraden parallel zur y-Achse ist).

Dreht man eine gegebene Ursprungsgerade g um 90° um O, erhält man die zu g **orthogonale** Gerade h. Ist $P_1(a|b)$ ein Punkt auf g, dann liegt $P_2(-b|a)$ auf h.
Die Steigung von g ist $m_1 = \dfrac{b}{a}$, die Steigung von h ist $m_2 = \dfrac{a - 0}{-b - 0} = -\dfrac{a}{b}$.
Somit gilt $m_1 \cdot m_2 = -1$.
Umgekehrt kann man aus $m_1 \cdot m_2 = -1$ auf Orthogonalität schließen (vgl. Aufg. 7).

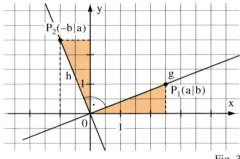

Fig. 3

362

Steigung von Geraden

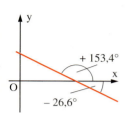

Manche Taschenrechner geben hier α ≈ −26,6° an. Dann muss 180° addiert werden.

Satz 2: Gegeben sind zwei Geraden g und h mit den Steigungen m_1 bzw. m_2.
a) Sind g und h orthogonal, dann gilt $m_1 \cdot m_2 = -1$ (oder $m_2 = -\frac{1}{m_1}$).
b) Gilt $m_1 \cdot m_2 = -1$, dann sind g und h orthogonal.

Beispiel 1:
Gegeben sind die Punkte P(−2|3) und Q(2|1). Bestimmen Sie die Steigung und den Steigungswinkel der Geraden g durch P und Q.
Lösung:
Steigung von g: $m_{PQ} = \frac{1-3}{2-(-2)} = -\frac{1}{2}$;
für den Steigungswinkel α gilt: $\tan(\alpha) = -\frac{1}{2}$.
Hieraus ergibt sich α ≈ 153,4°.

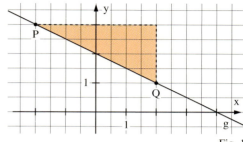

Fig. 1

Beispiel 2: (Untersuchung auf Parallelität und Orthogonalität)
Gegeben ist das Viereck ABCD mit A(−1|3), B(1|−1), C(3,5|1,5), D(2|4,5).
Untersuchen Sie, ob das Viereck orthogonale oder parallele Seiten hat. Um welche Art von Viereck handelt es sich?
Lösung:
Die Steigungen der Geraden durch die Eckpunkte sind:
$m_{AB} = -2$; $m_{BC} = 1$; $m_{CD} = -2$; $m_{AD} = 0{,}5$.
Damit sind AB und CD parallel. Da $m_{AB} \cdot m_{AD} = -1$ ist, sind AB und AD orthogonal.
Wegen $m_{AB} \cdot m_{BC} = -2$ sind AB und BC nicht orthogonal. Das Viereck ist ein Trapez.

Trapez

Parallelogramm

Aufgaben

Für Steigungswinkel gilt: 0° ≤ α < 180°.

2 Bestimmen Sie die Steigung und den Steigungswinkel der Geraden durch P und Q.
a) P(−1|1), Q(5|4) b) P(−1|−5), Q(5|4) c) P(4|−2), Q(6|10)
d) P(2,5|1,1), Q(5|1,35) e) $P\left(\frac{1}{2}\left|-\frac{1}{2}\right.\right)$, $Q\left(2\left|-\frac{3}{4}\right.\right)$ f) $P(\sqrt{2}|\sqrt{2})$, $Q\left(2\sqrt{2}\left|-\frac{1}{2}\sqrt{2}\right.\right)$

3 Zeichnen Sie durch den Punkt P eine Gerade mit der Steigung m.
a) P(−1|−1); m = 1,5 b) P(0|3); m = −6 c) P(−3|1); $m = \frac{3}{5}$ d) P(0,5|−2); $m = -\frac{4}{3}$

4 Berechnen Sie die Steigung einer Geraden, die zu der Geraden durch A und B orthogonal ist.
a) A(6|3), B(8|6) b) A(3|−3), B(−2|−2)
c) $A(0|-1)$, $B\left(\frac{2}{5}\left|\frac{3}{4}\right.\right)$ d) A(−1,4|1), B(−1|1,75)

5 Untersuchen Sie, ob es sich bei dem Viereck ABCD um ein Parallelogramm, ein Trapez oder um keines von beidem handelt.
a) A(0|0), B(2|−5), C(7|−3), D(5|2) b) A(1|0), B(8|−2), C(7|1), D(−1|3)
c) A(0|−4), B(3|−3), C(1|3), D(−2|2) d) A(2|0), B(8|−1), C(9|0), D(6|0,5)

6 Bei Straßen wird die Steigung in Prozent angegeben. Die steilsten Teilstücke der San-Bernardino-Passstraße haben 15% Steigung. Wie groß ist der Steigungswinkel?

7 Die Gerade g hat die Steigung m_1, die Gerade h hat die Steigung m_2; weiterhin ist $m_1 \cdot m_2 = -1$. Zeigen Sie: Die Geraden g und h sind orthogonal.

Welches Schild steht falsch?

363

2 Hauptform und allgemeine Form der Geradengleichung

1 Wie kann man rechnerisch überprüfen, ob der Punkt P(4|1,5) auf der Geraden durch A(2|0) mit der Steigung 0,75 liegt?

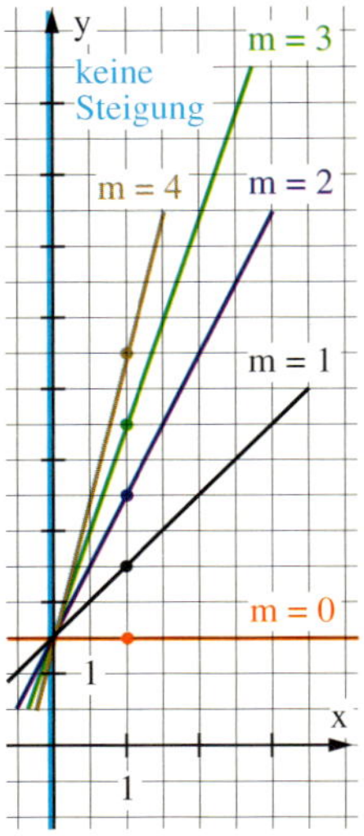

Gegeben ist eine Gerade g in einem Koordinatensystem. Eine Gleichung mit den Variablen x und y, die genau von den Zahlenpaaren (x; y) mit P(x|y) auf g erfüllt sind, nennt man eine **Gleichung der Geraden g**.
Mithilfe einer solchen Gleichung lässt sich dann z. B. überprüfen, ob ein gegebener Punkt auf einer Geraden liegt oder nicht.

Geht eine Gerade g mit der Steigung m durch den Ursprung O(0|0), so gilt für die Koordinaten jedes von O verschiedenen Punktes P(x|y) auf g: $m = \frac{y-0}{x-0}$.
Hieraus folgt: $y = m \cdot x$.
Verläuft die Gerade durch einen beliebigen Punkt A(0|c) der y-Achse, kann man sich diese durch eine Verschiebung aus einer Ursprungsgeraden entstanden denken.
Man erhält: $y = m \cdot x + c$.

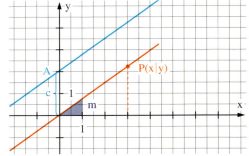

Fig. 1

Fig. 2

Vorteil der Hauptform: Die Zahlen m und c haben eine anschauliche Bedeutung.

Satz 1: Für die Koordinaten der Punkte P(x|y) einer Geraden g mit der Steigung m und dem y-Achsenabschnitt c gilt: $y = m \cdot x + c$ (**Hauptform** der Geradengleichung).

Sonderfälle: (Geraden parallel zu den Koordinatenachsen)
a) Eine zur x-Achse parallele Gerade hat die Steigung 0. Die Gleichung dieser Geraden in Hauptform ist $y = 0 \cdot x + c$, also $y = c$.
b) Eine zur y-Achse parallele Gerade hat keine Steigung. Deshalb kann diese Gerade nicht in der Hauptform beschrieben werden. Die Gleichung einer solchen Geraden ist $x = a$.

Bemerkung:
Um auszudrücken, dass z. B. die Gerade g die Gleichung $y = 2x + 1$ hat, schreiben wir kurz: g: $y = 2x + 1$.

Aus $y = mx + c$ folgt $mx - y + c = 0$. Diese Gleichung hat die Form $Ax + By + C = 0$. Durch eine solche Form sind auch Geraden mit der Gleichung $x = a$ bzw. $x - a = 0$ erfasst. Umgekehrt kann man jede Gleichung der Form $Ax + By + C = 0$ auf die Form $y = mx + c$ oder $x = a$ bringen, sofern nicht $A = 0$ und $B = 0$ ist.

Vorteil der allg. Form: Man kann jede Gerade in der gleichen Form beschreiben.

Satz 2: a) Jede Gerade kann in einem x, y-Koordinatensystem durch eine Gleichung der Form $Ax + By + C = 0$ ($A \neq 0$ oder $B \neq 0$) beschrieben werden (**Allgemeine Form**).
b) Jede Gleichung der Form $Ax + By + C = 0$ ($A \neq 0$ oder $B \neq 0$) beschreibt eine Gerade.

Hauptform und allgemeine Form der Geradengleichung

Beispiel 1: (Bestimmen einer Geradengleichung aus der Zeichnung)
Bestimmen Sie durch Ablesen der Steigung und des y-Achsenabschnitts wenn möglich die Hauptform der Geraden g, h, i und j.
Lösung:
Gerade g: $m = -2$; $c = -0,5$; $y = -2x - 0,5$.
Gerade h: $m = \frac{3}{4}$; $c = \frac{7}{4}$; $y = \frac{3}{4}x + \frac{7}{4}$.
Gerade i: $m = 0$; $c = 0,5$; $y = 0,5$.
Gerade j: $x = 2$ (keine Hauptform möglich).

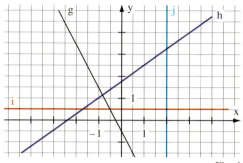

Fig. 1

Die allg. Form ist nicht eindeutig; z. B. beschreiben $-2x + y - 5 = 0$ und $x - 0,5y + 2,5 = 0$ dieselbe Gerade.

Beispiel 2:
Schreiben Sie die Geradengleichung, wenn möglich, in Hauptform.
a) $-2x + y - 5 = 0$ b) $0x + y - 14 = 0$ c) $x + 0y + 8 = 0$
Lösung:
a) $y = 2x + 5$ b) $y = 14$ c) $x = -8$ (Hauptform nicht möglich)

Aufgaben

2 Geben Sie die Hauptform der Geraden an. Zeichnen Sie die Gerade.
a) $m = 3$; $A(0|0)$ b) $m = -1$; $A(0|0)$ c) $m = \frac{1}{4}$; $A(0|0)$ d) $m = -\frac{3}{4}$; $A(0|0)$
e) $m = 0,4$; $A(0|3)$ f) $m = -2,5$; $A(0|1,3)$ g) $m = \frac{1}{6}$; $A(0|\frac{5}{6})$ h) $m = \sqrt{2}$; $A(0|-1)$

3 Geben Sie die Steigung und den y-Achsenabschnitt der Geraden g an. Zeichnen Sie die Gerade g.
a) g: $y = 3x + 4$ b) g: $y = -0,5x - 2,4$ c) g: $y = x - 1$ d) g: $y = 5$
e) g: $y = x$ f) g: $y = -x$ g) g: $y = 1 - 2x$ h) g: $y = \frac{1}{3}(-x + 9)$

4 Welche der Geraden aus Aufgabe 3 sind zueinander parallel bzw. orthogonal?

5 Ermitteln Sie, wenn möglich, die Hauptform; zeichnen Sie die Gerade.
a) $4x - 5y + 3 = 0$ b) $\frac{1}{2}x + \frac{2}{3}y + 2 = 0$ c) $-3 - 2x = 0$ d) $x = \frac{4}{5}y + \frac{8}{5}$

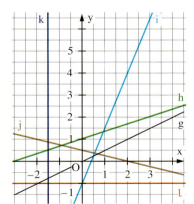

Fig. 2

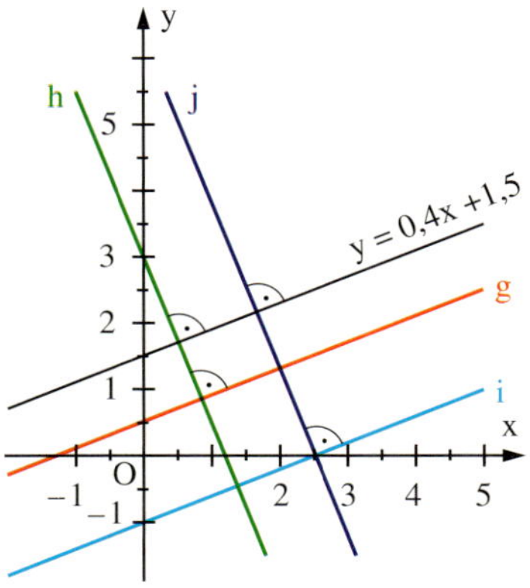

6 Geben Sie die Gleichungen der Geraden g, h, i, j, k und l in Fig. 1 an.

7 Bestimmen Sie die Gleichungen der Geraden g, h, i und j in Fig. 2.

8 Untersuchen Sie rechnerisch.
a) Liegt $P(10|12)$ auf der Geraden durch den Ursprung $O(0|0)$ und $Q(0,25|0,2)$?
b) Geht die Orthogonale zu $y = 7x - 21$ durch $P(0|3)$ auch durch $Q(14|1)$?
c) Ist $-x + 4y - 6 = 0$ die Parallele zu $y = -0,25x$ durch den Punkt $P(-6|0)$?

Fig. 3

Probieren Sie auch mal $y = 2tx - t^2$.

9 Zeichnen Sie für verschiedene Werte von t die Gerade mit der Gleichung $y = t \cdot x - t$. Haben alle diese Geraden eine gemeinsame Eigenschaft? Begründen Sie.

3 Punktsteigungsform der Geradengleichung

1 a) Die Gerade g hat die Steigung 0,5 und geht durch den Punkt A.
Geben Sie die Gleichung der Geraden g in Hauptform an.
b) Durch welche Vorgaben ist die Mittelsenkrechte h von $\overline{AB}$ festgelegt?
Bestimmen Sie eine Gleichung von h.
c) Bestimmen Sie eine Gleichung der Geraden durch B und C.

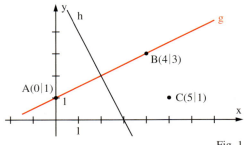
Fig. 1

Sind von einer Geraden die Steigung und der y-Achsenabschnitt bekannt, kann man ihre Gleichung in der Hauptform angeben.
Für die Fälle, in denen eine Gerade durch andere Vorgaben festgelegt ist, suchen wir nun Verfahren, die auf die Gleichung der Geraden in Hauptform führen.

Von einer Geraden g sind ein **Punkt** $A(x_A|y_A)$ und die **Steigung** m bekannt.

Dann gilt für jeden Punkt $P(x|y) \neq A$ von g:
$\frac{y - y_A}{x - x_A} = m$ bzw. für alle $x \in \mathbb{R}$
$y - y_A = m \cdot (x - x_A)$ (**Punktsteigungsform**).
Durch Auflösen nach y ergibt sich die Hauptform der Geradengleichung.

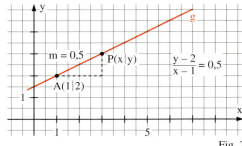
Fig. 2

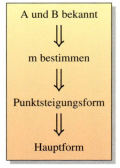

Sind von einer Geraden g **zwei Punkte** $A(x_A|y_A)$ und $B(x_B|y_B)$ bekannt $(x_A \neq x_B)$,

dann hat g die Steigung $m = \frac{y_B - y_A}{x_B - x_A}$.
Verwendet man dies in der Punktsteigungsform mit einem der gegebenen Punkte A bzw. B, erhält man wieder die Hauptform der Geradengleichung.

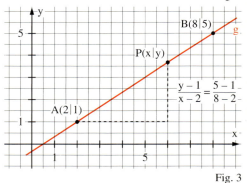
Fig. 3

Satz: a) Ist eine Gerade g durch einen Punkt $A(x_A|y_A)$ und die Steigung m gegeben, so erhält man ihre Gleichung mithilfe des Ansatzes
$y - y_A = m \cdot (x - x_A)$. (**Punktsteigungsform**)

b) Ist eine Gerade g durch zwei Punkte $A(x_A|y_A)$ und $B(x_B|y_B)$ mit $x_A \neq x_B$, gegeben, so erhält man ihre Gleichung ebenfalls mithilfe der Punktsteigungsform, indem man zunächst die Steigung m der Geraden bestimmt: $m = \frac{y_B - y_A}{x_B - x_A}$.

Punktsteigungsform der Geradengleichung

Beispiel 1: (Ein Punkt und die Steigung sind bekannt)
Bestimmen Sie eine Gleichung der Geraden g mit der Steigung $m = 1{,}5$ durch $A(2|-1)$.
Lösung:

Punktsteigungsform: $y - (-1) = 1{,}5 \cdot (x - 2)$.

Auflösen nach y ergibt g: $y = 1{,}5\,x - 4$.

Beispiel 2: (Zwei Punkte sind bekannt)
Bestimmen Sie eine Gleichung der Geraden g durch $A(-2|3)$ und $B(4|-1)$.
Lösung:
Die Steigung von g ist $m = \frac{-1-3}{4-(-2)} = -\frac{2}{3}$.

Punktsteigungsform: $y - 3 = -\frac{2}{3} \cdot (x - (-2))$.

Auflösen nach y ergibt g: $y = -\frac{2}{3}x + \frac{5}{3}$.

Aufgaben

2 Ermitteln Sie die Hauptform der Geraden, die durch P geht und die Steigung m hat.
a) $P(4|2)$; $m = 2$
b) $P\left(-4\left|\frac{1}{2}\right.\right)$; $m = -3$
c) $P\left(\frac{3}{4}\left|\frac{4}{5}\right.\right)$; $m = -\frac{1}{3}$
d) $P(4|0)$; $m = \sqrt{2}$
e) $P\left(0\left|\frac{3}{2}\right.\right)$; $m = -1$
f) $P(\sqrt{2}|1)$; $m = 0$
g) $P(2{,}4|-1{,}2)$; $m = 0{,}9$
h) $P(0|0)$; $m = 0$

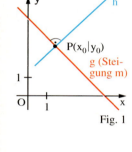

Fig. 1

3 Bestimmen Sie die Hauptform der Geraden, die durch A und B geht.
a) $A(1|2)$, $B(5|4)$
b) $A(-2|3)$, $B(3|-2)$
c) $A(-1{,}5|3)$, $B(4|4{,}5)$
d) $A(3{,}5|4{,}5)$, $B(-4|-0{,}5)$
e) $A(u|v)$, $B(1|2)$
f) $A(a|0)$, $B(0|b)$

4 Zeigen Sie, dass in Fig. 1 gilt: g: $y = m \cdot (x - x_0) + y_0$ und h: $y = -\frac{1}{m} \cdot (x - x_0) + y_0$.

5 Untersuchen Sie rechnerisch, ob die Punkte A, B, C auf einer Geraden liegen.
a) $A(-1{,}5|0{,}5)$, $B(2|2)$, $C(3{,}5|2{,}5)$
b) $A(0|11)$, $B(11|0)$, $C(5{,}4|5{,}6)$

6 Ist das Dreieck ABC mit $A(-1|-1)$, $B(4|0)$, $C(2|3)$ rechtwinklig?

7 Wie lautet eine Gleichung einer Geraden, die
a) zur x-Achse parallel ist und durch $A(3|-2)$ geht
b) zur y-Achse parallel ist und von $B(0|17)$ den Abstand 4 hat
c) den Steigungswinkel 45° hat und durch $C(-1|2)$ geht
d) durch die Mitte von $\overline{PQ}$ mit $P(2|3)$ und $Q(4|1)$ geht und die Steigung 0,5 hat?

8 Gegeben ist das Dreieck ABC mit $A(3|3)$, $B(-3|1)$ und $C(0|-2)$. Bestimmen Sie eine Gleichung der Parallelen
a) zu BC durch A
b) zu CA durch B
c) zu AB durch C.

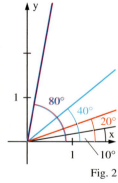

Fig. 2

9 a) Berechnen Sie auf zwei Dezimalen gerundet die Steigungen der in Fig. 2 abgebildeten Geraden. Ist der Steigungswinkel zur Steigung proportional?
b) Bestimmen Sie die Steigungen der an der y-Achse gespiegelten Geraden.

10 Gegeben sind zwei Punkte $P(x_p|x_p)$ und $Q(x_q|x_q)$. Für die Länge der Strecke $\overline{PQ}$ bzw. für die Koordinaten x_M und y_M des Mittelpunktes M der Strecke $\overline{PQ}$ gilt: $d = \sqrt{(x_q - x_p)^2 + (y_q - y_p)^2}$ bzw. $x_M = \frac{1}{2}(x_p + x_q)$; $y_M = \frac{1}{2}(y_p + y_q)$. Bestimmen Sie mithilfe dieser Formeln
a) die Länge und den Mittelpunkt der Strecke $\overline{PQ}$ mit $P(-13|5)$ und $Q(-5|11)$.
b) die Gleichung der Geraden, die durch die Mitte von $\overline{AB}$ mit $A(2|3)$ und $B(4|1)$ geht und die Steigung 0,5 hat.

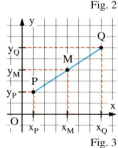

Fig. 3

11 a) Wie lang sind die Seitenhalbierenden im Dreieck ABC mit $A(-1|0)$, $B(2|1)$, $C(0{,}5|4)$?
b) Gibt es einen Kreis um $M(3|1)$, auf dem die Punkte $Q(0|-8)$ und $P(7|9{,}5)$ liegen?

367

4 Schnittpunkt und Schnittwinkel zweier Geraden

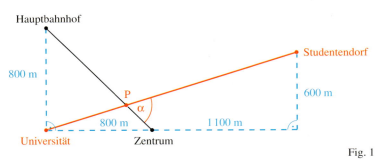

Fig. 1

1 Die geplante Neubautrasse der U-Bahn zwischen Universität und Studentendorf kreuzt die schon bestehende Verbindung zwischen Hauptbahnhof und Zentrum.
a) Übertragen Sie die Angaben auf dem Plan in ein Koordinatensystem.
b) Wie kann man rechnerisch die Koordinaten des Kreuzungspunktes P und den Winkel α bestimmen?

Die Koordinaten des **Schnittpunktes** S zweier Geraden g und h erfüllen sowohl die Gleichung von g als auch von h. Zur Bestimmung von S ist daher ein lineares Gleichungssystem zu lösen. Schneiden sich g und h, bilden sie zwei verschieden große Winkel (sofern g und h nicht orthogonal sind). Der kleinere heißt **Schnittwinkel** δ mit $0° \leq \delta \leq 90°$.

Beispiel 1: (Bestimmung des Schnittpunktes)

a) Bestimmen Sie den Schnittpunkt der Geraden
g: $y = -2x + 4$ und h: $y = -3x + 2$.
Lösung:
a) g: $y = -2x + 4$; h: $y = -3x + 2$
$\quad -2x + 4 = -3x + 2$
$\quad -2x + 3x = -4 + 2$
$\quad\quad\quad\quad x = -2$
$\quad\quad\quad\quad y = 8$
Der Schnittpunkt von g und h ist S(−2|8).

b) Bestimmen Sie den Schnittpunkt der Geraden
g: $y - 1{,}5x + 3 = 0$ und h: $9x - 6y = -2$.
b) g: $-3x + 2y = -6$; h: $9x - 6y = -2$
$\quad -3x + 2y = -6 \quad$ (I)
$\quad\;\; 9x - 6y = -2 \quad$ (II)
$\quad -3x + 2y = -6 \quad$ (I)
$\quad\;\;\; 0 + 0 = -20 \quad$ (III) | (II) + 3·(I)
Kein Schnittpunkt; g und h sind parallel.

Beispiel 2: (Bestimmung des Schnittwinkels)
Bestimmen Sie den Schnittwinkel der Geraden g und h.
a) g: $y = 0{,}5x + 1$; h: $y = 1{,}5x - 1$
Lösung:
a)

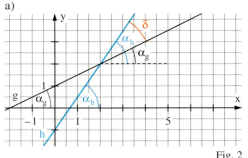

Fig. 2

b) g: $y = \frac{2}{3}x + \frac{1}{2}$; h: $y = -\frac{1}{4}x + 2$
b)

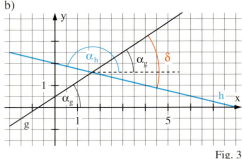

Fig. 3

So bestimmt man den Schnittwinkel von g und h:

1) g und h skizzieren und die Steigungswinkel von g und h einzeichnen.

2) Anhand der Skizze überlegen, wie sich der Schnittwinkel δ aus den Steigungswinkeln berechnen lässt.

3) Die Steigungswinkel berechnen und mit deren Hilfe den Schnittwinkel.

Die Skizze zeigt: $\delta = \alpha_h - \alpha_g$.
Aus $\tan(\alpha_g) = 0{,}5$ folgt $\alpha_g \approx 26{,}6°$.
Aus $\tan(\alpha_h) = 1{,}5$ folgt $\alpha_h \approx 56{,}3°$.
Also: $\delta \approx 56{,}3° - 26{,}6° \approx 29{,}7°$.

Die Skizze zeigt: $\delta = \alpha_g + (180° - \alpha_h)$.
Aus $\tan(\alpha_g) = \frac{2}{3}$ folgt $\alpha_g \approx 33{,}7°$.
Aus $\tan(\alpha_h) = -\frac{1}{4}$ folgt $\alpha_h \approx 166{,}0°$.
Also: $\delta \approx 33{,}7° + (180° - 166{,}0°) \approx 47{,}7°$.

Schnittpunkt und Schnittwinkel zweier Geraden

Aufgaben

2 Berechnen Sie den Schnittpunkt und den Schnittwinkel der Geraden g und h.
a) g: $2x - y = 3$
   h: $x + y = 3$
b) g: $3x - 4y = 27$
   h: $x - y = 8$
c) g: $4x - 5y - 8 = 0$
   h: $5x + 4y + 31 = 0$
d) g: $y = 5x + 8$
   h: $8x - 2y + 13 = 0$

3 Prüfen Sie rechnerisch, ob die Geraden g und h einen Schnittpunkt haben, parallel sind oder sogar zusammenfallen.
a) g: $3x - 4y + 25 = 0$
   h: $4y = 3x - 10$
b) g: $4y = 3x + 14$
   h: $3x + 4y - 26 = 0$
c) g: $0{,}2x - 0{,}5y = 1$
   h: $0{,}5x - 1{,}25y = 2{,}5$
d) g: $\sqrt{2}\,x - y = 1$
   h: $2x - \sqrt{2}\,y = 1$

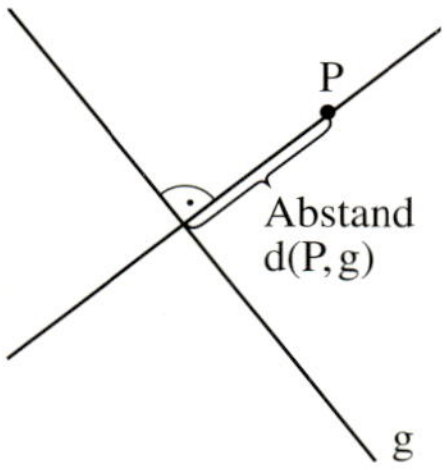

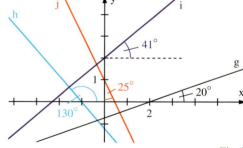
Fig. 1

4 Prüfen Sie, ob die Geraden g, h und k durch einen gemeinsamen Punkt gehen.
a) g: $y = x - 1$; h: $y = 2x - 3$; k: $y + x = 3$
b) g: $4y = 4x + 1$; h: $2y = x + 1$; k: $6x - 10y + 5 = 0$
c) g: $\sqrt{2}\,x - y = 2\sqrt{2} + 1$; h: $\sqrt{2}\,x + y = 2\sqrt{2} - 1$; k: $2\sqrt{2}\,x - y = 4\sqrt{2} + 1$

5 Berechnen Sie den Abstand des Punktes P von der Geraden g.
a) g: $3x + 4y = 36$; $P(1|2)$
b) g: $4x + 5y = 6$; $P(2{,}4|-3{,}2)$
c) g: $y = -2x + 1$; $P(3|2)$
d) g: $2x + 2y + 1 = 0$; $P(7|3)$

6 Wie groß sind die drei Innenwinkel des Dreiecks ABC? (Runden Sie auf 1 Dezimale.)
a) $A(0|0), B(4|1), C(2|6)$
b) $A(2|0), B(1|4), C(-1|1)$

7 a) Berechnen Sie bei den Geraden g, h, i und j aus Fig. 2 die Steigungen auf 2 Dezimalen gerundet.
b) Bestimmen Sie mit diesen Näherungswerten die Gleichungen der Geraden.

8 Bestimmen Sie im Dreieck ABC mit $A(0|0), B(6|0), C(4|8)$ näherungsweise Gleichungen der Winkelhalbierenden w_α und w_β.

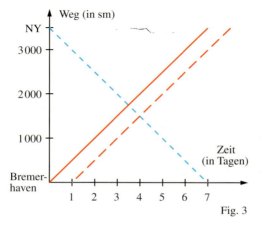
Fig. 2

Hinweis zu Aufgabe 9:
Benutzen Sie die folgenden Umformungen.

$tan(\alpha \pm \beta) = \frac{tan(\alpha) \pm tan(\beta)}{1 \mp tan(\alpha) \cdot tan(\beta)}$

$tan(180° - \alpha) = -tan(\alpha)$

9 Gegeben sind zwei Geraden g und h mit den Steigungen m_1 bzw. m_2. Zeigen Sie, dass für den Schnittwinkel δ von g und h gilt: $tan(\delta) = \left|\frac{m_2 - m_1}{1 + m_2 \cdot m_1}\right|$.

Hinweis zu Aufgabe 10a):
Zeichnen Sie einen grafischen Fahrplan.

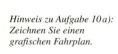
Fig. 3

10 Jeden Tag fährt mittags ein Containerschiff von Bremerhaven nach New York (NY) ab. Zur gleichen Zeit fährt in New York ein Schiff derselben Linie nach Bremerhaven ab. Die Überfahrt der Schiffe dauert in beiden Richtungen für die 3500 sm lange Strecke genau 7 Tage.
a) Wie vielen Schiffen seiner Linie, die von New York nach Bremerhaven fahren, begegnet ein Schiff, das aus Bremerhaven ausläuft?
b) Wie lange dauert es von einer Schiffsbegegnung zur nächsten? Wie weit liegen die Treffpunkte auseinander?

Geschichtlicher Überblick

Zeit	Zur Geschichte der Analysis	Allg. Geschichte
	Die Geschichte der Analysis ist eng mit der Geschichte des Grenzwertbegriffs verbunden, also des Bemühens, das Unendliche (wie es z. B. in den fortlaufenden Gliedern a_n der Zahlenfolgen in Erscheinung tritt) logisch zu bewältigen. Schon in der Antike tauchten Probleme auf, die zu einer Beschäftigung mit dem Unendlichen herausforderten. Dazu gehört vor allem die Ermittlung des Flächeninhaltes krummlinig begrenzter Figuren wie Kreis und Parabel.	
−370	EUDOXOS von Knidos (400–347) gilt als der Urheber einer Methode zum strengen Beweis von Formeln für Flächen- und Rauminhalte. Man hat diese Methode später (im 17. Jahrhundert) „Exhaustionsmethode" genannt um auszudrücken, dass z. B. der Inhalt eines Kegels durch die Inhalte von Zylindern „ausgeschöpft" werden kann.	*Aristoteles (384–322)* *Alexander der Große (336–323)*
−250	ARCHIMEDES von Syrakus (287–212 v.Chr.) vervollkommnet die Exhaustionsmethode zu einer äußerst wirksamen Beweismethode. Um z. B. den Rauminhalt eines Rotationskörpers zu bestimmen, denkt er sich den Körper in Schichten zerlegt und diese dann durch ein- und umbeschriebene Zylinder approximiert. In der Schrift „Die Quadratur der Parabel" beweist ARCHIMEDES, dass der Inhalt eines Parabelsegmentes um den dritten Teil größer ist als der Inhalt eines Dreiecks, das mit dem Segment die gleiche Grundlinie und die gleiche Höhe hat. Der Beweis läuft darauf hinaus, dass das Parabelsegment durch einbeschriebene Teildreiecke ausgeschöpft wird.	*Ende des 2. Punischen Krieges (201 v.Chr.): Rom beherrscht das westliche Mittelmeer*
1544	In Basel erscheinen die Schriften des ARCHIMEDES in einer Ausgabe des griechischen Textes mit lateinischer Übersetzung.	*Reichstag in Worms (1521)*
1545	CARDANO (1501–1576) löst in der sog. „Ars magna" Gleichungen 3. und 4. Grades mithilfe spezieller Formeln (cardanische Formeln).	*Der italienische Philosoph GIORDANO BRUNO (1548–1600) stirbt auf dem Scheiterhaufen.*
1615 1616	KEPLER (1571–1630) knüpft an ARCHIMEDES an, bricht aber mit dessen Strenge in der Beweisführung. 1615 erscheint die „Nova stereometria doliorum vinariorum" (Neue Stereometrie der Weinfässer), 1616 der „Auszug aus der Uralten Messekunst Archimedes". In diesen Schriften benutzt er anschauliche Methoden. Um z. B. den Flächeninhalt eines Kreises zu bestimmen, zerlegt er den Kreis in viele sehr kleine Dreiecke mit einer gemeinsamen Ecke im Mittelpunkt und summiert die Inhalte dieser infinitesimalen Dreiecke. Mit KEPLER findet die für die Folgezeit so wichtige, wenn auch unpräzise Vorstellung des „unendlich Kleinen" Eingang in die Mathematik. Bei Extremwertproblemen fällt ihm auf, dass in der Nähe des maximalen Volumens eines Fasses kleine Änderungen der Abmessung praktisch ohne Einfluss auf das Volumen sind	*Tod von Shakespeare und Cervantes (1616)* *Peterskirche in Rom wird fertig gestellt (1626)*
1629	FERMAT (1601–1665) erkennt wohl als Erster den Zusammenhang zwischen Extrema und Tangenten. In der Schrift „Abhandlungen über Maxima und Minima" (lateinisch) gelingt es ihm, einfache Extremwerte zu berechnen und an zahlreiche Kurven in einem gegebenen Punkt die Tangente zu konstruieren.	*Rembrandt (1606–1669)*

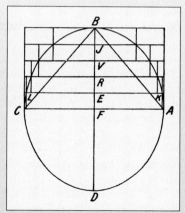
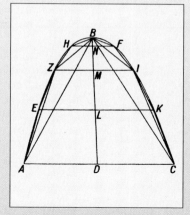

Titelblatt der ARCHIMEDES-Ausgabe von 1544

In der Schrift „Über Paraboloide, Hyperboloide und Ellipsoide" zeigt ARCHIMEDES: Die Hälfte eines Ellipsoides ist doppelt so groß wie der Kegel mit dem Dreieck ABC als Schnittfläche.

In der Schrift „Die Quadratur der Parabel" zeigt ARCHIMEDES: Jedes Parabelsegment ist um den dritten Teil größer als das Dreieck, das mit ihm gleiche Grundlinie und Höhe hat.

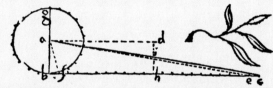

Titelblatt

Ausschnitt aus der „Messekunst"

Zeit	Zur Geschichte der Analysis	Allg. Geschichte
1637	DESCARTES (1596–1650) veröffentlicht während der Emigration in den Niederlanden seinen „Discours de la methode" und im Anhang als Beispiel hierfür „La géométrie". Hier zeigt er, wie man Probleme der Geometrie mithilfe von Koordinaten in die Algebra übersetzen kann.	*Das Harvard College wird gegründet (1636)*
1635	Bei CAVALIERI (1598–1647), einem Schüler von GALILEI, heißen die infinitesimalen Elemente Indivisibeln. Dieses Wort entwickelte sich in der scholastischen Philosophie aus der antiken Tradition, nach der die Materie aus unteilbaren Bestandteilen zusammengesetzt ist. Aus dem griechischen Wort „atomos" (unteilbar) wird im Lateinischen „indivisibilis" (nicht teilbar). CAVALIERI fasst eine ebene Figur auf als Gesamtheit der in ihr enthaltenen Strecken, entsprechend einen Körper als Gesamtheit einer unbestimmten Anzahl paralleler Ebenen. Obwohl er nirgends Indivisibeln definiert und deshalb heftig angefeindet wird, gelingt es ihm, Flächen unterhalb des Graphen von Funktionen f mit $f(x) = x^n$ für $n = 2; 3; \ldots; 9$ zu ermitteln.	*30-jähriger Krieg; Westfälischer Friede (1648)*
1638	Mit GALILEI (1564–1642) beginnt die systematische Beschäftigung mit Bewegungsproblemen. Er fasst die Fläche eines Dreiecks als „Gesamtheit" (lat. omnia) von parallelen Strecken auf. Mit dieser Vorstellung gelingt es ihm, aus dem Geschwindigkeit-Zeit-Gesetz $v = b \cdot t$ der gleichförmig beschleunigten Bewegung das Weg-Zeit-Gesetz $s = \frac{1}{2} b \cdot t^2$ herzuleiten.	
1643	TORRICELLI (1608–1647) gelingt die Berechnung des Volumens eines ins Unendliche reichenden Rotationskörpers.	
1645	FERMAT (1601–1665) wendet systematisch die von ihm und DESCARTES entwickelte Sichtweise der analytischen Geometrie auf Probleme der Flächeninhaltsberechnung bei Funktionen an. Um z. B. die Inhalte von Flächen unterhalb der Graphen von Funktionen f mit $f(x) = x^n$ zu ermitteln, verwendet er keine äquidistante Einteilung auf der x-Achse, sondern er wählt Punkte mit den Abszissen $x, rx, r^2x, r^3x, \ldots$ mit $r < 1$. In heutiger Schreibweise findet FERMAT mit dieser für alle möglichen Fälle einheitlichen Methode das Ergebnis $$\int_0^a x^n dx = \frac{1}{n+1} a^{n+1}, \quad n \text{ rational}, n \neq -1.$$	*Richelieu wird Minister (1624)* *Ludwig XIV. (1643–1715)*
1670	BARROW (1630–1677), der Lehrer von NEWTON, erkennt deutlich den Zusammenhang zwischen Tangenten- und Flächeninhaltsproblem. Dieser Sachverhalt wird heute als der sog. Hauptsatz der Differenzial- und Integralrechnung bezeichnet. Mit diesem Satz werden Integrale mithilfe von Stammfunktionen berechnet. Dies heißt aber die Differenziation umzukehren. BARROW arbeitet nicht mit kartesischen Koordinaten und Funktionen.	*Bürgerkrieg in England: Hinrichtung von Karl I. (1649)*
	Nachdem bis um die Mitte des 17. Jahrhunderts infinitesimale Überlegungen stets beispielbezogen mit jeweils auf das Problem zugeschnittenen Methoden angestellt worden sind, erkennen NEWTON (1642–1727) und LEIBNIZ, dass alle diese Einzelprobleme letztlich auf zwei Grundprobleme hinaus liefen, die sich allgemein als „Tangentenproblem" und „Flächenproblem" beschreiben lassen.	*Gründung der Royal Society (Königliche Akademie der Wissenschaften) (1662)*

CAVALIERI

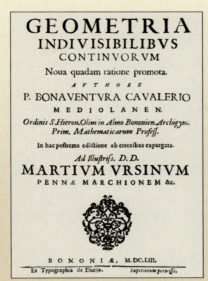

TORRICELLI

FERMAT

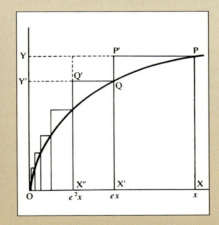

FERMAT wählt bei seinen Integrationen eine Einteilung, bei der die x-Werte eine sog. geometrische Folge bilden. Bei einer solchen Folge ist der Quotient zweier aufeinander folgenden Werte konstant. Mit dieser Methode kann er „auf einen Schlag" alle Funktionen f mit $f(x) = x^n$ mit n rational, $n \neq -1$, „quadrieren".

BARROW

Mithilfe dieser Figur beweist BARROW ein geometrisches Äquivalent zum sog. Hauptsatz. Die „obere" Kurve VIFI' gibt den Flächeninhalt zwischen der „unteren" Kurve ZGEG und der Achse VM an. Dann zeigt er, dass an der Stelle D die Ableitung der „oberen" Kurve gleich dem Funktionswert der „unteren" Kurve ist.

373

Zeit	Zur Geschichte der Analysis	Allg. Geschichte
1671	NEWTON entwickelt seine Ideen aus einer kinematischen Vorstellung heraus. Er sieht eine Kurve als Spur eines sich bewegenden Punktes, eine Fläche als Spur einer sich bewegenden Strecke. Variable Größen fasst er als abhängig von der Zeit auf; er nennt sie Fluenten (Fließende) und bezeichnet sie mit z, y, x. Die zugehörigen Geschwindigkeiten nennt er Fluxionen und bezeichnet diese mit $\dot{z}, \dot{y}, \dot{x}$. NEWTON formuliert klar das Grundproblem der Differenzial- und Integralrechnung: Ist die Beziehung zwischen den Fluenten gegeben, sucht man die Beziehung zwischen den Fluxionen und umgekehrt. Er stellt den Begriff der Fluente an die Spitze seiner Überlegungen zum Integral. Nach seiner Vorstellung stellt die Ordinate y die Geschwindigkeit und die Abszisse x die Zeit dar. Das Integral gewinnt er dann aus der Änderung der Fläche in einem Punkt.	*Habeas-Corpus-Akte in England: Schutz vor willkürlicher Verhaftung (1679)* *Declaration of Rights (1689)*
1684	LEIBNIZ denkt sich im Unterschied zu NEWTON die Ordinate y einer Kurve zusammengesetzt als Summe von unendlich kleinen Differenzen. Er bezeichnet diese mit dy und schreibt deshalb $y = \int dy$ mit einem stilisierten S als Summenzeichen. Indem er bei der Abszisse x entsprechend überlegt, findet er für die Fläche unter einer Kurve die Darstellung $\int y\,dx$ als Summe von Rechtecken. Für die Steigung der Tangente ergibt sich die Darstellung $\frac{dy}{dx}$. Entscheidend für LEIBNIZ sind nun allgemeine Regeln, die es erlauben, zu einer gegebenen Funktion den Quotienten $\frac{dy}{dx}$ zu finden (wie z. B. die Produkt- und Quotientenregel).	*Friedrich Wilhelm I., der Große Kurfürst (1640–1688)*
1696	DE L'HOSPITAL (1661–1704) schreibt das erste Lehrbuch der Differenzialrechnung: „Analyse des infiniments petits pour l'intelligence des lignes courbes" („Analysis des Unendlich-Kleinen zum Verständnis der Kurven").	*Johann Sebastian Bach (1685–1750)*
1727	EULER (1707–1783) stellt in seinen Lehrbüchern die bisherigen Erkenntnisse der Infinitesimalrechnung zusammenfassend dar. In einem Manuskript von 1727 oder 1728 führt er den Buchstaben e ein.	*JEAN-JACQUES ROUSSEAU (1712–1778)* *MARIA THERESIA (1740–1780)*
1797	LAGRANGE (1736–1813) führt die Schreibweise f x für eine Funktion von x ein. Der Ausdruck Ableitung geht auf ihn zurück. Er schreibt f′ x.	*Französische Revolution (1789)*
1821	Die entscheidende Rolle bei der Einführung einer strengen Denkweise in die Analysis spielt der französische Mathematiker CAUCHY (1789–1857). In seinen Werken aus den Jahren 1821–1829 macht er den Begriff des Grenzwertes zur Grundlage und definiert die Ableitung als Grenzwert des Differenzenquotienten.	*Erstes Dampfschiff überquert den Atlantik (1819)*
1829	DIRICHLET (1805–1859) gibt für Funktionen die Vorstellung einer gesetzmäßigen Abhängigkeit auf und entwickelt den heutigen Funktionsbegriff.	*Erste Eisenbahnlinie in England (1825)*
1872	WEIERSTRASS (1815–1897) konstruiert im Zusammenhang mit der Klärung der Begriffe Stetigkeit und Differenzierbarkeit eine in einem Intervall stetige, aber nirgends differenzierbare Funktion.	*Deutsch-französischer Krieg (1870/1871)*

Trinity College in Cambridge; NEWTON bewohnte die Räume rechts vom Torhaus im ersten Stock.

NEWTON schrieb den „Tractatus" 1676, veröffentlicht wurde er aber erst 1704.

Aufzeichnung von LEIBNIZ aus dem Jahr 1675; in der 10. Zeile von oben heißt es: „*Utile erit scribi $\int$ pro omn.*" („Es wird nützlich sein, $\int$ statt omn. zu schreiben.")

Leibniz-Haus (im 2. Weltkrieg zerstört, 1983 wiederaufgebaut); ab 1698 hatte Leibniz hier seine Wohnung.

375

Lösungen

Aufgaben zum Üben und Wiederholen, Seite 41

1 a) $D_f = \mathbb{R} \setminus \{\frac{2}{3}\}$;
für $x \to \frac{2}{3}$ $(x > \frac{2}{3})$ gilt: $f(x) \to +\infty$
für $x \to \frac{2}{3}$ $(x < \frac{2}{3})$ gilt: $f(x) \to -\infty$
$\lim_{x \to \pm\infty} f(x) = 0$
senkrechte Asymptote: $x = \frac{2}{3}$
waagerechte Asymptote: $y = 0$

b) $D_f = \mathbb{R} \setminus \{-\sqrt{5}; \sqrt{5}\}$;
für $x \to \sqrt{5}$ $(x > \sqrt{5})$ gilt: $f(x) \to +\infty$
für $x \to \sqrt{5}$ $(x < \sqrt{5})$ gilt: $f(x) \to -\infty$
für $x \to -\sqrt{5}$ $(x > -\sqrt{5})$ gilt: $f(x) \to -\infty$
für $x \to -\sqrt{5}$ $(x < -\sqrt{5})$ gilt: $f(x) \to +\infty$
$\lim_{x \to \pm\infty} f(x) = 0$
senkrechte Asymptoten: $x = -\sqrt{5}$; $x = \sqrt{5}$
waagerechte Asymptote: $y = 0$

c) $D_f = \mathbb{R} \setminus \{5\}$;
für $x \to 5$ $(x > 5)$ gilt: $f(x) \to +\infty$
für $x \to 5$ $(x < 5)$ gilt: $f(x) \to -\infty$
$\lim_{x \to \pm\infty} f(x) = 0$
senkrechte Asymptote: $x = 5$
waagerechte Asymptote: $y = 0$

d) $D_f = \mathbb{R} \setminus \{0\}$;
für $x \to 0$ $(x > 0)$ gilt: $f(x) \to -\infty$
für $x \to 0$ $(x < 0)$ gilt: $f(x) \to +\infty$
$\lim_{x \to \pm\infty} f(x) = 5$
senkrechte Asymptote: $x = 0$
waagerechte Asymptote: $y = 5$

e) $D_f = \mathbb{R} \setminus \{0\}$; $f(x) = \frac{1}{2} - \frac{3}{4x}$;
$\lim_{x \to \pm\infty} f(x) = \frac{1}{2}$
für $x \to 0$ $(x > 0)$ gilt: $f(x) \to -\infty$
für $x \to 0$ $(x < 0)$ gilt: $f(x) \to +\infty$
senkrechte Asymptote: $x = 0$
waagerechte Asymptote: $y = \frac{1}{2}$

f) $D_f = \mathbb{R} \setminus \{0\}$; $f(x) = \frac{1}{2}x - \frac{3}{4x}$;
für $x \to 0$ $(x > 0)$ gilt: $f(x) \to -\infty$
für $x \to 0$ $(x < 0)$ gilt: $f(x) \to +\infty$
für $x \to +\infty$ gilt: $f(x) \to +\infty$
für $x \to -\infty$ gilt: $f(x) \to -\infty$
senkrechte Asymptote: $x = 0$

g) $D_f = \mathbb{R} \setminus \{-5\}$; $f(x) = \frac{2}{1 + \frac{5}{x}}$ oder
$f(x) = 2 - \frac{10}{x+5}$
für $x \to -5$ $(x > -5)$ gilt: $f(x) \to -\infty$
für $x \to -5$ $(x < -5)$ gilt: $f(x) \to +\infty$
$\lim_{x \to \pm\infty} f(x) = 2$
senkrechte Asymptote: $x = -5$
waagerechte Asymptote: $y = 2$

h) $D_f = \mathbb{R} \setminus \{-1\}$; $f(x) = x + 1 - \frac{2}{x+1}$
für $x \to \pm\infty$ gilt: $f(x) \to \pm\infty$
für $x \to -1$ $(x > -1)$ gilt: $f(x) \to -\infty$
für $x \to -1$ $(x < -1)$ gilt: $f(x) \to +\infty$
senkrechte Asymptote: $x = -1$

2 a) ungerade b) weder noch
c) gerade d) gerade

3 $f(x) = \frac{1}{2}x - \frac{1}{x}$
Graph:

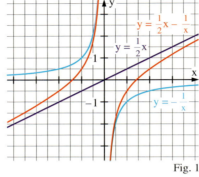

Fig. 1

4 a) $x^2 - 3x + 4$
b) $2x^3 + x - 1 + \frac{1}{x-3}$

5 a) $0; -2; 4$ b) $-\sqrt{2}; \sqrt{2}; -2; 2$
c) $-5; 0{,}5$

6 a) $f(-1) = 0$;
$(x^3 - x^2 - 3x - 1) : (x + 1) = x^2 - 2x - 1$
Weitere Nullstellen: $1 - \sqrt{2}$; $1 + \sqrt{2}$
b) $f(3) = 0$; weitere Nullstellen: $0; 1; 2$

7 a) falsch; $f: x \to x^2$ hat nur eine Nullstelle $(x_1 = 0)$
b) wahr c) wahr
d) falsch; $f: x \to x^3$ hat nur eine Nullstelle $(x_1 = 0)$
e) wahr

8 a) $f(1 + h) = \frac{1}{3}h^3 - \frac{4}{3}h$;
$f(1 - h) = -\frac{1}{3}h^3 + \frac{4}{3}h$
$\frac{1}{2} \cdot (f(1+h) + f(1-h)) = 0 = f(1)$
b) 1. Nullstelle: $x_1 = 1$
$(x^3 - 3x^2 - x + 3) : (x - 1) = x^2 - 2x - 3$
Weitere Nullstellen: $-1; 3$
$f(x) = \frac{1}{3} \cdot (x+1) \cdot (x-1)(x-3)$

c)

	$x < -1$	$-1 < x < 1$	$1 < x < 3$	$x > 3$
$x + 1$	−	−	−	−
$x - 1$	+	−	−	+
$x - 3$	+	+	−	−
$f(x)$	+	+	+	+

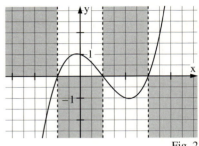

Fig. 2

9 a) Achsensymmetrie zur y-Achse
b) $N_1(-3|0)$; $N_2(3|0)$; $S(0|-\frac{3}{2})$
c) Für $x \to \pm\infty$ gilt: $f(x) \to +\infty$
d) Graph:

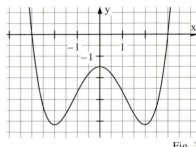

Fig. 3

10 a) $f(x) = 2 + \frac{1}{x}$
$\lim_{x \to \pm\infty} f(x) = 2$, also waagerechte Asymptote $y = 2$
Für $x \to 0$ $(x > 0)$ gilt: $f(x) \to +\infty$
Für $x \to 0$ $(x < 0)$ gilt: $f(x) \to -\infty$
senkrechte Asymptote $x = 0$
Schnittpunkt mit der x-Achse: $N(-\frac{1}{2}|0)$.
b) $g(x) = 2x + \frac{1}{x}$
Für $x \to \pm\infty$ gilt: $f(x) \to \pm\infty$, schiefe Asymptote $y = 2x$
Für $x \to 0$ $(x > 0)$ gilt: $f(x) \to +\infty$
Für $x \to 0$ $(x < 0)$ gilt: $f(x) \to -\infty$
senkrechte Asymptote $x = 0$
Kein Schnittpunkt mit der x-Achse.
$g(-x) = -g(x)$; d. h., der Graph ist punktsymmetrisch zu 0.

376

Lösungen

Aufgaben zum Üben und Wiederholen, Seite 77

1 a) $m = \frac{4}{3}$

b) $g: x \to \frac{4}{3}x;\ g(1{,}5) = 2$

2 a) $m(x) = \frac{f(x) - f(1)}{x - 1} = \frac{x^2 - 4x + 3}{x - 1}$
$= \frac{(x-1)(x-3)}{x-1} = x - 3 \to -2$ für $x \to 1$
$\lim\limits_{x \to 1} m(x) = \lim\limits_{x \to 1} \frac{x^2 - 4x + 3}{x - 1} = -2$

b) $m(h) = \frac{f(1+h) - f(1)}{h} = \frac{(1+h)^2 - 4(1+h) + 3}{h}$
$= \frac{h^2 - 2h}{h} = h - 2 \to -2$ für $h \to 0$
$\lim\limits_{h \to 0} m(h) = \lim\limits_{h \to 0} \frac{h^2 - 2h}{h} = -2$

3 a) x-Methode:
$m(x) = \frac{\frac{3}{4}x^2 - \frac{3}{4}x_0^2}{x - x_0} = \frac{\frac{3}{4}(x - x_0)(x + x_0)}{(x - x_0)}$
$= \frac{3}{4}(x + x_0)$;
$f'(x_0) = \lim\limits_{x \to x_0} m(x) = \lim\limits_{x \to x_0} \frac{3}{4}(x + x_0) = \frac{3}{2}x_0$.

h-Methode:
$m(h) = \frac{\frac{3}{4}(x_0 + h)^2 - \frac{3}{4}x_0^2}{h} = \frac{\frac{3}{2}hx_0 + \frac{3}{4}h^2}{h}$
$= \frac{3}{2}x_0 + \frac{3}{4}h$;
$f'(x_0) = \lim\limits_{h \to 0} m(h) = \lim\limits_{h \to 0} \left(\frac{3}{2}x_0 + \frac{3}{4}h\right) = \frac{3}{2}x_0$

Ableitungsfunktion f' mit $f'(x) = \frac{3}{2}x$

b) x-Methode: $m(x) = \frac{\frac{2}{4x-1} - \frac{2}{4x_0 - 1}}{x - x_0}$
$= \frac{\frac{-8(x - x_0)}{(4x-1)(4x_0-1)}}{x - x_0} = \frac{-8}{(4x-1)(4x_0-1)}$;
$f'(x_0) = \lim\limits_{x \to x_0} m(x) = \lim\limits_{x \to x_0} \frac{-8}{(4x-1)(4x_0-1)}$
$= \frac{-8}{(4x_0 - 1)^2}$

h-Methode:
$m(h) = \frac{\frac{2}{4(x_0+h)-1} - \frac{2}{4x_0 - 1}}{h} = \frac{2 \cdot (-4h)}{(4x_0 + 4h - 1)(4x_0 - 1)h}$
$= \frac{-8}{(4x_0 + 4h - 1)(4x_0 - 1)}$
$f'(x_0) = \lim\limits_{h \to 0} m(h) = \lim\limits_{h \to 0} \frac{-8}{(4x_0 + 4h - 1)(4x_0 - 1)}$
$= \frac{-8}{(4x_0 - 1)^2}$

Ableitungsfunktion f' mit $f'(x) = \frac{-8}{(4x-1)^2}$

4 a) $f'(x) = -4x^{-5}$ b) $f'(x) = -\sin(x)$
c) $f'(x) = 15x^2 - 8x$ d) $f'(x) = \frac{5}{2\sqrt{x}} + 4x^5$
e) $f'(x) = -4x + \cos(x)$ f) $f'(x) = \frac{-8}{3x^5} + \frac{9}{x^7}$
g) $f'(x) = \frac{1}{3\sqrt{x}} - 4\cos(x)$ h) $f'(x) = \frac{-2}{3x^2} + \frac{10}{3x^3}$
i) $f'(x) = -\frac{1}{x^2} + \frac{1}{2\sqrt{x}}$

5 a) $P_1\left(\frac{1}{2}\sqrt{2}\,\big|-\frac{1}{4}\sqrt{2}\right)$ und
$P_2\left(-\frac{1}{2}\sqrt{2}\,\big|\frac{1}{4}\sqrt{2}\right)$

b) $P_1\left(3\,\big|-\frac{3}{2}\right)$ und $P_2\left(-3\,\big|\frac{3}{2}\right)$

c) $P(16|16)$

d) Es gibt keine solchen Punkte.

6 a) Tangente $y = -4x$;
Normale $y = \frac{1}{4}x$

b) $S\left(\frac{1}{2}\sqrt{17}\,\big|\frac{1}{8}\sqrt{17}\right)$ und $T\left(-\frac{1}{2}\sqrt{17}\,\big|-\frac{1}{8}\sqrt{17}\right)$

7 Graphen der Ableitungsfunktion vgl. Fig. 1 und Fig. 2
$f'(x) = x^2 - x - \frac{3}{4}$ $\quad f'(x) = 4x^3 - 6x$

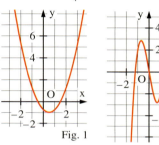

Fig. 1   Fig. 2

8 $f'(x) = 2ax$. Aus $f_a'(-1) = -\frac{1}{f_a'(4)}$ folgt
$-2a = -\frac{1}{8a}$ und hieraus $a = \pm\frac{1}{4}$

9 a) vgl. Fig. 3.

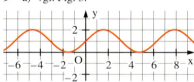

Fig. 3

b) Aus $1 + \sin(x) = \frac{1}{2}$ folgt $\sin(x) = -\frac{1}{2}$
und hiermit $x = -\frac{5\pi}{6}; -\frac{\pi}{6}; \frac{7\pi}{6}; \frac{11\pi}{6}$ im Intervall $[-\pi; 2\pi]$

c) Tangente in $P\left(\frac{\pi}{3}\,\big|1 + \frac{1}{2}\sqrt{3}\right)$;
$y = \frac{1}{2}x - \frac{\pi - 3\sqrt{3} - 6}{6} \approx \frac{1}{2}x + 1{,}34$
Normale in P:
$y = -2x + \frac{4\pi + 3\sqrt{3} + 6}{6} \approx -2x + 3{,}96$.
Tangente in $Q\left(\frac{\pi}{2}\,\big|2\right)$: $y = 2$
Normale in Q: $x = 2$

10 a) Es ist $f(2) = -4$. Für $x \to 2$ und $x < 2$ gilt: $f(x) \to -4$. Damit ist f stetig in $x_0 = 2$.

Für $x \neq 2$ ist $f'(x) = \begin{cases} -1 - x & \text{für } x < 2 \\ 2x - 4 & \text{für } x > 2 \end{cases}$.

Für $x \to 2$ und $x < 2$ gilt: $f'(x) \to -3$ sowie für $x \to 2$ und $x > 2$ gilt: $f'(x) \to 0$. Also ist f nicht differenzierbar in $x_0 = 2$.

b) Es ist $f(5) = -2{,}5$. Für $x \to 5$ und $x < 5$ gilt: $f(x) \to -2{,}5$ und für $x \to 5$ und $x > 5$ gilt: $f(x) \to -2{,}5$. Damit ist f stetig in $x_0 = 5$.

Für $x \neq 5$ ist $f'(x) = \begin{cases} 2 & \text{für } x < 5 \\ x - 3 & \text{für } x > 5 \end{cases}$.

Für $x \to 5$ und $x < 5$ gilt: $f'(x) \to 2$ sowie für $x \to 5$ und $x > 5$ gilt: $f'(x) \to 2$. Also ist f auch differenzierbar in $x_0 = 5$.

Aufgaben zum Üben und Wiederholen, Seite 125

1 a) Nullstellen: $x_1 = 0$;
$x_2 = \frac{3}{2} + \frac{1}{2}\sqrt{105}$; $x_3 = \frac{3}{2} - \sqrt{105}$

Lokale Extremstellen sind $x_4 = -2$ und $x_5 = 4$.
$f(-2) = 1{,}75$ ist ein lokales Maximum,
$f(4) = -5$ ist ein lokales Maximum.

b) Fig.4

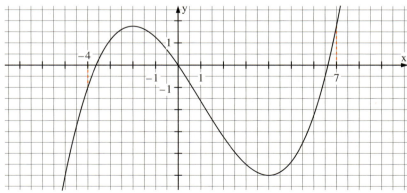

Fig. 4

377

Lösungen

c) $f(-4) = -1$ ist ein lokales Minimum.
Das globale Maximum wird an den Stellen −2 und 7 angenommen:
$f(-2) = f(7) = 1{,}75$.
Bei 4 liegt das globale Minimum $f(4) = -5$.
d) $t_1: y = 3x - 20{,}25$; $t_2: y = 3x + 11$

2 a) Der Graph ist achsensymmetrisch. Nullstellen: $x_1 = \sqrt{2}$; $x_2 = -\sqrt{2}$.
b) Hochpunkt $H(0|4)$; Tiefpunkte: $T_1(\sqrt{2}|0)$ und $T_2(-\sqrt{2}|0)$.
Wendepunkte:
$W_1\left(\frac{1}{6}\sqrt{33} \big| \frac{169}{144}\right)$ und $W_2\left(-\frac{1}{6}\sqrt{33} \big| \frac{169}{144}\right)$.

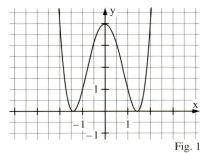

Fig. 1

c) Ansatz: $g(x) = ax^2 + bx + c$
Aus $g(1) = f(1)$; $g'(1) = -\frac{1}{f'(1)}$ und $g(-1) = f(-1)$ folgt $g(x) = \frac{1}{8}x^2 + \frac{7}{8}$.
Schnittpunkte der beiden Graphen:
$S_1(1|1)$; $S_2(-1|1)$; $S_3\left(\frac{5}{4}\sqrt{2} \big| \frac{81}{64}\right)$;
$S_4\left(-\frac{5}{4}\sqrt{2} \big| \frac{81}{64}\right)$.

3 Der Ansatz $g(x) = ax^3 + bx^2 + cx + d$ und die Bedingungen $g(0) = f(0)$, $g'(0) = f'(0)$, $g''(0) = f''(0)$ und $g'''(0) = f'''(0)$ ergeben
$g(x) = -\frac{1}{6}x^3 - \frac{1}{2}x^2 + x + 1$.

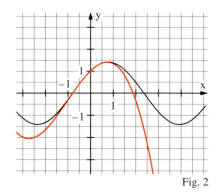

Fig. 2

4 Ansatz: $f(x) = ax^3 + bx^2 + cx + d$.
Aus den Bedingungen $f(0) = 0$; $f'(0) = 0$; $g(2) = 2$; $g'(2) = 0$ ergibt sich
$g(x) = -\frac{1}{2}x^3 + \frac{3}{2}x^2$.
Nullstellen: $x_1 = 0$; $x_2 = 3$

5 Der Ansatz $f(x) = ax^3 + bx$ liefert mit der Bedingung $f(3) = 3$ z. B.
$f_a(x) = ax^3 + (1 - 9a) \cdot x$; $a \neq 0$.
a) Die notwendige Bedingung $f_a'(x) = 0$ für Extremstellen liefert (1):
$|x| = \frac{1}{3}\sqrt{3}\sqrt{a(9a - 1)}$.
Die notwendige Bedingung $f_a''(x) = 0$ für Wendepunktstellen liefert (2):
$6ax = 0$ bzw. $x = 0$, da $a \neq 0$ ist.
(1) und (2) sind erfüllt für $a(9a - 1) = 0$ bzw. $a = \frac{1}{9}$ ($a \neq 0$).
b) Es gibt jeweils 2 Extremstellen, falls in Gleichung (1) der Radikand > 0 ist.
Aus $a(9a - 1) > 0$ folgt $a < 0$ oder $a > \frac{1}{9}$.

6 a) Für die Maßzahl des Flächeninhalts des gefärbten Dreiecks gilt in Abhängigkeit von x:
$A(x) = a^2 - \frac{1}{2}x^2 - 2 \cdot \frac{1}{2}a \cdot (a - x)$ bzw.
$A(x) = -\frac{1}{2}x^2 + ax$; $0 < x \leq a$. A wird maximal für $x = a$ (Randmaximum).
b) Es gilt: $V = r^2\pi h$; $O = r^2\pi + 2r\pi h$ (Formeln für den Zylinder).
Daraus folgt
$O(r) = r^2\pi + 2r\pi \frac{V}{r^2\pi} = r^2\pi + \frac{600}{r}$.
$O'(r) = 0$ liefert $r_0 = \sqrt[3]{\frac{300}{\pi}} \approx 4{,}57$ (dm);
$h_0 = \sqrt[3]{\frac{300}{\pi}}$ mit $O''(r_0) > 0$.

7 Der Ansatz $f(x) = ax^2 + b$ mit den Bedingungen $f(0) = 40$ und $f(50) = 0$ liefert $f(x) = -\frac{2}{125}x^2 + 40$; $-50 \leq x \leq 50$.
a) $f'(-50) = \frac{8}{5}$ ergibt $\alpha = 57{,}99°$.
b)

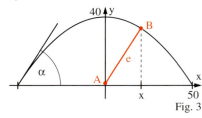

Fig. 3

Für die Entfernung e von $A(0|2)$ zu $B(x|f(x))$ gilt $e = \sqrt{x^2 + (f(x) - 2)^2}$
$= \sqrt{\frac{4}{15625}x^4 - \frac{27}{125}x^2 + 1444}$.

Die Ersatzfunktion e^2 hat ein lokales Maximum bei $x_0 = \frac{15}{4}\sqrt{30} \approx 20{,}53$ (m) mit $f(x_0) = 33{,}25$.
Es gilt $B\left(\frac{15}{4}\sqrt{30} \big| 33{,}25\right)$.

8 a) $f(x) = g(x)$ ergibt
$x^3 - 0{,}5x^2 + 3x + 1 = 0$. Der Startwert $x_0 = -0{,}5$ liefert die Näherungswerte
$x_1 = -0{,}3235$; $x_2 = -0{,}3079$; $x_3 = -0{,}3078$;
also $x^* \approx -0{,}308$.
b) $f(x) = g(x)$ ergibt
$3x^3 + x^2 - 5x + 5 = 0$. Der Startwert $x_0 = -2$ liefert die Näherungswerte
$x_1 = -1{,}8148$; $x_2 = -1{,}7879$; $x_3 = -1{,}7874$;
also $x^* \approx -1{,}787$.

9
a)

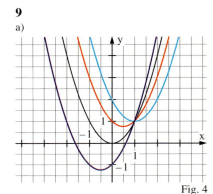

Fig. 4

b) Das globale Minimum $-\frac{1}{4}k^2 - k$ wird an der Stelle $-\frac{k}{2}$ angenommen.
c) Es gilt $-\frac{1}{4}k^2 - k = 0$ für $k = 0$ oder $k = -4$.
d) Die Graphen der Funktionen f_k sind nach oben geöffnete Parabeln. Es gibt 2 verschiedene Nullstellen, wenn das globale Minimum < 0 ist, und keine Nullstellen im Fall > 0.
Aus $-\frac{1}{4}k^2 - k < 0$ ergeben sich 2 Nullstellen für $k < -4$ oder $k > 0$.
Für $-4 < k < 0$ gibt es keine Nullstellen.
e) C_0 und C_1 schneiden sich im Punkt $S(1|1)$. Für alle k gilt $f_k(1) = 1$. Somit gehen alle C_k durch S.

378

Aufgaben zum Üben und Wiederholen, Seite 147

1
a) $u \circ v: x \mapsto 6x - 1$; $D = \mathbb{R}$
   $v \circ u: x \mapsto 6x - 3$; $D = \mathbb{R}$
b) $u \circ v: x \mapsto \frac{1}{(x+3)^2}$; $D = \mathbb{R} \setminus \{-3\}$
   $v \circ u: x \mapsto \frac{1}{x^2} + 3$; $D = \mathbb{R} \setminus \{0\}$
c) $u \circ v: x \mapsto \frac{1}{x}$; $D = \mathbb{R} \setminus \{0\}$
   $v \circ u: x \mapsto \sqrt{\frac{x^2}{x^2-1}}$; $D = \mathbb{R} \setminus [-1; 1]$

2
a) $u(x) = x^3$; $v(x) = 2x - 5$
b) $u(x) = -\frac{2}{x^4}$; $v(x) = x + 1$
c) $u(x) = \frac{1}{2x^2}$; $v(x) = x^2 + 1$
d) $u(x) = 3\sqrt{x}$; $v(x) = 2x^2 + 1$

3
a) $h'(x) = \frac{64}{(5-4x)^3}$ b) $f'(x) = 6\sqrt{x} + \frac{1}{\sqrt{x}}$
c) $f'(x) = 3x \cdot \left(\frac{1}{4}x + 1\right)^3 \cdot \left(\frac{3}{2}x + 2\right)$
d) $g'(x) = \frac{x}{\sqrt{2x^2+1}}$ e) $k'(x) = \frac{6x-32}{(3x+1)^3}$
f) $f'(x) = \frac{1}{2}x^2\sqrt{x} \cdot (x-2)^2 \cdot (13x - 14)$
g) $f'(x) = \frac{1}{4} - \frac{1}{2x^2} = \frac{x^2-2}{4x^2}$
h) $g'(x) = \frac{(x^2+1)(-6x^2+20x+2)}{(5-2x)^2}$
i) $f'(x) = \frac{4}{(x^2+1)\sqrt{x^2+1}}$
j) $k'(x) = \frac{40(4x-1)}{(x+1)^3}$
k) $p'(x) = 2 \cdot \frac{\cos(x) \cdot (2-3x) + 3\sin(x)}{(2-3x)^2}$
l) $g'(x) = \sin(2x) + 2x\cos(2x)$

4
a) $f'(x) = ax(x+1)^2 \cdot (5x + 2)$
b) $f'(a) = \frac{-4t}{(t+a)^3}$ c) $f'(t) = \frac{-2(t-a)}{(t+a)^3}$
d) $f'(x) = \frac{2k(x-1)}{(x+1)^3}$
e) $s'(t) = a^2 \cdot \cos(at + 0{,}5)$
f) $g'(t) = \frac{-2t}{\sqrt{1-at^2}}$

5
a) $f'(x) = \frac{-2}{\sqrt{5-x}} < 0$ für $x < 5$; d.h., f ist streng monoton fallend für $x \leq 5$, also umkehrbar. Umkehrfunktion $\overline{f}: x \mapsto 5 - \frac{1}{4}x^2$; $x \geq 0$.
b) Wegen $f'(x) = x - 1$ ist f für $x > 0$ nicht monoton, also nicht umkehrbar.
c) Mit wachsendem x $(x > 0)$ wird $x^2 + 1$ immer größer und damit $\frac{1}{x^2+1}$ immer kleiner; f ist also umkehrbar. Umkehrfunktion $\overline{f}: x \mapsto \sqrt{\frac{1}{x} - 1}$; $0 < x \leq 1$.

d) f ist nicht umkehrbar, da z.B. $f(-1) = f(1) = 0$ ist.
e) $f(x) = 3 - \frac{9}{x+3}$; $f'(x) = \frac{9}{(x+3)^2} > 0$ für $x \neq -3$.
Für $x < -3$ gilt: $f(x) > 3$ und f streng monoton steigend, für $x > -3$ gilt: $f(x) < 3$ und f streng monoton steigend. f ist also umkehrbar.
$\overline{f}: x \mapsto \frac{3x}{3-x}$; $x \neq 3$.
f) $f(x) = -2 - \frac{2}{1-x}$; $f'(x) = -\frac{2}{(1-x)^2} < 0$ für $x \neq 1$.
Es ist $f(x) < -2$ für $x < 1$ und $f(x) > -2$ für $x > 1$; auf jeder Teildefinitionsmenge ist f streng monoton, also ist f umkehrbar.
$\overline{f}: x \mapsto \frac{x+4}{x+2}$; $x \neq -2$.

6

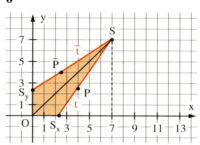

Es ist $\overline{P}(2{,}5 | 4)$. Steigung von $\overline{t}: \frac{1}{1{,}5} = \frac{2}{3}$.
Achsenschnittpunkte der Tangenten:
$S_y\left(0 | \frac{2}{3}\right)$; $S_x\left(\frac{7}{3} | 0\right)$
Schnittpunkt der Tangenten: $S(7|7)$
Flächeninhalt des Dreiecks OS_xS:
$\frac{1}{2} \cdot \frac{7}{3} \cdot 7 = \frac{49}{6}$. Flächeninhalt des Vierecks OS_xSS_y: $2 \cdot \frac{49}{6} = \frac{49}{3}$.

7
a) $f_t(x) = 0$ hat die beiden (von t unabhängigen) Lösungen $-\sqrt{2}$ und $\sqrt{2}$. Also: $N_1(-\sqrt{2}|0)$; $N_2(\sqrt{2}|0)$.
b) $f_t'(x) = \frac{4t}{x^3}$; $f_t'(\sqrt{2}) = \sqrt{2} \cdot t$; Tangente ist parallel zur Geraden $y = x + 1$ für $t = \frac{1}{2}\sqrt{2}$.
c) K_{t_1} und K_{t_2} sind orthogonal in N_2, wenn $t_1 \cdot t_2 = -\frac{1}{2}$ ist. Sie schneiden sich dann auch in N_1 orthogonal.

8
a) Länge der 2. Dreiecksseite: $y \cdot m$
Strahlensatz (Zentrum Z): $\frac{y}{100} = \frac{x}{x-200}$,
also $y = \frac{100x}{x-200}$. Dreiecksfläche:
$A(x) = \frac{1}{2}xy = \frac{1}{2}x \cdot \frac{100x}{x-200} = \frac{50x^2}{x-200}$.

b) $A'(x) = \frac{50x(x-400)}{x-200}$; $A'(x) = 0$ für $x_1 = 400$.
$A'(x)$ hat an der Stelle x_1 einen VZW von „–" nach „+"; d.h., x_1 ist Minimalstelle. Der Punkt Z muss also 400 m vor der Kreuzung sein.

Aufgaben zum Üben und Wiederholen, Seite 181

1
a) $\int_{-2}^{-1}\left(3x^2 - \frac{4}{x^2}\right)dx = \left[x^3 + \frac{4}{x}\right]_{-2}^{-1} =$
$= (-1)^3 + \frac{4}{-1} - \left((-2)^3 + \frac{4}{-2}\right) = 5$

b) $\int_{-1}^{1}\frac{2}{(x+3)^2}dx = \left[\frac{-2}{x+3}\right]_{-1}^{1} = \frac{-2}{4} - \frac{-2}{2} = \frac{1}{2}$

c) $\int_{-4}^{-2}\frac{4x^3-1}{2x^2}dx = \int_{-4}^{-2}\left(2x - \frac{1}{2x^2}\right)dx = \left[x^2 + \frac{1}{2x}\right]_{-4}^{-2}$
$= 4 + \frac{1}{-4} - \left(16 + \frac{1}{-8}\right) = -12\frac{1}{8}$

d) $\int_{1}^{2}6\left(x^3 - \frac{2}{x}\right)dx + \int_{1}^{2}\left(1 + \frac{12}{x}\right)dx =$
$= \int_{1}^{2}(6x^3 + 1)dx = \left[\frac{3}{2}x^4 + x\right]_{1}^{2} =$
$= \frac{3}{2} \cdot 16 + 2 - \left(\frac{3}{2} + 1\right) = 23{,}5$

2
$f(x) = \frac{1}{2}x^4 - 2x^2$

a) $A = \int_{-2}^{2}-f(x)dx = \left[-\frac{1}{10}x^5 + \frac{2}{3}x^3\right]_{-2}^{2}$
$= \frac{64}{15} = 4{,}2\overline{6}$

b) $A = \int_{-\sqrt{2}}^{\sqrt{2}}(f(x) - (-2))dx$
$= \int_{-\sqrt{2}}^{\sqrt{2}}\left(\frac{1}{2}x^4 - 2x^2 + 2\right)dx$
$= \left[\frac{1}{10}x^5 - \frac{2}{3}x^3 + 2x\right]_{-\sqrt{2}}^{\sqrt{2}} = \frac{32}{15}\sqrt{2} \approx 3{,}02$

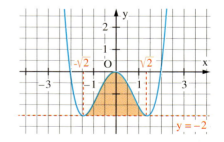

379

Lösungen

c) Schnittstellen von $y = f(x)$ mit
$y = -1,5$:
$\frac{1}{2}x^4 - 2x^2 = -1,5$; $x_1 = -\sqrt{3}$; $x_2 = -1$;
$x_3 = 1$; $x_4 = \sqrt{3}$
$A_1 = \int_0^1 -f(x)\,dx = \frac{17}{30}$;
$A_2 = (\sqrt{3} - 1) \cdot 1,5 \approx 1,10$;
$A_3 = \int_{\sqrt{3}}^2 -f(x)\,dx = \frac{32}{15} - \frac{11}{10} \cdot \sqrt{3} \approx 0,23$.
$A = 2 \cdot (A_1 + A_2 + A_3) \approx 3,8$.

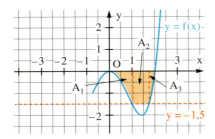

3
a) $f(x) = \frac{1}{2}x^3 - 2x^2$; $f'(x) = \frac{3}{2}x^2 - 4x$;
$f''(x) = 3x - 4$; $f'''(x) = 3$
$N_1(0|0)$; $N_2(4|0)$; $H(0|0)$; $T\left(\frac{8}{3}\middle|-\frac{128}{27}\right)$;
$W\left(\frac{4}{3}\middle|-\frac{64}{27}\right)$
b) $A_1 = \int_0^4 -f(x)\,dx = \int_0^4 \left(-\frac{1}{2}x^3 + 2x^2\right)dx$
$= \left[-\frac{1}{8}x^4 + \frac{2}{3}x^3\right]_0^4 = 10\frac{2}{3}$

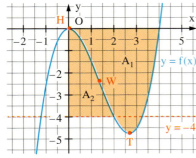

c) $A_2 = \int_0^2 f(x) - (-4)\,dx = \int_0^2 (f(x) + 4)\,dx$
$= \int_0^2 \left(\frac{1}{2}x^3 - 2x^2 + 4\right)dx = 4\frac{2}{3}$

4
$f(x) = g(x)$ führt auf
$x^3 - 7x^2 + 14x - 8 = 0$.
$x_1 = 1$; $x_2 = 2$, $x_3 = 4$
$A = \int_1^2 (f(x) - g(x))\,dx + \int_2^4 (g(x) - f(x))\,dx$
$= \int_1^2 (x^3 - 3x^2 + 14x - 8)\,dx$
$\quad + \int_2^4 (-x^3 + 3x^2 - 14x + 8)\,dx$
$= \frac{5}{12} + \frac{8}{3} = \frac{37}{12} = 3\frac{1}{12}$

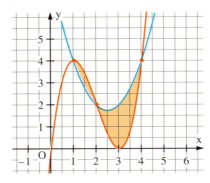

5
a) $\int_0^b \frac{1}{2}x^2\,dx = \left[\frac{1}{6}x^3\right]_0^b = \frac{1}{6}b^3 = 288$; $b = 12$
b) $b \cdot \frac{1}{2}b^2 - \frac{1}{6}b^3 = 288$; $b = \sqrt[3]{864} \approx 9,52$
c) $b \cdot \frac{1}{2}b^2 - \frac{1}{6}b^3 = 72$; $b = 6$; $c = \frac{1}{2} \cdot 6^2 = 18$

6
Für $2 \leq x \leq 3$ gilt:
$\sqrt{x-1} \leq x - 1 \leq (x-1)^2$, also
$\frac{2}{(x-1)^2} \leq \frac{2}{x-1} \leq \frac{2}{\sqrt{x-1}}$, also
$\int_2^3 \frac{2}{(x-1)^2}\,dx \leq \int_2^3 \frac{2}{x-1}\,dx \leq \int_2^3 \frac{2}{\sqrt{x-1}}\,dx$.
$\int_2^3 \frac{2}{(x-1)^2}\,dx = \left[\frac{-2}{x-1}\right]_2^3 = \frac{-2}{2} - \frac{-2}{1} = 1$
$\int_2^3 \frac{2}{\sqrt{x-1}}\,dx = \left[4\sqrt{x-1}\right]_2^3 = 4\sqrt{2} - 4\sqrt{1} =$
$= 4\sqrt{2} - 4 \approx 1,66$.
Also gilt: $1 \leq \int_2^3 \frac{2}{x-1}\,dx \leq 1,66$.

7
a) $f_t(x) = \frac{1}{4}x^4 - t^2x^2$; $f_t'(x) = x^3 - 2t^2x$;
$f_t''(x) = 3x^2 - 2t^2$; $f_t'''(x) = 6x$
Der Graph von f_t ist symmetrisch zur
y-Achse.

Schnittpunkte mit der x-Achse: $N_1(0|0)$;
$N_2(2t|0)$; $N_3(-2t|0)$
Hoch- bzw. Tiefpunkte: $H(0|0)$;
$T_1(\sqrt{2} \cdot t | -t^4)$; $T_2(-\sqrt{2} \cdot t | -t^4)$
Wendepunkte: $W_1\left(\sqrt{\frac{2}{3}} \cdot t \middle| -\frac{5}{9}t^4\right)$;
$W_2\left(-\sqrt{\frac{2}{3}} \cdot t \middle| -\frac{5}{9}t^4\right)$

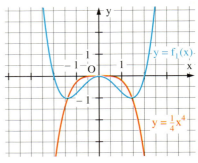

b) $x = \sqrt{2} \cdot t$; $y = -t^4$; $\Rightarrow t = \frac{x}{\sqrt{2}}$; $y = -\frac{x^4}{4}$
$x = -\sqrt{2} \cdot t$; $y = -t^4$; $\Rightarrow t = -\frac{x}{\sqrt{2}}$; $y = -\frac{x^4}{4}$
Ortskurve der Tiefpunkte $C: y = -\frac{1}{4}x^4$.
c) C und der Graph von f_t schneiden
sich im 4. Feld bei $x_5 = \sqrt{2} \cdot t$.
$A(t) = \int_0^{\sqrt{2} \cdot t} \left(-\frac{1}{4}x^4 - \left(\frac{1}{4}x^4 - t^2x^2\right)\right)dx$
$= \int_0^{\sqrt{2} \cdot t} \left(-\frac{1}{2}x^4 + t^2x^2\right)dx = \left[-\frac{1}{10}x^5 + \frac{t^2}{3}x^3\right]_0^{\sqrt{2} \cdot t}$
$= \frac{4}{15} \cdot \sqrt{2} \cdot t^5$
$A^*(t) = \int_0^t \left(-\frac{1}{2}x^4 + t^2x^2\right)dx$
$= \left[-\frac{1}{10}x^5 + \frac{t^2}{3}x^3\right]_0^t = \frac{7}{30} \cdot t^5$
$\frac{A^*(t)}{A(t)} = \frac{\frac{7}{30}t^5}{\frac{4}{15} \cdot \sqrt{2} \cdot t^5} = \frac{7}{8 \cdot \sqrt{2}}$.

Das Verhältnis der Inhalte ist unabhängig
von t.

8
a) Höhe der Fichte nach 60 Jahren:
$H = \int_0^{60} (0,01 \cdot t + 0,10)\,dt$
$= \left[\frac{0,01}{2} \cdot t^2 + 0,10 \cdot t\right]_0^{60} = 24\,\text{m}$.
b) Gesucht ist T mit
$12 = \int_0^T (0,01 \cdot t + 0,10)\,dt$ bzw.
$12 = \left[\frac{0,01}{2} \cdot t^2 + 0,10 \cdot t\right]_0^T$ bzw.
$12 = \frac{0,01}{2} \cdot T^2 + 0,10 \cdot T$ bzw.
$T^2 + 20T - 2400 = 0$.
Somit ist $T = 40$.
Nach 40 Jahren ist die Fichte 12 m hoch.

380

Lösungen

**Aufgaben zum Üben und Wiederholen,
Seite 203**

1
a) $D = \mathbb{R} \setminus \{1\}$ b) $D = \mathbb{R} \setminus \{0; 1\}$
c) $D = \mathbb{R} \setminus \{-2; 1\}$ d) $D = \mathbb{R}$

2
a) $f(-x) = \frac{(-x)^2 - 1}{(-x)^2 + 1} = \frac{x^2 - 1}{x^2 + 1} = f(x)$
Der Graph von f ist achsensymmetrisch zur y-Achse.
b) Schnittpunkt mit der y-Achse:
$f(0) = -1$; $S(0|-1)$
Schnittpunkte mit der x-Achse:
$x^2 - 1 = 0$; $x_1 = -1$; $x_2 = +1$
$N_1(-1|0)$; $N_2(+1|0)$
c) Waagerechte Asymptote: $y = 1$
d) Skizze:

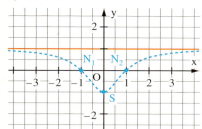

3
$f(x) = \frac{x^2 - 1}{x^2 - 4x + 4} = \frac{(x+1)(x-1)}{(x-2)^2}$
a) Nullstellen: $x_1 = -1$; $x_2 = 1$
   Polstelle: $x_3 = 2$
b) Senkrechte Asymptote: $x = 2$
   Waagerechte Asymptote: $y = 1$
c) Skizze:

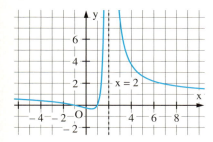

4
a) Graphen ganzrationaler Funktionen haben keine Asymptoten; sie können „in einem Zug" gezeichnet werden. Für $x \to \pm\infty$ gilt: $|f(x)| \to \infty$. Graphen gebrochenrationaler Funktionen können senkrechte Asymptoten haben, d. h., sie können in mehrere „Äste" zerfallen.

Für $x \to \pm\infty$ kann $f(x)$ gegen 0, gegen eine feste Zahl oder betragsmäßig gegen unendlich gehen. Die Graphen können also waagerechte oder schiefe Asymptoten besitzen.
b) $f(x) = 2 + \frac{1}{x - 1}$ bzw. $f(x) = \frac{2x - 1}{x - 1}$.
c) Es ist $g_1(0) = 1$; $g_2(0) = 0$; $g_3(0) = 1$; $g_4(0) = -1$.
Fig. 2 zeigt: $g(0) = 1$, also kommen nur g_1 und g_3 in Frage. Es ist $g_1(x) = x - \frac{1}{x-1}$;
d. h., der Graph von g_1 verläuft für $x > 0$ unterhalb der schiefen Asymptote mit der Gleichung $y = x$, während der Graph von g_3 stets oberhalb verläuft. Fig. 2 zeigt also den Graphen von g_3.

5
a) Funktionsuntersuchung
1. Definitionsmenge: $D_f = \mathbb{R} \setminus \{-1\}$
2. Symmetrie: $f(-x) = \frac{(-x)^2}{-x+1} = \frac{x^2}{-x+1}$;
keine Symmetrie erkennbar.
3. Polstellen; senkrechte Asymptoten:
$x_1 = -1$; senkrechte Asymptote: $x = -1$
4. Verhalten für $x \to +\infty$ und $x \to -\infty$:
schiefe Asymptote: $y = x - 1$
5. Nullstellen: $x_1 = 0$
gemeinsamer Punkt mit der x-Achse: $N(0|0)$
6. Ableitungen:
$f'(x) = \frac{x(x+2)}{(x+1)^2}$; $f''(x) = \frac{2}{(x+1)^3}$
7. Extremstellen: $x_1 = 0$; $x_2 = -2$
$f''(0) = 2 > 0$; $f(0)$ ist lokales Minimum; $f''(-2) = -2 < 0$; $f(-2)$ ist lokales Maximum; Extrempunkte: $T(0|0)$; $H(-2|-4)$
8. Wendestellen: Es gibt keine Wendestellen, denn es ist $f''(x) \ne 0$ für $x \in D_f$.
9. Graph:

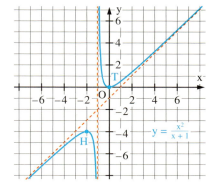

b) Schnittpunkt der Asymptoten:
$S(-1|-2)$. Nachweis, dass K punktsymmetrisch zu S ist:
$\frac{1}{2}[f(-1+h) + f(-1-h)]$
$= \frac{1}{2}\left[\frac{(-1+h)^2}{-1+h+1} + \frac{(-1-h)^2}{-1-h+1}\right]$
$= \frac{1}{2}\left[\frac{h^2 - 2h + 1}{h} + \frac{h^2 + 2h + 1}{-h}\right]$
$= -2$
c) Es gilt: $g(x) = \frac{x^2(x-1)}{(x+1)(x-1)}$; also ist $D_g = \mathbb{R} \setminus \{-1; +1\}$.
Im Unterschied zu dem Graphen von f hat der Graph von g eine weitere Definitionslücke bei $+1$. Diese ist hebbar mit $f(+1) = 0{,}5$.

6
Inhalt des Flächenstücks: 6,25
Inhalt des Trapezes: 6

7
a) Symmetrie:
$f_t(-x) = \frac{(x^2+t)^2}{-2x} = -\frac{(x^2+t)^2}{2x} = -f_t(x)$;
also ist K_t punktsymmetrisch zum Ursprung.
Asymptoten: senkrechte Asymptote: $x = 0$
Schnittpunkte mit der x-Achse: keine.
Ableitungen:
$f_t'(x) = \frac{(x^2+t)(3x^2-t)}{2x^2}$; $f_t''(x) = \frac{3x^4 + t^2}{x^3}$
Hochpunkt: $H_t\left(+\sqrt{\frac{t}{3}} \mid +\frac{8}{3}t\sqrt{\frac{t}{3}}\right)$;
Tiefpunkt: $T_t\left(-\sqrt{\frac{t}{3}} \mid -\frac{8}{3}t\sqrt{\frac{t}{3}}\right)$;
keine Wendepunkte
b) Gleichung einer Näherungskurve:
$y = \frac{1}{2}x^3 + tx$
c) Graph und Näherungskurve für $t = 1$:

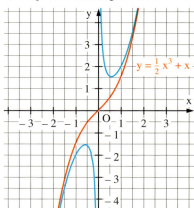

d) Gleichung der Ortslinie der Extrempunkte: $y = 8x^3$; $x \ne 0$

381

Lösungen

8
Für $x = 1$ ist $f_t(1) = \frac{t-1}{1-t} = -1$;
für $x = -1$ ist $f_t(-1) = \frac{t-1}{1-t} = -1$;
also: $A(1|-1)$; $B(-1|-1)$.

9
a) $f'(x) = \frac{2x^3 + 3x^2 + 5}{(x+1)^2}$
$x_{n+1} = x_n - \frac{(x_n^3 + 4x_n - 1)(x_n - 1)}{2x_n^3 + 3x_n^2 + 5}$
Startwert z. B.: $x_0 = 0,5$
Auf drei Dezimalen gerundet ergibt sich:
$x^* \approx 0,246$.
b) Gesucht ist die Nullstelle der Funktion f'.
$f''(x) = \frac{2x^3 + 6x^2 + 6x - 10}{(x+1)^3}$
$x_{n+1} = x_n - \frac{(2x_n^3 + 3x_n^2 + 5)(x_n + 1)}{2x_n^3 + 6x_n^2 + 6x_n - 10}$
Startwert z. B.: $x_0 = -2,5$
Auf drei Dezimalen gerundet ergibt sich:
$x^* \approx -2,079$.
c) $f(x) = x^2 - x + 5 - \frac{6}{x+1}$
Gleichung der Näherungskurve:
$y = x^2 - x + 5$.

Aufgaben zum Üben und Wiederholen, Seite 229

1
a) $f'(x) = 2x - 2e^{-2x}$; $f''(x) = 2 + 4e^{-2x}$
b) $f'(x) = \frac{1}{x}$; $f''(x) = -\frac{1}{x^2}$
c) $f'(x) = 2x \cdot e^{-x} - x^2 \cdot e^{-x} = (2x - x^2) \cdot e^{-x}$
   $f''(x) = (2 - 4x + x^2) \cdot e^{-x}$
d) $f'(x) = \frac{1}{x} + 1 + 2x \cdot e^{x^2}$
   $f''(x) = -\frac{1}{x^2} + (4x^2 + 2) \cdot e^{x^2}$

2
a) $\int_{-10}^{2} 2e^{2x} dx = e^4 - e^{-20} \approx 54,5981$
b) $\int_{-10}^{2} \frac{1}{2}(e^x + e^{-x}) dx$
   $= \frac{1}{2}(e^2 - e^{-2}) - \frac{1}{2}(e^{-10} - e^{10})$
   $\approx 11016,8597$
c) $\int_{2}^{4} \frac{e^x - e^{-x}}{e^x + e^{-x}} dx = [\ln(e^x + e^{-x})]_2^4$
   $= \ln(e^4 + e^{-4}) - \ln(e^2 + e^{-2}) = 1,9822$
d) $3 \cdot \frac{1}{3} \int_{1}^{2} \frac{x^2 + \frac{1}{3}e^x}{e^x + x^3} = \frac{1}{3} \cdot \frac{1}{1}[\ln(e^x + x^3)]_1^2$
   $= \frac{1}{3}[\ln(e^2 + 2^3) - \ln(e^1 + 1)] = 0,5779$

3
a) $x_0 = 0$ b) $x_0 = \frac{e+2}{3} \approx 1,5728$
c) $x_0 = 1$, $x_1 = e$ d) keine Nullstelle

4
a) Definitionsmenge ist $D_f = \mathbb{R}$.
$f'(x) = e^x - 2e^{-2x}$; $f''(x) = e^x + 4e^{-2x}$
$f'(x) = 0$ für $x_0 = \frac{\ln(2)}{3}$; $f''\left(\frac{\ln(2)}{3}\right) = 3 \cdot 2^{\frac{1}{3}} > 0$,
also Minimum: $f\left(\frac{\ln(2)}{3}\right) = \frac{3}{2} \cdot 2^{\frac{1}{3}} \approx 1,8899$.
$f(x) \to +\infty$ für $x \to \pm\infty$.
b) Definitionsmenge ist $D_f = \mathbb{R}^+$.
$f'(x) = \frac{1 - \ln(x)}{x^2}$; $f''(x) = \frac{2\ln(x-3)}{x^3}$
$f'(x) = 0$ für $x_0 = e$; $f''(e) = -e^{-3} < 0$,
also Maximum: $f(e) = e^{-1} \approx 0,3679$.
$f(x) \to 0$ für $x \to +\infty$.
c) Definitionsmenge ist $D_f = \mathbb{R}$.
$f'(x) = -x^2 \cdot (x - 3) \cdot e^{-x}$
$f''(x) = x \cdot (x^2 - 6x + 6) \cdot e^{-x}$
$f'(x) = 0$ für $x_0 = 0$ und $x_1 = 3$;
kein Extremwert bei $x_0 = 0$, da $f'(x)$
beim Durchgang durch die Stelle 0 keinen
Vorzeichenwechsel erfährt.
$f''(3) = -9e^{-3} < 0$,
also Maximum $f(3) = 27e^{-3} \approx 1,3443$.
$f(x) \to 0$ für $x \to +\infty$;
$f(x) \to -\infty$ für $x \to -\infty$.
d) Definitionsmenge ist $D_f = \mathbb{R}^+$.
$f'(x) = (\ln(x))^2 \cdot (\ln(x) + 3)$;
$f''(x) = 3 \cdot \frac{\ln(x) \cdot (\ln(x) + 2)}{x}$
$f'(x) = 0$ für $x_0 = 1$ und $x_1 = e^{-3}$;
kein Extremwert bei $x_0 = 1$, da $f'(x)$
beim Durchgang durch die Stelle 1 keinen
Vorzeichenwechsel erfährt.
$f''(e^{-3}) = 9e^3 > 0$, also
Minimum $f(e^{-3}) = -27e^{-3} \approx -1,3443$
$f(x) \to +\infty$ für $x \to +\infty$.

5
a) Definitionsmenge ist $D_f = \mathbb{R}$.
Schnittpunkt mit der x-Achse: $S(\ln(2)|0)$;
Schnittpunkt mit der y-Achse: $T(0|-1)$.
Asymptote $y = 0$ für $x \to -\infty$.
$f'(x) = 2e^x \cdot (e^x - 1)$;
$f''(x) = 2e^x \cdot (2e^x - 1)$;
$f'''(x) = 2e^x \cdot (4e^x - 1)$
$f'(x) = 0$ für $x_0 = 0$; $f''(0) = 2 > 0$,
also Tiefpunkt $T(0|-1)$.
$f''(x) = 0$ für $x_1 = -\ln(2)$;
$f'''(-\ln(2)) = 1 \neq 0$, also Wendepunkt
$W\left(-\ln(2) \Big| -\frac{3}{4}\right)$.
$f(x) \to +\infty$ für $x \to +\infty$ und
$f(x) \to 0$ für $x \to -\infty$.

Da -1 kein Randminimum ist, ist wegen
der Stetigkeit der Funktion die Wertemenge
$W = \{x | -1 \leq x < +\infty\}$.

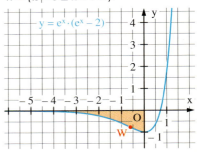

b) $A(u) = -\int_{-e^2}^{0} (e^{2x} - 2e^x) dx$
$= \left[\frac{1}{2}e^{2x} - 2e^x\right]_{-e^2}^{0} = \frac{3}{2} + \frac{1}{2}e^{-2e^2} - 2e^{-e^2} \approx$
$\approx 1,4988$

6
a) Definitionsmenge ist $D = \mathbb{R}^+$.
$f'_t(x) = \frac{t}{2} - \frac{1}{2x}$; $f''(x) = \frac{1}{2x^2}$; $t > 0$.
$f'_t(x) = 0$ ergibt $x_0 = \frac{1}{t}$.
Wegen $f''_t\left(\frac{1}{t}\right) > 0$ ist $T_t\left(\frac{1}{t} \Big| \frac{1}{2}(1 + \ln(t))\right)$.
T_t liegt auf der Geraden mit der Gleichung $y = 1$, wenn $t = e$ ist.
T_t liegt auf der x-Achse, wenn
$\frac{1}{2}(1 + \ln(t)) = 0$ ist, also für $t = \frac{1}{e}$.
b) Wegen $f''_t(x) = \frac{1}{2x^2} > 0$ für alle $x \in D$
hat kein Graph Wendepunkte.
c) Da gilt $f_t(x) \to +\infty$ für $x \to 0$ und
$f_t(x) \to +\infty$ für $x \to +\infty$, liegt in T_t ein
absolutes Minimum vor. Damit hat K_t
keinen Punkt mit der x-Achse gemeinsam, wenn T_t oberhalb der x-Achse liegt.
Dies ist für $t > \frac{1}{e}$ der Fall.
d) Tangentengleichung in
$B_t\left(u \Big| \frac{1}{2} \cdot (tu - \ln(u))\right)$:
$y = \left(\frac{t}{2} - \frac{1}{2u}\right)x + \frac{1}{2}(1 - \ln(u))$.
Punktprobe für $A\left(0 \Big| \frac{1}{2}\right)$ ergibt $u = 1$, also
Berührpunkte $B_t\left(1 \Big| \frac{t}{2}\right)$.
Gleichung der Ortskurve: $x = 1$.

7
$A(t) = \int_{1}^{2}\left(tx + \frac{1}{tx}\right)dx = \left[\frac{1}{2}tx^2 + \frac{1}{t}\ln(x)\right]_1^2 =$
$= \frac{3}{2}t + \frac{\ln(2)}{t}$.
$A'(t) = \frac{3}{2} - \frac{\ln(2)}{t^2}$; $A''(t) = \frac{2\ln(2)}{t^3}$.
$A'(t) = 0$ liefert $t_0 = \sqrt{\frac{2\ln(2)}{3}}$ ($t > 0$).
Wegen $A''\left(\sqrt{\frac{2\ln(2)}{3}}\right) > 0$ liegt in t_0 ein
Minimum vor.

8

a) Da $f'(x) = -\frac{1}{2}e^x < 0$ ist für alle
$x \in \mathbb{R}$, ist f umkehrbar:
$\bar{f}(x) = \ln(4 - 2x)$.

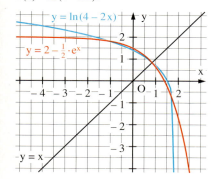

b) $D_f = \{x \mid x > -\frac{3}{2}\}$. $f'(x) = \frac{2}{2x+3} > 0$,
also ist f für alle $x \in D_f$ umkehrbar:
$\bar{f}(x) = \frac{1}{2}(e^x - 3)$.

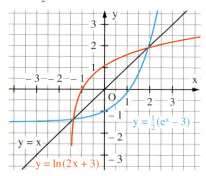

c) Da $f'(x) = -10x\,e^{-0,5x^2} < 0$ für alle
$x > 0$, ist f umkehrbar:
$\bar{f}(x) = \sqrt{-2\ln\left(\frac{x}{10}\right)}$

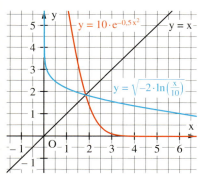

d) Da $f'(x) = \frac{2 \cdot \ln(x)}{x} > 0$ ist für alle $x > 1$,
ist f umkehrbar: $\bar{f}(x) = e^{\sqrt{x}}$

zu d)

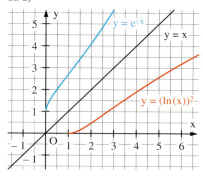

9

a) Der Inhalt A ist identisch mit
$A_1 = \int_0^1 e^x dx = e - 1$ (vgl. die Figur).

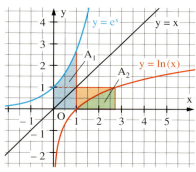

b) $A_2 = \int_1^e \ln(x)\,dx = e - (e-1) = 1$
(vgl. die Figur).

c) Es ist $F'(x) = \ln(x)$.
$A_1 = e - \int_1^e \ln(x)\,dx = e - [x \cdot (\ln(x) - 1)]_1^e$
$= e - 1$.
$A_2 = \int_1^e \ln(x)\,dx = [x \cdot (\ln(x) - 1)]_1^e = 0 - (-1)$
$= 1$.

10

a) Mit $f'(x) = a^x \cdot \ln(a)$ und
$g'(x) = -a^{-x} \cdot \ln(a)$ gilt:
I. $a^x = a^{-x}$, also $x_0 = 0$.
II. $(a^x \cdot \ln(a)) \cdot (-a^{-x} \cdot \ln(a)) = -1$
also $(\ln(a))^2 = 1$; damit $a = e$ oder $a = e^{-1}$.

b) Mit $f'(x) = a^x \cdot \ln(a)$ und $g'(x) = b^x \cdot \ln(b)$
muss gelten:
I. $a^x = b^x$
II. $(a^x \cdot \ln(a)) \cdot (b^x \cdot \ln(b)) = -1$.
Aus I folgt $x_0 = 0$; also $(\ln(a)) \cdot (\ln(b)) = -1$.

**Aufgaben zum Üben und Wiederholen,
Seite 255**

1

a) Für $b > 1$ ist $J = \int_1^b f(x)\,dx = 6 - \frac{6}{b}$;
für $b \to +\infty$ gilt $J \to 6$; die Fläche hat
den Flächeninhalt 6.

b) Für $a < 2$ ist
$J = \int_a^2 f(x)\,dx = \frac{3}{2} + \frac{3}{2(2a-5)}$; für $a \to -\infty$
gilt $J \to \frac{3}{2}$; die Fläche hat den Inhalt $\frac{3}{2}$.

c) Für $b > 0$ ist
$J = \int_0^b f(x)\,dx = \frac{1}{2}e^3 - \frac{1}{2}e^{3-2b}$; für $b \to +\infty$
gilt $J \to \frac{1}{2}e^3$; die Fläche hat den Inhalt $\frac{1}{2}e^3$.

2

a) $\frac{3}{16}\pi$

b) $\left(\frac{1}{2}e^6 - \frac{11}{4}\right)\pi$

3

a) $\int_0^3 (g(x) - f(x))\,dx = 0$ ergibt $m = 1$.

b) $\int_0^3 (g(x) - f(x))\,dx = \frac{3}{2}$ ergibt $m = \frac{4}{3}$.

c) $\pi \int_0^{2m} [(g(x))^2 - (f(x))^2]\,dx$
$= \pi \int_{2m}^3 [(f(x))^2 - (g(x))^2]\,dx$ ergibt
$m = \frac{3}{10}\sqrt{15}$.

4

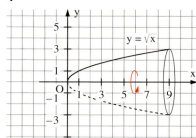

a) Die Form des Sektglases ergibt sich
durch die Rotation des Graphen von f mit
$f(x) = \sqrt{x}$ um die x-Achse.
Für das Volumen gilt:
$V = \pi \int_0^9 (\sqrt{x})^2 dx = \pi \int_0^9 x\,dx = \pi \left[\frac{1}{2}x^2\right]_0^9$
$= 40,5 \cdot \pi \approx 127,2$
Das Glas fasst etwa 127,2 cm³.

383

Lösungen

b) Gesucht ist z mit
$$\pi \int_0^z (\sqrt{x})^2 \, dx = 100$$
$$\pi \left[\tfrac{1}{2} x^2\right]_0^z = 100$$
$$\tfrac{1}{2} \pi z^2 = 100$$
$$z = \sqrt{\tfrac{200}{\pi}} \approx 8{,}0.$$
0,1 Liter stehen in dem Glas etwa 8 cm hoch.

5
Mittlere Tagestemperatur in °C:
$$T = \tfrac{1}{24} \int_0^{24} T(t) \, dt = -\tfrac{2}{5}.$$

6
$V_x = \tfrac{64}{15}\pi$; $V_y = \tfrac{8}{3}\pi$; $\tfrac{V_x}{V_y} = \tfrac{8}{3}$

7
a) $\tfrac{1}{4} e^3 - \tfrac{3}{4} e$
b) $4\pi \cdot \sin(1) + 4\pi^2 \cdot \cos(1)$
c) $\tfrac{1}{2} \ln(5)$ mit logarithmischer Integration
d) $e^3 - 1$ mit $z = g(x) = 4 - x^2$

8
Es sei f(t) die Anzahl der Schädlinge zur Zeit t (in Tagen).
Ansatz: $f(t) = 10\,000 \cdot e^{kt}$.
Wegen $f(5) = 20\,000$ gilt:
$20\,000 = 10\,000 \cdot e^{kt}$; $k = \tfrac{\ln(2)}{5}$. Also
$f(t) = 10\,000 \cdot e^{\tfrac{\ln(2)}{5} \cdot t}$ (t in Tagen).
1000 Schädlinge fressen pro Tag 1,2 kg Blattmasse. Für den momentanen Blattfraß (in kg/Tag) gilt:
$m(t) = \tfrac{f(t)}{1000} \cdot 1{,}2 = 12 \cdot e^{\tfrac{\ln(2)}{5} \cdot t}$.
In 30 Tagen wird gefressen:
$\int_0^{30} m(t)\,dt = \int_0^{30} 12 \cdot e^{\tfrac{\ln(2)}{5} \cdot t} dt = \left[\tfrac{12 \cdot 5}{\ln(2)} \cdot e^{\tfrac{\ln(2)}{5} \cdot t}\right]_0^{30}$
$\approx 5453.$
Die Schädlinge fressen etwa 5453 kg ab.

9
a)
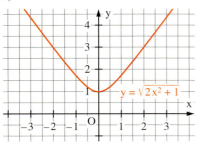

b) Zu bestimmen ist ein Näherungswert für $A = \int_0^2 \sqrt{2x^2 + 1}\, dx$.
$S_4 = \tfrac{2}{8}\left(1 + 2 \cdot \sqrt{1{,}5} + 2 \cdot \sqrt{3} + 2 \cdot \sqrt{5{,}5} + 3\right)$
$\approx 3{,}6510.$
$T_4 = \tfrac{2 \cdot 2}{4}(\sqrt{1{,}5} + \sqrt{5{,}5}) \approx 3{,}5700.$

c) $V = \pi \int_0^2 (2x^2 + 1)\, dx$
$= \tfrac{22}{3}\pi \approx 23{,}04$

Aufgaben zum Üben und Wiederholen, Seite 279

1
a) Periode $p = 12$;
gemeinsame Punkte mit der x-Achse und Wendepunkte: $N_k(6k\,|\,0)$, $k \in \mathbb{Z}$;
Hochpunkte: $H_k(3 + 12k\,|\,2{,}5)$, $k \in \mathbb{Z}$;
Tiefpunkte: $T_k(-3 + 12k\,|\,-2{,}5)$, $k \in \mathbb{Z}$;
Flächeninhalt: $A = \tfrac{30}{\pi} \approx 9{,}549$

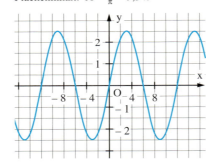

b) Periode $p = 2\pi$;
gemeinsame Punkte mit der x-Achse und Wendepunkte: $N_k(-\tfrac{1}{4}\pi + k\cdot\pi\,|\,0)$, $k \in \mathbb{Z}$;
Hochpunkte: $H_k(\tfrac{1}{4}\pi + k\cdot 2\pi\,|\,4)$, $k \in \mathbb{Z}$;
Hochpunkte: $T_k(\tfrac{5}{4}\pi + k\cdot 2\pi\,|\,-4)$, $k \in \mathbb{Z}$;
Flächeninhalt: $A = 8$

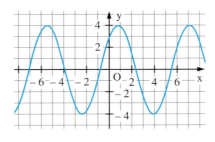

c) Periode $p = \tfrac{1}{2}\pi$;
gemeinsame Punkte mit der x-Achse:
$N_k(-\tfrac{7}{24}\pi + k \cdot \tfrac{1}{2}\pi\,|\,0)$, $k \in \mathbb{Z}$ und
$M_k(\tfrac{1}{24}\pi + k \cdot \tfrac{1}{2}\pi\,|\,0)$, $k \in \mathbb{Z}$;
Hochpunkte: $H_k(-\tfrac{1}{8}\pi + k \cdot \tfrac{1}{2}\pi\,|\,7{,}5)$, $k \in \mathbb{Z}$;
Tiefpunkte: $T_k(\tfrac{1}{8}\pi + k \cdot \tfrac{1}{2}\pi\,|\,-2{,}5)$, $k \in \mathbb{Z}$;
Wendepunkte: $W_k(k \cdot \tfrac{1}{4}\pi\,|\,2{,}5)$, $k \in \mathbb{Z}$;
Flächeninhalt: $A \approx 4{,}786$ bzw. $A \approx 0{,}856$

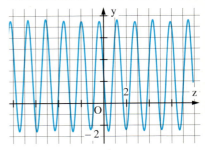

d) Periode $p = \tfrac{2}{3}$;
gemeinsame Punkte mit der x-Achse:
$N_k(\tfrac{2}{9} + k \cdot \tfrac{2}{3}\,|\,0)$, $k \in \mathbb{Z}$ und
$M_k(\tfrac{4}{9} + k \cdot \tfrac{2}{3}\,|\,0)$, $k \in \mathbb{Z}$;
Hochpunkte: $H_k(\tfrac{1}{3} + k \cdot \tfrac{2}{3}\,|\,2)$, $k \in \mathbb{Z}$;
Tiefpunkte: $T_k(k \cdot \tfrac{2}{3}\,|\,-6)$, $k \in \mathbb{Z}$;
Wendepunkte: $W_k(\tfrac{1}{6} + k \cdot \tfrac{1}{3}\,|\,-2)$, $k \in \mathbb{Z}$;
Flächeninhalt: $A \approx 1{,}624$ bzw. $A \approx 0{,}291$

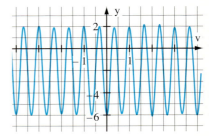

2
a) $a = 1{,}5$; $b = 1{,}5$

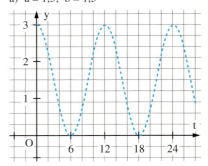

384

b) Ansteigen des Wasserstandes von t = 6 (Niedrigwasser) bis t = 12 (Hochwasser);
h(10) – h(8) = 2,25 – 0,75 = 1,5;
die Regel trifft zu.

3
a) Reykjavik: 20 h 30 min;
Athen: 14 h 39 min; Sydney 9 h 44 min
b) Für T ≈ 16 ist φ ≈ 49° (z. B. Paris);
für T ≈ 18 ist φ ≈ 58° (z. B. Stockholm)
c) Keine Lösung für
$-\frac{1}{2,3}\tan(\pi \cdot \frac{\varphi}{180°}) > 1$ bzw. < -1, also
für φ < –66,5° (Polarnacht, T = 0)
bzw. φ > 66,5° (Polartag, T = 24).

4
a) $L = \{\frac{1}{3}\pi; \frac{2}{3}\pi; \frac{4}{3}\pi; \frac{5}{3}\pi\}$
b) $L = \{0; \frac{1}{3}\pi; \frac{2}{3}\pi; \pi; \frac{4}{3}\pi; \frac{5}{3}\pi; 2\pi\}$
c) $L = \{\frac{1}{6}\pi; \frac{5}{6}\pi; \frac{3}{2}\pi\}$
d) $L = \{0; \frac{1}{4}\pi; \frac{3}{4}\pi; \pi; \frac{5}{4}\pi; \frac{7}{4}\pi; 2\pi\}$
e) $L = \{\frac{5}{6}\pi; \frac{11}{6}\pi\}$
f) $L = \{\frac{7}{6}\pi; \frac{11}{6}\pi\}$

5
a) gemeinsame Punkte mit der x-Achse und Wendepunkte: $N_1(0|0)$, $N_2(\pi|0)$, $N_3(2\pi|0)$;
Hochpunkt: $H(\frac{2}{3}\pi | \frac{9}{4}\sqrt{3})$;
Tiefpunkt: $T(\frac{4}{3}\pi | -\frac{9}{4}\sqrt{3})$

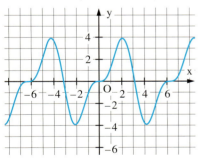

b) Da zum einen f(x + 2π) = f(x) gilt und es nur einen Hochpunkt in [0; 2π] gibt, ist die Periode p = 2π und nicht kürzer.
c) K ist zu den Wendepunkten N_1 und N_2 punktsymmetrisch, denn es gilt f(–x) = –f(x) und f(2π – x) = –f(x). Damit ist K zu allen Wendepunkten $W_k(k\pi|0)$, k ∈ ℤ, punktsymmetrisch.
d) Flächeninhalt: A = 6

6
a) V mit $V = \pi \cdot r^2 \cdot \sqrt{1 - r^2}$;
V* mit $V*(h) = \pi(h - h^3)$;
V** mit $V**(\alpha) = \pi \cdot \cos^2\alpha \cdot \sin\alpha$
b) Die Bearbeitung mit V* als Zielfunktion (ganzrationale Funktion!) ist am wenigsten aufwändig.

7
a) K ist punktsymmetrisch zum Ursprung, gemeinsame Punkte mit den Koordinatenachsen sind $N_k(\pm\sqrt{k\pi}|0)$, k ∈ ℕ;
$f'(x) = \sin(x^2) + 2x^2\cos(x^2)$; f(0) = 0

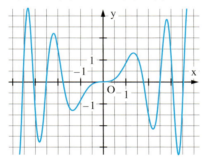

b) Exakter Inhalt: $A = \pi^2 - 1 \approx 8{,}870$;
Näherungswert mithilfe der Sehnentrapezregel: A* ≈ 8,976. Mithilfe der keplerschen Fassregel: A* ≈ 9,120. Beide Näherungen sind akzeptabel.
c) Die Gleichung $x = x \cdot \sin(x^2)$ hat außer 0 die Lösungen
$x_k = \pm\sqrt{\frac{1}{2}\pi + k \cdot 2\pi}$, k ∈ ℕ.
Da $f'(x_k) = 1$ für k ∈ ℕ gilt, sind
$B_k(\pm\sqrt{\frac{1}{2}\pi + k \cdot 2\pi} | \pm\sqrt{\frac{1}{2}\pi + k \cdot 2\pi})$, k ∈ ℕ
die gesuchten Berührpunkte.

8
a) $A = \int_0^2 x^{\frac{2}{3}}dx + \int_2^6 (6-x)^{\frac{1}{3}}dx = [\frac{3}{5}x^{\frac{5}{3}}]_0^2 +$
$[-\frac{3}{4}(6-x)^{\frac{4}{3}}]_2^6 = 4{,}2\sqrt[3]{4} \approx 6{,}67$
b) $V = \pi = \int_0^2 x^{\frac{4}{3}}dx + \pi\int_2^6(6-x)^{\frac{2}{3}}dx$
$= \pi[\frac{3}{7}x^{\frac{7}{3}}]_0^2 + \pi[-\frac{3}{5}(6-x)^{\frac{5}{3}}]_2^6 = \frac{228}{35}\sqrt[3]{2}\pi$
$\approx 25{,}78$

Aufgaben zum Üben und Wiederholen, Seite 309

1
a) $f(t) = f(0) \cdot e^{-0,17 \cdot t}$.
Aus f(5) = 40 000 folgt f(0) ≈ 93 586;
$f(60) = 93\,586 \cdot e^{-0,17 \cdot 60} \approx 3{,}48$
b) $p = 100 \cdot (1 - e^{-0,17}) \approx 15{,}6$.
Prozentualer Zerfall pro Zeitschritt etwa 15,6 %. Aus $0{,}1 = e^{-0,17 \cdot t}$ folgt t ≈ 13,5.

2
Für die Abnahmerate a gilt:
$a(t) = 2000 \cdot e^{t \cdot \ln(0,85)} = 2000 \cdot e^{-0,1625t}$
(t in Wochen); für die Gewichtsabnahme A erhält man:
$A = \int_0^4 a(t)dt = 2000 \cdot [\frac{1}{-0,1625} \cdot e^{-0,1625t}]_0^4$
= 5882,51, d. h., in den ersten 4 Wochen nimmt man etwa 5900 g ab.

3
a) $f(t) = 50\,000 \cdot e^{t \cdot \ln(1,15)}$
$= 50\,000 \cdot e^{0,13976 \cdot t}$ (t in Tagen)
b) $T_V = \frac{\ln(2)}{0,13976} \approx 4{,}96$; Verdoppelungszeit etwa 5 Tage;
$1\,000\,000 = 50\,000 \cdot e^{0,13976 \cdot t}$ ergibt
t ≈ 21,4 (in Tagen).
Mittlere Bakterienanzahl:
$\frac{1}{10} \cdot \int_0^{10} 50\,000 \cdot e^{0,13976 \cdot t}dt \approx \frac{1}{10} \cdot 1{,}08953 \cdot 10^6$
≈ 109 000
c) Aus f(t + 1) – f(t) > 150 000 folgt
$e^{0,13976 \cdot t} > 20$ und hieraus $t > \frac{\ln(20)}{0,13976} \approx$
≈ 21,4; d. h. am 22. Tag.

4
$k = -\frac{\ln(2)}{T_H} \approx -0{,}02476$ (in Jahren)
Toleranzgrenze sei g, also erhält man mit $f(0) = \frac{130}{100} \cdot g$ die Zerfallsfunktion
$f(t) = \frac{130}{100}g \cdot e^{-0,02476 \cdot t}$.
Gesucht ist die Zeit t mit f(t) = g, also
$g = \frac{130}{100}g \cdot e^{-0,02476 \cdot t}$ und hieraus t ≈ 10,6
(in Jahren).

385

Lösungen

5

a) Die Geschwindigkeit, mit der angelerntes Wissen wieder vergessen wird, ist anfangs am größten und nimmt im Laufe der Zeit ab. Schließlich bleibt ein gewisser Prozentsatz b an Wissen übrig. Der beschränkte Zerfall scheint damit ein sinnvoller Ansatz zu sein. $w'(t)$ gibt die Geschwindigkeit an, mit der sich der Prozentsatz des Wissens verändert.

b) Aus dem Ansatz $w'(t) \sim w(t) - b$ folgt $w'(t) = \overline{k} \cdot (w(t) - b)$ mit $\overline{k} < 0$ und hieraus $w'(t) = k \cdot (b - w(t))$ mit $k > 0$. Lösung: $w(t) = b - c \cdot e^{-kt}$. Einsetzen liefert: $w(t) = 10 + 90 \cdot e^{-0,2027t}$. Aus $w(t) = 20$ folgt $t \approx 10,84$, d. h., nach etwa 11 Zeitschritten sind 80 % des Wissens vergessen.

6

a) Mit $S = 250$, $a = h(0) = 30$ und $h(4) = 116$ erhält man
$h(t) = \frac{7500}{30 + 220 e^{-0,462045t}} = \frac{750}{3 + 22 \cdot e^{-0,462045t}}$
(h in cm, t in Wochen).

b) Aus $h(t) = 225$ folgt $t \approx 4,31$; d. h. nach etwas mehr als 4 Wochen.
$h'(t) = \frac{7623,74 \cdot e^{-0,426045t}}{(3 + 22 e^{-0,462045t})^2}$, also $h'(4) \approx 28,73$, $h'(9) \approx 10,66$ (jeweils in cm/Woche).

7

a) Mit $S = 500$, $a = f(0) = 12$ und $f(3) = 24$ erhält man bei logistischem Wachstum die Funktion f mit
$f(t) = \frac{6000}{12 + 488 e^{-0,239348t}}$ (t in Monaten).
Aus $f(t) > 250$ folgt $t > 15,48$ (in Monaten).

b) $f(20) - f(19) = 373,39 - 349,46 = 23,93 \approx 24$; d. h., die Population steigt voraussichtlich um 24 Kaninchen an.

8

a) Mit $T = 2$ (in s) und $m = 0,2$ (in kg) ergibt sich aus $T = 2\pi\sqrt{\frac{m}{D}}$ die Federkonstante $D = 0,2 \cdot \pi^2 \approx 1,97$ (in $\frac{N}{m}$).
Differenzialgleichung:
$s''(t) = -\frac{D}{m} \cdot s(t)$, also $s''(t) = -\pi^2 \cdot s(t)$.

b) $s(t) = 0,25 \cdot \sin(\pi t + c)$; beginnt die Zeitmessung beim Durchgang durch die Ruhelage, so ist $s(0) = 0$, also $c = 0$ und hiermit $s(t) = 0,25 \cdot \sin(\pi t)$.

Geschwindigkeit
$v(t) = s'(t) = 0,25 \pi \cos(\pi t)$;
maximale Geschwindigkeit:
$v_{max} = 0,25 \cdot \pi \approx 0,79$ (in m/s)
Aus $v(t) = 0,5$ folgt $\cos(\pi t) = \frac{2}{\pi}$
mit den Lösungen $t_1 \approx 0,28$ und $t_2 = 2 - t_1 \approx 1,72$ (vgl. die Figur).

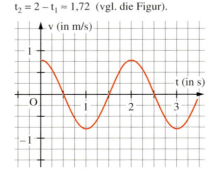

c) Beschleunigung
$a(t) = s''(t) = -0,25 \pi^2 \cdot \sin(\pi t)$. Die maximale Beschleunigung wird innerhalb der ersten Periode für $|\sin(\pi t)| = 1$ erreicht, also für $t_1 = 0,5$ bzw. $t_2 = 1,5$.
Rücktreibende Kraft $F = -D \cdot s(t) = -0,2 \pi^2 \cdot 0,25 \cdot \sin(\pi t)$.
Für $t_1 = 0,5$ gilt
$F_1 = -0,05 \pi^2 \cdot \sin(0,5\pi) = -0,49$ (in N);
entsprechend für $t_2 = 1,5$ gilt $F_2 = 0,49$ (in N). Das Vorzeichen gibt die Richtung der Kraft an.

Aufgaben zum Üben und Wiederholen, Seite 339

1

a) (a_n) mit $a_n = \frac{12n + 8}{6n} = \frac{6n + 4}{3n} = 2 + \frac{4}{3n}$
$a_1 = \frac{10}{3}$; $a_2 = \frac{8}{3}$; $a_3 = \frac{22}{9}$; $a_4 = \frac{7}{3}$; $a_5 = \frac{34}{15}$;
$a_6 = \frac{20}{9}$; $a_7 = \frac{46}{21}$; $a_8 = \frac{13}{6}$; $a_9 = \frac{58}{27}$; $a_{10} = \frac{32}{15}$

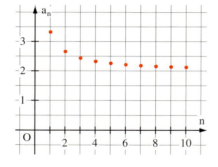

b) Wegen
$a_{n+1} - a_n = \frac{4}{3n+1} - \frac{4}{3n} = -\frac{4}{3n(n+1)} < 0$
ist die Folge streng monoton fallend. Sie ist beschränkt z. B. nach unten durch $s = 0$ und nach oben durch $S = 10$.

c) Für ein beliebiges $\varepsilon > 0$ gilt:
$|a_n - 2| < \varepsilon$ oder $\frac{4}{3n} < \varepsilon$ für alle n mit $n > \frac{4}{3\varepsilon}$. Damit hat die Folge den Grenzwert 2.
Für $\varepsilon = 0,001$ ist $n > \frac{4000}{3} = 1333\frac{1}{3}$.
Damit haben alle Folgenglieder mit Nummern größer als 1333 eine kleinere Abweichung als 0,001 von der Zahl 2.

d) Da $a_n = 2 + \frac{4}{3n} > 2$ ist, kann kein Folgenglied von 1,8 um weniger als 0,2 abweichen.

2

Die Folge (a_n) wird explizit beschrieben durch $a_n = 3^n$. Dann ist
$6 a_n + a_{n+1} = 6 \cdot 3^n + 3^{n+1} = 2 \cdot 3^{n+1} + 3^{n+1}$
$= 3 \cdot 3^{n+1} = 3^{n+2} = a_{n+2}$.

3

a) $\lim_{n \to \infty} \frac{6n + 9}{2n + 1} = \lim_{n \to \infty} \frac{6 + \frac{9}{n}}{2 + \frac{1}{n}} = \frac{\lim_{n \to \infty}(6 + \frac{9}{n})}{\lim_{n \to \infty}(2 + \frac{1}{n})}$
$= \frac{6 + 0}{2 + 0} = 3$

b) $\lim_{n \to \infty} \frac{5n + 9}{2n^2 - 5} = \lim_{n \to \infty} \frac{\frac{5}{n} + \frac{9}{n^2}}{2 - \frac{5}{n^2}} = \frac{\lim_{n \to \infty}(\frac{5}{n} + \frac{9}{n^2})}{\lim_{n \to \infty}(2 - \frac{5}{n^2})}$
$= \frac{0 + 0}{2 - 0} = 0$

c) $\lim_{n \to \infty} \frac{0,5^n + 9}{0,9^n + 1} = \lim_{n \to \infty} \frac{(\frac{1}{2})^n + 9}{(\frac{9}{10})^n + 1} = \frac{\lim_{n \to \infty}((\frac{1}{2})^n + 9)}{\lim_{n \to \infty}((\frac{9}{10})^n + 1)}$
$= \frac{0 + 9}{0 + 1} = 9$

d) $\lim_{n \to \infty} \frac{6^n + \sqrt{2}}{2^n + 6^n} = \lim_{n \to \infty} \frac{(6^n + \sqrt{2}) \cdot 6^{-n}}{(2^n + 6^n) \cdot 6^{-n}} = \frac{\lim_{n \to \infty}(1 + \frac{\sqrt{2}}{6^n})}{\lim_{n \to \infty}((\frac{1}{3})^n + 1)}$
$= \frac{1 + 0}{0 + 1} = 1$

e) $\lim_{n \to \infty} \frac{5^{n+2} + \sqrt{5^n}}{5^n + 5^{n-1}} = \lim_{n \to \infty} \frac{(5^{n+2} + 5^{\frac{n}{2}}) \cdot 5^{-n}}{(5^n + 5^{n-1}) \cdot 5^{-n}}$
$= \frac{\lim_{n \to \infty}(5^2 + \frac{1}{5^{\frac{n}{2}}})}{\lim_{n \to \infty}(1 + \frac{1}{5})} = \frac{25 + 0}{\frac{6}{5}} = \frac{125}{6}$

4

$K_5 = 2500 \cdot 1,052^5 = 3221,21$ Euro;
$K_{20} = 2500 \cdot 1,052^{20} = 6890,56$ Euro.

5

a) SLE-Kraftstoff noch im Tank
nach dem 1. Tanken: $\frac{1}{8} \cdot 40 = 5$ Liter
nach dem 2. Tanken: $\frac{1}{8} \cdot 5 = \frac{40}{8^2}$ Liter
nach dem 3. Tanken: $\frac{1}{8} \cdot \frac{40}{8^2} = \frac{40}{8^3}$ Liter
nach dem n-ten Tanken: $\frac{1}{8} \cdot \frac{40}{8^{n-1}} = \frac{40}{8^n}$ Liter.
Damit befinden sich nach dem 3. Tanken
noch $\frac{5}{64} = 0{,}078$ Liter SLE im Tank,
nach dem 5. Tanken nur noch
$\frac{5}{4096} \approx 0{,}0012$ Liter.

b) Aus $\frac{40}{8^n} = 0{,}02$ ergibt sich $n = \frac{\log(2000)}{\log(8)}$
$\approx 3{,}655$. Nach 4-maligem Tanken beträgt
der SLE-Kraftstoff im Tank weniger als
0,02 Liter.

6

a) Falsch! Gegenbeispiel (a_n) mit $a_n = \frac{1}{n}$.

b) Richtig! Gibt man nämlich $\varepsilon = 0{,}1$
vor, so sind nicht *fast alle* Glieder von der
Zahl 0 um weniger als ε entfernt.

c) Richtig! Wäre nämlich $a > 0$ der
Grenzwert, so weichen bei Wahl von
$\varepsilon = a$ alle Folgenglieder um mehr als ε
von a ab.

d) Falsch! Eine Folge kann keine zwei
Grenzwerte haben.

e) Falsch! In diesem Fall weichen nicht
nur endlich viele Folgenglieder um
weniger als z. B. 0,1 von dem Wert 0 ab.

f) Falsch! Zum Beispiel ist die Folge (a_n)
mit $a_n = (-1)^n + 1$ eine Folge mit unendlich vielen Nullen (für ungerades n).
Sie hat keinen Grenzwert, da auch 2 (für
gerades n) unendlich oft auftritt.

g) Richtig! (a_n) mit $a_n = \left(-\frac{1}{n}\right)^n$ ist beschränkt $-1 \leq a_n \leq 1$ und konvergent:
(a_n) ist eine Nullfolge.

7

a) $\lim\limits_{x \to \infty} \frac{x^2 + \sqrt{3}}{2x^2} = \lim\limits_{x_n \to \infty} \frac{1 + \frac{\sqrt{3}}{x_n^2}}{2} = \frac{1+0}{2} = \frac{1}{2}$

b) $\lim\limits_{x \to \infty} \frac{x^2 + 2x}{2x^3 + 1} = \lim\limits_{x_n \to \infty} \frac{\frac{1}{x_n} + \frac{2}{x_n^2}}{2 + \frac{1}{x_n^3}} = \frac{0+0}{2} = 0$

c) $\lim\limits_{x \to \infty} \frac{2 + \sqrt{x}}{2\sqrt{x}} = \lim\limits_{x_n \to \infty} \frac{\frac{2}{\sqrt{x_n}} + 1}{2} = \frac{0+1}{2} = \frac{1}{2}$

d) $\lim\limits_{x \to \infty} \frac{0{,}5^{x+1}}{0{,}5^x + 1} = \frac{\lim\limits_{x_n \to \infty} 0{,}5^{x_n+1}}{\lim\limits_{x_n \to \infty}(0{,}5^{x_n} + 1)} = \frac{\lim\limits_{x_n \to \infty} 0{,}5^{x_n+1}}{\lim\limits_{x_n \to \infty} 0{,}5^{x_n} + \lim\limits_{x_n \to \infty} 1}$
$= \frac{0}{0+1} = 0$

e) $\lim\limits_{x \to \infty} \frac{x^{\frac{1}{3}} + x^{\frac{1}{4}}}{x^{\frac{1}{2}}} = \lim\limits_{x \to \infty} \frac{x^{\frac{1}{4}} \cdot (x^{\frac{1}{3} - \frac{1}{4}} + 1)}{x^{\frac{1}{2}}} = \lim\limits_{x \to \infty} \frac{(x^{\frac{1}{12}} + 1)}{x^{\frac{1}{4}}}$
$= \lim\limits_{x \to \infty} \left(\frac{x^{\frac{1}{12}}}{x^{\frac{1}{4}}} + \frac{1}{x^{\frac{1}{4}}}\right) = \lim\limits_{x_n \to \infty} \left(\frac{1}{x_n^{\frac{1}{6}}} + \frac{1}{x_n^{\frac{1}{4}}}\right)$
$= 0 + 0 = 0$

8

a) $\lim\limits_{x \to 0} \frac{6x - 4x^2}{4x + 3x^2} = \lim\limits_{x_n \to 0} \frac{6 - 4x_n}{4 + 3x_n} = \frac{6-0}{4-0} = \frac{3}{2}$

b) $\lim\limits_{h \to 0} \frac{(4+h)^2 - 16}{h} = \lim\limits_{h \to 0} \frac{8h + h^2}{h}$
$= \lim\limits_{h_n \to 0} (8 + h_n) = 8$

c) $\lim\limits_{x \to 2} \frac{(x-2)^2}{x^2 - 4} = \lim\limits_{x \to 2} \frac{(x-2)^2}{(x-2)(x+2)}$
$= \lim\limits_{x_n \to 2} \frac{x_n - 2}{x_n + 2} = 0$

d) $\lim\limits_{x \to -3} \frac{x^2 + 2x - 3}{2x^2 + 2x - 12} = \lim\limits_{x \to -3} \frac{(x-1)(x+3)}{2(x+3)(x-2)}$
$= \lim\limits_{x_n \to -3} \frac{x_n - 1}{2(x_n - 2)} = \frac{-3-1}{2 \cdot (-3-2)} = \frac{-4}{-10} = \frac{2}{5}$

e) $\lim\limits_{x \to 1} \frac{x-1}{x^2 - 1} = \lim\limits_{x_n \to 1} \frac{1}{x_n + 1} = \frac{1}{1+1} = \frac{1}{2}$

9

a) $\lim\limits_{x \to x_0} (f(x)) = f(x_0)$.

b) Die Nullstellen liegen in $[-1; 0]$
und $[1; 2]$.

c) Die Nullstelle im Intervall $[-1; 0]$
lautet: $x_0 = -0{,}176\,245$ (nach der 23.
Halbierung).
Die Nullstelle im Intervall $[1; 2]$ lautet:
$x_1 = 1{,}142\,496$ (nach der 23. Halbierung).

10

a) Beweis durch vollständige Induktion:
(I) Induktionsanfang: Für $n = 5$ ist die
Aussage wahr, da $5 < 8 = 2^{5-2}$ gilt.
(II) Induktionsschritt: Es sei $k \in \mathbb{N}$ mit
$k \geq 5$ und man nimmt an, dass die Aussage für k gilt. Dies besagt $k < 2^{k-2}$. Dann
ist $k + 1 < 2^{k-2} + 1 < 2^{k-2} + 2^{k-2} = 2^{k-1}$.
Somit gilt die Aussage auch für $k + 1$.
Damit ist gezeigt, dass $n < 2^{n-2}$ für alle
$n \in \mathbb{N}$ mit $n \geq 5$ gilt.

b) Beweis durch vollständige Induktion:
(I) Induktionsanfang: Für $n = 5$ ist die
Aussage wahr, da $2^{3 \cdot 5} - 1 = 32\,767$
durch 7 teilbar ist.
(II) Induktionsschritt: Es sei $k \in \mathbb{N}$ mit
$k \geq 1$ und man nimmt an, dass die Aussage für k gilt. Dies besagt, dass $2^{3k} - 1$
durch 7 teilbar ist. Also gibt es ein $s \in \mathbb{N}$
mit $2^{3k} = 1 + 7s$. Dann gilt
$2^{3(k+1)} - 1 = 2^{3k} \cdot 2^3 - 1 = (1 + 7s) \cdot 2^3 - 1$
$= 7(8s + 1)$,
und folglich ist $2^{3(k+1)} - 1$ durch 7 teilbar.
Somit gilt die Aussage auch für $k + 1$.
Damit ist gezeigt, dass $2^{3n} - 1$ durch 7
teilbar ist für alle $n \in \mathbb{N}$ mit $n \geq 5$.

Register

ABEL   29
Ableitung   50, 54
– an einer Stelle   50
– der Arkusfunktion   268
– der Arkuskosinusfunktion   268
– der Arkussinusfunktion   268
– der Arkustangensfunktion   268
– der Kehrwertfunktion   134
– der Kosinusfunktion   65, 256
– der natürlichen Exponentialfunktion   208, 210
– der naürlichen Logarithmusfunktion   212
– der Sinusfunktion   65, 256
– der Tangensfunktion   257
– der Umkehrfunktion   140, 141
– der Wurzelfunktion   270
– einer Funktion   54
– einer ganzrationalen
   Funktion   60
– einer Potenzfunktion   58
– höhere   60
– von Produkten   132
– von Quotienten   134
-sfunktion   54
Abhängigkeiten   10
abschnittsweise lineare
   Funktion   18
achsensymmetrisch   24
Änderungsrate   42
–, mittlere   42
–, momentane   47
ARCHIMEDES   177, 178, 179
archimedische Exhaustion   177
Arkusfunktion   266
–, Ableitung der   268
Arkuskosinusfunktion   266
–, Ableitung der   268
Arkussinusfunktion   266
–, Ableitung der   268
Arkustangensfunktion   266
–, Ableitung der   268
Asymptote   190, 324
–, senkrechte   32, 185
–, waagerechte   30
Ausgleichsgerade   284

Bahnkurve   252
Basis e   215
Bedingung
–, hinreichende   83
–, notwendige   83
BERNOULLI   321, 331
bernoullische Ungleichung   322, 331
beschränkte Folge   313
beschränkter Zerfall   290
beschränktes Wachstum   290
Beschränktheit   313
Betragsfunktion   18
Bevölkerungswachstum   305, 306, 307
Bewegungsenergie   176
Bildfolge   323
Bildweite   323
biologische Halbwertszeit   301
BMI   309
Body-Mass-Index   309
Bogenlänge einer Kurve   232
Bogenmaß   62
BOLZANO   70, 328
BOUSFIELD   293
Bremsweg   199
Brennweite   323

CAUCHY   70

DE L'HOSPITAL   217
–, Regel von   217
Definitionslücke   32, 184
–, hebbare   185
Definitionsmenge   14
DESCARTES   75
Differenz von Funktionen   34
Differenzenquotient   42
Differenzialgleichung   287
– der Räuber-Beute-Beziehung   300
– des beschränkten Wachstums   290
– des beschränkten Zerfalls   290
– des exponentiellen Wachstums   287
– des exponentiellen Zerfalls   287
– des logistischen Wachstums   294
– einer harmonischen
   Schwingung   298

Differenzialrechnung   148, 162
differenzierbar   50, 144
-e Funktion   50, 144
DIRICHLET   248
divergente Folge   315
Divergenz   324
DOSITHEOS   177

EBBINGHAUS   309
Eigenschaften der natürlichen
   Logarithmusfunktion   212
Einheitskreis   62
Emulsion   242
ERATOSTHENES   177
Ersatzfunktion   196
EULER   207, 208, 322
eulersche Zahl   207, 322
eulersches Polygonzugverfahren   53, 301
Exhaustion, archimedische   177
explizite Darstellung einer Zahlen-
   folge   310
Exponentialfunktion   204, 215
–, natürliche   208
Exponentialgleichung   215
exponentieller Wachstums-
   prozess   280
exponentieller Zerfall   287
exponentieller Zerfallsprozess   280
exponentielles Wachstum   287
Extrempunkt   81
Extremstelle   81
Extremwert   81
-probleme   102
-probleme, komplexe   105

Fahrzeugdurchsatz   199
Faktorregel   59
Fallstrecke   176
FERMAT   74, 177, 179, 273
-sches Problem   75
Flächeninhalt
– als Grenzwert   153, 154
– unter einer Kurve   148, 167
– unterhalb der x-Achse   167
– zwischen zwei Graphen   169

388

Register

Folge 310
–, beschränkte 313
–, divergente 315
–, geometrische 317, 336
–, konstante 319
–, konvergente 315
Funktion 14
– mit realem Bezug 99
–, abschnittsweise lineare 18
–, differenzierbare 50, 144
–, ganzrationale 22, 182, 272
–, gebrochenrationale 182, 272
–, gerade 24
–, integrierbare 248, 249
–, kubische 60
–, lineare 18
–, nicht integrierbare 248, 249
–, nicht stetige 68, 249
–, nicht umkehrbare 137, 266
–, periodische 256
–, rationale 182
–, stetige 68, 144, 249, 327
–, umkehrbare 137, 138, 266
–, ungerade 24
–, unstetige 68, 249
–, zusammengesetzte 34
-en, Verkettung von 126
-enschar 18
-enschar, Untersuchung einer 220
-sanpassung 284, 297
-sbestimmung 109
-sbestimmung in realer Situation 112
-sterm 14
-suntersuchung 96, 192, 193, 194, 219, 263, 272
-swert 14

GALILEO GALILEI 45
ganzrational 182
-e Funktion 22, 182, 272
Ganzzahlfunktion 21
GAUSS 226
gaußsche Glockenkurve 226
gaußsche Klammerfunktion 21
gebrochenrational 182
-e Funktion 182, 272
Gegenstandsweite 323
geometrische Reihe 336
–, Summenformel der 179, 336
geometrische Zahlenfolge 336

geometrischer Ort 192
gerade Funktion 24
gerade Hochzahl 24
Gesamtänderung 148, 172
Gleitreibungszahl 265
globales Maximum 81
globales Minimum 81
Glockenkurve von GAUSS 226
Grad einer Funktion 22
Graph 14
-en, skizzieren von 190
Grenzwert 315, 324, 325
– einer Funktion 30, 324, 325
– einer Zahlenfolge 315
–, linksseitiger 326
–, rechtsseitiger 326
Grenzwertsätze 319, 325
guldinsche Regel 235

HAGEN 37
Halbwertszeit 282
harmonische Schwingung 298
Hauptsatz der Differenzial- und Integralrechnung 163
hebbare Definitionslücke 185
HEUN, Verfahren von 301
hinreichende Bedingung 83
– für Extremstellen 85, 87
– für Wendestellen 93
Hochpunkt 81
Hochzahl 24
–, gerade 24
–, ungerade 24
höhere Ableitung 60
Höhlenbildung 39
hyperbolische Spirale 252, 253

Induktionsanfang 178, 330
Induktionsschritt 178, 330
Infinitesimalrechnung 148
Integral 155
– einer Funktion 155
–, Intervalladditivität vom 165
–, Linearität vom 165
–, Monotonie vom 166
–, uneigentliches 230
-funktion 157, 162
-rechnung 148, 162
Integrand 155
Integration

– durch Substitution 245
Integration
– durch Substitution der Integrationsvariablen 245
– von Produkten 243
–, partielle 243
-svariable 155
integrierbar 248
-e Funktion 248, 249
Intervall 15
–, abgeschlossenes 15
–, offenes 15
–, rechtsoffenes 15
–, unbeschränktes 15
–, linksoffenes 15
-additivität des Integrals 165

Kalktuff 39
kartesische Koordinaten 252
Kehrwertfunktion 36
–, Ableitung der 134
KEPLER'sche Fassregel 237
Kettenlinie 222
Kettenregel 129, 210, 211
KOCH 281
Koeffizient 22
komplexe Extremwertprobleme 105
konstante Änderungsrate 172
konstante Folge 319
konvergente Folge 315
Kosinusfunktion 63, 256
–, Ableitung der 65, 256
Krummstab 252, 253
Krümmungsverhalten 92
kubische Funktion 60
Kurvenschar 122

LAGRANGE 50
LEIBNIZ 50, 155, 164
Limes 30, 315
lineare Funktion 18
lineare Näherungsfunktion 43
lineare Verkettung 159
lineares Wachstum 288
Linearfaktoren, Zerlegung in 186
Linearität des Integrals 165
Linkskurve 92
LIOUVILLE 249
Logarithmengesetze 213
logarithmische Integration 213

389

logarithmische Spirale 252, 253
Logarithmusfunktion,
  natürliche 212, 215
logistisches Wachstum 294, 305
lokale Näherungsformel 53
lokales Maximum 81, 86, 87
lokales Minimum 81, 86, 87
lösen trigonometrischer
  Gleichungen 261

Maximum
–, globales 81
–, lokales 81, 86, 87
Minimum
–, globales 81
–, lokales 81, 86, 87
Mittelwert 238
mittlere Änderungsrate 42
mittlere Geschwindigkeit 45
mittlere Tagestemperatur 265
Modellierung 280
momentane Änderungsrate 47, 148, 172
momentane Geschwindigkeit 45, 46
momentane Wachstums-
  geschwindigkeit 288
monoton abnehmend 79
monoton fallend 79, 313
monoton steigend 79, 313
monoton zunehmend 79
Monotonie 79, 313
– des Integrals 166
-satz 79
MOSER 332

Näherungsformel, lokale 53
Näherungsfunktion 188
–, lineare 43
Näherungskurve 188
Näherungsparabel 188
Näherungsverfahren 236, 261, 301
näherungsweise Berechnung von
  Nullstellen 115
natürliche Exponentialfunktion 208
–, Ableitung von 208, 210
natürliche Logarithmusfunktion
  212, 215
– als Stammfunktion 213
–, Ableitung von 212
–, Eigenschaften von 212

–, Stammfunktion der 243
Nebenbedingung 102
NEWTON 164
-Verfahren 115, 261, 262
nicht integrierbar 248
-e Funktion 248, 249
nicht stetig 68
-e Funktion 68
nicht umkehrbar 137
-e Funktion 137, 266
Normale 52
notwendige Bedingung 83
– für Extremstellen 84
– für Wendestellen 93
Nullfolge 315
Nullstelle 27, 184
– einer ganzrationalen Funktion 28
–, näherungsweise Berechnung
  von 115
-nsatz 327
numerische Integration 236

Obersumme 150
Ordinatenaddition 34
Ortskurve 192
Ortslinie 192

partielle Integration 243
PASCAL 206
PEAUCELLIER 12
PÉRIER 206
Periode 256, 259, 264
– einer Funktion 256
periodisch 256
-e Funktion 256
POISEUILLE 37
Polarkoordinaten 252
Polstelle 184
– mit Vorzeichenwechsel 184
– ohne Vorzeichenwechsel 185
Polygonzug-Verfahren
  von EULER 53, 301
Polynom 22
-division 27, 28, 188
Potenzfunktion, Stammfunktion
  einer 159
Potenzgesetze 205
Potenzregel 58, 211, 270
– für rationale Hochzahlen 270
Produkt von Funktionen 34

Produktintegration 243
Produktregel 132, 210, 211
Produktsumme 150
punktsymmetrisch 24

Querschnittsfläche 235
Quotient von Funktionen 34
Quotientenregel 134, 211

Randextremum 81
Randmaximum 81
Randminimum 81
RAPHSON 117
rational 182
-e Funktion 182
Reaktionsweg 199
Rechtskurve 92
Regel von DE L'HOSPITAL 217
rekursive Darstellung einer
  Zahlenfolge 310
Rotation um die x-Achse 232
Rotation um die y-Achse 233
Rotationskörper 232
RUNGE-KUTTA-Verfahren 301

Sattelpunkt 92
Sättigungsgrenze 290
Sättigungsmanko 290
schiefe Asymptote 188
Schluckvermögen 199
Sehnentrapezregel 236
Sekante 49
Sektorformel von LEIBNIZ 253
senkrechte Asymptote 32, 185
Sinusfunktion 63, 256, 276
–, Ableitung der 65, 256
skizzieren von Graphen 190
SNELLIUS 273
Spannarbeit 176
Spirale 252
– von ARCHIMEDES 252, 253
– von FERMAT 252, 253
– von GALILEI 252, 253
–, hyperbolische 252, 253
–, logarithmische 252, 253
Stammfunktion 159, 160, 162, 249
– der natürlichen Logarithmusfunktion 243
– der Tangensfunktion 257
– einer Potenzfunktion 159

Register

Stau 201
Steigung
– der Tangente 54
– des Graphen 54
stetig 68, 144, 327
-e Funktion 68, 144, 249, 327
Stetigkeit 68, 327, 328
streng monoton fallend 313
streng monoton steigend 313
Substitution 245
– der Integrationsvariablen 245
Summe von Funktionen 34
Summenformel 153, 154
– für geometrische Reihen 179, 336
-n für Potenzen 331
Summenregel 59
Symmetrie 190

Tangensfunktion 257
–, Ableitung der 257
–, Stammfunktion der 257
Tangente 52
-ntrapezregel 236
TAYLOR 277
-Entwicklung 277
-polynom 111
Tiefpunkt 81
Trendwende 95
trigonometrische Funktion 256, 257, 258
trigonometrische Gleichungen 261
–, lösen von 261

umkehrbar 137, 138
-e Funktion 137, 138, 266
Umkehrfunktion 137, 138
–, Ableitung der 140, 141
uneigentliches Integral 230
ungerade Funktion 24
ungerade Hochzahl 24
unstetig 68
-e Funktion 68, 249
Untersuchung einer Funktionenschar 220
Untersumme 150
Urbildfolge 323

VAN DER WAALS 198
-Gleichung 198
veränderliche Änderungsrate 172
Verdoppelungszeit 282
Verfahren von HEUN 301
VERHULST 294
Verkehrsdichte 199
Verkettung von Funktionen 126
vollständige Induktion 330
Vorzeichenwechsel 86
VZW 86, 184

waagerechte Asymptote 30, 187
Wachstum
–, beschränktes 290
–, exponentielles 287, 305
–, lineares 287
–, logistisches 294

Wachstum
-sfunktion 204, 280
-sgeschwindigkeit, momentane 288
-skonstante 280, 282
-sprozess, exponentieller 280
-sfaktor 280, 281
WALLIS 15
Wechsel des Monotonieverhaltens 86
Wendepunkt 92
Wendetangente 92
Wertemenge 14
Wirkung 148
Wurzelfunktion 270, 272
–, Ableitung der 270

xy-Koordinatenebene 121

Zahlenfolge 310
–, explizite Darstellung 310
–, geometrische 317, 336
–, Grenzwert einer 315
–, rekursive Darstellung 310
Zerfall
–, beschränkter 290
–, exponentieller 287
-sfunktion 204, 280
-skonstante 280, 282
-sprozess, exponentieller 280
Zerlegung in Linearfaktoren 186
Zerlegungssumme 150
Zielfunktion 102
zusammengesetzte Funktion 34
Zwischenwertsatz 328

391